棉花生理生态与产量品质形成

周治国 等 著

科学出版社
北京

内 容 简 介

本书集成了南京农业大学棉花生理生态实验室等近20年的研究成果，从品种遗传特性、环境生态、栽培调控等方面系统研究了棉铃(纤维、棉籽)发育与产量品质形成的生理生态基础，阐明了棉花产量品质形成响应环境因素的生理生态机制，揭示了栽培管理措施对棉花产量品质的调控机理，总结创新了棉花优质高产协同理论与轻简高效栽培技术。本书分三篇，共计20章。第一篇为绪论，包括3章，从棉花生产发展、产量形成、品质形成等方面概述了我国棉花产量品质形成的生理生态研究现状；第二篇包括8章，分别从光照、温度、温光互作、水分、氮素、水氮耦合、钾素、土壤盐分等方面阐明了环境因素影响棉花产量品质形成的生理生态基础；第三篇包括9章，分别从棉花品种基因型、种植模式、栽培管理方式、温光互作、施氮量、施钾量和施钾方式、种植密度、植物生长调节剂、棉花产量与品质等方面阐述了栽培管理措施对棉花产量品质的调控机理，同时创新集成了棉花产量与品质协同提高的栽培管理技术。

本书可以作为棉花生理生态学栽培管理研究人员、技术推广人员、研究生等的参考用书。

图书在版编目（CIP）数据

棉花生理生态与产量品质形成/周治国等著. —北京：科学出版社, 2018.7

ISBN 978-7-03-056931-8

Ⅰ.①棉… Ⅱ.①周… Ⅲ.①棉花-植物生理学②棉花-植物生态学③棉花-栽培技术 Ⅳ.①S562

中国版本图书馆CIP数据核字(2018)第049749号

责任编辑：丛 楠 马程迪 / 责任校对：严 娜 王晓茜
责任印制：吴兆东 / 封面设计：铭轩堂

科学出版社 出版
北京东黄城根北街16号
邮政编码：100717
http://www.sciencep.com

北京虎彩文化传播有限公司 印刷
科学出版社发行 各地新华书店经销

*

2018年7月第 一 版　开本：787×1092　1/16
2019年1月第二次印刷　印张：37 3/4
字数：898 000

定价：128.00元
（如有印装质量问题，我社负责调换）

《棉花生理生态与产量品质形成》编写委员会

著　者（以姓氏汉语拼音排序）

陈　吉	陈兵林	陈德华	陈美丽	陈英龙
戴艳娇	杜祥备	高相彬	郭文琦	胡　伟
蒯　婕	李　蔚	李文峰	刘敬然	刘瑞显
吕丰娟	马溶慧	马伊娜	孟亚利	束红梅
眭　宁	王　瑞	王海苗	王乐然	王珊珊
王友华	吴　悠	杨长琴	杨洪坤	杨佳蒴
余超然	张　雷	张　祥	张国伟	张文静
张馨月	张志刚	赵文青	郑　密	郑曙峰
周治国	Rizwan Zahoor			

序

棉花是我国重要的经济作物，我国植棉历史悠久，历经2000余年。特别是20世纪中叶以来，我国棉花产业飞速发展，实现了由长期短缺到供需基本平衡；到21世纪初，我国已成为棉花总产量最高的国家，其中栽培技术的进步在推动我国棉花生产发展中起着不可替代的作用。然而，我国棉花生产长期受总产量的制约，一直致力于单产水平提高的研究，对棉花品质重视较晚，致使对影响棉花品质形成研究的深度与广度与发达国家相比存在一定差距。同时，由于单纯考虑提高棉花单产，肥水投入过多、资源利用率低、生产效益低等问题日益凸显。

近年来，随着中国农业现代化的发展和农村劳动力数量和结构的变化，我国棉花产业发展正面临新的挑战，当前棉花生产目标也发生了较大变化，主要表现为在不断提高产量的同时，更加注重纤维品质、植棉效益、资源节约和环境生态持续安全的协同发展，这对棉花产量品质形成的研究提出了更高的要求，迫切需要研究棉花产量品质形成的生理生态机制及其相关调控措施，集成应用棉花产量与品质协同提高的栽培管理技术，以促进我国棉花生产的可持续发展。

为顺应新时期棉花生产的新发展，周治国等同志根据我国棉花研究现状，针对提高棉花产量、优化改善纤维品质、提高资源利用效率、提高植棉效益等目标，基于棉花产量和品质形成规律及其与环境关系的系统研究，揭示了棉花产量品质形成响应环境因素的生理生态机制，为棉花产量与品质的协同提高提供了理论依据；此外，还全面研究了棉花品种、种植制度、种植密度、光温互作、施氮量、水氮耦合、施钾量、生长调节剂、秸秆还田、水盐耦合等对棉花产量品质的调控机理，总结提出了棉花产量与品质协同提高的高产高效栽培技术，为通过栽培调控，充分利用自然资源和生产条件，最大限度地实现棉花高产、优质、高效、生态、安全，提供了技术支撑；该技术在我国长江流域棉区示范推广，收到了良好效果，协同提高了棉花产量与品质，有力促进了我国长江流域优质棉花生产的发展。

为了更好地指导并解决影响我国棉花生产发展的新问题，南京农业大学周治国等同志将近20年的研究成果总结成《棉花生理生态与产量品质形成》著作，该书总结了棉花生理生态研究进展，明确了新的研究方向，最主要的是系统分析和凝练了棉花产量品质生理生态和栽培调控方面的重要研究成果，总结构建了基于相关基础理论所形成的棉花高产优质协同生产技术。全书立足理论创新，兼顾生产实践，引领国内棉花生理生态的热点、难点研究，拓展棉花科技工作者的视野，为丰富我国棉花生理生态理论和栽培科学做出了重要贡献。

喻树迅
中国工程院 院士
2018年3月6日

前　言

棉花是我国重要的经济作物，我国棉花生产快速发展，实现了由棉花长期短缺到供需基本平衡，21 世纪初，我国成为棉花总产量最高的国家，其中栽培技术的进步在推动我国棉花生产发展中起着不可替代的作用。但是，由于我国对协同提高棉花产量与品质的重视不足，影响了对棉花品质形成生理生态研究的深度和广度，与发达国家相比差距较大。同时为了提高棉花单产，还存在肥水投入过多、资源利用率低、生产效益不高等问题。为解决上述问题，迫切需要研究棉花产量与品质形成的生理生态机制及其相关调控措施，集成棉花产量与品质协同提高的配套栽培技术，以促进我国棉花生产的可持续发展。

本书根据我国棉花研究现状，以棉花产量和品质形成规律及其与环境的关系为出发点，通过栽培调控，充分利用自然资源和生产条件，最大限度地实现棉花高产、优质、高效，从而提高资源利用率。本书集成了南京农业大学棉花生理生态实验室等近 20 年的研究成果，从品种遗传特性、环境生态、栽培调控等方面系统研究了棉铃（纤维及棉籽）发育与产量品质形成的生理生态基础，阐明了棉花产量与品质形成响应环境因素的生理生态机制，揭示了棉花品种、种植模式、栽培管理方式、种植密度、温度（高温及低温）、光照、温光互作、土壤水分（干旱及渍水）、施氮量、施钾量、水氮耦合、生长调节剂等对棉花产量品质的调控机理，总结创新了棉花优质高产协同理论与轻简高效栽培技术，为丰富我国棉花生理生态理论和栽培科学做出了重要贡献。

本书分三篇，共计 20 章。第一篇为绪论，分别从中国棉花生产发展、棉花产量形成、棉花品质形成等方面概述了我国棉花产量品质形成的生理生态研究现状；第二篇从光照、温度、温光互作、水分、氮素、水氮耦合、钾素、土壤盐分等方面阐明了环境因素影响棉花产量品质形成的生理生态基础；第三篇从棉花品种基因型、种植模式、栽培管理方式、温光互作、施氮量、施钾量和施钾方式、种植密度、植物生长调节剂等方面阐述了栽培管理措施对棉花产量品质的调控机理，同时创新集成了棉花产量与品质协同提高的栽培管理技术，对整个研究成果进行了总结凝练。

本书撰写过程中力求做到：将棉花生理生态研究与栽培技术紧密结合，阐明优质高产栽培理论，解决棉花生产高产高效问题；以作者的研究为主线，阐明棉花生理生态与产量品质形成的关系，重点突出，特色鲜明；务实求新，突出生产实际，力求简洁精悍。

这些研究先后得到国家自然科学基金（30170545、30370831、30571095、30771277、30771279、30971735、31171487、31271654、31371583、31401327、31471444、31571606、31671623、31630051）、863 计划（2007AA10Z206）、国家棉花产业体系专项基金（CRS-18-14）等项目的资助，在此一并致谢。对先后参与相关研究的全体人员和给予出版支持的专家，表示衷心的感谢。由于作者水平有限，书中难免存在不妥之处，敬请读者批评指正。

周治国

2018 年 1 月于南京农业大学

目　　录

第一篇　绪　　论

第一章　中国棉花生产发展 ... 3
第一节　中国棉花概述 ... 3
一、棉花生产概况 ... 3
二、棉花生产需求 ... 3
三、棉花科技进步 ... 4
第二节　中国棉花生产发展面临的问题 ... 4
一、棉区布局亟待优化 ... 4
二、棉花生产不可持续 ... 4
三、气候变化影响棉花生产 ... 6
四、植棉技术急需创新 ... 6
第三节　中国棉花生产发展对策 ... 7
一、优化棉花生产布局，搞好棉花种植、品种和品质区划 ... 7
二、加强生态区棉花重大问题科技攻关 ... 7
三、棉花优质高产协同提高栽培管理 ... 7

第二章　棉花产量形成 ... 10
第一节　棉花产量构成及相互关系 ... 10
一、棉花产量构成因素 ... 10
二、棉花产量与产量构成因素的关系 ... 11
第二节　棉花产量构成因素的形成规律 ... 11
一、棉花成铃的时空分布 ... 11
二、棉花成铃与脱落 ... 13
三、棉花优化成铃 ... 14

第三章　棉花品质形成 ... 17
第一节　棉纤维品质形成 ... 17
一、棉纤维品质性状分类 ... 17
二、棉纤维发育与纤维品质形成 ... 18
三、影响棉纤维品质形成的因素 ... 19
第二节　棉籽品质形成 ... 22
一、棉籽品质 ... 22

二、棉籽发育与油脂和蛋白质形成 ·· 23
　　三、影响棉籽油脂和蛋白质形成的主要因素 ·· 23
第三节　棉纤维、棉籽品质形成的生理生化基础 ·· 24
　　一、棉纤维品质形成的生理生化基础 ·· 24
　　二、棉籽品质形成的生理生化基础 ·· 28

第二篇　棉花产量品质形成的生理生态基础

第四章　棉花产量品质与光照 ··· 33
第一节　棉花群体光照 ·· 33
第二节　棉花叶片发育的生理机制与光照 ·· 35
　　一、棉花叶片发育与光照 ··· 35
　　二、棉花氮代谢与光照 ··· 43
第三节　棉纤维发育的生理机制与光照 ··· 46
　　一、纤维发育物质代谢 ··· 46
　　二、纤维主要品质性状形成 ·· 50
　　三、纤维发育相关酶活性及其关键酶编码基因表达 ······································ 57
第四节　棉花产量品质时空分布与光照 ··· 72
　　一、棉花产量品质与苗期遮阴 ·· 72
　　二、棉花产量品质与花铃期遮阴 ·· 75

第五章　棉花产量品质与温度 ··· 81
第一节　温度对棉花产量品质的影响 ·· 81
　　一、温度对棉花产量与产量构成的影响 ··· 83
　　二、温度对棉籽和纤维品质的影响 ·· 87
第二节　温度对棉铃对位叶生理特性的影响 ··· 92
　　一、晚播低温对棉铃对位叶光合生理的影响 ··· 92
　　二、晚播低温对棉铃对位叶蔗糖代谢的影响 ··· 95
　　三、晚播低温对棉铃对位叶 C、N 代谢的影响 ··· 99
　　四、花铃期增温对棉铃对位叶生理特性的影响 ·· 104
第三节　温度对棉纤维发育的影响 ·· 110
　　一、晚播低温下棉纤维发育相关物质含量变化 ·· 110
　　二、晚播低温下棉纤维发育相关酶活性 ··· 113
　　三、晚播低温下棉纤维发育相关基因表达 ··· 116
　　四、晚播低温下棉纤维内源保护酶活性 ··· 118
　　五、晚播低温下棉纤维伸长期蛋白质组及与纤维伸长的关系 ··················· 121
　　六、花铃期增温下棉纤维内源保护酶系统变化 ·· 126
第四节　低温与棉株生理年龄的协同作用对棉纤维发育影响 ······························· 127

一、低温与棉株生理年龄的协同作用对纤维发育相关酶活性的影响 127
　　二、低温与棉株生理年龄的协同作用对纤维素累积的影响 128
　　三、低温与棉株生理年龄的协同作用对纤维超分子结构取向参数的影响 129
　　四、低温与棉株生理年龄的协同作用对纤维比强度的影响 131

第六章　棉花产量品质与温光互作 133

第一节　温光互作对棉铃对位叶光合性能的影响 133
　　一、花铃期温光互作对棉铃对位叶 SPAD 值的影响 133
　　二、温光互作对不同果节棉铃对位叶气体交换参数的影响 133
　　三、温光互作对不同果节棉铃对位叶叶绿素荧光参数的影响 135
　　四、温光互作下棉铃对位叶净光合速率、PSⅡ量子效率与棉花铃重的关系 137

第二节　温光互作对棉纤维发育物质累积与纤维品质形成的影响 138
　　一、温光互作对纤维生物量累积的影响 138
　　二、温光互作对纤维素累积的影响 139
　　三、温光互作对纤维长度的影响 141
　　四、温光互作对纤维马克隆值的影响 142
　　五、温光互作对纤维比强度的影响 143

第三节　温光互作对棉纤维发育物质代谢相关酶活性 及基因表达的影响 145
　　一、纤维伸长发育 145
　　二、纤维加厚发育 150

第四节　温光互作下棉纤维中激素平衡对纤维生物量的影响 158
　　一、温光互作下纤维中激素平衡 158
　　二、温光互作下纤维生物量与纤维内源激素含量的相关性 160
　　附表 162

第七章　棉花产量品质与水分 174

第一节　棉田土壤特性与水分 174
　　一、土壤酶活性与土壤水分 174
　　二、土壤微生物量碳、氮，土壤养分含量与土壤水分 175

第二节　棉花光合性能及生物量累积分配与水分 177
　　一、棉花光合性能与水分 177
　　二、棉花生物量累积分配与水分 186

第三节　棉花叶片和纤维发育中蔗糖代谢与水分 187
　　一、棉花叶片蔗糖代谢与水分 187
　　二、纤维蔗糖代谢与水分 198

第四节　棉花产量品质形成与水分 205
　　一、棉铃生长发育与水分 205
　　二、棉花产量与水分 212

三、纤维品质与水分 ·· 215

第八章 棉花产量品质与氮素 ·· 221

第一节 氮素影响棉纤维品质形成的生理机制 ·· 221
一、纤维发育蔗糖代谢与氮素 ·· 221
二、纤维发育相关酶活性与氮素 ·· 223
三、棉花不同季节铃生物量累积分配与氮素 ·· 225
四、棉花强弱势铃纤维发育与氮素 ··· 228
五、棉花源库平衡与棉铃对位叶氮浓度 ··· 232
六、纤维发育与棉铃对位叶氮浓度 ··· 242

第二节 氮素对棉花产量品质形成的影响 ··· 253
一、棉花临界氮浓度稀释模型 ·· 253
二、基于临界氮浓度稀释模型的棉花花后氮动态需求定量诊断 ····················· 257

第九章 棉花产量品质与水氮耦合 ··· 261

第一节 棉花生物量、氮素累积分配与水氮耦合 ·· 261
一、棉花生物量累积分配 ·· 261
二、棉花氮素累积分配 ··· 265

第二节 棉花叶片生理特性与水氮耦合 ·· 268
一、棉花叶片气体交换参数与水氮耦合 ··· 268
二、棉花叶绿素荧光特性与水氮耦合 ·· 275
三、棉花叶片内源保护酶系统与水氮耦合 ·· 277
四、棉花内源激素变化与水氮耦合 ··· 282

第三节 棉花根系生理特性与水氮耦合 ·· 286
一、土壤干旱下施氮量对棉花根系生理特性的影响 ······································ 286
二、土壤渍水下施氮量对棉花根系生理特性的影响 ······································ 288

第四节 棉花纤维发育与水氮耦合 ··· 290
一、土壤干旱下施氮量对棉纤维发育的影响 ·· 290
二、土壤渍水下施氮量对棉纤维发育的影响 ·· 294

第十章 棉花产量品质与钾素 ·· 299

第一节 钾素对棉花产量品质的影响 ·· 299
一、棉花临界钾浓度稀释模型 ·· 299
二、棉花生长发育与钾素 ·· 300
三、棉花产量构成及纤维品质与钾素 ·· 304

第二节 钾素影响棉纤维发育与纤维品质形成的生理机制 ···································· 305
一、纤维伸长发育与钾素 ·· 305
二、纤维比强度形成与钾素 ··· 309
三、纤维发育相关酶活性与钾素 ·· 311

第三节　钾素影响棉铃对位叶代谢的生理机制 312
　　　一、棉铃对位叶碳代谢与钾素 312
　　　二、棉铃对位叶氮代谢与钾素 323
　　　三、棉铃对位叶抗氧化代谢与钾素 330

第十一章　棉花产量品质与土壤盐分 337
　　第一节　棉花离子吸收分配、抗氧化酶活性、内源激素平衡与土壤盐分 337
　　　一、棉花离子含量与土壤盐分 337
　　　二、棉花离子比值与土壤盐分 339
　　　三、棉花离子选择性运输与土壤盐分 340
　　　四、棉花功能叶可溶性蛋白含量、抗氧化酶活性与土壤盐分 341
　　　五、棉花内源激素平衡与土壤盐分 342
　　第二节　棉花功能叶脂质过氧化和光合特性与土壤盐分 344
　　　一、棉花功能叶脂肪酸构成与土壤盐分 345
　　　二、棉花功能叶超氧阴离子产生速率和过氧化氢含量与土壤盐分 346
　　　三、棉花功能叶脂氧合酶活性和MDA含量与土壤盐分 346
　　　四、棉花功能叶净光合速率、最大光化学效率和PSⅡ量子产量与土壤盐分 347
　　　五、棉花功能叶净光合速率、最大光化学效率和PSⅡ量子产量与双键指数的关系 348
　　　六、棉花功能叶离子含量与土壤盐分 349
　　　七、棉花功能叶气体交换参数日变化与土壤盐分 350
　　　八、棉花功能叶叶绿素荧光参数日变化与土壤盐分 353
　　第三节　棉花根系生理特性与土壤盐旱耦合 355
　　　一、棉花根系生物量、根冠比与盐旱耦合 355
　　　二、棉花根系MDA含量、抗氧化酶活性、质膜ATP酶活性与盐旱耦合 356
　　　三、棉花根系活力与盐旱耦合 358
　　　四、棉花根系质膜磷脂、糖脂含量变化与盐旱耦合 359
　　　五、棉花根系质膜脂肪酸组分与盐旱耦合 359
　　第四节　棉花水分胁迫与土壤盐分 360
　　　一、棉田土壤离子含量与土壤盐分 360
　　　二、棉花水分胁迫指数的建立 361
　　　三、棉花含水量、净光合速率与土壤盐分 363

第三篇　栽培管理措施对棉花产量品质的调控

第十二章　棉花品种基因型与产量品质 367
　　第一节　不同基因型品种棉铃对位叶生理特性与铃重 367
　　　一、不同基因型品种棉铃对位叶C/N与棉铃生物量积累分配 367
　　　二、不同基因型品种棉铃对位叶内源保护酶活性与铃重 368

三、不同基因型品种棉花季节铃对位叶生理特性与铃重 …………………………… 369
第二节　不同基因型品种棉花纤维素累积与产量品质 ………………………………… 373
　　一、不同基因型品种棉花纤维素累积特征 ………………………………………… 374
　　二、不同基因型品种棉花纤维素累积差异与纤维比强度的关系 ………………… 376
第三节　不同基因型品种棉花纤维发育与产量品质 …………………………………… 378
　　一、不同基因型品种棉花纤维素累积相关物质变化 ……………………………… 378
　　二、不同基因型品种棉花纤维素累积相关酶活性变化 …………………………… 383
第四节　不同基因型品种棉花纤维品质形成 …………………………………………… 388
　　一、纤维长度 ………………………………………………………………………… 388
　　二、纤维比强度 ……………………………………………………………………… 390
　　三、纤维成熟度、细度、马克隆值 ………………………………………………… 392

第十三章　种植模式与棉花产量品质 …………………………………………………… 395
第一节　麦棉种植模式与棉花生长发育和产量品质形成 ……………………………… 395
　　一、麦棉种植模式对小麦-棉花周年和棉花季生产力的影响 …………………… 395
　　二、麦棉种植模式对棉花生长发育的影响 ………………………………………… 402
　　三、麦棉种植模式对棉花不同果枝部位铃纤维品质影响 ………………………… 406
第二节　麦棉种植模式与温光资源利用 ………………………………………………… 408
　　一、麦棉种植模式对棉花生长物候环境的影响 …………………………………… 408
　　二、麦棉种植模式对棉花冠层结构的影响 ………………………………………… 409
　　三、麦棉种植模式对棉花光能资源截获和利用的影响 …………………………… 411
　　四、麦棉种植模式对热能资源截获和利用的影响 ………………………………… 414
第三节　麦棉种植模式与棉花氮素利用 ………………………………………………… 416
　　一、麦棉种植模式对小麦-棉花周年氮素积累的影响 …………………………… 417
　　二、麦棉种植模式对小麦-棉花周年氮素平衡的影响 …………………………… 420
　　三、麦棉种植模式对棉花氮肥利用效率的影响 …………………………………… 421

第十四章　栽培管理方式与棉花产量品质 ……………………………………………… 423
第一节　栽培管理方式对棉花产量品质的影响 ………………………………………… 423
　　一、栽培管理方式对棉花产量与产量构成的影响 ………………………………… 423
　　二、栽培管理方式对棉花群体生长的影响 ………………………………………… 424
　　三、栽培管理方式对纤维品质的影响 ……………………………………………… 426
第二节　栽培管理方式对棉花产量品质空间分布的影响 ……………………………… 427
　　一、栽培管理方式对棉花农艺性状的影响 ………………………………………… 427
　　二、栽培管理方式对不同果枝、果节棉铃开花期及铃期气象因子的影响 ……… 428
　　三、栽培管理方式对棉花产量时空分布的影响 …………………………………… 430
　　四、栽培管理方式对棉花纤维品质时空分布的影响 ……………………………… 432
第三节　栽培管理方式对棉花氮素累积利用的影响 …………………………………… 435

一、栽培管理方式对棉花氮素累积与分配的影响 …………………………………… 435
二、栽培管理方式对棉花氮素利用率的影响 ……………………………………… 436

第十五章 温光互作与棉花产量品质 ……………………………………………… 438
第一节 温光互作对棉花品质的影响 ……………………………………………… 438
一、温光互作下棉田小气候变化 …………………………………………………… 438
二、温光互作下棉花农艺性状变化 ………………………………………………… 440
三、温光互作下棉花产量变化 ……………………………………………………… 440
四、温光互作与棉花纤维品质 ……………………………………………………… 443
第二节 棉花果枝部位、温光复合因子与棉花纤维品质的形成 ………………… 449
一、棉花果枝部位、温光复合因子与纤维长度形成 ……………………………… 449
二、棉花果枝部位、温光复合因子与纤维比强度形成 …………………………… 451
三、棉花果枝部位、温光复合因子与纤维细度、成熟度和马克隆值形成 ……… 455

第十六章 施氮量与棉花产量品质 ………………………………………………… 460
第一节 施氮量对棉花产量品质的影响 …………………………………………… 460
一、施氮量对棉花产量及其构成的影响 …………………………………………… 460
二、施氮量对棉纤维品质的影响 …………………………………………………… 461
第二节 施氮量对棉花季节铃纤维品质的影响 …………………………………… 462
一、施氮量对棉纤维比强度动态变化的响应 ……………………………………… 463
二、施氮量对棉花季节铃纤维比强度变化的影响 ………………………………… 463
三、施氮量对棉花季节铃纤维品质的影响 ………………………………………… 464
第三节 棉铃对位叶氮浓度与棉纤维比强度 ……………………………………… 465
一、棉纤维比强度形成对棉铃对位叶氮浓度变化的响应 ………………………… 465
二、棉铃对位叶氮浓度对棉花下部、上部果枝铃纤维比强度的影响 …………… 466
三、棉铃对位叶氮浓度对棉纤维品质性状的影响 ………………………………… 468
四、施氮量对棉花不同果枝果节铃纤维品质的影响 ……………………………… 469
五、棉花果枝部位与施氮量互作对棉铃品质的影响 ……………………………… 470
第四节 施氮量影响棉纤维品质形成的生态基础 ………………………………… 472
一、施氮量与纤维长度形成 ………………………………………………………… 472
二、施氮量与纤维比强度形成 ……………………………………………………… 474
三、施氮量对纤维细度、成熟度和马克隆值形成的影响 ………………………… 476

第十七章 施钾量和施钾方式与棉花产量品质 …………………………………… 480
第一节 施钾量和施钾方式与棉田土壤肥力 ……………………………………… 480
一、施钾量和施钾方式对棉田土壤养分影响 ……………………………………… 480
二、施钾量和施钾方式对土壤酶活性和微生物量的影响 ………………………… 485
第二节 棉花钾营养与产量品质 …………………………………………………… 488
一、基于产量品质的棉花耐低钾能力苗期筛选 …………………………………… 488

二、施钾量和施钾方式对棉花产量与钾素利用的影响 493

第十八章 种植密度与棉花产量品质 498

第一节 种植密度与棉花产量 498
一、种植密度与棉花群体光能利用 498
二、种植密度与棉花主要农艺性状 499
三、种植密度与棉花生物量累积分配 500
四、种植密度与棉花产量形成 505

第二节 种植密度与棉花养分吸收利用 507
一、种植密度与棉株氮浓度 507
二、种植密度与棉株磷浓度 508
三、种植密度与棉株钾浓度 510
四、种植密度与棉株养分分配及养分利用效率 510

第三节 种植密度与棉纤维发育及纤维品质 512
一、种植密度与棉纤维发育相关物质含量 512
二、种植密度与纤维发育相关酶活性 515
三、种植密度与主要纤维品质性状 518

第四节 种植密度与棉籽发育及棉籽品质 523
一、种植密度与棉籽生物量、籽指 523
二、种植密度与棉籽脂肪、蛋白质含量 525

第十九章 植物生长调节剂与棉花产量品质 527

第一节 植物生长调节剂(6-BA 和 ABA)与棉花产量和棉铃品质 527
一、外源 6-BA 和 ABA 对棉铃对位叶蔗糖和淀粉含量的影响 527
二、外源 6-BA 和 ABA 对棉花产量品质的影响 530

第二节 植物生长调节剂(6-BA 和 ABA)与棉花纤维发育 533
一、外源 6-BA 和 ABA 对纤维比强度形成的影响 533
二、外源 6-BA 和 ABA 对纤维发育相关物质变化的影响 534
三、外源 6-BA 和 ABA 对纤维发育相关酶变化的影响 539
四、外源 6-BA 和 ABA 对纤维发育相关酶基因表达的影响 541

第二十章 棉花产量与品质协同提高栽培管理技术 545

第一节 棉花超高产栽培管理技术 545
一、优良品种 545
二、适期播种,培育壮苗技术 547
三、杂交棉增密技术 548
四、超高产棉田肥料运筹技术 549
五、全程化调技术 550
六、病虫害及综合防治技术 551

七、抗灾应变技术 ………………………………………………………………………… 553
第二节　长江中下游小(大)麦后移栽棉超高产(7500kg·hm^{-2}籽棉)栽培技术 …… 555
　　一、范围 …………………………………………………………………………………… 555
　　二、适用品种 ……………………………………………………………………………… 556
　　三、产量结构 ……………………………………………………………………………… 556
　　四、土壤肥力 ……………………………………………………………………………… 556
　　五、种植密度和生育进程 ………………………………………………………………… 556
　　六、生育指标 ……………………………………………………………………………… 556
　　七、栽培管理技术 ………………………………………………………………………… 557
第三节　棉花轻简化栽培技术 ……………………………………………………………… 558
　　一、棉花轻简化育苗移栽技术 …………………………………………………………… 559
　　二、长江流域杂交棉育苗移栽轻简化栽培技术 ………………………………………… 563
　　三、长江流域直播棉轻简化栽培技术 …………………………………………………… 564
第四节　滨海盐碱地(含盐量4‰~6‰)4500kg·hm^{-2}以上籽棉栽培技术 ……… 566
　　一、抗盐保苗剂和种植方式对盐碱地棉花生长和产量的影响 ………………………… 566
　　二、盐碱地棉花栽培技术与应用 ………………………………………………………… 570
第五节　滨海盐碱地(含盐量2‰~4‰)超高产(6000kg·hm^{-2}籽棉)栽培技术 … 574
　　一、范围 …………………………………………………………………………………… 574
　　二、适用品种 ……………………………………………………………………………… 574
　　三、产量结构 ……………………………………………………………………………… 574
　　四、土壤肥力 ……………………………………………………………………………… 575
　　五、生育进程 ……………………………………………………………………………… 575
　　六、生育指标 ……………………………………………………………………………… 575
　　七、农艺指标 ……………………………………………………………………………… 575
　　八、栽培技术 ……………………………………………………………………………… 576

主要参考文献 ……………………………………………………………………………………… 580

第一篇 绪 论

第一章　中国棉花生产发展

第一节　中国棉花概述

一、棉花生产概况

根据生产生态条件，我国现有棉花种植区域可划分为长江流域、黄河流域和西北内陆3个生态区。迄今，我国皮棉总产占全球的27%，是全球产量最高的国家之一。植棉面积占全球的15%，仅次于印度（占全球的27%），居全球第二位。皮棉单产比全球平均水平高63.8%，在100万t以上大国之中仅次于印度，居全球产棉大国（印度、中国、美国、巴基斯坦、巴西、比利时、乌兹别克斯坦）的第二位。

我国棉花生产发展的总体特征是生产面积持续减少，平均单产大幅度提高，棉花总产量波动下降，种植区域深度调整。2017年全国植棉面积为344万hm^2，产量为550万t，分别比2007年（种植面积和产量历史最高年份）减少42.6%和33.4%。平均单产保持较高水平。2001~2014年，长江流域植棉面积、产量占全国比例分别从30.5%、27.3%下降到23.3%、17.3%；黄河流域植棉面积、产量占全国比例分别从43.1%、38.1%下降到29.3%、21.8%；西北内陆棉区植棉面积、产量占全国比例分别从25.9%、34.6%提升到47.2%、60.9%。

在棉花产值和收益方面，我国棉花生产成本较高、效益较低，2001~2011年每公顷棉田的平均物化成本为4230元，人工成本为5745元，总成本为9975元，纯收益为5835元。与种植小麦、玉米、水稻等机械化程度高、用工少、收入稳定的作物相比，植棉比较优势减弱。

在棉花纤维品质方面，我国棉纤维平均长度以中绒28.0~30.9mm为主，占77.1%；断裂比强度主要分布在中等档次26.0~28.9$cN \cdot tex^{-1}$，占44.51%；马克隆值主要分布在4.3~4.9档次，占49.34%；棉花综合品质年度间有逐年改善的趋势，西北内陆棉区近几年纤维品质逐步好于黄河流域和长江流域棉区。

二、棉花生产需求

我国棉花消费主要来源于国内生产棉与国际进口棉。2005年以前，国内生产的棉花占棉花总供给的比例平均为92.15%；加入世界贸易组织（WTO）后，国内棉花生产不能满足棉花消费需求，开始依靠进口棉花来实现供需平衡。近几年我国棉花总产量在590万~680万t，2010~2014年分别为596.1万t、659.8万t、683.6万t、629.9万t、600万t左右；我国棉花年消费量约为1000万t，其中国内棉花生产量为550万~700万t，缺口300万~400万t，需要依靠进口棉花弥补。到2050年，棉花消费量预计可达到

1000万～1100万t。其中，国内要实现年产600万～800万t的目标，进口棉花补充200万～250万t，国内植棉面积要稳定在350万～400万hm²。

三、棉花科技进步

近10年我国棉花科技进步对棉花生产的贡献率每年提高一个百分点，2010年达到60%。棉花科技进步的主要特点：一是改革耕作制度，麦（油）棉两熟、棉菜（蒜）两熟和多熟种植面积占棉田总面积的2/3，棉田复种指数最高达156%，实现粮棉（油、菜等）兼丰收。二是棉花新品种不断涌现，高产转基因抗虫棉完全替代美国品种，长江流域以抗虫杂交棉为主，黄河流域以抗虫棉常规种为主；棉花杂交优势得到很好的利用，最大种植面积占全国面积的30%。三是育苗移栽、地膜覆盖、化学调控、膜下滴灌、平衡施肥、缓释肥等增产增效技术得到广泛应用。四是棉田植保发展统防统治，减轻病虫害的危害和产量、品质的损失。五是棉花生产机械化步伐加快，我国目前棉花生产中仅耕地和播种两个环节机械化率超过了50%，分别为86.6%、56.4%，收获环节为13.1%，喷药、铺膜、施肥环节机械化率分别为42.5%、33%、24.1%，整枝打顶环节机械化率为7.5%。按国家农业行业标准测算，全国棉花耕种收综合机械化水平远远低于全国农业机械化水平。从全国三大棉花主产区来看，我国棉花生产机械化率差异很大，其中西北内陆为73.6%，黄河流域为25%，长江流域只有10%。

第二节 中国棉花生产发展面临的问题

一、棉区布局亟待优化

近年来，由于劳动力成本上升、植棉比较效益下降、机械化水平低等因素的影响，全国棉区长江、黄河和西北三足鼎立的优化结构正在被打破。长江流域植棉面积从20世纪80年代占全国30%的比例（200万hm²）下滑到当前不足20%（133.3万hm²以内），黄河流域植棉面积从20世纪90年代占全国面积的55%（373.3万hm²）的比例下降到当前的30%（200万hm²以内）。取而代之的是小麦、玉米、大豆等作物。由于高温干旱、涝渍等自然灾害频发，长江流域小麦常常因病害重发造成食用品质大大下降，黄河流域玉米、大豆因干旱造成减产绝收，因此盲目发展这些作物，给粮食安全带来一定的隐患。所以，急需调整新形势下的作物布局，调整、重建和优化棉区布局。

二、棉花生产不可持续

由于我国庞大的人口和纺织业出口的需要，棉花年消费量在900万t以上，国内棉花生产量仅能保持70%左右的供给量，年缺口300万t左右。在我国人多地少、粮棉争地矛盾突出的情况下，依靠增加植棉面积提高总产是不可能的。因此，提高单位面积产量已成为我国棉花生产的唯一出路。目前，我国的棉花单产已达全球平均水平的2倍左右，但我国高的单产水平是建立在精耕细作和高的肥料、农药等物质投入基础上的。因此，我国的棉花生产存在以下方面的不可持续问题。

（一）棉花种植规模小，影响棉花生产效益

在我国，除新疆棉农每户种植面积有一定规模外，内地棉农每户种植面积较小。由于种植规模小，劳动力价格高，且多为老人和妇女，生产效率低，因而种植棉花的收益很低，这也是我国内地棉花面积大幅度下降的重要原因。此外，小规模的棉花种植和劳动力素质不高导致对科技新成果接纳程度差，进一步降低了生产效率。

为使每户棉农具有较高的收益及为实现棉花机械化采收奠定基础，规模化是必须具备的首要条件。这一目标必须依靠政府组织化来实现，要运用当前土地流转、农场经营的机遇，积极组织农场、庄园式的经营方式，扩大生产规模，以期应用先进的生产装备，实现农业现代化。

（二）高用工、高物质投入制约植棉业持续发展

我国棉花栽培采用精耕细作的方式，在南方棉区主要体现在育苗移栽技术，北方棉区主要体现在地膜覆盖技术，这些技术的应用为我国棉花单产水平的提高做出了重大贡献。但这些技术都是20世纪80年代在生产上开始应用的，其关键技术内容是以高的用工和物质投入为基础，扣除成本后，每亩①收益很低，在低产的年份甚至亏本经营。再加上劳动力的缺乏，严重影响棉花生产的可持续性。全国棉花生产公顷总成本从2001年的8700元增长到2014年的23 550元，年均增长7.97%；公顷物化成本从2001年的3210元增长到2014年的8836元，年均增长8.09%；公顷人工费用从2001年的4775元增长到2014年的13 720元，年均增长8.48%。

因此，简化棉花栽培，降低用工、肥料和农药等的投入，实现棉花生产机械化是我国棉花生产可持续发展的唯一选择。

（三）纤维品质影响现代植棉业发展

我国精耕细作种植的棉花采收以人工方式进行，有利于保持纤维品质性状不受损害，纤维品质指标也能满足纺织工业的需要。大规模发展机采棉，将损失部分棉花产量、质量，目前很多机械化的品种，纤维品质达不到纺纱品质要求。

随着我国的城市化，农村劳动力特别是青壮劳动力的缺乏，棉花采收机械化已势在必行。但机械化采收后的去杂过程会造成纤维品质性状的损害，一般纤维长度下降1~2mm，纤维比强度下降1~2cN·tex^{-1}，这会使棉花的品级下降1~2级，这不仅会使棉农收益下降，也会使纺织业经济效益明显下降，从而影响我国植棉业的现代化发展。

因此，进一步从育种和栽培上提高纤维品质性状，特别是长度和强度，是促进我国植棉业实现现代化的重要保证。

---

① 1亩≈666.67 m^2

三、气候变化影响棉花生产

气候因素的不确定性将对棉花生产产生明显影响。气候变暖会导致各种害虫的发育期提前、休眠期推迟，棉田害虫与天敌增多。极端天气事件频发使得棉花生产受自然灾害的影响更大，对棉花产量造成不利影响。另外，尽管气候变化可能带来西北地区降水的增加，但水资源短缺将仍然是西北地区发展农业生产最主要的制约因素。近年来，新疆棉花收益相对较好，开垦荒地、河滩地植棉面积迅速增加，未来随着棉花生产区域逐步向新疆转移，将对新疆水资源形成较大压力，未来新疆棉花生产受水资源的约束将更加明显。

四、植棉技术急需创新

（一）棉花新品种选育

适合长江、黄河、西北三大棉区的机采棉品种、抗旱耐盐碱棉花新品种、抗盲蝽等抗虫棉品种、优质棉品种等急需突破。

当前棉花生产中应用的品种虽然通过栽培、化学调控等措施可以达到适合机采的要求，但是熟相偏晚、成铃不集中、含絮力差、始节位低等仍是棉花机械采收的不利因素，选育适合机采的棉花品种势在必行。根据现有机采棉特性和生产方式，重点选择早熟、铃重大、衣分高、株型紧凑通透、果枝始节位高、吐絮集中、含絮较好、抗倒伏、纤维品质优的棉花品种。

（二）棉花优质高产协同栽培体系创新与轻简优质高效绿色栽培集成

基于我国棉花产业发展地位无可替代和区域协同发展格局不平衡的现实，充分考虑棉花生产成本投入高、产品品质质量差、生产技术现代化水平低、棉田生态恶化等问题，我们应立足"节本增效、质量至上、生态安全"，通过棉花优质高产协同栽培体系创新和生产轻简、高效、绿色的技术创新，实现节本增效、提高质量、保护生态环境，提升棉花产业竞争力和可持续发展水平。根据棉花生产特点，创新棉田种植制度改革，建立循环再生的棉田生态农业体系。主要研究棉花优质高产协同提高栽培管理体系、盐碱旱地棉花种植模式及轻简栽培技术和长江流域麦（油）后直播棉基于生长发育与产量品质关系的轻简、高效、绿色栽培技术。

（三）环境友好的棉花生产技术滞后

农业生产对环境的污染日益成为关注的焦点，棉花生产过程中对环境产生的污染主要体现在地膜残留和农药、化肥大量使用对土壤和水质造成的污染，以及常年连作造成土壤受植物病原菌污染严重和生物多样性趋向单一。同时，棉花种植在半湿润、半干旱和干旱地区，生长季节的灌溉需采用地下水，对生态和环境也产生一定的负面影响。这些因素都将成为影响棉花生产和产业可持续发展的不确定因素。

由于残膜不易分解且回收率低,一场"白色革命"正演变为"白色污染",严重威胁农业的可持续发展。据调查,长期地膜覆盖的新疆、河北、山东棉田地膜残留量达 265.5kg·hm^{-2},且覆膜年限越长,污染越严重。研究表明,棉田连续覆膜10年、15年、20年,每公顷地膜残留量分别提高到260kg、350kg、430kg,污染最严重棉田高达600kg。残留地膜破坏土壤理化性质,棉田生态环境恶化,严重影响产量,最高减产可达20%~30%。

第三节 中国棉花生产发展对策

基于我国棉花生产成本投入高、产品品质差、生产技术现代化水平低、棉田生态恶化等问题,应立足"节本增效、质量至上、生态安全",通过棉花新品种选育,棉花生产轻简化、机械化、标准化、信息化、清洁化的技术创新,提升棉花产业竞争力和可持续发展水平,推进植棉业发展,节本增效、提高质量、保护生态环境,切实提升棉花产业竞争力。

一、优化棉花生产布局,搞好棉花种植、品种和品质区划

在植棉区划布局方面:从国家层面协调三大棉区粮棉发展,重视发展粮棉轮作种植,重点研究沿海滩涂盐碱地、沿江冲击滩涂地和西北盐碱旱地的粮棉布局。在棉花品种布局与品质区划方面:从国家层面进行品种区划和品质区划,急需分化现蕾和开花早、结铃和吐絮较快的早熟品种以适应机械化,同时要解决早熟棉品质不好、机采对棉花品质影响很大的问题。

为了优化棉花生产布局、品种和品质区划,要加快土地制度改革,实现土地连片的规模化经营,只有这样才能实现棉花机械化生产的高效率、低成本和高效益。棉花生产机械化技术的推广和应用,可以减轻棉花生产的劳动强度,有利于棉区实现棉花规模化经营,降低棉花成本、提高劳动生产率、提升植棉效益,增强防灾、抗灾、抗风险能力,从而推动棉花产业的稳定发展。

二、加强生态区棉花重大问题科技攻关

我国长江、黄河、西北三大棉区棉花枯黄萎病、盐碱旱地大面积植棉残膜污染都比较严重,急需在抗病育种、无膜、节水轻简种植等方面实现突破。长江流域与黄河流域棉区要在稳定棉花面积、提高单产、优化结构、改造中低产棉田、增加高产棉田比例的同时,加强对其盐碱地、冲击滩涂的改造,改善现有滩涂、盐碱地棉田灌排条件,推进盐碱地、滩涂地植棉,实施棉花生产基地向滩涂盐碱地垦区转移战略,要大力发展棉花量质协同的优质、超高产栽培和麦(油)后直播棉轻简高效绿色栽培。

三、棉花优质高产协同提高栽培管理

以实现棉花优质高产增效为目标,以轻简、高效、绿色为关键内容,通过以农学、

农机为主导的科技创新，实现单项技术突破与综合技术集成创新，研究应用基于优质高产协同提高创新理论的棉花轻简、高效、绿色栽培技术体系。

(一)棉花种植模式优化与创新

根据三大棉区棉花生产的特点，改革创新棉田种植制度，建立循环再生的棉田生态农业体系。主要研究棉花优质高产协同提高栽培管理体系、盐碱旱地棉花全程机械化耕作制度、种植模式及栽培技术；研究长江流域麦(油)后直播棉生长发育与纤维品质的关系特性；分别在新疆北疆早熟和南疆中早熟棉区、黄河三角洲和长江中下游沿海沿江环湖棉区创新集成优质棉标准化生产配套技术。

(二)棉花轻简、高效、绿色栽培关键技术创新

主要研究适宜于轻简、高效、绿色生产的棉田种植制度；研究棉花智能化精量播种新技术；研究与机采棉标准化熟性、理想株型及高质量群体相配套的轻简精准棉花生产技术，降低生产成本、节约资源；研究棉花化肥氮磷钾减施增效、肥水一体化的精确施肥技术，并进行基于农业物联网技术的棉花节水减肥增效技术集成与应用；开展以棉花化学脱叶催熟专利技术和产品为主的新型高效物化产品研制和示范，提高棉花产量品质、资源利用效率及生产管理效率；研究棉花理想株型塑造和定量定位化学调控技术、棉花成铃吐絮进程调控与催熟脱叶技术、基于棉花水肥调控一体化的优质生态安全生产技术。

(三)棉花栽培管理技术应用

1. 棉花超高产栽培技术 以具有高产潜力的转基因抗虫杂交棉品种为基础，在长江流域棉区选择夏收作物的早熟茬口麦棉套栽(5月10日左右)或大麦、油菜后移栽，小麦茬口一般不宜作为棉花超高产的栽培茬口类型，综合考虑产量结构、土壤肥力、生育进程、生育指标、农艺指标等，通过棉花7500 kg·hm^{-2}籽棉(盐碱地6000 kg·hm^{-2}以上)栽培管理技术的集成与应用，在稳定棉花品质的基础上提高产量，实现高产高效。

2. 棉花轻简化栽培技术 棉花轻简化生产是指在棉花生产全过程采用轻便简化、节本省工、高产高效技术和物化产品、装备，从而简化和合并作业工序，减少生产环节，节省劳动力，提高棉花生产效率。不同技术水平和不同生产条件下的轻简化栽培内涵和程度不同，现阶段长江流域棉区轻简化栽培技术主要包括通过选用抗虫棉品种、机械直播或轻简化育苗、施用棉花专用配方缓控释肥、机械化田间管理、全程化学调控和化学除草、简化病虫害防控等技术措施。

在长江流域，一是在油棉、麦棉连作种植制度下，利用产量潜力高的杂交棉品种育苗移栽，实现棉花早播、早发、早熟，延长有效开花结铃期，充分发挥杂交棉的个体优势，实现6000 kg籽棉·hm^{-2}以上高产高效技术突破。二是在油(麦)后棉机械化直播种植制度下，通过大幅增加棉花种植密度，充分发挥棉花的群体优势，以空间换取时间，实

现 6000kg 籽棉·hm^{-2} 以上高产高效技术突破。该种植制度可以免除育苗移栽环节，减少用工，降低劳动强度，提高植棉效益，实现轻简、高效、绿色。

3. 盐碱地棉花栽培技术 在中度以上盐碱地（含盐量 4‰～6‰）上植棉困难的主要原因一是出苗立苗难，二是棉花生长发育慢，要进行盐碱地抗盐保苗剂筛选和种植方式研究，创新盐碱地植棉技术，实现 4500kg 籽棉·hm^{-2} 以上栽培技术突破。在轻度盐碱地（含盐量 2‰～4‰）要综合考虑品种、产量结构、土壤肥力、生育进程、生育指标、农艺指标等，通过 6000kg 籽棉·hm^{-2} 以上栽培管理技术的集成与应用，在稳定棉花品质的基础上提高产量，实现轻简、高效、绿色。

第二章 棉花产量形成

种植棉花的最终目的是获得优质高产的皮棉。棉花产量是通过棉株结铃来实现的，结铃时间、棉铃所处空间部位及棉株生理年龄等显著影响棉花产量与产量构成因素（总铃数、铃重、衣分）和纤维品质。因此，根据当地生态和生产条件，在最佳结铃期、最佳结铃部位和棉株最佳生理年龄时多结铃、结优质铃、优化成铃，并协调产量构成因素间的关系，是棉花优质高产栽培技术的关键。

第一节 棉花产量构成及相互关系

明确棉花产量与产量构成因素的关系是棉花高产优质栽培研究和新品种选育的基础工作。

一、棉花产量构成因素

棉花产量一般以皮棉来表示，皮棉产量通常由单位面积铃数（一般用每公顷的铃数来表示）、铃重（单个棉铃籽棉重）和衣分三部分组成。

（一）单位面积铃数

单位面积铃数是收获密度和单株成铃数的乘积，然而这两者是矛盾的，密度越高则单株成铃数越少，所以争取最高总铃数必须使两者协调。公顷铃数通常是构成棉花产量的主导因素，其变化幅度很大。高产田通常公顷铃数达 120 万～150 万个，低产田通常为 30 万～45 万个。

（二）铃重

铃重即单铃重，常以单个棉铃中籽棉的重量来表示。在总铃数相同的情况下，铃重是决定籽棉产量的主要因素。陆地棉铃重一般为 4～6g，大铃品种为 7～9g，小铃品种为 3～4g。铃重除受品种遗传特性的影响外，同一品种同一棉株的不同部位及不同成熟期的铃重均不同，早衰或霜后棉铃或迟熟棉铃都较轻。

（三）衣分

衣分是指皮棉占籽棉重量的百分比（%）。衣分较稳定，主要受品种遗传特性的影响，外界环境条件和棉铃着生部位虽然对衣分有所影响，但相对变化不大。高衣分品种或种质资源衣分可达 50%，低的只有 30% 左右。

二、棉花产量与产量构成因素的关系

一般情况下,以单位面积铃数的变幅最大,对皮棉产量起着主导作用。但并非是绝对的,有时单铃重和衣分的影响也很大,甚至不亚于铃数的作用,这取决于品种、环境条件和栽培管理措施的共同作用。

南京农业大学棉花生理生态实验室研究认为,单位面积铃数与铃重和衣分之间呈负相关,在 2 250kg·hm^{-2} 以上皮棉产量构成因素中,单位面积铃数、铃重和衣分的贡献率分别为 47.78%、26.30%和 24.92%,以单位面积铃数贡献率最大,铃重和衣分间的差异较小;在 1800kg·hm^{-2} 以上皮棉产量构成因素中,单位面积铃数、铃重和衣分的贡献率分别为 52.41%、36.04%和 11.55%;在 1500kg·hm^{-2} 以上皮棉产量构成因素中,单位面积铃数、铃重和衣分的贡献率分别为 58.14%、33.56%和 8.30%,以单位面积铃数贡献率最大,铃重次之,衣分最小。

上述结果表明,在棉花生产中要想获得高产,应该因地制宜,抓住主要因素,兼顾次要因素。例如,生产上创 1500kg·hm^{-2} 以上皮棉产量,既要提高群体生产力,又要提高单株生产力和单铃生产力,三者紧密结合,缺一不可;高产至少有三种途径,即铃数为主型、铃重为主型,以及铃数、铃重和衣分并重型,不同的生态棉区可结合当地的生态条件和品种特性,因地制宜。在主攻单位面积铃数时,保证实收密度,主攻单株结铃数,努力提高单株生产力。铃重和衣分主要取决于品种的遗传特性,选用高铃重、高衣分品种也为创高产提供了有力的保障。

第二节 棉花产量构成因素的形成规律

明确棉花成铃的时间与空间分布规律、成铃与脱落规律、棉株最佳生理年龄与最佳开花结铃期,构建单位面积铃数、铃重、衣分三者协调配合的最佳成铃模式,是实现棉花早熟、优质、高产的关键。

一、棉花成铃的时空分布

棉花自开花至吐絮的这段时间为铃期,要经历棉铃体积增大期、棉铃内部充实期和脱水成熟期,不同时间开花的棉铃和不同部位所结的棉铃,由于所处环境条件的差异,其铃的大小、衣分及纤维品质也有差异,最终必然影响产量和品质。

(一)棉花成铃的时间分布

长江中下游棉区棉花的成铃按季节分为伏前桃(7月20月前结的直径大于 2cm 的成铃)、伏桃(7月21日~8月15日结的成铃)和秋桃(8月16日以后结的成铃),即生产上所谓的"三桃"。有的把秋桃又分为早秋桃(8月16日~8月31日结的成铃)和晚秋桃(9月1日~9月20日结的成铃),则称为"四桃",长江上游棉区和黄河流域棉区把伏前桃的时限提前到 7月15日,特早熟棉区把秋桃的时限提前至 8月10日。

伏前桃为早期铃，它的多少可作为棉株早发稳长的标志，但由于其着生在棉株下部，光照条件差，故烂铃率较高、品质较差，从高产优质出发，其比例不宜过大。一般高产棉田，以占总铃数的 10%～20%为好。伏前桃过多不仅烂铃多，铃重轻，而且对营养生长早期抑制过量，甚至会导致棉株早衰，不仅不利于多结铃、结优质铃，更不利于在最佳结铃期结更多的优质铃。

伏桃是构成产量的主体，由于其所处的外界温光水条件适宜，体内有机养料充足，故铃重大且品质好。高产棉田伏桃一般要占总铃数的 40%～60%，产量占总产量的 60%～70%，所以多结伏桃是优化成铃结构、夺取高产优质的关键。

早秋桃由于所处的环境气温较高、昼夜温差大、光照充足，因此只要肥水充足，早秋桃的成铃率高、铃重较大且品质较好，从优化成铃和高产优质的角度出发，早秋桃仅次于伏桃，也是构成棉花高产优质的主体。一般高产棉田，早秋桃应占 25%左右。

晚秋桃着生在棉株的上部和果枝的外围果节上，是在气温逐渐下降、棉株长势逐渐衰退的条件下形成的，铃重较低且品质较差。晚秋桃的多少可反映棉株生育后期的长势，如晚秋桃过多则表明棉株贪青晚熟，过低则表示棉株早衰，也会影响伏桃和早秋桃的铃重和品质，一般晚秋桃以 10%～15%为宜。

综上所述，伏桃和早秋桃是处于最佳结铃时段的优质铃，是构成棉花产量的主体桃，多结伏桃和早秋桃是夺取棉花高产优质的主攻方向。能否实现以伏桃和早秋桃作为产量的主体，能否多结优质铃，实质上取决于棉花生育进入开花结铃盛期的早迟与气候条件上适合棉铃发育的温光水资源同步的时间长短。进入同步的时间早且延续时间长，就容易实现以伏桃和早秋桃构成产量的主体；对于晚播或棉花徒长形成迟发型的棉花，开花结铃盛期推迟，则进入与最佳结铃条件同步的时间迟且延续时间短，伏桃和早秋桃的比例就少，晚秋桃的比例增多；同样，如果棉株发育过早，在气候进入最佳结铃条件以前就进入开花结铃盛期，特别是早衰型的棉花，同步的时间就更短，伏桃和早秋桃的比例就少，伏前桃的比例就增多。

(二) 棉花成铃的空间分布

棉花成铃的空间分布与产量品质也有密切的关系。

从纵向看，一般正常情况下以棉株中上部(6～12 果枝)的成铃率较高，铃大品质好，下中部(1～6 果枝)次之，上部(13 果枝以上)较低。若棉田因管理不善而营养生长过旺，则棉田过早封行，中下部蕾铃脱落严重，棉花将因其结铃的自动调节功能，导致上部成铃率更高；若棉田中、后期因脱肥脱水而形成早衰，则上部蕾铃大量脱落，所成铃铃重轻、品质差。

从横向看，靠近主茎的内围 1～2 果节，特别是第 1 果节成铃率高，而且铃大品质好；越远离主茎的外围，果节成铃率越低，铃重越轻。栽培上适当密植增产的原因，主要就是增加了内围铃的比例。而内围铃之所以优于外围铃，一是内围铃多是伏桃和早秋桃，其成铃时间正是与气候条件最有利于棉铃发育的时段同步；二是内围铃靠近主茎，得到的有机养料比外围铃多。

二、棉花成铃与脱落

(一)棉花成铃

棉花具有蕾铃脱落习性,特别是进入开花期后,代谢急剧增强,有机营养的消耗大增,棉铃脱落也加重。一般表现为开花后3~5d的脱落最多,8d以上的棉铃脱落很少。正因如此,一般成铃率为30%~40%,低的为25%,最高可达60%。而成铃率的高低则直接影响单位面积铃数的多少,因此提高成铃率是实现棉花高产的关键所在。

一般棉株内围1~2果节的成铃率高于第3果节及以外的外围果节。在南京农业大学棉花生理生态实验室江苏省大丰区大丰稻麦原种场的棉花试验中,3块试验田分别为超高产(136.5万个·hm^{-2})、高产(105.6万个·hm^{-2})、中产(95.3万个·hm^{-2})水平。棉株下、中、上部果枝成铃率差异较大,超高产棉田棉株下、中、上部果枝成铃率分别为31.7%、32.5%、30.4%,高产棉田分别为28.5%、30.1%、26.3%,中产棉田分别为28.4%、29.1%、19.3%,平均分别为29.5%、30.6%、25.3%。在每公顷3.75万株的种植密度条件下,棉株中上部果枝的成铃率较每公顷10.5万株的成铃率明显提高。

(二)棉花蕾铃脱落

棉花蕾铃脱落是棉花生长的自身调节现象,其基本上由内因和外因两种因素引起。内因是由棉株本身的生理原因引起的蕾铃脱落,占总脱落率的70%以上;外因主要是由病虫危害和机械损伤所造成的脱落,两者约占总脱落率的30%。

1. 生态环境的影响

(1) 温度　　大于35℃的高温抑制棉花光合作用,呼吸作用加强,过多消耗有机养料,导致蕾铃脱落,特别是开花盛期遇到高温低湿天气,幼铃脱落加重。

(2) 光照　　光照是影响蕾铃脱落的重要因素,光照不足影响光合产物的制造和向蕾铃的转运,造成蕾铃有机养料缺乏而脱落。在肥水过多、枝叶旺长而荫蔽的棉田,群体中下部光强不足是导致蕾铃脱落的主要因素。

(3) 水分　　水分供应不足,棉株矮小,蕾铃脱落增多;水分供应过多,特别在氮肥过多条件下,引起棉株徒长,造成营养生长与生殖生长失调,蕾铃得不到足够的有机营养而脱落;当棉田积水时,土壤通气不良,根系生长不良,造成蕾铃脱落;开花时下雨,花粉粒遇雨膨胀破裂,丧失活力,影响子房受精,导致棉铃脱落。

2. 栽培措施的影响

(1) 种植密度　　种植密度过大则棉田群体荫蔽,透光通风不良,光合作用减弱,蕾铃脱落增加。

(2) 土壤质地　　土壤板结则通透性差,影响棉花根系生长和微生物活力,养分释放慢,供肥能力弱,导致蕾铃脱落。

(3) 肥料供应　　土壤肥力低,棉田若施肥量少,则棉株生长瘦弱,根系发育不良,叶面积小,光合作用减弱,有机养料制造少,蕾铃脱落多;肥沃棉田若施用氮肥过多,则棉株营养生长过旺,有机营养供给蕾铃减少也会导致蕾铃大量脱落;另外,缺乏微量元素也导致蕾铃脱落。

(4)杂草和病虫防控 大量杂草与棉株争水、争肥、争光,造成棉田荫蔽,光照减弱,光合能力下降,造成蕾铃脱落;棉蓟马、蚜虫、棉叶螨、盲蝽、棉铃虫等危害棉株则直接引起蕾铃脱落,黄萎病、枯萎病等易造成棉叶卷缩、枯黄、脱落,叶面积减少,光合能力降低,制造的有机养料减少,从而引起脱落。

3. 机械损伤 由于田间中耕、施肥、化调、防虫等机械作业次数多,直接将蕾铃碰伤或碰掉。另外,台风、暴雨等强对流天气也会造成大量蕾铃脱落。

三、棉花优化成铃

70%～90%的棉花生物学产量在开花后形成,尤其在集中成铃期积累最多。棉花集中成铃期是一生中转化和储存能量效率最高的时期,称为高光合效能期或高能转化期(一般以单株日成铃大于0.2个的日期为标志)。一般情况下,高能转化期持续时间越长则产量越高。棉叶的高光合效能期、成铃高峰期和当地光热资源高能期相同步,即"三高"同步,可以更有效地优化成铃,大幅度提高产量品质,这是棉花同步栽培的理论基础。同步栽培的理论也是优化成铃,技术核心则是调整结铃期,按照最佳结铃模式结铃,实现优化成铃。

(一)最佳开花结铃期

基于热量分析,棉纤维伸长期需要日平均温度大于16℃;棉纤维次生壁的充实加厚期,需要日平均气温大于19℃,适宜温度为25～30℃。从我国各主要棉区的气候变化来看,都是春、秋季温度较低,夏季温度高,一般6月底7月初即能达到棉花开花结铃所需要的温度,但到棉花生长后期,秋季降温和早霜来临的时间,各地差别很大,一般北方来得早,南方来得晚。按照能收获到产量的有效开花结铃期计算,一般都较长,如黄河流域和长江流域棉区,从6月底、7月初至8月30日,或7月上旬至9月上旬,为55～60d;西北内陆棉区和北部特早熟棉区要短一些。

由此可见,过去受单纯追求产量思路的影响,认为棉花具有无限生长习性,延长棉花开花结铃时间就能获得高产的观点是片面的。现今从优质高产的要求出发,可以看出开花结铃期并不是越长越好,而应树立最佳结铃期和优化成铃的概念。所以,在黄河流域和长江流域棉区,应在优质铃开花期内集中多结伏桃和早秋桃,即尽量增加霜前好花,减少僵烂花和霜后花;在西北内陆棉区和北部特早熟棉区,由于最佳开花结铃期短,应在优质铃开花期内集中多结伏前桃和伏桃。

(二)优质铃的空间部位

无论是铃重和衣分的空间分布,还是纤维品质的空间分布,乃至每粒种子纤维重的空间分布,以果节位而言,均是由内而外递减;就棉株不同部位果枝而言,下部和顶部都有2～3个果枝的铃较差,即使如此,也还足以保证内围1、2果节铃的质量较好;而且从总的情况来看，棉株内围1、2果节的铃，不仅各项经济指标比第3果节及以外果节的高，而且其变动也相对较稳定，是棉株优质铃的空间部位，也称为棉株的优势成铃部位。

棉株的优势成铃部位也是相对的，并不仅指内围铃。我国南、北方棉区的生态条件差异较大，种植密度不同。南方棉区种植密度较低，一味强调促进中部果枝和内围果节多结铃，常会造成总铃数不足而降低产量。

(三) 棉株生理年龄的效应

棉花具有无限的开花结实习性，在相同气候条件下，由于播种、出苗期等的差异，同期开花结的棉铃会处于棉株的不同生育阶段，也就是不同的棉株生理年龄。周治国等通过设计不同的播种期，研究了棉株生理年龄对种子和纤维发育的效应，发现棉株生理年龄相同的棉铃，其棉籽、纤维品质有明显差异，这主要是由温度影响所致；棉株生理年龄仅对秋桃，特别是晚秋桃的棉籽和棉纤维品质性状有显著影响，生理年龄越大，棉籽、棉纤维品质越差；最好的棉籽、棉纤维产生于"壮年"期的棉株。因为棉铃形成时的棉株活力旺盛，光合作用最强，营养器官累积养分多，储存养分的运转快而多，所以冠层中部棉铃的棉籽、棉纤维品质好。早期结的棉铃位于棉株下部，其棉籽和棉纤维受到下部冠层不良环境条件的影响而不如前者，晚期结的棉铃位于棉株上部，在其成长发育过程中所处环境温度较低，光照不足，植株活力较弱，光合效率低，致使棉籽和棉纤维品质低劣。

(四) 最佳成铃模式

了解棉花优质铃开花时间、优质铃的空间部位和优质成铃的棉株最佳生理年龄是为了优化成铃，形成最佳成铃模式。所谓最佳成铃模式，就是要在优质铃的空间部位多结铃，在优质铃的开花期多结铃，在优质成铃的棉株"壮年"期多结铃，此时所结铃的铃重、衣分乃至每粒种子纤维重都较高，而且主要纤维品质指标也较好，从而达到单位面积铃数、铃重、衣分三者的协调配合，有利于实现早熟优质高产。

至于棉花优质铃的空间部位与优质铃开花时间之间是否存在矛盾，按照棉花由下而上和由内而外的开花顺序，棉株内围1、2果节的开花时间应该属于优质铃的开花期内。当然，晚发棉株上部果枝的内围1、2果节的开花时间，就可能推迟到优质铃开花期之后了。为此就需要采取促早栽培的措施，保证棉株达到壮苗早发，力争使棉株内围1、2果节花蕾的开花时间赶在当地的优质铃开花期内。

根据不同生态特点和不同的生产水平，我国棉花生产逐渐形成了长江流域棉区的"小、壮、高"（小群体、壮个体）和西北内陆棉区的"密、矮、早"（大群体、小个体）的技术路线，而黄河流域棉区则是介于两者之间的"中间路线"。随着农业生产形势的急剧变化，农业劳动力成本的急剧上升，棉花生产方式也急需变革，棉花机械化生产的需求尤其迫切，长江流域棉区和黄河流域棉区也需迫切探索适合"密、矮、早"的技术路线。

无论哪个棉区，走哪条栽培技术路线，要实现高产都应该坚持以下原则：首先，要在增加生物学产量的基础上，提高经济系数；其次，在增加单位面积铃数的基础上，提高铃重；最后，争取在最佳结铃期内多结铃，在最佳结铃部位多结铃，在棉株最佳生理年龄多结铃。但是，需要注意的是，一方面，任何技术途径都不是绝对的，密度高低、群体大小及最佳结铃时间和部位也不是绝对的、一成不变的，要随着生态条件、生产条件的变化而调整；另一方面，种植密度作为调控群体大小的基本手段，在一定时期或一定条件下，其增产的幅度不是无限的。西北内陆棉区已经通过提高密度实现了单产水平的大幅度提高，再通过提高密度来进一步提高产量的潜力已经不大，群体反而会出现相反的作用；长江流域棉区在推广应用杂交棉的过程中，密度过稀，棉花自身的补偿、调节能力降低，不利于高产稳产，通过提高密度来提高产量潜力将具有重要意义。

第三章　棉花品质形成

棉花的经济价值主要取决于产量和品质。随着人们生活水平的提高，对棉花的关注已经从只关注产量转变为产量与质量并重。棉花品质主要包括纤维品质和棉籽品质，与棉花纤维和棉籽中物质累积质量密切相关，受棉花品种遗传性，温度、光照、水分等生态因素及栽培措施的显著影响。

第一节　棉纤维品质形成

棉纤维是重要的纺织原料，高度可变的纤维物理性状是纤维加工的基础，影响成纱品质和加工效率。随着棉纺技术的改进、棉纺设备的更新以及消费者观念的改变，纺织业对原棉纤维品质的要求不断提高，棉纤维品质逐渐成为影响一个地区棉花生产的主导因素之一，纤维品质优劣也成为制约原棉市场竞争力的关键因素。

一、棉纤维品质性状分类

（一）棉纤维品质概念

衡量棉纤维品质优劣的主要指标包括纤维长度、纤维强度、马克隆值、细度、成熟度等。

1. 纤维长度　　纤维长度是指纤维伸直时两端间的距离，与成纱质量和纺纱工艺关系密切。表示纤维长度的指标主要有主体长度、品质长度（上半部平均长度）、手扯长度、跨距长度、均匀度、短绒率等。主体长度是指纤维中长度占有比例最多的纤维的长度；品质长度（上半部平均长度）是指比主体长度长的那部分纤维的平均长度，在纺纱工艺中，主要用来确定罗拉隔距，与纺织工业的关系最为密切。

2. 纤维强度　　纤维强度是指纤维拉断时所能承受的最大负荷，以 g、cN 表示。纤维强度因仪器测量原理与操作标准不同分为单纤维强力与断裂比强度两种类型，断裂比强度又分为零隔距比强度和 3.2mm 隔距比强度。零隔距比强度取决于纤维形态特性、纤维素含量与聚合度、纤维超分子结构，受环境影响小，与纺纱品质的关系略低于 3.2mm 隔距比强度。3.2mm 隔距比强度测试结果稳定性较差，但与纺纱关系较好。

3. 马克隆值、细度、成熟度　　纤维细度表示纤维的粗细程度，成熟度是指纤维次生壁的加厚程度，马克隆值综合反映了纤维细度和成熟度，三者与棉纺工艺设备的清杂效率、棉纱外观品质、棉纱强力和可纺性有密切关系，是衡量棉纤维品质的重要指标。

(二)棉纤维等级划分

根据 GB1103.1—2012《棉花 第一部分：锯齿加工 细绒棉》国家标准的规定，棉纤维长度以 1mm 为级距，分级如下：25mm，包括 25.9mm 及以下；26mm，包括 26.0~26.9mm；27mm，包括 27.0~27.9mm；28mm，包括 28.0~28.9mm；29mm，包括 29.0~29.9mm；30mm，包括 30.0~30.9mm；31mm，包括 31.0~31.9mm；32mm，包括 32.0mm 及以上。棉纤维断裂比强度分档（代号）分别为 ≥31cN·tex^{-1}，很强（S1）；29.0~30.9cN·tex^{-1}，强（S2）；26.0~28.9cN·tex^{-1}，中等（S3）；24.0~25.9cN·tex^{-1}，差（S4）；<24.0cN·tex^{-1}，很差（S5）。棉纤维马克隆值分为 5 个等级，分别为 A 级：3.7~4.2。B 级：B1 级，3.5~3.6；B2 级，4.3~4.9。C 级：C1 级，3.4 及以下；C2 级，5.0 及以上。

此外，中国纤维检验局借鉴国际标准，制定了我国优质棉纤维品质的级别划分指标，见表 3-1。

表 3-1 优质棉纤维品质指标

类型	品质指标					异性纤维(g·t^{-1})
	上半部平均长度(mm)	长度整齐度指数(%)	断裂比强度(cN·tex^{-1})	马克隆值	品级	
A（1A）	25.0~27.9		≥28	3.5~5.5	细绒棉 1~4 级	
AA（2A）	28.0~30.9		≥30	3.5~4.9		
AAA（3A）	31.0~32.9	≥83	≥32	3.7~4.2	细绒棉 1~3 级	<4.0
AAAA（4A）	33.0~36.9		≥36	3.7~4.2	长绒棉 1~2 级	
AAAAA（5A）	≥37.0		≥38	3.7~4.2		

二、棉纤维发育与纤维品质形成

棉纤维是由胚珠表皮细胞经分化、发育而形成的单细胞结构，棉纤维细胞起始分化后就不再分裂，开始持续地伸长，最终长度可达其直径的 1000~3000 倍。棉纤维发育过程根据生理代谢过程的不同，可划分为纤维原始细胞的分化和突起(initiation)、纤维细胞的伸长(elongation)、纤维细胞的次生壁合成和加厚(secondary wall thickening)、脱水成熟(maturation)4 个阶段。其中，纤维细胞的伸长发育与次生壁合成和加厚发育有 5~10d 的重叠期。

棉纤维原始细胞的分化是指胚珠表皮细胞分化形成纤维原始细胞的过程，发生在开花前 3d 到开花当天。纤维原始细胞分化形成后，受物质刺激发育为球状或半球状突起并继续伸长。由于品种和环境等因素的不同，纤维突起时间也不同，长纤维细胞的突起在开花当天，短纤维细胞的突起在开花后 4d 或在花后 5~10d。这一时期纤维的发育决定了成熟的纤维是长纤维(早期分化的纤维)还是短绒(晚期分化的纤维)。

棉纤维细胞伸长始于开花当天，此时细胞本身无方向地非极性膨胀，直到纤维的最终直径形成，这一发育阶段确定了纤维细度。开花后 2d 左右，细胞由非极性膨胀转向极性伸长，伸长动态符合"S"形曲线，开花后 5d 伸长速率迅速增加，开花后 5~15d 达最大，此后伸长速率减缓直至停止。纤维伸长持续时间主要取决于品种遗传特性和环境因素，花后 25～35d 伸长停止。在纤维伸长阶段，纤维细胞长度可为其直径的 1000～3000 倍（直径为 20μm），纤维最终长度可达 20～30mm，有的可达 35～40mm。

棉纤维加厚发育期始于花后 16～19d，随品种遗传性和环境的变化，也可能开始于花后 12～18d。花后 30d 次生壁增厚速度加快，花后 40d 增厚最快，花后 40～50d 次生壁增厚停止。在纤维加厚发育期，随着细胞壁厚度的增加，细胞的中腔和外直径逐渐变小，单纤维强力和成熟度逐渐增加，花后 25～45d 是纤维强度、马克隆值和细度形成的关键时期。棉纤维加厚发育及纤维品质的形成与纤维次生壁的建成质量密切相关，而次生壁建成质量又取决于纤维素的合成与积累。在伸长与加厚发育之间 10d 左右的重叠期内，纤维次生壁内侧就开始大量沉积结晶态纤维素。纤维素由 β-1,4-D 葡聚糖的单聚体聚合而成，纤维素聚合度的增加和纤维细胞壁的加厚通过葡萄糖残基在纤维素侧链上的联结完成，聚合度达到 3000 以上的纤维素才具备抗拉伸能力，而初生壁的聚合度一般为 1000～3000，因此在次生壁形成前纤维无机械强力。当棉花纤维素含量<85%时，纤维比强度与纤维素含量成正比；当纤维素含量≥85%时，纤维比强度的形成主要取决于纤维次生壁加厚期纤维素的累积特性。南京农业大学棉花生理生态实验室研究表明：纤维素最大累积速率和快速累积持续期在品种间的变异性最大，前者与纤维比强度呈极显著负相关，后者与纤维比强度呈极显著正相关，且高强纤维的形成是以纤维素平缓累积为基础的。

在花后 45～60d，棉铃开裂、吐絮，纤维开始脱水，细胞死亡，由于纤维束从基部到顶部以螺旋方向沉积，纤维脱水产生内应力，引起表面收缩和转曲。成熟纤维的横切面由外向内依次包括初生壁、次生壁和中腔。这一时期，纤维主要发生脱水扭曲等生物物理变化，最终形成成熟纤维，各品质性状不再变化。

三、影响棉纤维品质形成的因素

棉花品种遗传特性是决定纤维分化、伸长、加厚及品质形成的直接原因。温度、光照、水分等生态因素及棉株生理年龄、果枝部位、外源活性物质和矿质营养等共同决定最终纤维品质优劣。各纤维品质指标形成的时期不同，形成时涉及的发育过程不同，各因子对纤维品质形成的影响大小及时期也有差异。

（一）影响纤维长度形成的主要因素

1. 品种遗传特性 品种遗传特性不同，纤维分化及伸长发育的进程有很大差异，纤维长度因此有较大差异。一般陆地棉纤维伸长期为 25～30d，纤维长度为 21～33mm；海岛棉纤维伸长期为 35d 左右，纤维长度在 33mm 以上。亚洲棉和草棉纤维长度为 15～25mm。

2. 环境因素 纤维长度的形成由棉纤维日伸长速率（average daily growth rate, ADGR）和伸长发育持续时间（fiber elongation period, FEP）共同决定，ADGR 越大、FEP 越长，最终纤维长度就越长。由温度、光照、水分、土壤养分等环境造成的纤维长度的变异能达 10%～24%。

(1) 温度　　棉铃发育期间，15℃的日均温是纤维伸长的下限温度，23.3～25.5℃（日均温）是纤维长度形成的适宜温度。随发育温度下降，纤维快速伸长的起止时间均推迟，快速伸长持续时间缩短，起始伸长速率下降。此外，夜温也显著影响纤维长度的形成，在正常温度范围内，随夜温升高，纤维伸长速率增加，纤维伸长期缩短。15～21℃的夜均温可使纤维达到最大纤维长度，高于或者低于这个范围，则不利于纤维伸长和纤维长度形成。

(2) 光照　　光照不足使纤维伸长发育条件变差，导致伸长速率减慢，伸长期延长，并使最终纤维长度变短，变短幅度随遮阴程度增加而加大。由于纤维长度形成的时期主要是在纤维伸长期，因此光照强度主要是在棉铃发育 20d 内对纤维长度有影响，在 20d 后影响较小。纤维长度与铃龄 15～25d 的日照时数呈显著正相关关系。

(3) 土壤水分　　当水分亏缺导致皮棉产量低于 $700kg \cdot hm^{-2}$ 时，纤维长度将受到影响。水分过多时将导致纤维长度显著降低；水分充足时，形成的纤维较长；水分不足则显著缩短纤维长度，水分胁迫程度越大，则形成的纤维越短。水分胁迫发生时间对纤维长度形成的影响有较大差别，在开花前或者初花期前期，水分胁迫对纤维长度没有影响或影响不显著，但如果水分胁迫发生在开花后或者花后 16d 内的纤维快速伸长期，纤维长度则显著缩短。

3. 栽培措施　　例如，施肥时适量施氮、提高氮素利用率及保持适宜的施氮量均可以提高纤维长度，过高或过低的氮浓度造成了叶片碳、氮代谢失衡，导致光合产物的积累与运输受阻，影响纤维长度的形成。施氮量对纤维长度的影响程度在开花期间存在差异，伏桃纤维长度在施氮量间未达到差异，秋桃在适宜或较高的氮素水平形成的纤维长度显著高于低氮水平。

（二）影响纤维比强度形成的主要因素

1. 品种遗传特性　　在纤维发育过程中，纤维素累积特性存在明显的品种遗传性差异，高强纤维的形成以纤维素平缓累积为基础，且高强纤维品种的纤维发育过程中相关酶活性高，纤维素累积速率平缓且快速累积持续期长，而低强纤维品种的比强度形成过程中的相关生理特性与之相反。

2. 环境因素

(1) 温度　　与纤维长度、细度相比，纤维比强度对环境更为敏感，纤维比强度与最高温度、平均温度和温度日较差均呈显著的正相关关系。温度通过影响纤维加厚发育的进程进而影响纤维的比强度，其中铃期日均温对纤维比强度的影响较大。铃龄 25～50d，24℃的日均温是高强纤维形成的最佳温度，在此温度下纤维素累积量大、累积速率平缓，最终纤维比强度最大；当铃龄 25～50d，日均温降低到 21℃以下时纤维发育相关酶活性及基因表达受到影响，进而影响纤维素累积，导致纤维比强度显著下降；当温度降到 15.0℃左右时，纤维素累积量及累积速率显著降低，最终导致纤维比强度趋于停止。棉花花铃期气象因子对纤维比强度贡献率由大到小依次为≥15℃有效积温、日均温、日温差及最低气温。

棉花品种不同，对温度的响应会有所不同。棉花无限开花结铃的习性使纤维品质的形成受不同开花期的环境条件、植株生理年龄影响较大。晚秋桃纤维发育日均温低于20℃，植株进一步衰老，纤维素累积速率大幅度下降，机体内部生理进程减缓，导致纤维比强度增长缓慢且最终比强度大幅度降低。

(2) 光照　　光照与温度对纤维比强度的影响存在交互作用。在次生壁加厚期，当热量条件满足时，充足的日照可以促进纤维素的累积从而提高纤维比强度；而光照不足会降低纤维中可溶性糖含量，影响纤维素的转化与累积，导致纤维中纤维素含量减少，纤维比强度下降。纤维素合成在花后 16～19d 进入高峰期，并持续到花后 32～40d，在此过程中光照对纤维素累积及纤维比强度形成起重要作用。花后 25～40d 日照时数与纤维比强度呈显著正相关关系。在花后 21～40d 遮阴显著降低纤维比强度，花后 20d 内遮阴次之，花后 41d 到吐絮遮阴影响最小，且相同开花期棉铃随遮阴程度增加，纤维比强度降低幅度增大。

(3) 土壤水分　　水分充足形成高强纤维，水分不足降低纤维比强度。

3. 栽培措施　　例如，施肥时适宜施氮量可以提高纤维比强度，而土壤氮素亏缺或过剩均导致纤维比强度的大幅度下降。过高或过低的氮浓度造成了叶片碳、氮代谢失衡，导致光合产物的积累与运输受阻，影响纤维比强度的形成。施氮量对纤维比强度的影响因水分条件的不同而异，花铃期短期土壤干旱条件下，适量施氮有利于纤维发育过程中纤维素的合成与累积，复水后，纤维发育相关酶活性仍较高，因此最终纤维比强度最强；而过量施氮增大了棉株的蒸腾失水量，加重了棉株受干旱胁迫程度，氮素不足使棉株遭受土壤干旱与缺氮双重胁迫，难以形成高强纤维。

(三) 影响纤维成熟度、细度、马克隆值形成的主要因素

1. 品种遗传特性　　虽然马克隆值主要受品种遗传特性控制，但因环境影响而形成的变异可高达 11%～34%。

2. 环境因素

(1) 温度　　纤维次生壁特性与温度密切相关，温度可通过调节纤维素的合成及其在次生细胞壁的沉积而影响纤维成熟度和马克隆值的形成，尤其是花后 25～40d 的日均温对纤维细度、成熟度和马克隆值的形成的影响更为显著。棉纤维马克隆值和成熟度随花后天数的增加呈线性增长，其变化与开花期、结铃位置等相关的源库调节有关。温度对马克隆值和成熟度的调节主要集中在播种期对开花期的影响研究，因播期而形成的温度变化显著影响马克隆值、成熟度和细度的形成，日均温在 26℃ 以下时，随温度呈线性增长，达到 32℃ 后均下降，32℃ 被认为是适宜纤维发育及纤维品质形成的温度上限。

(2) 光照　　在次生壁加厚期间，光照不足影响纤维素的累积，最终导致纤维马克隆值下降。在热量条件满足的条件下，纤维加厚发育速率与日照时数呈正相关，充足的日照可促进纤维素淀积，提高纤维成熟度。40%和70%遮阴处理均显著降低了纤维马克隆值和成熟度。不同时段光照对纤维马克隆值形成的影响不同，铃龄 20～30d 的纤维次生壁加厚期，遮阴对纤维马克隆值影响最大；周治国等研究证明马克隆值与花后 25～40d

的日照时数呈显著正相关。

(3) 土壤水分　　马克隆值随着灌溉量的增加而降低，棉铃发育期温度适宜时，若土壤水分充足，则纤维成熟度提高，水分胁迫将降低纤维成熟度；花铃期65%~75%土壤相对持水量对纤维细度形成最为有利。

3. 栽培措施　　例如，施肥时适宜的施氮量可以提高纤维成熟度，调节马克隆值达到较为理想的值；氮素不足对纤维的细度、成熟度均有不良影响；增加施氮量可提高马克隆值，但纤维成熟度降低。

第二节　棉籽品质形成

在棉花纤维作为纺织工业原材料的同时，棉籽可以作为生物柴油、新型材料和反刍动物的饲料，其经济价值与棉籽品质密切相关。棉籽品质主要是指棉籽中的油脂和蛋白质含量及其构成，棉籽品质形成受品种遗传特性、环境因素、栽培措施等诸多因素影响。

一、棉籽品质

衡量棉籽品质优劣的指标包括籽指、含油量及不饱和脂肪酸含量、蛋白质含量及蛋白质组成成分等。随着油脂加工工艺的成熟，生物柴油工业和饲料加工工业需要棉籽具有较高含油量、蛋白质含量和不饱和脂肪酸含量。

(一) 籽指

籽指是100粒棉籽的重量，以"g"表示，陆地棉籽指为9~12g。成熟的棉籽是由油脂、蛋白质、氨基酸、碳水化合物及灰分等组成的。粗脂肪和蛋白质占棉仁重量的75%左右，一方面种子中的油脂和蛋白质为种子的发芽提供了碳源和氮源，另一方面油脂和蛋白质则是工业原料和反刍动物的饲料的基础。种子价值的高低直接取决于种子的大小与种子油脂和蛋白质含量及品质的高低。

(二) 油脂

种子油脂储存于油体中，油体基本单位是三酰甘油（TAG），三酰甘油的基本组成单位是脂肪酸，棉籽中脂肪酸包括70%的不饱和脂肪酸和30%的饱和脂肪酸。亚油酸（18∶2）占58%左右，棕榈酸（16∶0）占26%左右，油酸（18∶1）占15%左右。棉仁中油脂的累积时期与储藏蛋白累积的时期具有同步性，油分的累积曲线接近"S"形。棉籽中的脂肪在花后20d内较蛋白质合成慢，之后迅速增加，花后50d左右达到最大值，之后有下降的趋势。生物柴油的加工是将植物或动物油脂通过酯化、裂解、生物酶解等方法以10%~20%的比例添加到化石柴油中。脂肪酸的比例直接影响生物柴油的加工，改良油酸含量是以生物柴油生产为目的的关键。

(三) 蛋白质

脱脂后的棉仁粉，蛋白质含量可以达到42%，且富含各种必需氨基酸，蛋白质主要是非储存蛋白(25%)和储存蛋白(75%)。储存蛋白主要由清蛋白、球蛋白、谷蛋白和醇溶蛋白构成，60%～70%的储存蛋白是 12S 的球蛋白和 2S 的清蛋白，储存于蛋白储存液泡(PSV)中。种子中的游离氨基酸以 Ala、Trp、Gly、Asn、Gln、Leu、Thr、Arg 为主要的氨基酸。赖氨酸和棉酚是限制种子营养品质提高的主要因素。棉花植株不同果枝部位棉籽蛋白质含量不尽相同，果枝部位越高，蛋白质累积时间越长，积累速率减慢，并且蛋白质含量在达到累积高峰值后又有所下降。棉籽蛋白质含量决定了其作为反刍动物饲料的优劣。

二、棉籽发育与油脂和蛋白质形成

棉花的种子是由受精后的胚珠发育而成。成熟的棉籽没有胚乳，结构上可分为种衣（又称为棉籽壳）和种胚（又称为棉仁）两部分。种衣有两个作用：其一，种衣内维管束和转移细胞负责养分向胚的运输；其二，作为外界环境的屏障起着保护种仁的作用。油脂和蛋白质则储存于种仁中的油体和蛋白体中。种子的发育是一系列有序的过程，合适的开花期是植物适应环境的过程。从开花完成受精到生理成熟大致可以分为三个阶段，即胚胎形成期、成熟期和脱水期。第一阶段为胚胎形成期，其主要完成胚胎的早期分化，可以分为球形期、心形期和鱼雷期，棉花开花后 3～5d 受精卵开始第一次分化，6～17d 分化为心形期，心形期大致可以分辨出胚根部分和两片子叶，花后 18d 左右分化为鱼雷期并形成导管组织，此时，胚已基本完成分化，已具有折叠子叶和胚本体的部分（包括胚芽、胚轴和胚根）。第二阶段为成熟期，成熟期油脂和蛋白质在子叶中大量蓄积，此阶段子叶的大小和重量的增加较为明显。第三阶段为脱水期，脱水期种子脱水达到生理成熟，种子脱水过程是由棉子糖家系中低聚糖和半乳糖控制的。

三、影响棉籽油脂和蛋白质形成的主要因素

（一）品种遗传特性

棉籽含油率受环境影响较大，而蛋白质含量则主要取决于品种的基因型，含油量与蛋白质含量呈显著负相关。棉籽含油量、蛋白质含量的变异效应由细胞质遗传、细胞核遗传和母系遗传共同决定。

（二）环境因素

1. 温度 温度决定了棉铃的铃期和铃重，较低的夜温限制棉籽发育，日平均温度低于 15℃不利于油脂积累，20℃以上的日均温有利于棉籽体积增大及油分和蛋白质积累，铃期 15℃的日均温是棉籽油分生物量积累的临界温度。

2. 光照 光照有效辐射影响棉花光合速率，从而影响养分的运输、棉籽蛋白和脂肪的形成。

3. 土壤水分 土壤水分是限制作物产量的重要因素之一，作物同化物对于水分的响应来源于养分的运输速率与经济器官的分配，干旱可以增加养分的运输速率。水分影

响棉籽蛋白和油脂的产量与品质。土壤干旱下渗透压升高延缓棉籽胚珠发育，促使胚芽停留在球形期和心形期的早期。初花期轻度缺水，有利于棉籽的发育，降低棉籽壳仁比，增加蛋白质积累。水分胁迫下棉籽可溶性蛋白含量、淀粉含量均下降，可溶性糖含量增加。

（三）栽培措施

例如，在施肥时，棉籽充实期氮素的供应与需求的平衡决定棉籽产量。施氮量不足会导致植株发育不良、早熟从而导致棉籽产量下降。合理的氮素运筹有利于棉籽蛋白含量的提高，棉籽脂肪含量提高不明显或者下降，不饱和脂肪酸比例上升。同时，生物量、收获指数和棉籽产量显著增加。

第三节 棉纤维、棉籽品质形成的生理生化基础

棉纤维、棉籽品质是在棉纤维发育和种仁发育的基础上形成的，棉仁发育中的碳氮代谢、油脂和蛋白质形成是棉籽品质形成的关键。

一、棉纤维品质形成的生理生化基础

（一）纤维伸长的生理生化基础

棉纤维最终纤维长度由纤维伸长速率和伸长持续期决定，纤维伸长速率大小和伸长持续期长短与纤维伸长发育过程中的膨压大小及细胞壁的松弛等均密切相关。

1. 纤维伸长期膨压产生的物质基础 棉纤维细胞膨胀伸长是多种因素综合作用的结果，包括细胞壁结构特征、膨压的反作用力、细胞壁松弛与更新等过程。细胞膨胀过程中膨压的大小取决于渗透势和吸收水分的运输系数大小，持续而快速地细胞膨胀的关键在于有足够的渗透调节物质。棉纤维伸长期间主要的渗透调节物质包括可溶性糖、K^+和苹果酸，三者占棉纤维细胞膨压的80%，纤维伸长速率和纤维长度均与 K^+/苹果酸的值呈负相关。苹果酸是细胞质重新固定 HCO_3^- 时由磷酸烯醇丙酮酸羧化酶（PEPC）催化而成，而可溶性糖和 K^+ 是由韧皮部外运而来，其中可溶性糖以蔗糖为主。

2. 纤维伸长的调节开关 纤维细胞基部的胞间连丝在 0～9DPA（花后天数）打开，10～15DPA 关闭，16DPA 之后重新打开。10～15DPA 胞间连丝关闭期间，随着蔗糖和 K^+ 的输入，膨压持续增大，细胞迅速伸长；与此同时，蔗糖转运蛋白和 K^+ 转运蛋白的编码基因在纤维中的表达量达到最大，一些伸长期优先表达的蛋白质也呈上调表达；此后，胞间连丝打开，渗透物质造成的膨压减小，伸长速度减慢，一直持续到纤维伸长结束。各基因型胞间连丝关闭持续时间与平均纤维长度呈显著正相关。

3. 纤维伸长膨压产生的动力 细胞膨压所需的渗透调节物质是在质子泵的驱动下进入液泡的，即位于液泡膜上的质子焦磷酸酶（PPase，水解 PPi）和 H^+-ATPase

（V-ATPase，水解 ATP）。这两种酶均可将渗透调节物质转运到液泡中，以维持膨压，从而促进棉纤维细胞的伸长发育。质膜 H^+-ATPase（PM H^+-ATPase）可以逆浓度梯度泵 H^+，形成跨膜电化学梯度与质子梯度，从而提供跨膜运输能量、调节细胞渗透压。质子可穿过质膜运输出胞外，使质外体中的酸性增加，从而导致细胞壁的伸展性发生变化。质子焦磷酸酶是组成性表达，基因表达峰值出现在 20DPA；液泡 H^+-ATPase 和质膜 H^+-ATPase 基因表达量均在纤维膨胀高峰期（12~15DPA）达到最大，之后随次生壁的增厚，表达量逐渐降低。

4. 纤维细胞壁的松弛 棉纤维初生壁主要由纤维素、半纤维素、果胶和少量蛋白质等组成，具有较大的可塑性。棉纤维细胞的伸长还需松弛初生壁的纤维素微纤丝网络及其与基质非纤维素多糖网络之间的连接，β-1,4-内葡聚糖酶、膨胀素（expansin）、木葡聚糖内糖基转移酶（XET）参与了此过程。

β-1,4-内葡聚糖酶通过松弛或剪切棉纤维细胞中的结合物使纤维细胞得以膨胀，其转录表达水平随纤维伸长速率的减慢而降低，在棉纤维伸长期特异表达。

expansin 是非疏水性蛋白，通过断裂纤维细胞壁结构大分子之间的非共价键使细胞壁松弛。陆地棉基因组文库中筛选出的 6 个 α-expansin 基因序列中有 4 个（*GhExp1*、*GhExp2*、*GhExp4*、*GhExp6*）在纤维细胞伸长期表达，其中 *GhExp1* 和 *GhExp2* 属纤维特异性表达，且 *GhExp1* 在纤维细胞中的表达强度明显高于 *GhExp2*，其在 6DPA 时达到峰值，20DPA 后开始下降，表明至少 *GhExp1* 与纤维伸长发育密切相关。

木葡聚糖负责连接纤维素微纤丝，是棉纤维初生壁多聚糖的主要成分，其分子质量的变化与细胞壁的伸展程度密切相关。木葡聚糖内糖基转移酶能够内切木葡聚糖聚合体，将产生的还原末端连接到另一个木葡聚糖链或水分子上，使细胞壁松弛，是植物细胞壁重构过程中的关键酶，在植物生长发育中发挥着重要作用。XET 编码基因的表达有两个高峰：棉纤维快速伸长期和次生壁加厚期，前期可能与细胞壁松弛有关，后期可能与纤维素形成网状结构有关。

5. 纤维伸长发育的激素调控 植物细胞的伸长程度由细胞类型决定，并受到外界环境因素和内源激素的共同调节。其中，生长素、乙烯、赤霉素（GA）及油菜素内酯（BR）在细胞伸长和扩张过程中均具有重要作用。

生长素在棉花开花前 3 天开始累积，其含量在 2DPA 达到峰值，之后缓慢下降至 10DPA 后保持相对稳定，研究发现最终纤维长度与生长素含量成正比。吲哚-3-乙酸（简称吲哚乙酸，IAA），作为最重要的植物生长素，对短纤维品种纤维伸长的促进作用比对长纤维及中等纤维品种的作用更为显著，且短纤维品种中生长素氧化酶（IAAO）的活性比长纤维品种高。通过转基因等手段提高纤维细胞中 IAA 含量，可显著提高棉花皮棉产量，同时降低马克隆值、提高纤维细度。

乙烯在纤维伸长阶段通过诱导或激活 *SuS*、*TUB1* 和 *expansin* 的表达，使细胞壁松弛、细胞骨架重排，从而促进纤维伸长。纤维细胞的伸长速度和细胞中乙烯的释放量显著相关，而乙烯的释放量又与纤维细胞中 *ACO*[1-氨基环丙烷-1-羧酸氧化酶（ACC 氧化酶）的基因]的表达量显著相关：在无纤维的棉花突变体中 *ACO* 不表达，*ACO* 在纤维伸长期表达快速上升,在10～15DPA达到顶峰,20DPA之后表达量开始下降。因此,ACO是棉纤维细胞乙烯合成及纤维伸长的关键酶。

对其他植物激素的研究发现,BR在体外培养的棉纤维分化和伸长发育阶段是必需的。外施GA、BR可以促进棉纤维细胞的伸长,在棉花花蕾喷施BRZ(BR抑制剂)则会阻止纤维细胞分化。

(二)纤维比强度、马克隆值形成的生理生化基础

在棉纤维次生壁加厚期,纤维素的淀积量决定细胞壁的厚度,原纤维的排列方式决定纤维的结晶度,两者构成了纤维强度的结构基础。如果次生壁加厚发育经历的时间长,外界条件适宜,则纤维素的结晶性结构增多,纤维强力就高,反之纤维强力低。因此,棉纤维次生壁的建成和质量与纤维素的生物合成和淀积有关。

1. 纤维加厚发育期物质代谢 成熟棉纤维中纤维素含量占其干重的85%以上,其中,初生壁中纤维素含量占20%～25%,而次生壁的组分几乎是纯的纤维素。因此,纤维素生物合成与累积对棉纤维次生壁建成有重要意义。但纤维素的合成是复杂的,其合成速率、持续时间及最终含量均受到较多因素调控。

纤维素是由β-D-Glc-[1-4]-D-Glc纤维二糖构成的重复结构单位,其基本结构单元是葡聚糖多链组成的微纤丝,微纤丝的直径为2～10nm。目前普遍认为尿苷二磷酸-葡糖(UDPG)是纤维素合成的直接底物,而UDPG是由蔗糖合成酶(Sus)催化生成的。在无纤维的棉花突变体中,胚珠表皮细胞中无蔗糖合成酶基因表达,而野生型的纤维细胞中蔗糖合成酶基因大量表达,因此蔗糖被认为是次生壁纤维素合成的初始底物。棉纤维进入次生壁加厚发育期,除纤维素开始快速累积外,在次生壁加厚初期细胞壁内侧还合成大量的非纤维素物质——β-1,3-葡聚糖(胼胝质)。UDPG一般优先转移葡萄糖基到正在延长的纤维素侧链末端葡萄糖的第4位羟基上,即合成纤维素;而在逆境下细胞受到损伤时,合成的产物不是纤维素而是胼胝质,即β-1,3-葡聚糖。由于β-1,3-葡聚糖与纤维素的合成均以UDPG为底物,因此β-1,3-葡聚糖的沉积与降解对于次生壁的建成质量也有重要作用。

2. 纤维加厚发育相关酶系 在棉纤维发育过程中,物质代谢受到一系列酶的调控。其中,蔗糖合成酶在纤维素合成中起重要作用,为纤维素合成酶输送底物UDPG,尤其是在高速率合成纤维素的次生壁阶段。另外,纤维素合成酶、磷酸蔗糖合成酶、蔗糖酶、β-1,3-葡聚糖酶等在纤维素合成中,也起了一定作用。

棉纤维在次生壁加厚期主要进行纤维素的合成与累积,同时伴随着纤维细胞壁的松弛,而纤维素合成的底物是UDPG。

(1)决定UDPG生成速率的相关酶系

1)蔗糖合成酶:蔗糖合成酶(Sus; EC 2.4.1.13)催化蔗糖(sucrose)+UDP⟵⟶UDP-Glc+果糖(fructose),这个反应虽然是可逆的,但在植物细胞中,蔗糖合成酶主要起降解蔗糖的作用,即朝有利于UDPG生成的方向进行。蔗糖合成酶在次生壁纤维素的快速合

成中起重要作用，蔗糖合成酶编码基因的表达在很大程度上决定了纤维素的合成速率。在通过基因敲除获得的蔗糖合成酶缺陷型植株中发现，在 6DPA 时棉籽表面仍没有纤维，进一步证明蔗糖合成酶在纤维素合成中起限速酶的作用。

蔗糖合成酶分为膜结合型(M-Sus)和可溶性(S-Sus)两种形式，M-Sus 可以直接为 β-葡聚糖的合成提供底物，如纤维素和胼胝质；而 S-Sus 则主要为细胞生长提供所需碳源，如呼吸消耗、细胞骨架的构建及储藏性物质如淀粉的合成。在棉纤维次生壁加厚过程中，至少有 80% 的蔗糖合成酶是膜结合型的。S-Sus 与 M-Sus 之间的相互转化可以精确控制纤维素的合成，棉株受到胁迫时 M-Sus 转化为 S-Sus 以提供细胞生存所需的物质和能量，同时为 β-1,3-葡聚糖合成提供可溶性 UDPG，当条件变好时，S-Sus 转化为 M-Sus 开始纤维素合成。

2) 转化酶：转化酶(Invertase; EC 3.2.1.26)催化蔗糖水解为果糖和葡萄糖，为呼吸作用提供底物。在棉纤维次生壁合成期，转化酶和蔗糖合成酶的高活性与低蔗糖量相关。依据转化酶的酸碱性，可将其分为中性转化酶、酸性转化酶和碱性转化酶三类，其中酸性转化酶在棉纤维发育中起主要作用，其适宜 pH 在 3.0~5.0。依据转化酶所在细胞中的位置，可分为细胞壁结合转化酶(CWIN)、液泡转化酶(VIN)和胞质转化酶(CIN)，三者各有分工：CWIN 为植物花、果实和种子发育过程中所必需，VIN 是己糖累积和细胞膨胀的重要调节因子，针对 CIN 的研究相对较少。高活性的 CWIN 是植物在抵抗逆境产生活性氧所必需的，目前已证实转化酶与植物的抗低温、高温及干旱反应有关。

3) 磷酸蔗糖合成酶：磷酸蔗糖合成酶(SPS; EC 2.4.1.14)催化 6-磷酸果糖和 UDPG 合成磷酸蔗糖，进而在磷酸蔗糖磷酸酶(SPP)作用下形成蔗糖，在这两个酶中，磷酸蔗糖合成酶是调控蔗糖合成速度及含量的关键酶。棉纤维中蔗糖合成酶分解蔗糖，转化酶水解蔗糖均产生果糖，果糖的存在对蔗糖合成酶活性具有抑制作用。因此，纤维细胞中蔗糖合成途径是必需的。

在离体培养的棉纤维中，次生壁加厚时磷酸蔗糖合成酶的活性比初生壁高 2~4 倍；另外，棉纤维中磷酸蔗糖合成酶的大量表达可增加细胞壁厚度，因此 SPS 的活性大小影响次生壁中纤维素的合成速率和最终含量。将菠菜的 SPS 基因转入 SPS 缺陷型的棉花中发现，SPS 增强了棉花叶片中的蔗糖代谢，并可提高非生物胁迫下的纤维品质。在棉纤维中，果糖在磷酸蔗糖合成酶作用下进一步合成蔗糖，为纤维素合成提供底物，这一循环过程对逆境条件下纤维素合成具有一定的调节作用。

(2) 决定 UDPG 消耗速率的相关酶系

1) 纤维素合成酶：纤维素合成酶的主要功能是产生纤维素多聚体——β-1,4-葡萄糖链，有 2000~25 000 个葡萄糖残基。纤维素合成酶是一个复合酶体系，其催化的反应是一个生物化学与物理过程，其中既有酶学反应也有构象变化和晶体化。迄今，广泛接受的纤维素合成酶模型是莲状复合体模型，莲座共 6 个亚基，每个亚基合成 6 条葡萄糖链，形成 36 条链的微纤丝。莲座复合体不仅具有合成酶的功能，也可能具有将葡萄糖链运输到细胞质表面的功能，完整的莲座复合体是合成晶体化纤维素所必需的。在植物不同组织及细胞壁发育的不同阶段，参与合成纤维素的酶系不尽相同，初生壁和次生壁中纤维素聚合度不同，可能就与其建成期参与合成纤维素的酶系不同有关。

2)β-1,3-葡聚糖合酶：β-1,3-葡聚糖合酶又名胼胝质合酶。纤维素合成酶和β-1,3-葡聚糖合酶均在质膜上，使用相同的底物 UDPG，纤维素合成酶直接接受蔗糖合成酶产生的 UDPG，而β-1,3-葡聚糖合酶更多地接受游离态的 UDPG，而且纤维素合成酶的催化亚基与 UDPG 的结合依赖 Mg^{2+}，而β-1,3-葡聚糖合酶与 UDPG 的结合依赖 Ca^{2+}。大多数植物细胞在植物体受到外界环境胁迫时或在细胞壁发育的特定阶段才大量合成β-1,3-葡聚糖。

关于纤维素和胼胝质的合成，目前普遍接受的观点是两者由相同的催化亚基(CesA 亚基)完成，由外界环境决定其具体合成何种物质；另外一种观点则认为两者的合成酶系完全不同，纤维素合成由 CesA 亚基和 Csl 蛋白完成，而合成β-1,3-葡聚糖的酶系可能是 FKS1 蛋白。β-1,3-葡聚糖合酶在纤维初生壁和次生壁上均有活性，并与部分 M-Sus 结合。在胁迫条件下，胼胝质合酶可取代纤维素合成酶与蔗糖合成酶结合，同时，M-Sus 也会向 S-Sus 转化，增加细胞内游离态 UDPG，而胼胝质合酶可利用游离态 UDPG，因此在受胁迫的情况下，高水平的钙和游离态 UDPG 有利于胼胝质合成。

3)β-1,3-葡聚糖酶：β-1,3-葡聚糖酶内切细胞壁中的β-1,3-葡聚糖苷键，产生还原末端。在棉纤维次生壁开始增厚时，β-1,3-葡聚糖酶基因的表达量迅速增加，说明棉纤维次生壁纤维素的大量累积需要高活性的β-1,3-葡聚糖酶。此外，*GhGluc1*(β-1,3-葡聚糖酶编码基因)在纤维伸长期大量表达，参与胼胝质降解，可能会阻止胞间连丝关闭或使胞间连丝重新打开，从而缩短纤维伸长持续期，不利于纤维伸长。在植物染病或处于其他逆境条件下，可诱导细胞大量合成β-1,3-葡聚糖酶，目前倾向于认为它在植物抗病防御反应中起重要作用。

二、棉籽品质形成的生理生化基础

(一)蔗糖降解

油脂和蛋白质都来源于光合产物的运输、分配和累积。蔗糖作为主要的光合产物运输形式，是重要的信号物质和代谢物质，光合器官生成的蔗糖通过珠柄和种衣内的维管束运输到胚胎中供种仁发育和油脂与蛋白质的累积。蔗糖是种子产量形成的基础。蔗糖降解生成的己糖为蛋白质和油脂的蓄积提供了碳源。蔗糖合成酶(Sus)、磷酸蔗糖合成酶(SPS)、蔗糖转化酶(INV)控制着蔗糖向己糖的生成从而控制碳水化合物的流动和种子的发育。调控糖的降解和脂肪酸的合成是调控油脂含量的关键技术手段。Sus 主要控制种子早期分化和储存物质大量累积所需的己糖，在胚中抑制 Sus，会阻碍种子完全发育使种子败育，纤维发育受到显著抑制。而 SPS 则控制种子发育后期蔗糖的降解与己糖的生成。将土豆中 *Sus* 基因转入棉花种子中，种子败育显著减少。蔗糖的降解在细胞质基质完成，脂肪酸的合成在质体中合成，细胞质基质和质体间以 6-磷酸葡萄糖和磷酸烯醇丙酮酸(PEP)进行碳的流动进而决定了脂肪酸的合成所需的碳前体物质。同时，由蔗糖降解产生己糖(果糖、葡萄糖)信号调控着胚胎细胞的分化和胁迫的响应，种子的发育和储存物质的蓄积是由糖信号控制的一系列有序的生命活动。

（二）蛋白质代谢

蛋白质储存于蛋白体中，其合成是利用三羧酸循环(TCA)生成的碳骨架和由土壤中吸收的 NH_4^+、游离氨基酸等物质，经谷氨酰胺合酶(GS)、谷氨酸合酶(GOGAT)等催化合成谷氨酸，进而合成其他氨基酸，最终形成蛋白质。GS催化谷氨酸盐生成谷氨酰胺，GOGAT能够将籽粒中的酰胺类物质转化为谷氨酸，谷氨酸和谷氨酰胺合成是蛋白质合成的核心，通过操控氮的获取和利用以提高关键基因的表达是选育较高的氮素利用效率品种的关键。GS是氮代谢的中心，其活性的高低可以反映氮素同化能力的强弱。GOGAT有两种：一种是依赖于铁氧还原蛋白的谷氨酸合酶，另一种则是依赖于NADH的谷氨酸合酶。GS/GOGAT易受碳氮平衡的调节，而昼夜温差和日均温的波动影响根对于氮素的吸收，氨基酸的吸收直接是通过氨基酸运载体在组织的细胞间运输，氨基酸通透酶(AAP1和AAP8)直接负责将氨基酸运输到种子中，氨基酸通透酶AAP1可以增加种子氨基酸的供应进而增加种子中球蛋白和氮素的含量水平。氨基酸通透酶和调控氨基酸的组成显著影响蛋白质的组成进而影响蛋白质的品质。

（三）脂肪代谢

油脂的生物合成可分为三个阶段：①在质体中将脂肪酸的最初底物乙酰CoA合成为 $C_{16} \sim C_{18}$ 的脂肪酸。②脂肪酸被运输到细胞质的内质网后，碳链延长和脱饱和形成油脂品质。③脂肪酸与甘油被加工成三酰甘油(TAG)，形成的TAG在油体中贮藏。在种子的发育过程中，蔗糖作为合成脂肪酸的主要碳源，从光合器官转运到种子细胞中，通过糖酵解途径转变成己糖，并氧化成脂肪酸合成的前体物乙酰CoA。

第一阶段是合成脂肪酸的过程，其合成是以糖酵解过程中的己糖作为碳骨架，利用磷酸戊糖途径中6-磷酸葡萄糖脱氢酶(G6PDH)催化产生的NADPH为还原力,将丙酮酸、苹果酸在磷酸烯醇丙酮酸羧化激酶(PEPC)和苹果酸脱氢酶作用下参与在质膜上的脂肪酸的合成。乙酰CoA是脂肪酸合成的前体物质，乙酰CoA在乙酰CoA羧化酶(ACCase)作用下生成丙二酸单酰CoA，进而丙二酸单酰CoA在脂肪酸合酶(fatty acid synthase complex, FAs)的作用下进行连续的聚合反应，以每次循环增加2个碳原子，不断增长的酰基碳链又与酰基载体蛋白(acyl carried protein, ACP)结合，使其不被降解，最后在酰基ACP硫脂酶(acyl-ACP thioesterase)的作用下生成酰基ACP。不同碳链长度的酰基ACP，在酰基CoA合成酶(acyl-CoA synthetase)的作用下合成酰基CoA。

第二阶段是油脂品质形成阶段，不饱和脂肪酸决定油脂的品质，是在质体中经过去饱和过程形成的，脂肪酸的品质是由环境、基因型所共同决定的。FAD控制是脂肪酸品质形成的关键，FAD2-1控制油酸向亚油酸的生成，通过调控油酸和亚油酸比例从而决定油脂的品质。值得注意的是，通过转基因的手段将油菜FAD2转入棉花，种子重量降低12%~20%，衣分显著提高，说明油脂品质的形成和纤维的发育需要平衡。

第三阶段是脂肪酸合成三酰甘油(Kennedy途径)的阶段，磷脂酸磷酸酯酶(PPase)和二酰甘油酰基转移酶(DGAT)是三酰甘油积累最为关键的酶，其酶活性或者基因表达量与油脂含量密切相关,在油菜、麻疯树、拟南芥、油橄榄、大豆中均有类似报道,而棉花中则未见报道。同时在植物和动物中 DGAT 具有两种同工酶(DGAT1、DGAT2),DGAT1 和 DGAT2 在油脂的合成和种子重量的形成中起着不同的作用。

三酰甘油具有疏水端和亲水端,在细胞中具有储存不稳定性易于降解的特点,油体是种子中油脂储存的稳定形势。三酰甘油和识别蛋白、磷脂结合的小体为油体。多种油料作物种子都表明:三酰甘油储存在 $0.5\sim2.5\mu m$ 的油体中,油体表面覆盖着 80% 的磷脂和 20% 的油体蛋白。油体有两个重要的功能:一是在发育和萌发的种子中保护油体不被降解,是油体储存的稳定形式;二是油体蛋白控制萌发的种子中与脂肪酶连接的信号,调控种子萌发时油脂的降解。

第二篇 棉花产量品质形成的生理生态基础

第四章　棉花产量品质与光照

光照是作物生长发育的必要因素，是合成光合产物的能量来源。近年来，由于人口激增和环境污染，太阳辐射量降低，尤其在25°N～45°N区域，到达地面的太阳辐射量每10年降低1.4%～2.7%，太阳辐射速率每10年降低6%。在棉花生长季节，阴湿寡照天气频发，由全球变暗和阴湿寡照天气形成的弱光已成为限制棉花产量品质的主要因素。因此，研究光照对棉花产量品质形成的影响，可为生产中应对因太阳辐射量降低引起的产量品质变化提供理论依据，以适应不断变化的气候。

第一节　棉花群体光照

研究太阳辐射对作物产量品质的影响，在大田试验中普遍通过遮阴形成弱光来进行。遮阴不仅改变光照，还改变了作物生长的田间小气候环境，如温度和空气流动性降低、相对湿度升高等，但通过调整遮阴网与作物之间的距离可使光照成为田间小气候环境间变化的最主要因素。

棉花花铃期遮阴试验结果发现，棉花群体光合有效辐射(PAR)日变化呈单峰曲线，随棉株果枝部位上升，PAR显著升高，其受遮阴的影响因时间而异：在正午12:00时受遮阴影响，PAR变化最为显著，降低幅度随时间推移呈先升高后降低趋势(图4-1)。

棉株不同果枝部位PAR受遮阴的影响有所差异：棉株中部和下部果枝处PAR受遮阴影响较棉株上部果枝显著，作物相对光照率(CRLR)80%、CRLR 60%处理下，其群体PAR分别降低19%～21%、36%～38%。不同遮阴处理间的空气温度和相对湿度差异较小(表4-1)。在遮阴导致的棉田小气候环境中，遮阴造成的最大1.5℃空气温度和7%相对空气湿度的差异对纤维发育影响相对较小，而PAR下降幅度达到20%～40%，因此棉花群体PAR降低是遮阴影响纤维发育的主要原因。

表4-1　花铃期遮阴对棉株不同果枝部位田间小气候的影响(2010～2011年)

果枝部位	品种	变化幅度(%)	2010年			2011年		
			PAR	温度	相对湿度	PAR	温度	相对湿度
上部	科棉1号	Δ1	20.37a	1.26a	−2.00a	14.82a	2.17a	−2.74a
		Δ2	29.23b	1.64a	−4.02a	28.21b	2.79a	−5.48b
	苏棉15号	Δ1	18.58a	0.14a	−2.98a	18.22a	1.55a	−1.37a
		Δ2	31.12b	1.15b	−5.10b	33.43b	1.57a	−1.37a

续表

果枝部位	品种	变化幅度(%)	2010年			2011年		
			PAR	温度	相对湿度	PAR	温度	相对湿度
中部	科棉1号	Δ1	22.75a	1.09a	−3.77a	18.12a	2.82a	−1.33a
		Δ2	42.95b	1.85a	−5.94a	34.94b	3.76a	−4.00b
	苏棉15号	Δ1	23.51a	0.66a	−0.29a	20.78a	1.57a	−1.32a
		Δ2	43.26b	1.40a	−4.12b	35.17b	3.14b	−2.63a
下部	科棉1号	Δ1	17.53a	2.00a	−2.66a	22.91a	0.64a	−1.30a
		Δ2	40.97b	2.71a	−5.53b	36.90b	0.96a	−2.60a
	苏棉15号	Δ1	22.51a	1.16a	−0.89a	23.40a	0.31a	−1.32a
		Δ2	42.80b	2.17a	−4.34b	39.05b	0.93a	−3.95b

注：变化幅度[VS=100%×(CRLR 80%或CRLR 60%气象因子值−CRLR 100%气象因子值)/CRLR 100%气象因子值]；Δ1、Δ2分别表示各气象因子在CRLR 80%、CRLR 60%下的变化幅度；同一列中不同小写字母表示在0.05水平差异显著(下表同)，表中数据为3次重复平均值

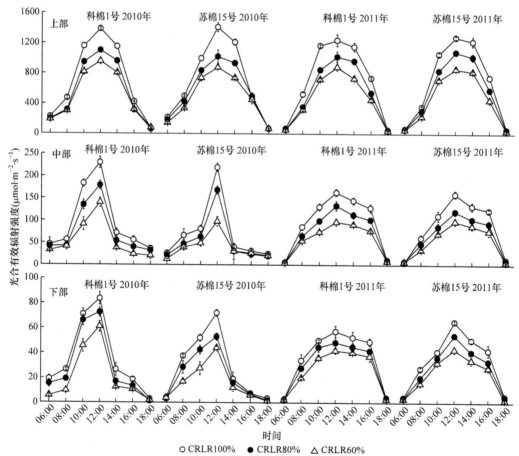

图4-1 花铃期遮阴下棉株不同果枝部位群体光合有效辐射(PAR)的日变化(2010～2011年)

第二节 棉花叶片发育的生理机制与光照

棉花具无限开花结铃习性,供给棉铃发育的物质主要来源于其所在果枝部位的主茎叶及棉铃对位果枝叶,因此棉铃着生部位主茎叶和果枝叶的光合特性、生理代谢及光合产物代谢能力将影响棉铃发育及产量品质形成。研究苗期遮阴对棉花功能叶片光合特性和光合产物代谢的影响,可为主动调控棉株生长发育,充分利用最佳生长季光温资源,实现棉花高产优质提供理论依据。

一、棉花叶片发育与光照

1998年棉花光照试验选择适宜棉麦套种的'中棉所19''春矮早''中9418'3个品种于4月25日播种,每个品种分2组,各播种30盆,间隔2m。播种后即对1组棉花用网眼大小不同的纱网分3阶段遮阴处理(4月25日～5月5日、5月6～31日、6月1～15日)进行模拟遮阴试验,实际光照分别为自然光照的80%、70%、60%,该光照水平可以模拟棉麦两熟3∶1式(100cm种植带,小麦行距20cm,预留空带60cm)套种共生期遮阴环境,另1组为对照(CK)。

1999年光照试验采用棉麦两熟3∶2式(150cm种植带,3行小麦2行棉花,小麦行距20cm,预留空带110cm,平均光照降低15%～20%)和3∶1式(100cm种植带,3行小麦1行棉花,小麦行距20cm,预留空带60cm,平均光照降低20%～30%)两种种植方式,进行大田自然遮阴试验,为消除小麦自然遮阴以外其他因素的干扰,对地下部棉花根系进行人工完全隔离,以棉花单作为对照。小麦选用适宜棉麦套作的晚播早熟品种'鲁麦15号',10月25日播种,棉花选用'中棉所19''中9418'两个品种。

(一)棉苗茎叶结构与光合性能

1. 棉苗叶解剖结构

(1)叶片解剖结构　棉花主茎第3、4叶期是花芽分化始期,该叶位叶片组织结构影响其生理功能,决定花芽分化的方向和优劣。苗期遮阴棉苗叶片变薄(表4-2),遮阴与CK的电镜解剖结构分析比较,'春矮早'差异较小,'中棉所19''中9418'均达极显著水平;遮阴棉苗栅栏细胞(长和宽)大于CK,CK的栅栏细胞大小一致,排列整齐紧密,'中棉所19''中9418'的栅栏细胞密度处理间差异较小,遮阴'春矮早'栅栏细胞密度极显著地低于CK;单个栅栏细胞中叶绿体数处理间差异极显著。

遮阴对不同品种棉苗叶片解剖结构的影响不同,总趋势是遮阴棉苗的叶片变薄,栅栏细胞密度降低,单个栅栏细胞中叶绿体数减少,尤其是单个栅栏细胞叶绿体数与CK的差异达极显著水平。遮阴下'中棉所19''春矮早''中9418'叶片单位长度叶绿体数(个·mm^{-1})较CK分别减少15.59%、19.98%、9.38%(表4-2)。

表 4-2 遮阴对棉花苗期功能叶解剖结构的影响（1998 年）

处理	叶厚度(mm)	栅栏细胞			叶绿体数 (个·mm^{-1})
		长度(mm)	宽度(mm)	密度(个·mm^{-1})	
中棉所 19-CK	327a	114b	13.92b	33.95bc	38.80b
春矮早-CK	302b	113b	16.65ab	41.25a	42.98a
中 9418-CK	295bc	118ab	17.24ab	34.91b	39.25b
平均	308	115	15.94	36.70	40.34
中棉所 19-遮阴	285c	118ab	19.69a	32.48bc	32.75d
春矮早-遮阴	300b	114b	19.69a	31.68c	34.39cd
中 9418-遮阴	270d	124a	18.87a	32.95bc	35.57c
平均	285	119	19.42	32.37	34.24

注：表中数据是 10 片同龄同位叶的平均值

(2)叶绿体超微结构　为深入了解遮阴对棉苗功能叶片叶绿体结构的影响，在电镜下观察 1999 年大田自然遮阴试验棉苗功能叶的叶绿体超微结构（表 4-3），发现遮阴棉苗功能叶叶绿体形状变小，单个栅栏细胞中叶绿体数、单个叶绿体中基粒数及其厚度和淀粉粒数均减少，单个基粒的片层数、比片层数却增加，增加幅度与遮阴程度成正比，棉麦两熟 3∶2 式、3∶1 式叶绿体单基粒片层数较单作棉分别增加 28.57%、55.84%，单叶绿体基粒片层数与单作棉差异较小，单个栅栏细胞基粒片层数 3∶2 式与单作棉差异较小，3∶1 式较单作棉降低 15.07%。

表 4-3 遮阴对棉花苗期功能叶叶绿体超微结构的影响（1999 年）

处理	叶绿体				基粒				
	数目 (个·细胞$^{-1}$)	长度 (μm)	宽度 (μm)	长×宽 (μm^2)	淀粉粒数(个)	基粒数目(个)	厚度 (×10^{-2}μm)	片层数(个)	比片层数(个)
中棉所 19-单作棉	23.0	2.8	0.9	2.5	17.2	14.3	5.50	4.45	81
中 9418-单作棉	25.3	2.8	1.1	3.0	17.8	17.8	5.72	4.13	72
平均	24.2	2.8	1.0	2.8	17.5	16.1	5.61	4.29	77
中棉所 19-3∶2 式	21.4	2.4	1.0	2.3	15.6	14.3	5.15	4.75	92
中 9418-3∶2 式	24.0	3.4	0.8	2.6	15.0	14.6	5.00	5.25	105
平均	22.7	2.9	0.9	2.5	15.3	14.5	5.08	5.00	99
中棉所 19-3∶1 式	17.2	2.7	0.9	2.4	14.5	13.1	4.05	5.10	126
中 9418-3∶1 式	21.9	2.7	1.0	2.6	14.5	13.1	5.20	5.95	114
平均	19.6	2.7	0.9	2.5	14.5	13.1	4.63	5.53	120

注：表中数据是 5 片同龄同位叶的平均值

遮阴对叶绿体超微结构的影响主要表现在叶绿体内的基粒数和基粒厚度，基粒数、基粒厚度随遮阴程度加大而减小，单作棉的基粒数多，基粒形状大且整齐、紧密，基粒片层排列也整齐，棉麦两熟3：2式次之，3：1式最少。

2. 棉苗茎解剖结构 遮阴棉苗茎表皮厚度、厚角组织厚度、皮层厚度与CK的差异较小（表4-4），CK棉苗的茎表皮和皮层细胞整齐一致，排列紧密。遮阴棉苗茎木质部、韧皮部的厚度与CK的差异显著，CK棉苗的茎木质化程度高，形成层和韧皮部发达，维管束中导管大小均匀、壁较厚、排列整齐紧密，CK和遮阴棉苗茎维管束中的导管列数均为6~7列。遮阴棉苗的茎髓直径显著大于CK，平均大14.50%。

表4-4 遮阴对苗期棉花茎解剖结构的影响（1998年）

处理	表皮厚度（μm）	厚角组织厚度（μm）	皮层厚度（μm）	木质部厚度（μm）	髓直径（μm）
中棉所19-CK	14.52a	36.25ab	320bc	350b	1564d
春矮早-CK	13.59ab	31.69c	361a	383a	1688c
中9418-CK	14.52a	37.69a	349a	382a	1631cd
平均	14.21	35.21	343	372	1628
中棉所19-遮阴	14.32ab	34.33b	306c	339c	1782b
春矮早-遮阴	13.44b	35.14ab	348a	382a	1853b
中9418-遮阴	13.78ab	37.53a	340ab	353b	1957a
平均	13.85	35.67	331	358	1864

注：表中数据是10段同位茎的平均值

3. 棉苗叶绿素荧光参数、叶绿素含量和光合性能

（1）叶绿素荧光参数 在叶绿素主要荧光参数中，初始荧光F_o是PSⅡ反应中心全部开放时的荧光，遮阴可降低F_o值（表4-5），最大荧光F_m是PSⅡ反应中心全部封闭时的荧光，强光下F_m值降低是光抑制的特征，遮阴下F_m值较CK增大（表4-5），可变荧光$F_v = F_m - F_o$，F_v/F_m为PSⅡ光化学效率，是反应光抑制程度的可靠指标。两年试验遮阴棉苗的F_v/F_m值均较CK高，品种间表现一致。光化学效率在品种间存在差异，'中9418'棉苗的F_v/F_m值在遮阴和CK中均最高，说明'中9418'既耐强光，又有一定的耐阴能力；其次是'中棉所19'，'春矮早'的耐强光和耐遮阴性相对较差。

表4-5 遮阴对棉花苗期功能叶叶绿素荧光参数的影响（1998~1999年）

年份	处理	初始荧光	最大荧光	可变荧光	PSⅡ光化学效率
1998	中棉所19-CK	532	1765	1233	0.698
	春矮早-CK	560	1642	1099	0.662
	中9418-CK	492	1817	1324	0.728
	平均	528	1741	1219	0.696
	中棉所19-遮阴	499	1962	1463	0.744

续表

年份	处理	初始荧光	最大荧光	可变荧光	PSⅡ光化学效率
1998	春矮早-遮阴	511	1868	1357	0.726
	中9418-遮阴	475	1956	1481	0.757
	平均	495	1929	1434	0.742
1999	中棉所19-单作棉	410	2096	1686	0.804
	中9418-单作棉	416	2133	1717	0.805
	平均	413	2115	1702	0.805
	中棉所19-3∶2式	409	2149	1740	0.810
	中9418-3∶2式	391	2400	2009	0.837
	平均	400	2275	1875	0.824
	中棉所19-3∶1式	405	2141	1736	0.811
	中9418-3∶1式	407	2319	1912	0.824
	平均	406	2230	1824	0.818

注：表中数据是10片同龄同位叶的平均值

(2)叶绿素含量和光合性能 由表4-6可见，1998年试验棉苗功能叶(3真叶)叶绿素含量低于CK，处理间净光合速率因品种而异，'春矮早'净光合速率处理间差异较小，遮阴下'中棉所19''中9418'的净光合速率分别较CK降低15.15%、19.76%。1999年试验棉苗功能叶(4真叶)叶绿素含量和光合性能测定结果与1998年试验趋势一致，棉麦两熟3∶2式棉苗功能叶的叶绿素含量、净光合速率分别较单作棉降低9.80%、20.64%，3∶1式分别较单作棉低11.63%、25.08%。品种间差异两年试验趋势一致，均以'中9418'遮阴棉苗叶片的净光合速率最高。

表4-6 遮阴对棉花苗期功能叶叶绿素含量和光合性能的影响(1998~1999年)

年份	处理	叶绿素含量 ($mg \cdot dm^{-2}$)	净光合速率 ($\mu mol\ CO_2 \cdot m^{-2} \cdot s^{-1}$)	气孔阻力 ($s \cdot cm^{-1}$)	胞间CO_2浓度 ($\mu mol \cdot mol^{-1}$)
1998	中棉所19-CK	6.75	19.8	0.331	283
	春矮早-CK	6.44	16.0	0.510	278
	中9418-CK	7.47	28.4	0.272	281
	平均	6.89	21.4	0.371	281
	中棉所19-遮阴	6.64	16.8	0.514	272
	春矮早-遮阴	6.03	16.6	0.533	271
	中9418-遮阴	7.28	19.9	0.395	273
	平均	6.65	17.8	0.481	272

续表

年份	处理	叶绿素含量 (mg·dm^{-2})	净光合速率 (μmol CO_2·m^{-2}·s^{-1})	气孔阻力 (s·cm^{-1})	胞间 CO_2 浓度 (μmol·mol^{-1})
	中棉所 19-单作棉	3.36	31.7	0.494	233
	中 9418-单作棉	3.52	34.5	0.414	235
	平均	3.44	33.1	0.454	234
1999	中棉所 19-3∶2 式	2.74	24.5	0.492	252
	中 9418-3∶2 式	3.46	28.1	0.411	248
	平均	3.10	26.3	0.452	250
	中棉所 19-3∶1 式	2.84	23.2	0.468	255
	中 9418-3∶1 式	3.23	26.3	0.428	247
	平均	3.04	24.8	0.448	251

注：表中数据是 8 片同龄同位叶的平均值

棉麦两熟共生期遮阴导致棉苗茎叶结构以及功能叶叶绿体的形态和超微结构发生变化，与单作棉比较，叶片变薄，栅栏细胞密度下降，单个栅栏细胞叶绿体数减少，叶绿体变小，基粒数减少，单基粒片层数增多，但遮阴棉苗功能叶单位面积叶绿体数减少，导致总基粒片层数减少，净叶片净光合速率下降。说明遮阴条件下叶绿体基粒片层结构的变化与光合作用关系密切，即净光合速率与叶绿体基粒片层数成正比，基粒片层数愈少，叶片光合速率愈低。与单作棉比较，遮阴棉苗茎解剖结构的木质化程度低、形成层和韧皮部不发达、髓径较大，相应的棉苗抗倒伏能力下降。

伴随茎叶结构和叶绿体超微结构的变化，遮阴棉苗功能叶叶绿素含量降低，光合速率下降，胞间 CO_2 浓度和气孔阻力以与净光合速率大致相反的趋势变化，光化学效率却高于自然光照条件下生长的棉苗，很显然自然光照下净光化学效率较苗期遮阴处理降低不是其光合速率低造成的，净光合速率的高低可能主要取决于 CO_2 同化过程，而与光反应过程无关。

综上，棉麦两熟下不同品种遮阴棉苗功能叶片结构和光合性能的变化不同，适宜品种的选择可在一定程度上缓解棉麦两熟共生期遮阴对棉苗生长发育的不利影响，改善棉苗素质，促进早发早熟，高产优质。

(二) 棉花光合特性与光合产物代谢

1. 棉花光合特性 棉花不同生育时期光合特性差异较大，主茎功能叶净光合速率(P_n)花铃期>蕾期>吐絮期，花铃期细胞间隙 CO_2 浓度(C_i)最大，气孔阻力(R_s)最小(表 4-7)。遮阴棉苗 P_n 在蕾期、吐絮期较 CK 分别降低 16.82%、20.20%，在花铃期差异较小；R_s 在蕾期、花铃期、吐絮期较 CK 分别提高 28.26%、6.02%、5.95%；C_i 无显著差异。

表 4-7 遮阴对棉花功能叶光合特性的影响

果枝	叶位	生育期	净光合速率 ($\mu mol\ CO_2 \cdot m^{-2} \cdot s^{-1}$)		胞间 CO_2 浓度 ($\mu mol \cdot mol^{-1}$)		气孔阻力 ($s \cdot cm^{-1}$)	
			CK	遮阴	CK	遮阴	CK	遮阴
/	主茎第3叶	蕾期	21.4a	17.8b	281a	272a	0.375a	0.481b
/	主茎第14叶	花铃期	31.6a	30.7a	318a	320a	0.083a	0.088b
8	第8果枝第1果叶	花铃期	29.6a	28.9a	324a	329a	0.056a	0.060b
8	第8果枝第1果叶	吐絮期	6.9a	5.7b	301a	296a	0.395a	0.440b
/	主茎第18叶	吐絮期	10.9a	8.7b	289a	292a	0.370a	0.392b
12	第12果枝第1果叶	吐絮期	13.0a	11.7b	281a	285a	0.341a	0.288b

注：表中数据是3个品种的平均值，检验在同一生育时期2个光照水平间进行

棉花果枝功能叶光合特性随生育期的变化规律同主茎叶表现一致。苗期遮阴下 P_n 低于CK，处理间差异在花铃期较小、在吐絮期较大，即使在花铃期两处理 P_n 差异很小的同一叶位叶片，到吐絮期则差异明显；C_i 稍高于CK，但差异不明显；R_s 则高于CK。

分析图 4-2，同一品种棉花功能叶光合特性的处理间差异与3个品种平均值的变化规律（表 4-7）一致，品种间差异均较大，其总趋势在蕾期、花铃期、吐絮期均以'中9418'的 P_n 最大、C_i 最低、R_s 最小。

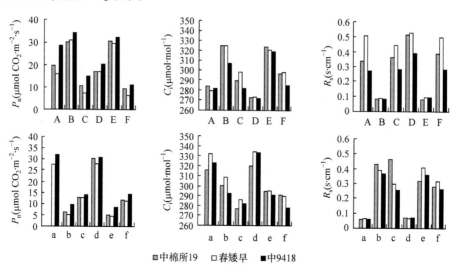

图 4-2 遮阴对棉花不同生育时期功能叶光合特性的影响

A、B、C分别表示对照棉花（CK）第3（蕾期）、14（花铃期）、18（吐絮期）主茎叶，D、E、F分别表示遮阴棉花相同部位主茎叶；a、b、c分别表示对照棉花（CK）第8（花铃期）、8（吐絮期）、12（吐絮期）果枝第1果枝叶，d、e、f分别表示遮阴棉花相同部位果枝叶

2. 棉花叶片碳氮代谢相关物质变化 植物叶片氨基酸含量是衡量氮代谢的重要标志，可溶性糖和淀粉分别是光合产物运转与累积的主要形式。棉花氮代谢旺盛可提高

与光合产物代谢相关酶的活性，延长高酶活性持续期，有利于碳代谢，加快叶片中可溶性糖转化，促进蕾花铃的生长发育。苗期遮阴棉花主茎功能叶氨基酸含量在蕾期低于CK，在吐絮期高于CK，在花铃期差异较小（图4-3），说明苗期遮阴棉花主茎功能叶的氮代谢强度较CK在前期较弱，在后期旺盛；品种间比较，均以'中9418'棉花主茎功能叶氮代谢强度最高。苗期遮阴棉花果枝功能叶氨基酸含量在花铃期高于CK，在吐絮期低于CK，品种间差异表现为'中9418'＞'春矮早'＞'中棉所19'。花铃期时的棉花果枝功能叶（图中CK为a，遮阴为d）生长到吐絮期时已衰老（图中CK为b，遮阴为e），苗期遮阴棉花果枝非功能叶（图中e）的氨基酸含量也高于CK（图中b），品种间氮代谢强度差异的趋势与功能叶相反。

棉花主茎功能叶可溶性糖含量在蕾期最低、吐絮期最高（图4-3）。在蕾期，苗期遮阴棉花主茎功能叶可溶性糖和淀粉含量均低于CK，原因是此时花蕾刚建成，棉株代谢正值由以氮代谢为主向以碳代谢为主过渡，光合产物以淀粉形式累积；在吐絮期，苗期遮阴棉花主茎和果枝的功能叶可溶性糖含量均高于CK（也明显高于蕾期），淀粉累积量也高于CK，尤其在苗期遮阴棉株上部果枝叶片，可能是受气候等影响，向棉铃运输的光合产物量相对减少，不利于上部果枝棉铃的发育；在花铃期，棉花主茎功能叶可溶性糖和淀粉累积量均较低，处理间差异也较小，品种间表现一致，也同花铃期处理间主茎功能叶净光合速率变化规律一致，说明两处理主茎功能叶的碳代谢强度在花铃期均达到较高水平。

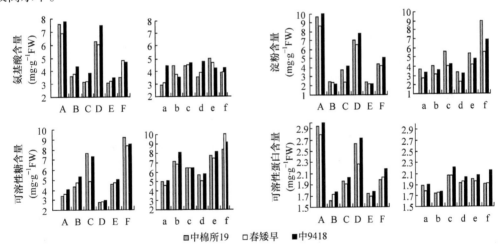

图4-3 遮阴对棉花叶片碳氮代谢相关物质含量变化的影响

A、B、C分别表示对照棉花（CK）第3（蕾期）、14（花铃期）、18（吐絮期）主茎叶，D、E、F分别表示遮阴棉花相同部位主茎叶；a、b、c分别表示对照棉花（CK）第8（花铃期）、8（吐絮期）、12（吐絮期）果枝第1果枝叶，d、e、f分别表示遮阴棉花相同部位果枝叶；FW. 鲜重

叶片可溶性蛋白中，与生长发育有关的酶占较大比例，其含量的多少既能反映叶氮代谢水平和叶片生活力的高低，也是叶片光合产物代谢强弱的重要指标。分析图4-3中棉花主茎功能叶可溶性蛋白含量可知，处理间差异主要在蕾期，苗期遮阴低于CK，在花铃期和吐絮期差异较小。苗期遮阴棉花花铃期的功能果枝叶在花铃期（图中d）乃至到

吐絮期（图中 e，已不再是功能叶），其可溶性蛋白含量均高于 CK（图中 a、b），而吐絮期功能果枝叶（图中 f）的可溶性蛋白含量则低于 CK（图中 c）。

3. 棉花叶片内源保护酶含量和 MDA 含量

（1）过氧化物酶（POD）和过氧化氢酶（CAT）活性　POD 和 CAT 是植物膜脂过氧化过程中重要的保护酶，其作用都是消除植物体内自由基，防止膜脂过氧化，减轻对植物的伤害，两种酶活性此高彼低（图 4-4），棉花主茎功能叶的 POD 和 CAT 活性，前者表现为蕾期<花铃期<吐絮期，后者与其相反，处理间差异在蕾期、花铃期较小，在吐絮期较大，苗期遮阴棉花 POD、CAT 活性均低于 CK。苗期遮阴棉花花铃期功能果枝叶（图中 d）和吐絮期功能果枝叶（图中 f）的 POD、CAT 活性均低于 CK（图中 a、c），花铃期的功能果枝叶（图中 a、d）生长到吐絮期（图中 b、e）也如此。

（2）丙二醛（MDA）含量　MDA 是膜脂过氧化产物，其含量的高低可反映植株细胞抗氧化能力，反映植株生理代谢强弱。棉花主茎功能叶 MDA 含量在蕾期最低、在吐絮期最高（图 4-4），苗期遮阴棉花 MDA 含量在蕾期、花铃期与 CK 差异较小，在吐絮期则显著低于 CK。苗期遮阴棉花果枝功能叶（图中 d、f）MDA 含量低于 CK（图中 a、c），果枝非功能叶变化趋势一致（图中 e、b）。

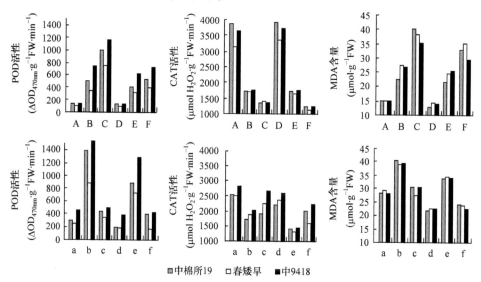

图 4-4　遮阴对棉花功能叶过氧化物酶、过氧化氢酶活性和丙二醛含量的影响

A、B、C 分别表示对照棉花（CK）第 3（蕾期）、14（花铃期）、18（吐絮期）主茎叶，D、E、F 分别表示遮阴棉花相同部位主茎叶；a、b、c 分别表示对照棉花（CK）第 8（花铃期）、8（吐絮期）、12（吐絮期）果枝第 1 果枝叶，d、e、f 分别表示遮阴棉花相同部位果枝叶

综上，遮阴对棉花光合产物代谢的影响在花铃期较小，在蕾期和吐絮期较大。蕾期功能叶片光合速率较高，生理代谢较强，但由于器官刚刚建成，消耗相对较少，有部分光合产物以淀粉形式累积贮存，苗期遮阴棉花可溶性糖含量和淀粉累积量均低于对照，这将不利于其棉株丰产架子建成，延缓棉花生育进程，影响棉铃生长发育对最佳季节的有效利用。在吐絮期，功能叶光合速率最低，但由于生理代谢变弱，光合产物转化受抑

制，导致叶片中可溶性糖累积量最高，光合产物以淀粉形式的累积量最少，苗期遮阴棉花可溶性糖和淀粉含量高于其不遮阴的对照，这样易造成后期棉株营养器官的过度生长，贪青晚熟。另外，苗期遮阴对棉花光合特性及光合产物代谢的影响在棉花品种间差异较大，因此在棉麦两熟栽培中要选择类似本试验中'中9418'等光合性能与光合产物代谢较强的高产优质品种，以减轻棉麦共生期遮阴对棉花中后期生长及棉铃发育的影响。

二、棉花氮代谢与光照

（一）棉花氮代谢相关酶活性

1. 硝酸还原酶（NR） NR是氮素还原的限速酶，易受硝酸盐供应和光照的影响。随遮阴程度加大，花铃期遮阴棉花根系和主茎功能叶的NR活性均显著降低。遮阴处理后15d，CRLR 60%下'科棉1号'和'苏棉15号'棉花根系、主茎功能叶的NR活性较CRLR 100%分别下降23.4%和25.1%、51.8%和50.3%（图4-5），这说明遮阴对棉花叶片氮素还原的影响大于根系。

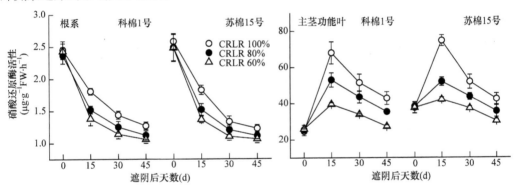

图4-5 花铃期遮阴对棉花根系和主茎功能叶硝酸还原酶（NR）活性的影响

2. 谷氨酰胺合酶（GS）和谷氨酸合酶（GOGAT） 氨态氮同化时首先在GS作用下与谷氨酸（Glu）结合形成谷胺酰胺（Gln），随后在GOGAT作用下形成谷氨酸（Glu），GOGAT活性易受温度、光照和氮素供应形式等影响。在花铃期遮阴下，棉花根系、主茎功能叶的GS活性随生育进程先升后降，GOGAT活性随生育进程降低；两者的酶活性均随遮阴水平增加而降低。遮阴后15d，GS活性变化最为显著，与CRLR 100%比较，CRLR 60%下'科棉1号'根系、主茎功能叶GS活性分别下降51.6%和22.8%，GOGAT活性分别下降38.4%和31.3%；'苏棉15号'根系、主茎功能叶GS活性分别下降53.2%和24.0%，GOGAT活性分别下降39.1%和30.4%（图4-6）。

GS/GOGAT循环是高等植物氮素同化的主要途径，GS、GOGAT活性受多种因子影响，如光照、NO_3^-、NH_4^+等。随遮阴程度加大，棉花根系、主茎功能叶GS/GOGAT活性降低，一方面与遮阴处理下根系代谢活动受到抑制有关，以及与根系吸收的NO_3^-、NH_4^+含量减少，运输到地上部相应减少，不能充分诱导GS/GOGAT活性表达有关；另一方面遮阴抑制叶绿体 GS 2mRNA、Fd_{rex}-GOGAT 活性及其 mRNA 表达。光照强度减弱、根系代谢能力下降、NO_3^- 和 NH_4^+ 含量减少导致棉花氮素 GS/GOGAT 循环活性降低,抑制棉株氮素的吸收与利用。

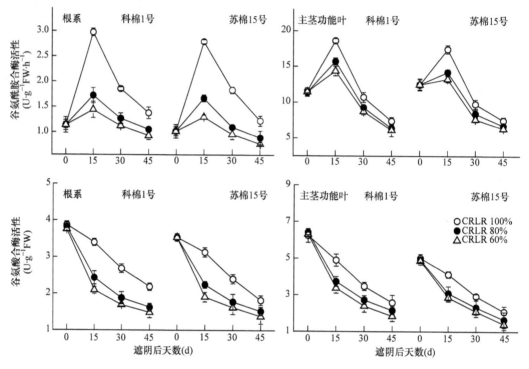

图 4-6 花铃期遮阴对棉花根系和主茎功能叶谷氨酰胺合酶(GS)、谷氨酸合酶(GOGAT)活性的影响

3. 谷氨酸脱氢酶(GDH) GDH 具有双重功能,当植株体内含有过量无机氮源时行使氨同化作用,当植物缺少有机碳源(如黑暗光合作用不能进行)时,分解谷氨酸,为三羧酸循环(TCA)提供碳骨架。花铃期遮阴下,随生育进程推进,棉花根系、主茎功能叶 GDH 活性先升后降;随遮阴程度加大,GDH 活性在遮阴后 0~15d 降低,在遮阴后 15~45d 增加(图 4-7)。

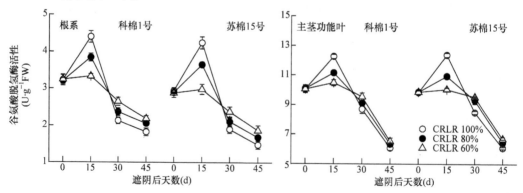

图 4-7 花铃期遮阴对棉花根系和主茎功能叶谷氨酸脱氢酶(GDH)活性的影响

遮阴后 15d 为其活性转折点,此时根系、主茎功能叶的 GDH 活性最高,不同遮阴处理间差异最显著,与 CRLR 100%相比,CRLR 60%下'科棉 1 号'根系、主茎功能叶 GDH 活性分别下降 24.4%和 14.5%;'苏棉 15 号'分别下降 25.5%和 18.9%(图 4-7)。

(二)棉花游离氨基酸含量与可溶性蛋白含量比值(A/P)

游离氨基酸含量与可溶性蛋白含量的比值(A/P)可在一定程度上反映植株体内蛋白质的代谢状况。随生育进程推进,棉花根系、主茎功能叶 A/P 先升后降(图 4-8);随遮阴程度加大,A/P 显著升高。遮阴后 30d,棉花根系、主茎功能叶 A/P 最大,与 CRLR 100%相比,CRLR 60%下'科棉 1 号'根系、主茎功能叶 A/P 分别上升 48.9%和 55.4%;'苏棉 15 号'分别上升 56.1%和 60.1%。

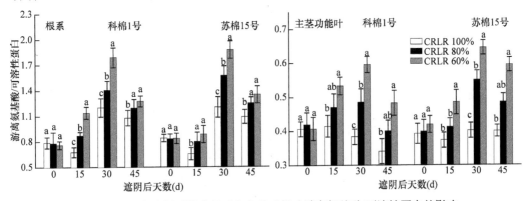

图 4-8 花铃期遮阴对棉花根系和主茎功能叶游离氨基酸/可溶性蛋白的影响
同一图中不同小写字母表示在 0.05 水平差异显著

(三)棉花氮含量和氮累积量

花铃期遮阴后 45d,随遮阴程度加大,棉花根系、主茎功能叶的氮含量和氮累积量显著降低。与 CRLR 100%相比,CRLR 60%下'科棉 1 号'根系、主茎功能叶氮含量分别下降 24.8%和 26.2%,氮累积量分别下降 32.7%和 48.9%;'苏棉 15 号'根系、主茎功能叶氮含量分别下降 28.0%和 30.7%,氮累积量分别下降 37.1%和 51.4%(表 4-8)。

表 4-8 花铃期遮阴对遮阴 45d 后棉花根系、主茎功能叶氮含量和氮累积量的影响

品种	作物相对光照率 CRLR(%)	根系		叶片	
		氮含量(%)	氮累积量(mg·株$^{-1}$)	氮含量(%)	氮累积量(mg·株$^{-1}$)
科棉 1 号	100	1.21a	383.7a	2.48a	69.3a
	80	1.00b	303.2b	2.10b	47.2b
	60	0.91c	258.1c	1.83c	35.4c
苏棉 15 号	100	1.18a	391.3a	2.44a	66.6a
	80	0.95b	297.2b	2.06b	44.9b
	60	0.85c	246.1c	1.69c	32.4c

综上,花铃期遮阴抑制了棉花根系氮素吸收,降低棉花氮素还原、同化能力,导致

棉株氮利用能力降低，根系、主茎功能叶氮累积量减少。遮阴后 15d，棉花氮代谢相关酶活性变化最为显著，此时遮阴显著影响棉株氮素的吸收、还原和同化。遮阴下棉花根系氮代谢能力下降的主要原因是由 GS/GOGAT 循环介导的氮同化能力下降，其次为由 NR 介导的氮还原能力下降；棉花主茎功能叶氮代谢能力下降的主要原因是由 NR 介导的氮还原能力下降，其次是 GS/GOGAT 循环介导的氮同化能力下降。

第三节　棉纤维发育的生理机制与光照

在 2009 年、2010 年、2011 年以'科棉 1 号'（低温弱敏感型）和'苏棉 15 号'（低温敏感型）为供试品种进行棉花花铃期光照试验，待棉花中部果枝（6~8 果枝）第 1、2 果节 50%开花时，选用不同目数的白色遮阴网进行遮阴处理，设置作物相对光照率 CRLR 100%（CK）、CRLR 80%和 CRLR 60% 3 个水平，通过分析不同光照水平下纤维发育与主要纤维品质性状形成的动态变化，阐明光照影响纤维品质形成的生理生态机制。

一、纤维发育物质代谢

（一）蔗糖含量与蔗糖转化率

对绝大多数植物而言，蔗糖是多聚糖合成最初级的碳水化合物。在棉花中部果枝铃纤维发育前期，花铃期遮阴下纤维中的蔗糖含量降低，不同遮阴水平间的差异在花后 10d 达到最大（图 4-9）。

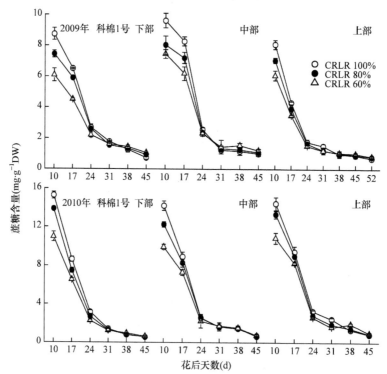

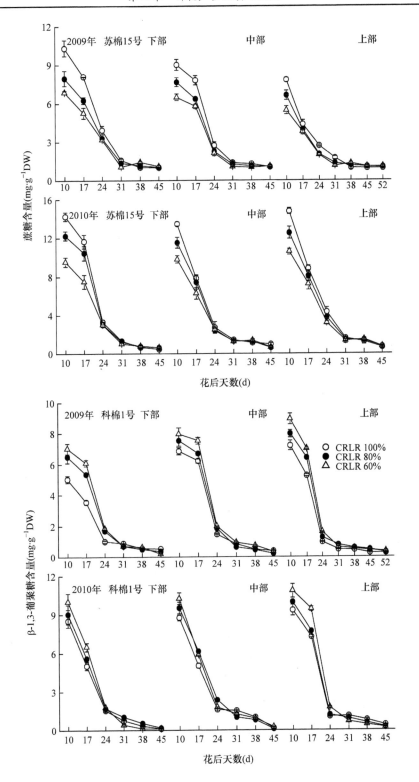

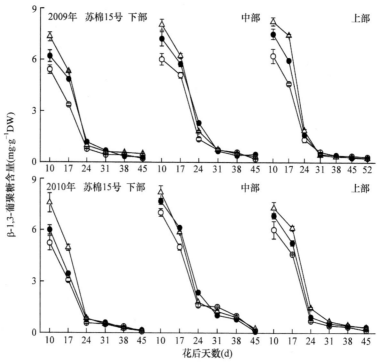

图 4-9 花铃期遮阴对棉花不同果枝部位铃纤维中蔗糖和β-1,3-葡聚糖含量变化的影响(2009~2010 年)

DW. 干重

纤维中最大蔗糖含量仅表征纤维发育初期细胞中可利用的蔗糖含量,不能反映纤维中的蔗糖利用效率,蔗糖转化率[(最大蔗糖含量−最小蔗糖含量)/最大蔗糖含量×100%]可表征纤维中的蔗糖利用效率。花铃期遮阴下棉纤维中的蔗糖转化率显著降低,降低幅度随遮阴水平增加而增大(表 4-9),这说明遮阴抑制了纤维中蔗糖向其他物质如纤维素和胼胝质等的转化。

表 4-9 花铃期遮阴对棉纤维中蔗糖转化率的影响(2009~2010 年)

年份	作物相对光照率 CRLR(%)	科棉 1 号(%)			苏棉 15 号(%)		
		下部	中部	上部	下部	中部	上部
2009	100	90.49a	87.39a	87.01b	89.28a	88.02a	86.67b
	80	88.86ab	85.00b	88.71ab	87.13a	86.23a	87.58ab
	60	85.50b	84.80b	89.63a	83.88b	84.03b	88.82a
	CV(%)	2.35	1.37	1.23	2.56	1.90	1.00
2010	100	90.82a	89.90a	89.95a	90.53a	89.37a	89.03a
	80	90.26a	89.08a	88.98b	89.79a	88.04a	87.87b
	60	87.54b	88.48a	88.36b	87.00b	84.58b	86.46c
	CV(%)	1.60	0.65	0.73	1.71	2.31	1.20

注:CV(%)为变异系数

(二) β-1,3-葡聚糖与纤维素

纤维素合成与累积是纤维次生壁加厚期的主要糖代谢过程,与纤维品质的形成密切相关。花铃期遮阴导致纤维中β-1,3-葡聚糖含量增加,增加幅度与遮阴程度成正比,以花后10d、17d增加较为显著,棉株不同果枝部位间表现一致(图4-9)。棉纤维素含量累积可用logistic曲线模拟,花铃期遮阴对纤维素快速累积持续期影响较小,但可通过降低纤维素最大累积速率而降低纤维素含量,且与遮阴程度呈正相关(表4-10)。

表4-10 花铃期遮阴对棉花不同果枝部位铃纤维素累积的影响(2009~2010年)

棉株果枝部位	相对光照率 CRLR (%)	科棉1号								苏棉15号							
		R^2		T(d)		V_{max}(%·d^{-1})		Y_m(%)		R^2		T(d)		V_{max}(%·d^{-1})		Y_m(%)	
		2009年	2010年	2009年	2010年	2009年	2010年	2009年	2010年	2009年	2010年	2009年	2010年	2009年	2010年	2009年	2010年
下部	100	0.986**	0.985**	17	13	3.6	4.5	93.9	95.0	0.991**	0.953**	20	12	3.2	5.0	93.6	94.9
	80	0.989**	0.989*	17	13	3.5	4.5	90.4	93.7	0.991**	0.965**	20	12	3.1	4.9	92.4	91.9
	60	0.984**	0.984**	17	13	3.4	4.5	87.5	90.7	0.988**	0.973**	21	12	2.9	4.9	88.6	90.8
中部	100	0.997**	0.963**	21	13	2.9	4.7	95.8	94.1	0.987**	0.964**	16	15	3.5	4.1	87.2	96.3
	80	0.995**	0.973**	22	13	2.8	4.6	92.6	91.5	0.991**	0.973**	16	15	3.5	4.1	84.0	91.2
	60	0.993**	0.977**	22	13	2.7	4.5	88.4	89.2	0.987**	0.974**	16	15	3.3	4.0	82.2	88.0
上部	100	0.981**	0.974**	19	14	2.9	4.4	84.5	91.2	0.950**	0.967**	16	16	2.9	3.8	86.0	93.1
	80	0.977**	0.967**	19	14	3.0	4.3	85.6	90.0	0.956**	0.969**	16	16	3.0	3.7	88.2	91.1
	60	0.975**	0.954**	18	14	3.6	4.3	87.7	88.3	0.999**	0.974**	16	16	3.0	3.6	89.5	89.3

注:Y_m、T和V_{max}分别表示纤维素累积理论最大值、快速累积持续期和最大累积速率
*、**分别表示在0.05、0.01水平相关性显著($n=6$,$R^2_{0.01}=0.841$)

花铃期遮阴降低了纤维中蔗糖转化率,说明遮阴抑制了纤维中蔗糖向其他物质如胼胝质(β-1,3-葡聚糖)、纤维素等的转化。但同时发现遮阴下胼胝质含量升高而纤维素含量降低,表明遮阴抑制了蔗糖向纤维素的转化,而胼胝质含量的升高则可能与其抗逆性有关。纤维素含量由纤维素的最大累积速率(V_{max})和快速累积持续期(T)决定,花铃期遮阴显著降低V_{max},T稍有延长,最终降低成熟纤维中纤维素含量(表4-10)。纤维素含量与最大蔗糖含量及蔗糖转化率呈显著正相关,而与β-1,3-葡聚糖呈显著负相关(表4-11),表明蔗糖作为纤维素合成的初始底物,其含量与转化率的高低可调控纤维素的合成与累积,而β-1,3-葡聚糖与纤维素共同竞争合成底物UDPG,因此在合成底物减少的情况下,β-1,3-葡聚糖含量的升高必将导致纤维素含量的降低。

表4-11 棉纤维素含量及其累积特征值与纤维蔗糖含量、蔗糖转化率和β-1,3-葡聚糖含量的相关性分析(2009~2010年)

指标	最大蔗糖含量		蔗糖转化率		β-1,3-葡聚糖含量	
	科棉1号	苏棉15号	科棉1号	苏棉15号	科棉1号	苏棉15号
纤维素	0.54*	0.48*	0.47*	0.47*	−0.59**	−0.11
V_{max}	0.78**	0.70**	0.49*	0.64**	0.67**	0.71**
T	−0.75**	−0.63**	−0.37	−0.48*	−0.63**	−0.64**

注:V_{max}和T分别表示纤维素最大累积速率和快速累积持续期
*、**分别表示在0.05、0.01水平相关性显著($n=18$,$R^2_{0.05}=0.468$,$R^2_{0.01}=0.590$)

二、纤维主要品质性状形成

(一)纤维长度

纤维长度主要形成于纤维伸长期,受伸长期长短及伸长速率的直接影响。用 logistic 模型对花后 5~25d 棉纤维长度变化动态进行模拟,得到纤维长度形成拟合方程均达到极显著水平。遮阴下纤维最大伸长速率降低、纤维快速伸长持续期延长、纤维长度增加,平缓的纤维伸长速率和适当持久的伸长持续期有利于长纤维的形成(表 4-12)。

由表 4-13 可知,纤维长度与最大蔗糖含量相关性较小,与蔗糖转化率呈负相关,说明在正常光照条件下,蔗糖含量的快速降低(过高的蔗糖转化率)使得纤维细胞膨压降低,不利于纤维伸长。纤维伸长的调节开关是胞间连丝,而β-1,3-葡聚糖的沉积和降解分别参与胞间连丝的关闭和开放,且胞间连丝的关闭时间与纤维长度呈正相关。花铃期遮阴下,花后 10d 的 β-1,3-葡聚糖含量显著升高,但到花后 24d 时处理间差异不显著,表明遮阴下β-1,3-葡聚糖的沉积和降解时间延长,从而延长胞间连丝的关闭时间,使纤维伸长持续期延长,使纤维变长。品种间比较,'科棉 1 号'纤维中蔗糖转化率、β-1,3-葡聚糖与纤维长度的相关性大于'苏棉 15 号',表明'科棉 1 号'纤维长度比'苏棉 15 号'更易受蔗糖和β-1,3-葡聚糖的调控。

表 4-12 花铃期遮阴对棉花不同果枝部位铃纤维长度形成的影响(2010~2011 年)

品种	棉株果枝部位	作物相对光照率 CRLR(%)	2010 年				2011 年			
			V_{max} (mm·d^{-1})	T(d)	Len$_m$ (mm)	Len$_{obs}$ (mm)	V_{max} (mm·d^{-1})	T(d)	Len$_m$ (mm)	Len$_{obs}$ (mm)
科棉 1 号	下部	100	2.32	8	28.2	28.0a	2.37	9	31.1	30.0a
		80	2.34	8	29.0	28.9a	2.08	10	31.6	30.5a
		60	1.93	10	29.6	29.1a	1.95	11	31.8	30.6a
	中部	100	3.12	6	27.7	27.6b	2.87	7	28.5	28.6b
		80	2.58	7	28.7	28.5b	2.57	8	29.4	29.0a
		60	2.51	8	31.3	30.7a	2.56	8	30.1	30.0a
	上部	100	2.07	9	29.8	29.3b	2.85	7	30.7	30.6b
		80	2.47	8	30.9	30.3a	2.02	12	32.9	31.0b
		60	1.98	11	31.7	30.5a	1.98	12	33.9	31.6a
苏棉 15 号	下部	100	2.95	6	28.8	29.3b	2.42	8	26.9	27.1b
		80	2.58	8	29.4	30.1a	2.33	8	27.4	27.3b
		60	2.54	8	30.2	30.4a	2.20	9	28.6	28.2a
	中部	100	2.30	8	27.1	26.5b	2.26	9	30.5	29.9b
		80	2.32	8	29.0	28.7a	2.15	10	31.6	30.9ab
		60	2.04	9	30.2	29.7a	1.92	11	32.7	31.8a
	上部	100	2.32	9	29.8	29.0b	2.25	9	30.4	29.8b
		80	1.92	11	32.0	30.9a	2.35	9	30.9	30.3ab
		60	1.84	12	33.4	31.1a	2.18	10	32.6	31.3a

注:Len$_m$、Len$_{obs}$、V_{max} 和 T 分别表示纤维长度理论最大值、实测值、最大伸长速率和快速伸长持续期;同列中不同小写字母表示在 0.05 水平差异显著,表中数据为 3 次重复平均值

表 4-13 棉纤维长度形成特征值和纤维中蔗糖含量与蔗糖转化率、β-1,3-葡聚糖含量的相关性

纤维伸长特征值	最大蔗糖含量		蔗糖转化率		β-1,3-葡聚糖含量	
	科棉1号	苏棉15号	科棉1号	苏棉15号	科棉1号	苏棉15号
纤维长度	−0.64	−0.49	−0.69*	−0.46	0.87**	0.40
纤维最大伸长速率 V_{max}	0.58	0.23	0.78*	0.69*	−0.79*	−0.67*
纤维快速伸长持续期 T	−0.63	−0.34	−0.80**	−0.70*	0.87**	0.56

*、**分别表示在 0.05、0.01 水平相关性显著（$n=9$，$R^2_{0.05}=0.666$，$R^2_{0.01}=0.797$）

(二) 纤维比强度

花铃期遮阴对棉纤维比强度快速增加持续期影响较小，但导致纤维比强度快速增加期（rapid growth, RG）内日均增长速率 V_{RG} 及稳定增加（steady growth, SG）期的日均增长速率 V_{SG} 显著降低，最终纤维比强度降低（表 4-14）；遮阴程度越大，纤维比强度降低越显著。

分析纤维比强度及其形成特征值与纤维发育相关物质含量的关系（表 4-15）可知，花铃期遮阴下纤维中最大蔗糖含量和蔗糖转化率降低，纤维素合成受阻，导致纤维比强度快速和稳定增加期日均增长速率（V_{RG} 和 V_{SG}）降低，进而降低纤维比强度。品种间差异主要表现在纤维素累积特征值与纤维比强度形成特征值的关系上，'科棉1号''苏棉15号'的纤维素最大累积速率分别与 V_{SG}、V_{RG} 呈正相关，纤维素快速累积持续期分别与 V_{SG}、V_{RG} 呈负相关，表明遮阴下'科棉1号''苏棉15号'纤维素累积过程主要是分别通过降低其纤维比强度稳定增加期日均增长速率（V_{SG}）和快速增加期日均增长速率（V_{RG}），导致纤维比强度降低的。

表 4-14 花铃期遮阴对棉花不同果枝部位铃纤维比强度形成的影响（2009~2010 年）

棉花果枝部位	作物相对光照率 CRLR(%)	科棉1号					苏棉15号				
		R^2	T_{RG} (d)	V_{RG} (cN·tex^{-1}·d^{-1})	V_{SG} (cN·tex^{-1}·d^{-1})	Str$_{obs}$ (cN·tex^{-1})	R^2	T_{RG} (d)	V_{RG} (cN·tex^{-1}·d^{-1})	V_{SG} (cN·tex^{-1}·d^{-1})	Str$_{obs}$ (cN·tex^{-1})
					2009 年						
下部	100	0.963**	14	1.71	0.18	30.9a	0.963**	14	1.32	0.21	26.6a
	80	0.974**	14	1.68	0.18	30.6a	0.940**	14	1.26	0.15	24.9b
	60	0.979**	14	1.67	0.18	30.3b	0.977**	14	1.22	0.15	23.9c
中部	100	0.927**	13	1.65	0.19	28.5a	0.977**	13	1.46	0.22	26.6a
	80	0.962**	13	1.56	0.17	27.7b	0.979**	13	1.37	0.22	26.0ab
	60	0.949**	14	1.53	0.17	26.4c	0.965**	13	1.22	0.20	25.2b
上部	100	0.979**	14	1.32	0.20	26.8b	0.968**	14	1.17	0.15	24.5b
	80	0.952**	14	1.26	0.26	27.5ab	0.946**	14	1.10	0.20	25.3ab
	60	0.936**	15	1.26	0.29	28.2a	0.981**	15	1.07	0.25	26.1a

续表

棉花果枝部位	作物相对光照率 CRLR(%)	科棉1号					苏棉15号				
		R^2	T_{RG} (d)	V_{RG} (cN·tex^{-1}·d^{-1})	V_{SG} (cN·tex^{-1}·d^{-1})	Str$_{obs}$ (cN·tex^{-1})	R^2	T_{RG} (d)	V_{RG} (cN·tex^{-1}·d^{-1})	V_{SG} (cN·tex^{-1}·d^{-1})	Str$_{obs}$ (cN·tex^{-1})
					2010 年						
下部	100	0.983**	13	1.49	0.32	30.5a	0.988**	14	1.50	0.23	30.0a
	80	0.967**	13	1.47	0.28	28.9b	0.968**	14	1.44	0.22	28.1b
	60	0.985**	13	1.40	0.28	27.7c	0.977**	14	1.30	0.22	27.1c
中部	100	0.996**	13	1.52	0.33	31.0a	0.989**	12	1.50	0.31	28.7a
	80	0.990**	13	1.40	0.30	30.3a	0.965**	13	1.30	0.30	27.2ab
	60	0.955**	14	1.36	0.27	28.8b	0.982**	13	1.25	0.29	26.1b
上部	100	0.957**	14	1.33	0.31	28.4a	0.965**	13	1.34	0.34	29.1a
	80	0.980**	14	1.24	0.28	26.9b	0.964**	13	1.33	0.32	28.5b
	60	0.951**	14	1.19	0.27	26.1c	0.966**	14	1.23	0.29	26.2c

注：V_{RG} 和 V_{SG} 分别表示纤维比强度快速增加期和稳定增加期的日均增长速率，T_{RG} 和 Str$_{obs}$ 分别表示纤维比强度快速增加持续期和实测最终纤维比强度

**表示在 0.01 水平相关性显著（$n=5$，$R^2_{0.01}=0.919$）

表 4-15　棉纤维比强度形成特征值与纤维发育相关物质的相关性

纤维比强度形成特征值	最大蔗糖含量		蔗糖转化率		β-1,3-葡聚糖含量		纤维素含量		纤维素快速累积持续期		纤维素最大累积速率	
	科棉1号	苏棉15号	科棉1号	苏棉15号	科棉1号	苏棉15号	科棉1号	苏棉15号	科棉1号	苏棉15号	科棉1号	苏棉15号
T_{RG}	−0.60**	−0.40	−0.16	−0.17	0.02	0.22	−0.32	0.24	0.24	0.55*	−0.30	−0.20
V_{RG}	−0.16	0.73**	0.01	0.47*	−0.46	0.08	0.63**	0.47*	0.31	−0.71**	−0.28	0.66**
V_{SG}	0.74**	0.66**	0.50*	0.60**	0.32	−0.01	−0.03	−0.14	−0.79**	−0.41	0.83**	0.39
Str$_{obs}$	0.53*	0.90**	0.49*	0.83**	−0.39	−0.23	0.79**	0.59**	−0.50*	−0.71**	0.51*	0.75**

*、**分别表示在 0.05、0.01 水平相关性显著（$n=18$，$R^2_{0.05}=0.468$，$R^2_{0.01}=0.590$）

（三）纤维细度

纤维细度随遮阴程度增大而增加。通过幂函数模拟纤维细度在纤维发育期内的变化发现（表 4-16），尽管花铃期遮阴条件下纤维细度在纤维加厚发育期内的平均降低速率（Fin$_{des}$）降低，但纤维发育初始时的纤维细度（Fin$_{OSWSP}$）增加，最终成熟期纤维细度增加。

表 4-16　花铃期遮阴对棉花不同果枝部位铃纤维细度形成的影响（2009~2010 年）

棉株果枝部位	作物相对光照率 CRLR(%)	科棉1号				苏棉15号			
		R^2	Fin$_{OSWSP}$ (m·g^{-1})	Fin$_{des}$ (m·g^{-1}·d^{-1})	Fin$_{obs}$ (m·g^{-1})	R^2	Fin$_{OSWSP}$ (m·g^{-1})	Fin$_{des}$ (m·g^{-1}·d^{-1})	Fin$_{obs}$ (m·g^{-1})
					2009 年				
下部	100	0.910*	11 845	195	5 757b	0.930**	11 623	204	5 957b
	80	0.908*	11 930	189	5 878ab	0.950**	12 081	201	6 121ab
	60	0.919*	11 984	184	6 117a	0.967**	12 150	199	6 183a

续表

棉株果枝部位	作物相对光照率 CRLR(%)	科棉1号				苏棉15号			
		R^2	Fin_{OSWSP} $(m \cdot g^{-1})$	Fin_{des} $(m \cdot g^{-1} \cdot d^{-1})$	Fin_{obs} $(m \cdot g^{-1})$	R^2	Fin_{OSWSP} $(m \cdot g^{-1})$	Fin_{des} $(m \cdot g^{-1} \cdot d^{-1})$	Fin_{obs} $(m \cdot g^{-1})$
中部	100	0.973**	12 139	188	5 790b	0.962**	11 538	189	5 823b
	80	0.980**	12 208	188	5 878ab	0.961**	12 034	188	5 911b
	60	0.962**	12 649	186	6 084a	0.972**	12 079	187	6 117a
上部	100	0.785**	9 870	90	6 217a	0.907**	11 040	118	6 340a
	80	0.880**	10 353	107	6 104ab	0.925**	11 541	124	6 088ab
	60	0.923**	10 960	123	5 990b	0.955**	12 344	142	5 993b
2010年									
下部	100	0.906*	10 576	140	6 297b	0.990**	10 229	127	6 097b
	80	0.870*	10 702	137	6 447b	0.983**	10 478	126	6 347ab
	60	0.908*	10 740	129	6 715a	0.951**	10 601	119	6 649a
中部	100	0.903*	10 236	119	6 863b	0.960**	10 367	110	6 863b
	80	0.799*	10 464	116	7 013ab	0.934**	10 585	108	7 013ab
	60	0.821*	10 853	116	7 249a	0.903*	10 987	107	7 249a
上部	100	0.957**	10 334	111	6 663a	0.999**	13 685	191	6 697b
	80	0.973**	10 548	110	6 780a	0.994**	13 730	185	6 980ab
	60	0.996**	10 780	109	6 882a	0.998**	14 033	180	7 216a

注：Fin_{OSWSP}、Fin_{obs} 分别表示纤维加厚起始、最终的纤维细度值，Fin_{des} 表示纤维加厚发育期细度降低的平均速率；同列中不同小写字母表示在 0.05 水平差异显著

*、**分别表示在 0.05、0.01 水平相关性显著（$n=5$, $R^2_{0.05}=0.771$, $R^2_{0.01}=0.919$; $n=6$, $R^2_{0.05}=0.658$, $R^2_{0.01}=0.841$）

纤维细度及其形成特征值与蔗糖转化率、成熟纤维的纤维素含量相关性均不显著（表 4-17），纤维细度及加厚发育期内细度平均降低速率（Fin_{des}）与纤维素最大累积速率呈显著正相关，表明纤维细度的形成与纤维素的合成和累积关系密切。此外，'科棉 1 号'纤维细度与纤维素快速累积持续期（T）呈显著负相关，其形成特征值与 T 呈显著正相关；'苏棉 15 号'纤维细度及其形成特征值与 T 相关性均不显著。同样，'科棉 1 号'纤维细度及其形成特征值与 β-1,3-葡聚糖含量显著相关，'苏棉 15 号'仅 Fin_{des} 与 β-1,3-葡聚糖含量呈显著负相关。

表 4-17 纤维细度及其形成特征值与纤维发育相关物质的相关性

品种	纤维细度形成特征值	最大蔗糖含量	蔗糖转化率	β-1,3-葡聚糖含量	纤维素含量	纤维素快速累积持续期	纤维素最大累积速率
科棉1号	Fin_{OSWSP}	−0.54*	−0.42	−0.55*	0.16	0.65**	−0.38
	Fin_{des}	−0.41	−0.19	−0.70**	0.39	0.54*	0.50*
	Fin_{obs}	0.60**	−0.11	0.55**	−0.43	−0.78**	0.80**
苏棉15号	Fin_{OSWSP}	−0.07	−0.20	−0.46	0.37	0.43	−0.42
	Fin_{des}	−0.20	−0.40	−0.56*	0.29	0.43	0.51*
	Fin_{obs}	0.50*	0.35	0.14	−0.21	−0.31	0.48*

*、**分别表示在 0.05、0.01 水平相关性显著（$n=18$, $R^2_{0.05}=0.468$, $R^2_{0.01}=0.590$）

(四) 纤维成熟度

花铃期遮阴显著降低纤维最大成熟速率[$V(Mat)_{max}$]，但对纤维快速成熟持续期[$T(Mat)$]影响较小（表 4-18）。纤维中最大蔗糖含量与纤维成熟度（Mat_{obs}）及其最大成熟速率[$V(Mat)_{max}$]呈显著正相关，与纤维快速成熟持续期[$T(Mat)_{max}$]呈显著负相关（表 4-19）；蔗糖转化率与纤维成熟度理论最大值（Mat_m）及其最大成熟速率[$V(Mat)_{max}$]呈正相关，与纤维快速成熟持续期[$T(Mat)_{max}$]呈负相关；纤维素快速累积持续期与 $T(Mat)_{max}$ 呈显著正相关，纤维素最大累积速率与 $V(Mat)_{max}$ 呈显著正相关，而纤维素含量与 Mat_{obs} 呈显著正相关；β-1,3-葡聚糖含量与纤维成熟度及其形成特征值相关性均不显著。

表 4-18 花铃期遮阴对棉花不同果枝部位铃纤维成熟度形成的影响（2009~2010 年）

果枝部位	作物相对光照率 CRLR(%)	科棉 1 号					苏棉 15 号				
		R^2	$V(Mat)_{max}$	$T(Mat)_{max}$	Mat_m	Mat_{obs}	R^2	$V(Mat)_{max}$	$T(Mat)_{max}$	Mat_m	Mat_{obs}
2009 年											
下部	100	0.981**	0.069	17	1.74	1.72a	0.971**	0.075	15	1.70	1.66a
	80	0.952**	0.067	16	1.64	1.62b	0.979**	0.073	15	1.64	1.61ab
	60	0.968**	0.061	17	1.59	1.57b	0.997**	0.069	15	1.57	1.57b
中部	100	0.960**	0.049	26	1.92	1.78a	0.998**	0.069	16	1.70	1.68a
	80	0.991**	0.048	26	1.81	1.72ab	0.987**	0.067	16	1.76	1.62ab
	60	0.947**	0.047	26	1.75	1.66b	0.998**	0.064	16	1.59	1.56b
上部	100	0.907**	0.048	20	1.60	1.58a	0.966**	0.066	16	1.64	1.64a
	80	0.937**	0.051	21	1.63	1.61a	0.969**	0.067	17	1.67	1.66a
	60	0.988**	0.055	20	1.63	1.62a	0.982**	0.067	17	1.71	1.70a
2010 年											
下部	100	0.971**	0.085	14	1.79	1.78a	0.943**	0.069	17	1.81	1.73a
	80	0.989**	0.077	15	1.75	1.73ab	0.976**	0.065	18	1.69	1.67ab
	60	0.995**	0.068	17	1.71	1.69b	0.980**	0.060	18	1.65	1.61b
中部	100	0.973**	0.076	16	1.81	1.79a	0.971**	0.067	17	1.69	1.67a
	80	0.956**	0.069	17	1.75	1.74ab	0.959**	0.063	17	1.66	1.63a
	60	0.979**	0.063	18	1.72	1.71b	0.974**	0.054	19	1.63	1.58b
上部	100	0.978**	0.075	15	1.71	1.71a	0.949**	0.047	24	1.70	1.56a
	80	0.965**	0.071	16	1.68	1.66b	0.967**	0.042	25	1.65	1.53a
	60	0.968**	0.067	16	1.65	1.60c	0.987**	0.039	26	1.54	1.47b

注：$V(Mat)_{max}$、$T(Mat)$、Mat_m、Mat_{obs} 分别表示纤维最大成熟速率、快速成熟持续期、成熟度理论最大值、实测最终纤维成熟度

**表示在 0.01 水平相关性显著（$n=5$, $R^2_{0.05}=0.919$; $n=6$, $R^2_{0.01}=0.841$）

表 4-19 纤维成熟度及其形成特征值与纤维发育相关物质的相关性

纤维成熟度形成特征值	最大蔗糖含量		蔗糖转化率		β-1,3-葡聚糖含量		纤维素含量		纤维素快速累积持续期		纤维素最大累积速率	
	科棉1号	苏棉15号	科棉1号	苏棉15号	科棉1号	苏棉15号	科棉1号	苏棉15号	科棉1号	苏棉15号	科棉1号	苏棉15号
$V(Mat)_{max}$	0.80**	0.48*	0.58*	0.50*	0.34	−0.03	0.08	0.51*	−0.89**	−0.21	0.88**	0.49*
$T(Mat)_{max}$	−0.60**	−0.51*	−0.51*	−0.34	−0.36	−0.01	0.04	−0.42	0.91**	0.53*	−0.85**	−0.24
Mat_m	0.43	0.33	0.13	0.50*	−0.08	0.09	0.43	0.34	0.08	−0.35	0.06	0.36
Mat_{obs}	0.66**	0.01	0.36	0.34	0.06	0.18	0.52*	0.64**	−0.28	−0.15	0.41	0.21

*、**分别表示在 0.05、0.01 水平相关性显著($n = 18$, $R^2_{0.05} = 0.468$, $R^2_{0.01} = 0.590$)

(五) 纤维马克隆值

用 logistic 方程模拟纤维马克隆值的形成,拟合方程均达极显著水平。花铃期遮阴下马克隆值显著降低(表 4-20),究其原因是遮阴下纤维马克隆值快速增加持续期 $[T(Mic)_{max}]$ 延长,马克隆值增加的最大速率 $[V(Mic)_{max}]$ 降低。

纤维中最大蔗糖含量与纤维马克隆值(Mic_m, Mic_{obs})及其快速增加持续期 $[T(Mic)_{max}]$ 均呈显著正相关;蔗糖转化率与纤维马克隆值(Mic_m, Mic_{obs})呈显著正相关;β-1,3-葡聚糖与纤维马克隆值增大的最大速率 $[V(Mic)_{max}]$ 呈显著负相关,而与 $T(Mic)_{max}$ 呈显著正相关;纤维素含量与 Mic_{obs}、$V(Mic)_{max}$ 均呈显著正相关;纤维素快速累积持续期与 $T(Mic)_{max}$ 呈显著正相关,而与 Mic_m、$V(Mic)_{max}$ 呈显著负相关;纤维素最大累积速率与 Mic_m、$V(Mic)_{max}$ 呈显著正相关,而与 $T(Mic)_{max}$ 呈显著负相关(表 4-21)。

表 4-20 花铃期遮阴对棉花不同果枝部位铃纤维马克隆值形成的影响(2009~2010 年)

果枝部位	作物相对光照率 CRLR(%)	科棉1号					苏棉15号				
		R^2	$V(Mic)_{max}$	$T(Mic)_{max}$	Mic_m	Mic_{obs}	R^2	$V(Mic)_{max}$	$T(Mic)_{max}$	Mic_m	Mic_{obs}
		2009 年									
下部	100	0.982**	0.26	13	4.38	4.37a	0.917*	0.29	12	4.15	4.14a
	80	0.979**	0.24	13	4.12	4.12b	0.771*	0.27	12	4.01	3.98ab
	60	0.971**	0.22	14	3.91	3.90c	0.801*	0.26	12	3.89	3.86b
中部	100	0.975**	0.27	13	4.46	4.43a	0.999**	0.25	11	4.07	4.06a
	80	0.988**	0.23	14	4.26	4.23b	0.988**	0.23	11	3.99	3.89b
	60	0.981**	0.19	15	3.99	3.97c	0.977**	0.23	11	3.76	3.74b
上部	100	0.911**	0.15	19	4.21	4.17a	0.926**	0.19	13	4.20	4.18a
	80	0.949**	0.16	19	4.28	4.24a	0.942**	0.20	14	4.28	4.26a
	60	0.985**	0.17	19	4.37	4.32a	0.957**	0.21	14	4.39	4.35a

续表

果枝部位	作物相对光照率 CRLR(%)	科棉1号					苏棉15号				
		R^2	$V(Mic)_{max}$	$T(Mic)_{max}$	Mic_m	Mic_{obs}	R^2	$V(Mic)_{max}$	$T(Mic)_{max}$	Mic_m	Mic_{obs}
						2010年					
下部	100	0.982**	0.19	18	5.13	5.09a	0.971**	0.19	16	4.43	4.37a
	80	0.969**	0.15	21	4.89	4.73b	0.982**	0.16	17	4.20	4.10b
	60	0.984**	0.13	22	4.49	4.25c	0.942**	0.14	19	3.99	3.81c
中部	100	0.978**	0.19	18	5.01	4.88a	0.989**	0.18	17	4.66	4.52a
	80	0.999**	0.17	18	4.73	4.61b	0.989**	0.17	17	4.45	4.29ab
	60	0.987**	0.16	18	4.29	4.19c	0.989**	0.15	19	4.21	4.03b
上部	100	0.977**	0.12	26	4.68	4.25a	0.988**	0.21	16	5.18	4.88a
	80	0.970**	0.11	27	4.57	4.09ab	0.998**	0.20	17	5.16	4.71a
	60	0.985**	0.11	27	4.41	3.91b	0.987**	0.19	17	4.92	4.48b

注：$V(Mic)_{max}$、$T(Mic)_{max}$、Mic_m、Mic_{obs}分别表示马克隆值增加的最大速率、快速增加持续期、理论最大值、实测值

*、**分别表示方程决定系数在0.05、0.01水平相关性显著（$n=5$, $R^2_{0.05}=0.7710$, $R^2_{0.01}=0.9191$; $n=6$, $R^2_{0.05}=0.6584$, $R^2_{0.01}=0.8413$）

表4-21　纤维马克隆值及其形成特征值与纤维发育相关物质的相关性

品种	马克隆值形成特征值	最大蔗糖含量	蔗糖转化率	β-1,3-葡聚糖含量	纤维素含量	纤维素快速累积持续期	纤维素最大累积速率
科棉1号	$V(Mic)_{max}$	−0.41	−0.02	−0.84**	0.72**	−0.55*	0.52*
	$T(Mic)_{max}$	0.59*	0.15	0.80**	−0.42	0.62**	−0.60**
	Mic_m	0.90**	0.69**	0.38	0.27	−0.66**	0.71**
	Mic_{obs}	0.65**	0.68**	0.02	0.66**	−0.40	0.45
苏棉15号	$V(Mic)_{max}$	−0.37	−0.41	−0.69**	0.53*	−0.64**	0.68**
	$T(Mic)_{max}$	0.61**	0.45	0.48*	0.09	0.54*	−0.68**
	Mic_m	0.68**	0.61**	−0.22	0.05	−0.11	0.18
	Mic_{obs}	0.66**	0.65**	−0.30	0.54*	−0.03	0.11

*、**分别表示在0.05、0.01水平上相关性显著（$n=18$, $R^2_{0.05}=0.468$, $R^2_{0.01}=0.590$）

花铃期遮阴降低了纤维中最大蔗糖含量、蔗糖转化率和纤维素最大累积速率，纤维素合成与累积受阻，从而导致纤维成熟度和马克隆值的最大增加速率[$V(Mat)_{max}$、$V(Mic)_{max}$]及加厚发育期内细度平均降低值（Fin_{des}）降低，最终显著降低纤维成熟度和马克隆值。但是与Fin_{des}的降低幅度相比，纤维加厚起始期的纤维细度（Fin_{OSWSP}）的上升幅度更大，因此遮阴下的纤维细度升高。此外，纤维成熟度和马克隆值在与纤维发育相关物质的关系不一致：纤维最大蔗糖含量和蔗糖转化率可通过影响$V(Mat)_{max}$而影响纤维成熟度的形成，但不能通过影响$V(Mic)_{max}$而改变马克隆值，马克隆值的降低主要是由纤维素累积造成的。

综上,花铃期遮阴下蔗糖转化率降低及β-1,3-葡聚糖沉积和降解时间的延长,导致纤维细胞膨压持续时间延长,纤维长度增加。花铃期遮阴下,纤维中蔗糖含量和蔗糖转化率降低,β-1,3-葡聚糖含量升高,纤维素最大累积速率降低,抑制了纤维素的合成与累积,使得纤维比强度、成熟度和马克隆值降低,纤维细度升高。品种间差异主要表现在部分指标在处理间的变化幅度上:'苏棉15号'纤维中最大蔗糖含量、蔗糖转化率、β-1,3-葡聚糖含量及纤维素含量在遮阴水平间的变异系数均大于'科棉1号',表明'苏棉15号'纤维发育物质代谢受花铃期遮阴的影响更为显著。

三、纤维发育相关酶活性及其关键酶编码基因表达

(一)纤维伸长发育

1. 纤维伸长发育期相关酶

(1)蔗糖合成酶 随遮阴程度增大,蔗糖合成酶合成方向活性降低程度增大,品种间、果枝部位间变化趋势一致(图 4-10)。由平均纤维伸长期内的蔗糖合成酶合成方向活性可以看出(表 4-22),'科棉1号'纤维中蔗糖合成酶平均酶活性在 CRLR 80%下与 CRLR 100%的差异较小,而'苏棉15号'纤维中蔗糖合成酶平均酶活性在 CRLR 80%下与 CRLR 100%的差异显著,且酶活性在遮阴水平间的变异系数大于'科棉1号',表明'苏棉15号'纤维中蔗糖合成酶合成方向活性受遮阴的影响较'科棉1号'显著。

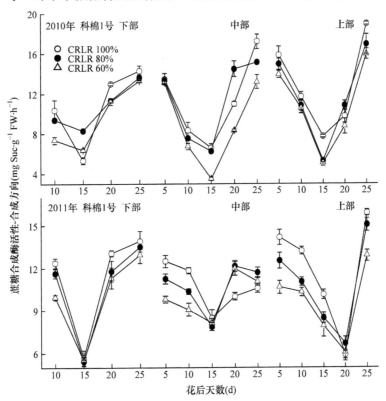

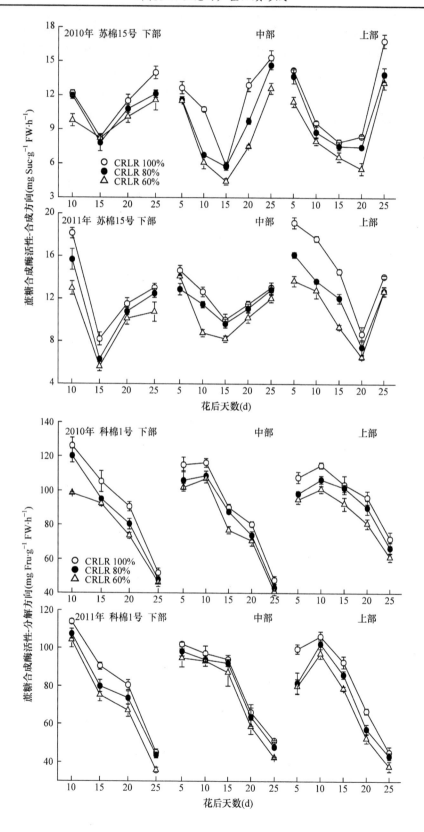

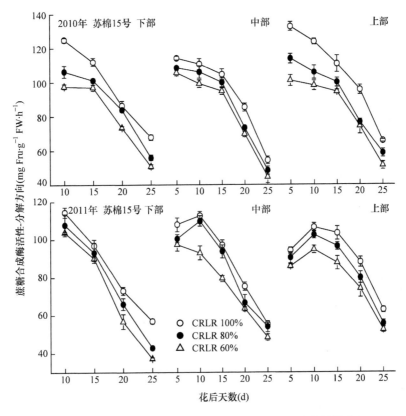

图 4-10 花铃期遮阴对棉花不同果枝部位铃纤维蔗糖合成酶活性变化的影响(2010～2011年)

花铃期遮阴同样导致蔗糖合成酶分解方向活性的降低，遮阴程度越大，酶活性降低越显著，品种间、果枝部位间表现一致(图4-10)。平均纤维伸长期内的蔗糖合成酶分解方向活性可以看出(表4-22)，'苏棉15号'纤维中蔗糖合成酶分解方向平均酶活性在遮阴处理间的变异系数大于'科棉1号'，表明'苏棉15号'纤维中蔗糖合成酶分解方向活性受遮阴的影响较'科棉1号'显著。

表 4-22 花铃期遮阴对棉花不同果枝部位铃纤维蔗糖合成酶平均酶活性的影响

平均酶活性	作物相对光照率 CRLR(%)	科棉1号			苏棉15号		
		下部	中部	上部	下部	中部	上部
Sus 合成方向 (mg Suc·g^{-1} FW·h^{-1})	100	10.74a	10.77a	12.03a	11.50a	11.21a	10.69a
	80	10.65a	10.85a	10.96b	10.68ab	9.24b	9.41b
	60	9.57b	7.93b	10.05b	9.93b	7.66c	8.31c
	CV(%)	5.15	13.79	7.35	5.99	15.50	10.27
Sus 分解方向 (mg Fru·g^{-1} FW·h^{-1})	100	93.49a	83.59a	96.60a	97.77a	88.70a	98.87a
	80	86.01b	78.44ab	91.25a	86.81b	81.93ab	85.19b
	60	77.67c	73.98b	83.7b	79.72c	76.98b	79.39c
	CV(%)	7.54	4.99	5.85	8.43	5.82	9.30

续表

平均酶活性	作物相对光照率 CRLR(%)	科棉1号			苏棉15号		
		下部	中部	上部	下部	中部	上部
β-1,3-葡聚糖酶活性 (U·g⁻¹ FW)	100	593c	609b	710a	644b	671b	765a
	80	663b	670ab	745a	679ab	716ab	804a
	60	709a	719a	785a	720a	774a	836a
	CV(%)	7.28	6.76	4.10	4.56	5.85	3.62

注：CV(%)为变异系数；同列中不同小写字母表示在0.05水平差异显著

(2) β-1,3-葡聚糖酶　遮阴下棉纤维中β-1,3-葡聚糖酶的活性升高，酶活性升高幅度与遮阴水平成正比（图4-11）。'科棉1号'纤维中β-1,3-葡聚糖酶平均酶活性在遮阴水平间的变异系数大于'苏棉15号'，表明'科棉1号'β-1,3-葡聚糖酶活性受遮阴的影响较'苏棉15号'显著。

2. 纤维伸长发育相关酶编码基因表达

(1) 蔗糖合成酶　由图4-12、图4-16可知，在CRLR 100%下，随花后天数增加，Sus表达呈先上升后下降趋势，在花后15d表达量达到顶峰。花铃期遮阴对纤维Sus基因表达的影响因品种而异：'科棉1号'在CRLR 80%下Sus基因表达在纤维伸长前期（花后5~15d）上调，之后呈降低趋势；CRLR 60%下Sus基因表达下调；受花铃期遮阴影响，'苏棉15号'Sus基因表达在整个纤维伸长期内均呈降低趋势，且降低程度随遮阴水平增大而增大。总体而言，花铃期遮阴下纤维中Sus表达持续时间缩短，'苏棉15号'Sus基因表达的下调幅度大于'科棉1号'。因此，遮阴通过降低蔗糖合成酶基因表达及酶活性对纤维细胞的伸长起到限制作用。

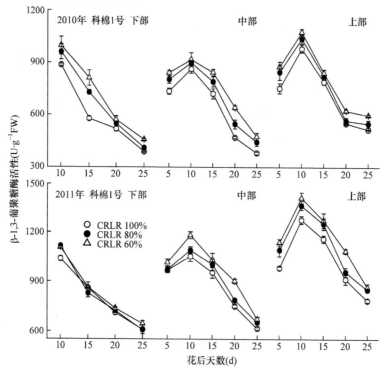

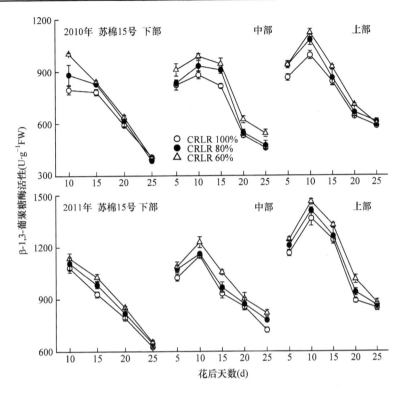

图 4-11 花铃期遮阴对棉花不同果枝部位铃纤维β-1,3-葡聚糖酶活性变化的影响(2010~2011年)

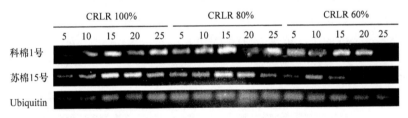

图 4-12 花铃期遮阴对棉纤维蔗糖合成酶基因表达的影响(2010年)

Ubiquitin 为纤维细胞组成性表达,作为本试验的内参,下同

(2) β-1,3-葡聚糖酶 β-1,3-葡聚糖酶编码基因在纤维伸长期大量表达并参与胼胝质降解,可以阻止胞间连丝关闭或使胞间连丝重新打开,从而缩短纤维伸长持续期,不利于纤维伸长。花铃期遮阴下纤维β-1,3-葡聚糖酶基因的表达量下降,高表达持续时间缩短,且降低程度随遮阴水平增大而增大(图4-13、图4-16)。但是,遮阴对β-1,3-葡聚糖酶的影响在生理生化水平完全相反:花铃期遮阴下β-1,3-葡聚糖酶基因表达下调、表达持续时间缩短,但其酶活性升高。蛋白质是生命活动的最终体现,但是其对胼胝质分解的影响除与酶活性高低有关外,还与酶蛋白表达量的多少有关,因此无法就此推断β-1,3-葡聚糖酶在遮阴下对纤维伸长的调控作用。

(3) 木葡聚糖内糖基转移酶 由图4-14、图4-16可知,受花铃期遮阴影响,纤维快速伸长期 XET 均表现为上调趋势,加剧了木葡聚糖和纤维素间网络结构的破坏,从而促进纤维细胞壁的松弛；至 25DPA *XET* 下调，此时纤维伸长已接近结束，*XET* 表达下调对纤维长度形成的影响较小。

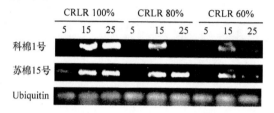

图 4-13　花铃期遮阴对棉纤维 β-1,3-葡聚糖酶基因表达的影响（2010 年）

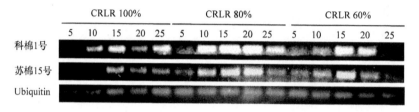

图 4-14　花铃期遮阴对棉纤维木葡聚糖内糖基转移酶基因表达的影响（2010 年）

（4）expansin　花铃期遮阴下纤维中 *expansin* 表达上调，且随遮阴水平增大其上调幅度增大（图 4-15、图 4-16），高表达持续时间延长，可断裂细胞壁结构大分子间的非共价键而使细胞壁更为松弛，有利于纤维细胞的伸长。品种间差异主要表现在对不同遮阴水平的响应上：花铃期遮阴下 *expansin* 的高表达时间提前，但'科棉 1 号''苏棉 15 号'分别在 CRLR 60%、CRLR 80% 下纤维 *expansin* 的高表达时间提前，表明'苏棉 15 号'纤维 *expansin* 的表达更易受遮阴的影响。

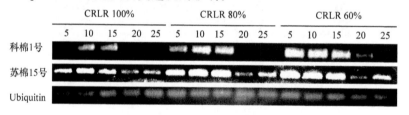

图 4-15　花铃期遮阴对棉纤维 *expansin* 基因表达的影响（2010 年）

综上，花铃期遮阴下纤维长度增加主要由纤维细胞壁的松弛引起，*expansin* 和 *XET* 是调控遮阴导致纤维变长的关键基因。纤维伸长是多种因素综合作用的结果，膨压作为纤维伸长的反作用力，对纤维伸长起着至关重要的作用。本研究仅通过蔗糖合成酶基因表达和酶活性的测定间接反映纤维中蔗糖含量的变化，而棉纤维伸长期的主要渗透调节物质有可溶性糖、K^+ 和苹果酸，蔗糖仅是可溶性糖中的一种。因此，蔗糖合成酶基因表达和酶活性的测定不足以证明遮阴对纤维细胞膨压的影响，进一步研究纤维中可溶性糖、K^+ 和苹果酸代谢相关酶及其含量的变化可更为全面地揭示遮阴调控纤维长度形成的机理，以确定纤维伸长发育的关键调控位点。

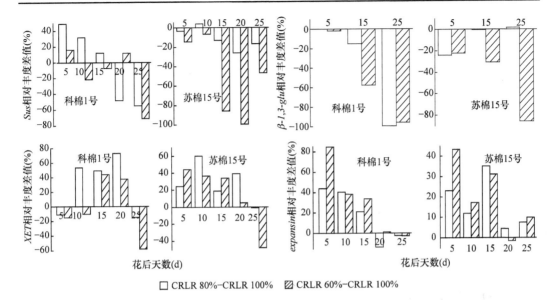

图 4-16 花铃期遮阴对棉纤维 Sus、β-1,3-glu、XET、expansin mRNA 相对丰度的影响（2010 年）

'科棉 1 号'和'苏棉 15 号'纤维伸长发育相关酶基因表达及酶活性对花铃期遮阴响应的差异主要体现在响应时间和响应程度上：与 CRLR 100% 相比，'科棉 1 号'纤维中蔗糖合成酶基因表达及酶活性仅在 CRLR 60% 下显著降低，'苏棉 15 号'在 CRLR 80% 下已有显著下降；棉纤维中 expansin 受遮阴影响高表达时间提前，但'科棉 1 号'和'苏棉 15 号'分别是在 CRLR 60%、CRLR 80% 下表现此现象；品种间 β-1,3-葡聚糖酶对 CRLR 80%、CRLR 60% 的响应与蔗糖合成酶相反；此外，两品种纤维中 XET 对两个遮阴水平的响应也有所差异。因此，品种间纤维中 Sus、β-1,3-葡聚糖酶、XET 和 expansin 对花铃期遮阴的响应差异是导致其纤维长度对遮阴响应差异的重要原因。

（二）纤维加厚发育

1. 纤维加厚发育期相关酶

（1）蔗糖合成酶　花铃期遮阴显著降低纤维中蔗糖合成酶（Sus）分解与合成方向的酶活性，活性差异均随遮阴水平的升高而增大，且合成方向酶活性的差异在纤维快速加厚期（花后 24~38d）较为显著（图 4-17）；'苏棉 15 号'分解与合成方向平均酶活性在遮阴水平间的变异大于'科棉 1 号'（表 4-23），表明'苏棉 15 号'对遮阴的响应更为敏感。

（2）磷酸蔗糖合成酶　花铃期遮阴显著降低纤维磷酸蔗糖合成酶（SPS）活性，降低幅度随遮阴水平提高而增大，酶活性差异在纤维加厚快速发育期（花后 24~38d）较为显著（图 4-18）。与蔗糖合成酶合成方向酶活性一致，'苏棉 15 号'磷酸蔗糖合成酶平均酶活性在遮阴水平间的变异大于'科棉 1 号'（表 4-23），表明'苏棉 15 号'磷酸蔗糖合成酶对遮阴的响应更为敏感。

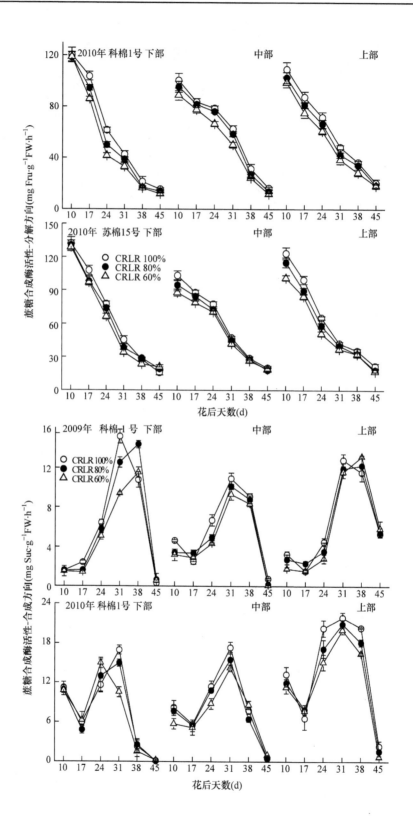

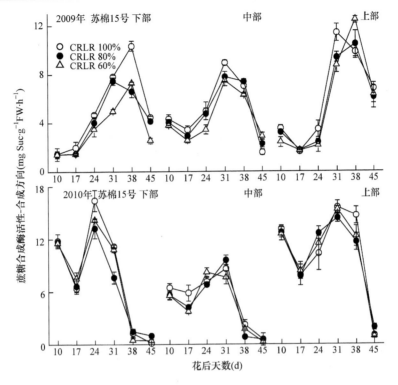

图 4-17 花铃期遮阴对棉花不同果枝部位铃纤维蔗糖合成酶活性变化的影响(2009～2010 年)

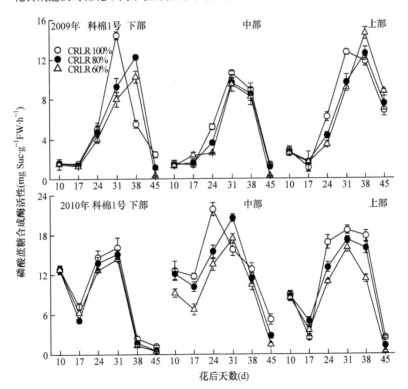

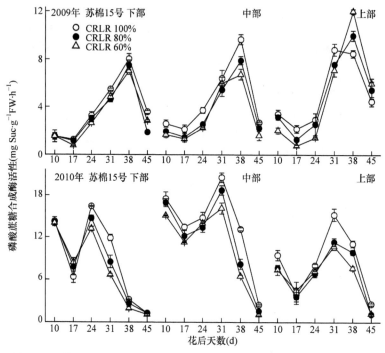

图 4-18 花铃期遮阴对棉花不同果枝部位铃纤维磷酸蔗糖合成酶活性变化的影响(2009～2010 年)

(3) 转化酶　花铃期遮阴下,2010 年纤维中转化酶活性有不同程度的上升,2009 年纤维加厚发育前期(花后 17d 或花后 17～24d)的转化酶活性降低,之后则导致转化酶活性升高,但遮阴水平间差异不显著,品种间、果枝部位间表现相对一致(图 4-19)。

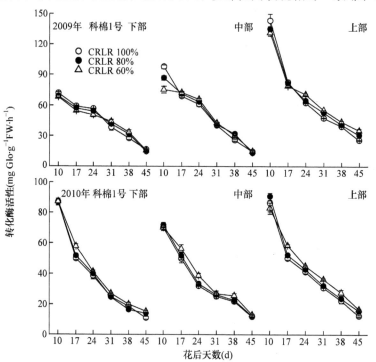

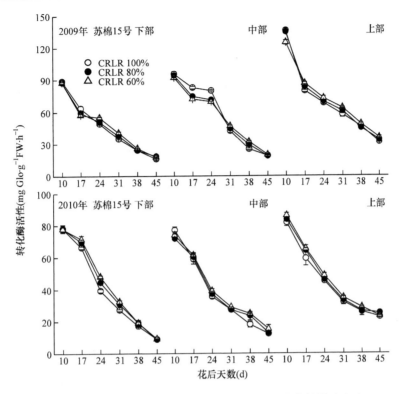

图 4-19 花铃期遮阴对棉花不同果枝部位铃纤维转化酶活性变化的影响(2009~2010 年)

(4) β-1,3-葡聚糖酶　　花铃期遮阴下纤维 β-1,3-葡聚糖酶活性升高,品种间及果枝部位间趋势一致(图 4-20),这与遮阴下纤维 β-1,3-葡聚糖含量升高有关;另外,β-1,3-葡聚糖酶作为植物遭遇逆境防御反应时的作用酶,其可与转化酶一起抵御纤维发育所受胁迫。'科棉 1 号' β-1,3-葡聚糖酶平均酶活性在遮阴水平间的变异大于'苏棉 15 号'(表 4-23),表明'科棉 1 号'纤维中 β-1,3-葡聚糖酶活性更易受花铃期遮阴的影响。

表 4-23　棉花不同果枝部位铃纤维发育相关酶平均酶活性在花铃期遮阴水平间的变异

纤维发育相关酶	科棉 1 号			苏棉 15 号		
	下部	中部	上部	下部	中部	上部
蔗糖合成酶(分解)	5.12	4.00	7.30	10.58	6.84	7.31
蔗糖合成酶(合成)	3.55	5.59	7.09	5.14	6.60	1.22
磷酸蔗糖合成酶	5.61	11.18	11.49	6.56	11.57	11.88
转化酶	3.17	4.64	3.80	2.99	3.17	3.55
β-1,3-葡聚糖酶	4.16	5.87	4.72	3.80	4.96	5.59

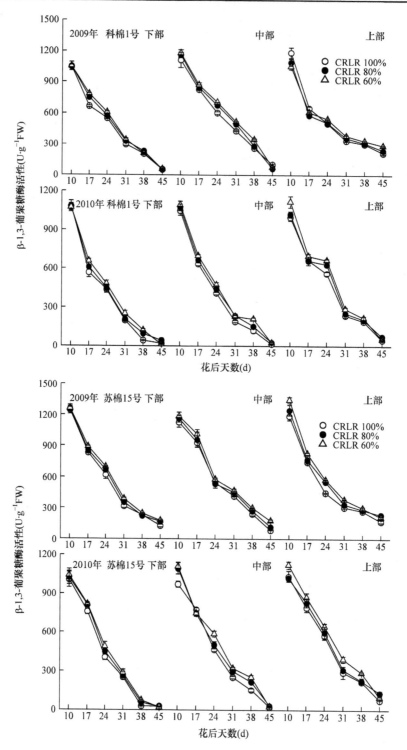

图 4-20 花铃期遮阴对棉花不同果枝部位铃纤维β-1,3-葡聚糖酶活性变化的影响(2009～2010年)

2. 纤维加厚发育关键酶编码基因表达

(1) 蔗糖合成酶　　受花铃期遮阴影响,纤维 Sus 表达量降低,且降低幅度随遮阴水平提高和发育时间延长而增大,CRLR 60%遮阴水平下的高表达持续期缩短(图 4-21、图 4-27);'科棉 1 号'纤维 Sus 降低程度随花后天数增加而增大,而'苏棉 15 号'纤维中 Sus 在花后 10d、24d 时降低程度较为显著。

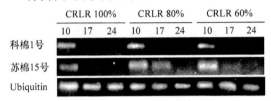

图 4-21　花铃期遮阴对棉纤维蔗糖合成酶编码基因 Sus 表达的影响

(2) 磷酸蔗糖合成酶　　纤维 SPS 表达在品种间有所差异(图 4-22、图 4-27):花后 10~24d '科棉 1 号' SPS 基因表达呈先升高后降低的趋势,花铃期遮阴显著降低其表达量,在花后 10d、24d 的降低幅度尤为显著,表达持续时间缩短;'苏棉 15 号' SPS 基因表达呈下降趋势,花铃期遮阴对花后 10d 时 SPS 表达影响较小,但导致其在花后 17d、24d 时的基因表达量降低,CRLR 60%下 SPS 表达持续时间缩短。花铃期遮阴导致纤维中蔗糖合成酶、磷酸蔗糖合成酶基因表达及其酶活性显著降低,抑制了纤维中的蔗糖代谢,导致蔗糖含量、蔗糖转化率以及 UDPG 含量的降低,从而可能对纤维素和β-1,3-葡聚糖的合成产生抑制作用。

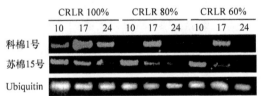

图 4-22　花铃期遮阴对棉纤维磷酸蔗糖合成酶编码基因 SPS 表达的影响

(3) 转化酶　　'科棉 1 号'纤维转化酶基因(Inv)仅在花后 10d 时微量表达,花铃期遮阴下其表达量呈升高趋势;'苏棉 15 号'纤维 Inv 表达与'科棉 1 号'一致(图 4-23、图 4-27)。花铃期遮阴下棉纤维中转化酶活性及其基因表达升高(图 4-20、图 4-23)。因此,推测当花铃期遮阴降低纤维中蔗糖合成酶和磷酸蔗糖合成酶活性时,转化酶活性的升高可为纤维细胞发育提供所需的碳源和能量以减轻纤维受遮阴胁迫危害的程度。

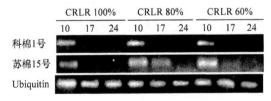

图 4-23　花铃期遮阴对棉纤维转化酶编码基因表达的影响

(4) β-1,3-葡聚糖酶　'科棉 1 号'纤维中β-1,3-葡聚糖酶编码基因(β-$1,3$-glu)在花后 10d、17d 表达相对稳定,花后 24d 表达迅速降低;'苏棉 15 号'纤维中β-$1,3$-glu在花后 10~24d 均有表达,且表达量相对稳定(图 4-24、图 4-27)。花铃期遮阴显著降低纤维中β-$1,3$-glu表达量,下降幅度随遮阴水平提高而增大,'科棉 1 号'的降低幅度大于'苏棉 15 号',但对表达持续时间的影响较小(图 4-24)。

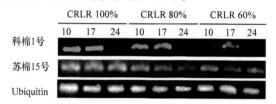

图 4-24　花铃期遮阴对棉纤维β-1,3-葡聚糖酶编码基因表达的影响

(5) expansin 和β-1,4-葡聚糖酶　纤维加厚阶段除了进行纤维素的合成与累积外,还伴随着纤维细胞壁的松弛与更新,$expansin$ 和β-1,4-葡聚糖酶共同对细胞壁的滑动与伸展起作用。遮阴下棉纤维中 $expansin$ 表达上调,且上调幅度随遮阴水平提高而增大。此外,CRLR 60%遮阴下'科棉 1 号'纤维中 $expansin$ 表达持续时间延长(花后 24d 仍有表达),而'苏棉 15 号'是在 CRLR 80%下纤维 $expansin$ 表达持续时间有所延长(图 4-25、图 4-27)。以上结果促进了纤维素微纤丝间及其与木葡聚糖间氢键的断裂,促进了纤维细胞壁的相对滑动,从而增加了细胞的可塑性,不利于纤维比强度的提高。

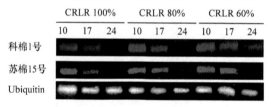

图 4-25　花铃期遮阴对棉纤维 $expansin$ 基因表达的影响

纤维中β-1,4-葡聚糖酶编码基因受花铃期遮阴影响在品种间表现不一致:尽管花铃期遮阴下'科棉 1 号'在 10DPA 时表达上调,但降低了其在 17DPA、24DPA 时的表达量,同时缩短了其表达持续时间;花铃期遮阴使'苏棉 15 号'纤维中β-1,4-葡聚糖酶基因表达下调,且下调幅度随遮阴程度升高而增加(图 4-26)。尽管花铃期遮阴导致纤维中β-1,4-葡聚糖酶编码基因表达下调,不利于纤维素-木葡聚糖间的β-1,4-键的断裂,但由于β-1,4-葡聚糖酶仅作用于在棉纤维中占 10%左右的非结晶区(无定形区)的纤维素分子,对结晶区纤维素水解活力很低,且其基因表达受遮阴的影响降幅较小,因此并不会显著影响棉纤维的牢固度,进而有效提高纤维比强度。

花铃期遮阴下,纤维中 $expansin$ 的上升幅度显著高于β-1,4-葡聚糖酶编码基因的降低幅度,总体而言,花铃期遮阴使纤维细胞壁的可塑性增大,不利于纤维比强度的形成。

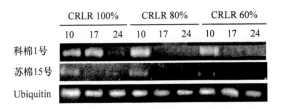

图 4-26 花铃期遮阴对棉花中部果枝铃纤维β-1,4-葡聚糖酶编码基因表达的影响

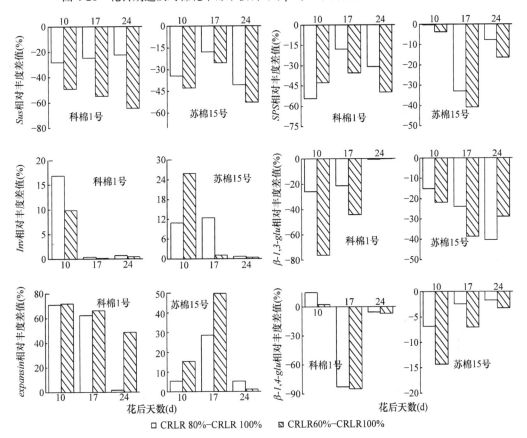

图 4-27 花铃期遮阴对棉纤维 Sus、SPS、Inv、β-1,3-glu、expansin、β-1,4-glu mRNA 相对丰度的影响

综上,花铃期遮阴通过降低纤维中蔗糖合成酶和磷酸蔗糖合成酶的基因表达及酶活性,抑制了纤维中的蔗糖代谢,使纤维素合成受阻;同时纤维中 expansin 表达上调,增加了纤维细胞壁间的滑动与延伸,增加了纤维细胞的可塑性,两者共同作用最终导致纤维比强度的降低。花铃期遮阴条件下,纤维中转化酶和β-1,3-葡聚糖酶活性上升,可为纤维发育提供碳源和能量,从而减轻遮阴胁迫的影响,阻止纤维细胞受到进一步的伤害。因此,磷酸蔗糖合成酶是导致'科棉1号'和'苏棉15号'纤维加厚发育对遮阴响应差异的关键酶。

第四节 棉花产量品质时空分布与光照

棉花具无限开花结铃习性,遮阴对棉花产量与品质形成的不利影响不仅体现在植株某个器官,更体现在由若干单株组成的群体。通过模拟棉麦套种共生期遮阴的方法,从棉花整株入手,探讨遮阴对棉株不同果枝、果节部位棉花产量和品质形成的影响,为调控光照逆境下棉花的生长发育及产量品质形成提供理论依据。

一、棉花产量品质与苗期遮阴

(一)籽棉产量与产量构成的时空分布

1. 籽棉产量时空分布 遮阴下棉花内围铃籽棉产量与产量分布随果枝部位变化,在棉花下、中部果枝较对照分别增加 41.00%、12.39%,产量分布分别增加 11.9%、6.28%;在棉花上、顶部果枝较对照分别降低 10.17%、44.84%,产量分布在上部差异较小,在顶部降低 6.15%。棉花外围铃籽棉产量在各果枝部位均较对照降低,降低幅度随果枝部位升高而加大,产量分布除下部果枝外,也均大幅度降低;籽棉产量与对照的差异随果枝部位上升而加大,在下部果枝增加 15.37%,在中、上、顶部果枝分别减少 21.63%、38.16%、44.84%,产量分布在下部果枝与对照差异较小,在中、上部分别减少 6.34%、7.58%。遮阴对棉花内围铃籽棉产量的影响较小,总果节铃和外围铃的籽棉产量较对照分别减少 19.97%、49.19%;遮阴下产量分布的内、外围铃比为 1∶0.42,对照为 1∶0.72。

2. 铃数和铃重时空分布 遮阴对棉花不同果枝部位铃数的影响作用随果枝部位的升高而加大,棉花苗期品种的耐阴性差异在棉株下、中、上、顶 4 个部位均表现为'中9418'>'春矮早'>'中棉所 19'。

铃重随棉花果枝部位的升高呈单峰变化,遮阴棉花内、外围和总铃重高峰分别出现在下、中、上部果枝,而对照均出现在中部果枝,处理间内、外围和总铃重差异均随果枝部位而变化,遮阴棉花内、外围和总铃重较对照在下部果枝分别增加 14.22%、3.97%、11.42%,在中部差异不明显,在上部分别减少 6.99%、15.56%、9.19%,在顶部分别减少 4.69%、13.96%、3.91%。棉株不同部位果枝铃重处理间虽存在差异,但整株平均铃重差异较小,因此单株籽棉产量的差异只能源于单株铃数和铃分布,尤其是铃分布作用更大。分析表 4-24 中不同果枝部位铃分布,除顶部果枝外,其余果枝部位内围铃分布遮阴处理均高于对照,在下、中、上部分别高 10.34%、6.65%、2.21%,差异逐渐减小,遮阴棉花外围铃分布较对照在下部稍有增加,在中、上部则分别减少 5.63%、5.95%;总果节铃在下部差异较小,在中部增加 11.62%,在上、顶部则分别减少 3.74%、4.66%。单株内、外围铃的分布比例,遮阴棉花为 1∶0.36,对照为 1∶0.58。遮阴对棉株不同部位铃重的影响,各品种反应不同,'中 9418'的耐阴性强于'春矮早'和'中棉所 19'。

表 4-24 遮阴对棉花籽棉产量与产量构成的影响（1998 年）

果枝部位	果节位	产量(g·株⁻¹)		产量分布(%)		铃重(g)		铃分布(%)		衣分(%)	
		对照	遮阴	对照	遮阴	对照	遮阴	对照	遮阴	对照	遮阴
下部 1~3	内围 1~2	17.95	25.31	15.58	27.48	4.57	5.22	16.53	26.87	41.17	41.31
	外围≥3	13.10	10.85	11.47	12.42	4.79	4.98	11.27	12.55	38.62	38.54
	全部	31.50	35.83	27.40	39.90	4.64	5.17	27.80	39.42	39.85	39.59
中部 4~6	内围 1~2	17.44	19.60	15.70	21.35	5.25	5.32	13.88	20.53	39.88	40.17
	外围≥3	16.32	6.85	13.98	7.64	5.80	5.30	13.58	7.95	37.66	38.00
	全部	33.75	26.45	29.60	29.00	5.18	5.24	27.46	28.47	38.77	39.10
上部 7~9	内围 1~2	15.53	13.95	13.44	14.38	5.58	5.19	11.94	14.15	39.64	38.73
	≥3	14.40	4.56	12.34	4.76	4.95	4.18	11.94	5.99	36.80	36.48
	全部	29.93	18.51	25.78	19.14	5.33	4.84	23.88	20.14	37.84	37.64
顶部≥10	内围 1~2	21.32	11.76	18.13	11.98	5.33	5.80	16.62	11.96	37.43	37.54
	外围≥3	—	—	—	—	4.44	3.82	—	—	34.84	33.85
	全部	21.32	11.76	18.13	11.98	5.12	4.92	16.62	11.96	36.73	36.10
整株	内围 1~2	72.24	70.61	58.13	70.31	5.22	5.21	63.32	73.51	—	—
	外围≥3	43.81	22.26	41.87	29.69	5.20	4.81	36.78	26.49	—	—
	全部	116.50	92.88	100.00	100.00	5.14	5.00	100.00	100.00	—	—

注：表中数据为 3 个品种平均值

3. 衣分 棉花衣分变化趋势为内围铃>总果节铃>外围铃，不同果节位棉铃衣分随果枝部位升高而降低，相同果枝部位和果节部位铃衣分处理间差异较小。遮阴对不同部位果枝、果节铃衣分的影响因品种而异，遮阴提高了'中棉所 19'下、中、上部果枝铃衣分，但显著降低顶部果枝铃衣分，对'中 9418''春矮早'衣分影响较小。

(二) 棉纤维和棉籽品质性状

1. 纤维主要品质性状

棉纤维主要品质性状随果枝、果节部位呈规律性变化（表 4-25），纤维长度和比强度在某些部位尤其顶部果枝稍有降低，但处理间差异在各部位均较小。随果枝部位升高和果节位外移，纤维伸长率降低，处理间差异在下、中、上部果枝的内、外围果节均较小，在顶部果枝较大，遮阴棉花内、外围铃纤维伸长率较对照分别降低 10.29%、8.20%。对照的马克隆值随果枝部位而变化，内、外围铃的马克隆值高峰分别在上、中部果枝出现，遮阴棉花内、外围铃纤维马克隆值则随果枝部位升高而降低，处理间差异在外围果节，尤其顶部果枝的外围果节最大，遮阴棉花中、上、顶部外围果节铃纤维马克隆值较对照分别降低 6.82%、10.00%、15.00%，上部果枝外围铃和顶部果枝铃的纤维马克隆值已接近或低于 3.5（适宜范围为 3.5~4.9），其相应的长度缩短，强度降低，整齐度和伸长率也降低。处理间纤维长度整齐度的差异也主要出现在上、顶部果枝，尤其上、顶部果枝的外围铃。

表 4-25 苗期遮阴对棉纤维主要品质性状的影响

果枝部位	果节位	长度(mm)		整齐度指数(%)		比强度(cN·tex^{-1})		伸长率(%)		马克隆值	
		对照	遮阴	对照	遮阴	对照	遮阴	对照	遮阴	对照	遮阴
下部 1~3	内围 1~2	30.6	30.4	45.0	45.7	22.3	22.1	7.0	7.1	4.2	4.4
	外围≥3	31.0	31.5	44.9	45.5	21.9	22.7	6.9	7.0	4.0	4.2
中部 4~6	内围 1~2	31.2	31.1	47.9	50.1	22.9	23.3	7.2	7.2	4.1	4.4
	外围≥3	31.7	31.4	46.0	46.4	21.9	21.2	6.3	6.4	4.4	4.1
上部 7~9	内围 1~2	31.4	31.0	46.8	48.4	22.3	22.7	7.1	7.0	4.2	4.1
	外围≥3	31.9	31.6	46.8	44.7	22.4	21.1	6.3	6.3	4.0	3.6
顶部≥10	内围 1~2	30.4	29.6	46.2	45.6	21.4	20.6	6.8	6.1	4.1	3.8
	外围≥3	30.0	28.7	46.0	43.5	21.0	19.5	6.1	5.6	4.0	3.4

2. 棉籽主要品质性状 棉籽主要内含物是脂肪和蛋白质，两者呈高度负相关，品种间脂肪和蛋白质含量有所差异，但同一品种的脂肪和蛋白质总量一般在 75%左右。棉籽脂肪含量与棉籽发芽率呈极显著正相关，是棉籽的重要品质指标，因此对棉籽脂肪进行研究，不仅可以了解该性状的信息，还可通过性状间相关了解棉籽蛋白质性状的信息。由表 4-26 可知，3 个品种棉仁脂肪含量存在差异，棉株不同部位铃棉仁脂肪含量 3 个品种变化趋势一致，遮阴棉仁脂肪含量均低于对照，处理间差异在下、顶部果枝较小，在中、上部果枝较大（尤其外围铃），遮阴棉花上、中部果枝外围铃棉仁脂肪含量较对照分别降低 7.94%、10.30%。

表 4-26 遮阴对棉仁脂肪含量(%)的影响

果枝部位	果节位	对照				遮阴			
		中棉所 19	春矮早	中 9418	平均	中棉所 19	春矮早	中 9418	平均
下部 1~3	内围 1~2	32.62	33.11	30.20	31.98	31.56	31.37	30.75	31.23
	外围≥3	32.71	33.32	31.80	32.61	31.50	31.56	32.80	31.95
中部 4~6	内围 1~2	34.52	33.10	31.25	32.96	32.27	31.10	30.51	31.29
	外围≥3	34.11	33.61	31.30	33.01	30.77	30.35	30.40	30.51
上部 7~9	内围 1~2	37.34	33.58	32.81	34.58	34.11	31.78	33.28	33.28
	外围≥3	35.12	32.12	31.51	32.92	30.41	29.00	29.80	29.74
顶部≥10	内围 1~2	29.76	32.42	31.60	31.26	29.15	30.17	30.41	33.41

综上，遮阴对棉铃形成的影响因果枝、果节部位而异，遮阴有利于棉株下(1～3果枝)、中(4～6果枝)、上(7～9果枝)部果枝内围(1～2果节)铃的形成，对外围(≥3果节)尤其顶部果枝(≥10果枝)外围铃形成不利，从而决定铃重也随果枝、果节部位相应地变化，但遮阴对单株平均铃重的影响较小。就遮阴棉花籽棉产量而论，下、中部果枝的内围铃籽棉产量高于常规棉，在上、顶部果枝则相反，各部位果枝外围铃的籽棉产量均低于常规棉。遮阴棉花内、外围铃分布为1：0.36(对照为1：0.58)，产量分布为1：0.42(对照为1：0.72)。遮阴对棉纤维、棉籽品质性状的影响也主要在顶部果枝和上部果枝外围铃。综合分析遮阴棉花产量与品质的形成，在本研究中以'中9418'耐遮阴性最强，'中棉所19'和'春矮早'次之。

二、棉花产量品质与花铃期遮阴

2009～2011年，在江苏南京选择低温弱敏感型('科棉1号')和低温敏感型('苏棉15号')棉花品种设置花铃期遮阴试验，待棉花6～8果枝第1、2果节50%开花时，利用不同目数的白色遮阴网进行遮阴处理，设置作物相对光照率(CRLR)100%(对照)、CRLR 80%和CRLR 60% 3个水平。

(一)棉花产量与产量构成

花铃期遮阴显著降低铃数和铃重，对衣分影响较小，皮棉产量降低(表4-27)；比较产量构成因子在遮阴水平间的变异系数发现，铃数对遮阴响应最为敏感。与CRLR 100%(对照)比较，'科棉1号'在CRLR 80%、CRLR 60%下皮棉产量分别降低17%、35%，'苏棉15号'分别降低22%、38%，表明'苏棉15号'较'科棉1号'更易受到遮阴的影响。

表4-27 花铃期遮阴对棉花产量与产量构成因素的影响(2009～2011年)

作物相对光照率 CRLR(%)	科棉1号				苏棉15号			
	铃数 ($\times 10^4$个·hm^{-2})	铃重 (g)	衣分 (%)	皮棉产量 (kg·hm^{-2})	铃数 ($\times 10^4$个·hm^{-2})	铃重 (g)	衣分 (%)	皮棉产量 (kg·hm^{-2})
2009年								
100	64.7a	5.8a	41.1a	1587a	71.1a	5.7a	41.8a	1694a
80	56.1b	5.7a	40.9a	1311b	60.4b	5.3b	41.3ab	1328b
60	46.2c	5.5a	40.5a	1029c	49.5c	5.2b	40.9b	1053c
CV(%)	13.58	2.20	0.61	17.40	14.62	4.00	0.89	19.33
2010年								
100	69.1a	5.4a	38.5a	1451a	74.0a	5.3a	36.8a	1444a
80	59.2b	5.3a	38.1ab	1196b	59.2b	5.0ab	36.6a	1084b
60	49.4c	5.1a	37.5b	944c	49.4c	4.8b	36.5a	865c
CV(%)	13.61	2.37	1.50	17.31	16.66	4.08	0.34	21.40

续表

作物相对光照率 CRLR(%)	科棉 1 号				苏棉 15 号			
	铃数 (×10⁴个·hm⁻²)	铃重 (g)	衣分 (%)	皮棉产量 (kg·hm⁻²)	铃数 (×10⁴个·hm⁻²)	铃重 (g)	衣分 (%)	皮棉产量 (kg·hm⁻²)
2011 年								
100	79.0a	5.5a	37.6a	1633a	83.9a	5.2a	38.3a	1671a
80	69.1b	5.2b	37.4a	1344b	69.1b	5.1a	38.3a	1350b
60	54.3c	5.1b	36.9a	1022c	54.3c	5.1a	37.8a	1047c
CV (%)	15.04	3.23	0.79	18.73	17.50	0.92	0.62	18.80
变异来源								
年份	**	ns	**	**	**	ns	**	**
品种	ns	**	ns	*	ns	**	ns	*
CRLRs	**	*	ns	**	**	*	ns	**

注：同列中不同小写字母表示在 0.05 水平差异显著，表中数据为 3 次重复平均值
*、** 分别表示在 0.05、0.01 水平相关性显著，ns 表示相关性不显著

(二) 棉花不同果枝部位铃数与产量分布

花铃期遮阴下，棉花蕾铃脱落率显著升高。随棉花果枝部位上升，蕾铃脱落率升高，铃数对皮棉产量贡献率降低。同时，遮阴下棉花下部果枝铃数占总铃数的比例（贡献率）较对照提高，与遮阴水平成正比；棉花中部果枝铃数贡献率表现与此相反，上部果枝铃数贡献率在处理间差异较小（表 4-28）。

由此可见，花铃期遮阴改变了棉花不同果枝部位铃的产量贡献率：遮阴下棉花下部果枝铃对皮棉产量的贡献率提高，中部和上部果枝铃的产量贡献率降低。

表 4-28　花铃期遮阴对棉花不同果枝部位蕾铃脱落率、铃数和产量贡献率的影响（2009～2011 年）

品种	作物相对光照率 CRLR(%)	蕾铃脱落率(%)			铃数贡献率(%)			产量贡献率(%)		
		下部	中部	上部	下部	中部	上部	下部	中部	上部
2009 年										
科棉 1 号	100	64.01b	71.14a	75.88ab	46.40b	32.12a	21.48a	43.01b	36.78a	20.21a
	80	66.30b	73.13a	76.52b	48.00ab	31.79a	20.21a	46.19a	34.01a	19.80a
	60	72.48a	73.70a	78.33a	49.41a	31.48a	19.11a	48.16a	33.66a	19.18a
苏棉 15 号	100	62.11b	67.79b	74.97b	41.43a	34.57a	24.00a	38.72a	37.27a	23.01a
	80	66.55a	69.82ab	75.29ab	42.62a	34.18a	23.20a	41.42b	36.08a	22.50a
	60	67.37a	71.60a	80.25a	43.49a	33.87a	22.64a	42.18a	35.50a	22.32a
2010 年										
科棉 1 号	100	63.08b	66.02c	82.73a	44.11c	38.41a	17.48a	43.60b	39.28a	17.12a
	80	65.77ab	74.21b	82.78a	48.40b	34.36b	17.24a	44.85b	38.77ab	16.38a
	60	68.25a	79.31a	84.87a	54.32a	28.43c	17.25a	47.20a	36.94b	15.86a

续表

品种	作物相对光照率 CRLR(%)	蕾铃脱落率(%)			铃数贡献率(%)			产量贡献率(%)		
		下部	中部	上部	下部	中部	上部	下部	中部	上部
苏棉 15号	100	61.13b	63.05b	81.02b	43.41b	40.74a	15.85a	41.35b	44.61a	14.04a
	80	65.17a	70.04a	83.35ab	45.91a	38.83b	15.26a	43.91ab	42.44a	13.65a
	60	67.17a	70.47a	85.03a	46.19a	38.46b	15.35a	44.96a	41.09b	13.95a
2011年										
科棉 1号	100	65.84b	67.80b	71.01b	38.94b	37.29a	23.77a	37.61b	39.78a	22.61a
	80	66.07b	70.31b	72.17b	41.15a	35.41ab	23.44a	39.43ab	38.37a	22.20a
	60	68.29a	73.95a	75.89a	42.50a	34.84b	22.66a	41.57a	37.10a	21.33a
苏棉 15号	100	62.04b	61.59b	68.87b	40.76b	36.57a	22.67a	38.71b	39.73a	21.56a
	80	66.46a	67.26a	73.65a	42.16a	36.08a	21.76a	40.57ab	38.92a	20.51a
	60	68.20a	68.12a	73.86a	43.25a	35.71a	21.04a	41.88a	38.16a	19.96a

注:同列中不同小写字母表示在0.05水平差异显著,表中数据为3次重复平均值

(三)棉铃生物量分配

在棉铃组成中,纤维生物量在年际间差异显著,铃壳和棉籽生物量在年际间差异较小,说明纤维对年际间气象因子变化的响应最为敏感。花铃期遮阴显著降低铃壳、棉籽和纤维的生物量,降低幅度与遮阴水平成正比(表4-29)。综合分析棉铃各组分生物量及其分配系数发现,纤维对花铃期遮阴的响应最敏感,遮阴降低纤维的生物量分配比例,提高在棉籽的生物量分配比例。

花铃期遮阴下,纤维率降低,棉籽率升高,纤维/棉籽生物量比值降低,对铃壳率影响较小(表4-30)。遮阴程度越大,纤维和棉籽率变化幅度越大。棉籽率的升高有利于繁衍,是对弱光胁迫的一种生态适应。

表4-29 花铃期遮阴对棉铃各组分生物量的影响(2009~2011年)

年份	作物相对光照率 CRLR(%)	铃壳生物量(g·个⁻¹)		棉籽生物量(g·个⁻¹)		纤维生物量(g·个⁻¹)	
		科棉1号	苏棉15号	科棉1号	苏棉15号	科棉1号	苏棉15号
2009	100	1.77a	1.61a	3.45a	3.37a	2.39a	2.22a
	80	1.75a	1.59a	3.37a	3.24ab	2.28ab	2.08ab
	60	1.73a	1.58a	3.35a	3.21b	2.18b	2.03b
	CV(%)	0.93	0.78	1.27	2.12	3.76	3.81
2010	100	1.69a	1.55a	3.38a	3.29a	2.05a	2.01a
	80	1.65ab	1.54a	3.34a	3.11b	1.95a	1.86b
	60	1.58b	1.40b	3.26a	3.05b	1.79b	1.73c
	CV(%)	2.77	4.76	1.50	3.24	5.55	6.13

续表

年份	作物相对光照率 CRLR(%)	铃壳生物量(g·个$^{-1}$)		棉籽生物量(g·个$^{-1}$)		纤维生物量(g·个$^{-1}$)	
		科棉1号	苏棉15号	科棉1号	苏棉15号	科棉1号	苏棉15号
2011	100	1.71a	1.48a	3.38a	3.32a	2.14a	1.89a
	80	1.66a	1.45a	3.29a	3.29a	1.95b	1.85a
	60	1.63a	1.43a	3.28a	3.26a	1.83b	1.83a
	CV(%)	1.98	1.41	1.36	0.74	6.47	1.34
变异来源							
年份		ns		ns		**	
品种		**		*		**	
CRLRs		*		*		**	

注：同列中不同小写字母表示在 0.05 水平差异显著，表中数据为 3 次重复平均值

*、**分别表示在 0.05、0.01 水平相关性显著，ns 表示相关性不显著

表 4-30 花铃期遮阴对棉铃各组分生物量分配的影响

作物相对光照率 CRLR(%)	铃壳率(%)		棉籽率(%)		纤维率(%)		纤维/棉籽(%)	
	科棉1号	苏棉15号	科棉1号	苏棉15号	科棉1号	苏棉15号	科棉1号	苏棉15号
100	23.55a	22.37a	46.52b	48.03a	29.93a	29.60a	64.34a	61.63a
80	23.66a	22.57a	47.28ab	48.67a	29.06ab	28.76b	61.46b	59.09b
60	23.83a	22.71a	48.09a	48.79a	28.08b	28.50b	58.39c	58.41b

注：同列中不同小写字母表示在 0.05 水平差异显著

（四）纤维品质

由表 4-31 可知，花铃期遮阴对纤维伸长率影响较小，显著提高纤维长度整齐度和纤维长度，纤维比强度和马克隆值显著降低。'科棉 1 号'和'苏棉 15 号'纤维品质指标对遮阴的响应存在差异：去除遮阴后，'科棉 1 号'上部果枝纤维比强度和马克隆值在处理间差异较小，'苏棉 15 号'上部果枝铃纤维比强度和马克隆值则显著高于对照。

表 4-31 花铃期遮阴对棉花不同果枝部位铃纤维品质性状的影响（2009~2011 年）

果枝部位	CRLR(%)	纤维长度(mm)			长度整齐度(%)			比强度(cN·tex^{-1})			伸长率			马克隆值		
		2009年	2010年	2011年	2009年	2010年	2011年	2009年	2010年	2011年	2009年	2010年	2011年	2009年	2010年	2011年
科棉1号																
上部	100	29.1a	27.4b	30.7a	86a	84a	85a	28.8a	31.6a	30.8a	6.8a	6.4a	6.3a	5.0a	4.3a	5.3a
	80	29.2a	29.3a	30.7a	87a	85a	84b	29.2a	30.9a	30.0b	6.7a	6.4a	6.2a	5.1a	4.1ab	5.0b
	60	29.5a	29.4a	31.2a	87a	85a	85a	29.7a	30.6a	29.7b	6.7a	6.3a	6.3a	5.2a	3.9b	4.9c
中部	100	28.1b	26.7b	29.6b	86a	84a	85a	28.1a	31.3a	30.4a	6.6a	6.5a	6.2a	5.0a	4.9a	5.2a
	80	28.8a	29.1a	30.3a	86a	84a	84b	27.6a	30.1a	30.4a	6.5a	6.4a	6.3a	5.0a	4.6b	5.2a
	60	29.2a	29.4a	29.8ab	85a	85a	85a	27.4a	29.7a	29.7b	6.5a	6.3a	6.3a	4.8b	4.2c	5.0b

续表

果枝部位	CRLR (%)	纤维长度(mm)			长度整齐度(%)			比强度(cN·tex^{-1})			伸长率			马克隆值		
		2009年	2010年	2011年	2009年	2010年	2011年	2009年	2010年	2011年	2009年	2010年	2011年	2009年	2010年	2011年
下部	100	30.1b	25.6b	27.6b	86a	78c	84a	30.9a	26.0a	29.1a	6.7a	6.9a	6.6a	5.2a	5.1a	4.9a
	80	30.7a	29.0a	28.2a	86a	81b	84a	30.5a	25.4a	28.2b	6.7a	6.7a	6.7a	4.9b	4.7b	4.8ab
	60	30.9a	29.1a	28.5a	87a	84a	84a	30.4a	23.3b	28.2b	6.6a	6.7a	6.6a	4.8b	4.3c	4.6b
苏棉15号																
上部	100	28.0b	27.8b	29.7a	85a	83a	84a	27.4b	27.7a	28.7a	6.8a	6.2a	6.2a	5.1b	4.9a	4.6a
	80	28.8a	28.9a	29.8a	84ab	83a	83a	28.5a	27.2ab	28.1a	6.8a	6.2a	6.3a	5.3a	4.7ab	4.5a
	60	29.0a	29.0a	29.9a	83b	84a	83a	28.8a	26.5b	27.5b	6.7a	6.1a	6.3a	5.3a	4.5b	4.4a
中部	100	27.7b	26.2b	29.8b	84a	83a	85a	27.1a	28.2a	28.6a	6.6a	6.4a	6.1a	5.0a	4.9a	5.0a
	80	27.7b	28.4a	30.1ab	84a	83a	85a	26.8a	28.3a	27.3b	6.5a	6.1a	6.1a	4.9b	4.5b	5.0a
	60	28.5a	28.3a	30.5a	84a	84a	84b	26.6a	27.1b	27.6b	6.5a	6.2a	6.1a	4.9b	4.4b	5.0a
下部	100	30.6b	27.1b	28.2a	85a	77c	84a	30.1a	28.1a	27.5b	6.7a	6.3a	6.3b	4.9a	4.3a	5.0a
	80	30.9ab	28.3a	28.4a	85a	81b	83b	30.0ab	26.8b	27.2a	6.7a	6.2a	6.4a	4.7b	4.3a	5.0a
	60	31.2a	28.1a	28.2a	85a	83a	83b	29.1b	24.1c	27.1a	6.6a	6.1a	6.4a	4.7b	4.1a	4.8b
变异来源																
品种		**	ns	ns	**	**	**	**	**	**	ns	ns	*	*	ns	*
CRLRs		*	**	ns	ns	*	ns	**	**	*	ns	ns	ns	**	**	**
果枝部位		**	*	**	**	**	**	**	**	**	ns	ns	ns	**	*	**

注：同列中不同小写字母表示在 0.05 水平差异显著，表中数据为 3 次重复平均值

*、**分别表示在 0.05、0.01 水平相关性显著，ns 表示相关性不显著

(五)棉籽品质

花铃期遮阴棉花下部果枝铃棉籽指和棉籽脂肪含量升高，蛋白质含量降低，棉籽脂肪和蛋白质含量在处理间差异显著；棉花中部、上部果枝铃棉籽品质对遮阴的响应与此相反(表 4-32)。此外，棉籽蛋白质含量受遮阴影响最为显著，其次为棉籽脂肪含量和籽指。随遮阴程度增大，棉花中部和上部果枝铃的棉籽脂肪含量降低，蛋白质含量升高。

表 4-32　花铃期遮阴对棉花不同果枝部位铃棉籽品质性状的影响

果枝部位	作物相对光照率 CRLR(%)	科棉1号			苏棉15号		
		籽指(g)	脂肪含量(%)	蛋白质含量(%)	籽指(g)	脂肪含量(%)	蛋白质含量(%)
上部	100	11.6a	20.9a	19.6c	10.4a	24.6a	21.9c
	80	11.2a	19.2b	21.2b	10.0a	23.6b	23.8b
	60	11.0a	17.3c	25.8a	9.6a	21.5c	26.6a
	CV(%)	2.00	7.68	11.94	3.32	5.62	7.98

续表

果枝部位	作物相对光照率 CRLR(%)	科棉 1 号			苏棉 15 号		
		籽指(g)	脂肪含量(%)	蛋白质含量(%)	籽指(g)	脂肪含量(%)	蛋白质含量(%)
中部	100	11.9a	21.1a	22.3c	10.6a	24.2a	22.0c
	80	11.3a	20.4b	24.7b	10.2a	23.5b	24.2b
	60	10.5b	18.6c	26.9a	9.7b	21.6c	26.3a
	CV(%)	5.14	5.19	7.52	3.58	4.84	7.38
下部	100	9.6a	15.2c	25.4a	9.6a	20.5c	26.7a
	80	10.0a	16.7b	24.4b	10.0a	21.4b	24.8b
	60	10.3a	18.0a	23.0c	10.0a	23.5a	22.3c
	CV(%)	2.71	6.87	4.04	1.69	5.74	7.29

注：同列中不同小写字母表示在 0.05 水平差异显著

综上，铃数降低是花铃期遮阴下棉花产量降低的主要因素，花铃期遮阴不仅改变棉花不同果枝部位铃的产量贡献率，还改变了同化物在棉铃各组分间的分配。与棉花中上部果枝铃相比，下部铃更能适应遮阴环境，因此棉花下部果枝铃的产量贡献率在遮阴下有所提高。花铃期遮阴促进同化物更多地保留在棉籽中，减少向纤维中的运转，并进一步改变棉籽和纤维的品质：随遮阴程度增大，棉花中上部果枝铃的籽指及棉籽脂肪含量降低，蛋白质含量升高，下部果枝棉籽品质受遮阴影响与此相反；同时，遮阴显著提高纤维长度和马克隆值，比强度显著降低。

第五章　棉花产量品质与温度

温度是影响棉铃发育和产量品质形成的主要生态因素之一。虽然近20年来棉花生长季(4~10月)日均温、日均最高温、日均最低温接近(表5-1)，但生产上因种植结构调整，多熟种植棉花面积扩大，棉花生育后期气候极不稳定，低温延缓了棉花衰老，出现晚发晚熟劣质等问题。因此，研究低温对棉花产量品质形成的影响，对促进优质棉生产、提高植棉效益具有重要意义。

表 5-1　棉花生长季气象数据(南京)

年份	日均温(℃)	日均最高温(℃)	日均最低温(℃)
历年均值(1995~2008)	23.0	27.5	19.3
2009	23.4	28.2	19.6
2010	22.6	26.9	19.2
2011	22.8	27.5	19.2
2012	26.6	30.9	23.3
2013	28.4	32.7	24.7

注：气象数据由国家气象信息中心提供

另外，近年来随着温室效应加剧，预计21世纪中叶全球年平均气温将升高1.8~4.0℃，虽然棉花为喜温作物，但因其产量品质形成的关键期——花铃期(7~10月)是一年中极端高温天气爆发最为频繁的时期，花铃期高温胁迫导致的棉花减产频繁发生。因此，研究高温对棉花产量品质形成的影响，可为探索全球温室效应尤其是高温日趋加剧背景下的棉花品种选育和高产、稳产、优质栽培提供依据。

第一节　温度对棉花产量品质的影响

棉铃生物量的累积与分配是产量和品质形成的基础，花铃期温度是影响棉花生物量累积分配及棉纤维发育和产量、品质形成的主要因素。

选用'科棉1号'(低温弱敏感型)和'苏棉15号'(低温敏感型)，于2002~2011年在南京、徐州、安阳等生态点设置播期试验[正常播种期(4月25日)，以及晚播(5月25日和6月10日)]，研究晚播低温对棉花产量品质的影响。对不同播期棉铃发育期的气象数据分析表明，晚播使棉铃成熟所经历的时间延长，日均温、日均最高温和日均最低温在播种期间的变化幅度显著高于光照因子(表5-2)，其中以棉铃发育期日均最低温在不同播种期间的变化幅度最大。田间小气候数据(花后15d、30d和45d上午6:00~下午6:00

的均值，表 5-3)说明，晚播使棉花冠层空气温度和光合有效辐射明显下降，且冠层空气温度在播种期间的变异远高于光合有效辐射，与适宜播种期(4 月 25 日)相比，晚播(5 月 25 日和 6 月 10 日)使棉花冠层空气温度分别降低了 11.54%、21.53%，说明温度是不同播种期棉铃发育差异的主要因素。

选用'泗棉 3 号'(常规品种)和'泗杂 3 号'(抗虫杂交棉)，于 2010～2012 年在南京农业大学牌楼试验站进行棉花花铃期增温试验，在花铃期增温 2～3℃[开顶式自动控温温室使棉花生长环境温度较对照区(自然温度)高 2～3℃，24h 增温]和自然温度(对照，表 5-4)条件下，研究花铃期增温对棉铃生物量累积分配、产量品质形成等的影响。

表 5-2　棉铃发育期不同播种期气象数据(2009～2011 年)

播种期	移苗日期	开花期	吐絮期	铃期(d)	日均温(℃)	日均最高温(℃)	日均最低温(℃)	温度日较差(℃)	最大日辐照度(W·m^{-2})
2009 年									
4 月 25 日	5 月 22 日	7 月 28 日	9 月 17 日	51	26.1	29.8	23.4	6.4	809
5 月 25 日	6 月 14 日	8 月 23 日	10 月 22 日	61	22.7	26.9	19.5	7.4	752
			CV(%)		9.85	7.23	12.86	10.25	5.16
2010 年									
4 月 25 日	5 月 25 日	7 月 28 日	9 月 8 日	43	29.2	33.5	25.9	7.6	937
5 月 25 日	6 月 18 日	8 月 19 日	10 月 18 日	61	23.3	27.4	20.4	7.0	751
6 月 10 日	7 月 1 日	9 月 4 日	11 月 5 日	63	19.7	24.0	16.5	7.5	696
			CV(%)		20.05	16.88	22.45	4.13	15.89
2011 年									
4 月 25 日	5 月 25 日	7 月 27 日	9 月 14 日	49	26.7	30.7	24.0	6.7	859
5 月 25 日	6 月 22 日	8 月 25 日	10 月 24 日	60	21.6	25.8	18.4	7.3	776
6 月 10 日	7 月 6 日	9 月 10 日	11 月 11 日	63	19.1	23.2	16.0	7.2	716
			CV(%)		16.40	13.58	19.51	4.26	9.16

注：气象数据由国家气象信息中心提供

表 5-3　晚播对花铃期棉花田间小气候的影响(2009～2011 年)

播种期	PAR(μmol·m^{-2}·s^{-1})			FAPAR(%)			T_{air}(℃)			RH(%)		
	2009 年	2010 年	2011 年	2009 年	2010 年	2011 年	2009 年	2010 年	2011 年	2009 年	2010 年	2011 年
4 月 25 日	635	665	622	91.69	94.43	91.89	28.5	31.3	28.9	59.0	60.6	59.1
5 月 25 日	556	604	531	90.34	93.80	90.07	24.2	25.2	23.8	56.2	58.1	55.1
6 月 10 日	—	532	523	—	93.15	88.10	—	20.3	21.6	—	57.3	53.5
CV(%)	9.38	11.09	9.84	1.05	0.68	2.11	11.54	21.53	15.12	3.44	2.93	5.16

注：表中数据是花后 15d、30d、45d 测定(上午 6:00～下午 6:00，间隔 2h)数据的均值，"—"表示无数据；PAR、FAPAR、T_{air} 和 RH 分别表示光合有效辐射、光合有效辐射截获量、冠层空气温度和相对湿度

表 5-4 花铃期增温下棉铃发育期平均温度(2010~2012 年)

年份	温度处理	开花期	吐絮期	铃期(d)	日均温(℃)	日均最高温(℃)	日均最低温(℃)	温度日较差(℃)	有效积温(℃)
2010 年	增温	7月27日	9月6日	41	32.6	40.0	28.6	11.3	738.0
	对照	7月27日	9月7日	42	30.0	37.6	25.5	12.0	644.7
	Δ(%)	—	—	-2.4	8.7	6.4	12.2	-5.8	14.5
2011 年	增温	7月25日	9月9日	46	29.9	35.1	25.6	9.4	699.8
	对照	7月25日	9月12日	49	27.1	32.2	23.6	8.6	605.5
	Δ(%)	—	—	-6.1	10.3	9.0	8.5	9.3	15.6
2012 年	增温	7月25日	9月6日	43	30.5	36.0	26.6	9.4	684.2
	对照	7月25日	9月9日	46	27.8	33.3	23.9	9.4	601.2
	Δ(%)	—	—	-6.5	9.7	8.1	11.3	0.3	13.8
CV(%)	增温	—	—	5.8	4.5	7.0	5.7	10.8	3.9
	对照	—	—	7.7	5.3	8.2	4.3	17.8	3.9

注:"—"表示无数据

一、温度对棉花产量与产量构成的影响

(一)晚播低温对棉花产量与产量构成的影响

1. 棉花产量与产量构成　　随播种期推迟,棉花铃期温度降低,铃数、铃重和皮棉产量下降(表 5-5),但'科棉 1 号'(低温弱敏感型)和'苏棉 15 号'(低温敏感型)在播种期间的变异不同,铃数、铃重在播种期间的差异最为显著。当播种期从 4 月 25 日(铃期日均温 27.3℃)推迟到 6 月 10 日(铃期日均温 19.4℃)时,'科棉 1 号'单株铃数、铃重在播期间的变异系数为 2%~5%,而'苏棉 15 号'在不同播期间的变异系数显著大于'科棉 1 号',两品种间皮棉产量变化趋势相似。综合分析铃数、铃重和皮棉产量在播种期间的变异发现,'苏棉 15 号'对晚播低温更敏感。

表 5-5 晚播低温对棉花铃数、铃重和产量的影响(2009~2011 年,南京)

播种期	铃数($\times 10^4$ 个·hm^{-2})			铃重(g)			皮棉产量(kg·hm^{-2})		
	2009 年	2010 年	2011 年	2009 年	2010 年	2011 年	2009 年	2010 年	2011 年
科棉 1 号									
4 月 25 日	69.9	67.7	72.9	5.7	5.7	5.6	1716	1675	1807
5 月 25 日	65.5	65.5	67.7	5.5	5.4	5.3	1512	1520	1519
6 月 10 日	—	63.3	65.5	—	5.2	5.1	—	1340	1308
平均值	67.7	65.5	68.7	5.6	5.4	5.3	1614**	1512**	1545**
CV(%)	4.6	3.4	5.5	1.9	4.2	4.7	9.0	11.1	16.2

续表

播种期	铃数(×10⁴个·hm⁻²)			铃重(g)			皮棉产量(kg·hm⁻²)		
	2009年	2010年	2011年	2009年	2010年	2011年	2009年	2010年	2011年
苏棉15号									
4月25日	62.9	65.9	71.4	5.2	5.0	5.3	1694	1597	1744
5月25日	55.5	59.6	66.6	4.8	4.9	4.7	1316	1374	1266
6月10日	—	57.4	62.9	—	4.5	4.3	—	1040	944
平均值	59.2*	61.0*	67.0*	5.0*	4.8*	4.8*	1505**	1337**	1318**
CV(%)	8.8	7.2	6.4	5.7	5.5	10.3	17.8	21.0	30.6

注: "—"表示无数据

*、**分别表示在 0.05、0.01 水平相关性显著

2. 棉铃生物量累积与分配 在棉铃发育中,纤维是棉花的主要经济产品,铃壳是棉铃养分累积、运输分配的"中转站",具有"源""库"双重功能。晚播低温下,铃壳生物量增加,棉籽生物量和纤维生物量降低(表 5-6);棉籽率、纤维率和纤维/棉籽的值降低,铃壳率升高,说明晚播低温通过抑制同化物从"铃壳→棉籽→纤维"的运输,进而抑制纤维生物量和棉籽生物量的累积;'苏棉15号'棉铃(铃壳、棉籽和纤维)生物量与分配系数在播种期间的变异高于'科棉1号'。

表 5-6 晚播低温对棉铃(铃壳、棉籽和纤维)生物量累积与分配的影响(2009~2011 年,南京)

播种期	棉铃生物量(g)						分配系数(%)						纤维/棉籽	
	铃壳		棉籽		纤维		铃壳		棉籽		纤维			
	科棉1号	苏棉15号	科棉1号	苏棉15号	科棉1号	苏棉15号	科棉1号	苏棉15号	科棉1号	苏棉15号	科棉1号	苏棉15号	科棉1号	苏棉15号
2009年														
4月25日	1.7	1.5	3.2	2.8	2.5	2.4	23.1	21.9	43.0	41.5	33.9	36.0	0.79	0.87
5月25日	2.1	2.2	3.1	2.7	2.4	2.1	27.6	31.6	40.9	38.3	31.5	30.2	0.77	0.79
平均值	1.9*	1.9**	3.2	2.8	2.5	2.3*	25.4*	26.8**	42.0**	39.9**	32.7	33.1**	0.78	0.83**
CV(%)	14.9	26.8	1.2	2.6	2.9	9.4	12.6	25.6	3.5	5.7	5.2	12.4	1.8	6.8
2010年														
4月25日	1.7	1.4	3.4	3.3	2.3	2.0	23.0	21.2	45.9	49.3	31.1	29.9	0.68	0.61
5月25日	1.8	1.5	3.3	3.1	2.1	1.8	25.0	23.5	45.9	48.2	29.1	28.3	0.63	0.59
6月10日	1.9	1.7	3.2	2.9	2.0	1.6	26.6	27.4	45.4	46.9	28.0	25.8	0.62	0.55
平均值	1.8	1.5*	3.3	3.1	2.1	1.8**	24.9	24.0*	45.7	48.1*	29.4	28.0**	0.64	0.58*
CV(%)	5.6	10.0	2.3	6.3	7.2	11.1	7.3	13.0	0.6	2.5	5.3	7.4	5.0	4.9

续表

播种期	棉铃生物量(g)						分配系数(%)						纤维/棉籽	
	铃壳		棉籽		纤维		铃壳		棉籽		纤维			
	科棉1号	苏棉15号	科棉1号	苏棉15号	科棉1号	苏棉15号	科棉1号	苏棉15号	科棉1号	苏棉15号	科棉1号	苏棉15号	科棉1号	苏棉15号
2011年														
4月25日	1.8	1.6	3.3	3.0	2.3	2.3	24.4	23.2	44.4	43.5	31.2	33.3	0.70	0.77
5月25日	1.8	1.7	3.2	2.7	2.1	2.0	25.5	26.4	44.8	42.5	29.7	31.1	0.66	0.73
6月10日	2.0	1.9	3.1	2.5	2.0	1.8	28.3	30.5	43.4	40.5	28.3	28.9	0.65	0.71
平均值	1.9	1.7*	3.2	2.7	2.1	2.0**	26.1	26.7**	44.2	42.2**	29.7	31.1**	0.67**	0.74**
CV(%)	6.2	8.8	3.2	8.7	7.2	12.4	7.7	13.7	1.6	3.6	4.9	7.1	4.0	3.6

注：铃壳率(%)=(铃壳生物量/棉铃总生物量)×100，棉籽率(%)=(棉籽生物量/棉铃总生物量)×100，纤维率(%)=(纤维生物量/棉铃总生物量)×100，纤维/棉籽比=纤维生物量/棉籽生物量

*、**分别表示在0.05、0.01水平相关性显著

3. 棉铃氮累积与分配 棉铃各部分(铃壳、棉籽、纤维)的氮分配系数在棉铃发育中的变化趋势不同，铃壳呈下降趋势，棉籽呈上升趋势，纤维的氮分配系数变化较小。棉铃各部分氮分配系数的显著性差异是由播期引起的，与正常播期(铃期日均温24.0℃左右)相比，晚播时(铃期日均温降到20.0℃左右)铃壳的氮分配系数升高，棉籽的氮分配系数下降，纤维的氮分配系数变化较小(图5-1)。上述变化在品种和试点间表现一致，说明晚播低温影响氮在铃壳和棉籽间的分配。

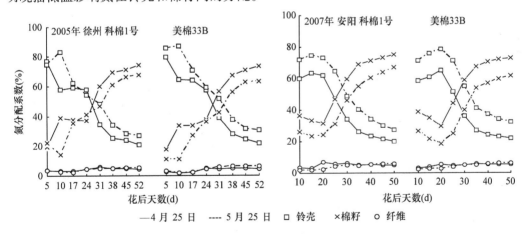

图5-1 晚播低温对棉铃(铃壳、棉籽、纤维)氮分配系数的影响(2005年，徐州；2007年，安阳)

综上，晚播低温显著降低棉花铃数、铃重、皮棉产量，影响氮在铃壳和棉籽间的分配，抑制了铃壳中同化物向棉籽和纤维的运转。晚播低温使纤维率、棉籽率和纤维/棉籽比值降低，这可能是引起棉花产量降低的主要原因之一。

(二) 花铃期增温对棉花产量与产量构成的影响

由表 5-7 可知，2010 年、2011 年花铃期增温(花铃期日均温 32.1~35.2℃)下，棉花果节数、衣分、成铃数、总成铃率和铃重均显著下降，脱落率升高。除'泗棉 3 号'2011 年的衣分外，'泗棉 3 号'和'泗杂 3 号'单株棉花果节数、衣分、成铃数、脱落率和铃重处理间差异显著，而总成铃率均差异较小。可见，花铃期增温影响棉花产量与产量构成，对棉株下部、上部果枝的影响程度大于中部果枝，棉花生殖器官对花铃期前期增温更为敏感，果节数对花铃期后期增温较为敏感。

表 5-7 花铃期增温对棉花产量与产量构成的影响(2010~2011 年)

果枝部位	品种	年份	处理	果节数(个)	成铃数(个)	脱落率(%)	铃重(g)	衣分(%)	成铃率(%)
下部	泗棉 3 号	2010	花铃期增温	19.7a	5.3b	66.7a	3.8b	36.6b	24.4b
			环境温度	22.3a	7.2a	46.2b	4.4a	40.1a	33.9a
		2011	花铃期增温	18.5a	3.7a	81.7a	4.0a	34.7a	18.3b
			环境温度	19.3a	4.3a	79.2a	4.2a	34.9a	24.0a
	泗杂 3 号	2010	花铃期增温	22.8b	7.4a	53.3a	4.0a	36.7b	23.3a
			环境温度	25.2a	8.0a	53.0a	4.4a	39.5a	31.9a
		2011	花铃期增温	19.1a	4.1b	77.8a	3.5b	38.3a	28.2a
			环境温度	21.5a	6.3a	71.2b	4.3a	39.8a	22.3b
中部	泗棉 3 号	2010	花铃期增温	19.7a	5.0a	62.4a	3.6b	35.3a	25.4a
			环境温度	20.3a	5.0a	52.2a	4.2a	38.6a	27.6a
		2011	花铃期增温	18.3b	4.3a	77.6a	3.8a	34.8a	22.0a
			环境温度	22.1a	4.7a	76.3a	3.9a	36.4a	23.3a
	泗杂 3 号	2010	花铃期增温	21.2b	3.8b	60.9a	3.9b	38.6a	17.6a
			环境温度	27.4a	5.2a	58.1a	4.2a	39.2a	19.1a
		2011	花铃期增温	19.8a	5.0a	73.6a	4.2a	38.0b	26.0a
			环境温度	21.6a	5.8a	72.0a	4.4a	39.9a	26.8a
上部	泗棉 3 号	2010	花铃期增温	18.0b	2.7b	56.0a	3.5b	36.9a	16.3a
			环境温度	22.5a	3.0a	53.2a	4.3a	35.9a	21.7a
		2011	花铃期增温	14.1b	3.3b	75.0a	4.3a	36.6b	22.3b
			环境温度	29.3a	9.6a	65.3b	4.2a	38.1a	33.7a
	泗杂 3 号	2010	花铃期增温	14.0b	1.8b	66.4a	2.8b	36.6b	13.1a
			环境温度	25.2a	3.4a	35.6b	4.7a	38.5a	14.3a
		2011	花铃期增温	18.0b	7.3a	64.3b	3.6a	39.8a	30.6a
			环境温度	24.4a	8.4a	62.1a	4.0a	41.5a	34.2a

续表

果枝部位	品种	年份	处理	果节数(个)	成铃数(个)	脱落率(%)	铃重(g)	衣分(%)	成铃率(%)
单株	泗棉3号	2010	花铃期增温	57.3b	12.9b	62.1a	3.6b	36.4b	23.2a
			环境温度	65.1a	15.2a	49.8b	4.2a	38.3a	23.8a
		2011	花铃期增温	50.9b	11.8b	77.5a	3.6b	35.9a	23.4a
			环境温度	70.6a	17.9a	73.1b	4.0a	36.0a	24.6a
	泗杂3号	2010	花铃期增温	58.0b	13.0b	58.5a	3.8b	37.1b	22.3a
			环境温度	77.8a	16.6a	49.4b	4.4a	39.2a	21.4a
		2011	花铃期增温	58.9a	15.4b	72.2a	3.5b	38.7b	26.4a
			环境温度	67.5b	20.4a	67.8b	4.2a	40.4a	29.7a

注：同列中不同小写字母表示在0.05水平差异显著

二、温度对棉籽和纤维品质的影响

(一)晚播低温对棉籽品质的影响

晚播低温下棉籽主要品质指标(籽指、脂肪和蛋白质含量)显著降低(表5-8)，籽指和蛋白质含量在播种期间差异显著，脂肪含量对播种期的响应仅在2009年差异显著。

表5-8 晚播低温对棉籽主要品质性状的影响(2009～2011年)

品种	播种期	籽指(g)			蛋白质含量(%)			脂肪含量(%)		
		2009年	2010年	2011年	2009年	2010年	2011年	2009年	2010年	2011年
科棉1号	4月25日	12.2a	12.1a	11.1a	25.1a	21.4a	23.4a	22.1a	22.0a	18.1a
	5月25日	11.7a	11.4b	10.7a	24.2a	21.3a	22.7a	21.1a	21.2ab	17.7ab
	6月10日	—	10.8b	9.7b	—	20.7a	21.7a	—	19.7b	16.7b
苏棉15号	4月25日	11.9a	12.1a	10.6a	24.4a	22.0a	21.2a	20.9a	22.7a	18.3a
	5月25日	11.1b	11.4b	9.9b	20.3b	19.1b	19.4b	19.6b	21.6a	17.3b
	6月10日	—	10.8b	7.7c	—	16.8c	16.5b	—	19.7b	14.6b
变异来源										
品种		*	**	**	**	**	**	**	ns	ns
播种期		**	**	**	**	**	**	**	**	**
品种×播种期		ns	*	**	**	**	ns	ns	ns	*

注：同列中不同小写字母表示在0.05水平差异显著，"—"表示无数据
*、**分别表示在0.05、0.01水平相关性显著，ns表示相关性不显著

(二)晚播低温对纤维品质的影响

随播种期推迟，2009年、2011年棉纤维长度显著缩短，在2010年差异较小(表5-9)。与适宜播种期(4月25日,铃期日均温27.3℃)相比,晚播低温(铃期日均温19.4～22.5℃)

下'科棉 1 号''苏棉 15 号'纤维长度在 2009 年分别缩短 1.4%、5.7%，在 2011 年分别缩短 2.3%～3.7%、3.4%～6.7%。

随播种期推迟，纤维比强度和马克隆值在 2010 年、2011 年均显著降低，纤维伸长率在 3 年试验中均显著增加。与适宜播种期相比，晚播低温下'科棉 1 号''苏棉 15 号'纤维比强度在 2010 年分别降低 1.3%～2.9%、4.9%～9.9%，在 2011 年分别降低 3.6%～7.6%、9.6%～16.2%。纤维整齐度受播种期影响较小。在纤维品质性状中，仅纤维比强度存在品种与播种期的互作效应。

表 5-9 晚播低温对棉纤维主要品质性状的影响（2009～2011 年）

播种期	纤维长度(mm)			伸长率(%)			纤维比强度(cN·tex^{-1})			马克隆值			整齐度(%)		
	2009年	2010年	2011年	2009年	2010年	2011年	2009年	2010年	2011年	2009年	2010年	2011年	2009年	2010年	2011年
科棉 1 号															
4月25日	29.6a	29.1a	30.0a	6.6a	6.0a	6.3b	30.3a	30.9a	30.3a	4.6a	5.1a	4.2a	86a	84a	84a
5月25日	29.2a	29.7a	29.3a	6.8a	6.2a	6.4b	30.3a	30.5ab	29.2a	4.5a	4.5ab	4.1a	87a	86a	84a
6月10日	—	30.5a	28.9a	—	6.3a	6.8a	—	30.0b	28.0b	—	3.7b	3.4b	—	85a	84a
苏棉 15 号															
4月25日	29.8a	28.9a	29.7a	6.6b	6.3b	6.2c	28.3a	28.4a	29.1a	4.6a	5.1a	4.2a	85a	82.6a	84a
5月25日	28.1b	29.1a	28.7a	7.0a	6.4ab	6.6b	28.3a	27.0b	26.3b	4.5a	4.5ab	4.1a	85a	84a	84a
6月10日	—	29.1a	27.7b	—	6.7a	6.9a	—	25.6c	24.4c	—	3.7b	3.4b	—	84a	83a
变异来源															
品种	ns	ns	*	ns	ns	ns	**	**	**	**	ns	ns	**	ns	ns
播种期	*	ns	**	**	*	**	ns	**	**	ns	*	**	ns	ns	ns
品种×播种期	ns	ns	ns	ns	ns	ns	ns	*	*	ns	ns	ns	ns	ns	ns

注：同列中不同小写字母表示在 0.05 水平差异显著，"—"表示无数据
*、**分别表示在 0.05、0.01 水平相关性显著，ns 表示相关性不显著

1. 晚播低温对纤维超分子结构取向参数的影响 取向分散角表征的是棉纤维次生壁螺旋结构中，纤维素大分子聚合而成的晶粒在螺旋结构中的取向，即微原纤取向和基原纤取向的夹角。从图 5-2 看出，2002 年纤维分散角随花后 25～50d 日均温的降低表现为先上升后下降的趋势，当温度降低到 21.3℃时分散角最大，不利于高强纤维的形成；2003 年纤维分散角随花后 25～50d 日均温的降低不断宽化，不利于棉纤维超分子结构的优化。

纤维螺旋角表征的是基原纤螺旋排列方向与纤维纵轴的夹角，2002 年纤维螺旋角随花后 25～50d 日均温的降低表现为先上升后下降的趋势，当温度降低到 21.3℃时纤维螺旋角最大，2003 年纤维螺旋角随花后 25～50d 日均温的降低表现为不断增大的趋势，均不利于高强纤维的形成(图 5-3)。

纤维取向分布角表征的是棉纤维超分子结构总取向，一般 ψ 角值愈小，纤维素大分子有序程度愈高，纤维强度愈高。2002 年纤维分布角随花后 25~50d 日均温的降低表现为先上升后下降的趋势，当温度降低到 21.3℃时分布角最大，2003 年纤维分布角随花后 25~50d 日均温的降低而变大，均不利于高强纤维的形成(图 5-4)。

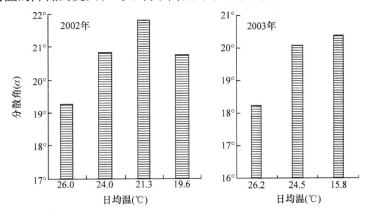

图 5-2　不同温度下棉纤维取向分散角的差异(2002~2003 年)

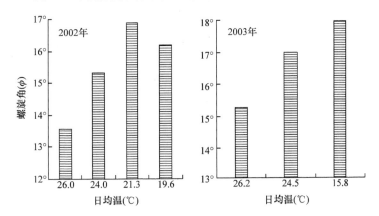

图 5-3　不同温度下棉纤维螺旋角的差异(2002~2003 年)

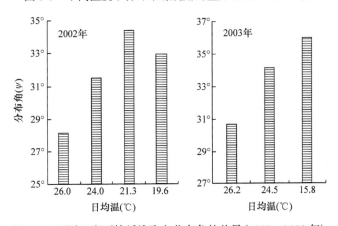

图 5-4　不同温度下棉纤维取向分布角的差异(2002~2003 年)

2. 晚播低温对纤维比强度形成的影响 从图 5-5 可知,随播期推迟,日均最低温降低,纤维比强度下降,晚播(日均最低温为 21.1℃、20.5℃和 18.1℃)棉花的纤维比强度明显低于正常播期(日均最低温为 24.0℃和 25.4℃),但 2 个品种纤维比强度在播期间的变化幅度存在差异,'苏棉 15 号'的变化幅度明显大于'科棉 1 号',这与'科棉 1 号'的低温弱敏感性和'苏棉 15 号'的低温敏感性相符。

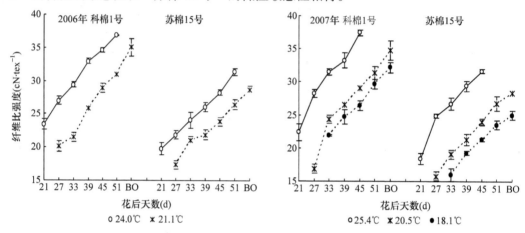

图 5-5 晚播低温对棉纤维比强度形成的影响(2006~2007 年)

BO. 棉铃吐絮日期

综合(一)、(二)看出,晚播低温显著降低棉纤维的纤维比强度和伸长率、降低棉籽籽指、脂肪和蛋白质含量,与前人研究结果一致,然而两个棉花品种整齐度受晚播低温影响不显著。

(三)花铃期增温对纤维品质的影响

由表 5-10 可知,在 2010 年、2011 年花铃期增温(日均温 32.1~35.2℃)下,纤维比强度和马克隆值上升,纤维长度下降,纤维整齐度和伸长率差异较小,品种间趋势一致。棉株上、中、下部果枝和单株纤维长度处理间差异显著,其中棉花中部果枝铃纤维长度变化对增温最为敏感;纤维整齐度处理间均无显著差异;纤维比强度处理间差异显著,其中棉花中部果枝铃纤维比强度对增温尤为敏感;纤维马克隆值处理间差异显著,2010 年的纤维马克隆值均优于 2011 年,基本达到 A 级标准(3.7~4.2),其中棉花中部果枝铃最优,而 2011 年纤维马克值在上部果枝表现最优,上部果枝铃马克隆值对增温较为敏感;纤维伸长率处理间差异较小。

综上,花铃期增温对棉纤维长度、比强度和马克隆值的影响大于整齐度和伸长率,花铃期增温对棉花中部果枝铃纤维比强度和纤维长度的影响较大,对上部果枝铃马克隆值的影响最为显著。

表 5-10 花铃期增温对棉纤维主要品质性状的影响(2010～2011 年)

果枝部位	品种	年份	处理	纤维长度 (mm)	长度整齐度 (%)	纤维比强度 (cN·tex^{-1})	马克隆值	伸长率 (%)
下部	泗棉 3 号	2010	花铃期增温	27.0±0.1b	84.5±1.1a	27.3±0.2a	4.1±0.0a	6.8±0.1a
			环境温度	27.4±0.0a	84.4±0.6a	27.1±0.2a	4.0±0.1a	6.7±0.1a
		2011	花铃期增温	26.6±0.4b	83.3±0.5b	27.5±0.4a	4.9±0.3a	6.9±0.3a
			环境温度	27.7±0.5a	84.0±0.5a	27.3±0.7a	4.5±0.2b	6.8±0.3a
	泗杂 3 号	2010	花铃期增温	27.1±0.0a	84.4±0.7a	28.0±0.2a	4.3±0.0a	6.8±0.2a
			环境温度	27.3±0.1a	84.0±2.3a	27.4±0.2b	4.2±0.0a	6.9±0.2a
		2011	花铃期增温	26.9±0.6b	83.7±0.7b	29.5±0.7a	5.5±0.3a	6.6±0.2a
			环境温度	28.9±0.9a	84.0±0.6a	28.9±1.1a	5.1±0.2b	6.4±0.1b
中部	泗棉 3 号	2010	花铃期增温	27.4±0.1b	84.3±0.6a	27.8±0.2a	4.2±0.0a	6.7±0.2a
			环境温度	27.8±0.1a	84.0±1.4a	27.2±0.1b	4.0±0.0b	6.7±0.3a
		2011	花铃期增温	28.6±0.4b	84.7±0.5a	29.2±0.7a	5.3±0.2a	6.5±0.3a
			环境温度	29.1±0.3a	84.4±0.4a	28.0±0.9b	5.2±0.2a	6.4±0.3a
	泗杂 3 号	2010	花铃期增温	27.7±0.0b	84.1±0.5a	28.5±0.2a	4.2±0.0a	6.8±0.1a
			环境温度	28.0±0.1a	86.0±0.5a	27.8±0.2b	4.1±0.0b	6.8±0.1a
		2011	花铃期增温	28.7±0.7b	85.1±0.6a	31.0±0.7a	5.7±0.2a	6.2±0.2a
			环境温度	29.8±0.7a	84.8±0.4b	30.3±0.6b	5.2±0.1b	6.2±0.2a
上部	泗棉 3 号	2010	花铃期增温	28.0±0.1b	86.1±0.2a	29.0±0.1a	4.3±0.0a	6.2±0.1a
			环境温度	28.9±0.1a	84.4±0.6b	28.6±0.2b	4.2±0.1a	6.3±0.2a
		2011	花铃期增温	29.4±0.5a	85.1±0.5a	29.7±1.0a	4.8±0.2a	6.4±0.1b
			环境温度	29.3±0.4a	84.5±0.5b	28.7±1.9b	4.4±0.3b	6.5±0.1a
	泗杂 3 号	2010	花铃期增温	27.9±0.0b	85.3±0.3a	28.9±0.2a	4.3±0.0a	6.4±0.3a
			环境温度	28.5±0.1a	85.7±0.7a	28.7±0.1a	4.2±0.0a	6.4±0.1a
		2011	花铃期增温	30.3±0.7b	85.2±0.6a	32.0±0.7a	4.9±0.3a	6.1±0.2b
			环境温度	30.7±0.4a	85.0±0.6a	30.7±0.7b	4.6±0.2b	6.3±0.2a
单株	泗棉 3 号	2010	花铃期增温	27.5±0.5b	85.0±1.1a	28.1±0.8a	4.2±0.1a	6.5±0.3a
			环境温度	28.0±0.7a	84.3±0.8a	27.6±0.8b	4.1±0.1b	6.6±0.3a
		2011	花铃期增温	28.2±1.4b	84.4±0.9a	28.8±1.2a	5.0±0.3a	6.6±0.2a
			环境温度	28.7±0.8a	84.3±0.3a	28.0±0.7b	4.7±0.4b	6.5±0.2a
	泗杂 3 号	2010	花铃期增温	27.6±0.3b	84.6±0.7a	28.5±0.4a	4.3±0.1a	6.7±0.3a
			环境温度	27.9±0.5a	85.2±1.6a	28.0±0.6b	4.2±0.1b	6.7±0.3a
		2011	花铃期增温	28.7±0.3b	84.6±0.8a	30.8±0.1a	5.3±0.4a	6.3±0.3a
			环境温度	29.8±0.4a	84.6±0.5a	30.0±0.1b	5.0±0.3b	6.3±0.1a

注：同列中不同小写字母表示在 0.05 水平差异显著

第二节　温度对棉铃对位叶生理特性的影响

棉铃对位叶提供了棉铃生物量的60%~87%，其生理特性对棉花产量和品质形成起着重要的作用。作物光合作用可通过叶绿素荧光动力学特征直接反应，叶片的光合产物主要是蔗糖和淀粉，其中蔗糖是由源器官到库器官的主要运输形式。因此研究了晚播低温和花铃期增温对棉铃对位叶光合生理、蔗糖代谢、碳氮代谢的影响，以阐明温度影响棉铃对位叶生理特性的原因。

一、晚播低温对棉铃对位叶光合生理的影响

（一）叶绿素含量

叶绿素是将光能转化成储存性化学能和评价光合作用必不可少的重要指标，直接影响作物的生长发育和产量品质形成。棉铃对位叶叶绿素a、叶绿素b和叶绿素(a+b)含量从花后17d即开始显著下降，随播种期推迟其含量增加。晚播低温（5月25日和6月10日，铃期日均温19.4~22.5℃）下'科棉1号''苏棉15号'棉铃对位叶叶绿素a含量分别降低2.8%~9.9%、3.7%~10.5%，叶绿素b和叶绿素(a+b)含量降低趋势与叶绿素a一致；'科棉1号'棉铃对位叶叶绿素a、叶绿素b和叶绿素(a+b)含量高于'苏棉15号'，晚播低温下'苏棉15号'光合色素含量的变异大于'科棉1号'。

叶绿素a/b可反映叶片生理代谢中叶绿素a和叶绿素b的相对变化，随花后天数增加，棉铃对位叶逐渐衰老，叶绿素a/b降低；随播种期推迟，叶绿素a/b升高。晚播低温下，叶绿素a比叶绿素b下降更快，'苏棉15号'叶绿素a、叶绿素b、叶绿素(a+b)含量和叶绿素a/b的增加幅度高于'科棉1号'。

（二）光合参数和叶绿素荧光参数

随花后天数增加和播种期推迟，棉铃对位叶光合速率(P_n)、PSⅡ量子产物、最大光化学效率和电子传递速率下降（表5-11和表5-12）。晚播低温（5月25日和6月10日）下'科棉1号''苏棉15号'棉铃对位叶P_n分别降低5.7%~28.0%、12.7%~36.9%（表5-11）。

表5-11　晚播低温对花铃期棉铃对位叶净光合速率（$\mu mol\ CO_2 \cdot s^{-1} \cdot m^{-2}$）的影响（2009~2011年）

播种期	2009年花后天数(d)				2010年花后天数(d)				2011年花后天数(d)			
	17	31	38	↓Δ(%)	17	31	45	↓Δ(%)	17	31	45	↓Δ(%)
科棉1号												
4月25日	19.5	18.3	13.3	—	22.1	17.1	10.3	—	19.2	14.6	8.4	—
5月25日	19.8	16.0	12.3	5.70	19.8	13.1	9.7	13.86	17.2	13.3	7.6	9.56
6月10日	—	—	—	—	15.7	11.6	8.4	27.98	15.2	10.0	7.4	22.82
平均值	19.7	17.2	12.8		19.2**	14.0**	9.5		17.2**	12.6**	7.8	

续表

播种期	2009年花后天数(d)				2010年花后天数(d)				2011年花后天数(d)			
	17	31	38	↓Δ(%)	17	31	45	↓Δ(%)	17	31	45	↓Δ(%)
苏棉15号												
4月25日	18.7	17.4	16.4	—	21.1	16.8	9.9	—	15.5	11.9	8.4	—
5月25日	17.2	15.5	12.2	14.53	19.6	12.3	9.8	12.71	13.8	9.7	7.5	13.35
6月10日	—	—	—	—	13.9	11.2	5.0	36.87	11.0	9.5	6.2	25.35
平均值	18.0	16.5	14.3**		18.2**	13.4**	8.2**		13.4**	10.4**	7.4*	

注："—"表示无数据

*、**分别表示在0.05、0.01水平相关性显著

表5-12 晚播低温对花铃期棉铃对位叶荧光参数的影响(2009~2011年)

品种	播种期	2009年花后天数(d)				2010年花后天数(d)				2011年花后天数(d)			
		17	31	38	↓Δ(%)	17	31	45	↓Δ(%)	17	31	45	↓Δ(%)
		PSⅡ量子产物											
科棉1号	4月25日	0.72	0.69	0.63	—	0.77	0.74	0.65	—	0.82	0.79	0.66	—
	5月25日	0.70	0.68	0.58	3.92	0.72	0.67	0.64	6.02	0.78	0.68	0.60	9.25
	6月10日	—	—	—	—	0.68	0.65	0.62	9.72	0.70	0.65	0.56	15.86
	平均值	0.71	0.69	0.61		0.72*	0.69*	0.64		0.77**	0.71**	0.61	
苏棉15号	4月25日	0.71	0.62	0.59	—	0.71	0.65	0.64	—	0.79	0.65	0.53	—
	5月25日	0.67	0.58	0.51	8.33	0.67	0.62	0.60	5.50	0.75	0.58	0.49	7.61
	6月10日	—	—	—	—	0.62	0.58	0.51	14.50	0.70	0.52	0.44	15.74
	平均值	0.69	0.60	0.55*		0.67*	0.62*	0.58**		0.75**	0.58**	0.49**	
		最大光化学效率											
科棉1号	4月25日	0.81	0.78	0.73	—	0.84	0.83	0.82	—	0.88	0.84	0.78	—
	5月25日	0.80	0.76	0.72	1.72	0.83	0.81	0.80	2.01	0.82	0.78	0.72	7.20
	6月10日	—	—	—	—	0.80	0.79	0.77	5.22	0.80	0.75	0.70	10.00
	平均值	0.81	0.77	0.73		0.82*	0.81*	0.80*		0.83**	0.79**	0.73**	
苏棉15号	4月25日	0.81	0.77	0.67	—	0.81	0.78	0.74	—	0.83	0.81	0.72	—
	5月25日	0.76	0.72	0.67	4.55	0.79	0.76	0.74	1.72	0.77	0.73	0.68	7.63
	6月10日	—	—	—	—	0.73	0.70	0.66	10.30	0.73	0.67	0.63	13.98
	平均值	0.79	0.75	0.67		0.78*	0.75*	0.71**	—	0.78**	0.74**	0.68*	
		非光化学淬灭系数											
科棉1号	4月25日	0.72	0.76	0.80	—	0.74	0.75	0.80	—	0.71	0.73	0.84	—
	5月25日	0.73	0.89	1.01	−15.59	0.75	0.77	0.87	−4.26	0.74	0.75	0.91	−5.35
	6月10日	—	—	—	—	0.80	0.85	0.93	−12.21	0.75	0.84	1.00	−13.38
	平均值	0.73	0.83	0.91**		0.76	0.79*	0.87**		0.73	0.77*	0.92**	
苏棉15号	4月25日	0.67	0.73	0.83	—	0.78	0.87	0.89	—	0.71	0.78	0.80	—
	5月25日	0.72	0.90	1.03	−19.01	0.80	0.91	1.05	−8.76	0.76	0.95	1.07	−21.14
	6月10日	—	—	—	—	0.91	1.26	1.40	−41.10	0.81	1.25	1.24	−43.88
	平均值	0.70	0.82**	0.93**		0.83*	1.01	1.11**		0.76	0.99*	1.04**	

续表

品种	播种期	2009年花后天数(d)				2010年花后天数(d)				2011年花后天数(d)			
		17	31	38	↓Δ(%)	17	31	45	↓Δ(%)	17	31	45	↓Δ(%)
					电子传递速率（μmol electrons·s^{-1}·m^{-2}）								
科棉1号	4月25日	—	—	—	—	7.18	6.53	5.82	—	7.08	5.70	5.30	—
	5月25日	—	—	—	—	6.92	5.22	4.49	14.85	5.16	4.54	3.82	25.22
	6月10日	—	—	—	—	4.20	4.30	4.14	35.28	4.02	3.75	2.14	45.19
	平均值	—	—	—	—	6.10**	5.35**	4.82**		5.42**	4.66**	3.75**	
苏棉15号	4月25日	—	—	—	—	6.94	6.53	6.00	—	7.16	5.95	4.83	—
	5月25日	—	—	—	—	6.37	4.85	4.01	21.78	4.81	3.92	3.53	31.66
	6月10日	—	—	—	—	4.97	4.58	3.29	34.05	3.98	2.11	1.66	56.80
	平均值	—	—	—	—	6.09**	5.32**	4.43**		5.32**	3.99**	3.34**	

注："—"表示无数据

*、**分别表示在0.05、0.01水平相关性显著

晚播低温（5月25日和6月10日）下'科棉1号''苏棉15号'棉铃对位叶PSⅡ量子产量分别降低3.9%～15.9%、5.5%～15.7%，PSⅡ量子产量和电子传递速率降低幅度与PSⅡ量子产量趋势一致。随花后天数增加，不同播种期P_n和PSⅡ量子产量品种间的差异增大，2010年、2011年PSⅡ量子产量和电子传递速率在播种期间差异均达显著水平。非光化学淬灭系数随花后天数增加或播种期推迟呈增加趋势（表5-12）。

（三）核酮糖-1,5-二磷酸羧化酶(Rubisco)总活性

随花后天数增加，棉铃对位叶Rubisco总活性呈单峰变化，峰值出现在花后17d（图5-6）。随花后天数增加和播种期推迟，晚播低温下棉铃对位叶Rubisco总活性在2010年、2011年分别增加0.2%～12.2%、0.5%～6.6%。

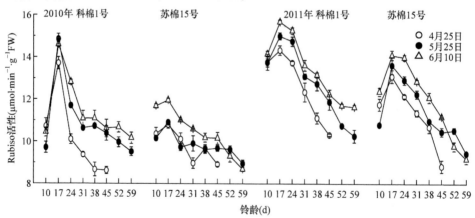

图5-6 晚播低温对棉铃对位叶核酮糖-1,5-二磷酸羧化酶(Rubisco)总活性的影响（2010～2011年）

(四) 可溶性糖和氨基酸含量

4月25日、5月25日播种棉花的棉铃对位叶可溶性糖和氨基酸含量随花后天数持续降低，随播种期推迟而上升，播种期间的差异随花后天数增加而增大。适宜播种期 (4月25日) 下，可溶性糖含量较低；播种期推迟至5月25日时，可溶性糖含量升高；播种期推迟至6月10日时，可溶性糖含量最高，波峰出现在花后24~31d。综合3年试验结果 (2009~2011年)，晚播低温下'科棉1号''苏棉15号'棉铃对位叶可溶性糖含量分别增加4.2%~16.6%、2.1%~23.3%，氨基酸含量分别增加10.0%~46.3%、19.1%~62.4%；'科棉1号'棉铃对位叶中可溶性糖含量高于'苏棉15号'，氨基酸含量却低于'苏棉15号'，晚播低温下'苏棉15号'棉铃对位叶可溶性糖和氨基酸含量的变异大于'科棉1号'，6月10日播种棉花尤为明显。

棉铃对位叶 C/N 随花后天数呈下降趋势，随播种期推迟而增加。'科棉1号'棉铃对位叶中较高的可溶性糖含量和较低的氨基酸含量导致 C/N 高于'苏棉15号'。

铃壳率、纤维率与棉铃对位叶中 C/N 的相关性不显著 ($P>0.05$)，纤维率与叶绿素 b 含量呈显著负相关，与可溶性糖含量、光合速率 (P_n) 呈显著正相关；铃重和皮棉产量与叶绿素 b 含量、氨基酸含量呈显著负相关，与光合速率 (P_n)、PSⅡ量子产量 ($\Phi_{PSⅡ}$) 和最大光化学效率 (F_v/F_m) 呈显著正相关 ($P<0.05$)。大部分纤维品质指标和棉籽品质指标 (除纤维伸长率和棉籽脂肪含量外) 与氨基酸含量呈显著负相关，与光合速率 (P_n)、PSⅡ量子产量 ($\Phi_{PSⅡ}$) 和最大光化学效率 (F_v/F_m) 呈显著正相关 ($P<0.05$)。

二、晚播低温对棉铃对位叶蔗糖代谢的影响

(一) 蔗糖含量

棉铃对位叶蔗糖含量随花后天数呈持续下降趋势，随播种期推迟而上升；播种期间差异随花后天数增加而增大，至吐絮时差异达最大。棉铃对位叶蔗糖含量在适宜播种期 (4月25日) 时较低，播种期推迟至5月25日时蔗糖含量升高，至6月10日时达最高。

棉铃对位叶中最大蔗糖含量反映的是可利用蔗糖量，最小蔗糖含量反映的是叶片中残留的蔗糖量。由表5-13可知，与适宜播种期相比，晚播棉花棉铃对位叶中最大、最小蔗糖含量均显著升高，晚播低温显著降低了棉铃对位叶中蔗糖转化率，'苏棉15号'（低温敏感型）棉铃对位叶蔗糖转化率在播种期间的变异显著高于'科棉1号'（低温弱敏感型）。

棉铃对位叶淀粉含量随花后天数增加呈单峰曲线变化，随播种期推迟而增加，峰值出现时间推后，晚播低温下棉铃发育后期（花后38~59d）棉铃对位叶中淀粉有明显增加的趋势，在2011年尤为显著。这可能是由于受晚播低温的影响，棉铃对位叶中光合产物转运受抑制而以淀粉的形式储存。

棉铃对位叶己糖含量随花后天数和播种期的变化趋势与淀粉相似，但4月25日适期

播种的棉铃对位叶己糖含量随花后天数增加而降低,说明晚播低温改变了棉铃对位叶蔗糖与其他非结构性碳水化合物的碳分配比例。'科棉1号'和'苏棉15号'棉铃对位叶淀粉、己糖含量在播种期间的差异较小。

表 5-13 晚播低温对棉铃对位叶中最大/最小蔗糖含量、蔗糖转化率、比叶重和铃重的影响 (2010～2011年)

播种期	最大蔗糖含量 ($mg \cdot g^{-1}$)		最小蔗糖含量 ($mg \cdot g^{-1}$)		蔗糖转化率		比叶重		铃重(g)	
	科棉1号	苏棉15号	科棉1号	苏棉15号	科棉1号	苏棉15号	科棉1号	苏棉15号	科棉1号	苏棉15号
2010年										
4月25日	24.21c	22.58c	10.61c	11.14c	56.19a	50.68a	35.57c	34.93c	5.7a	5.0a
5月25日	26.01b	25.70b	11.46b	12.95b	55.97a	45.67b	47.50b	39.11b	5.4a	4.9a
6月10日	29.70a	29.36a	13.60a	17.97a	54.21a	38.79c	52.74a	45.63a	5.2a	4.5b
CV(%)	10.51	13.13	12.95	25.24	1.93	13.23	19.44	13.53	4.13	5.40
2011年										
4月25日	20.19c	18.52b	10.21c	9.63c	49.44a	43.91a	38.37c	36.81c	5.6a	5.3a
5月25日	21.39b	19.13b	11.78b	11.99b	44.94b	37.49ab	48.39b	42.82b	5.3a	4.7b
6月10日	22.63a	20.89a	12.95a	14.06a	42.77b	32.72b	52.42a	45.50a	5.1a	4.3c
CV(%)	5.71	6.32	11.81	18.61	3.97	19.41	15.61	10.67	4.84	10.25

注:同列中不同小写字母表示在0.05水平差异显著

(二)蔗糖代谢相关酶活性

1. 核酮糖-1,5-二磷酸羧化酶初始活性 棉铃对位叶核酮糖-1,5-二磷酸羧化酶(Rubisco)初始活性随花后天数增加先升高,至花后17d开始逐渐下降;播种期推迟,棉铃对位叶Rubisco初始活性升高,在棉铃发育后期差异尤为明显。分析3个播种期的数据平均值可知,晚播低温(5月25日、6月10日,2010年、2011年铃期日均最低温分别为20.4℃、18.4℃、16.5℃、16.0℃)(表5-14)下,棉铃对位叶Rubisco初始活性在2010年、2011年分别增加2%～21%、1%～14%。2010年两个品种在不同播种期间的差异虽未达到显著水平,但'科棉1号'的Rubisco初始活性增加量在晚播低温下比'苏棉15号'高2～3倍(表5-14)。

2. 胞质果糖-1,6-二磷酸酶活性 棉铃对位叶胞质果糖-1,6-二磷酸酶活性在适宜播种期下随花后天数增加逐渐下降,播种期推迟酶活性增加,晚播低温下酶活性峰值出现在花后17d,酶活性与蔗糖含量呈显著正相关($P<0.05$)。晚播低温下'科棉1号'(低温弱敏感型)棉铃对位叶胞质果糖-1,6-二磷酸酶活性显著升高($P<0.05$),'苏棉15号'(低温敏感型)酶活性增加不明显。

表 5-14 晚播低温下棉铃对位叶核酮糖-1,5-二磷酸羧化酶初始活性、胞质果糖-1,6-二磷酸酶活性均值的差异分析(2010~2011 年)

年份	播种期	铃期日均最低温(℃)	核酮糖-1,5-二磷酸羧化酶初始活性 ($\mu mol \cdot min^{-1} \cdot g^{-1}FW$)		胞质果糖-1,6-二磷酸酶活性 ($\mu mol \cdot min^{-1} \cdot g^{-1}FW$)	
			科棉1号	苏棉15号	科棉1号	苏棉15号
2010	4月25日		7.48b	7.77b	3.27b	3.12a
	5月25日	20.4	8.47a	7.90ab	3.33b	3.17ab
	6月10日	16.5	9.10a	8.47a	3.53a	3.32b
2011	4月25日		9.99b	8.69a	2.85b	2.85a
	5月25日	18.4	10.50ab	8.77a	2.89b	2.86a
	6月10日	16.0	11.35a	9.32a	3.29a	2.99a

注：同列中不同小写字母表示在 0.05 水平差异显著

3. 磷酸蔗糖合成酶和蔗糖合成酶活性 磷酸蔗糖合成酶可促进植物叶绿体中的碳转移至胞质，利用果糖和游离的 UDPG 合成蔗糖-磷酸，然后被 SPP 脱磷酸合成蔗糖。棉铃对位叶磷酸蔗糖合成酶活性随花后天数增加呈单峰曲线，峰值出现在花后 17~31d。播种期间差异主要表现在峰值出现时间的早晚和磷酸蔗糖合成酶活性的高低，适宜播种(4 月 25 日)时酶活性高，峰值出现早(花后 17d 左右)，较高的酶活性有利于催化产生较多的蔗糖，保证充足的光合产物运输到棉铃；随播种期推迟，峰值出现时间推迟，峰值处的酶活性降低，且峰值后酶活性下降缓慢。

进一步分析棉铃对位叶磷酸蔗糖合成酶活性峰值在不同播种期间的差异发现(表 5-15)，'苏棉 15 号'(低温敏感型)达显著水平($P>0.05$)，'科棉 1 号'(低温弱敏感型)差异较小($P>0.05$)。蔗糖合成酶在植物胞质内的作用主要是分解蔗糖，蔗糖合成酶活性(合成方向)的动态变化趋势与磷酸蔗糖合成酶活性的变化趋势一致，两个品种蔗糖合成酶峰值处酶活性在播种期间的差异较小($P>0.05$)。

表 5-15 晚播低温下棉铃对位叶磷酸蔗糖合成酶和蔗糖合成酶活性峰值的差异分析(2010~2011 年)

年份	播种期	磷酸蔗糖合成酶活性($mg\ Suc \cdot g^{-1}\ FW \cdot h^{-1}$)		蔗糖合成酶活性($mg\ Suc \cdot g^{-1}\ FW \cdot h^{-1}$)	
		科棉1号	苏棉15号	科棉1号	苏棉15号
2010	4月25日	18.31a	16.86a	18.78a	17.06a
	5月25日	17.98a	14.55b	17.59a	14.86b
	6月10日	17.56a	12.20c	15.15b	12.85c
2011	4月25日	20.39a	19.29a	22.93a	21.43a
	5月25日	19.88a	17.56ab	19.80b	18.29b
	6月10日	17.62a	15.22b	16.39c	14.82c

注：同列中不同小写字母表示在 0.05 水平差异显著

(三)晚播低温下棉铃对位叶光合速率、最小蔗糖含量、蔗糖转化率和铃重与蔗糖代谢酶活性的相关性分析

对不同播种期棉铃对位叶光合速率、最小蔗糖含量、蔗糖转化率和铃重与蔗糖代谢酶活性进行相关性分析发现(表5-16),光合速率与蔗糖转化率、磷酸蔗糖合成酶和铃重均呈显著正相关,与最小蔗糖含量呈显著负相关。磷酸蔗糖合成酶、蔗糖合成酶和蔗糖转化率与铃重显著相关。因此,棉铃对位叶中较高的光合速率、较高的磷酸蔗糖合成酶活性和蔗糖合成酶活性、较大的蔗糖转化率均有利于铃重的提高。

表5-16 晚播低温下棉铃对位叶中光合速率、最小蔗糖含量、蔗糖转化率和铃重与蔗糖代谢酶活性的相关性分析

相关指标	光合速率	最小蔗糖含量	蔗糖转化率	铃重	Rubisco	胞质果糖-1,6-二磷酸酶	磷酸蔗糖合成酶	蔗糖合成酶
光合速率	1.00							
最小蔗糖含量	−0.73**	1.00						
蔗糖转化率	0.81**	−0.52	1.00					
铃重	0.82**	−0.72**	0.86**	1.00				
Rubisco	−0.27	0.04	−0.32	0.01	1.00			
胞质果糖-1,6-二磷酸酶	−0.01	0.47	0.40	0.05	−0.19	1.00		
磷酸蔗糖合成酶	0.64*	−0.87**	0.53	0.84**	0.21	−0.39	1.00	
蔗糖合成酶	0.56	−0.84**	0.38	0.76**	0.30	−0.53	0.98**	1.00

*、**分别表示在0.05、0.01水平相关性显著($n=12$,$R^2_{0.05}=0.576$,$R^2_{0.01}=0.704$)

(四)晚播低温下棉铃对位叶磷酸蔗糖合成酶同工型基因的表达差异分析

棉铃对位叶磷酸蔗糖合成酶(SPS)同工型基因(*SPS1*、*SPS2*、*SPS3*)在棉铃发育中的相对表达量存在明显差异(图5-7),*SPS1*和*SPS2*相对表达量较高,在花后17~45d两者的相对表达量分别占SPS总表达量的25.8%~56.1%和43.9%~60.7%,而*SPS3*的相对表达量较低,说明*SPS1*和*SPS2*是棉铃发育中棉铃对位叶磷酸蔗糖合成酶基因进行蔗糖合成代谢的2个主要的同工型基因。

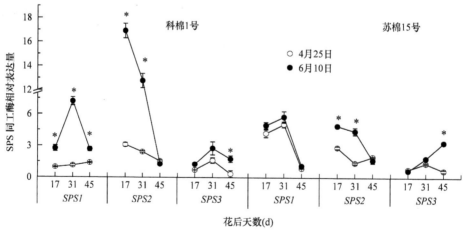

图5-7 晚播低温下棉铃对位叶磷酸蔗糖合成酶(SPS)同工型基因的表达差异分析
*表示在0.05水平相关性显著

SPS 同工型基因相对表达量随花后天数增加而下降。晚播低温(6月10日，2011年棉铃发育期内日均最低温为16.0℃)下棉铃对位叶 *SPS1* 和 *SPS2* 的相对表达量在花后17d、31d 显著增加，*SPS3* 对晚播低温的响应在花后 17d、31d 差异不显著($P>0.05$)，花后 45d 两个品种差异均达显著水平($P<0.05$)。

品种间比较，晚播低温下'科棉1号'(低温弱敏感型)*SPS1* 在花后 17d、31d、45d 增加了 0.92~5.35 倍($P<0.05$)，'苏棉15号'(低温敏感型)对晚播低温的响应差异不明显；'科棉1号' *SPS2* 在花后 17d、31d 在晚播低温下上调幅度显著高于'苏棉15号'，*SPS3* 在晚播低温下的变化幅度品种间差异较小。

综上所述，晚播低温降低了棉铃对位叶净光合速率和蔗糖转化率，影响了蔗糖代谢酶活性的变化。'苏棉15号'(低温敏感型)棉铃对位叶净光合速率、磷酸蔗糖合成酶活性和蔗糖转化率在播种期间的变化幅度差异明显大于'科棉1号'(低温弱敏感型)。磷酸蔗糖合成酶与净光合速率、铃重呈显著正相关表明高的净光合速率和磷酸蔗糖合成酶活性有利于铃重的提高。棉铃对位叶中蔗糖代谢酶对晚播低温的响应可能主要是受 *SPS1* 和 *SPS2* 同工型基因调控的磷酸蔗糖合成酶控制，与 *SPS3* 相比，不同温度敏感性品种 *SPS1* 和 *SPS2*(尤其是 *SPS2*)对晚播低温的响应更敏感，它们可能是晚播低温下介导棉铃对位叶蔗糖代谢调控的重要基因位点。

三、晚播低温对棉铃对位叶 C、N 代谢的影响

(一)棉铃对位叶内源保护酶活性和 MDA 含量

1. 超氧化物歧化酶 棉铃对位叶超氧化物歧化酶(SOD)活性随花后天数增加呈上升趋势(图5-8)，铃期日均温≥23.1℃时随温度提高，SOD 活性降低，铃期日均温≤20.5℃时棉铃发育前期 SOD 活性低、中期上升快峰值高、后期下降时间提前且下降快。铃期日均温 23.1℃处理的 SOD 活性在棉铃发育期内一直保持较高水平，铃期日均温≤20.5℃时棉铃发育中后期对位叶 SOD 活性大幅度降低，叶片生理活性下降。在相同铃期日均温下'科棉1号' SOD 活性下降时间较'美棉33B'推迟，说明'科棉1号'棉铃对位叶的生理活性较'美棉33B'强，有利于光合产物积累和转运。

2. 过氧化物酶 棉铃对位叶过氧化物酶(POD)活性在花后 24d(2005年)或21d(2006年)前缓慢上升，之后随花后天数增加迅速上升(图5-9)，铃期日均温在 23.1~23.3℃时棉铃对位叶 POD 上升速度较快，在棉铃发育后期仍然保持较高水平；在 27.7~29.3℃时 POD 水平较低；≤20.5℃时 POD 上升速度加快，于花后 45d(2005年)、33d(2006年)时开始迅速下降。

3. 过氧化氢酶 棉铃对位叶过氧化氢酶(CAT)活性随花后天数增加呈先上升后下降的单峰曲线，不同铃期日均温间存在较大差异(图5-10)。铃期日均温≥23.1℃时 CAT 活性随铃期日均温下降而提高，且 CAT 活性的峰值时间提前；≤20.5℃时棉铃发育初期棉铃对位叶 CAT 活性较低，随花后天数增加迅速提高，但下降时间早、幅度大。结合 SOD(图5-8)和 POD(图5-9)活性变化特点，认为铃期日均温≤20.5℃时棉铃发育后期棉铃对位叶内源保护酶活性低，叶片生理活性降低。

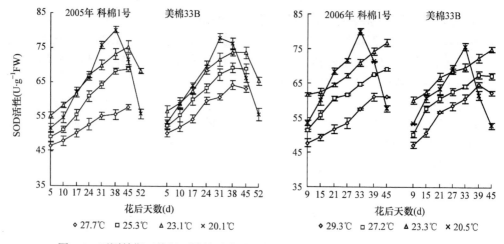

图 5-8　不同铃期日均温下棉铃对位叶 SOD 活性的动态变化（2005～2006 年）

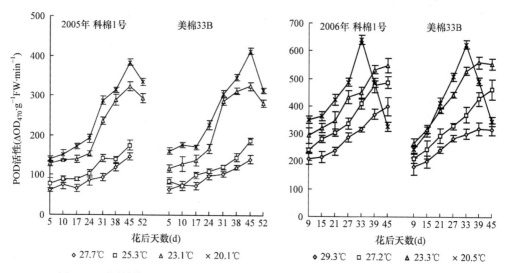

图 5-9　不同铃期日均温下棉铃对位叶 POD 活性的动态变化（2005～2006 年）

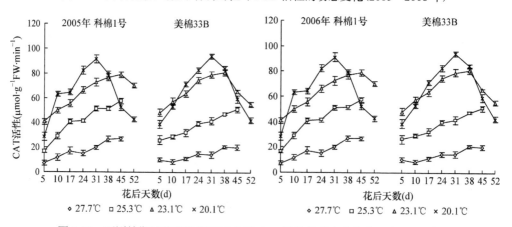

图 5-10　不同铃期日均温下棉铃对位叶 CAT 活性的动态变化（2005～2006 年）

4. 丙二醛含量 棉铃对位叶丙二醛(MDA)含量随花后天数增加而提高，棉铃发育初期 MDA 含量均较低且上升慢，中后期(花后 31d 后)MDA 含量迅速提高，尤其在铃期日均温较高(≥27.7℃)或较低(≤20.5℃)时，MDA 含量提高速度较快(图 5-11)；在 23.1℃和 23.3℃时 MDA 含量上升速度均较慢，棉铃对位叶的膜脂过氧化作用较弱、生理活性较高，功能期相对较长，有利于光合产物的生成和转运。

从图 5-11 中还可以看出，棉铃发育后期'美棉 33B'的 MDA 含量高于'科棉 1 号'，'美棉 33B'的生理活性低于'科棉 1 号'，这可能是品种耐低温能力差异的原因之一。

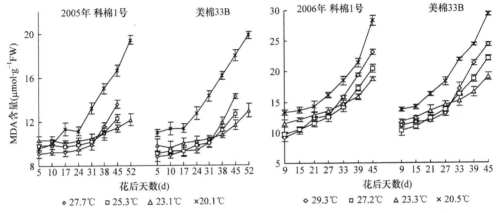

图 5-11 不同铃期日均温下棉铃对位叶 MDA 含量的动态变化(2005～2006 年)

(二)棉铃对位叶 C、N 代谢与棉铃发育

1. 棉铃对位叶 C/N 的动态变化 棉铃发育期棉铃对位叶 C/N 随铃期日均温下降而降低，在花后 5～17d C/N 下降幅度较大，花后 31d 后保持稳定或略有上升(图 5-12)；花后 10d 时不同温度处理间的 C/N 差异显著(南京，$P<0.05$)或极显著(徐州，$P<0.01$)，在花后 17d、24d 时 2 试点均达极显著水平($P<0.01$)。

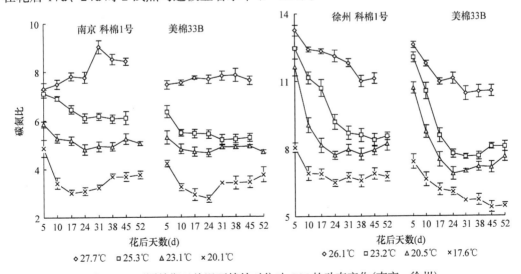

图 5-12 不同铃期日均温下棉铃对位叶 C/N 的动态变化(南京，徐州)

2. 棉铃对位叶 C/N 与棉纤维品质的关系

(1) 与纤维长度的关系　　棉纤维长度在不同品种和不同铃期日均温间的差异显著(表 5-17)，铃期日均温在 23.1～25.3℃时纤维长度较长。花后 10d 纤维发育处于快速伸长期，此时棉铃对位叶 C/N 与纤维长度存在极显著($P<0.01$)抛物线关系。南京试点'科棉 1 号''美棉 33B'在花后 10d 适宜的 C/N 分别为 6.08、5.15，徐州试点分别为 11.16、10.55。

表 5-17　不同铃期日均温下棉铃对位叶 C/N 与棉纤维主要品质性状的关系(南京，徐州)

地点	品种	日均温(℃)	可溶性糖含量		氨基酸含量		C/N 平均值	主要纤维品质性状		
			平均值 ($mg \cdot g^{-1}DW$)	转化率 (%)	平均值 ($mg \cdot g^{-1}DW$)	下降速度 ($mg \cdot d^{-1} \cdot g^{-1}DW$)		纤维长度 (mm)	纤维比强度 ($cN \cdot tex^{-1}$)	马克隆值
南京	科棉 1 号	27.7	12.20	51.10	154.83	3.56	8.05	25.1Bb	32.4ABb	4.8Ab
		25.3	11.31	52.67	173.75	2.51	6.44	27.8Aa	32.8AB	5.2Aa
		23.1	11.55	48.18	222.63	2.04	5.15	28.0Aa	34.3Aa	4.7ABb
		20.1	12.69	29.38	357.88	2.72	3.58	26.1Cc	31.3Bb	4.2Bc
	美棉 33B	27.7	10.90	50.53	143.14	2.85	7.67	24.8Bc	31.7Aa	5.7Aa
		25.3	9.69	55.63	175.63	2.83	5.47	27.3Aa	32.6Aa	5.2ABb
		23.1	10.60	51.00	217.75	2.15	4.85	27.1Aa	32.8Aa	4.9Bb
		20.1	12.20	25.95	364.50	3.06	3.38	25.7Bb	30.1Bb	3.8Cc
徐州	科棉 1 号	26.1	12.47	57.54	103.35	1.81	12.01	25.1Aab	31.4ABb	4.4Aa
		23.2	10.80	56.25	108.63	1.06	9.72	25.9Aa	33.5Aa	4.5Aa
		20.5	11.21	40.76	129.88	1.07	8.56	25.8Aa	28.0Cc	3.0Bb
		17.6	13.78	19.61	200.00	2.05	6.91	23.6Ab	24.3Dd	2.4Cc
	美棉 33B	26.1	11.63	59.57	103.75	1.88	11.14	25.0ABb	28.5Bb	4.5Aa
		23.2	9.65	59.15	108.13	1.00	8.80	25.9Aa	33.2Aa	4.3Aa
		20.5	10.04	40.29	127.25	1.03	7.86	24.1Bc	25.1Cc	2.6Bb
		17.6	12.16	22.39	201.35	2.00	6.07	22.9Cd	23.7Cc	2.3Bc

注：C/N 为铃期 C/N 的平均值；同列中同一品种不同大、小写字母分别表示在 0.01、0.05 水平差异显著

(2) 与纤维比强度的关系　　铃期日均温 23.3℃左右时棉纤维比强度最高(表 5-17)，不同品种和不同铃期日均温间的差异达极显著水平($P<0.01$)。铃期日均温≥25.3℃时 C/N 较高，比强度降低；≤20.5℃时 C/N 较低，比强度显著降低。花后 17d、24d 棉纤维发育分别处于纤维素快速累积期和纤维比强度形成加快期，此时棉铃对位叶 C/N 与纤维比强度间存在极显著($P<0.01$)的抛物线关系，花后 17d '科棉 1 号''美棉 33B'在南京试点的适宜 C/N 分别为 6.07、5.06，在徐州试点分别为 10.71、8.58；花后 24d 在南京试点分别为 6.04、5.01，在徐州试点分别为 9.18、7.77。棉纤维发育期内氨基酸下降速度慢则有利于提高纤维比强度。

(3) 与马克隆值的关系　　棉纤维马克隆值随铃期日均温下降而降低(表5-17)，2试点不同铃期日均温间的差异均达极显著水平($P<0.01$)。在纺织工业上，A级棉纤维的马克隆值为3.7～4.2，B1和B2级棉纤维的马克隆值分别为3.5～3.6和4.3～4.9，因此以23.1℃铃期日均温下纤维马克隆值较适宜。在马克隆值形成的关键时期(花后17～45d)，棉铃对位叶C/N平均值与马克隆值存在显著或极显著的线性关系(表5-18)，马克隆值在3.7～4.2时南京试点'科棉1号''美棉33B'适宜的C/N分别为1.17～3.67、2.11～3.52，徐州试点分别为9.23～10.15、8.45～9.41，品种间和试点间存在的较大差异说明马克隆值形成的适宜C/N受遗传和环境等因素的影响，且与纤维长度、比强度形成的适宜C/N存在差异。

表5-18　棉铃对位叶C/N与棉纤维长度、比强度和马克隆值的关系(南京，徐州)

地点	花后天数(d)	科棉1号 方程	R^2	美棉33B 方程	R^2
南京	10	$y_L=-0.398x^2+4.316x+16.171$	0.707**	$y_L=-0.327x^2+3.328x+18.603$	0.757**
	17	$y_S=-0.173x^2+2.095x+26.319$	0.610*	$y_S=-0.272x^2+3.296x+22.822$	0.887**
	24	$y_S=-0.183x^2+2.210x+26.644$	0.520*	$y_S=-0.238x^2+2.826x+24.464$	0.897**
	17～45	$y_M=0.199x+3.467$	0.629**	$y_M=0.355x+2.949$	0.769**
徐州	10	$y_L=-0.144x^2+2.816x+12.253$	0.622*	$y_L=-0.125x^2+2.367x+8.933$	0.850**
	17	$y_S=-0.453x^2+10.033x-23.127$	0.752**	$y_S=-0.882x^2+18.440x-55.299$	0.719**
	24	$y_S=-0.524x^2+11.120x-25.808$	0.748**	$y_S=-0.688x^2+13.345x-32.895$	0.579*
	17～45	$y_M=0.543x-1.317$	0.799**	$y_M=0.521x-0.703$	0.736**

注：y_L、y_S和y_M分别表示棉纤维长度、比强度和马克隆值

*、**分别表示方程决定系数在0.05和0.01水平相关性显著[$n=12$，$R^2_{0.05}=0.4863$，$R^2_{0.01}=0.6406$(y_L、y_S)；$n=12$，$R^2_{0.05}=0.3316$，$R^2_{0.01}=0.5000$(y_M)]

综上，当棉纤维长度最长、比强度最高时，2试点棉铃对位叶的C/N随花后天数变化的趋势一致，品种间和试点间均存在差异，品种间差异显著小于试点间的差异(图5-13)。因此，将同一试点2个品种的适宜C/N合并，计算棉铃发育期内C/N平均值，南京、徐州点优质棉纤维形成的适宜C/N分别在5.55、9.40左右，相应的铃期日均温为23.1～25.5℃。

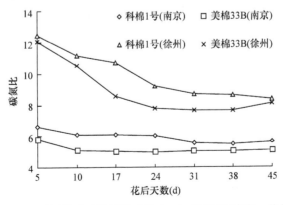

图5-13　不同花后天数棉铃对位叶C/N适宜值(南京，徐州)

四、花铃期增温对棉铃对位叶生理特性的影响

(一)对棉铃对位叶中内源保护酶活性和 MDA 含量的影响

棉铃对位叶过氧化物酶(POD)活性在环境温度下(日均温 31.5℃)随花后天数增加而持续上升,棉株下部和中部果枝棉铃对位叶的上升幅度较大,在花后 38d 达到峰值;花铃期增温 2~3℃时(日均温 34.3℃),POD 活性随花后天数增加大幅度降低,并维持在一个较稳定的水平(图 5-14);两个品种间 POD 活性差异较小。棉铃对位叶过氧化氢

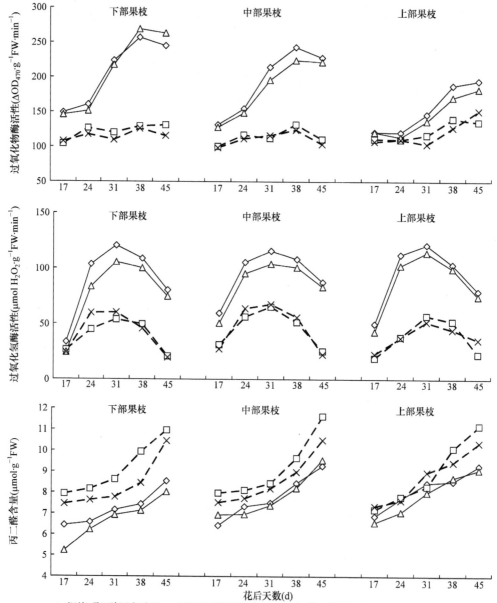

图 5-14 棉铃对位叶过氧化物酶、过氧化氢酶活性和丙二醛含量动态变化(2011 年,南京)

酶(CAT)活性随花后天数增加呈先上升后下降的趋势,峰值出现在花后 31d(图 5-14),花铃期增温后 CAT 活性大幅度下降;两品种 CAT 活性差异较小。棉铃对位叶 MDA 含量随花后天数增加而持续上升(图 5-14),品种间差异显著;环境温度下 MDA 含量显著低于花铃期增温;花铃期增温下花后 31d 开始 MDA 累积速率加快,含量迅速升高。

(二)花铃期增温对棉花光合性能的影响

1. 棉花主茎功能叶 SPAD 值和比叶重 SPAD 值是一个相对叶绿素含量读数,也称为绿色度,与叶绿素含量呈显著正相关,能较好地反映叶绿素含量的变化,可根据 SPAD 值判断叶绿素含量及叶片光合性能。花铃期增温(日均温 32.1~35.2℃)下,棉花主茎功能叶 SPAD 值下降(表 5-19),2011 年试验花铃增温(日均温 32.1~34.0℃)前中期 SPAD 值下降,后期(日均温 27.9~29.9℃)上升。比叶重是指单位叶面积的叶片重量,花铃期增温(日均温 32.1~35.2℃)下棉花主茎功能叶的比叶重明显下降(表 5-20)。

表 5-19 花铃期增温对棉花主茎功能叶 SPAD 值的影响(2010~2011 年,南京)

品种	处理	2010 年			2011 年			
		7 月 28 日	8 月 5 日	8 月 18 日	8 月 2 日	8 月 10 日	8 月 15 日	8 月 22 日
泗棉 3 号	花铃期增温	42.2±2.6a	48.5±2.0a	47.3±1.9	49.3±0.6a	51.9±0.8b	50.9±0.2b	54.9±0.7a
	环境温度对照	43.1±2.2a	49.0±1.6a	48.5±1.6a	50.1±0.3a	53.4±0.5a	52.6±0.1a	54.5±0.3a
	Δ(%)	−2.13	−1.18	−2.72	−1.80	−2.56	−3.17	0.83
泗杂 3 号	花铃期增温	46.6±0.2b	5.0±0.7b	53.1±0.6b	48.7±0.4a	53.0±0.3a	53.1±0.7a	56.6±0.2a
	环境温度对照	49.6±0.5a	53.9±0.7a	58.5±0.6a	49.6±0.2a	53.1±0.6a	53.6±0.4a	54.5±0.8a
	Δ(%)	−6.02	−3.65	−9.31	−1.92	−0.19	−0.99	3.92

注:同列中不同小写字母表示在 0.05 水平差异显著;Δ(%)=[(花铃期增温−环境温度对照)/环境温度对照]×100,下表同

表 5-20 花铃期增温对棉花主茎功能叶比叶重的影响(2010~2011 年,南京)

品种	处理	2010 年			2011 年			
		7 月 28 日	8 月 5 日	8 月 18 日	8 月 2 日	8 月 10 日	8 月 15 日	8 月 22 日
泗棉 3 号	花铃期增温	163.4±5.2a	181.3±6.4a	195.3±4.2a	170.1±5.3a	152.8±6.7a	185.2±4.3a	189.7±7.6a
	环境温度对照	183.7±6.2b	193.6±5.2b	198.7±4.6a	195.8±4.3b	181.1±6.6b	197.2±8.2b	196.3±3.3a
	Δ(%)	−11.04	−6.36	−1.68	−13.14	−15.62	−6.11	−3.38
泗杂 3 号	花铃期增温	175.4±2.3b	183.3±5.1b	195.4±3.2b	190.4±6.5a	154.0±5.3a	185.0±4.0a	196.0±5.2a
	环境温度对照	193.6±8.3a	198.7±6.4a	214.6±6.7a	209.7±7.3a	189.9±8.7b	209.7±6.3b	200.9±4.7a
	Δ(%)	−9.43	−7.77	−8.92	−9.01	−18.92	−11.75	−2.46

注:同列中不同小写字母表示在 0.05 水平差异显著

2. 棉花主茎功能叶光合性能 花铃期增温(日均温 32.1~35.2℃)下,棉花主茎功

能叶净光合速率(P_n)下降,气孔导度(G_s)、胞间 CO_2 浓度(C_i)和蒸腾速率(T_r)升高,品种间趋势一致(表 5-21)。

表 5-21 花铃期增温对棉花主茎功能叶光合特征参数的影响(2010~2011 年,南京)

参数	品种	处理	2010 年		
			7月28日	8月5日	8月18日
净光合速率 ($\mu mol\ CO_2 \cdot s^{-1} \cdot m^{-2}$)	泗棉3号	花铃期增温	24.7±0.2a	21.4±0.1a	21.0±0.1a
		环境温度对照	25.3±0.4a	24.4±0.3b	24.8±0.3b
		Δ(%)	−2.37	−12.32	−27.42
	泗杂3号	花铃期增温	25.7±0.4a	23.7±0.4b	21.3±0.3a
		环境温度对照	26.2±0.3a	25.6±0.3a	22.0±0.2a
		Δ(%)	−1.91	−7.27	−3.37
蒸腾速率 ($mmol\ H_2O \cdot s^{-1} \cdot m^{-2}$)	泗棉3号	花铃期增温	9.5±0.1a	14.3±0.1a	14.4±0.4b
		环境温度对照	9.3±0.3a	13.7±0.4a	13.4±0.3a
		Δ(%)	2.37	3.76	7.17
	泗杂3号	花铃期增温	10.5±0.4a	12.5±0.3a	14.3±0.2a
		环境温度对照	9.1±0.2a	11.6±0.3a	11.3±0.4b
		Δ(%)	16.41	7.81	25.86
气孔导度 ($mol\ H_2O \cdot s^{-1} \cdot m^{-2}$)	泗棉3号	花铃期增温	0.9±0.0b	0.8±0.0b	0.7±0.0b
		环境温度对照	0.7±0.0a	0.7±0.0a	0.5±0.0a
		Δ(%)	21.99	24.66	29.31
	泗杂3号	花铃期增温	0.9±0.0a	0.8±0.0a	0.7±0.0a
		环境温度对照	0.8±0.0a	0.7±0.0b	0.5±0.0b
		Δ(%)	13.82	21.12	36.94
胞间 CO_2 浓度 ($\mu mol\ CO_2 \cdot s^{-1} \cdot m^{-2}$)	泗棉3号	花铃期增温	275.4±5.5b	295.3±2.6b	290.1±6.6b
		环境温度对照	233.5±2.0a	251.3±3.7a	233.8±5.5a
		Δ(%)	17.93	17.51	24.07
	泗杂3号	花铃期增温	198.8±4.9a	262.9±3.2a	237.5±4.0a
		环境温度对照	178.9±1.8b	248.0±5.0b	220.3±4.9b
		Δ(%)	11.14	6.02	7.81

续表

参数	品种	处理	2011年				
			8月2日	8月10日	8月15日	8月22日	7月28日
净光合速率 ($\mu mol\ CO_2 \cdot s^{-1} \cdot m^{-2}$)	泗棉3号	花铃期增温	22.6±0.4a	28.2±0.6a	28.8±0.3a	22.5±0.1a	20.6±0.4b
		环境温度对照	24.5±0.6b	29.7±0.5a	31.0±0.8a	22.2±0.4a	18.8±0.5a
		Δ(%)	−7.78	−5.16	−7.04	1.14	9.46
	泗杂3号	花铃期增温	22.7±0.4a	28.0±0.3a	28.0±0.2b	22.7±0.7a	22.5±0.6a
		环境温度对照	22.6±0.4a	28.2±0.6a	28.8±0.3a	22.5±0.1a	20.6±0.4a
		Δ(%)	0.34	−0.74	−6.22	0.71	9.08
蒸腾速率 ($mmol\ H_2O \cdot s^{-1} \cdot m^{-2}$)	泗棉3号	花铃期增温	14.2±0.2a	20.2±0.3a	9.4±0.0a	4.5±0.1b	2.6±0.1a
		环境温度对照	12.7±0.5b	19.2±0.4b	8.1±0.1b	6.3±0.1a	3.3±0.3a
		Δ(%)	11.64	5.14	15.69	−28.37	−20.03
	泗杂3号	花铃期增温	14.8±0.6a	19.0±0.7a	10.8±0.5a	4.5±0.4a	3.5±0.2a
		环境温度对照	12.9±0.4b	17.9±0.2b	8.3±0.5b	5.3±0.2a	3.6±0.1a
		Δ(%)	14.94	5.61	30.33	−15.41	−2.88
气孔导度 ($mol\ H_2O \cdot s^{-1} \cdot m^{-2}$)	泗棉3号	花铃期增温	0.9±0.1a	1.2±0.1a	1.0±0.1a	0.8±0.0a	0.5±0.1a
		环境温度对照	0.9±0.1a	1.1±0.0a	0.9±0.0a	0.8±0.0b	0.3±0.1b
		Δ(%)	−4.74	14.84	19.14	7.49	37.6
	泗杂3号	花铃期增温	0.7±0.1b	1.1±0.0a	1.0±0.0a	0.7±0.0a	0.6±0.1a
		环境温度对照	1.0±0.1a	1.1±0.0a	0.9±0.1a	0.6±0.1a	0.5±0.0a
		Δ(%)	−28.20	6.47	14.37	8.64	34.03
胞间CO_2浓度 ($\mu mol\ CO_2 \cdot s^{-1} \cdot m^{-2}$)	泗棉3号	花铃期增温	287.7±7.5a	262.9±0.6a	285.6±0.5a	292.9±6.0a	216.7±9.1b
		环境温度对照	278.4±6.1b	262.8±0.7a	282.0±1.2a	269.1±2.2b	230.8±2.3a
		Δ(%)	3.34	0.03	1.26	8.82	−6.11
	泗杂3号	花铃期增温	280.0±0.4a	263.9±0.8a	291.5±0.1a	283.3±0.2a	234.1±0.7b
		环境温度对照	272.0±0.4b	262.7±0.3a	285.1±0.6b	277.6±1.3b	245.8±0.3a
		Δ(%)	2.94	0.46	2.26	2.05	−4.78

注：同列中不同小写字母表示在0.05水平差异显著

3. 棉花主茎功能叶光合物质代谢 花铃期增温（日均温32.1～35.2℃）下棉花主茎功能叶淀粉含量上升，随花后天数增加逐渐下降（表5-22）；可溶性氨基酸、可溶性糖和蔗糖含量均显著下降，品种间趋势一致。温度升高，叶片呼吸作用增强，对光合产物消耗增加，可溶性糖含量降低，随花后天数的增加可溶性糖和可溶性氨基酸含量均下降。蔗糖作为光合产物运输的主要形式，增温条件下光合产物糖由叶片向棉铃的运输受阻，使得光合产物在叶片中以淀粉的形式暂时储藏，间接地导致淀粉含量上升。2010 年后期环境温度较高，光合作用及光合产物转运受阻，棉花主茎功能叶淀粉含量持续上升；2011 年花铃后期增温（日均温 27.9～29.9℃），因环境温度较低，增温 2～3℃更适于棉株生长，棉花主茎功能叶淀粉含量显著下降。

表 5-22　花铃期增温对棉花主茎功能叶光合物质代谢的影响（2010～2011 年，南京）

光合物质	品种	处理	2010 年			2011 年			
			7月28日	8月5日	8月18日	8月2日	8月10日	8月15日	8月22日
可溶性氨基酸含量 (mg·g^{-1}DW)	泗棉3号	花铃期增温	14.3±0.4b	13.6±0.2a	11.4±0.1b	14.4±0.7a	12.3±0.3a	15.4±0.2a	4.3±0.5a
		环境温度对照	16.7±0.4a	14.5±0.3a	16.5±0.2a	14.6±0.8a	12.7±0.2a	17.9±0.9a	5.1±0.5a
		Δ(%)	−13.93	−6.00	−31.38	−1.99	−3.16	−14.22	−15.23
	泗杂3号	花铃期增温	14.4±0.3b	11.6±0.5b	11.4±0.2b	12.9±0.3b	11.1±0.4b	15.7±0.4b	6.9±0.3b
		环境温度对照	15.6±0.6a	17.2±0.2a	15.0±0.3a	14.4±0.4a	12.7±0.6a	20.5±0.6a	11.7±1.0a
		Δ(%)	−7.71	−32.88	−23.61	−10.42	−12.96	−23.47	−41.67
淀粉含量 (mg·g^{-1}DW)	泗棉3号	花铃期增温	3.7±0.1a	4.5±0.1a	3.2±0.1a	2.5±0.1a	3.3±0.3a	6.7±0.1a	0.5±0.2b
		环境温度对照	2.6±0.1b	3.0±0.1b	2.5±0.1b	1.9±0.2b	2.4±0.1b	5.2±0.2b	1.6±0.2a
		Δ(%)	43.46	51.85	28.74	36.14	35.55	28.90	−68.74
	泗杂3号	花铃期增温	4.1±0.1a	5.5±0.3a	3.0±0.1a	3.1±0.1a	3.5±0.2a	6.7±0.2a	0.3±0.2b
		环境温度对照	3.0±0.2b	3.6±0.3b	2.2±0.1b	2.6±0.1b	3.0±0.1b	5.2±0.3b	1.3±0.1a
		Δ(%)	34.53	53.93	34.36	19.14	16.16	28.79	−74.28
可溶性糖含量 (mg·g^{-1}DW)	泗棉3号	花铃期增温	37.3±0.7b	31.2±1.0a	29.3±1.0b	38.6±0.1b	36.4±0.1b	26.5±0.8b	13.4±1.4b
		环境温度对照	42.2±0.5a	33.8±0.8a	33.1±0.5a	42.3±0.7a	40.5±0.4a	42.8±1.1a	20.3±1.5a
		Δ(%)	−11.50	−7.95	−11.37	−8.74	−9.96	−38.21	−33.92
	泗杂3号	花铃期增温	42.2±3.2a	31.2±1.3a	30.0±0.8a	41.8±0.4b	37.8±0.4b	35.8±0.5b	21.4±0.7b
		环境温度对照	47.8±1.5a	32.6±1.3a	31.6±3.1a	46.1±0.7a	39.0±0.6a	36.0±0.5a	35.6±1.1a
		Δ(%)	−11.80	−4.35	−5.03	−9.25	−3.21	−22.16	−39.95

续表

光合物质	品种	处理	2010年			2011年			
			7月28日	8月5日	8月18日	8月2日	8月10日	8月15日	8月22日
蔗糖含量 (mg·g^{-1} DW)	泗棉3号	花铃期增温	22.6±0.6b	20.9±0.5b	18.4±1.3a	20.8±0.6b	15.6±0.3b	9.7±0.1b	7.0±0.4b
		环境温度对照	26.0±0.7a	24.8±0.5a	20.0±0.1a	25.2±0.2a	17.9±0.7a	19.1±0.7a	9.1±0.4a
		Δ(%)	-13.26	-15.83	-8.04	-17.42	-12.71	-48.97	-22.67
	泗杂3号	花铃期增温	23.4±0.5b	19.8±0.3b	17.2±0.2b	22.8±0.5b	14.7±0.2b	13.1±0.4b	10.2±0.2b
		环境温度对照	25.9±0.2a	23.3±0.6a	20.2±0.5a	25.3±0.1a	16.5±0.3a	14.7±0.5a	12.9±0.8a
		Δ(%)	-9.95	-14.97	-14.83	-9.69	-11.30	-10.95	-20.82

注：同列中不同小写字母表示在0.05水平差异显著

(三) 花铃期增温对棉花主茎功能叶可溶性蛋白、可溶性糖和氨基酸含量及C/N的影响

花铃期增温下棉花主茎功能叶可溶性蛋白含量增加，可溶性糖和可溶性氨基酸含量显著下降，可溶性糖含量的下降幅度高于可溶性氨基酸，'泗杂3号'处理间下降幅度（Δ值）略低于'泗棉3号'（表5-23）；花铃期增温下棉花主茎功能叶C/N值显著低于环境温度对照，表明增温降低了光合产物的累积能力和输出能力，'泗杂3号'处理间下降幅度（Δ值）显著低于'泗棉3号'。

表5-23 花铃期增温对棉花主茎功能叶可溶性蛋白、可溶性糖和氨基酸含量及C/N值的影响

日期	处理	可溶性蛋白含量 (μg·g^{-1} FW)		可溶性糖含量 (%)		可溶性氨基酸含量 (%)		C/N	
		泗棉3号	泗杂3号	泗棉3号	泗杂3号	泗棉3号	泗杂3号	泗棉3号	泗杂3号
7月28日	花铃期增温	436.6a	446.6a	1.31b	1.54b	7.61b	7.57b	0.17b	0.20a
	环境温度对照	286.1b	249.1b	1.54a	1.68a	7.86a	7.93a	0.20a	0.21a
	Δ(%)	-52.6	-79.3	14.94	8.33	3.18	4.54	15.00	4.76
8月5日	花铃期增温	413.8a	444.6a	1.02b	1.07b	7.33b	6.97a	0.14b	0.15a
	环境温度对照	235.4b	270.9b	1.14a	1.11a	7.51a	7.04a	0.15a	0.16a
	Δ(%)	-75.8	-64.1	10.53	3.60	2.40	0.99	6.67	6.25
8月18日	花铃期增温	525.8a	556.1a	0.96b	0.96b	5.72b	5.29b	0.17b	0.18b
	环境温度对照	318.4b	303.1b	1.15a	1.05a	6.17a	5.48a	0.19a	0.19a
	Δ(%)	-65.1	-83.5	16.52	8.57	7.29	3.47	10.33	5.26

注：同列中不同小写字母表示在0.05水平差异显著

第三节 温度对棉纤维发育的影响

棉纤维品质的形成主要取决于纤维发育过程。在棉纤维细胞中，蔗糖是纤维素合成的初始底物，其膜结合型蔗糖合成酶(M-Sus)催化降解所生成的尿苷二磷酸葡糖(UDPG)是合成纤维素的直接底物，纤维素累积特性与纤维品质的形成密切相关。本节主要分析了温度对棉纤维发育物质代谢、相关酶活性、基因表达水平等的影响，旨在阐明温度影响棉纤维发育的生理机制。

一、晚播低温下棉纤维发育相关物质含量变化

（一）蔗糖含量

蔗糖含量在棉纤维发育中持续下降(图5-15)，随播期推迟所形成的纤维发育期日均最低温降低而上升，播期间差异随花后天数增加增大，至吐絮时差异最大。当日均最低温为24.0℃和25.4℃时，纤维蔗糖含量较低，日均最低温降到21.1℃和20.5℃时，蔗糖含量升高，低至18.1℃时蔗糖含量最高。

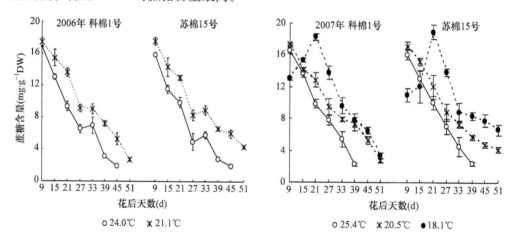

图5-15 不同低温敏感性棉花品种纤维蔗糖含量的变化(2006～2007年，南京)

进一步分析棉纤维发育期内的蔗糖转化率可知，棉纤维发育中纤维蔗糖转化率在不同播期间存在显著差异(表5-24)，两个品种的蔗糖转化率在播期间的变异幅度也存在明显差异，'科棉1号'(低温弱敏感型)的蔗糖转化率在播期间的变异较小(<5%)，'苏棉15号'(低温敏感型)的变异较大。当日均最低温为24.0℃和25.4℃时，'苏棉15号'的蔗糖转化率高于85%，随日均最低温降低(<21.1℃)，其蔗糖转化率明显下降，当日均最低温低至18.1℃时蔗糖转化率不足70%。

表 5-24　棉纤维发育期纤维蔗糖转化率(2006～2007 年，南京)

年份	日均最低温(℃)	蔗糖转化率(%)	
		科棉 1 号	苏棉 15 号
2006	24.0	88.59aA	87.80aA
	21.1	84.35bB	75.50bB
	CV(%)	3.47	10.65
2007	25.4	86.61aA	85.25aA
	20.5	84.19bAB	75.34bB
	18.1	81.74cBC	64.91cC
	CV(%)	2.89	13.53

注：同列中不同的大、小写字母分别表示在 0.01、0.05 水平差异显著；蔗糖转化率(%)=(蔗糖含量最大值−蔗糖含量最小值)×100/蔗糖含量最大值

(二) β-1,3-葡聚糖含量

棉纤维中β-1,3-葡聚糖含量在纤维次生壁加厚前(花后 9d)较低，进入次生壁加厚(花后 15～21d)后迅速升高并达到峰值，之后下降(图 5-16)。适宜播期(日均最低温为 24.0℃ 和 25.4℃，下同)的棉纤维β-1,3-葡聚糖含量峰值显著高于晚播处理(日均最低温为 21.1℃、20.5℃和 18.1℃)，并在吐絮前降到较低，说明其转化得较为彻底。'苏棉 15 号' (低温敏感型)在不同播期间的变化幅度略高于'科棉 1 号'(低温弱敏感型)。

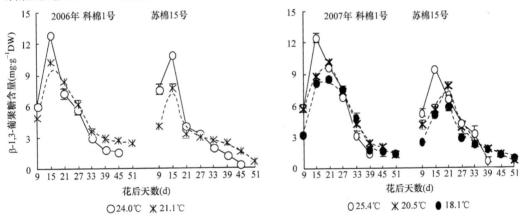

图 5-16　不同低温敏感性棉花品种纤维β-1,3-葡聚糖含量的变化(2006～2007 年，南京)

(三) 纤维素含量

棉花纤维素含量在纤维发育中呈"慢—快—慢"的"S"形曲线增长，适宜播期的纤维素含量较高，随播期推迟，日均最低温降低，纤维素含量下降，'苏棉 15 号'(低温敏感型)纤维素含量的下降幅度大于'科棉 1 号'(低温弱敏感型)(图 5-17)。

用 logistic 模型拟合棉花纤维素含量变化，拟合方程均达极显著水平(表 5-25)。当纤维素含量达到 85%以上时，纤维比强度形成的差异主要由纤维素最大累积速率(V_{max})和

快速累积持续期(T)决定,快速累积持续期长则有利于高强纤维形成,晚播低温下棉纤维素含量低于85%。纤维素快速累积持续期和最大累积速率在不同播期间的变化较为复杂,总体表现为:日均最低温为21.1℃、20.5℃的两个晚播处理,其纤维素快速累积持续期长于适宜播期(日均最低温为24.0℃和25.4℃),这与日均最低温为21.1℃、20.5℃的两个晚播处理的纤维发育期延长相关,随日均最低温降低(18.1℃)纤维素累积持续期变短。说明快速累积持续期长有利于高强纤维形成这一结论不适用于逆境条纤维素含量低于85%的情况。'苏棉15号'(低温敏感型)纤维素快速累积持续期在播期间的变化幅度明显大于'科棉1号'(低温弱敏感型)。

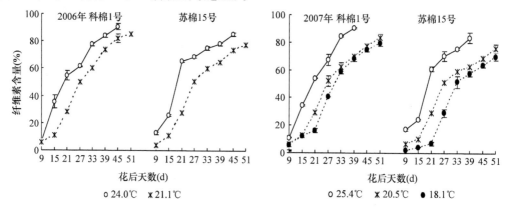

图 5-17 不同低温敏感性棉花品种纤维素含量的变化(2006~2007年,南京)

表 5-25 不同低温敏感性棉花品种纤维素累积特征值(2006~2007年,南京)

年份	品种	日均最低温(℃)	方程	R^2	n	V_{max} (%·d^{-1})	T(d)
2006	科棉1号	24.0	$y=93.577/(1+25.982e^{-0.147t})$	0.9428**	7	3.44	18
		21.1	$y=86.983/(1+58.601e^{-0.153t})$	0.9935**	8	3.33	17
	苏棉15号	24.0	$y=85.823/(1+25.411e^{-0.171t})$	0.9395**	7	3.66	15
		21.1	$y=78.462/(1+70.331e^{-0.161t})$	0.9920**	8	3.16	16
2007	科棉1号	25.4	$y=94.324/(1+27.356e^{-0.165t})$	0.9859**	6	3.88	16
		20.5	$y=84.788/(1+48.161e^{-0.149t})$	0.9877**	8	3.15	18
		18.1	$y=81.154/(1+66.533e^{-0.154t})$	0.9927**	8	3.12	17
	苏棉15号	25.4	$y=84.718/(1+26.833e^{-0.184t})$	0.9672**	6	3.89	14
		20.5	$y=76.474/(1+49.463e^{-0.155t})$	0.9770**	8	2.96	17
		18.1	$y=70.792/(1+267.265e^{-0.188t})$	0.9860**	8	3.32	14

注:y、t、V_{max}、T 分别表示纤维素含量(%)、花后天数(d)、纤维素累积的最大速率、纤维素快速累积持续期

**表示在 0.01 水平相关性显著($n=6$, $R^2_{0.05}=0.6584$, $R^2_{0.01}=0.8413$; $n=7$, $R^2_{0.05}=0.5673$, $R^2_{0.01}=0.7653$; $n=8$, $R^2_{0.05}=0.4996$, $R^2_{0.01}=0.6954$)

(四)不同低温敏感性棉花品种纤维发育相关物质、纤维比强度的差异性分析

分析棉纤维发育相关物质和纤维比强度的差异性可知(表5-26),β-1,3-葡聚糖含量的峰值、成熟期纤维素含量、纤维比强度均随日均最低温降低而降低,且不同播期间的差异显著;晚播低温下品种间存在差异,其蔗糖、纤维素和β-1,3-葡聚糖含量在播期间的变异(表5-20、表5-22)均表现为'苏棉15号'(低温敏感型)大于'科棉1号'(低温弱敏感型),这与'科棉1号'纤维比强度在不同播期间的变异小于'苏棉15号'的结果相符。

表5-26 棉纤维中相关物质含量和纤维比强度的差异性分析(2006~2007年,南京)

年份	日均最低温 (℃)	纤维素含量(%)		β-1,3-葡聚糖含量的峰值 (mg·g^{-1}DW)		纤维比强度(cN·tex^{-1})	
		科棉1号	苏棉15号	科棉1号	苏棉15号	科棉1号	苏棉15号
2006	24.0	90.62aA	85.23aA	12.80aA	10.81aA	36.88aA	31.41aA
	21.1	85.46bB	77.40bB	10.19bB	7.67bB	35.04bAB	28.68bB
	CV(%)	4.14	6.81	16.06	24.03	3.62	6.43
2007	25.4	90.34aA	83.67aA	12.49aA	9.45aA	37.40aA	31.65aA
	20.5	83.52bB	75.94bB	10.19bB	7.76bAB	34.81bB	28.37bB
	18.1	79.64cBC	70.09cBC	8.50cC	5.82cC	32.19cC	24.99cC
	CV(%)	6.41	8.90	19.27	23.66	7.49	11.75

注:同列中不同的大、小写字母分别表示在0.01、0.05水平差异显著

综上,棉纤维中蔗糖的转化和纤维素的合成是纤维品质形成的基础。低温(日均最低温低于21.1℃时)下,棉纤维中蔗糖含量上升,为纤维发育提供足够的能量。纤维蔗糖转化率下降和纤维素含量降低(<85%)不利于纤维品质形成。低温敏感型'苏棉15号'的变异幅度高于低温弱敏感型'科棉1号',播种期对纤维发育的影响主要取决于纤维发育期日均最低温,因此低温敏感型品种('苏棉15号')在蔗糖转化率、纤维素累积持续期和纤维素含量方面对因晚播形成的低温的响应程度明显高于低温弱敏感型品种('科棉1号'),这与'苏棉15号'的纤维比强度更易受温度影响的研究结果相符。

二、晚播低温下棉纤维发育相关酶活性

(一)蔗糖合成酶

从图5-18看出,纤维蔗糖合成酶活性在纤维发育过程中呈单峰曲线,峰值出现在花后27~39d。播期间差异主要表现在峰值出现时间的早晚和酶活性的高低,适宜播期(日均最低温为24.0℃和25.4℃)时酶活性较高,峰值出现在花后27d左右,较高的酶活性有利于催化产生较多的纤维素合成底物UDPG,保证纤维素的合成需要;随播期推迟,日均最低温降低,酶活性降低,峰值出现时间推迟,抑制了UDPG的合成,进而导致纤维素合成受阻。

品种间差异主要表现在酶活性随日均最低温降低的变化幅度上,低温敏感型'苏棉

15号'的变化幅度高于低温弱敏感型'科棉1号',在酶活性峰值处表现得尤为明显。

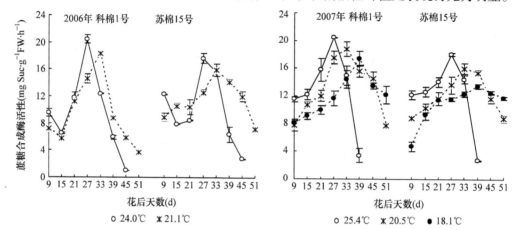

图 5-18 不同低温敏感性棉花品种纤维蔗糖合成酶活性的变化(2006~2007年,南京)

(二)磷酸蔗糖合成酶

从图 5-19 看出,棉纤维磷酸蔗糖合成酶活性的动态变化与蔗糖合成酶一致,酶活性峰值出现在花后33~39d,晚播低温下(日均最低温为21.1℃、20.5℃和18.1℃时)峰值推迟,峰值处酶活性降低,且峰值后酶活性下降缓慢。低温弱敏感型'科棉1号'的酶活性在温度间的变化幅度小于低温敏感型'苏棉15号','苏棉15号'峰值处酶活性在不同温度间的差异明显,'科棉1号'在温度间的差异较小(表 5-27)。

表 5-27 不同低温敏感性棉花品种纤维蔗糖合成酶、磷酸蔗糖合成酶峰值活性的差异
(2006~2007年,南京)

年份	日均最低温(℃)	蔗糖合成酶(mg Suc·g⁻¹FW·h⁻¹)		磷酸蔗糖合成酶(mg Suc·g⁻¹FW·h⁻¹)	
		科棉1号	苏棉15号	科棉1号	苏棉15号
2006	24.0	20.46aA	17.65aA	18.72aA	17.00aA
	21.1	18.33bAB	15.91bB	17.95aA	14.08bB
	CV(%)	7.77	7.33	2.97	13.29
2007	25.4	20.46aA	18.06aA	18.84aA	17.38aA
	20.5	18.78bAB	16.02bAB	18.03aA	14.42bB
	18.1	17.40bB	13.51cC	17.47aA	12.31cC
	CV(%)	8.12	14.37	3.80	17.32

注:同列中不同的大、小写字母分别表示在 0.01、0.05 水平差异显著

(三)蔗糖酶

棉纤维蔗糖酶活性随花后天数增加而下降;随温度降低而上升,晚播低温下(日均最低温为21.1℃、20.5℃和18.1℃)蔗糖酶活性明显高于适宜播期温度(日均最低温为25.4℃和24.0℃)(图 5-20)。

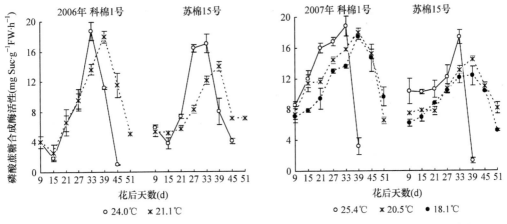

图 5-19　不同低温敏感性棉花品种纤维磷酸蔗糖合成酶活性的变化(2006～2007 年,南京)

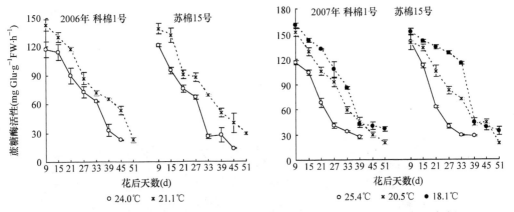

图 5-20　不同低温敏感性棉花品种纤维蔗糖酶活性的变化(2006～2007 年,南京)

(四) β-1,3-葡聚糖酶

棉纤维β-1,3-葡聚糖酶活性从花后 9d 开始持续下降直至纤维成熟(图 5-21),晚播低温下(日均最低温为 21.1℃、20.5℃和 18.1℃),β-1,3-葡聚糖酶活性增加,低温敏感型'苏棉 15 号'酶活性的增加幅度明显大于低温弱敏感型'科棉 1 号'。

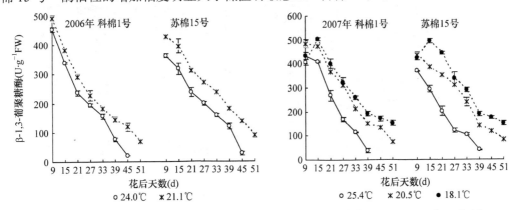

图 5-21　不同低温敏感性棉花品种纤维β-1,3-葡聚糖酶活性的变化(2006～2007 年,南京)

综上，棉纤维蔗糖代谢及纤维素的合成受多个酶调控，各个酶的活性在晚播低温下总体表现为：蔗糖合成酶活性下降，β-1,3-葡聚糖酶活性上升，纤维素合成受阻，纤维比强度下降。低温弱敏感型'科棉 1 号'的蔗糖合成酶活性随温度降低下降缓慢，说明其在低温下可以分解蔗糖为纤维素合成提供较为充足的 UDPG，所以其蔗糖转化率、纤维素含量和纤维比强度虽有所降低但下降缓慢，在温度间变化较小；纤维β-1,3-葡聚糖酶活性随日均最低温降低而上升。纤维β-1,3-葡聚糖酶活性在低温下上升幅度明显小于低温敏感型'苏棉 15 号'，这与其β-1,3-葡聚糖下降幅度较小相吻合，说明在低温下低温弱敏感型品种仍可为纤维素的合成提供部分底物，有利于纤维素累积和纤维比强度的形成。

三、晚播低温下棉纤维发育相关基因表达

从图 5-22、图 5-23 看出，花后 7~24d 纤维 *expansin* 表达随花后天数增加而下降，适宜播期温度下 *expansin* 表达量在花后 18d 显著下降；晚播低温下 *expansin* 高表达持续期延长，花后 24d 表达量显著下降，与晚播低温下纤维发育期延长、纤维加厚推迟相吻合。花后 18~21d，*expansin* 表达量品种间差异明显，低温敏感型'苏棉 15 号'在低温下的表达量明显高于适宜播期温度处理，低温弱敏感型'科棉 1 号'在温度间的变化幅度小于'苏棉 15 号'。

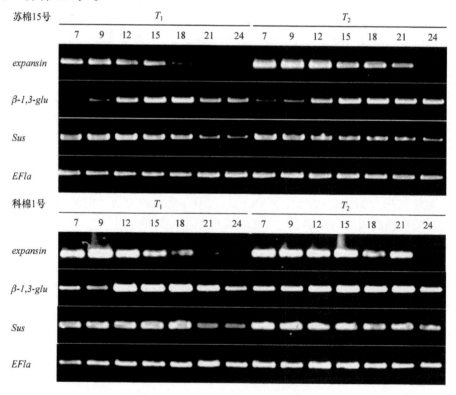

图 5-22 不同低温敏感性棉花品种纤维发育相关基因的表达动态(2006 年)

T_1. 24.0℃；T_2. 21.1℃；$F1α$为真核生物组成性表达基因，作为本实验的内对照

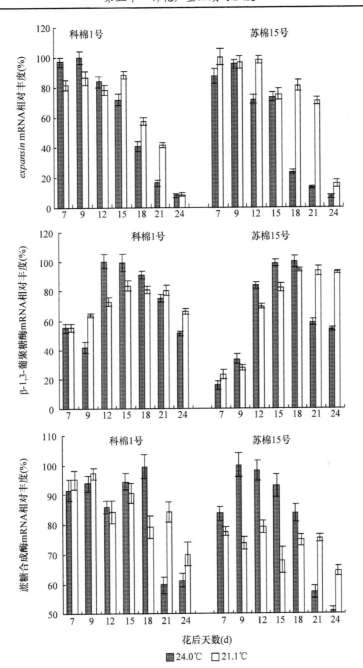

图 5-23 不同低温敏感性棉花品种纤维 expansin、β-1,3-葡聚糖酶和蔗糖合成酶基因
mRNA 相对丰度(2006 年，南京)

纤维蔗糖合成酶基因表达量在纤维发育过程中较为稳定，适宜播期温度下花后 21d 的表达量有所下降，蔗糖合成酶维持高表达时间随温度降低而延长。低温敏感型'苏棉 15 号'的表达量在不同温度间的变化幅度大于低温弱敏感型'科棉 1 号'。在花后 21d 前，'苏棉 15 号'在晚播低温下的表达量明显低于适宜播期温度，'科棉 1 号'在温度间

变化较小，这与两个品种纤维蔗糖合成酶活性对低温响应差异的结果一致。

纤维β-1,3-葡聚糖酶基因表达量随花后天数增加先升后降，峰值出现在花后 15d 左右，与纤维加厚开始时纤维素合成速率加快相符。β-1,3-葡聚糖酶基因表达峰值随温度降低而推迟，在峰值出现前的表达量略有下降。花后 18～24d 低温敏感型'苏棉 15 号'表达峰值在温度间的差异高于低温弱敏感型'科棉 1 号'，与'苏棉 15 号'β-1,3-葡聚糖酶酶活性在温度间的变化幅度明显大于'科棉 1 号'的结论相符。

综上，棉纤维比强度形成存在品种低温敏感性差异，纤维发育相关酶活性及相应基因表达对晚播低温的响应不同。低温弱敏感型'科棉 1 号'纤维蔗糖合成酶、磷酸蔗糖合成酶、β-1,3-葡聚糖酶的酶活性及基因表达在温度间的变化幅度较小，低温敏感型'苏棉 15 号'则相反。

四、晚播低温下棉纤维内源保护酶活性

（一）可溶性蛋白含量

棉纤维发育期纤维可溶性蛋白含量在日均温≥22.1℃时随花后天数增加而下降；日均温≤19.5℃时可溶性蛋白含量先升后降，且温度降低峰值出现时间推迟（图 5-24）。低温下纤维可溶性蛋白含量升高而生理活性下降，可能是纤维发育防御低温胁迫的反应，其含量增加的多少可作为抗寒性强弱的标志。日均温较低时'科棉 1 号'纤维可溶性蛋白含量高于'美棉 33B'，说明低温对'科棉 1 号'的伤害较'美棉 33B'小。

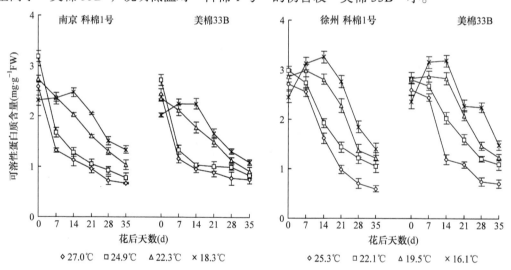

图 5-24 棉纤维发育期日均温对纤维可溶性蛋白含量的影响（南京，徐州）

（二）内源保护酶活性和丙二醛含量

1. 内源保护酶活性 从图 5-25 看出，棉纤维发育初期纤维 SOD 活性较低，随花后天数增加活性先上升后下降。随日均温提高，SOD 活性峰值出现时间早、下降速度快，

在纤维发育后期活性较低；在日均温≤19.5℃（徐州）时 SOD 酶活性在纤维发育初期上升速度快、活性高，后期下降速度快、活性低；日均温为 22.3℃（南京）和 22.1℃（徐州）时 SOD 活性峰值时间迟、下降速度慢，在纤维发育后期仍保持较高值。在相同日均温下'科棉1号'SOD 活性高于'美棉33B'，说明'科棉1号'纤维发育期生理活性较'美棉33B'强。

棉纤维发育初期纤维 POD 活性较低，随花后时间增加而提高，花后 31~40d 达到高峰。日均温 22.3℃（南京）或 22.1℃（徐州）时 POD 活性在花后 28d 后仍然保持较高水平，日均温较低（≤18.3℃）或较高（≥25.3℃）时 POD 活性在花后 0~7d 上升速度快、峰值高，下降速度也快且后期 POD 活性水平低。花后 14d 前'科棉1号'POD 活性峰值低于'美棉33B'，花后 28d 后则相反。

纤维过氧化氢酶（CAT）活性随花后天数增加先上升后下降，花后 21d 前随日均温提高上升速度加快、峰值高；日均温≥25.3℃或≤18.3℃时，纤维发育后期 CAT 活性下降速度快，日均温 22.3℃（南京）和 22.1℃（徐州）时 CAT 活性后期保持较高水平。日均温较高（≥25.3℃）时，CAT 活性升高后迅速下降可以看成是纤维衰老过程的正常反应，日均温较低（≤18.3℃）时 CAT 活性显著升高，可能是纤维发育遇低温胁迫的保护性反应。

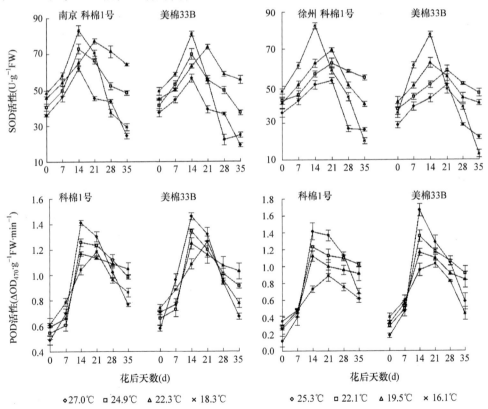

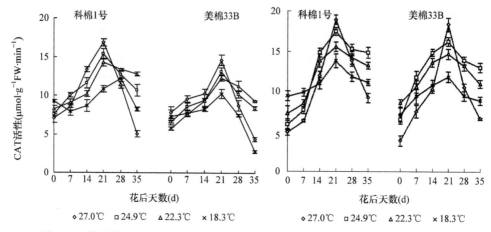

图 5-25　棉纤维发育期日均温对纤维 SOD、POD、CAT 活性的影响（南京，徐州）

2. MDA 含量　花后 0~21d 棉纤维 MDA 含量上升速度较慢，之后快速上升，不同日均温之间差异显著（图 5-26）。南京试点日均温 24.9℃ 和 22.3℃ 时纤维 MDA 含量随花后天数增加上升幅度较小，日均温 27.0℃ 和 18.3℃ 时快速上升；徐州试点日均温 22.1℃ 时 MDA 含量上升速度较慢，其他日均温处理上升加快。日均温较高或较低时 MDA 含量随花后天数增加而明显上升，说明纤维发育后期受高温或低温影响，保护酶活性降低，膜脂过氧化增强。日均温 22.3℃（南京）和 22.1℃（徐州）时 MDA 含量在整个纤维发育期上升较慢，膜脂过氧化作用较弱、生理活性较高，有利于纤维发育。

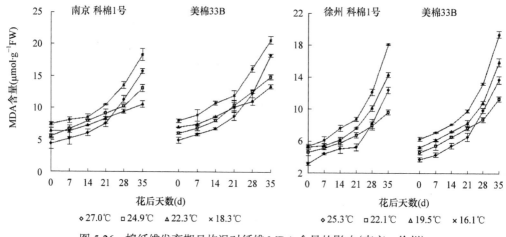

图 5-26　棉纤维发育期日均温对纤维 MDA 含量的影响（南京，徐州）

综上，棉纤维发育期日均温≤19.5℃时，棉纤维可溶性蛋白含量增加，纤维内源保护酶（SOD、POD 和 CAT）活性降低，丙二醛含量增加，减慢了纤维发育，纤维品质降低。低温下'科棉 1 号'的生理活性比'美棉 33B'强，这种基因型差异可能是造成纤维品质差异的主要生理原因。

五、晚播低温下棉纤维伸长期蛋白质组及与纤维伸长的关系

(一) 纤维伸长动态

棉纤维发育期日均最低温随播期推迟而降低,纤维长度缩短,晚播低温(日均最低温 20.8℃)下纤维长度明显低于适宜播期(日均最低温 26.9℃)(图 5-27),花后 10d、15d、20d 的下降幅度'苏棉 15 号'分别为 58.0%、40.8%、28.4%,'科棉 1 号'分别为 20.3%、18.7%、17.6%。该结果表明纤维伸长在花后 10~15d 对低温较为敏感,花后 20d 后对低温的敏感性降低,'苏棉 15 号'纤维伸长在播期间的变化幅度低于'科棉 1 号'。

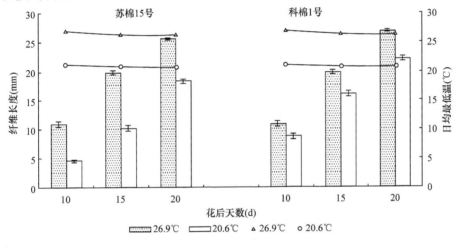

图 5-27 晚播低温对棉纤维伸长的影响

(二) 棉纤维伸长期全蛋白变化

基于上述低温显著影响纤维细胞伸长的结果,采用比较蛋白质组学方法研究晚播低温对纤维伸长期全蛋白的影响。PDQuest 7.1 软件分析结果表明:试验重复性高,每张考马斯亮蓝染色的胶上平均约有 1200 个点。93%的蛋白质分子质量和等电点分别分布在 12~105kDa 和 3.5~9.5(图 5-28)。

与适宜播期相比,49 个蛋白质在晚播低温处理后发生可重复的显著变化。其中 14 个蛋白质的表达量在两品种中上调,2 个蛋白质的表达量下调。3 个蛋白质(点 7、25、30)的表达量在两品种间表达趋势相反,在'科棉 1 号'中呈上升趋势,在'苏棉 15 号'中呈下降趋势。

品种间比较发现,晚播低温下'科棉 1 号'在花后 10d、15d、20d 分别有 14 个、3 个、3 个蛋白质表达量上调明显,8 个、9 个、3 个蛋白质表达量下调明显,而相应蛋白质在'苏棉 15 号'中变化不明显。同样在'苏棉 15 号'中也发现,分别有 10 个、1 个、8 个蛋白质在花后 10d、15d、20d 上调明显,1 个蛋白质在 20d 下调明显,而相应蛋白质在'科棉 1 号'中变化不明显。说明两个品种在应对晚播低温胁迫时其响应机制可

能存在差异。

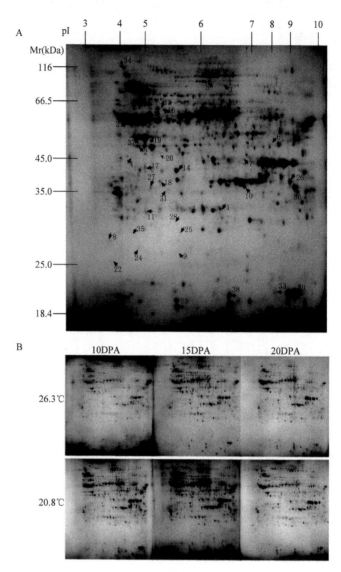

图 5-28 晚播低温下棉纤维总蛋白双向电泳图谱变化
A. 不同温度下蛋白差异图谱；B. 各温度条件下不同花后期纤维蛋白的电泳图

上述发现的 37 个低温响应蛋白随纤维的发育其变化模式存在显著差异（表 5-28）。现以'苏棉 15 号'为例（图 5-29）：蛋白点 11、22 在花后 10d 上调明显，而后随低温胁迫时间延长（花后 15d、20d），其变化较小；蛋白点 26、32 在花后 10d 上调明显，而在 15d、20d 却下调明显；蛋白点 2、5、16、20、29、33 在低温胁迫下一直被上调，而蛋白点 7、10、12、21、27、30 在花后 15d 达到峰值，而后变化较小。上述说明纤维伸长在响应低温胁迫时，可以随时调整相关蛋白的表达以达到新的平衡。

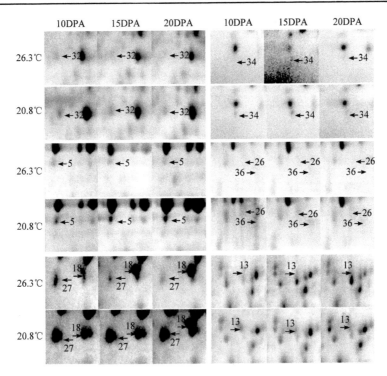

图 5-29 低温下棉纤维差异表达蛋白(局部)

(三)棉纤维差异表达蛋白的质谱鉴定与功能分类

用 MALDI-TOF 或者 MALDI-TOF/TOF 质谱方法分析 49 个低温响应蛋白,并成功鉴定了其中的 37 个(表 5-28),但个别低温响应蛋白(如点 2、3)实际等电点和分子质量与理论值不吻合,可能是低温导致蛋白质降解的结果。结合纤维发育过程,这些低温响应蛋白的功能可分为 11 类(图 5-30):苹果酸代谢(磷酸烯醇丙酮酸羧化激酶和 R1 蛋白 C)、可溶性糖代谢(转醛醇酶、转酮醇酶等)、细胞膨压(质子焦磷酸酶)、细胞壁松弛(内木聚糖转移酶和膨胀素)、细胞壁成分生物合成(蔗糖合成酶、β 牛乳糖苷酶等)、细胞骨架(微管蛋白和肌动蛋白)、氧化还原平衡(SOD 和苯醌还原酶)、核苷酸代谢、乙烯途径(乙烯受体和乙烯响应因子)和蛋白质折叠与组装(热激蛋白)等。

表 5-28 棉纤维中差异表达蛋白的 MS 或 MS/MS 鉴定结果

蛋白点	登录号	蛋白质名称	蛋白质含量变化(苏棉 15 号/科棉 1 号)		
			10d	15d	20d
		苹果酸代谢			
1	Q1XDY4	Phosphoenolpyruvate carboxylase	−1.20/1.32	−1.76*/1.18	−1.04/1.13
2	CAL58236	R1 protein C	1.30/1.70*	1.39*/1.82*	1.76*/1.03
3	CAL58236	R1 protein C	1.14/1.22	1.02/1.62*	1.05/1.57*

续表

蛋白点	登录号	蛋白质名称	蛋白质含量变化(苏棉 15 号/科棉 1 号)		
			10d	15d	20d
可溶性糖代谢					
4	AAQ17460	Transaldolase	−1.53*/−1.64*	−1.50*/−1.50*	1.20/1.10
5	CAA75777	Transketolase 1	1.61*/1.90*	1.73*/2.15*	2.97*/3.46*
6	Q00081	Glucose-1-phosphate adenylyltransferase large subunit 1	−1.56*/−1.2	−2.54*/−1.10	1.05/1.69*
7	Q6RSN7	Fructose-bisphosphte aldolase-like protein	−1.16/1.26	−1.89*/1.15	−1.11/1.86*
细胞膨压					
8	CAG30522	Putative inorganic pyrophosphatase	−3.07*/2.45*	−1.89*/2.14*	1.74*/1.84*
9	CAB85496	H^+-ATPase	−1.06/1.88*	1.62*/1.76*	1.21/1.75*
细胞壁松弛					
10	BAA21107	Endo-xyloglucan transferase	1.85*/1.04	2.17*/1.69*	1.73*/1.54*
11	Q6QFA0	Expansin EXPB4	1.57*/1.33	1.20/1.18	1.02/1.45*
细胞壁成分生物合成					
12	BAA88905	Sucrose synthase	1.20/1.77*	1.58*/1.68*	1.02/1.45*
13	AAS76480	Beta-galactosidase	1.08/−1.02	−3.00*/−1.40*	−2.92*/−1.45*
14	ABN12322	Phenylcoumaran benzylic ether reductase-like protein	−4.23*/1.14	−2.40*/1.03	1.02/1.40*
15	AAL67994	Acyltransferase-like protein	−1.68*/−1.37*	−1.28/−1.01	−1.29/−1.22
16	AAL67994	Acyltransferase-like protein	1.02/1.69*	1.67*/1.23	3.06*/1.42*
细胞骨架					
17	AAP73455	Actin	−1.31/1.59*	−2.03*/−2.37*	1.12/1.13
18	AAP73461	Actin	−1.66*/1.44*	−1.86*/1.32	1.08/1.07
19	AAP73458	Actin	−2.65*/1.10	−1.55*/−2.42*	1.07/−2.03*
20	AAP73462	Actin	1.51*/1.06	1.57*/1.42*	2.70*/1.26
21	AAL92026	Tubulin beta-1	−2.47*/−1.22	−2.97*/−1.22	−1.43*/−1.05
22	Q6DUX3	TCTP	2.37*/−1.03	1.40*/1.67*	1.22/1.32
氧化还原平衡					
23	ABA00453	Cytoplasmic Cu/Zn SOD	1.41*/1.08	1.74*/2.02*	1.63*/2.17*
24	A9UKC6	Zeta-carotene desaturase	1.38*/1.04	−1.81*/−1.04	−1.73*/−2.90*
25	ABN12321	Benzoquinone reductase	−1.16/1.52*	−1.98*/1.69*	−2.31*/1.79*
26	AAR24582	Chloroplast-Localized Ptr ToxA-binding protein1	1.80*/1.05	1.59*/1.67*	1.05/−1.14
核苷酸代谢					
27	ABG74922	Dicer-like 1 protein	1.93*/1.25	1.36*/1.17	1.72*/1.96*
28	ABG74922	Dicer-like 1 protein	1.20/1.70*	−2.05*/1.42*	−2.58*/1.16
乙烯途径					
29	AAT77191	Ethylene response factor 2	1.14/1.13	1.50*/1.60*	2.43*/2.65*
30	Q9M3Y9	Ethylene receptor (ETR-1 protein)	−2.71*/1.02	−2.80*/1.08	−2.18*/1.10
31	CAL5533930	Ethylene receptor	1.09/1.18	1.38*/1.13	2.35*/2.37*

续表

蛋白点	登录号	蛋白质名称	蛋白质含量变化(苏棉15号/科棉1号)		
			10d	15d	20d
蛋白质生物合成					
32	NP_045925	ribosomal protein S8	1.59*/1.53*	1.37*/1.39*	1.11/1.53*
蛋白质折叠与组装					
33	AAN34791	Grp94	1.01/1.60*	1.89*/1.61*	2.90*/2.18*
34	AAM77651	Cp10-like protein	3.76*/1.46*	−1.90*/1.54*	−1.16/3.48*
35	P09886	Small heat shock protein, chloroplast precursor	2.34*/1.43*	2.34*/1.79*	2.99*/1.27
其他					
36	CAO21304	Unnamed protein product	1.16/1.84*	−2.02*/1.11	1.09/1.16
37	CAO15839	Unnamed protein product	1.53*/1.01	1.20/1.34	1.46*/2.21*

*表示在0.05水平相关性显著

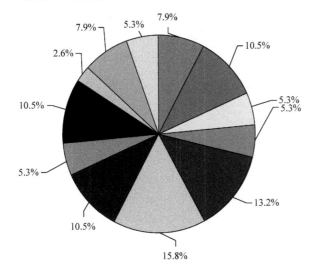

图 5-30 棉纤维中 37 个低温响应蛋白功能分类

综上，与适宜播期(纤维发育日均最低温 26.3℃)相比，晚播低温(日均最低温低于 20.8℃)显著缩短了纤维长度，37 个蛋白质在不同播期间差异表达明显。结合上述差异表达蛋白的功能及其在低温胁迫下的变化特征发现：磷酸烯醇丙酮酸羧化酶、R1 蛋白和转醛醇酶等参与苹果酸和可溶性糖合成的相关蛋白含量上调明显，可以产生相对较多的苹果酸和可溶性糖，保证了细胞膨压的产生；内木聚糖转移酶和 expansin 等参与细胞壁松弛的相关蛋白上调表达明显，保证了低温下纤维细胞壁的松弛度；蔗糖合成酶和 β-半乳糖苷酶等参与细胞壁组分的合成的相关蛋白上调表达明显，有利于纤维素、半乳糖的合成；肌动蛋白和微管蛋白等参与物质转运和纤维素排列的骨架蛋白下调明显，导致物质运输受阻，纤维排列受抑制；且上述低温响应蛋白在低温敏感型'苏棉 15 号'的变化幅度小于低温弱敏感型'科棉 1 号'，这可能是导致品种间低温敏感性存在差异的内在原因。

另外,磷酸烯醇丙酮酸羧化激酶和质子焦磷酸化酶的含量变化以及乙烯调控途径的活跃程度可作为衡量棉花耐低温的指标蛋白和途径。

六、花铃期增温下棉纤维内源保护酶系统变化

1. 棉纤维内源保护酶活性 从图 5-31 看出,环境温度下(日均温 31.5℃),棉纤维 POD 活性随花后天数增加而上升,于花后 38d 达到峰值,并处于稳定状态;花铃期增温下(日均温 34.3℃),POD 活性大幅度降低,随花后天数增加而缓慢上升,在花后 31d 达到峰值,随后小幅度下降。棉株果枝部位间比较,花铃期增温棉株下部(日均温 35.4℃)和中部(日均温 35.0℃)果枝铃纤维 POD 活性下降明显。棉株不同果枝部位铃纤维 CAT 活性与对应果枝的棉铃对位叶 CAT 活性变化一致,均呈先增加后降低的趋势,花铃期增温 CAT 酶活性大幅度下降。

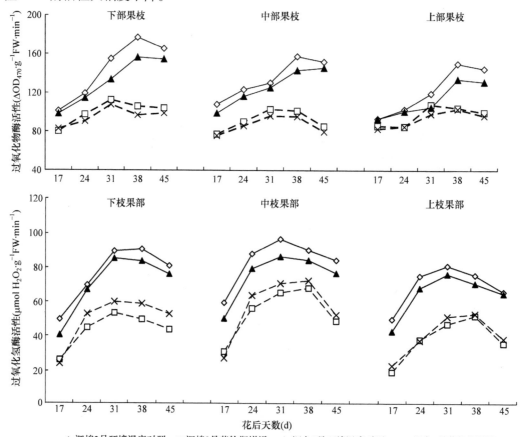

图 5-31 花铃期增温对棉纤维过氧化物酶 POD 和过氧化氢酶 CAT 活性的影响(南京)

2. 丙二醛含量 棉株不同果枝部位铃纤维丙二醛(MDA)含量与其对应的棉铃对位叶 MDA 含量变化一致(图 5-32),呈缓慢上升趋势,花铃期增温棉株 MDA 含量上升,棉株下部果枝部位铃上升幅度大于中部和上部。

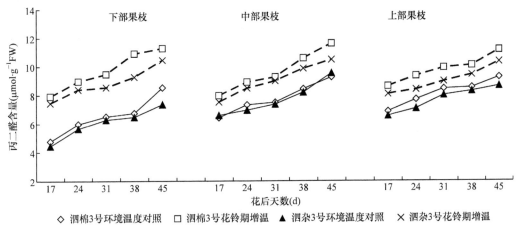

图 5-32　花铃期增温对棉纤维 MDA 含量的影响（南京）

第四节　低温与棉株生理年龄的协同作用对棉纤维发育影响

棉花具有无限开花结铃习性，温度对棉铃发育的影响因果枝成铃部位而异，为了了解低温下棉铃发育对棉株生理年龄及果枝成铃部位的响应，以适宜播期温度为对照，通过设置播期试验使位于棉株不同果枝部位棉铃的纤维发育期处于不同温度下，研究低温与棉株生理年龄协同作用对棉纤维发育的影响。

一、低温与棉株生理年龄的协同作用对纤维发育相关酶活性的影响

从图 5-33 看出，低温显著影响棉纤维蔗糖合成酶活性，棉株生理年龄在适宜温度下对纤维蔗糖合成酶活性影响明显，低温下影响减弱。适宜温度下，日均温为 26.0℃时棉株中部 7~9 果枝纤维蔗糖合成酶活性最高，随着花后天数增加先升后降，峰值出现在花后 45d，明显高于日均温为 22.0℃下棉株上部 13~15 果枝；日均温为 19.6℃时棉株中部 7~9 果枝纤维蔗糖合成酶活性显著降低，峰值前移到花后 35d，适宜温度下棉株生理年龄是决定蔗糖合成酶活性的主要因子，低温下棉铃发育期日均温是决定蔗糖合成酶活性的主要因子，棉株生理年龄的影响较小。

低温显著影响纤维β-1,3-葡聚糖酶活性，随棉铃发育期日均温降低而显著上升，适宜温度下棉株生理年龄对β-1,3-葡聚糖酶活性的影响较大，低温下影响减弱。2002 年试验结果表明，日均温 26.0℃下棉株中部 7~9 果枝纤维β-1,3-葡聚糖酶活性最低，随着花后天数增加而下降，明显低于日均温 22.0℃棉株上部 13~15 果枝；日均温 16.4℃下棉株上部 10~12 果枝β-1,3-葡聚糖酶活性显著升高，明显高于日均温为 22.0℃和 19.6℃下棉株下部 1~3 果枝和中部 7~9 果枝，说明适宜温度下棉株生理年龄是决定β-1,3-葡聚糖酶活性的主要因子，低温下棉纤维发育期日均温是决定β-1,3-葡聚糖酶活性的主要因子，且随着棉株生理年龄增加活性上升。2003 年结果与 2002 年基本一致，但在低温下，当日均温为 16.2℃和 15.8℃时，棉株中部 7~9 果枝和上部 10~12 果枝纤维β-1,3-葡聚

糖酶活性最高且差异较小,说明在纤维发育期存在某一临界温度,当高于该温度时,纤维β-1,3-葡聚糖酶活性随着棉株生理年龄增加而上升,当低于该温度时则与棉株生理年龄无关,日均温16.0℃可能就是该临界温度。

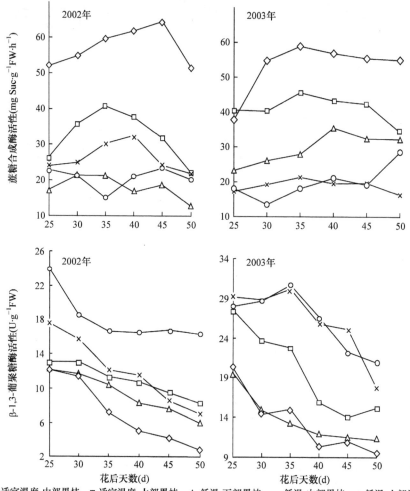

图5-33 低温与棉株生理年龄协同作用对纤维蔗糖合成酶、β-1,3-葡聚糖酶活性的影响
(2002~2003年,南京)

二、低温与棉株生理年龄的协同作用对纤维素累积的影响

低温显著影响棉纤维素累积,随棉纤维发育期日均温的降低纤维素含量显著下降;适宜温度下棉株生理年龄影响纤维素累积,低温下棉株生理年龄对纤维素累积的影响减弱(图5-34)。2002年试验结果表明,日均温22.0℃时棉株中部7~9果枝铃纤维素含量最高,随花后天数增加而上升,在花后25~30d上升迅速,明显高于日均温26.0℃棉株上部13~15果枝纤维素含量;日均温22.0℃时棉株下部1~3果枝纤维素含量略有下降,但明显高于日均温19.6℃和16.4℃的棉株中部7~9果枝和上部10~12果枝铃,说明适

宜温度下棉株生理年龄是决定纤维素累积的主要因子，低温下棉纤维发育期日均温是决定纤维素累积的主要因子。2003年试验结果与2002年基本一致，在日均温超过19.4℃，纤维素含量虽受棉株生理年龄影响但差异不明显，日均温16.2℃和15.8℃时棉株中部7～9果枝和上部10～12果枝铃纤维素含量最低且差异较小，说明纤维素累积也存在最适温度，此时纤维素含量随棉株生理年龄增加而下降，当高于或低于该温度时，纤维素累积与棉株生理年龄无关。

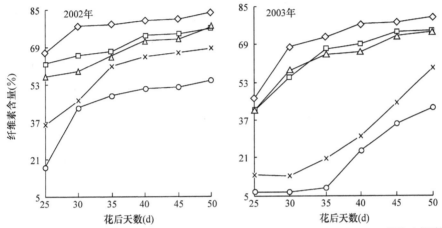

◇适宜温度-中部果枝　□适宜温度-上部果枝　△低温-下部果枝　×低温-中部果枝　○低温-上部果枝

图 5-34　低温与棉株生理年龄协同作用对纤维累积的影响（2002～2003年，南京）

三、低温与棉株生理年龄的协同作用对纤维超分子结构取向参数的影响

取向分散角（α）可表征棉纤维次生壁螺旋结构中纤维素大分子聚合而成的晶粒在螺旋结构中的取向，即微原纤取向和基原纤取向的夹角。低温显著影响纤维取向分散角，低温不利于取向分散角的优化；棉株生理年龄对取向分散角影响较小。适宜温度（日均温22.0℃）下棉株中部7～9果枝铃纤维取向分散角最小，有利于高强纤维的形成（图5-35）。

螺旋角（Φ）可表征基原纤螺旋排列方向与纤维纵轴的夹角，低温显著影响纤维螺旋角，适宜温度下棉株生理年龄对纤维螺旋角影响较大，低温下影响减弱。2002年试验结果表明，适宜温度（日均温22.0℃）下棉株中部7～9果枝铃纤维螺旋角最小，随棉株生理年龄的增加纤维螺旋角宽化，不利于高强纤维的形成；低温下随棉株生理年龄的增加纤维螺旋角表现为先宽化后优化的趋势。2003年试验结果与2002年基本一致，但在低温下随棉株生理年龄的增加纤维螺旋角则表现为不断宽化的趋势（图5-35）。

取向分布角（Ψ）可表征纤维超分子结构总取向，一般Ψ角值愈小，纤维素大分子有序程度愈高，纤维强度愈高。低温显著影响纤维取向分布角，适宜温度下棉株生理年龄对纤维取向分布角的影响较大，低温下棉株生理年龄对纤维取向分布角的影响年际间差异较大。2002年试验结果表明，适宜温度（日均温22.0℃）下棉株中部7～9果枝铃分布角最小，随棉株生理年龄的增加纤维取向分布角不断宽化，不利于高强纤维的形成；低温下随棉株生理年龄的增加纤维取向分布角不断优化。2003年试验结果则是在低温下随棉株生理年龄的增加纤维取向分布角表现为不断宽化的趋势，宽化幅度较小（图5-35）。

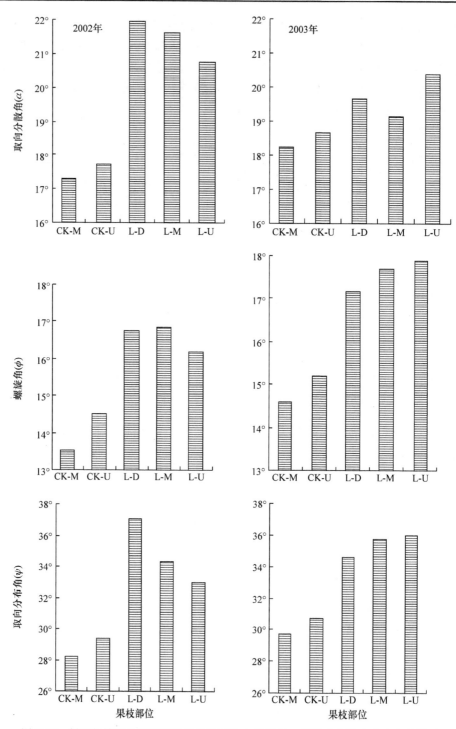

图 5-35 低温与棉株生理年龄协同作用对取向分散角、螺旋角和取向分布角的影响
(2002~2003 年,南京)

CK-M. 适宜温度-中部果枝;CK-U. 适宜温度-上部果枝;L-D. 低温-下部果枝;L-M. 低温-中部果枝;L-U. 低温-上部果枝

四、低温与棉株生理年龄的协同作用对纤维比强度的影响

从图 5-36 看出,低温下纤维比强度显著降低,适宜温度下棉株生理年龄对纤维比强度的影响较大,低温下影响减弱。2002 年试验结果表明,适宜温度(日均温 22.0℃)下棉株中部 7~9 果枝铃纤维比强度最高,明显高于日均温 26.0℃棉株上部 13~15 果枝铃,纤维比强度值均超过 21.00cN·tex^{-1};低温(日均温 19.6℃)下棉株中部 7~9 果枝铃纤维比强度明显下降(19.37cN·tex^{-1}),但明显高于日均温 22.0℃和 16.4℃的下部 1~3 果枝和上部 10~12 果枝铃,说明适宜温度下棉株生理年龄是决定纤维比强度的主要因子,低温下纤维发育期日均温和棉株生理年龄共同决定纤维比强度的形成,只有在优质成铃部位满足适宜温度条件才可能形成高强纤维。2003 年试验结果与 2002 年基本一致,低温(日均温 19.4℃)下棉株下部 1~3 果枝铃纤维比强度相对较高,当日均温降低到 16.2℃时,即使是中部 7~9 果枝铃,其纤维比强度也下降,进一步说明纤维比强度的形成只有满足一定温度条件才存在优质成铃部位,所以温度降低,纤维比强度与棉株生理年龄相关性减弱。

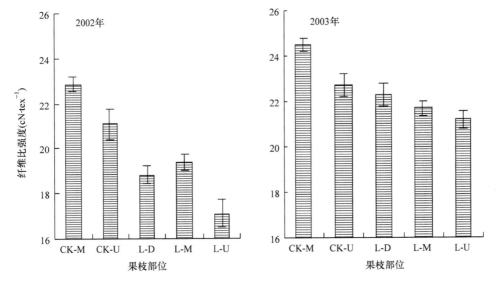

图 5-36 低温与棉株生理年龄协同作用对纤维比强度的影响(2002~2003 年,南京)
CK-M. 适宜温度-中部果枝;CK-U. 适宜温度-上部果枝;L-D. 低温-下部果枝;L-M. 低温-中部果枝;L-U. 低温-上部果枝

综上所述,棉纤维发育及纤维比强度的形成在适宜温度下受温度与棉株生理年龄的双重影响,在低温下温度是首要因子,温度越低棉株生理年龄的影响越小。

温度与棉株生理年龄是通过对棉纤维加厚发育关键酶活性的作用进一步影响纤维素累积率,造成纤维超分子结构取向参数的变化,最终形成纤维比强度的差异。适宜播期试验中,当日均温为 26.0℃(2002 年)和 26.2℃(2003 年)时,棉株中部 7~9 果枝铃纤维蔗糖合成酶活性均最高,由于蔗糖合成酶提供合成纤维素的前体物质 UDPG,因此提高了 UDPG 的形成和供应速度;β-1,3-葡聚糖酶活性均最低,利用 UDPG 合成

胼胝质的量减少,有利于纤维素累积,取向分散角、螺旋角及取向分布角均最小(优化),最终表现为纤维比强度最大。晚播试验中,当日均温为 19.6℃(2002 年)和 19.4℃(2003 年)时,棉株中部 7~9 果枝(2002 年)和下部 1~3 果枝(2003 年)铃纤维蔗糖合成酶活性均较高,β-1,3-葡聚糖酶活性均较低,纤维素累积量和累积速率高于其他播期各果枝部位,最终表现为纤维比强度较大,但明显低于适宜播期试验,说明低温下棉纤维发育期温度是决定纤维比强度的关键因素,与其所处的果枝部位即棉株生理年龄无关。

第六章 棉花产量品质与温光互作

我国棉花种植区域跨度大,气候多变,品种类型多,种植结构调整使多熟种植棉花面积扩大,棉花因受生长季节温光资源影响而普遍晚发晚熟,产量品质降低。棉铃发育受低温或弱光胁迫的影响,这两种气象条件常常作为一个复合因子相伴发生。长江流域棉花花铃前期常因多雨寡照,不利于产量与品质形成的主体——伏前桃和伏桃的发育,花铃后期又因低温寡照不利于早秋桃发育;黄河流域棉花花铃后期低温和光照不足,限制了产量与品质的提高。研究温光胁迫影响棉铃发育的生理生态机制,可为棉花优质栽培提供依据,以适应不断变化的气候条件。

第一节 温光互作对棉铃对位叶光合性能的影响

棉花产量与品质的形成是光合作用的结果,改善棉花光合性能是提高其生物量和产量与品质的生理基础。本研究选用低温敏感型'科棉1号'和低温弱敏感型'苏棉15号',于2010~2011年在南京设置棉花播期(4月25日、5月25日、6月10日)和遮阴[相对光照率(CRLR)100%]、遮阴20%(CRLR 80%)、遮阴40%(CRLR 60%)互作试验,待棉株6~7果枝第1、2果节开花时利用白色尼龙网进行遮阴处理。研究低温弱光互作影响棉花光合作用的机理,为采取适宜调控措施提高低温弱光下的棉花产量品质提供理论依据。

一、花铃期温光互作对棉铃对位叶 SPAD 值的影响

棉花果节部位和花铃期遮阴水平对棉铃对位叶 SPAD 值的影响较小,播期影响明显(图6-1)。'苏棉15号' SPAD 值在播种期推迟后的增幅大于'科棉1号',更易受晚播低温的影响。'科棉1号''苏棉15号'第3果节棉铃对位叶 SPAD 值较第1果节分别下降2.3%、1.4%,CRLR 60%下 SPAD 值较 CRLR 100%分别下降2.1%、2.5%,晚播(5月25日)较适宜播期(4月25日)分别增加11.1%、15.5%。

二、温光互作对不同果节棉铃对位叶气体交换参数的影响

对花后不同时期棉铃对位叶净光合速率(P_n)、气孔导度(G_s)和胞间 CO_2 浓度值(附表6-1~附表6-6,见本章章后,下同)进行平均(表6-1)后看出,棉花第3果节棉铃对位叶 P_n、G_s 和 C_i 均显著低于第1果节,P_n 和 G_s 降幅较大(表6-1)。随花后天数和花铃期遮阴水平增大,第1、3果节棉铃对位叶 P_n、G_s 下降,C_i 上升;随播种期推迟,P_n、G_s 和 C_i 均下降,晚播低温再遮阴下棉铃对位叶 P_n、G_s 降幅和 C_i 增幅均明显高于适宜播

期。第 3 果节比第 1 果节更易受遮阴影响。

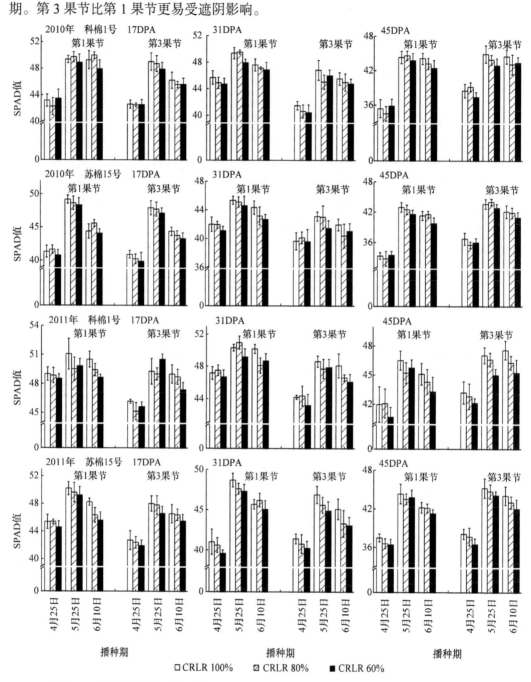

图 6-1 晚播和花铃期遮阴对棉花不同果节铃对位叶 SPAD 值的影响（2010～2011 年）

'苏棉 15 号'受遮阴影响各参数的变幅高于'科棉 1 号'，'苏棉 15 号'更易受遮阴的影响。分别平均花铃期遮阴、播期和不同果节花后 17d、31d、45d 棉铃对位叶气体交换参数的结果发现，晚播低温对 P_n、G_s 和 C_i 的影响最大，果节效应最小。P_n 和 G_s 在各处理下的变幅明显高于 C_i，说明遮阴、晚播和果节效应间光合能力的差异主要受气孔影响。两品种受遮阴和果节效应影响的差异较小，受晚播低温影响的差异较大，'苏棉 15 号'的变幅高于'科棉 1 号'。

表 6-1 花铃期遮阴、晚播和果节位对棉铃对位叶气体交换参数的影响（2010～2011 年，南京）

处理		净光合速率($\mu mol\ CO_2 \cdot m^{-2} \cdot s^{-1}$)				胞间 CO_2 浓度 ($\mu mol\ CO_2 \cdot mol^{-1}$)				气孔导度($\mu mol \cdot L^{-1}$)			
		科棉 1 号		苏棉 15 号		科棉 1 号		苏棉 15 号		科棉 1 号		苏棉 15 号	
		平均值	Δ(%)	平均值	Δ(%)	平均值	Δ(%)	平均值	Δ(%)	平均值	Δ(%)	平均值	Δ(%)
2010 年													
作物相对光照率 CRLR(%)	100	14.0a	—	13.0a	—	246c	—	226c	—	0.36a	—	0.26a	—
	80	12.8b	-8.80	11.7b	-10.09	253b	2.81	234b	3.48	0.31b	-15.59	0.22b	-17.44
	60	12.0c	-14.68	10.8c	-16.70	258a	4.75	239a	5.74	0.26c	-27.54	0.19c	-29.85
播种期	4 月 25 日	15.0a	—	14.2a	—	259a	—	241a	—	0.40a	—	0.29a	—
	5 月 25 日	13.4b	-10.70	12.4b	-12.31	252b	-2.89	232b	-3.40	0.30b	-25.05	0.21b	-27.89
	6 月 10 日	10.5c	-29.60	9.0c	-36.67	245c	-5.27	226c	-6.07	0.24c	-40.01	0.17c	-43.03
果节位	第 1 果节	13.6a	—	12.5a	—	256a	—	237a	—	0.34a	—	0.24a	—
	第 3 果节	12.3b	-10.09	11.2b	-10.97	248b	-3.04	229b	-3.19	0.28b	-15.74	0.20b	-16.87
2011 年													
作物相对光照率 CRLR(%)	100	12.1a	—	10.0a	—	234c	—	220c	—	0.30a	—	0.22a	—
	80	11.1b	-8.71	9.0b	-10.18	241b	3.07	229b	3.66	0.25b	-17.55	0.18b	-18.85
	60	10.4c	-14.57	8.4c	-16.48	245a	4.99	233a	5.77	0.21c	-29.23	0.15c	-31.11
播种期	4 月 25 日	12.7a	—	10.6a	—	246a	—	235a	—	0.33a	—	0.25a	—
	5 月 25 日	11.2b	-11.82	9.2b	-13.16	240b	-2.76	227b	-3.30	0.24b	-26.82	0.17b	-30.32
	6 月 10 日	9.6c	-24.31	7.5c	-29.36	233c	-5.29	221c	-5.99	0.19c	-41.59	0.14c	-45.34
果节位	第 1 果节	11.8a	—	9.6a	—	244a	—	231a	—	0.28a	—	0.21a	—
	第 3 果节	10.6b	-9.58	8.6b	-10.34	236b	-3.07	223b	-3.42	0.23b	-16.06	0.17b	-17.31

注：同列中不同小写字母表示在 0.05 水平差异显著，"—" 表示无数据；Δ(%)=[($C_{CRLR100\%}$－$C_{CRLR80\%}$ 或 $C_{CRLR60\%}$)/$C_{CRLR100\%}$]×100，下表同

三、温光互作对不同果节棉铃对位叶叶绿素荧光参数的影响

从花后不同时期棉铃对位叶 PSⅡ量子产量（$\Phi_{PSⅡ}$）、最大光化学效率（F_v/F_m）、光化

学淬灭系数(qP)、非光化学淬灭系数(qN)值(附表 6-7~附表 6-14)进行平均(表 6-2)后看出，与第 1 果节相比，第 3 果节棉铃对位叶 Φ_{PSII}、F_v/F_m 和 qP 较低，而 qN 较高；除 Φ_{PSII} 外，第 1、3 果节在 F_v/F_m、qP 和 qN 间无显著性差异，表明果节间叶片光合能力的差异可能主要通过影响叶片 PSII 的量子效率实现。随花后天数的增加和播种期的推迟，第 1、3 果节棉铃对位叶 Φ_{PSII}、F_v/F_m 和 qP 均呈下降趋势(附表 6-8 和附表 6-9、附表 6-10 和附表 6-11、附表 6-12 和附表 6-13)，而 qN 呈增加趋势(附表 6-14 和附表 6-15)。适宜播种期条件下，第 1、3 果节棉铃对位叶 F_v/F_m 受遮阴影响不显著，但在晚播条件下随遮阴水平增加均呈上升趋势，遮阴对对位叶 Φ_{PSII}、qP 和 qN 影响的变化趋势与晚播低温的影响趋势一致。但晚播条件下遮阴使棉铃对位叶 Φ_{PSII}、qP 的下降幅度和 F_v/F_m、qN 的增加幅度均大于适宜播种期遮阴，说明晚播可加剧遮阴对棉铃对位叶叶绿素荧光参数的影响。进一步分析发现(表 6-2)，与遮阴弱光相比，晚播低温对 Φ_{PSII}、F_v/F_m、qP 和 qN 的影响更大。比较遮阴和晚播对第 1、3 果节影响的变化幅度发现，第 3 果节棉铃对位叶 Φ_{PSII}、F_v/F_m、qP 和 qN 受晚播和遮阴影响的变化幅度更大，更易受光温逆境的影响。与'科棉 1 号'相比，'苏棉 15 号'的荧光参数变化幅度大，受晚播和遮阴影响更显著。

表 6-2 花铃期遮阴、晚播和果节位对棉铃对位叶叶绿素荧光参数的影响(2010~2011 年，南京)

处理		最大光化学效率(F_v/F_m)				PSII量子产量(Φ_{PSII})				光化学淬灭系数(qP)				非光化学淬灭系数(qN)			
		科棉1号		苏棉15号		科棉1号		苏棉15号		科棉1号		苏棉15号		科棉1号		苏棉15号	
		平均值	Δ(%)	平均值	Δ(%)	平均值	Δ(%)	平均值	Δ(%)	平均值	Δ(%)	平均值	Δ(%)	平均值	Δ(%)	平均值	Δ(%)
2010 年																	
作物相对光照率 CRLR (%)	100	0.80c	—	0.73c	—	0.65a	—	0.59a	—	0.63a	—	0.59a	—	0.44c	—	0.48c	—
	80	0.82b	2.27	0.75b	2.90	0.62b	-4.56	0.56b	-5.65	0.60b	-4.24	0.56b	-5.35	0.45b	4.07	0.50b	4.75
	60	0.83a	4.13	0.77a	5.18	0.60c	-7.62	0.54c	-8.75	0.58c	-7.53	0.53c	-9.43	0.47a	7.54	0.52a	8.86
播种期	4月25日	0.84a	—	0.79a	—	0.67a	—	0.61a	—	0.65a	—	0.61a	—	0.42c	—	0.46c	—
	5月25日	0.82b	-2.68	0.76b	-3.67	0.62b	-7.85	0.56b	-8.59	0.60b	-8.12	0.56b	-9.05	0.45b	7.40	0.50b	8.58
	6月10日	0.79c	-6.18	0.71c	-9.68	0.58c	-13.93	0.51c	-16.58	0.55c	-15.83	0.51c	-17.48	0.48a	14.26	0.54a	17.17
果节位	第1果节	0.83a	—	0.76a	—	0.65a	—	0.59a	—	0.61a	—	0.57a	—	0.44b	—	0.49b	—
	第3果节	0.81b	-1.66	0.74b	-1.75	0.60b	-7.74	0.53b	-9.50	0.59b	-3.28	0.55b	-3.63	0.46a	3.53	0.51a	4.09

续表

处理		最大光化学效率(F_v/F_m)				PSⅡ量子产量($\Phi_{PSⅡ}$)				光化学淬灭系数(qP)				非光化学淬灭系数(qN)			
		科棉1号		苏棉15号		科棉1号		苏棉15号		科棉1号		苏棉15号		科棉1号		苏棉15号	
		平均值	Δ(%)	平均值	Δ(%)	平均值	Δ(%)	平均值	Δ(%)	平均值	Δ(%)	平均值	Δ(%)	平均值	Δ(%)	平均值	Δ(%)
2011年																	
作物相对光照率 CRLR (%)	100	0.78c	—	0.72c	—	0.67a	—	0.58a	—	0.57a	—	0.53a	—	0.53c	—	0.57c	—
	80	0.80b	2.31	0.74b	3.09	0.63b	-4.99	0.55b	-5.71	0.55b	-4.34	0.50b	-5.68	0.54b	3.09	0.59b	3.78
	60	0.82a	4.63	0.76a	5.71	0.61c	-7.99	0.53c	-9.01	0.53c	-8.10	0.48c	-9.70	0.56a	6.17	0.61a	7.32
播种期	4月25日	0.84a	—	0.80a	—	0.70a	—	0.61a	—	0.60a	—	0.56a	—	0.51c	—	0.55c	—
	5月25日	0.79b	-6.36	0.74b	-7.30	0.63b	-9.80	0.55b	-10.39	0.55b	-9.20	0.50b	-10.47	0.54b	5.71	0.59b	7.12
	6月10日	0.76c	-9.83	0.69c	-13.41	0.58c	-17.72	0.49c	-19.69	0.50c	-17.32	0.45c	-19.59	0.57a	11.20	0.63a	13.74
果节位	第1果节	0.81a	—	0.75a	—	0.66a	—	0.58a	—	0.56a	—	0.52a	—	0.53b	—	0.58b	—
	第3果节	0.79b	-1.65	0.73b	-2.40	0.61b	-8.36	0.52b	-9.96	0.54b	-3.32	0.50b	-4.21	0.55a	3.54	0.60a	3.63

注：同列中不同小写字母表示在0.05水平差异显著，"—"表示无数据；↓Δ(%)=[($C_{CRLR100\%}-C_{CRLR80\%}$或$C_{CRLR60\%}$)/$C_{CRLR100\%}$]×100

四、温光互作下棉铃对位叶净光合速率、PSⅡ量子效率与棉花铃重的关系

从图6-2看出，晚播低温和遮阴显著影响P_n、$\Phi_{PSⅡ}$，铃重与P_n、$\Phi_{PSⅡ}$均呈显著正相关，表明晚播低温和遮阴互作直接影响光系统的稳定性，从而影响源器官的光合性能和光合产物的运转，导致棉花铃重和产量的变化。棉株第3果节棉铃对位叶P_n与铃重间的相关性高于第1果节，表明受晚播低温和遮阴互作影响第3果节降低的P_n对铃重的影响更大。

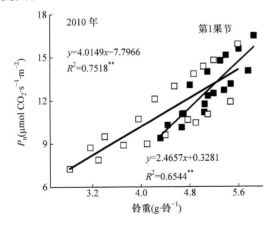
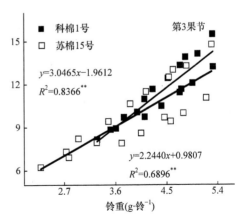

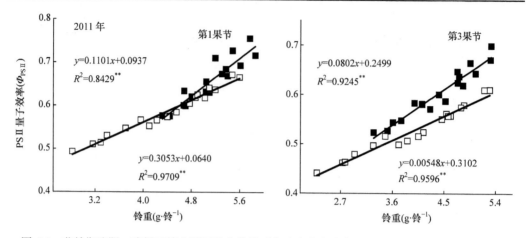

图 6-2 花铃期遮阴、晚播下棉花不同果节位铃对位叶净光合速率、PSⅡ量子产量与铃重的关系
（2010~2011 年，南京）

综上，晚播低温和遮阴下棉铃对位叶 P_n 显著下降，但影响光合性能的机制不同，晚播低温对 P_n 的影响较遮阴更显著，第 1 果节棉铃对位叶光合性能较第 3 果节对晚播低温和遮阴环境的适应性更强。'科棉 1 号'比'苏棉 15 号'具有较高的光合能力，晚播低温和遮阴下其棉铃对位叶较高的 qN 增加了热耗散，减弱了低温弱光下的影响，保证了 PSⅡ的相对稳定性，是其在低温弱光胁迫下保持相对较高 P_n 的重要原因。

第二节 温光互作对棉纤维发育物质累积与纤维品质形成的影响

花铃期低温抑制了光合产物向棉铃运转，降低了铃重和纤维生物量，使产量和品质下降，低温胁迫下低温敏感型品种的降低幅度大于低温弱敏感型品种。花铃期弱光胁迫下棉花光合速率降低，向纤维转运的光合产物减少，纤维糖含量下降，影响可溶性糖向纤维素转化，纤维素含量降低。研究低温弱光互作对棉纤维发育物质代谢及纤维品质形成的影响，可为如何提高低温弱光下的棉花产量品质提供理论依据。

一、温光互作对纤维生物量累积的影响

棉纤维生物量随花后天数增加呈"S"形曲线变化，平均两年试验数据，'科棉 1 号''苏棉 15 号'纤维生物量在晚播（5 月 25 日、6 月 10 日）下较适宜播期（4 月 25 日）分别下降 0.9%~18.0%、2.7%~23.1%，在 CRLR 80%、CRLR 60%遮阴水平下较 CRLR 100%分别下降 5.6%~10.9%、2.7%~8.6%，在晚播（6 月 10 日）与 CRLR 60%互作下下降到最低，分别降低 18.3%~27.9%、23.5%~29.0%，显著大于单因子胁迫下的降低幅度（表 6-3）。晚播遮阴互作下纤维生物量最终测定值（bio$_{obs}$）的差异值（Δ）绝对值增加，并与互作效应成正比，'苏棉 15 号'的 bio$_{obs}$ 降低幅度和纤维生物量变异系数（CV）均大于'科棉 1

号'(表 6-3)。

用 logistic 回归方程拟合棉纤维生物量变化,晚播与遮阴互作下纤维生物量累积持续期[$T(bio)$]显著增加,晚播下纤维生物量累积持续期增加幅度显著高于遮阴。适宜播期(4 月 25 日)下遮阴增加了 $T(bio)$,晚播(5 月 25 日)下遮阴缩短了 $T(bio)$,晚播(6 月 10 日)下遮阴使 $T(bio)$ 略有延长(表 6-3)。纤维生物量累积速率呈单峰曲线,随播期推迟峰值[纤维生物量最大累积速率 $V(bio)_{max}$]明显下降且峰值出现时间推迟,晚播下 $V(bio)_{max}$ 的降低幅度大于遮阴。适宜播期(4 月 25 日)下遮阴,$V(bio)_{max}$ 下降、峰值推迟,且遮阴对'科棉 1 号'的影响大于'苏棉 15 号';晚播(5 月 25 日、6 月 10 日)下遮阴,$V(bio)_{max}$ 降低幅度低于适宜播期下遮阴。适宜播期下遮阴纤维生物量累积最大速率[$V(bio)_{max}$]的降低幅度大于晚播(6 月 10 日)下遮阴,晚播(5 月 25 日)下遮阴对 $V(bio)_{max}$ 的影响较小。$T(bio)$ 与 $V(bio)_{max}$ 的 Δ 值变化趋势也表明晚播遮阴互作下 $T(bio)$ 上升,与 bio_{obs} 的变化趋势相反,而 $V(bio)_{max}$ 降低,与 bio_{obs} 的变化趋势相同。'苏棉 15 号'的 $V(bio)_{max}$ 与'科棉 1 号'差异较小,$T(bio)$ 短于'科棉 1 号'。'科棉 1 号'$V(bio)_{max}$ 的 CV 值低于'苏棉 15 号',说明'苏棉 15 号'的 $V(bio)_{max}$ 对晚播遮阴互作更敏感,但两个品种 $T(bio)$ 的 CV 值变化趋势在两年间相反(表 6-3)。

二、温光互作对纤维素累积的影响

晚播和花铃期遮阴下棉纤维素含量降低,'苏棉 15 号'的纤维素含量低于'科棉 1 号'(表 6-3)。平均两年数据,'科棉 1 号''苏棉 15 号'的纤维素含量在晚播(5 月 25 日、6 月 10 日)下较适宜播期(4 月 25 日)分别降低 7.8%~16.4%、7.8%~20.9%,遮阴(CRLR 80%、CRLR 60%)下较 CRLR 100%分别降低 1.1%~7.1%、0.7%~2.3%,晚播(6 月 10 日)与遮阴(CRLR 60%)下纤维素含量降到最低,分别下降 18.2%~20.2%、21.1%~25.5%。与纤维生物量相同,晚播与遮阴互作下纤维素最终测定值(Cel_{obs})与对照(4 月 25 日播种、CRLR 100%)的 Δ 值绝对值增大,表明晚播遮阴互作下 Cel_{obs} 降低,且随互作胁迫程度越大而降幅越大,'苏棉 15 号'的 Cel_{obs} 降低幅度和纤维素含量变异系数大于'科棉 1 号'(表 6-3)。

用 logistic 回归方程拟合纤维素累积过程,晚播(5 月 25 日)棉花纤维素累积持续期[$T(Cel)$]长于适宜播期,晚播播期推迟到 6 月 10 日时 $T(Cel)$ 变短,但仍然长于适宜播期(表 6-3)。随播期的推迟,$V(Cel)_{max}$ 先下降然后略有上升,但仍达不到适宜播期水平。适宜播期两个品种的 $V(Cel)_{max}$ 相近,晚播(5 月 25 日、6 月 10 日)时'苏棉 15 号'的 $V(Cel)_{max}$ 显著低于'科棉 1 号',遮阴下'科棉 1 号'的 $T(Cel)$ 缩短,'苏棉 15 号'的 $T(Cel)$ 延长,$V(Cel)_{max}$ 均降低,'苏棉 15 号'$V(Cel)_{max}$、$T(Cel)$ 的变异系数大于'科棉 1 号'(表 6-3)。

表 6-3 晚播低温与花铃期阴遮阴互作对棉纤维生物量与纤维素累积的影响（2010~2011 年，南京）

播种期	作物相对光照率 CRLR(%)	n	R^2 2010年	R^2 2011年	DPA(d) 2010年	DPA(d) 2011年	DPA₃(d) 2010年	DPA₃(d) 2011年	T(bio)(d) 2010年	T(bio)(d) 2011年	$V(bio)_{max}$ (g·铃⁻¹·d⁻¹) 2010年	$V(bio)_{max}$ 2011年	bio_obs (g·铃⁻¹) 2010年	bio_obs 2011年	R^2 2010年	R^2 2011年	DPA₁(d) 2010年	DPA₁(d) 2011年	DPA₃(d) 2010年	DPA₃(d) 2011年	T(Cel)(d) 2010年	T(Cel)(d) 2011年	$V(Cel)_{max}$ (%·d⁻¹) 2010年	$V(Cel)_{max}$ 2011年	Cel_obs(%) 2010年	Cel_obs(%) 2011年
																					科棉 1 号						
4月25日	100	6	0.9998**	0.9984**	14.71	16.36	29.94	28.62	15.22	12.26	0.10	0.12	2.33a	2.29a	0.9677**	0.9751**	12.01	14.31	28.94	28.34	16.93	14.03	3.64	4.33	92.2a	91.6a
4月25日	80	6	0.9975**	0.9957**	16.24	16.90	32.75	30.16	16.51	13.74	0.09	0.11	2.20b	2.16b	0.9809**	0.9737**	11.87	14.30	28.82	28.40	16.95	14.09	3.60	4.18	91.2a	89.0a
4月25日	60	6	0.9945**	0.9902**	17.41	18.11	35.07	32.26	17.67	14.15	0.08	0.10	2.10c	2.04c	0.9515**	0.9775**	10.84	14.35	27.67	28.40	16.84	14.05	3.40	4.27	85.7b	90.6a
5月25日	100	8	0.9971**	0.9910**	22.48	20.44	46.19	43.01	23.71	22.57	0.06	0.07	2.22a	2.27a	0.9907**	0.9747**	16.43	17.33	37.76	35.50	21.32	18.16	2.71	3.00	85.3a	82.3a
5月25日	80	8	0.9965**	0.9901**	23.29	21.37	47.01	44.24	23.72	22.87	0.06	0.07	2.13b	2.20a	0.9940**	0.9757**	17.85	17.44	39.06	35.40	21.22	17.95	2.71	2.84	85.0a	77.0b
5月25日	60	8	0.9908**	0.9934**	24.04	20.89	46.83	43.16	22.79	22.27	0.06	0.07	2.04b	2.09b	0.9933**	0.9565**	18.19	18.91	39.57	37.04	21.38	18.14	2.65	2.80	83.1b	76.8b
6月10日	100	8	0.9920**	0.9971**	24.05	20.67	46.88	45.04	22.83	24.37	0.06	0.06	1.91a	2.06a	0.9979**	0.9884**	26.08	25.49	43.81	44.02	17.73	18.53	2.95	2.78	78.4a	76.6a
6月10日	80	8	0.9936**	0.9964**	24.20	20.62	47.09	45.20	22.88	24.58	0.06	0.06	1.77b	1.93ab	0.9974**	0.9884**	26.09	25.83	43.91	44.32	17.82	18.49	2.90	2.67	76.8b	73.3b
6月10日	60	8	0.9959**	0.9961**	24.64	21.05	48.15	45.57	23.51	24.51	0.05	0.05	1.68b	1.87b	0.9940**	0.9871**	27.41	26.71	45.05	46.43	17.64	19.72	2.91	2.52	75.4c	73.1b
	CV(%)								16.49	25.65	25.34	32.21	10.58	6.85						CV(%)	10.87	13.37	12.84	23.21	7.09	9.19
																				泗棉 15 号						
4月25日	100	6	0.9984**	0.9938**	16.08	17.01	29.89	29.68	13.80	12.67	0.11	0.12	2.21a	2.26a	0.9884**	0.9888**	10.33	13.60	25.18	26.69	14.85	13.09	3.85	4.45	86.2a	88.0a
4月25日	80	6	0.9995**	0.9875**	16.41	17.50	30.95	30.16	14.53	12.67	0.10	0.12	2.12b	2.20a	0.9999**	0.9843**	9.97	14.15	26.33	27.77	16.36	13.62	3.49	4.24	85.6ab	87.4a
4月25日	60	6	0.9992**	0.9850**	16.36	17.70	31.08	30.37	14.71	12.67	0.09	0.11	2.02c	2.12b	0.9924**	0.9877**	10.47	14.27	27.36	30.09	16.89	15.82	3.37	3.64	84.7b	86.0a
5月25日	100	8	0.9958**	0.9936**	20.19	21.95	40.63	42.88	20.45	20.93	0.07	0.07	2.09ab	2.20a	0.9927**	0.9735**	17.74	17.53	38.86	36.39	21.12	18.86	2.55	2.85	80.4a	81.1a
5月25日	80	8	0.9964**	0.9924**	21.52	22.48	41.16	43.93	19.65	21.45	0.07	0.07	2.01ab	2.15b	0.9969**	0.9880**	17.72	18.76	38.44	37.12	20.72	18.36	2.50	2.86	77.2ab	79.1b
5月25日	60	8	0.9859**	0.9948**	22.47	22.34	42.51	43.72	20.05	21.38	0.07	0.07	1.95b	2.04c	0.9967**	0.9911**	18.59	19.51	38.93	38.05	20.34	18.55	2.52	2.83	76.5b	79.0b
6月10日	100	8	0.9848**	0.9991**	26.45	22.40	49.39	43.30	22.94	23.24	0.05	0.06	1.70a	1.84a	0.9802**	0.9950**	23.11	23.24	39.01	41.09	15.90	17.85	2.98	2.64	72.0a	69.6a
6月10日	80	8	0.9823**	0.9977**	28.02	22.57	51.99	45.46	23.97	22.89	0.05	0.05	1.64ab	1.78ab	0.9865**	0.9927**	23.27	23.57	40.06	42.23	16.79	18.66	2.80	2.39	70.0ab	66.5ab
6月10日	60	8	0.9890**	0.9981**	28.87	23.30	52.83	46.80	23.96	23.50	0.05	0.05	1.57b	1.73b	0.9984**	0.9920**	23.36	23.58	40.22	42.70	16.86	19.12	2.68	2.31	68.0b	65.6b
	CV(%)								21.06	24.86	31.27	33.97	11.93	9.85						CV(%)	13.08	13.65	16.50	25.08	8.83	11.29

注：DPA₁、DPA₂、V_{max}、T 分别表示累积起始期、终止期、最大累积速率、快速累积持续时间，bio_obs/Cel_obs 表示纤维生物量/纤维素最终实测值；同列中不同小写字母表示在 0.05 水平差异显著，**表示在 0.01 水平相关性显著（n=6，$R^2_{0.01}=0.841$；n=8，$R^2_{0.01}=0.695$）。

三、温光互作对纤维长度的影响

晚播（5 月 25 日）时的纤维长度最长，适宜播期（4 月 25 日）纤维长度最短；适宜播期下遮阴增加了纤维长度，晚播下遮阴纤维长度缩短，增加或缩短的幅度随遮阴水平增加而增加，'科棉 1 号'纤维长度变异系数小于'苏棉 15 号'（表 6-4）。晚播与遮阴互作下纤维长度最终观测值（Len_{obs}）Δ 值的变化趋势在年际间不同，2010 年晚播（5 月 25 日、6 月 10 日）下遮阴使 Len_{obs} 的 Δ 值增加，2011 年则相反。这可能是环境条件的年际差异导致的，2010 年适宜播期的温度和辐射量相对更高。

用 logistic 回归方程拟合纤维伸长动态，晚播棉花纤维伸长起始期（DPA_1）和终止期（DPA_2）推迟，T 长于适宜播期，V_{max} 低于适宜播期。遮阴下纤维 V_{max} 降低，T 延长，T 和 V_{max} 的 Δ 值变化表明晚播与遮阴互作下 T 延长而 V_{max} 下降，'苏棉 15 号' T 和 V_{max} 的变异系数大于'科棉 1 号'（表 6-4）。

表 6-4 晚播与花铃期遮阴互作对棉纤维伸长的影响（2010～2011 年，南京）

播种期	作物相对光照率 CRLR (%)	n	纤维伸长特征值											
			R^2		DPA_1(d)		DPA_2(d)		T(d)		V_{max}(mm·d⁻¹)		Len_{obs}(mm)	
			2010 年	2011 年	2010 年	2011 年	2010 年	2011 年	2010 年	2011 年	2010 年	2011 年	2010 年	2011 年
科棉 1 号														
4 月 25 日	100	5	0.997**	0.966**	5.51	7.93	12.60	16.34	7.09	8.41	2.76	2.50	29.1b	29.7b
	80	5	0.996**	0.969**	5.10	7.52	12.30	16.32	7.19	8.81	2.77	2.42	29.3ab	29.7b
	60	5	0.999**	0.954**	4.90	7.16	12.53	16.29	7.63	9.13	2.71	2.36	29.6a	30.7a
5 月 25 日	100	5	0.983**	0.974**	6.98	8.69	16.62	17.85	9.63	9.16	2.30	2.32	31.7a	30.0a
	80	5	0.991**	0.989**	8.14	8.83	17.10	17.58	8.96	8.75	2.43	2.36	31.2a	29.9a
	60	5	0.971**	0.974**	7.89	8.86	17.95	18.11	10.06	9.25	2.17	2.22	30.4b	29.3b
6 月 10 日	100	5	0.996**	0.991**	9.01	10.04	18.51	19.71	9.49	9.66	2.27	2.10	30.5a	29.3a
	80	5	0.986**	0.989**	9.09	10.33	18.91	20.46	9.82	10.13	2.16	2.01	30.3a	29.3a
	60	5	0.997**	0.988**	8.88	10.55	18.84	20.21	9.95	9.66	2.07	2.03	29.4b	28.9b
CV(%)									13.79	5.77	11.45	7.84	2.93	1.80
苏棉 15 号														
4 月 25 日	100	5	0.994**	0.974**	5.37	7.84	12.39	15.93	7.02	8.08	2.84	2.49	28.6b	29.4c
	80	5	0.998**	0.968**	5.56	7.49	12.82	17.21	7.26	9.71	2.76	2.12	28.8b	30.1b
	60	5	0.996**	0.967**	4.86	7.56	12.26	17.36	7.40	9.80	2.75	2.15	29.5a	30.7a
5 月 25 日	100	5	0.969**	0.995**	7.82	9.35	18.10	17.54	10.28	8.19	2.11	2.55	31.7a	29.4a
	80	5	0.980**	0.991**	7.75	9.11	17.67	17.56	9.92	8.45	2.13	2.39	30.7ab	29.1ab
	60	5	0.980**	0.985**	7.70	8.82	17.81	17.48	10.11	8.66	2.07	2.26	30.3b	28.6b

续表

播种期	作物相对光照率 CRLR (%)	n	\multicolumn{2}{c	}{R^2}	\multicolumn{2}{c	}{DPA$_1$ (d)}	\multicolumn{2}{c	}{DPA$_2$ (d)}	\multicolumn{2}{c	}{T (d)}	\multicolumn{2}{c	}{V_{max} (mm·d^{-1})}	\multicolumn{2}{c	}{Len$_{obs}$ (mm)}
			2010年	2011年	2010年	2011年	2010年	2011年	2010年	2011年	2010年	2011年	2010年	2011年
6月10日	100	5	0.987**	0.997**	8.50	10.12	18.00	19.87	9.50	9.75	2.13	1.97	29.5a	28.9a
	80	5	0.998**	0.999**	8.16	10.11	18.79	20.87	10.63	10.76	1.88	1.80	29.0ab	28.7a
	60	5	0.995**	0.998**	8.95	10.03	18.89	20.16	9.93	10.14	2.00	1.84	28.8b	27.8b
							CV(%)		15.93	10.28	16.26	12.60	3.58	2.89

注：用5～31DPA数据拟合纤维伸长动态，DPA$_1$、DPA$_2$、V_{max}、T分别表示纤维快速伸长起始期、终止期、最大伸长速率、快速伸长持续时间，Len$_{obs}$表示纤维最终实测长度；同列中不同小写字母表示在0.05水平差异显著

**表示在0.01水平相关性显著（$n=5$，$R^2_{0.01}=0.919$）

四、温光互作对纤维马克隆值的影响

晚播、遮阴及晚播与遮阴互作下棉纤维马克隆值降低，'苏棉15号'的马克隆值变异系数大于'科棉1号'（表6-5）。

用logistic方程拟合纤维马克隆值的形成，晚播下马克隆值形成起始(DPA$_1$)、终止(DPA$_2$)期延迟，T缩短，V_{max}增加；遮阴下T缩短，'苏棉15号'的V_{max}提高，晚播与遮阴互作下两个品种的T减少，'苏棉15号'的V_{max}增加，'科棉1号'的V_{max}在晚播与遮阴互作下降低。晚播与遮阴互作下'苏棉15号'V_{max}的变异系数小于'科棉1号'，但T的变异系数大于'科棉1号'（表6-5）。

表6-5 晚播与花铃期遮阴互作对棉纤维马克隆值变化的影响（2010～2011年，南京）

播种期	作物相对光照率 CRLR (%)	n	\multicolumn{2}{c	}{R^2}	\multicolumn{2}{c	}{DPA$_1$ (d)}	\multicolumn{2}{c	}{DPA$_2$ (d)}	\multicolumn{2}{c	}{T (d)}	\multicolumn{2}{c	}{V_{max}}	\multicolumn{2}{c	}{Mic$_{obs}$}
			2010年	2011年	2010年	2011年	2010年	2011年	2010年	2011年	2010年	2011年	2010年	2011年
\multicolumn{15}{	c	}{科棉1号}
4月25日	100	5	0.9953**	0.9846**	19.19	13.12	37.42	35.87	18.24	22.75	0.18	0.15	4.9a	4.9a
	80	5	0.9864**	0.9940**	20.06	15.66	38.69	34.78	18.63	19.12	0.18	0.17	4.8a	4.8a
	60	5	0.9950**	0.9963**	21.25	15.65	37.95	37.11	16.71	21.46	0.19	0.15	4.6b	4.8a
5月25日	100	6	0.9925**	0.9953**	31.19	30.89	52.04	50.30	20.86	19.41	0.16	0.17	4.7a	4.8a
	80	6	0.9991**	0.9943**	34.30	33.94	52.93	51.13	18.63	17.19	0.17	0.18	4.5b	4.6ab
	60	6	0.9968**	0.9825**	36.29	34.21	54.91	51.39	18.62	17.18	0.16	0.17	4.3b	4.4b
6月10日	100	5	0.9873**	0.9917**	45.45	40.25	60.41	58.02	14.97	17.77	0.18	0.15	3.7a	3.7a
	80	5	0.9829**	0.9930**	48.43	41.14	61.66	59.62	13.23	18.48	0.19	0.14	3.4b	3.6ab
	60	5	0.9817**	0.9941**	48.16	41.49	61.10	58.38	12.94	16.89	0.15	0.14	2.7c	3.3b
							CV(%)		16.03	10.74	7.76	9.32	18.03	14.26

续表

播种期	作物相对光照率 CRLR (%)	n	R^2 2010年	R^2 2011年	DPA$_1$ (d) 2010年	DPA$_1$ (d) 2011年	DPA$_2$ (d) 2010年	DPA$_2$ (d) 2011年	T (d) 2010年	T (d) 2011年	V_{max} 2010年	V_{max} 2011年	Mic$_{obs}$ 2010年	Mic$_{obs}$ 2011年
							苏棉15号							
4月25日	100	5	0.9993**	0.9932**	21.05	20.76	41.56	38.80	20.51	18.04	0.16	0.19	4.8a	5.0a
	80	5	0.9999**	0.9782**	22.63	22.02	40.98	39.53	18.36	17.50	0.18	0.19	4.7b	4.9b
	60	5	0.9994**	0.9859**	24.09	23.21	40.78	40.12	16.69	16.91	0.19	0.20	4.5c	4.8c
5月25日	100	6	0.9914**	0.9979**	35.95	36.16	53.66	49.99	17.71	13.83	0.17	0.22	4.4a	4.5a
	80	6	0.9958**	0.9982**	36.83	37.15	53.96	49.75	17.12	12.61	0.17	0.23	4.3a	4.4ab
	60	6	0.9961**	0.9970**	37.14	37.19	53.04	49.78	15.90	12.59	0.17	0.22	4.0b	4.2b
6月10日	100	5	0.9845**	0.9919**	50.97	46.43	62.84	57.25	11.87	10.82	0.19	0.23	3.0a	3.7a
	80	5	0.9975**	0.9978**	52.09	47.21	62.22	57.36	10.13	10.16	0.20	0.24	2.9a	3.6a
	60	5	0.9998**	0.9979**	54.21	47.27	63.95	56.62	9.74	9.35	0.20	0.23	2.6b	3.2b
								CV(%)	24.96	24.16	7.44	8.39	21.77	15.01

注：DPA$_1$、DPA$_2$、V_{max}、T 分别表示马克隆值形成的起始期、终止期、最大形成速率、快速形成持续时间，Mic$_{obs}$ 表示最终实测马克隆值；同列中不同小写字母表示在0.05水平差异显著

**表示在0.01水平相关性显著（$n=5$, $R^2_{0.01}=0.919$; $n=6$, $R^2_{0.01}=0.841$）

五、温光互作对纤维比强度的影响

晚播、遮阴、晚播与遮阴互作下棉纤维比强度降低，'科棉1号'纤维比强度变异值小于'苏棉15号'（表6-6）。

纤维比强度随花后天数的变化分为快速增加和稳定增加两个时期，可用分段函数分别对其进行模拟，分段函数表达式如下：

$$Str = \begin{cases} a_1 \cdot \ln(DPA) - b_1 & DPA \leqslant DPA_b \\ a_2 + b_2 \cdot DPA & DPA > DPA_b \end{cases}$$

式中，Str 表示纤维比强度；DPA$_b$ 表示纤维加厚发育期内快速增加期和稳定增加期转折时的花后天数；a_1、a_2 和 b_1、b_2 为方程参数。

纤维比强度快速增加持续期 T_{RG}(d)=DPA$_b$−OSWSP，日均增长速率 V_{RG}=$\sum$(Str$_{DPA}$−Str$_{DPA-1}$)/T_{RG}；稳定增加持续期 T_{SG}(d)=BMP−DPA$_b$，日均增长速率 V_{SG}=b_2。OSWSP 表示纤维次生壁加厚期起始 DPA（即纤维生物量快速累积的 DPA$_1$）。

分析纤维比强度变化特征值发现（表6-6），晚播（5月25日）时 V_{RG} 和 V_{SG} 最小、T_{SG} 最长，适宜播期（4月25日）时 V_{RG} 和 V_{SG} 最大、T_{RG} 和 T_{SG} 最短，晚播（6月10日）时 T_{RG} 最长。遮阴下 V_{RG} 显著降低，T_{RG} 减小，T_{SG} 变化较小。适宜播期（4月25日）与遮阴互作下，V_{RG}、V_{SG} 和 T_{RG} 的 Δ 值降低，晚播与遮阴互作下 V_{RG} 和 V_{SG} 的 Δ 值降低，T_{RG} 和 T_{SG}

的Δ值增加。'科棉1号'V_{RG}、T_{RG}、V_{SG}的变异值大于'苏棉15号'。

表6-6 晚播与花铃期遮阴互作对棉纤维比强度变化的影响(2010～2011年)

播种期	作物相对光照率 CRLR(%)	n	R^2		V_{RG} (cN·tex^{-1}·d^{-1})		T_{RG}(d)		V_{SG} (cN·tex^{-1}·d^{-1})		T_{SG}(d)		Str$_{obs}$ (cN·tex^{-1}·d^{-1})	
			2010年	2011年	2010年	2011年	2010年	2011年	2010年	2011年	2010年	2011年	2010年	2011年
科棉1号														
4月25日	100	5	0.8719*	0.9250**	0.92	0.88	14	13	0.53	0.50	14	20	31.2a	30.3a
	80	5	0.8849*	0.9204**	0.88	0.82	13	12	0.50	0.50	14	20	30.3a	29.5b
	60	5	0.8483*	0.9159*	0.89	0.79	12	11	0.51	0.49	14	20	28.8b	28.8c
5月25日	100	6	0.9363**	0.9130**	0.66	0.66	15	16	0.39	0.37	24	25	31.1a	29.0a
	80	6	0.9515**	0.9223**	0.64	0.64	14	15	0.39	0.36	24	25	30.8a	28.6ab
	60	6	0.9511**	0.9720**	0.61	0.65	13	15	0.38	0.38	24	25	29.0b	28.4b
6月10日	100	5	0.9357**	0.9884**	0.85	0.82	19	22	0.52	0.49	20	20	28.5a	28.6a
	80	5	0.9654**	0.9808**	0.85	0.82	18	22	0.53	0.49	21	20	28.3a	28.4a
	60	5	0.9926**	0.9706**	0.81	0.80	17	21	0.53	0.47	21	21	27.2b	27.3b
			CV(%)		15.22	11.88	17.15	27.46	14.09	13.40	22.60	11.20	4.67	2.89
苏棉15号														
4月25日	100	5	0.8949*	0.9183*	0.87	0.80	13	12	0.51	0.48	14	20	28.7a	29.1a
	80	5	0.8998*	0.9016*	0.86	0.73	13	12	0.49	0.48	14	20	27.3b	28.4b
	60	5	0.9014*	0.9531**	0.84	0.76	13	11	0.48	0.49	14	20	26.2c	28.3b
5月25日	100	6	0.9627**	0.9581**	0.68	0.68	16	14	0.39	0.41	25	25	28.7a	28.2a
	80	6	0.9753**	0.9668**	0.62	0.67	14	14	0.39	0.39	25	25	28.3ab	27.8ab
	60	6	0.9769**	0.9618**	0.65	0.67	14	14	0.39	0.40	25	25	27.9b	27.4b
6月10日	100	5	0.9828**	0.9798**	0.80	0.79	16	20	0.51	0.47	21	21	26.4a	26.7a
	80	5	0.9834**	0.9785**	0.77	0.72	14	19	0.52	0.46	21	21	25.9a	25.6b
	60	5	0.9886**	0.9675**	0.74	0.72	13	19	0.51	0.44	21	21	25.3b	25.2b
			CV(%)		12.39	6.57	8.73	23.09	12.61	8.60	24.11	10.41	4.73	4.81

注：V_{RG}、V_{SG}分别表示纤维比强度快速增加期、稳定增加期的日均增长速率，T_{RG}、T_{SG}分别表示快速增加持续期和稳定增加持续期，Str$_{obs}$表示比强度最终实测值；同列中不同小写字母表示在0.05水平差异显著

*、**分别表示在0.05、0.01水平相关性显著($n=5$, $R^2_{0.05}=0.771$, $R^2_{0.01}=0.919$; $n=6$, $R^2_{0.05}=0.658$, $R^2_{0.01}=0.841$)

综上，适宜播期(4月25日)下进行花铃期遮阴，减少了纤维比强度形成持续期和平均加厚速率，比强度降低；晚播(5月25日、6月10日)低温下进行花铃期遮阴，纤维素含量和纤维生物量降低，比强度降低。低温与遮阴互作下，马克隆值快速形成持续期缩短，马克隆值降低。适宜播期(4月25日)下，遮阴延长了纤维伸长持续期，纤维长度增加；晚播低温与遮阴互作，纤维伸长最大速率降低，纤维长度变短。低温弱敏感型'科

棉 1 号'的纤维伸长最大速率大，马克隆值快速增加持续期长，纤维素与纤维生物量降幅小，导致纤维品质优于低温敏感型'苏棉 15 号'。

第三节　温光互作对棉纤维发育物质代谢相关酶活性及基因表达的影响

棉纤维是单体细胞，可以作为模式系统用于研究细胞伸长生理生化进程，纤维细胞可在 16DPA 内伸长到 25～30mm，是世界上伸长速率最快、最长的单细胞结构。作为一个单向的细胞膨胀过程，纤维伸长是细胞膨胀和细胞壁延伸综合作用的结果。纤维伸长期内不利的气候条件将降低每日伸长速率或缩短伸长持续期。棉纤维加厚发育实质是纤维素的合成与累积，纤维主要品质性状直接取决于纤维素累积的数量和质量。棉纤维发育经常受到低温与弱光复合胁迫的影响，使纤维品质的遗传潜力没有完全发挥出来。

一、纤维伸长发育

(一) 温光互作对纤维伸长发育中蔗糖含量的影响

适宜播期(4月25日)棉纤维发育期内，纤维蔗糖含量从 10DPA 开始下降；晚播(5月25日、6月10日)时推迟到 17～24DPA，最终蔗糖含量增加；遮阴下纤维蔗糖含量下降，且与遮阴水平成正比(表6-7)。年际间平均，'科棉 1 号''苏棉 15 号'纤维蔗糖含量变异系数(CV)在晚播时分别为 24.28%、31.75%，花铃期遮阴下分别为 9.31%、7.54%，晚播与遮阴互作下分别为 24.99%、29.50%。晚播、晚播与遮阴互作对纤维蔗糖含量的影响大于遮阴，晚播与遮阴互作对'苏棉 15 号'影响大于'科棉 1 号'；晚播与遮阴互作下'科棉 1 号'纤维平均蔗糖含量的 Δ 值小于'苏棉 15 号'(表6-8)，说明'苏棉 15 号'纤维蔗糖代谢对晚播遮阴互作较'科棉 1 号'更敏感。

(二) 温光互作对纤维伸长发育相关酶活性与基因表达的影响

1. 纤维伸长发育相关酶　纤维蔗糖酶(INN)和蔗糖合成酶(Sus)活性随花后天数而降低(图6-3)，晚播时 INN 和 Sus 活性高于适宜播期(4月25日)，并且维持在较高水平直至伸长结束；花铃期遮阴显著降低 INN 和 Sus 活性，随遮阴水平的增加酶活性降幅变大(表6-7)；晚播与遮阴互作下 INN 和 Sus 活性高于适宜播期。晚播与遮阴互作效应在 2010 年对两个品种、2011 年对'科棉 1 号'INN 活性明显，2011 年对'苏棉 15 号'互作效应不明显；晚播与遮阴在 2010 年、2011 年对两个品种的 Sus 活性均有显著的互作效应(图6-3)。

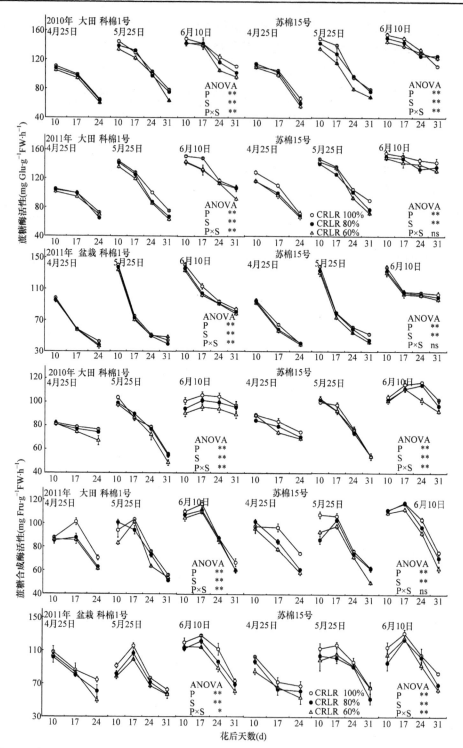

图 6-3 晚播与花铃期遮阴互作对棉纤维蔗糖酶、蔗糖合成酶活性变化的影响(2010~2011 年)

P、S、P×S 分别表示播期、遮阴水平、播期与遮阴互作,两因素 ANOVA 结果是由纤维平均蔗糖酶活性数据计算得到;

*、**分别表示在 0.05、0.01 水平相关性显著,ns 表示相关性不显著

分析变异系数，晚播对 INN 和 Sus 活性的影响程度大于遮阴，'苏棉 15 号'的变幅大于'科棉 1 号'，晚播与遮阴互作下'苏棉 15 号'INN 和 Sus 活性的变异和 Δ 值大于'科棉 1 号'（表 6-8），说明'苏棉 15 号'纤维蔗糖分解酶对互作胁迫较'科棉 1 号'更敏感。

表 6-7 晚播与花铃期遮阴互作对棉纤维蔗糖含量平均值，蔗糖合成酶、蔗糖酶活性平均值和最终纤维长度影响的方差分析（2010～2011 年）

播种期	作物相对光照率 CRLR (%)	蔗糖含量 (mg·g⁻¹DW)			蔗糖酶活性 (mg Glu·g⁻¹FW·h⁻¹)			蔗糖合成酶活性 (mg Fru·g⁻¹FW·h⁻¹)			纤维长度 (mm)		
		2010 年大田	2011 年大田	2011 年盆栽	2010 年大田	2011 年大田	2011 年盆栽	2010 年大田	2011 年大田	2011 年盆栽	2010 年大田	2011 年大田	2011 年盆栽
						科棉 1 号							
4月25日	100	10.1a	12.3a	12.3a	91.7a	92.4a	66.3a	79.2a	86.4a	89.5a	29.1b	29.7b	29.6b
	80	9.4b	10.8b	10.8b	89.7ab	89.4b	63.8b	77.5b	78.6b	80.9b	29.3ab	29.7b	29.7ab
	60	8.8c	9.8b	10.3b	86.6b	88.5b	63.3b	74.4c	77.8b	79.1b	29.6a	30.7a	30.2a
5月25日	100	16.6a	11.6a	13.5a	114.0a	112.1a	78.0a	81.1a	82.5a	86.8a	31.7a	30.0a	30.8a
	80	14.0b	10.0b	12.5b	111.1b	105.7b	75.0b	80.3a	80.0b	79.6b	31.2a	29.9a	30.7a
	60	14.2b	9.5b	12.0b	104.8c	101.2c	76.0b	76.5b	75.6c	75.6b	30.4b	29.3b	30.2b
6月10日	100	19.8a	17.7a	17.0a	131.3a	130.9a	108.0a	102.1a	95.2a	108.5a	30.5a	29.3a	30.3a
	80	20.2a	16.5ab	16.6b	125.7b	127.8b	103.2b	97.8b	91.5b	100.1b	30.3a	29.3a	29.9a
	60	20.1a	15.5b	16.1b	120.9c	120.3c	101.2b	92.4c	90.1b	94.8c	29.4b	28.9b	29.4b
	CV$_S$(%)	6.90	11.47	9.55	2.88	2.27	2.53	3.16	5.87	6.66	0.86	1.92	1.08
	CV$_P$(%)	31.89	24.07	16.98	17.67	17.22	25.56	14.53	7.39	12.45	4.28	1.18	1.99
	CV$_{P×S}$(%)	31.49	24.74	18.75	15.07	14.60	21.73	11.98	8.19	12.46	2.96	1.78	1.60
						苏棉 15 号							
4月25日	100	9.3a	9.6a	10.4a	94.4a	103.6a	67.0a	82.6a	89.5a	81.2a	28.6b	29.4c	29.2b
	80	8.9ab	9.2a	10.0a	92.7b	95.0b	64.7b	78.2b	82.4b	74.3b	28.8b	30.1b	29.6b
	60	8.2b	8.1a	9.0b	88.4c	93.4b	62.8c	77.5b	77.2c	68.4c	29.5a	30.7a	30.3a
5月25日	100	15.6a	10.9a	12.0a	116.1a	120.0a	83.8a	82.3a	88.2a	98.5a	31.7a	29.4a	30.4a
	80	15.2a	10.3a	11.1b	111.4b	111.5b	79.8b	80.7b	81.3b	87.5b	30.7ab	29.1ab	29.8ab
	60	13.3b	9.4b	10.2c	99.9c	111.2b	75.8c	81.5b	78.0b	90.7b	30.3b	28.6b	29.2b
6月10日	100	21.9a	16.7a	16.5a	137.5a	149.2a	114.0a	109.7a	102.1a	109.0a	29.5a	28.9a	29.5a
	80	21.4b	15.6b	16.0b	136.6a	142.5b	110.9b	106.5b	99.2b	98.0b	29.0ab	28.7b	28.7b
	60	21.3b	15.0b	15.7b	134.5b	140.8b	108.7b	101.7c	93.8b	96.7b	28.8b	27.8b	28.2c
	CV$_S$(%)	6.33	8.66	7.62	3.37	5.64	3.21	3.48	7.46	8.59	1.63	2.16	1.87
	CV$_P$(%)	40.38	30.49	24.37	18.58	18.59	26.98	17.19	8.22	14.55	5.33	0.99	2.10
	CV$_{P×S}$(%)	37.05	27.59	23.87	17.69	17.70	24.22	14.63	10.27	14.44	3.53	2.92	2.41

注：同列中不同小写字母表示在 0.05 水平差异显著；CV$_S$ 由播期 4 月 25 日 3 个遮阴水平的数据计算得到，CV$_P$ 由 3 个播期的数据计算得到，CV$_{P×S}$ 由所有处理的数据计算得到

表 6-8 晚播与花铃期遮阴互作下棉纤维蔗糖含量平均值，蔗糖合成酶、蔗糖酶活性平均值和最终纤维长度的差异值[Δ(%)] (2010～2011 年)

处理	蔗糖含量			蔗糖酶活性			蔗糖合成酶活性			纤维长度		
	2010年大田	2011年大田	2011年盆栽	2010年大田	2011年大田	2011年盆栽	2010年大田	2011年大田	2011年盆栽	2010年大田	2011年大田	2011年盆栽
科棉 1 号												
CRLR 80%	-6.9	-12.2	-12.1	-2.2	-3.2	-3.8	-2.1	-9.0	-9.6	0.7	0.0	0.3
CRLR 60%	-12.9	-20.3	-16.7	-5.6	-4.2	-4.6	-6.1	-10.0	-11.6	1.7	3.4	2.0
播期 5 月 25 日	64.4	-5.7	9.7	24.3	21.3	17.6	2.4	-4.5	-3.0	8.9	1.0	4.1
播期 5 月 25 日+CRLR 80%	38.6	-18.7	1.6	21.2	14.4	13.1	1.4	-7.4	-11.1	7.2	0.7	3.7
播期 5 月 25 日+CRLR 60%	40.6	-22.8	-2.9	14.3	9.5	14.6	-3.4	-12.5	-15.6	4.5	-1.4	2.0
播期 6 月 10 日	96.0	43.9	37.9	43.2	41.7	62.8	28.9	10.2	21.2	4.8	-1.4	2.4
播期 6 月 10 日+CRLR 80%	100.0	34.2	35.0	37.1	34.0	55.5	23.5	5.9	11.8	4.1	-1.4	1.0
播期 6 月 10 日+CRLR 60%	99.0	26.0	30.5	31.8	30.2	52.5	16.7	4.3	5.9	1.0	-2.7	-0.7
苏棉 15 号												
CRLR 80%	-4.3	-4.2	-4.1	-1.8	-8.3	-3.4	-5.3	-8.0	-8.5	0.7	2.4	1.4
CRLR 60%	-11.8	-15.6	-13.9	-6.4	-9.8	-6.2	-6.2	-13.8	-15.8	3.2	4.4	3.8
播期 5 月 25 日	67.7	13.5	14.8	23.0	15.8	25.2	-0.4	-1.5	21.2	10.8	0.0	4.1
播期 5 月 25 日+CRLR 80%	63.4	7.3	6.0	18.0	7.6	19.1	-2.3	-9.2	7.7	7.3	-1.0	2.1
播期 5 月 25 日+CRLR 60%	43.0	-2.1	-2.5	5.8	7.3	13.2	-1.3	-12.9	11.7	5.9	-2.7	0.0

续表

处理	蔗糖含量			蔗糖酶活性			蔗糖合成酶活性			纤维长度		
	2010年大田	2011年大田	2011年盆栽	2010年大田	2011年大田	2011年盆栽	2010年大田	2011年大田	2011年盆栽	2010年大田	2011年大田	2011年盆栽
播期6月10日	135.5	74.0	58.3	45.7	44.0	70.2	32.8	14.0	34.1	3.2	-1.7	1.0
播期6月10日+CRLR 80%	130.1	62.5	53.3	44.7	37.5	65.6	28.9	10.8	20.7	1.4	-2.4	-1.7
播期6月10日+CRLR 60%	129.0	56.3	50.8	42.5	35.9	62.3	23.1	4.8	19.1	0.7	-5.4	-3.4

注：$\Delta(\%)=[(处理-对照)/对照]\times100$，对照是播期4月25日+CRLR 100%

2. 纤维伸长发育相关酶基因表达　本研究主要对纤维伸长发育相关基因 expansin (*GhEXP1*)、β-1,3-葡聚糖酶基因 (*GhGluc1*) 与 β-1,3-葡聚糖合酶基因 (*GhGlucS*) 的表达进行分析。

晚播棉花纤维 *GhEXP1* 表达时间延长，与晚播时纤维伸长期延长相符。适宜播期(4月25日)纤维 *GhEXP1* 表达峰值出现在 10～17DPA，晚播时推迟到 17～24DPA（图6-4）。'科棉1号'在适宜播期 24DPA、晚播(5月25日)31DPA 时，*GhEXP1* 表达量大于'苏棉15号'。花铃期遮阴棉花纤维 *GhEXP1* 表达量在 10DPA 变化较小，从 17DPA（适宜播期）或 24DPA（晚播）至纤维伸长结束，遮阴棉花纤维表达量低于正常光照。

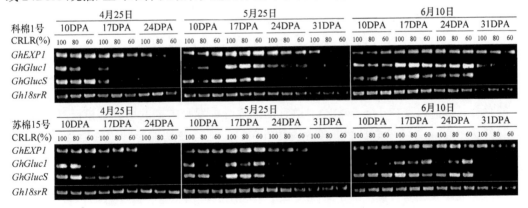

图6-4　晚播与花铃期遮阴互作下棉纤维伸长相关酶基因表达分析(2011年)

适宜播期棉纤维 *GhGluc1* 和 *GhGlucS* 表达峰值出现在 10DPA 左右，晚播则推迟到 17～24DPA（图6-4）。适宜播期遮阴棉纤维 *GhGluc1* 在 10DPA 表达量低于正常光照，到 17DPA（'苏棉15号'）～24DPA（'科棉1号'）时则相反，说明遮阴棉纤维 *GhGluc1* 的表达峰值较正常光照推迟，'科棉1号'峰值出现时间晚于'苏棉15号'（图6-5）。

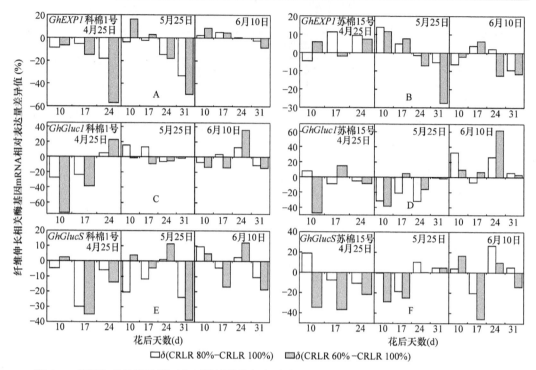

图 6-5 晚播与花铃期遮阴互作下棉纤维伸长相关酶基因 mRNA 相对表达量差异值（2011 年）

适宜播期下遮阴使 GhGlucS 在 17～24DPA 时结束表达，且早于适宜播期不遮阴棉花；晚播下遮阴 17DPA 棉纤维 GhGlucS 的表达量低于正常光照，到 24DPA 时即高于正常光照，说明晚播与遮阴互作推迟了 GhGlucS 表达峰值出现时间（图 6-5）。

二、纤维加厚发育

（一）温光互作对纤维加厚发育相关物质含量的影响

1. 蔗糖含量 适宜播期（4 月 25 日）棉纤维蔗糖含量从 10DPA 开始随花后天数增加而降低，而晚播（5 月 25 日、6 月 10 日）棉花纤维蔗糖含量随花后天数推迟呈先升后降的趋势，峰值出现在 17～24DPA，适宜播期棉纤维发育末期的蔗糖含量已基本耗尽，而晚播棉纤维发育末期的蔗糖仍有剩余（图 6-6）。适宜播期棉花纤维蔗糖含量在遮阴（CRLR 80%、CRLR 60%）下较 CRLR 100%降低。晚播时遮阴（CRLR 80%、CRLR 60%）棉花纤维蔗糖含量在 31DPA 之前较 CRLR 100%降低，之后则相反（图 6-6）。

棉纤维最大蔗糖含量反映了纤维发育中可利用的蔗糖总量，最小蔗糖含量反映了成熟纤维中蔗糖的剩余量。遮阴下纤维最大蔗糖含量降低 3.5%～15.7%，晚播棉纤维最大、最小蔗糖含量较适宜播期分别增加 10.4%～48.5%、125.8%～1349.0%。晚播与遮阴互作棉纤维最大蔗糖含量的增加幅度小于晚播单因子处理，而最小蔗糖含量增幅最大（表 6-9）。最大蔗糖含量的变异系数（CV）和变化幅度（Δ）在晚播与遮阴互作下'苏棉 15 号'大于'科棉 1 号'，最小蔗糖含量年际间存在差异，2010 年晚播与遮阴互作下'苏棉 15 号'最小蔗糖含量的变异值大于'科棉 1 号'，2011 年则相反（表 6-9）。两个品种棉纤维最大/最小蔗糖含量在播期间的变异系数(CV)大于遮阴,说明晚播对蔗糖含量的影响大于遮阴,最小蔗糖含量较最大蔗糖含量更容易受到晚播或遮阴的影响。

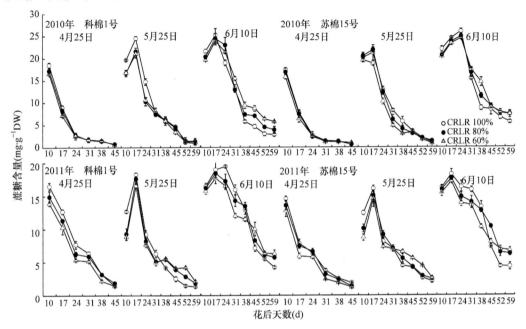

图 6-6 晚播与花铃期遮阴互作对棉纤维蔗糖含量变化的影响(2010～2011 年)

2. 胼胝质、纤维素含量 棉纤维蔗糖中的碳以很高的速率向纤维素和胼胝质(β-1,3-葡聚糖)转化,棉纤维 β-1,3-葡聚糖含量在纤维伸长和初生壁形成期较低,之后迅速升高。纤维胼胝质含量随花后天数增加呈先升后降的单峰曲线,峰值出现在 17～24DPA(图 6-7)。晚播或遮阴下纤维胼胝质含量增加,晚播与遮阴互作下达到最大值,晚播与遮阴对棉纤维最大胼胝质含量有互作效应(图 6-7,表 6-9)。适宜播期(4 月 25 日)纤维快速加厚期为 17～31DPA,晚播时推迟到 24～45DPA 或 52DPA,纤维素快速累积期与纤维快速加厚期基本相同。棉纤维素含量从 10DPA 开始随花后天数增加而上升,晚播(6 月 10 日)时纤维素快速累积起始期较适宜播期(17DPA)推迟到 24DPA。花铃期遮阴棉纤维素含量下降,适宜播期下遮阴主要影响 24～31DPA 纤维素合成,晚播下遮阴主要影响 38～45DPA 纤维素合成。晚播(6 月 10 日)与遮阴(CRLR 60%)互作下的最终纤维素含量最低(降低 18.2%～25.5%),但对最终纤维素含量的互作效应未达到显著水平。晚播与遮阴互作下最终纤维素含量的变异系数(CV)和变化幅度(Δ),'苏棉 15 号'大于'科棉 1 号',说明'苏棉 15 号'纤维素含量变化对环境的敏感程度大于'科棉 1 号'。进一步的相关性分析发现(表 6-10),纤维素含量与最大/最小蔗糖含量和最大胼胝质含量呈负相关,最大/最小蔗糖含量与最大胼胝质含量之间相关性不明显;棉纤维最大胼胝质含量在不同遮阴水平间的变异值大于晚播、晚播与遮阴互作,而对于最终纤维素含量,晚播的影响大于遮阴,与晚播遮阴互作的影响程度相近。

表 6-9 晚播与花铃期遮阴互作下棉纤维中最大/最小蔗糖含量、最大胼胝质含量、最终纤维素含量的方差分析(2010~2011 年)

播种期	作物相对光照率 CRLR(%)	最大蔗糖含量/Δ (mg·g⁻¹DW/%)		最小蔗糖含量/Δ (mg·g⁻¹DW/%)		最大胼胝质含量/Δ (mg·g⁻¹DW/%)		最终纤维素含量/Δ (%/%)	
		2010 年	2011 年	2010 年	2011 年	2010 年	2011 年	2010 年	2011 年
科棉 1 号									
4月25日	100	18.5a	16.5a	0.7a	1.5a	7.7b	5.6c	92.2a	91.6a
	80	17.3b/−6.8	14.9b/−9.6	0.7a/9.2	1.9a/25.6	7.6b/−1.3	9.6b/73.0	91.2a/−1.1	89.0a/−2.8
	60	16.6c/−10.4	13.9c/−15.7	0.6a/−4.7	1.4a/−2.6	11.4a/47.6	11.5a/106.7	87.0a/−5.6	90.6a/−1.1
5月25日	100	24.5a/32.4	18.3a/10.7	4.6a/584.6	3.9a/161.0	8.3b/7.2	7.0c/26.6	85.3a/−7.5	82.3b/−10.2
	80	21.5b/16.3	17.6b/6.8	4.4a/554.0	4.1a/174.4	8.1b/4.5	9.7b/75.0	85.0a/−7.8	77.0b/−15.9
	60	21.1b/13.8	16.6c/0.5	3.4a/405.7	2.5b/68.2	12.2a/58.4	12.6a/127.8	83.1b/−9.9	76.8b/−16.2
6月10日	100	25.2a/36.4	19.5a/18.0	4.6a/584.9	7.1c/376.5	9.4b/22.4	7.0c/26.8	78.4a/−15.0	76.6a/−16.4
	80	24.4b/32.0	19.0a/14.8	7.0b/944.7	8.2b/455.2	9.3b/20.4	11.6b/108.4	76.8b/−16.7	73.3b/−20.0
	60	23.9c/29.2	17.7b/7.3	8.7a/1191.3	10.0a/573.4	12.8b/66.8	13.3a/138.9	75.4c/−18.2	73.1b/−20.2
CV$_P$(%)		16.23	8.25	68.92	67.66	10.39	13.09	8.09	9.07
CV$_S$(%)		5.60	8.64	6.97	14.50	24.11	34.11	3.90	1.45
CV$_{P×S}$(%)		15.53	10.66	73.90	70.52	20.86	27.90	7.09	9.19
播种期(P)		**	**	**	**	**	**	**	**
遮阴(S)		**	**	**	**	**	**	**	*
播种期×遮阴(P×S)		ns	ns	**	**	*	**	ns	ns
苏棉 15 号									
4月25日	100	17.5a	14.6a	0.6a	1.9a	8.4b	8.1b	86.2a	88.0a
	80	16.9b/−3.5	13.6b/−6.6	0.6a/−0.9	1.3a/−28.9	12.7b/51.7	8.2b/1.8	85.6ab/−0.7	87.4a/−0.7
	60	15.8c/−9.5	12.8c/−12.3	0.9a/64.5	1.2a/−36.1	13.1a/55.6	13.0a/60.6	84.7b/−1.7	86.0a/−2.3
5月25日	100	21.2a/21.1	16.1a/10.4	3.6a/513.6	4.3b/125.8	9.3c/10.8	9.4b/16.6	80.4a/−6.7	81.1a/−7.8
	80	21.8a/24.8	15.0b/3.3	3.0a/422.1	4.2b/121.8	14.2b/69.8	9.2b/13.5	77.2ab/−10.4	79.1ab/−10.1
	60	19.5b/11.6	14.6b/0.2	3.3a/466.5	5.6a/195.3	15.1a/80.5	13.8b/70.2	76.5b/−11.3	77.1b/−12.4
6月10日	100	26.0a/48.5	18.2a/25.2	8.4a/1349.0	7.2b/281.9	10.7c/27.3	10.3c/27.7	72.0a/−16.5	69.6a/−20.9
	80	24.8b/41.9	17.6ab/21.2	9.1a/1468.0	10.3a/446.5	14.7b/75.5	11.1b/37.0	70.0ab/−18.8	66.5ab/−24.4
	60	24.4b/39.5	17.1b/17.7	9.0a/1445.5	8.0b/322.1	16.2a/92.9	14.4b/77.9	68.0b/−21.1	65.6b/−25.5
CV$_P$(%)		19.74	11.31	94.45	59.86	12.20	12.13	8.98	11.68
CV$_S$(%)		5.05	6.57	30.95	24.40	22.86	28.57	0.88	1.18
CV$_{P×S}$(%)		17.73	12.07	84.28	65.09	21.34	21.96	8.83	11.29
播种期(P)		**	**	**	**	**	**	**	**
遮阴(S)		**	**	**	**	**	**	**	**
播种期×遮阴(P×S)		ns	ns	**	**	*	*	ns	ns

注：Δ(%)=[(处理−对照)/对照]×100，适宜播期(4 月 25 日)下 CRLR 100%遮阴水平作为对照；同列中不同小写字母表示在 0.05 水平差异显著；CV$_S$ 由适宜播期 3 个遮阴水平数据计算得到，CV$_P$ 由 3 个播种期数据计算得到，CV$_{P×S}$ 由所有处理数据计算得到

*、**分别表示在 0.05、0.01 水平相关性显著，ns 表示相关性不显著

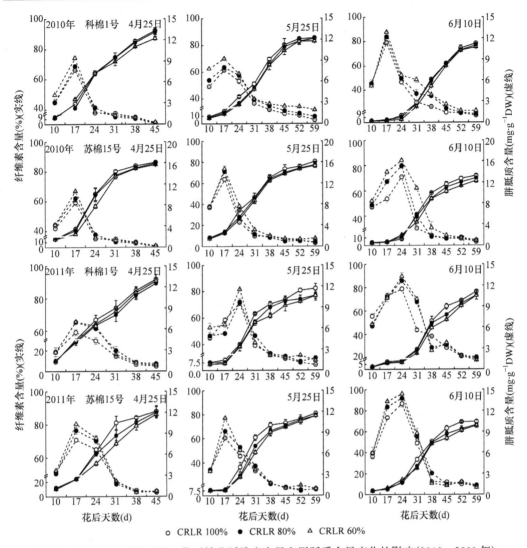

图 6-7 晚播与花铃期遮阴互作对棉花纤维素含量和胼胝质含量变化的影响(2010～2011 年)

表 6-10 晚播与花铃期遮阴互作下棉纤维中最大/最小蔗糖含量、最大胼胝质含量、最终纤维素含量之间的相关性(2010～2011 年)

相关因子	最大蔗糖含量 (2010 年/2011 年)	最小蔗糖含量 (2010 年/2011 年)	最大胼胝质含量 (2010 年/2011 年)	纤维素含量 (2010 年/2011 年)
最大蔗糖含量	1			
最小蔗糖含量	0.892**/0.705**	1		
最大胼胝质含量	0.111/-0.143	0.359/0.369	1	
纤维素含量	-0.729**/-0.651**	-0.865**/-0.888**	-0.674**/-0.488*	1

*、**分别表示在 0.05、0.01 水平相关性显著($n=18$, $R^2_{0.05}=0.468$, $R^2_{0.01}=0.590$)

(二)温光互作对纤维加厚发育相关酶活性的影响

1. 蔗糖合成酶和磷酸蔗糖合成酶活性 纤维蔗糖合成酶(Sus)活性随花后天数增

加而逐渐下降,晚播棉花纤维 Sus 活性增加并在纤维发育后期保持高活性,纤维快速加厚期 Sus 活性在播期 5 月 25 日时最低,播期 6 月 10 日时最高(图 6-8,表 6-11)。遮阴导致 Sus 活性降低,纤维快速加厚期降低幅度在播期 4 月 25 日、6 月 10 日时最大。

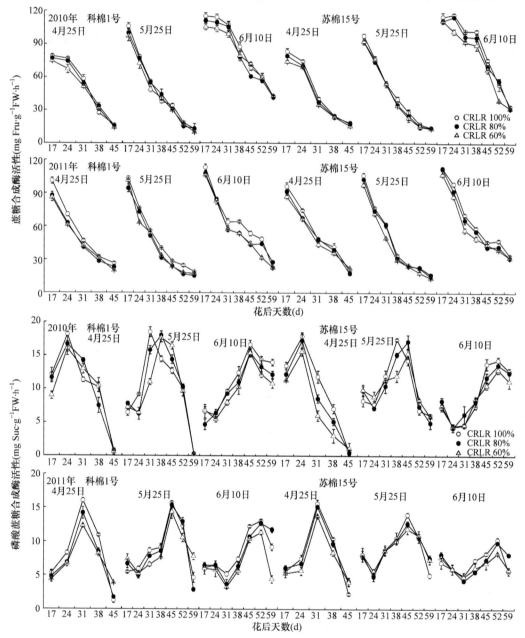

图 6-8 晚播与花铃期遮阴互作对棉纤维蔗糖合成酶和磷酸蔗糖合成酶活性变化的影响(2010~2011 年)

棉纤维 SPS 活性随花后天数先升高后下降,峰值出现在 24~31DPA,晚播时峰值降低且推迟到 38~52DPA(图 6-8),遮阴降低了纤维快速加厚期 SPS 活性。晚播(播期 6 月 10 日)与遮阴(CRLR 80%、CRLR 60%)互作 SPS 活性较对照(适宜播期 4 月 25

日与 CRLR 100%互作)下降 24.3%~43.0%,显著大于晚播或遮阴单因子影响,'苏棉 15 号'的降幅(37.8%~43.0%)大于'科棉 1 号'(24.3%~37.4%)(表 6-11)。

2. 蔗糖酶活性 棉纤维酸式蔗糖酶(INV)活性高于碱式 INV,两者的酶活性随花后天数的增加逐渐降低(图 6-9)。晚播时纤维酸式/碱式 INV 活性升高,并在纤维发育末期保持高活性。在纤维快速加厚期内,适宜播期(4 月 25 日)与晚播(5 月 25 日)棉花 INV 活性差异较小,晚播至 6 月 10 日时酶活性显著升高(图 6-10);遮阴降低'科棉 1 号'的

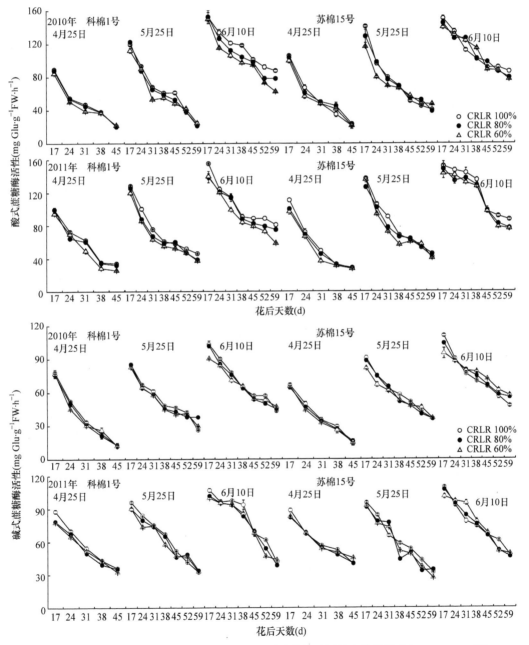

图 6-9 晚播与花铃期遮阴互作对棉纤维酸式/碱式蔗糖酶活性变化的影响(2010~2011 年)

酸式/碱式 INV 活性和'苏棉 15 号'的酸式 INV 活性，适宜播期(4 月 25 日)与晚播(5 月 25 日)下遮阴降低'苏棉 15 号'碱式 INV 活性，晚播至 6 月 10 日时遮阴则提高'苏棉 15 号'碱式 INV 活性。

表 6-11 晚播与花铃期遮阴互作下棉纤维快速加厚发育期纤维磷酸蔗糖合成酶、蔗糖合成酶、酸式/碱式蔗糖酶活性的方差分析(2010~2011 年)

播种期	作物相对光照率 CRLR (%)	磷酸蔗糖合成酶活性/Δ (mg Sur·g^{-1} FW·h^{-1}/%)		蔗糖合成酶活性/Δ (mg Fru·g^{-1} FW·h^{-1}/%)		酸式蔗糖酶活性/Δ (mg Glu·g^{-1} FW·h^{-1}/%)		碱式蔗糖酶活性/Δ (mg Glu·g^{-1} FW·h^{-1}/%)	
		2010 年	2011 年	2010 年	2011 年	2010 年	2011 年	2010 年	2011 年
					科棉 1 号				
4 月 25 日	100	13.9a	10.0a	71.2a	72.8a	63.7a	78.1a	54.8a	70.8a
	80	14.2a/1.8	8.6b/−13.5	68.4b/−3.9	63.8b/−12.4	62.2b/−2.4	74.9b/−4.1	52.6ab/−3.9	65.1b/−8.1
	60	12.7b/−9.2	7.8c/−21.8	64.3c/−9.7	63.1b/−13.4	57.8c/−9.2	71.2c/−8.9	50.8b/−7.2	64.8b/−8.5
5 月 25 日	100	13.7a/−1.7	9.8a/−1.5	51.7a/−27.3	50.4a/−30.8	70.9a/11.4	73.7a/−5.7	55.9a/2.0	69.5a/−1.9
	80	13.6a/−2.3	9.2b/−8.4	51.8a/−27.3	45.1b/−38.1	66.1b/3.8	68.4b/−12.4	52.7b/−3.8	66.2b/−6.6
	60	12.9b/−7.5	8.4c/−15.7	48.0b/−32.6	43.6c/−40.1	61.6c/−3.2	64.1c/−18.0	52.0c/−5.1	63.3c/−10.7
6 月 10 日	100	11.2a/−19.6	7.8a/−21.9	94.6a/32.9	66.7a/−8.4	118.3a/85.8	104.4a/33.7	73.8a/34.7	88.6a/25.1
	80	10.5a/−24.3	6.8b/−32.1	88.7b/24.6	59.8b/−17.9	110.0b/72.7	101.3b/29.6	69.7b/27.2	85.5b/20.7
	60	9.8b/−29.9	6.3c/−37.4	88.8b/24.7	59.7b/−18.1	103.2c/62.0	95.6c/22.4	68.7b/25.5	85.6b/20.9
CV_P(%)		11.68	13.30	29.61	18.35	35.20	19.46	17.37	14.02
CV_S(%)		6.04	12.50	5.11	8.14	4.95	4.65	3.77	5.06
$CV_{P\times S}$(%)		12.86	15.38	25.33	17.06	30.21	18.51	15.30	14.04
播种期(P)		**	**	**	**	**	**	**	**
遮阴(S)		**	**	**	**	**	**	**	**
播种期×遮阴(P×S)		*	ns	*	*	**	ns	ns	**
					苏棉 15 号				
4 月 25 日	100	14.4a	9.6a	66.3a	73.1a	73.2a	77.0a	50.3a	70.7a
	80	12.7b/−11.9	9.3a/−2.4	62.6b/−5.6	69.5b/−4.9	71.0b/−3.0	71.3b/−7.4	48.4b/−3.8	68.3b/−3.4
	60	11.0c/−23.8	8.3b/−12.8	59.5c/−10.2	66.0c/−9.7	67.6c/−7.7	66.7c/−13.4	47.3b/−6.0	68.1b/−3.7
5 月 25 日	100	12.8a/−10.8	9.6a/0.3	50.1a/−24.5	49.6a/−32.1	73.4a/0.3	81.4a/5.7	61.5a/22.2	65.3a/−7.7
	80	12.5ab/−13.4	9.1b/−4.9	47.2b/−28.7	47.9b/−34.5	73.9a/1.0	77.0b/0.0	59.8b/18.9	62.4b/−11.8
	60	11.9b/−17.5	9.1b/−5.1	47.0b/−29.2	43.9c/−39.9	67.6b/−7.7	70.4c/−8.6	57.0c/13.3	62.4b/−11.7
6 月 10 日	100	9.0a/−37.8	6.6a/−30.5	88.0a/32.8	68.6a/−6.1	105.6c/44.3	130.2a/69.0	71.0c/41.2	77.5c/9.5
	80	8.8ab/−38.8	5.9b/−37.8	84.7b/27.8	63.8b/−12.7	107.3b/46.6	124.2b/61.3	72.8b/44.6	79.8b/12.9
	60	8.2b/−43.0	5.8b/−39.5	74.8b/12.9	59.4c/−18.7	108.5a/48.2	123.9b/60.9	75.3a/49.8	84.4a/19.4
CV_P(%)		23.24	19.66	27.95	19.54	22.16	30.68	17.01	8.59
CV_S(%)		13.53	7.15	5.38	5.08	4.00	7.23	3.12	2.09
$CV_{P\times S}$(%)		19.12	19.36	23.98	17.61	21.85	28.98	17.76	11.08
播种期(P)		**	**	**	**	**	**	**	**
遮阴(S)		**	**	**	**	**	**	**	**
播种期×遮阴(P×S)		**	**	*	**	**	**	**	**

注：Δ(%)=[(处理−对照)/对照]×100，以适宜播期(4 月 25 日)下 CRLR 100%作为对照；同列中不同小写字母表示在 0.05 水平差异显著；CV_S 由适宜播期下 3 个遮阴水平数据计算得到，CV_P 由 3 个播种期数据计算得到，$CV_{P\times S}$ 由所有处理数据计算得到

*、**分别表示在 0.05、0.01 水平相关性显著，ns 表示相关性不显著

分析 CV 值发现，晚播对蔗糖代谢相关酶(Sus，SPS，酸/碱式 INV)的影响显著大于遮阴，SPS 受遮阴影响最大，晚播、晚播与遮阴互作显著影响酸式 INV 活性。晚播与遮阴在纤维快速加厚期对'苏棉 15 号'Sus、酸式/碱式 INV、SPS 活性和'科棉 1 号'Sus 活性在两年内均有互作效应，对'科棉 1 号'酸式/碱式 INV 和 SPS 活性仅在一年存在互作效应(表 6-11)。进一步分析纤维快速加厚期纤维发育相关物质变化差异值与相关酶活性变化差异值的相关性发现，晚播与遮阴互作下 Sus、酸/碱式 INV 活性变化与蔗糖含量变化呈显著正相关，与纤维素含量变化呈显著负相关，SPS 活性变化与蔗糖含量变化呈显著负相关，与纤维素含量变化呈显著正相关(表 6-12)。

表 6-12 晚播与花铃期遮阴互作下棉纤维快速加厚发育期内纤维蔗糖含量、纤维素含量变化Δ值与纤维磷酸蔗糖合成酶、蔗糖合成酶、酸式/碱式蔗糖酶活性变化Δ值的相关性分析(2010～2011 年)

年份	相关因子	Sus	酸式 INV	碱 INV	SPS
2010	蔗糖	0.707**	0.807**	0.918**	−0.805**
	纤维素	−0.631**	−0.845**	−0.756**	0.640**
2011	蔗糖	0.474	0.973**	0.729**	−0.757**
	纤维素	−0.542*	−0.792**	−0.908**	0.913**

*、**分别表示在 0.05、0.01 水平相关性显著(2010 年：$n=69$，$R^2_{0.05}=0.237$，$R^2_{0.01}=0.308$；2011 年：$n=66$，$R^2_{0.05}=0.242$，$R^2_{0.01}=0.315$)

(三)温光互作对纤维素合成酶基因表达的影响

适宜播期(4 月 25 日)纤维素合成酶(CesA)基因 *GhCesA1* 和 *GhCesA2* 表达峰值出现在 17DPA 左右，晚播(5 月 25 日和 6 月 10 日)时推迟到 24DPA(图 6-10)。晚播下遮阴使'科棉 1 号'*GhCesA1* 表达推迟，表达量降低(图 6-10，图 6-11)。与'科棉 1 号'相比，适宜播期下遮阴'苏棉 15 号'*GhCesA1* 表达推迟，晚播下遮阴则抑制其表达，说明'苏棉 15 号'的纤维素合成酶对低温更敏感，且遮阴水平越高，相对表达量的 δ 值(CRLR 80%–CRLR 100%或者 CRLR 60%–CRLR 100%)越大。晚播与遮阴互作下两个品种 *GhCesA1* 的表达强度和持续时间均低于 *GhCesA2*，说明温光复合因子对 *GhCesA1* 表达的抑制作用大于 *GhCesA2*。适宜播期下遮阴，两个品种的 *GhCesA2* 基因表达均推迟，晚播下遮阴抑制了 *GhCesA2* 表达，以 CRLR 60%的抑制程度最大。

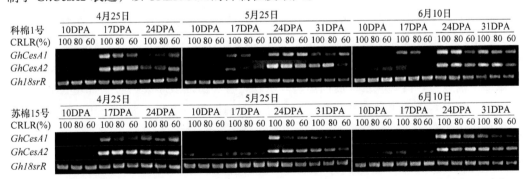

图 6-10 晚播与花铃期遮阴互作下棉纤维素合成酶催化亚基基因(CesA1、CesA2)表达(2011 年)

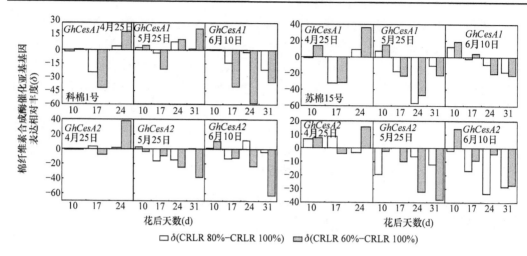

图 6-11 晚播与花铃期遮阴互作下棉纤维素合成酶催化亚基基因表达相对丰度的 δ 值（2011 年）

综上，低温[两年晚播（5 月 25 日、6 月 10 日）棉花纤维加厚期 MDT_{min} 分别为 18.5℃、16.6℃、14.4℃、13.2℃]与弱光（PAR 降低 20%、40%）互作影响纤维蔗糖代谢与纤维发育相关酶（Sus、SPS、酸式/碱式 INV 和 CesA）活性，SPS 活性降低和峰值推迟可能导致纤维素合成在纤维发育合成后期对低温弱光逆境响应更敏感。低温对纤维发育相关酶的影响程度大于弱光，SPS 对弱光最敏感，酸式 INV 对低温、低温与弱光互作效应最敏感。在纤维发育前期，与单因子胁迫相比，低温与弱光互作复合逆境下纤维蔗糖更多地用于合成胼胝质而不是纤维素；在纤维发育后期，低温或弱光下纤维中的碳更多地以蔗糖的形式滞留，向纤维素的转化减少，且在低温与弱光互作复合逆境下该现象更明显。低温对纤维素合成与蔗糖转化的影响程度大于弱光，弱光对胼胝质的影响程度大于低温，低温与弱光互作对纤维素合成产生的不利影响大于低温或弱光单因子。与低温敏感型品种'苏棉 15 号'相比，低温弱敏感型品种'科棉 1 号'表现出更高的适应性。

第四节 温光互作下棉纤维中激素平衡对纤维生物量的影响

植物内源激素对植物的生长、发育、分化和衰老过程起着调节作用。在棉纤维发育期，激素对纤维素合成的活化作用最大，如 GA_3、IAA、ABA、ZR 等均对纤维伸长有调控作用。在植物激素对胁迫的反应中，往往不是一种激素，而是多种激素协同变化，即激素的平衡效应，内源激素平衡调控棉纤维发育与产量品质形成。通过研究低温弱光互作对棉纤维发育中内源激素平衡的影响，可以阐明低温弱光互作影响纤维生物量形成的生理生化机制。

一、温光互作下纤维中激素平衡

适宜播期（4 月 25 日）棉纤维发育期 ABA/IAA 值呈先升后降趋势，晚播（5 月 25 日、

6月10日)时ABA/IAA值上升。纤维加厚发育期ABA/IAA值的快速上升与纤维生物量快速累积时间基本相符(图6-12)。随播期推迟，ABA/IAA值在纤维伸长期先升高后降低，在纤维加厚期明显下降。适宜播期下遮阴，纤维ABA/IAA值降低；晚播下遮阴，棉花纤维伸长期ABA/IAA值更高，加厚期ABA/IAA值更低。分析Δ值发现，晚播与遮阴互作下纤维加厚期ABA/IAA值降低，'科棉1号'的降幅大于'苏棉15号'。

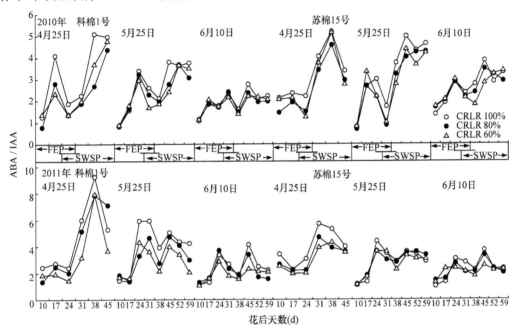

图6-12 晚播与花铃期遮阴互作对棉纤维ABA/IAA值变化的影响(2010~2011年)

FEP. 纤维伸长期；SWSP. 纤维加厚期

随播期推迟，伸长期纤维IAA/ABA、GA_3/ABA值上升，ZR/ABA下降；适宜播期棉花随遮阴水平的提高，IAA/ABA、GA_3/ABA和ZR/ABA均呈上升趋势，晚播棉花遮阴，IAA/ABA、GA_3/ABA值下降，ZR/ABA值增幅减小(表6-13)。在纤维加厚期，晚播棉花纤维IAA/ABA、GA_3/ABA值上升，'科棉1号'ZR/ABA值先下降后上升，'苏棉15号'则呈上升趋势；适宜播期棉花遮阴纤维IAA/ABA、ZR/ABA值上升，GA_3/ABA值下降。品种间比较，晚播与遮阴互作下'科棉1号'纤维伸长期IAA/ABA、GA_3/ABA和ZR/ABA值均高于'苏棉15号'，说明维持纤维中较高的IAA/ABA、GA_3/ABA与ZR/ABA比值有利于提高纤维伸长对低温弱光逆境的耐受能力；'科棉1号'纤维加厚期IAA/ABA、GA_3/ABA值高于'苏棉15号'，ZR/ABA值低于'苏棉15号'，说明较高的IAA/ABA、GA_3/ABA值有利于提高纤维生物量形成过程对低温弱光逆境的耐受能力。

表 6-13 晚播与花铃期遮阴互作对棉纤维内源激素平衡的影响(2010～2011 年)

播种期	作物相对光照率 CRLR(%)	2010年 IAA/ABA 科棉	2010年 IAA/ABA 苏棉	2010年 GA₃/ABA 科棉	2010年 GA₃/ABA 苏棉	2010年 ZR/ABA 科棉	2010年 ZR/ABA 苏棉	2011年 IAA/ABA 科棉	2011年 IAA/ABA 苏棉	2011年 GA₃/ABA 科棉	2011年 GA₃/ABA 苏棉	2011年 ZR/ABA 科棉	2011年 ZR/ABA 苏棉
纤维伸长期													
4月25日	100	0.53	0.45	0.78	0.84	3.11	2.37	0.40	0.36	0.34	0.30	1.77	1.42
	80	0.79	0.62	0.83	0.95	3.43	2.46	0.55	0.43	1.16	0.33	2.42	1.37
	60	0.64	0.59	0.97	0.87	3.52	2.25	0.59	0.47	0.98	0.37	2.29	1.74
5月25日	100	0.64	0.63	0.59	0.56	1.34	1.70	0.44	0.54	0.58	0.82	1.02	1.43
	80	0.63	0.86	0.59	0.69	1.49	2.39	0.45	0.52	0.65	0.67	1.27	1.75
	60	0.67	0.75	0.68	0.59	1.57	2.03	0.44	0.51	0.53	0.68	1.23	1.80
6月10日	100	0.61	0.51	0.88	0.73	1.03	1.10	0.58	0.64	1.17	1.00	1.21	1.10
	80	0.61	0.47	0.91	0.66	1.13	1.14	0.52	0.56	1.11	0.80	1.20	1.26
	60	0.60	0.47	0.87	0.64	1.20	1.12	0.62	0.55	1.01	0.78	1.46	1.15
纤维加厚期													
4月25日	100	0.34	0.30	0.51	0.51	0.79	0.77	0.22	0.24	0.52	0.36	0.76	0.65
	80	0.47	0.30	0.54	0.50	0.87	0.82	0.24	0.30	0.45	0.35	0.75	0.78
	60	0.43	0.34	0.50	0.48	0.86	0.85	0.35	0.32	0.56	0.32	0.86	0.84
5月25日	100	0.33	0.38	0.34	0.31	0.60	0.85	0.22	0.31	0.61	0.58	0.59	0.52
	80	0.38	0.44	0.34	0.44	0.69	1.08	0.27	0.31	0.72	0.59	0.63	0.59
	60	0.42	0.36	0.37	0.38	0.61	1.01	0.36	0.34	0.72	0.56	0.65	0.56
6月10日	100	0.47	0.41	0.52	0.50	0.79	0.76	0.41	0.40	0.71	0.54	0.72	0.81
	80	0.51	0.42	0.57	0.55	0.79	0.86	0.50	0.45	0.76	0.72	0.80	0.91
	60	0.52	0.40	0.59	0.54	0.78	0.85	0.52	0.48	0.61	0.65	0.78	0.80

二、温光互作下纤维生物量与纤维内源激素含量的相关性

纤维发育期纤维素含量与纤维生物量数据见表 6-14。进一步分析纤维加厚期纤维素含量与生物量Δ值可知(表 6-14),纤维素含量和纤维生物量在晚播、遮阴及晚播与遮阴互作下降低,'苏棉 15 号'的降幅大于'科棉 1 号'。

对不同播期与遮阴水平下纤维素含量、纤维生物量与纤维内源激素含量的相关性分析可知(表 6-15),纤维加厚发育期纤维素含量与 ZR、ABA/IAA 值呈显著正相关,与 IAA/ABA、GA₃/ABA 值呈显著负相关;纤维生物量与 GA₃、ABA、ABA/IAA 值呈显著正相关,与 IAA/ABA、ZR/ABA 值呈显著负相关。

综上,适宜播期下遮阴棉花纤维伸长期内源 IAA、GA₃、ZR 含量上升和 ABA 含量降低有利于纤维伸长,晚播下遮阴棉花纤维伸长期内源 IAA、GA₃、ZR 含量降低和 ABA 含量上升则不利于纤维伸长。低温弱光互作下纤维内源 GA₃、ABA 含量下降,ABA/IAA 值降低,IAA/ABA、ZR/ABA 值升高,纤维生物量累积受阻;而 ZR 含量的降低抑制了纤维素合成,不利于纤维加厚发育。在低温弱光互作环境中,低温对 ZR 含量和 ABA/IAA、IAA/ABA、ZR/ABA 值的影响程度大于弱光。

表 6-14　晚播与花铃期遮阴互作对棉纤维加厚期相关物质、内源激素含量差异值（Δ，%）的影响（2010～2011 年）

处理	纤维素含量 2010 年	纤维素含量 2011 年	生物量 2010 年	生物量 2011 年	ZR 2010 年	ZR 2011 年	GA₃ 2010 年	GA₃ 2011 年	IAA 2010 年	IAA 2011 年	ABA 2010 年	ABA 2011 年	ABA/IAA 2010 年	ABA/IAA 2011 年	IAA/ABA 2010 年	IAA/ABA 2011 年	GA₃/ABA 2010 年	GA₃/ABA 2011 年	ZR/ABA 2010 年	ZR/ABA 2011 年
									科棉 1 号											
CRLR 80%	-1.2	-5.9	-18.5	-16.5	10.7	9.5	-4.5	16.4	23.9	12.1	-6.7	-3.4	-28.3	-4.0	35.7	8.7	6.3	-12.9	9.8	-1.5
CRLR 60%	-0.6	-5.3	-29.1	-27.9	10.0	-13.7	-3.8	-2.5	20.9	31.7	-12.1	-18.8	-22.8	-29.5	25.2	60.5	-2.2	8.0	8.8	12.6
晚播（5 月 25 日）	-0.5	8.3	-3.4	5.5	-23.6	-22.0	-2.3	79.8	-4.6	-20.1	8.8	25.2	-11.9	-4.4	-3.6	-1.3	-32.2	16.8	-23.7	-23.1
晚播（5 月 25 日）+CRLR 80%	-5.7	3.5	-4.4	-1.2	-26.8	-22.2	-5.0	75.4	2.3	-2.2	1.9	12.1	-22.3	-26.9	10.4	24.4	-32.5	36.3	-13.3	-17.4
晚播（5 月 25 日）+CRLR 60%	-8.0	-1.5	-9.1	-4.3	-32.9	-27.4	-0.2	50.5	13.1	7.8	-3.6	12.7	-26.9	-36.9	22.7	61.9	-26.8	40.1	-23.1	-15.5
晚播（6 月 10 日）	-33.6	-29.8	-26.2	-11.2	-24.5	-20.7	7.3	21.9	-0.1	11.9	-17.4	0.1	-41.5	-46.3	35.6	87.8	3.3	37.5	-0.5	-5.5
晚播（6 月 10 日）+CRLR 80%	-35.5	-35.6	-31.4	-16.2	-27.7	-28.0	1.5	3.8	5.0	14.7	-19.3	-3.2	-45.7	-52.8	46.7	126.6	11.9	46.5	-0.6	4.8
晚播（6 月 10 日）+CRLR 60%	-34.9	-37.3	-35.9	-19.6	-29.5	-28.4	-3.7	-26.6	5.5	25.2	-23.7	-20.6	-46.4	-59.0	49.6	136.7	15.7	17.2	-2.1	2.1
									苏棉 15 号											
CRLR 80%	-2.3	-5.6	-16.1	-11.0	0.9	7.5	-10.9	-0.7	12.3	10.9	-12.0	-8.3	-16.3	-18.4	0.4	27.3	1.2	-3.7	7.5	20.0
CRLR 60%	-8.1	-11.8	-23.3	-14.8	8.7	7.4	-12.3	-2.8	18.5	19.0	-8.2	-12.3	-12.8	-22.9	14.1	35.7	-3.8	-11.7	10.4	28.8
晚播（5 月 25 日）	-7.3	6.7	-12.6	4.9	-12.1	-7.1	-35.5	47.5	-20.5	2.4	-7.5	10.7	8.6	-15.5	27.4	32.2	-37.0	59.5	11.1	-20.6
晚播（5 月 25 日）+CRLR 80%	-15.7	-2.6	-17.7	0.1	-11.2	-4.6	-36.1	29.2	-8.8	-4.3	-21.1	-5.1	-8.8	-18.5	47.1	32.1	-11.1	60.9	40.9	-8.9
晚播（5 月 25 日）+CRLR 60%	-21.3	-6.4	-20.7	-5.1	-14.1	-6.4	-42.8	29.1	-7.1	7.0	-20.8	2.2	-11.7	-22.7	22.4	43.3	-23.0	53.8	30.5	-14.1
晚播（6 月 10 日）	-37.0	-33.7	-30.3	-16.7	-11.8	-2.9	-18.4	25.1	-2.9	4.7	2.8	-7.3	-12.4	-34.0	37.0	68.5	1.3	49.5	-0.4	23.6
晚播（6 月 10 日）+CRLR 80%	-39.3	-38.5	-34.9	-22.8	-14.8	0.5	-27.5	17.0	-4.0	10.1	-6.1	-15.1	-17.4	-41.4	41.6	90.2	10.9	98.4	12.2	39.7
晚播（6 月 10 日）+CRLR 60%	-44.5	-43.4	-42.3	-28.1	-17.9	-7.4	-33.3	12.4	1.4	16.9	-12.1	-23.3	-20.8	-47.0	33.6	103.3	8.5	78.4	10.5	22.0

注：Δ(%)=[(处理-对照)/对照]×100，对照为适宜播期（4 月 25 日）+CRLR 100%

表 6-15　晚播与花铃期遮阴互作下棉纤维加厚发育期纤维素含量、纤维生物量与纤维内源激素含量的相关性

	ZR	GA$_3$	IAA	ABA	ABA/IAA	IAA/ABA	GA$_3$/ABA	ZR/ABA
纤维素含量	0.461**	0.250	−0.165	0.290	0.650**	−0.720**	−0.418*	−0.297
纤维生物量	0.103	0.482**	−0.291	0.645**	0.605**	−0.555**	−0.022	−0.429**

*、**分别表示在 0.05、0.01 水平相关性显著（n=36, $R^2_{0.05}$ =0.329, $R^2_{0.01}$ =0.424）

在低温与弱光互作下，低温弱敏感型'科棉 1 号'纤维伸长期 IAA/ABA、GA$_3$/ABA、ZR/ABA 值均高于低温敏感型'苏棉 15 号'，有利于提高其纤维伸长对温光复合胁迫的耐受能力；与'科棉 1 号'相比，'苏棉 15 号'纤维加厚发育期纤维内源 GA$_3$、ABA 含量对低温弱光互作更敏感，'科棉 1 号'纤维加厚发育期较高的 IAA/ABA、GA$_3$/ABA 值有利于提高纤维生物量累积对复合胁迫的耐受能力。

附表

附表 6-1　晚播与花铃期遮阴对'科棉 1 号'不同果节铃对位叶净光合速率（$\mu mol\ CO_2 \cdot m^{-2} \cdot s^{-1}$）的影响（2010～2011 年，南京）

果节位	播种期	作物相对光照率 CRLR(%)	2010 年花后天数(d)				2011 年花后天数(d)			
			17	31	45	↓Δ(%)	17	31	45	↓Δ(%)
第 1 果节	4 月 25 日	100	22.1	17.1	10.3	—	19.2	14.5	8.4	—
		80	21.1	16.2	9.5	5.57	18.1	13.6	7.7	6.47
		60	20.0	15.3	9.0	10.52	17.3	12.9	7.2	11.08
		均值	21.1	16.2	9.6		18.2	13.7	7.8	
	5 月 25 日	100	19.8	15.9	9.7	—	17.2	13.3	7.6	—
		80	18.5	14.7	8.7	7.67	16.1	12.2	6.9	7.69
		60	17.2	13.8	8.2	13.75	15.3	11.6	6.3	13.08
		均值	18.5*	14.8*	8.9*		16.2*	12.4*	6.9	
	6 月 10 日	100	15.7	12.9	8.4	—	15.2	11.9	6.4	—
		80	14.4	11.5	7.4	10.08	14.0	10.7	5.7	9.39
		60	13.5	10.6	6.8	16.57	13.1	10.0	5.0	16.05
		均值	14.5	11.7*	7.5*		14.1	10.9*	5.7*	
第 3 果节	4 月 25 日	100	20.4	16.2	9.8	—	17.9	13.8	7.9	—
		80	18.8	14.8	8.8	8.75	16.5	12.6	7.1	8.49
		60	17.9	13.9	8.1	13.95	15.7	11.9	6.6	13.38
		均值	19.0*	15.0	8.9		16.7*	12.8	7.2	
	5 月 25 日	100	17.9	14.7	9.0	—	15.7	12.3	7.0	—
		80	16.2	13.1	7.9	10.64	14.3	11.0	6.2	9.92
		60	15.3	12.3	7.3	16.05	13.4	10.3	5.5	16.42
		均值	16.5*	13.4	8.1*		14.5*	11.2*	6.2	

续表

果节位	播种期	作物相对光照率CRLR(%)	2010年花后天数(d)				2011年花后天数(d)			
			17	31	45	↓Δ(%)	17	31	45	↓Δ(%)
第3果节	6月10日	100	13.7	11.7	7.6	—	13.5	10.9	5.8	—
		80	12.2	10.4	6.5	11.50	12.0	9.7	5.0	11.27
		60	11.3	9.4	5.8	19.36	11.3	8.8	4.3	19.11
		均值	12.4*	10.5*	6.6**		12.3	9.8*	5.0*	

注："—"表示无数据；↓Δ(%)=[($C_{CRLR100\%}$−$C_{CRLR80\%}$或$C_{CRLR60\%}$)/$C_{CRLR100\%}$]×100，下表同

*、**分别表示在0.05、0.01水平相关性显著

附表6-2 晚播与花铃期遮阴对'苏棉15号'不同果节铃对位叶净光合速率($\mu mol\ CO_2 \cdot m^{-2} \cdot s^{-1}$)的影响(2010～2011年，南京)

果节位	播种期	作物相对光照率CRLR(%)	2010年花后天数(d)				2011年花后天数(d)			
			17	31	45	↓Δ(%)	17	31	45	↓Δ(%)
第1果节	4月25日	100	21.1	16.8	9.9	—	15.5	11.9	8.4	—
		80	19.8	15.6	9.0	7.03	14.5	11.0	7.6	7.39
		60	18.6	14.6	8.4	13.04	13.9	10.4	7.0	12.30
		均值	19.8*	15.7**	9.1		14.6*	11.1	7.7	
	5月25日	100	18.6	15.3	9.2	—	13.8	10.7	7.5	—
		80	16.9	13.8	8.2	9.47	12.6	9.6	6.5	9.90
		60	15.7	12.9	7.7	15.65	11.9	9.1	5.9	15.72
		均值	17.1*	14.0*	8.4		12.8*	9.8	6.6	
	6月10日	100	13.9	11.2	7.0	—	11.0	9.5	6.2	—
		80	12.4	9.9	6.2	11.31	9.9	8.5	5.3	11.36
		60	11.5	9.1	5.6	18.59	9.2	7.9	4.7	18.51
		均值	12.6*	10.1*	6.3*		10.0	8.6*	5.4	
第3果节	4月25日	100	19.3	15.7	9.3	—	14.3	11.1	7.8	—
		80	17.5	14.0	8.2	10.03	13.0	10.1	6.9	9.57
		60	16.6	13.3	7.6	15.39	12.6	9.4	6.3	14.76
		均值	17.8*	14.3	8.4		13.3*	10.2	7.0	
	5月25日	100	16.5	14.1	8.4	—	12.5	9.8	6.8	—
		80	14.7	12.5	7.3	11.68	11.3	8.7	5.9	11.21
		60	13.6	11.6	6.7	18.17	10.5	8.1	5.1	18.45
		均值	14.9*	12.7*	7.5		11.4*	8.9*	5.9*	
	6月10日	100	11.9	10.1	6.2	—	9.8	8.6	5.4	—
		80	10.5	8.8	5.3	12.73	8.6	7.6	4.6	13.03
		60	9.4	7.8	4.6	22.39	7.9	6.9	3.9	21.48
		均值	10.6*	8.9	5.4*		8.8	7.7**	4.6*	

附表 6-3 晚播与花铃期遮阴对'科棉 1 号'不同果节铃对位叶气孔导度的影响(2010～2011 年,南京)

果节位	播种期	作物相对光照率 CRLR(%)	2010 年花后天数(d)				2011 年花后天数(d)			
			17	31	45	↓Δ(%)	17d	31d	45d	↓Δ(%)
第 1 果节	4 月 25 日	100	0.72	0.50	0.23	—	0.61	0.42	0.21	—
		80	0.64	0.43	0.19	12.72	0.52	0.35	0.17	15.46
		60	0.56	0.38	0.17	23.24	0.45	0.30	0.16	26.22
		均值	0.64	0.44*	0.20		0.53*	0.36*	0.18*	
	5 月 25 日	100	0.56	0.38	0.19	—	0.46	0.31	0.17	—
		80	0.49	0.32	0.16	15.10	0.38	0.26	0.14	16.95
		60	0.41	0.27	0.14	27.65	0.32	0.21	0.12	29.40
		均值	0.49	0.32	0.16		0.39**	0.26	0.14	
	6 月 10 日	100	0.47	0.31	0.16	—	0.37	0.25	0.15	—
		80	0.39	0.25	0.13	17.00	0.30	0.20	0.12	19.32
		60	0.32	0.21	0.11	30.36	0.25	0.16	0.11	32.09
		均值	0.39	0.26	0.13		0.31**	0.20	0.13	
第 3 果节	4 月 25 日	100	0.64	0.44	0.19	—	0.53	0.37	0.17	—
		80	0.56	0.37	0.16	14.72	0.44	0.31	0.14	16.70
		60	0.48	0.32	0.14	26.58	0.38	0.26	0.13	27.90
		均值	0.56*	0.38	0.16		0.45**	0.31*	0.15	
	5 月 25 日	100	0.47	0.33	0.16	—	0.38	0.27	0.14	—
		80	0.39	0.27	0.13	17.04	0.31	0.22	0.11	18.36
		60	0.34	0.23	0.11	28.85	0.26	0.18	0.10	30.85
		均值	0.40	0.28*	0.13		0.32	0.22*	0.12	
	6 月 10 日	100	0.38	0.26	0.14	—	0.29	0.22	0.12	—
		80	0.31	0.20	0.11	19.61	0.24	0.17	0.09	20.78
		60	0.26	0.17	0.09	32.00	0.20	0.15	0.09	31.70
		均值	0.32	0.21	0.11		0.24*	0.18	0.10	

附表 6-4 晚播与花铃期遮阴对'苏棉 15 号'不同果节铃对位叶气孔导度的影响(2010～2011 年,南京)

果节位	播种期	作物相对光照率 CRLR(%)	2010 年花后天数(d)				2011 年花后天数(d)			
			17	31	45	↓Δ(%)	17	31	45	↓Δ(%)
第 1 果节	4 月 25 日	100	0.54	0.36	0.18	—	0.46	0.32	0.17	—
		80	0.47	0.31	0.15	14.26	0.39	0.27	0.14	16.45
		60	0.41	0.27	0.13	25.46	0.33	0.23	0.13	27.96
		均值	0.47**	0.31	0.15		0.39*	0.27	0.15*	
	5 月 25 日	100	0.40	0.27	0.15	—	0.33	0.23	0.13	—
		80	0.34	0.23	0.12	16.25	0.27	0.19	0.11	18.21
		60	0.28	0.19	0.11	29.75	0.23	0.16	0.10	30.84
		均值	0.34*	0.23	0.13		0.28	0.19	0.11	

续表

果节位	播种期	作物相对光照率 CRLR(%)	2010年花后天数(d)				2011年花后天数(d)			
			17	31	45	↓Δ(%)	17	31	45	↓Δ(%)
第1果节	6月10日	100	0.33	0.21	0.12	—	0.26	0.18	0.11	—
		80	0.27	0.17	0.10	18.67	0.21	0.14	0.09	19.95
		60	0.22	0.14	0.09	32.47	0.17	0.11	0.08	34.40
		均值	0.27**	0.17	0.10		0.21	0.14	0.09	
第3果节	4月25日	100	0.48	0.32	0.16	—	0.39	0.28	0.14	—
		80	0.41	0.27	0.11	17.31	0.33	0.23	0.11	17.83
		60	0.34	0.22	0.11	29.35	0.28	0.19	0.11	29.86
		均值	0.41	0.27	0.13*		0.33**	0.23	0.12	
	5月25日	100	0.34	0.23	0.12	—	0.27	0.20	0.11	—
		80	0.27	0.19	0.09	18.65	0.21	0.15	0.09	21.22
		60	0.23	0.15	0.08	31.33	0.18	0.13	0.08	33.43
		均值	0.28*	0.19	0.10		0.22**	0.16	0.09	
	6月10日	100	0.27	0.18	0.10	—	0.21	0.15	0.09	—
		80	0.21	0.14	0.08	22.69	0.16	0.12	0.07	22.31
		60	0.17	0.12	0.07	34.57	0.13	0.10	0.07	33.51
		均值	0.22	0.15	0.08		0.17	0.12	0.08	

附表6-5 晚播与花铃期遮阴对'科棉1号'不同果节棉铃对位叶胞间CO_2浓度($mmol\ H_2O \cdot m^{-2} \cdot s^{-1}$)的影响(2010~2011年,南京)

果节位	播种期	作物相对光照率 CRLR(%)	2010年花后天数(d)				2011年花后天数(d)			
			17	31	45	↑Δ(%)	17	31	45	↑Δ(%)
第1果节	4月25日	100	246	259	267	—	230	246	257	—
		80	251	264	272	1.97	235	251	263	2.17
		60	255	268	277	3.70	238	255	268	3.94
		均值	251**	264	272*		234	251	263	
	5月25日	100	240	251	259	—	226	240	249	—
		80	246	257	267	2.62	231	247	256	2.70
		60	250	261	272	4.36	235	251	262	4.54
		均值	245	256	266		231	246	256	
	6月10日	100	233	245	253	—	218	233	242	—
		80	240	251	261	2.99	223	240	250	3.05
		60	244	257	266	5.12	228	245	256	5.21
		均值	239	251	260		223	239	249	

续表

果节位	播种期	作物相对光照率 CRLR(%)	2010年花后天数(d)				2011年花后天数(d)			
			17	31	45	↑Δ(%)	17	31	45	↑Δ(%)
第3果节	4月25日	100	239	252	260	—	222	242	249	—
		80	245	257	267	2.47	227	249	257	2.95
		60	250	263	272	4.63	231	252	262	4.69
		均值	245	257	266		227*	248	256	
	5月25日	100	230	242	251	—	213	234	238	—
		80	237	250	259	3.20	220	242	248	3.45
		60	241	255	263	4.98	224	246	252	5.43
		均值	236	249	258		219	241	246	
	6月10日	100	222	235	244	—	208	226	231	—
		80	230	243	253	3.71	216	235	242	4.20
		60	234	250	258	5.84	220	240	247	6.27
		均值	229	243	252		215*	234	240	

附表6-6 晚播与花铃期遮阴对'苏棉15号'不同果节棉铃对位叶胞间 CO_2 浓度($\mu mol\ CO_2 \cdot mol^{-1}$) 的影响(2010~2011年,南京)

果节位	播种期	作物相对光照率 CRLR(%)	2010年花后天数(d)				2011年花后天数(d)			
			17	31	45	↑Δ(%)	17	31	45	↑Δ(%)
第1果节	4月25日	100	225	239	251	—	218	232	246	—
		80	231	245	257	2.53	223	239	254	2.70
		60	235	251	261	4.42	228	242	259	4.73
		均值	230	245	256		223	238	253	
	5月25日	100	217	229	242	—	211	226	238	—
		80	224	236	250	3.12	217	233	246	3.31
		60	228	243	255	5.54	222	237	251	5.41
		均值	223	236	249		217	232	245	
	6月10日	100	210	223	235	—	203	219	230	—
		80	218	231	244	3.84	211	228	240	3.98
		60	223	238	249	6.14	215	231	245	5.94
		均值	217	231	243		210	226	238	
第3果节	4月25日	100	218	231	243	—	209	227	238	—
		80	224	238	251	3.13	216	234	247	3.36
		60	229	244	256	5.26	221	237	252	5.41
		均值	224	238	250		215*	233	246	

果节位	播种期	作物相对光照率 CRLR(%)	2010年花后天数(d)			↑Δ(%)	2011年花后天数(d)			↑Δ(%)
			17	31	45		17	31	45	
第3果节	5月25日	100	208	221	234	—	201	218	227	—
		80	216	230	243	3.85	208	227	237	4.00
		60	221	236	248	6.26	214	231	241	6.22
		均值	215	229*	242		208*	225**	235*	
	6月10日	100	200	214	226	—	193	211	220	—
		80	209	225	236	4.59	202	221	232	4.76
		60	214	230	242	6.97	208	225	236	7.06
		均值	208	223	235		201**	219*	229	

附表 6-7 晚播与花铃期遮阴对'科棉1号'不同果节棉铃对位叶 PSⅡ量子效率的影响（2010～2011年，南京）

果节	播种期	作物相对光照率 CRLR(%)	2010年花后天数(d)			↓Δ(%)	2011年花后天数(d)			↓Δ(%)
			17	31	45		17	31	45	
第1果节	4月25日	100	0.77	0.74	0.64	—	0.82	0.79	0.65	—
		80	0.75	0.72	0.62	3.29	0.81	0.76	0.61	3.73
		60	0.74	0.69	0.59	5.99	0.80	0.74	0.60	6.01
		均值	0.75	0.72	0.62		0.81	0.76*	0.62*	
	5月25日	100	0.72	0.68	0.61	—	0.78	0.71	0.57	—
		80	0.69	0.65	0.57	4.32	0.76	0.67	0.54	4.27
		60	0.67	0.63	0.56	7.24	0.75	0.64	0.51	7.40
		均值	0.69	0.65	0.58*		0.76	0.67*	0.54*	
	6月10日	100	0.68	0.65	0.56	—	0.73	0.66	0.51	—
		80	0.66	0.62	0.52	4.95	0.71	0.62	0.48	5.03
		60	0.64	0.60	0.49	8.77	0.69	0.59	0.45	8.79
		均值	0.66	0.62	0.52**		0.71	0.62**	0.48*	
第3果节	4月25日	100	0.71	0.69	0.61	—	0.76	0.72	0.61	—
		80	0.69	0.66	0.58	4.17	0.74	0.68	0.57	4.91
		60	0.68	0.63	0.56	6.99	0.72	0.66	0.56	7.39
		均值	0.69	0.66*	0.58*		0.74	0.69*	0.58*	
	5月25日	100	0.66	0.63	0.57	—	0.71	0.64	0.55	—
		80	0.64	0.59	0.53	5.14	0.69	0.60	0.51	5.72
		60	0.62	0.58	0.52	7.74	0.67	0.58	0.49	8.79
		均值	0.64	0.60*	0.54*		0.69	0.61*	0.52*	

续表

果节	播种期	作物相对光照率CRLR(%)	2010年花后天数(d)			↓Δ(%)	2011年花后天数(d)			↓Δ(%)
			17	31	45		17	31	45	
第3果节	6月10日	100	0.63	0.60	0.52	—	0.67	0.60	0.49	—
		80	0.60	0.56	0.49	5.80	0.63	0.55	0.45	6.72
		60	0.58	0.54	0.46	9.42	0.62	0.53	0.43	10.19
		均值	0.60*	0.57*	0.49*		0.64*	0.56**	0.46**	

附表6-8 晚播与花铃期遮阴对'苏棉15号'不同果节棉铃对位叶PSⅡ量子效率的影响（2010～2011年）

果节	播种期	作物相对光照率CRLR(%)	2010年花后天数(d)			↓Δ(%)	2011年花后天数(d)			↓Δ(%)
			17	31	45		17	31	45	
第1果节	4月25日	100	0.71	0.65	0.64	—	0.79	0.65	0.58	—
		80	0.69	0.62	0.60	4.38	0.76	0.62	0.54	4.55
		60	0.67	0.61	0.58	7.06	0.75	0.60	0.53	6.87
		均值	0.69	0.63	0.61*		0.77	0.62*	0.55*	
	5月25日	100	0.65	0.60	0.60	—	0.74	0.58	0.49	—
		80	0.63	0.57	0.56	5.34	0.71	0.55	0.46	5.08
		60	0.61	0.56	0.54	8.36	0.69	0.53	0.44	8.60
		均值	0.63	0.58	0.57**		0.71	0.55*	0.46*	
	6月10日	100	0.63	0.57	0.51	—	0.68	0.52	0.44	—
		80	0.60	0.53	0.47	6.46	0.65	0.48	0.41	6.13
		60	0.57	0.52	0.44	10.01	0.64	0.46	0.38	9.96
		均值	0.60*	0.54	0.47*		0.66	0.49*	0.41*	
第3果节	4月25日	100	0.66	0.60	0.57	—	0.71	0.59	0.54	—
		80	0.63	0.57	0.54	5.08	0.68	0.55	0.51	5.74
		60	0.61	0.55	0.52	7.98	0.66	0.53	0.48	8.64
		均值	0.63	0.57	0.54*		0.68	0.56*	0.51*	
	5月25日	100	0.60	0.55	0.52	—	0.65	0.52	0.47	—
		80	0.58	0.52	0.48	5.92	0.62	0.49	0.43	6.34
		60	0.55	0.50	0.46	9.11	0.61	0.47	0.41	9.45
		均值	0.58	0.52	0.49*		0.63*	0.49	0.44*	
	6月10日	100	0.57	0.51	0.47	—	0.61	0.47	0.42	—
		80	0.53	0.48	0.43	7.14	0.57	0.43	0.38	6.86
		60	0.52	0.47	0.40	10.51	0.56	0.41	0.35	11.31
		均值	0.54*	0.49*	0.49**		0.58*	0.44*	0.38**	

附表 6-9　晚播与花铃期遮阴对'科棉 1 号'不同果节棉铃对位叶最大光化学效率的影响
（2010～2011 年）

果节	播种期	作物相对光照率 CRLR(%)	2010 年花后天数(d)				2011 年花后天数(d)			
			17	31	45	↑Δ(%)	17	31	45	↑Δ(%)
第 1 果节	4 月 25 日	100	0.84	0.83	0.82	—	0.88	0.84	0.78	—
		80	0.85	0.85	0.84	1.57	0.89	0.86	0.79	1.29
		60	0.86	0.86	0.85	3.26	0.90	0.87	0.81	2.83
		均值	0.85	0.85	0.84		0.89	0.86	0.79	
	5 月 25 日	100	0.83	0.81	0.80	—	0.82	0.78	0.75	—
		80	0.84	0.83	0.82	1.92	0.84	0.80	0.76	1.98
		60	0.85	0.84	0.84	3.71	0.85	0.81	0.78	3.87
		均值	0.84	0.83	0.82		0.83	0.80	0.76	
	6 月 10 日	100	0.80	0.79	0.77	—	0.80	0.75	0.70	—
		80	0.81	0.81	0.79	2.49	0.82	0.77	0.72	2.50
		60	0.83	0.82	0.80	4.56	0.84	0.79	0.74	5.78
		均值	0.81	0.81	0.79		0.82	0.77*	0.72	
第 3 果节	4 月 25 日	100	0.83	0.83	0.82	—	0.87	0.83	0.76	—
		80	0.85	0.84	0.84	2.06	0.88	0.86	0.78	2.28
		60	0.86	0.86	0.85	3.84	0.89	0.88	0.80	4.12
		均值	0.85	0.84	0.84		0.88	0.86	0.78	
	5 月 25 日	100	0.82	0.79	0.78	—	0.81	0.76	0.72	—
		80	0.83	0.81	0.80	2.60	0.82	0.79	0.74	2.61
		60	0.85	0.82	0.82	4.44	0.84	0.81*	0.76	5.15
		均值	0.83	0.81	0.80		0.82	0.79	0.74	
	6 月 10 日	100	0.79	0.75	0.75	—	0.78	0.73	0.67	—
		80	0.80	0.77	0.77	3.08	0.80	0.76	0.69	3.34
		60	0.82	0.79	0.78	5.10	0.83	0.78	0.71	6.35
		均值	0.80	0.77	0.77*		0.80*	0.76*	0.69*	

附表 6-10　晚播与花铃期遮阴对'苏棉 15 号'不同果节棉铃对位叶最大光化学效率的影响
（2010～2011 年）

果节	播种期	作物相对光照率 CRLR(%)	2010 年花后天数(d)				2011 年花后天数(d)			
			17	31	45	↑Δ(%)	17	31	45	↑Δ(%)
第 1 果节	4 月 25 日	100	0.81	0.78	0.74	—	0.83	0.80	0.72	—
		80	0.82	0.79	0.76	1.88	0.85	0.82	0.74	2.03
		60	0.83	0.81	0.77	3.99	0.86	0.83	0.75	3.94
		均值	0.82	0.79	0.76		0.85	0.82	0.74	
	5 月 25 日	100	0.79	0.75	0.70	—	0.77	0.73	0.68	—
		80	0.81	0.77	0.72	2.58	0.79	0.75	0.70	2.82
		60	0.82	0.79	0.74	4.88	0.81	0.77	0.72	5.54
		均值	0.81	0.77	0.72		0.79	0.75	0.70	

续表

果节	播种期	作物相对光照率 CRLR(%)	2010年花后天数(d)				2011年花后天数(d)			
			17	31	45	↑Δ(%)	17	31	45	↑Δ(%)
第1果节	6月10日	100	0.73	0.70	0.66	—	0.73	0.67	0.63	—
		80	0.75	0.73	0.68	3.27	0.75	0.70	0.65	3.21
		60	0.77	0.74	0.70	5.81	0.78	0.72	0.67	6.50
		均值	0.75	0.72*	0.68*		0.75	0.70*	0.65*	
	4月25日	100	0.80	0.77	0.73	—	0.81	0.79	0.70	—
		80	0.81	0.79	0.75	2.46	0.83	0.81	0.72	2.78
		60	0.83	0.81	0.76	4.73	0.85	0.83	0.74	5.11
		均值	0.81	0.79	0.75		0.83	0.81	0.72	
第3果节	5月25日	100	0.77	0.72	0.69	—	0.75	0.70	0.66	—
		80	0.79	0.75	0.71	3.16	0.77	0.74	0.68	3.74
		60	0.81	0.76	0.73	5.36	0.79	0.75	0.70	6.16
		均值	0.79*	0.74*	0.71		0.77	0.73*	0.68*	
	6月10日	100	0.72	0.67	0.65	—	0.71	0.65	0.60	—
		80	0.75	0.70	0.67	4.27	0.73	0.68	0.63	4.19
		60	0.76	0.71	0.69	6.55	0.76	0.70	0.65	7.40
		均值	0.74	0.69*	0.67*		0.73	0.67*	0.63*	

附表6-11　晚播与花铃期遮阴对'苏棉1号'不同果节棉铃对位叶光化学淬灭系数的影响（2010~2011年）

果节	播种期	作物相对光照率 CRLR(%)	2010年花后天数(d)				2011年花后天数(d)			
			17	31	45	↓Δ(%)	17	31	45	↓Δ(%)
	4月25日	100	0.71	0.68	0.64	—	0.67	0.63	0.59	—
		80	0.69	0.66	0.63	2.80	0.65	0.61	0.56	3.26
		60	0.66	0.65	0.62	5.25	0.64	0.59	0.55	6.12
		均值	0.69	0.66	0.63		0.65	0.61*	0.57	
第1果节	5月25日	100	0.67	0.64	0.59	—	0.62	0.58	0.53	—
		80	0.64	0.60	0.57	4.16	0.60	0.55	0.51	4.03
		60	0.62	0.59	0.56	7.26	0.58	0.53	0.49	7.49
		均值	0.64	0.61*	0.57		0.60	0.55*	0.51	
	6月10日	100	0.64	0.59	0.55	—	0.58	0.53	0.49	—
		80	0.60	0.56	0.52	4.81	0.56	0.51	0.46	4.93
		60	0.58	0.53	0.49	9.05	0.53	0.48	0.43	9.61
		均值	0.61*	0.56*	0.52*		0.56	0.51*	0.46*	
第3果节	4月25日	100	0.70	0.67	0.63	—	0.66	0.62	0.57	—
		80	0.68	0.64	0.61	3.60	0.64	0.60	0.55	3.81
		60	0.65	0.63	0.59	6.51	0.62	0.57	0.53	6.94
		均值	0.68	0.65*	0.61		0.64	0.60	0.55*	

续表

果节	播种期	作物相对光照率 CRLR(%)	2010年花后天数(d)				2011年花后天数(d)			
			17	31	45	↓Δ(%)	17	31	45	↓Δ(%)
第3果节	5月25日	100	0.65	0.62	0.58	—	0.60	0.56	0.52	—
		80	0.62	0.59	0.55	4.97	0.58	0.54	0.49	4.74
		60	0.60	0.57	0.54	7.83	0.56	0.51	0.47	8.72
		均值	0.62*	0.59*	0.56		0.58	0.54*	0.49*	
	6月10日	100	0.60	0.57	0.53	—	0.56	0.51	0.47	—
		80	0.57	0.54	0.50	5.41	0.53	0.49	0.44	5.58
		60	0.54	0.51	0.47	9.89	0.51	0.46	0.41	10.38
		均值	0.57*	0.54*	0.50*		0.53*	0.49	0.44**	

附表6-12 晚播与花铃期遮阴对'苏棉15号'不同果节棉铃对位叶光化学淬灭系数的影响（2010~2011年）

果节	播种期	作物相对光照率 CRLR(%)	2010年花后天数(d)				2011年花后天数(d)			
			17	31	45	↓Δ(%)	17	31	45	↓Δ(%)
第1果节	4月25日	100	0.69	0.65	0.60	—	0.66	0.60	0.53	—
		80	0.67	0.62	0.57	3.78	0.63	0.57	0.51	3.92
		60	0.63	0.60	0.55	7.60	0.61	0.55	0.49	7.45
		均值	0.66	0.62*	0.57		0.63	0.57*	0.51	
	5月25日	100	0.64	0.60	0.54	—	0.60	0.54	0.48	—
		80	0.61	0.57	0.52	4.82	0.57	0.51	0.45	5.38
		60	0.58	0.55	0.49	8.86	0.55	0.49	0.44	8.90
		均值	0.61	0.57*	0.52		0.57	0.51*	0.46	
	6月10日	100	0.60	0.55	0.49	—	0.55	0.50	0.44	—
		80	0.56	0.51	0.47	6.27	0.51	0.47	0.41	6.64
		60	0.53	0.49	0.44	10.83	0.49	0.45	0.38	11.34
		均值	0.56	0.52*	0.47*		0.52	0.47*	0.41*	
第3果节	4月25日	100	0.68	0.63	0.58	—	0.64	0.58	0.52	—
		80	0.65	0.61	0.55	4.55	0.61	0.55	0.49	4.77
		60	0.62	0.58	0.54	8.14	0.59	0.53	0.48	8.74
		均值	0.65*	0.61	0.56		0.61	0.55*	0.50	
	5月25日	100	0.62	0.58	0.53	—	0.58	0.53	0.46	—
		80	0.58	0.54	0.50	5.97	0.54	0.49	0.44	6.31
		60	0.56	0.52	0.48	9.68	0.52	0.47	0.42	9.94
		均值	0.59	0.55*	0.50*		0.55*	0.50**	0.44	

续表

果节	播种期	作物相对光照率 CRLR(%)	2010 年花后天数(d)			↓Δ(%)	2011 年花后天数(d)			↓Δ(%)
			17	31	45		17	31	45	
第 3 果节	6 月 10 日	100	0.58	0.53	0.47	—	0.52	0.48	0.42	—
		80	0.53	0.49	0.44	7.21	0.48	0.44	0.39	7.64
		60	0.50	0.47	0.41	12.14	0.45	0.42	0.36	12.67
		均值	0.54*	0.50**	0.44		0.48*	0.45**	0.39	

附表 6-13　晚播与花铃期遮阴对'科棉 1 号'不同果节棉铃对位叶非光化学淬灭系数的影响（2010～2011 年）

果节	播种期	作物相对光照率 CRLR(%)	2010 年花后天数(d)			↑Δ(%)	2011 年花后天数(d)			↑Δ(%)
			17	31	45		17	31	45	
第 1 果节	4 月 25 日	100	0.38	0.40	0.43	—	0.47	0.49	0.52	—
		80	0.39	0.42	0.44	3.09	0.48	0.50	0.53	2.08
		60	0.40	0.43	0.45	6.06	0.49	0.52	0.54	4.36
		均值	0.39	0.42	0.44		0.48	0.50	0.53	
	5 月 25 日	100	0.41	0.43	0.45	—	0.50	0.51	0.54	—
		80	0.42	0.45	0.47	3.68	0.51	0.53	0.56	2.80
		60	0.43	0.46	0.48	6.86	0.52	0.55	0.57	5.41
		均值	0.42	0.45*	0.47		0.51	0.53	0.56	
	6 月 10 日	100	0.43	0.45	0.47	—	0.52	0.54	0.56	—
		80	0.46	0.47	0.49	4.48	0.54	0.56	0.58	3.59
		60	0.47	0.49	0.51	8.02	0.55	0.58	0.60	7.05
		均值	0.45	0.47	0.49*		0.54	0.56	0.58*	
第 3 果节	4 月 25 日	100	0.39	0.41	0.43	—	0.49	0.50	0.53	—
		80	0.41	0.43	0.45	3.72	0.50	0.51	0.54	2.52
		60	0.42	0.44	0.46	7.19	0.51	0.53	0.56	5.35
		均值	0.41	0.43*	0.45		0.50	0.51	0.54	
	5 月 25 日	100	0.43	0.44	0.46	—	0.52	0.52	0.56	—
		80	0.44	0.46	0.48	4.07	0.54	0.54	0.58	3.41
		60	0.46	0.48	0.50	7.88	0.55	0.56	0.60	6.60
		均值	0.44	0.46	0.48*		0.54	0.54	0.58	
	6 月 10 日	100	0.46	0.46	0.49	—	0.54	0.55	0.59	—
		80	0.48	0.49	0.51	5.19	0.56	0.57	0.61	3.99
		60	0.50	0.51	0.53	8.96	0.58	0.59	0.63	7.94
		均值	0.48	0.49*	0.51		0.56	0.57	0.61*	

附表 6-14 晚播与花铃期遮阴对'苏棉 15 号'不同果节棉铃对位叶非光化学淬灭系数的影响（2010～2011 年）

果节	播种期	作物相对光照率 CRLR(%)	2010 年花后天数(d)				2011 年花后天数(d)			
			17	31	45	↑Δ(%)	17	31	45	↑Δ(%)
第1果节	4月25日	100	0.42	0.43	0.46	—	0.51	0.53	0.56	—
		80	0.44	0.45	0.48	4.05	0.53	0.55	0.57	2.75
		60	0.45	0.47	0.49	7.56	0.54	0.56	0.59	5.31
		均值	0.43	0.45*	0.48		0.53	0.55	0.57	
	5月25日	100	0.45	0.47	0.49	—	0.54	0.56	0.58	—
		80	0.47	0.49	0.51	4.38	0.56	0.58	0.61	3.62
		60	0.48	0.51	0.53	8.50	0.58	0.61	0.63	7.24
		均值	0.47	0.49	0.51*		0.56	0.58*	0.61	
	6月10日	100	0.48	0.50	0.52	—	0.57	0.59	0.61	—
		80	0.51	0.52	0.54	5.06	0.60	0.62	0.64	4.39
		60	0.53	0.55	0.57	9.65	0.62	0.64	0.66	8.23
		均值	0.51*	0.52	0.54		0.59	0.62	0.64*	
第3果节	4月25日	100	0.43	0.45	0.47	—	0.53	0.54	0.56	—
		80	0.45	0.47	0.49	4.31	0.55	0.56	0.58	3.19
		60	0.47	0.48	0.50	7.88	0.56	0.58	0.60	6.38
		均值	0.45	0.47*	0.48		0.55	0.56	0.58	
	5月25日	100	0.47	0.48	0.50	—	0.57	0.58	0.60	—
		80	0.50	0.51	0.53	4.93	0.59	0.61	0.62	3.72
		60	0.51	0.53	0.55	8.90	0.62	0.63	0.64	7.37
		均值	0.49	0.51*	0.53*		0.59	0.61*	0.62	
	6月10日	100	0.51	0.52	0.54	—	0.60	0.62	0.63	—
		80	0.54	0.55	0.57	5.59	0.63	0.65	0.66	4.82
		60	0.57	0.58	0.59	10.29	0.66	0.67	0.69	9.04
		均值	0.54*	0.55**	0.57*		0.63*	0.65	0.66*	

第七章 棉花产量品质与水分

花铃期是棉花对水分最敏感的时期，也是产量品质形成的关键期。我国棉区分布跨度大，降水季节分配与棉花需水时期不一致，花铃期土壤干旱或渍水时有发生，导致棉花产量降低，纤维品质变劣。因此，研究花铃期干旱或渍水影响棉花产量与纤维品质形成的机制，可为探索降低花铃期季节性干旱或渍水对棉花产量品质影响的调控途径提供依据。

2007~2009年以'美棉33B'为材料，设置棉花花铃期土壤干旱、渍水的池栽、盆栽试验。以0~20cm土壤相对含水量(SRWC)始终维持在(75±5)%为对照，于棉花第6~8果枝第1、2果节50%开花时进行水分处理，土壤干旱处理SRWC(75±5)%逐渐自然减少持续至吐絮；土壤渍水处理保持地面2~3cm水层，持续时间分别为7d、14d，然后SRWC自然减少至(75±5)%并保持至吐絮。

2011~2012年以杂交棉'泗杂3号'为材料，设置棉花花铃期短期渍水池栽试验。渍水处理方法同2007~2009年，渍水时间分别为0d(对照)、3d(WL_3)、6d(WL_6)、9d(WL_9)、12d(WL_{12})。

2012~2013年以杂交棉'泗杂3号'为材料，设置棉花花铃期持续土壤干旱盆栽试验。对照设置同上，于棉花第6~8果枝第1、2果节50%开花时干旱处理，SRWC由(75±5)%逐渐自然减少至(60±5)%、(45±5)%，保持该水平至棉花吐絮。

第一节 棉田土壤特性与水分

土壤养分为作物提供生长所必需的营养元素，是作物产量和品质形成的基础。土壤养分的形成和积累与土壤酶关系密切，其转化和有效性受土壤水分调控。土壤微生物是土壤养分的储存库及作物生长可利用养分的重要来源。而根系作为物质同化、转化、合成器官，其活力及生物量直接决定了作物的生长发育。在花铃期棉田持续干旱下，研究土壤微生物量、土壤酶、土壤养分循环转化与根系活力、养分吸收的变化，可为干旱胁迫下调控棉花生长发育、提高棉花产量品质提供依据。

一、土壤酶活性与土壤水分

花铃期土壤干旱显著降低土壤酶活性，随土壤持续干旱时间延长，土壤脲酶活性呈持续下降变化趋势，土壤蔗糖转化酶、酸性磷酸酶、过氧化氢酶活性呈先升后降变化趋势，SRWC(45±5)%处理，酶活性下降幅度最大。例如，2012年干旱处理后第15天、第30天、第45天，SRWC(45±5)%土壤脲酶活性较对照[SRWC(75±5)%]分别下降3.08%、

8.46%、10.32%，蔗糖转化酶活性较对照分别下降 6.13%、10.30%、13.78%，酸性磷酸酶活性较对照分别下降11.09%、12.78%、14.80%，过氧化氢酶活性较对照分别上升7.90%、9.47%、30.77%(表 7-1)。干旱处理结束复水后，土壤脲酶活性在 SRWC(60±5)%下可以恢复到对照水平，在 SRWC(45±5)%下仍低于对照；土壤蔗糖转化酶活性在 SRWC(60±5)%、SRWC(45±5)%干旱水平间差异较小，但均低于对照；SRWC(60±5)%、SRWC(45±5)%酸性磷酸酶活性低于对照；SRWC(45±5)%过氧化氢酶活性高于对照。

表 7-1 花铃期土壤持续干旱对土壤酶活性的影响(2012~2013 年)

指标	土壤相对含水量 SRWC(%)	2012 年干旱处理天数(d)					2013 年干旱处理天数(d)				
		−5	15	30	45	处理结束后 5d	−5	15	30	45	处理结束后 5d
脲酶 (mg·100g^{-1})	75±5	83.0a	81.2a	80.4a	78.5a	78.6a	85.0a	83.3a	82.7a	79.8a	79.6a
	60±5	82.6a	80.8a	78.6b	75.5b	79.3b	85.1a	82.9a	79.6b	76.8b	78.8b
	45±5	83.3a	78.7b	73.6c	70.4c	70.0c	85.5a	79.9b	75.1c	72.0c	71.5c
蔗糖转化酶 (mg·g^{-1})	75±5	4.52a	5.06a	4.95a	4.79a	4.66a	5.02a	5.49a	5.45a	5.26a	5.11a
	60±5	4.56a	4.87b	4.73b	4.54b	4.33b	4.98a	5.37b	5.32b	5.13b	5.03b
	45±5	4.51a	4.75c	4.44c	4.13c	4.21b	5.00a	5.26c	4.83c	4.57c	4.51c
酸性磷酸酶 (μg·g^{-1})	75±5	111.8a	133.4a	129.1a	122.3a	120.8a	108.5a	136.5a	131.7a	127.7a	121.4a
	60±5	110.1a	127.5a	120.8b	115.2b	113.5b	106.2a	128.1a	121.2b	115.4b	113.8b
	45±5	106.6a	118.6b	112.6c	104.2c	98.6c	106.6a	116.9b	111.3c	103.2c	99.1c
过氧化氢酶 (ml·g^{-1})	75±5	2.89a	2.91b	2.85b	2.21b	1.92b	3.09a	3.17b	2.89c	2.40c	2.02c
	60±5	2.80a	2.94b	2.95b	2.18b	2.01b	3.12a	3.14b	3.21b	2.78b	2.40b
	45±5	2.82a	3.14a	3.12a	2.89a	2.16a	3.12a	3.24a	3.32a	3.07a	2.66a

注：同列中不同小写字母表示在 0.05 水平差异显著

二、土壤微生物量碳、氮，土壤养分含量与土壤水分

(一)土壤微生物量碳、氮

花铃期土壤干旱显著降低土壤微生物量碳、氮，随土壤持续干旱时间延长，微生物量碳、氮持续降低(表 7-2)。例如，2012 年在干旱处理第 15 天、第 30 天、第 45 天，SRWC(60±5)%土壤微生物量碳和氮较对照分别下降13.59%、15.27%、21.87%和5.40%、11.37%、12.40%；SRWC(45±5)%微生物量碳和氮较对照分别下降 18.73%、22.58%、31.28%和 25.24%、31.01%、36.09%。复水后，SRWC(60±5)%微生物量碳、氮与对照差异较小，SRWC(45±5)%仍显著低于对照。

(二)土壤微生物量碳/氮

土壤微生物量碳/氮可以表征微生物的群落结构特征，以 2012 年试验为例(表 7-2)，在土壤干旱期，SRWC(75±5)%(对照)的土壤微生物量碳/氮为 5.6~5.9，表明其土壤微

生物群落主要以细菌为主；SRWC(60±5)%的土壤微生物量碳/氮显著低于对照，可能是轻度干旱胁迫增加了土壤透气性从而有利于细菌的生长；SRWC(45±5)%的土壤微生物量碳/氮显著高于对照，原因是真菌能够适应重度干旱胁迫，而此时细菌生长受到抑制，土壤微生物量碳/氮升高。复水后，SRWC(60±5)%土壤微生物量碳/氮急剧升高，与对照差异较小；SRWC(45±5)%土壤微生物量碳/氮急剧降低，且显著低于对照。

表 7-2 花铃期土壤持续干旱对棉田土壤微生物量碳、氮与碳/氮的影响(2012～2013 年)

指标	土壤相对含水量 SRWC(%)	2012 年干旱处理天数(d)					2013 年干旱处理天数(d)				
		−5	15	30	45	处理结束后 5d	−5	15	30	45	处理结束后 5d
微生物量碳 (mg·kg⁻¹)	75±5	285.1a	243.5a	228.5a	214.5a	185.3a	315.1a	272.5a	260.5a	244.5a	215.5a
	60±5	283.4a	210.4b	193.6b	167.6b	183.4a	313.4a	239.4b	225.6b	195.6b	212.3a
	45±5	280.8a	197.9c	176.9c	147.4c	158.5b	311.8a	227.9c	207.9c	177.4c	189.5b
微生物量氮 (mg·kg⁻¹)	75±5	48.3a	43.6a	38.7a	36.3a	32.4a	53.3a	48.7a	43.8a	41.3a	37.5a
	60±5	48.0a	41.2b	34.3b	31.8b	30.7a	54.8a	45.2b	39.7b	36.5b	36.9a
	45±5	47.5a	32.6c	26.7c	23.2c	28.2b	53.5a	36.6c	30.7c	26.7c	34.8b
微生物量碳/氮	75±5	5.9a	5.6b	5.9b	5.9b	5.8ab	5.9a	5.6b	6.0b	5.9b	5.8a
	60±5	5.9a	5.1c	5.6c	5.3c	6.0a	5.7a	5.3c	5.7c	5.4c	5.8a
	45±5	5.9a	6.1a	6.6a	6.4a	5.6b	5.8a	6.2a	6.8a	6.6a	5.5b

注：同列中不同小写字母表示在 0.05 水平差异显著

(三) 土壤养分含量

土壤速效磷、速效钾和速效氮含量均随土壤持续干旱时间延长呈先升后降的变化趋势，前期土壤速效养分含量的增加主要是因为施用花铃肥，其后土壤速效养分含量持续降低。干旱处理土壤速效磷、速效钾和速效氮含量较对照显著降低，如 2012 年在干旱处理第 15 天、第 30 天、第 45 天，SRWC(60±5)%土壤速效氮含量较对照分别下降 8.94%、12.95%、10.48%，速效磷下降 8.26%、8.37%、6.64%，速效钾下降 1.03%、4.50%、10.14%；SRWC(45±5)%土壤速效氮分别下降 12.37%、17.45%、17.05%，速效磷下降 12.93%、15.34%、11.95%，速效钾下降 5.92%、10.30%、14.54%(表 7-3)。

表 7-3 花铃期土壤持续干旱对土壤养分含量(mg·kg⁻¹)的影响(2012～2013 年)

指标 (mg·kg⁻¹)	土壤相对含水量 SRWC(%)	2012 年干旱处理天数(d)					2013 年干旱处理天数(d)				
		−5	15	30	45	处理结束后 5d	−5	15	30	45	处理结束后 5d
速效钾	75±5	150.1a	155.3a	137.9a	127.2a	124.6a	155.4a	160.2a	141.2a	132.3a	129.1a
	60±5	149.1a	153.7a	131.7b	114.3b	103.5b	154.3a	157.2a	137.7b	119.2b	107.5b
	45±5	150.7a	146.1b	123.7c	108.7c	93.3c	155.2a	151.1b	128.4c	113.9c	98.2c

续表

指标 (mg·kg⁻¹)	土壤相对含水量 SRWC(%)	2012年干旱处理天数(d)					2013年干旱处理天数(d)				
		-5	15	30	45	处理结束后5d	-5	15	30	45	处理结束后5d
速效磷	75±5	47.7a	55.7a	50.2a	45.2a	41.8a	54.3a	62.9a	58.9a	52.9a	48.8a
	60±5	46.6a	51.1b	46.0b	42.2b	39.0b	53.9a	58.1b	54.0b	49.9b	46.0b
	45±5	46.5a	48.5c	42.5c	39.8c	36.6c	53.8a	55.7c	49.9c	46.9c	43.6c
速效氮	75±5	82.0a	96.2a	88.8a	82.1a	72.5a	92.0a	106.6a	98.4a	93.2a	83.7a
	60±5	81.1b	87.6b	77.3b	73.5b	67.5b	91.1b	96.7b	87.8b	84.2b	76.9b
	45±5	82.1c	84.3c	73.3c	68.1c	60.2c	92.1c	94.6c	83.6c	78.9c	71.4c

注：同列中不同小写字母表示在0.05水平差异显著

综上，花铃期土壤持续干旱棉田土壤微生物量碳、氮显著降低，微生物量碳/氮在SRWC(60±5)%干旱水平下显著降低、SRWC(45±5)%干旱水平下显著增加。持续土壤干旱显著降低了土壤脲酶、蔗糖酶、酸性磷酸酶活性，降幅变化趋势为脲酶>酸性磷酸酶>蔗糖酶。土壤过氧化氢酶活性在SRWC(60±5)%干旱水平下变化较小，在SRWC(45±5)%时则显著上升。花铃期土壤持续干旱是通过降低微生物量和土壤酶活性来抑制土壤的养分循环。此外，持续干旱导致棉田土壤速效氮、速效磷、速效钾含量大幅度降低，降幅为速效氮>速效磷>速效钾。

第二节 棉花光合性能及生物量累积分配与水分

光合作用是植物物质生产的基础，也是作物响应环境胁迫的关键指标。作物产量与品质形成受光合产物累积量及其运转分配效率的协同作用。花铃期干旱或渍水通过影响棉花光合生产量及光合产物在不同器官间的分配而影响产量与品质形成。

一、棉花光合性能与水分

（一）棉花光合性能与干旱

1. 棉铃对位叶叶水势和SPAD值　SRWC(60±5)%干旱水平下棉铃对位叶凌晨叶水势在0~14DPA急剧下降，21~35DPA相对稳定，之后下降，21~35DPA凌晨叶水势保持相对稳定可能是叶片保护机制作用，之后由于胁迫时间的延长保护机制被破坏，凌晨叶水势显著降低。SRWC(45±5)%棉铃对位叶凌晨叶水势降幅更大（图7-1）。

SRWC(60±5)%干旱水平下棉铃对位叶SPAD值呈先升后降变化，SPAD值上升可能有两个原因：①短时间干旱使叶片相对含水量降低，叶绿素浓度增加；②轻度干旱胁迫促进了叶绿素合成，叶绿素含量增加。SRWC(45±5)%水平下棉铃对位叶SPAD值持续下降。

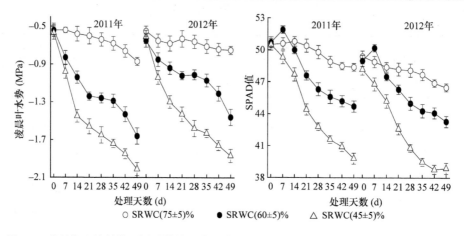

图 7-1　花铃期土壤持续干旱对棉铃对位叶凌晨叶水势和 SPAD 值的影响(2011~2012 年)

2. 棉铃对位叶光合参数　　花铃期土壤干旱显著降低棉铃对位叶净光合速率(P_n)和气孔导度(G_s)(图 7-2)。SRWC(60±5)%干旱水平下棉铃对位叶 P_n 在 0~21DPA 急剧下降，21~35DPA 缓慢下降，之后又急剧下降；G_s 在 0~21DPA 急剧下降，21~49DPA 缓慢下降。SRWC(45±5)%干旱水平下棉铃对位叶 P_n、G_s 在 0~14DPA 急剧下降，之后缓慢下降。

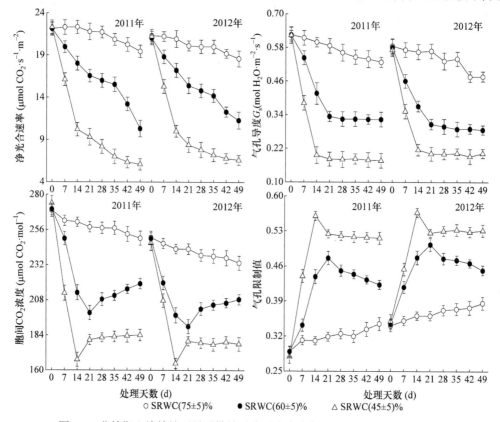

图 7-2　花铃期土壤持续干旱对棉铃对位叶光合参数的影响(2011~2012 年)

干旱胁迫下胞间 CO_2 浓度(C_i)降低，气孔限制值(L_s)升高。随干旱时间延长，C_i 呈先降后升的变化趋势，L_s 与之相反。SRWC(60±5)%干旱水平下棉铃对位叶 C_i、L_s 在21DPA分别达到最低、最高值，SRWC(45±5)%干旱水平下 C_i、L_s 在14DPA分别达到最低、最高值，表明21DPA、14DPA分别是SRWC(60±5)%、SRWC(45±5)%干旱水平下由气孔限制转变为非气孔限制的关键期。

3. 棉铃对位叶荧光参数 潜在光化学效率(F_v/F_m)的大小反映了叶片 PSⅡ 反应中心对原初光能转化的效率，是反映光抑制的指标。SRWC(60±5)%、SRWC(45±5)%干旱水平下棉铃对位叶 F_v/F_m、实际光化学效率($\Phi_{PSⅡ}$)分别在0~14DPA、0~7DPA变化较小，$\Phi_{PSⅡ}$ 降幅大于 F_v/F_m(图7-3)，表明此时光抑制现象已出现。SRWC(60±5)%、SRWC(45±5)%干旱水平下 F_v/F_m、$\Phi_{PSⅡ}$ 分别在21DPA、14DPA开始显著降低，并随干旱持续时间延长降幅增大，表明棉铃对位叶已发生光氧化破坏，PSⅡ 反应中心的光合电子传递活性受到抑制。

光化学淬灭系数(qP)可以反映叶片 PSⅡ 天线色素吸收的光能用于光化学电子传递的份额，一定程度上反映了叶片 PSⅡ 反应中心的开放程度，其值越大表明叶片 PSⅡ 反应中心的电子传递活性越高。非光化学猝灭系数(qN)是叶片 PSⅡ 天线色素吸收的以热的形式耗散掉的部分，是光合机构的自我保护机制，表征叶片 PSⅡ 反应中心当天线色素吸收过量光能后拥有热耗散能力及此时光合机构的损伤程度。在 SRWC(60±5)%、SRWC(45±5)%干旱水平下 qP 值分别在21DPA、14DPA开始显著降低(图7-3)，表明棉铃对位叶 PSⅡ 反应中心的电子传递活性受到影响，PSⅡ 电子传递活性下降。qN 随干旱

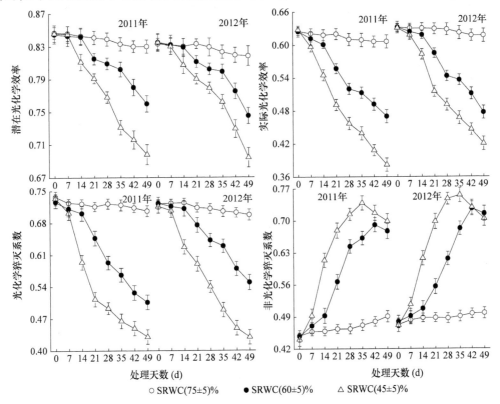

图7-3 花铃期土壤持续干旱对棉铃对位叶荧光参数的影响(2011~2012年)

持续时间的延长呈先升后降变化趋势,SRWC(60±5)%、SRWC(45±5)%干旱水平下分别在42DPA、35DPA达到最大值,表明干旱前期棉铃对位叶通过增加叶片PSⅡ天线色素的热耗散,在一定程度上缓解了干旱对光合作用的影响;之后开始下降,表明qN的保护功能减弱,天线色素热耗散能力下降,此时光合机构及光合酶系统受到破坏甚至失活。

(二)棉花光合性能与渍水

1. 棉花主茎功能叶与棉铃对位叶光合性能的差异

(1)叶片凌晨叶水势、相对含水量、膜稳定性指数 棉铃对位叶凌晨叶水势和相对含水量在渍水3d时即降低,随渍水时间延长降低幅度增大,膜稳定性指数到渍水6d时开始降低;渍水3d对棉花主茎功能叶上述指标的影响较小(图7-4)。渍水6~12d棉花主茎功能叶凌晨叶水势、相对含水量降低,渍水9~12d棉花膜稳定性受到严重破坏。渍水12d时,棉花主茎功能叶凌晨叶水势、相对含水量和膜稳定指数在2011~2012年分别降低128.2%~110.1%、48.8%~24.9%、64.0%~39.1%;棉铃对位叶上述指标分别降低236.5%~136.2%、36.8%~41.8%、46.9%~15.5%。18DPA(渍水3d、6d、9d、12d棉花分别恢复15d、12d、9d、6d)棉花主茎功能叶和棉铃对位叶凌晨叶水势、相对含水量和膜稳定指数除渍水3d处理与对照(WL$_0$)差异较小外,其他处理仍低于对照。

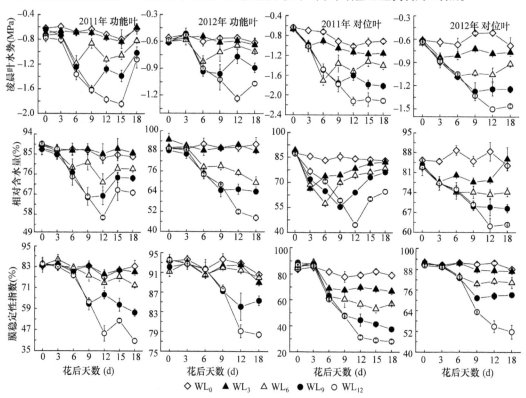

图7-4 花铃期短期土壤渍水对棉铃对位叶和主茎功能叶凌晨叶水势、相对含水量和膜稳定性指数的影响(2011~2012年)

WL$_0$、WL$_3$、WL$_6$、WL$_9$、WL$_{12}$分别表示渍水0d(对照)、3d、6d、9d、12d

(2) SPAD 值、叶绿素含量和光合参数　　渍水显著影响棉花主茎功能叶和棉铃对位叶 SPDA 值，渍水 3d 对主茎功能叶 SPAD 值影响较小，之后开始降低；渍水 3～12d 棉铃对位叶 SPAD 值显著下降（图 7-5）。

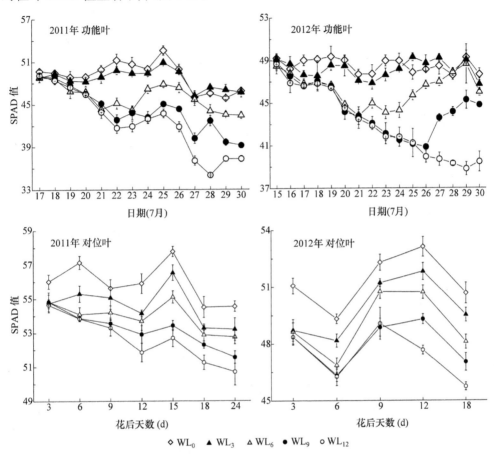

图 7-5　花铃期短期土壤渍水对棉花主茎功能叶和棉铃对位叶 SPAD 值的影响（2011～2012 年）
WL_0、WL_3、WL_6、WL_9、WL_{12} 分别表示渍水 0d（对照）、3d、6d、9d、12d

棉花主茎功能叶 Chla、Chlb、总叶绿素含量在渍水 3d 时略有升高，2011～2012 年较对照分别增加了 9.4%～11.1%、10.8%～13.9%、9.6%～11.5%，渍水 6～12d 上述指标显著降低，Chla/Chlb 值在渍水 9d、12d 时显著升高（图 7-6）。渍水后棉铃对位叶上述指标均降低，Chla/Chlb 值升高。渍水 12d 后，棉花主茎功能叶 Chla、Chlb、总叶绿素含量在 2011～2012 年较对照分别降低 50.5%～49.1%、61.1%～78.7%、52.9%～57.1%，Chla/Chlb 值升高 26.9%～139%；棉铃对位叶分别降低 31.2%～30.0%、56.0%～54.0%、37.3%～35.3%，Chla/Chlb 值升高 55.8%～52.4%（图 7-6）。

花铃期土壤渍水棉花主茎功能叶、棉铃对位叶净光合速率（P_n）、气孔导度（G_s）和蒸腾速率（T_r）均较对照降低，如渍水 12d 后棉花主茎功能叶、棉铃对位叶 P_n 分别降低至对照的 56.1%～55.9%、51.1%～37.9%（图 7-7）。

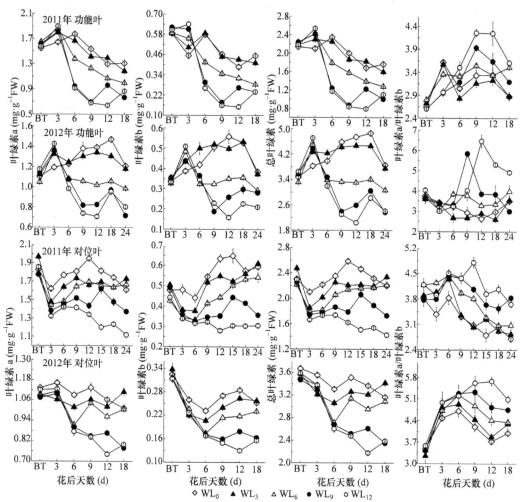

图 7-6 花铃期短期土壤渍水对棉花主茎功能叶和棉铃对位叶叶绿素含量的影响（2011～2012 年）

WL_0、WL_3、WL_6、WL_9、WL_{12} 分别表示渍水 0d（对照）、3d、6d、9d、12d；BT. 处理前

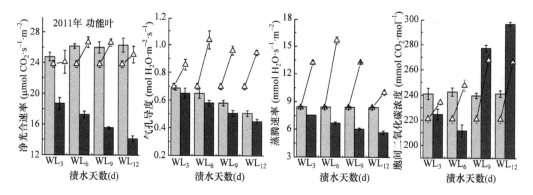

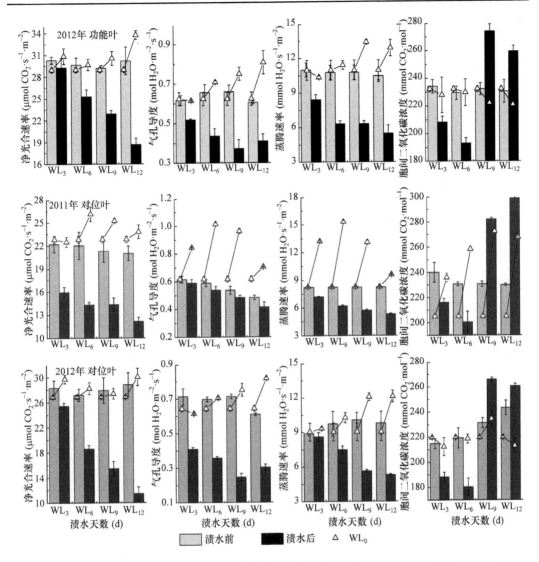

图 7-7 花铃期土壤渍水对棉花主茎功能叶和棉铃对位叶光合参数的影响(2011~2012 年)

WL_0、WL_3、WL_6、WL_9、WL_{12} 分别表示渍水 0d(对照)、3d、6d、9d、12d

综上,花铃期土壤渍水降低了棉花主茎功能叶和棉铃对位叶凌晨叶水势、相对含水量和膜稳定性指数;叶绿素含量、P_n、G_s 和 T_r 随渍水时间延长而降低,C_i 在渍水 3~6d 时降低,渍水 9~12d 时升高。较之于主茎功能叶,棉铃对位叶上述各指标对渍水更敏感。渍水 6d 前,棉花主茎功能叶和棉铃对位叶 P_n 降低主要是由气孔因素和非气孔因素共同限制,渍水 9d 以后影响 P_n 的原因主要是非气孔因素。

2. 棉花不同果枝部位铃对位叶光合性能

(1)净光合速率 花铃期土壤渍水影响棉铃对位叶净光合速率(P_n)的效应在不同果枝部位间存在差异(表 7-4)。平均棉铃对位叶 17DPA、31DPA 的 P_n 值,渍水 3d、6d、9d、12d 棉花下部果枝棉铃对位叶 P_n 在 2011 年较对照分别降低了 12.11%、25.94%、46.08%、

55.93%和8.46%、18.69%、29.48%、41.10%,中部果枝P_n分别降低了13.86%、33.02%、46.26%、62.31%和10.00%、19.13%、33.86%、52.23%,花铃期渍水降低P_n的效应中部果枝大于下部果枝,2012年的结果表现出相同的趋势。

花铃期土壤渍水影响棉花上部、顶部果枝棉铃对位叶P_n的效应与下部、中部果枝不同,渍水棉花上部、顶部果枝棉铃对位叶在31DPA P_n均高于对照。

表7-4 花铃期短期土壤渍水对棉花不同果枝部位铃对位叶净光合速率($\mu mol\ CO_2 \cdot s^{-1} \cdot m^{-2}$)的影响(2011~2012年)

果枝部位	花后天数(d)	2011年						2012年					
		WL_0	WL_3	WL_6	WL_9	WL_{12}	CV(%)	WL_0	WL_3	WL_6	WL_9	WL_{12}	CV(%)
下部 FB_{2-3}	17	25.02a	21.99b	18.53c	13.49d	11.03e	32.18	26.13a	21.26b	18.25c	14.56d	11.68e	30.77
	31	18.08a	16.55b	14.70c	12.75d	10.65e	20.32	15.42a	13.04b	11.04c	8.47d	5.79e	35.09
	平均	21.55	19.27	16.62	13.12	10.84		20.775	17.15	14.65	11.52	8.74	
中部 FB_{6-7}	17	25.68a	22.12b	17.20c	13.8d	9.68e	36.07	26.01a	17.34b	15.96b	10.96c	7.42d	45.50
	31	15.89a	14.30b	12.85c	10.51d	7.59e	26.67	14.72a	12.02b	10.42c	8.11d	5.89e	33.40
	平均	20.79	18.21	15.03	12.16	8.64		20.37	14.68	13.19	9.54	6.66	
上部 FB_{10-11}	17	22.86a	20.69b	19.38bc	17.56c	17.76c	11.21	20.70a	20.62a	18.74b	19.21b	18.92b	4.84
	31	14.40c	15.63ab	15.02bc	16.11a	15.23b	4.21	12.07c	13.37ab	14.26a	13.51ab	13.12b	5.98
	平均	18.63	18.16	17.20	16.84	16.50		16.39	17.00	16.50	16.36	16.02	
顶部 FB_{14-15}	17	19.29a	19.71a	19.74a	19.00a	18.59a	2.54	19.16a	18.66ab	17.74b	16.31c	15.18c	9.49
	31	14.39ab	13.89b	14.56a	13.88b	14.11ab	2.89	10.73d	12.09b	12.69a	11.54c	10.71d	7.47
	平均	16.84	16.80	17.15	16.44	16.35		14.95	15.38	15.22	13.93	12.95	

注:WL_0、WL_3、WL_6、WL_9、WL_{12}分别表示渍水0d(对照)、3d、6d、9d、12d;同列中不同小写字母表示在0.05水平差异显著

(2)光合色素含量 花铃期土壤渍水影响棉铃对位叶叶绿素a含量因果枝部位而异(图7-8),渍水使棉花下部、中部棉铃对位叶叶绿素a含量降低,渍水时间越长降低幅度越大;对上部、顶部棉铃对位叶叶绿素a含量的影响年际间不同,如2011年棉花上部(24DPA后)、顶部果枝棉铃对位叶叶绿素a含量随渍水天数延长而升高,可能是棉花渍水胁迫解除后出现的补偿效应,促进了叶绿素a合成;渍水3d、6d、9d、12d棉花上部果枝棉铃对位叶叶绿素a含量依次降低,渍水12d、9d、6d、3d棉花顶部果枝棉铃对位叶叶绿素a含量依次降低。

渍水影响叶绿素b含量的变化趋势同叶绿素a(图7-8),棉花不同果枝部位棉铃对位叶叶绿素a/叶绿素b值受渍水影响的变化较为一致,随着渍水时间延长而升高,说明叶绿素b较叶绿素a对渍水更为敏感,年际间表现一致(图7-8)。

综上,花铃期渍水降低棉花下部、中部果枝棉铃对位叶P_n,中部果枝降幅大于下部,这与渍水处理起始于中部果枝棉铃形成时有关。渍水降低棉花下部、中部果枝棉铃对位

叶叶绿素 a、叶绿素 b 含量，随渍水时间延长降幅增大，叶绿素 a/叶绿素 b 升高。可见，渍水加快了棉花下部、中部棉铃对位叶叶绿素 a、叶绿素 b 的降解，叶绿素 b 较叶绿素 a 对渍水更为敏感。渍水对棉花上部、顶部果枝棉铃对位叶 P_n 和叶绿素 a、叶绿素 b 含量的影响与下部、中部果枝不同，这与渍水胁迫解除后出现的补偿效应导致上部果枝恢复生长有关。

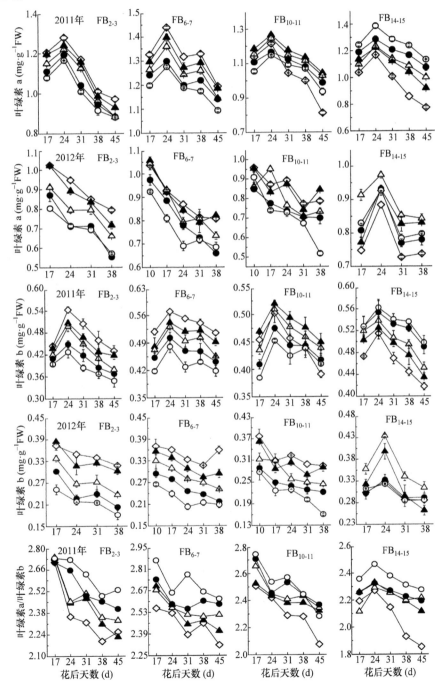

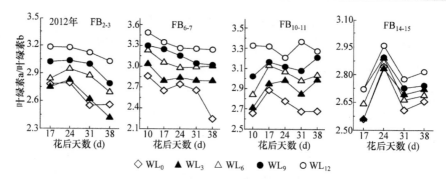

图 7-8 花铃期短期土壤渍水对棉花不同果枝部位铃对位叶叶绿素 a、叶绿素 b 和叶绿素 a/叶绿素 b 含量的影响（2011~2012 年）

WL_0、WL_3、WL_6、WL_9、WL_{12} 分别表示渍水 0d（对照）、3d、6d、9d、12d；FB_{2-3}、FB_{6-7}、FB_{10-11}、FB_{14-15} 分别表示棉花下部（2~3 果枝）、中部（6~7 果枝）、上部（10~11 果枝）、顶部（14~15 果枝）果枝

二、棉花生物量累积分配与水分

花铃期土壤干旱或渍水影响棉花生物量累积分配（表 7-5），地上部不同器官及不同果枝部位生物量均显著降低，干旱下根系生物量显著增加而渍水下显著降低。不同渍水时间比较，在器官水平上生物量以渍水 7d 时最高；不同果枝部位间比较，以渍水 14d 下部果枝生物量最高，中部和上部果枝则以渍水 7d 时最高。

土壤干旱、渍水胁迫下，以叶片的胁迫指数最大，蕾铃和茎枝次之；在棉花不同果枝部位间，随果枝部位上升胁迫指数增加（表 7-5）。

花铃期土壤干旱或渍水棉花叶片生物量分配系数均显著降低，干旱下棉花根系生物量分配系数显著增加，茎枝和蕾铃生物量分配系数降低；渍水下则相反（表 7-5）。在棉花不同果枝部位间，干旱下棉花下部果枝生物量分配系数增加、中部果枝分配系数变化较小、上部果枝分配系数降低。渍水 7d 棉花下部果枝生物量分配系数显著增加，中部和上部果枝变化较小；渍水 14d 棉花下部和中部果枝生物量分配系数增加，上部果枝分配系数降低。

表 7-5 花铃期土壤干旱和渍水对棉花生物量、胁迫指数和分配系数的影响（2007 年，2009 年）

年份	处理	叶片	茎枝	蕾铃	根系	下部果枝	中部果枝	上部果枝	整株
		生物量（$g \cdot m^{-2}$）							
2007	对照	156.2a	149.4a	303.5a	52.2b	203.4a	217.4a	114.1a	661.6a
	干旱	89.3b	114.8b	216.7b	77.8a	167.4b	153.7b	63.7b	498.9b
	渍水 14d	65.2c	89.6c	156.9c	25.2c	176.0b	115.5c	20.2c	336.9c
2009	对照	177.4a	154.8a	302.2a	68.2b	196.1a	202.8a	134.5a	703.5a
	干旱	91.3b	99.8b	193.8b	89.7a	146.2b	131.8b	69.0b	474.6b
	渍水 7d	71.0c	83.1c	182.5b	28.1c	114.6c	109.9c	72.1b	364.6c
	渍水 14d	46.4d	66.3d	134.2b	23.4c	134.1b	88.1d	24.6c	270.3d

续表

年份	处理	叶片	茎枝	蕾铃	根系	下部果枝	中部果枝	上部果枝	整株
					胁迫指数				
2007	干旱	0.43	0.23	0.29	−0.49	0.18	0.29	0.44	0.25
	渍水 14d	0.58	0.40	0.48	0.52	0.13	0.47	0.82	0.49
2009	干旱	0.49	0.36	0.36	−0.31	0.25	0.35	0.49	0.29
	渍水 7d	0.60	0.46	0.40	0.59	0.41	0.46	0.46	0.41
	渍水 14d	0.74	0.57	0.56	0.66	0.32	0.57	0.82	0.56
					分配系数				
2007	对照	0.24a	0.23b	0.46a	0.08b	0.31b	0.33a	0.17a	
	干旱	0.18c	0.23b	0.43b	0.16a	0.34b	0.31b	0.13b	
	渍水 14d	0.19b	0.26a	0.47a	0.07b	0.52a	0.34a	0.06c	
2009	对照	0.25a	0.22a	0.43c	0.10b	0.28c	0.29b	0.19a	
	干旱	0.19b	0.21b	0.41c	0.19a	0.31b	0.28b	0.15b	
	渍水 7d	0.19b	0.23a	0.50b	0.08c	0.31b	0.30ab	0.20a	
	渍水 14d	0.17b	0.23a	0.51a	0.09b	0.50a	0.33a	0.09c	

注：同列中不同小写字母表示在 0.05 水平差异显著

综上，花铃期土壤干旱或渍水显著降低地上部生物量并改变其在不同果枝部位间的分配，胁迫指数随果枝部位上升而增加；干旱或渍水胁迫增加了棉花下部果枝生物量分配，干旱降低了棉花上部果枝生物量分配，渍水 7d 棉花中部和上部果枝生物量分配变化较小，渍水 14d 时中部果枝生物量分配增加而上部显著降低。

第三节 棉花叶片和纤维发育中蔗糖代谢与水分

棉铃发育所需的养分主要来源于棉铃对位叶，其中淀粉是光合产物的主要贮存形式，蔗糖是光合产物由源器官到库器官的主要运输形式，因此棉铃对位叶蔗糖代谢对棉花产量品质形成具有重要作用。

棉纤维比强度是原棉品质的重要指标，其形成取决于纤维发育过程中纤维素的累积特性，而纤维素的累积实质是纤维中糖代谢循环的过程，土壤水分影响该过程。研究花铃期土壤干旱或渍水影响棉花叶片与纤维发育中蔗糖代谢的生理机制，可为探索水分胁迫下提高棉花产量品质的调控途径提供依据。

一、棉花叶片蔗糖代谢与水分

(一) 棉花主茎功能叶和棉铃对位叶蔗糖代谢与水分

1. 碳水化合物含量 花铃期土壤渍水降低了棉花主茎功能叶淀粉、蔗糖含量，渍水时间越长降低幅度越大,渍水 12d 时分别降低 45.9%~59.6%、59.6%~49.2%;蔗糖/淀粉值在渍水 3~9d 呈升高变化,渍水 12d 时蔗糖/淀粉值低于对照(图 7-9)。棉铃对位叶淀粉、蔗糖含量在渍水后变化趋势与功能叶相反,淀粉、蔗糖含量在渍水后高于对照,2011 年以渍水 9d 处理的增幅最大,较对照分别增加 72.4%和 179.5%;2012 年以渍水 6d 处理的增幅最大,较对照分别增加 178.9%和 54.3%。渍水对棉铃对位叶蔗糖/淀粉值的影响年际间不同,2011 年蔗糖/淀粉值在渍水后升高,在渍水 9d 时增幅最大,较对照增加 62.8%;2012 年蔗糖/淀粉值随渍水时间延长而降低(表 7-6)。

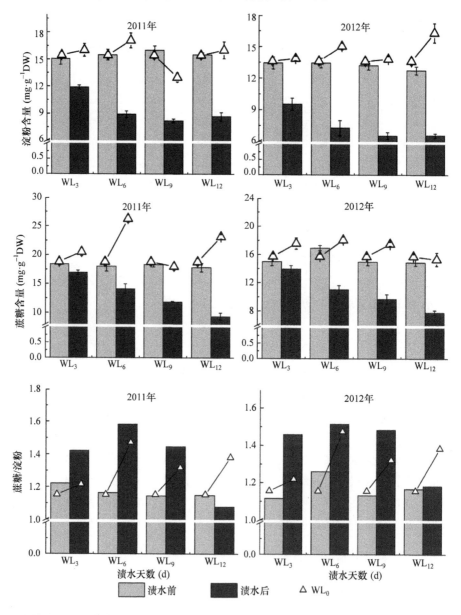

图 7-9 花铃期短期土壤渍水对棉花主茎功能叶淀粉、蔗糖含量和蔗糖/淀粉的影响(2011~2012 年)
WL_0、WL_3、WL_6、WL_9、WL_{12} 分别表示渍水 0d(对照)、3d、6d、9d、12d

表 7-6 花铃期短期土壤渍水对棉铃对位叶淀粉、蔗糖含量和蔗糖/淀粉的影响(2011~2012 年)

相关指标	渍水天数(d)	2011 年花后天数(d)					2012 年花后天数(d)				
		0	3	6	9	12	0	3	6	9	12
蔗糖含量 (mg·g⁻¹ DW)	0	19.52a	15.56b	16.69c	11.07d	18.00c	16.86a	18.36c	18.94c	10.24c	20.46b
	3	18.35a	21.64a	20.43b	15.50c	15.71b	16.03ab	21.21a	21.15b	10.66bc	17.61c
	6	18.98a		26.5a	18.07b	20.35b	16.59ab		29.23a	12.92a	22.54a
	9	19.11a			30.94a	24.78a	15.62b			13.20a	21.39b
	12	18.97a				25.57a	16.34ab				15.98d
	CV(%)	2.21	23.11	23.35	45.17	20.39	2.97	10.19	23.44	12.94	13.89
淀粉含量 (mg·g⁻¹ DW)	0	11.36ab	15.22b	13.37c	14.15d	16.99b	15.93a	22.10b	11.15c	13.63c	11.67d
	3	11.00b	17.50a	15.85b	15.47c	17.65b	14.93ab	25.21a	15.21b	11.65d	8.08e
	6	10.98b		19.88a	17.30b	17.73b	14.82ab		31.19a	19.15b	12.84c
	9	11.31ab			24.40a	21.97a	14.60b			24.30a	15.90b
	12	11.97a				23.06a	15.24ab				20.14a
	CV(%)	3.54	9.85	20.08	25.61	14.44	3.42	9.30	55.23	33.22	33.14
蔗糖/淀粉	0	1.72	1.02	1.25	0.78	1.06	1.06	0.83	1.70	0.75	1.75
	3	1.67	1.24	1.29	1.00	0.89	1.07	0.84	1.39	0.92	2.18
	6	1.73		1.33	1.04	1.15	1.12		0.94	0.67	1.76
	9	1.69			1.27	1.13	1.07			0.54	1.35
	12	1.58				1.11	1.07				0.79
	CV(%)	3.41	13.41	3.28	19.43	9.76	2.18	0.89	28.54	21.53	33.39

注：同列中不同小写字母表示在 0.05 水平差异显著

2. 蔗糖代谢相关酶活性

(1) 蔗糖合成酶(Sus)和磷酸蔗糖合成酶(SPS)　花铃期土壤渍水使棉花主茎功能叶 Sus、SPS 活性升高，渍水时间越长活性越高，渍水 3d、6d、9d 棉花 Sus、SPS 活性在停止渍水 7d 后均能恢复至对照水平，渍水 12d 处理仍高于对照(图 7-10)。渍水胁迫下棉铃对位叶 Sus、SPS 活性总体呈升高变化(表 7-7)，2011 年 Sus、SPS 活性均以渍水 9d 处理的增幅最大，较对照分别增加 44.1%、26.5%；2012 年以渍水 6d 处理的增幅最大，较对照分别增加 39.4%、17.2%。

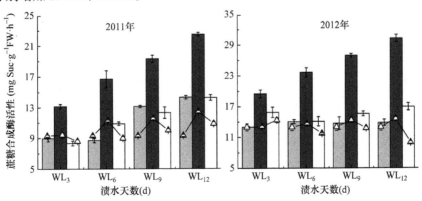

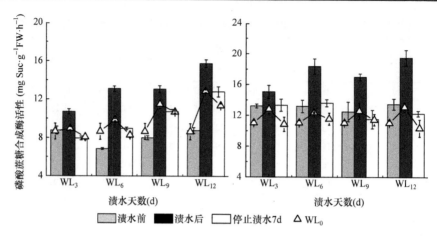

图 7-10　花铃期短期土壤渍水对棉花主茎功能叶蔗糖合成酶、磷酸蔗糖合成酶活性的影响(2011～2012 年)
WL_0、WL_3、WL_6、WL_9、WL_{12} 分别表示渍水 0d(对照)、3d、6d、9d、12d

表 7-7　花铃期短期土壤渍水对棉铃对位叶蔗糖合成酶、磷酸蔗糖合成酶活性的影响(2011～2012 年)

相关指标	渍水天数(d)	2011 年花后天数(d)					2012 年花后天数(d)				
		0	3	6	9	12	0	3	6	9	12
蔗糖合成酶活性 (mg Suc·h⁻¹·g⁻¹FW)	0	15.04a	6.79b	21.74b	14.67b	17.00c	24.15ab	23.62b	21.33c	17.90d	9.38c
	3	13.92bc	9.10a	22.52b	21.05a	14.77d	23.81b	26.79a	24.16b	20.39b	11.24ab
	6	13.64bc		30.10a	21.39a	19.25b	23.70b		29.73a	21.59a	12.27a
	9	14.48ab			21.14a	19.86b	23.67b			19.16c	9.90bc
	12	13.48c				21.61a	24.92a				7.45d
	CV(%)	4.56	20.56	18.63	16.69	14.37	2.17	8.89	17.05	8.04	18.33
磷酸蔗糖合成酶活性 (mg Suc·h⁻¹·g⁻¹FW)	0	8.63a	6.10b	21.30b	14.67c	17.64b	22.25a	27.10a	17.34b	16.31c	17.70b
	3	8.64a	7.35a	20.80b	19.39a	14.68c	22.73a	28.05a	17.84b	17.73bc	16.38c
	6	8.86a		24.21a	17.13b	18.18a	22.48a		20.33a	18.73ab	17.46bc
	9	8.68a			18.56a	18.55b	20.50b			19.55a	19.44a
	12	8.1b				18.16a	22.37a				13.78d
	CV(%)	1.23	13.14	8.33	11.86	9.05	4.05	2.44	8.66	7.72	12.30

注：同列中不同小写字母表示在 0.05 水平差异显著

(2) Rubisco 初始活性、总活性及活化状态　棉花主茎功能叶和棉铃对位叶 Rubisco 初始活性和总活性均随渍水天数延长而降低，而其活化态除棉铃对位叶在渍水 12d 时降低外，其余渍水处理均呈升高变化趋势(图 7-11，表 7-8)。在 2011～2012 年，渍水 12d 时棉花主茎功能叶 Rubisco 初始活性、总活性较对照分别降低 70.86%～77.17%、67.73%～72.96%，其活化状态则升高 9.50%～15.91%，停止渍水 7d 后 Rubisco 初始活性较总活性恢复较快，但仍低于对照，而 Rubisco 活化状态仍高于对照。停止渍水后，棉铃对位叶 Rubisco 初始活性、总活性和活化状态均未恢复至对照水平。

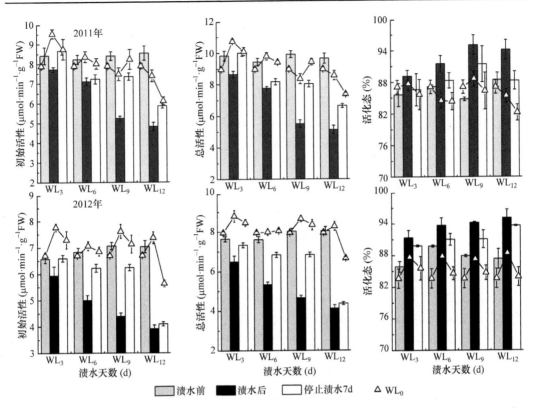

图 7-11 花铃期短期土壤渍水对棉花主茎功能叶 Rubisco 初始活性、总活性及活化态的影响(2011~2012 年)

WL_0、WL_3、WL_6、WL_9、WL_{12} 分别表示渍水 0d(对照)、3d、6d、9d、12d

表 7-8 花铃期短期土壤渍水对棉铃对位叶 Rubisco 初始活性、总活性及活化态的影响(2011~2012 年)

相关指标	渍水天数(d)	2011 年花后天数(d)					2012 年花后天数(d)				
		0	3	6	9	12	0	3	6	9	12
Rubisco 初始活性 ($\mu mol \cdot min^{-1} \cdot g^{-1} FW$)	0	6.33a	5.97a	7.23a	7.82a	8.34a	6.07ab	6.12a	6.63a	7.10a	7.84a
	3	6.42a	4.98b	6.47b	6.54b	7.00b	5.74ab	4.46b	5.98b	6.08b	6.73b
	6	6.16a		5.53c	5.14c	6.06c	5.96ab		4.89c	4.92c	5.62c
	9	6.28a			3.51d	4.36d	6.29a			3.00d	3.57d
	12	6.21a				2.43e	5.94ab				1.79e
	CV(%)	1.62	12.79	13.29	32.21	40.89	3.35	22.19	15.07	33.34	47.67
Rubisco 总活性 ($\mu mol \cdot min^{-1} \cdot g^{-1} FW$)	0	7.33a	6.79a	8.36a	9.18a	9.73a	7.02b	6.97a	8.16a	8.40a	9.80a
	3	7.51a	5.39b	7.10b	7.41b	7.86b	6.97b	4.87b	6.85b	6.88b	8.05b
	6	7.38a		5.78c	5.51c	6.63c	6.98b		5.13c	5.09c	6.50c
	9	7.36a			3.88d	4.75d	7.36a			3.63d	4.20d
	12	7.19a				3.14e	7.14ab				2.65e
	CV(%)	1.56	16.26	18.22	35.40	40.17	2.30	25.08	22.64	34.67	46.08

续表

相关指标	渍水天数(d)	2011年花后天数(d)					2012年花后天数(d)				
		0	3	6	9	12	0	3	6	9	12
Rubisco活化状态(%)	0	85.13a	87.89b	86.50c	85.24c	85.71b	86.41a	87.82b	81.28b	84.43bc	80.01b
	3	85.60a	92.40a	91.19b	88.22bc	89.00ab	82.43a	91.52a	87.29ab	88.40b	83.59ab
	6	83.51a		95.63a	93.18a	91.32a	85.34a		95.48a	96.70a	86.42a
	9	85.24a			90.46ab	91.91a	85.48a			82.55c	85.04ab
	12	86.43a				77.57c	83.20a				67.28c
	CV(%)	1.25	3.54	5.01	3.77	6.73	1.98	2.92	8.10	7.13	9.63

注：同列中不同小写字母表示在0.05水平差异显著

(3)胞质果糖-1,6-二磷酸酶(cy-FBPase)　棉花主茎功能叶、棉铃对位叶cy-FBPase活性在渍水处理前差异较小，渍水3～6d时棉花主茎功能叶cy-FBPase活性变化较小，渍水9～12d时cy-FBPase活性降低(图7-12)，渍水12d时棉花主茎功能叶cy-FBPase活性在2011～2012年降低了19.5%～26.0%，渍水3～9d棉花在停止渍水后7d的主茎功能叶cy-FBPase活性可恢复至对照水平。棉铃对位叶cy-FBPase活性随渍水时间延长而降低(表7-9)，至渍水12d时其活性在2011～2012年较对照降低25.1%～38.0%，在停止渍水后所测定的日期内除渍水3d与渍水6d差异较小外，其他渍水处理棉铃对位叶cy-FBPase活性仍低于对照。

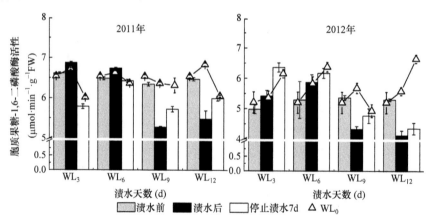

图7-12　花铃期短期土壤渍水对棉花主茎功能叶胞质果糖-1,6-二磷酸酶活性的影响(2011～2012年)

WL_0、WL_3、WL_6、WL_9、WL_{12}分别表示渍水0d(对照)、3d、6d、9d、12d

表 7-9 花铃期短期土壤渍水对棉铃对位叶胞质果糖-1,6-二磷酸酶活性（$\mu mol \cdot min^{-1} \cdot g^{-1}FW$）的影响（2011～2012 年）

渍水天数(d)	2011 年花后天数(d)					2012 年花后天数(d)				
	0	3	6	9	12	0	3	6	9	12
0	2.63a	2.70a	2.99a	2.97a	2.99a	4.17a	4.88a	4.37a	4.40a	4.60a
3	2.65a	2.24b	2.79b	2.88b	2.90ab	4.23a	4.16b	4.17ab	4.17b	4.28b
6	2.69a		2.49c	2.73c	2.80b	4.30a		3.59b	3.73c	3.22d
9	2.74a			2.41d	2.55c	4.26a			3.39d	3.53c
12	2.65a				2.24d	4.24a				2.85e
CV(%)	1.64	13.17	9.13	8.95	11.25	1.12	11.26	10.02	11.49	19.73

注：同列中不同小写字母表示在 0.05 水平差异显著

3. 碳水化合物含量与蔗糖代谢相关酶活性的相关性 棉花主茎功能叶蔗糖、淀粉含量与 cy-FBPase、Rubisco 初始活性及总活性呈显著正相关，与 Sus 活性及 Rubisco 活化状态呈显著负相关（表 7-10）。棉铃对位叶蔗糖、淀粉含量与 Sus 活性呈显著正相关，淀粉含量与 cy-FBPase、Rubisco 初始活性及总活性呈显著负相关。棉花主茎功能叶和棉铃对位叶蔗糖、淀粉含量与 SPS 活性相关性在年际间不同：2011 年棉花主茎功能叶和棉铃对位叶蔗糖、淀粉含量与 SPS 活性相关性不显著，2012 年主茎功能叶蔗糖、淀粉含量与 SPS 活性呈显著负相关，蔗糖/淀粉值与 SPS 活性呈显著正相关。

表 7-10 棉花主茎功能叶、棉铃对位叶蔗糖、淀粉含量与蔗糖代谢相关酶活性的相关性（2011～2012 年）

相关指标	叶位	年份	蔗糖合成酶	磷酸蔗糖合成酶	胞质果糖-1,6-二磷酸酶	Rubisco 初始活性	Rubisco 总活性	Rubisco 活化状态
蔗糖含量	主茎功能叶	2011	−0.756**	0.327	0.696**	0.737**	0.780**	−0.862**
		2012	−0.937**	−0.908**	0.689**	0.949**	0.945**	−0.795**
	棉铃对位叶	2011	0.963**	0.408	−0.760**	−0.791**	−0.825**	0.279
		2012	0.692**	0.856**	−0.130	−0.134	−0.239	0.558*
淀粉含量	主茎功能叶	2011	−0.824**	0.004	0.613*	0.841**	0.883**	−0.928**
		2012	−0.929**	−0.909**	0.566*	0.937**	0.944**	−0.841**
	棉铃对位叶	2011	0.825**	0.298	−0.570*	−0.682*	−0.711**	0.180
		2012	0.362	0.608*	−0.479	−0.616*	−0.724**	0.445
蔗糖/淀粉	主茎功能叶	2011	0.036	0.795**	0.260	−0.084	−0.095	0.084
		2012	0.518	0.555*	−0.034	−0.511	−0.541	0.583*
	棉铃对位叶	2011	0.019	−0.406	−0.138	−0.032	−0.019	−0.024
		2012	0.364	0.390	0.434	0.588*	0.637*	−0.069

*、**分别表示在 0.05、0.01 水平相关性显著（$n=13$，$R^2_{0.05}=0.553$，$R^2_{0.01}=0.684$）

综上，土壤渍水对棉花主茎功能叶和棉铃对位叶光合产物形成的影响存在共同点：Sus 活性与棉花主茎功能叶和棉铃对位叶蔗糖、淀粉均显著相关，且年际间变化一致，表明 Sus 是土壤渍水影响主茎功能叶和棉铃对位叶光合产物形成与运转的关键酶。

土壤渍水对棉花主茎功能叶和棉铃对位叶光合产物分配的影响存在差异：渍水促进了棉花主茎功能叶蔗糖的外运，渍水3～9d时光合产物分配利于蔗糖合成，高活性Sus促进了蔗糖输出，渍水12d时光合产物形成与输出受阻。渍水抑制了棉铃对位叶光合产物的形成与输出，蔗糖在对位叶中累积，运输至棉铃的蔗糖减少，不利于棉铃发育；6～9d是渍水胁迫下对位叶中蔗糖合成与分解活跃的临界渍水时间，此时Sus和SPS活性的增幅最大。

(二) 棉花不同果枝部位棉铃对位叶蔗糖代谢与水分

1. 碳水化合物含量 花铃期干旱棉花下部、上部果枝棉铃对位叶可溶性糖含量高于对照（图7-13），在中部果枝则低于对照。花铃期渍水棉花棉铃对位叶可溶性糖含量显著增加，渍水7d时棉花下部、中部果枝棉铃对位叶可溶性糖含量分别于24DPA、31DPA达最高；其后以渍水14d处理较高，表明随渍水时间延长，棉铃对位叶可溶性糖含量增加以适应土壤水分变化。

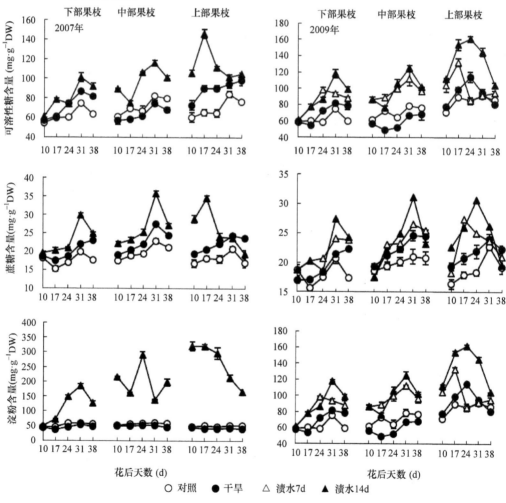

图7-13 花铃期土壤干旱、渍水对棉铃对位叶碳水化合物含量的影响（2007年，2009年）

花铃期干旱棉花棉铃对位叶蔗糖含量较对照增加(图 7-13),渍水棉花棉铃对位叶蔗糖含量变化与可溶性糖一致,渍水 14d 时棉花下、中部果枝棉铃对位叶蔗糖含量在 38DPA 降低。

花铃期干旱棉花下部果枝棉铃对位叶淀粉含量在 10～17DPA 与对照差异较小(图 7-13),之后中部、上部棉铃对位叶淀粉含量均低于对照。花铃期渍水棉花棉铃对位叶淀粉含量显著高于对照,中部和上部果枝增加幅度大于下部果枝;渍水 14d 时,以中部和上部果枝棉铃对位叶淀粉含量最高。

花铃期干旱棉花棉铃对位叶蔗糖/淀粉值高于对照,不同果枝部位间以上部果枝蔗糖/淀粉值最高,表明干旱下棉铃对位叶光合产物向蔗糖分配增加,且随果枝部位上升该趋势愈加明显。渍水棉花棉铃对位叶蔗糖/淀粉值显著下降,渍水破坏了蔗糖与淀粉间的平衡。

2. 蔗糖代谢相关酶活性　　花铃期干旱下棉铃对位叶蔗糖磷酸合成酶(SPS)活性低于对照(图 7-14),表明干旱抑制棉铃对位叶 SPS 活性,蔗糖合成受阻。渍水使棉铃对位叶 SPS 活性增加,与对照的差异随果枝部位上升而增大,且活性峰值出现时间提前;渍水时间相比,渍水 14d 棉铃对位叶 SPS 活性较高。干旱、渍水对蔗糖合成酶(Sus)的影响与 SPS 相似。

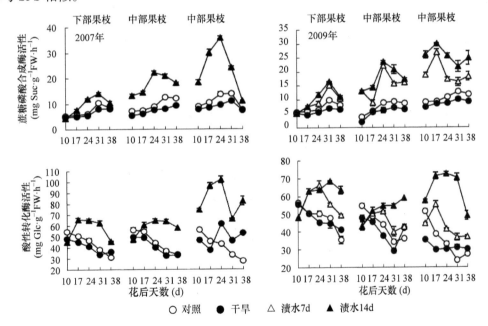

图 7-14　花铃期土壤干旱、渍水对棉铃对位叶蔗糖代谢相关酶活性的影响(2007 年, 2009 年)

花铃期干旱下棉花上部果枝棉铃对位叶酸性转化酶活性在 17DPA 前降低,其后活性增加。渍水 7d 时棉铃对位叶酸性转化酶活性变化在 17DPA 后与对照一致但高于对照,渍水 14d 时棉花下部、中部果枝棉铃对位叶酸性转化酶活性 10DPA 后显著上升。随花后天数增加和果枝部位上升，渍水 14d 时酸性转化酶活性与对照及渍水 7d 时的差异变大，表明渍水时间延长对棉铃对位叶酸性转化酶活性影响加大，主要影响叶片可供外运的蔗糖水平。

3. 棉铃对位叶光合产物形成与运转相关酶基因表达与水分　　对照（WL_0）棉花 10～24DPA 棉铃对位叶 Sus、SPS、Rubisco 活化酶（RCA）表达量持续升高，均在 24DPA 达峰值（图 7-15）。土壤渍水对其基因表达的影响因果枝部位而异：下部果枝（FB_{2-3}）棉铃对位叶 Sus 基因表达在 17DPA 上调，渍水 3d 时上调幅度最大，24DPA 时下调；渍水显著上调了中部果枝棉铃对位叶 Sus 基因表达量，渍水时间越长上调幅度越大；渍水降低了上部果枝（FB_{10-11}）Sus 在 17DPA 的表达量，10DPA、24DPA 时上调表达，渍水 12d 时上调幅度最大；顶部果枝（FB_{14-15}）Sus 基因在渍水 3d、9d、12d 均呈降低趋势。渍水后，棉花下部、中部、上部果枝棉铃对位叶 SPS 基因在 10～24DPA 上调表达，渍水时间越长上调幅度越大；渍水 3d、6d、9d、12d 棉花不同测定时期棉铃对位叶 SPS 基因表达量平均值较对照（WL_0）在下部、中部（FB_{6-7}）、上部果枝分别上调 54.19%、20.73%、60.96%、76.95%、72.51%、167.40%、171.67%、215.25%、25.54%、31.80%、2.37%、68.75%。土壤渍水棉花下部、中部、上部果枝棉铃对位叶 RCA 基因表达在 10～24DPA 均呈上调趋势，渍水时间越长上调幅度越大；渍水 3d、6d、9d、12d 棉花不同测定时期棉铃对位叶 RCA 基因表达量平均值较对照（WL_0）在下部、中部、上部果枝分别上调 62.50%、106.76%、171.91%、174.87%、35.04%、45.88%、39.85%、67.68%、24.59%、25.21%、36.12%、59.02%。

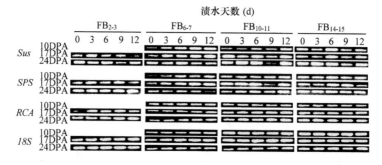

图 7-15　花铃期短期土壤渍水对棉花不同果枝部位棉铃对位叶蔗糖合成酶基因（Sus）、磷酸蔗糖合成酶基因（SPS）、Rubisco 活化酶基因（RCA）mRNA 相对丰度的影响

18S 为细胞组成性表达，作为本试验的内参

花铃期短期土壤渍水影响棉铃对位叶蔗糖代谢且在不同果枝部位间差异显著：渍水对中部果枝棉铃对位叶光合产物形成与运转影响最大、下部果枝次之、上部和顶部果枝最小，渍水 6d 对上部和顶部果枝补偿效应最明显。光合产物中以蔗糖对渍水最敏感，光合产物形成与运转相关酶系中以 Rubisco 和 cy-FBPase 最敏感、Sus 和 SPS 次之；棉花下部和中部果枝棉铃对位叶在棉铃发育前、中期对渍水敏感，上部和顶部果枝在棉铃发育中、后期对渍水敏感。

渍水下棉铃对位叶净光合速率降低主要是因为 Rubisco 初始活性和 cy-FBPase 活性下降，渍水 3～9d 时棉株自身能通过提高 Rubisco 活化状态和上调 RCA 表达来缓解 P_n 下降；较低的 P_n、蔗糖转化率和 Rubisco 初始活性是渍水后铃重降低的主要原因。棉花上部、顶部果枝棉铃对位叶蔗糖含量因补偿作用升高，但是蔗糖转化率降低，蔗糖从对位叶向棉铃输出受阻，表明渍水对棉花铃重形成的胁迫不可逆。Sus 是棉花渍水后蔗糖分解的关键酶，渍水影响其活性增加的临界时间是 3～6d，其高活性利于延长籽棉生物量快速累积持续期，利于棉花渍水后铃重的增加。

(三) 棉花不同果枝部位棉铃铃重与水分

花铃期干旱或渍水下棉花不同果枝部位棉铃铃重均显著降低（表 7-11），不同果枝部位间比较，干旱对中部果枝铃重的影响最大、上部果枝次之、下部果枝最小；渍水下棉花铃重随果枝部位上升和渍水时间延长下降幅度增大。

表 7-11 花铃期土壤干旱、渍水对棉花铃重的影响（2007 年，2009 年）

年份	处理	铃重(g)		
		下部果枝	中部果枝	上部果枝
2007	对照	5.05a	5.54a	4.96a
	干旱	4.78b	5.02b	4.54b
	渍水 14d	4.27c	4.66b	3.68b
2009	对照	5.10a	5.88a	5.25a
	干旱	4.67b	5.10b	4.75a
	渍水 7d	4.77b	5.06b	4.07b
	渍水 14d	4.45c	4.83c	3.57c

注：同列中不同小写字母表示在 0.05 水平差异显著

综上，花铃期干旱使棉花中部果枝棉铃对位叶可溶性糖含量降低，而下部、上部果枝则增加，蔗糖含量增加，淀粉含量降低，干旱促进叶片光合产物向蔗糖分配；棉铃对位叶 SPS、Sus 活性降低、酸性转化酶活性先降低后增加，蔗糖合成受抑制，可供外运的蔗糖水平显著降低；花铃期干旱下棉花铃重降低的主要生理原因是蔗糖合成减少和外运受抑。花铃期渍水使棉花棉铃对位叶可溶性糖、蔗糖、淀粉含量增加，蔗糖/淀粉值下降，渍水时蔗糖外运受阻且随渍水时间延长外运受阻加重；棉铃对位叶 SPS、Sus 和酸性转化酶活性提高，且随渍水时间延长和果枝部位上升而增大，渍水使棉花铃重下降的主要原因是蔗糖代谢被激活，但并未能促进叶片蔗糖的外运。

二、纤维蔗糖代谢与水分

(一)纤维发育物质代谢

1. 蔗糖含量　花铃期干旱，棉花下部、上部果枝和渍水棉花下部、中部、上部果枝部位纤维蔗糖含量在10DPA或17DPA均显著高于对照，24DPA前后显著降低(图7-16)，这可能与干旱或渍水下碳源持续供给能力降低有关，干旱使棉花中部果枝铃纤维蔗糖含量均低于对照。不同渍水时间相比，棉花下部果枝在渍水7d时的纤维蔗糖含量较高，中部和上部果枝在17DPA后在渍水14d时较高，渍水14d降低了下部果枝铃纤维蔗糖含量，影响中部和上部果枝铃纤维蔗糖向纤维素的转化。

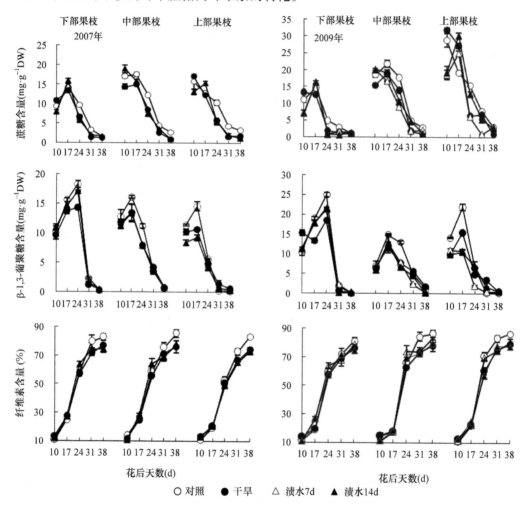

图7-16　花铃期短期土壤干旱、渍水对棉纤维物质含量变化的影响(2007年, 2009年)

以'泗杂3号'为材料，研究发现，花铃期渍水显著降低棉花不同果枝部位铃纤维蔗糖含量最大值，但降幅随果枝部位升高而变小，蔗糖含量最小值则呈增加变化，导致蔗糖转化率降低(表 7-12)。

表 7-12 花铃期短期土壤渍水对棉花不同果枝部位铃纤维蔗糖含量和蔗糖转化率的影响(2011～2012 年)

相关指标	渍水时间(d)	2011 年				2012 年			
		下部果枝 FB$_{2-3}$	中部果枝 FB$_{6-7}$	上部果枝 FB$_{10-11}$	顶部果枝 FB$_{14-15}$	下部果枝 FB$_{2-3}$	中部果枝 FB$_{6-7}$	上部果枝 FB$_{10-11}$	顶部果枝 FB$_{14-15}$
最大蔗糖含量 (mg·g^{-1}DW)	0(对照)	18.00a	18.52a	17.22a	27.07a	18.77a	18.92a	18.86a	16.31b
	3	15.96b	16.44b	14.54b	22.50c	16.00b	16.70b	17.84b	17.58a
	6	13.26c	14.84c	13.58b	24.54b	13.01c	12.81c	15.93c	16.06b
	9	11.52d	12.80d	11.46c	21.85d	9.77d	9.28d	13.42d	14.87c
	12	9.94e	10.65e	10.87c	20.81e	8.20e	7.73e	11.03e	12.18d
	CV(%)	23.78	20.94	18.82	10.62	33.09	36.33	20.82	13.26
最小蔗糖含量 (mg·g^{-1}DW)	0(对照)	1.43b	0.81b	1.95a	4.33b	2.47c	2.55c	3.44c	2.85c
	3	2.29a	1.21b	1.97a	4.44b	3.30a	3.97a	5.26a	4.14a
	6	2.20a	1.64a	2.03a	4.99ab	3.13ab	3.48ab	5.14a	4.25a
	9	2.14a	1.80a	1.84a	4.63b	3.03ab	2.96bc	4.68ab	4.16a
	12	2.04a	1.71a	2.07a	5.36a	2.72bc	2.77c	4.03bc	3.46b
	CV(%)	16.96	28.97	4.58	8.93	11.42	18.3	16.98	16.05
蔗糖转化率 (%)	0(对照)	92.07a	95.62a	88.65a	84.00a	86.90a	86.52a	81.74a	82.52a
	3	85.68b	92.68a	86.42b	80.30b	79.40b	76.21b	70.54b	76.47b
	6	83.40bc	88.91b	85.11bc	79.67b	75.88c	72.84bc	67.63bc	73.47bc
	9	81.47bc	85.96c	83.98c	78.81b	69.05d	67.97cd	65.15bc	72.02c
	12	79.47c	83.92c	80.96d	74.30c	66.87d	63.95d	63.45c	71.62c
	CV(%)	6.11	5.70	3.53	4.68	12.09	13.52	11.41	6.29

注：同列中不同小写字母表示在 0.05 水平差异显著

2. β-1,3-葡聚糖含量 花铃期土壤干旱或渍水降低了棉纤维 β-1,3-葡聚糖含量，在棉花不同果枝部位间存在差异(图 7-16)，干旱棉花下部、中部和上部果枝铃纤维 β-1,3-葡聚糖含量在 10～24DPA 均显著低于对照，中部和上部果枝铃在 31～38DPA 略高于对照，干旱对中、上部果枝铃纤维 β-1,3-葡聚糖含量的影响较大，抑制了 10～24DPA 时 β-1,3-葡聚糖的合成及其在 31～38DPA 的降解。

在渍水 7d 时，棉花下部果枝铃纤维 β-1,3-葡聚糖含量受影响较小，中部、上部果枝低于对照；渍水 14d 时，棉花下部、中部和上部果枝铃纤维 β-1,3-葡聚糖含量分别在 7～31DPA、10～24DPA 和 10～17DPA 降低。不同渍水时间之间相比，棉花下部果枝铃纤维 β-1,3-葡聚糖含量在渍水 7d 时较高；中、上部果枝在 24DPA 前在渍水 7d 时较高，其后在渍水 14d 时较高，渍水时间延长对照初期 β-1,3-葡聚糖合成减少而后期降解受抑制加重。

以'泗杂 3 号'为材料，研究发现渍水下棉花下部和中部果枝铃纤维 β-1,3-葡聚糖含量随渍水时间延长呈增加变化(表 7-13)，在棉花不同果枝部位间存在差异。

表 7-13　花铃期短期土壤渍水对棉花不同果枝部位铃纤维 β-1,3-葡聚糖含量($mg \cdot g^{-1}DW$)的影响(2011~2012 年)

渍水时间(d)	2011 年				2012 年			
	下部果枝 FB_{2-3}	中部果枝 FB_{6-7}	上部果枝 FB_{10-11}	顶部果枝 FB_{14-15}	下部果枝 FB_{2-3}	中部果枝 FB_{6-7}	上部果枝 FB_{10-11}	顶部果枝 FB_{14-15}
0(对照)	2.30d	2.29d	2.55b	5.08a	3.02c	2.64e	3.13a	3.65a
3	2.44d	2.83c	2.69a	4.84b	3.47b	2.97d	3.30a	3.45b
6	2.67c	2.80c	2.57b	4.36c	3.49b	3.18c	3.04a	3.29c
9	2.92b	2.98b	2.55b	4.78b	3.68a	3.37b	3.21a	3.47b
12	3.24a	3.14a	2.57b	4.30c	3.77a	3.66a	3.03a	3.62a
CV(%)	13.8	11.3	2.3	7.1	8.4	12.2	3.7	4.1

注：同列中不同小写字母表示在 0.05 水平差异显著

3. 纤维素含量　棉纤维素含量呈"S"形变化趋势，干旱棉花下部、上部果枝铃和渍水棉花不同果枝铃纤维素含量在 17DPA 或 24DPA 前高于对照，其后降低(图 7-16)，干旱或渍水促进了纤维素在短期内的快速累积。干旱棉花中部、上部果枝铃纤维素含量在 38DPA 的下降幅度大于下部果枝；渍水棉花随果枝部位上升纤维素含量降低时间提前；不同渍水时间相比，38DPA 纤维素含量在渍水 7d 时较高，渍水时间延长可促进纤维素在短期内的快速累积。

不同渍水时间比较发现(表 7-14)，渍水 6~12d 显著降低了棉花下部、中部果枝铃纤维素含量，降低幅度随渍水时间延长而增大，渍水 3d 对纤维素含量的影响较小。

表 7-14　花铃期短期土壤渍水对棉花不同果枝部位铃最终纤维素含量(%)的影响(2011~2012 年)

渍水时间(d)	2011 年				2012 年			
	下部果枝 FB_{2-3}	中部果枝 FB_{6-7}	上部果枝 FB_{10-11}	顶部果枝 FB_{14-15}	下部果枝 FB_{2-3}	中部果枝 FB_{6-7}	上部果枝 FB_{10-11}	顶部果枝 FB_{14-15}
0(对照)	87.23a	94.09a	82.04b	79.86a	85.95a	80.07a	71.26b	70.48abc
3	86.53a	90.92ab	87.47a	87.86a	82.67ab	77.25ab	75.42a	73.03a
6	83.31b	87.63b	86.47a	85.32a	79.81bc	76.38ab	71.95b	71.19ab
9	80.46bc	83.34c	85.13ab	81.50b	77.10cd	73.85bc	67.29c	68.42bc
12	78.21c	81.21c	85.70ab	82.00b	75.35d	70.96c	66.18c	67.71c
CV(%)	4.7	6.1	2.4	3.9	5.3	4.6	5.3	3.1

注：同列中不同小写字母表示在 0.05 水平差异显著

综上，花铃期土壤干旱或渍水下，由于碳源持续供给能力降低，棉花不同果枝部位铃纤维蔗糖和β-1,3-葡聚糖含量降低，蔗糖转化率增加。干旱或渍水下棉花在10DPA或17DPA时纤维蔗糖含量较高，24DPA前后大幅度降低，导致纤维素短期内的快速累积，这与干旱或渍水下24DPA前纤维素含量较高其后下降的结果一致。纤维素的平缓累积有利于纤维比强度的形成，而过快累积则不利于纤维比强度的形成，干旱或渍水下纤维发育初期纤维素过快累积也是最终纤维比强度下降的原因。

渍水使棉花纤维蔗糖含量最大值降低、最小值增加、蔗糖转化率{[(最大蔗糖含量-最小蔗糖含量)/最大蔗糖含量]×100%}降低，渍水对下部、中部果枝铃纤维蔗糖转化率影响最大，对顶部果枝影响最小。蔗糖转化率的高低影响蔗糖向纤维素或β-1,3-葡聚糖的转化，在蔗糖转化率较低而β-1,3-葡聚糖含量升高的背景下，必将导致纤维素含量降低。因此，渍水下棉花蔗糖含量低及转化率低是下部和中部果枝铃纤维素含量低的主要原因。

(二)纤维发育相关酶活性

1. 蔗糖合成酶和磷酸蔗糖合成酶 对于花铃期干旱棉花纤维Sus的活性，下部和中部果枝铃在10～24DPA增加，上部果枝铃在10～17DPA增加，其后酶活性降低(图7-17)。渍水棉花纤维Sus活性在不同果枝部位间差异较大，渍水7d时棉花下部、中部、上部果枝铃纤维Sus活性分别在24～31DPA、38DPA、31～38DPA急剧增加；渍水14d时棉花下部果枝铃纤维Sus活性在24DPA后降低，中部果枝持续增加。不同渍水时间比较，渍水14d时棉花中部果枝铃24～31DPA纤维Sus活性较高。干旱或渍水对棉花不同果枝部位铃纤维SPS活性的影响与Sus一致。

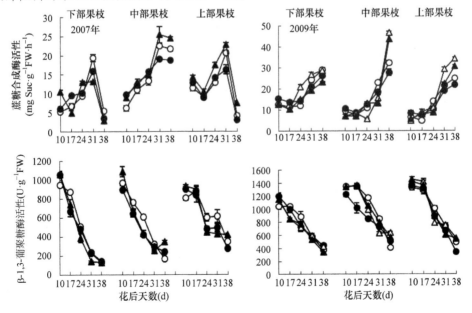

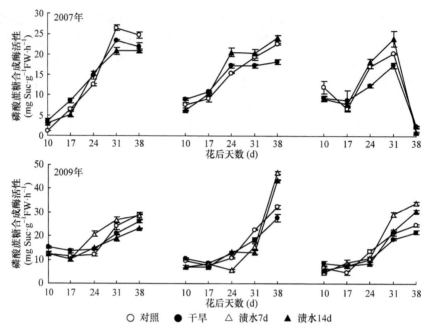

图 7-17 花铃期短期土壤干旱或渍水对棉纤维发育相关酶活性的影响(2007年, 2009年)

花铃期短期土壤渍水影响纤维 Sus 合成活性的结果表明(图 7-18),渍水使棉花下部、

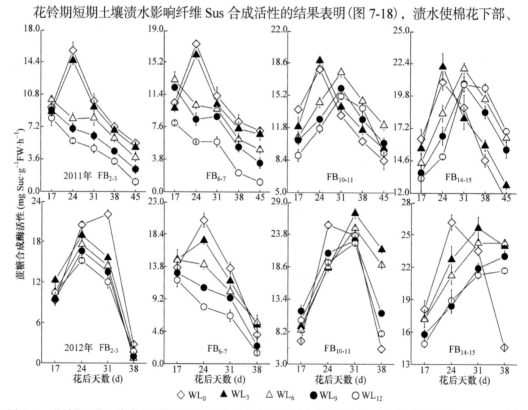

图 7-18 花铃期短期土壤渍水对棉花不同果枝部位铃纤维蔗糖合成酶活性(合成方向)的影响(2011~2012 年)

WL_0、WL_3、WL_6、WL_9、WL_{12} 分别表示渍水 0d(对照)、3d、6d、9d、12d

中部果枝铃纤维 Sus 合成活性降低，随渍水时间延长降低幅度变大，且酶活性峰值提前；上部、顶部果枝 Sus 合成活性峰值由 24DPA 推迟至 31DPA，导致渍水棉花纤维 Sus 合成活性在棉铃发育前期(17~24DPA)低于对照，在棉铃发育后期(31~45DPA)高于对照。比较纤维 Sus 合成活性均值可知，渍水 3d、6d、9d 时棉花上部和顶部果枝铃纤维 Sus 合成活性分别较对照提高 14.22%、12.76%、3.14%和 6.40%、8.76%、0.48%；渍水 12d 时棉花上部、顶部果枝铃则分别较对照降低 4.82%、0.22%。纤维 SPS 活性变化趋势与 Sus 合成活性一致。

比较纤维发育相关酶变异系数可知(表 7-15)，Sus 合成活性和 SPS 活性对渍水最敏感，说明渍水后蔗糖合成代谢影响最大。

表 7-15 花铃期短期土壤渍水棉花不同果枝部位铃纤维发育相关酶活性变异(%)(2011~2012 年)

果枝部位	花后天数(d)	2011年						2012年					
		Sus(合成活性)	SPS	Sus(分解活性)	酸性蔗糖酶	碱性蔗糖酶	β-1,3-葡聚糖酶	Sus(合成活性)	SPS	Sus(分解活性)	酸性蔗糖酶	碱性蔗糖酶	β-1,3-葡聚糖酶
下部 FB$_{2-3}$	17	8.18	15.04	5.91	6.70	4.37	3.85	11.27	21.63	4.53	2.33	3.71	4.92
	24	45.07	30.99	10.33	11.37	4.35	9.31	11.52	10.83	10.48	3.42	7.31	9.76
	31	28.65	21.41	18.90	12.92	6.43	8.70	24.91	27.36	13.39	9.26	10.38	11.07
	38	29.02	39.95	15.66	14.54	8.96	13.88	48.78	69.07	11.66	8.60	4.64	63.33
	45	49.70	58.53	43.27	21.95	9.64	39.46	无数据					
中部 FB$_{6-7}$	17	18.61	17.78	8.38	5.46	3.10	2.84	9.24	11.22	6.64	5.11	6.33	6.17
	24	42.63	33.02	13.84	8.83	8.81	8.00	34.93	42.06	5.73	7.30	5.52	9.50
	31	22.37	35.14	19.69	6.32	7.90	15.94	24.54	32.55	15.59	10.91	9.59	12.27
	38	39.72	42.34	10.09	18.38	11.48	14.94	47.54	27.69	12.44	8.87	7.83	39.84
	45	53.06	54.60	26.49	23.66	23.25	26.61	无数据					
上部 FB$_{10-11}$	17	19.17	19.25	8.17	7.75	1.23	3.84	19.49	11.09	10.52	3.43	0.98	3.43
	24	33.84	31.03	9.12	5.74	3.10	5.07	13.87	35.68	9.97	4.56	3.36	4.06
	31	12.10	15.99	10.82	11.16	7.87	6.73	7.89	16.87	15.17	9.01	6.23	9.97
	38	9.62	16.47	19.48	11.92	3.54	9.17	53.40	46.54	16.49	10.56	1.83	12.42
	45	26.64	26.73	64.11	14.58	6.50	20.67	无数据					
顶部 FB$_{14-15}$	17	8.99	24.54	5.22	3.33	1.82	4.60	14.10	11.13	8.35	4.28	2.33	2.61
	24	23.33	38.73	5.33	6.95	3.68	9.23	9.76	14.69	12.50	4.98	5.67	9.27
	31	10.17	18.64	9.20	7.34	2.24	11.37	10.71	12.27	11.53	7.12	6.98	9.10
	38	9.85	14.23	10.91	5.43	3.60	9.74	7.98	7.94	13.55	5.36	4.54	8.24
	45	11.37	13.36	8.05	10.80	3.17	15.69	无数据					

2. β-1,3-葡聚糖酶 由图 7-17 可见，花铃期干旱、渍水下棉纤维 β-1,3-葡聚糖酶活性降低，干旱对棉花中部、上部果枝铃纤维 β-1,3-葡聚糖酶活性影响较大，分别在 10~31DPA、24~38DPA 显著降低。渍水对 β-1,3-葡聚糖酶活性影响与果枝部位及渍水时间有关，渍水 7d 时棉花下部、中部、上部果枝铃纤维 β-1,3-葡聚糖酶活性分别在 17~24DPA、24~31DPA、24DPA 显著降低，以中部果枝铃受影响较大；渍水 14d 时棉花下部、中部、上部果枝铃纤维 β-1,3-葡聚糖酶活性分别在 17~38DPA、24DPA、24~31DPA 显著降低，以下部果枝铃受影响最大，对中部果枝铃影响较小。不同渍水时间比较，棉花中部果枝铃在渍水 14d 时酶活性较高。

(三) 纤维发育相关酶基因表达

花铃期土壤渍水影响纤维发育相关酶基因表达（图 7-19），β-1,4-葡聚糖酶基因（*β-1,4-glcunase*）在棉花中部和上部果枝铃表达量最高、顶部果枝次之、下部果枝最低，渍水 3~6d 时棉花下部、中部果枝铃基因表达上调，渍水 9~12d 时 10DPA 表达上调而 17~24DPA 表达下调，说明此时表达持续期缩短。不同渍水期棉花上部、顶部果枝铃 *β-1,4-glcunase* 基因表达整体上调，上调幅度随渍水时间延长而增加，且表达持续期延长。

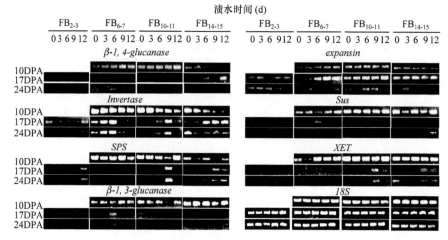

图 7-19 花铃期短期土壤渍水对棉花不同果枝部位铃纤维发育相关酶 mRNA 相对丰度的影响
18S 为细胞组成性表达，作为本试验的内参

渍水棉花中部、上部果枝铃 *expansin* 表达上调，上调幅度随渍水时间延长而增加，且表达持续期延长。渍水 3~6d 时棉花下部、顶部果枝铃 *expansin* 表达上调，渍水 9~12d 时不同果枝部位铃表达量下调。

渍水棉花纤维 *Invertase* 表达量在 10DPA 呈降低趋势，渍水 3~6d 时棉花中部果枝铃 *Invertase* 表达量在 17DPA、24DPA 表达上调，渍水 9~12d 时则表现相反趋势；棉花上部、顶部果枝铃 *Invertase* 表达量峰值由 10DPA 推迟至 17DPA。

渍水棉花不同果枝部位纤维 SPS 表达变化存在差异，下部果枝铃在 17DPA、24DPA 上调表达，上调幅度随渍水时间延长而增大；中部果枝铃 10~17DPA 表达量低于对照，24DPA 表达量高于对照；上部、顶部果枝铃表达量在渍水 0~6d 时与对照差异较小，渍水 9~12d 时高于对照。

渍水棉花不同果枝部位铃纤维 *Sus*、*XET* 随渍水时间延长呈上调表达。

渍水使棉花下部、中部果枝铃纤维 *β-1,3-glucanase* 明显上调表达，渍水 9d 时上调幅度最大；上部、顶部果枝铃纤维 *β-1,3-glucanase* 下调表达。

综上，Sus、β-1,3-glucanase 酶活性及其基因表达变化基本一致，表明 Sus 是棉花渍水胁迫后纤维中分解蔗糖的关键酶，β-1,3-glucanase 是影响纤维素平缓累积的关键酶。渍水在基因表达水平影响纤维长度、比强度的形成，随渍水时间延长，棉花各果枝部位铃纤维 *Invertase* 在 10DPA 表达下调，不利于纤维伸长；*expansin*、*XET*、*β-1,4-glucanase* 总表达量上调，不利于纤维比强度形成。

(四) 纤维发育蔗糖代谢与纤维比强度关系

花铃期土壤干旱或渍水下，纤维蔗糖含量在 10~17DPA 前较高，24DPA 时纤维中蔗糖含量大幅度下降、加厚发育期 β-1,3-葡聚糖含量降低，不利于纤维素平缓累积，最终纤维比强度降低。干旱下棉花纤维 Sus、SPS 活性在 24DPA 前较高，其后降低；干旱或渍水下，纤维蔗糖酶和 β-1,3-葡聚糖酶活性 17DPA 后均降低，花铃期干旱促进了 24DPA 前的纤维蔗糖代谢，抑制 24DPA 后的纤维蔗糖代谢；渍水下纤维 Sus、SPS 活性增加生成碳源主要用于维持生存基本代谢。因此，干旱下纤维加厚发育期碳源不足和 24DPA 后纤维发育相关酶活性下降是纤维比强度下降的主要生理原因；渍水下纤维加厚发育期碳源供应不足和碳代谢消耗的增加可能是纤维比强度下降的主要原因。

第四节 棉花产量品质形成与水分

作物产量形成依赖于光合产物向各器官的协调分配。棉铃发育所需的碳水化合物主要由棉铃对位叶经光合作用由铃壳-棉籽转运而来，铃壳和棉籽中碳水化合物含量及其转化能力直接影响纤维生物量累积。花铃期土壤干旱、渍水下棉花叶面积、光合速率降低，棉株生物量下降，光合产物在不同器官间的分配发生改变，影响到棉花产量和纤维品质的形成。

一、棉铃生长发育与水分

(一) 棉花成铃特性与水分

1. 土壤干旱 花铃期土壤持续干旱下，棉花主茎功能叶正午叶水势逐渐降低，在土壤相对含水量(SRWC)达到试验设定水平后，叶水势值趋于平稳(图 7-20)。由于土壤干旱处

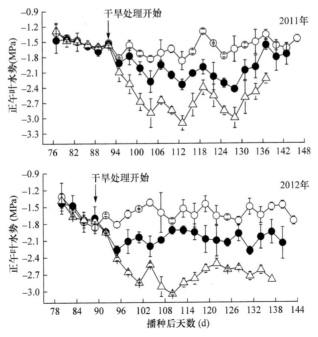

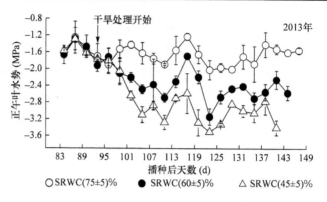

图 7-20　花铃期土壤持续干旱对棉花主茎功能叶正午叶水势变化的影响（2011～2013 年）

理始于棉花 6～7 果枝第 1 果节开花，此时 2～3 果枝第 1 果节棉铃铃期为 10d 左右，10～11 果枝第 1 果节棉铃还处于蕾期，因此棉花不同果枝部位棉铃对位叶叶水势变化差异较大。

干旱影响棉花产量在不同果枝部位的分布，蕾铃脱落率随土壤相对含水量的降低而增加，同一干旱水平下随果枝部位上升而增加（表 7-16）。干旱导致棉花 1～4 果枝铃数和产量分布比例大幅度升高、9 果枝以上的铃数和产量分布比例大幅度降低，2011 年，SRWC（60±5）%、SRWC（45±5）% 干旱水平下棉花 1～4 果枝的产量分布较对照 SRWC（75±5）% 分别增加了 17.6%、36.69%；2012 年、2013 年表现出相同趋势。

表 7-16　花铃期土壤持续干旱对棉花不同果枝部位蕾铃脱落率、铃数与产量分布的影响（2011～2013 年）

年份	SRWC(%)	脱落率(%)			成铃分布(%)			皮棉产量分布(%)		
		1～4果枝	5～8果枝	9以上果枝	1～4果枝	5～8果枝	9以上果枝	1～4果枝	5～8果枝	9以上果枝
2011	75±5	58.0c	75.1b	82.2b	48.3c	25.0a	26.7a	47.7c	24.4b	27.9a
	60±5	61.8b	75.2b	85.0b	54.5b	32.6a	13.0b	56.1b	31.8a	12.1b
	45±5	72.3a	83.5a	93.3a	62.1a	31.0a	6.9c	65.2a	28.8a	6.0c
2012	75±5	63.1b	72.7b	77.0b	38.2c	28.0b	33.8a	39.4b	27.5b	33.1a
	60±5	71.9a	73.4b	83.3a	41.3b	37.0a	21.7b	42.6b	36.8a	20.6b
	45±5	77.6a	84.4a	85.7a	50.0a	32.1a	17.9c	52.7a	31.1b	16.2c
2013	75±5	60.3b	71.3b	82.8b	45.5b	31.1a	23.5a	45.7b	32.2a	22.2a
	60±5	65.0b	80.5a	89.2a	56.8a	28.4a	14.8b	59.4a	28.0a	12.7b
	45±5	73.2a	80.9a	93.8a	57.8a	34.4a	7.8c	59.8a	33.0a	71.0c

注：同列中不同小写字母表示在 0.05 水平差异显著

棉花成铃强度可用 logistic 方程进行拟合，并求出成铃强度快速下降的起始期（图 7-21），SRWC（75±5）%、SRWC（60±5）%、SRWC（45±5）% 干旱水平下成铃强度分别在干旱持续 28d、21d、14d 时开始急剧下降。成铃强度以 SRWC（75±5）% 最高、SRWC（60±5）% 次之、SRWC（45±5）% 最低。花铃期干旱显著降低了棉花成铃强度，高成铃强度持续期缩短 9～16d，导致成铃数降低。

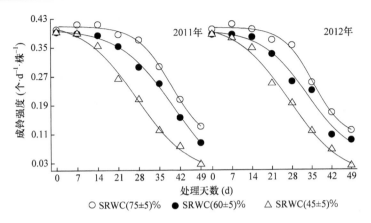

图 7-21 花铃期土壤持续干旱对棉花成铃强度的影响（2011～2012 年）

花铃期土壤干旱影响棉花成铃的空间效应(图 7-22)，在纵向分布上棉花上部果枝成铃数明显减少，如棉花 7 果枝以上的成铃在 SRWC(60±5)%、SRWC(45±5)%干旱水平下较对照 SRWC(75±5)%分别降低 41.4%、64.4%，而 7 果枝以下仅分别降低 16.3%、28.8%；在横向分布上显著降低了棉花外围果节成铃数，如 SRWC(75±5)%、SRWC(60±5)%、SRWC(45±5)%棉花第 1 果节成铃数分别占总铃数 62.7%、69.2%、76.4%。

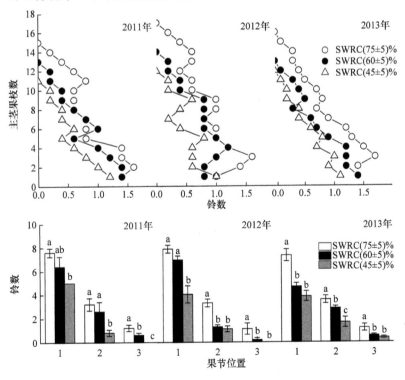

图 7-22 花铃期土壤持续干旱对棉花果枝数和成铃数的影响（2011～2013 年）
同一图中不同小写字母表示在 0.05 水平差异显著

2. 土壤渍水 花铃期渍水使棉花果枝数、果节数、铃数减少，脱落率显著增加。

平均两年铃数、铃重,渍水 3d、6d、9d、12d 棉花铃数较对照分别降低 9.6%、12.5%、26.0%、33.0%,铃重分别下降 3.0%、7.0%、9.1%、10.0%,籽棉产量分别降低 13.2%、19.2%、33.0%、43.0%(表 7-17)。

表 7-17 花铃期短期土壤渍水对棉花成铃特性与产量构成因素的影响(2011～2012 年)

年份	渍水时间(d)	果枝数	果节数	脱落率(%)	铃数	铃重(g)	籽棉产量(g·m^{-2})
2011	0(对照)	19.4a	70.4a	65.9	25.0a	4.5a	613a
	3	17.2b	64.2b	67.3	21.8b	4.5ab	509 b
	6	16.2c	62.0b	65.2	21.2b	4.4b	520b
	9	15.4d	55.8c	67.7	18.0c	4.3c	415c
	12	14.9d	53.6c	72.3	14.8d	4.3c	332d
	CV(%)	10.7	11.0	4.1	19.3	2.5	22.5
2012	0(对照)	16.8a	71.4a	67.4	23.3a	5.1a	663a
	3	15.6b	64.2b	60.6	22.2b	4.8b	601a
	6	15.0bc	58.2c	62.6	20.3c	4.5c	510b
	9	14.2c	53.0d	66.6	17.7d	4.4d	440c
	12	14.2c	50.8d	66.5	17.3d	4.3e	403c
	CV(%)	7.2	14.1	4.5	13.2	7.7	20.7

注:同列中不同小写字母表示在 0.05 水平差异显著

分析棉花各农艺性状变异系数,对渍水敏感程度从大到小依次为铃数、果节数、果枝数、铃重(表 7-17),结合铃数、铃重对籽棉产量的通径分析系数(表 7-18),确定铃数是渍水后影响籽棉产量最为关键的因素。渍水后棉花总生物量与籽棉产量呈极显著正相关(2011 年,R^2=0.991;2012 年,R^2=0.983),棉花总生物量可作为判断棉花渍水后籽棉产量变化的一个直观指标。

表 7-18 棉花不同果枝部位铃数、铃重对籽棉产量的通径分析(2011～2012 年)

果枝部位	因子	2011 年			2012 年		
		铃数	铃重	R^2	铃数	铃重	R^2
下部 FB$_{2-3}$	铃数→	1.124	0.304	0.999**	0.650	0.152	0.999**
	铃重→	1.107	0.309	0.985**	0.638	0.154	0.987**
	衣分→	1.111	0.307	0.985**	0.638	0.150	0.989**
中部 FB$_{6-7}$	铃数→	1.017	−0.103	1.000**	1.404	−0.050	0.999**
	铃重→	1.002	−0.105	0.983**	1.383	−0.051	0.990**
	衣分→	1.002	−0.103	0.986**	1.387	−0.049	0.979**
上部 FB$_{10-11}$	铃数→	0.936	0.199	0.999**	0.910	0.074	0.998**
	铃重→	0.900	0.407	0.970**	0.639	0.506	0.879*
	衣分→	0.908	0.204	0.971**	−0.604	−0.022	−0.647

续表

果枝部位	因子	2011年			2012年		
		铃数	铃重	R^2	铃数	铃重	R^2
顶部 FB$_{14-15}$	铃数→	0.681	0.282	0.943*	1.326	−0.425	0.981**
	铃重→	0.352	0.546	0.771	−1.204	0.468	−0.810
	衣分→	0.099	0.496	0.454	−1.218	0.400	−0.904*

*、**分别表示在0.01、0.05水平相关性显著(n=5, $R^2_{0.05}$=0.878, $R^2_{0.01}$=0.959)

(二) 棉铃生物量累积与水分

花铃期干旱下,棉花各果枝部位棉铃生物量均有所降低,降低幅度随果枝部位上升而增大(表7-19),2013年试验棉花下部、中部、上部果枝棉铃生物量,SRWC(60±5)%、SRWC(45±5)%干旱水平较对照SRWC(75±5)%分别降低8.3%、11.8%、19.0%、16.7%、16.2%、33.3%。

表7-19 花铃期持续干旱对棉花不同果枝部位棉铃生物量的影响(2011~2013年)

年份	SRWC(%)	铃壳(g)			棉籽(g)			纤维(g)			单铃(g)		
		下部果枝 FB$_{2-3}$	中部果枝 FB$_{6-7}$	上部果枝 FB$_{10-11}$	下部果枝 FB$_{2-3}$	中部果枝 FB$_{6-7}$	上部果枝 FB$_{10-11}$	下部果枝 FB$_{2-3}$	中部果枝 FB$_{6-7}$	上部果枝 FB$_{10-11}$	下部果枝 FB$_{2-3}$	中部果枝 FB$_{6-7}$	上部果枝 FB$_{10-11}$
2011	75±5	1.3a	1.2a	1.1a	2.8a	2.7a	2.7a	1.9a	1.9a	1.8a	6.0a	5.8a	5.6a
	60±5	1.3a	1.3a	1.1a	2.7a	2.7a	2.5b	1.9a	1.9a	1.7b	5.9a	5.8a	5.3b
	45±5	1.2b	1.2a	1.0b	2.6a	2.4b	2.2c	1.8b	1.7b	1.4c	5.6b	5.3b	4.6c
2012	75±5	1.3a	1.2a	1.2a	2.6a	2.8a	2.7a	2.1a	2.0a	1.9a	6.0a	5.9a	5.8a
	60±5	1.3a	1.2a	1.1ab	2.7a	2.7a	2.5b	2.0a	1.9a	1.8a	6.0a	5.8a	5.4b
	45±5	1.3a	1.2a	1.0b	2.6a	2.5b	2.0c	1.9a	1.8b	1.5b	5.9a	5.5c	4.5c
2013	75±5	1.5a	1.3a	1.2a	3.3a	3.1a	2.9a	2.4a	2.4a	2.2a	7.2a	6.8a	6.3a
	60±5	1.4a	1.2a	1.1a	3.0b	2.7b	2.5c	2.3b	2.1b	1.5b	6.6b	6.0b	5.1b
	45±5	1.3b	1.2b	1.0b	2.6c	2.7b	2.1c	2.0c	1.9b	1.1c	6.0c	5.7c	4.2c

注:同列中不同小写字母表示在0.05水平差异显著

花铃期干旱影响棉铃生物量分配(图7-23),棉铃中铃壳生物量占比上升而纤维占比下降,变化幅度随土壤相对含水量降低和果枝部位升高而增大。花铃期干旱,降低了棉花10~11果枝棉铃的单铃棉籽数,对2~3、6~7果枝单铃棉籽数的影响较小(表7-20),2013年试验中SRWC(60±5)%、SRWC(45±5)%棉花10~11果枝单铃棉籽数较SRWC(75±5)%分别降低6.25%、15.6%。

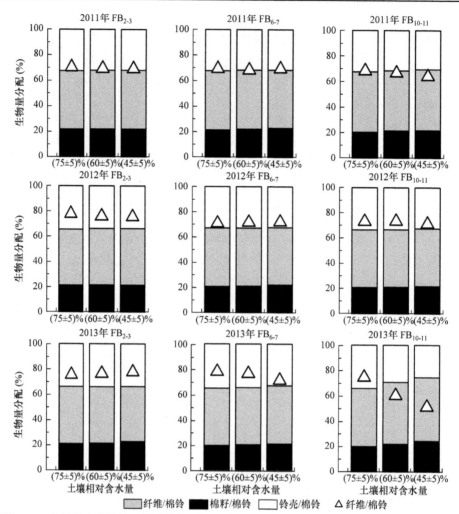

图 7-23 花铃期土壤持续干旱对棉花不同果枝部位棉铃生物量分配的影响(2011~2013 年)

表 7-20 不同果枝部位棉铃的单铃棉籽数和籽指(2011~2013 年)

年份	SRWC(%)	单铃棉籽数(个)			籽指(g·100 粒$^{-1}$)		
		下部果枝 FB_{2-3}	中部果枝 FB_{6-7}	上部果枝 FB_{10-11}	下部果枝 FB_{2-3}	中部果枝 FB_{6-7}	上部果枝 FB_{10-11}
2011	75±5	29a	29a	29a	9.0a	8.8a	7.9a
	60±5	29a	29a	28a	8.5a	8.3b	7.2b
	45±5	30a	28a	27b	8.2b	7.7c	6.7c
	CV(%)	1.97	2.01	3.57	4.60	6.71	8.50
2012	75±5	29a	30a	29a	8.8a	8.6a	8.2a
	60±5	29a	30a	28a	8.4a	8.3b	8.3a
	45±5	30a	30a	26b	8.1a	7.7c	7.3b
	CV(%)	1.97	0.86	5.52	4.17	5.14	7.27
2013	75±5	31a	33a	32a	9.3a	8.3a	8.3a
	60±5	30a	32a	30b	9.0a	7.4b	7.3b
	45±5	30a	33a	27c	8.3b	7.1b	6.8c
	CV(%)	1.90	1.77	8.48	5.75	7.10	6.82

注：同列中不同小写字母表示在 0.05 水平差异显著

棉铃生物量累积符合"S"形曲线，拟合方程达极显著水平（$P<0.01, n=6, R^2_{0.05}=0.6584, R^2_{0.01}=0.8413$），花铃期干旱棉花不同果枝部位棉铃籽棉生物量下降幅度为中部>上部>下部，渍水棉花随果枝部位上升和渍水时间延长籽棉生物量下降幅度增大（表7-21）。渍水7d棉花中部果枝籽棉生物量累积特征值与干旱处理相似，下部和上部果枝棉铃籽棉生物量最大增长速率降低且持续期短；渍水14d时最大增长速率降低但持续期长。快速增长持续期短是干旱（中部果枝）和渍水7d棉花籽棉生物量降低的重要原因，最大增长速率降低是干旱和渍水7d棉花下部、上部果枝及渍水14d棉花籽棉生物量降低的主要原因。干旱棉花中部果枝和渍水棉花中部、上部果枝棉籽生物量降低，棉籽生物量累积特征值与籽棉相似。干旱或渍水棉花单铃纤维生物量与对照之间的差异与单铃籽棉生物量相似，不同果枝部位单铃纤维生物量最大增长速率均降低。

表7-21 花铃期土壤干旱、渍水对棉铃生物量累积的影响（2007年，2009年）

果枝部位	处理	2007年			2009年		
		生物量(g)	快速增长持续期(d)	最大增长速率($g \cdot d^{-1}$)	生物量(g)	快速增长持续期(d)	最大增长速率($g \cdot d^{-1}$)
籽棉 下部	对照	5.32	10	0.23	5.00	9	0.23
	干旱	5.09	11	0.20	4.72	10	0.19
	渍水7d				4.00	8	0.21
	渍水14d	4.73	11	0.17	3.62	9	0.16
籽棉 中部	对照	5.57	11	0.21	5.45	12	0.19
	干旱	5.14	10	0.21	5.38	15	0.15
	渍水7d				4.97	11	0.18
	渍水14d	4.55	12	0.16	4.66	13	0.16
籽棉 上部	对照	5.18	10	0.20	6.10	11	0.23
	干旱	4.84	12	0.17	5.26	10	0.23
	渍水7d				5.20	9	0.24
	渍水14d	3.81	11	0.14	4.76	12	0.17
棉籽 下部	对照	3.34	10	0.14	3.44	13	0.11
	干旱	3.35	11	0.13	3.37	15	0.09
	渍水7d				3.44	13	0.11
	渍水14d	3.03	12	0.10	3.29	14	0.10
棉籽 中部	对照	3.45	11	0.13	3.70	11	0.15
	干旱	3.30	10	0.14	3.34	9	0.16
	渍水7d				3.37	9	0.16
	渍水14d	2.78	11	0.10	2.82	11	0.10
棉籽 上部	对照	3.14	11	0.12	3.06	9	0.14
	干旱	3.01	12	0.10	3.00	10	0.12
	渍水7d				2.37	8	0.12
	渍水14d	2.28	11	0.08	2.13	9	0.10

续表

果枝部位	处理	2007年			2009年		
		生物量(g)	快速增长持续期(d)	最大增长速率(g·d⁻¹)	生物量(g)	快速增长持续期(d)	最大增长速率(g·d⁻¹)
纤维	下部						
	对照	1.96	9	0.09	2.01	10	0.08
	干旱	1.79	10	0.07	1.95	12	0.06
	渍水7d				1.66	11	0.06
	渍水14d	1.70	9	0.08	1.47	10	0.06
	中部						
	对照	2.13	11	0.08	2.39	12	0.08
	干旱	1.85	10	0.07	1.94	11	0.07
	渍水7d				1.98	11	0.07
	渍水14d	1.77	12	0.06	2.04	13	0.06
	上部						
	对照	2.13	10	0.08	1.91	8	0.09
	干旱	1.83	11	0.07	1.74	10	0.07
	渍水7d				1.64	8	0.08
	渍水14d	1.52	10	0.06	1.46	9	0.07

二、棉花产量与水分

（一）土壤干旱

花铃期土壤干旱导致棉花产量大幅度降低（表7-22），SRWC(60±5)%、SRWC(45±5)%干旱水平下皮棉产量较对照SRWC(75±5)%分别降低31%、58%，铃数分别降低30%、54%，这是棉花产量降低的主要原因。SRWC(45±5)%铃重显著低于SRWC(75±5)%，SRWC(60±5)%铃重仅在2013年明显下降。

表7-22 花铃期持续干旱对棉花产量与产量构成因素的影响（2011~2013年）

年份	SRWC(%)	单株铃数(个)	铃重(g)	衣分(%)	单株皮棉产量(g)
2011	75±5	12.0a	4.6a	42.8a	23.8a
	60±5	9.2b	4.6a	41.1a	17.4b
	45±5	5.8c	4.3b	41.0a	10.2c
	CV(%)	34.50	3.91	2.43	39.71
2012	75±5	13.4a	4.9a	41.3a	27.2a
	60±5	9.2b	4.8a	42.3a	18.7b
	45±5	5.6c	4.5b	42.8a	11.6c
	CV(%)	41.53	43.98	1.81	40.75
2013	75±5	13.2a	5.3a	43.0a	30.1a
	60±5	8.8b	5.1a	44.0a	19.7b
	45±5	6.4c	4.5b	43.2a	12.5c
	CV(%)	40.77	8.38	1.22	46.79

注：同列中不同小写字母表示在0.05水平差异显著

(二)土壤渍水

由表 7-23 可知，随花铃期渍水时间延长，棉花下部、中部果枝内围铃数、铃重显著降低，而渍水对该部位外围铃铃数、铃重的影响较小；关于籽棉产量变化，上部、顶部果枝棉铃与下部、中部果枝相反，上部、顶部果枝棉铃籽棉产量较对照增加，该结果表现在年际间不同，2011 年主要是由于铃数和铃重增加，而 2012 年则仅因铃数增加。此外，渍水提高了棉花上部果枝外围铃和顶部果枝内外围铃在整株产量中的贡献率。

表 7-23 花铃期短期土壤渍水对棉花不同果枝部位棉铃产量与产量构成因素的影响(2011～2012 年)

果枝部位	渍水时间(d)	内围铃				外围铃			
		铃数	铃重(g)	籽棉产量 (g·FB^{-1})	产量贡献率(%)	铃数	铃重(g)	籽棉产量 (g·FB^{-1})	产量贡献率(%)
				2011 年					
下部 FB$_{1-4}$	0(对照)	4.8a	4.6a	21.8a	19.03	2.8a	4.5a	12.5a	10.9
	3	3.5b	4.3b	15.1b	15.61	1.8b	4.5a	7.9b	8.2
	6	3.3bc	4.1c	13.3b	13.35	1.5b	4.4b	6.6b	6.7
	9	2.5cd	3.9d	9.8c	12.52	1.3b	4.4b	5.4b	6.9
	12	2.0d	3.7e	7.3c	11.68	1.0b	4.4b	4.4b	7.0
	CV(%)	32.87	8.69	41.24	20.46	40.94	1.64	42.60	22.02
中部 FB$_{5-8}$	0(对照)	4.5a	5.0a	22.6a	19.71	2.0a	4.4b	8.8a	7.7
	3	3.3b	4.7b	15.3b	15.87	1.8a	4.3b	7.6a	7.9
	6	2.8bc	4.5c	12.3bc	12.36	1.5a	4.4b	6.6a	6.6
	9	2.3cd	4.2d	9.4cd	12.01	1.3a	4.4ab	5.6a	7.1
	12	1.8d	4.0e	6.9d	11.04	1.3a	4.6a	5.9a	9.1
	CV(%)	42.55	10.42	53.73	25.22	23.57	2.02	22.50	12.19
上部 FB$_{9-12}$	0(对照)	4.3a	4.5c	19.1a	16.66	2.3a	4.5b	10.1a	8.9
	3	3.5b	4.8b	16.8a	17.40	2.5a	4.8a	12.0a	12.4
	6	3.8ab	4.9a	18.5a	18.58	3.3a	4.8a	15.5a	15.6
	9	2.8c	4.5c	12.5b	15.92	3.0a	4.8a	14.3a	18.2
	12	2.0d	4.4d	8.7c	13.90	2.5a	4.8a	12.1a	19.2
	CV(%)	27.20	3.64	30.11	10.62	15.21	2.80	16.69	28.90
顶部 FB$_{13+}$	0(对照)	3.0ab	4.5a	13.6b	11.90	1.5a	4.1c	6.1a	5.4
	3	3.3ab	4.5a	14.4ab	14.88	1.8a	4.3b	7.6a	7.8
	6	3.8a	4.2ab	16.6a	16.67	2.3a	4.5a	10.1a	10.2
	9	3.3ab	4.1bc	13.4b	17.04	1.8a	4.6a	8.0a	10.3
	12	2.8b	3.8c	10.6c	16.83	1.5a	4.7a	7.0a	11.2
	CV(%)	11.59	6.87	15.84	14.05	17.50	5.29	19.16	26.51

续表

果枝部位	渍水时间(d)	内围铃				外围铃			
		铃数	铃重(g)	籽棉产量(g·FB^{-1})	产量贡献率(%)	铃数	铃重(g)	籽棉产量(g·FB^{-1})	产量贡献率(%)
				2012年					
下部 FB$_{1-4}$	0(对照)	5.5ab	5.5a	30.0a	24.3	3.8a	5.2a	19.4a	15.9
	3	5.0ab	5.2ab	26.1ab	23.0	2.8b	4.8b	13.3b	11.9
	6	4.5bc	5.1ab	23.1bc	24.0	1.5c	4.4c	6.6c	6.9
	9	3.8cd	5.0bc	18.7cd	23.0	1.5c	4.1d	6.2c	7.4
	12	3.0d	4.7c	14.0d	18.6	1.0c	3.9e	3.9c	5.1
	CV(%)	22.84	5.72	27.92	10.19	53.64	12.08	64.80	46.25
中部 FB$_{5-8}$	0(对照)	5.5a	5.5a	30.0a	24.3	1.8a	5.1a	9.0a	7.4
	3	4.8b	5.3a	25.2b	22.5	1.8a	4.6b	8.1ab	7.3
	6	4.0c	4.9b	19.7c	20.5	1.3ab	4.4b	5.5bc	6.0
	9	3.3d	4.8bc	15.7d	19.2	1.0b	4.5b	4.5c	5.4
	12	2.8d	4.6c	12.7d	17.0	1.0b	4.1c	4.1c	5.4
	CV(%)	27.40	6.90	34.05	13.78	28.08	8.56	35.48	15.56
上部 FB$_{9-12}$	0(对照)	3.5ab	5.3a	18.4a	14.9	1.0b	5.1a	5.1b	4.1
	3	4.0a	5.3a	21.4a	19.1	1.8a	4.2b	7.3b	6.7
	6	3.5ab	5.3a	18.5a	19.4	1.5b	3.7c	5.6b	5.8
	9	3.3b	5.4a	17.4a	21.2	1.3b	3.6c	4.5b	5.7
	12	2.5c	5.1b	12.7b	17.5	3.0a	4.0b	12.0a	15.8
	CV(%)	16.35	1.48	17.51	12.78	45.80	14.58	44.49	61.50
顶部 FB$_{13+}$	0(对照)	1.3a	5.4a	7.1a	5.6	1.0b	4.2a	4.2ab	3.4
	3	1.3a	5.4a	7.1a	6.2	1.0b	3.5b	3.5b	3.1
	6	2.0a	5.2ab	10.4a	10.9	2.0a	3.1c	6.2a	6.5
	9	2.0a	5.0b	10.1a	12.1	1.7ab	2.9d	4.8ab	6.0
	12	2.3a	4.6c	10.7a	14.0	1.7ab	2.9d	4.8ab	6.5
	CV(%)	24.91	5.99	19.89	37.60	30.52	16.15	20.94	33.49

注：同列中不同小写字母表示在0.05水平差异显著

对不同年份、不同果枝部位及不同渍水时间下产量与产量构成因素进行方差分析发现（表7-24），不同年份、不同渍水时间及不同果枝部位间差异显著。年份与果枝部位、果枝部位与渍水时间存在明显的互作效应，而年份与渍水时间的互作主要存在于外围铃（3果节及以上）。

表 7-24 不同年份、不同果枝部位及不同渍水时间棉花产量与产量构成因素的方差分析(2011~2012年)

变异来源	内围铃			外围铃		
	铃数	铃重	籽棉产量	铃数	铃重	籽棉产量
年份(Y)	**	**	**	**	**	**
果枝部位(FB)	**	**	**	**	**	**
渍水时间(WL)	**	**	**	**	**	**
Y×FB	**	**	**	**	**	**
Y×WL	ns	ns	**	ns	**	**
FB×WL	**	**	**	**	**	**
Y×FB×WL	ns	ns	**	**	**	**

**表示在 0.01 水平相关性显著，ns 表示相关性不显著

对渍水后影响棉花籽棉产量的两个主要因素(铃数、铃重)与棉铃对位叶相关指标进行相关性分析发现(表 7-25)，铃数与棉花营养器官、生殖器官生物量呈极显著正相关，铃重与棉铃对位叶净光合速率呈极显著正相关。

表 7-25 铃数、铃重与棉铃对位叶相关指标的相关性(2011~2012年)

年份	相关指标	净光合速率	营养器官生物量	生殖器官生物量	可溶性糖含量	氨基酸含量
2011	铃数	0.827**	0.889**	0.527*	0.378	−0.192
	铃重	0.781**	0.678**	0.332	0.275	−0.104
2012	铃数	0.378	0.932**	0.544*	−0.538*	0.462*
	铃重	0.745**	0.298	0.368	0.331	−0.394

*、**分别表示在 0.05、0.01 水平相关性显著($n=20$, $R^2_{0.05}=0.444$, $R^2_{0.01}=0.562$)

三、纤维品质与水分

(一)棉花单株纤维品质

花铃期土壤持续干旱或渍水下，棉花单株纤维长度、比强度均显著降低(表 7-26)，随渍水时间延长下降幅度增大。纤维整齐度在花铃期干旱和渍水 7d 时下降较小，渍水 14d 显著低于对照。干旱降低了纤维马克隆值，渍水对马克隆值的影响两年结果不一致。

表 7-26 花铃期土壤干旱、渍水对棉花纤维品质的影响(2007年, 2009年)

年份	处理	纤维长度(mm)	纤维比强度(cN·tex^{-1})	纤维整齐度(%)	马克隆值
2007	对照	30.1a	30.8a	85.0a	5.2a
	干旱	28.8b	29.3b	84.4ab	4.9b
	渍水 14d	27.8c	28.2c	83.8c	5.3a

续表

年份	处理	纤维长度(mm)	纤维比强度(cN·tex^{-1})	纤维整齐度(%)	马克隆值
2009	对照	31.2a	31.9a	85.5a	5.2a
	干旱	30.0b	30.3b	84.8ab	4.9b
	渍水 7d	29.9b	30.3b	85.2a	5.3a
	渍水 14d	29.0c	29.5c	84.1b	4.8b

注：同列中不同小写字母表示在 0.05 水平差异显著

(二)棉花不同果枝部位铃纤维品质

1. 土壤干旱 棉花纤维长度和比强度随土壤相对含水量降低而逐渐减小，降低幅度随棉花果枝部位升高而增大(表 7-27)，随铃期主茎功能叶平均叶水势的降低而线性下降(图 7-24)，3 年平均降幅分别为 2.4mm·MPa^{-1}、3.3cN·tex^{-1}·MPa^{-1}。马克隆值变化年际间不同，2013 年随土壤相对含水量降低而逐渐降低，2011~2012 年呈先升后降的变化(表 7-27)。

表 7-27 花铃期土壤持续干旱对棉花不同果枝部位铃纤维品质的影响(2011~2013 年)

年份	SRWC (%)	纤维长度(mm)			纤维比强度(cN·tex^{-1})			马克隆值		
		下部果枝 FB$_{2-3}$	中部果枝 FB$_{6-7}$	上部果枝 FB$_{10-11}$	下部果枝 FB$_{2-3}$	中部果枝 FB$_{6-7}$	上部果枝 FB$_{10-11}$	下部果枝 FB$_{2-3}$	中部果枝 FB$_{6-7}$	上部果枝 FB$_{10-11}$
2011	75±5	28.3a	29.4a	28.6a	29.1a	30.5a	30.0a	4.7a	4.9a	5.0a
	60±5	27.8ab	27.9b	26.5b	28.1a	28.6ab	28.2b	4.8a	5.1a	5.3a
	45±5	27.6b	26.5c	26.1b	28.2a	27.1b	26.2b	4.5b	4.6b	4.6b
	CV(%)	1.29	5.19	4.96	1.93	6.12	6.76	3.27	5.17	7.58
2012	75±5	28.5a	28.7a	29.3a	30.8a	30.1a	30.6a	4.9a	4.8a	5.2b
	60±5	28.8a	27.6b	27.3a	30.0a	29.6a	28.3a	4.9a	5.1b	5.5a
	45±5	28.1b	26.5c	25.6b	28.8a	27.6a	27.0b	4.5b	4.7b	4.8c
	CV(%)	1.23	3.99	6.76	3.38	4.55	6.37	4.85	4.27	5.79
2013	75±5	28.5a	28.9a	27.7a	30.2a	30.4a	30.5a	4.6a	4.7a	4.7a
	60±5	27.5a	28.1a	27.2b	28.4b	28.0b	27.9ab	4.5a	4.6a	4.6b
	45±5	27.6a	25.9b	24.7c	26.7c	25.9c	25.3b	4.4b	4.3b	4.3c
	CV(%)	1.98	5.62	6.06	6.16	8.01	9.32	2.22	4.59	4.59

注：同列中不同小写字母表示在 0.05 水平差异显著

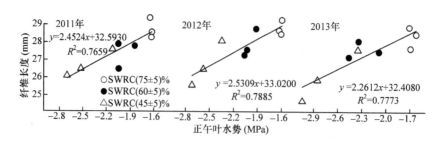

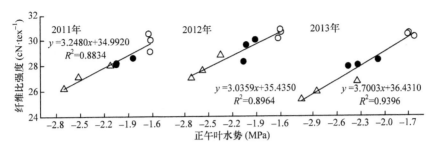

图 7-24 花铃期土壤持续干旱下棉花纤维长度、比强度与主茎功能叶正午叶水势的关系(2011~2013 年)

$n= 9, R_{0.05}^2 = 0.666, R_{0.01}^2 = 0.797$

2. 土壤渍水

(1) 纤维长度　棉纤维长度的形成符合"S"形曲线，对 10~50DPA 纤维长度进行 logistic 方程拟合并计算其特征值，花铃期土壤渍水使棉花纤维最大伸长速率降低，快速伸长持续期延长，长度变短；渍水对棉花中部果枝铃纤维长度影响最大、下部果枝次之、顶部果枝最小(表 7-28)。

纤维长度与累积特征值间的相关性分析表明，渍水后棉纤维长度与纤维最大伸长速率呈显著正相关，与纤维快速伸长持续期呈显著负相关，纤维最大伸长速率降低是渍水棉花纤维变短的主要原因。由表 7-29 可知，纤维中最大蔗糖含量和平均蔗糖含量与纤维长度实测值及纤维最大伸长速率呈显著正相关，与纤维快速伸长持续期呈显著负相关，表明渍水后纤维蔗糖含量降低所导致的纤维渗透势降低是纤维变短的主要原因。

表 7-28　花铃期短期土壤渍水对棉花不同果枝部位铃纤维长度形成的影响(2011~2012 年)

果枝部位	渍水时间(d)	2011 年					2012 年				
		R^2	$T(Len)$ (d)	$V(Len)_{max}$ (mm·d⁻¹)	Len_{max} (mm)	Len_{obs} (mm)	R^2	$T(Len)$ (d)	$V(Len)_{max}$ (mm·d⁻¹)	Len_{max} (mm)	Len_{obs} (mm)
下部 FB₂₋₃	0(对照)	0.861**	18	1.19	31.8	31.6a	0.943**	18	1.15	31.5	31.1a
	3	0.884**	19	1.09	31.5	31.2ab	0.938**	18	1.14	31.0	30.6ab
	6	0.924**	19	1.10	31.0	30.7b	0.934**	19	1.07	30.6	30.2abc
	9	0.918**	20	0.99	30.3	29.8c	0.929**	19	1.04	30.3	29.8bc
	12	0.896**	21	0.94	29.7	29.1d	0.934**	21	0.94	29.8	29.1c
	CV(%)		6.7	9.3	2.9	3.5		6.3	8.1	2.2	2.5
中部 FB₆₋₇	0(对照)	0.905**	19	1.11	31.8	31.5a	0.905**	17	1.25	31.5	31.1a
	3	0.829*	20	1.05	31.2	30.b	0.898**	19	1.10	31.0	30.4a
	6	0.856**	19	1.04	30.6	30.2c	0.915**	19	1.04	29.8	29.2b
	9	0.863**	19	1.01	29.9	29.4d	0.919**	18	1.03	28.9	28.6bc
	12	0.833*	21	0.92	28.9	28.2e	0.929**	21	0.91	28.7	28.1c
	CV(%)		3.5	6.8	3.8	4.2		7.9	11.6	4.1	4.2
上部 FB₁₀₋₁₁	0(对照)	0.885**	19	1.10	31.2	30.9a	0.911**	19	1.12	32.1	31.8a
	3	0.885**	19	1.06	30.9	30.7ab	0.939**	19	1.08	31.9	31.6a
	6	0.933**	19	1.05	30.7	30.4bc	0.930**	20	1.04	31.6	31.2a
	9	0.935**	19	1.04	30.4	30.2cd	0.931**	19	1.06	30.6	30.3b
	12	0.920**	19	1.05	30.1	29.8d	0.930**	18	1.08	29.6	29.3c
	CV(%)		1.5	2.4	1.4	1.4		3.4	2.6	3.4	3.4

续表

果枝部位	溃水时间(d)	2011年					2012年				
		R^2	$T(Len)$ (d)	$V(Len)_{max}$ (mm·d^{-1})	Len_{max} (mm)	Len_{obs} (mm)	R^2	$T(Len)$ (d)	$V(Len)_{max}$ (mm·d^{-1})	Len_{max} (mm)	Len_{obs} (mm)
顶部 FB$_{14-15}$	0(对照)	0.957**	19	1.13	31.9	31.6a	0.947**	18	1.13	31.5	31.2a
	3	0.989**	18	1.13	31.3	31.1ab	0.954**	19	1.10	31.3	31.0a
	6	0.997**	18	1.12	31.1	30.9b	0.937**	19	1.03	30.3	29.7a
	9	0.980**	18	1.10	30.7	30.4bc	0.956**	19	1.07	30.2	29.8a
	12	0.997**	20	1.00	30.6	30.2c	0.960**	19	1.03	30.1	29.7a
	CV(%)		4.2	5.0	1.7	1.8		2.1	3.9	2.3	2.4

注：$T(Len)$、$V(Len)_{max}$、Len_{max}、Len_{obs}分别表示纤维快速伸长持续期、最大伸长速率、理论最大长度值、最终实测长度值

*、**分别表示在0.05、0.01水平相关性显著（$n=6$, $R^2_{0.05}=0.658$, $R^2_{0.01}=0.841$）

表 7-29　棉花纤维长度及其形成与纤维发育相关物质含量的相关性（2011～2012 年）

相关指标	年份	最大蔗糖含量	最小蔗糖含量	平均蔗糖含量	蔗糖转化率	β-1,3-葡聚糖
Len_{obs}	2011	0.815**	0.147	0.590**	0.405	0.034
	2012	0.887**	0.283	0.837**	0.651**	-0.565**
$T(Len)$	2011	-0.662**	-0.227	-0.597**	-0.224	-0.065
	2012	-0.548*	0.212	-0.455*	-0.659**	0.472*
$V(Len)_{max}$	2011	0.765**	0.197	0.625**	0.325	-0.090
	2012	0.806**	-0.079	0.702**	0.808**	-0.551*

注：$T(Len)$、$V(Len)_{max}$、Len_{obs}分别表示纤维快速伸长持续期、最大伸长速率、理论最大长度值

*、**分别表示在0.05、0.01水平相关性显著（$n=20$, $R^2_{0.05}=0.444$, $R^2_{0.01}=0.562$）

(2) 纤维比强度　　花铃期短期土壤溃水降低了棉花下部、中部、上部果枝铃纤维比强度，降低幅度随溃水时间延长而增大，顶部果枝铃纤维比强度则呈升高趋势，且在溃水 6d 时最高（表 7-30）。溃水对纤维比强度快速增加持续期（T_{RG}）、稳定增加期内日均增长速率（V_{SG}）影响较小。溃水对比强度快速增加期内日均增长速率（V_{RG}）、稳定增加持续期（T_{SG}）影响因果枝部位不同而异，溃水后棉花下部、中部、上部铃 V_{RG} 显著降低，顶部果枝铃在溃水 3～6d 时有增加趋势。溃水后棉花下部、中部果枝铃 T_{SG} 降低，在上部、顶部果枝则呈升高趋势。纤维比强度与其形成特征值的相关性分析表明，棉花下部、中部、上部果枝铃纤维比强度与 V_{RG} 呈显著正相关，而顶部果枝铃与 T_{SG} 呈显著正相关。

进一步分析纤维比强度及其形成与纤维发育相关物质含量的关系表明，棉花下部、中部、上部果枝铃比强度与纤维生物量、最大蔗糖含量、平均蔗糖含量、蔗糖转化率、纤维素含量、纤维素最大累积速率呈显著正相关，而与纤维素快速累积持续期、β-1,3-葡聚糖含量呈显著负相关；这 3 个部位棉铃 V_{RG} 除与纤维生物量最大累积速率呈显著正相关外，与其他各指标相关性均不显著。说明溃水后棉花下部、中部、上部果枝铃

纤维比强度的变化受蔗糖代谢、纤维素合成和 β-1,3-葡聚糖含量的直接调控,纤维素含量降低,比强度 V_{RG} 减小。棉花顶部果枝铃纤维比强度与 β-1,3-葡聚糖含量呈显著负相关,比强度 T_{SG} 则与最小蔗糖含量呈显著正相关,而与 β-1,3-葡聚糖含量呈显著负相关。

表 7-30 花铃期土壤渍水对棉花不同果枝部位铃纤维比强度形成的影响(2011~2012 年)

果枝部位	渍水时间(d)	2011 年						2012 年					
		BMP (d)	R^2	T_{RG} (d)	V_{RG} (cN·tex^{-1}·d^{-1})	T_{SG} (d)	V_{SG} (cN·tex^{-1}·d^{-1})	Str$_{obs}$ (cN·tex^{-1})	BMP (d)	R^2	T_{RG} (d)	V_{RG} (cN·tex^{-1}·d^{-1})	T_{SG} (d)	V_{SG} (cN·tex^{-1}·d^{-1})	Str$_{obs}$ (cN·tex^{-1})
下部 FB$_{2-3}$	0(对照)	49	0.904*	14	1.46	19	0.50	30.3a	45	0.936*	12	1.58	18	0.70	30.9a
	3	48	0.913*	14	1.45	17	0.48	29.2b	44	0.929*	12	1.55	17	0.70	30.3a
	6	47	0.912*	13	1.46	17	0.49	28.5c	43	0.948*	12	1.50	16	0.74	29.5b
	9	47	0.922**	13	1.45	16	0.49	27.8d	42	0.940*	12	1.44	14	0.71	28.3c
	12	46	0.926**	13	1.41	15	0.48	27.2e	42	0.962*	12	1.42	14	0.71	28.2c
	CV(%)	2.4		4.1	1.6	8.1	1.7	4.2	3.0		0.0	4.6	12.2	2.3	3.9
中部 FB$_{6-7}$	0(对照)	49	0.872*	15	1.36	20	0.49	30.2a	44	0.927*	17	1.40	15	0.53	30.6a
	3	48	0.875*	15	1.34	19	0.49	29.6b	43	0.931*	17	1.36	15	0.52	29.8b
	6	47	0.878*	15	1.34	18	0.46	28.9c	42	0.931*	16	1.33	14	0.51	29.2b
	9	46	0.876*	15	1.30	17	0.45	28.3c	42	0.928*	16	1.30	14	0.48	28.2c
	12	45	0.890*	14	1.35	16	0.45	27.7d	41	0.940*	15	1.31	13	0.50	27.8c
	CV(%)	3.4		3.0	1.6	8.8	4.4	3.4	2.7		5.2	2.9	4.9	3.8	3.9
上部 FB$_{10-11}$	0(对照)	51	0.850*	12	1.92	24	0.46	31.1a	49	0.931*	16	1.31	21	0.58	30.2ab
	3	52	0.847*	11	1.97	24	0.45	30.7b	51	0.930*	16	1.30	23	0.55	29.4ab
	6	53	0.864*	12	1.87	24	0.43	30.4b	53	0.930*	16	1.27	25	0.55	29.5ab
	9	54	0.868*	12	1.84	26	0.43	30.1c	53	0.934*	15	1.27	25	0.53	28.7b
	12	55	0.861*	12	1.81	26	0.45	29.9c	54	0.929*	16	1.20	26	0.50	27.8c
	CV(%)	3.0		3.8	3.3	4.4	3.4	1.6	3.9		2.8	3.6	8.2	5.4	3.1
顶部 FB$_{14-15}$	0(对照)	58	0.990**	20	1.16	24	0.58	28.6d	56	0.994**	15	1.50	21	0.81	30.0b
	3	61	0.987**	19	1.25	27	0.62	29.3bc	57	0.987**	13	1.70	23	0.86	30.6ab
	6	62	0.972*	19	1.22	29	0.61	29.7a	57	0.981**	10	2.18	24	0.85	30.9a
	9	62	0.983**	20	1.17	28	0.64	29.1c	59	0.990**	21	1.13	23	0.83	30.5ab
	12	63	0.992**	20	1.13	30	0.67	29.5ab	60	0.986**	20	1.25	22	0.87	30.2ab
	CV(%)	3.1		2.8	4.1	8.0	5.4	1.5	2.8		29.5	26.7	5.3	2.9	1.2

注:BMP 表示棉铃铃期,V_{RG}、V_{SG} 分别表示比强度快速、稳定增加期的日均增长速率,T_{RG}、T_{SG} 分别表示比强度快速、稳定增加持续期,Str$_{obs}$ 表示实测比强度;同列中不同小写字母表示在 0.05 水平差异显著

*、** 分别表示在 0.05、0.01 水平相关性显著(2011 年:FB$_{(2-3, 6-7, 10-11)}$, $n=5$, $R^2_{0.05}=0.771$, $R^2_{0.01}=0.919$; FB$_{(14-15)}$, $n=4$, $R^2_{0.05}=0.902$, $R^2_{0.01}=0.980$。2012 年:$n=4$, $R^2_{0.05}=0.902$, $R^2_{0.01}=0.980$)

综上,花铃期土壤持续干旱下,棉花上部果枝成铃率显著降低,单株成铃主要集中在中部果枝和下部果枝。干旱后棉花铃重和铃数显著降低,籽棉产量显著下降,单株成

铃数对产量的贡献份额降低，相对提高了铃重对产量的贡献。SRWC(60±5)%下棉花中、上部果枝铃纤维长度、马克隆值，以及上部果枝铃比强度均显著降低；SRWC(45±5)%下棉花不同果枝部位铃纤维长度、马克隆值，以及中、上部果枝铃比强度均显著降低。

在花铃期土壤渍水后，籽棉产量降低的主要原因是铃数减少，渍水后显著增加了棉花上部果枝外围铃的产量贡献率。花铃期土壤渍水影响纤维长度、比强度形成，纤维长度主要受纤维蔗糖含量影响，而比强度则受蔗糖、纤维素合成和 β-1,3-葡聚糖的共同影响。随渍水时间延长，纤维蔗糖含量降低导致纤维细胞膨压降低，纤维长度缩短；纤维中蔗糖含量和蔗糖转化率降低，β-1,3-葡聚糖含量升高，纤维素最大累积速率降低，纤维素合成与累积受阻，纤维比强度降低。

第八章　棉花产量品质与氮素

棉花产量品质形成是品种遗传特性、环境因素和栽培措施共同作用的结果，在目前棉花品种遗传特性较为优化的背景下，栽培措施在棉花产量品质形成中的作用正日益凸现，氮素是棉花优质高产的主要调控因素，与其他作物相比，棉花需氮量相对较大，生产上常常倾向于增施氮肥以获得高产，这往往导致棉花因营养体生长过旺而贪青晚熟，产量品质降低，而且加重了因氮淋洗和氮挥发引起的环境污染问题。

第一节　氮素影响棉纤维品质形成的生理机制

棉纤维品质形成主要取决于纤维发育过程中纤维素的累积特性，基于棉纤维发育过程来研究氮素调控纤维品质形成的生理机制，对于棉花优质高产栽培及提高氮素利用效率具有重要意义。

一、纤维发育蔗糖代谢与氮素

2005年江苏南京、徐州棉花施氮量（0kg N·hm^{-2}、240kg N·hm^{-2}、480kg N·hm^{-2}）试验结果表明（图8-1）：24DPA是氮素调控棉纤维蔗糖代谢及纤维比强度形成的转折期，此时棉铃对位叶氮浓度为3.15%（南京）、2.75%（徐州）时有利于高强纤维形成；之前，纤维蔗糖代谢相关酶（蔗糖酶、蔗糖合成酶、磷酸蔗糖合成酶）活性和蔗糖转化量、纤维素最大累积速率及24DPA纤维比强度随施氮量增加而降低；之后，随施氮量减少，纤维蔗糖代谢相关酶活性和蔗糖含量峰值降低、纤维素快速累积持续期缩短、24DPA后的纤维比强度增幅减小。0kg N·hm^{-2}、480kg N·hm^{-2}水平下的成熟纤维比强度显著降低。

纤维SPS与Sus活性变化趋势一致，24DPA时SPS酶活性以240kg N·hm^{-2}最高，之后240kg N·hm^{-2}、480kg N·hm^{-2}间差异较小，240kg N·hm^{-2}提高了纤维中SPS活性，相应增加了为纤维素合成提供的物质基础和能量。

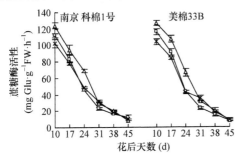
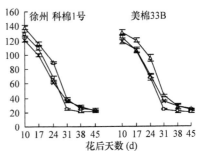

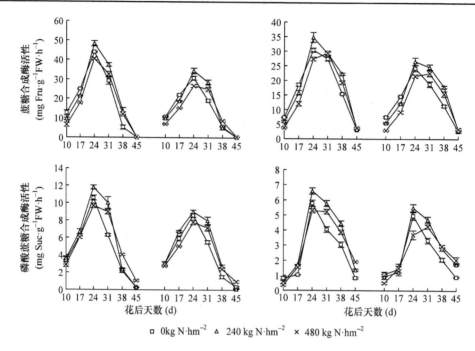

图 8-1 施氮量对棉纤维蔗糖酶、Sus、SPS 活性变化的影响（2005 年，南京，徐州）

图 8-2 表明，棉纤维蔗糖含量随花后天数增加而下降，24～31DPA 下降较慢。10DPA 纤维蔗糖含量、10～24DPA 蔗糖减少量在 0kg N·hm^{-2} 与 240kg N·hm^{-2} 差异较小，均显著高于 480kg N·hm^{-2}；31DPA 纤维蔗糖含量在 240kg N·hm^{-2} 与 480kg N·hm^{-2} 差异较小，均显著高于 0kg N·hm^{-2}。240kg N·hm^{-2} 有利于纤维蔗糖的转化和积累，这与以上蔗糖代谢相关酶活性对施氮量响应的结果一致。

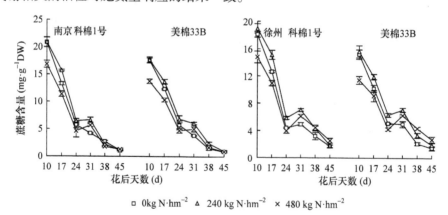

图 8-2 施氮量对棉纤维蔗糖含量变化的影响（2005 年，南京，徐州）

纤维比强度随花后天数增加而持续上升，'科棉 1 号'比强度高于'美棉 33B'（图 8-3）。24DPA 纤维比强度在 0kg N·hm^{-2}、240kg N·hm^{-2} 间差异较小，均显著高于 480kg N·hm^{-2}；24DPA 至吐絮期间纤维比强度增加量在 240kg N·hm^{-2}、480kg N·hm^{-2} 间差异较小，均显著高于0kg N·hm^{-2}；成熟纤维比强度240kg N·hm^{-2}显著高于0kg N·hm^{-2}、480kg N·hm^{-2}。240kg N·hm^{-2}水平下24DPA后纤维比强度增幅较大，有利于形成高强纤维。

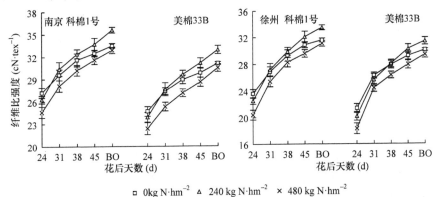

图8-3 施氮量对棉纤维比强度动态变化的影响(2005年，南京，徐州)

二、纤维发育相关酶活性与氮素

棉纤维Sus活性随花后天数增加呈单峰曲线变化，峰值出现在24DPA，与240kg N·hm^{-2}相比，在0kg N·hm^{-2}、480kg N·hm^{-2}水平下纤维Sus活性峰值较低且峰值后下降较快；纤维β-1,3-葡聚糖酶活性随花后天数增加而下降，10DPA前下降幅度较小，之后迅速降低，240kg N·hm^{-2}水平下β-1,3-葡聚糖酶活性24DPA前最高，之后与480kg N·hm^{-2}差异较小，均显著高于0kg N·hm^{-2}(图8-4)。

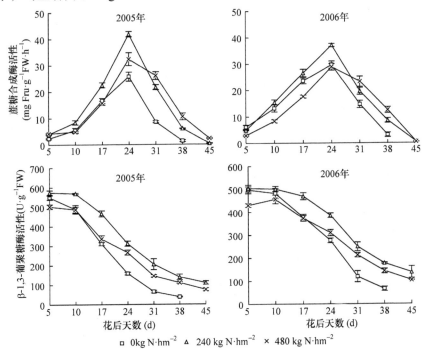

图8-4 施氮量对棉纤维Sus、β-1,3-葡聚糖酶活性变化的影响(2005～2006年)

7～24DPA 棉纤维 *Sus* 基因表达量呈下降趋势(图 8-5),在 240kg N·hm^{-2} 水平下 mRNA 相对丰度最高,且维持高表达持续期较长;0kg N·hm^{-2}、480kg N·hm^{-2} 时 *Sus* mRNA 相对丰度均降低,如 2005 年 21DPA mRNA 相对丰度较 240kg N·hm^{-2} 分别降低 38.4%、28.3%,24DPA 分别降低 84.2%、71.8%。240kg N·hm^{-2} 水平下 *Sus* 基因表达量增加,且维持高表达时间长,这与 Sus 在较长时间内维持高活性相符。

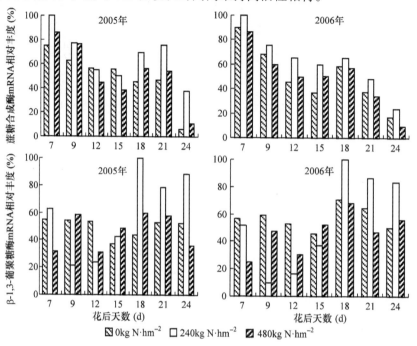

图 8-5 施氮量对棉纤维 *Sus*、β-1,3-葡聚糖酶基因 mRNA 相对丰度的影响(2005～2006 年)

施氮量影响 β-1,3-葡聚糖酶基因的 mRNA 相对丰度,240kg N·hm^{-2} 水平下的 mRNA 相对丰度在 9～12DPA 较低,18DPA 后显著高于 0kg N·hm^{-2}、480kg N·hm^{-2}。240kg N·hm^{-2} 水平有利于 18～24DPA β-1,3-葡聚糖酶基因高表达,这与其酶活性较高一致。

施氮量影响纤维素累积,分析纤维素含量瞬时累积速率发现(图 8-6),0kg N·hm^{-2} 时纤维素瞬时累积速率峰值出现早、峰值高、峰值后下降快,480kg N·hm^{-2} 与之相反;240kg N·hm^{-2} 水平下棉纤维发育前中期的纤维素累积速率过快,480kg N·hm^{-2} 水平下纤维素累积速率明显受到抑制。

纤维比强度随花后天数增加而持续上升,且受氮素显著影响(表 8-1),17DPA 时 0kg N·hm^{-2}、240kg N·hm^{-2} 纤维比强度差异较小,显著高于 480kg N·hm^{-2};17DPA 后纤维比强度增加量在 240kg N·hm^{-2}、480kg N·hm^{-2} 差异较小,显著高于 0kg N·hm^{-2};成熟纤维比强度以 240kg N·hm^{-2} 最高、480kg N·hm^{-2} 次之、0kg N·hm^{-2} 最低。

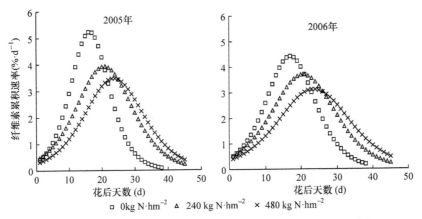

图 8-6 施氮量对棉纤维素瞬时累积速率的影响（2005～2006 年）

表 8-1 施氮量对棉纤维比强度（$cN \cdot tex^{-1}$）变化的影响（2005～2006 年）

年份	施氮量 (kg N·hm^{-2})	花后天数（DPA，d）					
		17	24	31	38	45	吐絮
2005	0	18.7a	23.7b	26.1b	27.5c	无数据	29.0c
	240	19.1a	25.6a	29.0a	31.6a	32.4a	34.0a
	480	16.6b	22.4b	26.7b	29.4b	30.5b	32.3b
2006	0	19.6a	24.9a	26.8b	28.6b	无数据	30.4c
	240	17.9a	25.4a	29.2a	32.2a	33.1a	34.5a
	480	15.1b	22.3b	25.5b	29.1b	30.2b	32.0b

注：同列中不同小写字母表示在 0.05 水平差异显著

三、棉花不同季节铃生物量累积分配与氮素

棉铃各组成部分中以纤维受氮素的影响最大，其次为棉籽、铃壳（图 8-7）。棉籽与纤维存在同步异速生长关系，可用方程 $y = a + bx$ 表示（x、y 分别代表棉籽、纤维生物量的自然对数，a 为截距，b 为线性回归系数）。0kg N·hm^{-2}、480kg N·hm^{-2} 水平下伏桃的 b 值降低，相应的纤维比强度显著降低，但对其他纤维品质性状影响较小；240kg N·hm^{-2}、480kg N·hm^{-2} 水平下秋桃的 b 值差异较小，显著高于 0kg N·hm^{-2}，纤维长度、比强度、整齐度对氮素的响应也呈现出相似趋势。综合分析认为，对相同开花期的棉铃而言，棉籽、纤维异速生长方程的线性回归系数 b 越大越有利于高品质纤维的形成。

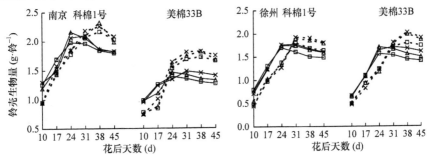

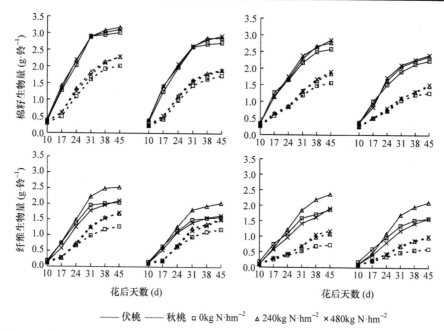

图 8-7 施氮量对棉铃中铃壳、棉籽和纤维生物量积累变化的影响（2005 年，南京，徐州）

铃壳生物量随花后天数增加呈先升后降的变化趋势，伏桃的峰值出现在 24DPA，秋桃峰值出现时间较迟。伏桃与秋桃铃壳生物量差异显著，31DPA 前伏桃生物量显著高于秋桃，之后则相反。施氮量影响铃壳生物量的趋势在伏桃、秋桃间一致，南京试点受施氮量的影响较小，徐州试点在峰值前受施氮量影响较小，峰值后 240kg N·hm^{-2}、480kg N·hm^{-2} 差异较小，显著高于 0kg N·hm^{-2}。这说明铃壳生物量受开花期影响较大，施氮量对其影响较小。

棉籽生物量随花后天数增加呈"S"形变化，开花期显著影响棉籽生物量积累，秋桃棉籽生物量显著低于伏桃。施氮量对棉籽生物量的影响在 31DPA 前较小，之后较大。240kg N·hm^{-2}、480kg N·hm^{-2} 棉籽生物量差异较小，显著高于 0kg N·hm^{-2}，45DPA 伏桃棉籽生物量在240kg N·hm^{-2}、480kg N·hm^{-2} 水平下较 0kg N·hm^{-2} 分别高 5.7%、6.7%，秋桃分别高 12.2%、13.5%。

棉纤维生物量变化趋势同棉籽，开花期显著影响纤维生物量，秋桃纤维生物量较伏桃平均降低 27.1%（南京）、53.0%（徐州），说明徐州试点秋桃纤维生物量受开花期影响的程度大于南京，究其原因是徐州试点秋桃 0~50DPA 日均温为 18.4℃，低于南京（20.6℃）。施氮量对纤维生物量的影响在 24DPA 前较小，之后较大。240kg N·hm^{-2} 水平下伏桃纤维生物量显著高于 0kg N·hm^{-2}、480kg N·hm^{-2}，秋桃纤维生物量在 240kg N·hm^{-2}、480kg N·hm^{-2} 水平间差异较小，显著高于 0kg N·hm^{-2}。这说明施氮量对纤维生物量的影响在开花期间存在差异，伏桃受缺氮或氮盈余的影响较大，秋桃主要受缺氮影响，氮盈余对其影响较小。

棉铃各组成部分生物量以纤维受氮素的影响最大，这与光合产物在棉籽与纤维间的分配有关（图 8-8），棉籽/纤维值随花后天数增加呈持续下降趋势，10~17DPA 降幅较大，之后降幅变小，品种、试点间趋于一致。说明棉籽与纤维之间存在异速生长，10~17DPA

时棉籽生长速率较大,随棉铃生育进程的推移,纤维生长速率迅速增加,棉籽/纤维值降低;31~45DPA 时棉籽、纤维生物量均达到相对稳定水平,增长幅度均较小,棉籽/纤维值趋于稳定。施氮量影响棉籽/纤维值,10~17DPA 时伏桃的棉籽/纤维值在 240kg N·hm^{-2}、480kg N·hm^{-2} 间差异较小,显著高于 0kg N·hm^{-2},24~45DPA 时,0kg N·hm^{-2} 显著高于 480kg N·hm^{-2};秋桃的棉籽/纤维值在 240kg N·hm^{-2}、480kg N·hm^{-2} 间差异较小,10~17DPA 时显著高于 0kg N·hm^{-2},24~45DPA 则相反。说明棉铃中棉籽、纤维生物量分配比例对施氮量的响应在开花期间存在差异,伏桃受缺氮或氮盈余的影响较大,秋桃主要受缺氮影响,氮盈余对其影响较小。

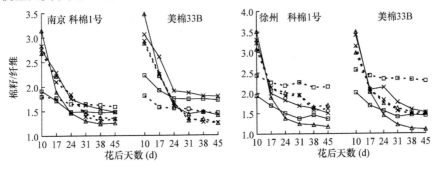

图 8-8 施氮量对棉籽/纤维变化的影响(2005 年,南京,徐州)

进一步分析棉铃中棉籽与纤维生物量分配存在的异速生长关系,可用 $y = a + bx$ 表示,式中:x、y 分别表示棉籽、纤维生物量的自然对数,a 为截距,b 表示棉籽与纤维生长速率的关系参数。b 值的大小可以反映棉籽、纤维异速生长的程度,b 值越大越有利于光合产物向纤维分配。若棉铃生长不受任何条件的限制,生物量在棉籽、纤维间只有一种分配模式,b 只有一个确定值;当棉铃生长受外界环境条件的胁迫时,则棉籽、纤维间的分配模式将会发生改变,b 值也随之变化。分析表 8-2 可知,施氮量显著影响 b 值,伏桃的 b 值在 240kg N·hm^{-2} 水平下较大,0kg N·hm^{-2}、480kg N·hm^{-2} 较之分别降低 24.4%、13.2%;秋桃的 b 值在 240kg N·hm^{-2}、480kg N·hm^{-2} 水平下较 0kg N·hm^{-2} 分别增加 27.0%、30.0%。由此可见,氮素对棉籽、纤维异速生长的影响与开花期之间存在协同作用,缺氮或氮盈余均阻滞了伏桃中营养物质向纤维转运,但随开花期的推迟,秋桃中棉籽与纤维的异速生长主要受缺氮的影响,氮盈余对其影响较小。

表 8-2 施氮量对棉籽与纤维间异速生长($y=a+bx$)的影响

季节铃	品种	施氮量(kg N·hm^{-2})	截距(a)		斜率(b)	
			南京	徐州	南京	徐州
伏桃	科棉 1 号	0	−0.5266	−0.4962	1.1279	1.1687
		240	−0.7508	−0.6954	1.4579	1.5414
		480	−0.7791	−0.7937	1.2857	1.3540
	美棉 33B	0	−0.6670	−0.5126	1.1253	1.1829
		240	−0.8477	−0.6524	1.4617	1.6319
		480	−0.8956	−0.8056	1.2726	1.3768

续表

季节铃	品种	施氮量(kg N·hm^{-2})	截距(a)		斜率(b)	
			南京	徐州	南京	徐州
秋桃	科棉1号	0	−0.5147	−0.7859	1.0608	1.0715
		240	−0.6065	−0.6995	1.3628	1.2817
		480	−0.5919	−0.6866	1.3918	1.3080
	美棉33B	0	−0.4277	−0.8486	1.0841	1.0613
		240	−0.5108	−0.5419	1.4245	1.3616
		480	−0.5049	−0.5284	1.4453	1.4092

四、棉花强弱势铃纤维发育与氮素

(一)棉花成铃率

不同棉花品种成铃率随果节外延逐渐降低,平均不同品种成铃率发现,棉花成铃率变化第1果节比第2果节高29.6%、第2果节比第3果节高49.1%、第3果节比第4果节高33.5%,第2~3果节成铃率下降幅度显著大于1~2果节、3~4果节(图8-9)。

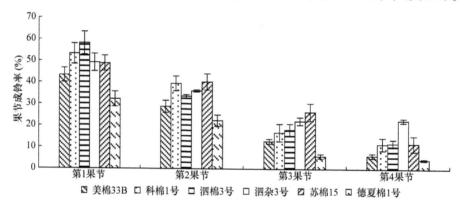

图8-9 品种对棉花不同果节成铃率的影响

(二)棉花铃重与产量贡献率

随施氮量增加,棉花籽棉产量和各果节位铃重均表现为先升高后降低的变化,第1、2果节脱落率先降低后升高,第3果节脱落率持续降低(表8-3)。在0kg N·hm^{-2}、240kg N·hm^{-2}、480kg N·hm^{-2}水平下,棉花外围果节铃重和脱落率与内围果节的差值[Δ(%),两品种均值,表8-4]分别为13.8%、20.6%、22.5%、25.7%、6.9%、9.6%;产量贡献率表现分别为第1果节显著大于第2~3及以外果节、第1~2果节高于第3及以外果节、第3及以外果节接近第2果节。240kg N·hm^{-2}水平下,第1~2果节铃重显著大于第3及以外果节,随施氮量增加第3及以外果节产量贡献率提高,与第1~2果节间的差距缩小。

表 8-3 施氮量对棉花不同果节位铃重和产量贡献率的影响（2009～2010 年）

年份	品种	施氮量(kg N·hm⁻²)	籽棉产量(g·株⁻¹)	第1果节 铃重(g)	第1果节 脱落率(%)	第1果节 产量贡献率(%)	第2果节 铃重(g)	第2果节 脱落率(%)	第2果节 产量贡献率(%)	第3及以外果节 铃重(g)	第3及以外果节 脱落率(%)	第3及以外果节 产量贡献率(%)
2009	美棉33B	0	30.2c	4.2a	73.8c	38.1	3.4b	83.3b	31.0	3.4b	91.6a	30.9
		240	65.5a	4.8a	71.4b	36.5	4.7a	77.6b	35.9	3.6b	86.9a	27.6
		480	50.5b	4.2a	73.8a	35.7	4.0b	78.6a	32.7	3.8b	71.4a	31.7
	科棉1号	0	32.9c	4.1a	78.6c	36.9	3.7b	85.7b	33.7	3.2c	90.5a	29.3
		240	64.7a	5.9a	54.8b	38.2	5.4a	64.3b	35.1	4.1b	89.5a	26.7
		480	56.8b	4.1a	71.4b	34.1	4.0ab	76.7a	33.3	4.0b	71.4a	32.6
2010	美棉33B	0	37.6c	3.8a	42.5b	36.2	3.5b	64.7a	33.7	3.1c	86.0a	30.2
		240	77.5a	4.5a	56.5b	33.9	4.5a	68.1b	33.8	4.3b	84.9a	32.3
		480	67.9b	4.5a	58.2b	34.9	4.2ab	61.2b	34.3	3.8b	81.4a	30.8
	科棉1号	0	46.9c	4.1a	49.6b	36.9	3.6b	68.7ab	33.0	3.3c	84.6a	30.1
		240	78.1a	5.4a	52.1b	37.8	5.1a	64.2b	35.4	3.9b	78.4a	26.8
		480	63.2b	4.3a	58.3b	35.3	4.0ab	63.9b	32.7	3.9b	78.3a	32.0

注：同列中不同小写字母表示在 0.05 水平差异显著

表 8-4 施氮量对棉花不同果节位铃重和脱落率差值的影响

品种	施氮量(kg N·hm⁻²)	Δ铃重(%) 1～2果节	Δ铃重(%) 2～3及以上果节	Δ铃重(%) 1～3及以上果节	Δ铃重(%) 1～2果节、3及以上果节	Δ脱落率(%) 1～2果节	Δ脱落率(%) 2～3及以上果节	Δ脱落率(%) 1～3及以上果节	Δ脱落率(%) 1～2果节、3及以上果节
美棉33B	0	13.3	5.5	18.0	12.2	21.4	16.7	34.5	25.6
	240	1.1	13.9	14.8	14.3	8.4	18.6	25.5	22.1
	480	5.1	6.8	11.5	9.2	9.5	4.6	13.6	9.1
科棉1号	0	9.8	10.8	19.6	15.4	17.0	11.8	26.7	19.3
	240	7.3	24.0	29.6	26.9	16.7	22.8	35.7	29.2
	480	5.2	2.0	7.1	4.5	7.9	5.9	13.4	9.6

(三)棉花果枝部位对纤维发育相关物质变化的影响

1. 蔗糖含量 棉花中部果枝强势铃 31～38DPA 纤维蔗糖转化率在 240kg N·hm⁻² 时大于 0kg N·hm⁻²、480kg N·hm⁻² 时，弱势铃纤维蔗糖转化率在 480kg N·hm⁻² 时大于 0kg N·hm⁻²、240kg N·hm⁻²，240kg N·hm⁻² 棉花强势铃纤维中有更多的纤维素合成底物，480kg N·hm⁻² 棉花弱势铃在纤维发育后期仍保持一定的库活性，使相关物质继续转化（表 8-5）。分析棉花强、弱势铃纤维蔗糖转化率差值看出（表 8-7），480kg N·hm⁻² 蔗糖转化率和纤维素含量的差值最小，增加施氮可调节纤维素合成过程中的物质转化，缩小强弱势铃间差距（Δ值）；施氮量对纤维蔗糖的影响显著大于对最终纤维素含量的影响。480kg N·hm^{-2}棉花上部果枝弱势铃纤维蔗糖含量在31DPA最高，说明在此施氮量下弱势铃仍可持续合成纤维素。

表8-5 施氮量对棉花强、弱势铃纤维蔗糖含量（mg·g^{-1}DW）及其转化率的影响

果枝部位	花后天数(DPA, d)	0kg N·hm^{-2}		240kg N·hm^{-2}		480kg N·hm^{-2}	
		强势铃	弱势铃	强势铃	弱势铃	强势铃	弱势铃
下部	17	15.2a	14.5b	17.1a	15.9b	16.0a	15.5a
	31	9.7a	8.0b	10.2a	9.5b	9.8a	7.5b
	45	2.0b	3.1a	2.7b	3.4a	2.0b	3.4a
	7~31DPA 蔗糖转化率(%)	36.1	45.0	40.2	40.0	38.4	51.6
	31~45DPA 蔗糖转化率(%)	78.9	61.7	73.3	64.4	79.3	54.0
中部	31	9.2a	7.7b	10.8a	8.1b	9.5a	7.0b
	38	3.6b	4.3a	4.1b	4.6a	3.7b	3.7b
	31~38DPA 蔗糖转化率(%)	60.6	43.9	62.0	43.0	60.8	47.6
上部	31	7.2a	6.3b	9.4a	7.9b	8.1a	7.9a

注：同行同施氮量下不同小写字母表示在0.05水平差异显著

2. β-1,3-葡聚糖含量 棉花强势铃31~38DPA时，纤维β-1,3-葡聚糖转化率在240kg N·hm^{-2}较在0kg N·hm^{-2}、480kg N·hm^{-2}时分别高41.49%、35.71%（表8-6），弱势铃在480kg N·hm^{-2}下β-1,3-葡聚糖转化率最高（31.2%），增施氮肥下棉纤维发育后期仍保持一定的库活性，有利于纤维发育物质转化；缺氮时弱势β-1,3-葡聚糖转化率最低且纤维素含量最低。β-1,3-葡聚糖含量在棉花强、弱势铃之间的差值及对氮素的响应同蔗糖一致（表8-7）。

表8-6 施氮量对棉花强、弱势铃纤维 β-1,3-葡聚糖含量（mg·g^{-1}DW）及其转化率的影响

果枝部位	花后天数(DPA, d)	0kg N·hm^{-2}		240kg N·hm^{-2}		480kg N·hm^{-2}	
		强势铃	弱势铃	强势铃	弱势铃	强势铃	弱势铃
下部	17	1.09b	1.35a	1.20b	0.92c	1.14a	1.06b
	31	0.35b	0.48a	0.32a	0.41a	0.54a	0.48a
	45	64.40	58.80	60.10	67.40	63.70	64.50
	17~31DPA 蔗糖转化率(%)	67.90	64.40	73.30	55.40	52.60	54.70
	31~45DPA 蔗糖转化率(%)	1.11a	0.73d	1.27a	0.97b	1.20a	0.93b
中部	31	0.78a	0.60b	0.69a	0.70a	0.87a	0.64b
	38	29.70	17.80	45.70	27.80	27.50	31.20
	31~38DPA 蔗糖转化率(%)	0.94b	1.36a	1.33a	0.71b	0.98a	0.94a
上部	31	1.09b	1.35a	1.20b	0.92c	1.14a	1.06b

注：同行同施氮量下不同小写字母表示在0.05水平差异显著

表 8-7　施氮量对棉花强、弱势铃纤维发育相关物质变化和纤维品质的调控效应

品种	施氮量 (kg N·hm^{-2})	Δ蔗糖含量(%) 31DPA	Δ蔗糖含量(%) 38DPA	Δ蔗糖转化率(%)	Δβ-1,3-葡聚糖含量(%) 31DPA	Δβ-1,3-葡聚糖含量(%) 38DPA	Δβ-1,3-葡聚糖转化率(%)	Δ纤维素含量(%)	Δ纤维长度(%)	Δ纤维整齐度(%)	Δ马克隆值(%)	Δ纤维比强度(%)
美棉 33B	0	16.8b	-18.5b	27.6a	34.2a	23.1a	40.1a	3.3a	3.4a	1.4a	6.0b	4.5b
	240	24.6ab	-13.2b	30.6a	23.6b	-1.4b	38.9a	3.9a	2.3b	1.8a	6.7b	5.3a
	480	26.5a	1.6a	21.7b	22.5b	26.4a	-13.5b	1.1b	2.0b	1.5a	10.0a	3.2c
科棉 1 号	0	9.0b	-17.1a	23.3a	24.3a	23.8a	1.0b	3.1a	3.0a	1.5a	8.0b	3.9b
	240	19.7a	-11.5b	23.2a	20.5a	9.5b	9.2a	2.8a	2.3b	2.0a	12.0a	5.0a
	480	20.7a	-14.5b	16.9b	22.0a	27.0a	-9.1c	2.2b	2.0b	0.9b	14.3a	3.9b

注：同行同施氮量下不同小写字母表示在 0.05 水平差异显著；Δ(%)=[(强势铃-弱势铃)/强势铃]×100

(四) 棉花果枝部位对纤维品质的影响

由表 8-7、表 8-8 看出，施氮量对棉花强、弱势铃纤维发育蔗糖转化率调控的变异幅度与对马克隆值调控的变异幅度呈显著负相关，对强、弱势铃纤维素累积调控的变异幅度与对纤维比强度调控的变异幅度显著正相关。铃重与纤维发育相关物质变化的相关性较小，原因可能与铃重受源(棉铃对位叶)强度和库(棉铃)强度的双重影响有关。

表 8-8　棉花强、弱势铃纤维发育相关物质转化率变异与铃重和纤维品质变异的相关性

	Δ铃重(%)	Δ纤维长度(%)	Δ纤维整齐度(%)	Δ马克隆值(%)	Δ纤维比强度(%)
Δ蔗糖转化率(%)	0.345	0.472	0.613	-0.877*	0.667
Δβ-1,3-葡聚糖转化率(%)	0.256	0.572	0.378	-0.739	0.781
Δ纤维素含量(%)	0.369	0.547	0.352	-0.573	0.835*

*表示在 0.05 水平相关性显著 ($n=6$, $R_{0.05}^2=0.811$, $R_{0.01}^2=0.917$)

棉花中部果枝强势铃 38DPA 纤维蔗糖含量低于弱势铃，其间差值随施氮量增加而增大(表 8-9)；上部果枝强势铃 31DPA 纤维蔗糖含量高于弱势铃，其间差值在 0kg N·hm^{-2}、240kg N·hm^{-2} 下分别为 15.4%、13.9%，480kg N·hm^{-2} 时降至 1.3%。棉花中部果枝强、弱势铃 38DPA 纤维蔗糖含量变化趋势一致，强势铃高于弱势铃，其间差值随施氮量增加而变小，480kg N·hm^{-2} 时强弱势铃差值最小。

表 8-9　施氮量对棉花不同果枝部位强、弱势铃纤维蔗糖含量(mg·g^{-1}DW)、纤维素含量(%)的影响

品种	施氮量 (kg N·hm^{-2})	强、弱势铃	蔗糖含量 38DPA-中部果枝	蔗糖含量 31DPA-上部果枝	纤维素含量 38DPA-中部果枝	纤维素含量 31DPA-上部果枝	Δ强、弱势铃蔗糖含量差值(%) 38DPA-中部果枝	Δ强、弱势铃蔗糖含量差值(%) 31DPA-上部果枝	Δ强、弱势铃纤维素含量差值(%) 38DPA-中部果枝	Δ强、弱势铃纤维素含量差值(%) 31DPA-上部果枝
美棉 33B	0	强	3.6a	7.2a	81.5a	75.0a	-1.1	12.4	3.3	5.2
		弱	3.7a	6.3b	78.8b	71.1b				

续表

品种	施氮量 (kg N·hm^{-2})	强、弱势铃	蔗糖含量		纤维素含量		Δ强、弱势铃蔗糖含量差值(%)		Δ强、弱势铃纤维素含量差值(%)	
			38DPA-中部果枝	31DPA-上部果枝	38DPA-中部果枝	31DPA-上部果枝	38DPA-中部果枝	31DPA-上部果枝	38DPA-中部果枝	31DPA-上部果枝
美棉33B	240	强	4.1b	9.4a	86.5a	82.7a	−13.2	16.1	3.9	5.2
		弱	4.6a	7.9b	83.2b	78.4b				
	480	强	3.7b	8.1a	81.4a	80.2a	−15.3	2.2	1.1	2.1
		弱	4.3a	7.9a	80.5a	78.6b				
科棉1号	0	强	3.9a	7.9a	82.0a	75.3a	−0.3	18.4	3.1	5.7
		弱	3.9a	6.4b	79.4b	71.0b				
	240	强	4.4a	9.1a	86.6a	83.2a	−6.9	11.7	2.8	4.4
		弱	4.7a	8.1b	84.1b	79.5b				
	480	强	4.1b	7.9a	82.5a	80.8a	−12.3	0.3	2.2	−1.3
		弱	4.6a	7.9a	80.8b	81.8a				

注：同行同施氮量下不同小写字母表示在0.05水平差异显著

综上，棉花第1～2果节内围铃铃重、脱落率及纤维品质均优于外围铃，可将第1～2果节铃定义为强势铃，第3及以外果节铃定义为弱势铃。随施氮量增加，棉花强势铃铃重、纤维长度和比强度表现为先升高后降低的变化，整齐度和马克隆值差异较小；弱势铃纤维长度、整齐度、比强度依次递增，马克隆值降低，铃重先升高后降低。480 kg N·hm^{-2}水平时棉花强、弱势铃铃重，纤维长度，整齐度，比强度及纤维发育相关物质(蔗糖、β-1,3-葡聚糖、纤维素)转化率的差值较0 kg N·hm^{-2}、240 kg N·hm^{-2}显著缩小，马克隆值则相反。同时，施氮量调控棉花强弱势铃纤维蔗糖转化率的变异幅度与马克隆值变异幅度呈显著负相关、纤维素含量变异幅度与纤维比强度变异幅度呈显著正相关。可见，增施氮肥(480 kg N·hm^{-2})可提高棉花弱势铃纤维发育后期的蔗糖转化率，增加纤维素累积量，从而优化弱势铃纤维品质。

五、棉花源库平衡与棉铃对位叶氮浓度

(一)棉花不同季节铃对位叶碳氮变化

棉铃对位叶全碳(或全氮)含量随花后天数呈先下降后上升的变化(图8-10)，棉铃对位叶全碳含量在南京试点以伏前桃最低、伏桃次之、早秋桃和晚秋桃最高且两者差异较小，徐州试点全碳含量由低到高依次为伏桃、伏前桃、早秋桃和晚秋桃。棉铃对位叶全氮含量在南京、徐州试点均以伏桃最高、早秋桃次之、晚秋桃再次之、伏前桃最低。

棉铃对位叶全碳(或全氮)含量变化可用函数$y=at^2+bt+c$拟合[y(%)为全碳(或全氮)含量，t(d)为花后天数，a、b、c为参数]，其变化特征值可用理论最小值(y_{min})以及达到该值的时间(t_{min})表示，计算公式如下：

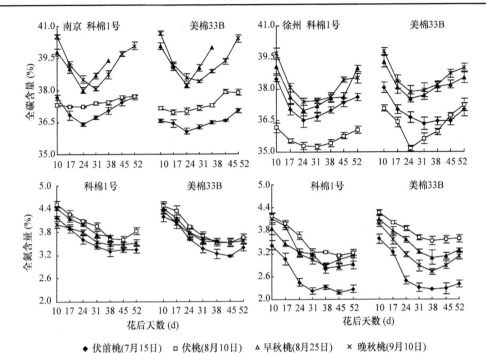

◆ 伏前桃(7月15日)   □ 伏桃(8月10日)   ▲ 早秋桃(8月25日)   × 晚秋桃(9月10日)

图 8-10　棉铃对位叶全碳(全氮)含量随花后天数动态变化(2005年, 南京, 徐州)

$$y_{\min} = -\frac{b^2 - 4ac}{4a}$$

$$t_{\min} = -\frac{b}{2a}$$

棉花早秋桃和晚秋桃对位叶全碳含量 $y_{\min}$ 较高，伏前桃和伏桃较低(表 8-10)；对于同季节铃，南京试点棉铃对位叶全碳含量 $y_{\min}$ 高于徐州，品种间差异较小。不同季节铃对位叶全碳含量 $t_{\min}$ 变化在南京、徐州试点均以伏桃最早、早秋桃次之、伏前桃和晚秋桃最晚；对于同类铃，南京试点棉铃对位叶全碳含量 $t_{\min}$ 早于徐州，'科棉 1 号'早于'美棉 33B'。

棉花不同季节铃对位叶全氮含量 $y_{\min}$ 由高到低在南京、徐州试点均依次为伏桃、早秋桃、晚秋桃、伏前桃。南京试点早秋桃、晚秋桃和伏前桃棉铃对位叶全氮含量 $y_{\min}$ 高于徐州，'科棉 1 号'高于'美棉 33B'；南京、徐州试点棉铃对位叶全氮含量 $t_{\min}$ 由晚到早顺序为伏桃、早秋桃、伏前桃和晚秋桃，相同季节铃 $t_{\min}$ 在试验点、品种间差异较小。

不同季节铃棉铃对位叶 C/N 值变化在南京试点由高到低依次为晚秋桃、伏前桃、早秋桃和伏桃，徐州试点为伏前桃、晚秋桃、早秋桃和伏桃，品种间表现一致；不同季节铃间 C/N 值差异南京小于徐州(图 8-11)。

表 8-10 棉花不同季节铃对位叶全碳(全氮)含量随花后天数变化的拟合方程(2005 年, 南京, 徐州)

	试验点	季节铃	方程	R^2	y_{min}(%)	t_{min}(d)
全碳含量	南京	伏前桃	$y=0.0023t^2-0.131t+38.555$	0.803*	36.7	29
		伏桃	$y=0.0004t^2-0.013t+37.372$	0.932**	37.3	17
		早秋桃	$y=0.0069t^2-0.346t+42.625$	0.904**	38.3	25
		晚秋桃	$y=0.0053t^2-0.341t+43.740$	0.900**	38.3	32
	徐州	伏前桃	$y=0.0032t^2-0.207t+39.935$	0.811*	36.6	32
		伏桃	$y=0.0019t^2-0.118t+37.079$	0.946**	35.3	31
		早秋桃	$y=0.0044t^2-0.269t+41.125$	0.920**	37.0	31
		晚秋桃	$y=0.0040t^2-0.260t+41.610$	0.847*	35.3	33
全氮含量	南京	伏前桃	$y=0.0008t^2-0.068t+4.803$	0.996**	3.3	44
		伏桃	$y=0.0007t^2-0.061t+5.100$	0.925**	3.7	46
		早秋桃	$y=0.0007t^2-0.062t+4.975$	0.996**	3.6	44
		晚秋桃	$y=0.0004t^2-0.037t+4.376$	0.930**	3.6	42
	徐州	伏前桃	$y=0.0013t^2-0.106t+4.736$	0.960**	2.2	42
		伏桃	$y=0.0008t^2-0.075t+4.924$	0.967**	3.2	47
		早秋桃	$y=0.0007t^2-0.068t+4.442$	0.951**	2.9	46
		晚秋桃	$y=0.0014t^2-0.115t+5.218$	0.936**	2.9	40

注: y_{min}、t_{min} 分别表示全碳(或全氮)含量最小值及其到达时间

*、**分别表示方程决定系数在 0.05、0.01 水平相关性显著($n=5$, $R^2_{0.05}=0.950$, $R^2_{0.01}=0.990$; $n=7$, $R^2_{0.05}=0.776$, $R^2_{0.01}=0.900$)

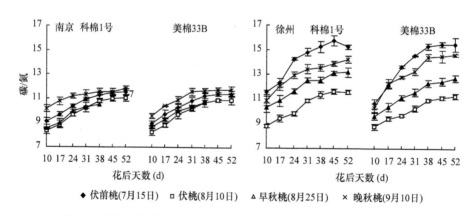

图 8-11 棉铃对位叶碳/氮随花后天数的动态变化(2005 年, 南京, 徐州)

(二)棉花源库强度与棉铃对位叶氮浓度

作物源强度主要体现在作为源器官输出物质(蔗糖)的含量及源器官中生成该物质的

能力(光合能力、Sus 活性)。而库强度主要体现在库器官将输入物质(蔗糖)转化为结构性物质(纤维素或其他碳水化合物)或者储存性物质(淀粉或其他多聚糖)的能力。

棉铃对位叶氮浓度显著影响棉花的源、库强度，棉花源、库强度随棉铃对位叶氮浓度的上升呈先升高后降低的变化，可用函数 $y=ax^2+bx+c$[y 为物质含量或酶活性，x 为棉铃对位叶氮浓度(%)，a、b、c 为参数]拟合，上述各指标所对应的适宜棉铃对位叶氮浓度差异较小，通过调节棉铃对位叶氮浓度可调控棉铃发育中棉铃对位叶源强度和纤维库强度达到最优，'德夏棉 1 号''科棉 1 号''美棉 33B'中部果枝铃源、库强度达到最优时铃期适宜叶氮浓度变化曲线分别符合方程 $y=7.238DPA^{-0.276}$ ($R^2=0.983^{**}$)、$y=7.236DPA^{-0.303}$ ($R^2=0.988^{**}$)、$y=7.171DPA^{-0.284}$ ($R^2=0.979^{**}$)；棉铃发育后期各指标所对应的叶氮浓度差异较大，叶源强度以及纤维 Sus 所需要的适宜叶氮浓度高于纤维中的蔗糖。

棉铃对位叶氮浓度显著影响其可溶性糖、蔗糖含量和 SPS 活性(图 8-12)，棉铃对位叶可溶性糖含量随花后天数增加而降低，31DPA 前降低幅度较大，受叶氮浓度的影响大于后期。45DPA 时'德夏棉 1 号'叶氮浓度较低，此时棉铃对位叶可溶性糖含量较前期有所增加；52DPA 时'科棉 1 号'和'美棉 33B'棉铃对位叶氮浓度较低，此时棉铃对位叶可溶性糖含量累积。表明棉铃发育后期(45～52DPA)棉铃对位叶氮浓度过低抑制了可溶性糖的转化输出而积累。棉铃对位叶中蔗糖含量变化趋势与可溶性糖一致。棉铃对位叶 SPS 活性随花后天数增加而降低，前期下降幅度大于后期，与蔗糖和可溶性糖含量变化一致。

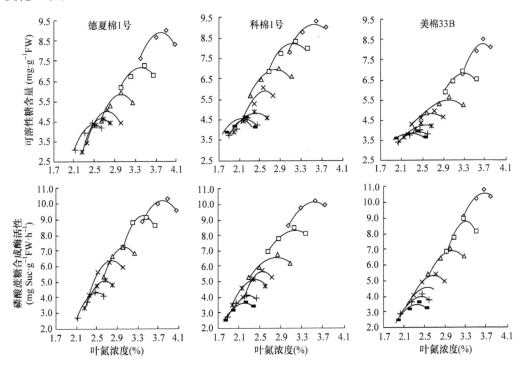

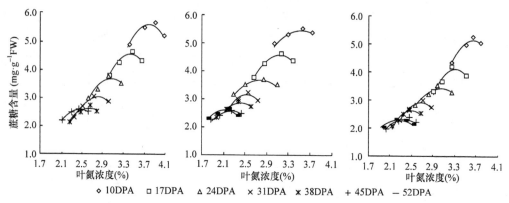

◇ 10DPA □ 17DPA △ 24DPA × 31DPA ✳ 38DPA + 45DPA — 52DPA

图 8-12 棉铃对位叶可溶性糖、蔗糖含量和磷酸蔗糖合成酶 SPS 活性变化与其氮浓度的关系(2009 年)

棉铃对位叶可溶性糖、蔗糖含量和 SPS 活性随棉铃对位叶氮浓度升高呈先升高后降低抛物线型变化，表明存在适宜的棉铃对位叶氮浓度可使棉铃对位叶源强度达到最高。分别计算花后不同时期棉铃对位叶源强度(可溶性糖、蔗糖含量和 SPS 活性)达到最高时的叶氮浓度，见表 8-11。

表 8-11 花后不同时期棉铃对位叶源强度对应的适宜对位叶氮浓度(%)(2008～2009 年)

品种	叶源强度	年份	花后天数(DPA, d)						
			10	17	24	31	38	45	52
德夏棉1号	可溶性糖含量	2008	3.77	3.39	3.05	2.74	2.64	>2.41	无数据
		2009	3.79	3.41	3.03	2.75	2.66	>2.30	无数据
	蔗糖含量	2008	3.78	3.41	3.06	2.71	2.66	>2.41	无数据
		2009	3.78	3.41	3.06	2.75	2.66	>2.30	无数据
	SPS 活性	2008	3.76	3.39	3.06	2.73	2.65	>2.41	无数据
		2009	3.78	3.40	3.04	2.79	2.65	>2.30	无数据
科棉1号	可溶性糖含量	2008	3.52	3.16	2.79	2.55	2.36	2.26	>2.16
		2009	3.54	3.15	2.81	2.59	2.41	2.25	>2.19
	蔗糖含量	2008	3.52	3.14	2.79	2.56	2.36	2.29	>2.16
		2009	3.53	3.14	2.78	2.52	2.41	2.25	>2.19
	SPS 活性	2008	3.56	3.14	2.83	2.55	2.39	2.29	2.22
		2009	3.54	3.16	2.81	2.55	2.40	2.28	2.19
美棉33B	可溶性糖含量	2008	3.62	3.29	2.97	2.68	2.53	2.41	>2.08
		2009	3.66	3.29	2.99	2.67	2.54	2.41	>2.18
	蔗糖含量	2008	3.63	3.28	2.97	2.69	2.52	2.40	>2.08
		2009	3.65	3.30	3.02	2.67	2.51	2.39	>2.18
	SPS 活性	2008	3.63	3.27	2.98	2.69	2.55	2.42	2.26
		2009	3.65	3.29	3.03	2.67	2.54	2.43	2.34

棉铃对位叶氮浓度显著影响纤维蔗糖含量和 Sus 活性(图 8-13)，纤维蔗糖含量随花

后天数增加而降低,以 31DPA 为界,前期蔗糖含量受棉铃对位叶氮浓度影响而降低的幅度大于后期;纤维 Sus 活性随花后天数增加呈单峰曲线变化,'德夏棉1号''科棉1号''美棉33B'峰值分别出现在24DPA、31DPA、31DPA,24~38DPA 棉铃对位叶氮浓度对 Sus 活性影响最大。在花后同一时期,纤维蔗糖含量和 Sus 活性均随棉铃对位叶氮浓度的升高呈先升高后降低的抛物线型变化,存在适宜的棉铃对位叶氮浓度使前期蔗糖含量较高、后期蔗糖转化彻底以利于纤维发育,同时也使 SPS 活性高且高活性持续时间长,二者协调促进纤维素生成并提高纤维库强度。分别计算花后不同时期纤维蔗糖含量、Sus 活性达到最佳状态时的叶氮浓度见表 8-12。

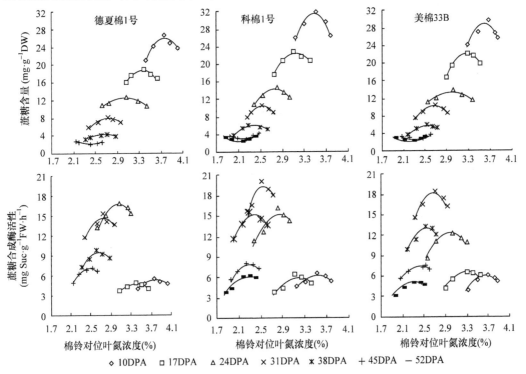

图 8-13 棉纤维蔗糖含量和蔗糖合成酶 Sus 活性与棉铃对位叶氮浓度的关系(2008年)

表 8-12 花后不同时期棉纤维库强度对应的适宜对位叶氮浓度(%)(2008~2009年)

品种	纤维库强度	年份	花后天数(DPA, d)						
			10	17	24	31	38	45	52
德夏棉1号	蔗糖含量	2008	3.77	3.34	3.01	2.73	2.67	2.40	—
		2009	3.80	3.38	3.04	2.77	2.67	2.37	—
	Sus 活性	2008	3.78	3.38	3.06	2.75	2.66	2.58	—
		2009	3.78	3.40	3.04	2.76	2.65	2.52	—
科棉1号	蔗糖含量	2008	3.49	3.15	2.77	2.53	2.38	2.22	2.11
		2009	3.52	3.14	2.75	2.54	2.38	2.24	2.14
	Sus 活性	2008	3.53	3.18	2.84	2.56	2.40	2.30	2.28
		2009	3.57	3.16	2.82	2.58	2.43	2.30	2.23

续表

品种	纤维库强度	年份	花后天数(DPA, d)						
			10	17	24	31	38	45	52
美棉33B	蔗糖含量	2008	3.60	3.27	2.99	2.66	2.54	2.35	2.19
		2009	3.62	3.27	3.00	2.65	2.51	2.36	2.27
	Sus活性	2008	3.64	3.31	2.98	2.67	2.54	2.44	2.31
		2009	3.67	3.30	3.02	2.68	2.56	2.44	2.35

将 10DPA、17DPA、24DPA、31DPA、38DPA、45DPA（'德夏棉1号'至 38DPA）棉花源、库强度所对应的适宜棉铃对位叶氮浓度利用幂函数拟合(图 8-14)看出，尽管棉铃对位叶源强度和纤维库强度所需的适宜对位叶氮浓度存在差异，但各拟合曲线的重合度较高，可以寻找一个适宜的对位叶氮浓度使棉铃发育的源、库强度达到或接近最优。将同一品种各指标对应的适宜叶氮浓度利用幂函数方程拟合，分别得到'德夏棉1号'38DPA 前以及'科棉1号''美棉 33B'45DPA 前的适宜叶氮浓度拟合方程发现：在较低的叶氮浓度下，棉铃对位叶可溶性糖和蔗糖含量输出受抑制，含量升高；棉铃对位叶 SPS 以及纤维 Sus 都需要较高的叶氮浓度维持活性，较高的叶氮浓度有利于光合产物的合成输出；同时，纤维蔗糖含量的彻底转化主要是由于对位叶输送的蔗糖含量减少以及 Sus 活性的提高。

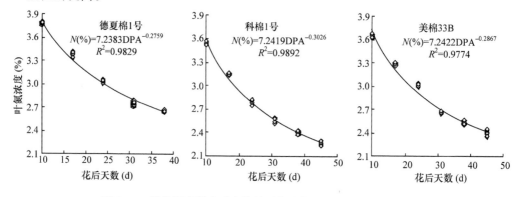

图 8-14 棉花源库强度适宜棉铃对位叶氮浓度的变化(2009 年)

(三)棉花不同季节铃(棉籽、纤维)生物量与棉铃对位叶碳氮变化

棉花伏前桃和晚秋桃的单铃及其棉籽、纤维生物量快速累积期短，伏桃和早秋桃与之相反；伏前桃的单铃及其棉籽、纤维生物量快速累积期平均速率最大、伏桃次之、早秋桃再次之、晚秋桃最小；伏桃的单铃及其棉籽、纤维的生物量最大、伏前桃次之、早秋桃再次之、晚秋桃最小。与'美棉 33B'相比，'科棉1号'相同季节铃对位叶全碳含量达到最小值的时间较早、全氮含量最小值较高、C/N 快速增长持续期平均速率较小，导致单铃及其棉籽、纤维生物量快速累积期长，快速累积期平均速率较大，单铃及其棉籽、纤维生物量大。

棉铃、棉籽、纤维生物量变化符合"S"形曲线，可用logistic方程拟合：

$$W = \frac{W_m}{1+ae^{bt}}$$

式中，W为生物量(g)；t为花后天数(d)；W_m为生物量理论最大值(g)；a、b为参数。

对方程进行求导计算出生物量快速累积期的起始时期(t_1)、终止时期(t_2)、生物量快速累积持续时间$T(T=t_2-t_1)$及快速累积期内生物量的平均累积增长速率$V_T[V_T=(W_{t_2}-W_{t_1})/T]$。

分析表8-13和表8-14可知，棉花不同季节铃单铃及其棉籽、纤维生物量在南京、徐州试点的t_1均以晚秋桃最早、伏前桃次之、伏桃再次之、早秋桃最迟；t_2以晚秋桃最早、伏前桃次之、早秋桃再次之、伏桃最迟；T值以伏桃最长、早秋桃次之、其后为伏前桃、晚秋桃最短；V_T值随开花期推迟依次降低。棉花不同季节铃单铃及其棉籽、纤维的最终生物量在南京、徐州试点均以伏桃最大、伏前桃次之、晚秋桃最小。

对于同类季节铃，南京试点棉花单铃及其棉籽、纤维生物量的t_1、t_2较早，T值较长，V_T值较大，最终生物量较高；品种间进行比较，'科棉1号'的t_1较早、t_2较晚，T值较长，V_T值较大，最终生物量较高。

表8-13 棉花不同季节铃单铃生物量随花后天数变化的拟合方程

试点	品种	季节铃	方程	R^2	t_1(d)	t_2(d)	T(d)	V_T(g·d^{-1})	W_0(g)
南京	科棉1号	伏前桃	$W=7.054/(1+8.964e^{-0.128t})$	0.987**	7	28	21	0.19	6.6
		伏桃	$W=8.393/(1+11.551e^{-0.094t})$	0.986**	12	40	28	0.17	7.6
		早秋桃	$W=6.432/(1+16.087e^{-0.110t})$	0.978**	13	37	24	0.15	—
		晚秋桃	$W=4.407/(1+5.861e^{-0.129t})$	0.992**	4	24	20	0.12	6.0
	美棉33B	伏前桃	$W=6.352/(1+10.512e^{-0.128t})$	0.992**	8	29	21	0.18	6.2
		伏桃	$W=6.818/(1+16.306e^{-0.107t})$	0.996**	14	38	25	0.16	6.3
		早秋桃	$W=4.758/(1+19.265e^{-0.125t})$	0.996**	13	34	21	0.13	—
		晚秋桃	$W=4.141/(1+10.711e^{-0.141t})$	0.966**	7	26	19	0.12	4.4
徐州	科棉1号	伏前桃	$W=6.052/(1+15.015e^{-0.129t})$	0.994**	11	31	20	0.17	5.9
		伏桃	$W=8.194/(1+11.010e^{-0.092t})$	0.986**	12	41	29	0.16	6.6
		早秋桃	$W=5.085/(1+26.320e^{-0.124t})$	0.980**	16	37	21	0.14	4.9
		晚秋桃	$W=3.964/(1+16.046e^{-0.138t})$	0.994**	11	30	19	0.12	3.9
	美棉33B	伏前桃	$W=5.195/(1+15.489e^{-0.124t})$	0.994**	11	33	21	0.14	5.0
		伏桃	$W=6.070/(1+15.042e^{-0.104t})$	0.993**	13	39	25	0.14	5.6
		早秋桃	$W=4.580/(1+26.058e^{-0.121t})$	0.997**	16	38	22	0.12	4.5
		晚秋桃	$W=3.972/(1+20.165e^{-0.130t})$	0.981**	13	33	20	0.11	4.1

注：t_1、t_2、T、V_T分别表示快速累积起始时间、终止时间、持续时间、快速累积期内生物量平均累积增长速率，W_0表示生物量理论最大值

**表示方程决定系数在0.01水平相关性显著($n=5$，$R^2_{0.01}=0.912$；$n=7$，$R^2_{0.01}=0.765$)

表 8-14　棉花不同季节铃棉籽(纤维)生物量随花后天数变化的拟合方程

	品种	季节铃	方程	R^2	t_1(d)	t_2(d)	T(d)	V_T(g·d^{-1})	W_O(g)
棉籽	科棉1号	伏前桃	$W=3.252/(1+10.200e^{-0.114t})$	0.987**	9	32	23	0.081	3.1
		伏桃	$W=4.024/(1+14.021e^{-0.087t})$	0.981**	15	45	30	0.077	3.4
		早秋桃	$W=2.990/(1+16.187e^{-0.090t})$	0.894*	16	45	29	0.059	—
		晚秋桃	$W=2.0880/(1+9.327e^{-0.118t})$	0.970**	8	30	22	0.054	2.2
	美棉33B	伏前桃	$W=3.271/(1+11.270e^{-0.106t})$	0.991**	10	35	25	0.076	3.1
		伏桃	$W=3.711/(1+16.388e^{-0.090t})$	0.990**	17	46	29	0.073	3.1
		早秋桃	$W=2.866/(1+15.134e^{-0.101t})$	0.999**	14	40	26	0.063	—
		晚秋桃	$W=1.528/(1+13.769e^{-0.128t})$	0.964**	10	31	20	0.043	1.5
纤维	科棉1号	伏前桃	$W=2.248/(1+62.537e^{-0.172t})$	0.991**	16	32	15	0.085	2.1
		伏桃	$W=2.432/(1+108.606e^{-0.154t})$	0.994**	22	39	17	0.082	2.3
		早秋桃	$W=1.542/(1+129.811e^{-0.165t})$	0.994**	21	37	16	0.056	—
		晚秋桃	$W=1.188/(1+65.876e^{-0.182t})$	0.983**	16	30	14	0.047	1.1
	美棉33B	伏前桃	$W=1.959/(1+64.179e^{-0.156t})$	0.973**	18	35	17	0.067	1.9
		伏桃	$W=2.195/(1+123.382e^{-0.138t})$	0.996**	25	45	19	0.066	2.2
		早秋桃	$W=1.154/(1+95.035e^{-0.140t})$	0.999**	23	42	19	0.035	—
		晚秋桃	$W=1.000/(1+74.166e^{-0.160t})$	0.985**	19	35	17	0.034	1.0

注：t_1、t_2、T、V_T 分别表示快速累积起始时间、终止时间、持续期、快速累积期平均累积速率，W_O 表示生物量理论最大值

**表示方程决定系数在 0.01 水平相关性显著（$n=5$，$R^2_{0.01}=0.912$；$n=7$，$R^2_{0.01}=0.765$）

对不同季节铃棉铃对位叶碳氮变化特征值与棉铃、棉籽、纤维生物量变化特征值相关性分析的结果表明(表 8-15)：棉铃对位叶全碳含量达到最小值的时间与单铃及其纤维、棉籽生物量快速累积持续期呈显著或极显著负相关，说明棉铃对位叶全碳含量到达最小值的时间晚，将缩短单铃及其棉籽、纤维生物量快速累积持续期。

棉铃对位叶全氮含量达到最小值的时间与单铃、棉籽、纤维生物量快速累积持续期呈极显著或显著正相关，表明棉铃对位叶全氮含量到达最小值的时间早，将缩短单铃及其棉籽、纤维生物量快速累积持续期；全氮含量最小值与棉籽生物量快速累积持续期显著正相关，表明棉铃对位叶全氮含量最小值高，可延长棉籽生物量快速累积期持续时间。

棉铃对位叶 C/N 快速增长持续期与单铃及纤维生物量快速累积持续期极显著或显著正相关，说明棉铃对位叶 C/N 快速增长持续期长，可延长单铃及其纤维生物量快速累积持续期；棉铃对位叶 C/N 快速增长持续期平均速率与棉籽生物量快速累积持续期呈显著负相关，说明棉铃对位叶 C/N 快速增长持续期平均速率小，有利于棉籽生物量快速累积持续期延长。

表 8-15 棉铃对位叶碳氮变化特征值与棉铃(棉籽、纤维)生物量变化特征值间的相关性

		全碳含量		全氮含量		碳/氮	
		t_{min}	y_{min}	t_{min}	y_{min}	$T_{C/N}$	$V_{C/N}$
棉铃	t_1	−0.162	−0.085	0.201	−0.138	0.771**	−0.139
	t_2	−0.410	−0.226	0.557*	0.123	0.866**	−0.375
	T	−0.529*	−0.296	0.740**	0.366	0.640**	−0.494
	V_T	−0.455	−0.355	0.503*	0.031	0.117	−0.203
棉籽	t_1	−0.253	−0.092	0.273	−0.137	0.730**	−0.117
	t_2	−0.674**	0.126	0.620*	0.356	0.558*	−0.449
	T	−0.757**	0.236	0.669**	0.582*	0.276	−0.537*
	V_T	−0.406	−0.265	0.247	−0.109	0.146	0.054
纤维	t_1	−0.484	0.021	0.495	0.384	0.660**	−0.522*
	t_2	−0.526*	−0.022	0.558*	0.404	0.626**	−0.514*
	T	−0.518*	−0.103	0.589*	0.374	0.547*	−0.413
	V_T	−0.391	−0.341	0.478	−0.023	0.227	−0.124

*、**分别表示相关系数在 0.05、0.01 水平相关性显著($n=16$, $R^2_{0.05}=0.497$, $R^2_{0.01}=0.623$)

(四)棉铃生物量分配率与棉铃对位叶碳氮变化

对棉铃对位叶碳氮变化特征值与棉铃生物量分配率变化特征值相关性分析结果表明(表 8-16),棉铃对位叶全碳含量达到最小值的时间与纤维率最大值出现时间呈显著正相关,与铃壳率最小值呈极显著正相关,与棉籽率、纤维率最大值呈显著或极显著负相关;全碳含量最小值同样与纤维率最小值出现时间、棉籽率和纤维率的最大值呈显著或极显著相关,但相关性与之相反。以上结果说明,棉铃对位叶全碳含量达到最小值的时间早、棉铃对位叶全碳含量最小值高,可使纤维率达到最大值的时间提前、降低铃壳率最小值、提高最大棉籽率和纤维率。

棉铃对位叶全氮含量达到最小值的时间与最大纤维率出现时间呈显著正相关,说明棉铃对位叶全氮含量降到最小值的时间晚,可推迟纤维率最大值的到达时间;全氮含量最小值与铃壳率最小值呈显著负相关,说明全氮含量最小值高,可降低铃壳率最小值。

表 8-16 棉铃对位叶碳氮变化特征值与棉铃生物量分配率特征值间的相关性

		铃壳率		棉籽率		纤维率	
		t_{min}	y_{min}	t_{max}	y_{max}	t_{max}	y_{max}
全碳含量	t_{min}	0.061	0.753**	0.273	−0.641*	0.631*	−0.905**
	y_{min}	−0.406	−0.648*	−0.500	0.617*	−0.712**	0.887**
全氮含量	t_{min}	0.057	0.537	0.328	−0.349	0.670*	−0.566
	y_{min}	0.426	−0.641*	−0.105	0.124	−0.307	0.454
碳氮比	T	0.176	0.144	−0.081	−0.415	0.275	−0.296
	V	−0.516	−0.182	−0.220	0.525	−0.415	0.459

*、**分别表示相关系数在 0.05、0.01 水平相关性显著($n=12$, $R^2_{0.05}=0.576$, $R^2_{0.01}=0.707$)

六、纤维发育与棉铃对位叶氮浓度

(一) 棉铃对位叶可溶性碳水化合物

棉铃对位叶蔗糖、非结构性碳水化合物含量与棉铃对位叶氮浓度间的关系符合抛物线函数关系,二者对应的适宜对位叶氮浓度约为2.50%,并随花后时间增加呈幂函数降低。棉铃对位叶蔗糖、非结构性碳水化合物含量可作为检测纤维蔗糖含量的指标,用以预测纤维最终品质。

表征叶片氮素营养状况的指标主要有叶片氮浓度、游离氨基酸含量以及SPAD值等,分析这些氮素营养指标与棉铃对位叶蔗糖、非结构性碳水化合物含量间关系的结果表明,棉铃对位叶蔗糖、非结构性碳水化合物含量与叶氮浓度之间符合二次曲线关系(表8-17),随叶氮浓度升高呈先升高后降低的变化(图8-15)。

棉铃对位叶蔗糖、非结构性碳水化合物含量与叶氮浓度极显著相关,与SPAD值和游离氨基酸含量相关性不显著(表8-17)。表明叶氮浓度较SPAD值、游离氨基酸含量更能够反映棉铃对位叶的碳代谢状况。进一步分析24DPA、31DPA、38DPA时各指标之间关系的结果表明(图8-15),存在有利于碳水化合物累积的适宜叶氮浓度,该适宜叶氮浓度随纤维发育进程而变化,过高与过低的叶氮浓度均能降低纤维碳水化合物含量。其原因可能是:当叶氮浓度过高时,将合成较多的氨基酸和蛋白质,大量的碳骨架被消耗;当叶氮浓度较低时,叶片光合作用受到抑制,光合产物含量降低。

表8-17 棉铃对位叶蔗糖、非结构性碳水化合物含量与氮素指标间的关系(2008～2009年)

年份	氮营养指标	蔗糖含量						非结构性碳水化合物含量					
		科棉1号			美棉33B			科棉1号			美棉33B		
		24DPA	31DPA	38DPA	24DPA	31DPA	38DPA	24DPA	31DPA	38DPA	24DPA	31DPA	38DPA
2008	SPAD值	0.233	0.262	0.378	0.381	0.277	0.292	0.376	0.382	0.269	0.135	0.301	0.390
	氨基酸含量	0.362	0.363	0.385	0.392	0.335	0.388	0.284	0.390	0.332	0.282	0.381	0.388
	叶片氮浓度	0.871**	0.832**	0.869**	0.901**	0.548**	0.747**	0.834**	0.749**	0.843**	0.740**	0.597**	0.546**
2009	SPAD值	0.348	0.343	0.432	0.468	0.471	0.436	0.322	0.172	0.375	0.395	0.211	0.414
	氨基酸含量	0.348	0.316	0.198	0.354	0.371	0.432	0.406	0.315	0.385	0.333	0.192	0.431
	叶片氮浓度	0.570*	0.600*	0.616*	0.662**	0.708**	0.550*	0.554*	0.639*	0.613*	0.668**	0.513*	0.547*

*、**表示决定系数分别在0.05、0.01水平相关性显著(2008年: $n=15$, $R^2_{0.05}=0.3933$, $R^2_{0.01}=0.5360$; 2009年: $n=12$, $R^2_{0.05}=0.4863$, $R^2_{0.01}=0.6406$)。

在花后同一时期,同一品种的蔗糖、碳水化合物含量对应的适宜叶氮浓度较为接近,说明蔗糖、非结构性碳水化合物对叶氮浓度的变化具有同步性。2008年,'科棉1号''美棉33B'在24DPA、31DPA、38DPA时,适宜棉铃对位叶氮浓度分别为2.78%、2.56%、2.44%、3.03%、2.73%、2.54%(表8-18)。

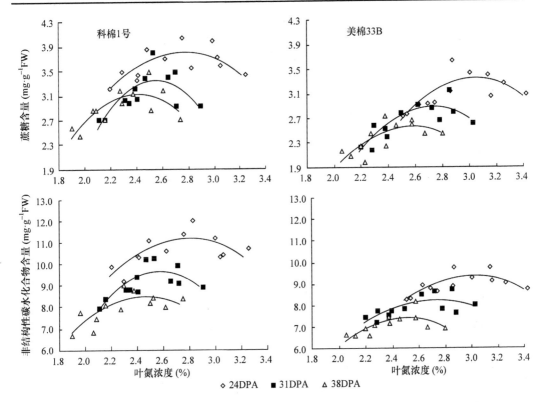

图 8-15 棉铃对位叶蔗糖、非结构性碳水化合物含量与叶氮浓度之间的关系(2009年)

表 8-18 棉铃对位叶蔗糖、非结构性碳水化合物含量与叶氮浓度的拟合方程

花后天数 (DPA, d)	品种	蔗糖含量 方程	R^2	适宜叶氮浓度(%)	非结构性碳水化合物含量 方程	R^2	适宜叶氮浓度(%)
24	科棉1号	$y=-1.849x^2+10.230x-10.349$	0.573*	2.77	$y=-4.837x^2+27.011x-26.500$	0.555*	2.79
	美棉33B	$y=-2.250x^2+13.658x-17.378$	0.660**	3.04	$y=-4.240x^2+25.514x-29.035$	0.667*	3.01
31	科棉1号	$y=-3.963x^2+20.184x-22.351$	0.598*	2.54	$y=-7.941x^2+40.838x-42.842$	0.639*	2.57
	美棉33B	$y=-2.543x^2+13.848x-15.971$	0.708**	2.72	$y=-3.508x^2+19.173x-17.956$	0.513*	2.73
38	科棉1号	$y=-2.827x^2+13.589x-13.204$	0.617*	2.40	$y=-5.049x^2+24.976x-22.398$	0.613*	2.47
	美棉33B	$y=-2.005x^2+10.331x-10.747$	0.550*	2.57	$y=-5.194x^2+26.001x-25.126$	0.547*	2.50

注：y 表示蔗糖或非结构性碳水化合物含量，x 表示棉铃对位叶氮浓度

*、**分别表示方程决定系数在 0.05、0.01 水平相关性显著(2008 年：$n=15$；$R^2_{0.05}=0.393$；$R^2_{0.01}=0.536$；2009 年：$n=12$；$R^2_{0.05}=0.486$；$R^2_{0.01}=0.641$)

(二) 纤维发育相关酶与棉铃对位叶氮浓度

棉铃对位叶氮浓度随施氮量增加而上升,随花后天数增加符合幂函数关系 $y_N=at^{-\beta}$[y_N 为叶氮浓度(%),t 为花后天数(d),α、β 为参数]。从图 8-16 看出,在花后同一时期,纤维发育相关酶活性和纤维比强度均随棉铃对位叶氮浓度的上升呈先升后降的变化,符合抛物线函数关系 $y=ax^2+bx+c$[y 为酶活性或纤维比强度(cN·tex^{-1}),x 为叶片氮浓度(%),a、b、c 为参数]。'德夏棉1号''科棉1号''美棉33B'中部果枝铃纤维发育所需要的最佳叶氮浓度动态分别符合方程:$y=7.284\text{DPA}^{-0.277}$($R^2=0.986^{**}$)、$y=7.181\text{DPA}^{-0.299}$($R^2=0.988^{**}$)、$y=7.147\text{DPA}^{-0.282}$($R^2=0.975^{**}$)。在纤维发育过程中,棉铃对位叶氮浓度显著影响纤维发育相关酶活性和比强度形成,各指标所对应的适宜叶片氮浓度差异较小,调节叶氮浓度可调控相关酶活性变化以提高纤维品质。

纤维蔗糖酶活性随花后天数增加而降低,棉铃对位叶氮浓度显著影响纤维蔗糖酶活性,以 31DPA 为界,31DPA 前下降幅度大于后期。纤维 Sus 活性呈单峰曲线变化,'德夏棉1号''科棉1号''美棉33B'峰值分别出现于 24DPA、31DPA、31DPA,棉铃对位叶氮浓度对 24~38DPA Sus 活性的影响较大。纤维 SPS 活性变化趋势与 Sus 一致,但其活性在 17DPA 时已显著降低。纤维 β-1,3-葡聚糖酶活性随花后天数增加而下降,以 38DPA 为界,38DPA 前下降幅度大于后期。在花后同一时期,上述酶活性随棉铃对位叶氮浓度的升高呈先升高后降低的抛物线函数变化,存在适宜的叶氮浓度使酶活性最高(表 8-19)。

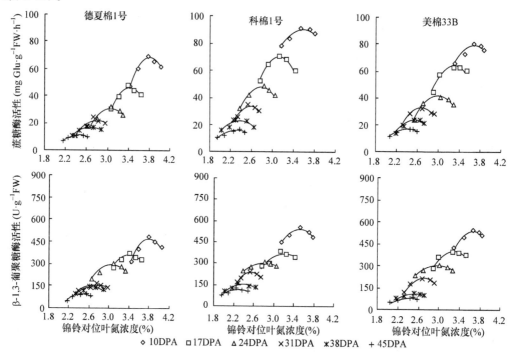

图 8-16 花后不同时期棉纤维蔗糖酶和 β-1,3-葡聚糖酶活性变化与棉铃对位叶氮浓度的关系(2008 年)

表 8-19 花后不同时期棉纤维发育相关酶对应的适宜棉铃对位叶氮浓度(%)(2008~2009 年)

品种	相关酶	年份	花后天数(DPA, d)					
			10	17	24	31	38	45
德夏棉1号	蔗糖酶	2008	3.80	3.43	3.07	2.80	2.68	2.58
		2009	3.78	3.38	3.02	2.77	2.66	2.52
	Sus	2008	3.78	3.38	3.06	2.75	2.66	2.58
		2009	3.78	3.40	3.04	2.76	2.65	2.52
	SPS	2008	3.78	3.47	3.07	2.77	2.66	2.58
		2009	3.77	3.39	2.99	2.77	2.67	2.50
	β-1,3-葡聚糖酶	2008	3.79	3.41	3.05	2.75	2.66	2.56
		2009	3.83	3.38	3.04	2.76	2.68	2.52
科棉1号	蔗糖酶	2008	3.59	3.12	2.79	2.57	2.37	2.35
		2009	3.57	3.14	2.75	2.53	2.36	2.30
	Sus	2008	3.53	3.18	2.84	2.56	2.40	2.36
		2009	3.57	3.16	2.82	2.58	2.43	2.30
	SPS	2008	3.55	3.15	2.84	2.57	2.44	2.35
		2009	3.50	3.13	2.82	2.55	2.40	2.27
	β-1,3-葡聚糖酶	2008	3.51	3.21	2.82	2.55	2.38	2.28
		2009	3.56	3.15	2.81	2.56	2.40	2.26
美棉33B	蔗糖酶	2008	3.69	3.30	2.99	2.68	2.55	2.44
		2009	3.67	3.33	3.03	2.67	2.51	2.47
	Sus	2008	3.64	3.31	2.98	2.67	2.54	2.44
		2009	3.67	3.30	3.02	2.68	2.56	2.44
	SPS	2008	3.62	3.27	3.00	2.67	2.58	2.46
		2009	3.57	3.27	3.00	2.65	2.51	2.41
	β-1,3-葡聚糖酶	2008	3.66	3.29	2.98	2.69	2.54	2.47
		2009	3.61	3.34	3.06	2.68	2.54	2.45

(三)纤维比强度与棉铃对位叶氮浓度

棉纤维比强度随花后天数增加而提高,在 24~31DPA 快速增加,随后增加幅度降低。在花后同一时期,纤维比强度随棉铃对位叶氮浓度升高呈先升高后降低的抛物线函数变化(图 8-17),存在适宜的叶氮浓度使纤维比强度达最大(表 8-20)。

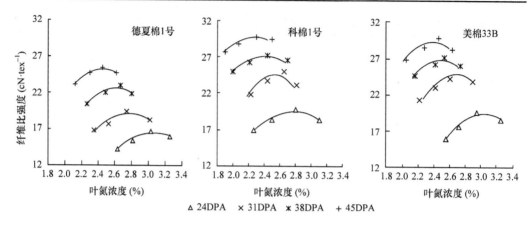

图 8-17 花后不同时期棉纤维比强度与棉铃对位叶氮浓度的关系(2009 年)

表 8-20 花后不同时期棉纤维比强度对应的适宜棉铃对位叶氮浓度(2008~2009 年) (%)

品种	年份	花后天数 (DPA, d)			
		24	31	38	45
德夏棉 1 号	2008	3.05	2.77	2.65	2.54
	2009	3.06	2.78	2.61	2.46
科棉 1 号	2008	2.76	2.54	2.41	2.30
	2009	2.78	2.53	2.40	2.29
美棉 33B	2008	2.89	2.69	2.50	2.43
	2009	3.04	2.68	2.49	2.39

(四)纤维发育相关物质与棉铃对位叶氮浓度

在纤维发育中,纤维蔗糖含量呈持续降低趋势,β-1,3-葡聚糖含量呈先升高后降低的变化,峰值出现在 17DPA,纤维素含量和纤维比强度持续升高。在花后同一时期,随棉铃对位叶氮浓度升高,纤维蔗糖、β-1,3-葡聚糖含量在 38DPA 前呈先升高后降低变化,之后呈先降低后升高变化,纤维素含量和纤维比强度均呈先升高后降低变化(图 8-18)。蔗糖、β-1,3-葡聚糖、纤维素等物质含量和纤维比强度与棉铃对位叶氮浓度的关系符合抛物线函数,计算蔗糖、β-1,3-葡聚糖、纤维素等物质含量和纤维比强度达到最优时对应的理论适宜棉铃对位叶氮浓度(图 8-18),'德夏棉 1 号''科棉 1 号''美棉 33B'中部果枝铃纤维发育的适宜叶氮浓度分别符合方程:$y=7.665DPA^{-0.297}$ ($R^2=0.976^{**}$)、$y=7.294DPA^{-0.309}$ ($R^2=0.982^{**}$)、$y=7.342DPA^{-0.295}$ ($R^2=0.968^{**}$)。可见,棉铃对位叶氮浓度显著影响纤维相关物质含量和纤维比强度的形成,各指标所对应的适宜叶氮浓度差异较小,通过调节对位叶氮浓度可调控相关酶活性以利于优质纤维形成。

棉纤维发育中纤维蔗糖含量随花后天数增加而降低,且下降速率逐渐减小,以 31DPA 为界,之前蔗糖含量受叶氮浓度的影响大于后期;纤维 β-1,3-葡聚糖含量随花后天数增加呈先升高后降低的单峰曲线变化,峰值出现在 17DPA,与蔗糖含量对叶氮浓度的响应一致；纤维素含量随花后天数增加而升高，前期上升幅度大于后期。在花后同一时期，纤维蔗糖、β-1,3-葡聚糖含量在 38DPA 前均随棉铃对位叶氮浓度的升高呈先升高后降低变化，45DPA 后趋势相反；纤维素含量随叶氮浓度升高呈先升高后降低变化；上述物质含量与棉铃对位叶氮浓度间的关系符合抛物线函数，存在适宜的棉铃对位叶氮浓度以在前期形成较高含量的蔗糖和 β-1,3-葡聚糖而在后期二者彻底转化；同时，也存在适宜的对位叶氮浓度促进纤维素的合成与累积。花后不同时期纤维蔗糖、β-1,3-葡聚糖和纤维素含量达到最优时的适宜叶氮浓度见表 8-21，上述指标所对应的适宜对位叶氮浓度差异较小，且随花后天数的增加而降低。

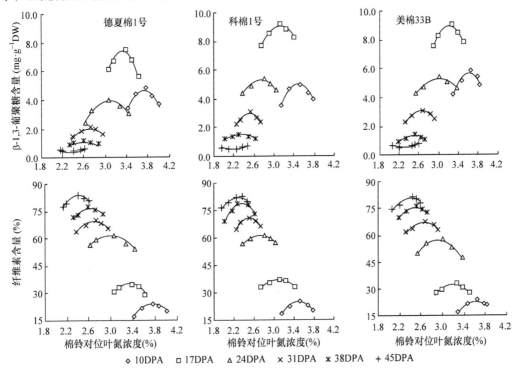

图 8-18 花后不同时期棉纤维蔗糖、β-1,3-葡聚糖、纤维素含量变化与棉铃对位叶氮浓度的关系（2008 年）

表 8-21 花后不同时期纤维发育相关物质含量变化对应的适宜棉铃对位叶氮浓度（%）（2008～2009 年）

品种	纤维发育相关物质	年份	花后天数(DPA, d)					
			10	17	24	31	38	45
德夏棉 1 号	蔗糖	2008	3.77	3.37	3.04	2.73	2.67	2.40
		2009	3.80	3.38	3.04	2.77	2.67	2.37
	β-1,3-葡聚糖	2008	3.73	3.33	3.08	2.71	2.61	2.36
		2009	3.84	3.42	3.02	2.74	2.64	2.32
	纤维素	2008	3.75	3.33	2.98	2.70	2.64	2.43
		2009	3.81	3.35	2.95	2.73	2.61	2.45

续表

品种	纤维发育相关物质	年份	花后天数(DPA, d)					
			10	17	24	31	38	45
科棉1号	蔗糖	2008	3.49	3.15	2.77	2.53	2.38	2.16
		2009	3.52	3.14	2.75	2.54	2.38	2.24
	β-1,3-葡聚糖	2008	3.48	3.12	2.74	2.52	2.33	2.17
		2009	3.53	3.13	2.81	2.54	2.43	2.15
	纤维素	2008	3.50	3.09	2.73	2.51	2.37	2.29
		2009	3.51	3.08	2.79	2.50	2.35	2.16
美棉33B	蔗糖	2008	3.60	3.27	2.99	2.66	2.54	2.31
		2009	3.62	3.27	3.00	2.65	2.51	2.33
	β-1,3-葡聚糖	2008	3.61	3.22	3.00	2.65	2.49	2.25
		2009	3.61	3.29	3.02	2.67	2.50	2.27
	纤维素	2008	3.62	3.20	2.92	2.65	2.49	2.41
		2009	3.62	3.25	2.96	2.61	2.51	2.38

将24DPA、31DPA、38DPA、45DPA('德夏棉1号'至38DPA)纤维发育相关物质及纤维比强度形成所对应的适宜棉铃对位叶氮浓度利用幂函数拟合(图8-19)。可以看出,尽管各指标所需的适宜对位叶氮浓度存在差异,但各拟合曲线的重合度较高,可以寻找一个适宜的对位叶氮浓度使纤维发育相关物质含量和纤维比强度形成达到或接近最优。将同一品种各指标对应的适宜叶氮浓度利用幂函数方程拟合,分别得到'德夏棉1号''科棉1号''美棉33B'适宜叶氮浓度动态分别符合方程:$y=7.665DPA^{-0.297}$、$y=7.294DPA^{-0.309}$、$y=7.342DPA^{-0.295}$。

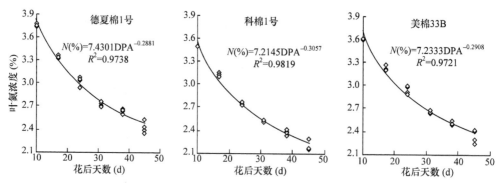

图8-19 棉纤维发育相关物质含量变化和纤维比强度形成适宜棉铃对位叶氮浓度(2008年)

(五)棉花果枝部位对纤维发育相关酶与棉铃对位叶氮浓度关系的影响

随花后天数增加,纤维蔗糖酶和β-1,3-葡聚糖酶活性持续降低,Sus和SPS活性呈单峰曲线变化(峰值在24～31DPA);纤维蔗糖含量呈持续降低趋势,β-1,3-葡聚糖含量呈单峰曲线变化(峰值在17DPA)，纤维素含量和纤维比强度持续增加；在花后同一时期，上述相关酶活性、物质含量和纤维比强度随棉铃对位叶氮浓度增加的变化符合抛物线函数。棉花下部、上部果枝铃纤维发育相关酶活性、相关物质含量和纤维比强度对棉铃对位叶氮浓度的响应趋势一致，棉花相同果枝部位铃各指标对应的适宜叶氮浓度差异较小；棉花不同果枝部位铃均存在利于纤维比强度形成的适宜叶氮浓度，上部果枝铃对应的适宜叶氮浓度高于下部果枝铃。

棉铃对位叶氮浓度随花后天数及其对施氮量的响应趋势在棉花下部、上部果枝棉铃间一致(图8-20)，可用幂函数 $y_N=\alpha DPA^{-\beta}$ [y_N 为棉铃对位叶氮浓度(%)，DPA 为花后天数(d)，α、β 为参数]拟合。在花后同一时期，叶氮浓度随施氮量增加而升高，但升高幅度逐渐减小；在相同施氮量下，棉花上部果枝铃对位叶氮浓度略高于下部果枝。

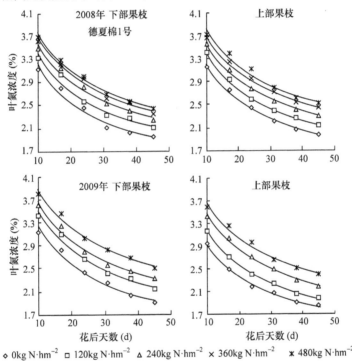

图8-20 施氮量对棉花下部、上部果枝铃对位叶氮浓度的影响(2008~2009年)

分析花后不同时期纤维蔗糖酶、Sus、SPS、β-1,3-葡聚糖酶活性与棉铃对位叶氮浓度之间的关系可知(图 8-21)，蔗糖酶、β-1,3-葡聚糖酶活性随花后天数增加而降低，31DPA 之前下降幅度大于后期，棉铃对位叶氮浓度对其影响也如此；Sus、SPS 活性随花后天数增加呈单峰曲线变化，叶氮浓度显著影响 24~38DPA 纤维 Sus、SPS 活性。在花后同一时期，棉花不同果枝部位铃上述酶活性均随对位叶氮浓度的升高呈先升高后降低的抛物线变化，氮盈余(480kg N·hm^{-2})时棉花下部果枝铃相应的酶活性与最大酶活性之间的差异幅度显著大于上部果枝，在花后同一时期棉花上部果枝铃纤维发育相关酶活性高于下部果枝，表明氮盈余对纤维发育相关酶的抑制作用随花后天数增加逐渐减小。计算花后不同时期棉花下部、上部果枝铃纤维发育相关酶活性达到最高时的叶氮浓度可知(表 8-22),不同纤维发育酶所对应的适宜叶氮浓度差异较小,均随花后天数增加而降低。

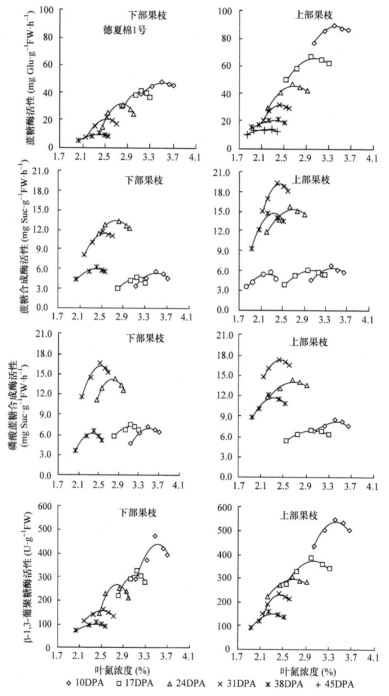

图 8-21 花后不同时期棉花下部、上部果枝铃纤维蔗糖酶、Sus、SPS、β-1,3-葡聚糖酶活性与棉铃对位叶氮浓度的关系(2008 年)

表 8-22 棉花下部、上部果枝铃纤维蔗糖酶、Sus、SPS、β-1,3-葡聚糖酶活性对应的适宜棉铃对位叶氮浓度(%)(2008 年)

纤维发育酶	品种	果枝部位	花后天数(DPA, d)					
			10	17	24	31	38	45
蔗糖酶	德夏棉 1 号	下部果枝	3.51	3.13	2.79	2.54	2.40	—
		上部果枝	3.72	3.30	2.92	2.66	2.55	—
	科棉 1 号	下部果枝	3.18	2.78	2.48	2.32	2.19	—
		上部果枝	3.43	3.05	2.69	2.44	2.32	2.19
	美棉 33B	下部果枝	3.36	3.01	2.70	2.47	2.27	2.18
		上部果枝	3.52	3.16	2.90	2.58	2.42	2.37
Sus	德夏棉 1 号	下部果枝	3.50	3.13	2.77	2.58	2.39	—
		上部果枝	3.67	3.32	2.96	2.66	2.57	—
	科棉 1 号	下部果枝	3.20	2.77	2.47	2.27	2.15	—
		上部果枝	3.44	3.04	2.70	2.45	2.33	2.22
	美棉 33B	下部果枝	3.38	3.02	2.73	2.48	2.31	2.16
		上部果枝	3.54	3.17	2.87	2.63	2.42	2.31
SPS	德夏棉 1 号	下部果枝	3.51	3.15	2.78	2.54	2.37	—
		上部果枝	3.67	3.32	2.89	2.66	2.55	—
	科棉 1 号	下部果枝	3.22	2.79	2.50	2.32	2.21	—
		上部果枝	3.42	3.01	2.69	2.43	2.32	—
	美棉 33B	下部果枝	3.38	3.04	2.72	2.50	2.30	—
		上部果枝	3.57	3.18	2.90	2.59	2.45	—
β-1,3-葡聚糖酶	德夏棉 1 号	下部果枝	3.52	3.13	2.79	2.52	2.39	—
		上部果枝	3.66	3.30	2.95	2.64	2.52	—
	科棉 1 号	下部果枝	3.21	2.79	2.49	2.34	2.21	—
		上部果枝	3.42	3.02	2.69	2.45	2.31	—
	美棉 33B	下部果枝	3.36	3.04	2.73	2.49	2.28	—
		上部果枝	3.52	3.16	2.86	2.61	2.43	—

(六)棉花果枝部位对纤维发育相关物质与棉铃对位叶氮浓度关系的影响

分析棉纤维蔗糖、β-1,3-葡聚糖和纤维素含量与棉铃对位叶氮浓度的关系可知(图 8-22),纤维蔗糖含量随花后天数增加而降低,前期下降幅度大于后期,31DPA 前棉铃对位叶氮浓度显著影响蔗糖酶活性;β-1,3-葡聚糖含量随花后天数增加呈单峰曲线变化,17DPA 达峰值,10~31DPA β-1,3-葡聚糖含量受叶氮浓度影响较大;纤维素含量随花后天数增加而升高,升高幅度逐渐减小。在花后同一时期,蔗糖、β-1,3-葡聚糖和纤维素含量随叶氮浓度升高呈抛物线变化，38DPA 前抛物线开口向下，45DPA 后开口向上。棉花不同果枝部位铃纤维相关物质含量变化一致，氮盈余（480kg N · hm^{-2}）时棉花下部果枝铃相对的物质含量与最高物质含量之间的差值显著大于上部果枝；在花后同一时期，棉花上部果枝铃纤维发育相关物质含量高于下部果枝，增加施氮对纤维发育相关物质的抑制作用随花后天数增加而减小。从花后不同时期棉花下部、上部果枝铃纤维发育相关酶活性达到最高时的叶氮浓度看出（表 8-23），不同纤维发育物质对应的适宜叶氮浓度差异较小，均随着花后天数增加而降低。

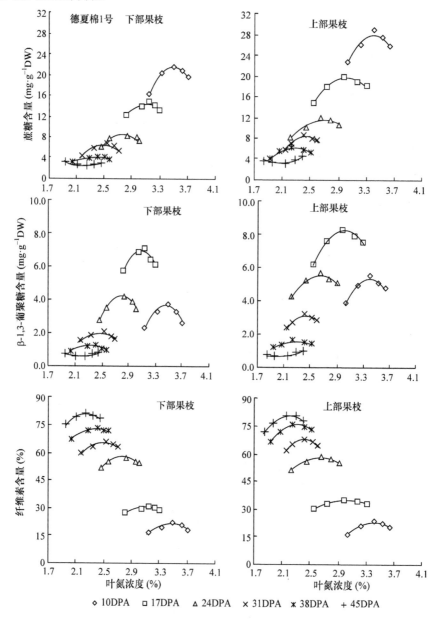

图 8-22　棉花不同果枝部位铃纤维蔗糖、β-1,3-葡聚糖、纤维素含量与棉铃对位叶氮浓度的关系（2008 年）

表 8-23　棉花下部、上部果枝铃纤维蔗糖、β-1,3-葡聚糖、纤维素对应的适宜棉铃对位叶氮浓度
（%）（2008～2009 年）

纤维发育物质	品种	果枝部位	花后天数（DPA, d）					
			10	17	24	31	38	45
蔗糖	德夏棉 1 号	下部	3.50	3.11	2.77	2.49	2.37	2.23
		上部	3.67	3.30	2.91	2.63	2.56	2.33
	科棉 1 号	下部	3.21	2.81	2.50	2.34	2.21	2.00
		上部	3.41	3.02	2.68	2.43	2.28	2.06
	美棉 33B	下部	3.38	3.05	2.72	2.47	2.28	2.07
		上部	3.53	3.19	2.85	2.57	2.43	2.20
β-1,3-葡聚糖	德夏棉 1 号	下部	3.45	3.08	2.79	2.47	2.31	2.16
		上部	3.64	3.30	2.94	2.64	2.50	2.29
	科棉 1 号	下部	3.20	2.79	2.52	2.34	2.19	1.97
		上部	3.40	3.01	2.65	2.43	2.29	2.04
	美棉 33B	下部	3.35	3.04	2.71	2.45	2.28	2.05
		上部	3.54	3.16	2.85	2.58	2.39	2.15
纤维素	德夏棉 1 号	下部	3.47	3.11	2.77	2.52	2.40	2.26
		上部	3.66	3.27	2.90	2.63	2.51	2.35
	科棉 1 号	下部	3.22	2.82	2.51	2.32	2.22	2.15
		上部	3.41	3.02	2.64	2.40	2.31	2.20
	美棉 33B	下部	3.35	3.02	2.70	2.44	2.30	2.22
		上部	3.51	3.16	2.86	2.57	2.42	2.33

第二节　氮素对棉花产量品质形成的影响

棉花生产中关于氮素运筹，前人已从不同角度进行了研究，如棉花统计施肥模型、精确施肥技术、施肥管理专家系统及特定栽培模式的施肥方案等，但上述有关氮素对棉花生长影响的研究多集中在几个主要生育时期。棉花具有无限生长习性，之前的研究仅仅集中在几个主要生育期是不科学的。本研究针对棉花产量、产量构成及纤维品质各项指标与氮的相互关系，在大田栽培条件下，于 2005～2007 年在江苏南京（长江流域棉区）、河南安阳（黄河流域棉区）设置棉花施氮量（0kg N·hm^{-2}、120kg N·hm^{-2}、240kg N·hm^{-2}、360kg N·hm^{-2}、480kg N·hm^{-2}）试验，对花后棉花生物量累积、养分吸收及肥料利用率的动态变化进行深入研究，为棉花高产优质生产提供依据。

一、棉花临界氮浓度稀释模型

依据 Justes 临界氮浓度稀释模型确定方法，建立棉花花后临界氮浓度稀释模型，结

果表明：南京、安阳两试点的棉花临界氮浓度、最高(N_{max})、最低(N_{min})氮浓度与地上最大生物量间均符合幂指数关系，尽管不同生态区的模型存在一定差异，但临界、最高、最低氮稀释曲线斜率相同。两试点氮稀释模型参数值的差异表明，对于相同的地上部生物量，安阳试点棉花氮累积能力高于南京。

基于临界氮浓度稀释模型，建立了棉花地上部氮素与生物量累积量之间的异速生长模型和氮营养指数(NNI)模型，前者可作为施氮量调控的判别指标，后者可作为实际与临界氮浓度的比值，能客观、定量地诊断棉花氮素营养状况。基于临界氮浓度稀释条件下的异速生长参数、氮营养指数及动态临界氮累积量等指标得到施氮量调控的结果一致：①尽管安阳、南京两试点棉花地上生物量、产量差异较大，但棉花达到最高产量的瞬时氮吸收速率的变化趋势、氮素快速累积期、最大氮吸收速率出现时间等基本一致；②安阳、南京两试点棉花适宜施氮量应分别为360kg N·hm^{-2}、240kg N·hm^{-2}。

按照 Justes 等关于临界氮浓度稀释模型的计算方法，对比分析安阳、南京两试点施氮量试验各取样日棉花地上生物量及相应的氮浓度值(表8-24，图8-23)，安阳试点棉花地上总生物量随施氮量的增加呈先增加后降低的变化，以360kg N·hm^{-2}处理为最高；南京试点前期随施氮量的增加而增加，中期以后240kg N·hm^{-2}生物量迅速增加，与360kg N·hm^{-2}、480kg N·hm^{-2}之间差异较小，均显著高于0kg N·hm^{-2}、120kg N·hm^{-2}。至于生物量的变化，安阳试点在360kg N·hm^{-2}、480kg N·hm^{-2}处理间差异较小，南京试点240kg N·hm^{-2}、360kg N·hm^{-2}、480kg N·hm^{-2}处理间差异较小。两试点各取样点生物量满足下列统计意义上的不等式，即安阳：$W_0<W_1<W_2<W_3=W_4$；南京：$W_0<W_1<W_2=W_3=W_4$[W_0、W_1、W_2、W_3、W_4分别表示 0kg N·hm^{-2}、120kg N·hm^{-2}、240kg N·hm^{-2}、360kg N·hm^{-2}、480kg N·hm^{-2}施氮量的棉花地上生物量(Mg·hm^{-2})]。由图8-23可知，对于同一个取样日，棉花地上氮浓度值随施氮量增加而增加。根据临界氮浓度的定义，每个取样日的临界氮浓度值是由2条曲线交点决定，其中一条是由逐渐增长的生物量与对应氮浓度值的交点形成的一倾斜曲线，安阳试点该线经过W_0、W_1、W_2、W_3点，南京试点则通过W_0、W_1、W_2点；另一条线是以最大生物量为横坐标的垂直线，安阳试点该线经过W_3、W_4点，南京试点则由W_2、W_3、W_4点组成。曲线与直线相交点的纵坐标值即为临界氮浓度值。

表8-24 施氮量对棉花地上生物量累积的影响(2005年，安阳，南京)

地点	花后天数(d)	生物量(kg·hm^{-2})				
		0kg N·hm^{-2}	120kg N·hm^{-2}	240kg N·hm^{-2}	360kg N·hm^{-2}	480kg N·hm^{-2}
安阳	1	230.3±3.7c	247.0±6.5b	246.8±4.5b	254.0±3.0ab	262.4±9.8a
	14	932.4±11.2d	997.8±9.6b	987.2±6.1c	1013.5±5.9a	1008.8±7.2a
	20	1340.9±34.6c	1420.2±17.4b	1433.0±27.3b	1499.1±23.6a	1484.3±11.4a
	34	1670.2±16.2d	2039.3±31.8c	2837.2±29.7b	2993.6±75.4a	2968.5±14.6a
	52	4534.3±191.9d	4995.4±207.1c	5735.2±110.5b	6173.3±354.8ab	5921.2±68.4a
	60	5884.9±195.1d	6313.7±71.4c	7140.7±33.5b	7675.1±181.5a	7541.9±115.8a
	71	6818.7±105.4d	7447.6±119.6c	8261.6±116.5b	8665.3±142.4a	8592.0±76.0a
	86	7704.1±180.6d	8284.0±164.2c	8888.2±169.2b	9465.4±168.3a	9396.2±143.2a

续表

地点	花后天数(d)	生物量(kg·hm^{-2})				
		0kg N·hm^{-2}	120kg N·hm^{-2}	240kg N·hm^{-2}	360kg N·hm^{-2}	480kg N·hm^{-2}
南京	1	199.3±15.1b	208.9±10.1b	284.3±23.8a	280.3±8.1a	308.6±31.9a
	10	625.3±21.2c	810.8±48.1b	1160.2±90.1a	1120.0±98.3a	1261.0±193.4a
	26	1274.5±142.3c	1668.4±197.2b	2392.4±158.1a	2396.5±213.6a	2558.3±214.4a
	41	2755.6±166.1c	3530.2±99.3b	4179.2±138.6a	4061.7±302.2a	4371.5±315.9a
	54	4264.2±172.6c	5371.7±243.0b	6913.5±257.4a	6714.2±220.6a	6830.5±228.3a
	72	5899.3±248.3c	7432.8±265.0b	8807.3±293.2a	8825.2±251.1a	8629.9±245.8a

注：同行中不同小写字母表示在0.05水平差异显著

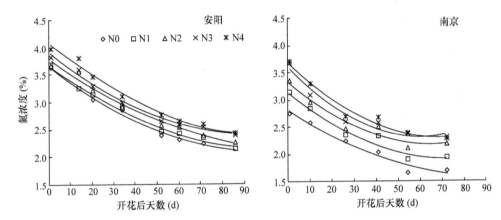

图8-23 施氮量对棉花地上生物量氮浓度变化的影响（2005年，安阳，南京）

N0、N1、N2、N3、N4分别表示0kg N·hm^{-2}、120kg N·hm^{-2}、240kg N·hm^{-2}、360kg N·hm^{-2}、480kg N·hm^{-2}

对上述确定的临界氮浓度值与对应的最大生物量进行拟合，得到了安阳、南京两试点棉花临界氮浓度稀释模型和异速生长模型（表8-25）。

表8-25 棉花氮浓度稀释模型和异速生长模型的参数值（2005年，安阳，南京）

试点		氮浓度稀释曲线				异速生长曲线		
		a	b	R^2		$10a$	$1-b$	R^2
安阳	N_{min}	3.055	0.158	0.964**	N_{uptmin}	30.552	0.842	0.999**
	N_{max}	3.530	0.142	0.934**	N_{uptmax}	35.302	0.858	0.998**
	N_c	3.387	0.131	0.940**	N_{uptc}	33.868	0.869	0.999**
南京	N_{min}	2.251	0.158	0.921**	N_{uptmin}	22.505	0.842	0.997**
	N_{max}	3.208	0.142	0.961**	N_{uptmax}	32.075	0.853	0.999**
	N_c	2.858	0.131	0.943**	N_{uptc}	28.579	0.869	0.999**

**表示相关系数在0.01水平相关性显著（$n=12$, $R^2_{0.01}=0.707$）

图8-24表示安阳、南京两试点不同施氮量棉花地上生物量所对应的氮浓度值，在同

一试点不同施氮量下，相同生物量的氮浓度值不同，分别用每个取样日氮浓度的最大、最小实测值模拟可得到棉花最高（N_{max}，%）、最低（N_{min}，%）氮浓度稀释模型，即氮稀释边界模型（表 8-25）。

从表 8-25 看出，两试点棉花花后地上生物量的临界氮浓度稀释模型、最高和最低氮浓度稀释模型的形式一致，但参数不同。其中，安阳、南京试点对应氮浓度稀释模型的参数 b 相同，a 值有一定差异。初花期、吐絮期棉花氮浓度值，安阳试点分别在 3.63%～3.97%、2.14%～2.40%，临界值分别为 3.82%、2.39%；南京试点分别为 2.74%～3.71%、1.69%～2.28%，临界值分别为 3.35%、2.18%。安阳试点临界、最高、最低氮浓度曲线的氮临界值高于南京，且安阳试点 N_c 与 N_{max} 差值较小，在南京试点差异较大，由此可以预测安阳试点的最佳施氮浓度高于南京。

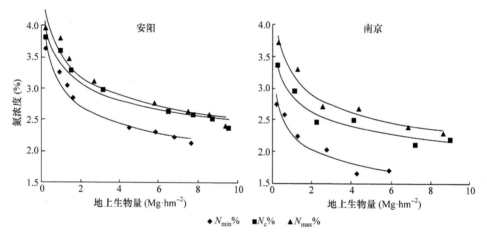

图 8-24　棉花地上生物量氮稀释曲线（2005 年，安阳，南京）

不同施氮量下相同生物量的氮浓度差异较大，根据表 8-25 参数值，两试点最高、最低氮稀释曲线模型可表示为

安阳：
$$N_{Amax} = 3.530 W_{Amax}^{-0.142} \tag{8-1}$$

$$N_{Amin} = 3.055 W_{Amin}^{-0.158} \tag{8-2}$$

南京：
$$N_{Nmax} = 3.208 W_{Nmax}^{-0.142} \tag{8-3}$$

$$N_{Nmin} = 2.251 W_{Nmin}^{-0.158} \tag{8-4}$$

安阳试点的最高、最低氮稀释曲线的位置均高于南京，该差异可从以下关系式得到解释，根据模型（8-1）～（8-4），则有

$$(dN_{upt}/dt)_{max} = k_{max}(dW/dt)_{max} \tag{8-5}$$

$$(dN_{upt}/dt)_{min} = k_{min}(dW/dt)_{min} \tag{8-6}$$

$$k = 10(1-b)aW^{-b}$$

两试点的最高、最低氮稀释曲线的 k 值分别为：$(30.287W^{-0.142})_{Amax}$、$(27.364.8W^{-0.142})_{Amax}$

和 $(25.723W^{-0.158})_{A\min}$、$(18.953W^{-0.142})_{A\min}$，表明相同生物量下，安阳试点棉花氮累积能力高于南京，因此在达到最大地上生物量并保持临界氮浓度时，安阳试点的氮素吸收速率大于南京，达到最高产量所需的施氮量也高于南京。

据上述结果，棉花生长过程中其临界氮浓度与地上生物量均随生育进程的推移为以时间为自变量的函数，因而每个生长阶段均对应一个特定的氮累积量。根据异速生长模型可得到各取样日的棉株临界氮累积量，将其分别与不同施氮量下实测氮累积量进行对比，两试点在 0kg N·hm^{-2}、120kg N·hm^{-2}、240kg N·hm^{-2}、360kg N·hm^{-2}、480kg N·hm^{-2} 施氮量下的氮累积量与氮临界值的相对误差：安阳为 28.5%、20.2%、9.9%、3.2%、4.7%，南京为 47.4%、26.7%、3.6%、8.0%、17.6%，说明安阳 360kg N·hm^{-2} 和南京 240kg N·hm^{-2} 的施氮量较为适宜，与前文中根据临界氮浓度值与最大氮浓度值的差异对两试点最佳施氮量的预测结果一致。

根据氮素营养指数模型计算两试点各施氮量下棉花花后氮素营养指数（NNI）动态变化（图 8-25），NNI 随施氮量增加而增加，360kg N·hm^{-2}（安阳）和 240kg N·hm^{-2}（南京）的施氮量较为适宜，与前文中结论一致。

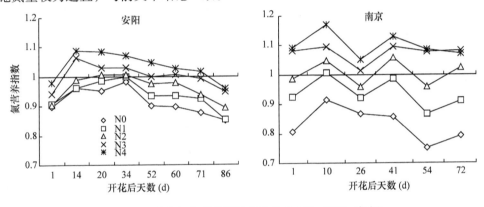

图 8-25　棉花氮素营养指数变化（2005 年，安阳，南京）
N0、N1、N2、N3、N4 分别表示 0kg N·hm^{-2}、120kg N·hm^{-2}、240kg N·hm^{-2}、360kg N·hm^{-2}、480kg N·hm^{-2}

二、基于临界氮浓度稀释模型的棉花花后氮动态需求定量诊断

基于上述建立的花后棉花地上生物量临界氮浓度稀释模型和动态氮吸收、累积、临界需求量及氮累积亏缺的定量诊断模型，安阳、南京两试点棉花地上生物量氮浓度均随施氮量提高而增加，临界氮浓度稀释模型为 $CN_{FN_C} = a \times DM_M^{-b}$（安阳：$a=3.837$，$b=0.131$。南京：$a=2.858$，$b=0.131$），参数 a 的差异表明在达到相同生物量时，安阳试点棉花氮吸收能力大于南京；棉花日氮吸收量和总氮累积量均随施氮量增加而增加，但对氮的容纳有一定的限度，通过对比两试点氮累积量与临界需氮量差值的动态变化，认为安阳试点的适宜施氮量在 240～360kg N·hm^{-2} 并接近于 360kg N·hm^{-2}，南京则在 240kg N·hm^{-2}。

花后棉花地上部生物量氮浓度随施氮量的变化，以花后天数（t）为自变量（日为步长）对氮浓度的变化进行模拟（图 8-26），模型参数见表 8-26。安阳试点各施氮量间的差异明显小于南京，究其原因是南京试点不同施氮量间生物量差异较大，安阳试点相对较小，根据氮浓度值与生物量间符合模型 $CN_{FN_C} = a \times DM_M^{-b}$，若地上生物量差异大必然造成氮浓度值有较大差异。

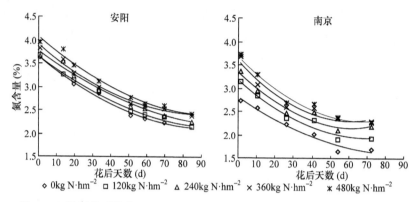

图 8-26 施氮量对棉花地上生物量氮浓度变化的影响（2005 年，安阳，南京）

表 8-26 施氮量对棉花地上生物量氮浓度变化模型参数的影响（2005 年，安阳，南京）

参数	安阳					南京				
	0kg N·hm^{-2}	120kg N·hm^{-2}	240kg N·hm^{-2}	360kg N·hm^{-2}	480kg N·hm^{-2}	0kg N·hm^{-2}	120kg N·hm^{-2}	240kg N·hm^{-2}	360kg N·hm^{-2}	480kg N·hm^{-2}
k_1	0.0002	0.0001	0.0001	0.0002	0.0002	0.0001	0.0002	0.0003	0.0004	0.0003
k_2	−0.0324	−0.0293	−0.0282	−0.0319	−0.0326	−0.0266	−0.0336	−0.0370	−0.0428	−0.0408
k_3	3.6706	3.6870	3.7686	3.9015	4.0789	2.8009	3.1596	3.3345	3.5968	3.6976
R^2	0.993**	0.993**	0.983**	0.989**	0.986**	0.972**	0.963**	0.948*	0.949*	0.971**

*、**分别表示在 0.05、0.01 水平相关性显著[$R^2_{0.01}$（安阳）=0.842，$R^2_{0.01}$（南京）=0.954]

分别计算安阳、南京棉花地上生物量的氮浓度值，建立临界氮浓度模型。

安阳：$CN_{FN_C} = 3.387 \times DM_M^{-0.131}$　　　　　$R^2 = 0.940^{**}$

南京：$CN_{FN_C} = 2.858 \times DM_M^{-0.131}$　　　　　$R^2 = 0.943^{**}$

比较两试点临界氮浓度稀释模型，其对应模型的参数 b 相同，参数 a 存在差异。初花期、吐絮期氮浓度临界值在安阳试点分别为 3.82%、2.39%，在南京为 3.35%、2.18%，较安阳试点偏低，说明达到同样的生物量，安阳试点棉花氮吸收能力大于南京。模拟安阳、南京两试点不同施氮量棉花地上生物量动态变化的参数见表 8-27，生物量理论最大值在安阳试点随施氮量增加而增大，在南京则表现为先增后降变化，360kg N·hm^{-2} 时最高。

计算比较棉花生物量累积日增长速率（图 8-27），最大日增长速率分别在 360kg N·hm^{-2}（安阳）、240kg N·hm^{-2}（南京）时达最大，之后下降。

表8-27 施氮量对棉花地上生物量累积模型参数的影响(2005年,安阳,南京)

参数	安阳					南京				
	0kg N·hm^{-2}	120kg N·hm^{-2}	240kg N·hm^{-2}	360kg N·hm^{-2}	480kg N·hm^{-2}	0kg N·hm^{-2}	120kg N·hm^{-2}	240kg N·hm^{-2}	360kg N·hm^{-2}	480kg N·hm^{-2}
DM_M	8 435.3	8 985.2	9 408.4	9 892.9	9 979.2	6 912.4	8 527.0	10 227.1	10 316.7	9 797.7
α	27.6	27.4	28.7	30.7	30.2	27.8	29.7	27.1	24.9	21.2
β	−0.067	−0.068	−0.074	−0.078	−0.073	−0.071	−0.074	−0.075	−0.070	−0.071
R^2	0.992**	0.995**	0.999**	0.999**	0.998**	0.999**	0.998**	0.993**	0.994**	0.994**

*、**分别表示在0.05、0.01水平相关性显著[$R^2_{0.01}$(安阳)=0.695,$R^2_{0.01}$(南京)=0.841]

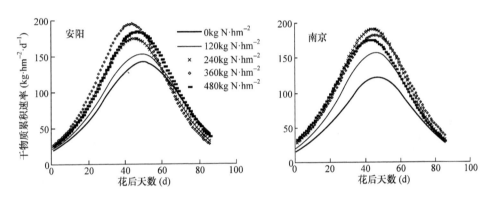

图8-27 施氮量对棉花地上生物量累积速率的影响(2005年,安阳,南京)

比较安阳、南京两试点棉花氮累积量与临界需氮量差值的分布(图8-28),在棉花生长前期,各施氮量棉花氮累积与临界需求量比较接近,随生育期延后呈现出低于或高于临界需求量的两极分化,且差距逐渐增大。安阳试点0kg N·hm^{-2}、120kg N·hm^{-2}、240kg N·hm^{-2}处理明显低于棉株临界氮浓度下的氮需求值;480kg N·hm^{-2}处理尽管前、中期的氮累积量与需求值相近,但其施氮水平过高,不是所要寻求的最佳施氮水平;360kg N·hm^{-2}处理的氮累积与需求量最为接近,但仍略高于需求量,可见适宜的施肥量应该是略低于360kg N·hm^{-2}。南京试点0kg N·hm^{-2}、120kg N·hm^{-2}与360kg N·hm^{-2}的氮累积量随生育进程推移表现明显的两极分化,即前两者明显低于需求量,后者高于需求值,均不是适宜的施肥水平;480kg N·hm^{-2}氮累积尽管与临界氮需求量的差值相对较小,但其施氮量高,也不是最佳施氮水平;240kg N·hm^{-2}棉花氮累积动态与临界需求值接近,为适宜的施氮水平。

综上所述,尽管安阳、南京两试点棉花生物量、产量差异较大,但临界氮稀释曲线条件下不同试点棉花达到最高生物量的瞬时氮吸收速率的变化趋势、氮素快速累积期、最大氮吸收速率出现的时间等基本一致;适宜施氮量安阳(黄淮棉区)为360kg N·hm^{-2},南京(长江中下游棉区)为240kg N·hm^{-2}。

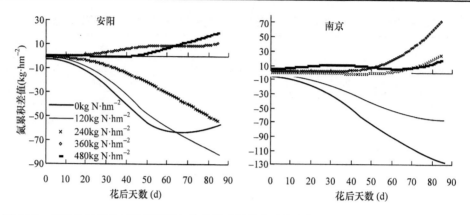

图 8-28 施氮量对棉花氮素累积量与临界需求量差值动态变化的影响(2005年,安阳,南京)

第九章 棉花产量品质与水氮耦合

降水季节性分配不均是我国棉区的主要气候特点，随着全球极端天气爆发的日趋频繁，棉花花铃期土壤干旱或渍水在长江、黄河流域棉区发生频率高，影响棉花产量和品质。氮作为作物生长发育必需的营养元素之一，在调节作物抗逆中具有重要作用。针对棉花生产中花铃期干旱或渍水问题，本章开展了花铃期干旱或渍水下氮素调控棉花产量品质形成的生理生态机制研究。

2005~2006年以'美棉33B'为材料，设置棉花花铃期土壤干旱、渍水试验。以0~20cm土壤相对含水量(SRWC)始终维持在(75±5)%为对照，于棉花第6~8果枝第1~2果节50%开花时进行不同水分处理：土壤干旱处理SRWC由(75±5)%逐渐自然减少，待棉花叶片出现萎蔫症状时再复水至SRWC(75±5)%(对照)；土壤渍水处理保持地面2~3cm水层，持续时间为8d，然后SRWC自然减少至(75±5)%(对照)并保持至吐絮。施氮量根据长江流域下游棉区棉花高产240kg N·hm^{-2}的适宜施氮量，设0kg N·hm^{-2}、240kg N·hm^{-2}、480kg N·hm^{-2} 3个水平，氮肥运筹为基施50%、初花期50%。

第一节 棉花生物量、氮素累积分配与水氮耦合

作物高产、优质以较高的生物量为前提，养分的吸收与转运是生物量形成和累积的基础。土壤干旱或渍水通过影响棉花对养分的吸收分配，抑制棉花生长发育与产量品质形成。了解花铃期土壤干旱或渍水下施氮量影响棉花生物量累积和分配的特征、养分吸收与分配的变化规律，有助于采取有效措施调控棉花生长发育与产量品质形成。

一、棉花生物量累积分配

(一)土壤干旱下施氮量对棉花生物量累积分配的影响

花铃期短期干旱下，棉花各器官生物量和总生物量显著降低，但随施氮量增加而增大(表9-1)；棉花各器官水分胁迫指数均以480kg N·hm^{-2}处理最高、240kg N·hm^{-2}次之、0kg N·hm^{-2}最低(表9-2)，其中叶片与蕾花铃的胁迫指数较大，主茎与果枝胁迫指数较小。复水后棉花生长具有显著的补偿效应，复水后第10天时干旱处理棉花各器官生物量增加，其中根系生物量显著高于对照[SRWC(75±5)%]，其他器官生物量仍低于对照；施氮可以提高复水后棉花生长的补偿效应，补偿效应因施氮量而异，0kg N·hm^{-2}下棉花水分胁迫指数较干旱处理时继续增大，在2005~2006年，240kg N·hm^{-2}、480kg N·hm^{-2}下棉花水分胁迫指数较干旱时分别降低0.04~0.08、0.08~0.09。

表 9-1　花铃期干旱及复水后施氮量对棉花生物量(g·株⁻¹)的影响(2005~2006 年)

年份	水分处理	施氮量 (kg N·hm⁻²)	干旱结束时						复水后第 10 天					
			根	主茎	果枝	叶片	蕾花铃	整株	根	主茎	果枝	叶片	蕾花铃	整株
2005	干旱	0	12.6	8.1	5.1	12.4	33.7	72.0	14.1	7.2	6.5	11.2	37.0	76.1
		240	14.5	8.5	8.6	14.6	46.2	92.3	18.4	8.8	8.8	16.5	62.1	114.5
		480	15.5	9.4	8.9	14.6	44.7	93.1	20.1	10.7	10.1	21.7	59.9	122.5
	对照 SRWC (75±5)%	0	13.8	8.8	6.2	17.5	37.9	84.1	13.6	8.8	9.3	13.5	48.7	93.9
		240	16.5	9.6	9.6	22.7	60.7	119.2	17.8	10.0	12.5	23.3	77.1	140.6
		480	17.2	10.2	11.4	26.6	61.0	126.4	18.8	11.6	14.8	25.9	77.6	148.7
2006	干旱	0	14.1	4.6	4.4	7.3	14.8	45.1	17.3	5.6	5.5	10.1	17.6	56.1
		240	15.1	8.3	8.6	12.7	21.8	66.4	23.3	11.3	10.8	27.1	41.2	113.6
		480	16.4	9.3	11.0	14.8	19.5	70.9	24.6	13.3	11.7	25.9	36.8	112.3
	对照 SRWC (75±5)%	0	15.3	4.9	4.5	8.9	16.8	50.4	17.0	6.4	6.2	10.6	25.6	65.8
		240	18.9	8.6	8.7	18.9	30.5	85.5	21.4	12.1	11.5	32.5	54.8	132.2
		480	20.9	10.0	12.7	26.9	28.2	98.6	22.5	14.6	12.2	35.6	54.0	138.9

表 9-2　花铃期干旱及复水后施氮量对棉花水分胁迫指数的影响(2005~2006 年)

年份	施氮量 (kg N·hm⁻²)	干旱结束时						复水后第 10 天					
		根	主茎	果枝	叶片	蕾花铃	整株	根	主茎	果枝	叶片	蕾花铃	整株
2005	0	0.09	0.08	0.17	0.29	0.11	0.14	−0.04	0.18	0.30	0.17	0.24	0.19
	240	0.13	0.11	0.11	0.36	0.24	0.23	−0.03	0.12	0.30	0.29	0.19	0.19
	480	0.10	0.08	0.22	0.45	0.27	0.26	−0.07	0.08	0.32	0.16	0.23	0.18
2006	0	0.08	0.06	0.03	0.18	0.12	0.10	−0.02	0.12	0.12	0.05	0.31	0.15
	240	0.20	0.04	0.01	0.33	0.29	0.22	−0.09	0.07	0.06	0.17	0.25	0.14
	480	0.21	0.07	0.13	0.45	0.31	0.28	−0.10	0.09	0.05	0.27	0.32	0.19

　　花铃期短期干旱下棉花叶片生物量分配指数显著降低，根系分配指数显著增加，对主茎、果枝与蕾花铃生物量分配指数的影响较小，根冠比显著提高(表 9-3)；施氮量影响棉花各器官生物量分配指数与根冠比，干旱棉花生殖器官(蕾花铃)分配指数在 240kg N·hm⁻² 下最高，根冠比在 240kg N·hm⁻²、480kg N·hm⁻² 间差异较小，显著低于 0kg N·hm⁻²。

　　与干旱结束时相比，复水后第 10 天棉花生殖器官分配指数增大，其他器官分配指数降低。干旱处理棉花根系分配指数和根冠比仍高于对照，而生殖器官的分配指数低于对照。干旱处理棉花生殖器官分配指数以 240kg N·hm⁻² 施氮量最高，而根冠比在 240kg N·hm⁻²、480kg N·hm⁻² 间差异较小，显著低于 0kg N·hm⁻²。

表 9-3 花铃期土壤干旱及复水后施氮量对棉花各器官生物量分配指数的影响(2005~2006 年)

年份	水分处理	施氮量(kg N·hm⁻²)	干旱处理结束时						复水后第 10 天					
			根	主茎	果枝	叶	蕾花铃	根冠比	根	主茎	果枝	叶	蕾花铃	根冠比
2005	干旱	0	0.17	0.11	0.07	0.17	0.47	0.21	0.19	0.09	0.09	0.15	0.49	0.23
		240	0.16	0.09	0.09	0.16	0.50	0.19	0.16	0.08	0.08	0.14	0.54	0.19
		480	0.17	0.10	0.10	0.16	0.48	0.20	0.16	0.09	0.08	0.18	0.49	0.20
	对照 SRWC(75±5)%	0	0.16	0.10	0.07	0.21	0.45	0.20	0.15	0.09	0.10	0.14	0.52	0.17
		240	0.14	0.08	0.08	0.19	0.51	0.16	0.13	0.07	0.09	0.17	0.55	0.14
		480	0.14	0.08	0.09	0.21	0.48	0.16	0.13	0.08	0.10	0.17	0.52	0.14
2006	干旱	0	0.31	0.10	0.10	0.16	0.33	0.45	0.31	0.10	0.10	0.18	0.31	0.45
		240	0.23	0.12	0.13	0.19	0.33	0.29	0.21	0.10	0.09	0.24	0.36	0.26
		480	0.23	0.13	0.15	0.22	0.27	0.30	0.22	0.12	0.10	0.23	0.33	0.28
	对照 SRWC(75±5)%	0	0.30	0.10	0.09	0.18	0.33	0.43	0.26	0.10	0.09	0.16	0.39	0.35
		240	0.22	0.10	0.10	0.22	0.36	0.28	0.16	0.09	0.09	0.25	0.41	0.19
		480	0.21	0.10	0.13	0.27	0.29	0.27	0.16	0.11	0.09	0.26	0.39	0.19

综上,花铃期土壤干旱显著降低了棉花各器官生物量及叶片生物量分配指数,提高了根系生物量分配指数以及根冠比;干旱下增施氮肥可以增加棉花生物量,使水分胁迫指数提高;复水后棉花生长具有显著的补偿效应,尤其在根系,其生物量显著高于对照;增施氮肥可以提高棉花的补偿效应。在花铃期干旱结束时与复水后第 10 天,干旱处理棉花均以 240kg N·hm⁻² 施氮下的生殖器官生物量最高,根冠比最小。

(二)土壤渍水下施氮量对棉花生物量累积分配的影响

花铃期土壤渍水结束时,棉花各器官生物量均较对照[SRWC(75±5)%]显著降低,不同施氮量棉花整株、根系和蕾花铃生物量以 240kg N·hm⁻² 最高、480kg N·hm⁻² 次之、0kg N·hm⁻² 最低,茎枝、叶片生物量则随施氮量提高而增大(表 9-4)。棉花根系、蕾花铃胁迫指数最高,渍水棉花各器官胁迫指数随施氮量提高而增大(表 9-5)。停止渍水 15d,渍水棉花各器官生物量仍显著低于相应对照,且施氮量对其影响趋势不变;施氮量提高后,渍水棉花根系的胁迫指数在渍水结束时降低,茎枝、叶片、蕾花铃和整株的胁迫指数增大,且以蕾花铃的胁迫指数最高。

表 9-4 花铃期土壤渍水下施氮量对棉花生物量(g·株⁻¹)的影响(2005~2006 年)

年份	水分处理	施氮量(kg N·hm⁻²)	渍水结束时					停止渍水后第 15 天				
			根	茎枝	叶片	蕾花铃	整株	根	茎枝	叶片	蕾花铃	整株
2005	对照 SRWC(75±5)%	0	12.7c	15.0c	17.5c	35.9d	81.1d	14.6c	17.1e	19.5c	43.7b	94.9d
		240	17.9a	21.8ab	23.7ab	61.7a	125.1b	19.9a	24.5b	26.3b	77.1a	147.8b
		480	18.2a	23.9a	24.6a	63.1a	129.8a	20.6a	26.4a	28.9a	79.6a	155.5a
	渍水	0	10.8d	14.2c	16.7c	31.3e	73.0e	13.4c	16.2e	18.9c	36.2e	84.7e
		240	14.5b	19.9b	22.5b	52.7b	109.6c	17.8b	20.7d	24.8b	59.5b	122.8c
		480	13.3bc	21.1b	22.8ab	49.2c	106.4c	17.5b	22.2c	24.1b	52.9c	116.7c

续表

年份	水分处理	施氮量 (kg N·hm^{-2})	渍水结束时					停止渍水后第15天				
			根	茎枝	叶片	蕾花铃	整株	根	茎枝	叶片	蕾花铃	整株
2006	对照 SRWC(75±5)%	0	13.3d	12.6d	15.4d	28.8d	70.1e	16.0c	15.3d	18.6d	33.6d	83.5e
		240	18.6b	20.3b	23.8b	54.0a	116.7b	21.4a	25.6b	32.4b	70.3a	149.7b
		480	19.8a	22.7a	25.9a	55.2a	123.6a	21.7a	27.8a	36.1a	71.2a	156.8a
	渍水	0	11.5e	11.9d	14.1d	24.3e	61.8f	14.1d	13.9d	16.6d	28.5e	73.1f
		240	15.3c	18.3c	21.6c	44.2b	99.4c	18.2b	22.1c	27.1c	51.7b	119.7c
		480	14.1d	20.1b	22.5bc	39.3d	96.0d	17.5b	22.9c	27.7c	42.5c	110.0d

注：同列中不同小写字母表示在0.05水平差异显著

表9-5 花铃期土壤渍水下施氮量对棉花胁迫指数的影响(2005～2006年)

年份	施氮量 (kg N·hm^{-2})	渍水结束时					停止渍水后第15天				
		根	茎枝	叶片	蕾花铃	整株	根	茎枝	叶片	蕾花铃	整株
2005	0	0.15	0.05	0.05	0.13	0.10	0.08	0.05	0.03	0.17	0.11
	240	0.19	0.09	0.05	0.15	0.13	0.10	0.16	0.06	0.23	0.17
	480	0.27	0.12	0.07	0.22	0.18	0.15	0.16	0.17	0.34	0.25
2006	0	0.14	0.06	0.08	0.16	0.12	0.12	0.09	0.11	0.15	0.13
	240	0.18	0.10	0.09	0.18	0.15	0.15	0.14	0.15	0.27	0.20
	480	0.29	0.11	0.13	0.29	0.22	0.19	0.18	0.25	0.40	0.30

在土壤渍水结束时，不同施氮量下渍水棉花根系、蕾花铃生物量分配系数较对照显著降低，茎枝和叶片呈相反趋势(表9-6)。棉花根系生物量分配系数随施氮量提高而降低，茎枝和叶片在240kg N·hm^{-2}下最低，蕾花铃在240kg N·hm^{-2}下最高。在停止渍水第15天，渍水棉花根系、茎枝和叶片生物量分配系数均显著高于相应对照，蕾花铃生物量分配系数低于对照。不同施氮量下渍水棉花根系、茎枝和叶片生物量分配系数均以240kg N·hm^{-2}最低，蕾花铃以240kg N·hm^{-2}最高。

表9-6 花铃期土壤渍水下施氮量对棉花生物量分配系数的影响(2005～2006年)

年份	水分处理	施氮量 (kg N·hm^{-2})	渍水结束时				停止渍水后第15天			
			根	茎枝	叶片	蕾花铃	根	茎枝	叶片	蕾花铃
2005	对照 SRWC(75±5)%	0	0.16a	0.19b	0.22ab	0.44c	0.15ab	0.18b	0.20b	0.46d
		240	0.15bc	0.17c	0.19c	0.49a	0.13c	0.17c	0.18c	0.52a
		480	0.14c	0.19b	0.20c	0.48a	0.13c	0.17c	0.19c	0.51b
	渍水	0	0.15b	0.20a	0.23a	0.43c	0.16a	0.19a	0.22a	0.43e
		240	0.13d	0.18bc	0.21b	0.48a	0.14b	0.17c	0.20b	0.48c
		480	0.12e	0.20a	0.21b	0.46b	0.15ab	0.19a	0.21b	0.45d

续表

年份	水分处理	施氮量 (kg N·hm^{-2})	溃水结束时				停止溃水后第15天			
			根	茎枝	叶片	蕾花铃	根	茎枝	叶片	蕾花铃
2006	对照 SRWC(75±5)%	0	0.19a	0.18bc	0.22bc	0.41b	0.19a	0.18bc	0.22b	0.40d
		240	0.17b	0.17c	0.20d	0.46a	0.14c	0.17c	0.22b	0.47a
		480	0.16b	0.18bc	0.21cd	0.45a	0.14c	0.18bc	0.23ab	0.45b
	溃水	0	0.19a	0.19b	0.23ab	0.39b	0.19a	0.19b	0.23ab	0.39de
		240	0.15c	0.18bc	0.22bc	0.45a	0.15bc	0.19b	0.23ab	0.43c
		480	0.14c	0.21a	0.23a	0.41b	0.16b	0.21a	0.25a	0.39e

注：同列中不同小写字母表示在0.05水平差异显著

综上，花铃期土壤溃水显著降低了棉花各器官生物量，降低了根系和蕾花铃的生物量分配系数，提高了叶片和茎枝的生物量分配系数。增施氮肥可以提高溃水棉花叶片、茎枝生物量，蕾花铃生物量和生物量分配系数在240kg N·hm^{-2}施氮量下最高。

二、棉花氮素累积分配

（一）土壤干旱下施氮量对棉花氮素累积分配的影响

花铃期土壤干旱显著降低了棉花各器官氮素累积量(表 9-7)，以叶片氮素累积量降低最大；0kg N·hm^{-2}、240kg N·hm^{-2}、480kg N·hm^{-2}下棉花氮素累积量分别降低19.5%、33.9%、44.9%(2005年)，11.4%、32.0%、40.2%(2006年)，降低幅度随施氮量增加而增大，花铃期干旱并没有改变棉花各器官氮素累积量随施氮量增加而增大的趋势。在复水后第10天，棉花氮素累积量较干旱结束时显著增加，干旱处理棉花根系氮素累积量显著高于对照，而主茎、果枝、叶片以及蕾花铃氮素累积量仍低于对照。

表9-7 花铃期土壤干旱及复水后施氮量对棉花氮素累积量的影响(2005~2006年)

年份	水分处理	施氮量 (kg N·hm^{-2})	干旱结束时						复水后第10天					
			根	主茎	果枝	叶片	蕾花铃	整株	根	主茎	果枝	叶片	蕾花铃	整株
2005	干旱	0	160.8	29.5	29.5	192.8	164.5	577.2	191.6	23.9	38.5	206.2	169.2	629.4
		240	225.7	68.0	106.4	351.7	509.6	1261.4	268.6	48.5	81.8	403.4	555.2	1357.5
		480	276.3	77.7	131.3	414.9	523.8	1424.0	347.6	75.6	125.5	544.9	589.1	1682.6
	对照 SRWC(75±5)%	0	169.0	32.6	37.8	239.5	173.0	651.9	152.2	34.0	56.5	215.2	228.8	687.1
		240	256.9	50.9	94.5	531.9	590.4	1554.6	242.8	50.4	98.2	488.0	639.5	1518.9
		480	277.5	72.7	174.3	753.4	662.5	1940.4	297.7	74.8	150.4	673.6	770.4	1967.0
2006	干旱	0	107.7	15.6	25.5	65.9	113.3	327.9	110.0	23.7	22.3	84.7	131.1	371.7
		240	146.8	57.3	97.1	193.6	241.7	736.5	200.3	62.3	87.9	373.5	355.2	1079.3
		480	208.2	71.5	142.9	264.7	290.7	978.0	259.2	78.0	112.7	473.3	424.5	1347.6
	对照 SRWC(75±5)%	0	104.5	17.7	22.3	74.4	117.9	336.8	97.0	19.6	21.9	108.5	180.4	427.3
		240	166.7	32.9	76.1	284.9	284.1	844.9	157.5	40.3	64.5	430.7	433.7	1126.7
		480	220.3	53.2	130.2	442.6	340.4	1186.7	188.9	55.2	110.2	515.8	573.1	1443.4

花铃期土壤干旱显著降低了氮素在棉花叶片中的分配指数,提高了在根系、主茎、果枝中的分配指数,生殖器官(蕾花铃)氮素分配指数变化相对较小,根冠氮素分配比显著增大,这与生物量分配指数的变化趋势一致(表 9-8)。不同施氮量下干旱处理棉花根冠氮素分配比在 240kg N·hm^{-2} 下最高、480kg N·hm^{-2} 下次之、0kg N·hm^{-2} 下最低,而对照棉花根冠氮素分配比则随施氮量增加而降低。

在复水后第 10 天,干旱处理棉花主茎、果枝氮素分配指数降低,根系氮素分配指数仍高于相应对照,而生殖器官氮素分配指数变化趋势相反;干旱下棉花根冠氮素分配比高于对照,且在 240kg N·hm^{-2}、480kg N·hm^{-2} 间差异较小,均显著低于 0kg N·hm^{-2}。

表 9-8 花铃期土壤干旱及复水后施氮量对棉花氮素分配指数与根冠氮素分配比的影响(2005~2006 年)

年份	水分处理	施氮量 (kg N·hm^{-2})	干旱结束时						复水后第 10 天					
			根	主茎	果枝	叶片	蕾花铃	根冠比	根	主茎	果枝	叶片	蕾花铃	根冠比
2005	干旱	0	0.28	0.05	0.05	0.33	0.28	0.39	0.30	0.04	0.06	0.33	0.27	0.44
		240	0.18	0.05	0.08	0.28	0.40	0.22	0.20	0.04	0.06	0.30	0.41	0.25
		480	0.19	0.05	0.09	0.29	0.37	0.24	0.21	0.04	0.07	0.32	0.35	0.26
	对照 SRWC(75±5)%	0	0.26	0.05	0.06	0.37	0.27	0.35	0.22	0.05	0.08	0.31	0.33	0.28
		240	0.17	0.03	0.06	0.35	0.39	0.20	0.16	0.03	0.06	0.32	0.42	0.19
		480	0.14	0.04	0.09	0.39	0.34	0.17	0.15	0.04	0.08	0.34	0.39	0.18
2006	干旱	0	0.20	0.08	0.13	0.26	0.33	0.49	0.30	0.06	0.06	0.23	0.35	0.42
		240	0.21	0.07	0.15	0.27	0.30	0.25	0.19	0.06	0.08	0.35	0.33	0.23
		480	0.21	0.07	0.15	0.27	0.30	0.27	0.19	0.06	0.08	0.35	0.31	0.24
	对照 SRWC(75±5)%	0	0.20	0.04	0.09	0.34	0.34	0.45	0.14	0.04	0.06	0.38	0.38	0.29
		240	0.19	0.04	0.11	0.37	0.29	0.25	0.13	0.04	0.08	0.36	0.40	0.16
		480	0.19	0.04	0.11	0.37	0.29	0.23	0.13	0.04	0.08	0.36	0.40	0.15

综上,花铃期土壤干旱下,棉花各器官氮素累积量显著降低,叶片氮素分配指数降低,根系氮素分配指数提高,棉花根冠氮素分配比增大;增施氮肥可提高干旱棉花各器官氮素累积量。

(二)土壤渍水下施氮量对棉花氮素累积分配的影响

在花铃期土壤渍水结束时,不同施氮量下渍水棉花各器官氮素累积量均显著低于对照,降低幅度随施氮量增加而增大(表 9-9),0kg N·hm^{-2}、240kg N·hm^{-2}、480kg N·hm^{-2} 下棉花氮素累积量较对照分别降低 18.7%、27.6%、34.6%(2005 年),24.2%、29.9%、37.5%(2006 年);棉花氮累积量随施氮量增加而增加,停止渍水 15d 时渍水棉花各器官氮素累积量显著低于对照。

在土壤渍水结束时,不同施氮量下渍水棉花根系、茎枝的氮素分配系数显著大于对照,叶片和蕾花铃与之相反(表 9-10);棉花根系氮素分配系数随施氮量增加而降低,240kg N·hm^{-2} 下棉花茎枝和叶片氮素分配系数最低、蕾花铃氮素分配系数最高,停止渍水后

15d 时渍水和施氮对棉花各器官氮分配系数的作用趋势与渍水结束时相同。

表 9-9　花铃期土壤渍水下施氮量对棉花氮素累积量(g·株⁻¹)的影响(2005～2006 年)

年份	水分处理	施氮量 (kg N·hm⁻²)	渍水结束时					停止渍水后第 15 天				
			根	茎枝	叶片	蕾花铃	整株	根	茎枝	叶片	蕾花铃	整株
2005	对照 SRWC(75±5)%	0	0.17d	0.08e	0.26e	0.24d	0.75b	0.20d	0.09d	0.30e	0.28e	0.87d
		240	0.27b	0.17c	0.58b	0.61b	1.63b	0.29a	0.18b	0.64b	0.70b	1.81b
		480	0.29a	0.26a	0.75a	0.75a	2.05a	0.31a	0.22a	0.77a	0.83a	2.13a
	渍水	0	0.14e	0.08e	0.21f	0.19e	0.61f	0.17c	0.08d	0.23f	0.17f	0.66e
		240	0.22c	0.15d	0.39d	0.43c	1.18d	0.24b	0.14c	0.41e	0.43d	1.23c
		480	0.21c	0.20b	0.48c	0.45c	1.34c	0.25b	0.17b	0.47c	0.48c	1.37c
2006	对照 SRWC(75±5)%	0	0.14d	0.06c	0.25e	0.22d	0.66d	0.11d	0.08c	0.27d	0.27e	0.73d
		240	0.22b	0.14b	0.57b	0.55b	1.47b	0.19b	0.18b	0.73b	0.70b	1.81b
		480	0.25a	0.17a	0.69a	0.64a	1.76a	0.23a	0.23a	0.90a	0.77a	2.12a
	渍水	0	0.11e	0.05d	0.18f	0.15e	0.50e	0.09e	0.06c	0.20e	0.20f	0.55e
		240	0.17c	0.11b	0.31c	0.37c	1.03c	0.16c	0.14c	0.42c	0.43d	1.15c
		480	0.17c	0.14b	0.41c	0.38c	1.10c	0.17c	0.17b	0.44c	0.39d	1.16c

注：同列中不同小写字母表示在 0.05 水平差异显著

表 9-10　花铃期土壤渍水下施氮量对棉花氮分配系数的影响(2005～2006 年)

年份	水分处理	施氮量 (kg N·hm⁻²)	渍水结束时				停止渍水后第 15 天			
			根	茎枝	叶片	蕾花铃	根	茎枝	叶片	蕾花铃
2005	对照 SRWC(75±5)%	0	0.22a	0.11bc	0.35b	0.32c	0.23b	0.10bc	0.35b	0.32c
		240	0.18bc	0.10c	0.36ab	0.37a	0.16d	0.09c	0.35a	0.39a
		480	0.14d	0.13b	0.37a	0.36a	0.15d	0.10bc	0.36a	0.39a
	渍水	0	0.23a	0.12b	0.34c	0.31c	0.26a	0.13a	0.35b	0.26d
		240	0.18b	0.12b	0.33c	0.37a	0.18c	0.12ab	0.34ab	0.35b
		480	0.16cd	0.15a	0.36ab	0.34b	0.19c	0.13a	0.34ab	0.35b
2006	对照 SRWC(75±5)%	0	0.21b	0.09d	0.38bc	0.33c	0.15b	0.11bc	0.37bc	0.37ab
		240	0.15d	0.10c	0.30ab	0.37a	0.11c	0.10c	0.41a	0.39a
		480	0.14d	0.10c	0.40a	0.36ab	0.11c	0.11bc	0.42a	0.36b
	渍水	0	0.23a	0.11b	0.37a	0.31c	0.17a	0.12b	0.36a	0.36b
		240	0.17c	0.11b	0.37a	0.36ab	0.14b	0.12b	0.37bc	0.37ab
		480	0.16c	0.12a	0.38ab	0.35b	0.14b	0.14a	0.38b	0.33c

注：同列中不同小写字母表示在 0.05 水平差异显著

综上，花铃期土壤渍水显著降低了棉花各器官氮素累积量，叶片和蕾花铃氮素分配系数降低，根系和茎枝氮素分配系数增大。增施氮肥可以提高渍水棉花根系、茎枝、叶片氮素氮累积量，渍水棉花氮分配系数均以 240kg N·hm⁻² 施氮量最高；施氮不足(0kg N·hm⁻²)或过量施氮(480kg N·hm⁻²)均不利于渍水棉花氮素累积与分配。

第二节 棉花叶片生理特性与水氮耦合

光合作用是作物产量形成的基础,叶片气体交换参数与叶绿素荧光动力学特征能系统反映作物对光能的吸收、传递、耗散和分配。逆境下,作物体内活性氧自由基大量形成,活性氧代谢失衡,膜脂过氧化程度加剧,膜结构和功能破坏,叶绿素、蛋白质和核酸降解。为抵抗活性氧自由基的伤害,作物自身形成一套复杂的抗氧化酶保护系统,能有效地清除活性氧自由基,以减轻伤害。内源激素是作物对逆境响应的重要信号物质,逆境下作物可通过改变内源激素水平及各种激素间平衡,调节作物内在生理代谢。本节系统研究了棉花叶片气体交换参数、叶绿素荧光动力学特征、抗氧化酶活性及内源激素含量与激素间平衡的变化特征,揭示了花铃期土壤干旱或渍水下施氮量影响棉花产量品质形成的生理机制,为改善棉花光合性能,提高棉花产量与品质提供依据。

一、棉花叶片气体交换参数与水氮耦合

(一)土壤干旱下施氮量对棉花叶片气体交换参数的影响

1. 净光合速率 于棉花花铃期进行干旱处理后,土壤相对含水量 SRWC 逐渐降低,干旱初期棉花净光合速率(P_n)变化较小,0kg N·hm^{-2}、240kg N·hm^{-2}、480kg N·hm^{-2}施氮量下棉花 P_n 分别在干旱后第 5 天、第 5 天、第 5 天(2005 年)和第 8 天、第 6 天、第 5 天(2006 年)急剧降低,并显著低于对照(图 9-1)。施氮量增加,P_n 的降低幅度增大,干旱结束时棉花 P_n 表现为:480kg N·hm^{-2}<240kg N·hm^{-2}<0kg N·hm^{-2};对照棉花 P_n在干旱处理间的变化较小,但随施氮量增加而增大。

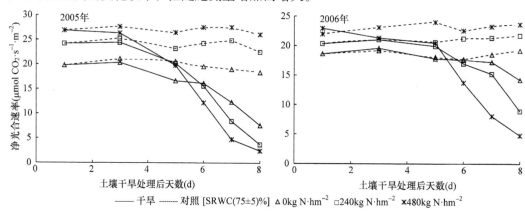

图 9-1 花铃期土壤干旱下施氮量对棉花净光合速率的影响(2005~2006 年)

图 9-2A 为花铃期土壤干旱第 8 天(即干旱结束当天)棉花 P_n 日变化,相同施氮量下干旱处理棉花 P_n 显著低于对照,干旱下棉花 P_n 在 8:00~16:00 持续下降;对照棉花 P_n 日变化呈单峰曲线,峰值在 10:00~11:00。干旱处理棉花 P_n 随施氮量增加而降低,对照则相反。在复水后第 7 天,干旱处理与对照棉花 P_n 日变化均呈单峰曲线变化(图 9-2B),随施氮量增加而增大,但干旱处理棉花 P_n 仍低于对照,该趋势在 240kg N·hm^{-2}、480kg

N·hm^{-2} 施氮量表现尤为显著。这说明短期干旱处理棉花复水后 P_n 能够迅速恢复，但由于干旱胁迫的影响加之复水期较短，其 P_n 仍不能恢复到对照水平。

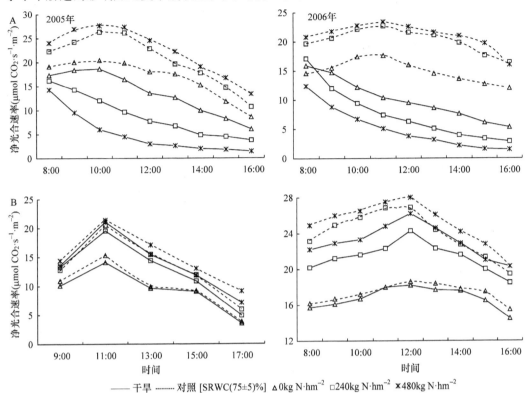

图 9-2 花铃期土壤干旱及复水后施氮量对棉花净光合速率日变化的影响（2005~2006 年）
A、B 分别代表干旱处理期、复水期

2. 气孔导度 气孔是叶片内部 CO_2 和水分与外界进行交换的门户，其开放程度受外界环境影响，进而影响植物 CO_2 同化及水分利用。花铃期干旱处理棉花气孔导度（G_s）随 SRWC 降低而迅速下降，随施氮量增加而降低（图 9-3）；对照棉花 G_s 在干旱处理期间变化较小，施氮量间差异较小。

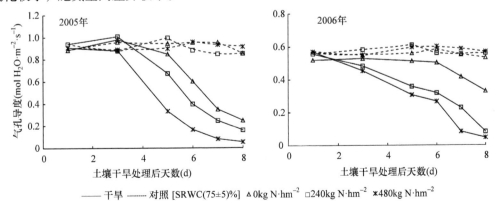

图 9-3 花铃期土壤干旱下施氮量对棉花气孔导度的影响（2005~2006 年）

花铃期干旱处理棉花 G_s 显著低于对照,干旱下棉花 G_s 在 8:00～16:00 持续下降(图 9-4A),对照 G_s 日变化呈单峰曲线,在 12:00 左右达峰值;干旱下 G_s 随施氮量增加而降低,对照在不同施氮量间差异较小。复水后,干旱处理棉花 G_s 迅速恢复,复水后 7d 达到对照水平(图 9-4B)。干旱下 G_s 与对照差异较小;复水后施氮量对 G_s 影响较小。

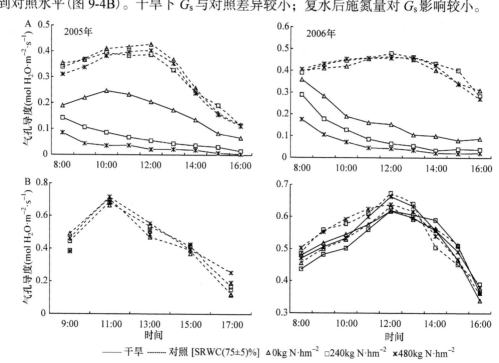

图 9-4 花铃期干旱及复水后施氮量对棉花气孔导度日变化的影响(2005～2006 年)
A、B 分别代表干旱处理期、复水期

3. 蒸腾速率 花铃期土壤干旱下棉花蒸腾速率(T_r)变化同 G_s(图 9-5),干旱处理棉花 T_r 随 SRWC 降低而迅速下降,并显著低于对照,降低幅度随施氮量增加而增大;干旱处理结束时,施氮量对 T_r 的影响表现为:0kg N·hm^{-2}>240kg N·hm^{-2}>480kg N·hm^{-2},施氮量对对照 T_r 的影响较小。

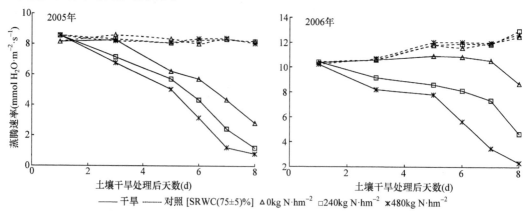

图 9-5 花铃期土壤干旱下施氮量对棉花蒸腾速率的影响(2005～2006 年)

干旱下棉花 T_r 日变化在 8:00~16:00 持续下降,对照 T_r 日变化则呈单峰曲线,12:00 左右达到峰值(图 9-6);干旱下 T_r 随施氮量增加而降低,施氮量对对照 T_r 的影响较小。复水后,干旱棉花 T_r 迅速恢复,复水后 7d 即达到对照水平,相同施氮量下干旱处理棉花 T_r 与对照差异较小,变化趋势均呈单峰曲线;施氮量对复水后 T_r 的影响较小,干旱处理与对照表现出相同趋势。

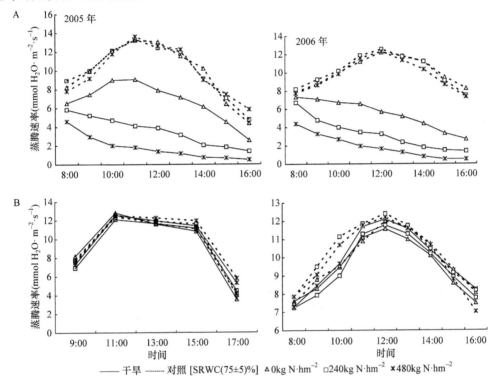

图 9-6 花铃期土壤干旱及复水后施氮量对棉花蒸腾速率日变化的影响(2005~2006 年)
A、B 分别代表干旱处理期、复水期

(二)土壤渍水下施氮量对棉花叶片气体交换参数的影响

1. 净光合速率 在花铃期土壤渍水期,渍水棉花净光合速率(P_n)持续下降,对照变化较小(图 9-7)。0kg N·hm^{-2}、240kg N·hm^{-2}、480kg N·hm^{-2} 施氮量下渍水棉花 P_n 分别在渍水后第 6 天、第 4 天、第 4 天急剧下降,降低幅度随施氮量增加而增大;渍水结束时较其相应对照分别降低 32.7%、60.7%、73.5%(2005 年)和 29.7%、62.3%、75.1%(2006 年),此时渍水棉花 P_n 随施氮量增加而降低,对照则相反。

在渍水结束时,渍水棉花 P_n 在 8:00~16:00 持续下降,对照呈单峰曲线变化,峰值出现在 11:00~12:00(图 9-8)。不同施氮量下渍水棉花 P_n 较对照显著降低,渍水棉花 P_n 随施氮量增加而降低,对照则相反。在停止渍水 15d 时,渍水与对照棉花 P_n 日变化均呈单峰曲线,渍水棉花 P_n 仍低于相应对照,且二者均随施氮量增加而增大。

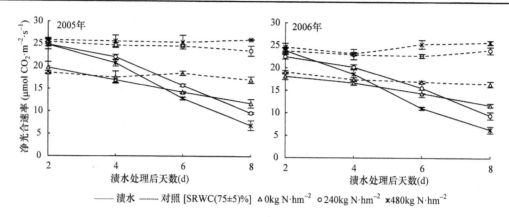

图 9-7 花铃期土壤渍水下施氮量对棉花净光合速率的影响(2005~2006 年)

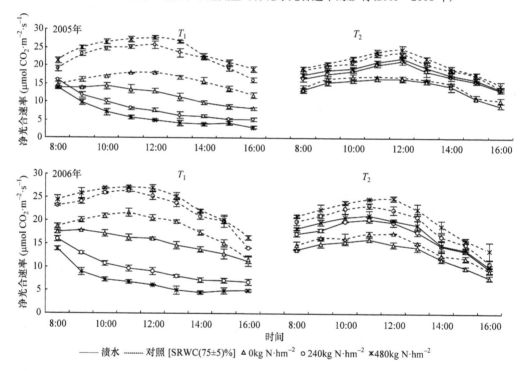

图 9-8 花铃期土壤渍水及停止渍水后施氮量对棉花净光合速率日变化的影响(2005~2006 年)

T_1. 渍水结束时；T_2. 停止渍水第 15 天

2. 气孔导度 在花铃期土壤渍水期，渍水棉花气孔导度(G_s)持续下降，对照变化较小(图 9-9)。渍水棉花 G_s 随渍水时间延后急剧降低，降低幅度随施氮量增加而增大；对照棉花 G_s 在不同施氮量间差异较小。

在渍水结束时，对照、渍水棉花 G_s 变化与渍水棉花 P_n 变化趋势相同，对照呈单峰曲线变化，峰值出现在 11:00~12:00(图 9-10)。不同施氮量下渍水棉花 G_s 较对照显著降低，渍水棉花 G_s 随施氮量增加而降低，对照棉花 G_s 在不同施氮量间差异较小。在停止渍水 15d 时，渍水与对照棉花 G_s 日变化均呈单峰曲线，渍水棉花与相应对照差异较小。

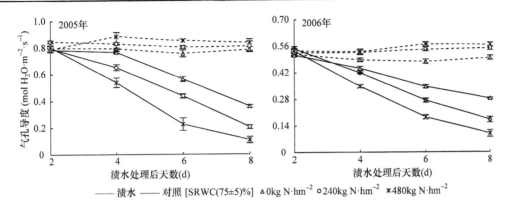

图 9-9 花铃期土壤渍水下施氮量对棉花气孔导度的影响(2005~2006 年)

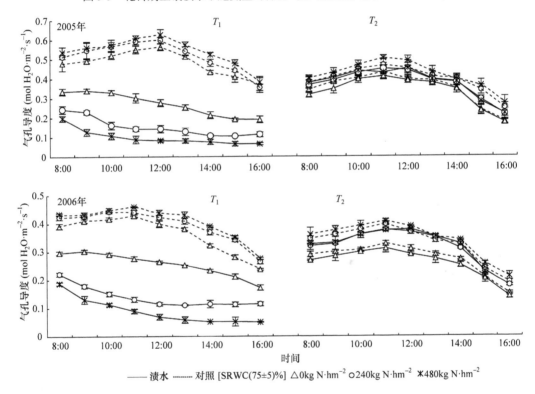

图 9-10 花铃期土壤渍水及停止渍水后施氮量对棉花气孔导度日变化的影响(2005~2006 年)

T_1. 渍水处理结束时；T_2. 停止渍水第 15 天

3. 胞间 CO_2 浓度 在花铃期土壤渍水期，渍水棉花胞间 CO_2 浓度(C_i)持续下降，对照变化较小(图 9-11)。对照 C_i 随施氮量增加而降低，渍水棉花 C_i 在不同施氮量间的变化不同，0kg N·hm^{-2} 表现为逐渐下降，240 kg N·hm^{-2}、480 kg N·hm^{-2} 表现为先迅速降低而后升高，并在渍水后第 6 天降到最低值；在渍水结束时，渍水棉花 C_i 在不同施氮量间差异以 0kg N·hm^{-2} 最高、480kg N·hm^{-2} 次之、240kg N·hm^{-2} 最低。

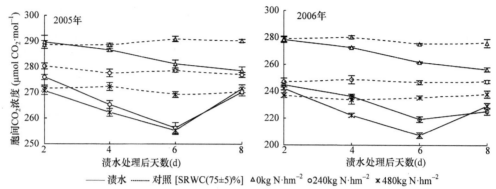

图 9-11 花铃期土壤渍水下施氮量对棉花胞间 CO_2 浓度的影响（2005～2006年）

在渍水结束时，渍水和对照棉花 C_i 在 8:00～16:00 均持续下降（图 9-12）。渍水棉花 C_i 以 0kg N·hm^{-2} 最高、480kg N·hm^{-2} 次之、240kg N·hm^{-2} 最低，对照则随施氮量增加而降低。在停止渍水 15d 时，不同施氮量下渍水棉花 C_i 均高于相应对照，且二者均随施氮量增加而降低。

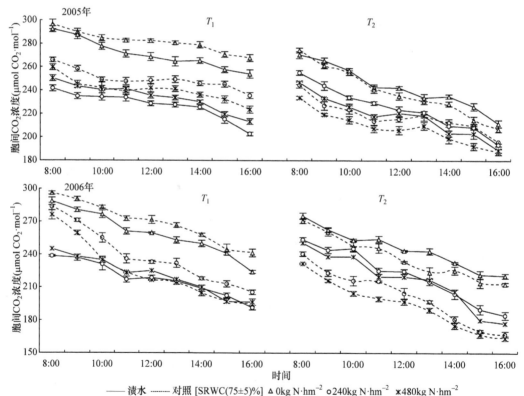

图 9-12 花铃期土壤渍水及停止渍水后施氮量对棉花胞间 CO_2 浓度日变化的影响（2005～2006年）

T_1. 渍水处理结束时；T_2. 停止渍水第 15 天

综上，花铃期土壤渍水下，棉花净光合速率和气孔导度降低，降低幅度随施氮量增加而增大；渍水改变了棉花净光合速率和气孔导度日变化趋势，净光合速率在 8:00～16:00 的日变化趋势由对照的单峰曲线变为持续下降。渍水停止后，渍水棉花光合速率和日变化可以恢复到对照水平，增施氮肥有利于渍水棉花净光合速率的提高。因此，针对花铃期季节性涝渍，应根据土壤氮素营养状况和棉花长势适当控制施氮量以提高棉花的抗渍性，而渍水逆境解除后施氮有利于棉花恢复生长。

二、棉花叶绿素荧光特性与水氮耦合

（一）土壤干旱下施氮量对棉花叶绿素荧光特性参数的影响

初始荧光（F_o）下降与叶黄素的合成与分解有关，F_o上升表明光系统Ⅱ（PSⅡ）反应中心失活。花铃期干旱，棉花F_o显著高于对照，其差异随施氮量增加而增大；PSⅡ最大光化学效率（F_v/F_m）显著低于对照（图9-13）。干旱下棉花F_v/F_m在240kg N·hm^{-2}施氮量时最高、0kg N·hm^{-2}次之、480kg N·hm^{-2}最低，对照F_v/F_m随施氮量增加而增大，与P_n表现出相同变化趋势。

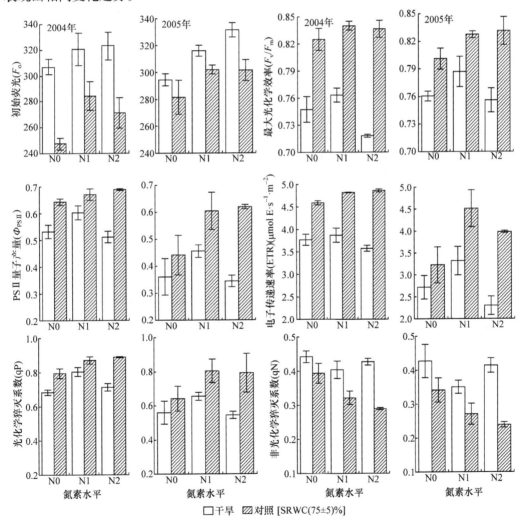

图9-13 花铃期土壤干旱下施氮量对棉花叶绿素荧光参数的影响（2004～2005年）

N0、N1、N2分别表示0kg N·hm^{-2}、240kg N·hm^{-2}、480kg N·hm^{-2}

PSⅡ量子产量（$\Phi_{PSⅡ}$）代表 PSⅡ非环式电子传递效率或光能捕获的效率,电子传递速率（ETR）代表表观光合量子传递速率。花铃期干旱棉花 $\Phi_{PSⅡ}$、ETR 均显著低于对照,在 240kg N·hm^{-2}施氮量时最高、0kg N·hm^{-2}次之、480kg N·hm^{-2}最低。

光化学猝灭系数（qP）反映 PSⅡ天线色素捕获的光能用于光化学电子传递的份额,非光化学猝灭系数（qN）则反映 PSⅡ天线色素吸收的光能不能用于光化学电子传递而以热的形式耗散掉的部分。花铃期干旱下棉花 qP 显著降低、qN 显著增加,qP 在 240kg N·hm^{-2}施氮量时最高、qN 在 480kg N·hm^{-2}施氮量时最低;对照 qP 随施氮量增加而增大,qN 表现相反。

综上,花铃期土壤干旱下,棉花叶绿素初始荧光（F_o）显著升高,最大光化学效率（F_v/F_m）、光系统Ⅱ（PSⅡ）量子产量（$\Phi_{PSⅡ}$）、电子传递速率（ETR）与光化学猝灭系数（qP）均显著降低,非光化学猝灭系数（qN）增大。适量施氮（240kg N·hm^{-2}）棉花具有较高的 PSⅡ最大光化学效率、PSⅡ量子产量、电子传递速率与光化学猝灭系数,过量施氮（480kg N·hm^{-2}）时棉花受旱程度加重,PSⅡ最大光化学效率、PSⅡ量子产量、电子传递速率与光化学猝灭系数降低,棉花光合性能降低。

（二）土壤渍水下施氮量对棉花叶绿素荧光特性参数的影响

在花铃期土壤渍水情况下,棉花 F_o 和 qN 持续上升,F_v/F_m、$\Phi_{PSⅡ}$和 qP 持续下降;对照组上述指标变化较小（图 9-14）。棉花 F_o 随施氮量增加而升高,不同施氮量下渍水棉花 F_o 显著高于对照;渍水棉花 F_v/F_m、$\Phi_{PSⅡ}$和 qP 较对照显著降低,降低幅度随施氮量增加而增大;在渍水结束时,渍水棉花 F_v/F_m、$\Phi_{PSⅡ}$和 qP 均随施氮量增加而降低,对照则相反。qN 变化不同于 F_v/F_m、$\Phi_{PSⅡ}$和 qP,渍水棉花 qN 显著高于对照,增加幅度随施氮量增加而增大;在渍水结束时,渍水棉花 qN 随施氮量增加而升高,对照随施氮量增加而降低。

综上,花铃期土壤渍水下,渍水棉花叶绿素初始荧光（F_o）和非光化学猝灭系数（qN）提高,最大光化学效率（F_v/F_m）、光系统Ⅱ（PSⅡ）量子产量（$\Phi_{PSⅡ}$）和光化学猝灭系数（qP）降低,F_o 和 qN 的升高幅度与 F_v/F_m、$\Phi_{PSⅡ}$和 qP 的降低幅度均随施氮量增加而增大。供氮不足（0kg N·hm^{-2}）虽然使棉花受伤害程度最轻,但难以满足棉花生长的营养需求;而过量施氮（480kg N·hm^{-2}）时棉花最大光化学效率（F_v/F_m）、PSⅡ量子产量（$\Phi_{PSⅡ}$）与光化学猝灭系数（qP）较低,受伤害程度较重,光合性能降低。

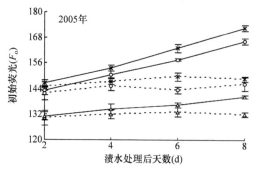
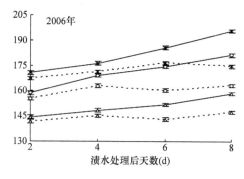

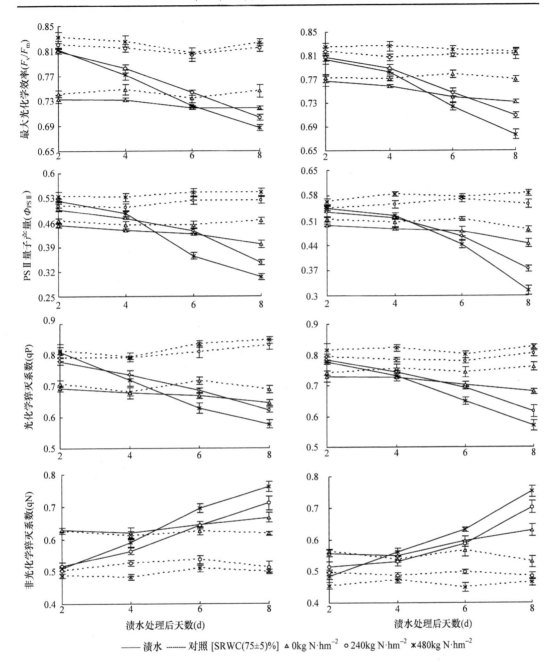

图 9-14 花铃期土壤渍水下施氮量对棉花叶绿素荧光参数的影响(2005～2006 年)

三、棉花叶片内源保护酶系统与水氮耦合

(一)土壤干旱下施氮量对棉花叶片内源保护酶系统的影响

1. MDA 含量 花铃期土壤干旱结束时,干旱棉花 MDA 含量显著增加,0kg

N·hm^{-2}、240kg N·hm^{-2}、480kg N·hm^{-2} 施氮量下 MDA 含量较相应对照分别增加 53.4%、44.3%、88.5%(2005年)与 48.9%、41.9%、93.1%(2006年)，在240kg N·hm^{-2} 施氮量下最低、480kg N·hm^{-2} 次之、0kg N·hm^{-2} 最高；对照 MDA 含量随施氮量增加而降低(图9-15)。到复水后第10天，干旱棉花 MDA 含量迅速降低，对照 MDA 含量增大，两者差异较小。不同施氮量 MDA 含量差异在 240kg N·hm^{-2}、480kg N·hm^{-2} 间较小，均显著低于 0kg N·hm^{-2}。

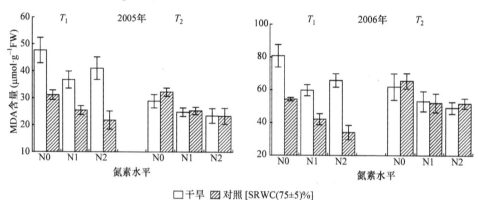

图 9-15 花铃期土壤干旱及复水后施氮量对棉花叶片 MDA 含量的影响(2005~2006年)

T_1. 干旱处理结束时；T_2. 复水后第10天；N0、N1、N2 分别表示 0kg N·hm^{-2}、240kg N·hm^{-2}、480kg N·hm^{-2}

2. 抗氧化酶活性 花铃期土壤干旱结束时，干旱棉花叶片 SOD 活性显著高于对照(图9-16)，干旱和对照棉花 SOD 活性均随施氮量增加而增大，到复水后第10天两者差异较小；干旱棉花叶片 CAT 活性显著低于对照，在 240kg N·hm^{-2} 施氮量下最高、480kg N·hm^{-2} 次之、0kg N·hm^{-2} 最低，对照 CAT 活性则随氮量增加而升高；到复水后第10天干旱棉花 CAT 活性迅速恢复到对照水平，两者均随施氮量增加而升高。干旱棉花叶片 POD 活性显著高于对照，干旱和对照棉花 POD 活性均以 0kg N·hm^{-2} 施氮量下最低、240kg N·hm^{-2} 次之、480kg N·hm^{-2} 最高；复水后第10天时干旱棉花 POD 活性迅速降低，显著低于对照，但两者 POD 活性均随施氮量增加而升高。

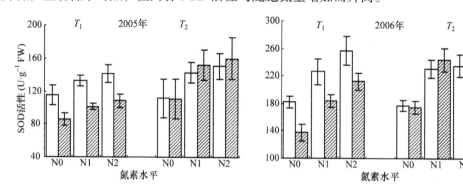

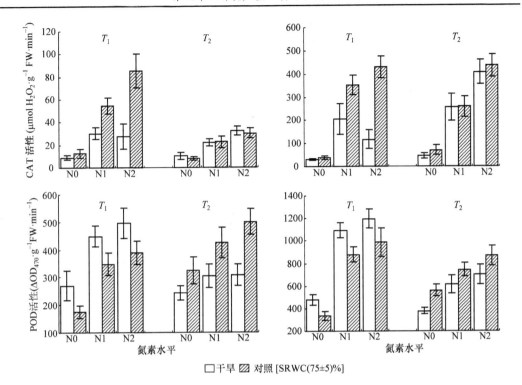

图 9-16 花铃期土壤干旱及复水后施氮量对棉花叶片内源保护酶活性的影响(2005~2006 年)

T_1. 干旱处理结束时；T_2. 复水后第 10 天；N0、N1、N2 分别表示 0kg N·hm^{-2}、240kg N·hm^{-2}、480kg N·hm^{-2}

3. 可溶性蛋白含量 花铃期土壤干旱结束时，干旱棉花叶片可溶性蛋白含量显著低于对照，0kg N·hm^{-2}、240kg N·hm^{-2}、480kg N·hm^{-2} 施氮量下较对照分别降低 17.8%、12.9%、16.8%(2005 年)与 18.3%、13.3%、15.9%(2006 年)，以 240kg N·hm^{-2} 的降低幅度最小(图 9-17)；复水后第 10 天时干旱棉花可溶性蛋白含量仍低于对照，0kg N·hm^{-2}、240kg N·hm^{-2}、480kg N·hm^{-2} 施氮量下较对照分别降低 8.3%、9.5%、12.0%(2005 年)与 4.8%、6.4%、7.6%(2006 年)；与干旱结束时相比，复水后干旱棉花可溶性蛋白含量的降低幅度变小，但两者随施氮量增加而升高的趋势不变。

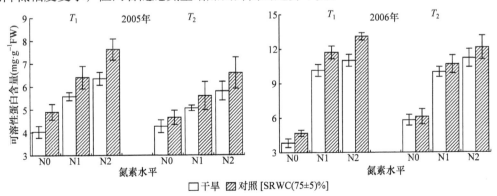

图 9-17 花铃期土壤干旱及复水后施氮量对棉花叶片可溶性蛋白含量的影响(2005~2006 年)

T_1. 干旱处理结束时；T_2. 复水后第 10 天；N0、N1、N2 分别表示 0kg N·hm^{-2}、240kg N·hm^{-2}、480kg N·hm^{-2}

综上,花铃期土壤干旱下,棉花叶片可溶性蛋白含量与过氧化氢酶(CAT)活性显著降低、超氧化物歧化酶(SOD)和过氧化物酶(POD)活性升高、丙二醛(MDA)含量增加,以 240kg N·hm^{-2} 棉花叶片 CAT 活性最高、MDA 含量最低,施氮不足(0kg N·hm^{-2})或过量施氮(480kg N·hm^{-2})均表现出相反趋势。复水后第 10 天时干旱棉花叶片内源保护酶活性可迅速恢复到对照水平,其 MDA 含量与对照的差异较小,并且施氮有利于提高复水后干旱棉花叶片内源保护酶活性,促进棉花生理功能的恢复。

(二)土壤渍水下施氮量对棉花叶片内源保护酶系统的影响

1. MDA 含量 在花铃期土壤渍水结束时,渍水棉花 MDA 含量较对照显著增加,增加幅度随施氮量增加而增大,0kg N·hm^{-2}、240kg N·hm^{-2}、480kg N·hm^{-2} 施氮量下分别较对照增加 11.4%、16.6%、30.6%(2005 年)和 15.4%、19.4%、33.8%(2006 年),增加幅度在 240kg N·hm^{-2} 下最低、0kg N·hm^{-2} 次之、480kg N·hm^{-2} 最高,对照棉花 MDA 含量则随施氮量增加而降低(图 9-18);停止渍水第 15 天时,渍水棉花不同施氮量下 MDA 含量仍高于相应对照,二者均表现在 240kg N·hm^{-2}、480kg N·hm^{-2} 间差异较小,显著低于 0kg N·hm^{-2}。

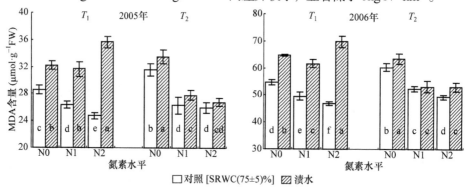

图 9-18 花铃期土壤渍水及停止渍水后施氮量对棉花叶片 MDA 含量的影响(2005~2006 年)
T_1. 渍水结束时;T_2. 停止渍水第 15 天;N0、N1、N2 分别表示 0kg N·hm^{-2}、240kg N·hm^{-2}、480kg N·hm^{-2};同一图中不同小写字母表示在 0.05 水平差异显著

2. 抗氧化酶活性 在花铃期土壤渍水结束时,渍水棉花 SOD、CAT 活性较对照显著降低,POD 活性表现相反(图 9-19);渍水棉花 SOD、POD 活性随施氮量增加而升高,CAT 在 240kg N·hm^{-2} 下最高、480kg N·hm^{-2} 次之、0kg N·hm^{-2} 最低;对照棉花上述酶活性均随施氮量增加而升高。停止渍水第 15 天时,SOD、CAT 和 POD 活性在干旱与对照间的差异较小,均随施氮量增加而升高。

3. 可溶性蛋白 在花铃期土壤渍水结束时,渍水棉花叶片可溶性蛋白含量较对照显著降低,均随施氮量增加而增加(图 9-20);渍水棉花可溶性蛋白含量降低幅度随施氮量增加而增大,0kg N·hm^{-2}、240kg N·hm^{-2}、480kg N·hm^{-2} 下分别降低 13.3%、26.9%、31.6%(2005 年)和 13.2%、18.7%、26.1%(2006 年)。停止渍水 15d 时,渍水棉花可溶性蛋白含量仍显著低于对照,0kg N·hm^{-2}、240kg N·hm^{-2}、480kg N·hm^{-2} 下分别降低 5.7%、15.4%、21.7%(2005 年)和 7.5%、16.3%、16.8%(2006 年)。与渍水结束时相比,停止渍水 15d 时干旱与对照间的差异幅度变小。

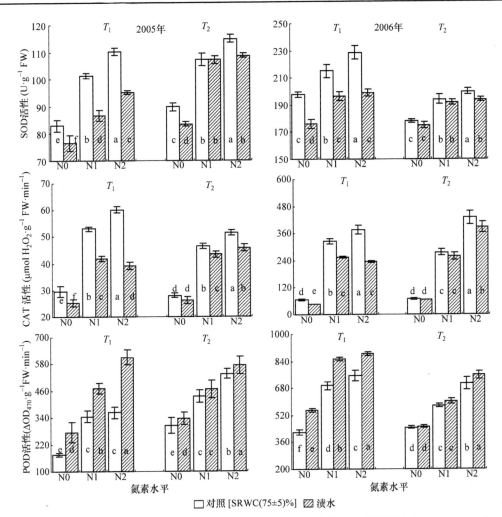

图 9-19 花铃期土壤渍水及停止渍水后施氮量对棉花叶片抗氧化酶活性的影响(2005～2006 年)

T_1. 渍水结束时；T_2. 停止渍水第 15 天；N0、N1、N2 分别表示 0kg N·hm^{-2}、240kg N·hm^{-2}、480kg N·hm^{-2}；同一图中不同小写字母表示在 0.05 水平差异显著

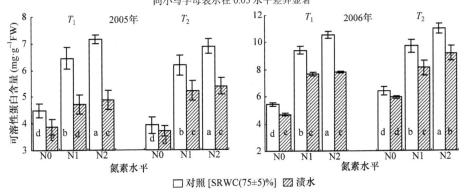

图 9-20 花铃期土壤渍水及停止渍水后施氮量对棉花叶片可溶性蛋白含量的影响(2005～2006 年)

T_1. 渍水结束时；T_2. 停止渍水第 15 天；N0、N1、N2 分别表示 0kg N·hm^{-2}、240kg N·hm^{-2}、480kg N·hm^{-2}；同一图中不同小写字母表示在 0.05 水平差异显著

综上，花铃期土壤渍水下，棉花叶片可溶性蛋白含量、超氧化物歧化酶和过氧化氢酶活性降低，过氧化物酶活性升高，丙二醛（MDA）含量升高。适量施氮（240kg N·hm^{-2}）可提高渍水棉花叶片抗氧化酶活性，减轻膜脂过氧化程度，供氮不足（0kg N·hm^{-2}）或过量施氮（480kg N·hm^{-2}）则表现相反趋势。渍水逆境解除后，渍水棉花抗氧化酶活性、MDA含量与对照间差异减小；施氮可提高渍水棉花抗氧化酶活性、降低MDA含量。因此，渍水逆境解除后增加施氮有利于促进棉花生理功能恢复。

四、棉花内源激素变化与水氮耦合

（一）土壤干旱下施氮量对棉花内源激素含量和激素平衡的影响

1. 内源激素含量 花铃期土壤干旱结束时，干旱棉花叶片脱落酸（ABA）和生长素（IAA）含量较对照显著升高，细胞分裂素（ZR）和赤霉素（GA）含量显著降低（图9-21），在240kg N·hm^{-2}施氮量下，ABA含量最低、ZR含量最高，GA含量在240kg N·hm^{-2}、480kg N·hm^{-2}之间差异较小，均显著高于0kg N·hm^{-2}；随施氮量增加，对照ABA含量降低，IAA、ZR和GA含量增加。干旱胁迫解除后，干旱棉花ABA含量随土壤水分状况改善迅速降低，对照则呈增大趋势；GA含量迅速升高，对照变化较小。复水后第10天时，干旱棉花ABA含量显著低于对照，ZR、IAA和GA含量显著高于对照；不同施氮量下，干旱和对照棉花ABA含量均随施氮量增加而降低，干旱棉花ZR和IAA含量在240kg N·hm^{-2}、480kg N·hm^{-2}间差异较小，显著高于0kg N·hm^{-2}；干旱棉花GA含量在240kg N·hm^{-2}下最高、480kg N·hm^{-2}次之、0kg N·hm^{-2}最低，对照中GA含量随施氮量增加而升高。

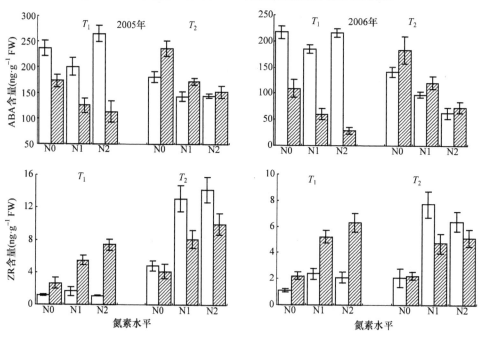

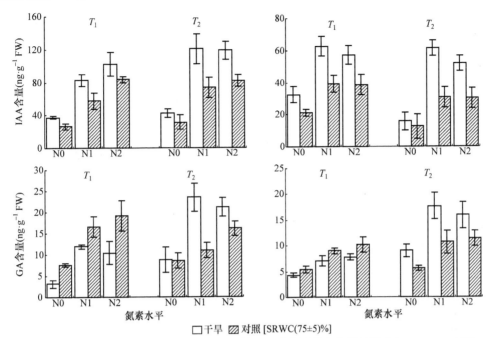

图 9-21 花铃期土壤干旱及复水后施氮量对棉花叶片内源激素含量的影响(2005~2006 年)

T_1. 干旱处理结束时；T_2. 复水后第 10 天；N0、N1、N2 分别表示 0kg N·hm^{-2}、240kg N·hm^{-2}、480kg N·hm^{-2}

2. 内源激素平衡 花铃期土壤干旱结束时，干旱棉花叶片 ZR/ABA、IAA/ABA、GA/ABA 较对照显著降低，均在 240kg N·hm^{-2} 施氮量下最高、480kg N·hm^{-2} 次之、0kg N·hm^{-2} 最低，对照则随施氮量增加而增大（表 9-11）。干旱胁迫解除后，干旱棉花叶片 ZR/ABA、IAA/ABA、GA/ABA 显著增大，复水后第 10 天时均显著高于对照，此时不同施氮量下干旱和对照棉花 ZR/ABA、IAA/ABA、GA/ABA 均随施氮量增加而增大。

表 9-11 花铃期土壤干旱及复水后施氮量对棉花叶片内源激素平衡的影响(2005~2006 年)

年份	水分处理	施氮量 (kg N·hm^{-2})	干旱处理结束时			复水后第 10 天		
			ZR/ABA	IAA/ABA	GA/ABA	ZR/ABA	IAA/ABA	GA/ABA
2005	干旱	0	0.004d	0.112d	0.013e	0.027d	0.236d	0.049de
		240	0.008d	0.410b	0.060c	0.091a	0.835a	0.202a
		480	0.005d	0.384b	0.039d	0.099a	0.818a	0.149b
	对照 SRWC(75±5)%	0	0.015c	0.217c	0.044d	0.017d	0.131e	0.036e
		240	0.044b	0.454b	0.132b	0.047c	0.422d	0.065d
		480	0.066a	0.758a	0.170a	0.066b	0.536b	0.104c
2006	干旱	0	0.005c	0.151d	0.020c	0.015d	0.109e	0.063e
		240	0.013c	0.339c	0.038c	0.079b	0.628b	0.181b
		480	0.010c	0.265cd	0.036c	0.104a	0.843a	0.254a
	对照 SRWC(75±5)%	0	0.021c	0.197cd	0.051c	0.012d	0.074e	0.031f
		240	0.090b	0.668b	0.153b	0.039c	0.255d	0.090d
		480	0.226a	1.368a	0.362a	0.071b	0.410c	0.153c

注：同列中不同小写字母表示在 0.05 水平差异显著

综上,花铃期土壤干旱下,棉花叶片 ABA 和 IAA 含量升高、ZR 和 GA 含量降低,ZR/ABA、IAA/ABA、GA/ABA 降低,在 240kg N·hm⁻² 施氮量下棉花 ABA 含量最低,ZR、IAA、GA 含量以及 ZR/ABA、IAA/ABA、GA/ABA 最高。施氮不足(0kg N·hm⁻²)或过量施氮(480kg N·hm⁻²)均表现出相反变化。到复水后第 10 天,干旱棉花叶片 ABA 含量显著低于对照,ZR、IAA、GA 含量以及 ZR/ABA、IAA/ABA、GA/ABA 却显著高于对照。施氮有利于降低棉花叶片 ABA 含量,增加 ZR、IAA、GA 含量以及 ZR/ABA、IAA/ABA、GA/ABA。

(二)土壤渍水下施氮量对棉花内源激素含量和激素平衡的影响

1. 内源激素含量 在花铃期土壤渍水结束时,渍水棉花叶片 ABA 含量较对照显著升高,ZR、GA 和 IAA 含量较对照显著降低,在 240kg N·hm⁻² 施氮量下最高;对照 ABA 含量随施氮量增加而降低,ZR、GA 和 IAA 含量则相反(图 9-22)。停止渍水 15d 时,渍水棉花上述内源激素含量与对照差异较小,ABA 含量随施氮量增加而降低,ZR、GA 和 IAA 则相反。

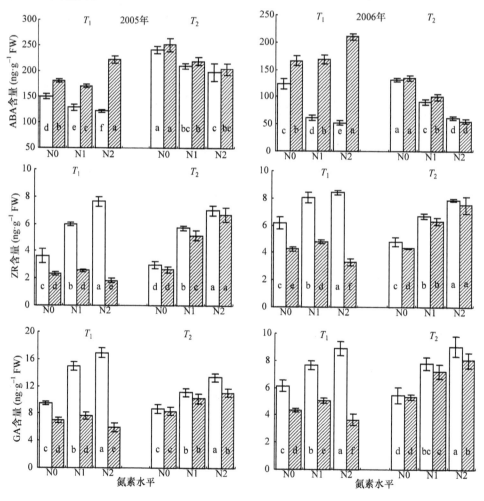

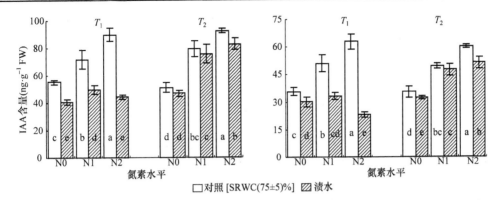

图 9-22 花铃期土壤渍水及停止渍水后施氮量对棉花叶片内源激素含量的影响(2005~2006年)

T_1. 渍水处理结束时；T_2. 停止渍水第 15 天；N0、N1、N2 分别表示 0kg N·hm^{-2}、240kg N·hm^{-2}、480kg N·hm^{-2}；同一图中不同小写字母表示在 0.05 水平差异显著

2. 内源激素平衡 花铃期土壤渍水结束时，渍水棉花叶片 ZR/ABA、GA/ABA 和 IAA/ABA 较对照显著降低，均在 240kg N·hm^{-2} 施氮量下最高、0kg N·hm^{-2} 次之、480kg N·hm^{-2} 最低，对照则随施氮量增加而升高(表 9-12)。结束渍水 15d 时，渍水棉花 ZR/ABA、IAA/ABA 和 GA/ABA 与对照差异较小，两者均随施氮量增加而升高。

表 9-12 花铃期土壤渍水及渍水结束后施氮量对棉花叶片内源激素平衡的影响(2005~2006 年)

年份	水分处理	施氮量 (kg N·hm^{-2})	渍水处理结束时			渍水结束第 15 天		
			ZR/ABA	IAA/ABA	GA/ABA	ZR/ABA	IAA/ABA	GA/ABA
2005	对照 SRWC(75±5)%	0	0.024c	0.368c	0.063c	0.012c	0.212d	0.036d
		240	0.047b	0.559b	0.117b	0.027b	0.379bc	0.053b
		480	0.063a	0.737a	0.139a	0.036a	0.472a	0.068a
	渍水	0	0.013e	0.223e	0.040d	0.011c	0.187d	0.033d
		240	0.015d	0.292d	0.048d	0.024b	0.345c	0.047c
		480	0.008f	0.200e	0.032e	0.033a	0.407b	0.054b
2006	对照 SRWC(75±5)%	0	0.050c	0.289c	0.049c	0.036c	0.269c	0.042e
		240	0.130b	0.827b	0.124b	0.074b	0.545b	0.086b
		480	0.163a	1.220a	0.172a	0.128a	0.976a	0.147a
	渍水	0	0.026de	0.182cd	0.026d	0.032c	0.241c	0.040f
		240	0.029d	0.197cd	0.030d	0.063b	0.476b	0.072d
		480	0.016e	0.109d	0.017d	0.135a	0.925a	0.145c

注：同列中不同小写字母表示在 0.05 水平差异显著

综上，花铃期土壤渍水下，棉花叶片内源激素含量变化为 ABA 含量升高，ZR、GA、IAA 含量及 ZR/ABA、GA/ABA、IAA/ABA 降低。适量施氮(240kg N·hm^{-2})可降低渍水下棉花叶片 ABA 含量，提高 ZR、GA 和 IAA 含量，调节不同激素间平衡，以有利于棉花生长；供氮不足(0kg N·hm^{-2})或过量施氮(480kg N·hm^{-2})则相反。渍水结束后，内源激素含量可恢复到对照水平；施氮对渍水结束后棉花叶片内源激素含量及其平衡的作用与对照的作用一致，增加施氮使棉花叶片 ABA 含量降低，ZR、GA、

IAA 含量及 ZR/ABA、GA/ABA、IAA/ABA 升高。因此，针对花铃期季节性涝渍，应根据土壤营养状况和棉花长势适当施氮以提高棉花的抗渍性并促进渍水逆境解除后棉花的恢复生长。

第三节 棉花根系生理特性与水氮耦合

根系是作物吸收水分和养分的主要器官，也是众多生理活性物质同化、转化的重要器官，其生长及生理代谢直接影响作物生长发育与产量品质形成。本节通过研究棉花根系生长和生理代谢的变化特征揭示花铃期干旱和渍水下施氮量影响棉花产量品质形成的生理机制。

一、土壤干旱下施氮量对棉花根系生理特性的影响

（一）根系活力

在花铃期土壤干旱结束时，干旱棉花根系活力显著低于对照，0kg N·hm^{-2}、240kg N·hm^{-2}、480kg N·hm^{-2} 施氮量下较对照分别降低 39.5%、31.7%、60.2%（2005年）和 44.7%、45.3%、62.1%（2006 年），在 240kg N·hm^{-2} 施氮量下最高，对照根系活力则随施氮量增加而增大（图 9-23）。复水后第 10 天时，干旱棉花根系活力迅速升高，相同施氮量下显著高于对照。

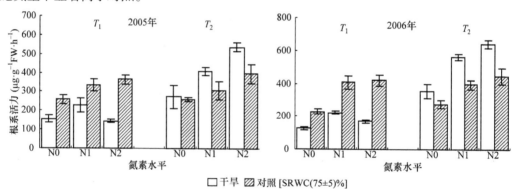

图 9-23 花铃期土壤干旱及复水后施氮量对棉花根系活力的影响（2005～2006 年）

T_1. 干旱处理结束时；T_2. 复水后第 10 天；N0、N1、N2 分别表示 0kg N·hm^{-2}、240kg N·hm^{-2}、480kg N·hm^{-2}

（二）根系 MDA 含量

在花铃期土壤干旱结束时，干旱棉花根系 MDA 含量较对照升高，0kg N·hm^{-2}、240kg N·hm^{-2}、480kg N·hm^{-2} 施氮量下分别升高 49.4%、73.8%、211.7%（2005 年）和 16.5%、37.2%、98.6%（2006 年），在 240kg N·hm^{-2} 施氮量下最低、0kg N·hm^{-2} 次之、480kg N·hm^{-2} 最高，对照 MDA 含量在 240kg N·hm^{-2}、480kg N·hm^{-2} 施氮量下差异较小，均显著低于 0kg N·hm^{-2} 下 MDA 含量（图 9-24）。复水后第 10 天时，干旱棉花根系 MDA 含量迅速减少，与对照差异较小。施氮量对干旱、对照棉花根系 MDA 含量影响在 240kg N·hm^{-2}、480kg N·hm^{-2} 间差异较小，均显著低于 0kg N·hm^{-2} 下 MDA 含量。

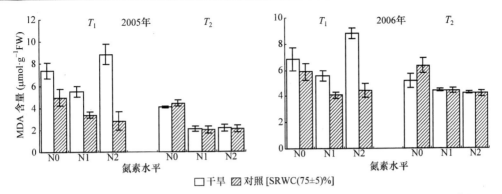

图 9-24 花铃期土壤干旱及复水后施氮量对棉花根系 MDA 含量的影响(2005~2006 年)

T_1. 干旱处理结束时；T_2. 复水后第 10 天；N0、N1、N2 分别表示 0kg N·hm^{-2}、240kg N·hm^{-2}、480kg N·hm^{-2}

(三)根系抗氧化酶活性

在花铃期土壤干旱结束时，干旱棉花根系 SOD 和 POD 活性显著高于对照，CAT 活性显著低于对照，干旱、对照棉花根系 SOD 活性在 480kg N·hm^{-2} 下最低、240kg N·hm^{-2} 次之、0kg N·hm^{-2} 最高，CAT 和 POD 活性则相反(图 9-25)。复水后第 10 天时，干旱棉花 SOD 活性与对照差异较小、CAT 活性迅速升高并显著高于对照、POD 活性迅速降低并显著低于对照；此时，干旱与对照棉花根系 SOD 活性在 240kg N·hm^{-2}、480kg N·hm^{-2} 施氮量间差异较小，均显著低于 0kg N·hm^{-2}，施氮量对干旱棉花 CAT 活性的影响在年际间不同但均以 0kg N·hm^{-2} 最低、而对照随施氮量增加而增大，干旱与对照棉花根系 POD 活性随施氮量增加而增大。

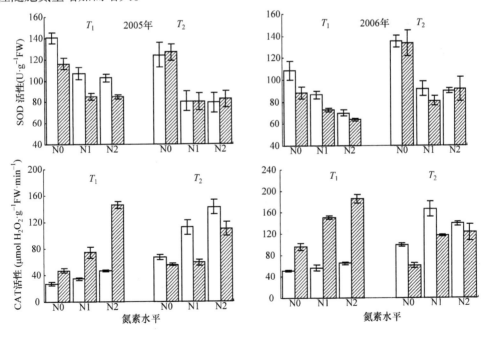

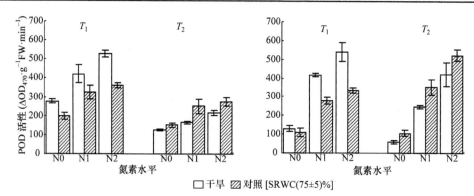

图 9-25　花铃期土壤干旱及复水后施氮量对棉花根系内源保护酶活性的影响（2005~2006 年）

T_1. 干旱处理结束时；T_2. 复水后第 10 天；N0、N1、N2 分别表示 0kg N·hm^{-2}、240kg N·hm^{-2}、480kg N·hm^{-2}

综上，花铃期土壤干旱下，棉花根系超氧化物歧化酶（SOD）和过氧化物酶（POD）活性显著升高，过氧化氢酶（CAT）活性降低，丙二醛（MDA）含量增大，根系活力降低。施氮降低了干旱棉花根系 SOD 活性，增加了 POD 与 CAT 活性，在 240kg N·hm^{-2} 施氮量下膜脂过氧化程度最低，根系活力最强。复水后，干旱棉花根系 MDA 含量与对照差异较小，根系活力显著高于对照。施氮有利于提高复水后棉花根系 POD 与 CAT 活性，降低膜脂过氧化程度，增强棉花根系活力。

二、土壤渍水下施氮量对棉花根系生理特性的影响

（一）根系活力

在花铃期土壤渍水结束时，渍水棉花根系活力较对照显著降低，0kg N·hm^{-2}、240kg N·hm^{-2}、480kg N·hm^{-2} 施氮量下分别降低 15.6%、15.8%、39.8%（2005 年）和 30.2%、33%、55.7%（2006 年），在 240kg N·hm^{-2} 施氮量下最高、480kg N·hm^{-2} 次之、0kg N·hm^{-2} 最低（图 9-26）。结束渍水 15d 时，渍水棉花根系活力显著升高，但仍低于相应对照，且随施氮量增加而升高。

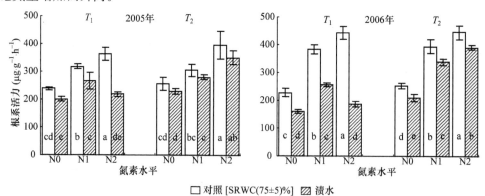

图 9-26　花铃期土壤渍水及停止渍水后施氮量对棉花根系活力的影响（2005~2006 年）

T_1. 渍水处理结束时；T_2. 渍水渍水第 15 天；N0、N1、N2 分别表示 0kg N·hm^{-2}、240kg N·hm^{-2}、480kg N·hm^{-2}；同一图中不同小写字母表示在 0.05 水平差异显著

(二) 根系 MDA 含量

花铃期土壤渍水结束时，渍水棉花根系 MDA 含量较对照显著增加，0kg N·hm^{-2}、240kg N·hm^{-2}、480kg N·hm^{-2} 分别增加 19.2%、37.6%、93.1%（2005 年）和 12.8%、28.3%、51.1%（2006 年），在 240kg N·hm^{-2} 施氮量下最低、480kg N·hm^{-2} 次之、0kg N·hm^{-2} 最高（图 9-27）。渍水结束 15d 时，渍水棉花根系 MDA 含量与对照差异较小，施氮量对干旱、对照棉花根系 MDA 含量的影响在 240kg N·hm^{-2}、480kg N·hm^{-2} 施氮量间差异较小，均显著低于 0kg N·hm^{-2}。

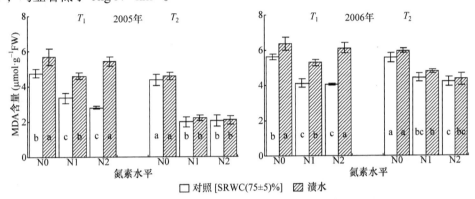

图 9-27 花铃期土壤渍水及渍水结束后施氮量对棉花根系 MDA 含量的影响（2005～2006 年）

T_1. 渍水处理结束时；T_2. 停止渍水后第 15 天；N0、N1、N2 分别表示 0kg N·hm^{-2}、240kg N·hm^{-2}、480kg N·hm^{-2}；同一图中不同小写字母表示在 0.05 水平差异显著

(三) 根系抗氧化酶活性

花铃期土壤渍水结束时，渍水棉花根系 SOD 和 CAT 活性较对照显著降低，POD 活性显著升高，SOD 活性随施氮量增加而降低，CAT 和 POD 活性随施氮量增加而升高（图 9-28）。结束渍水 15d 时，渍水棉花 SOD 活性与对照差异较小，240kg N·hm^{-2}、480kg N·hm^{-2} 施氮量间差异较小，均低于 0kg N·hm^{-2}；CAT 活性仍显著低于对照，且仍随施氮量增加而升高；POD 活性与对照差异较小，且仍随施氮量增加而升高。

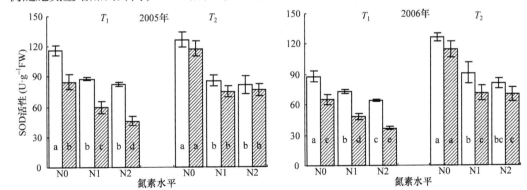

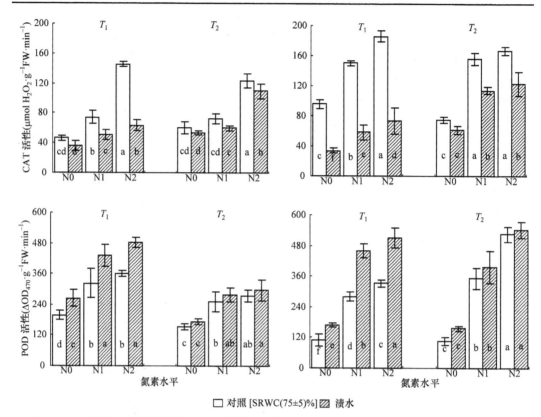

图 9-28 花铃期土壤渍水及停止渍水后施氮量对棉花根系抗氧化酶活性的影响(2005~2006年)

T_1. 渍水处理结束时；T_2. 停止渍水第 15 天；N0、N1、N2 分别表示 0kg N·hm^{-2}、240kg N·hm^{-2}、480kg N·hm^{-2}；同一图中不同小写字母表示在 0.05 水平差异显著

综上，花铃期土壤渍水下，棉花根系超氧化物歧化酶(SOD)和过氧化氢酶(CAT)活性降低，过氧化物酶(POD)活性升高，丙二醛(MDA)含量升高，根系活力显著降低。施氮量显著影响渍水棉花根系生理代谢，适量施氮(240kg N·hm^{-2})可降低渍水棉花根系膜脂过氧化程度，提高根系活力，增强抗渍性；施氮不足(0kg N·hm^{-2})时渍水与氮素双重胁迫，过量施氮(480kg N·hm^{-2})则加重渍水胁迫，二者均不利于花铃期渍水棉花根系生长。

第四节 棉花纤维发育与水氮耦合

纤维比强度是重要的原棉品质指标之一，其形成主要取决于纤维次生壁加厚过程中纤维素的累积特性，而纤维素累积又与纤维加厚发育中相关生理变化特征关系密切。本节通过研究花铃期干旱或渍水下施氮量对棉花纤维发育相关酶和抗氧化酶活性的影响，揭示花铃期干旱或渍水逆境下施氮量影响棉花纤维比强度形成的生理机制。

一、土壤干旱下施氮量对棉纤维发育的影响

(一)纤维可溶性蛋白含量

花铃期土壤干旱结束时，干旱棉花纤维可溶性蛋白含量显著低于对照，0kg N·hm^{-2}、

240kg N·hm^{-2}、480kg N·hm^{-2} 施氮量下较对照分别降低 24.0%、13.9%、18.0%(2005年)和 14.6%、11.2%、18.1%(2006 年),在 240kg N·hm^{-2} 施氮量下降低幅度最小,施氮可提高干旱与对照棉纤维可溶性蛋白含量(图 9-29)。复水后第 10 天时,干旱棉花纤维可溶性蛋白含量仍显著低于对照,0kg N·hm^{-2}、240kg N·hm^{-2}、480kg N·hm^{-2} 施氮量下分别降低 11.9%、8.7%、11.6%(2005 年)和 9.8%、7.9%、14.6%(2006 年)。与干旱结束时相比,干旱棉花复水后纤维可溶性蛋白含量的降低幅度变小,干旱和对照棉花纤维可溶性蛋白含量随施氮量增加而增大。

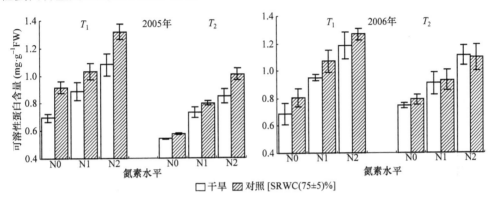

图 9-29　花铃期土壤干旱及复水后施氮量对棉纤维可溶性蛋白含量的影响(2005~2006 年)

T_1. 干旱处理结束时;T_2. 复水后第 10 天;N0、N1、N2 分别表示 0kg N·hm^{-2}、240kg N·hm^{-2}、480kg N·hm^{-2}

(二) 纤维 MDA 含量

花铃期土壤干旱结束时,干旱棉花纤维 MDA 含量较对照显著增加,在 240kg N·hm^{-2} 施氮量下最低,而对照 MDA 含量则随施氮量增加而降低(图 9-30)。复水后第 10 天时,干旱棉花纤维 MDA 含量随土壤水分状况改善而迅速降低,在 0kg N·hm^{-2}、240kg N·hm^{-2} 施氮量下与对照差异较小,在 480kg N·hm^{-2} 施氮量下显著高于对照。施氮量对复水后干旱处理棉花纤维 MDA 含量的影响在 240kg N·hm^{-2} 下最低、480kg N·hm^{-2} 次之、0kg N·hm^{-2} 最高。

(三) 纤维抗氧化酶活性

花铃期土壤干旱结束时,干旱棉花纤维 SOD、CAT 和 POD 活性显著高于对照(图 9-31)。干旱棉花 SOD 和 POD 活性在 240kg N·hm^{-2}、480kg N·hm^{-2} 施氮量间差异较小,显著高于 0kg N·hm^{-2},CAT 活性在 240kg N·hm^{-2} 施氮量下最高、480kg N·hm^{-2} 次之、0kg N·hm^{-2} 最低;对照 CAT 和 POD 活性则随施氮量增加而增大。干旱胁迫解除后,干旱棉花纤维 SOD 活性降低,到复水后第 10 天时与对照间差异较小;复水后第 10 天时干旱棉花纤维 CAT 和 POD 活性可以迅速恢复到对照水平。

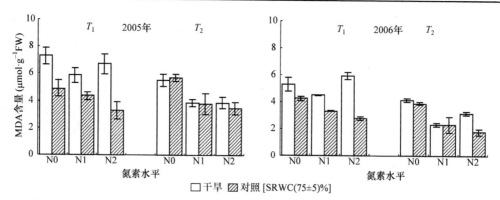

图 9-30 花铃期土壤干旱及复水后施氮量对棉纤维 MDA 含量的影响(2005～2006 年)

T_1. 干旱处理结束时；T_2. 复水后第 10 天；N0、N1、N2 分别表示 0kg N·hm^{-2}、240kg N·hm^{-2}、480kg N·hm^{-2}

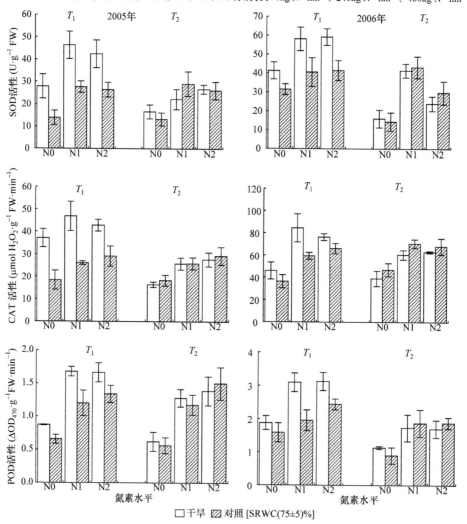

图 9-31 花铃期土壤干旱及复水后施氮量对棉纤维抗氧化酶活性的影响(2005～2006 年)

T_1. 干旱处理结束时；T_2. 复水后第 10 天；N0、N1、N2 分别表示 0kg N·hm^{-2}、240kg N·hm^{-2}、480kg N·hm^{-2}

(四) 纤维发育相关酶活性

花铃期土壤干旱结束时,干旱棉花纤维蔗糖合成酶、磷酸蔗糖合成酶和 β-1,3-葡聚糖酶活性显著低于对照。施氮量影响干旱棉花纤维发育相关酶活性,干旱棉花蔗糖合成酶在 2005 年不同施氮量间差异较小,2006 年 240kg N·hm^{-2} 施氮量下酶活性最高,对照纤维蔗糖合成酶活性在 240kg N·hm^{-2}、480kg N·hm^{-2} 施氮量间差异较小,显著高于 0kg N·hm^{-2};干旱棉花磷酸蔗糖合成酶活性在 240kg N·hm^{-2} 施氮量下最高,对照纤维酶活性在 240kg N·hm^{-2}、480kg N·hm^{-2} 施氮量间差异较小,显著高于 0kg N·hm^{-2};干旱棉花 β-1,3-葡聚糖酶活性在 240kg N·hm^{-2} 施氮量下最高、480kg N·hm^{-2} 次之、0kg N·hm^{-2} 最低,对照纤维酶活性在 240kg N·hm^{-2}、480kg N·hm^{-2} 间差异较小,显著高于 0kg N·hm^{-2}(图 9-32)。到复水后第 10 天时,棉纤维蔗糖合成酶和磷酸蔗糖合成酶活性升高,β-1,3-葡聚糖酶活性降低;干旱棉花纤维蔗糖合成酶和 β-1,3-葡聚糖酶

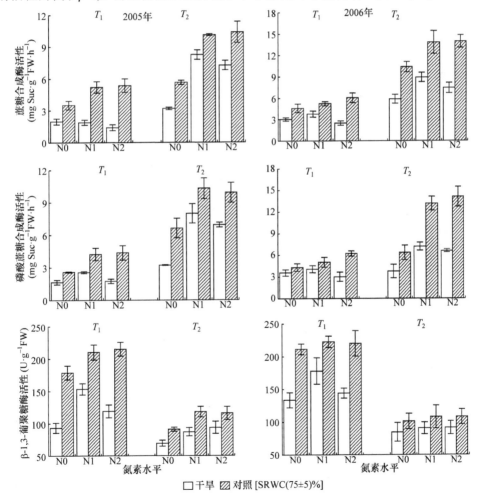

图 9-32 花铃期土壤干旱及复水后施氮量对棉纤维发育相关酶活性的影响(2005~2006 年)

T_1. 干旱处理结束时;T_2. 复水后第 10 天;N0、N1、N2 分别表示 0kg N·hm^{-2}、240kg N·hm^{-2}、480kg N·hm^{-2}

活性仍低于相应对照,磷酸蔗糖合成酶活性仍低于相应对照。此时,干旱棉花蔗糖合成酶和磷酸蔗糖合成酶活性在240kg N·hm^{-2}施氮量下最高、480kg N·hm^{-2}次之、0kg N·hm^{-2}最低;对照纤维酶活性在240kg N·hm^{-2}、480kg N·hm^{-2}间差异较小,显著高于0kg N·hm^{-2}。

(五)纤维比强度

施氮量显著影响花铃期土壤短期干旱棉花纤维比强度,干旱棉花纤维比强度较对照显著降低,在240kg N·hm^{-2}施氮量下纤维比强度最高;对照纤维比强度在240kg N·hm^{-2}、480kg N·hm^{-2}施氮量间差异较小,显著高于0kg N·hm^{-2}(图9-33)。

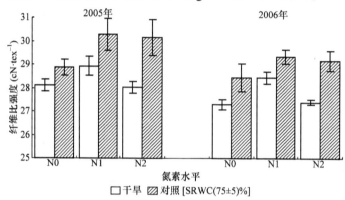

图9-33 花铃期土壤干旱及复水后施氮量对棉纤维比强度的影响(2005~2006年)
N0、N1、N2分别表示0kg N·hm^{-2}、240kg N·hm^{-2}、480kg N·hm^{-2}

综上,花铃期土壤干旱下,棉纤维可溶性蛋白含量显著降低,超氧化物歧化酶(SOD)、过氧化氢酶(CAT)、过氧化物酶(POD)活性升高,丙二醛(MDA)含量增加,纤维发育相关酶蔗糖合成酶、磷酸蔗糖合成酶、β-1,3-葡聚糖酶等活性均显著降低。复水后第10天,纤维SOD、CAT、POD活性迅速恢复到对照水平,MDA含量降低,但纤维蔗糖合成酶、磷酸蔗糖合成酶、β-1,3-葡聚糖酶等活性仍低于相应对照,最终纤维比强度显著低于对照。棉纤维加厚发育期土壤干旱及复水下240kg N·hm^{-2}是高强纤维形成的适宜施氮量,其内在生理机制表现为干旱处理期间纤维内源保护酶活性较高,细胞膜脂过氧化程度最低,纤维蔗糖合成酶、磷酸蔗糖合成酶、β-1,3-葡聚糖酶等纤维发育相关酶活性均最高,复水之后纤维内源保护酶活性迅速恢复,MDA含量最低,纤维加厚发育相关酶活性仍处于最高值,有利于纤维素合成与累积,最终纤维比强度最高。施氮不足(0kg N·hm^{-2})或过量施氮(480kg N·hm^{-2})均表现出相反变化。

二、土壤渍水下施氮量对棉纤维发育的影响

(一)纤维可溶性蛋白含量

花铃期土壤渍水结束时,渍水棉花纤维可溶性蛋白含量较对照显著降低(图9-34),

0kg N·hm^{-2}、240kg N·hm^{-2}、480kg N·hm^{-2}施氮量下分别降低6.8%、12.3%、17.4%(2005年)和8.4%、13.2%、15.9%(2006年)。渍水结束15d时，渍水棉花纤维可溶性蛋白含量仍显著低于对照，且二者随施氮量增加而升高。

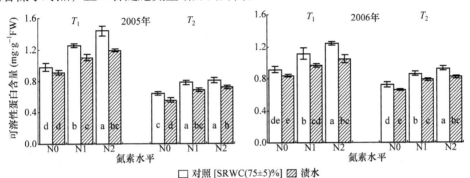

图9-34　花铃期土壤渍水及停止渍水后施氮量对棉纤维可溶性蛋白含量的影响(2005~2006年)

T_1. 渍水处理结束时；T_2. 停止渍水第15天；N0、N1、N2分别表示0kg N·hm^{-2}、240kg N·hm^{-2}、480kg N·hm^{-2}；同一图中不同小写字母表示在0.05水平差异显著

(二) 纤维MDA含量

花铃期土壤渍水结束时，渍水棉花纤维MDA含量较对照显著升高，0kg N·hm^{-2}、240kg N·hm^{-2}、480kg N·hm^{-2}施氮量下分别升高14.5%、19.2%、33.5%(2005年)和7.0%、9.2%、19.5%(2006年)，在240kg N·hm^{-2}施氮量下最低、480kg N·hm^{-2}次之、0kg N·hm^{-2}最高，对照纤维MDA含量随施氮量增加而降低(图9-35)。停止渍水15d时，渍水棉花MDA含量仍高于相应对照，渍水与对照在240kg N·hm^{-2}、480kg N·hm^{-2}之间差异较小，显著低于0kg N·hm^{-2}。

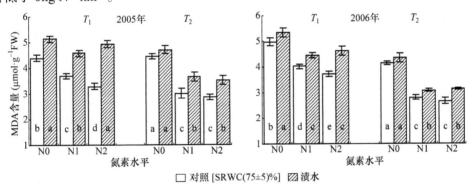

图9-35　花铃期土壤渍水及停止渍水后施氮量对棉纤维MDA含量的影响(2005~2006年)

T_1. 渍水处理结束时；T_2. 停止渍水第15天；N0、N1、N2分别表示0kg N·hm^{-2}、240kg N·hm^{-2}、480kg N·hm^{-2}；同一图中不同小写字母表示在0.05水平差异显著

(三) 纤维抗氧化酶活性

花铃期土壤渍水结束时，渍水棉花纤维SOD、CAT和POD活性较对照显著降低，渍水和对照SOD、CAT和POD活性均随施氮量增加而升高(图9-36)。停止渍水15d时，

渍水棉花 SOD、CAT 和 POD 活性仍显著低于对照，SOD 和 CAT 活性在 240kg N·hm^{-2} 施氮量下最高，POD 活性随施氮量增加而升高。

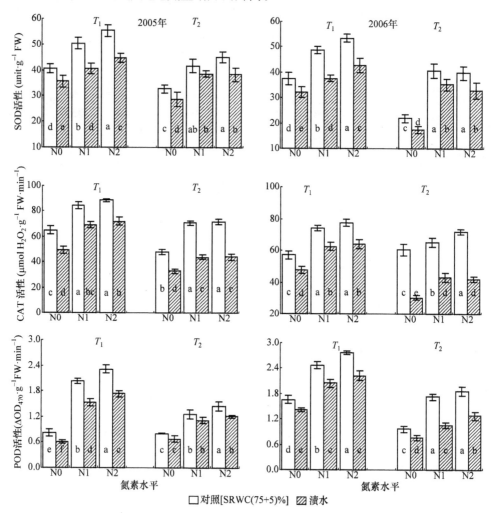

图 9-36　花铃期土壤渍水及停止渍水后施氮量对棉纤维抗氧化酶活性的影响(2005～2006年)

T_1. 渍水处理结束时；T_2. 停止渍水第 15 天；N0、N1、N2 分别表示 0kg N·hm^{-2}、240kg N·hm^{-2}、480kg N·hm^{-2}；同一图中不同小写字母表示在 0.05 水平差异显著

(四) 纤维发育相关酶活性

花铃期土壤渍水结束时，渍水棉花纤维发育相关酶(蔗糖合成酶、磷酸蔗糖合成酶、蔗糖酶和 β-1,3-葡聚糖酶)活性均较对照显著降低，在 240kg N·hm^{-2} 施氮量下最高、480kg N·hm^{-2} 次之、0kg N·hm^{-2} 最低；对照纤维上述酶活性随施氮量增加而升高，蔗糖酶活性在 240kg N·hm^{-2} 施氮量下最高(图 9-37)。停止渍水 15d 时，渍水棉花纤维发育相关酶活性仍显著低于对照，且施氮量对渍水、对照棉花的作用趋势不变。

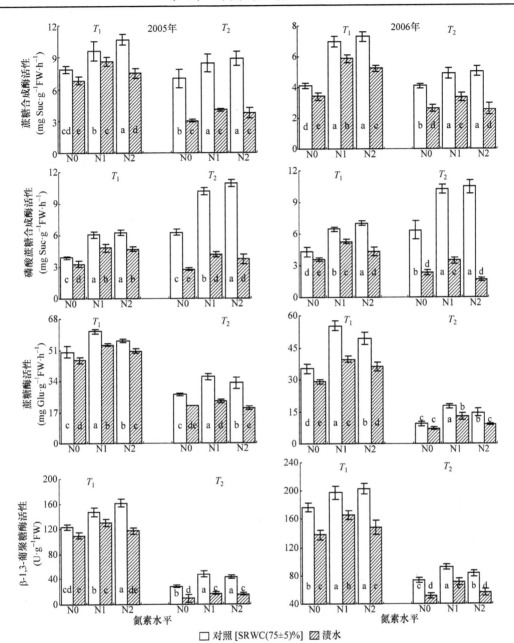

图 9-37 花铃期土壤渍水及停止渍水后施氮量对棉纤维发育相关酶活性的影响(2005～2006年)

T_1. 渍水处理结束时;T_2. 停止渍水第 15 天;N0、N1、N2 分别表示 0kg N·hm^{-2}、240kg N·hm^{-2}、480kg N·hm^{-2};同一图中不同小写字母表示在 0.05 水平差异显著

(五)纤维素含量

花铃期土壤渍水结束时,渍水棉花纤维素含量较对照显著降低,在 240kg N·hm^{-2} 施氮量下最高、480kg N·hm^{-2} 次之、0kg N·hm^{-2} 最低,对照纤维素含量随施氮量增加而升高(图 9-38)。停止渍水 15d 时,渍水棉花纤维素含量仍显著低于对照,且仍在 240kg N·hm^{-2} 施氮量下最高;而对照纤维素含量在 240kg N·hm^{-2}、480kg N·hm^{-2} 施氮量间

差异较小，显著高于 0kg N·hm^{-2}。

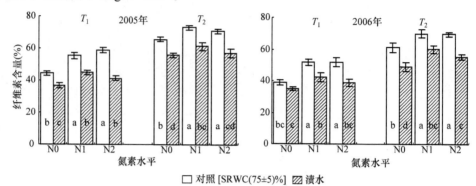

图 9-38　花铃期土壤渍水及停止渍水后施氮量对棉纤维素含量的影响(2005～2006 年)

T_1. 渍水处理结束时；T_2. 停止渍水第 15 天；N0、N1、N2 分别表示 0kg N·hm^{-2}、240kg N·hm^{-2}、480kg N·hm^{-2}；同一图中不同小写字母表示在 0.05 水平差异显著

(六) 纤维比强度

花铃期土壤渍水结束时，渍水棉花纤维比强度较对照显著降低，0kg N·hm^{-2}、240kg N·hm^{-2}、480kg N·hm^{-2} 施氮量下分别降低 3.8%、5.3%、7.9%(2005 年) 和 3.3%、3.1%、5.6%(2006 年)，在 240kg N·hm^{-2} 施氮量下纤维比强度最高，对照纤维比强度在 240kg N·hm^{-2}、480kg N·hm^{-2} 施氮量间差异较小，显著高于 0kg N·hm^{-2}(图 9-39)。

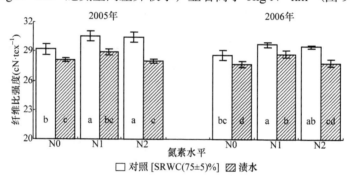

图 9-39　花铃期土壤渍水及停止渍水后施氮量对棉纤维比强度的影响(2005～2006 年)

N0、N1、N2 分别表示 0kg N·hm^{-2}、240kg N·hm^{-2}、480kg N·hm^{-2}；同一图中不同小写字母表示在 0.05 水平差异显著

综上，花铃期土壤渍水下，渍水棉花纤维可溶性蛋白含量、超氧化物歧化酶、过氧化氢酶活性和过氧化物酶活性降低，丙二醛含量升高；与此同时，纤维发育相关酶(蔗糖合成酶、磷酸蔗糖合成酶、β-1,3-葡聚糖酶和蔗糖酶)活性降低，纤维素含量和纤维比强度降低。渍水下，施氮显著影响纤维发育相关酶活性和抗氧化酶活性，从而影响纤维素累积和纤维比强度形成。适量施氮(240kg N·hm^{-2})可提高渍水棉花纤维抗氧化酶活性而减轻膜脂过氧化程度，提高纤维发育相关酶活性而有利于纤维素累积和比强度形成；供氮不足(0kg N·hm^{-2})或过量(480kg N·hm^{-2})则表现出相反变化。渍水胁迫解除后，施氮对纤维抗氧化酶和纤维发育相关酶活性的影响显著，有利于纤维发育。因此，针对花铃期季节性涝渍，应根据土壤营养状况和棉花长势适当施氮以提高棉花纤维比强度。

第十章 棉花产量品质与钾素

钾素作为作物生长发育必需的三大元素之一，对作物产量品质的形成具有重要作用，在生产中，通过施钾可以调控作物生长发育与产量品质。与其他作物相比，棉花对钾需求较大，缺钾及缺钾导致的早衰已成为我国棉花产量和纤维品质提高的主要限制因素。

第一节 钾素对棉花产量品质的影响

棉花生产中钾素运筹的研究在国内外已有较多报道，施钾显著影响棉花产量品质，但对于适宜施钾量的研究结果尚不一致，且缺乏理论支撑。基于钾素与棉花产量品质的关系研究，可为棉花高产优质生产的钾素调控提供依据。

一、棉花临界钾浓度稀释模型

为明确土壤贫钾是否抑制棉花生长，于 2011 年在江苏南京（黏土）、大丰（沙壤土）设置棉花施钾量（0kg $K_2O \cdot hm^{-2}$、75kg $K_2O \cdot hm^{-2}$、150kg $K_2O \cdot hm^{-2}$、225kg $K_2O \cdot hm^{-2}$、300kg $K_2O \cdot hm^{-2}$、375kg $K_2O \cdot hm^{-2}$、450kg $K_2O \cdot hm^{-2}$）试验，南京、大丰试验田基础土壤速效钾含量分别为 119.5mg $K_2O \cdot kg^{-1}$、161.0mg $K_2O \cdot kg^{-1}$。试验结果表明施钾量显著影响棉花（'泗杂 3 号'，图 10-1）产量，且施钾量存在临界值。

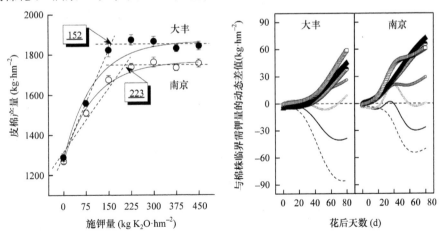

图 10-1 棉花产量对施钾量的响应曲线及基于棉株临界钾浓度模型的棉株钾营养诊断

皮棉产量田间临界施钾量的计算基于 Justes，棉株临界钾浓度动态模型计算参考棉株临界氮浓度动态模型。临界施钾量在大丰、南京不同（152～223kg $K_2O \cdot hm^{-2}$），形成差异的原因主要是土壤类型和土壤基础速效钾含量不同。

用同样的方法也可计算基于棉株理想生物量(地上部)的棉株临界钾浓度值,对棉株不同生育时期的临界钾浓度值用幂函数拟合,获得随棉株地上部生物量增长而变化的棉株临界钾浓度动态模型。不同施钾量棉株钾浓度与临界钾浓度的动态差值见图10-1(负、正值分别表示棉株钾亏缺、盈余)。南京、大丰两试点棉花地上生物量钾浓度均随施钾量增加而增加,临界钾浓度稀释模型为 $KC_{opt} = 6.140 \times BM_{UP}^{-0.084}$,$150kg\ K_2O \cdot hm^{-2}$(南京)是'泗杂3号'获得理想地上部生物量的临界施钾量。

二、棉花生长发育与钾素

(一)棉花农艺性状

2012年与2013年江苏南京不同棉花品种('泗棉3号'为钾弱敏感,'泗杂3号'为钾敏感)施钾量($0kg\ K_2O \cdot hm^{-2}$、$150kg\ K_2O \cdot hm^{-2}$、$300kg\ K_2O \cdot hm^{-2}$)试验结果表明(图10-2),$0kg\ K_2O \cdot hm^{-2}$ 棉花上部果枝内围果节(FP_{1-2})的成铃率明显低于 $300kg\ K_2O \cdot hm^{-2}$,外围果节($FP_{3+}$)成铃主要集中于中、下部果枝,成铃率显著低于 $300kg\ K_2O \cdot hm^{-2}$,说明土壤缺钾显著降低了棉花生长后期成铃率。

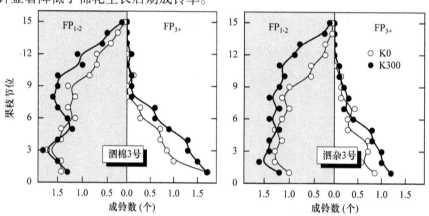

图 10-2 土壤缺钾对棉花成铃分布的影响
FP. 果节

施钾增加棉花株高,$150kg\ K_2O \cdot hm^{-2}$、$300kg\ K_2O \cdot hm^{-2}$ 处理间差异较小(表10-1)。与 $0kg\ K_2O \cdot hm^{-2}$ 相比,施钾($150kg\ K_2O \cdot hm^{-2}$、$300kg\ K_2O \cdot hm^{-2}$)对果枝数影响较小,增加总果节数和成铃率,'泗棉3号''泗杂3号'总果节数分别增加5.0%~10.4%、15.0%~25.8%,总果节数和成铃率在 $150kg\ K_2O \cdot hm^{-2}$、$300kg\ K_2O \cdot hm^{-2}$ 间差异较小。

表 10-1 施钾量对棉花农艺性状的影响(2012~2013年)

品种	施钾量 (kg $K_2O \cdot hm^{-2}$)	2012年				2013年			
		株高 (cm)	果枝数 (个·株$^{-1}$)	果节数 (个·株$^{-1}$)	成铃率 (%)	株高 (cm)	果枝数 (个·株$^{-1}$)	果节数 (个·株$^{-1}$)	成铃率 (%)
泗棉3号	0	104.8b	18.9a	71.4b	29.4b	98.3a	18.2a	69.2b	29.9b
	150	111.6a	20.0a	76.6a	31.3ab	110.3a	20.3a	76.4a	32.9a
	300	112.6a	19.3a	75.0a	33.4a	110.8a	21.6a	76.2a	33.9a
	CV(%)	3.9	2.9	3.6	6.4	6.4	8.6	5.5	6.5

续表

品种	施钾量 (kg K₂O·hm⁻²)	2012 年				2013 年			
		株高 (cm)	果枝数 (个·株⁻¹)	果节数 (个·株⁻¹)	成铃率 (%)	株高 (cm)	果枝数 (个·株⁻¹)	果节数 (个·株⁻¹)	成铃率 (%)
泗杂 3 号	0	99.0b	17.1b	59.0b	28.5b	100.2b	18.6b	63.4b	25.6b
	150	116.3a	21.3a	72.6a	32.2a	114.1a	20.4ab	72.9a	30.6ab
	300	116.0a	21.0a	74.2a	33.7a	116.6a	21.4a	74.9a	33.0a
	CV(%)	9.0	11.8	12.2	8.5	8.1	7.0	8.7	12.7

注：同列同品种中不同小写字母表示在 0.05 水平差异显著

(二) 棉花生物量累积与分配

用 logistic 曲线拟合棉花生物量累积（表 10-2），其中，W 为生物量，W_m 为理论最大值，t 为移栽后天数，T_d 为快速累积持续期，V_m 为最大累积速率，T_m 为最大累积速率出现时间。棉花理论最大生物量、最大累积速率随施钾量的增加而增加，最大累积速率出现时间推迟，施钾后 '泗棉 3 号' '泗杂 3 号' 生物量理论最大值分别增加 12.5%~17.9%、15.2%~40.4%。

表 10-2 施钾量对棉花生物量累积的影响（2012~2013 年）

年份	品种	施钾量 (kg K₂O·hm⁻²)	模型	决定系数 R^2	快速累积持续期 T_d(d)	最大累积速率 V_m(g·d⁻¹)	最大累积率出现时间 T_m(d)
2012	泗棉 3 号	0	$W=197.5/(1+102.81e^{-0.063t})$	0.998**	41.7	3.11	73.4
		150	$W=226.7/(1+130.67e^{-0.063t})$	0.999**	41.5	3.59	76.8
		300	$W=232.9/(1+148.75e^{-0.065t})$	0.999**	40.5	3.78	76.9
	泗杂 3 号	0	$W=185.4/(1+229.19e^{-0.071t})$	0.998**	37.1	3.29	76.5
		150	$W=235.7/(1+227.53e^{-0.070t})$	0.998**	37.7	4.11	77.7
		300	$W=260.4/(1+221.53e^{-0.068t})$	0.997**	38.6	4.43	79.3
2013	泗棉 3 号	0	$W=194.5/(1+103.55e^{-0.066t})$	0.990**	40.1	3.19	70.6
		150	$W=218.7/(1+117.88e^{-0.066t})$	0.983**	39.8	3.62	72.0
		300	$W=227.1/(1+100.81e^{-0.065t})$	0.980**	40.5	3.68	71.1
	泗杂 3 号	0	$W=203.1/(1+243.25e^{-0.080t})$	0.992**	32.9	4.06	68.7
		150	$W=233.9/(1+207.42e^{-0.077t})$	0.992**	34.2	4.50	69.3
		300	$W=257.8/(1+209.97e^{-0.074t})$	0.996**	35.3	4.80	71.8

**表示方程的决定系数在 0.01 水平相关性显著

由表 10-3 可知，施钾后棉花叶片生物量和生殖器官生物量增加，对根和茎的生物量影响较小，'泗棉 3 号' 叶片、生殖器官生物量分别增加 6.6%~16.3%、8.0%~12.0%，'泗杂 3 号' 叶片、生殖器官生物量分别增加 15.8%~37.0%、10.0%~25.0%。

表 10-3　施钾量对棉花生物量分配的影响(2012~2013 年)

年份	品种	施钾量(kg K$_2$O·hm^{-2})	根(g·株$^{-1}$)	茎(g·株$^{-1}$)	叶(g·株$^{-1}$)	生殖器官(g·株$^{-1}$)
2012	泗棉 3 号	0	19.00a	34.82b	34.83b	80.57b
		150	18.50a	40.04a	36.87ab	88.44a
		300	18.50a	42.31a	38.63a	89.68a
		LSD$_{0.05}$	ns	*	*	*
	泗杂 3 号	0	17.50a	35.11a	32.81b	81.58b
		150	18.00a	34.33a	40.34a	105.51a
		300	19.50a	35.78a	41.69a	111.77a
		LSD$_{0.05}$	ns	ns	*	**
2013	泗棉 3 号	0	20.32a	41.19a	35.81b	77.98b
		150	20.26a	41.32a	40.01a	88.91a
		300	20.71a	43.97a	40.99a	90.72a
		LSD$_{0.05}$	ns	ns	*	*
	泗杂 3 号	0	17.04a	39.39a	37.98b	86.08c
		150	19.65a	38.36a	42.67a	99.88b
		300	19.50a	40.80a	43.65a	106.71a
		LSD$_{0.05}$	ns	ns	*	**

注：同列同年同品种中不同小写字母表示在 0.05 水平差异显著

*、**分别表示在 0.05、0.01 水平相关性显著，ns 表示相关性不显著

(三) 棉花钾累积与分配

棉株钾素累积可用 logistic 曲线拟合(表 10-4)，其中，W 为钾累积量，W_m 为理论最大值，t 为移栽后天数，T_d 为快速累积持续期，V_m 为最大累积速率，t_m 为最大累积速率出现时间。棉株理论最大钾累积量随施钾量增加而增加，与 0kg K$_2$O·hm^{-2} 相比，施钾后棉株理论最大钾累积量在'泗棉 3 号''泗杂 3 号'中分别增加 33.1%~46.1%、30.6%~68.8%；施钾后棉株最大累积速率增加，但'泗棉 3 号'施钾处理间差异较小，'泗杂 3 号'在 300kg K$_2$O·hm^{-2} 中的最大累积速率大于 150kg K$_2$O·hm^{-2}。

表 10-4　施钾量对棉株钾素累积特征值的影响(2012~2013 年)

年份	品种	施钾量(kg K$_2$O·hm^{-2})	模型	相关系数 R^2	快速累积持续期 T(d)	最大累积速率 V_m(g·d^{-1})	最大累积速率出现时间 T_m(d)
2012	泗棉 3 号	0	$W=3.37/(1+47.28e^{-0.067t})$	0.969**	39.4	0.056	57.7
		150	$W=4.58/(1+73.08e^{-0.066t})$	0.991**	40.2	0.075	65.5
		300	$W=4.82/(1+52.47e^{-0.059t})$	0.983**	44.3	0.072	66.6
	泗杂 3 号	0	$W=3.64/(1+41.50e^{-0.050t})$	0.984**	52.8	0.039	74.9
		150	$W=4.49/(1+36.23e^{-0.049t})$	0.981**	53.6	0.055	73.1
		300	$W=5.25/(1+34.02e^{-0.047t})$	0.988**	55.4	0.062	74.3

续表

年份	品种	施钾量 (kg K$_2$O · hm^{-2})	模型	相关系数 R^2	快速累积持续期 T(d)	最大累积速率 V_m(g · d^{-1})	最大累积速率出现时间 T_m(d)
2013	泗棉3号	0	$W=3.32/(1+11.96e^{-0.047t})$	0.932**	55.7	0.039	52.6
		150	$W=4.42/(1+15.87e^{-0.049t})$	0.947**	53.8	0.054	56.5
		300	$W=4.85/(1+15.33e^{-0.046t})$	0.950**	56.7	0.056	58.8
	泗杂3号	0	$W=3.27/(1+29.30e^{-0.063t})$	0.955**	41.5	0.052	53.3
		150	$W=4.27/(1+34.53e^{-0.061t})$	0.978**	43.4	0.065	58.5
		300	$W=5.02/(1+22.95e^{-0.054t})$	0.967**	49.1	0.067	58.5

**表示方程的决定系数在0.01水平相关性显著

由表10-5可知，与0kg K$_2$O · hm^{-2}相比，150kg K$_2$O · hm^{-2}、300kg K$_2$O · hm^{-2}棉株钾累积量显著增加，但'泗棉3号'中，营养器官钾累积量在150kg K$_2$O · hm^{-2}、300kg K$_2$O · hm^{-2}间差异较小，而在'泗杂3号'中差异显著。

表10-5 施钾量对棉株钾分配的影响（2012~2013年）

品种	施钾量(kg K$_2$O · hm^{-2})	2012年				2013年			
		营养器官钾积累量 (g · 株$^{-1}$)	营养器官钾分配(%)	生殖器官钾积累量 (g · 株$^{-1}$)	生殖器官钾分配(%)	营养器官钾积累量 (g · 株$^{-1}$)	营养器官钾分配(%)	生殖器官钾积累量 (g · 株$^{-1}$)	生殖器官钾分配(%)
泗棉3号	0	1.93b	58.7a	1.36b	41.1a	1.85b	59.3a	1.27c	40.7a
	150	2.61a	57.8a	1.90a	42.2a	2.55a	61.7a	1.58b	38.3a
	300	2.60a	55.1b	2.12a	44.9a	2.64a	58.1a	1.90a	41.8a
	平均	2.38	57.2	1.79	42.7	2.35	59.7	1.58	40.3
泗杂3号	0	1.65c	57.9a	1.20c	42.1c	1.81c	56.5a	1.38c	43.3b
	150	2.36b	56.2b	1.83b	43.8b	2.24b	54.6ab	1.86b	45.4ab
	300	2.52a	52.8c	2.25a	47.2a	2.47a	52.6b	2.24a	47.4a
	平均	2.28	55.6	1.83	44.4	2.17	54.6	1.83	45.4
变异来源									
品种		**	**	ns	*	**	**	**	**
施钾量		**	**	**	**	**	*	**	*
品种×施钾量		**	ns	ns	ns	ns	ns	**	ns

注：同列同品种中不同小写字母表示在0.05水平差异显著

*、**分别表示在0.05、0.01水平相关性显著，ns表示相关性不显著

两品种间比较，'泗棉3号'营养器官钾累积量高于'泗杂3号'，营养器官钾分配比例在'泗棉3号'施钾量间差异较小，而在'泗杂3号'中随施钾量增加而降低。施钾显

著增加生殖器官钾累积量,2012 年其在'泗棉 3 号'施钾量为 150kg $K_2O \cdot hm^{-2}$、300kg $K_2O \cdot hm^{-2}$ 间差异较小;'泗杂 3 号'中,300kg $K_2O \cdot hm^{-2}$ 的生殖器官钾累积量显著高于 150kg $K_2O \cdot hm^{-2}$;2013 年两品种在施钾量为 300kg $K_2O \cdot hm^{-2}$ 的生殖器官钾累积量均显著高于 150kg $K_2O \cdot hm^{-2}$。'泗棉 3 号'中,生殖器官钾分配在施钾量 150kg $K_2O \cdot hm^{-2}$、300kg $K_2O \cdot hm^{-2}$ 间差异较小;'泗杂 3 号'中,其随施钾量的增加而增加,150kg $K_2O \cdot hm^{-2}$、300kg $K_2O \cdot hm^{-2}$ 较 0kg $K_2O \cdot hm^{-2}$ 分别增加 3.9%~4.8%、9.5%~12.0%。

三、棉花产量构成及纤维品质与钾素

(一)产量与产量构成

施钾量影响棉花产量与产量构成(表 10-6),铃数对缺钾最敏感(CV:5.9%~16.8%),其次是铃重(CV:4.6%~10.3%),衣分最低(CV:3.7%~5.6%);施钾量间皮棉产量差异显著,缺钾时皮棉产量显著降低。

表 10-6 施钾量对棉花产量与产量构成的影响(2011~2013 年)

施钾量 (kg $K_2O \cdot hm^{-2}$)	2011 年		2012 年		2013 年	
	泗棉 3 号	泗杂 3 号	泗棉 3 号	泗杂 3 号	泗棉 3 号	泗杂 3 号
铃数(×10^4 个·hm^{-2})						
0	74.9b	67.6b	81.4c	74.3c	67.1c	50.8c
150	73.5b	78.8a	85.7b	82.5b	73.1b	60.2b
300	81.9a	77.2a	96.4a	85.0a	86.2a	71.2a
CV(%)	5.9	8.1	8.8	6.9	12.9	16.8
铃重(g)						
0	4.7b	4.9b	4.1b	4.4c	4.3b	5.2b
150	5.1a	5.4a	4.4ab	5.1b	5.1a	6.0a
300	5.1a	5.5a	4.6a	5.4a	4.9a	6.1a
CV(%)	4.6	6.1	5.8	10.3	8.7	8.6
衣分(%)						
0	36.4b	38.3b	34.1b	36.4c	37.2c	42.3b
150	38.3a	39.4b	36.4a	39.2b	39.2b	45.0a
300	39.1a	41.5a	37.0a	40.7a	40.8a	45.9a
CV(%)	3.7	4.1	4.3	5.6	4.6	4.2
皮棉产量(kg·hm^{-2})						
0	1281c	1269b	1138c	1190c	1073c	1118c
150	1436b	1676a	1373b	1650b	1461b	1625b
300	1633a	1763a	1640a	1868a	1724a	1994a
CV(%)	12.2	16.8	18.2	22.1	23.1	27.9

注:同列同品种中不同小写字母表示在 0.05 水平差异显著

(二)纤维主要品质指标

施钾量影响棉纤维品质(表10-7),对纤维长度的影响最明显、比强度次之、马克隆值最低,2011~2013年纤维长度、比强度平均变异系数均值分别为4.43%、2.97%,大于马克隆值(2.18%)。

表10-7 施钾量对棉纤维主要品质性状的影响(2011~2013年)

施钾量 (kg $K_2O \cdot hm^{-2}$)	2011年		2012年		2013年	
	泗棉3号	泗杂3号	泗棉3号	泗杂3号	泗棉3号	泗杂3号
纤维长度(mm)						
0	28.0a	27.5c	26.9c	25.7c	26.0c	26.2c
150	28.4a	28.3b	27.6b	28.6b	27.0b	28.6b
300	28.7a	29.5a	28.3a	29.8a	28.3a	30.5a
CV(%)	1.2	3.5	2.6	7.5	4.3	7.5
纤维比强度(cN·tex^{-1})						
0	28.4b	29.2c	27.3c	27.6c	28.0c	28.4c
150	29.0ab	29.9b	28.0b	28.7b	29.2b	29.9b
300	29.5a	30.4a	28.9a	29.6a	30.0a	30.8a
CV(%)	1.8	2.0	2.9	3.5	3.5	4.1
马克隆值						
0	4.8a	4.7a	5.2a	4.9a	4.2b	5.1ab
150	4.9a	4.8a	5.1a	4.8a	4.4ab	5.2a
300	4.9a	4.7a	5.3a	5.0a	4.5a	4.9b
CV(%)	1.0	1.7	1.9	2.0	3.5	3.0

注:同列同品种中不同小写字母表示在0.05水平差异显著

第二节 钾素影响棉纤维发育与纤维品质形成的生理机制

棉纤维品质形成主要取决于纤维发育过程中纤维素的累积特性,K^+是纤维细胞中含量较多的阳离子。基于纤维发育过程来研究钾素调控纤维品质形成的生理机制,对棉花优质高产栽培及提高钾素利用效率具有重要意义。

一、纤维伸长发育与钾素

2012年与2013年在江苏南京的施钾量(0kg $K_2O \cdot hm^{-2}$、150kg $K_2O \cdot hm^{-2}$、300kg $K_2O \cdot hm^{-2}$)试验结果表明(图10-3):成熟纤维长度在棉花不同果枝部位铃间存在差异,上部果枝铃纤维最长,且在缺钾(0kg $K_2O \cdot hm^{-2}$)时下降幅度最明显。3个果枝部位纤维钾浓度[K^+]$_{fibre}$和果枝钾浓度[K^+]$_{FB}$与纤维长度均呈显著正相关。'泗杂3号'纤维长度长于'泗棉3号',纤维长度在施钾量间变异幅度大于'泗棉3号'。

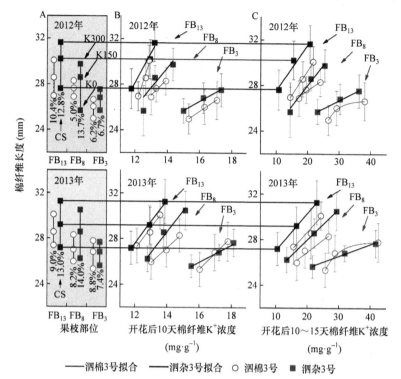

图 10-3 成熟棉纤维长度及其在低钾下的胁迫系数 CS(A)、纤维长度与纤维钾浓度(B, 10DPA)和果枝钾浓度(C, 10~15DPA)之间关系(2012~2013 年)

FB. 果枝

纤维快速伸长时期出现在 10~15DPA, 24DPA 左右纤维长度稳定(图 10-4), 用 logistic 曲线拟合并计算纤维长度变化特征值(表 10-8)。

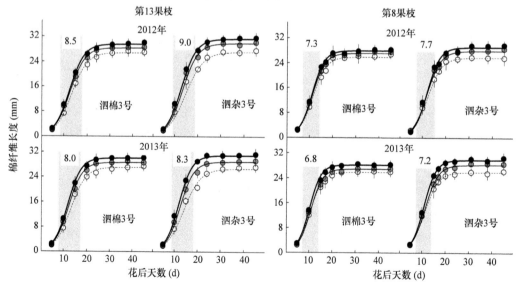

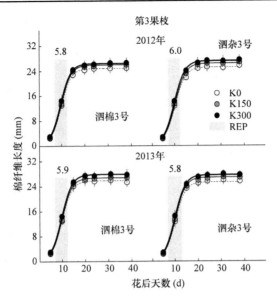

图 10-4 施钾量对棉纤维长度变化的影响(2012～2013 年)
REP. 快速伸长持续期平均值

表 10-8 施钾量对棉纤维伸长的影响(2012～2013 年)

品种	果枝	施钾量 (g K$_2$O·hm^{-2})	2012 年				2013 年			
			V_{max} (mm·d^{-1})	FRED (d)	Len$_{max}$ (mm)	Len$_{obs}$ (mm)	V_{max} (mm·d^{-1})	FRED (d)	Len$_{max}$ (mm)	Len$_{obs}$ (mm)
泗棉 3 号	13	0	2.0	8.8	26.7	27.0c	2.1	8.6	26.9	27.4c
		150	2.2	8.4	28.3	28.6b	2.4	7.8	28.5	28.6b
		300	2.3	8.3	29.5	30.1a	2.6	7.6	29.9	30.1a
	8	0	2.2	7.6	25.8	25.9c	2.4	7.2	25.8	25.8b
		150	2.4	7.4	27.1	27.2b	2.6	6.7	26.8	27.0ab
		300	2.6	7.1	27.9	28.3a	2.9	6.5	28.1	28.3a
	3	0	2.8	5.8	24.9	25.0b	2.9	5.8	25.8	25.3b
		150	3.0	5.8	26.0	26.0ab	3.0	5.8	26.7	26.4a
		300	3.0	5.8	26.4	26.6a	3.1	6.0	27.9	27.0a
泗杂 3 号	13	0	1.8	10.0	27.1	27.6c	1.8	9.5	26.6	27.2c
		150	2.3	8.6	29.9	30.2b	2.4	7.8	28.8	29.2b
		300	2.4	8.5	31.3	31.6a	2.7	7.5	30.9	31.3a
	8	0	2.1	8.0	25.8	25.7b	2.2	7.6	25.9	26.2c
		150	2.4	7.8	27.9	28.6a	2.5	7.3	28.2	28.6b
		300	2.7	7.2	29.1	29.8a	2.9	6.8	29.8	30.5a
	3	0	2.8	6.0	25.2	25.7b	2.9	5.8	25.3	25.6b
		150	2.9	6.0	26.4	26.8ab	3.0	5.8	26.8	26.8ab
		300	3.0	6.0	27.2	27.5a	3.1	5.9	27.6	27.7a

注:V_{max}、FRED、Len$_{max}$、Len$_{obs}$ 分别表示纤维最大伸长速率、快速伸长持续期、纤维长度理论最大值、纤维长度实测值

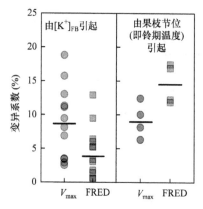

图 10-5 棉花果枝钾浓度对纤维伸长特征值 V_{max}、FRED 变异的影响

短线为变异系数平均值

纤维长度的变异主要取决于 V_{max} 和 FRED，V_{max} 较 FRED 更容易受果枝钾浓度变化的影响(图 10-5)。由不同果枝部位/铃期温度(FB/Temp 表示因果枝节位不同形成的铃期温度差异)造成的特征值变异系数可知，FRED 更易受"FB/Temp"影响。

缺钾显著改变了纤维细胞渗透物质中的钾浓度，影响纤维伸长发育，在'泗杂 3 号'中更为明显(图 10-6)。钾浓度和苹果酸含量变化的峰值在 10DPA 左右，可溶性糖含量峰值在 5～10DPA，与纤维最大伸长速率 V_{max} 的出现时间较吻合(图 10-6)。在相同施钾量下，不同果枝部位纤维钾浓度的变幅大于苹果酸和可溶性糖含量的变幅，且在低钾下'泗杂 3 号'的差异更显著。

由图 10-6 可知，相同施钾量下，相同果枝部位的纤维苹果酸含量在'泗棉 3 号'中高于'泗杂 3 号'。0kg $K_2O \cdot hm^{-2}$ 对纤维钾浓度的影响是苹果酸的 2.5～3.2 倍(2012 年)、2.0～2.6 倍(2013 年)，是可溶性糖的 2.7～3.4 倍(2012 年)、2.1～2.8 倍(2013 年)(图 10-7)。

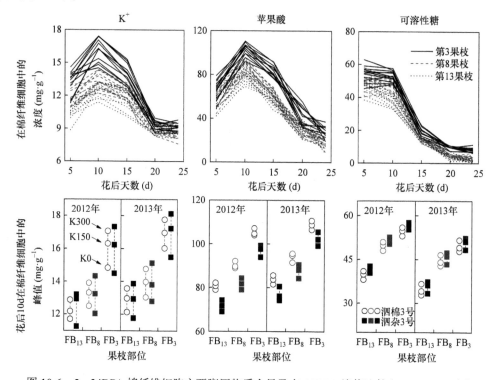

图 10-6 5～24DPA 棉纤维细胞主要膨压物质含量及在 10DPA 峰值比较(2012～2013 年)

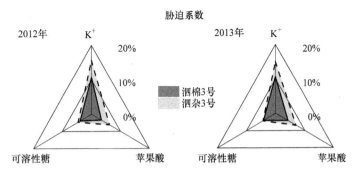

图 10-7 由低钾胁迫引起的 10DPA 棉纤维细胞渗透物质含量变化比较(2012~2013 年)

棉花不同果枝部位纤维 V_{max} 与 10DPA 纤维钾浓度存在显著线性关系,在各个果枝部位表现一致,但缺钾时(0kg K$_2$O · hm^{-2})品种间 V_{max} 差异明显,尤其在上部果枝(图 10-8)。综合棉株 3 个果枝部位,V_{max} 与 10DPA 纤维钾浓度呈指数关系。合并两年试验数据后,V_{max} 与纤维钾浓度峰值的关系可表示如下。

$$V_{max} = 3.17 - 146.48 \times \mathrm{EXP}(-0.4 \times [K^+]_{\mathrm{fiber(10DPA)}}) \quad R^2 = 0.962^{**}, n=108$$

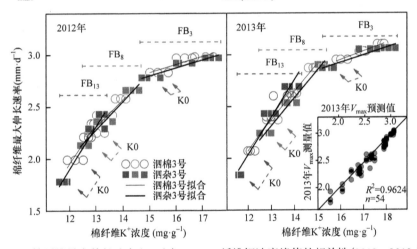

图 10-8 棉纤维最大伸长速率(V_{max})与 10DPA 纤维钾浓度峰值的相关性(2012~2013 年)

二、纤维比强度形成与钾素

棉纤维生物量(以单粒棉籽计,图 10-9A)、纤维比强度(图 10-9B)随花后天数增加的变化分别符合下述生长曲线方程(10-1)、(10-2)。

$$W_{\mathrm{fiber}} = A_1 + \frac{A_2 - A_1}{1 + 10^{(LOG t_1 - t)p}} \tag{10-1}$$

式中,t 为花后天数(DPA),W_{fiber} 为纤维生物量,A_1、A_2、t_1、p 为方程参数。

$$\mathrm{Str}_{\mathrm{fiber}} = B_1 + \frac{B_2 - B_1}{1 + (t/t_2)^q} \tag{10-2}$$

式中,t 为花后天数(DPA),$\mathrm{Str}_{\mathrm{fiber}}$ 为纤维比强度,B_1、B_2、t_2、q 为方程参数。

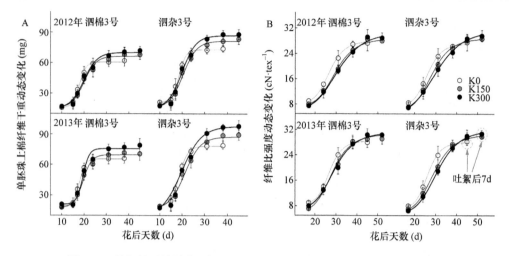

图 10-9 施钾量对棉纤维生物量和纤维比强度变化的影响(2012～2013 年)

图 10-9 表明,0kg $K_2O·hm^{-2}$、150kg $K_2O·hm^{-2}$ 处理中纤维发育进程较 300kg $K_2O·hm^{-2}$ 更快。纤维细胞发育过程中的纤维素累积进度和脱水进度可以用来指示纤维细胞在整个细胞周期中所处的发育阶段。纤维素累积进度表明,在 0kg $K_2O·hm^{-2}$、150kg $K_2O·hm^{-2}$、300kg $K_2O·hm^{-2}$ 施钾量下,棉铃分别需要 38.5d、41.5d、43d 成熟吐絮(图 10-10)。通过含水量变化表示的生理年龄在 0kg $K_2O·hm^{-2}$ 中提前至 38DPA,说明 0kg $K_2O·hm^{-2}$ 处理的棉铃在 39/38DPA(2012 年/2013 年)已经吐絮,但对于 150kg $K_2O·hm^{-2}$、300kg $K_2O·hm^{-2}$ 处理的棉纤维而言,它们仍在生长。

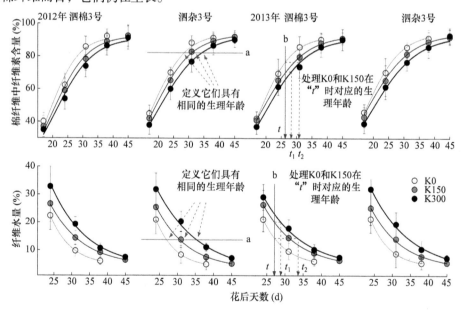

图 10-10 施钾量对棉纤维素含量和纤维含水量变化的影响(2012～2013 年)

三、纤维发育相关酶活性与钾素

棉花中部果枝铃 25DPA 时纤维基本停止伸长，0kg $K_2O \cdot hm^{-2}$ 处理不利于纤维伸长（图 10-11A）。不同膨压物质在纤维细胞中所占比例不同，以苹果酸含量最高，可溶性糖（主要为己糖）次之，K^+ 含量最低（图 10-11B）。苹果酸在 10DPA 左右出现峰值，此时纤维伸长速率较高（图 10-11A）。在纤维发育相关酶中，除转化酶 V-INV 外，其余酶活性此时均较高（图 10-11C），多数酶活性峰值出现于 10~15DPA，Sus 活性峰值出现于 15~20DPA。

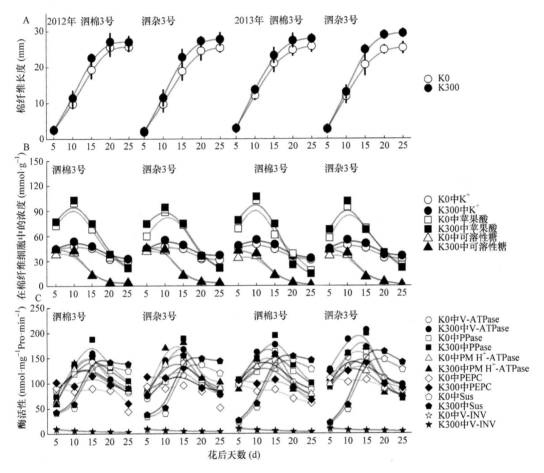

图 10-11 施钾量对棉纤维长度(A)、纤维细胞主要膨压物质(B)含量变化及纤维伸长发育酶活性(C)的影响(2012~2013 年)

将上述各项生理指标在低钾胁迫后的相对变化值随纤维发育的变化绘制成图，结果表明（图 10-12）：纤维伸长在 10DPA 后受低钾胁迫影响显著，钾浓度变化与纤维伸长趋势一致，低钾显著影响纤维发育早期苹果酸和可溶性糖浓度，尤其是可溶性糖，15DPA 后低钾对其影响较小。

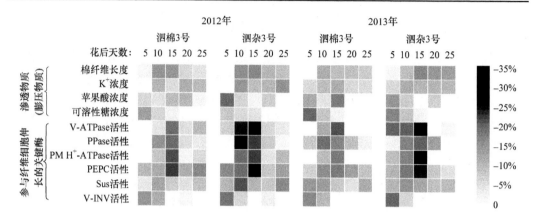

图 10-12 棉纤维伸长发育关键生理指标在各个时期对低钾敏感的定量分析(2012~2013 年)

V-ATPase 和 PPase 是介导 K^+ 等阳离子转运至液泡中,协助形成细胞膨压的重要酶系。V-ATPase 和 PPase 活性受低钾影响的敏感时期为 10~15DPA,品种间差异明显,低钾胁迫下'泗杂 3 号'酶活性下降幅度更为明显(相对变化量达到−30%以上)。PM H^+-ATPase 负责跨细胞膜 H^+ 外流、酸化细胞壁、帮助细胞形态生长,低钾胁迫下其活性变化与 V-ATPase 一致。PEPC 是介导细胞质中苹果酸生物合成的关键酶,其活性在纤维快速伸长期受低钾胁迫影响,15DPA 时最为敏感。

Sus(细胞质)和 V-INV(液泡)是在纤维细胞内负责分解蔗糖生成己糖的关键酶,Sus 活跃期出现在 15DPA 后且下降缓慢(图 10-11),表示其主要作用于纤维细胞次生壁加厚等生理过程。由图 10-12 可知,Sus 活性在 10DPA 存在一个短暂的低钾敏感期,说明在纤维发育前期其微弱的活性变化也能够影响纤维伸长发育。V-INV 总体活性相对较低,且其低钾敏感期出现于 5~10DPA,5DPA 时最为敏感,品种间差异不明显。

综上,棉纤维发育耐低钾能力差异的主要酶系有 V-ATPase、PPase、PM H^+-ATPase 和 PEPC,且主要表现于 10~15DPA。

第三节　钾素影响棉铃对位叶代谢的生理机制

棉铃发育所需养分主要来自其棉铃对位叶、相邻节位果枝叶和主茎叶,其中棉铃对位叶的贡献率最大(60%~87%),其输送到对位铃的光合产物是棉铃生物量形成的主要来源,也是决定棉花对位蕾铃发育的关键。基于不同基因型品种棉铃对位叶主要代谢过程(碳代谢、氮代谢、衰老机制)对钾生理需求的研究,可以明确钾影响棉花对位叶生理代谢及棉铃发育的机理,对于选育耐低钾棉花品种和探索优质棉花生产的钾素调控具有重要意义。

一、棉铃对位叶碳代谢与钾素

(一)棉铃生物量累积与分配

施钾可增加棉铃总生物量(表 10-9),与 0kg $K_2O \cdot hm^{-2}$ 相比,300kg $K_2O \cdot hm^{-2}$ 施钾

量使'泗棉 3 号'棉铃生物量增加 16.4%(2012 年)、13.8%(2013 年),'泗杂 3 号'增加 22.0%(2012 年)、22.0%(2013 年)。施钾改变了棉铃生物量的分配,增加纤维生物量所占棉铃生物量的比例,降低棉籽生物量比例,纤维生物量/棉籽生物量的值增加,但对铃壳生物量分配的影响较小。

表 10-9 施钾量对棉铃生物量累积与分配的影响(2012~2013 年)

年份	品种	施钾量 (kg K₂O·hm⁻²)	生物量(g)				分配比例(%)			
			铃壳	棉籽	纤维	单铃	铃壳	棉籽	纤维	纤维/棉籽
2012	泗棉 3 号	0	1.4b	2.7a	1.4b	5.5b	25.4b	49.1a	25.5a	51.9b
		150	1.6ab	2.8a	1.6ab	6.0a	26.7ab	46.7ab	26.7a	57.1a
		300	1.8a	2.9a	1.7a	6.4a	28.1a	45.3b	26.6a	58.6a
		CV(%)	12.5	3.6	9.8	7.6	5.0	4.1	2.6	6.4
	泗杂 3 号	0	1.5b	2.8c	1.6c	5.9c	24.8a	47.3a	27.9c	58.9c
		150	1.7a	3.1b	2.0b	6.8b	24.4a	46.2ab	29.3a	63.4b
		300	1.8a	3.2a	2.2a	7.2a	24.5a	44.7b	30.8a	68.9a
		CV(%)	9.2	3.9	13.5	10.0	1.3	4.4	5.8	10.1
2013	泗棉 3 号	0	1.5b	2.7b	1.6b	5.8c	25.9a	46.6a	27.6b	59.3c
		150	1.9a	3.1a	2.0a	7.0a	27.1a	44.3b	28.6b	64.5b
		300	1.7ab	2.9ab	2.0a	6.6b	25.8a	43.9b	30.3a	69.0a
		CV(%)	11.8	6.9	12.4	9.4	2.8	3.2	4.7	7.5
	泗杂 3 号	0	1.7b	3.0b	2.2b	6.9b	24.6a	43.5a	31.8b	73.3c
		150	2.2a	3.3a	2.7a	8.2a	26.8a	40.2b	32.9ab	81.8b
		300	2.2a	3.3a	2.8a	8.3a	26.5a	39.7b	33.8a	85.2a
		CV(%)	14.2	5.4	12.6	10.0	4.6	5.0	2.9	7.6

注:同列同品种中不同小写字母表示在 0.05 水平差异显著

(二)棉铃对位叶钾浓度

棉铃对位叶钾浓度随着花后天数增加而降低(图 10-13),在花后 10~31d 下降迅速,31~45d 下降缓慢。随施钾量增加,棉铃对位叶钾浓度增加,与 0kg K$_2$O·hm^{-2} 相比,'泗棉 3 号'中,150kg K$_2$O·hm^{-2} 和 300kg K$_2$O·hm^{-2} 施钾量下,平均叶钾浓度分别增加 37.4%和 7.4%(2012 年)、22.8%和 51.8%(2013 年);'泗杂 3 号'中,分别增加 27.2%和 51.1%(2012 年)、22.8%和 51.8%(2013 年)。

(三)棉铃对位叶净光合速率与气孔导度

棉铃对位叶净光合速率随花后天数增加而降低(图 10-14),150kg K$_2$O·hm^{-2}、300kg K$_2$O·hm^{-2} 施钾量下净光合速率下降缓慢,从花后 24d 开始与不施钾相比差异显著,但'泗棉 3 号'净光合速率在 150kg K$_2$O·hm^{-2}、300kg K$_2$O·hm^{-2} 施钾量间差异较小。在两年试验中,'泗棉3号'平均净光合速率在150kg $K_2O \cdot hm^{-2}$、300kg $K_2O \cdot hm^{-2}$ 施钾量下比不施钾分别增加 9.1%~12.3%、15.4%~19.9%,'泗杂3号'分别增加 12.4%~15.6%、25.1%~29.5%。气孔导度变化趋势与净光合速率相似,随花后天数增加而逐渐降低,施钾处理的气孔导度较大。

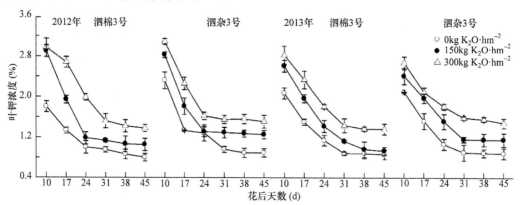

图 10-13 施钾量对棉铃对位叶钾浓度变化的影响(2012~2013 年)

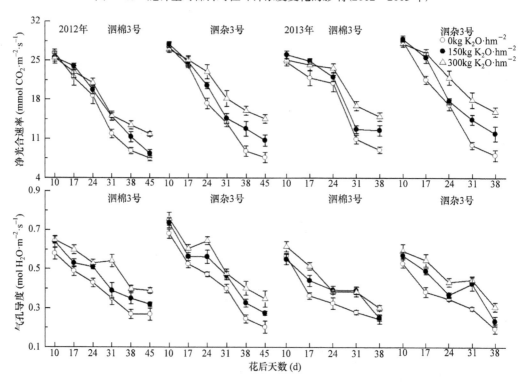

图 10-14 施钾量对棉铃对位叶净光合速率与气孔导度变化的影响(2012~2013 年)

(四)棉铃对位叶碳水化合物含量

棉铃对位叶蔗糖、己糖含量随花后天数和施钾量增加均逐渐降低(图 10-15),不同施钾量间差异随花后天数增加逐渐增加,且该差异在'泗杂 3 号'中表现更明显。

淀粉在棉花叶片中是碳水化合物的一种暂时存储形式,当光合作用受限时,蔗糖合成受阻,棉花叶片中的淀粉将被分解,形成能够提供能量的碳水化合物,为棉花生长提供能量。由图 10-15 可知,棉铃对位叶淀粉含量随花后天数增加呈上升变化,随施钾量增加而下降。棉铃对位叶淀粉含量变化年际间差异较大,2012 年在花后 38d 出现峰值,2013 年淀粉含量随花后天数增加而持续增加。与 0kg $K_2O \cdot hm^{-2}$ 相比,150kg $K_2O \cdot hm^{-2}$ 和 300kg $K_2O \cdot hm^{-2}$ 施钾量下'泗棉 3 号'平均淀粉含量分别下降 12.1%和 17.8%(2012 年)、10.3%和 14.9%(2013 年),'泗杂 3 号'分别下降 9.2%和 16.9%(2012 年)、9.5%和 17.4%(2013 年)。

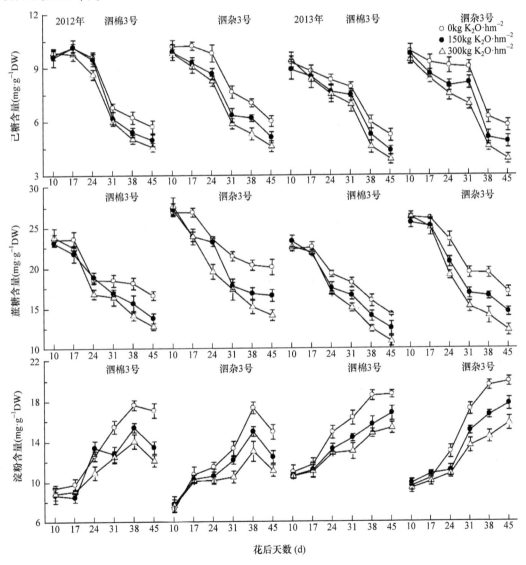

图 10-15 施钾量对棉铃对位叶中碳水化合物含量变化的影响(2012~2013 年)

施钾降低了棉铃对位叶中最大蔗糖与最小蔗糖含量,提高了蔗糖转运率,对蔗糖转运率的提高效应在'泗杂3号'中明显大于'泗棉3号'(表10-10)。与0kg $K_2O \cdot hm^{-2}$相比,150kg $K_2O \cdot hm^{-2}$和300kg $K_2O \cdot hm^{-2}$施钾量下'泗棉3号'蔗糖转运率分别增加36.8%和57.7%(2012年)、27.3%和42.7%(2013年),'泗杂3号'分别增加53.9%和92.6%(2012年)、22.2%和51.0%(2013年)。

施钾后,棉铃对位叶碳水化合物的分配比例变化,蔗糖/淀粉增加;施钾后棉铃对位叶的比叶重降低,'泗棉3号''泗杂3号'分别降低6%~18%、17%~34%。

表10-10 施钾量对棉铃对位叶中最大/最小蔗糖含量、蔗糖转化率和比叶重的影响(2012~2013年)

年份	施钾量(kg $K_2O \cdot hm^{-2}$)	最大蔗糖含量		最小蔗糖含量		蔗糖转运率		蔗糖/淀粉		比叶重	
		泗棉3号	泗杂3号	泗棉3号	泗杂3号	泗棉3号	泗杂3号	泗棉3号	泗杂3号	泗棉3号	泗杂3号
2012	0	23.47a	26.89a	16.53a	20.02a	29.59c	25.53c	1.44a	1.85a	60.5a	58.5a
	150	23.05a	27.19a	13.72b	16.51b	40.49b	39.28b	1.53ab	1.85a	56.8a	48.7b
	300	23.80a	27.64a	12.70b	14.05c	46.65a	49.17a	1.58a	1.89a	49.5b	43.1c
	CV(%)	1.6	1.4	13.9	17.8	22.2	31.3	4.3	1.2	10.1	15.6
2013	0	22.27a	26.23a	14.15a	16.90a	36.47c	35.56c	1.24a	1.47a	57.2a	59.4a
	150	23.24a	25.52a	12.45b	14.43b	46.44b	43.44b	1.29a	1.47a	50.1b	42.4b
	300	22.61a	26.27a	10.84c	12.17c	52.06a	53.68a	1.29a	1.52b	49.3b	39.5b
	CV(%)	2.2	1.6	13.3	16.3	17.5	20.5	2.5	1.7	8.3	22.8

注:同列同品种中不同小写字母表示在0.05水平差异显著

(五)棉铃对位叶碳水化合物代谢相关酶活性

1. Rubisco 初始酶活性及活化率 1,5-二磷酸核酮糖羧化酶初始活性可以反映叶片中真正参与反应的二磷酸核酮糖羧化酶的活性。由图10-16可知,棉铃对位叶1,5-二磷酸核酮糖羧化酶活性2012年从花后10d开始增加,花后17d达峰值后逐渐下降,2013年则随花后天数增加而降低;随施钾量增加而增加。施钾后'泗棉3号''泗杂3号'1,5-二磷酸核酮糖羧化酶初始活性平均值分别增加13.3%~30.2%、15.1%~44.0%。

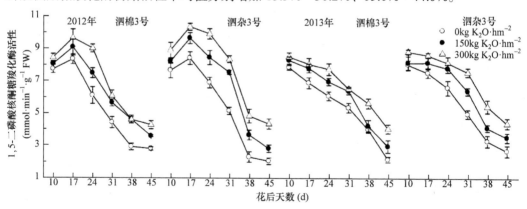

图10-16 施钾量对棉铃对位叶Rubisco初始酶活性变化的影响(2012~2013年)

Rubisco 活化率是 Rubisco 初始活化效率与 Rubisco 总活力的比值,可以表征 Rubisco 活化量占总活化潜力的比例。由表 10-11 可知,与 0kg $K_2O \cdot hm^{-2}$ 相比,2012 年施钾处理 Rubisco 活化率'泗棉 3 号''泗杂 3 号'分别从花后 17d、10d 出现差异,2013 年两品种处理间差异均开始于花后 24d;'泗棉 3 号'150kg $K_2O \cdot hm^{-2}$、300kg $K_2O \cdot hm^{-2}$ 施钾量间差异较小,而'泗杂 3 号'花后 38~45d 差异明显。

表 10-11 施钾量对棉铃对位叶 Rubisco 活化率变化的影响(2012~2013 年)

品种	施钾量 (kg K_2O · hm^{-2})	2012 年花后天数(d)						2013 年花后天数(d)					
		10	17	24	31	38	45	10	17	24	31	38	45
泗棉3号	0	87.68a	88.83b	84.01b	78.43b	76.83b	74.33b	86.33a	85.33a	87.33b	79.01b	74.05b	72.43b
	150	87.68a	90.22ab	88.63a	85.61a	84.22a	80.18a	87.68a	87.18a	91.22a	83.62ab	84.08a	79.11a
	300	88.44a	91.16a	88.93a	86.80a	83.66a	81.44a	87.69a	86.44a	90.66a	85.93a	84.07a	81.30a
	CV(%)	0.5	1.3	3.1	5.4	5.0	4.8	0.9	1.0	2.3	4.2	7.1	5.9
泗杂3号	0	85.16b	85.55b	80.46b	74.85b	72.16c	69.05c	86.83a	87.15a	80.96b	77.66b	72.55b	68.91c
	150	88.81a	90.08a	86.99a	84.49a	79.81b	76.58b	86.32a	87.94a	89.99a	84.31a	79.58b	75.99b
	300	89.94a	91.07a	88.71a	87.36a	83.45a	82.07a	87.12a	87.64a	91.22a	88.95a	84.06a	81.86a
	CV(%)	2.8	3.3	5.0	7.9	7.3	8.6	0.4	0.4	6.4	6.7	7.3	8.5

注:同列同品种中不同小写字母表示在 0.05 水平差异显著

2. 胞质果糖-1,6-二磷酸酶活性 棉铃对位叶胞质果糖-1,6-二磷酸酶(cy-FBPase)活性变化与 Rubisco 活性一致(图 10-17),施钾后 cy-FBPase 活性增加。与'泗棉 3 号'相比,'泗杂 3 号'150kg $K_2O \cdot hm^{-2}$、300kg $K_2O \cdot hm^{-2}$ 施钾量间 cy-FBPase 活性差异更明显。此外,棉铃对位叶 cy-FBPase 活性与蔗糖含量呈显著正相关($R^2=0.401~0.642^{**}$,图 10-18),'泗杂 3 号'拟合方程的斜率大于'泗棉 3 号',表明施钾后'泗杂 3 号'胞质果糖-1,6-二磷酸酶在促进蔗糖生成过程中的作用更大。

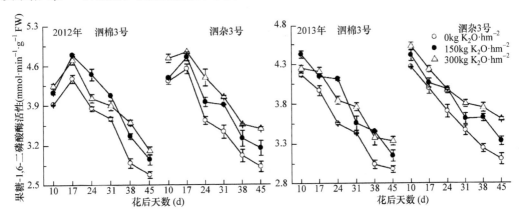

图 10-17 施钾量对棉铃对位叶胞质果糖-1,6-二磷酸酶活性变化的影响(2012~2013 年)

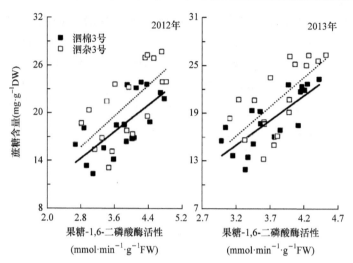

图 10-18　棉铃对位叶中胞质果糖-1,6-二磷酸酶活性与蔗糖含量的关系(2012～2013 年)

图中实线、虚线分别代表'泗棉 3 号''泗杂 3 号'

3. 磷酸蔗糖合成酶和蔗糖合成酶活性　磷酸蔗糖合成酶(SPS)和蔗糖合成酶(Sus)在蔗糖代谢中发挥重要作用。棉铃对位叶 SPS、Sus 活性的峰值均出现在花后 24～31d(图 10-19),施钾后'泗棉 3 号''泗杂 3 号'酶活性与 0kg $K_2O \cdot hm^{-2}$ 的显著性差异分别在花后 24d、10d 出现。'泗棉 3 号'150kg $K_2O \cdot hm^{-2}$、300kg $K_2O \cdot hm^{-2}$ 施钾量间 Sus 酶活性差异较小,'泗杂 3 号'差异明显。

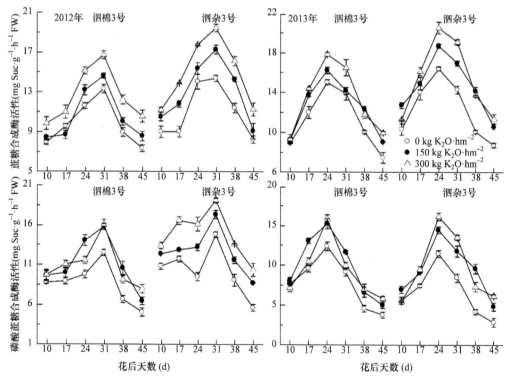

图 10-19　施钾量对棉铃对位叶磷酸蔗糖合成酶和蔗糖合成酶活性变化的影响(2012～2013 年)

4. 酸性转化酶和淀粉酶活性 酸性转化酶可将蔗糖水解为果糖和葡萄糖，淀粉酶在叶绿体中参与淀粉的降解，在促进淀粉降解成麦芽糖和葡萄糖过程中具有重要作用。与 0kg $K_2O \cdot hm^{-2}$ 相比，150kg $K_2O \cdot hm^{-2}$、300kg $K_2O \cdot hm^{-2}$ 施钾量下棉铃对位叶酸性转化酶活性显著降低，且 300kg $K_2O \cdot hm^{-2}$ 酶活性显著低于 150kg $K_2O \cdot hm^{-2}$（图 10-20）；'泗棉3号'与'泗杂3号'棉铃对位叶中酸性转化酶的差异较小。棉铃对位叶淀粉酶活性随花后天数呈先增后降的变化（图 10-20），2012 年、2013 年活性峰值分别出现在花后 17d、24d。施钾后'泗棉3号''泗棉3号'淀粉酶平均活性较 0kg $K_2O \cdot hm^{-2}$ 分别增加 5.47%～16.29%、11.65%～21.19%。

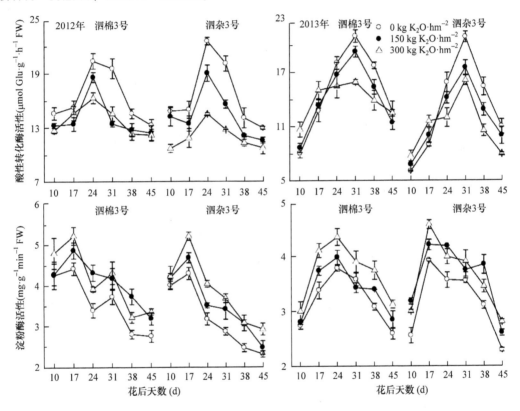

图 10-20 施钾量对棉铃对位叶酸性转化酶和淀粉酶活性变化的影响（2012～2013 年）

5. 棉铃对位叶钾浓度与碳水化合物代谢相关指标之间的关系 不同的生理指标具有不同的最适叶钾浓度。从图 10-21 看出，棉铃对位叶钾浓度、净光合速率相对值之间的关系可用方程 $y=a \times e^{-x/b}+c$（$R^2=0.8827～0.8517^{**}$，$P<0.001$）拟合（x 为叶钾浓度，y 为相对净光合速率，a、b、c 为系数），当'泗棉3号''泗杂3号'棉铃对位叶钾浓度分别低于 1.2%、1.4% 时，净光合速率迅速下降。相对己糖、蔗糖、淀粉含量与棉铃对位叶钾浓度之间关系可用方程 $y=a \times e^{b/(x-c)}$（$R^2=0.7574～0.9323^{**}$，$P<0.001$，图 10-21）拟合（x 为叶钾浓度，y 为碳水化合物相对含量，a、b、c 为系数），当'泗棉3号'棉铃对位叶钾浓度分别低于 1.1%、1.3%、1.2%～1.4% 时，己糖、蔗糖、淀粉将迅速积累；当'泗杂 3

号'棉铃对位叶钾浓度分别低于 1.6%、1.7%、1.7%～1.8%时，己糖、蔗糖、淀粉将迅速积累；'泗杂 3 号'各指标对应的叶钾浓度高于'泗棉 3 号'。

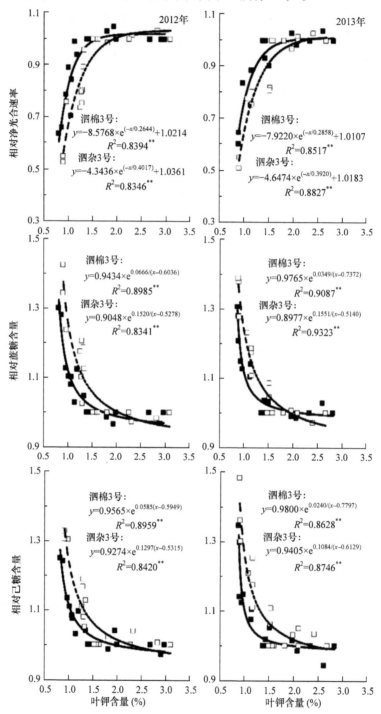

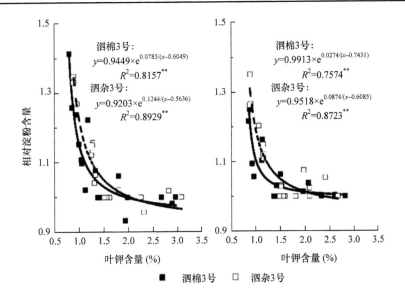

图 10-21 棉铃对位叶相对净光合速率及相对己糖、蔗糖、淀粉含量与叶钾含量之间关系(2012~2013 年)

**表示在 0.01 水平相关性显著

进一步分析棉铃对位叶磷酸蔗糖合成酶(SPS)、蔗糖合成酶(Sus)、酸性转化酶(SAI)、淀粉酶活性变化的峰值与叶钾含量的关系发现,SPS、SAI 和淀粉酶的峰值与叶钾含量之间可用线性方程拟合(R^2=0.8310~0.9782**,图 10-22),其中 SPS、淀粉酶峰值与叶钾浓度存在显著正相关关系,而酸性转化酶峰值与叶钾浓度存在显著负相关关系。分析拟合方程的斜率可知,'泗杂 3 号'SPS 酶活性峰值与叶钾含量拟合方程的斜率大于'泗棉 3 号',表明 SPS 在'泗杂 3 号'中更易受叶钾含量影响。Sus 活性峰值与叶钾含量关系在品种间差异显著,'泗杂 3 号'Sus 峰值与叶钾含量呈显著正相关,'泗棉 3 号'Sus 酶活性峰值随叶钾含量增加先迅速增加,然后缓慢增加。

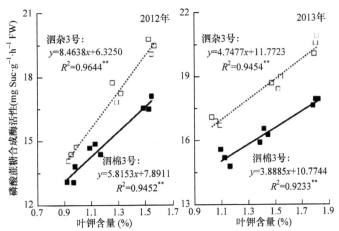

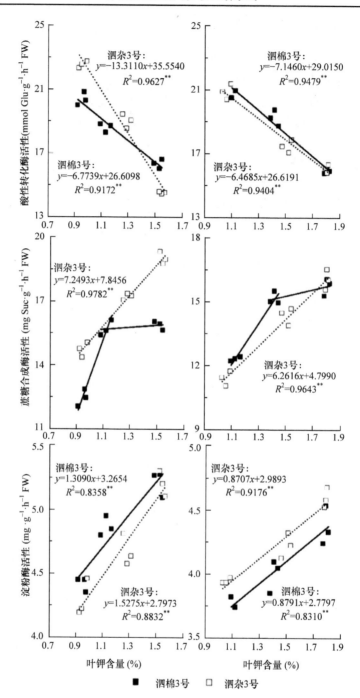

图 10-22 棉铃对位叶磷酸蔗糖合成酶、蔗糖合成酶、酸性转化酶、淀粉酶活性峰值与叶钾含量间关系
(2012~2013 年)

**表示在 0.01 水平相关性显著

6. 棉铃对位叶净光合速率、碳水化合物含量变化及其代谢相关酶活性与棉铃生物量的关系 表 10-12 表明,棉铃对位叶净光合速率、蔗糖转化率、磷酸蔗糖合成酶活性

与棉铃生物量呈显著正相关,蔗糖含量与棉铃生物量呈显著负相关。因此,棉铃对位叶较高的净光合速率、较大的蔗糖转化率、较高的磷酸蔗糖合成酶活性均有利于棉铃生物量累积,而叶片中较多蔗糖的积累不利于棉铃生物量累积。

表 10-12 棉铃对位叶净光合速率、碳水化合物含量及其代谢相关酶活性与棉铃生物量的相关性

品种	净光合速率	蔗糖	蔗糖转化率	淀粉	二磷酸核酮糖羧化酶	果糖-1,6-二磷酸酯酶	磷酸蔗糖合成酶	蔗糖合成酶	酸性转化酶	淀粉酶
泗棉3号	0.870*	−0.854*	0.878*	−0.267	0.617	0.554	0.859*	0.435	−0.762	0.057
泗杂3号	0.832*	−0.897*	0.848*	0.074	0.516	0.477	0.893*	−0.108	−0.925**	0.632

*、**分别表示在 0.05、0.01 水平相关性显著($n=6$, $R^2_{0.05}=0.811$, $R^2_{0.01}=0.917$)

二、棉铃对位叶氮代谢与钾素

(一)棉花生物量与钾、氮累积

盆栽试验表明(表 10-13),棉花钾积累量、氮积累量、单株生物量、单铃生物量随施钾量增加而增加,'泗棉 3 号'氮累积量在 4.5g K₂O·盆⁻¹、9.0g K₂O·盆⁻¹施钾量(相当于 150 kg K₂O·hm⁻²、300 kg K₂O·hm⁻²)间差异较小,而'泗杂 3 号'氮累积量差异明显。施钾后'泗棉 3 号''泗杂 3 号'棉花单株生物量分别增加 11.2%~18.5%、13.1%~27.4%;施钾后棉铃生物量显著增加,'泗杂 3 号'增加幅度大于'泗棉 3 号';施钾后铃重在'泗棉 3 号'和'泗杂 3 号'中分别增加 7.1%~10.1%、9.9%~14.0%。

表 10-13 施钾量对棉花生物量、钾累积量、氮累积量、棉铃生物量和铃重的影响(2012~2013 年)

品种	施钾量(g K₂O·盆⁻¹)	2012年					2013年				
		钾积累量(g·株⁻¹)	氮积累量(g·株⁻¹)	生物量(g·株⁻¹)	棉铃生物量(g·铃⁻¹)	铃重(g)	钾积累量(g·株⁻¹)	氮积累量(g·株⁻¹)	生物量(g·株⁻¹)	棉铃生物量(g·铃⁻¹)	铃重(g)
泗棉3号	0	3.74b	4.37b	191.0c	5.8b	4.4b	3.58c	4.45b	186.2b	5.8b	4.5b
	4.5	5.14a	5.44a	218.4b	6.2a	4.7a	4.75b	5.40a	207.0a	6.4a	5.0a
	9.0	5.38a	5.46a	226.3a	6.3a	4.8a	5.22a	5.52a	215.0a	6.4a	5.0a
	LSD₀.₀₅	*	**	**	**	*	**	**	*	ns	ns
泗杂3号	0	3.83c	4.00c	194.1c	6.8b	5.2b	3.66c	3.99c	201.1c	6.6b	5.2b
	4.5	4.77b	5.18b	226.1b	7.4a	5.9a	4.71b	5.05b	227.5b	7.2b	5.7a
	9.0	5.43a	5.72a	247.3a	7.6a	6.0a	5.42a	5.67a	250.8a	7.5a	5.9a
	LSD₀.₀₅	**	**	**	**	**	**	**	**	**	*

注:同列同品种中不同小写字母表示在 0.05 水平差异显著
*、**分别表示在 0.05、0.01 水平相关性显著,ns 表示相关性不显著

(二)棉铃对位叶钾、氮含量和硝酸盐含量

棉铃对位叶钾、氮和硝酸根(图 10-23)含量随花后天数增加逐渐降低,在花后 10~38d 下降较快,花后 38~45d 下降缓慢,且在 0g K₂O·盆⁻¹施钾量下最低,随施钾量增

加而增加。'泗棉 3 号'中，施钾 4.5g K$_2$O·盆$^{-1}$、9.0g K$_2$O·盆$^{-1}$处理所有取样点叶钾含量平均值较 0g K$_2$O·盆$^{-1}$增加 17.6%~28.8%（2012 年）、26.4%~30.2%，'泗杂 3 号'中增加 22.0%~29.0%（2012 年）、22.6%~40.0%（2013 年）；'泗棉 3 号'中，施钾处理的平均叶氮含量较 0g K$_2$O·盆$^{-1}$处理增加 16.4%~18.8%，'泗杂 3 号'中增加 11.5%~24.8%；'泗棉 3 号'中，施钾处理的硝酸盐含量较 0g K$_2$O·盆$^{-1}$处理增加 9.7%~13.7%，'泗杂 3 号'中增加 9.9%~19.4%。

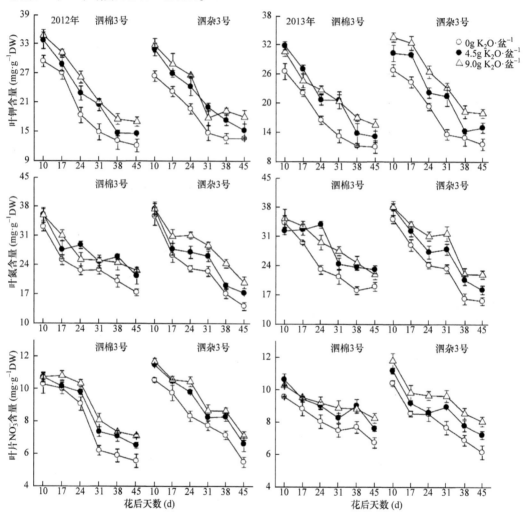

图 10-23　施钾量对棉铃对位叶钾、氮和硝酸盐含量变化的影响（2012~2013 年）

由图 10-24 可知，棉铃对位叶氮含量随叶钾含量增加而增加，其关系可用线性方程拟合（R^2=0.7941~0.8949**），'泗杂 3 号'中拟合方程的斜率大于'泗棉 3 号'，表明'泗杂 3 号'叶氮含量更易受到叶钾含量影响。硝酸盐含量与叶钾含量间也存在正相关关系（R^2=0.8153~0.9018**）。随叶钾含量增加，'泗杂 3 号'叶片中的硝酸根含量变化较'泗棉 3 号'更快。

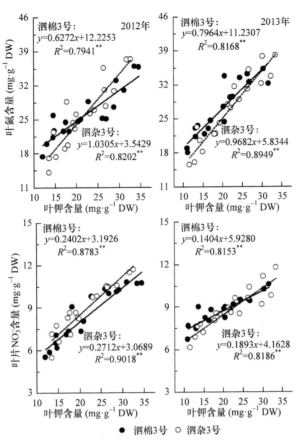

图 10-24 棉铃对位叶氮、硝酸盐含量与叶钾含量的关系（2012～2013 年）

**表示在 0.01 水平相关性显著

（三）棉铃对位叶叶绿素含量

由表 10-14 可知，棉铃对位叶叶绿素含量（chl a+b）、叶绿素 a/b（chl a/b）值在花后 17d 差异较小；花后 31d 时'泗棉 3 号'施钾量间差异较小，而'泗杂 3 号'施钾处理的叶绿素含量显著增加，叶绿素 a/b 值显著降低；花后 45d 时两品种施钾处理的叶绿素含量均显著增加，叶绿素 a/b 值均显著降低。

表 10-14 施钾量对棉铃对位叶叶绿素含量、叶绿素 a/b 变化的影响（2012～2013 年）

品种	施钾量 (g K$_2$O·盆$^{-1}$)	2012 年						2013 年					
		17DPA		31DPA		45DPA		17DPA		31DPA		45DPA	
		Chl a+b (μg·cm^{-2})	Chl a/b	Chl a+b (μg·cm^{-2})	Chl a/b	Chl a+b (μg·cm^{-2})	Chl a/b	Chl a+b (μg·cm^{-2})	Chl a/b	Chl a+b (μg·cm^{-2})	Chl a/b	Chl a+b (μg·cm^{-2})	Chl a/b
泗棉 3 号	0	55.1a	2.9a	49.5a	2.8a	39.9b	3.2a	53.3b	2.8a	49.0a	2.9a	37.4b	3.2a
	4.5	56.8a	3.1a	50.0a	2.8a	44.2ab	2.8ab	54.3b	2.7a	50.4a	2.9a	42.6b	2.8ab
	9.0	54.2a	2.9a	52.4a	2.9a	46.0a	2.7b	57.7a	2.7a	51.4a	2.7a	44.3a	2.7b
	LSD$_{0.05}$	ns	ns	ns	ns	ns	ns	*	ns	ns	ns	*	ns

续表

品种	施钾量 (g K₂O·盆⁻¹)	2012年						2013年					
		17DPA		31DPA		45DPA		17DPA		31DPA		45DPA	
		Chl a+b (μg·cm⁻²)	Chl a/b	Chl a+b (μg·cm⁻²)	Chl a/b	Chl a+b (μg·cm⁻²)	Chl a/b	Chl a+b (μg·cm⁻²)	Chl a/b	Chl a+b (μg·cm⁻²)	Chl a/b	Chl a+b (μg·cm⁻²)	Chl a/b
泗杂3号	0	54.2a	2.8a	41.4c	3.2a	30.0b	3.2a	54.4b	2.9a	43.3c	2.8b	29.5c	3.4a
	4.5	53.3a	2.8a	45.6b	3.0a	45.2a	2.8b	57.0ab	2.7a	49.8b	3.0a	38.9b	2.8b
	9.0	56.1a	3.0a	51.1a	3.0a	49.2a	2.9ab	59.8a	2.7a	53.3a	2.8b	46.4a	2.5b
	LSD₀.₀₅	ns	ns	*	ns	**	*	ns	ns	**	*	**	**

注：同列同品种中不同小写字母表示在0.05水平差异显著

*、**分别表示在0.05、0.01水平相关性显著，ns表示相关性不显著

(四) 棉铃对位叶氨基酸和可溶性蛋白含量

棉铃对位叶游离氨基酸含量在花后17~38d迅速下降，花后38~45d下降变缓（图10-25）。与0g K₂O·盆⁻¹相比，施钾后氨基酸含量增加，随花后天数增加差异更加明显，'泗杂3号'中差异更显著；在花后45d时，'泗棉3号'中最终氨基酸含量在4.5g K₂O·盆⁻¹、9.0g K₂O·盆⁻¹施钾量下分别增加7.0%~14.3%、14.0%~22.9%，'泗杂3号'中分别增加9.9%~15.3%、17.0%~23.9%。

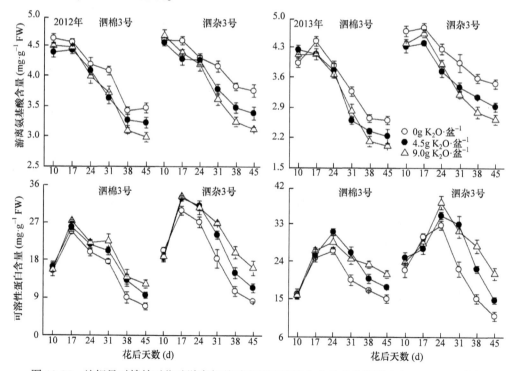

图10-25 施钾量对棉铃对位叶游离氨基酸和可溶性蛋白含量变化的影响（2012~2013年）

棉铃对位叶蛋白质含量随花后天数增加呈先升后降的变化（图10-25），随施钾量增

加而增加，'泗棉3号'中，4.5g $K_2O\cdot$ 盆$^{-1}$、9.0g $K_2O\cdot$ 盆$^{-1}$处理中的平均蛋白质含量较0g $K_2O\cdot$ 盆$^{-1}$分别增加14.1%～14.2%、17.4%～21.6%，'泗杂3号'中，其分别增加16.1%～18.1%、27.2%～28.2%。

棉铃对位叶相对氨基酸、蛋白质含量与叶钾含量之间可用指数函数（$y=a\times e^{-x/b}+c$，x为叶钾含量，y为相对氨基酸含量或相对蛋白质含量，a、b、c为系数，$R^2=0.8103$～0.8755^{**}，$P<0.01$）拟合（图10-26）。当叶钾含量分别低于14mg·g^{-1}、17mg·g^{-1}时，'泗棉3号''泗杂3号'相对氨基酸含量迅速增加；'泗棉3号''泗杂3号'相对蛋白质含量形成所需的最适叶钾含量分别为15mg·g^{-1}、18mg·g^{-1}。

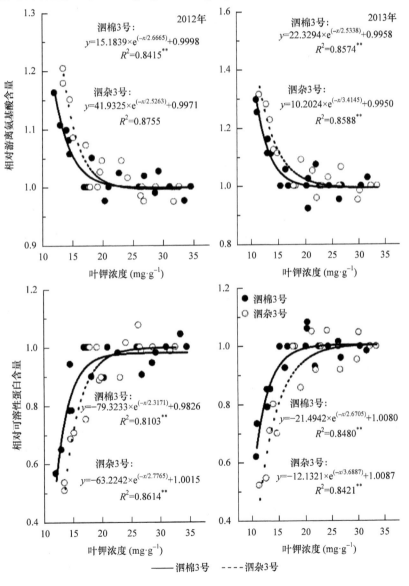

图10-26 棉铃对位叶游离氨基酸、可溶性蛋白含量与叶钾含量之间的关系（2012～2013年）

(五) 棉铃对位叶氮代谢相关酶活性

与氮代谢相关的酶主要有硝酸还原酶(NR)、谷氨酰胺合酶(GS)及谷氨酸合酶(GOGAT)，棉铃对位叶 NR 在花后 17~24d 出现最大值(图 10-27A)，施钾显著提高 NR 活性，在 4.5g K$_2$O·盆$^{-1}$、9.0g K$_2$O·盆$^{-1}$ 施钾量下，'泗棉 3 号'平均酶活性分别增加 9.1%~12.8%、9.7%~10.8%，'泗杂 3 号'分别增加 11.1%~14.6%、16.6%~19.0%。GS 活性随花后天数增加呈先增加后降低的变化(图 10-27B)，在'泗棉 3 号'中，4.5g K$_2$O·盆$^{-1}$、9.0g K$_2$O·盆$^{-1}$ 施钾量的 GS 活性与 0g K$_2$O·盆$^{-1}$ 差异较小，'泗杂 3 号'中分别增加 7.8%~51.7%和 14.2%~84.8%。GOGAT 活性变化趋势与 GS 一致(图 10-27C)，'泗棉 3 号'施钾量间差异较小，'泗杂 3 号'中，4.5g K$_2$O·盆$^{-1}$、9.0g K$_2$O·盆$^{-1}$ 施钾量的 GOGAT 活性较 0g K$_2$O·盆$^{-1}$ 分别增加 14.8%~63.6%、21.2%~113.9%。

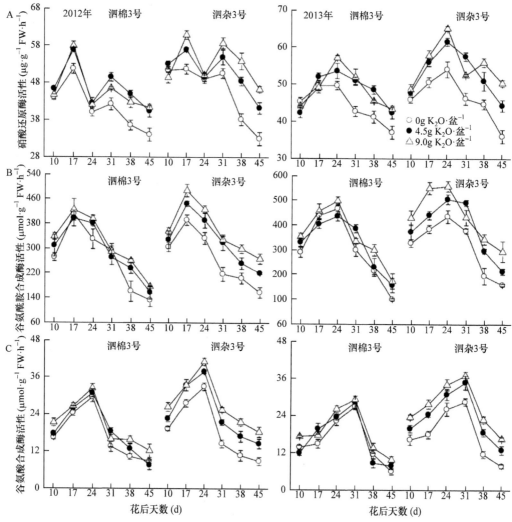

图 10-27 施钾量对棉铃对位叶硝酸还原酶、谷氨酰胺合酶及谷氨酸合酶活性变化的影响(2012~2013 年)

谷丙转氨酶(GPT)和谷草转氨酶(GOT)是氨基酸代谢中的重要酶，涉及氨基酸之间相互转化的初始阶段。棉铃对位叶 GPT 活性随施钾量增加而增加(图 10-28A),与 0g K₂O·盆⁻¹ 相比,施钾后'泗棉 3 号''泗杂 3 号'中 GPT 活性分别增加 9.2%~17.1%、14.6%~23.0%。GOT 酶活性变化与 GPT 一致(图 10-28B),'泗棉 3 号'中,4.5g K₂O·盆⁻¹、9.0g K₂O·盆⁻¹ 施钾量的 GOT 活性分别增加 13.2%~15.9%、25.0%~25.5%,'泗杂 3 号'中,其分别增加 16.0%~23.5%、27.0%~35.4%。

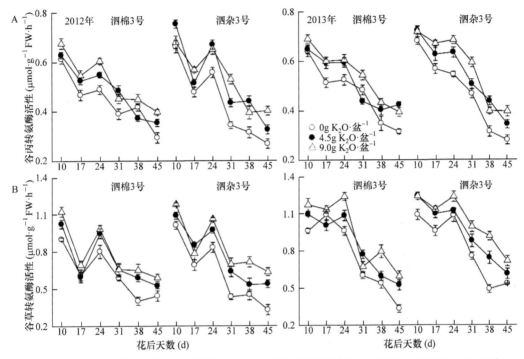

图 10-28 施钾量对棉铃对位叶谷草转氨酶(A)和谷丙转氨酶(B)活性变化的影响(2012~2013 年)

棉铃对位叶蛋白酶活性随花后天数增加而增加(图 10-29A),施钾后蛋白酶活性显著降低,与 0g K₂O·盆⁻¹ 相比,'泗棉 3 号''泗杂 3 号'施钾处理的最终蛋白酶活性分别降低 10.7%~22.6%、15.1%~28.5%。肽酶活性从花后 10d 开始,随花后天数增加呈先增加后降低的变化(图 10-29B),在花后 38d 时达到最大值;肽酶活性随施钾量增加而降低,'泗棉 3 号'中,4.5g K₂O·盆⁻¹、9.0g K₂O·盆⁻¹ 施钾量的平均肽酶活性分别降低 8.4%~9.0%、11.0%~12.4%,'泗杂 3 号'中,其分别降低 9.3%~10.4%、16.6%~18.3%。

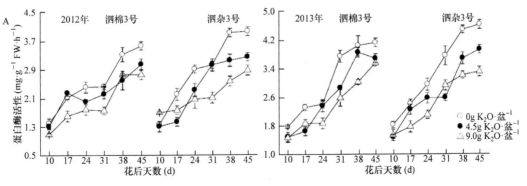

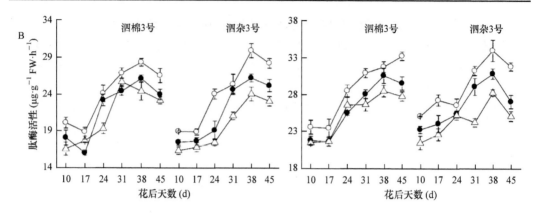

图 10-29　施钾量对棉铃对位叶蛋白酶(A)和肽酶(B)活性变化的影响(2012～2013 年)

三、棉铃对位叶抗氧化代谢与钾素

(一)棉株衰老症状

在播种后 90d 以前，0kg $K_2O \cdot hm^{-2}$ 棉株白花数显著增加(图 10-30)，大田试验结果表明在'泗棉 3 号''泗杂 3 号'中，施钾处理的棉株白花数量较其分别减少 21.3%～52.6%、22.9%～29.1%。在播种 90d 以后，0kg $K_2O \cdot hm^{-2}$ 棉株白花数显著降低，'泗棉 3 号''泗杂 3 号'中施钾棉花白花数量较其分别增加 41.0%～74.1%、37.4%～71.9%。棉铃脱落率随施钾量增加而降低(表 10-15)，0kg $K_2O \cdot hm^{-2}$ 棉株早熟率显著增加，施钾使'泗棉 3 号''泗杂 3 号'早熟率分别降低 1.9%～4.8%、3.9%～11.1%。

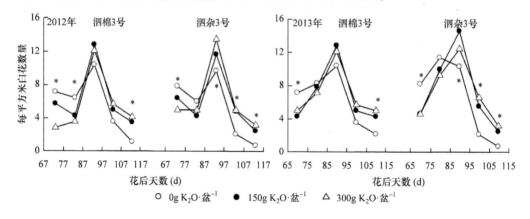

图 10-30　施钾量对棉花白花数量变化的影响(2012～2013 年)

*表示在 0.05 水平相关性显著

0kg $K_2O \cdot hm^{-2}$ 棉株叶片数和单株总叶面积显著降低，黄叶率显著增加(表 10-15)。'泗棉 3 号'各处理的载铃量在 2013 年差异较小，在 2012 年差异显著；'泗杂 3 号'中，载铃量在 0kg $K_2O \cdot hm^{-2}$ 处理中显著增加，两年的变化趋势一致。

表 10-15　施钾量对棉铃对位叶叶片数、叶面积、载铃量、脱落率和早熟率的影响（2012～2013 年）

品种	施钾量 (kg K₂O·hm⁻²)	2012 年					2013 年					
		叶片数 (个·株⁻¹)	叶面积 (cm²·株⁻¹)	载铃量 (g·m⁻²)	脱落率(%)	早熟率(%)	叶片数 (个·株⁻¹)	叶面积 (cm²·株⁻¹)	黄叶率(%)	载铃量 (g·m⁻²)	脱落率(%)	早熟率(%)
泗棉3号	0	47.2b	4882.0b	165.0a	67.6a	73.5a	49.6b	4935.3b	25.1a	158.0a	69.1a	75.1a
	150	60.1a	5737.5a	154.1b	65.7ab	72.1ab	57.3a	5801.2a	14.3b	153.3a	65.1b	71.8b
	300	60.4a	5824.5a	153.1b	63.6b	71.8b	62.1a	6022.6a	12.3b	150.6a	64.1b	71.5b
泗杂3号	0	45.3b	4365.4c	186.9a	70.5a	76.4a	43.2b	4508.8b	59.3a	190.9a	71.4a	78.7a
	150	62.5a	6056.9b	174.2b	66.8a	73.4ab	64.1a	6202.0a	14.0b	160.9b	66.4b	73.3b
	300	67.5a	6902.8a	161.9c	64.6b	71.8b	69.4a	6909.8a	13.1b	154.4b	64.0b	70.0c
变异来源												
品种		**	ns	**	*	**	ns	ns	**	**	*	*
施钾量		**	**	**	**	**	**	**	**	**	**	**
品种×施钾量		**	**	ns	ns	*	**	ns	**	**	ns	*

注：同列同品种中不同小写字母表示在 0.05 水平差异显著

*、**分别表示在 0.05、0.01 水平相关性显著，ns 表示相关性不显著

（二）SPAD 值

叶绿素降解是叶片衰老最直观的现象，SPAD 值可以表征叶片叶绿素含量，棉铃对位叶 SPAD 值随花后天数增加而降低（图 10-31）；施钾后'泗棉 3 号''泗杂 3 号'SPAD 值分别在花后 31～45d、24～45d 与 0kg K₂O·hm⁻² 差异显著，'泗杂 3 号'0kg K₂O hm⁻² 最终 SPAD 值显著低于'泗棉 3 号'。

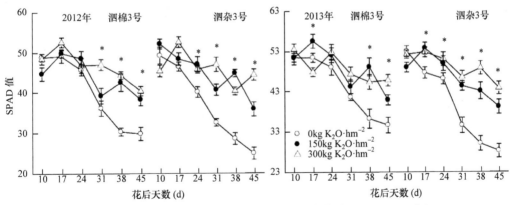

图 10-31　施钾量对棉铃对位叶 SPAD 值变化的影响（2012～2013 年）

*表示在 0.05 水平相关性显著

棉铃对位叶 SPAD 值与叶钾浓度之间存在指数关系（R^2=0.6861～0.8641**，$P<0.01$，图 10-32），'泗棉 3 号''泗杂 3 号'棉铃对位叶钾浓度分别低于 1.1%、1.4%时，SPAD 值将迅速下降。

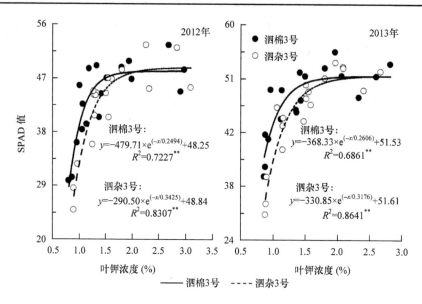

图 10-32　棉铃对位叶 SPAD 值与叶钾浓度之间的关系(2012～2013 年)

*、**分别表示在 0.05、0.01 水平相关性显著

(三)叶绿素荧光参数

叶绿素荧光参数能够反映叶片是否处于衰老状态。在花后 17d 时，施钾不影响'泗棉 3 号'棉铃对位叶最大光化学量子产量(F_v/F_m)、实际光化学量子产量(Φ_{PSII})、光化学淬灭系数(qP)和非光化学淬灭系数(qN)(表 10-16)，但'泗杂 3 号'中，F_v/F_m、Φ_{PSII}、qP 在 0kg $K_2O \cdot hm^{-2}$ 时显著降低；在花后 31d 时，'泗棉 3 号'中，F_v/F_m、qP 和 qN 在施钾量间差异较小，仅 Φ_{PSII} 在 0kg $K_2O \cdot hm^{-2}$ 时显著降低，而'泗杂 3 号'中，F_v/F_m、Φ_{PSII}、qP 在 0kg $K_2O \cdot hm^{-2}$ 时均显著降低；在花后 45d 时，两品种中，F_v/F_m、Φ_{PSII} 和 qP 在 0kg $K_2O \cdot hm^{-2}$ 中均显著降低，而此时'泗棉 3 号'qN 值在 0kg $K_2O \cdot hm^{-2}$ 中显著增加，'泗杂 3 号；qN 值在 0kg $K_2O \cdot hm^{-2}$ 中则显著降低。

表 10-16　施钾量对棉铃对位叶叶绿素荧光参数变化的影响(2012～2013 年)

年份	品种	施钾量(kg $K_2O \cdot hm^{-2}$)	花后 17d				花后 31d				花后 45d			
			F_v/F_m	Φ_{PSII}	qP	qN	F_v/F_m	Φ_{PSII}	qP	qN	F_v/F_m	Φ_{PSII}	qP	qN
2012	泗棉3号	0	0.84a	0.52a	0.62a	0.44a	0.77a	0.45b	0.58a	0.54ab	0.70b	0.29b	0.42b	0.69a
		150	0.83a	0.55a	0.66a	0.48a	0.80a	0.50a	0.63a	0.50b	0.77a	0.36a	0.47a	0.62b
		300	0.85a	0.54a	0.64a	0.47a	0.80a	0.50a	0.62a	0.57a	0.76a	0.38a	0.50a	0.63b
		CV(%)	1.1	2.7	3.1	4.4	2.1	6.4	4.3	6.5	5.0	13.1	8.7	5.9
	泗杂3号	0	0.80b	0.42b	0.52b	0.68a	0.73b	0.29b	0.40b	0.51c	0.61c	0.21c	0.34c	0.30c
		150	0.84ab	0.51a	0.61a	0.54b	0.81a	0.49a	0.60a	0.61b	0.70b	0.31b	0.44b	0.58b
		300	0.86a	0.54a	0.63a	0.51b	0.80a	0.46b	0.57a	0.66a	0.74a	0.38a	0.51a	0.68a
		CV(%)	3.6	13.4	9.9	15.7	5.5	25.3	20.6	12.8	9.7	28.7	19.8	37.8

续表

年份	品种	施钾量 (kg K₂O·hm⁻²)	花后 17d				花后 31d				花后 45d			
			F_v/F_m	Φ_{PSII}	qP	qN	F_v/F_m	Φ_{PSII}	qP	qN	F_v/F_m	Φ_{PSII}	qP	qN
2013	泗棉3号	0	0.82a	0.51b	0.63a	0.44a	0.77a	0.45b	0.59b	0.55b	0.68b	0.27b	0.40b	0.76a
		150	0.84a	0.54ab	0.64a	0.42a	0.79a	0.52a	0.67a	0.58ab	0.75a	0.36a	0.48a	0.71b
		300	0.85a	0.57a	0.67a	0.40a	0.80a	0.51a	0.64a	0.61a	0.76a	0.35a	0.46a	0.71b
		CV(%)	1.8	4.9	3.2	4.7	1.9	7.8	6.3	5.1	5.9	14.7	9.3	4.0
	泗杂3号	0	0.80b	0.44b	0.55b	0.66a	0.72b	0.32b	0.44b	0.41c	0.60c	0.18c	0.30b	0.32c
		150	0.85a	0.53a	0.62a	0.46b	0.81a	0.48a	0.59a	0.58b	0.70b	0.31b	0.44a	0.66b
		300	0.83ab	0.55a	0.66a	0.41b	0.81a	0.49a	0.61a	0.54b	0.75a	0.35a	0.46a	0.77a
		CV(%)	3.0	11.3	9.1	25.9	6.6	22.8	17.0	17.4	11.1	31.1	21.7	40.2

注：同列同品种中不同小写字母表示在0.05水平差异显著

(四) 丙二醛、过氧化氢和抗坏血酸含量

棉铃对位叶丙二醛(MDA)、过氧化氢(H_2O_2)含量均随花后天数增加而增加，抗坏血酸(ASA)含量随花后天数增加而迅速增加，然后趋于平稳(图10-33)。'泗棉3号'中，不同施钾量的 MDA 含量在花后10~24d 差异较小，在花后31~45d 差异显著；'泗杂3号'中，不同施钾量的 MDA 含量在花后10~17d 差异较小，在花后24~45d 差异显著。不同施钾量棉铃对位叶的 H_2O_2 含量前期差异较小，与 0kg $K_2O \cdot hm^{-2}$ 相比，施钾后'泗棉3号''泗杂3号'对位叶的 H_2O_2 含量分别在花后38~45d、24~45d 显著增加。与 0kg $K_2O \cdot hm^{-2}$ 相比，施钾后棉铃对位叶抗坏血酸含量显著降低，'泗棉3号'中，150kg $K_2O \cdot hm^{-2}$、300kg $K_2O \cdot hm^{-2}$ 施钾量的抗坏血酸含量分别降低11.0%~14.9%、15.8%~20.6%；'泗杂3号'中，其分别降低13.3%~15.9%、22.5%~23.9%。

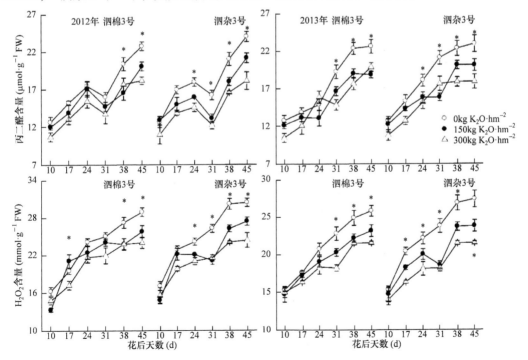

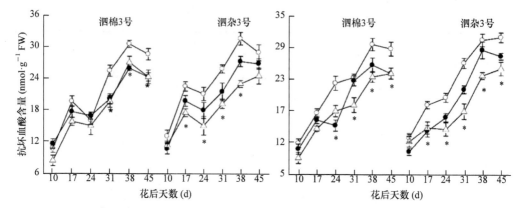

图 10-33 施钾量对棉铃对位叶丙二醛、H_2O_2 和抗坏血酸含量的影响（2012~2013 年）

*表示在 0.05 水平相关性显著

（五）抗氧化代谢相关酶活性

内源保护酶主要包括超氧化物歧化酶（SOD）、过氧化氢酶（CAT）和过氧化物酶（POD）等。棉铃对位叶 SOD 活性随花后天数增加先迅速增加，然后缓慢增加（图 10-34A），对不同取样时间点、不同施钾量 SOD 活性值方差分析表明：'泗棉 3 号'中 SOD 活性变化差异较小，'泗杂 3 号'中 SOD 活性随施钾量增加而降低，150kg $K_2O \cdot hm^{-2}$、300kg $K_2O \cdot hm^{-2}$ 处理的平均 SOD 活性分别降低 7.1%~7.3%、13.1%~13.9%。棉铃对位叶 CAT 活性随花后天数增加而降低（图 10-34B），与 0kg $K_2O \cdot hm^{-2}$ 相比，施钾后'泗棉 3 号''泗杂 3 号'对位叶的 CAT 活性分别从花后 31d、17d 开始显著降低。棉铃对位叶 POD 活性随花后天数增加

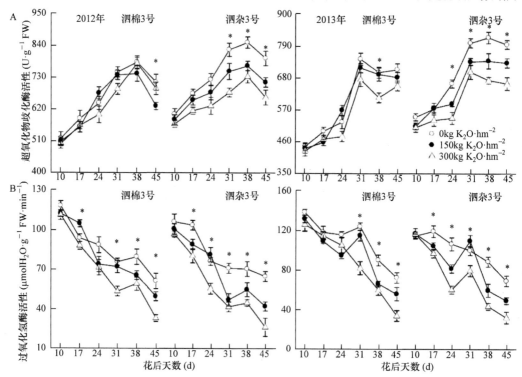

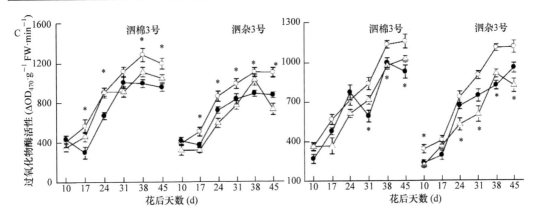

图 10-34 施钾量对棉铃对位叶超氧化物歧化酶(A)、过氧化氢酶(B)和过氧化物酶活性(C)变化的影响
(2012~2013 年)
*表示在 0.05 水平相关性显著

而增加(图 10-34C)，与 0kg $K_2O \cdot hm^{-2}$ 相比，施钾后'泗棉 3 号''泗杂 3 号'对位叶的 POD 活性在 2012 年从花后 17d 开始显著增加，2013 年分别从花后 31d、24d 开始显著增加。

抗坏血酸过氧化物酶(APX)能催化抗坏血酸清除过氧化氢的反应，棉铃对位叶 APX 活性随花后天数呈先增加后降低的变化(图 10-35A)，施钾后 APX 活性显著提高，与 0kg $K_2O \cdot hm^{-2}$ 相比，施钾后'泗棉 3 号''泗杂 3 号'对位叶的 APX 活性在 2012 年从花后 17d 开始显著增加，2013 年分别从花后 31d、17d 开始显著增加。谷胱甘肽还原酶(GR)能够催化 GSSG 还原为 GSH，进而增加抗坏血酸的合成，棉铃对位叶 GR 活性对施钾量的响应在品种间存在显著差异(图 10-35B)，'泗棉 3 号'中，GR 活性的变化在施钾量间差异较小，而施钾可以显著提高'泗杂 3 号'对位叶中 GR 活性，平均 GR 活性增加 11.2%~26.9%。脱氢抗坏血酸还原酶(DHMR)能够催化 GSH 的氧化反应，进而生成 GSSG，棉铃对位叶 DHMR 活性随施钾量增加而增加(图 10-35C)，'泗棉 3 号'对位叶中 DHMR 活性在 150kg $K_2O \cdot hm^{-2}$、300kg $K_2O \cdot hm^{-2}$ 时分别增加 14.7%~29.5%、31.7%~38.8%，'泗杂 3 号'中，其分别增加 12.1%~18.1%、29.8%~40.8%。

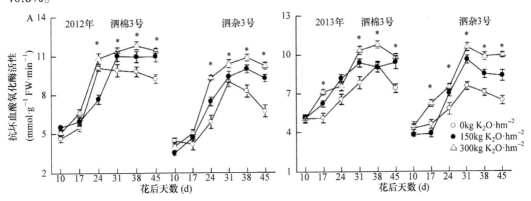

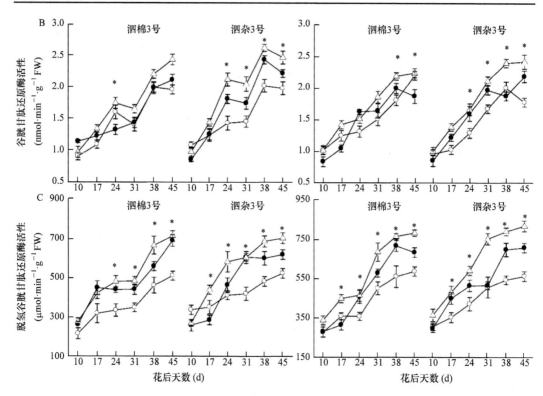

图 10-35 施钾量对棉铃对位叶抗坏血酸氧化酶(A)、谷胱甘肽还原酶(B)和脱氢谷胱甘肽还原酶(C)活性变化的影响(2012~2013 年)

*表示在 0.05 水平相关性显著

第十一章　棉花产量品质与土壤盐分

盐渍化是影响作物生产的重要障碍因子，世界盐渍土面积超过 $8.00×10^9hm^2$，占世界全部土地面积的6%，我国盐碱土面积约为 $3.69×10^7hm^2$，可以分为滨海盐土和内陆碱土，在长江下游和黄淮海地区，滨海盐土占主要部分。棉花是盐碱地种植的先锋作物，随着耕地面积的减少，棉花种植逐渐向盐碱地集中，因此大力提高盐碱地棉花产量已经成为棉花生产的主攻方向。针对我国棉花生产现状，研究盐分影响棉花产量品质形成的生理机制，可为优化滨海盐土植棉技术及培育高耐盐品种提供理论依据。

本章以耐盐性差异较大的棉花品种（'中棉所44'，耐盐品种；'苏棉12号'，盐敏感品种）为材料，于2008~2009年在江苏南京农业大学牌楼试验站进行盆栽试验，采用混合盐分，将碳酸钠、碳酸氢钠、氯化钠、氯化钙、氯化镁、硫酸镁、硫酸钠7种盐类等摩尔混合，按不同的盐土比掺入经自然风干、过筛去杂后的基础土壤中，形成5个土壤盐分浓度：$0(1.25dS·m^{-1}$，对照）、$0.35\%(5.80dS·m^{-1}$，轻盐渍土壤）、$0.60\%(9.61dS·m^{-1}$，中盐渍土壤）、$0.85\%(13.23dS·m^{-1}$，重盐渍土壤）和 $1.00\%(14.65dS·m^{-1}$，盐土），电导率值均为水：土=5：1时测定。

第一节　棉花离子吸收分配、抗氧化酶活性、内源激素平衡与土壤盐分

盐胁迫对作物的危害主要体现在离子毒害、渗透胁迫和营养失衡，这些伤害均与作物对离子的吸收、转运和累积方式有着直接关系。此外，盐分胁迫下作物氧自由基伤害与内源激素平衡均能直接影响光合性能，作物超氧化物歧化酶（SOD）、过氧化氢酶（CAT）、过氧化物酶（POD）等抗氧化酶的协调作用能有效地清除活性氧自由基，减轻伤害，提高其光合速率；内源激素水平及激素间平衡的变化对气孔运动、叶片衰老、生长发育等有重要调节作用。此外，内源激素代谢与活性氧相互作用，破坏细胞膜系统，影响光合性能，导致产量降低。因此，研究棉花植株对离子的吸收、转运和累积规律，棉花抗氧化酶活性和内源激素平衡对于揭示其耐盐机理和高盐胁迫下提高棉花产量品质具有重要意义。

一、棉花离子含量与土壤盐分

从图11-1看出，棉花各器官中 Na^+ 含量均随土壤盐分浓度增加而增加，各器官中 Na^+ 含量表现为：茎枝>叶片>根系>蕾花铃；当盐分浓度超过 $13.23dS·m^{-1}$ 时，根系 Na^+ 含

量不再增加，说明根系对 Na^+ 的截留作用有限。相同盐分浓度下耐盐品种'中棉所 44'茎枝 Na^+ 含量高于盐敏感品种'苏棉 12 号'，而叶片、根系和蕾花铃中 Na^+ 含量则低于'苏棉 12 号'，说明'中棉所 44'茎枝截留 Na^+ 能力较强，从而减少过量 Na^+ 对叶片和蕾花铃的伤害。

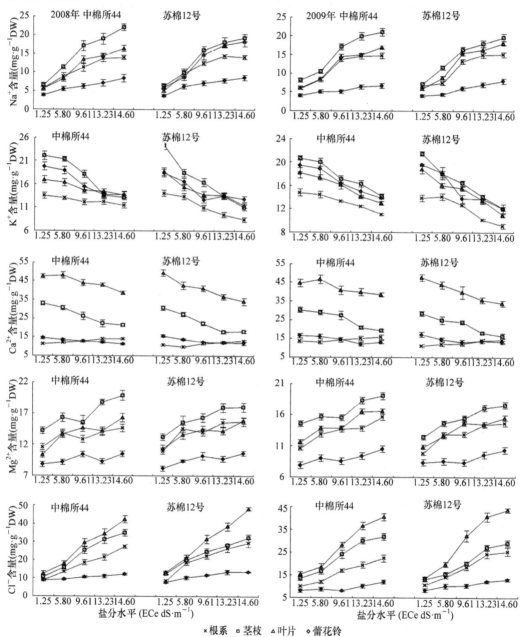

图 11-1　土壤盐分对棉花不同器官 Na^+、K^+、Ca^{2+}、Mg^{2+} 和 Cl^- 含量的影响（2008～2009 年）

对照棉花各器官 K^+ 含量，以茎枝最高、叶片和蕾花铃次之、根系最低，随盐分浓度升高，各器官 K^+ 含量均持续降低；当盐分浓度达到 14.60dS·m^{-1} 时，茎枝、叶和蕾花铃中 K^+ 含量差异较小，但均明显高于根系；相同盐分浓度下耐盐品种'中棉所 44'茎枝、叶片和根系中 K^+ 含量明显高于盐敏感品种'苏棉 12 号'，而蕾花铃 K^+ 含量在品种间差异较小。

对照棉花各器官 Ca^{2+} 含量以叶片最高、茎枝次之、根系和蕾花铃最低，随盐分浓度升高，叶片、茎枝和蕾花铃 Ca^{2+} 含量均逐渐降低，根系 Ca^{2+} 含量略有升高；相同盐分浓度下耐盐品种'中棉所 44'叶片和茎枝中 Ca^{2+} 含量明显高于盐敏感品种'苏棉 12 号'，根系和蕾花铃 Ca^{2+} 含量在品种间差异较小。

随盐分浓度升高，棉花不同器官中 Mg^{2+} 含量持续增加，以茎枝含量最高、根系和叶片次之、蕾花铃最低；相同盐分浓度下耐盐品种'中棉所 44'茎枝和叶片中 Mg^{2+} 含量明显高于盐敏感品种'苏棉 12 号'，而根系和蕾花铃 Mg^{2+} 含量在品种间差异较小。

随盐分浓度升高，棉花各器官中 Cl^- 含量明显增加，表现为叶片>茎枝>根系>蕾花铃；相同盐分浓度下耐盐品种'中棉所 44'叶片、根系和蕾花铃中 Cl^- 含量低于盐敏感品种'苏棉 12 号'，茎枝 Cl^- 含量高于'苏棉 12 号'。

二、棉花离子比值与土壤盐分

从图 11-2 看出，随土壤盐分浓度升高，棉花根系、茎枝、叶片和蕾花铃中 K^+/Na^+、Ca^{2+}/Na^+、Mg^{2+}/Na^+ 的值均显著降低，说明棉株对 Na^+ 的吸收大幅度增加，而对 K^+、Ca^{2+}、Mg^{2+} 的吸收相对减少；叶片和蕾花铃中 K^+/Na^+、Ca^{2+}/Na^+、Mg^{2+}/Na^+ 的值明显高于根系和茎枝，说明叶片和蕾花铃对 K^+、Ca^{2+}、Mg^{2+} 的吸收高于根系和茎枝。随土壤盐分浓度升高，棉花根系、茎枝、叶片 Cl^-/Na^+ 的值明显升高，而蕾花铃中 Cl^-/Na^+ 的值明显降低，表明根系、茎枝和叶片对 Cl^- 的吸收能力超过了 Na^+，蕾花铃对 Na^+ 的吸收超过了 Cl^-。

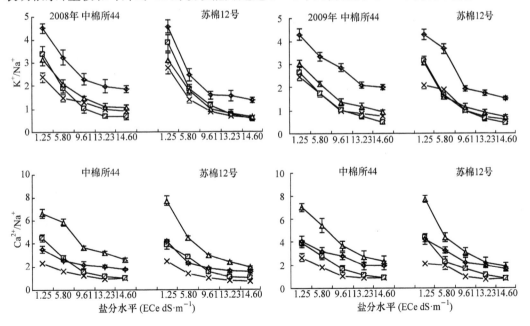

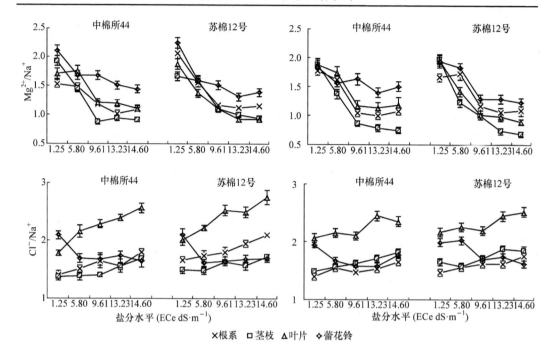

图 11-2　土壤盐分对棉花不同器官 K^+/Na^+、Ca^{2+}/Na^+、Mg^{2+}/Na^+、Cl^-/Na^+ 的影响（2008~2009 年）

品种间比较发现，叶片和蕾花铃中 K^+/Na^+、Ca^{2+}/Na^+、Mg^{2+}/Na^+、Cl^-/Na^+ 的值差异较大，耐盐品种'中棉所 44'叶片和蕾花铃 K^+/Na^+、Ca^{2+}/Na^+、Mg^{2+}/Na^+ 的值高于盐敏感品种'苏棉 12 号'，而 Cl^-/Na^+ 值低于'苏棉 12 号'。

三、棉花离子选择性运输与土壤盐分

土壤中离子被根系吸收后，通过茎枝向叶片和蕾花铃运输，棉花不同部位对离子的选择性运输是导致不同部位离子积累和分布差异的重要原因。根向茎枝的运输系数 $S_{X\text{-}Na}=([X]_{茎枝}/[Na]_{茎枝})/([X]_{根}/[Na]_{根})$；茎枝向叶的运输系数 $S_{X\text{-}Na}=([X]_{叶}/[Na]_{叶})/([X]_{茎枝}/[Na]_{茎枝})$；茎枝向蕾花铃的运输系数 $S_{X\text{-}Na}=([X]_{蕾花铃}/[Na]_{蕾花铃})/([X]_{茎枝}/[Na]_{茎枝})$，式中 $[X]$ 为 K^+、Ca^{2+}、Mg^{2+} 含量，其值越高，表明器官对 X 的选择性运输越强。从图 11-3 看出，随土壤盐分浓度升高，棉花茎枝向叶片及蕾花铃的 $S_{K\text{-}Na}$、$S_{Ca\text{-}Na}$、$S_{Mg\text{-}Na}$ 增大，表明茎枝选择性运输 K^+、Ca^{2+}、Mg^{2+} 而抑制 Na^+ 进入叶片和蕾花铃；根系向茎枝的运输则相反，表明茎枝吸收 Na^+ 而输出 K^+、Ca^{2+}、Mg^{2+} 到根系。这些均表明茎枝是棉株重要的离子库，可以通过输出 K^+、Ca^{2+}、Mg^{2+} 和纳入 Na^+ 来提高耐盐性。

品种间比较发现，当盐分浓度高于 $5.80dS \cdot m^{-1}$ 时，耐盐品种'中棉所 44'根系与茎枝间 $S_{K\text{-}Na}$、$S_{Ca\text{-}Na}$、$S_{Mg\text{-}Na}$ 低于相应处理的盐敏感品种'苏棉 12 号'，茎枝与叶片间 $S_{K\text{-}Na}$、$S_{Ca\text{-}Na}$、$S_{Mg\text{-}Na}$ 则高于'苏棉 12 号'，茎枝与蕾花铃间 $S_{K\text{-}Na}$ 高于'苏棉 12 号'，而品种间 $S_{Ca\text{-}Na}$、$S_{Mg\text{-}Na}$ 差异较小。

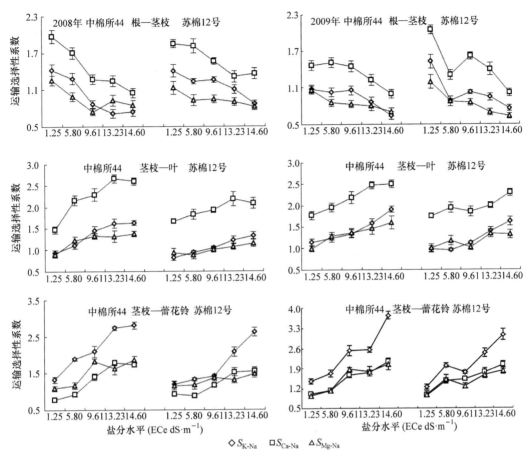

图 11-3　土壤盐分对棉花 $S_{K\text{-}Na}$、$S_{Ca\text{-}Na}$、$S_{Mg\text{-}Na}$ 的影响（2008～2009 年）

四、棉花功能叶可溶性蛋白含量、抗氧化酶活性与土壤盐分

随盐分浓度增加，棉花功能叶可溶性蛋白含量呈先上升后降低的变化，在 5.80dS·m^{-1} 盐分浓度下含量最高，之后显著降低（图 11-4）。当盐分浓度为 13.23dS·m^{-1} 时，'中棉所 44''苏棉 12 号'可溶性蛋白含量分别较对照降低 30.3%、45.1%（2008 年）和 25.4%、34.2%（2009 年）。

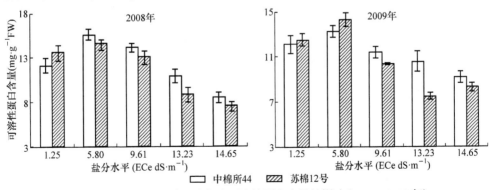

图 11-4　土壤盐分对棉花功能叶可溶性蛋白含量的影响（2008～2009 年）

随盐分浓度增加,棉花功能叶 SOD、CAT 活性呈先上升后降低的变化,分别在 5.80dS·m^{-1}、9.61dS·m^{-1} 盐分浓度下活性最高,之后显著降低;POD 活性变化品种间差异较大,耐盐性品种'中棉所 44'的 POD 活性在 ECe 13.23dS·m^{-1} 盐分浓度下达最高后趋于稳定,盐敏感性品种'苏棉 12 号'则呈持续升高变化(图 11-5)。盐分胁迫下耐盐性品种'中棉所 44'的 SOD、POD 活性显著高于盐敏感品种'苏棉 12 号',品种间 CAT 活性差异较小。

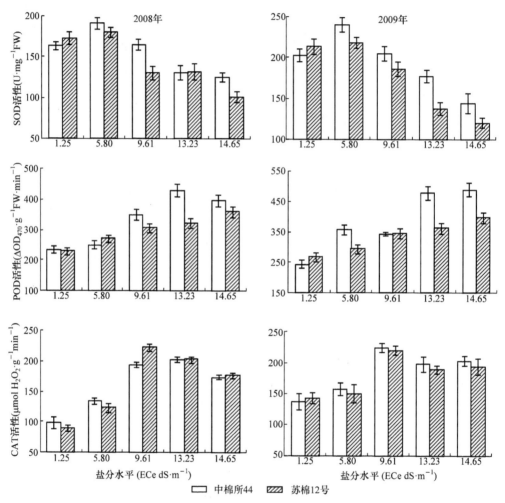

图 11-5 土壤盐分对棉花功能叶抗氧化酶活性的影响(2008~2009 年)

五、棉花内源激素平衡与土壤盐分

(一)内源激素含量

从图 11-6 看出,随盐分浓度升高,棉花功能叶 ABA 含量随土壤盐分浓度增加而逐渐增加,5.80dS·m^{-1} 的盐分浓度对棉花功能叶 ABA 含量影响较小,'中棉所 44''苏棉

12号'分别较相应对照增加18.2%、32.5%(2008年)和28.3%、8.2%(2009年);随盐分浓度增加,ABA含量迅速增加,在14.65dS·m⁻¹盐分浓度下达到最大含量,'中棉所44''苏棉12号'功能叶ABA含量分别较相应对照增加108.4%、199.3%(2008年)和189.8%、250.1%(2009年)。

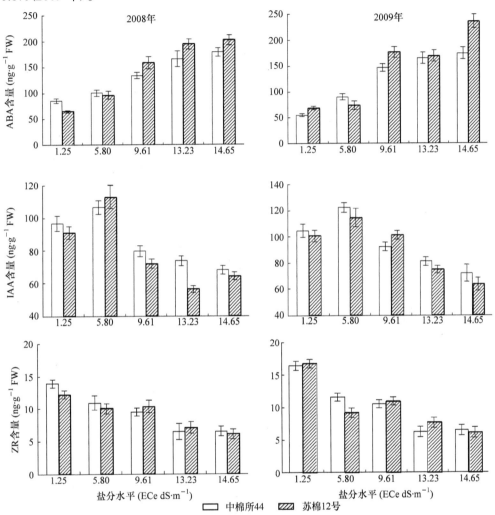

图11-6 土壤盐分对棉花功能叶内源激素含量的影响(2008~2009年)

IAA、GA_3含量随盐分浓度增加呈先上升后降低的变化,在5.80dS·m⁻¹盐分浓度下达最高,此时耐盐品种'中棉所44'、盐敏感品种'苏棉12号'IAA含量分别较对照增加10.3%、14.6%(2008年)和18.4%、15.6%(2009年),GA_3含量分别较对照增加13.2%、14.1%(2008年)和10.3%、8.8%(2009年);随盐分浓度继续增加,IAA、GA_3含量显著降低,在14.65dS·m⁻¹盐分浓度下,'中棉所44''苏棉12号'IAA含量分别较对照降低31.3%、34.2%(2008年)和35.4%、39.8%(2009年),GA_3含量分别较对照降低34.2%、51.3%(2008年)和33.2%、50.4%(2009年)。说明高盐胁迫下耐盐品种可以通过维持叶片中相对稳定的IAA、GA_3含量来适应盐胁迫，以促进棉株生长，耐盐性较弱的品种调节能力较差。

盐分胁迫下 ZR 含量迅速降低，当降低到一定量后趋于稳定，且品种间差异较小，表明品种间耐盐性差异不是由 ZR 含量变化导致。

(二) 内源激素平衡

随盐分浓度增加，棉花功能叶 IAA/ABA、GA$_3$/ABA、ZR/ABA 值均持续降低，耐盐品种'中棉所44'的比值始终高于盐敏感品种'苏棉12号'，表明相对较高的 IAA/ABA、GA$_3$/ABA、ZR/ABA 比值是品种耐盐的特征(表 11-1)。

表 11-1　土壤盐分对棉花功能叶内源激素平衡的影响(2008~2009 年)

品种	盐分浓度 (dS·m^{-1})	2008 年			2009 年		
		IAA/ABA	GA$_3$/ABA	ZR/ABA	IAA/ABA	GA$_3$/ABA	ZR/ABA
中棉所 44	1.25	1.134a	0.556a	0.163a	1.897a	0.928a	0.298a
	5.80	0.813b	0.263b	0.114b	1.108b	0.384b	0.096b
	9.61	0.595c	0.281b	0.071c	0.629c	0.212c	0.072b
	13.23	0.363d	0.138c	0.031d	0.491cd	0.213c	0.038c
	14.65	0.391d	0.136c	0.041d	0.414d	0.168d	0.042c
苏棉 12 号	1.25	1.408a	0.760a	0.189a	1.462a	0.684a	0.243a
	5.80	0.748b	0.238b	0.053b	1.201b	0.362b	0.092b
	9.61	0.519c	0.229b	0.076c	0.523c	0.214c	0.062c
	13.23	0.288d	0.133c	0.039cd	0.443d	0.236c	0.045cd
	14.65	0.317d	0.099c	0.030d	0.269e	0.114d	0.026d

注：同列中不同小写字母表示在 0.05 水平差异显著

综上，土壤盐分影响了棉花体内离子分布，随盐分浓度升高，棉花各器官 Na$^+$、Cl$^-$、Mg^{2+} 含量升高，K$^+$、Ca^{2+} 含量降低，K$^+$/Na$^+$、Ca^{2+}/Na$^+$、Mg^{2+}/Na$^+$ 的值降低，尽管 K$^+$ 含量呈降低趋势，但叶片 K$^+$ 含量并未超出生理需求临界浓度。随盐分浓度升高，根系向茎枝选择性运输 K$^+$、Ca^{2+}、Mg^{2+} 的能力降低，但是茎枝向叶片及蕾花铃选择性运输 K$^+$、Ca^{2+}、Mg^{2+} 的能力提高，这使得叶片和蕾花铃中 K$^+$/Na$^+$、Ca^{2+}/Na$^+$、Mg^{2+}/Na$^+$ 的值在高盐浓度下不至于下降过多。茎枝是棉花重要的离子库，通过输出 K$^+$、Ca^{2+}、Mg^{2+} 和纳入 Na$^+$ 来提高耐盐性，但是棉株不能有效控制 Cl$^-$ 向叶片运输，致使叶片 Cl$^-$ 含量较高。耐盐品种'中棉所 44'茎枝截留 Na$^+$ 的能力、叶片拒 Cl$^-$ 的能力及茎枝向叶片选择性运输 K$^+$、Ca^{2+}、Mg^{2+} 的能力较强，是其耐盐性较高的重要原因。随土壤盐分浓度增加，耐盐品种'中棉所 44' IAA、GA$_3$ 含量低于'苏棉 12 号'，品种间 ZR 含量差异较小，IAA/ABA、GA$_3$/ABA、ZR/ABA 的值下降，耐盐品种'中棉所 44'的比值高于盐敏感品种'苏棉 12 号'。

第二节　棉花功能叶脂质过氧化和光合特性与土壤盐分

棉花是盐碱地种植的先锋作物，叶片是进行光合作用的主要器官，生物膜则是盐害的敏感部位之一，脂肪酸作为膜的重要部分，其各组分比例影响生物膜的流动性及稳定性，从而改变膜的通透性及膜蛋白的活性，脂氧合酶(LOX)可以催化膜脂脂肪酸降解，影响生物膜的结构与功能。此外，膜脂脂肪酸不饱和度增加提高植物耐冷性，增强 PSⅡ的稳定性，从而有利于光合作用的进行。作物产量品质形成是光合作用的结果，改善作物功能叶的光合性能是提高产量品质的生理基础。作物光合作用日变化是在一天内各种生理生态因子综合效应的最终反应，其结果可作为分析产量限制因素的重要依据。那么，盐胁迫下膜脂组分及饱和度的变化与作物的光合性能关系如何，目前仍缺少相应报道。同时，研究土壤盐分浓度变化对棉花叶片光合作用日变化的影响，对于采取有效的调控措施提高盐碱地棉花产量品质具有指导意义。

一、棉花功能叶脂肪酸构成与土壤盐分

从表 11-2 看出，棉花功能叶中脂肪酸以棕榈酸(C16:0)、硬脂酸(C18:0)、油酸(C18:1)、亚油酸(C18:2)和亚麻酸(C18:3)为主，其中棕榈酸、亚油酸和亚麻酸含量占总脂肪酸的 95%左右。在土壤盐分作用下，棉花功能叶饱和脂肪酸(棕榈酸和硬脂酸)和低度不饱和脂肪酸(油酸)含量升高，高度不饱和脂肪酸(亚油酸和亚麻酸)含量降低，短链脂肪酸(十六碳酸)含量升高，而长链脂肪酸(十八碳酸)含量降低，不饱和脂肪酸与饱和脂肪酸含量比值升高，双键指数降低。品种间膜脂脂肪酸组成变化对土壤盐分浓度变化的响应存在差异，'中棉所 44'脂肪酸组成相对稳定，且不饱和脂肪酸含量高于相应处理的'苏棉12号'，而饱和脂肪酸含量低于'苏棉12号'。

表 11-2 土壤盐分对棉花功能叶膜脂脂肪酸组成的影响(2008～2009 年)

年份	品种	盐分浓度 (dS·m⁻¹)	脂肪酸组成(%)					棕榈酸+硬脂酸	油酸+亚油酸+亚麻酸 SFA	不饱和脂肪酸/饱和脂肪酸 UFA/SFA	双键指数
			棕榈酸 C16:0	硬脂酸 C18:0	油酸 C18:1	亚油酸 C18:2	亚麻酸 C18:3				
2008	中棉所44	1.25	21.55e	3.11d	3.36e	8.99cd	62.99a	24.66def	75.34abc	0.33def	210.31a
		5.80	21.93e	1.22f	4.41d	9.33c	63.11a	23.15f	76.85a	0.30f	212.40a
		9.65	22.77d	2.36e	5.02cd	9.58c	60.27ab	25.13de	74.87abc	0.34de	204.99ab
		13.23	23.98c	2.26e	5.66c	8.44d	59.66bc	26.24cd	73.76bcd	0.36cd	201.52bc
		14.65	23.02d	4.15c	6.78b	7.21e	58.84bc	27.17bc	72.83cd	0.37c	197.72cd
	苏棉12号	1.25	20.47f	2.39e	4.88cd	11.24a	61.02ab	22.86f	77.14a	0.30f	210.42a
		5.80	21.32e	2.46e	5.33c	10.33b	60.56ab	23.78ef	76.22a	0.31ef	207.67ab
		9.65	24.55bc	4.34c	5.56c	8.22d	57.33c	28.89b	71.11de	0.41b	193.99d
		13.23	25.52a	6.05b	6.78b	7.43e	54.22d	31.57a	68.43e	0.46a	184.30e
		14.65	25.02ab	6.62a	7.88a	7.03e	53.45d	31.64a	68.36e	0.46a	182.29e
2009	中棉所44	1.25	20.70d	1.39f	4.36f	9.77b	63.77a	22.10f	77.90a	3.53a	215.21a
		5.80	20.67d	1.52f	4.26f	9.70b	63.49a	22.19f	77.81a	3.51a	214.97b
		9.65	21.88c	2.03e	5.11e	8.86c	62.12b	23.90cd	76.10cd	3.18cd	209.20b
		13.23	21.94c	2.80e	6.08d	8.27de	60.91c	23.86cd	76.14cd	3.19cd	209.46b
		14.65	22.58b	3.58b	6.84b	7.95e	59.05de	26.15b	73.85e	2.82e	199.91d

续表

年份	品种	盐分浓度 (dS·m⁻¹)	脂肪酸组成(%)					棕榈酸+硬脂酸	油酸+亚油酸+亚麻酸 SFA	不饱和脂肪酸/饱和脂肪酸 UFA/SFA	双键指数
			棕榈酸 C16:0	硬脂酸 C18:0	油酸 C18:1	亚油酸 C18:2	亚麻酸 C18:3				
2009	苏棉12号	1.25	20.92d	2.10e	5.54d	10.40a	61.05c	23.02e	76.98b	3.34b	209.46b
		5.80	21.02d	2.40d	5.85cd	9.83b	60.91c	23.42de	76.58bc	3.27bc	208.22b
		9.65	21.81c	2.48d	6.72b	9.71b	59.29d	24.29c	75.71d	3.12c	204.00c
		13.23	22.90b	3.59b	7.01b	8.41d	58.09e	26.49b	73.51e	2.78e	198.10d
		14.65	24.58a	4.64a	7.67a	7.09f	56.02f	29.22a	70.78f	2.42f	189.90e

注：同列中不同小写字母表示在 0.05 水平差异显著

二、棉花功能叶超氧阴离子产生速率和过氧化氢含量与土壤盐分

在土壤盐分影响下，棉花功能叶超氧阴离子(O^{2-})生成速率和过氧化氢(H_2O_2)含量迅速升高，土壤盐分达到一定浓度后趋于稳定(图 11-7)。

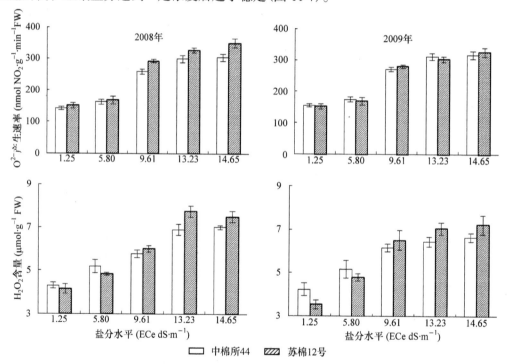

图 11-7 土壤盐分对棉花功能叶超氧阴离子产生速率和过氧化氢含量的影响(2008~2009 年)

三、棉花功能叶脂氧合酶活性和 MDA 含量与土壤盐分

脂氧合酶(LOX)可通过催化多元不饱和脂肪酸的加氧反应促进脂肪酸的氧化，高

浓度的活性氧和 LOX 均能够引起脂质过氧化，而 MDA 是脂质过氧化降解的终产物。从图 11-8 和图 11-9 看出，随土壤盐分浓度升高，LOX 活性和 MDA 含量均逐渐上升，品种间差异在土壤盐分浓度低于 5.80dS·m^{-1} 时较小，随盐分浓度升高差异趋于明显，耐盐品种'中棉所 44'的 LOX 活性和 MDA 含量明显高于相应处理的盐敏感品种'苏棉 12 号'。

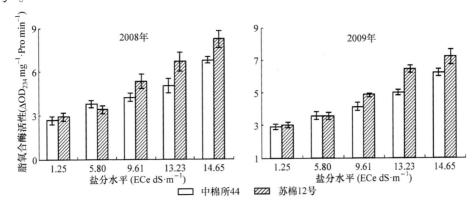

图 11-8　土壤盐分对棉花功能叶脂氧合酶活性的影响（2008～2009 年）

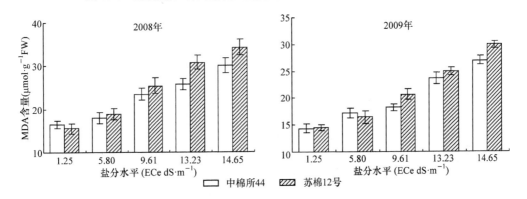

图 11-9　土壤盐分对棉花功能叶 MDA 含量的影响（2008～2009 年）

四、棉花功能叶净光合速率、最大光化学效率和 PSⅡ 量子产量与土壤盐分

从图 11-10 看出，在低于 5.80dS·m^{-1} 土壤盐分浓度下，棉花功能叶净光合速率（P_n）变化较小，随盐分浓度继续升高 P_n 显著降低，且降低幅度逐渐增大。最大光化学效率（F_v/F_m）反映 PSⅡ 反应中心最大光能转化效率，F_v/F_m 的降低表明作物受到光抑制，$\Phi_{PSⅡ}$ 代表 PSⅡ 非环式电子传递效率或光能捕获效率，反映 PSⅡ 反应中心实际的原初光能转化效率。随土壤盐分浓度增加，F_v/F_m 和 $\Phi_{PSⅡ}$ 变化趋势与 P_n 相似。品种间 P_n、F_v/F_m 和 $\Phi_{PSⅡ}$ 差异在土壤盐分浓度低于 5.80dS·m^{-1} 时较小，随盐分浓度升高差异趋于明显，耐盐品种'中棉所 44' P_n、F_v/F_m 和 $\Phi_{PSⅡ}$ 明显高于相应处理的盐敏感品种'苏棉 12 号'。

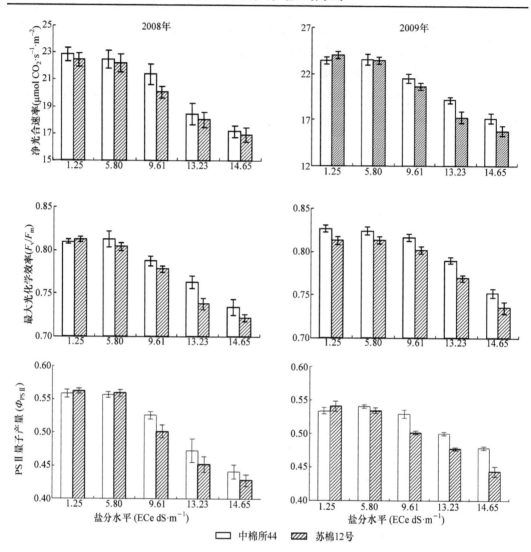

图 11-10 土壤盐分对棉花功能叶净光合速率、最大光化学效率和 PSⅡ 量子产量的影响（2008~2009年）

五、棉花功能叶净光合速率、最大光化学效率和 PSⅡ 量子产量与双键指数的关系

作物叶片不饱和度的改变会影响类囊体膜的功能，进而影响光合作用，双键指数可以反映膜脂不饱和度水平。从图 11-11 看出，土壤盐胁迫下棉花功能叶 P_n、F_v/F_m 和 $\Phi_{PSⅡ}$ 降低，双键指数与 P_n、F_v/F_m 和 $\Phi_{PSⅡ}$ 呈显著正相关，说明盐胁迫下不饱和度的降低增强了 PSⅡ 的光抑制，降低了光能转化效率，导致净光合速率降低。推测盐胁迫下亚油酸和亚麻酸含量的降低导致膜脂不饱和度降低，进而限制了 PSⅡ 复合体内损伤的 D1 蛋白被置换的速度，导致 PSⅡ 光抑制受抑，净光合速率降低。

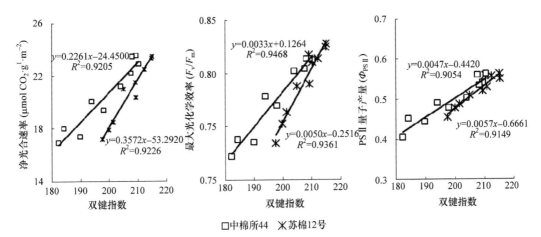

图 11-11 土壤盐分胁迫下棉花功能叶净光合速率、最大光化学效率和PSⅡ量子产量与双键指数的关系(2008~2009年)

综上,土壤盐胁迫下棉花功能叶饱和脂肪酸(棕榈酸和硬脂酸)、低度不饱和脂肪酸(油酸)含量升高,高度不饱和脂肪酸(亚油酸和亚麻酸)含量降低,短链脂肪酸(十六碳酸)含量升高,长链脂肪酸(十八碳酸)含量降低,不饱和脂肪酸与饱和脂肪酸含量比值升高,双键指数降低。土壤盐分浓度低于 13.70dS·m^{-1} 时,膜脂过氧化是活性氧和脂氧合酶共同作用的结果,高于 13.70dS·m^{-1} 时膜脂过氧化主要由脂氧合酶活性升高导致。双键指数的降低增加了棉花叶片PSⅡ的光抑制,降低了光能转化效率,净光合速率降低。耐盐品种'中棉所44'催化脂肪酸氧化能力较弱,有助于维持相对较低的不饱和脂肪酸含量及膜脂过氧化水平。较高的不饱和脂肪酸含量是'中棉所44'功能叶净光合速率高于'苏棉12号'的重要原因之一。

六、棉花功能叶离子含量与土壤盐分

蕾期棉花功能叶离子含量低于花铃期,相同生育期内棉花功能叶 Na^+、Cl^- 含量随土壤盐分浓度增加而持续增加,Mg^{2+} 含量增加到一定量后趋于稳定,K^+、Ca^{2+} 含量则逐渐降低(表11-3)。相同盐分浓度下耐盐品种'中棉所44' K^+、Ca^{2+} 含量高于盐敏感品种'苏棉12号',Na^+、Cl^- 含量则低于'苏棉12号',Mg^{2+} 含量在两个品种间差异较小。

表 11-3 土壤盐分对棉花功能叶离子含量的影响(2007~2008年)

品种	生育时期	盐分水平 (dS·m^{-1})	离子含量(mg·g^{-1} DM)									
			2007年					2008年				
			Na^+	K^+	Ca^{2+}	Mg^{2+}	Cl^-	Na^+	K^+	Ca^{2+}	Mg^{2+}	Cl^-
中棉所44	蕾期	1.25	4.32d	15.99a	57.33a	10.33c	15.74d	5.22e	15.43a	61.55a	11.23c	16.71e
		5.80	6.84c	16.44a	58.01a	11.49bc	18.93c	8.33d	14.22ab	58.44ab	12.88b	21.33d
		9.61	12.11b	14.11b	55.21ab	12.62ab	28.22b	10.91c	12.69bc	58.82ab	13.62ab	26.55c
		13.23	13.04b	11.22c	50.33b	13.05a	30.42b	13.55b	13.35c	54.62ab	13.44ab	32.23b
		14.65	17.44a	8.33d	49.02b	13.33a	36.42a	15.67a	9.02d	53.44b	14.55a	38.44a

续表

品种	生育时期	盐分水平 (dS·m⁻¹)	离子含量(mg·g⁻¹ DM)									
			2007年					2008年				
			Na^+	K^+	Ca^{2+}	Mg^{2+}	Cl^-	Na^+	K^+	Ca^{2+}	Mg^{2+}	Cl^-
中棉所44	花铃期	1.25	4.85d	16.32a	62.39a	10.89c	18.79d	5.96e	17.43a	64.06a	10.22c	17.83e
		5.80	7.69c	16.10a	61.28ab	13.35b	22.11d	8.47d	16.94a	62.53a	14.40b	21.79d
		9.61	13.79b	14.57a	54.57bc	14.29ab	29.44c	10.82c	15.11b	56.77b	16.01a	27.78c
		13.23	15.63b	12.55c	56.97cd	14.79a	37.66b	13.92b	13.02c	53.36bc	15.50ab	35.56b
		14.65	19.32a	9.44d	49.74d	14.38ab	42.33a	17.51a	9.88b	50.50c	16.10a	40.34a
苏棉12号	蕾期	1.25	4.55e	14.88a	56.02a	10.88c	14.88e	6.21d	14.55b	58.44a	10.44c	13.56e
		5.80	7.22d	12.72b	57.21a	11.95b	18.11d	11.37c	12.67b	56.22ab	12.42b	22.57d
		9.61	14.55c	10.44c	52.11b	12.99a	28.21c	15.33b	12.81b	52.33bc	12.01b	31.42c
		13.23	16.13b	9.18d	45.32c	13.63a	34.55b	17.33a	9.97c	47.66c	12.88ab	35.33b
		14.65	18.21a	7.66e	42.33c	13.02a	39.82a	18.22a	8.03d	42.13d	13.88a	40.52a
	花铃期	1.25	4.87e	16.06a	62.02a	11.15b	18.01e	5.20e	17.23a	65.33a	10.83c	18.33e
		5.80	8.84d	15.56a	59.41a	13.19a	24.34d	8.41d	16.12a	61.23ab	14.42b	20.01d
		9.61	14.94c	12.91b	53.01b	14.01a	33.56c	13.56c	14.03b	55.48bc	16.30a	30.99c
		13.23	17.08b	10.24c	51.47b	13.58a	42.33b	17.17b	11.56c	50.61cd	15.80ab	39.11b
		14.65	21.39a	8.17d	46.24c	14.42a	46.66a	19.73a	9.23d	47.90c	15.90ab	43.23a

注：同列中不同小写字母表示在0.05水平差异显著

七、棉花功能叶气体交换参数日变化与土壤盐分

(一) 净光合速率

蕾期、花铃期棉花功能叶净光合速率(P_n)日变化均呈单峰曲线，随盐分浓度增加，盐胁迫下棉花P_n日变化峰值较对照(峰值出现在11:00左右)出现时间提前、峰值降低，当盐分浓度达到13.23dS·m⁻¹(蕾期)和14.65dS·m⁻¹(花铃期)时已无明显峰值出现，P_n持续下降(图11-12)。在同一测定时刻，P_n在品种间的差异在1.25dS·m⁻¹、5.80dS·m⁻¹盐分浓度下较小，随盐分浓度增加差异趋于增大，耐盐品种'中棉所44'的P_n显著高于盐敏感品种'苏棉12号'，品种间差异在14.65dS·m⁻¹盐分浓度时达到最大。

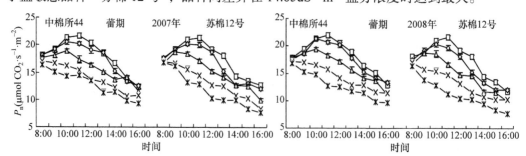

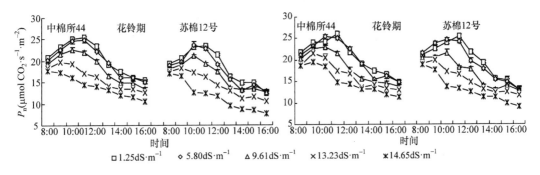

图 11-12 土壤盐分对棉花功能叶净光合速率日变化的影响(2007~2008 年)

(二) 气孔导度

蕾期、花铃期棉花功能叶气孔导度(G_s)日变化呈单峰曲线,随盐分浓度增加,盐胁迫棉花 G_s 日变化峰值较对照(峰值在 10:00~11:00)出现时间提前、峰值降低,盐分浓度达到 13.23dS·m^{-1}(蕾期)和 14.65dS·m^{-1}(花铃期)时已无明显峰值,G_s 持续下降(图 11-13)。在同一测定时刻,G_s 在品种间差异在 9.61dS·m^{-1} 盐分浓度下较大,耐盐品种'中棉所 44'的 G_s 明显高于盐敏感品种'苏棉 12 号'。

(三) 胞间 CO_2 浓度

蕾期、花铃期棉花功能叶胞间 CO_2 浓度(C_i)日变化呈单谷曲线,随盐分浓度增加,盐胁迫棉花 G_s 日变化峰值较对照(谷值在 12:00)谷值出现时间提前、谷值升高(图 11-13)。在同一测定时刻,C_i 在品种间差异在 1.25dS·m^{-1}、5.80dS·m^{-1} 盐分浓度下较小,随盐分浓度升高,C_i 显著升高,差异趋于明显,耐盐品种'中棉所 44'的 C_i 低于盐敏感品种'苏棉 12 号',品种间差异在 14.65dS·m^{-1} 时达到最大。

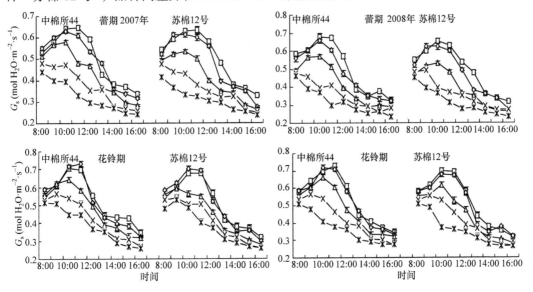

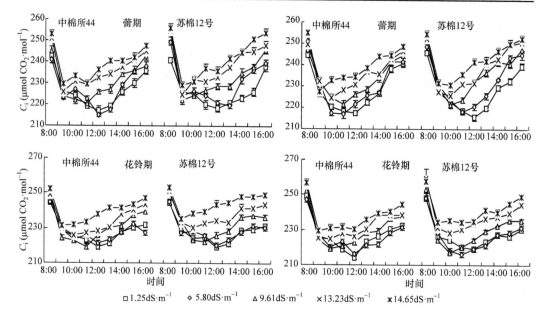

图 11-13 土壤盐分对棉花功能叶气孔导度和胞间 CO_2 浓度日变化的影响（2007～2008 年）

（四）棉花功能叶净光合速率与主要生理生态因子的相关性

8:00～13:00 是大气温度（T_a）和光量子通量密度（PFD）持续增加的时段，也是净光合速率 P_n 变化幅度最大的时段（图 11-12），对此时段内 P_n 与主要生理生态因子的相关性分析结果表明（表 11-4），P_n 与 G_s 呈显著或极显著正相关。随盐分浓度增加，蕾期、花铃期 P_n 与 PFD、T_a 的关系由正相关转为负相关，且相关性逐渐增大，分别在 13.23dS·m⁻¹、14.65dS·m⁻¹ 盐分浓度下达到极显著水平。P_n 与 C_i 的相关性较小。

表 11-4　8:00～13:00 棉花功能叶净光合速率与主要生理生态因子的相关性（2007～2008 年）

生育时期	盐分浓度(dS·m⁻¹)	2007 年				2008 年			
		G_s	C_i	PFD	T_a	G_s	C_i	PFD	T_a
蕾期	1.25	0.812**	-0.439	0.482	0.476	0.669*	-0.615	0.496	0442
	5.80	0.901**	-0.163	0.134	0.148	0746**	-0.507	0.198	0.097
	9.61	0.918**	-0.203	-0.438	-0.462	0.920**	-0.275	-0.370	-0.408
	13.23	0.976**	0.221	-0.838**	-0.859**	0872**	0.111	-0750**	-0.821**
	14.65	0.842**	0.204	-0.851**	-0.842**	0.935**	0.322	-0.894**	-0901**
花铃期	1.25	0.876**	-0.280	0.241	0.029	0.937**	-0.075	1.804	0.406
	5.80	0.786*	-0.408	0.316	0.125	0.889**	0.045	0.958	0.115
	9.61	0.900**	-0.483	-0.071	-0.268	0.922**	-0.138	-0.395	-0.373
	13.23	0.941**	0.091	-0.577	-0.693*	0.900**	-0.124	-0.566	-0.560
	14.65	0.904**	0.186	-0.895**	-0.936**	0.927**	0.216	-0.938**	-0.917**

*、**分别表示在 0.05、0.01 水平相关性显著（$n=12$, $R^2_{0.05}=0.576$, $R^2_{0.01}=0.707$）

八、棉花功能叶叶绿素荧光参数日变化与土壤盐分

(一) 最大光化学效率、PSⅡ量子产量和光化学猝灭系数

棉花功能叶最大光化学效率、PSⅡ量子产量和光化学猝灭系数日变化呈单谷曲线，谷值出现在13:00左右(图11-14)。在同一测定时刻，F_v/F_m、$\Phi_{PSⅡ}$、qP品种间差异在1.25dS·m^{-1}、5.80dS·m^{-1}盐分浓度下较小，F_v/F_m、$\Phi_{PSⅡ}$、qP随盐分浓度增加显著降低，差异趋于明显，耐盐品种'中棉所44'的F_v/F_m、$\Phi_{PSⅡ}$、qP显著高于盐敏感品种'苏棉12号'，品种间差异在14.65dS·m^{-1}时达最大。

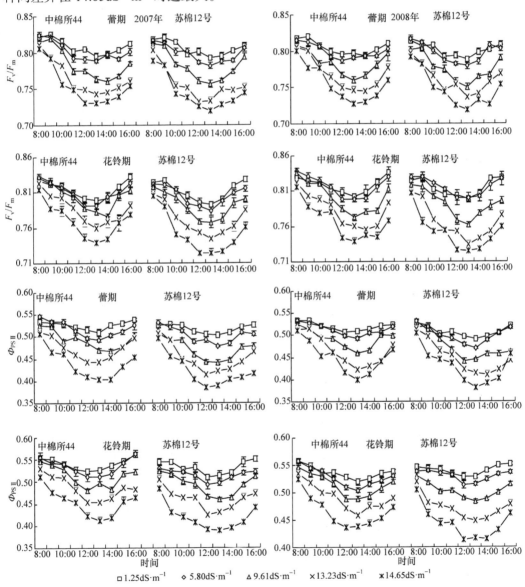

图11-14 土壤盐分对棉花功能叶最大光化学效率和PSⅡ量子产量日变化的影响(2007~2008年)

(二)非光化学猝灭系数

棉花功能叶非光化学猝灭系数日变化呈单峰曲线,峰值出现在13:00左右(图11-15)。在同一测定时刻,qP品种间差异在 1.25dS·m^{-1}、5.80dS·m^{-1} 盐分浓度下较小,qN随盐分浓度增加显著升高,差异趋于明显,耐盐品种'中棉所44'的qN显著高于盐敏感品种'苏棉12号',品种间差异在 14.65dS·m^{-1} 时达最大。

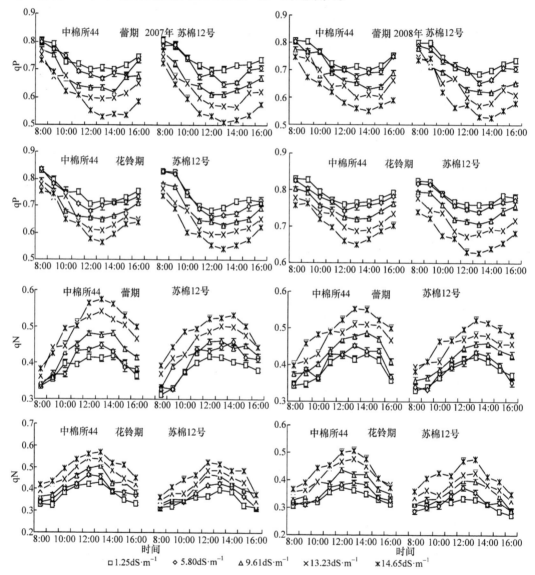

图11-15 土壤盐分对棉花功能叶光化学猝灭系数和非光化学猝灭系数日变化的影响(2007~2008年)

(三)叶绿素荧光参数变化量(8:00与13:00的值之差)与离子含量的相关性

在棉花功能叶叶绿素荧光参数日变化中,8:00~13:00是其变化幅度最大的时段,对此时段内 $\Delta F_v/F_m$、$\Delta \Phi_{PSII}$、ΔqP、ΔqN 与功能叶离子含量的相关性分析结果表明(表11-5):

Na^+、Mg^{2+}、Cl^-含量与 $\Delta F_v/F_m$、$\Delta \Phi_{PSII}$、ΔqP、ΔqN 呈显著或极显著正相关，K^+、Ca^{2+} 含量与 $\Delta F_v/F_m$、$\Delta \Phi_{PSII}$、ΔqP、ΔqN 呈显著或极显著负相关，说明 Na^+、Mg^{2+}、Cl^- 含量的升高及 K^+、Ca^{2+} 含量的降低可以增大叶绿素荧光参数的变化幅度。

表 11-5 棉花功能叶叶绿素荧光参数变化量(8:00 与 13:00 值之差)与离子含量的相关系数(2007~2008 年)

生育时期	离子含量	2007 年				2008 年			
		$\Delta F_v/F_m$	$\Delta \Phi_{PSII}$	ΔqP	ΔqN	$\Delta F_v/F_m$	$\Delta \Phi_{PSII}$	ΔqP	ΔqN
蕾期	Na^+	0.963**	0.941**	0.782**	-0.735*	0.934**	0.946**	0.918**	0.643*
	K^+	-0.883**	-0.912**	-0.644*	0.693*	-0.897**	-0.926**	-0.934**	0.735*
	Ca^{2+}	-0.086**	-0.094**	-0.752**	-0.636*	-0.795**	-0.859**	-0.929**	0.643*
	Mg^{2+}	0.929**	0.885**	0.637*	0.797**	0.784**	0.781**	0.689*	-0.748*
	Cl^-	0.968**	0.942**	0.818**	-0.746*	0.968**	0.957**	0.936**	-0.721*
花铃期	Na^+	0.984**	0.957**	0.864**	-0.939**	0.963**	0.887**	0.980**	-0.971**
	K^+	-0.970**	-0.956**	-0.880**	0.819**	-0.937**	-0.871**	-0.991**	0.978**
	Ca^{2+}	-0.942**	-0.903**	-0.823**	0.862**	-0.974**	-0.892**	-0.975**	0.974**
	Mg^{2+}	0.799**	0.770**	0.722*	-0.904**	0.809**	0.678**	0.774**	-0.778**
	Cl^-	0.983**	0.959**	0.873**	-0.897**	0.973**	0.913**	0.969**	-0.979**

注：Δ 表示 8:00 值与 10:00 值之差

*、** 分别表示在 0.05、0.01 水平相关性显著($n=10$，$R^2_{0.05}=0.632$，$R^2_{0.01}=0.765$)

综上，土壤盐胁迫下棉花功能叶饱和脂肪酸(棕榈酸和硬脂酸)、低度不饱和脂肪酸(油酸)含量升高，高度不饱和脂肪酸(亚油酸和亚麻酸)含量降低，短链脂肪酸(十六碳酸)含量升高，长链脂肪酸(十八碳酸)含量降低，不饱和脂肪酸与饱和脂肪酸含量比值升高，双键指数降低。土壤盐分浓度低于 13.70dS·m^{-1} 时，膜脂过氧化是活性氧和脂氧合酶共同作用的结果，高于 13.70dS·m^{-1} 时，膜脂过氧化主要由脂氧合酶活性升高导致。双键指数的降低增加了棉花 PSⅡ 的光抑制，降低了光能转化效率，净光合速率降低。耐盐品种'中棉所 44'催化脂肪酸氧化能力较弱，有助于维持相对较低的不饱和脂肪酸含量及膜脂过氧化水平。较高的不饱和脂肪酸含量是'中棉所 44'功能叶净光合速率高于'苏棉 12 号'的重要原因之一。此外，棉花功能叶净光合速率和光化学效率降低，净光合速率和叶绿素荧光参数日变化趋势改变，增大了棉花对日间光辐射强度、温度的敏感程度。耐盐品种'中棉所 44'可通过较强的拒 Na^+、Cl^- 和保 K^+、Ca^{2+} 作用，保证了 PSⅡ 反应的相对稳定，较高的热耗散能力是其在盐胁迫下保持相对较高 P_n 的重要原因。

第三节 棉花根系生理特性与土壤盐旱耦合

棉花是盐碱地种植的先锋作物，根系是最早感受逆境胁迫信号，并产生相应的生理反应，继而影响地上部生长发育的组织。因此，研究土壤盐分与干旱耦合胁迫下棉花根系生理特性变化对于规避棉花胁迫伤害具有重要意义。

一、棉花根系生物量、根冠比与盐旱耦合

在土壤盐分、干旱、盐分与干旱耦合胁迫下，棉花根系生物量显著降低，以盐旱耦

合胁迫最大、干旱胁迫次之、盐胁迫最小,如 2008 年试验棉花花铃期根系生物量耐盐品种'中棉所 44'较对照分别降低 23.1%、35.3%、45.7%,盐敏感品种'苏棉 12 号'较对照分别降低 33.1%、45.3%、51.4%(表 11-6)。胁迫后,根冠比升高,表明地上部受胁迫影响较根系大。对根冠比的影响以干旱、盐旱耦合胁迫较大,盐胁迫相对较小,'中棉所 44'在胁迫下能保持相对较高的根冠比。

表 11-6 土壤盐分、干旱及其耦合胁迫对棉花根系生物量和根冠比的影响(2008~2009 年)

品种	处理	2008 年						2009 年					
		根生物量(g·株$^{-1}$)			根冠比			根生物量(g·株$^{-1}$)			根冠比		
		蕾期	花铃期	吐絮期	蕾期	花铃期	吐絮期	蕾期	花铃期	吐絮期	蕾期	花铃期	吐絮期
中棉所 44	对照 SRWC (75±5)%	12.3a	17.3a	19.2a	0.32b	0.17b	0.13d	13.3a	19.8a	21.4a	0.32ab	0.16c	0.15c
	干旱胁迫	7.8b	11.2c	12.2c	0.34a	0.25a	0.22a	8.9b	13.2c	14.8c	0.33ab	0.23a	0.21a
	盐胁迫	8.4b	13.3b	14.6b	0.31b	0.19b	0.18c	9.4b	15.6b	16.8b	0.30b	0.19b	0.18b
	盐旱耦合	7.2b	9.4d	10.5b	0.34a	0.26a	0.24a	8.3b	10.8d	12.5b	0.35a	0.25a	0.23a
苏棉 12 号	对照 SRWC (75±5)%	12.8a	18.1a	19.8a	0.34b	0.17b	0.14d	12.8a	20.3a	22.9a	0.33b	0.17c	0.14c
	干旱胁迫	8.3b	9.9c	10.5c	0.37a	0.28a	0.25a	8.8b	12.8b	13.4c	0.36a	0.31a	0.26a
	盐胁迫	8.1b	12.1b	13.4b	0.35b	0.23c	0.19c	9.1b	14.2b	15.8b	0.32b	0.25b	0.21b
	盐旱耦合	6.9c	8.8d	9.9c	0.37a	0.31a	0.28a	7.8c	10.1d	11.1d	0.36a	0.33a	0.27a

注:同列中不同小写字母表示在 0.05 水平差异显著

二、棉花根系 MDA 含量、抗氧化酶活性、质膜 ATP 酶活性与盐旱耦合

土壤盐旱胁迫下棉花根系 MDA 含量显著升高,不同类型胁迫间差异显著,以盐旱耦合胁迫 MDA 含量最高、干旱胁迫次之、盐胁迫最低,品种间、生育时期间变化趋势一致(图 11-16)。

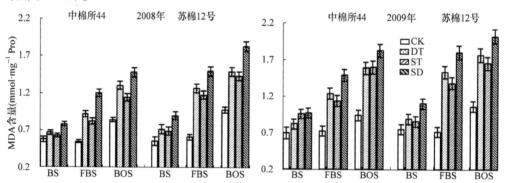

图 11-16 土壤盐分、干旱及其耦合胁迫对棉花根系 MDA 含量的影响(2008~2009 年)

CK、ST、DT、SD 分别表示 SRWC(75±5)%、盐胁迫(土壤含盐量 0.60%,盐分设置是将碳酸钠、碳酸氢钠、氯化钠、氯化钙、氯化镁、硫酸镁、硫酸钠 7 种盐等摩尔混合掺入风干的基础土壤中)、干旱胁迫[SRWC(45±5)%]、盐旱耦合胁迫(ST+DT),BS、FBS、BOS 分别表示蕾期、花铃期、吐絮期

在土壤盐旱胁迫下，蕾期棉花根系抗氧化酶（SOD、CAT 和 POD）活性处理间差异相对较小，随生育期推迟酶活性逐渐降低，处理间差异增大，花铃期、吐絮期 SOD、CAT、POD 活性均以对照最高，干旱胁迫和盐胁迫次之，盐旱耦合胁迫最低，耐盐品种'中棉所 44'SOD、POD 活性高于盐敏感品种'苏棉 12 号'，CAT 活性品种间差异较小（图 11-17）。

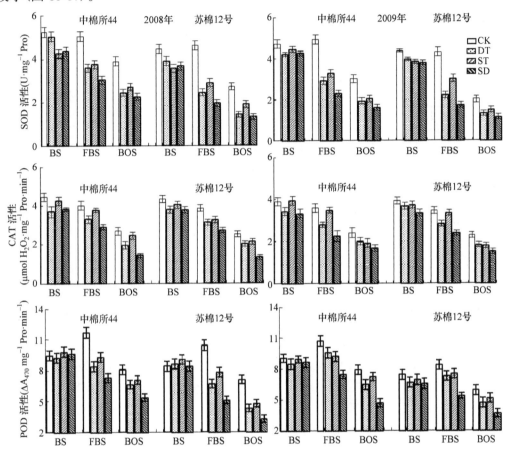

图 11-17　土壤盐分、干旱及其耦合胁迫对棉花根系抗氧化酶活性的影响（2008～2009 年）

CK、ST、DT、SD 分别表示 SRWC（75±5）%、盐胁迫（土壤含盐量 0.60%，盐分设置是将碳酸钠、碳酸氢钠、氯化钠、氯化钙、氯化镁、硫酸镁、硫酸钠 7 种盐等摩尔混合掺入风干的基础土壤中）、干旱胁迫[SRWC（45±5）%]、盐旱耦合胁迫（ST+DT），BS、FBS、BOS 分别表示蕾期、花铃期、吐絮期

随生育期推进，对照棉花根系质膜 H^+-ATPase、Ca^{2+}-ATPase 活性呈先升高后降低变化，在花铃期达最高活性，干旱胁迫、盐胁迫和盐旱耦合胁迫下棉花根系质膜 H^+-ATPase、Ca^{2+}-ATPase 活性呈持续降低变化，相同生育期内酶活性变化基本一致，均表现为对照>盐胁迫>干旱胁迫>盐旱耦合胁迫（图 11-18）。耐盐品种'中棉所 44'根系质膜 H^+-ATPase、Ca^{2+}-ATPase 活性高于盐敏感品种'苏棉 12 号'。

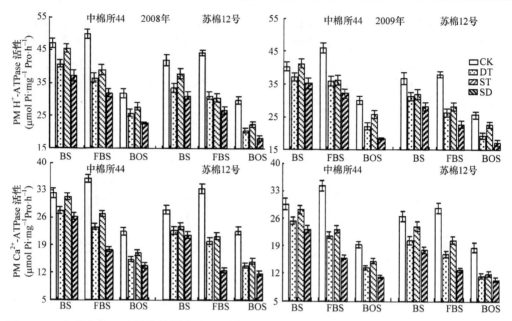

图 11-18　土壤盐分、干旱及其耦合胁迫对棉花根系质膜 H^+-ATPase、Ca^{2+}-ATPase 活性的影响
(2008~2009 年)

CK、ST、DT、SD 分别表示 SRWC(75±5)%、盐胁迫(土壤含盐量 0.60%,盐分设置是将碳酸钠、碳酸氢钠、氯化钠、氯化钙、氯化镁、硫酸镁、硫酸钠 7 种盐等摩尔混合掺入风干的基础土壤中)、干旱胁迫[SRWC(45±5)%]、盐旱耦合胁迫(ST+DT),BS、FBS、BOS 分别表示蕾期、花铃期、吐絮期；PM. 质膜

三、棉花根系活力与盐旱耦合

土壤盐旱胁迫下棉花根系活力随生育期推进显著降低,不同生育时期不同胁迫处理间变化基本一致,表现为对照>盐胁迫>干旱胁迫>盐旱耦合胁迫(图 11-19)。品种间根系活力差异在花铃期、吐絮期较大,盐胁迫、干旱胁迫和盐旱耦合胁迫下'中棉所 44'根系活力显著高于'苏棉 12 号'。

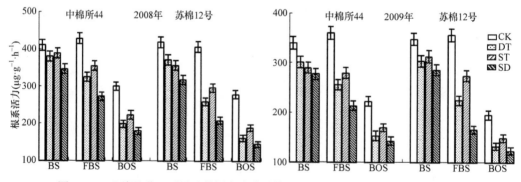

图 11-19　土壤盐分、干旱及其耦合胁迫对棉花根系活力的影响(2008~2009 年)

CK、ST、DT、SD 分别表示 SRWC(75±5)%、盐胁迫(土壤含盐量 0.60%,盐分设置是将碳酸钠、碳酸氢钠、氯化钠、氯化钙、氯化镁、硫酸镁、硫酸钠 7 种盐等摩尔混合掺入风干的基础土壤中)、干旱胁迫[SRWC(45±5)%]、盐旱耦合胁迫(ST+DT)；BS、FBS、BOS 分别表示蕾期、花铃期、吐絮期

四、棉花根系质膜磷脂、糖脂含量变化与盐旱耦合

土壤盐旱胁迫下,棉花根系质膜磷脂含量显著下降,糖脂含量显著升高。与对照相比,磷脂含量下降幅度和糖脂含量升高幅度均在盐旱耦合胁迫下最大、干旱胁迫次之、盐胁迫最小(表 11-7)。不同胁迫处理品种间磷脂含量差异较小,耐盐品种'中棉所 44'糖脂含量始终高于盐敏感品种'苏棉 12 号'。

表 11-7 土壤盐分、干旱及其耦合胁迫对花铃期棉花根系质膜磷脂、糖脂含量($\mu mol\ Pi \cdot mg^{-1}\ Pro \cdot h^{-1}$)的影响(2008~2009 年)

品种	处理	2008 年			2009 年		
		磷脂	糖脂	磷脂/糖脂	磷脂	糖脂	磷脂/糖脂
中棉所 44	对照 SRWC(75±5)%	3.91a	1.44c	2.72a	3.83a	1.51d	2.54a
	干旱胁迫	3.31c	1.83b	1.81c	3.41c	1.88b	1.81c
	盐胁迫	3.55b	1.74b	2.04b	3.61b	1.69c	2.13b
	盐旱耦合	3.04d	2.33a	1.30d	3.12d	2.44a	1.27d
苏棉 12 号	对照 SRWC(75±5)%	3.98a	1.02c	3.90a	3.91a	1.11c	3.52a
	干旱胁迫	3.42b	1.65b	2.07b	3.52b	1.71b	2.05c
	盐胁迫	3.51b	1.62b	2.16b	3.66b	1.61b	2.27b
	盐旱耦合	3.01c	2.12a	1.42c	3.15c	2.18a	1.44d

注:同列中不同小写字母表示在 0.05 水平差异显著

土壤盐旱胁迫下,磷脂/糖脂的比值显著降低,在盐旱耦合胁迫下最低、盐胁迫下最高,如 2008 年试验干旱胁迫、盐胁迫、盐旱耦合胁迫下,花铃期棉花根系磷脂/糖脂的比值'中棉所 44'和'苏棉 12 号'分别较对照降低 33.5%和 45.5%、25.1%和 43.4%、52.1%和 62.7%,'中棉所 44'具有相对稳定的磷脂/糖脂值。

五、棉花根系质膜脂肪酸组分与盐旱耦合

棉花根系质膜脂肪酸以棕榈酸(C16:0)、硬脂酸(C18:0)、油酸(C18:1)、亚油酸(C18:2)和亚麻酸(C18:3)为主,其中棕榈酸、硬脂酸、亚油酸和亚麻酸的总量占总脂肪酸的 95%以上。土壤盐旱胁迫下,棉花根系不饱和脂肪酸(棕榈酸和硬脂酸)、低度饱和脂肪酸(油酸)含量升高,以盐旱耦合胁迫最高、干旱胁迫次之、盐胁迫最低,高度不饱和脂肪酸(亚油酸和亚麻酸)含量降低,双键指数降低,以盐胁迫最高、干旱胁迫次之、盐旱耦合胁迫最低(表 11-8)。例如,2008 年试验'中棉所 44'和'苏棉 12 号'在干旱、盐分、盐旱耦合胁迫下根系质膜脂肪酸双键指数分别较对照降低 16.1%和 22.1%、9.8%和 16.8%、22.9%和 29.9%。土壤盐旱胁迫下品种间硬脂酸、油酸含量差异较小,棕榈酸、亚油酸、亚麻酸含量差异较大,'中棉所 44'棕榈酸含量低于'苏棉 12 号'、亚油酸和亚麻酸含量高于'苏棉 12 号'。

表 11-8 土壤盐分、干旱及其耦合胁迫对花铃期棉花根系质膜脂肪酸组成的影响(2008～2009 年)

年份	品种	处理	脂肪酸组成(%)					双键指数
			棕榈酸(C16:0)	硬脂酸(C18:0)	油酸(C18:1)	亚油酸(C18:2)	亚麻酸(C18:3)	
2008	中棉所 44	对照 SRWC(75±5)%	38.33d	16.28b	3.34b	24.81a	17.24a	1.92a
		干旱胁迫	42.33b	16.18b	4.15a	21.82c	15.52c	1.61bc
		盐胁迫	40.44c	16.22b	4.33a	22.68b	16.33b	1.74b
		盐旱耦合	43.55a	17.05a	4.07a	20.05d	15.28c	1.49c
	苏棉 12 号	对照 SRWC(75±5)%	41.44c	14.19c	3.94c	24.60a	15.83a	1.83a
		干旱胁迫	44.76ab	16.31ab	4.56b	21.43b	12.94b	1.41b
		盐胁迫	43.73b	15.70b	4.88ab	22.32b	13.37b	1.51b
		盐旱耦合	46.12a	17.36a	5.01a	19.03c	12.48c	1.27c
2009	中棉所 44	对照 SRWC(75±5)%	37.10c	16.81b	2.78a	25.20a	18.11a	1.99a
		干旱胁迫	40.88a	17.17ab	3.42a	22.20c	16.33b	1.67b
		盐胁迫	39.30b	16.90b	2.99b	23.80b	17.01b	1.81b
		盐旱耦合	41.94a	18.25a	3.35a	20.80d	15.66c	1.53c
	苏棉 12 号	对照 SRWC(75±5)%	42.12c	12.23d	3.44b	26.20a	15.41a	1.91a
		干旱胁迫	45.51b	16.05b	4.11a	22.10c	12.23b	1.38bc
		盐胁迫	44.93b	14.83c	4.43a	23.12b	12.71b	1.49b
		盐旱耦合	47.21a	17.68a	4.68a	19.70d	11.40d	1.20c

注：同列中不同小写字母表示在 0.05 水平差异显著

第四节 棉花水分胁迫与土壤盐分

作物水分胁迫指数(crop water stress index, CWSI)是以作物冠层温度与空气温度之差(T_c-T_a)为基础而建立起来的一个综合反映作物-土壤-大气系统特征的参数，当土壤含水量较低时，作物会因受到水分胁迫而关闭部分叶片气孔以减少蒸腾耗水，潜热通量消耗的减少将导致感热通量的增加，从而引起作物冠层温度的升高，与空气温度之差增大。目前 CWSI 被广泛应用于监测作物的水分胁迫。

一、棉田土壤离子含量与土壤盐分

随土壤盐分浓度增加，土壤中可溶性 Na^+、K^+、Ca^{2+}、Mg^{2+}、Cl^-、SO_4^{2-}、HCO_3^-含量持续增加，其中 Na^+、Ca^{2+}、Mg^{2+}、Cl^-、SO_4^{2-}、HCO_3^-含量增加主要是由于土壤所加盐分中含有大量的相应离子，而土壤中 K^+含量增加则是棉株 K^+吸收量降低所致(表 11-9)。随生育期推进，同一盐分浓度下土壤中可溶性 Na^+、K^+、Ca^{2+}、Mg^{2+}、Cl^-、SO_4^{2-}、HCO_3^-

含量呈下降变化，降低幅度在低于 5.80dS·m⁻¹ 盐分浓度时较小，随盐分浓度增加降低幅度逐渐增大。

表 11-9 土壤盐分浓度对棉田土壤含离子含量的影响（2008 年）

生育时期	土壤盐分浓度 (dS·m⁻¹)	离子含量(g·kg⁻¹)						
		HCO_3^-	Cl^-	SO_4^{2-}	Ca^{2+}	Mg^{2+}	K^+	Na^+
苗期	对照 1.25	0.0091e	0.0111e	0.0193e	0.1700e	0.1098e	0.0069e	0.1250e
	5.80	0.0104d	0.0554d	0.0362d	0.4000d	0.1891d	0.0137d	0.3625d
	9.61	0.0131c	0.1365c	0.0610c	0.4720c	0.2097c	0.0200c	0.7125c
	13.23	0.0143b	0.1418b	0.0696b	0.5500b	0.2745b	0.0227b	0.8515b
	14.65	0.0151a	0.1737a	0.0720a	0.5950a	0.3172a	0.0288a	1.0875a
蕾期	对照 1.25	0.0086e	0.0113e	0.0176e	0.1410e	0.0732d	0.0068e	0.0800e
	5.80	0.0095d	0.0456d	0.0286d	0.3815d	0.1542c	0.0113d	0.2722d
	9.61	0.0116c	0.0886c	0.0534c	0.4800c	0.1543c	0.0187c	0.6375c
	13.23	0.0125b	0.1108b	0.0581b	0.5161b	0.2562b	0.0207b	0.8125b
	14.65	0.0137a	0.1586a	0.0672a	0.5616a	0.2928a	0.0275a	1.0250a
花铃期	对照 1.25	0.0056e	0.0119d	0.0168c	0.1200e	0.0632e	0.0068e	0.0625e
	5.80	0.0076d	0.0326c	0.0345b	0.3466d	0.1325d	0.0103d	0.2253d
	9.61	0.0104c	0.0905b	0.0432b	0.4200c	0.1769c	0.0150c	0.5875c
	13.23	0.0110b	0.0959b	0.0480ab	0.4594b	0.2075b	0.0188b	0.6875b
	14.65	0.0119a	0.1489a	0.0600a	0.4900a	0.2135a	0.0237a	0.8875a
吐絮期	对照 1.25	0.0043e	0.0115e	0.0144e	0.1406d	0.0405d	0.0065e	0.0250e
	5.80	0.0070d	0.0316d	0.0240d	0.3066c	0.0793c	0.0068d	0.2125d
	9.61	0.0092c	0.0642c	0.0331c	0.3900b	0.1281b	0.0113c	0.4375c
	13.23	0.0103b	0.0717b	0.0336b	0.3905b	0.1342b	0.0137b	0.6750b
	14.65	0.0110a	0.1294a	0.0480a	0.4200a	0.1575a	0.0225a	0.7750a

注：同列中不同小写字母表示在 0.05 水平差异显著

二、棉花水分胁迫指数的建立

作物水分胁迫指数（CWSI）计算公式如下。

$$CWSI = \frac{(T_c - T_a) - (T_c - T_a)_{ll}}{(T_c - T_a)_{ul} - (T_c - T_a)_{ll}}$$

$$(T_c - T_a)_{ll} = A + B \cdot VPD$$

$$(T_c - T_a)_{ul} = A + B \cdot VPG$$

$$VPD = \left[\exp\left(18.7509 - \frac{4075.16}{236.516 + T_a}\right) \right.$$
$$\left. - \exp\left(18.7509 - \frac{4075.16}{236.516 + T_w}\right) + 0.5(T_a - T_w) \right] \times 0.13329$$

式中，T_c 为作物叶片温度（℃）；T_a 为空气温度（℃）；T_w 为干球温度（℃）；$(T_c-T_a)_{ll}$ 为作物在潜在蒸发状态下的叶气温差（℃），是叶气温差的下限；$(T_c-T_a)_{ul}$ 为作物无蒸腾条件下的叶气温差（℃），是叶气温差的上限；VPG 是指温度为 T_a 时的空气饱和水汽压和温度为 (T_a+A) 时的空气饱和水汽压的差（hPa），A、B 分别为线性回归系数。

从表 11-10 看出，在土壤盐分胁迫下，棉花蒸腾速率在蕾期最低，苗期和吐絮期次之，花铃期最高；在同一生育期内，随土壤盐分浓度增加，棉花叶片蒸腾量显著降低，降低幅度在土壤盐分浓度 5.80～14.65dS·m⁻¹ 时较大，低于 5.80dS·m⁻¹ 时较小；在相同土壤盐分浓度下，盐敏感品种'苏棉 12 号'蒸腾速率明显低于耐盐品种'中棉所 44'，两个品种蒸腾量均在 1.25dS·m⁻¹ 时最大，在 14.65dS·m⁻¹ 时最小。

表 11-10　土壤盐分对棉花功能叶蒸腾速率（mmol H_2O·m⁻²·s⁻¹）的影响（2008～2009 年）

品种	盐分浓度 (dS·m⁻¹)	2008 年				2009 年			
		苗期	蕾期	花铃期	吐絮期	苗期	蕾期	花铃期	吐絮期
中棉所 44	对照 1.25	12.60a	11.43a	12.54a	12.2a	12.33a	11.07a	12.03a	11.93a
	5.80	12.40a	11.23a	12.27a	11.83a	12.07a	11.03a	11.93a	11.87a
	9.61	11.80b	10.43b	11.17b	10.53b	11.33b	10.53b	10.87b	11.13b
	13.23	11.20c	9.50c	10.41c	9.94c	11.00b	9.76c	10.20c	10.09c
	14.65	10.33d	8.13d	10.09d	9.61c	9.88c	8.07d	9.63d	9.45d
苏棉 12 号	对照 1.25	12.23a	11.20a	12.20a	11.88a	11.83a	10.21a	11.23a	11.47a
	5.80	12.20a	10.50b	11.75a	11.33b	11.70a	10.13a	11.10a	11.20a
	9.61	10.67b	9.53c	10.50b	9.90c	10.50b	9.55b	10.07b	10.37b
	13.23	10.13c	9.00d	9.50c	9.56d	10.03c	9.00c	9.47c	9.77c
	14.65	9.30d	8.13e	9.10c	8.84e	9.17d	7.72d	8.70d	8.93d

注：同列中不同小写字母表示在 0.05 水平差异显著

将两年、两个品种试验数据合并，以对照作为充分灌水（即无水分胁迫）来计算水分胁迫指数的下基线方程（图 10-20）。在充分供水条件下，对棉花叶气温差与空气饱和气压差（VPD）进行相关分析并得出棉花水分胁迫指数的下基线方程为

$$(T_c-T_a)_{ll}=-1.6540VPD+1.5143$$

式中，T_c（℃）、T_a（℃）、VPD（hPa）分别代表叶片温度、空气温度、空气饱和气压差。下基线方程的决定系数较高（0.808），校准标准误较小（0.14）。

随土壤盐分浓度增加，棉花叶片含水量呈显著下降变化，水分胁迫程度逐渐加剧。本研究以 14.65dS·m⁻¹ 土壤盐分浓度下叶气温差的最大值定义为水分胁迫指数的下基线，其值为 2.5℃。因此，不同土壤盐分浓度下棉花水分胁迫指数表示为

$$CWSI=\frac{(T_c-T_a)+1.6540VPD-1.5143}{1.6540VPD+0.9875}$$

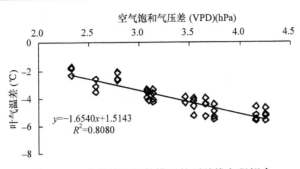

图 11-20 水分胁迫指数模型的下基线方程拟合

三、棉花含水量、净光合速率与土壤盐分

(一)土壤盐分对棉花水分胁迫指数 CWSI 的影响

棉花水分胁迫指数 CWSI 在花铃期最高、蕾期和吐絮期次之、苗期最低;在同一生育时期,随土壤盐分浓度增加而逐渐增大,在盐分浓度低于 5.80dS·m^{-1} 时 CWSI 变化较小,之后显著增大(图 11-21)。

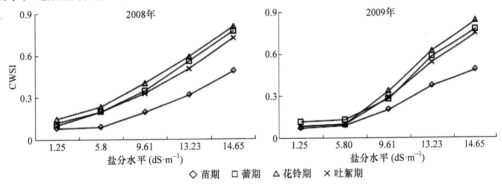

图 11-21 土壤盐分对棉花 CWSI 的影响(2008~2009 年)

(二)土壤盐分对棉花水分含量的影响

棉花功能叶含水量随土壤盐分浓度增加而降低,降低幅度在 5.80~14.65dS·m^{-1} 盐分浓度下较大,低于 5.80dS·m^{-1} 时较小(表 11-11)。棉花含水量在蕾期最低,苗期、花铃期、吐絮期之间差异较小,耐盐品种'中棉所 44'含水量显著高于盐敏感品种'苏棉 12 号'。

表 11-11 土壤盐分对棉花功能叶含水量(%)的影响(2008~2009 年)

品种	盐分浓度 (dS·m^{-1})	2008 年				2009 年			
		苗期	蕾期	花铃期	吐絮期	苗期	蕾期	花铃期	吐絮期
中棉所 44	对照 1.25	81.29a	80.35a	81.34a	81.19b	81.80a	81.16a	81.88a	81.96a
	5.80	81.26a	80.30a	81.78ab	80.90b	81.46a	80.82a	81.56a	81.49b
	9.61	80.03c	79.54b	80.02b	79.50c	80.41b	79.64b	80.51b	80.50c
	13.23	77.99e	77.47d	78.02c	77.98e	78.49d	77.77d	78.55c	78.58e
	14.65	77.39f	76.96e	77.41c	77.44f	77.29e	76.65e	77.31d	77.34f

续表

品种	盐分浓度 (dS·m^{-1})	2008年				2009年			
		苗期	蕾期	花铃期	吐絮期	苗期	蕾期	花铃期	吐絮期
苏棉12号	对照1.25	81.26a	80.20a	81.82a	81.79a	81.64a	81.11a	82.01a	81.97a
	5.80	80.79b	80.12a	80.93a	80.90b	80.43b	80.10b	81.66a	80.52c
	9.61	78.78d	78.28c	78.81b	78.80d	79.37c	79.03c	79.67b	79.68d
	13.23	76.31g	75.91f	76.31c	76.26g	76.04f	75.71f	76.02c	76.06g
	14.65	74.99h	74.31g	75.03c	75.00h	75.27g	74.80g	75.41c	75.34h

注：同列中不同小写字母表示在0.05水平差异显著

(三) 土壤盐分对棉花净光合速率的影响

土壤盐分浓度低于5.80dS·m^{-1}时，棉花功能叶净光合速率P_n变化较小，随土壤盐分浓度增加，P_n显著降低且降低幅度逐渐增大。品种间P_n的差异在低于5.80dS·m^{-1}时较小，随土壤盐分浓度的升高差异趋于明显，耐盐品种'中棉所44'的P_n明显高于相应处理的盐敏感品种'苏棉12号'。蕾期的P_n最低，表明蕾期对土壤盐分的反应较苗期、花铃期和吐絮期更敏感。

(四) 棉花水分胁迫指数与棉花含水量、净光合速率之间的关系

随棉花功能叶含水量降低，CWSI呈上升变化(图11-22)，棉花受水分胁迫程度逐渐加剧，两年趋势基本一致，说明CWSI能很好地反映棉花的水分状况。另外，棉花CWSI与P_n呈显著的负相关关系(图11-22)，同样说明CWSI能很好地反映棉花的水分胁迫状况。

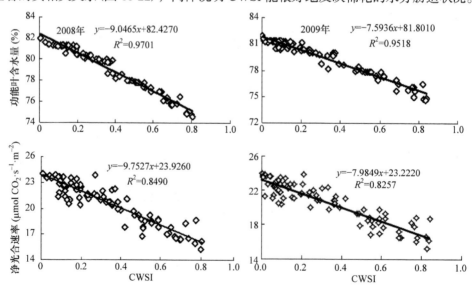

图11-22 不同土壤盐分浓度下棉花CWSI与棉花功能叶含水量、净光合速率之间的关系(2008~2009年)

$n=85$

第三篇　栽培管理措施对棉花产量品质的调控

第十二章 棉花品种基因型与产量品质

棉花产量品质受品种遗传特性、环境及栽培措施调节,棉花品种特性不同,纤维分化、伸长尤其是次生壁加厚发育特性不同,从而显著影响纤维素累积特性,形成产量品质差异。研究棉花品种遗传特性对纤维发育的影响,可为棉花高产优质栽培提供依据。

第一节 不同基因型品种棉铃对位叶生理特性与铃重

棉铃发育所需的养分主要来自其对位果枝叶(即棉铃对位叶)、相邻节位果枝叶和主茎叶,三者中贡献最大的是棉铃对位叶,其光合产物的 85.6%输送给对位铃,是棉铃生物量的主要来源。

一、不同基因型品种棉铃对位叶 C/N 与棉铃生物量积累分配

研究 14 个不同基因型品种棉铃对位叶 C/N 动态变化的结果表明(表 12-1),棉铃对位叶 C/N 随花后时间变化可用 $y=at^2+bt+c$ 表示,其中 y 为棉铃对位叶 C/N,t 为花后天数(d),a、b、c 为常数。

表 12-1 不同基因型品种棉铃对位叶 C/N 随花后天数变化的拟合方程

品种	方程	P	R^2
苏棉 15 号	$y=0.001t^2-0.077t+2.512$	0.023	0.920*
苏棉 17 号	$y=0.003t^2-0.190t+5.137$	0.011	0.951*
苏棉 19 号	$y=0.002t^2-0.169t+5.152$	0.000	0.998**
苏棉 22 号	$y=0.003t^2-0.244t+6.469$	0.014	0.942*
中棉所 29 号	$y=0.001t^2-0.094t+3.645$	0.015	0.940*
中棉所 35 号	$y=0.005t^2-0.398t+9.409$	0.006	0.965**
中棉所 38 号	$y=0.008t^2-0.554t+10.663$	0.013	0.944*
中棉所 39 号	$y=0.003t^2-0.183t+5.294$	0.022	0.921*
中棉所 41 号	$y=0.000t^2-0.030t+2.210$	0.041	0.882*
鲁研棉 15 号	$y=0.001t^2-0.093t+3.375$	0.024	0.916*
鲁研棉 18 号	$y=0.002t^2-0.127t+3.572$	0.018	0.931*
科棉 1 号	$y=0.004t^2-0.305t+7.478$	0.014	0.943*
德夏棉 1 号	$y=0.001t^2-0.092t+4.798$	0.037	0.963*
美棉 33B	$y=0.001t^2-0.095t+3.945$	0.026	0.912*

*、**分别表示在 0.05、0.01 水平相关性显著

对棉铃对位叶 C/N 最大值、最小值和平均值与单铃生物量、铃重、衣分和铃壳率分别进行相关性分析表明(表 12-2),C/N 最大值与单铃生物量、铃重极显著相关,与衣分、铃壳率相关性不显著;C/N 最小值与单铃生物量、铃重、衣分、铃壳率相关性不显著;C/N 平均值与单铃生物量显著相关,与铃重、衣分、铃壳率相关性不显著。说明棉铃对位叶 C/N 变化存在显著的基因型差异,显著影响棉铃生物量积累,但对棉铃生物量分配作用较小。

表 12-2 棉铃对位叶 C/N 变化特征值与单铃生物量、铃重、衣分、铃壳率的相关性

	C/N 最大值	C/N 最小值	C/N 平均值
单铃生物量	0.729**	0.308	0.560*
铃重	0.721**	0.202	0.520
衣分	−0.003	−0.367	−0.261
铃壳率	0.481	0.007	0.258

*、**分别表示在 0.05、0.01 水平相关性显著($n=14, R_{0.05}^2 = 0.533, R_{0.01}^2 = 0.661$)

二、不同基因型品种棉铃对位叶内源保护酶活性与铃重

棉铃对位叶内源保护酶 SOD、POD、CAT 活性高,尤其是棉铃发育中、后期活性高的品种,MDA 含量较低,有利于铃重提高(图 12-1,表 12-3)。

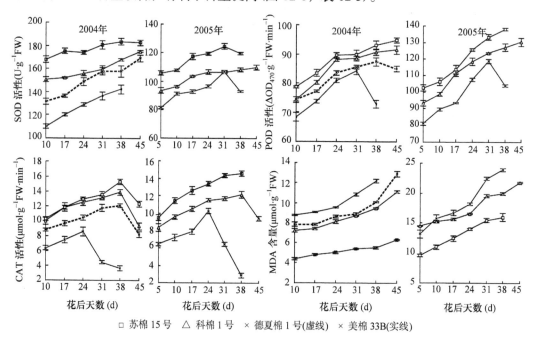

□ 苏棉 15 号 △ 科棉 1 号 × 德夏棉 1 号(虚线) × 美棉 33B(实线)

图 12-1 不同基因型品种棉铃对位叶内源保护酶活性和丙二醛含量的变化(2004~2005 年)

表 12-3 不同基因型品种棉花铃重变化的拟合方程

年份	品种	方程	n	R^2	T_B(d)	V_{maxB}(g·d^{-1})
2004	苏棉 15 号	$W_B=5.906/(1+23.212e^{-0.116t})$	6	0.982**	23	0.171
	科棉 1 号	$W_B=5.887/(1+20.044e^{-0.113t})$	6	0.977**	23	0.166
	德夏棉 1 号	$W_B=4.949/(1+22.556e^{-0.131t})$	6	0.981**	20	0.162
	美棉 33B	$W_B=5.117/(1+22.534e^{-0.124t})$	6	0.983**	21	0.159
2005	苏棉 15 号	$W_B=5.888/(1+47.149e^{-0.159t})$	7	0.963**	17	0.234
	科棉 1 号	$W_B=5.769/(1+44.131e^{-0.147t})$	7	0.962**	18	0.212
	德夏棉 1 号	$W_B=4.892/(1+53.641e^{-0.167t})$	7	0.950**	14	0.204

注：W_B、t、T_B、V_{maxB} 分别表示铃重、花后天数、铃重快速增长期、铃重最大增长速率

**表示在 0.01 水平相关性显著（$n=6$, $R^2_{0.01}=0.841$；$n=7$, $R^2_{0.01}=0.765$）

三、不同基因型品种棉花季节铃对位叶生理特性与铃重

棉铃根据其形成时间可划分为伏前桃、伏桃、秋桃（早秋桃、晚秋桃），由于不同类型棉铃发育所处的外界环境及棉花生理年龄不同，其对位叶生理特性也存在差异，影响铃重的形成。

（一）棉花季节铃对位叶生理特性

1. 棉铃对位叶可溶性蛋白含量 棉铃对位叶可溶性蛋白含量随花后天数增加而下降（图 12-2）。对于不同基因型品种，'美棉 33B''德夏棉 1 号'伏桃对位叶可溶性蛋白含量高于早秋桃、伏前桃，伏前桃含量最低；'科棉 1 号'在棉铃发育后期早秋桃对位叶可溶性蛋白含量下降较快。

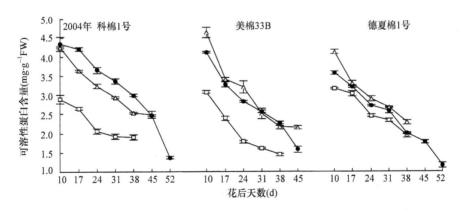

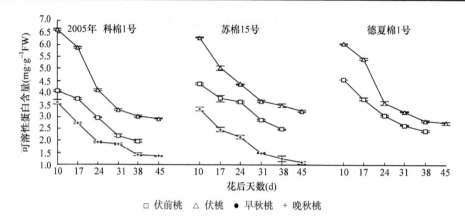

图 12-2 不同基因型品种棉花季节铃对位叶可溶性蛋白含量的变化(2004~2005年)

2. 棉铃对位叶内源保护酶活性和 MDA 含量

(1) SOD 活性　　随花后天数增加,伏桃、伏前桃对位叶 SOD 活性缓慢上升,伏桃酶活性较高;早秋桃 SOD 活性先缓慢上升,花后 38d 时开始迅速下降,酶活性介于伏桃、伏前桃之间(图 12-3)。随开花期推迟,棉铃对位叶 SOD 活性增强,在花后 31d 前晚秋桃酶活性最强、伏桃次之、伏前桃最低;晚秋桃对位叶 SOD 活性在花后 31d 后迅速下降。

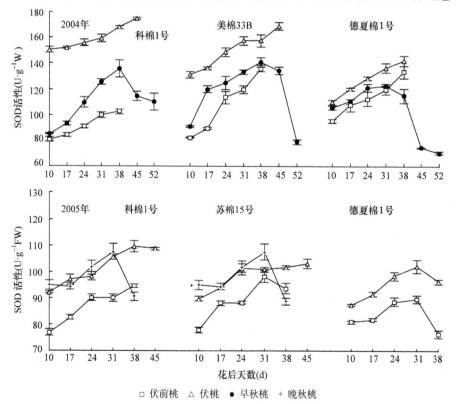

图 12-3 不同基因型品种棉花季节铃对位叶 SOD 活性的变化(2004~2005年)

(2) POD 活性　　随花后天数增加，伏桃、伏前桃对位叶 POD 活性呈缓慢上升变化，伏桃酶活性较高；早秋桃对位叶 POD 活性先缓慢上升，花后 38d 或 45d 后迅速下降，活性介于伏桃与伏前桃之间（图 12-4）。随开花期推迟，棉铃对位叶 POD 活性升高，尤其晚秋桃对位叶 POD 活性明显高于伏桃、伏前桃，伏前桃对位叶 POD 活性最低；晚秋桃对位叶 POD 活性在花后 31d 后迅速下降。

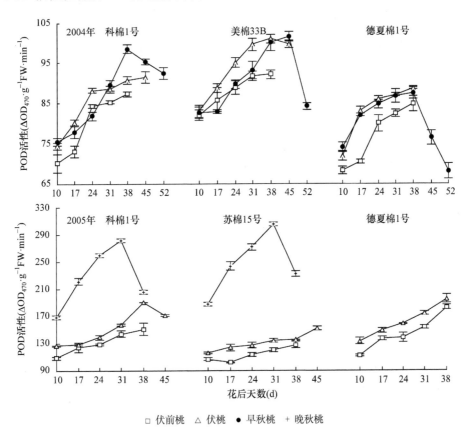

图 12-4　不同基因型品种棉花季节铃对位叶 POD 活性的变化（2004～2005 年）

(3) CAT 活性　　棉铃对位叶 CAT 活性变化与 SOD、POD 一致（图 12-5），伏桃、伏前桃酶活性随花后天数增加缓慢上升，伏桃高于伏前桃。早秋桃 CAT 活性先缓慢上升，花后 31d 后迅速下降，活性介于伏桃与伏前桃之间。随开花期推迟，CAT 活性增强，晚秋桃酶活性略高于伏桃、伏前桃，伏前桃酶活性最低；晚秋桃 CAT 活性约在花后 31d 后迅速下降。

(4) MDA 含量　　棉铃对位叶 MDA 含量随花后天数增加而增加，晚秋桃 MDA 含量高于伏前桃、伏桃，伏前桃 MDA 含量最高、早秋桃其次、伏桃最低（图 12-6）。

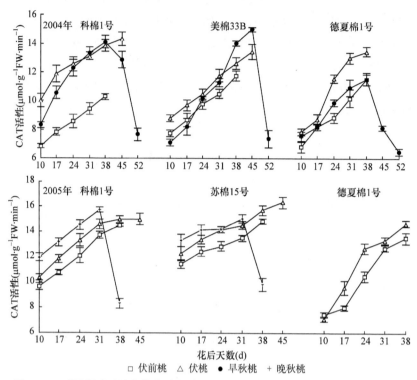

图 12-5 不同基因型品种棉花季节铃对位叶 CAT 活性的变化（2004～2005 年）

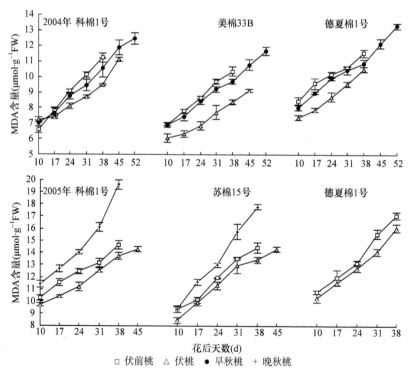

图 12-6 不同基因型品种棉花季节铃对位叶 MDA 含量的变化（2004～2005 年）

(二)棉花季节铃铃重

棉花铃重形成可用 logistic 方程模拟(表 12-4),不同季节铃铃重理论最大值和增长特征值差异较大,伏桃铃重显著大于伏前桃、早秋桃,其铃重快速增长持续期长,最大增长速率大;伏前桃、早秋桃铃重快速增长持续期和最大增长速率差异较小;晚秋桃铃重快速增长持续期较短且最大增长速率较低,最终铃重较小。

表 12-4 不同基因型品种棉花季节铃铃重的差异(2004~2005 年)

年份	品种	季节铃	方程	R^2	$T_B(d)$	$V_{maxB}(g \cdot d^{-1})$
2004	科棉 1 号	伏前桃	$W_B=4.737/(1+38.250e^{-0.147t})$	0.995**	18	0.174
		伏桃	$W_B=5.635/(1+34.017e^{-0.141t})$	0.995**	19	0.199
		早秋桃	$W_B=5.079/(1+32.414e^{-0.143t})$	0.997**	18	0.182
	美棉 33B	伏前桃	$W_B=4.241/(1+48.079e^{-0.163t})$	0.987**	16	0.172
		伏桃	$W_B=4.923/(1+40.385e^{-0.148t})$	0.991**	18	0.182
		早秋桃	$W_B=4.360/(1+49.087e^{-0.163t})$	0.990**	16	0.178
	德夏棉 1 号	伏前桃	$W_B=4.207/(1+40.901e^{-0.172t})$	0.997**	15	0.181
		伏桃	$W_B=4.555/(1+28.510e^{-0.151t})$	0.999**	17	0.172
		早秋桃	$W_B=4.252/(1+28.875e^{-0.159t})$	0.996**	17	0.169
2005	科棉 1 号	伏前桃	$W_B=4.993/(1+69.395e^{-0.195t})$	0.995**	13	0.244
		伏桃	$W_B=5.608/(1+95.589e^{-0.177t})$	0.995**	15	0.248
		晚秋桃	$W_B=3.570/(1+124.212e^{-0.193t})$	0.994**	14	0.173
	苏棉 15 号	伏前桃	$W_B=5.039/(1+42.383e^{-0.170t})$	0.996**	16	0.214
		伏桃	$W_B=6.004/(1+45.233e^{-0.155t})$	0.999**	17	0.233
		晚秋桃	$W_B=3.661/(1+44.790e^{-0.162t})$	0.997**	16	0.149
	德夏棉 1 号	伏前桃	$W_B=4.501/(1+25.406e^{-0.146t})$	0.982**	18	0.164
		伏桃	$W_B=4.516/(1+35.827e^{-0.139t})$	0.993**	19	0.157

**表示在 0.01 水平相关性显著($n=6, R^2_{0.01}=0.841$)

第二节 不同基因型品种棉花纤维素累积与产量品质

成熟棉花纤维素含量在 85% 以上,其中初生壁纤维素含量为 20%~25%,次生壁几乎是纯的纤维素,纤维素累积对纤维发育(特别是次生壁增厚)与产量品质形成有重要意义。基因型是决定纤维分化发育方式的直接原因,纤维产量品质形成主要取决于纤维发育期纤维素累积特性。棉纤维在起始分化、伸长、次生壁加厚时期均存在显著的基因型差异,不同基因型品种成熟纤维的纤维素含量差异较小,但纤维素累积特性的差异,导致棉花最终产量和纤维品质等指标的差异。

一、不同基因型品种棉花纤维素累积特征

(一) 棉花不同果枝部位棉铃纤维素累积

纤维素累积随花后天数变化可用 logistic 方程拟合(表12-3)。

$$y = \frac{y_m}{1+ae^{bt}}$$

式中，y 为纤维素含量(%)；t 为花后天数(d)；y_m 为纤维素累积理论最大值(%)；a、b 为生长参数。

不同基因型品种棉花不同果枝部位棉铃纤维素含量均在80%以上。有研究表明，当纤维素含量达到80%以上时，对纤维品质的影响较小，纤维素累积特性是影响纤维品质的主要原因。分析表12-5中纤维素累积特征值发现，不同基因型品种纤维素累积的差异主要表现在纤维素快速累积期长短和累积速率上，高纤维比强度基因型品种的纤维素快速累积期长于中等纤维强度基因型品种，低纤维强度基因型品种最短；纤维素累积最大速率在不同基因型品种间的差异与此相反。随果枝部位的上升，纤维素累积速率在不同基因型间的差异缩小。由上述分析可以得出，纤维比强度与纤维素快速累积持续期呈正相关，与最大累积速率呈负相关。此外，早熟品种'德夏棉1号'，其纤维素进入快速累积期的时间早于其他供试品种。

表12-5 不同基因型品种棉花不同果枝部位铃纤维素累积特征的差异(2004~2005年)

年份	果枝部位	品种	方程	R^2	n	纤维素快速累积持续期 T(d)	纤维素最大累积速率 V_{max} (%·d^{-1})
2004	下部	科棉1号	$y=86.53/(1+30.178e^{-0.182t})$	0.977**	5	15	3.93
		美棉33B	$y=83.53/(1+55.074e^{-0.203t})$	0.978**	5	13	4.23
		德夏棉1号	$y=81.68/(1+36.850e^{-0.220t})$	0.997**	5	12	4.49
	中部	科棉1号	$y=92.86/(1+29.293e^{-0.133t})$	0.994**	6	20	3.10
		美棉33B	$y=87.83/(1+34.754e^{-0.165t})$	0.980**	6	16	3.63
		德夏棉1号	$y=82.43/(1+48.446e^{-0.228t})$	0.952**	5	12	4.71
	上部	科棉1号	$y=89.22/(1+30.201e^{-0.167t})$	0.993**	6	16	3.73
		美棉33B	$y=82.79/(1+36.537e^{-0.197t})$	0.979**	6	13	4.07
		德夏棉1号	$y=80.03/(1+26.557e^{-0.209t})$	0.981**	5	13	4.18
2005	下部	科棉1号	$y=88.34/(1+26.402e^{-0.156t})$	0.974**	6	17	3.43
		美棉33B	$y=82.64/(1+33.746e^{-0.193t})$	0.994**	6	14	3.99
		德夏棉1号	$y=79.14/(1+34.449e^{-0.206t})$	0.988**	6	13	4.07

续表

年份	果枝部位	品种	方程	R^2	n	纤维素快速累积持续期 $T(d)$	纤维素最大累积速率 V_{max} (%·d^{-1})
2005	中部	科棉1号	$y=87.29/(1+36.790e^{-0.181t})$	0.986**	7	15	3.96
		美棉33B	$y=79.99/(1+29.512e^{-0.206t})$	0.992**	6	13	4.12
		德夏棉1号	$y=75.91/(1+66.616e^{-0.228t})$	0.995**	6	12	4.32
	上部	科棉1号	$y=86.71/(1+30.113e^{-0.162t})$	0.983**	7	16	3.51
		美棉33B	$y=80.60/(1+27.582e^{-0.184t})$	0.977**	7	14	3.71
		德夏棉1号	$y=77.88/(1+48.617e^{-0.186t})$	0.996**	7	14	3.62

注：y、t 分别表示纤维素含量、花后天数

**表示在 0.01 水平相关性显著（$n=5$, $R^2_{0.01}=0.919$; $n=6$, $R^2_{0.01}=0.841$; $n=7$, $R^2_{0.01}=0.765$）

（二）不同基因型品种棉花季节铃纤维素累积

棉花季节铃纤维素累积拟合方法同上（表12-6），伏桃、早秋桃纤维素快速累积持续期长于伏前桃，但快速累积期内纤维素合成最大速率明显小于伏前桃。伏前桃、伏桃、早秋桃纤维素快速累积期开始时间基本一致，'科棉1号''美棉33B'的伏桃、早秋桃进入快速累积期时间略晚于伏前桃。伏前桃、伏桃纤维素快速累积持续期相差不大，但后者纤维素最大累积速率低于前者。晚秋桃进入纤维素快速累积期时间较晚，持续期较长、最大累积速率低，纤维素含量明显低于伏前桃、伏桃。

表12-6 不同基因型品种棉花季节铃纤维素累积特征（2004～2005年）

年份	品种	季节铃	方程	R^2	n	纤维素快速累积持续期 $T(d)$	纤维素最大累积速率 V_{max} (%·d^{-1})
2004	科棉1号	伏前桃	$y=86.53/(1+30.178e^{-0.182t})$	0.977**	5	15	3.93
		伏桃	$y=92.87/(1+29.293e^{-0.133t})$	0.994**	6	20	3.10
		早秋桃	$y=91.44/(1+22.721e^{-0.112t})$	0.974**	7	24	2.55
	美棉33B	伏前桃	$y=83.53/(1+55.074e^{-0.203t})$	0.978**	5	13	4.23
		伏桃	$y=87.84/(1+34.754e^{-0.165t})$	0.980**	6	16	3.63
		早秋桃	$y=86.10/(1+41.011e^{-0.167t})$	0.993**	6	16	3.60
	德夏棉1号	伏前桃	$y=74.80/(1+29.377e^{-0.229t})$	0.991**	5	12	4.28
		伏桃	$y=80.03/(1+26.557e^{-0.209t})$	0.995**	5	13	4.18
		早秋桃	$y=76.32/(1+19.701e^{-0.0.185t})$	0.968**	6	14	3.52
2005	科棉1号	伏前桃	$y=84.75/(1+23.985e^{-0.169t})$	0.983**	5	16	3.57
		伏桃	$y=86.71/(1+30.113e^{-0.162t})$	0.983**	7	16	3.51
		晚秋桃	$y=78.19/(1+50.645e^{-0.150t})$	0.990**	6	18	2.94

续表

年份	品种	季节铃	方程	R^2	n	纤维素快速累积持续期 T(d)	纤维素最大累积速率 V_{max} (%·d^{-1})
2005	苏棉15号	伏前桃	$y=77.14/(1+34.449e^{-0.206t})$	0.988**	6	13	4.07
		伏桃	$y=79.88/(1+48.617e^{-0.186t})$	0.977**	7	14	3.62
		晚秋桃	$y=68.13/(1+48.617e^{-0.186t})$	0.969**	6	14	3.15
	德夏棉1号	伏前桃	$y=79.99/(1+29.512e^{-0.206t})$	0.995**	6	13	4.12
		伏桃	$y=80.60/(1+27.582e^{-0.184t})$	0.996**	7	14	3.71

注：y、t 分别表示纤维素含量、花后天数

**表示在 0.01 水平相关性显著（$n=5$, $R^2_{0.01}=0.919$ ；$n=6$, $R^2_{0.01}=0.841$ ；$n=7$, $R^2_{0.01}=0.765$）

二、不同基因型品种棉花纤维素累积差异与纤维比强度的关系

（一）棉花不同果枝部位铃纤维素累积差异与纤维比强度

比较 14 个纤维比强度差异较大棉花品种纤维素累积与最终纤维比强度发现（表 12-7）：成熟纤维纤维素含量品种间差异较小，但纤维素累积特性存在明显差异，高强纤维形成是以纤维素平缓累积为基础，纤维素累积过快则不利于纤维比强度形成。比较纤维素快速累积期起始和终止时期、最大累积速率及其出现时间、快速累积持续期的变异系数发现，变异系数从大到小依次是：快速累积持续期、最大累积速率、快速累积期起始和终止时期、最大速率出现时间，该趋势在棉花 3 个果枝部位一致。其中，纤维素最大累积速率和快速累积持续期的变异最大，尤其在棉花下部果枝，最大值是最小值的 2 倍，其他 3 个特征值最大与最小值差异小于 50%。说明纤维素累积的基因型差异主要来自纤维素最大累积速率和快速累积持续期的差异，另外 3 个特征值对其影响相对较小。此外，纤维素累积特征值在棉花 3 个果枝部位的变异也有所差异，在棉花下部果枝铃最大、中部最小。

表 12-7 棉花不同果枝部位铃纤维素累积的差异

果枝部位	变异指标	纤维素累积特征值				
		快速累积起始期 (d)	快速累积终止期 (d)	最大累积速率出现时间 (d)	最大累积速率 (%·d^{-1})	快速累积持续期 (d)
下部	最大值	12.23	28.06	19.50	6.36	19.71
	最小值	8.35	20.96	15.82	3.07	9.01
	均值	10.64	24.19	17.42	4.35	13.54
	标准差	1.17	2.27	1.05	0.84	2.94
	变异系数(%)	10.95	9.40	6.03	19.38	21.71
中部	最大值	12.16	26.20	19.18	4.80	17.19
	最小值	8.52	20.57	14.94	3.34	11.26
	均值	10.42	24.70	17.56	3.94	14.28

续表

果枝部位	变异指标	纤维素累积特征值				
		快速累积起始期 (d)	快速累积终止期 (d)	最大累积速率出现时间 (d)	最大累积速率 (%·d^{-1})	快速累积持续期 (d)
中部	标准差	0.88	1.48	1.04	0.33	1.29
	变异系数(%)	8.49	5.99	5.90	8.40	9.03
上部	最大值	12.88	26.74	19.81	5.08	17.56
	最小值	9.18	19.71	14.45	3.05	10.42
	均值	11.03	24.97	18.00	3.92	13.95
	标准差	1.23	1.92	1.32	0.57	1.85
	变异系数(%)	11.16	7.70	7.35	14.45	13.26

在棉花 3 个果枝部位中，纤维素最大累积速率、快速累积持续期与纤维比强度的相关性达显著或极显著水平，前者与纤维比强度呈负相关，后者与纤维比强度呈正相关（表 12-8）。说明纤维素最大累积速率和快速累积持续期对纤维比强度形成起着更为重要的作用，但两者作用方向相反。因此，纤维素最大累积速率和快速累积持续期可作为研究纤维素累积特性及与纤维比强度关系的主要指标。

表 12-8 棉纤维素累积特征值与纤维比强度间的相关性

果枝部位	纤维素累积特征值				
	快速累积起始期	快速累积终止期	最大累积速率出现时期	最大累积速率	快速累积持续期
下部	−0.667**	0.750**	0.442	−0.725**	0.844**
中部	−0.119	0.592*	0.371	−0.597*	0.761**
上部	−0.498	0.462	0.103	−0.760**	0.811**

*、**分别表示在 0.05、0.01 水平相关性显著（$n=14$, $R^2_{0.05}=0.533$, $R^2_{0.01}=0.611$）

(二)不同基因型品种棉花季节铃纤维比强度

纤维比强度从花后 24d 开始迅速提高，不同季节铃差异较大，伏桃、早秋桃提高幅度大于伏前桃，伏桃提高幅度最大、最终纤维比强度最高，伏前桃次之，晚秋桃纤维比强度提高幅度最小、成熟纤维比强度最低(图 12-7)。结合上述不同基因型品种季节铃纤维素累积特性可以看出，伏前桃、伏桃纤维素快速累积持续期长、累积速率平缓，有利于高强纤维形成；虽然早秋桃纤维发育后期所处外界温度条件不及伏前桃有利，且此时棉花衰老，但早秋桃纤维素累积特征优于伏前桃，最终纤维比强度略高于伏前桃；晚秋桃纤维发育阶段日均温降至 20℃以下，且棉花衰老加剧，纤维素合成受阻，纤维品质降低。

由于棉花季节铃铃期日均温存在显著差异，不同基因型品种纤维比强度在季节铃间同样存在较大变异，且季节铃间变异大于果枝部位间，这可能是因为季节铃间存在更大温度差异，不同基因型品种稳定性也存在较大差异。

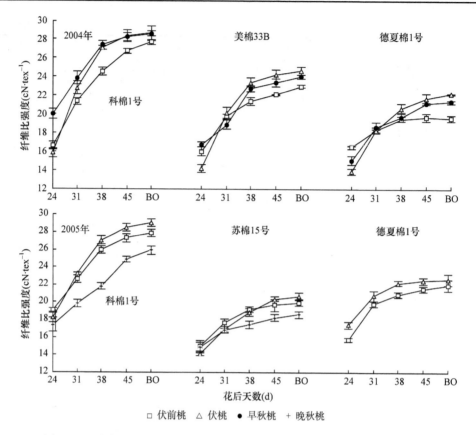

图 12-7 不同基因型品种棉花季节铃纤维比强度形成的差异(2004～2005 年)

BO. 吐絮期

第三节 不同基因型品种棉花纤维发育与产量品质

棉纤维发育是一个复杂的过程,品种基因型不同,纤维分化、伸长、次生壁沉积时期及纤维素累积等也存在着差异,进而影响纤维发育与纤维品质形成。纤维素累积相关物质和酶活性变化的基因型差异是造成纤维素累积特性与纤维品质形成的主要生理原因。

一、不同基因型品种棉花纤维素累积相关物质变化

(一)可溶性糖含量

纤维素合成所需碳源主要是来自棉铃对位叶、经由铃壳—棉籽转运而来的可溶性糖,纤维可溶性糖能否顺利转化及转化多少影响纤维素的累积。纤维可溶性糖含量在花后10d之后呈快速下降的变化,不同基因型品种在年际和果枝部位间变化趋势一致(图 12-8)。品种间差异主要表现在可溶性糖转化率(吐絮前可溶性糖含量较花后 10d 时的减少量占

花后10d时含量的百分比)和吐絮时可溶性糖含量,可溶性糖转化率高有利于纤维素累积;高纤维强度品种'科棉1号'可溶性糖转化率最高(85%~93%)、中等纤维强度'美棉33B'其次、低强纤维品种'德夏棉1号'和'苏棉15号'最低(仅60%左右);'德夏棉1号'和'苏棉15号'吐絮时纤维可溶性糖含量最高、'美棉33B'次之、'科棉1号'最低。

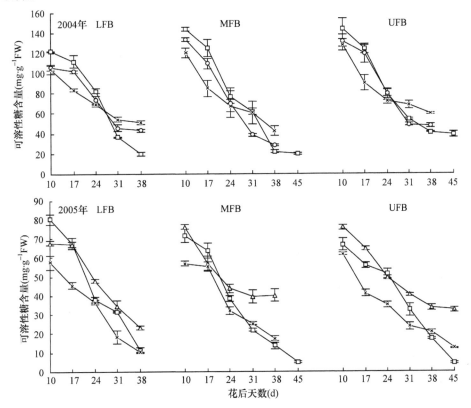

□ 科棉1号　○ 美棉33B　× 德夏棉1号　△ 苏棉15号

图 12-8　不同基因型品种棉纤维可溶性糖含量的变化(2004~2005年)

LFB、MFB、UFB 分别表示棉花下部、中部、上部果枝棉铃

不同基因型品种季节铃纤维可溶性糖含量差异较大,但同一品种均以伏桃可溶性糖转化率最高、早秋桃次之、伏前桃最低,如2004年'科棉1号'伏桃、早秋桃、伏前桃纤维可溶性糖转化率分别为86.4%、84.7%、84.1%(图12-9)。吐絮时纤维可溶性糖含量早秋桃最高、伏前桃与伏桃差异较小,如2005年'科棉1号'晚秋桃可溶性糖转化率最低(仅60.7%),显著低于伏前桃(85.2%)和伏桃(86.4%)。

(二)蔗糖含量

蔗糖是纤维素合成的初始底物,其经催化降解生成的UDPG是合成纤维素的直接底物,蔗糖含量变化影响纤维素合成与累积。不同基因型品种间差异主要表现在纤维蔗糖转化率(吐絮时纤维蔗糖含量较花后 10d 时减少量占花后 10d 时含量百分比)、蔗糖含量峰值出现时间及吐絮时蔗糖含量(图 12-10)，高强纤维品种'科棉 1 号'纤维蔗糖转化率多在 90%以上，其次是中等纤维强度品种'美棉 33B'，低强纤维品种'德夏棉 1 号'和'苏棉 15 号'的转化率最小(60%~80%)；吐絮时'苏棉 15 号'和'德夏棉 1 号'纤维可溶性糖含量最高、'美棉 33B'次之、'科棉 1 号'最低。

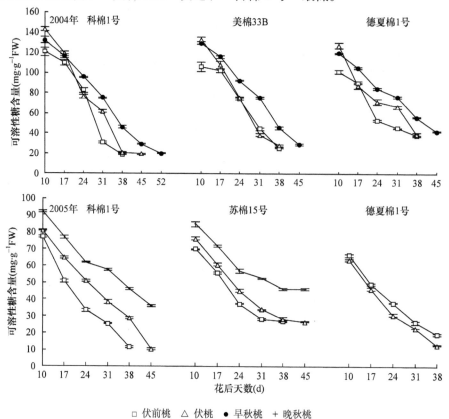

图 12-9　不同基因型品种棉花季节铃纤维可溶性糖含量的变化(2004~2005 年)

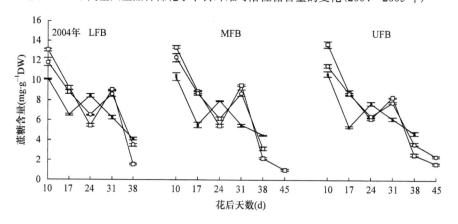

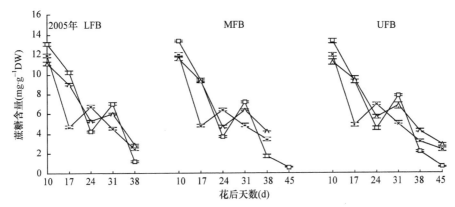

图 12-10 不同基因型品种棉纤维蔗糖含量变化（2004～2005 年）

LFB、MFB、UFB 分别表示棉花下部、中部、上部果枝棉铃

从图 12-11 看出，不同基因型品种季节铃纤维蔗糖含量差异较大，伏桃纤维发育初期蔗糖含量较高、吐絮时较低，蔗糖转化率最高（如'科棉 1 号'达到 92.1%）；纤维发育初期早秋桃蔗糖含量与伏前桃、伏桃差异较小，之后高于伏前桃、伏桃，其蔗糖转化

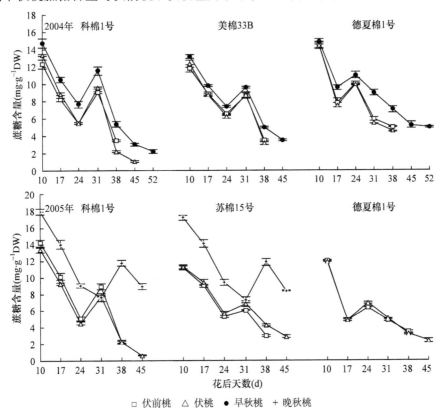

图 12-11 不同基因型品种季节铃纤维蔗糖含量的变化（2004～2005 年）

率介于伏桃、伏前桃之间；晚秋桃蔗糖含量始终明显高于伏前桃、伏桃，且在加厚发育期含量高峰出现在花后 38d，比伏前桃和伏桃推迟 7~10d，原因可能是晚秋桃发育时外界温度较低（日均温低于 20℃），纤维发育迟缓，吐絮时纤维中仍滞留大量蔗糖。

（三）β-1,3-葡聚糖含量

棉纤维发育期除纤维素开始快速累积外，还合成大量的非纤维素物质——β-1,3-葡聚糖，二者的合成使用相同底物 UDPG。在纤维加厚发育中后期，绝大部分 β-1,3-葡聚糖被降解转化，产生的 UDPG 可用于纤维素合成，β-1,3-葡聚糖可能是部分纤维素合成的中间体。纤维发育初期和后期 β-1,3-葡聚糖含量在品种间差异较小，纤维加厚发育期差异较大，高强纤维品种'科棉 1 号'纤维累积的 β-1,3-葡聚糖显著高于中（'美棉 33B'）、低（'德夏棉 1 号'）纤维强度品种，'德夏棉 1 号' β-1,3-葡聚糖峰值出现时间最早（图 12-12），可以推测 β-1,3-葡聚糖峰值出现是纤维发育进入加厚发育阶段的重要特征。纤维 β-1,3-葡聚糖含量变化的基因型差异在棉花中部果枝最大、下部次之、上部最小。

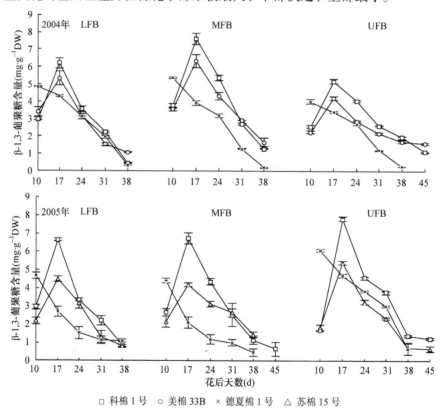

图 12-12 不同基因型品种棉纤维 β-1,3-葡聚糖含量的变化（2004~2005 年）

LFB、MFB、UFB 分别表示棉花下部、中部、上部果枝棉铃

不同基因型品种棉花季节铃纤维 β-1,3-葡聚糖含量差异较大（图 12-13），伏桃 β-1,3-葡聚糖峰值和转化率最高、早秋桃次之、伏前桃最低，但三者在吐絮时差异较小；伏前

桃、伏桃 β-1,3-葡聚糖含量差异较小，但伏桃转化率高于伏前桃；晚秋桃 β-1,3-葡聚糖含量峰值出现较前两者推迟 7~10d，峰值较高，峰值后含量下降较为缓慢，转化率较低。以上结果说明，当纤维发育期外界温度较低（日均温低于 20℃）且棉花趋于衰老时，纤维 β-1,3-葡聚糖含量和转化率均下降，且峰值后移，纤维成熟时含量增加。

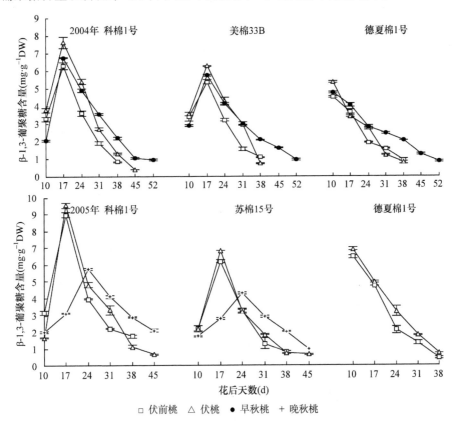

图 12-13 不同基因型品种棉花季节铃纤维 β-1,3-葡聚糖含量的变化（2004~2005 年）

二、不同基因型品种棉花纤维素累积相关酶活性变化

（一）蔗糖合成酶活性

蔗糖合成酶（Sus）催化反应蔗糖+ UDP $\rightleftharpoons$ UDP-Glc + 果糖，Sus 编码基因的表达在很大程度上决定了纤维素的合成速率。纤维 Sus 活性呈单峰曲线变化（图 12-14），峰值在花后 24~31d。峰值出现时间和 Sus 活性值在不同基因型品种间差异明显，高强纤维品种'科棉 1 号'Sus 活性在花后 17d 迅速升高，在花后 31d 左右达高峰，显著高于中（'美棉 33B'）、低（'德夏棉 1 号'）强度品种；'美棉 33B'Sus 活性高于'德夏棉 1 号'，峰值与'科棉 1 号'一致；'德夏棉 1 号'峰值出现时间（花后 24d）最早，峰值后酶活性下降最快。上述趋势在棉花不同果枝部位表现一致。

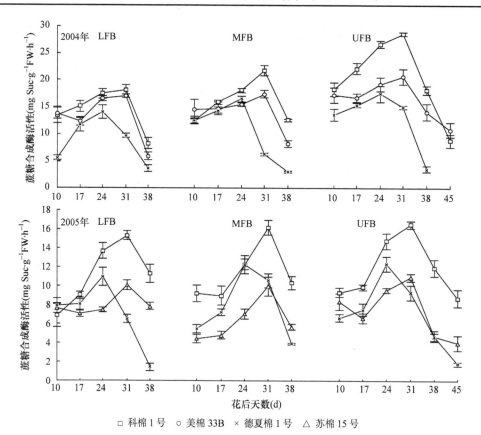

图 12-14　不同基因型品种棉纤维蔗糖合成酶活性的变化(2004～2005 年)
LFB、MFB、UFB 分别表示棉花下部、中部、上部果枝棉铃

研究纤维 Sus 基因花后 10～25d 表达动态发现(图 12-15)，'科棉 1 号' Sus 基因维持高表达时间长且表达量高，突出表现在花后 25d，而'德夏棉 1 号'只能检测到微量表达，高强纤维品种 Sus 活性高与其基因高表达时间长相符。

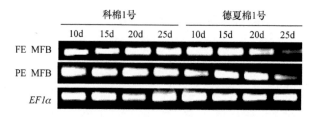

图 12-15　不同基因型品种棉纤维蔗糖合成酶基因表达的变化
$EF1\alpha$ 为真核生物组成性表达基因，本实验内参对照；FE. 大田试验；PE. 盆栽试验；MFB. 中部铃

不同基因型品种棉花季节铃纤维 Sus 活性呈单峰曲线变化(图 12-16)，早秋桃 Sus 活性最高、伏桃次之、伏前桃最低，伏前桃、伏桃、早秋桃酶活性峰值均在花后 31d。不同季节铃由于开花期不同，纤维发育期温度条件和棉花生理年龄存在较大差异，在纤维发

育最适温度范围内,随温度降低纤维 Sus 活性呈上升变化,当日均温降到 20℃以下且棉花衰老时,酶活性较高但其活性峰值明显推迟。

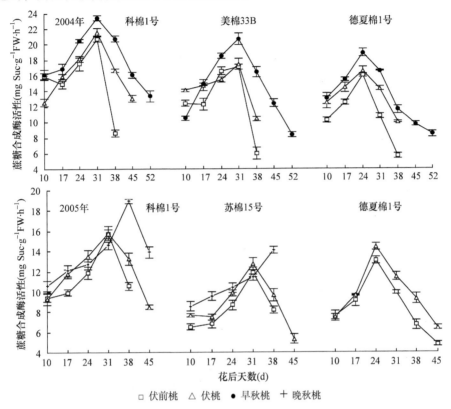

图 12-16 不同基因型品种棉花季节铃纤维蔗糖合成酶活性的变化(2004～2005 年)

(二) β-1,3-葡聚糖酶活性

正常生长棉纤维中 β-1,3-葡聚糖酶的作用是水解 β-1,3-葡聚糖中的共价键,并将水解的糖类分子转移到纤维素非还原端,在合成纤维微原纤的同时促进细胞的延伸。在棉纤维开始增厚时,β-1,3-葡聚糖酶基因表达量迅速增加,说明纤维次生壁大量累积纤维素需要 β-1,3-葡聚糖酶具有较高活性。在纤维长度不同的品种中,β-1,3-葡聚糖酶 mRNA 表达量存在差异,短纤维品种表达量低,长纤维品种表达量高。

纤维 β-1,3-葡聚糖酶活性呈持续下降变化,高纤维强度品种'科棉 1 号'显著高于中('美棉 33B')、低('德夏棉 1 号')纤维强度品种,上述差异在棉花不同果枝部位表现一致(图 12-17)。纤维 β-1,3-葡聚糖酶基因表达在花后 10～25d 呈先上升后下降的变化(图 12-18),在纤维伸长期表达量较低,纤维加厚时开始升高,随后下降,峰值在花后 15～20d(棉花中、下部果枝铃花后 15d,上部果枝铃在花后 20d)。

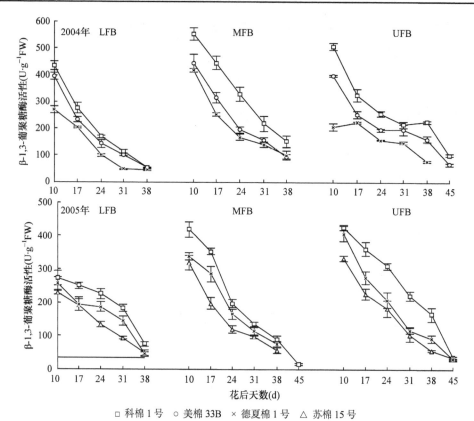

图 12-17　不同基因型品种棉纤维 β-1,3-葡聚糖酶活性的变化（2004～2005 年）

LFB、MFB、UFB 分别表示棉花下部、中部、上部果枝棉铃

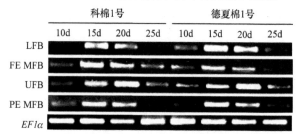

图 12-18　不同基因型品种棉纤维 β-1,3 葡聚糖酶基因表达的变化

EF1α 为真核生物组成性表达基因，本实验内参对照；FE. 大田试验；PE. 盆栽试验；LFB. 下部铃；MFB. 中部铃；UFB. 上部铃

不同基因型品种棉花季节铃纤维 β-1,3-葡聚糖酶活性差异较大，晚秋桃和早秋桃最高、伏桃次之、伏前桃最低（图 12-19），说明随开花期推迟，纤维 β-1,3-葡聚糖酶活性上升与 Sus 活性变化趋势相似。

（三）expansin

expansin 影响纤维细胞壁松弛，expansin 主要有 α-expansin 和 β-expansin 两类，同源性为 20%～25%，但在进化、结构和功能上较为相似，α-expansin 对双子叶植物细胞壁更

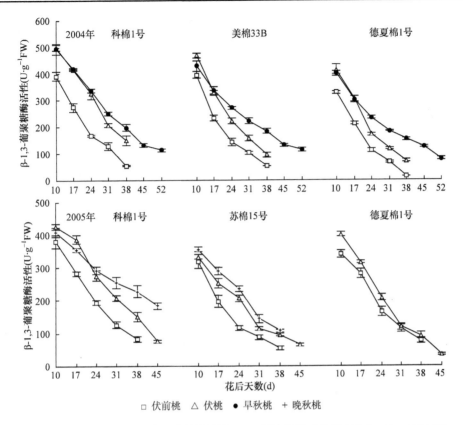

图 12-19 不同基因型品种棉花季节铃纤维 β-1,3-葡聚糖酶活性的变化(2004～2005 年)

有效,β-expansin 对禾本科细胞壁的调节更显著。在控制植物细胞生长方面,expansin 能调节细胞壁的膨胀,通过生长素调控可引起 pH 下降,激活 expansin 及相关水解酶,引起木葡聚糖或混合 β-葡聚糖(MLG)等半纤维素降解,打断半纤维素与纤维素微纤丝之间的氢键,改变细胞壁的承重网络,从而加速生长。在棉花纤维伸长过程中,快速伸长的细胞中有一个膨胀素基因 pGhEX 大量表达,expansin mRNA 在棉花纤维伸长早期大量产生,随后又急剧下降,表明纤维伸长开始于细胞壁松弛。目前已克隆了棉纤维中的 expansin 基因,此基因在棉纤维伸长期特异表达。

研究花后 10～25d(纤维伸长高峰期,也是纤维加厚关键时期)棉纤维中 expansin 基因表达时发现,不同品种 expansin 基因表达动态趋于一致(图 12-20),其表达量随纤维发育呈下降趋势,到花后 20d 显著下降。说明 expansin 基因在纤维伸长期维持高表达(10～15d),随纤维次生壁增厚的开始表达量明显下降。品种间差异主要表现为高强纤维品种纤维 expansin 基因表达量(图 12-21)及维持高表达的时间均高于低强纤维品种。果枝部位间差异以棉花中部果枝铃 expansin 基因表达量最高,上部果枝次之,下部果枝最低。

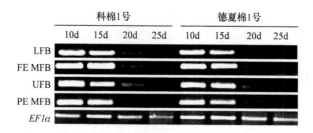

图 12-20　不同基因型品种棉花纤维 expansin 基因表达的变化（大田，盆栽）

$EF1\alpha$ 为真核生物组成性表达基因，实验内对照；FE. 大田试验；PE. 盆栽试验；LFB. 下部铃；MFB. 中部铃；UFB. 上部铃

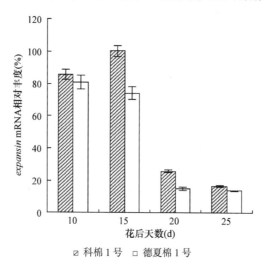

图 12-21　棉花中部果枝铃纤维 expansin 基因 mRNA 相对丰度（大田）

第四节　不同基因型品种棉花纤维品质形成

棉纤维品质形成是品种遗传特性、环境生态因素和栽培措施共同作用的结果，棉花品种遗传性是决定纤维分化、伸长、加厚及品质形成的直接原因。

一、纤维长度

棉纤维长度是指纤维伸直时两端间的距离，与成纱质量和纺纱工艺关系密切。品种遗传性不同，纤维分化及伸长发育的进程则存在差异，从而使纤维长度存在差异。纤维长度主要由品种遗传特性决定，由环境造成的纤维长度变异为 10%～24%。

在不同生态棉区设置棉花分期播种试验，使棉花不同果枝部位铃处于相同生态条件下或相同果枝部位棉铃处于不同生态条件下发育，研究发现生态点不同，相同开花期不同播期棉铃所处的温、光条件不同，但棉花果枝部位相差较小（表 12-9）。在同一生态点，对于不同播期相同开花期的棉铃，其所处温、光条件相同，但着生果枝部位不同，如南京适宜播期(4月25日播种)、晚播(5月25日播种)下8月10日开花的棉铃,果枝部位分别为9~11、4~6果枝。在纤维伸长发育期,纤维长度快速增加与纤维快速伸长相关,分析各开花期纤维长度变化发现(图12-22),相同开花期不同果枝部位棉铃的纤维长度随花后天数的变化趋势基本一致,最终纤维长度值差异也均未达到显著,两个品种表现相同。

表12-9 不同播期不同开花期棉铃纤维伸长期日均温(T)、累积辐热积(PTP)和果枝部位(南京,徐州)

开花期	南京			徐州		
	T(℃)/ PTP(MJ·m^{-2})	果枝部位		T(℃)/ PTP(MJ·m^{-2})	果枝部位	
		适宜播期 4月25日	晚播 5月25日		适宜播期 4月25日	晚播 5月25日
8月10日	25.9/357.2	9~11	4~6	24.6/318.4	9~11	2~4
8月25日	25.1/295.8	12~13	9~11	22.1/227.2	12~13	5~8
9月10日	22.3/214.1	15以上	12~14	18.8/129.1	14以上	10~13

棉花9~11果枝棉铃的纤维长度较2~4、4~6、12~13果枝长,5~8果枝棉铃纤维长度较12~13果枝长,10~13果枝棉铃纤维长度较14及以上果枝长。可见,棉花果枝部位虽然对纤维长度的影响较小,但仍然存在着一定规律,表现为中部(5~8果枝)和上部果枝(9~11果枝)棉铃的纤维长度较长。

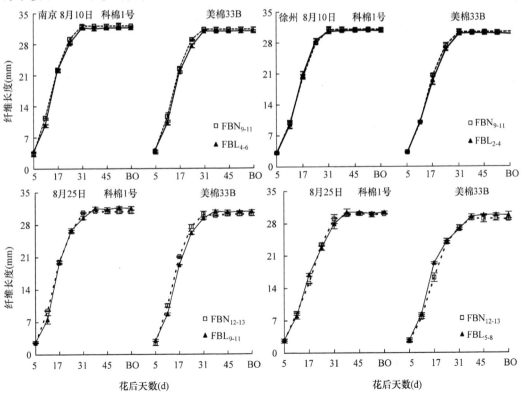

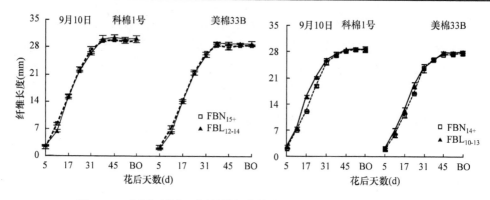

图 12-22 相同开花期不同果枝部位棉铃纤维伸长变化(南京，徐州)

FBN、FBL 分别表示 4 月 25 日、5 月 25 日播种期棉花果枝部位；BO. 棉铃吐絮期

二、纤维比强度

纤维比强度是纤维具有纺纱性能和使用价值的必要条件之一，是决定纺纱强力的最重要因素。纤维比强度与品种遗传性和环境因素的关系也是研究的焦点，但结论不尽一致，有人认为在陆地棉的品种中，基本上没有非加性基因存在，即基因决定比强度，环境因素对其影响较小。也有人认为环境造成的纤维比强度变异可达 10%~24%。

纤维比强度的形成主要取决于次生壁加厚期纤维素的累积特性，研究棉花果枝部位对纤维比强度形成的影响时发现：在同一生态点，对于不同播期相同开花期棉铃，其纤维加厚发育期所处温、光条件相同，但棉铃果枝部位不同(表 12-10)，如南京适宜播期(4月 25 日)、晚播(5 月 25 日)下 8 月 10 日开花的棉铃，果枝部位分别为 9~11、4~6 果枝。在不同生态点，对于相同开花期的棉铃，南京试点纤维加厚期温、光条件优于徐州，但果枝部位相差较小(表 12-10)，如南京和徐州适宜播期 8 月 10 日开花的棉铃，其所处的果枝部位均为 9~11 果枝。

表 12-10 不同播期不同开花期棉铃纤维加厚期日均温(T)、累积辐热积(PTP)和果枝部位(南京，徐州)

	南京			徐州		
开花期		果枝部位			果枝部位	
	T(℃)/PTP(MJ·m^{-2})	适宜播期 4月25日	晚播 5月25日	T(℃)/PTP(MJ·m^{-2})	适宜播期 4月25日	晚播 5月25日
8月10日	24.8/311.0	9~11	4~6	21.2/181.3	9~11	2~4
8月25日	21.3/205.7	12~13	9~11	18.0/79.4	12~13	5~8
9月10日	17.5/71.8	15 以上	12~14	15.2/42.8	14 以上	10~13

在棉纤维加厚发育期，纤维比强度随花后天数的增加逐渐增大，不同果枝部位间的差异也随之增大(图 12-23)：花后 24~31d 纤维比强度在不同果枝部位间差异较小，花后

31d 后差异达到显著水平。对于相同开花期棉铃，南京试点纤维比强度在不同果枝部位间的差异均大于徐州，结合对表 12-10 中两生态点相同开花期棉铃对应的温光条件分析可知，棉花果枝部位与棉铃所处温光条件存在协同效应，温光条件较好时，棉花果枝部位对纤维比强度形成的影响较大(图 12-23，表 12-11)，随温光条件变差，果枝部位的作用减小(图 12-22，表 12-9)。

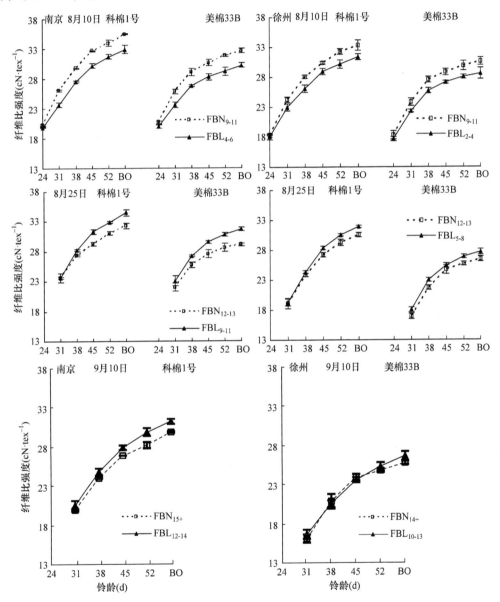

图 12-23　不同播期棉花不同开花期棉铃纤维比强度的变化(南京，徐州)

FBN、FBL 分别表示 4 月 25 日、5 月 25 日播种期棉花果枝部位；BO. 吐絮期

表 12-11 棉花不同果枝部位铃纤维比强度差值的动态变化('科棉1号',南京,徐州)

地点	开花期	果枝部位	纤维比强度增幅(%)						平均值
			24d	31d	38d	45d	52d	吐絮	
南京	8月10日	FBL$_{4-6}$~FBN$_{9-11}$	−1.9	−9.1	−7.6	−7.5	−6.7	−7.4	−6.7
	8月25日	FBL$_{9-11}$~FBN$_{12-13}$		0.3	3.2	6.7	5.9	6.9	4.6
	9月10日	FBL$_{12-14}$~FBN$_{15+}$		2.9	3.2	3.8	5.9	4.5	4.0
徐州	8月10日	FBL$_{2-4}$~FBN$_{9-11}$	−1.8	−5.3	−7.1	−4.7	−6.5	−5.9	−5.2
	8月25日	FBL$_{5-8}$~FBN$_{12-13}$		1.0	2.0	4.1	4.2	4.5	3.2
	9月10日	FBL$_{10-13}$~FBN$_{14+}$		3.4	−1.5	−1.3	1.9	3.3	1.1

当温度、光照条件适宜时,棉花中部(5~8 果枝)和上部(9~11 果枝)果枝铃的纤维比强度显著大于其他部位;随温度降低、光照减弱,棉花上部(10~13 果枝)和顶部(14 及以上果枝)果枝铃之间的纤维比强度差异较小。

三、纤维成熟度、细度、马克隆值

在棉纤维品质指标中,纤维细度表征纤维的粗细程度,成熟度反映纤维次生壁加厚程度,马克隆值则是反映纤维细度和成熟度的综合指标。处于棉花不同果枝部位、相同开花期的棉铃,其纤维细度、成熟度和马克隆值随铃龄的变化趋势一致(图12-24),在吐絮期的差异均未达到显著水平,两品种、两试点表现一致。结合纤维细度、成熟度和马克隆值的适宜范围,综合分析可知,棉花果枝部位虽然对其影响较小,但仍表现为中部(5~8 果枝)、上部(9~11 果枝)果枝棉铃的纤维细度、成熟度和马克隆值较优。棉花果枝部位对纤维细度、成熟度和马克隆值形成的影响统计学上不显著,但仍然存在着一定的趋势,表现为中部(5~8 果枝)和上部(9~11 果枝)果枝棉铃的纤维细度、成熟度和马克隆值较优。

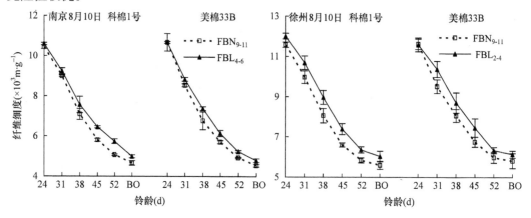

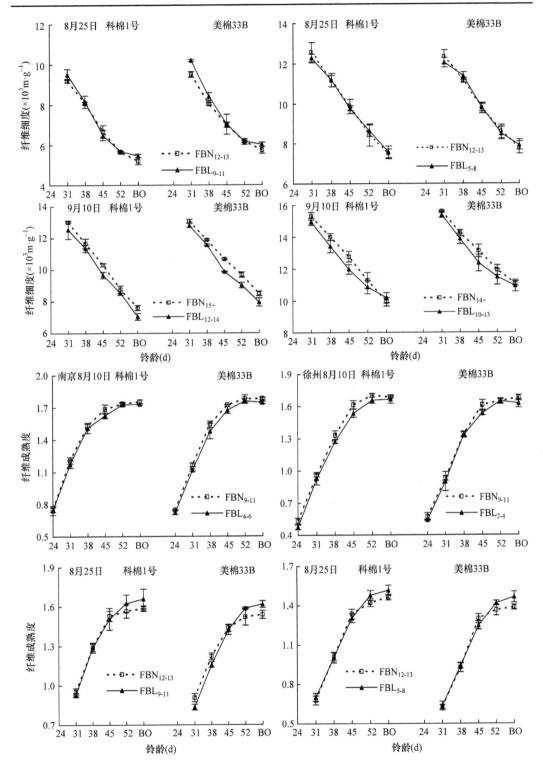

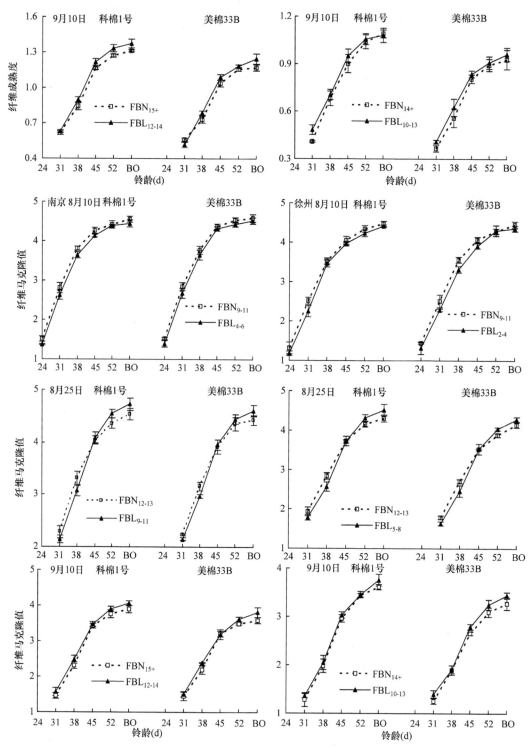

图 12-24 不同播期棉花不同开花期棉铃纤维细度、成熟度、马克隆值的变化（南京，徐州）
FBN、FBL 分别表示 4 月 25 日、5 月 25 日播种期棉花果枝部位；BO. 棉铃吐絮期

第十三章　种植模式与棉花产量品质

我国棉区分布广泛，地域跨度大，不同棉区生态条件、社会经济条件及农业历史背景差异较大，在此基础上形成了多种类型的棉花种植模式。麦棉两熟种植是我国黄河、长江流域棉区主要的种植模式，按种植方式可分为：麦套棉、麦后棉。麦棉两熟不同种植模式由于种植方式和移栽日期不同，改变了农田生态环境，对棉花的生长发育产生重大影响，也产生一系列问题。如何协调小麦和棉花的共同生长，充分利用资源，增产增收，探索一种可持续高产高效的麦棉种植模式成为现在研究的关键。因此本章基于不同麦棉种植模式，比较其温光、氮素资源利用和土壤养分供应的差异，为可持续高产高效的种植模式确定和合理的种植系统优化提供依据。

第一节　麦棉种植模式与棉花生长发育和产量品质形成

不同麦棉种植模式中麦棉生长的物候环境不同，显著影响棉花生长发育。前人研究发现棉花产量的降低是由生产的生物量降低或分配到经济器官中的比例减少造成的。本研究采用大田和盆栽试验相结合的方法，于2011～2012年、2012～2013年的生长季在江苏省南京市(32°02′N，118°50′E)南京农业大学牌楼试验站和江苏省大丰(33°20′N，120°46′E)大丰稻麦原种场进行试验。选取两个生育期不同的棉花品种'泗杂3号'(中晚熟)和'中棉所50'(早熟)、小麦品种'扬麦16'(中晚熟)为材料，进行小麦-棉花两熟种植模式试验。通过研究麦棉种植模式对棉花生长发育、器官建成、生物量累积分配、产量品质的影响，揭示不同种植模式下棉花产量品质差异形成的机理，为生产实践中制定相应的栽培管理措施、提高产量品质提供理论依据。

一、麦棉种植模式对小麦-棉花周年和棉花季生产力的影响

(一)棉花生物产量与经济产量

麦棉两熟种植较单作棉显著提高了小麦-棉花周年生物产量和经济产量，种植模式间周年生物产量和经济产量存在显著差异，其中以麦后移栽棉最高(表13-1)。与单作棉相比，对于大田试验套作棉、麦后移栽棉、麦后直播棉的周年经济产量，'泗杂3号'分别增产129.5%、163.6%、148.3%(2012年)和110.8%、129.4%、114.7%(2013年)，'中棉所50'分别增产142.2%、180.1%、165.2%(2012年)和116.4%、145.1%、132.8%(2013年)。盆栽试验麦后移栽棉、麦后直播棉的周年经济产量中'泗杂3号'分别增产50.9%、35.7%(2012年)和82.6%、94.4%(2013年)，'中棉所50'分别增产96.9%、90.9%(2012年)和74.4%、78.1%(2013年)。

表 13-1　麦棉种植模式对小麦-棉花周年生产力的影响（2011～2013 年）

品种	麦棉种植模式	2011年/2012年 生物产量 (kg·hm⁻²)	经济产量 (kg·hm⁻²)	2012年/2013年 生物产量 (kg·hm⁻²)	经济产量 (kg·hm⁻²)	2011年/2012年 生物产量 (g·株⁻¹)	经济产量 (g·株⁻¹)	2012年/2013年 生物产量 (g·株⁻¹)	经济产量 (g·株⁻¹)
泗杂3号	单作棉	7 128d	3 392d	10 465d	4 634d	191c	106b	156b	84b
	套作棉	17 673c	7 786c	23 591c	9 769c	—	—	—	—
	麦后移栽棉	22 574a	8 942a	27 142a	10 632a	352a	160a	330a	155a
	麦后直播棉	21 552b	8 423b	26 633b	9 947b	334b	144a	325a	149a
中棉所50	单作棉	6 820c	3 203d	9 202d	4 366c	158b	70b	127c	77c
	套作棉	17 578b	7 758c	22 421c	9 448b	—	—	—	—
	麦后移栽棉	22 521a	8 973a	28 057a	10 700a	319a	138a	307a	151a
	麦后直播棉	22 717a	8 493b	27 053b	10 166a	306a	134a	293b	139b
方差分析									
种植模式		**	**	**	**	**	**	**	**
品种		ns	ns	*	ns	**	**	**	ns
种植模式×品种		ns	*	**	**	ns	ns	ns	ns

注：小麦产量以 12%含水量计算，棉花产量是指籽棉产量，周年生产力是指小麦籽粒产量+籽棉产量；同列中不同小写字母表示在 0.05 水平差异显著，表中数据为 3 次重复平均值

*、**分别表示在 0.05、0.01 水平相关性显著，ns 表示相关性不显著

麦棉种植模式显著影响棉花产量、铃数和铃重，对衣分影响较小（表 13-2）。与单作棉相比，两熟种植模式下棉花产量显著降低，单作棉>套作棉>麦后移栽棉>麦后直播棉。两品种平均，大田试验套作棉、麦后移栽棉、麦后直播棉皮棉产量较单作棉分别降低 10.5%、25.7%、43.2%（2012 年）和 10.2%、20.4%、35.2%（2013 年）。盆栽试验麦后移栽棉、麦后直播棉较单作棉分别降低 16.5%、24.7%（2012 年）和 12.4%、26.7%（2013 年）。不同品种表现不同，大田单作棉、套作棉产量中晚熟品种'泗杂 3 号'高于早熟品种'中棉所 50'，但麦后移栽棉、麦后直播棉产量低于'中棉所 50'。

分析产量构成因子发现，铃数减少和铃重下降是两熟种植棉花产量降低的原因。其中种植模式对铃数的影响大于铃重，是形成棉花产量差异的主要原因。两品种单位面积铃数均以单作棉最高，套作棉和麦后移栽棉次之、麦后直播棉最低。衣分在不同品种间差异显著，而不同种植模式间差异较小。可见，影响不同种植模式棉花产量的首要因子是铃数、其次是铃重。

表 13-2　麦棉种植模式对棉花产量与产量构成的影响（2012～2013 年）

麦棉种植模式	2012年 铃数 (×10⁴个·hm⁻²)	铃重 (g)	衣分 (%)	产量 (kg·hm⁻²) 籽棉	皮棉	2013年 铃数 (×10⁴个·hm⁻²)	铃重 (g)	衣分 (%)	产量 (kg·hm⁻²) 籽棉	皮棉
大田　泗杂 3 号										
单作棉	75.3a	5.3a	37.6a	3392a	1275a	106.9a	5.1a	38.7a	4634a	1793a

续表

麦棉种植模式	2012年					2013年				
	铃数($\times 10^4$个·hm^{-2})	铃重(g)	衣分(%)	产量(kg·hm^{-2})		铃数($\times 10^4$个·hm^{-2})	铃重(g)	衣分(%)	产量(kg·hm^{-2})	
				籽棉	皮棉				籽棉	皮棉
套作棉	66.1b	5.2a	38.2a	2921b	1116b	99.7b	5.0ab	38.3a	4237b	1623b
麦后移栽棉	55.3c	5.1a	38.4a	2397c	921c	85.8c	4.9ab	38.5a	3573c	1375c
麦后直播棉	45.1d	4.9b	37.5a	1878d	704d	72.3d	4.7b	37.7a	2888d	1089d
大田 中棉所50										
单作棉	80.2a	4.7a	40.0a	3203a	1281a	109.3a	4.7a	39.8a	4366a	1737a
套作棉	74.0b	4.6a	40.5a	2893b	1172b	102.4b	4.5ab	39.5a	3916b	1547b
麦后移栽棉	62.1c	4.6a	40.3a	2428c	979c	95.2c	4.5ab	39.4a	3641c	1435c
麦后直播棉	52.1d	4.4b	38.4b	1948d	748d	83.1d	4.4b	38.6b	3107d	1200d
方差分析										
种植模式	**	*	ns	**	**	**	*	ns	**	**
品种	**	**	**	**	**	**	**	**	**	ns
种植模式×品种	ns	ns	ns	**	ns	ns	ns	ns	**	**
盆栽 泗杂3号										
单作棉	20.7a	5.4a	43.9a	111.8a	46.7a	16.5a	5.1a	42.6a	84.4a	36.0a
麦后移栽棉	15.9b	5.3a	42.4a	84.3b	35.6b	15.1b	5.0a	41.5a	75.4b	31.3b
麦后直播棉	12.9c	5.3a	44.8a	68.4c	30.8c	13.8c	5.0a	41.2a	68.5c	28.2c
盆栽 中棉所50										
单作棉	14.2a	4.9a	40.8a	69.6a	28.7a	16.0a	4.8a	38.8a	77.7a	30.1a
麦后移栽棉	14.0a	4.8a	41.5a	67.2a	26.1b	15.4b	4.7a	38.5a	72.3b	27.8b
麦后直播棉	12.0b	4.9a	41.4a	58.8b	24.3c	12.9c	4.6a	37.3b	59.6b	22.3c
方差分析										
种植模式	**	ns	ns	**	**	**	ns	*	**	**
品种	**	**	**	**	**	*	**	*	**	**
种植模式×品种	**	*	**	ns	ns	ns	ns	ns	ns	ns

注：同列中不同小写字母表示在0.05水平差异显著，表中数据为3次重复平均值

*、**分别表示在0.05、0.01水平相关性显著，ns表示相关性不显著

(二) 棉花成铃后产量时空分布

1. 棉花成铃时空分布 麦棉种植模式、品种及其互作均显著影响棉花成铃时空分布（表13-3、表13-4）。与单作棉相比，两熟种植模式棉株上部果枝成铃数减少，中、下部果枝成铃比例增加。单作棉、套作棉上部果枝成铃数最多、产量贡献率最大，麦后移栽棉中'泗杂3号'中部果枝、'中棉所50'上部果枝成铃数最多、产量贡献率最大，麦后直播棉下部果枝成铃数最多、产量贡献率最大。盆栽试验棉株成铃数均以下部果枝最大，种植模式间差异小于大田。麦棉种植模式对棉花内围铃数的影响较小，不同种植模式棉花铃数的差异主要源于外围铃，外围铃数以单作棉最高、套作棉和麦后移栽棉次之、

麦后直播棉最低，大田、盆栽试验结果一致。品种间比较，'泗杂3号'外围铃比例显著高于'中棉所50'。

表 13-3 麦棉种植模式对棉花成铃时空分布的影响（大田，2012~2013 年）

麦棉种植模式	2012 年								2013 年							
	下部果枝		中部果枝		上部果枝		全株		下部果枝		中部果枝		上部果枝		全株	
	1~2果节	3以上果节	1~2果节	3以上果节	1~2果节	3以上果节	1~2果节	3以上果节	1~2果节	3以上果节	1~2果节	3以上果节	1~2果节	3以上果节	1~2果节	3以上果节
泗杂3号 占全株铃数比例(%)																
单作棉	17.6c	12.3b	15.5d	13.9c	21.3a	19.3a	54.4d	45.6a	14.7c	8.1c	12.3c	12.4c	24.3a	28.1a	51.4c	48.6a
套作棉	21.2b	12.6b	16.2c	14.4bc	20.9a	14.7b	58.3b	41.7b	16.5c	8.6c	12.8c	13.2c	21.6c	27.2b	51.0c	49.0a
麦后移栽棉	22.1b	11.3b	17.2b	19.3a	21.3a	8.8c	60.6b	39.4c	17.5b	10.2b	16.9b	13.0b	23.2b	19.2c	57.6a	42.4c
麦后直播棉	28.4a	18.1a	21.6a	15.0b	12.9b	4.0d	62.9a	37.1d	22.4a	17.3a	22.3a	17.7a	11.8d	8.5d	56.5b	43.5b
中棉所50 占全株铃数比例(%)																
单作棉	27.3a	11.8b	13.8d	10.0b	27.3a	9.8b	68.4d	31.6a	22.6c	7.2d	17.4b	11.7d	24.4a	16.7a	64.4b	35.6a
套作棉	27.9a	7.4d	17.5c	10.9ab	25.1a	11.2a	70.5c	29.5b	23.9c	8.1c	16.2c	12.6c	24.0a	15.1b	64.1b	35.9a
麦后移栽棉	23.5b	9.7c	21.0b	10.5b	26.8a	8.6c	71.3b	28.7c	23.0bc	9.6b	22.7a	14.1a	20.3b	10.4c	65.9a	34.1b
麦后直播棉	28.4a	12.8a	25.0a	11.6a	18.8b	3.4d	72.2a	27.8d	31.5a	14.0a	21.7a	13.4b	12.7b	6.6d	66.0a	34.0b
方差分析																
种植模式	**	**	**	**	**	**	**	**	**	**	**	**	**	**	**	**
品种	**	**	**	**	**	**	**	**	**	**	**	**	**	ns	**	**
种植模式×品种	**	**	**	**	**	ns	ns	**	**	**	**	**	**	ns	**	*

注：同列中不同小写字母表示在 0.05 水平差异显著，表中数据为 3 次重复平均值
*、**分别表示在 0.05、0.01 水平相关性显著，ns 表示相关性不显著

表 13-4 麦棉种植模式对棉花成铃时空分布的影响（盆栽，2012~2013 年）

麦棉种植模式	2012 年								2013 年							
	下部果枝		中部果枝		上部果枝		全株		下部果枝		中部果枝		上部果枝		全株	
	1~2果节	3以上果节	1~2果节	3以上果节	1~2果节	3以上果节	1~2果节	3以上果节	1~2果节	3以上果节	1~2果节	3以上果节	1~2果节	3以上果节	1~2果节	3以上果节
泗杂3号 占全株铃数比例(%)																
单作棉	35.9c	16.3a	22.9c	9.1a	11.1a	4.7a	69.9c	30.1a	26.6c	12.7a	30.5b	20.5b	11.1a	3.0a	68.3c	36.3a
麦后移栽棉	43.9b	11.6c	29.2b	5.7b	6.7b	2.9b	79.8b	20.2b	39.8a	6.1c	29.1c	16.0c	8.0b	0.7b	76.9a	22.9c
麦后直播棉	45.1a	15.0b	33.7a	3.4c	2.8c	0.0c	81.6a	18.4c	33.7a	9.2b	32.8a	22.4a	4.8c	0.7b	71.3b	32.3b

续表

麦棉种植模式	2012年								2013年							
	下部果枝		中部果枝		上部果枝		全株		下部果枝		中部果枝		上部果枝		全株	
	1~2果节	3以上果节	1~2果节	3以上果节	1~2果节	3以上果节	1~2果节	3以上果节	1~2果节	3以上果节	1~2果节	3以上果节	1~2果节	3以上果节	1~2果节	3以上果节
	中棉所50 占全株铃数比例(%)															
单作棉	38.3b	15.7b	20.9c	10.8a	10.3a	4.0a	69.5c	30.5a	25.0b	11.7a	24.4b	18.2b	14.0a	4.5a	63.4c	34.3a
麦后移栽棉	42.3a	13.1c	23.7b	9.2b	8.7b	3.1b	74.6a	25.4c	39.9a	6.3b	22.7c	16.3b	13.9a	1.1b	76.5a	23.7c
麦后直播棉	33.1c	21.4a	30.1a	7.5c	7.5c	0.3c	70.8b	29.2b	39.0a	6.7b	26.4a	20.4a	5.7b	0.3c	71.1b	27.4b
	方差分析															
种植模式	**	**	**	**	**	**	**	**	**	**	**	**	**	**	**	**
品种	**	**	**	**	**	*	**	**	*	**	**	**	**	**	*	**
种植模式×品种	**	**	**	**	**	**	**	**	**	**	ns	**	**	**	ns	**

注：同列中不同小写字母表示在0.05水平差异显著，表中数据为3次重复平均值
*、**分别表示在0.05、0.01水平相关性显著，ns表示相关性不显著

2. 棉花产量时空分布 麦棉种植模式显著影响棉花不同果枝果节位的产量（图13-1、图13-2），品种间差异显著，'泗杂3号'单株生产力高于'中棉所50'。'中棉所50'内围铃（1~2果节）产量贡献率（67.2%~73.3%）显著大于'泗杂3号'（53.0%~63.8%）。

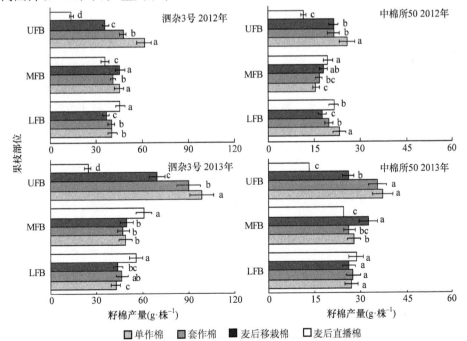

图 13-1 麦棉种植模式对棉花不同果枝部位产量的影响（2012~2013年）

LFB. 下部果枝；MFB. 中部果枝；UFB. 上部果枝；同一图中不同小写字母表示在0.05水平差异显著

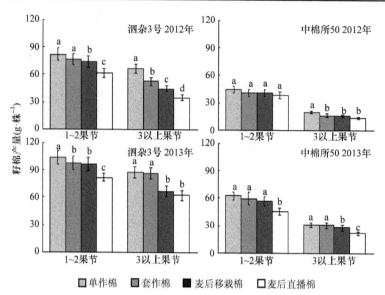

图 13-2 麦棉种植模式对棉花不同果节产量的影响(2012~2013 年)

同一图中不同小写字母表示在 0.05 水平差异显著

棉花不同果枝部位产量比较,下部果枝产量两品种均以麦后直播棉最高,中部果枝因品种而异,上部果枝均以单作棉最高、麦后直播棉最低,且上部果枝产量差异变幅最大。不同果节部位比较,内、外围果节均为单作棉>套作棉>麦后移栽棉>麦后直播棉,其中外围果节产量变幅最大。可见,不同种植模式棉花产量差异主要来源于棉株上部果枝和 3 果节以外的外围铃。

3. 棉花四桃分布 麦棉种植模式显著影响棉花成铃数、季节铃分布与霜前花率(表 13-5),与单作棉比较,两熟种植模式伏桃比例降低、晚秋桃增多、霜前花率下降,以麦后直播棉降幅最大。品种间差异显著,以晚熟品种'泗杂 3 号'伏桃变幅最大、早熟品种'中棉所 50'晚秋桃变幅最大,早熟品种'中棉所 50'霜前花率高于晚熟品种'泗杂 3 号',大田试验两年平均'中棉所 50'霜前花率比'泗杂 3 号'高 24.2%,盆栽试验品种间差异小于大田。

表 13-5 麦棉种植模式对棉花四桃分布与霜前花率的影响(2012~2013 年)

品种	麦棉种植模式	单株成铃数(个·株⁻¹)		伏前桃(%)		伏桃(%)		早秋桃(%)		晚秋桃(%)		霜前花率(%)	
		2012年	2013年	2012年	2013年	2012年	2013年	2012年	2013年	2012年	2013年	2012年	2013年
						大田							
泗杂3号	单作棉	24.9a	38.3a	3.2a	0.4a	62.4a	53.2b	17.6c	31.1b	9.7d	15.2b	74.9a	79.5a
	套作棉	22.5b	37.2a	2.2b	0.7a	51.1b	60.7a	26.6b	31.2b	15.9c	7.5c	71.9a	75.4ab
	麦后移栽棉	21.6c	33.3b	—	0.3a	18.6c	53.3b	45.4a	30.0b	28.1b	16.3b	55.1b	69.8b
	麦后直播棉	19.1d	30.7c	—	—	—	12.7c	7.8d	61.8a	55.3a	25.5a	9.9c	45.7c

续表

品种	麦棉种植模式	单株成铃数(个·株⁻¹)		伏前桃(%)		伏桃(%)		早秋桃(%)		晚秋桃(%)		霜前花率(%)	
		2012年	2013年	2012年	2013年	2012年	2013年	2012年	2013年	2012年	2013年	2012年	2013年
中棉所50	单作棉	13.2a	19.2a	6.5a	2.0a	61.3a	62.9a	27.7c	32.2b	3.8d	3.0d	94.5a	97.4a
	套作棉	12.2b	18.7a	5.5b	2.0a	58.9a	68.5a	23.2c	22.7c	9.2c	6.9c	91.5a	93.2a
	麦后移栽棉	12.1b	18.4a	—	0.7b	36.0b	64.1a	37.8b	16.5d	15.4b	18.7b	75.3b	82.4b
	麦后直播棉	11.7b	15.4b	—	—	10.2c	32.7b	49.4a	45.4a	28.4a	21.8a	50.8c	76.3c
方差分析													
种植模式		**	**	**	**	**	**	**	**	**	**	**	**
品种		**	**	**	**	**	**	**	**	**	**	**	**
种植模式×品种		**	**	**	**	**	**	**	**	**	**	**	**
盆栽													
泗杂3号	单作棉	19.7a	16.5a	1.4	22.0a	68.5a	77.5b	16.6c	0.6b	3.8c	—	95.3a	99.3a
	套作棉	15.9b	15.1b	—	0.7b	37.0b	94.3a	50.8b	3.0b	9.6b	2.0b	93.1a	96.4a
	麦后移栽棉	12.9c	13.8c	—	—	25.5c	49.8c	59.8a	43.5a	11.5a	6.7a	84.9b	92.3a
	麦后直播棉	14.2a	16.0a	6.6a	19.9a	68.2a	77.5a	14.8c	1.2c	1.6b	1.3b	96.8a	98.7a
中棉所50	单作棉	13.0b	15.4b	0.5b	12.1b	57.8b	79.7a	34.6b	6.2b	4.5a	2.0b	94.2a	96.9a
	套作棉	12.0c	12.9c	—	—	36.0b	61.1b	49.4a	33.2a	4.0a	5.7a	95.7a	93.6a
	麦后移栽棉	19.7a	16.5a	1.4	22.0a	68.5a	77.5a	16.6c	0.6b	3.8c	—	95.3a	99.3a
	麦后直播棉	15.9b	15.1b	—	0.7b	37.0b	94.3a	50.8b	3.0b	9.6b	2.0b	93.1a	96.4a
方差分析													
种植模式		**	**	**	**	**	**	**	**	**	**	**	**
品种		**	*	**	**	**	ns	**	*	**	ns	**	ns
种植模式×品种		**	**	**	**	**	**	**	**	**	**	**	ns

注：同列不同字母表示 0.05 水平差异显著，表中数据为 3 次重复平均值，"—"表示无数据
*、**分别表示在 0.05、0.01 水平相关性显著，ns 表示相关性不显著

二、麦棉种植模式对棉花生长发育的影响

（一）棉花生育期

麦棉种植模式显著影响棉花生育进程，不同种植模式显著影响棉花苗期、花铃期的天数，对蕾期天数影响较小（表13-6）。与单作棉相比，套作棉苗期受小麦遮阴影响，苗期延长；麦后移栽棉由于移苗晚，发棵迟，全生育期各阶段均延长；麦后直播棉播期晚，苗期温度高生长较快，苗期显著缩短，但后期受低温影响花铃期显著延长。

表13-6 麦棉种植模式对棉花生育期天数（d）的影响（2012～2013年）

品种	麦棉种植模式	大田				盆栽			
		苗期	蕾期	花铃期	全生育期	苗期	蕾期	花铃期	全生育期
		2012年							
泗杂3号	单作棉	59b	27a	46b	132b	57a	23a	29c	109b
	套作棉	64ab	28a	43b	135b				
	麦后移栽棉	69a	28a	48b	145a	63a	20a	35b	118a
	麦后直播棉	51c	24a	69a	144a	24b	23a	51a	98c
中棉所50	单作棉	58ab	23a	45c	126b	53a	23a	23b	99b
	套作棉	61a	25a	52b	138a				
	麦后移栽棉	44c	23a	61a	128b	59a	22a	28b	109a
	麦后直播棉	61a	23a	42b	126b	20b	19a	48a	87c
		2013年							
泗杂3号	单作棉	63a	23a	42b	128b	48a	23a	38b	109b
	套作棉	67a	24a	45b	136a				
	麦后移栽棉	34b	20a	51a	105c	54a	27a	40ab	121a
	麦后直播棉	59a	22a	37b	118b	37b	18b	45a	100c
中棉所50	单作棉	63a	25a	39b	127a	44b	27a	32b	103b
	套作棉	30b	18b	47a	95c				
	麦后移栽棉	59b	27a	46b	132b	52a	25a	35ab	112a
	麦后直播棉	64ab	28a	43b	135b	33c	18b	39a	90c

注：同列中不同小写字母表示在0.05水平差异显著，表中数据为3次重复平均值

（二）棉花生物量累积分配

1. 生物量累积 棉花生物量累积随生长发育进程的变化可用logistic方程模拟，比较不同种植模式下棉花生物量累积特征值发现（表13-7），种植模式显著影响棉花生物量累积，两熟种植棉花理论最大累积生物量均较单作棉下降，单作棉最高、套作棉次之，

麦后移栽棉和麦后直播棉最低。单作棉生物量快速累积期最长，平均累积速率最大；套作棉生物量快速累积持续期与单作棉相近，但累积速率较单作棉降低10.9%，麦后移栽棉、麦后直播棉分别降低12.3%、6.4%。两熟种植模式下麦后快速累积期最大累积速率也显著低于单作棉，'泗杂3号'套作棉、麦后移栽棉、麦后直播棉分别较单作棉降低15.1%、19.5%、19.0%，'中棉所50'分别降低5.6%、3.3%、9.4%。

表13-7 麦棉种植模式对棉花地上部生物量累积的影响（大田，2012～2013年）

品种	麦棉种植模式	生物量理论最大值（×10³ kg·hm⁻²）	R^2	生物量快速累积持续期(d)	生物量快速累积期平均累积速率(kg·hm⁻²·d⁻¹)	生物量快速累积期最大累积速率(kg·hm⁻²·d⁻¹)
			2012年			
泗杂3号	单作棉	7.457	0.999**	34	128.2	146.2
	套作棉	6.056	0.998**	30	116.7	133.1
	麦后移栽棉	4.915	0.998**	30	95.9	109.4
	麦后直播棉	5.009	0.999**	25	114.5	130.5
中棉所50	单作棉	7.244	0.984**	42	98.9	112.8
	套作棉	6.269	0.979**	40	91.0	103.7
	麦后移栽棉	5.029	0.993**	32	91.9	104.8
	麦后直播棉	5.562	0.999**	26	121.9	139.0
			2013年			
泗杂3号	单作棉	10.838	0.998**	31	200.9	229.1
	套作棉	10.539	0.995**	37	162.6	185.5
	麦后移栽棉	7.612	0.997**	26	169.1	192.9
	麦后直播棉	7.753	0.998**	29	152.0	173.4
中棉所50	单作棉	9.126	0.985**	33	162.4	185.2
	套作棉	8.816	0.997**	33	155.7	177.6
	麦后移栽棉	8.662	0.999**	31	160.8	183.3
	麦后直播棉	8.137	0.996**	29	164.0	187.1

*、**分别表示在0.05、0.01水平相关性显著（$n=6$，$R^2_{0.05}=0.658$，$R^2_{0.01}=0.841$）

棉花生殖器官生物量快速积累持续期较棉花单株短7～9d（表13-8），快速积累期平均累积速率、最大累积速率仅为单株的46.1%。不同种植模式棉花生殖器官累积理论最大值以单作棉最高，套作棉次之，麦后移栽棉和麦后直播棉最低。单作棉生殖器官生物量快速累积持续期(36~40d)分别比套作棉、麦后移栽棉和麦后直播棉长 1~7d、4~14d、3~9d；套作棉、麦后移栽棉生殖器官生物量平均累积速率较单作棉分别降低 5.3%、13.0%；麦后直播棉生殖器官生物量平均累积速率和最高累积速率最大，但持续期最短 (18~28d)。

表 13-8　麦棉种植模式对棉花生殖器官生物量累积的影响(大田，2012~2013 年)

品种	麦棉种植模式	生物量理论最大值 ($\times 10^3$ kg·hm^{-2})	R^2	生物量快速累积持续期(d)	生物量快速累积期平均累积速率(kg·hm^{-2}·d^{-1})	生物量快速累积期最大累积速率(kg·hm^{-2}·d^{-1})
			2012 年			
泗杂 3 号	单作棉	4.144	0.989**	39	61.2	69.8
	套作棉	3.178	0.994**	33	56.4	64.3
	麦后移栽棉	2.473	0.993**	35	41.1	46.9
	麦后直播棉	3.104	1.000**	28	64.4	73.5
中棉所 50	单作棉	3.949	0.993**	40	56.4	64.3
	套作棉	3.215	0.996**	36	51.4	58.7
	麦后移栽棉	2.337	0.996**	27	50.7	57.8
	麦后直播棉	2.120	0.999**	18	69.6	79.4
			2013 年			
泗杂 3 号	单作棉	6.327	0.992**	36	101.4	115.6
	套作棉	5.965	0.991**	36	96.6	110.2
	麦后移栽棉	4.121	0.994**	27	87.8	100.1
	麦后直播棉	4.707	0.999**	27	101.8	116.1
中棉所 50	单作棉	5.837	0.994**	40	84.7	96.5
	套作棉	5.325	0.995**	37	83.3	95.0
	麦后移栽棉	4.974	0.999**	34	84.7	96.5
	麦后直播棉	3.748	0.998**	25	87.1	99.3

*、**分别表示在 0.05、0.01 水平相关性显著($n=6$，$R^2_{0.05}=0.658$，$R^2_{0.01}=0.841$)

2. 棉花生物量分配　　麦棉种植模式显著影响棉花生物量分配，大田、盆栽试验结果一致(表 13-9、表 13-10)。与单作棉相比，两熟种植模式下棉花生物量和生殖器官分配比例均降低，而叶中分配比例提高，尤其是麦后直播棉提高幅度最大。大田试验套作棉、麦后移栽棉、麦后直播棉吐絮期生物量，2012 年'泗杂 3 号'较单作棉分别降低 16.7%、

33%、34.2%,'中棉所50'分别降低14.4%、31.6%、25.8%;2013年'泗杂3号'分别降低5.3%、26.8%、31.6%,'中棉所50'分别降低5.1%、5.2%、17.7%。盆栽试验麦后移栽棉、麦后直播棉在2012年'泗杂3号'分别较单作棉降低6.9%、12.0%,'中棉所50'分别降低11.4%、13.1%;2013年'泗杂3号'分别降低7.3%、15.2%,'中棉所50'分别降低9.0%、17.4%。两熟种植模式下棉花生物量分配到生殖器官中的比例显著低于单作棉,尤其是麦后直播棉,仅32.3%~44.8%,显著低于单作棉的48.5%~55.9%。盆栽试验麦后直播棉生殖器官分配比例为45.2%~45.6%,低于单作棉的49.0%~54.5%。'中棉所50'变幅小于'泗杂3号'。可见,套作棉、麦后移栽棉均因生物量累积不足而限制了产量提高,麦后直播棉产量低主要由于分配到铃中比例降低所致。

表 13-9 麦棉种植模式对棉花生物量分配的影响(大田,2012~2013年)

麦棉种植模式	总生物量(g·m⁻²)		生殖器官比例(%)		叶分配系数		叶/铃	
	2012年	2013年	2012年	2013年	2012年	2013年	2012年	2013年
泗杂3号								
单作棉	712.8a	1046.3a	49.0a	54.2a	0.29c	0.26b	0.29d	0.21c
套作棉	593.6b	990.4b	48.6a	53.3ab	0.33b	0.27b	0.35c	0.25b
麦后移栽棉	471.5c	766.3c	43.9b	52.2b	0.33b	0.26b	0.42b	0.24b
麦后直播棉	469.3d	715.9d	32.3c	42.5c	0.38a	0.30a	0.79a	0.41a
中棉所50								
单作棉	682.0a	921.3a	48.5a	55.9a	0.31d	0.27a	0.33d	0.21b
套作棉	584.1b	874.2b	47.5a	54.8a	0.35c	0.26a	0.38c	0.22b
麦后移栽棉	466.2d	873.2b	47.4a	53.7a	0.38b	0.23b	0.42b	0.20c
麦后直播棉	505.8c	758.2c	38.4b	44.8b	0.42a	0.26a	0.67a	0.32a
方差分析								
种植模式	**	**	**	**	**	**	**	**
品种	*	*	**	**	**	**	**	**
种植模式×品种	**	**	**	ns	**	**	**	**

注:同列中不同小写字母表示在0.05水平差异显著,表中数据为3次重复平均值
*、**分别表示在0.05、0.01水平相关性显著,ns表示相关性不显著

表 13-10 麦棉种植模式对棉花生物量分配的影响(盆栽,2012~2013年)

麦棉种植模式	总生物量(g·株⁻¹)		生殖器官比例(%)		叶分配系数		叶/铃	
	2012年	2013年	2012年	2013年	2012年	2013年	2012年	2013年
泗杂3号								
单作棉	189.1a	177.5a	44.8a	49.5a	0.28c	0.38b	0.35c	0.24c
麦后移栽棉	176.1b	164.6b	42.5b	48.3b	0.35b	0.38b	0.41b	0.31b
麦后直播棉	166.5c	150.5c	39.1c	40.7c	0.39a	0.43a	0.52a	0.46a

续表

麦棉种植模式	总生物量(g·株⁻¹)		生殖器官比例(%)		叶分配系数		叶/铃	
	2012年	2013年	2012年	2013年	2012年	2013年	2012年	2013年
中棉所50								
单作棉	158.6a	150.5a	42.7a	46.7a	0.29c	0.37b	0.38c	0.26c
麦后移栽棉	140.5b	137.0b	41.6b	45.5b	0.33b	0.38b	0.40b	0.31b
麦后直播棉	137.8c	124.3c	39.0c	41.3c	0.40a	0.42a	0.51a	0.48a
方差分析								
种植模式	**	**	**	**	**	**	**	**
品种	**	**	ns	ns	ns	ns	ns	**
种植模式×品种	ns	ns	ns	ns	**	ns	**	**

注：同列中不同小写字母表示在0.05水平差异显著，表中数据为3次重复平均值
*、**分别表示在0.05、0.01水平相关性显著，ns表示相关性不显著

三、麦棉种植模式对棉花不同果枝部位铃纤维品质影响

麦棉种植模式对棉花不同果枝部位铃纤维伸长率和长度整齐度影响较小，纤维长度、比强度和马克隆值在不同果枝部位间差异显著（表13-11）。两熟种植模式下棉花下部果枝铃纤维长度增加，比强度和马克隆值降低，上部果枝铃纤维长度缩短。两熟种植模式下棉花下部果枝铃纤维品质较优，上部果枝铃纤维品质劣于单作棉。

表13-11 麦棉种植模式对棉花不同果枝部位铃纤维品质的影响（大田，2012~2013年）

品种	果枝部位	麦棉种植模式	2012年					2013年			
			纤维长度(mm)	伸长率(%)	比强度(cN·tex⁻¹)	马克隆值	长度整齐度(%)	纤维长度(mm)	比强度(cN·tex⁻¹)	马克隆值	长度整齐度(%)
泗杂3号	上部	单作棉	29.8a	6.9a	28.9a	5.3a	85.5a	29.4a	35.9a	5.1a	85.9a
		套作棉	29.2a	6.7a	27.5b	5.1a	85.7a	29.9a	32.1b	4.3b	85.4a
		麦后移栽棉	28.6b	6.5a	26.9b	4.6b	84.5b	29.1a	32.0b	4.5b	84.9a
		麦后直播棉	—	—	—	—	—	28.2b	31.6b	4.2b	82.6b
	中部	单作棉	29.4a	6.8a	28.4a	5.2a	85.8a	30.7a	36.2a	4.7a	85.6a
		套作棉	29.4a	6.8a	28.3a	5.2a	85.8a	29.3a	35.8a	4.9a	84.1a
		麦后移栽棉	29.0a	6.7a	27.4b	4.9b	85.6a	28.0b	29.8c	4.6a	83.7a
		麦后直播棉	29.6a	6.7a	27.2b	4.7b	85.5a	29.6a	33.6b	4.9a	86.3a

续表

品种	果枝部位	麦棉种植模式	2012 年					2013 年			
			纤维长度(mm)	伸长率(%)	比强度($cN \cdot tex^{-1}$)	马克隆值	长度整齐度(%)	纤维长度(mm)	比强度($cN \cdot tex^{-1}$)	马克隆值	长度整齐度(%)
泗杂3号	下部	单作棉	27.7c	6.6a	27.2b	5.0a	85.0a	28.3c	27.4c	4.5b	83.7a
		套作棉	28.1c	6.6a	27.5b	5.1a	85.0a	29.3b	31.6a	4.7ab	84.8a
		麦后移栽棉	28.9b	6.7a	27.4b	5.1a	85.4a	30.3a	32.0a	4.9a	85.2a
		麦后直播棉	30.3a	6.9a	28.1a	4.2b	85.9a	30.5a	29.4b	4.6ab	84.2a
中棉所50	上部	单作棉	29.9a	7.0a	28.5a	5.0a	86.4a	30.0a	32.1a	5.3a	86.2a
		套作棉	30.1a	7.0a	28.5a	4.9a	86.3a	28.8b	31.4a	4.4b	85.6a
		麦后移栽棉	29.4b	6.7a	27.0b	4.6b	85.4b	28.6b	31.4a	4.9b	86.3a
		麦后直播棉	30.2a	6.6a	27.3b	3.9c	85.3b	28.3b	30.9a	3.8c	83.6b
	中部	单作棉	29.8b	7.1a	28.9a	5.0a	86.1a	29.9b	33.9a	4.9a	85.1b
		套作棉	29.3b	6.9a	28.0b	5.0a	86.5a	30.8a	32.2a	4.8a	85.6ab
		麦后移栽棉	29.6b	7.0a	27.9b	4.8a	86.3a	29.8b	32.2a	4.9a	87.0a
		麦后直播棉	31.2a	6.9a	28.1b	4.1b	85.6b	29.5b	31.5c	4.8a	86.0a
	下部	单作棉	28.7b	6.9a	28.2a	5.0a	86.0a	28.5b	32.0a	4.9a	84.1a
		套作棉	28.5b	6.7a	27.4b	5.1a	85.7a	28.6b	30.5b	4.5b	85.3a
		麦后移栽棉	29.2b	6.9a	27.5b	4.8a	85.6a	29.8a	29.8b	4.6b	84.6a
		麦后直播棉	29.7a	6.9a	27.2b	4.5b	85.6a	30.0a	26.4c	4.4b	83.8a
方差分析											
麦棉种植模式			*	ns	*	**	ns	**	*	**	ns
品种			*	*	ns	*	ns	*	ns	*	ns
果枝部位			**	*	**	**	ns	**	**	**	ns

注：同列中不同小写字母表示在 0.05 水平差异显著，表中数据为 3 次重复平均值

*、**分别表示在 0.05、0.01 水平相关性显著，ns 表示相关性不显著

综上，两熟种植模式下棉花产量降低的首要因素是铃数减少，其次是铃重的降低。两熟种植模式下棉花生育期后延导致源强和库容均降低，这是限制棉花产量提高的生理生态学瓶颈。套作棉苗期受小麦遮阴影响，麦后移栽棉由于移栽迟苗期过长，麦后直播棉由于播期较晚、生长发育时间较短造成两熟种植棉花源强较单作棉均有下降。同时，两熟种植模式下棉花生殖生长推迟造成铃数减少，库容降低。套作棉、麦后移栽棉产量低主要由源强受限引起，麦后直播棉产量低主要由库容受限造成。相比中晚熟品种'泗杂 3 号'，早熟品种'中棉所 50'由于生育期较短缓解了生长发育的延迟，因而在两熟连作种植系统中具有产量优势。

第二节 麦棉种植模式与温光资源利用

温光资源是作物生产的先决条件,建立良好的群体结构,创造适宜的温光环境是作物良好生长的基础,不仅有利于作物的生长发育和产量品质的形成,也有利于提高资源利用效率。本章主要研究不同麦棉种植模式下棉田小气候、温光资源截获和利用的变化,分析评价不同麦棉种植模式间温光资源利用的差异原因,为制定相应的栽培应对措施提供理论依据。

一、麦棉种植模式对棉花生长物候环境的影响

棉花具有无限生长习性,其生长发育受环境因素尤其是农田小气候的影响较大,农田小气候主要包括冠层温度、相对湿度、光照等,是外界气候环境和冠层结构共同作用的结果。

麦棉种植模式显著影响棉花生长发育所处的物候环境(表13-12、表13-13),两熟种植棉花在苗期和蕾期累积热量和日均温均较单作棉显著增加,而在花铃期除麦后直播棉显著降低外,其余种植模式间差异较小。套作棉和麦后移栽棉苗期累积光合有效辐射与单作棉差异较小,麦后直播棉显著降低。两熟种植棉花花铃期累积光合有效辐射均较单作棉增加。麦后直播棉由于播期较迟,花铃期延长,平均日照时数较单作棉减少。综上,不同种植模式棉花生育期间温光环境的差异主要在苗期和花铃期,对棉花产量影响最大的是花铃期,花铃期的温度变幅大于光照;两熟种植棉花尤其是麦后直播棉花铃期温光生长环境恶化,不利于棉花生长。

表13-12 麦棉种植模式对棉花不同生育期有效积温和日均温的影响(大田,2012~2013年)

品种	麦棉种植模式	≥12℃有效积温(℃)						日均温(℃)					
		苗期		蕾期		花铃期		苗期		蕾期		花铃期	
		2012年	2013年	2012年	2013年	2012年	2013年	2012年	2013年	2012年	2013年	2012年	2013年
泗杂3号	单作棉	465d	374c	331c	301c	732a	782b	20.6b	17.7b	24.3b	25.1c	27.9a	30.2a
	套作棉	524c	391d	372b	315b	688b	772b	20.9b	17.9b	24.8b	25.7bc	27.9a	30.4a
	麦后移栽棉	581b	439b	375b	354a	743a	804a	21.1b	18.3b	25.4b	26.8b	27.5a	29.9a
	麦后直播棉	681a	485a	398a	358a	584c	749c	25.6a	25.9a	28.6a	29.9a	20.6b	26.7b
	CV(%)	16.3	11.1	7.6	11.4	10.6	2.8	10.9	19.9	7.6	7.9	13.9	6.0
中棉所50	单作棉	423d	359d	250d	263d	707b	667c	20.4b	17.7b	23.3b	24.0d	27.6a	30.0a
	套作棉	454c	374c	270c	286c	720b	688b	20.5b	17.7b	23.7b	25.0c	27.9a	30.1a
	麦后移栽棉	491b	391b	306b	352a	819a	717a	20.7b	17.9b	24.2b	26.1b	27.8a	30.4a
	麦后直播棉	559a	412a	390a	324b	633c	730a	24.8a	25.3a	28.9a	30.0a	22.5b	27.5b
	CV(%)	12.1	5.9	20.3	12.9	10.6	4.0	9.9	19.1	10.3	10.1	10.0	4.5

注:同列中不同小写字母表示在0.05水平差异显著

表 13-13　麦棉种植模式对棉花不同生育期累积光合有效辐射和平均日照时数的影响
（大田，2012~2013 年）

品种	麦棉种植模式	累积光合有效辐射(MJ)						平均日照时数(h)					
		苗期		蕾期		花铃期		苗期		蕾期		花铃期	
		2012年	2013年	2012年	2013年	2012年	2013年	2012年	2013年	2012年	2013年	2012年	2013年
泗杂3号	单作棉	1044c	1062a	346b	366b	772c	817b	7.2a	6.4c	9.8ab	6.9b	7.7a	7.8a
	套作棉	1128b	1103a	337c	351b	751d	837a	7.1a	6.4c	10.1a	6.8b	8.1a	8.1a
	麦后移栽棉	1225a	1156a	330c	411a	831b	825b	7.0a	7.5b	9.4b	7.0b	7.9a	7.9a
	麦后直播棉	765d	603b	392a	360b	986a	847a	7.3a	8.7a	8.4c	8.6a	6.8b	6.7b
	CV(%)	19.0	26.0	8.0	7.2	12.7	1.6	1.8	15.4	7.5	11.7	5.8	8.3
中棉所50	单作棉	985c	1035a	316b	357b	729c	684c	7.0a	7.0b	9.0b	7.0b	7.0b	7.2bc
	套作棉	1019b	1063a	316b	353b	739c	720b	7.2a	6.5b	9.3b	6.8b	7.5a	7.4ab
	麦后移栽棉	1088a	1104a	327b	393a	873b	771a	7.1a	6.8b	10.0a	6.9b	7.7a	7.8a
	麦后直播棉	604d	509b	452a	338c	915a	792a	6.9a	9.3a	8.3c	9.4a	6.8b	6.8c
	CV(%)	23.5	30.2	18.7	6.5	11.6	6.6	1.9	17.6	7.9	16.4	7.5	5.7

注：同列中不同小写字母表示在 0.05 水平差异显著

麦棉两熟种植模式下棉花冠层温度均较单作棉有所升高，相对湿度、截获 PAR 和光能截获率则较单作棉显著降低，其中以麦后直播棉变幅最大。棉花冠层小气候以截获光能变幅最大，单作棉冠层总体光能截获达 85%以上。套作棉和麦后移栽棉群体光能截获也达到 58%~83%。麦后直播棉发育较迟，群体植株较小，冠层生长缓慢，光能截获较低，仅为 57%~61%。冠层小气候的差异显著影响了棉花生长发育，同时也显著影响了棉株光能资源的截获利用。

二、麦棉种植模式对棉花冠层结构的影响

(一) 棉花叶面积指数

两熟种植棉花叶面积指数(LAI)显著低于单作棉(图 13-3)，套作棉最大 LAI 与单作棉差异较小，麦后移栽棉和麦后直播棉最大 LAI 显著低于单作棉和套作棉。不同种植模式棉花 LAI 下降速度不同，2012 年单作棉和套作棉下降速度显著大于麦后移栽棉和麦后直播棉，导致后期的光能截获率较低；但 2013 年不同种植模式间差异较小。

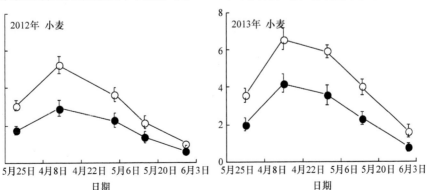

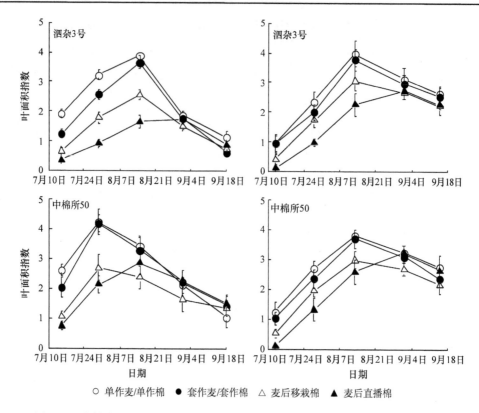

○ 单作麦/单作棉　● 套作麦/套作棉　△ 麦后移栽棉　▲ 麦后直播棉

图 13-3　麦棉种植模式对小麦和棉花叶面积指数(LAI)变化的影响(2012～2013 年)

(二)棉花冠层 LAI 垂直分布

麦棉种植模式显著影响花铃期棉花冠层 LAI 的垂直分布(图 13-4),不同种植模式棉花 LAI 在 1～5 果枝和 6～10 果枝差异较小,但 11～15 及以上果枝差异明显,尤其在 16～20 果枝差异最大。与单作棉相比,套作棉和麦后移栽棉各果枝部位 LAI 均有降低,而麦后直播棉 1～5 和 6～10 果枝有所增加,11～15 及以上果枝显著降低。

(三)棉花冠层消光系数

不同麦棉种植模式下棉花 LAI 与冠层光能截获率(fPAR)均可较好地用指数方程拟合

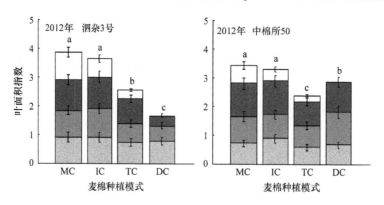

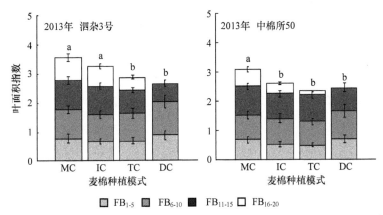

图 13-4 麦棉种植模式对花铃期棉花冠层 LAI 垂直分布的影响(2012~2013 年)
MC. 单作棉；IC. 套作棉；TC. 麦后移栽棉；DC. 麦后直播棉

(图 13-5)，麦棉种植模式显著影响冠层消光系数(k)，不同品种间差异显著，反映出不同的冠层结构特征。两品种麦后移栽棉和麦后直播棉 k 显著低于单作棉，套作棉的 k 与单作棉差异较小。对于单作棉、套作棉、麦后移栽棉和麦后直播棉的 k，'泗杂 3 号'分别为 0.71、0.70、0.52 和 0.55，'中棉所 50'分别为 0.58、0.52、0.47 和 0.41。

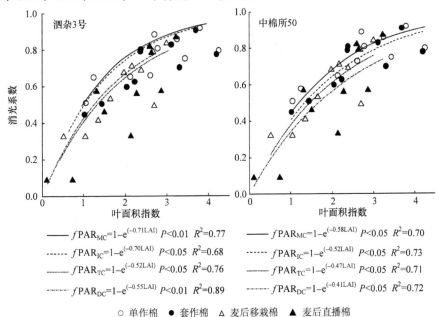

图 13-5 麦棉种植模式对棉花冠层消光系数(k)的影响

三、麦棉种植模式对棉花光能资源截获和利用的影响

(一)棉花冠层光能截获

1. 冠层光能截获率 麦棉种植模式显著影响作物冠层光能截获率(图 13-6)，两熟种植小麦和棉花的 fPAR 相比其单作均有所降低，套作棉、麦后移栽棉、麦后直播棉生育期间

的 fPAR 相比单作棉'泗杂 3 号'分别降低 6.7%、22.0%、28.9%,'中棉所 50'分别降低 7.1%、16.1%、22.4%。冠层光能截获率(fPAR)年际间差异明显,2013 年棉花 fPAR 较 2012 年高,可能由于 2012 年干旱、低温等生长环境不适宜的,棉株群体生长较小造成的。不同品种差异明显,'中棉所 50'在不同种植模式下的 fPAR 均比'泗杂 3 号'高,'泗杂 3 号'单作棉最大 fPAR 在 2012 年、2013 年分别为 87.01%、98.21%,高于'中棉所 50',分别为 77.64%、91.92%。

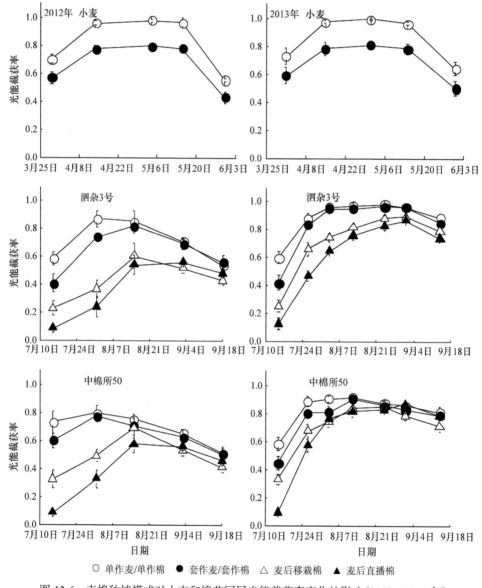

图 13-6 麦棉种植模式对小麦和棉花冠层光能截获率变化的影响(2012~2013 年)

2. 累积截获光能　麦棉种植模式显著影响周年和棉花季的累积截获光能(IPAR)(表 13-14),两熟种植模式下棉花 IPAR 显著低于单作棉,主要由生育期间较低的

fPAR造成。2012年、2013年单作棉IPAR'泗杂3号'分别为652MJ·m^{-2}、803MJ·m^{-2}，'中棉所50'分别为628MJ·m^{-2}、771MJ·m^{-2}。两年试验结果平均，套作棉、麦后移栽棉、麦后直播棉的IPAR较单作棉'泗杂3号'分别降低47.6%、28.7%、18.3%，'中棉所50'分别降低49.6%、36.6%、23.2%。

两熟种植模式周年的IPAR显著高于单作，与单作棉相比，两熟种植模式IPAR增加15.9%~50.7%，以套作棉累积IPAR最高，品种间无显著差异。2013年累积IPAR显著高于2012年。

表13-14 麦棉种植模式对小麦-棉花累积截获光能的影响(2012~2013年)

品种	麦棉种植模式	小麦-棉花周年				作物			
		IPAR(MJ·m^{-2})		ΔIPAR(%)		IPAR(MJ·m^{-2})		ΔIPAR(%)	
		2012年	2013年	2012年	2013年	2012年	2013年	2012年	2013年
		小麦							
	单作麦	—	—	—	—	517a	557a	—	—
	套作麦	—	—	—	—	417b	458b	-19.3	-17.7
		棉花							
泗杂3号	单作棉	652d	803d	—	—	652a	803a	—	—
	套作棉	961a	1186a	47.4a	47.8a	545b	728b	-16.5c	-9.3c
	麦后移栽棉	844b	1029b	29.5b	28.2b	328c	473c	-49.8b	-41.1b
	麦后直播棉	791c	930c	21.3c	15.9c	275d	374d	-57.9a	-53.4a
中棉所50	单作棉	628d	771d	—	—	628a	771a	—	—
	套作棉	946a	1147a	50.7a	48.9a	530b	689b	-15.7c	-10.6c
	麦后移栽棉	850b	1061b	35.4b	37.7b	334c	505c	-46.9b	-34.5b
	麦后直播棉	788c	935c	25.6c	21.3c	272d	378d	-56.7a	-50.9a

注：IPAR中小麦季指从拔节到收获，棉花季指从播种到吐絮，小麦-棉花周年指从小麦拔节到棉花吐絮，ΔIPAR为两熟种植比单作的增幅；同列中不同小写字母表示在0.05水平差异显著，"—"表示无数据

3. 冠层内PAR垂直分布和日变化 棉花冠层截获PAR与日辐射变化和冠层结构有关，棉花不同果枝部位截获的PAR差异显著，上部果枝截获量最高、下部果枝截获量最低，这与LAI在棉花冠层内的垂直分布一致。麦棉种植模式显著影响棉花冠层内截获PAR的垂直分布，上部果枝截获量以'泗杂3号'套作棉、'中棉所50'单作棉最高，中部果枝均以麦后移栽棉最高，下部果枝均以麦后直播棉最高。

麦棉种植模式显著影响花铃期棉花冠层截获的PAR及分布。两年数据平均，套作棉、麦后移栽棉、麦后直播棉日截获PAR'泗杂3号'分别比单作棉减少4.88%、11.96%、28.18%，'中棉所50'分别减少7.26%、21.83%、8.68%。两熟种植模式下棉花上部果枝截获量较单作棉减少，冠层光能穿透性增加，中下部果枝截获量较单作棉有所增加。不同种植模式棉花冠层截获的PAR差异主要来源于11果枝以上截获的PAR,尤其在16~20果枝的差异更明显，这与LAI空间的垂直分布一致。

(二)棉花光能利用率

麦棉两熟种植模式小麦地上部生物量为 1304～2188g·m^{-2},棉花为 466～1047g·m^{-2},麦棉种植模式显著影响两熟种植模式的光能利用率(RUE)(表 13-15),麦棉两熟种植周年 RUE(1.69～2.64g·MJ^{-1})显著高于单作棉(1.09～1.30g·MJ^{-1}),增幅达 42.8%～141.4%,以麦后直播棉最高,麦后移栽棉次之,套作棉最低。

表 13-15 麦棉种植模式对棉花光能利用效率的影响(2012～2013 年)

品种	麦棉种植模式	小麦-棉花周年				作物			
		RUE$_{DM}$(g·MJ^{-1})		ΔRUE$_{DM}$ (%)		RUE$_{DM}$ (g·MJ^{-1})		ΔRUE$_{DM}$ (%)	
		2012 年	2013 年	2012 年	2013 年	2012 年	2013 年	2012 年	2013 年
		小麦							
	单作麦	—	—	—	—	3.46a	3.50a	—	—
	套作麦	—	—	—	—	2.82a	2.99a	−19.1	−15.3
		棉花							
泗杂 3 号	单作棉	1.09d	1.30d	—	—	1.09c	1.30c	—	—
	套作棉	1.69c	1.86c	54.7c	42.8c	1.09c	1.36c	0.3b	4.4b
	麦后移栽棉	2.41b	2.41b	120.3b	84.9b	1.44b	1.62b	31.7a	24.3b
	麦后直播棉	2.57a	2.61a	134.8a	100.4a	1.71a	1.91a	56.5a	46.8a
中棉所 50	单作棉	1.09d	1.19d	—	—	1.09c	1.19c	—	—
	套作棉	1.71c	1.82c	57.3c	52.6c	1.10c	1.27c	1.6c	6.1c
	麦后移栽棉	2.38b	2.42b	119.6b	103.0b	1.40b	1.70b	28.7b	42.4b
	麦后直播棉	2.62a	2.64a	141.4a	121.4a	1.86a	2.00a	71.4a	67.6a

注:RUE$_{DM}$ 指基于生物量计算的 RUE,RUE 中小麦指从拔节到收获,棉花指从播种到吐絮,小麦-棉花周年从小麦拔节到棉花吐絮,ΔRUE 为麦棉两熟种植比单作的增幅;同列中不同小写字母表示在 0.05 水平差异显著,"—"表示无数据

小麦和棉花的 RUE 均不受套作影响,麦后移栽棉和麦后直播棉的 RUE 均显著高于单作棉,麦后直播棉表现最高(增幅 46.8%～71.4%)。品种间差异显著,'泗杂 3 号'单作棉、套作棉的 RUE 显著高于'中棉所 50','麦后移栽棉和麦后直播棉'泗杂 3 号'的 RUE 低于'中棉所 50',说明'泗杂 3 号'在单作棉和套作棉中拥有较高的 RUE,而'中棉所 50'在麦棉连作模式中拥有较高的 RUE。

四、麦棉种植模式对热能资源截获和利用的影响

(一)棉花生育期累积有效积温

麦棉种植模式显著影响小麦-棉花周年和棉花生育期累积有效积温(GDD)(表 13-16),麦棉两熟种植模式显著高于单作棉。小麦-棉花周年 GDD 在 2012 年以麦后移栽棉最高,2013 年以麦后直播棉最高;棉花生育期累积 GDD 麦后移栽棉和麦后直播棉显著高于单作棉和套作棉。品种间差异显著,早熟品种'中棉所 50'所需的 GDD 低于晚熟品种'泗杂 3 号',平均降低 9.8%。

表 13-16　麦棉种植模式对棉花生育期累积有效积温的影响（2012～2013 年）

品种	麦棉种植模式	小麦-棉花周年 GDD(℃·d⁻¹) 2012 年	2013 年	ΔGDD(%) 2012 年	2013 年	棉花 GDD(℃·d⁻¹) 2012 年	2013 年	ΔGDD(%) 2012 年	2013 年
泗杂 3 号	单作棉	1058d	1457d	—	—	1058d	1457b	—	—
	套作棉	1697c	1515c	60.4c	4.0c	1114c	1478b	5.3c	1.4b
	麦后移栽棉	1812a	1634b	71.3a	12.1b	1229a	1598a	16.2a	9.7a
	麦后直播棉	1776b	2055a	67.9b	41.0a	1193b	1592a	12.8b	9.3a
中棉所 50	单作棉	910d	1289d	—	—	910d	1290c	—	—
	套作棉	1557c	1385c	71.1b	7.4c	974c	1349b	7.0b	4.6c
	麦后移栽棉	1729a	1497b	90.0a	16.1b	1146a	1460a	25.9a	13.2b
	麦后直播棉	1695b	1929a	86.3a	49.7a	1112b	1466a	22.2a	13.6a

注：GDD 中小麦指从拔节到收获，棉花指从播种到吐絮，小麦-棉花周年指从小麦拔节到棉花吐絮。ΔGDD 为麦棉两熟种植比单作的增幅。同列中不同小写字母表示在 0.05 水平差异显著，"—"表示无数据

（二）棉花温度生产效率

麦棉种植模式显著影响小麦-棉花周年和棉花季的温度生产效率（TPE）（表 13-17），麦棉两熟种植周年 TPE 显著高于单作棉，增幅达 48.3%～163.4%，2012 年以麦后直播棉最高，2013 年则以麦后移栽棉最高。两熟种植模式下棉花的 TPE 显著低于单作棉，比单作棉降低 19.8%～53.7%，以麦后直播棉最低。早熟品种'中棉所 50'生长所需的 GDD 低于'泗杂 3 号'，但其 TPE 较'泗杂 3 号'提高 9.6%。

表 13-17　麦棉种植模式对棉花温度生产效率的影响（2012～2013 年）

品种	麦棉种植模式	小麦-棉花周年 TPE(kg·hm⁻²℃) 2012 年	2013 年	ΔTPE(%) 2012 年	2013 年	棉花 TPE(kg·hm⁻²℃) 2012 年	2013 年	ΔTPE(%) 2012 年	2013 年
泗杂 3 号	单作棉	7.8c	7.2d	—	—	6.7a	8.6a	—	—
	套作棉	11.9b	15.6b	52.6b	116.7b	5.3b	6.8b	−20.9c	−20.9c
	麦后移栽棉	15.6a	16.6a	100.0a	130.6a	3.8c	6.5b	−43.3b	−24.4b
	麦后直播棉	15.6a	13.0c	100.0a	80.6c	3.1c	4.5c	−53.7a	−47.7a
中棉所 50	单作棉	8.9d	7.1d	—	—	7.5a	8.1a	—	—
	套作棉	13.2c	16.2b	48.3c	128.2b	6.0b	6.5b	−20.0b	−19.8b
	麦后移栽棉	16.5b	18.7a	85.4b	163.4a	4.1c	6.3b	−45.3a	−22.2b
	麦后直播棉	17.2a	14.0c	93.3a	97.2c	4.4c	5.2d	−41.3a	−35.8a

注：TPE 中小麦指从拔节到收获，棉花指从播种到吐絮，小麦-棉花周年指从小麦拔节到棉花吐絮，TPE=单位时间单位面积内增加的生物量(kg·hm⁻²·d⁻¹)/生育期 GDD(℃·d)，ΔTPE 为麦棉两熟种植比单作的增幅；同列中不同小写字母表示在 0.05 水平差异显著，表中数据为 3 次重复平均值

(三)棉花温光资源利用与产量的相关性

棉花产量、铃数、生物量与生育期 IPAR、fPAR、GDD、TPE 呈显著或极显著正相关(表 13-18)。限制两熟种植模式下棉花生产力的主要因素不是 RUE，而是 IPAR。两熟种植棉花由于冠层较小，LAI 较低而导致 fPAR 低，截获光能减少。因此，两熟种植模式下棉花生产力提高的关键是增加光能截获；麦后移栽棉和麦后直播棉都具有较高的资源利用潜力，可通过栽培措施来提高资源利用效率，如减小行距、增大密度、化控、育苗移栽来加快群体生长发育，提高温光截获效率。同时，还可通过打顶、化控等构建合理的冠层结构，提高冠层光能透过率，提高群体光合生产力。

表 13-18　棉花温光资源截获、利用效率与产量的相关性

相关分析	fPAR	IPAR	RUE	GDD	TPE
铃数	0.663**	0.672**	0.199ns	0.670**	0.615*
铃重	−0.346ns	0.202ns	−0.426ns	−0.168ns	0.096ns
衣分	0.306ns	0.039ns	0.177ns	0.403ns	−0.020ns
生物量	0.534*	0.798**	0.040ns	0.557*	0.771**
收获指数	0.483ns	0.852**	−0.292ns	0.267ns	0.742**
果节数	0.219ns	0.436ns	0.029ns	0.495ns	0.306ns
成铃率	0.354ns	−0.169ns	0.487ns	0.758**	−0.267ns
产量	0.549*	0.728**	0.065ns	0.649**	0.631**

*、**分别表示在 0.05、0.01 水平相关性显著($n=16$, $R^2_{0.05}=0.497$, $R^2_{0.01}=0.623$)，ns 表示相关性不显著

综上，麦棉种植模式显著影响棉花生长的物候环境，尤其是蕾期和花铃期的温度，物候环境的差异显著影响棉花的温光利用率。棉花辐射利用效率与冠层内部的光分布密切相关，两熟种植棉花冠层结构较单作棉有所改善，冠层内光穿透性增加，光合能力提高，RUE 较单作棉提高。限制两熟种植模式下棉花产量提高的主要因子是 IPAR 较低，而不是 RUE。两熟种植棉花 TPE 显著低于单作棉，提高两熟棉花生产力和资源利用率的关键是提高光能截获。相比中晚熟品种'泗杂 3 号'，早熟品种'中棉所 50'在两熟连作种植系统中具有较高的温光资源利用效率。

第三节　麦棉种植模式与棉花氮素利用

氮是棉花生长发育的重要元素之一，棉花氮素吸收利用受到耕作方式、土壤肥力、种植模式、种植密度、施氮水平等的影响。本章基于单作棉、麦棉套作、麦后移栽棉、麦后直播棉 4 种麦棉种植模式施氮量试验($0\text{kg N} \cdot \text{hm}^{-2}$、$300\text{kg N} \cdot \text{hm}^{-2}$、$450\text{kg N} \cdot \text{hm}^{-2}$)，研究小麦-棉花种植模式下棉花氮素吸收与利用率变化，为麦棉两熟种植中合理氮肥运筹、提高资源利用和经济效益提供理论依据。

一、麦棉种植模式对小麦-棉花周年氮素积累的影响

(一)小麦-棉花周年氮素积累量

麦棉种植模式显著影响小麦-棉花周年氮素积累量,两熟种植周年氮素积累量显著大于单作棉,以麦后移栽棉最高(表13-19)。大田试验套作棉、麦后移栽棉、麦后直播棉周年氮素积累量较单作棉'泗杂3号'分别提高77.5%、98.8%、95.8%,'中棉所50'分别提高94.0%、123.5%、120.1%;盆栽试验'泗杂3号''中棉所50'麦后移栽棉和麦后直播棉分别提高了82.6%、122.0%和70.6%、114.8%。

表13-19 麦棉种植模式对小麦-棉花周年氮素积累量的影响(2012~2013年)

品种	麦棉种植模式	大田(kg·hm^{-2})			盆栽(g·盆$^{-1}$)		
		小麦	棉花	棉花	棉花	棉花	棉花
				2012年			
泗杂3号	单作棉	—	174a	174c	—	3.0a	3.0b
	套作棉	171b	142b	313b			
	麦后移栽棉	225a	134c	359a	2.6a	2.8a	5.4a
	麦后直播棉	225a	128d	353a	2.6a	2.3b	4.9a
中棉所50	单作棉	—	161a	161c	—	2.1a	2.1b
	套作棉	171b	145b	316b			
	麦后移栽棉	225a	138c	363a	2.6a	2.0a	4.6a
	麦后直播棉	225a	146b	371a	2.6a	1.8a	4.4a
				2013年			
泗杂3号	单作棉	—	241a	241c	—	2.7a	2.7b
	套作棉	199b	223b	422b			
	麦后移栽棉	265a	196c	461a	2.7a	2.3b	5.0a
	麦后直播棉	265a	190d	455a	2.7a	2.1b	4.8a
中棉所50	单作棉	—	205a	205d	—	2.0a	2.0b
	套作棉	199b	194b	393c			
	麦后移栽棉	265a	189c	454a	2.7a	1.8b	4.5a
	麦后直播棉	265a	165d	430b	2.7a	1.7b	4.4a

注:同列中不同小写字母表示在0.05水平差异显著,"—"表示无数据

两熟种植模式下棉花氮素积累量显著降低,单作棉>套作棉>麦后移栽棉>麦后直播棉。两年试验数据平均,大田试验套作棉、麦后移栽棉、麦后直播棉氮素积累量较单作棉'泗杂3号'分别降低12.0%、20.5%、23.4%,'中棉所50'分别降低7.4%、10.7%、15.0%。盆栽试验'泗杂3号'麦后移栽棉、麦后直播棉分别降低10.5%、22.8%,'中棉

所 50'分别降低 7.3%、14.6%。年际间比较,2013 年大田试验不同种植模式下棉花氮素积累量比 2012 年高 37.2%,这主要由棉花生产生物量增加造成。

(二)棉花氮素积累与分配

1. 棉花氮素累积　棉花氮素积累可用 logistic 方程拟合,麦棉种植模式显著影响棉花氮素累积(表 13-20)。两熟种植模式下棉花理论最大氮积累量显著低于单作棉,'泗杂3 号'表现为:单作棉>套作棉>麦后移栽棉>麦后直播棉,'中棉所 50'表现为:单作棉>麦后直播棉>套作棉>麦后移栽棉。单作棉快速积累期最长,平均累积速率最大;套作棉快速累积期与单作棉相近,但最大累积速率和平均累积速率较单作棉低;麦后移栽棉平均累积速率较单作棉降低 22.2%;麦后直播棉快速累积持续时间最短,平均积累速率较单作棉提高 4.7%。两熟种植模式下棉花快速积累期的最大累积速率也均较单作棉降低,'泗杂 3 号'套作棉、麦后移栽棉、麦后直播棉比单作棉分别降低 18.4%、25.6%、9.7%,'中棉所 50'分别降低 19.7%、19.7%、-20.9%。盆栽试验与大田试验趋势一致,但麦棉种植模式间差异小于大田试验。

表 13-20　麦棉种植模式对棉花氮素累积的影响(大田,2012~2013 年)

品种	麦棉种植模式	理论最大氮积累量 W_{max}(kg·hm^{-2})	R^2	氮素快速积累持续期 T(d)	氮素最大累积速率 V_t(kg·hm^{-2}·d^{-1})	快速累积期氮素平均累积速率 V_m(kg·hm^{-2}·d^{-1})
				2012 年		
泗杂3号	单作棉	235.9	0.978**	50	2.75	3.14
	套作棉	149.0	0.999**	41	2.02	2.61
	麦后移栽棉	147.6	0.983**	39	2.21	2.52
	麦后直播棉	120.7	0.999**	24	2.90	3.31
中棉所50	单作棉	175.7	0.996**	34	3.00	3.42
	套作棉	157.8	0.963**	45	2.04	2.33
	麦后移栽棉	124.1	0.992**	40	1.78	2.03
	麦后直播棉	143.2	0.998**	19	4.47	5.10
				2013 年		
泗杂3号	单作棉	261.4	0.994**	38	3.95	4.51
	套作棉	249.0	0.989**	45	3.18	3.63
	麦后移栽棉	207.2	0.992**	43	2.78	3.17

续表

品种	麦棉种植模式	理论最大氮积累量 W_{max}(kg·hm^{-2})	R^2	氮素快速积累持续期 T(d)	氮素最大累积速率 V_t(kg·hm^{-2}·d^{-1})	快速累积期氮素平均累积速率 V_m(kg·hm^{-2}·d^{-1})
泗杂3号	麦后直播棉	183.8	0.995**	34	3.16	3.60
中棉所50	单作棉	233.0	0.997**	45	2.97	3.38
	套作棉	215.7	0.999**	45	2.74	3.13
	麦后移栽棉	190.8	0.997**	37	3.01	3.43
	麦后直播棉	166.2	0.995**	35	2.74	3.12

**表示在 0.01 水平相关性显著(n=5，$R^2_{0.01}$=0.919)

2. 吐絮期棉花氮素分配　麦棉种植模式显著影响棉花生物量和氮素累积分配，两熟种植模式下棉花营养器官（叶片和茎）氮素累积较单作棉显著提高，两品种均表现为：麦后直播棉>麦后移栽棉>套作棉>单作棉（表 13-21）。两熟种植模式下棉花氮素分配到生殖器官中的比例显著低于单作棉，麦后直播棉最低，氮收获指数仅为 0.27～0.47（大田）、0.43～0.48（盆栽），显著低于单作棉（大田为 0.50～0.57，盆栽为 0.50～0.53）。中晚熟品种'泗杂 3 号'生物量和氮素收获指数低于早熟品种'中棉所 50'，且不同麦棉种植模式间的变幅也大于'中棉所 50'。

表 13-21　麦棉种植模式对吐絮期棉花生物量和氮素累积的影响（大田，2012～2013 年）

品种	麦棉种植模式	生物量(kg·hm^{-2})				收获指数		氮素积累量(kg·hm^{-2})						氮收获指数	
		生殖器官		营养器官				生殖器官		营养器官		全株			
		2012年	2013年	2012年	2013年	2012年	2013年	2012年	2013年	2012年	2013年	2012年	2013年	2012年	2013年
泗杂3号	单作棉	3493a	5667a	3635a	4798a	0.49a	0.54a	87a	133a	87a	108a	174a	241a	0.50a	0.55a
	套作棉	2887b	5281b	3049b	4624b	0.49a	0.53a	72b	121b	70b	103ab	142b	223b	0.51a	0.54a
	麦后移栽棉	2068c	3996c	2647c	3665d	0.44b	0.52a	63c	102c	71b	94b	134c	196c	0.47a	0.52a
	麦后直播棉	917d	3037d	2776d	4115c	0.32b	0.43b	35d	84d	93a	106a	128c	190d	0.27b	0.44b
中棉所50	单作棉	3310a	5144a	3510a	4057b	0.49a	0.56a	87a	117a	74b	88a	161a	205a	0.54a	0.57a
	套作棉	2777b	4790b	3064c	3946c	0.48a	0.55a	77b	109b	68c	85a	145b	194b	0.53a	0.56a
	麦后移栽棉	2209c	4602c	2453d	3974c	0.47a	0.54a	70c	102c	68c	87a	138c	189b	0.51a	0.54a
	麦后直播棉	1644d	3389d	3414b	4183a	0.38b	0.45b	51d	78d	95a	87a	146b	165c	0.35b	0.47b

续表

品种	麦棉种植模式	生物量(kg·hm^{-2})				收获指数		氮素积累量(kg·hm^{-2})						氮收获指数	
		生殖器官		营养器官				生殖器官		营养器官		全株			
		2012年	2013年	2012年	2013年	2012年	2013年	2012年	2013年	2012年	2013年	2012年	2013年	2012年	2013年
方差分析															
种植模式		**	**	**	**	**	**	**	**	**	*	**	**	**	**
品种		**	ns	**	**	**	*	**	**	*	**	ns	**	**	*
种植模式×品种		**	**	**	**	**	ns	**	*	*	ns	*	*	**	ns

注：同列中不同小写字母表示在 0.05 水平差异显著；氮收获指数=生殖器官氮素积累量/全株氮素积累量

*、**分别表示在 0.05、0.01 水平相关性显著，ns 表示相关性不显著

二、麦棉种植模式对小麦-棉花周年氮素平衡的影响

本研究中不同麦棉种植模式棉花施氮量为 300kg N·hm^{-2}，小麦为 200kg N·hm^{-2}，棉花季土壤供氮能力为 89~118kg N·hm^{-2}。麦棉种植模式显著影响棉田周年氮残留和氮盈余（表 13-22），两熟种植模式周年氮残留为 158~223kg N·hm^{-2}，显著高于单作棉（109~154kg N·hm^{-2}）；小麦-棉花周年氮盈余为 371~606kg N·hm^{-2}，显著高于单作棉（255~318kg N·hm^{-2}）。两品种均以麦后移栽棉和麦后直播棉较高，套作棉次之，单作棉最低。两熟种植模式下棉花季的氮残留低于单作棉，而氮盈余则高于单作棉。与单作棉相比，两熟种植模式中更多的氮通过氮挥发或其他形式损失掉，过量的氮肥投入会导致大量的氮盈余，造成生产成本增加和环境污染。盆栽与大田试验结果一致（表 13-23），两熟种植模式小麦-棉花周年氮残留为 2.1~3.0g N·盆$^{-1}$，显著高于单作棉（0.8~1.8g N·盆$^{-1}$）；小麦-棉花周年氮盈余为 7.7~9.2g N·盆$^{-1}$，显著高于单作棉（3.6~4.7g N·盆$^{-1}$）。

表 13-22　麦棉种植模式对小麦-棉花周年氮素平衡的影响（大田，2012~2013 年）

品种	麦棉种植模式	2012年						2013年					
		氮残留(kg·hm^{-2})			氮盈余(kg·hm^{-2})			氮残留(kg·hm^{-2})			氮盈余(kg·hm^{-2})		
		小麦	棉花	周年	小麦	棉花	周年	小麦	棉花	周年	小麦	棉花	周年
泗杂3号	单作棉	—	109a	109c	—	300b	300d	—	154a	154b	—	255a	255c
	套作棉	75b	83c	158b	129b	321a	450c	80b	142b	223a	119b	252a	371b
	麦后移栽棉	88a	74d	162b	286a	320a	606a	93a	125c	218a	263a	259a	522a
	麦后直播棉	88a	92b	180a	286a	297b	583a	93a	126b	220a	263a	259a	522a
中棉所50	单作棉	—	100a	100c	—	318a	318c	—	120a	120c	—	298b	298d
	套作棉	75b	97a	172b	129b	318a	447b	80b	114b	195b	119b	291b	410c
	麦后移栽棉	88a	85b	173b	286a	317a	603a	93a	113b	207b	263a	279c	542b
	麦后直播棉	88a	97a	185a	286a	307b	593a	93a	102c	195b	263a	315a	578a

注：同列中不同小写字母表示在 0.05 水平差异显著，"—"表示无数据；氮残留=氮吸收量-氮转移量，氮转移量是小麦籽粒和籽棉中的氮含量，氮盈余=施氮量+土壤供氮能力-氮转移量

表 13-23 麦棉种植模式对小麦-棉花周年氮素平衡的影响(盆栽，2012~2013 年)

品种	麦棉种植模式	2012 年						2013 年					
		氮残留(g·盆⁻¹)			氮盈余(g·盆⁻¹)			氮残留(g·盆⁻¹)			氮盈余(g·盆⁻¹)		
		小麦	棉花	周年	小麦	棉花	周年	小麦	棉花	周年	小麦	棉花	周年
泗杂 3 号	单作棉	—	1.6a	1.6b	—	4.4a	4.4c	—	1.8a	1.8b	—	3.6a	3.6b
	麦后移栽棉	1.3	1.6a	2.9a	4.5	4.1a	8.6a	1.4	1.5b	2.9a	4.3	3.7a	8.0a
	麦后直播棉	1.3	1.3b	2.6a	4.5	4.5a	9.0a	1.4	1.6b	3.0a	4.3	3.4a	7.7a
中棉所 50	单作棉	—	1.1a	1.1b	—	4.5a	4.5c	—	0.8a	0.8b	—	4.7a	4.7b
	麦后移栽棉	1.3	0.8b	2.1a	4.5	4.7a	9.2a	1.4	0.9a	2.3a	4.3	4.1b	8.4a
	麦后直播棉	1.3	0.9b	2.2a	4.5	4.1b	8.5b	1.4	1.0a	2.4a	4.3	3.8b	8.1a

注：同列中不同小写字母表示在 0.05 水平差异显著，"—" 表示无数据；氮残留=氮吸收量-氮转移量，氮转移量是小麦籽粒和籽棉中的氮含量，氮盈余=施氮量+土壤供氮能力-氮转移量

三、麦棉种植模式对棉花氮肥利用效率的影响

麦棉种植模式、施氮量、品种及其互作均显著影响棉花氮素利用效率(表 13-24)。两熟种植棉花氮肥农学利用率、吸收利用率、养分利用率和偏生产力均较单作棉降低，以麦后直播棉最低。随施氮量增加，氮肥利用效率各指标均下降。品种间比较，'泗杂 3 号'的氮肥农学利用率和生理利用率较高，氮肥吸收利用率 2012 年'中棉所 50'较高、2013 年'泗杂 3 号'较高，氮肥养分利用率 2012 年'中棉所 50'较高、2013 年品种间差异较小，氮肥偏生产力 2012 年品种间差异较小、2013 年'泗杂 3 号'较高。

表 13-24 麦棉种植模式对棉花氮肥利用效率的影响(大田，2012~2013 年)

品种	麦棉种植模式	施氮量 (kg·hm⁻²)	2012 年					2013 年				
			氮肥农学利用率 (kg·kg⁻¹)	氮肥吸收利用率(%)	氮肥养分利用率 (kg·kg⁻¹)	氮肥偏生产力 (kg·kg⁻¹)	氮肥生理利用效率 (kg·kg⁻¹)	氮肥农学利用率 (kg·kg⁻¹)	氮肥吸收利用率(%)	氮肥养分利用率 (kg·kg⁻¹)	氮肥偏生产力 (kg·kg⁻¹)	氮肥生理利用效率 (kg·kg⁻¹)
泗杂 3 号	单作棉	300	2.4	26.2	9.0	6.3	10.1	2.2	27.2	7.9	9.3	11.1
		450	1.8	26.2	7.0	4.5	9.9	1.8	28.6	2.9	5.6	9.4
	套作棉	300	2.1	15.6	13.2	5.7	11.3	1.7	22.7	7.5	8.5	10.7
		450	1.3	15.1	8.9	3.8	9.8	1.2	20.0	6.2	5.8	10.0
	麦后移栽棉	300	1.1	16.2	7.1	5.1	10.7	1.5	16.9	9.0	7.8	11.2
		450	0.5	15.7	3.5	3.2	9.7	0.4	13.6	3.1	4.6	9.4
	麦后直播棉	300	0.1	15.3	0.9	3.6	7.9	1.3	16.9	7.9	6.5	9.4
		450	0.4	15.8	2.4	2.7	7.5	0.9	10.9	7.9	4.3	9.5

续表

品种	麦棉种植模式	施氮量 (kg·hm^{-2})	2012年					2013年				
			氮肥农学利用率 (kg·kg^{-1})	氮肥吸收利用率 (%)	氮肥养分利用率 (kg·kg^{-1})	氮肥偏生产力 (kg·kg^{-1})	氮肥生理利用效率 (kg·kg^{-1})	氮肥农学利用率 (kg·kg^{-1})	氮肥吸收利用率 (%)	氮肥养分利用率 (kg·kg^{-1})	氮肥偏生产力 (kg·kg^{-1})	氮肥生理利用效率 (kg·kg^{-1})
中棉所50	单作棉	300	2.0	15.8	12.8	5.5	10.0	1.2	17.4	6.8	7.4	10.5
		450	1.9	18.3	10.5	4.2	9.5	0.4	18.8	2.2	4.6	8.9
	套作棉	300	1.9	14.1	13.5	5.4	10.4	1.6	18.8	8.4	7.7	11.1
		450	1.0	10.4	9.8	3.4	9.4	1.3	15.2	2.1	4.4	9.0
	麦后移栽棉	300	1.8	14.5	12.7	5.0	10.4	1.3	11.6	10.9	6.9	10.9
		450	1.6	14.3	11.0	3.7	10.0	0.9	12.1	7.8	4.7	10.1
	麦后直播棉	300	0.9	15.4	6.1	4.3	8.7	1.4	14.9	9.6	5.7	9.1
		450	0.6	18.1	3.4	2.9	7.0	0.8	17.1	4.6	3.6	8.1
方差分析												
施氮量			**	ns	**	**	**	**	**	**	**	**
种植模式			**	**	**	**	**	**	**	**	**	*
品种			**	**	**	ns	**	**	**	ns	**	ns
施氮量×种植模式			**	**	**	**	**	*	**	**	**	ns
施氮量×品种			ns	*	**	ns	ns	ns	**	**	**	ns
种植模式×品种			**	**	**	**	**	**	**	**	**	ns
施氮量×种植模式×品种			**	**	**	**	**	**	**	**	**	ns

注：同列中不同小写字母表示在0.05水平差异显著

*、**分别表示在0.05、0.01水平相关性显著，ns表示相关性不显著

综上，两熟种植模式下棉花氮肥快速积累期缩短、积累速率降低，导致氮肥积累量（128~223kg N·hm^{-2}）较单作棉显著降低（161~241kg N·hm^{-2}）。同时，两熟种植降低了棉花氮肥积累分配到生殖器官中的比例，以麦后直播棉最低。两熟种植模式下棉花氮肥利用效率低于单作棉，尤其是麦后直播棉，主要由生产力较低对氮肥的吸收较小造成。麦棉种植模式影响了小麦-棉花周年的氮素平衡，小麦-棉花周年氮素盈余（371~606kg N·hm^{-2}）显著高于单作棉（255~318kg N·hm^{-2}）。与单作棉相比，麦棉种植模式更多的氮通过氮挥发或其他形式损失掉。因此，前茬小麦季氮肥残留不容忽视，棉花季施肥应考虑前茬作物的氮肥残留效应。

第十四章 栽培管理方式与棉花产量品质

栽培管理技术显著影响棉花产量品质,但在实际农业生产中,将多项技术有效集成的优化栽培管理方式才是实现作物高产优质的重要措施。栽培管理方式的建立强调多个单项技术的有效集成和多元素的综合管理,将多种栽培措施进行整合,协调棉花生长中的各种问题和矛盾。因此,研究栽培管理方式对棉花产量品质的影响,对提高棉花产量以及优化纤维品质具有重要意义。

第一节 栽培管理方式对棉花产量品质的影响

单项栽培技术影响棉花产量品质形成已有大量研究,而关于集成多种栽培技术的栽培管理方式对棉花产量品质形成的研究较少。于2012~2013年在两个不同土壤地力(高、低)田块上设置3种栽培管理方式(传统栽培、超高产栽培、高产高效栽培),研究栽培管理方式对棉花群体生长和产量品质形成的影响,以期为棉花高产优质生产提供理论依据。

一、栽培管理方式对棉花产量与产量构成的影响

栽培管理方式显著影响棉花籽棉产量(图14-1),籽棉产量以超高产栽培最高,高产高效栽培次之,传统栽培最低,在不同年际和高、低土壤地力田表现一致;高土壤地力水平下的3种栽培管理方式间的产量差异(9.8%~27.2%)小于低土壤地力水平(14.8%~35.2%)。3种栽培管理方式籽棉产量与铃数呈显著正相关(图14-2),与铃重无显著相关关系,即单位面积铃数是造成不同栽培管理方式间产量差异的主要原因。

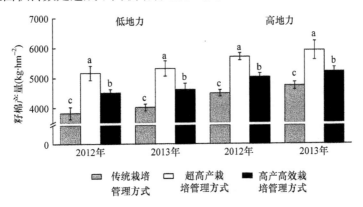

图 14-1 栽培管理方式对籽棉产量的影响(2012~2013年)

同一图中不同小写字母表示在0.05水平差异显著

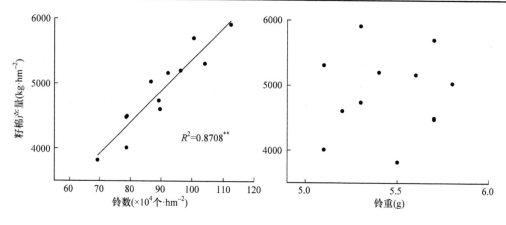

图 14-2　籽棉产量与棉花铃数、铃重的相关性(2012～2013 年)

二、栽培管理方式对棉花群体生长的影响

(一)棉花生物产量和收获指数

栽培管理方式显著影响棉花生物产量和收获指数(表 14-1),生物产量以超高产栽培最高,高产高效栽培次之,传统栽培最低;不同栽培管理方式间收获指数的差异趋势与生物产量相反,在不同年际和高、低土壤地力上均表现一致。

表 14-1　栽培管理方式对棉花生物产量和收获指数的影响(2012～2013 年)

土壤地力	栽培管理方式	生物产量($kg \cdot hm^{-2}$)		收获指数	
		2012 年	2013 年	2012 年	2013 年
低地力	传统栽培	7 549c	9 184c	0.506a	0.488a
	超高产栽培	11 400a	13 480a	0.453c	0.423c
	高产高效栽培	9 489b	10 864b	0.474b	0.463b
高地力	传统栽培	8 446c	10 255c	0.475a	0.462a
	超高产栽培	12 240a	14 387a	0.434c	0.411c
	高产高效栽培	10 215b	11 664b	0.451b	0.446b

注:同列中不同小写字母表示在 0.05 水平差异显著

(二)棉花叶面积指数

栽培管理方式显著影响棉花叶面积指数(图 14-3),最大叶面积指数以超高产栽培最大,高产高效栽培次之,传统栽培最小;与传统栽培相比,超高产栽培和高产高效栽培的棉花在生育后期均能维持较高的叶面积指数,在不同年际和高、低土壤地力田表现一致。

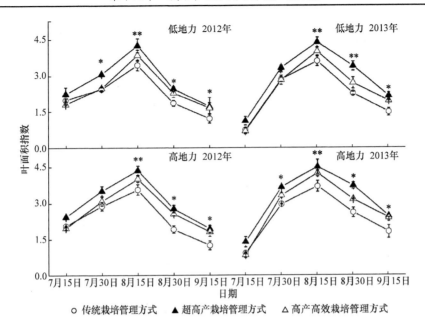

图 14-3　栽培管理方式对棉花叶面积指数的影响(2012～2013 年)

*、**分别表示在 0.05、0.01 水平相关性显著

(三)棉花群体光合势、净同化率和作物生长率

栽培管理方式显著影响棉花群体光合势、净同化率和作物生长率(表 14-2),群体光合势以超高产栽培最大,高产高效栽培次之,传统栽培最小;超高产栽培棉花不同生育时期的群体光合势均显著高于传统栽培,而高产高效栽培仅棉花生育后期的群体光合势显著高于传统栽培,在不同年际和高、低土壤地力田表现一致。

栽培管理方式对棉花群体净同化率的影响因土壤地力水平而异,在低土壤地力田,栽培管理方式显著影响群体净同化率,超高产栽培和高产高效栽培棉花群体净同化率显著高于传统栽培,传统栽培棉花群体生育后期的净同化率最低。然而,随着土壤地力的提高,传统栽培各时期的群体净同化率均升高,超高产栽培和高产高效栽培的叶面积指数在高土壤地力田高于最适叶面积指数(3.5～4),群体郁蔽,下部叶片的净光合速率降低,使得超高产栽培和高产高效栽培仅生育前期的群体净同化率提高,进而造成高土壤地力田 3 种栽培管理方式间的群体净同化率无显著差异。

棉花群体作物生长率以超高产栽培最大、高产高效栽培次之、传统栽培最小;超高产栽培棉花不同生育时期的群体作物生长率均显著高于传统栽培,而高产高效栽培仅棉花生育后期的作物生长率显著高于传统栽培,在不同年际和高、低土壤地力田均表现一致。

表 14-2　栽培管理方式对棉花群体光合势、净同化率和生长率的影响(2012～2013 年)

土壤地力	栽培管理方式	棉花群体指标									
		2012 年					2013 年				
	播种后天数(d)	90～105	106～120	121～135	136～150	90～150	90～105	106～120	121～135	136～150	90～150
		光合势($\times 10^4 m^2 \cdot d^{-1}$)									
低地力	传统栽培	74.5b	98.8b	86.8b	50.5b	209.5c	51.6b	108.8b	97.6c	61.9c	139.5c
	超高产栽培	88.9a	123.3a	111.3a	69.6a	264.1a	67.9a	130.3a	131.5a	92.3a	211.0a
	高产高效栽培	71.7b	105.7ab	101.6a	65.5a	231.7b	50.3b	114.6b	112.1ab	77.7b	160.5b
高地力	传统栽培	83.5b	109.7b	90.7b	52.9b	219.7c	58.8b	113.2b	106.5b	74.3b	176.3c
	超高产栽培	100.3a	134.2a	120.0a	79.4a	296.5a	79.6a	139.3a	140.3a	103.9a	253.5a
	高产高效栽培	84.7b	120.7ab	110.5a	73.8a	257.6b	61.2b	128.5ab	125.3a	93.8a	200.4b
		净同化率($g \cdot d^{-1} \cdot m^{-2}$)									
低地力	传统栽培	1.69a	2.54a	1.99b	1.71b	3.03b	3.71a	3.65a	1.74b	1.18b	4.83b
	超高产栽培	1.84a	2.64a	2.52a	2.29a	3.52a	3.77a	3.63a	2.05a	1.78a	5.19a
	高产高效栽培	1.61a	2.60a	2.51a	2.33a	3.44a	3.65a	3.72a	2.25a	1.61a	5.26a
高地力	传统栽培	1.87a	2.69a	2.29a	1.67a	3.40a	2.96a	3.13a	1.72a	1.55a	4.69a
	超高产栽培	1.96a	2.73a	2.43a	1.80a	3.36a	2.98a	3.19a	1.90a	1.78a	4.47a
	高产高效栽培	1.87a	2.62a	2.30a	1.88a	3.37a	2.76a	3.01a	1.84a	1.65a	4.70a
		作物生长率($kg \cdot d^{-1} \cdot hm^{-2}$)									
低地力	传统栽培	84.1b	167.3b	114.9b	57.5b	105.9c	81.6a	205.6b	113.3c	48.9b	112.3c
	超高产栽培	109.2a	216.8a	187.3a	106.3a	154.9a	119.0a	281.4a	220.1a	109.5a	182.5a
	高产高效栽培	76.8b	183.4b	170.1a	101.8a	133.0b	84.0a	233.3b	174.3b	88.8a	145.1b
高地力	传统栽培	104.2b	197.1b	138.3c	58.8b	124.6c	116.1b	235.9b	122.2b	76.8b	137.8c
	超高产栽培	131.1a	244.0a	194.2a	95.3a	166.2a	158.2a	296.7a	178.1a	123.1a	189.0a
	高产高效栽培	105.4b	210.8b	169.5b	92.4a	144.5b	112.8b	257.9b	153.9a	103.4a	157.0b

注：同列中不同小写字母表示在 0.05 水平差异显著

三、栽培管理方式对纤维品质的影响

栽培管理方式显著影响棉纤维品质(表 14-3)，与传统栽培相比，超高产栽培的棉纤维长度、比强度和马克隆值显著降低；高产高效栽培除马克隆值显著降低外，纤维长度和纤维比强度无显著差异，在不同年际和高、低土壤地力田表现一致。

表 14-3　栽培管理方式对棉纤维品质的影响(2012～2013 年)

土壤地力	栽培管理方式	2012 年				2013 年			
		纤维长度(mm)	纤维比强度($cN \cdot tex^{-1}$)	马克隆值	整齐度(%)	纤维长度(mm)	纤维比强度($cN \cdot tex^{-1}$)	马克隆值	整齐度(%)
低地力	传统栽培	29.6a	30.3a	4.8a	85a	29.3a	31.1a	5.1a	86a
	超高产栽培	29.0b	29.3b	4.4c	86a	28.7b	30.3b	4.6c	87a
	高产高效栽培	29.9a	30.2a	4.6b	86a	29.6a	31.4a	4.8b	87a
高地力	传统栽培	29.9a	30.5a	5.0a	86a	29.5a	31.4a	5.2a	87a
	超高产栽培	29.3b	29.4b	4.4c	87a	28.7b	30.3b	4.7c	87a
	高产高效栽培	30.2a	30.3a	4.7b	86a	29.7a	31.6a	4.9b	87a

注：同列中不同小写字母表示在 0.05 水平差异显著

综上，超高产栽培和高产高效栽培在低土壤地力条件下通过显著提高棉花群体光合势（延长群体光合时间）和生育后期群体净同化率（同化强度），在高土壤地力条件下仅通过显著提高群体光合势来提高群体光合产物供应能力，进而显著提高群体作物生长率，促进群体生物量累积，从而显著提高籽棉产量；由于高土壤地力条件下，超高产栽培和高产高效栽培具有过高的叶面积指数，高土壤地力田各栽培管理方式间的群体净同化率无显著差异，因此高土壤地力较低土壤地力可缩小不同栽培管理方式间的产量差异。说明增加棉花生育后期的光合潜力有利于获得高产，且增加生育后期的光合潜力要注重群体光合势的和净同化率的共同提高，尤其在高土壤地力田。与传统栽培相比，超高产栽培虽然显著提高产量，但显著降低纤维品质；而高产高效栽培能在提高产量的同时不造成纤维品质的劣化，是最理想的栽培管理方式。

第二节　栽培管理方式对棉花产量品质空间分布的影响

棉花具有无限开花结铃习性，在其开花结铃过程中，受到环境和栽培措施的影响，形成不同的果枝数、果节数以及脱落率，进而影响成铃和产量品质的时空分布。研究不同栽培管理方式下棉花产量和纤维品质的空间分布，可以阐明栽培管理方式影响棉花产量品质形成的机理。

一、栽培管理方式对棉花农艺性状的影响

栽培管理方式显著影响棉花农艺性状（表 14-4），传统栽培和超高产栽培棉花单株果枝数差异较小，均显著高于高产高效栽培；单株果节数和节枝比以传统栽培最高、超高产栽培次之、高产高效栽培最低；由于超高产栽培和高产高效栽培棉花的种植密度高于传统栽培，群体果枝数和果节数以超高产栽培最高、高产高效栽培次之、传统栽培最低，不同栽培管理方式蕾铃脱落率的差异与群体果枝数和果节数变化相反。

表 14-4　栽培管理方式对棉花农艺性状的影响(2012～2013 年)

土壤地力	年份	栽培管理方式	单株果枝数 (个·株$^{-1}$)	单株果节数 (个·株$^{-1}$)	节枝比	群体果枝数 (×10^{4}个·hm^{-2})	群体果节数 (×10^{4}个·hm^{-2})	脱落率 (%)
低地力	2012	传统栽培	19.7a	101.3a	5.1a	35.4c	182.3c	37.4
		超高产栽培	18.5a	88.4b	4.8b	55.4a	265.3a	34.8
		高产高效栽培	15.8b	71.1c	4.5c	47.4b	213.3b	36.5
	2013	传统栽培	20.6a	115.4a	5.6a	37.1c	207.6c	37.9
		超高产栽培	19.7a	101.5b	5.2b	59.0a	304.4a	34.5
		高产高效栽培	17.2b	84.9c	4.9c	51.5b	254.7b	35.6
高地力	2012	传统栽培	20.3a	119.8a	5.9a	36.6c	215.4b	37.7
		超高产栽培	19.7a	109.2b	5.5b	56.1a	327.7a	30.7
		高产高效栽培	16.1b	82.1c	5.1c	48.3b	246.3a	32.5
	2013	传统栽培	21.6a	131.8a	6.1a	38.8c	237.2c	37.6
		超高产栽培	19.9a	112.2b	5.6b	59.8a	336.6a	33.4
		高产高效栽培	17.4b	92.7c	5.3c	52.2b	278.0b	34.4

注：同列中不同小写字母表示在 0.05 水平差异显著

二、栽培管理方式对不同果枝、果节棉铃开花期及铃期气象因子的影响

栽培管理方式显著影响不同果枝、果节棉铃的开花期及铃期气象因子(表 14-5)，传统栽培与超高产栽培各果枝、果节棉铃的开花期无显著差异，高产高效栽培棉花各果枝果节棉铃的开花期较前者推迟 6～9d，因此造成不同栽培管理方式下棉花的各果枝果节棉铃的铃期日均温、日均辐射、降雨量等存在差异，其中高产高效栽培棉花各果枝果节棉铃的铃期日均温较传统栽培和超高产栽培低 1～2℃。

表 14-5　栽培管理方式对棉花不同果枝果节棉铃开花期及铃期气象因子的影响(2012～2013 年)

土壤地力	年份	栽培管理方式	FB$_{1-5}$		FB$_{6-10}$		FB$_{11-15}$		FB$_{16+}$	
			FP$_{1-2}$	FP$_{3+}$	FP$_{1-2}$	FP$_{3+}$	FP$_{1-2}$	FP$_{3+}$	FP$_{1-2}$	FP$_{3+}$
			开花期(月-日)							
低地力	2012	传统栽培	7-23	8-9	8-3	8-15	8-12	8-18	8-20	8-24
		超高产栽培	7-23	8-6	8-3	8-13	8-13	8-18	8-21	8-25
		高产高效栽培	7-28	8-15	8-9	8-21	8-18	8-25	8-26	8-28
	2013	传统栽培	7-19	8-1	7-28	8-8	8-7	8-13	8-11	8-15
		超高产栽培	7-18	7-30	7-27	8-6	8-5	8-11	8-9	8-13
		高产高效栽培	7-28	8-9	8-6	8-16	8-16	8-21	8-19	8-22
高地力	2012	传统栽培	7-19	8-5	7-30	8-11	8-8	8-16	8-16	8-21
		超高产栽培	7-20	8-3	7-31	8-10	8-9	8-14	8-18	8-23

续表

土壤地力	年份	栽培管理方式	FB$_{1-5}$		FB$_{6-10}$		FB$_{11-15}$		FB$_{16+}$	
			FP$_{1-2}$	FP$_{3+}$	FP$_{1-2}$	FP$_{3+}$	FP$_{1-2}$	FP$_{3+}$	FP$_{1-2}$	FP$_{3+}$
高地力	2012	高产高效栽培	7-23	8-9	8-7	8-15	8-15	8-22	8-24	8-27
	2013	传统栽培	7-16	7-29	7-25	8-5	8-4	8-10	8-8	8-12
		超高产栽培	7-16	7-27	7-25	8-3	8-3	8-8	8-6	8-10
		高产高效栽培	7-24	8-6	8-2	8-13	8-12	8-18	8-16	8-19
日均温(℃)										
低地力	2012	传统栽培	28.1	24.4	25.4	22.4	23.2	21.7	21.5	20.3
		超高产栽培	27.9	24.7	25.2	22.7	22.8	21.5	21.3	20.1
		高产高效栽培	26.8	22.7	23.9	20.9	21.6	20.1	20.1	19.2
	2013	传统栽培	30.1	27.4	28.2	26.0	26.4	24.7	24.9	24.0
		超高产栽培	29.8	27.4	28.1	25.9	26.2	24.4	24.7	23.8
		高产高效栽培	28.1	25.6	26.6	23.6	23.7	22.6	22.4	22.0
高地力	2012	传统栽培	28.1	24.7	25.8	21.6	23.5	21.7	21.9	20.5
		超高产栽培	28.0	24.6	25.4	22.8	23.2	21.7	21.4	20.1
		高产高效栽培	27.3	23.6	24.0	22.0	21.9	20.2	20.1	19.0
	2013	传统栽培	30.1	27.7	28.7	26.6	26.6	25.2	25.4	24.4
		超高产栽培	30.1	28.0	28.7	26.8	26.8	25.3	25.6	24.5
		高产高效栽培	28.7	26.5	27.0	24.2	24.4	23.1	23.3	22.5
日平均辐射(MJ·m^{-2})										
低地力	2012	传统栽培	17.2	13.8	14.4	14.9	14.9	15.2	15.3	14.6
		超高产栽培	17.4	14.3	14.5	14.9	14.9	15.1	15.0	14.2
		高产高效栽培	15.7	14.9	14.2	15.1	15.0	14.2	14.3	13.7
	2013	传统栽培	18.2	16.7	18.0	16.3	16.2	15.4	15.5	14.9
		超高产栽培	18.3	16.8	17.8	16.0	16.2	15.1	15.5	14.8
		高产高效栽培	18.0	15.8	16.7	14.5	14.6	14.0	13.9	13.8
高地力	2012	传统栽培	17.3	14.4	15.2	14.7	14.5	14.8	14.9	14.5
		超高产栽培	17.5	14.6	15.2	14.6	14.4	14.7	15.1	14.2
		高产高效栽培	17.0	14.4	14.6	14.9	14.7	14.1	14.2	13.8
	2013	传统栽培	18.6	17.3	18.3	16.4	16.4	15.6	15.9	15.4
		超高产栽培	18.6	17.6	18.3	16.8	16.8	15.9	16.0	15.2
		高产高效栽培	18.5	16.3	16.8	15.2	15.2	14.4	14.6	13.9

续表

土壤地力	年份	栽培管理方式	FB$_{1-5}$		FB$_{6-10}$		FB$_{11-15}$		FB$_{16+}$	
			FP$_{1-2}$	FP$_{3+}$	FP$_{1-2}$	FP$_{3+}$	FP$_{1-2}$	FP$_{3+}$	FP$_{1-2}$	FP$_{3+}$
			降雨量(mm)							
低地力	2012	传统栽培	68.8	158.7	163.5	155.5	158.7	154.9	152.1	157.2
		超高产栽培	68.8	163.5	163.5	158.6	158.6	157.9	152.4	129.5
		高产高效栽培	125.9	158.6	158.7	154.3	156.9	175.7	128.8	149.1
	2013	传统栽培	111.7	100.7	104.6	81.6	81.6	89.2	89.2	111.6
		超高产栽培	118.9	129.2	104.8	89.2	81.6	133.9	111.6	134.4
		高产高效栽培	104.6	81.6	63.5	133.9	133.9	129.4	129.4	128.5
高地力	2012	传统栽培	68.8	158.7	163.5	155.5	158.7	154.9	152.1	157.2
		超高产栽培	68.8	163.5	163.5	158.6	158.6	157.9	152.4	129.5
		高产高效栽培	125.9	158.6	158.7	154.3	156.9	175.7	128.8	149.1
	2013	传统栽培	97.2	128.7	103.0	81.6	81.6	89.2	89.2	98.0
		超高产栽培	97.2	105.4	103.0	64.9	64.9	89.2	89.2	133.9
		高产高效栽培	103.0	81.6	64.2	111.6	111.6	134.4	134.4	134.4

注：FB$_{1-5}$、FB$_{6-10}$、FB$_{11-15}$、FB$_{16+}$分别表示棉花下、中、上、顶部果枝，FP$_{1-2}$、FP$_{3+}$分别表示棉花内、外围果节

三、栽培管理方式对棉花产量时空分布的影响

(一)棉花不同果枝部位产量分布

栽培管理方式显著影响棉花不同果枝部位的产量分布(表14-6)，与传统栽培相比，超高产栽培显著提高棉花所有果枝部位的籽棉产量，而高产高效栽培仅显著提高棉株中、下部果枝的产量，但顶部果枝产量显著降低。随着土壤地力水平的提高，传统栽培棉花各果枝部位的产量均增加，而超高产栽培和高产高效栽培仅中、上、顶部果枝的产量增加。

栽培管理方式显著影响棉花不同果枝部位产量贡献率(表14-6)，在低土壤地力水平下，高产高效栽培棉花中、下部果枝铃的产量贡献率(69.5%~76.5%)最高，传统栽培(56.1%~64.2%)次之，超高产栽培(56.0%~57.7%)最低，且随着土壤地力水平的提高，各栽培管理方式棉花中、下部棉铃的产量贡献率均降低。

表14-6 栽培管理方式对棉花不同果枝部位籽棉产量分布的影响(2012~2013年)

年份	栽培管理方式	低地力				高地力			
		FB$_{1-5}$	FB$_{6-10}$	FB$_{11-15}$	FB$_{16+}$	FB$_{1-5}$	FB$_{6-10}$	FB$_{11-15}$	FB$_{16+}$
		籽棉产量(kg·hm^{-2})							
2012	传统栽培	1119c	1334c	837b	531b	1230c	1531c	1032b	689b
	超高产栽培	1361b	1618b	1354a	830a	1381b	1707b	1604a	1011a
	高产高效栽培	1570a	1872a	874b	182c	1616a	1979a	1103b	332c

续表

年份	栽培管理方式	低地力				高地力			
		FB_{1-5}	FB_{6-10}	FB_{11-15}	FB_{16+}	FB_{1-5}	FB_{6-10}	FB_{11-15}	FB_{16+}
2013	传统栽培	949c	1298b	1041b	716b	1073c	1476b	1246b	944b
	超高产栽培	1289b	1683a	1359a	980a	1313b	1816a	1577a	1207a
	高产高效栽培	1457a	1747a	1057b	347c	1484a	1897a	1298b	524c
两年平均	传统栽培	1034c	1316b	939b	623b	1151c	1503c	1139b	816b
	超高产栽培	1325b	1651a	1357a	905a	1347b	1761a	1591a	1109a
	高产高效栽培	1513a	1810a	966b	264c	1550a	1938a	1201b	428c
		产量贡献率(%)							
2012	传统栽培	29.3	34.9	21.9	13.9	27.4	34.2	23.0	15.4
	超高产栽培	26.4	31.3	26.2	16.1	24.2	29.9	28.1	17.7
	高产高效栽培	34.9	41.6	19.4	4.0	32.1	39.3	21.9	6.6
2013	传统栽培	23.7	32.4	26.0	17.9	23.8	30.7	25.8	19.7
	超高产栽培	24.3	31.7	25.6	18.5	23.3	30.1	26.2	20.4
	高产高效栽培	31.6	37.9	22.9	7.5	29.7	35.8	24.3	10.1
两年平均	传统栽培	26.5	33.7	23.9	15.9	25.6	32.4	24.4	17.5
	超高产栽培	25.3	31.5	25.9	17.3	23.8	30.0	27.1	19.1
	高产高效栽培	33.3	39.8	21.2	5.8	30.9	37.6	23.1	8.3

注：FB_{1-5}、FB_{6-10}、FB_{11-15}、FB_{16+}分别表示棉花下、中、上、顶部果枝；同列中不同小写字母表示在0.05水平差异显著

(二) 棉花不同果节部位产量分布

栽培管理方式显著影响棉花不同果节部位产量分布和产量贡献率(表14-7)，与传统栽培相比，超高产栽培显著提高内、外果节棉铃产量，高产高效栽培仅显著提高内围果节棉铃产量；在低土壤地力水平下，高产高效栽培棉花内围果节棉铃产量贡献率(55.7%～58.4%)最高、超高产栽培(53.6%～55.8%)次之、传统栽培(51.1%～51.4%)最低，且随土壤地力水平的提高，不同栽培管理方式棉花内围果节棉铃产量贡献率有所降低。

表14-7 栽培管理方式对棉花不同果节部位籽棉产量和产量贡献的影响(2012～2013年)

年份	栽培管理方式	籽棉产量($kg \cdot hm^{-2}$)				产量贡献率(%)			
		低地力		高地力		低地力		高地力	
		FP_{1-2}	FP_{3+}	FP_{1-2}	FP_{3+}	FP_{1-2}	FP_{3+}	FP_{1-2}	FP_{3+}
2012	传统栽培	1950c	1869b	2271b	2211b	51.1	48.9	50.7	49.3
	超高产栽培	2884a	2280a	3108a	2594a	55.8	44.2	54.5	45.5
	高产高效栽培	2629b	1870b	3001a	2029b	58.4	41.6	59.7	40.3

续表

年份	栽培管理方式	籽棉产量(kg·hm⁻²)				产量贡献率(%)			
		低地力		高地力		低地力		高地力	
		FP_{1-2}	FP_{3+}	FP_{1-2}	FP_{3+}	FP_{1-2}	FP_{3+}	FP_{1-2}	FP_{3+}
2013	传统栽培	2063c	1949b	2361b	2375b	51.4	48.6	48.3	51.7
	超高产栽培	2849a	2462a	3033a	2880a	53.6	46.4	50.6	49.4
	高产高效栽培	2568b	2039b	2819a	2383b	55.7	44.3	52.6	47.4
两年平均	传统栽培	2007c	1909b	2316b	2293b	51.2	48.8	49.5	50.5
	超高产栽培	2867a	2371a	3071a	2737a	54.7	45.3	52.5	47.5
	高产高效栽培	2599b	1954b	2910a	2206b	57.1	42.9	56.1	43.9

注：FP_{1-2}、FP_{3+}分别表示棉花内、外围果节；同列中不同小写字母表示在0.05水平差异显著

四、栽培管理方式对棉花纤维品质时空分布的影响

（一）棉花不同果枝部位纤维品质分布

栽培管理方式显著影响棉花不同果枝部位棉铃纤维长度、纤维比强度和马克隆值（表14-8），不同果枝部位马克隆值均以传统栽培最高、高产高效栽培次之、超高产栽培最低。不同栽培管理方式间纤维长度和纤维比强度的差异在年际间表现不同，与传统栽培相比，在2012年，超高产栽培管理方式的下、中、上部果枝棉铃的纤维长度和纤维比强度显著降低，而顶部果枝棉铃的纤维长度和纤维比强度显著增加，高产高效栽培管理方式的下部果枝棉铃的纤维长度和纤维比强度显著增加，上、顶部果枝棉铃的纤维长度和中、上、顶部果枝棉铃的纤维比强度均显著降低；在2013年，超高产栽培棉花上、中、下部果枝棉铃的纤维长度和纤维比强度显著降低，高产高效栽培的下部果枝棉铃的纤维长度和纤维比强度显著增加，而顶部果枝棉铃的纤维长度和上、顶部果枝棉铃的纤维比强度显著降低，在高、低土壤地力水平田表现一致。

表14-8 栽培管理方式对棉花不同果枝纤维品质的影响(2012～2013年)

年份	栽培管理方式	低地力				高地力			
		FB_{1-5}	FB_{6-10}	FB_{11-15}	FB_{16+}	FB_{1-5}	FB_{6-10}	FB_{11-15}	FB_{16+}
		纤维长度(mm)							
2012	传统栽培	28.9b	31.4a	29.1a	27.7b	29.1b	31.3a	29.9a	28.4b
	超高产栽培	28.1c	29.9b	29.3a	28.6a	27.8c	30.4b	29.6ab	29.1a
	高产高效栽培	29.9a	31.1a	28.3b	26.8c	30.3a	31.3a	29.1b	27.6c
2013	传统栽培	28.8b	31.3a	28.8a	27.5b	28.7b	31.1a	29.7a	28.1a
	超高产栽培	28.1c	30.5b	28.1b	27.3b	27.8c	30.2b	28.7b	28.0a
	高产高效栽培	29.6a	31.1a	28.5ab	26.5b	29.5a	31.0a	29.2ab	27.3b

续表

年份	栽培管理方式	低地力				高地力			
		FB_{1-5}	FB_{6-10}	FB_{11-15}	FB_{16+}	FB_{1-5}	FB_{6-10}	FB_{11-15}	FB_{16+}
纤维比强度($cN \cdot tex^{-1}$)									
2012	传统栽培	29.7b	32.5a	29.7a	27.5b	30.5b	31.6a	30.5a	28.4b
	超高产栽培	28.6c	30.4c	29.3ab	28.3a	28.3c	30.4b	29.7ab	29.1a
	高产高效栽培	30.5a	31.2b	28.5b	26.6b	31.3a	30.6b	29.4b	27.4c
2013	传统栽培	30.8b	33.1a	30.7a	28.9a	31.2b	33.1a	31.1a	29.6a
	超高产栽培	29.9c	31.9b	29.9b	28.8a	29.9c	31.9b	30.1b	28.9b
	高产高效栽培	31.9a	32.9a	29.7b	28.0b	32.4a	32.8a	30.3b	28.8b
马克隆值									
2012	传统栽培	5.0a	5.0a	4.7a	4.4a	5.1a	5.1a	4.8a	4.6a
	超高产栽培	4.7b	4.8b	4.3b	3.7c	4.6b	4.7b	4.3c	4.0c
	高产高效栽培	4.7b	4.8b	4.4b	3.9b	4.7b	4.8b	4.5b	4.3b
2013	传统栽培	5.4a	5.3a	5.0a	4.6a	5.4a	5.3a	5.1a	4.9a
	超高产栽培	5.0b	4.8b	4.4c	4.0c	5.1b	4.9b	4.5c	4.1c
	高产高效栽培	5.1b	4.9b	4.6b	4.3b	5.1b	5.0b	4.9b	4.5b

注：FB_{1-5}、FB_{6-10}、FB_{11-15}、FB_{16+} 分别表示棉花下、中、上、顶部果枝；同列中不同小写字母表示在 0.05 水平差异显著

(二)棉花不同果节部位纤维品质分布

栽培管理方式显著影响棉花不同果节部位棉铃的纤维长度、纤维比强度和马克隆值（表 14-9），内围铃的马克隆值以传统栽培最高、高产高效栽培次之、超高产栽培最低，外围铃的马克隆值表现为传统栽培显著高于高产高效和超高产栽培；内、外围铃的纤维长度和比强度变化均表现为传统栽培和高产高效栽培显著高于超高产栽培，在不同年际和高、低土壤地力田表现一致。

表 14-9 栽培管理方式对棉花不同果节位棉花纤维品质的影响(2012～2013 年)

年份	栽培管理方式	低地力		高地力	
		FP_{1-2}	FP_{3+}	FP_{1-2}	FP_{3+}
纤维长度(mm)					
2012	传统栽培	30.1a	29.3ab	30.2ab	29.8a
	超高产栽培	29.3b	28.7b	29.6b	28.8b
	高产高效栽培	30.0a	29.8a	30.5a	30.0a
2013	传统栽培	29.8ab	29.1a	29.8ab	29.7a
	超高产栽培	29.3b	28.3b	29.3b	28.6b
	高产高效栽培	30.0a	29.3a	30.0a	29.6a

续表

年份	栽培管理方式	低地力		高地力	
		FP_{1-2}	FP_{3+}	FP_{1-2}	FP_{3+}
	纤维比强度($cN \cdot tex^{-1}$)				
2012	传统栽培	31.2a	30.4a	30.9a	31.0a
	超高产栽培	29.6c	29.0b	29.7b	29.1c
	高产高效栽培	30.5b	29.9a	30.7a	30.1b
2013	传统栽培	31.9a	31.1a	32.4a	31.1a
	超高产栽培	30.9b	29.9b	31.0b	30.1b
	高产高效栽培	31.8a	31.2a	32.1a	31.3a
	马克隆值				
2012	传统栽培	5.0a	4.8a	5.0a	4.9a
	超高产栽培	4.5c	4.4b	4.6c	4.4b
	高产高效栽培	4.7b	4.5b	4.8b	4.5b
2013	传统栽培	5.2a	5.1a	5.3a	5.1a
	超高产栽培	4.7c	4.6b	4.9c	4.7c
	高产高效栽培	5.0b	4.7b	5.0b	4.9b

注：FP_{1-2}、FP_{3+}分别表示棉花内、外围果节；同列中不同小写字母表示在0.05水平差异显著

综上，栽培管理方式显著影响棉花农艺性状，形成不同的株型和结铃特点，进而造成不同栽培管理方式产量时空分布的差异。传统栽培棉花单株果枝数最高，其16及以上果枝的产量对总产量存在补偿效应，可减小传统栽培与高产高效栽培间的产量差异；超高产栽培棉花单株果枝数与传统栽培无显著差异，但由于群体密度高，其各果枝部位产量均显著高于传统栽培。

不同栽培管理方式的株型不同使得棉花相同果枝果节部位棉铃铃期气象条件存在差异，造成不同栽培管理方式的各果枝、果节部位棉铃的纤维品质存在差异。超高产栽培管理方式持续施入较高氮肥，显著降低棉花上、中、下部位果枝棉铃的纤维长度和纤维比强度，虽然后期温度低，较高氮素可适度缓解低温的胁迫，使其顶部果枝纤维品质保持较优水平，但仍造成整株纤维品质显著低于传统栽培和高产高效栽培。一方面，高产高效栽培的棉花下部果枝棉铃的纤维长度和纤维比强度显著高于传统栽培，尽管高产高效栽培后期施氮量增加；但另一方面，由于其各部位棉铃铃期温度较传统栽培低1~2℃，造成施氮量对低温胁迫的缓解作用被铃期温度差异所掩盖，因此传统栽培的棉花上部和顶部果枝部位棉铃的纤维长度和比强度显著高于高产高效栽培，但由于传统栽培管理方式显著提高了棉花上部和顶部果枝棉铃的产量贡献率，且上部和顶部果枝棉铃的纤维长度和纤维比强度小于中、下部，因此传统栽培管理方式和高产高效栽培管理方式间的整株纤维品质无显著差异。

第三节 栽培管理方式对棉花氮素累积利用的影响

氮素利用率低是我国棉花生产中普遍存在的问题，不仅造成大量的氮肥损失，还会引起环境污染。因此，探索不同栽培管理方式对氮素资源利用效率的影响，在提高棉花产量的同时保护环境，对我国棉花可持续发展具有重要意义。

一、栽培管理方式对棉花氮素累积与分配的影响

(一)棉花氮素累积

栽培管理方式显著影响棉花氮素累积，氮素累积量以超高产栽培最高、高产高效栽培次之、传统栽培最低，在不同年际和高、低土壤地力田表现一致。

不同栽培管理方式下，棉花的氮素积累均可用 logistic 方程拟合，计算得到棉花氮素累积特征值见表 14-10。栽培管理方式显著影响棉花氮素累积特征值，传统栽培的棉花氮素快速累积起始期和最大累积速率出现日期较超高产栽培和高产高效栽培提前，但快速累积持续期和最大累积速率小于超高产栽培和高产高效栽培，且超高产栽培的棉花氮素快速累积持续期和最大累积速率最大。

表 14-10 栽培管理方式对棉花素累积的影响(2012~2013 年)

土壤地力	栽培管理方式	N_{max}(kg·hm^{-2})	R^2	t_1(d)	t_2(d)	T(d)	T_m(d)	V_m(kg·hm^{-2}·d^{-1})
			2012 年					
低地力	传统栽培	134.4	0.999**	97	124	27	111	3.25
	超高产栽培	256.2	0.999**	101	131	29	116	5.77
	高产高效栽培	187.0	0.998**	102	131	29	116	4.25
高地力	传统栽培	157.8	0.998**	97	122	24	109	4.31
	超高产栽培	310.0	0.999**	97	130	32	113	6.31
	高产高效栽培	218.9	0.999**	101	127	26	114	5.49
			2013 年					
高地力	传统栽培	147.9	0.987**	93	121	28	107	3.53
	超高产栽培	292.2	0.998**	99	128	29	113	6.70
	高产高效栽培	204.0	0.992**	99	126	27	113	5.00
高地力	传统栽培	182.7	0.997**	96	121	25	108	4.74
	超高产栽培	328.6	0.999**	96	127	30	111	7.14
	高产高效栽培	238.1	0.995**	100	125	26	113	6.14

注：N_{max}表示理论最大氮积累量，t_1(d)、t_2(d)、T(d)分别表示氮素快速累积起始期、终止期、持续期，V_m、T_m分别表示氮最大累积速率及出现时间

**表示在 0.01 水平相关性显著($n=5$, $R^2_{0.01}=0.9191$)

(二)棉花氮素分配

栽培管理方式显著影响棉花氮素分配(表 14-11),氮收获指数以传统栽培最大、高产高效栽培次之、超高产栽培最小;棉花总氮累积量及分配到生殖器官中的氮素量均以超高产栽培最大、高产高效栽培次之、传统栽培最小。

表 14-11　栽培管理方式对棉花氮素分配的影响(2012~2013 年)

土壤地力	栽培管理方式	生殖器官		营养器官		总累积量		氮收获指数	
		2012 年	2013 年	2012 年	2013 年	2012 年	2013 年	2012 年	2013 年
低地力	传统栽培	71.6c	85.1c	66.1c	72.5c	137.8c	157.7c	0.52	0.54
	超高产栽培	116.7a	139.2a	148.5a	156.9a	265.2a	296.1a	0.44	0.47
	高产高效栽培	94.0b	112.4b	97.8b	103.8b	191.8b	216.2b	0.49	0.52
高地力	传统栽培	80.7c	98.8c	84.0c	91.2c	164.8c	189.9c	0.49	0.52
	超高产栽培	134.5a	155.7a	185.7a	190.3a	320.2a	345.9a	0.42	0.45
	高产高效栽培	104.5b	129.1b	122.6b	129.1b	227.1b	258.1b	0.46	0.50

注:同列中不同小写字母表示在 0.05 水平差异显著

二、栽培管理方式对棉花氮素利用率的影响

栽培管理方式显著影响棉花氮素利用率(表 14-12),与传统栽培相比,超高产栽培和高产高效栽培显著提高棉花氮肥农学利用率和氮肥回收利用率,在不同年际和高、低土壤地力田表现一致。

不同栽培管理方式间棉花氮肥生理利用率受土壤地力水平影响,在低土壤地力田,传统栽培和高产高效栽培的棉花氮肥生理利用率显著高于超高产栽培;而在高土壤地力田,传统栽培显著高于超高产栽培和高产高效栽培。随着土壤地力水平的提高,超高产栽培和高产高效栽培棉花的氮肥生理利用率降低,而传统栽培棉花的氮肥生理利用率无显著变化,说明超高产栽培和高产高效栽培管理方式在高土壤地力水平下存在氮素奢侈吸收现象。

表 14-12　栽培管理方式对棉花氮素利用率的影响(2012~2013 年)

土壤地力	栽培管理方式	氮肥农学利用率 (kg·kg^{-1} N)		氮肥生理利用率 (kg·kg^{-1} N)		氮肥回收利用率 (%)	
		2012 年	2013 年	2012 年	2013 年	2012 年	2013 年
低地力	传统栽培	1.5b	2.7b	13.1a	13.8a	11.6b	19.3b
	超高产栽培	3.4a	4.0a	11.0b	10.7b	31.2a	37.4a
	高产高效栽培	3.0a	3.7a	12.6a	12.4a	24.1a	30.0a
高地力	传统栽培	1.6b	3.0b	12.6a	13.3a	12.9c	22.2b
	超高产栽培	3.3a	3.9a	8.8b	9.3b	37.0a	42.4a
	高产高效栽培	2.8a	3.6ab	10.2b	10.0b	27.0a	35.9a

注:同列中不同小写字母表示在 0.05 水平差异显著

综上，与传统栽培相比，超高产栽培显著提高棉花氮素最大累积速率，延长氮素快速累积持续期，高产高效栽培显著提高氮素最大累积速率，促进超高产栽培和高产高效栽培棉花的氮素累积，尽管超高产栽培和高产高效栽培氮收获指数显著低于传统栽培，但由于两者具有较高的总氮素累积量，分配到生殖器官中的氮素量均显著高于传统栽培，进而提高了籽棉产量和氮肥农学利用率、氮肥回收利用率；高土壤地力水平下超高产栽培和高产高效栽培棉花的氮肥生理利用率显著低于低土壤地力，说明超高产和高产高效栽培管理方式在高土壤地力水平下可适当减少氮肥用量且不影响籽棉产量。

第十五章　温光互作与棉花产量品质

以往针对棉花产量品质形成的研究多在单一因素下进行，生产中温光作为一个复合因子共同影响棉花生长发育与产量品质，因此利用分期播种再遮阴方法，将因遮阴形成的弱光和因晚播形成的低温相结合，研究温光互作效应对棉花产量品质的影响具有重要意义。

第一节　温光互作对棉花品质的影响

一、温光互作下棉田小气候变化

选用棉纤维素累积及纤维比强度形成低温敏感型（'苏棉15号'）、弱敏感（'科棉1号'）品种，于2010～2011年在江苏南京南京农业大学牌楼试验站设置分期播种（4月25日：长江流域棉区适宜播期。5月25日：晚播。6月10日：晚播）试验，待棉花6～7果枝第1～2果节开花时用白色尼龙网进行遮阴处理［相对光照率(CRLR)100%、遮阴20%(CRLR 80%)、遮阴40%(CRLR 60%)］。

4月25日是长江流域棉区较为适宜的棉花播种期，该时期播种环境条件有利于棉花生长发育，播期推迟使2010年、2011年棉铃发育期从43d、49d分别延长到61d、63d（表15-1）。虽然棉铃发育期日均温(MDT)、日均最高温(MDT_{max})、日均最低温(MDT_{min})和日均最大辐照度(DRI_{max})随播种期推迟而降低，但是3个温度因子(MDT、MDT_{max}、MDT_{min})的变异系数(CV)均高于其他气象因子，MDT_{min}是受晚播影响最大的因子，MDT_{min}在2010年、2011年分别从25.9℃、24.0℃降至16.5℃、16.0℃。因此不同播期造成的棉铃发育期内环境差异主要是温度，尤其是MDT_{min}。

表15-1　播种期对棉铃发育期气象因子的影响(2010～2011年)

年份	播种期	开花期	吐絮期	铃期(d)	日均温(℃)	日均最高温(℃)	日均最低温(℃)	均日较差(℃)	日均最大辐射度($W·m^{-2}$)	总日照时数TSH(h)
	4月25日	7月28日	9月8日	43	29.2	33.5	25.9	7.6	929.0	319.4
2010	5月25日	8月19日	10月18日	61	23.3	27.4	20.4	7.0	757.5	293.9
	6月10日	9月4日	11月5日	63	19.7	24.0	16.5	7.5	696.0	306.5
	CV(%)				19.9	17.0	22.6	4.4	15.2	4.2
	4月25日	7月27日	9月14日	49	26.7	30.6	24.0	6.7	856.9	268.5
2011	5月25日	8月25日	10月24日	61	21.6	25.8	18.4	7.3	781.9	309.3
	6月10日	9月10日	11月11日	63	19.1	23.2	16.0	7.2	711.9	297.2
	CV(%)				17.4	14.1	20.8	5.1	9.3	7.2

从不同播期棉花中部果枝花后30d(遮阴后30d)冠层光分布变化看出(图15-1)，光合有效辐射PAR峰值(出现在12:00左右)随播期推迟而下降，棉花群体内光分布随遮阴水平增加而显著降低，遮阴水平间PAR差异显著。从表15-2看出，遮阴显著降低棉花冠层光强度，CRLR 80%、CRLR 60%冠层PAR较对照(CRLR 100%)分别降低17%～27%、34%～42%，与试验遮阴水平设置基本相符；不同遮阴水平间的空气温度差异较小(不超过1℃)，空气相对湿度差异不显著或差异小于5%。PAR降低是遮阴影响棉铃发育的主要原因。

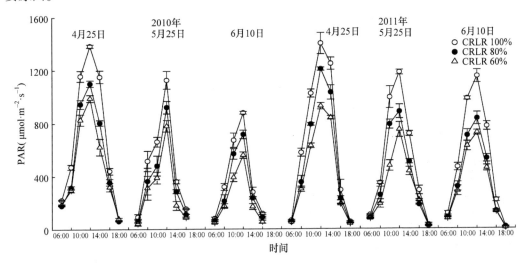

图15-1 晚播、花铃期遮阴及其互作对棉花群体冠层光合有效辐射的影响(2010～2011年)

表15-2 晚播、花铃期遮阴及其互作对棉田空气温度、相对湿度和光合有效辐射的影响(2010～2011年)

播种期	作物相对光照率 CRLR(%)	空气温度(℃)			空气相对湿度(%)			光合有效辐射 ($\mu mol \cdot m^{-2} \cdot s^{-1}$)		
		15DPA	30DPA	45DPA	15DPA	30DPA	45DPA	15DPA	30DPA	45DPA
2010年										
4月25日	100 对照	34.2a	31.6a	27.8a	64.2a	58.5a	64.2a	734a	685a	633a
	80	34.0a	31.6a	28.4a	64.1a	62.7a	61.3a	585b	531b	491b
	60	34.0a	31.3a	28.3a	67.7a	60.0a	60.7a	486c	419c	398c
5月25日	100 对照	30.5a	24.2a	24.4a	62.0a	61.4a	62.9a	639a	626a	609a
	80	30.2a	24.0a	24.5a	64.5a	60.0a	66.2a	517b	520b	484b
	60	30.3a	24.3a	24.2a	64.5a	57.8a	66.8a	394c	369c	367c
6月10日	100 对照	23.2a	23.4a	—	58.8b	63.7a	—	534a	578a	—
	80	23.5a	23.0a	—	57.1b	58.8a	—	407b	434b	—
	60	22.6a	22.9a	—	64.5a	59.7a	—	311c	358c	—
2011年										
4月25日	100 对照	33.4a	32.7a	32.2a	68.1a	54.7b	69.3a	654a	764a	670a

续表

播种期	作物相对光照率 CRLR (%)	空气温度(℃)			空气相对湿度(%)			光合有效辐射 ($\mu mol \cdot m^{-2} \cdot s^{-1}$)		
		15DPA	30DPA	45DPA	15DPA	30DPA	45DPA	15DPA	30DPA	45DPA
4月25日	80	33.3a	33.0a	32.2a	66.4a	55.5b	70.2a	501b	613b	489b
	60	33.2a	32.7a	32.5a	67.2a	59.2a	69.7a	422c	491c	393c
5月25日	100 对照	30.9a	25.0a	26.3a	54.7b	48.8a	61.7a	687a	589a	525a
	80	31.8a	25.5a	26.4a	55.5b	50.7a	63.0a	535b	466b	399b
	60	31.1a	25.6a	26.4a	59.2a	52.2a	61.1a	438c	369c	331c
6月10日	100 对照	25.8a	26.5a	24.2a	46.9a	60.2a	52.7a	568a	548a	506a
	80	26.1a	25.8a	24.2a	47.6a	60.8a	51.8a	437b	429b	389b
	60	26.2a	26.7a	24.5a	48.7a	62.5a	52.7a	336c	346c	312c

注：表中数据是 6:00~18:00 的数据均值；同列中相同播期不同小写字母表示在 0.05 水平差异显著

二、温光互作下棉花农艺性状变化

棉花成铃数和蕾铃脱落率随生育进程而增加，蕾数随生育进程变化趋势呈单峰曲线，先增加后降低(图 15-2)。遮阴后蕾铃脱落率增加，2010~2011 年'科棉 1 号'在 CRLR 80%、CRLR 60%水平下的脱落率较对照(CRLR 100%)平均增加 4.2%、6.8%，'苏棉 15 号'平均增加 4.1%、6.7%。晚播棉花蕾铃脱落率降低，2010~2011 年晚播(5 月 25 日、6 月 10 日)棉花蕾铃脱落率较对照(CRLR 100%)'科棉 1 号'平均降低 6.8%、6.2%，'苏棉 15 号'平均降低 7.8%、18.0%。晚播与遮阴互作下'科棉 1 号'蕾铃脱落率降低 0.3%，'苏棉 15 号'降低 11.0%，'苏棉 15 号'蕾铃脱落率受晚播及晚播遮阴互作的影响程度大于'科棉 1 号'。遮阴下单株蕾数与单株铃数呈下降变化，成铃数随播期推迟而下降，蕾铃脱落率受晚播的影响不明显，甚至在 2010 年晚播(6 月 10 日)'苏棉 15 号'脱落率低于播期 4 月 25 日，原因是晚播下棉花仍持有较高的蕾数，但是由于已过有效开花结铃终止期，这部分棉蕾对产量无益。

三、温光互作下棉花产量变化

晚播与遮阴影响棉花铃数、铃重和产量，晚播(5 月 25 日、6 月 10 日)棉花铃数较适宜播期(4 月 25 日)减少 6.2%~15.5%，铃重降低 7.1%~21.1%，皮棉产量降低 4.6%~34.0%；遮阴 CRLR 80%、CRLR 60%棉花铃数较对照(CRLR 100%)减少 9.1%~16.4%，铃重降低 0.1%~10.9%，皮棉产量降低 9.8%~26.8%；晚播与遮阴互作下铃数减少 10.9%~30.9%，铃重降低 1.8%~43.8%，皮棉产量降低 22.2%~66.5%(表 15-3)。

随着播期推迟和遮阴水平提高，铃数、铃重和产量降低幅度增大，遮阴的影响大于播期 5 月 25 日，小于播期 6 月 10 日，晚播遮阴互作对铃数、铃重和产量的影响程度大于单一因子，播期越迟，遮阴导致的降幅越大。晚播与遮阴互作下铃数降幅：晚播(6 月 10 日)与 CRLR 60%互作下最大、晚播(5 月 25 日)与 CRLR 60%互作次之、晚播(6 月 10 日)与 CRLR 80%互作再次之、晚播(5 月 25 日)与 CRLR 80%互作下最小。铃重与产量降幅：晚播(6 月 10 日)与 CRLR 60%互作下最大、晚播(6 月 10 日)与 CRLR 80%互作次之、晚播(5 月 25 日)与 CRLR 60%互作再次之、晚播(5 月 25 日)与 CRLR 80%互作下最小，

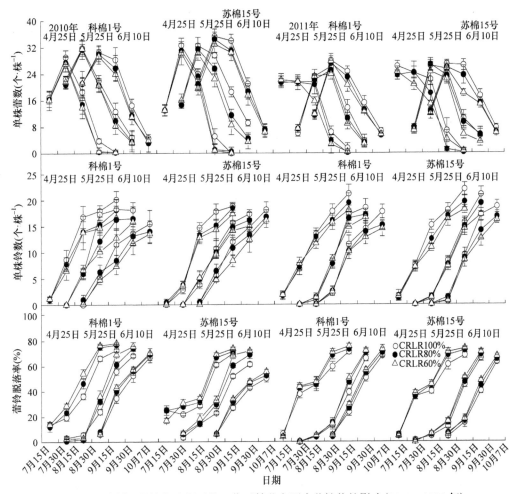

图 15-2 晚播、花铃期遮阴及其互作对棉花主要农艺性状的影响(2010～2011 年)

晚播(6 月 10 日)与 CRLR 60%互作下产量与产量构成因子降到最低。

从变异系数(CV 值)分析 3 个产量构成因素，铃重受晚播影响最为显著，铃数受遮阴影响最为显著。品种间比较，晚播与遮阴互作下'苏棉 15 号'铃重、衣分与皮棉产量的变异系数大于'科棉 1 号'，'苏棉 15 号'对晚播与遮阴互作更敏感。遮阴与晚播互作对铃重、衣分有明显效应，但对铃数、产量效应不明显。

表 15-3 晚播、花铃期遮阴及其互作对棉花产量与产量构成的影响(2010～2011 年)

品种	播种期	作物相对光照率 CRLR(%)	2010 年				2011 年			
			铃数($\times 10^4$ 个·hm^{-2})	铃重(g)	衣分(%)	皮棉产量(kg·hm^{-2})	铃数($\times 10^4$ 个·hm^{-2})	铃重(g)	衣分(%)	皮棉产量(kg·hm^{-2})
科棉 1 号	4 月 25 日	100	96.7	5.9	36.8	2092	108.4	5.7	37.1	2287
		80	83.4	5.4	37.6	1682	98.4	5.7	36.9	2063
		60	76.7	5.2	38.1	1531	96.7	5.3	36.2	1847

续表

品种	播种期	作物相对光照率 CRLR(%)	2010年				2011年			
			铃数($\times 10^4$ 个·hm^{-2})	铃重(g)	衣分(%)	皮棉产量(kg·hm^{-2})	铃数($\times 10^4$ 个·hm^{-2})	铃重(g)	衣分(%)	皮棉产量(kg·hm^{-2})
科棉1号	5月25日	100	85.0	5.5	39.4	1830	101.7	5.8	36.8	2183
		80	73.4	5.0	37.1	1353	91.7	5.6	34.6	1773
		60	71.7	4.7	38.9	1313	83.4	5.5	33.6	1542
	6月10日	100	81.7	4.9	37.0	1537	93.4	4.7	34.8	1541
		80	75.9	4.0	35.6	1089	81.7	4.5	33.9	1249
		60	68.4	4.0	34.5	931	76.7	4.1	30.8	973
	CV$_S$(%)		11.9	6.6	1.7	16.4	6.2	4.1	1.3	10.7
	CV$_P$(%)		9.0	9.3	3.8	15.3	7.4	11.3	3.5	20.2
	CV$_{P\times S}$(%)		10.8	13.0	4.1	24.3	11.1	11.7	5.9	25.3
苏棉15号	4月25日	100	91.7	5.5	36.4	1849	106.7	5.8	37.3	2297
		80	83.4	5.1	36.9	1570	95.0	5.6	37.8	2000
		60	76.7	5.0	37.7	1432	91.7	5.2	37.6	1802
	5月25日	100	85.9	4.9	38.8	1623	100.0	5.0	36.8	1853
		80	78.4	4.8	38.4	1437	95.0	4.9	35.4	1655
		60	71.7	4.2	38.6	1171	83.4	4.9	34.7	1404
	6月10日	100	78.4	4.5	37.6	1333	95.0	4.6	35.0	1516
		80	75.9	4.1	36.7	1152	81.7	3.9	33.6	1073
		60	63.4	3.4	30.3	658	76.7	3.3	30.9	770
	CV$_S$(%)		9.0	5.1	1.8	13.1	8.1	5.5	0.7	12.3
	CV$_P$(%)		7.8	10.1	3.2	16.1	5.8	11.9	3.3	20.7
	CV$_{P\times S}$(%)		10.5	13.4	7.1	25.2	10.4	16.6	6.3	29.4
	科棉1号		79.0a	5.0a	37.2a	1458a	92.5a	5.2a	35.0a	1686a
	苏棉15号		78.5a	4.6b	36.8a	1331b	91.5a	4.8b	35.5a	1554b
	4月25日		84.5a	5.4a	37.3b	1681a	99.5a	5.5a	37.1a	2048a
	5月25日		77.5a	4.8b	38.5a	1440b	92.5b	5.3a	35.3b	1727b
	6月10日		74.0b	4.2c	35.3c	1095c	84.0c	4.2c	33.2c	1162c
	CRLR100%		86.5a	5.2a	37.7a	1703a	101.0a	5.3a	36.3a	1930a
	CRLR80%		78.5b	4.7b	37.0b	1374b	90.5b	5.0b	35.4b	1611b

续表

品种	播种期	作物相对光照率 CRLR(%)	2010年				2011年			
			铃数($\times 10^4$ 个·hm^{-2})	铃重 (g)	衣分 (%)	皮棉产量 (kg·hm^{-2})	铃数($\times 10^4$ 个·hm^{-2})	铃重 (g)	衣分 (%)	皮棉产量 (kg·hm^{-2})
		CRLR60%	71.5c	4.4c	36.3c	1145c	84.5c	4.7c	34.0c	1346c
	品种(C)		ns	**	ns	**	ns	**	ns	**
	播种期(P)		**	**	**	**	**	**	**	**
	遮阴(S)		**	**	**	**	**	**	**	**
	C×P		ns	ns	ns	ns	ns	**	ns	ns
	C×S		ns	**	**	**	ns	ns	ns	ns
	P×S		ns	**	**	**	ns	*	**	ns
	C×P×S		ns	ns	**	ns	ns	ns	ns	ns

注：同列中不同小写字母表示在 0.05 水平差异显著；CV_S 由播期 4 月 25 日下 3 个遮阴水平数据计算得到，CV_P 由 3 个播种期数据计算得到，$CV_{P\times S}$ 由所有处理数据计算得到

*、**分别表示在 0.05、0.01 水平相关性显著，ns 表示相关性不显著

综上，铃重、铃数分别是对弱光、低温响应最为敏感的产量构成因素。低温与弱光互作对铃重、衣分的效应显著。低温弱光互作降低了铃数、铃重和衣分，产量比低温、弱光单因子下降低幅度更大，且播期越晚遮阴下的降幅越大，CRLR 60%下的降幅大于 CRLR 80%。与'科棉 1 号'相比，'苏棉 15 号'的铃重、衣分与产量对低温弱光互作更敏感，'苏棉 15 号'的铃重、产量低于'科棉 1 号'。

四、温光互作与棉花纤维品质

(一)温光互作下棉花纤维品质变化

晚播、遮阴影响纤维比强度、马克隆值的形成，晚播(5 月 25 日、6 月 10 日)棉花纤维比强度较适宜播期(4 月 25 日)降低 0.1%~8.4%，马克隆值降低 1.4%~37.4%；CRLR 80%、CRLR 60%纤维比强度较对照(CRLR 100%)降低 2.4%~8.7%，马克隆值降低 0.2%~3.4%；晚播与遮阴互作下，纤维比强度降低 1.3%~13.4%，马克隆值降低 9.1%~46.5%(表 15-4)。

花铃期遮阴下纤维比强度的降幅大于晚播，马克隆值的降幅小于晚播，且随播期推迟马克隆值的降幅增大。低温与弱光复合因子下的降幅大于单因子，晚播与遮阴互作下纤维比强度与马克隆值的降幅：晚播(6 月 10 日)与 CRLR 60%互作下最大、晚播(6 月 10 日)与 CRLR 80%互作次之、晚播(5 月 25 日)与 CRLR 60%互作再次之、晚播(5 月 25 日)与 CRLR 80%互作下最小，互作效应对'苏棉 15 号'的影响大于'科棉 1 号'。

晚播对纤维长度的影响年际间不同，2010 年以播期 5 月 25 日纤维最长、播期 4 月 25 日最短，2011 年则是随播期推迟纤维长度缩短。遮阴对纤维长度的影响在不同播期下

表现也不一致，适宜播期下遮阴棉花纤维更长，晚播下遮阴纤维长度变短。

从 CV 值分析纤维主要品质性状，马克隆值受晚播影响最为显著，纤维比强度受遮阴影响最为显著。品种间比较，晚播与遮阴互作下'苏棉 15 号'纤维比强度、马克隆值的变异均大于'科棉 1 号'。播期与遮阴对纤维长度、马克隆值的互作显著，对纤维比强度的互作影响未达显著水平。

表 15-4 晚播、花铃期遮阴及其互作对棉花纤维品质的影响（2010~2011 年）

品种	播种期	作物相对光照率 CRLR (%)	2010 年			2011 年		
			纤维长度 (mm)	纤维比强度 ($cN \cdot tex^{-1}$)	马克隆值	纤维长度 (mm)	纤维比强度 ($cN \cdot tex^{-1}$)	马克隆值
科棉1号	4月25日	100	29.1	31.2	5.1	29.3	30.3	4.9
		80	29.3	30.4	4.9	29.7	29.5	4.9
		60	29.6	28.8	5.0	30.7	28.8	4.9
	5月25日	100	31.3	31.1	4.7	29.7	29.0	4.9
		80	31.0	30.8	4.5	29.4	28.6	4.4
		60	30.4	29.0	4.5	28.8	28.4	4.5
	6月10日	100	30.5	30.1	4.0	29.6	28.2	3.8
		80	30.3	28.3	3.4	29.3	27.9	4.2
		60	29.4	27.9	3.0	29.0	27.2	3.6
	CV_S (%)		0.9	4.1	2.0	2.4	2.5	0.0
	CV_P (%)		3.7	2.0	12.1	0.7	3.6	14.0
	$CV_{P \times S}$ (%)		2.6	4.2	17.0	1.8	3.2	11.5
苏棉15号	4月25日	100	28.8	28.7	4.8	29.4	29.6	4.9
		80	28.8	27.3	4.8	30.1	28.4	4.9
		60	29.2	26.2	4.8	30.7	28.3	4.8
	5月25日	100	30.8	28.7	4.6	29.4	28.2	4.4
		80	30.2	28.3	4.3	29.1	27.8	4.2
		60	30.3	27.9	4.2	28.6	27.4	4.5
	6月10日	100	29.5	26.3	3.0	28.9	26.7	3.7
		80	29.0	26.0	3.0	28.7	25.6	3.7
		60	28.8	25.3	2.6	27.8	25.2	3.1
	CV_S (%)		0.8	4.6	0.0	2.2	2.5	1.2
	CV_P (%)		3.4	5.0	23.9	1.0	5.1	13.9
	$CV_{P \times S}$ (%)		2.6	4.7	22.2	2.9	5.1	14.8
	科棉 1 号		30.1a	29.7a	4.3a	29.5a	28.7a	4.4a
	苏棉 15 号		29.5b	27.1b	4.0b	29.2b	27.4b	4.2b
	4 月 25 日		29.1c	28.5b	4.9a	29.8a	29.1a	4.9a
	5 月 25 日		30.7a	29.4a	4.5b	29.4b	28.3b	4.5b

续表

品种	播种期	作物相对光照率 CRLR (%)	2010 年			2011 年		
			纤维长度 (mm)	纤维比强度 (cN·tex^{-1})	马克隆值	纤维长度 (mm)	纤维比强度 (cN·tex^{-1})	马克隆值
	6月10日		29.6b	27.3c	3.1c	29.0c	26.8c	3.7c
		CRLR 100%	30.0a	29.0a	4.4a	29.6a	28.6a	4.4a
		CRLR 80%	29.8b	28.5b	4.2a	29.3b	28.0b	4.4a
		CRLR 60%	29.6b	27.7c	3.9b	29.3b	27.5c	4.2b
品种(C)			**	**	**	**	**	**
播种期 (P)			**	**	**	**	**	**
遮阴(S)			**	**	**	*	**	*
C×P			**	*	ns	*	ns	ns
C×S			*	**	ns	*	ns	ns
P×S			**	ns	*	**	ns	**
C×P×S			ns	ns	ns	ns	ns	ns

注：同列中不同小写字母表示在 0.05 水平差异显著；CV_S 由播期 4 月 25 日下 3 个遮阴水平数据计算得到，CV_P 由 3 个播种期数据计算得到，$CV_{P×S}$ 由所有处理数据计算得到

*、**分别表示在 0.05、0.01 水平相关性显著，ns 表示相关性不显著

(二)温光互作下棉纤维品质的空间变化

1. 影响纤维品质的主要气象因子的确定 相同播期下'科棉 1 号'和'苏棉 15 号'的开花期、吐絮期相近，故两个品种铃期内的气象因子基本相同。棉花不同果枝部位开花期、吐絮期在不同温光处理间不相同(表 15-5)。随播种期推迟，棉花不同果枝部位铃开花期、吐絮期推迟，同一果枝部位棉铃发育所处温光条件不同。

表 15-5 播期对棉花开花期和吐絮期的影响(2009～2010 年)

果枝果节部位		播种期	2009 年		2010 年	
			开花期	吐絮期	开花期	吐絮期
1～2 果节 FP_{1-2}	下部果枝 FB_{2-4}	4月25日	7月19日	9月2日	7月20日	8月30日
		5月25日	8月13日	10月6日	8月10日	9月23日
		6月10日	—	—	8月27日	10月26日
	中部果枝 FB_{6-8}	4月25日	7月28日	9月17日	7月28日	9月8日
		5月25日	8月23日	10月22日	8月19日	10月18日
		6月10日	—	—	9月4日	11月5日
	上部果枝 FB_{10-12}	4月25日	8月13日	10月8日	8月9日	9月23日
		5月25日	9月9日	11月10日	9月4日	11月5日
		6月10日	—	—	9月16日	11月5日

续表

果枝果节部位		播种期	2009年		2010年	
			开花期	吐絮期	开花期	吐絮期
3及3以上果节 FP$_{3+}$	下部果枝 FB$_{2-4}$	4月25日	7月28日	9月20日	8月6日	9月21日
		5月25日	8月20日	10月26日	8月18日	10月6日
		6月10日	—	—	8月31日	10月31日
	中部果枝 FB$_{6-8}$	4月25日	8月11日	9月24日	8月11日	9月24日
		5月25日	8月29日	10月29日	8月29日	10月29日
		6月10日	—	—	9月10日	11月5日

棉花不同果枝部位棉铃铃期日均温（MDT）、日均最高温（MDT$_{max}$）、日均最低温（MDT$_{min}$）、日均光合有效辐射（PAR）和相对湿度（RH）存在差异（表15-6），纵向随果枝数增加及横向随果节数增加各气象因子值均呈下降变化。在累积辐热积PTP涉及的4个温光气象因子中，变异系数由大到小依次为PAR、MDT$_{min}$、MDT和MDT$_{max}$，皆高于RH的变异系数，年际间表现一致。可见，纤维品质的差异主要由铃期内温光因子差异造成，受RH影响较小。

表15-6 温光互作对棉花不同果枝部位棉铃铃期气象因子的影响（2009～2010年）

年份	果枝果节部位		日均温 MDT		日均最高温 MDT$_{max}$		日均最低温 MDT$_{min}$		日均太阳辐射 PAR		相对湿度 RH	
			平均值 (℃)	CV (%)	平均值 (℃)	CV (%)	平均值 (℃)	CV (%)	平均值 (MJ·m^{-2})	CV (%)	平均值 (%)	CV (%)
2009	FP$_{1-2}$	FB$_{2-4}$	25.9	4.5	29.7	3.2	23.0	5.5	12.2	23.3	80.5	2.0
		FB$_{6-8}$	24.3	7.5	28.3	5.4	21.4	10.0	11.3	23.0	79.3	2.9
		FB$_{10-12}$	23.4	6.0	27.6	4.5	20.3	7.7	11.0	23.1	75.6	4.1
	FP$_{3+}$	FB$_{2-4}$	24.6	5.6	28.5	4.0	21.7	7.3	11.3	22.8	78.7	4.0
		FB$_{6-8}$	23.6	8.8	27.7	6.8	20.6	11.2	10.9	24.7	76.4	5.3
2010	FP$_{1-2}$	FB$_{2-4}$	26.2	13.3	30.4	11.7	23.1	14.0	13.6	33.4	78.4	3.2
		FB$_{6-8}$	24.1	17.4	28.3	14.6	20.9	19.4	12.3	35.6	77.9	2.4
		FB$_{10-12}$	21.7	19.6	26.1	15.7	18.6	23.6	10.8	29.4	77.1	3.1
	FP$_{3+}$	FB$_{2-4}$	24.4	12.7	28.5	10.5	21.4	14.3	12.0	27.7	79.2	1.3
		FB$_{6-8}$	22.4	16.3	26.6	13.4	19.3	19.2	10.8	28.3	78.0	2.4

2. 温光互作对棉花不同果枝部位纤维品质的影响 棉花各空间不同果枝部位纤维发育所处温光条件不同，纤维长度、比强度、马克隆值与累积辐热积PTP的关系均可用开口向下的一元二次方程抛物线模拟（表15-7～表15-9），纤维品质特征值对PTP的响应因果枝部位而异。

表15-7 棉花不同果枝部位铃纤维伸长特征值的变化

品种	果枝果节部位		方程	R^2	Len$_{max}$ (mm)	PTP$_{Lenmax}$ (MJ·m^{-2})	PTP$_{LenA}$ (MJ·m^{-2})	PTP$_{LenAA}$ (MJ·m^{-2})
科棉1号	FP$_{1-2}$	FB$_{2-4}$	Len = -9.0×10^{-5}PTP^2 + 7.6×10^{-2}PTP + 15.2	0.965**	31.1	420.6	160.5～680.6	235.4～605.7

续表

品种	果枝果节部位		方程	R^2	Len_{max} (mm)	PTP_{Lenmax} (MJ·m^{-2})	PTP_{LenA} (MJ·m^{-2})	PTP_{LenAA} (MJ·m^{-2})
科棉1号	FP_{1-2}	FB_{6-8}	$Len = -6.0 \times 10^{-5}PTP^2 + 4.1 \times 10^{-2}PTP + 24.5$	0.955**	31.4	340.0	13.7~666.3	102.4~577.6
		FB_{10-12}	$Len = -6.0 \times 10^{-5}PTP^2 + 3.6 \times 10^{-2}PTP + 24.9$	0.935**	30.3	301.7	3.8~599.6	104.9~498.5
	FP_{3+}	FB_{2-4}	$Len = -6.0 \times 10^{-5}PTP^2 + 4.5 \times 10^{-2}PTP + 21.3$	0.918**	29.9	378.3	91.9~664.8	199.3~557.4
		FB_{6-8}	$Len = -5.0 \times 10^{-5}PTP^2 + 3.5 \times 10^{-2}PTP + 24.6$	0.963**	30.6	346.0	11.4~680.6	118.1~573.9
苏棉15号	FP_{1-2}	FB_{2-4}	$Len = -8.0 \times 10^{-5}PTP^2 + 6.6 \times 10^{-2}PTP + 16.6$	0.932**	30.1	411.9	158.4~665.3	248.4~575.4
		FB_{6-8}	$Len = -6.0 \times 10^{-5}PTP^2 + 4.0 \times 10^{-2}PTP + 23.9$	0.950**	30.4	330.0	29.9~630.6	129.1~530.9
		FB_{10-12}	$Len = -6.0 \times 10^{-5}PTP^2 + 3.5 \times 10^{-2}PTP + 24.7$	0.948**	29.9	292.5	7.5~577.5	115.8~469.2
	FP_{3+}	FB_{2-4}	$Len = -7.0 \times 10^{-5}PTP^2 + 5.1 \times 10^{-2}PTP + 20.2$	0.962**	29.3	361.4	113.7~609.1	225.5~497.4
		FB_{6-8}	$Len = -6.0 \times 10^{-5}PTP^2 + 3.5 \times 10^{-2}PTP + 24.2$	0.946**	29.5	295.0	22.5~567.5	139.2~450.8

注：Len、Len_{max}、PTP_{Lenmax}分别表示纤维长度、理论最大长度及其对应的PTP值，PTP_{LenA}、PTP_{LenAA}分别表示纤维长度达优质棉A、AA级的PTP范围

*、**分别表示在0.05、0.01水平相关性显著（$n=15$，$R^2_{0.05}=0.393$，$R^2_{0.01}=0.536$）

比较5个空间果枝部位纤维长度的理论最大值，纵向比较内围果节以中部果枝最大，下部次之，上部最小，横向外围果节纤维长度的理论最大值均小于其相应内围果节。不同空间果枝部位纤维长度达到理论最大值时的PTP，由下而上呈逐渐降低的趋势。

根据农业行业标准中棉花纤维品质评价标准（NY/T1426—2007），纤维长度25.0~27.9mm时属A级，28.0~30.9mm时属AA级，31.0~32.9mm时属AAA级，本试验中纤维长度极少达到AAA级，棉花不同果枝部位纤维长度均能达到AA级。比较不同果枝部位达到A、AA级标准时两个品种的PTP范围，'科棉1号'均大于'苏棉15号'，即当PTP过低或者过高时，'苏棉15号'纤维长度达不到优质棉A级要求，说明低温敏感型品种纤维长度达到优质棉适宜PTP范围要小于低温弱敏感型品种。

表15-8 棉花不同果枝部位纤维比强度特征值的变化

品种	果枝果节部位		方程	R^2	Str_{max} (cN·tex^{-1})	PTP_{Strmax} (MJ·m^{-2})	PTP_{StrA} (MJ·m^{-2})	PTP_{StrAA} (MJ·m^{-2})
科棉1号	FP_{1-2}	FB_{2-4}	$Str = -9.0 \times 10^{-5}PTP^2 + 8.3 \times 10^{-2}PTP + 11.5$	0.956**	30.5	458.9	292.8~625.0	385.5~532.2
		FB_{6-8}	$Str = -6.0 \times 10^{-5}PTP^2 + 4.9 \times 10^{-2}PTP + 20.8$	0.965**	30.6	405.0	196.7~613.3	304.7~505.3
		FB_{10-12}	$Str = -6.0 \times 10^{-5}PTP^2 + 3.9 \times 10^{-2}PTP + 23.2$	0.937**	29.6	328.3	163.0~493.6	—
	FP_{3+}	FB_{2-4}	$Str = -5.0 \times 10^{-5}PTP^2 + 4.6 \times 10^{-2}PTP + 18.9$	0.933**	29.5	461.0	288.3~633.7	—
		FB_{6-8}	$Str = -7.0 \times 10^{-5}PTP^2 + 5.3 \times 10^{-2}PTP + 19.6$	0.962**	29.5	375.7	231.4~520.0	—

续表

品种	果枝果节部位		方程	R^2	Str_{max} (cN·tex^{-1})	PTP_{Strmax} (MJ·m^{-2})	PTP_{StrA} (MJ·m^{-2})	PTP_{StrAA} (MJ·m^{-2})
苏棉15号	FP_{1-2}	FB_{2-4}	$Str = -9.0 \times 10^{-5}PTP^2 + 7.8 \times 10^{-2}PTP + 11.8$	0.930**	28.8	435.0	339.0~531.0	—
		FB_{6-8}	$Str = -7.0 \times 10^{-5}PTP^2 + 5.7 \times 10^{-2}PTP + 18.5$	0.972**	30.3	409.3	229.0~589.6	346.6~472.0
		FB_{10-12}	$Str = -6.0 \times 10^{-5}PTP^2 + 3.8 \times 10^{-2}PTP + 22.4$	0.948**	28.5	318.3	230.2~406.5	—
	FP_{3+}	FB_{2-4}	$Str = -7.0 \times 10^{-5}PTP^2 + 6.6 \times 10^{-2}PTP + 12.6$	0.948**	28.0	469.3	447.9~490.7	—
		FB_{6-8}	$Str = -5.0 \times 10^{-5}PTP^2 + 4.0 \times 10^{-2}PTP + 20.5$	0.924**	28.7	405.0	285.6~524.4	—

注：Str、Str_{max}、PTP_{Strmax} 分别表示纤维比强度、理论最大比强度及其对应的PTP值，PTP_{StrA}、PTP_{StrAA} 分别表示纤维比强度达优质棉A、AA级的PTP范围

*、**分别表示在0.05、0.01水平相关性显著（$n=15$，$R^2_{0.05}=0.393$，$R^2_{0.01}=0.536$）

棉花不同果枝部位纤维比强度的理论最大值变化规律与纤维长度相同，达到理论最大值时的PTP由下而上呈逐渐降低的变化，不同果枝部位纤维比强度达到理论最大值时的PTP均高于纤维长度。

纤维比强度为28.0~29.9cN·tex^{-1}时属A级，30.0~31.9cN·tex^{-1}时属AA级，32.0~35.9cN·tex^{-1}时属AAA级，本试验中纤维比强度均未达到AAA级。两个品种不同果枝部位纤维比强度可达A级，'科棉1号'中部和下部果枝的内围铃可达AA级，'苏棉15号'只有中部内围铃可达AA级。比较不同果枝部位纤维比强度达到A、AA级标准时两个品种的PTP范围，'科棉1号'均大于'苏棉15号'，说明低温敏感型品种纤维比强度达到优质棉适宜PTP范围要小于低温弱敏感型品种。

表15-9　棉花不同果枝部位纤维马克隆值特征值的变化

品种	果枝	果节部位	方程	R^2	Mic_{max}	PTP_{Micmax} (MJ·m^{-2})	PTP_{MicA} (MJ·m^{-2})	PTP_{MicAA} (MJ·m^{-2})
科棉1号	FP_{1-2}	FB_{2-4}	$Mic = -2.0 \times 10^{-5}PTP^2 + 2.0 \times 10^{-2}PTP - 0.2$	0.940**	5.0	510.0	239.3~780.7	239.3~453.0 567.1~780.7
		FB_{6-8}	$Mic = -4.0 \times 10^{-5}PTP^2 + 3.4 \times 10^{-2}PTP - 2.1$	0.953**	5.1	426.3	224.1~628.4	224.1~349.7 502.8~628.4
		FB_{10-12}	$Mic = -4.0 \times 10^{-5}PTP^2 + 2.9 \times 10^{-2}PTP - 0.5$	0.947**	4.9	367.5	183.5~551.5	183.5~551.5
	FP_{3+}	FB_{2-4}	$Mic = -3.0 \times 10^{-5}PTP^2 + 2.7 \times 10^{-2}PTP - 1.5$	0.917**	4.7	451.7	254.6~648.7	254.6~648.7
		FB_{6-8}	$Mic = -4.0 \times 10^{-5}PTP^2 + 3.2 \times 10^{-2}PTP - 1.3$	0.926**	5.0	397.5	204.2~590.8	204.2~348.8
苏棉15号	FP_{1-2}	FB_{2-4}	$Mic = -3.0 \times 10^{-5}PTP^2 + 2.9 \times 10^{-2}PTP - 2.2$	0.954**	4.7	480.0	280.4~679.6	446.2~590.8 280.4~679.6

续表

品种	果枝	果节部位	方程	R^2	Mic$_{max}$	PTP$_{Micmax}$ (MJ·m^{-2})	PTP$_{MicA}$ (MJ·m^{-2})	PTP$_{MicAA}$ (MJ·m^{-2})
苏棉15号	FP$_{1-2}$	FB$_{6-8}$	Mic = -3.0×10^{-5}PTP^2+2.5×10^{-2}PTP−0.3	0.969**	5.0	423.3	197.6~649.1	197.6~357.8 488.8~649.1
		FB$_{10-12}$	Mic = -4.0×10^{-5}PTP^2+3.0×10^{-2}PTP−0.8	0.922**	4.8	372.5	193.1~551.9	193.1~551.9
	FP$_{3+}$	FB$_{2-4}$	Mic = -2.0×10^{-5}PTP^2+1.9×10^{-2}PTP−0.02	0.953**	4.4	470.0	257.6~682.4	257.6~682.4
		FB$_{6-8}$	Mic = -4.0×10^{-5}PTP^2+2.9×10^{-2}PTP−1.0	0.910**	4.4	366.3	217.6~514.9	217.6~514.9

注：Mic、Mic$_{max}$、PTP$_{Micmax}$分别表示马克隆值、理论最大马克隆值及其对应的 PTP 值，PTP$_{MicA}$、PTP$_{MicAA}$分别表示马克隆值达优质棉 A、AA 级的 PTP 范围

*、**分别表示在 0.05、0.01 水平相关性显著（n=15，$R^2_{0.05}$ = 0.393，$R^2_{0.01}$ = 0.536）

棉花不同果枝部位马克隆值达到理论最大值时的 PTP 由下而上也呈逐渐降低的趋势。马克隆值 3.5~5.5 时属 A 级，3.5~4.9 时属 AA 级，两个品种中部内围及'科棉 1号'下部内围马克隆值较高，其最大值已不能满足 AA 级，其余果枝部位马克隆值较为适宜，均达到 AA 级，达 AA 级时在优势果枝部位'科棉 1 号'的 PTP 范围小于'苏棉15 号'，同样也说明低温敏感型品种马克隆值达到优质棉适宜 PTP 的范围要小。

第二节 棉花果枝部位、温光复合因子与棉花纤维品质的形成

棉纤维品质形成受品种遗传性、环境生态因素和栽培措施的共同影响，温度和光照的影响主要由开花期和种植密度来体现，然而由于棉花的无限开花习性，不同开花期棉铃发育不仅存在温、光差异，还存在果枝部位效应。通过分析棉花果枝部位、温光复合因子影响纤维品质形成的生态基础，可实现对不同生态条件下纤维主要品质性状形成的动态预测，为棉花生产辅助调控提供支撑。

一、棉花果枝部位、温光复合因子与纤维长度形成

（一）棉花果枝部位对纤维长度形成的影响

为了准确反映温光复合因子对纤维伸长发育的影响，以开花当天作为纤维伸长发育期的起始时间，以纤维发育中纤维长度值达到或者超过吐絮棉铃纤维长度时的花后天数作为纤维伸长发育期的终止时间，中间经历的时间即纤维伸长发育持续期（fiber elongation period，FEP）。

从表 15-10 看出，在同一生态点，不同播期相同开花期棉铃所处的温、光条件相同，但着生的果枝部位不同，如南京适宜播期（4 月 25 日）、晚播（5 月 25 日）8 月 10 日开花的棉铃，果枝部位分别为 9~11、4~6 果枝。分析不同开花期纤维伸长变化发现（图 15-3），相同开花期不同果枝部位棉铃的纤维长度随花后天数的变化趋势基本一致，最终纤维长度差异均未达到显著水平，两个品种表现相同。

表 15-10　不同播期不同开花期棉铃对应的果枝部位和纤维伸长发育期累积辐热积
（2005 年，南京，徐州）

开花期	南京			徐州		
	日均温 $T(℃)$/纤维发育期累积辐热积 $PTP(MJ \cdot m^{-2})$	果枝部位		日均温 $T(℃)$/纤维发育期累积辐热积 $PTP(MJ \cdot m^{-2})$	果枝部位	
		4月25日（适宜播期）	5月25日（晚播）		4月25日（适宜播期）	5月25日（晚播）
8月10日	25.9/357.2	9~11	4~6	24.6/318.4	9~11	2~4
8月25日	25.1/295.8	12~13	9~11	22.1/227.2	12~13	5~8
9月10日	22.3/214.1	15 及以上	12~14	18.8/129.1	14 及以上	10~13

在不同生态点，相同开花期不同播期棉铃所处的温、光条件不同，但果枝部位相差较小。综合不同生态点、不同开花期分析可知，9~11 果枝着生棉铃纤维长度较 2~4、4~6、12~13 果枝的长，5~8 果枝着生棉铃纤维长度较 12~13 果枝的长，10~13 果枝着生棉铃纤维长度较 14 及以上果枝的长。可见，果枝部位虽然对纤维长度的影响较小，但仍然存在着一定的趋势，表现为中部、上部果枝（5~8、9~11 果枝）着生棉铃的纤维长度较长。

（二）温光复合因子对纤维长度形成的影响

1. 不同开花期棉铃纤维长度　不同生态点、不同开花期棉铃的纤维最终实测长度（Len_{obs}）存在显著或极显著差异（表 15-11），以南京试点 8 月 10 日开花期的 Len_{obs} 最长、徐州试点 9 月 10 日开花期的 Len_{obs} 最短，两品种表现一致。

为了比较不同开花期纤维伸长差异，以'科棉 1 号'为例，用 logistic 方程拟合纤维长度形成，拟合度均达到极显著水平（表 15-11，方程略）。纤维伸长发育特征值包括纤维快速伸长期起（DPA_1）、止（DPA_2）时期、最大伸长速率（V_{max}）、快速伸长持续时间（$T=DPA_2-DPA_1$）及纤维长度理论最大值 Len_m。其中，V_{max}、T、Len_m 与 Len_{obs} 高度相关，Len_{obs} 变化趋势与 Len_m 相同，但 V_{max} 和 T 变化趋势有所不同，随开花期推迟，南京试点 V_{max} 逐渐减小、T 逐渐延长，徐州试点 V_{max} 呈先增加后降低的变化、T 呈先缩短后延长的变化。

表 15-11　开花期对棉纤维伸长变化特征值的影响（'科棉 1 号'，2005 年）

生态点	开花期	纤维伸长发育期 FEP(d)	R^2	纤维最大伸长速率 V_{max}(mm·d^{-1})	纤维快速伸长持续期 T(d)	纤维长度理论最大值 Len_m(mm)	最终纤维长度 Len_{obs}(mm)
南京	7月15日	24	0.936**	1.37	14.70	30.61	30.39b
	7月25日	24	0.949**	1.34	15.46	31.45	30.95b
	8月10日	31	0.975**	1.28	16.58	32.23	31.97a
	8月25日	31	0.979**	1.22	16.87	31.20	30.85b
	9月10日	38	0.994**	1.15	17.09	29.93	29.50c

续表

生态点	开花期	纤维伸长发育期 FEP(d)	R^2	纤维最大伸长速率 V_{max}(mm·d^{-1})	纤维快速伸长持续期 T(d)	纤维长度理论最大值 Len_m(mm)	最终纤维长度 Len_{obs}(mm)
徐州	7月15日	24	0.919**	1.26	16.19	31.01	30.80b
	7月25日	31	0.953**	1.33	15.89	32.11	31.78a
	8月10日	31	0.979**	1.28	16.19	31.39	31.13b
	8月25日	38	0.992**	1.19	16.81	30.34	30.10c
	9月10日	45	0.995**	1.08	17.58	28.76	28.49d

注：同列中不同小写字母表示在 0.05 水平差异显著

**表示在 0.01 水平相关性显著（$n=7, R^2_{0.01}=0.765$；$n=8, R^2_{0.01}=0.695$）

2. 温光复合因子对纤维长度的影响 基于上述棉花果枝部位对纤维最终长度影响不显著的研究结论，可以认为不同开花期棉铃纤维长度的差异主要由纤维伸长发育期内温光差异造成。温度与光照的互作效应在棉铃发育上表现十分明显，为此本研究引入累积辐热积（PTP）分析纤维伸长发育期内温光复合因子与纤维伸长特征值 T、V_{max} 和 Len_m 的关系。

回归分析显示，V_{max} 与 PTP 呈极显著线性正相关，T 与 PTP 呈极显著线性负相关；Len_m 与 PTP 的关系可用开口向下的抛物线拟合，拟合度达极显著水平。在达到最大纤维长度时，'科棉1号''美棉33B'所需 PTP 分别为 333.3MJ·m^{-2}、337.9MJ·m^{-2}，此时 V_{max} 分别为 1.30mm·d^{-1}、1.27mm·d^{-1}，T 分别为 16.02d、15.87d。与'美棉33B'相比，科棉1号在相同辐热积条件下纤维伸长特征值更优，纤维长度更长。

二、棉花果枝部位、温光复合因子与纤维比强度形成

（一）棉花果枝部位对纤维比强度形成的影响

棉纤维加厚发育始于纤维生物量快速累积的起始期，至棉铃开裂吐絮时结束。纤维生物量可用 logistic 方程拟合，根据拟合方程计算纤维生物量快速累积的起始时间 DPA_0，纤维加厚发育期=铃期–DPA_1（表15-12）。

表15-12 不同播期不同开花期棉铃铃期、纤维加厚发育起始期及纤维加厚发育期

播种期	开花期	科棉1号/美棉33B					
		铃期(d)		纤维加厚发育起始时间(DPA, d)		纤维加厚发育持续期(d)	
		南京	徐州	南京	徐州	南京	徐州
4月25日	7月15日	45/46	46/47	14/14	14/14	31/32	32/33
	7月25日	48/49	51/53	16/15	16/16	32/34	35/37
	8月10日	54/55	58/61	17/18	19/19	37/37	39/42
	8月25日	60/62	63/65	19/20	21/21	41/42	42/44

续表

播种期	开花期	科棉1号/美棉33B					
		铃期(d)		纤维加厚发育起始时间(DPA,d)		纤维加厚发育持续期(d)	
		南京	徐州	南京	徐州	南京	徐州
4月25日	9月10日	63/64	57/57▲	21/21	24/23▲	42/43	33/34▲
5月25日	8月10日	51/54	55/58	17/17	18/18	34/37	37/40
	8月25日	61/63	67/68	20/19	22/22	41/44	45/46
	9月10日	64/67	57/57▲	22/21	25/26▲	42/46	32/31▲

▲表示棉铃未正常吐絮(最后取样日期为11月5日)

在同一生态点，不同播期相同开花期棉铃纤维加厚发育期所处的温光条件相同，但棉铃着生果枝部位不同(表15-13)，如南京适宜播期(4月25日)、晚播(5月25日)8月10日开花的棉铃，果枝部位分别在9~11、4~6果枝。在不同生态点，相同开花期棉铃纤维加厚发育期的温光条件南京试点优于徐州，但果枝部位相差较小(表15-13)，如南京、徐州适宜播期8月10日开花棉铃所处果枝部位均为9~11果枝。

表15-13 不同播期不同开花期棉铃纤维加厚发育期累积辐热积和果枝部位(2005年)

开花期	南京				徐州			
	日均温T(℃)/累积辐热积PTP(MJ·m^{-2})/日辐射量SR(MJ·m^{-2}·d^{-1})	果枝部位(FB)		日均温T(℃)/累积辐热积PTP(MJ·m^{-2})/日辐射量SR(MJ·m^{-2}·d^{-1})	果枝部位(FB)		
		4月25日(适宜播期)	5月25日(晚播)		4月25日(适宜播期)	5月25日(晚播)	
8月10日	24.8/311.0/11.9	9~11	4~6	21.2/181.3/10.4	9~11	2~4	
8月25日	21.3/205.7/11.3	12~13	9~11	18.0/79.4/10.2	12~13	5~8	
9月10日	17.5/71.8/9.5	15及以上	12~14	15.2/42.8/12.1	14及以上	10~13	

在纤维加厚发育期，纤维比强度(Str)随花后天数增加逐渐增加，不同果枝部位间差异也随之增大：花后24~31d纤维比强度在不同果枝部位间差异较小，31d后差异达显著水平。对于相同开花期棉铃，南京试点纤维比强度在不同果枝部位间的差异均大于徐州，结合表15-12中两生态点相同开花期棉铃对应的温光条件分析可知，果枝部位与棉铃发育所处的温光条件存在协同效应，温光条件较好时，果枝部位对纤维比强度形成的影响较大；随温光条件变差，果枝部位的作用减小(表15-14，图15-3)。

表15-14 棉花果枝部位对纤维比强度差值的影响('科棉1号'，2005年，南京，徐州)

地点	开花期	果枝部位(FB)	纤维比强度增幅(%)						平均值
			24DPA	31DPA	38DPA	45DPA	52DPA	吐絮	
南京	8月10日	FBL_{4-6}—FBN_{9-11}	-1.9	-9.1	-7.6	-7.5	-6.7	-7.4	-6.7
	8月25日	FBL_{9-11}—FBN_{12-13}		0.3	3.2	6.7	5.9	6.9	4.6
	9月10日	FBL_{12-14}—FBN_{15+}		2.9	3.2	3.8	5.9	4.5	4.0

续表

地点	开花期	果枝部位(FB)	纤维比强度增幅(%)						平均值
			24DPA	31DPA	38DPA	45DPA	52DPA	吐絮	
徐州	8月10日	FBL_{2-4}—FBN_{9-11}	−1.8	−5.3	−7.1	−4.7	−6.5	−5.9	−5.2
	8月25日	FBL_{5-8}—FBN_{12-13}		1.0	2.0	4.1	4.2	4.5	3.2
	9月10日	FBL_{10-13}—FBN_{14+}		3.4	−1.5	−1.3	1.9	3.3	1.1

注：FBN、FBL 分别表示 4 月 25 日、5 月 25 日播种期棉花的果枝部位

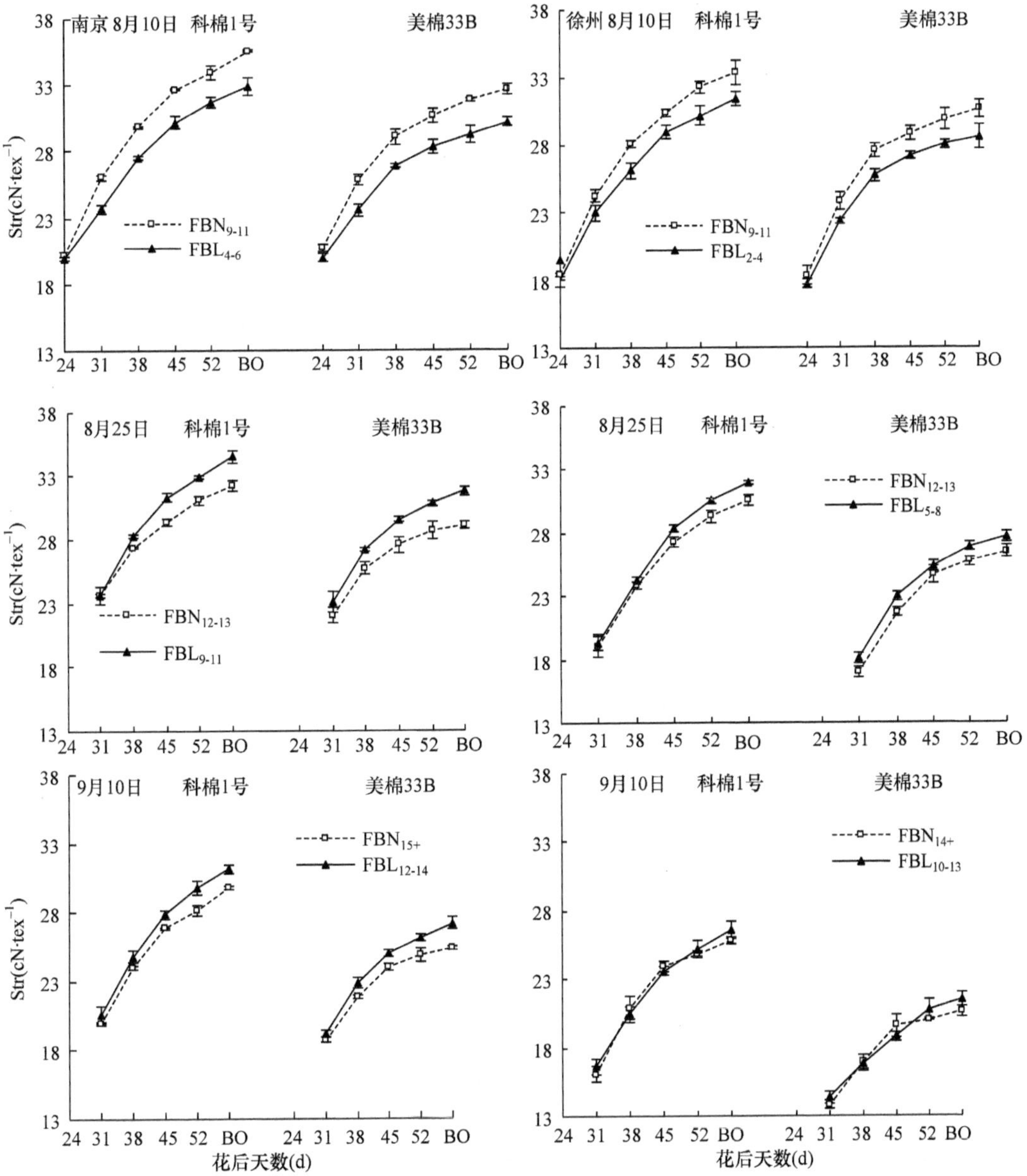

图 15-3 不同播期不同开花期纤维比强度的动态变化(2005 年，南京，徐州)

FBN、FBL 分别表示 4 月 25 日、5 月 25 日播种期棉花的果枝部位；BO. 吐絮期

(二) 温光复合因子对纤维比强度形成的影响

1. 不同开花期纤维比强度形成　　纤维最终比强度实测值(Str_{obs})在不同生态点、不同开花期间均存在显著或极显著差异(表15-15)，以南京试点8月10日开花棉铃的纤维比强度最高、徐州试点9月10日开花棉铃的纤维比强度最低。

为比较不同开花期纤维比强度变化差异，将纤维比强度随花后天数的变化分为快速增加(rapid growth, RG)和稳定增加(steady growth, SG)两个时期，采用分段函数分别对其进行拟合，方程拟合度均达到显著或极显著水平。分段函数表达式如下。

$$Str_{DPA} = \begin{cases} a_1 \times \ln(DPA) - b_1 & DPA \leq DPA_b \\ a_2 + b_2 \times DPA & DPA > DPA_b \end{cases}$$

式中，$Str_{DPA}(cN \cdot tex^{-1})$表示纤维比强度；DPA(d)为花后天数；$DPA_b$(d)表示纤维加厚发育期内快速增加期和稳定增加期转折时的花后天数；a_1、a_2、b_1、b_2为方程参数。

纤维比强度快速增加持续期 $T_{RG}(d) = DPA_b - DPA_0$，日均增长速率 $V_{RG} = \sum (FS_{DPA} - FS_{DPA-1})/T_{RG}$；稳定增加持续期 $T_{SG}(d)=$铃期$-DPA_b$，日均增长速率 $V_{SG}=b_2$。

表15-15　开花期对棉纤维比强度变化特征值的影响('科棉1号'，2005年，南京，徐州)

试点	开花期	DPA_0(d)	SWSP(d)	V_{RG}(cN·tex^{-1}·d^{-1})	T_{RG}(d)	V_{SG}(cN·tex^{-1}·d^{-1})	T_{SG}(d)	Str_{obs}(cN·tex^{-1})
南京	7月15日	14	31	1.80	14	0.24	17	33.2b
	7月25日	16	32	1.83	13	0.27	19	35.3a
	8月10日	17	37	1.45	18	0.33	19	35.5a
	8月25日	19	41	1.35	17	0.22	24	32.3c
	9月10日	21	42	1.16	21	0.16	21	29.8d
徐州	7月15日	14	32	1.62	15	0.28	17	31.4b
	7月25日	16	35	1.48	17	0.29	18	33.5a
	8月10日	19	39	1.47	16	0.27	23	33.3a
	8月25日	21	42	1.16	22	0.18	20	30.6c
	9月10日▲	24	33	1.16	18	0.16	15	25.8d

注：DPA_0、SWSP分别表示纤维加厚发育起始期、持续期，V_{RG}、V_{SG}分别表示纤维比强度快速增加期、稳定增加期的日均增长速率，T_{RG}、T_{SG}分别表示纤维快速、稳定增加持续期，Str_{obs}表示最终纤维比强度实测值；同列中不同小写字母表示在0.05水平差异显著

▲表示棉铃未正常吐絮(最后取样日期为11月5日)

随开花期推迟，T_{RG}延长、V_{RG}下降，T_{SG}、V_{SG}、Str_{obs}均呈先增后减的变化(表15-15)。对南京、徐州试点不同开花期比较，T_{RG}、T_{SG}差异较小，V_{RG}、V_{SG}差异较大，说明最终纤维比强度与V_{RG}、V_{SG}相关性更大；南京和徐州处于两个不同的生态区域，相同开花期棉铃发育所处温光条件差异较大，进一步说明V_{RG}、V_{SG}较T_{RG}、T_{SG}更易受环境因素的影响。

2. 温光复合因子与纤维比强度形成的关系　　温度与光照的互作效应显著影响棉铃发育，因此引入累积辐热积(PTP)分析纤维加厚发育期温光复合因子与纤维比强度形成的

关系。回归分析显示，V_{RG} 与 PTP 之间呈极显著线性正相关，T_{RG} 与 PTP 呈极显著线性负相关，T_{SG}、V_{SG}、Str_{obs} 与 PTP 的关系可用开口向下的抛物线拟合，拟合度达极显著水平。在达到最大纤维比强度时，'科棉1号''美棉33B'所需 PTP 分别为 290.8MJ·m^{-2}、291.6MJ·m^{-2}，品种间差异较小；此时，V_{RG} 分别为 1.52cN·tex^{-1}·d^{-1}、1.47cN·tex^{-1}·d^{-1}，T_{RG} 分别为 16.1d、16.4d；V_{SG} 分别为 0.32cN·tex^{-1}·d^{-1}、0.18cN·tex^{-1}·d^{-1}，T_{SG} 分别为 21.4d、24.0d。可见，不同品种纤维比强度达到最大值对应的温光条件大致相同，因而其差异的形成主要源于稳定增长期内的日均增长速率及稳定增加持续期。

三、棉花果枝部位、温光复合因子与纤维细度、成熟度和马克隆值形成

（一）棉花果枝部位对纤维细度、成熟度和马克隆值形成的影响

在同一生态点，不同播期相同开花期棉铃纤维加厚发育期所处温光条件相同，但棉铃着生果枝部位不同（表15-5），如南京第一播期（4月25日）和第二播期（5月25日）8月10日开花的棉铃，果枝部位分别为 9～11 果枝和 4～6 果枝。在不同生态点，对于相同开花期的棉铃，南京试点纤维加厚发育期的温、光条件优于徐州试点，但果枝部位相差较小（表15-5），如南京和徐州第一播期8月10日开花的棉铃，其所处的果枝部位均为 9～11 果枝。不同播期不同开花期棉纤维细度、成熟度、马克隆值的变化如图15-4所示。

棉花不同果枝部位相同开花期棉铃，其纤维细度、成熟度和马克隆值随花后天数的变化趋势一致（图15-4），在吐絮期的差异均未达到显著水平，两品种、两试点表现一致。综合分析可知，棉花果枝部位虽然对其影响较小，但仍表现为中部（5～8 果枝）、上部（9～11 果枝）果枝着生棉铃的纤维细度、成熟度和马克隆值较优。

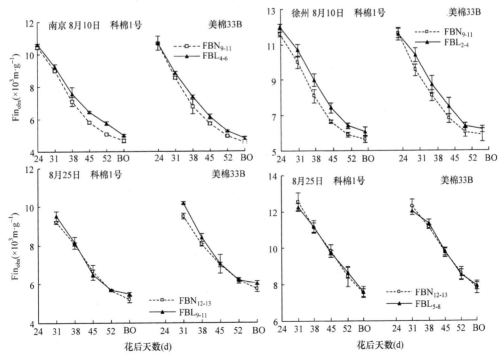

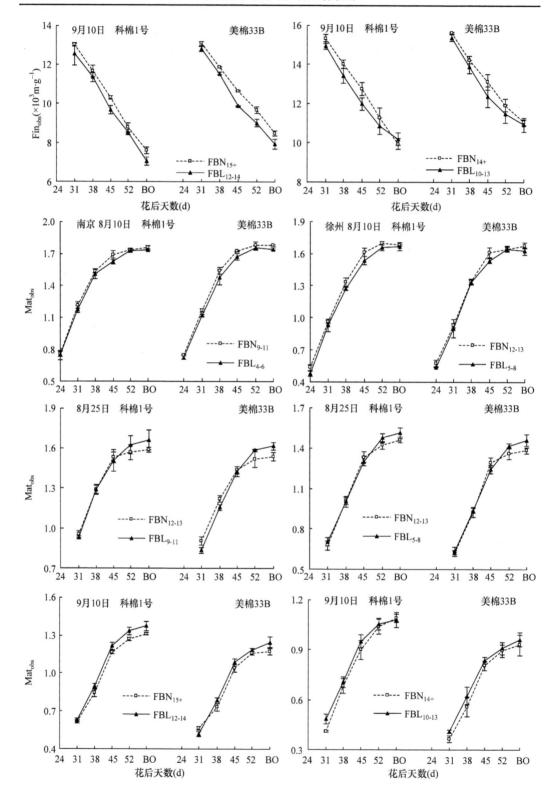

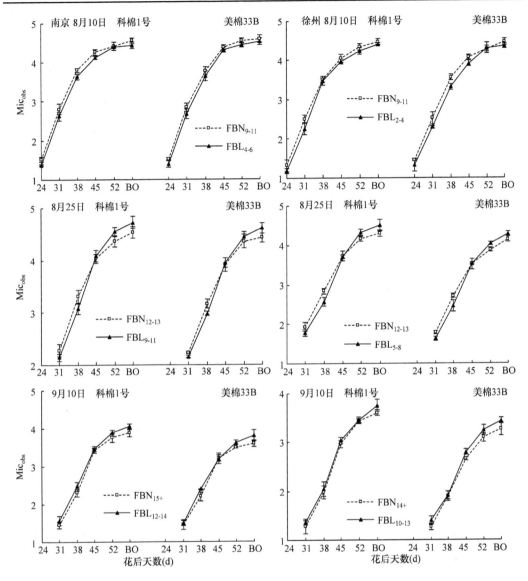

图 15-4 不同播期不同开花期棉纤维细度、成熟度、马克隆值的变化（2005年，南京，徐州）

FBN、FBL 分别表示 4 月 25 日、5 月 25 日播种期棉花果枝部位；BO. 棉铃吐絮期

(二) 开花期和光温复合因子对纤维细度、成熟度和马克隆值形成的影响

1. 开花期对纤维细度、成熟度和马克隆值的影响 棉铃吐絮时纤维细度、成熟度、马克隆值（Fin_{obs}、Mat_{obs}、Mic_{obs}）在不同开花期间均存在显著或极显著差异（表 15-16），Fin_{obs} 以徐州试点 9 月 10 日开花的棉铃最大、南京试点 7 月 25 日开花的棉铃最小；Mat_{obs} 和 Mic_{obs} 以南京试点 7 月 15 日开花的棉铃最大、徐州试点 9 月 10 日开花的棉铃最小。

表 15-16 开花期对棉纤维细度、成熟度、马克隆值形成的影响('科棉1号',2005年,南京,徐州)

开花日期	SWSP (d)	细度 R^2	Fin_{OSWSP} (m·g⁻¹)	Fin_{dec} (m·g⁻¹·d⁻¹)	Fin_{obs} (m·g⁻¹)	成熟度 R^2	$V_{(Mat)max}$	$T_{(Mat)}$ (d)	Mat_m	Mat_{obs}	马克隆值 R^2	$V_{(Mic)max}$	$T_{(Mic)}$ (d)	Mic_m	Mic_{obs}
南京															
7月15日	31	0.912**	10 985	221	4 767c	0.998**	0.094	13.6	1.94	1.93a	0.979**	0.26	11.6	4.6	4.7a
7月25日	32	0.965**	12 147	260	4 575c	0.999**	0.079	15.7	1.89	1.87a	0.971**	0.24	12.6	4.6	4.6a
8月10日	37	0.977**	15 528	315	4 660c	0.999**	0.066	17.8	1.78	1.76b	0.997**	0.19	15.7	4.6	4.6a
8月25日	41	0.951**	16 892	312	5 197b	0.987**	0.058	18.4	1.61	1.59c	0.999**	0.18	16.6	4.6	4.5a
9月10日	42	0.930**	18 047	271	7 597a	0.980**	0.047	18.6	1.33	1.31d	0.987**	0.15	17.0	4.0	3.9b
徐州															
7月15日	32	0.973**	13 002	267	5 174d	0.999**	0.080	15.0	1.82	1.79a	0.998**	0.22	13.7	4.5	4.4a
7月25日	35	0.956**	14 714	297	5 303d	0.998**	0.071	16.8	1.80	1.75b	0.997**	0.21	14.0	4.5	4.5a
8月10日	39	0.964**	16 565	305	5 603c	0.995**	0.064	17.8	1.73	1.69c	0.999**	0.17	17.9	4.5	4.5a
8月25日	42	0.946**	17 599	277	6 907b	0.987**	0.053	18.5	1.48	1.46d	0.995**	0.15	19.2	4.4	4.3b
9月10日	nd	0.984**	18 445	269	9 934a	0.999**	0.039	19.6	1.15	1.09e	0.995**	0.13	20.2	3.9	3.6c

注:同列中不同小写字母表示在 0.05 水平差异显著,nd 表示无数据

**表示在 0.01 水平相关性显著($n=8$, $R^2_{0.01}=0.695$)

为比较不同开花期棉铃纤维细度、成熟度、马克隆值变化差异,采用幂函数[式(15-1)]拟合纤维细度形成,用 logistic 方程[式(15-2)]拟合纤维成熟度和马克隆值形成,方程拟合度均达到极显著水平(表 15-16,方程略)。

$$Fin = a \times DPA^{-b} \tag{15-1}$$

$$Mat(Mic) = \frac{Mat_m(Mic_m)}{1+ae^{b \times DPA}} \tag{15-2}$$

式中,Fin 表示纤维细度;Mat(或 Mic)表示纤维成熟度(或马克隆值);DPA 为花后天数(d);Mat_m(或 Mic_m)为纤维成熟度(或马克隆值)的理论最大值;a、b 为方程参数。

根据式(15-1),分别计算纤维加厚发育起始期纤维细度值($Fin_{OSWSP}=a \cdot DPA_{OSWSP}^{-b}$)和纤维加厚期纤维细度平均降低值[$Fin_{dec}=\sum(Fin_i-Fin_{i+1})$, i 表示花后天数]。对式(15-2)分别求1阶、2阶、3阶导数,可得到纤维最大成熟速率[$V_{(Mat)max}$]、快速成熟持续期[$T_{(Mat)}$]、

马克隆值最大增加速率[$V_{(Mic)max}$]、马克隆值快速增加持续期[$T_{(Mic)}$],计算结果列于表 15-16。

从表 15-16 看出,随开花期的推迟,与纤维细度相关的生长特征值如 Fin_{OSWSP} 增大、Fin_{dec} 先增后降,Fin_{obs} 则先减小后增大;与纤维成熟度相关的生长特征值如 $V(Mat)_{max}$ 减小,$T(Mat)$ 增加,Mat_m、Mat_{obs} 减小;与马克隆值相关的生长特征值如 $V(Mic)_{max}$ 减小,$T(Mic)$ 增加,Mic_m、Mic_{obs} 南京试点降低,而徐州试点先增加后减小。可见,虽然纤维细度、成熟度和马克隆值是 3 个高度相关的指标,但它们对开花期的响应不同。

2. 温光复合因子对纤维细度、成熟度和马克隆值形成的影响 纤维细度、成熟度、马克隆值在不同开花期间的差异主要源于温光条件和果枝部位的不同。上述研究表明,棉花果枝部位对纤维细度、成熟度、马克隆值的影响较小,因此可认为不同开花期棉纤维细度、成熟度、马克隆值的差异主要源于棉铃发育所处温光条件的不同。采用累积辐热积 PTP 表征纤维加厚发育期内温光复合因子,分析与纤维细度、成熟度和马克隆值形成的关系。

Fin_{obs} 与 PTP 的关系可用开口向上的抛物线描述,Fin_{OSWSP} 与 PTP 呈极显著线性正相关关系,Fin_{dec} 与 PTP 的关系可用开口向下的抛物线描述;$T(Mat)$ 与 PTP 呈极显著线性负相关,$V(Mat)_{max}$、Mat_m 与 PTP 呈极显著线性正相关;$T(Mic)$ 与 PTP 呈极显著线性负相关,$V(Mic)_{max}$ 与 PTP 呈极显著线性正相关,Mic_m 与 PTP 可用开口向下的抛物线描述。

在达到最小纤维细度值时,'科棉 1 号''美棉 33B'所需 PTP 分别为 310.0MJ·m^{-2}、318.1MJ·m^{-2},品种间差异较小。根据 GB 1103—2007《棉花 细绒棉》国家标准的规定,纤维成熟度在 1.60~1.75 时表示纤维成熟较好,马克隆值在 3.7~4.2 时属 A 级标准,符合纺中高或中支纱的要求。当纤维成熟度在此范围时,'科棉 1 号''美棉 33B'所需 PTP 分别为 211.5~299.7MJ·m^{-2}、233.2~301.4MJ·m^{-2}。当马克隆值为 3.7 时,'科棉 1 号''美棉 33B'对应 PTP 分别为 14.8MJ·m^{-2}、665.2MJ·m^{-2} 和 58.7MJ·m^{-2}、851.3MJ·m^{-2};达到 4.2 时,'科棉 1 号''美棉 33B'对应的 PTP 分别为 103.8MJ·m^{-2}、576.2MJ·m^{-2} 和 127.8MJ·m^{-2}、782.2MJ·m^{-2}。马克隆值与 PTP 呈二次曲线函数的关系,因此相同马克隆值出现了对应两个不同 PTP 值的情况。在本研究中,纤维加厚发育期的 PTP 范围均小于 420MJ·m^{-2},因此推断'科棉 1 号''美棉 33B'纤维马克隆值在 3.7~4.2 时对应的 PTP 范围分别为 14.8~103.8MJ·m^{-2}、58.7~127.8MJ·m^{-2}。

第十六章 施氮量与棉花产量品质

棉花生长期长且具有无限开花结铃习性，较其他作物需要更多的氮量，生产上常常倾向于增施氮肥以获得高产。此外，合理密植建立高效的群体结构及播种期差异导致的棉株生理年龄及温光条件的差异也是影响棉花产量品质形成的重要因素。因此，研究施氮量、施氮量与种植密度互作、施氮量与棉株生理年龄互作对棉花产量品质的影响，可为棉花优质高产栽培提供依据。

第一节 施氮量对棉花产量品质的影响

目前我国棉花氮素利用率较低，一般为 30%～40%，低于发达国家 20%～30%，棉花生产成本增加、资源浪费、环境污染，是我国棉花生产可持续发展的关键制约因素。棉花氮素合理运筹可在提高棉花产量品质的同时，提高氮素利用率，减少因过量施氮所造成的环境污染。因此，于 2005 年在河南安阳中国农业科学院棉花研究所（黄淮棉区）和江苏南京江苏农业科学院（长江中下游棉区）进行棉花施氮量（0kg N·hm^{-2}、120kg N·hm^{-2}、240kg N·hm^{-2}、360kg N·hm^{-2}、480kg N·hm^{-2}，氮素运筹：基肥 40%、花铃肥 60%）试验，研究施氮量对棉花生长和产量品质的影响，为棉花生产中氮肥的合理调控提供依据。

一、施氮量对棉花产量及其构成的影响

棉花皮棉产量在施氮量间差异显著，随施氮量增加安阳、南京试点分别在 360kg N·hm^{-2}、240kg N·hm^{-2} 达到最高，较对照（0kg N·hm^{-2}）分别增加 110.5kg·hm^{-2}、360.2kg·hm^{-2}。皮棉产量与施氮量间的关系可用二次三项式表示（图 16-1），安阳、南京试点达到最大产量时的施肥量分别为 329.5kg N·hm^{-2}、264.5kg N·hm^{-2}。

在棉花产量构成中，施氮量显著影响单株铃数和铃重（表 16-1），单株铃数以 0kg N·hm^{-2} 最少，随施氮量增加而增加，两试点铃数在 360kg N·hm^{-2} 时最多，安阳试点在 360kg N·hm^{-2}、480kg N·hm^{-2} 间及南京试点 120kg N·hm^{-2}、240kg N·hm^{-2}、480kg N·hm^{-2} 间铃数差异较小。两试点铃重在 240kg N·hm^{-2} 时达到最大，衣分对施氮量不敏感，处理间差异较小。

用主成分分析方法对产量与产量构成要素进行分析结果表明：第一主成分为铃重，其对产量的方差贡献占总方差的 49.1%；铃数为对产量贡献的第二主成分，方差贡献为 34.2%。此两项的贡献总和占总方差的 83.3%，即铃重与铃数反映了产量构成的大部分信息，是影响产量的主要因子，生产中氮肥运筹应以调控铃重与铃数为主要目标。

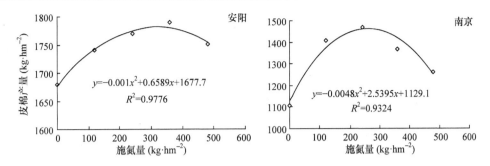

图 16-1　施氮量对皮棉产量的影响(2005 年，安阳，南京)

表 16-1　施氮量对棉花产量与产量构成的影响(2005 年，安阳，南京)

施氮量 (kg·hm⁻²)	铃数(个·株⁻¹)		铃重(g)		衣分(%)		皮棉产量(kg·hm⁻²)	
	安阳	南京	安阳	南京	安阳	南京	安阳	南京
0	17.0c	15.7c	4.9a	4.5c	37.9a	35.2a	1679.2e	1106.9e
120	18.1b	18.8a	4.8b	4.7ab	37.1a	35.6a	1740.8d	1406.9b
240	17.9b	19.2a	4.9a	4.8a	37.9a	35.6a	1769.3b	1467.1a
360	18.8a	19.5a	4.8b	4.6bc	37.4a	34.3a	1789.7a	1369.1c
480	18.8a	17.7b	4.6c	4.8ab	37.8a	33.7a	1750.4c	1262.9d

注：同列中不同小写字母表示在 0.05 水平差异显著

二、施氮量对棉纤维品质的影响

统计分析两试点施氮量对棉花不同果枝、不同果节铃纤维品质的影响，见表 16-2。

表 16-2　施氮量对棉花纤维品质的影响(2005 年，安阳，南京)

果枝部位	果节部位	施氮量 (kg N·hm⁻²)	纤维比强度 (cN·tex⁻¹)		纤维长度 (mm)		马克隆值		伸长率 (%)		整齐度 (%)	
			安阳	南京	安阳	南京	安阳	南京	安阳	南京	安阳	南京
1~4	1~2	0	28.8b	31.1ab	29.6a	28.7ab	4.4	6.0a	7.4b	5.6c	83.5a	84.2a
		120	28.9b	32.0a	29.8a	29.2a	4.4	6.0a	7.6ab	6.1b	83.5a	85.1a
		240	29.6b	30.2bc	29.9a	29.3a	4.3	5.7b	7.6ab	6.4a	84.0a	83.7a
		360	31.4a	30.5bc	30.1a	28.1b	4.3	5.6b	7.7a	6.1b	84.8a	82.6a
		480	27.8b	29.9c	29.6a	28.2b	4.1b	5.7b	7.7a	5.8bc	84.0a	82.6a
	≥3	0		32.8a		30.3a		5.8a		6.2c		84.8a
		120		32.5ab		30.5a		5.6ab		6.3bc		85.1a
		240		33.2a		30.6a		5.4bc		6.7a		84.9a
		360		31.4ab		30.2a		5.3bc		6.5b		84.2a
		480		30.7b		30.1a		5.2c		6.4bc		84.5a
5~8	1~2	0	27.0c	33.2ab	28.8d	30.2bc	4.7a	6.0a	7.0bc	6.1c	82.5a	84.8a
		120	27.2bc	33.0b	29.2bc	30.6ab	4.6ab	5.8ab	7.1abc	6.2bc	83.2a	84.8a
		240	27.4ab	34.9a	29.4b	31.1a	4.6ab	5.6bc	7.2ab	6.4a	84.2a	84.6a
		360	27.6a	33.7ab	30.0a	30.6ab	4.5bc	5.6bc	7.3a	6.3ab	83.7a	84.2a
		480	27.1bc	32.0b	28.8cd	29.8c	4.4c	5.4c	7.0c	6.2bc	83.7a	84.2a
	≥3	0		32.9ab		29.8b		5.7a		6.2c		83.2a
		120		33.2ab		30.5ab		5.5ab		6.7b		84.6a
		240		33.7a		30.7a		5.3b		7.1a		85.0a
		360		32.3b		30.7a		5.4ab		6.9ab		84.4a
		480		32.1b		30.2ab		5.4ab		6.7b		84.0a

续表

果枝部位	果节部位	施氮量 (kg N·hm^{-2})	纤维比强度 (cN·tex^{-1})		纤维长度 (mm)		马克隆值		伸长率 (%)		整齐度 (%)	
			安阳	南京	安阳	南京	安阳	南京	安阳	南京	安阳	南京
9～12	1～2	0	28.3b	30.2ab	28.9d	29.5c	4.4a	5.2a	7.6b	6.9b	83.6a	84.0a
		120	29.3ab	30.2ab	29.2cd	30.4b	4.2a	5.1a	7.4b	7.1ab	84.3a	84.7a
		240	29.6a	31.1a	29.7b	31.0a	4.3a	5.1a	7.5b	7.2a	84.6a	84.6a
		360	30.1a	29.5b	30.1a	30.6ab	4.0a	4.8b	8.0a	7.1ab	84.5a	84.3a
		480	29.5a	29.8b	29.6bc	30.6ab	3.6b	4.8b	7.9a	7.1ab	83.1a	83.9a
	≥3	0		29.4ab		29.5c		5.0a		7.0b		82.6a
		120		29.7ab		30.1b		5.0a		7.1ab		84.0a
		240		29.8a		30.7a		4.9a		7.3a		84.3a
		360		28.6c		30.5ab		4.7b		7.1ab		83.9a
		480		29.0bc		30.2ab		4.7b		7.2ab		83.9a
≥13	1～2	0		23.5b		27.9b		2.7a		7.3a		81.4a
		120		23.5ab		28.1ab		2.5ab		7.4ab		80.7a
		240		24.4ab		28.2ab		2.5b		7.7a		81.6a
		360		24.8a		28.6a		2.5b		7.7a		81.5a
		480		24.3ab		28.2ab		2.5b		7.4ab		81.1a

注：表中数据为平均值，同列中不同小写字母表示在0.05水平差异显著

纤维长度在一定的施氮量范围内随施氮量增加而增长，安阳、南京试点各施氮量下平均纤维长度分别为 28.8～29.7mm、29.7～30.6mm，分别在 360kg N·hm^{-2}、240kg N·hm^{-2} 时纤维最长。方差分析结果表明，1～4 果枝铃纤维长度施氮量间差异较小；5 果枝以上铃纤维长度安阳试点 360kg N·hm^{-2} 与其他施氮量差异显著，南京试点 240kg N·hm^{-2} 与 0kg N·hm^{-2} 差异显著，与其他施氮量差异较小。

安阳、南京试点同一施氮量下纤维比强度的均值变化范围分别在 26.9～28.5cN·tex^{-1}、30.6～32.2cN·tex^{-1}，均在一定的施氮量内随施氮量增加而提高，分别在360kg N·hm^{-2}、240kg N·hm^{-2} 时达到最高值，与其他施氮量间差异显著，较对照 0kg N·hm^{-2} 分别高 5.8%、1.7%。

随着施氮量增加，纤维马克隆值均表现为下降变化，两试点间存在较大差异，安阳试点平均马克隆值为 3.6～4.0，南京为 5.2～5.6。安阳试点各果枝部位间差异较小，南京试点则存在一定差异。

纤维伸长率随施氮量增加的变化趋势与比强度、长度一致，安阳试点纤维伸长率大于南京，安阳、南京试点不同施氮量平均纤维伸长率分别为 7.5%、6.6%。在安阳、南京试点分别在 360kg N·hm^{-2}、240kg N·hm^{-2} 时达最高值，较对照分别增加 4.8%、8.4%。

安阳、南京试点不同施氮量间的纤维整齐度差异较小，说明其对施氮量不敏感。

第二节 施氮量对棉花季节铃纤维品质的影响

纤维比强度是原棉的重要品质指标，其形成主要取决于纤维次生壁的建成质量。氮素是棉花优质高产的主要调控因素之一，本研究选择纤维比强度高（'科棉 1 号'，平均比强度 35cN·tex^{-1}）和中等（'美棉 33B'，平均比强度 32cN·tex^{-1}）的两个品种为材料，于 2005 年在江苏南京（118°50′E，32°02′N，长江流域下游棉区）和江苏徐州（117°11′E，

34°15′N，黄河流域黄淮棉区）设置施氮量［氮空白对照（0kg N·hm^{-2}）、氮适宜（240kg N·hm^{-2}）、氮盈余（480kg N·hm^{-2}）］试验，研究施氮量调控纤维比强度形成的生理机制，为量化纤维品质形成的氮素营养监测提供依据。

一、施氮量对棉纤维比强度动态变化的响应

24DPA 后纤维比强度随花后天数增加呈持续上升的变化趋势（图 16-2），'科棉 1 号'纤维比强度高于'美棉 33B'，对施氮量的响应趋势在试点间一致。24DPA 的纤维比强度在 0kg N·hm^{-2}、240kg N·hm^{-2} 间差异较小，均显著高于 480kg N·hm^{-2}；24DPA 至吐絮期间纤维比强度增加量在 240kg N·hm^{-2}、480kg N·hm^{-2} 间差异较小，均显著高于 0kg N·hm^{-2}；成熟纤维比强度在 240kg N·hm^{-2} 时显著高于 480kg N·hm^{-2}、0kg N·hm^{-2} 时。说明 240kg N·hm^{-2} 下 24DPA 的纤维比强度较高，且之后纤维比强度增幅较大，有利于形成较高的成熟纤维比强度。

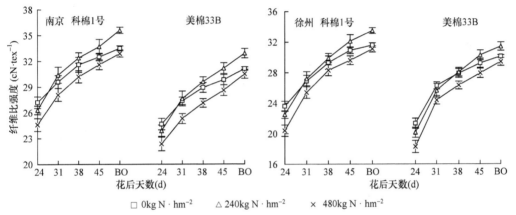

图 16-2 施氮量对棉纤维比强度动态变化的影响（2005 年，南京，徐州）

BO. 吐絮期

二、施氮量对棉花季节铃纤维比强度变化的影响

施氮量显著影响纤维比强度形成，且与开花期间存在交互作用（表 16-3）。伏前桃纤维比强度在 0kg N·hm^{-2}、240kg N·hm^{-2} 间差异较小，显著高于 480kg N·hm^{-2}；对伏桃而言，31～38DPA 纤维比强度在 0kg N·hm^{-2}、240kg N·hm^{-2} 间差异较小，显著高于 480kg N·hm^{-2}，45DPA 和吐絮时纤维比强度在 240kg N·hm^{-2} 时显著高于 0kg N·hm^{-2}、480kg N·hm^{-2}；秋桃纤维比强度在 31DPA 时以 0kg N·hm^{-2} 最高，但之后显著低于其余施氮量。由此可见，0kg N·hm^{-2} 施氮量下在伏桃、秋桃发育后期纤维比强度显著降低，480kg N·hm^{-2} 显著降低了伏前桃、伏桃纤维比强度，但对秋桃的影响较小。与 240kg N·hm^{-2} 下不同季节铃吐絮时纤维比强度相比，0kg N·hm^{-2} 时伏前桃、伏桃和秋桃纤维比强度分别降低 1.6%、5.7%、13.5%，480kg N·hm^{-2} 则分别降低 8.3%、7.2%、-2.1%。说明随开花期推迟，0kg N·hm^{-2} 越来越不利于纤维比强度的形成，而 480kg N·hm^{-2} 对纤维比强度的影响程度趋于缩小。

表 16-3　施氮量对棉花不同季节铃纤维比强度的影响(2005 年，南京，徐州)

季节铃	施氮量 (kg N·hm⁻²)	31DPA		38DPA		45DPA		吐絮	
		南京	徐州	南京	徐州	南京	徐州	南京	徐州
伏前桃	0	30.5a	26.5a	31.4a	29.1a	32.3a	30.2a	33.0a	30.7a
	240	29.7a	25.9ab	31.1a	29.0a	33.2a	30.5a	33.7a	31.2a
	480	27.5b	24.5b	29.1b	26.8b	30.2b	27.8b	31.0b	28.6b
伏桃	0	29.6a	26.9a	31.6a	29.3a	32.5b	30.9b	33.5b	31.6b
	240	30.4a	27.2a	32.4a	29.9a	33.7b	32.1a	35.6a	33.5a
	480	28.1b	25.4b	30.2b	28.3b	31.6b	29.6c	32.9b	31.1b
秋桃	0	21.7a	16.4a	24.1a	19.1a	25.8b	22.5b	27.2b	24.4b
	240	19.5b	15.1b	24.6a	19.8a	28.3a	24.4a	31.1a	28.2a
	480	18.4b	14.2c	23.7b	20.2a	28.5a	24.3a	31.9a	28.8a

注：同列中不同小写字母表示在 0.05 水平差异显著

三、施氮量对棉花季节铃纤维品质的影响

施氮量显著影响棉花季节铃纤维品质性状，不同季节铃间表现不同(表 16-4)。纤维长度除早秋桃受施氮量影响较小外，其余季节铃均有显著性差异，且均以 0kg N·hm⁻² 显著低于 240kg N·hm⁻²、480kg N·hm⁻²。纤维比强度在施氮量间差异显著，伏前桃在施氮量 0kg N·hm⁻²、240kg N·hm⁻² 间差异较小，显著高于 480kg N·hm⁻²，伏桃在施氮量 240kg N·hm⁻² 显著高于 0kg N·hm⁻²、480kg N·hm⁻²，早秋桃、秋桃在 240kg N·hm⁻²、480kg N·hm⁻² 间差异较小，均显著高于 0kg N·hm⁻²。伏前桃、伏桃马克隆值受施氮量的影响较小，早秋桃、晚秋桃在 240kg N·hm⁻²、480kg N·hm⁻² 施氮量间差异较小，显著低于 0kg N·hm⁻²。伏前桃、伏桃纤维整齐度受施氮量的影响较小，早秋桃、秋桃则均以 0kg N·hm⁻² 显著低于 240kg N·hm⁻²、480kg N·hm⁻²。可见，480kg N·hm⁻² 施氮量最不利于伏前桃纤维比强度形成，0kg N·hm⁻² 对早秋桃、秋桃纤维品质指标的影响作用随随开花期推迟而增加，480kg N·hm⁻² 则相反。

表 16-4　施氮量对棉花季节铃纤维品质性状的影响(2005 年，南京，徐州)

季节铃	施氮量 (kg N·hm⁻²)	纤维长度(mm)		纤维比强度(cN·tex⁻¹)		马克隆值		整齐度(%)	
		南京	徐州	南京	徐州	南京	徐州	南京	徐州
伏前桃	0	30.5b	29.5a	33.0ab	30.7ab	5.1a	4.5a	84.6a	85.3a
	240	31.6a	30.3a	33.7a	31.2a	5.0a	4.6a	85.2a	86.4a
	480	31.0ab	30.2a	31.0b	28.6b	4.9a	4.3a	84.9a	85.3a
伏桃	0	31.6a	30.0b	33.5b	31.6b	5.1a	4.6a	87.4a	85.9a
	240	31.8a	30.9a	35.6a	33.5a	5.0a	4.5a	87.1a	86.5a
	480	31.6a	30.7a	32.9b	31.1b	5.0a	4.4a	87.4a	85.9a

续表

季节铃	施氮量 (kg N·hm⁻²)	纤维长度(mm)		纤维比强度(cN·tex⁻¹)		马克隆值		整齐度(%)	
		南京	徐州	南京	徐州	南京	徐州	南京	徐州
早秋桃	0	31.0a	29.3a	31.1b	28.4b	4.8a	4.7a	84.0b	82.1b
	240	31.4a	29.8a	32.9a	30.0a	4.6b	4.4b	85.8a	84.6a
	480	31.2a	29.7a	32.0ab	30.2a	4.6b	4.3b	86.1a	85.5a
晚秋桃	0	29.5b	28.2b	27.2b	24.4b	4.3a	3.0a	81.9b	80.7b
	240	30.3a	29.0a	31.1a	28.2a	4.0b	2.7b	83.5a	83.7a
	480	30.4a	29.4a	31.9a	28.8a	3.9b	2.6b	83.7a	83.8a

注：同列中不同小写字母表示在0.05水平差异显著

第三节 棉铃对位叶氮浓度与棉纤维比强度

通过施氮量可以改变棉铃对位叶氮浓度，从而调控棉花养分代谢，影响高产优质，研究施氮量调控棉纤维比强度形成的生理机制，明确纤维比强度形成的适宜棉花氮素营养状况，可为实现高强纤维棉花栽培的氮素调控提供依据。本节选择纤维比强度差异显著的'德夏棉1号'（平均比强度26.2cN·tex⁻¹）、'科棉1号'（平均比强度35cN·tex⁻¹）和'美棉33B'（平均比强度32cN·tex⁻¹）为材料，于2008~2009年在江苏南京（118°50′E，32°02′N，长江流域下游棉区）江苏省农业科学院试验站设置施氮量试验，以形成不同的棉铃对位叶氮浓度，研究棉铃对位叶氮浓度对纤维比强度形成的影响。

一、棉纤维比强度形成对棉铃对位叶氮浓度变化的响应

纤维比强度随花后天数增加而上升，24~31DPA纤维比强度快速升高，随后上升幅度降低（图16-3）。在花后同一时期，纤维比强度随棉铃对位叶氮浓度升高呈先升高后降低的抛物线变化（拟合方程R^2均达显著或极显著），表明存在适宜的叶氮浓度使纤维比强度最大。分别计算花后不同时期纤维比强度达到最大时的叶氮浓度值，见表16-5。

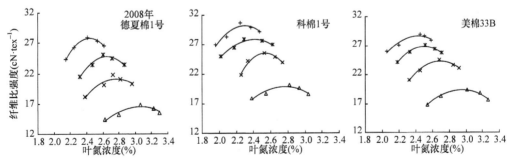

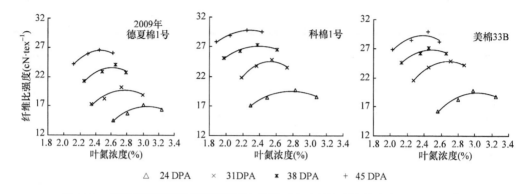

图 16-3 花后不同时期棉纤维比强度与棉铃对位叶氮浓度的关系(2008~2009 年)

表 16-5 花后不同时期棉纤维比强度对应的最佳棉铃对位叶氮浓度(2008~2009 年)

品种	年份	花后天数 (DPA, d)			
		24	31	38	45
德夏棉 1 号	2008	3.05	2.77	2.65	2.54
	2009	3.06	2.78	2.61	2.46
科棉 1 号	2008	2.76	2.54	2.41	2.30
	2009	2.78	2.53	2.40	2.29
美棉 33B	2008	2.89	2.69	2.50	2.43
	2009	3.04	2.68	2.49	2.39

二、棉铃对位叶氮浓度对棉花下部、上部果枝铃纤维比强度的影响

纤维比强度随花后天数增加及其对棉铃对位叶氮浓度的响应在棉花下部、上部果枝铃间变化一致(图 16-4)。纤维比强度随花后天数增加而增加,在 24~31DPA 快速增加,随后增加速率逐渐降低;在花后同一时期,纤维比强度随对位叶氮浓度的升高呈先升后降的抛物线变化(R^2 均达显著或极显著);棉花不同果枝铃之间,480kg N·hm^{-2} 施氮量对应的比强度与最大比强度之间的差异在下部果枝显著大于上部果枝,上部果枝铃纤维比强度大于下部果枝,表明随棉株发育进程,氮盈余对纤维比强度形成的抑制作用逐渐降低。

分析棉花下部、上部果枝铃花后不同时期纤维比强度达到最大时的对位叶氮浓度值(表 16-6)可知,适宜对位叶氮浓度随花后天数增加而降低,上部果枝铃对应的适宜对位叶氮浓度高于下部果枝。

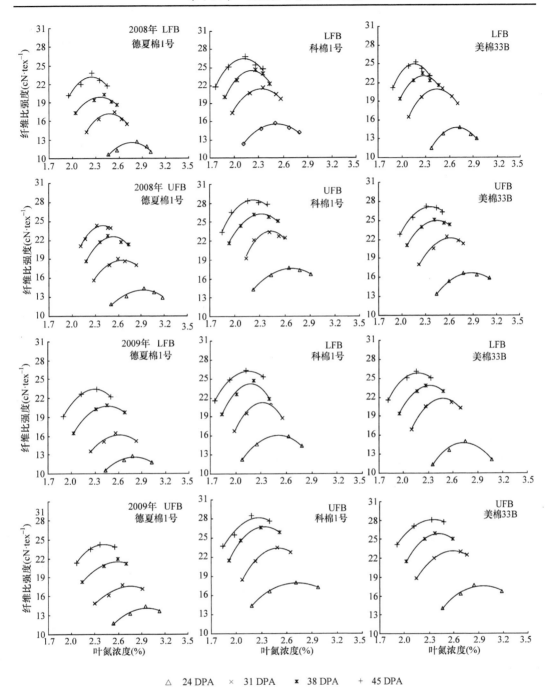

图 16-4 花后不同时期棉花下部、上部果枝铃纤维比强度动态变化与棉铃对位叶氮浓度的关系
(2008~2009 年)

LFB、UFB 分别表示下部、上部果枝叶

表 16-6 花后不同时期棉花下部、上部果枝铃纤维比强度对应的适宜棉铃对位叶氮浓度(2008~2009 年)

年份	品种	果枝部位	花后天数(DPA, d)			
			24	31	38	45
2008	德夏棉 1 号	下部	2.77	2.48	2.35	2.35
		上部	2.91	2.65	2.53	2.40
	科棉 1 号	下部	2.50	2.34	2.22	2.12
		上部	2.68	2.43	2.32	2.23
	美棉 33B	下部	2.70	2.45	2.27	2.16
		上部	2.88	2.61	2.44	2.36
2009	德夏棉 1 号	下部	2.80	2.61	2.46	2.29
		上部	2.97	2.75	2.60	2.42
	科棉 1 号	下部	2.50	2.32	2.17	2.15
		上部	2.73	2.50	2.33	2.26
	美棉 33B	下部	2.73	2.47	2.31	2.18
		上部	2.95	2.59	2.42	2.34

三、棉铃对位叶氮浓度对棉纤维品质性状的影响

由于相同施氮量下不同冠层的氮素营养状况存在显著差异,棉花中部冠层的氮素营养状况最能代表棉株氮素营养水平并与纤维品质形成高度相关,因此选择棉花中部果枝铃纤维品质性状进行研究。

施氮量显著影响纤维品质性状,品种间表现一致(表 16-7)。纤维长度、比强度、细度、成熟度等随施氮量增加均呈先升后降的变化,在 0~480kg N·hm^{-2} 施氮量范围内存在一个有利于纤维品质形成的适宜值,且各品质性状达到最优值的适宜氮水平存在差异。纤维长度、比强度、细度、成熟度在不同施氮量间的变异较大,'科棉 1 号'两年的纤维长度、比强度、细度、成熟度在不同施氮量间的变异系数分别为 6.4%、15.0%、3.7%和 3.9%;'美棉 33B'则分别为 4.0%、11.8%、3.6%和 4.0%。两品种均以纤维比强度受施氮量影响最为显著。该结果表明纤维比强度对棉株氮素营养状况最为敏感,而长度、细度、成熟度等对氮素变化反应较弱。

表 16-7 施氮量对吐絮期纤维品质性状的影响(2008~2009 年)

年份	品种	纤维品质性状	施氮量(kg N·hm^{-2})				
			0	120	240	360	480
2008	科棉 1 号	长度(mm)	29.34b	30.67a	30.17ab	29.59b	29.71b
		比强度(cN·tex^{-1})	30.38c	31.60b	33.91a	32.30b	31.33bc
		细度(m·g^{-1})	5451a	5584a	5602a	5571a	5526a
		成熟度	1.82ab	1.83a	1.84a	1.83a	1.78b
	美棉 33B	长度(mm)	29.35a	29.55a	30.13a	29.62ab	29.24a
		比强度(cN·tex^{-1})	28.53d	29.98c	32.12a	31.35b	30.41c
		细度(m·g^{-1})	5478ab	5536a	5584a	5563a	5422b
		成熟度	1.77a	1.78a	1.79a	1.77a	1.73b

续表

年份	品种	纤维品质性状	施氮量(kg N·hm^{-2})				
			0	120	240	360	480
2009	科棉1号	长度(mm)	28.26b	29.87a	29.84a	—	29.51a
		比强度(cN·tex^{-1})	29.21c	31.09b	32.63a	—	29.84b
		细度(m·g^{-1})	5398a	5535a	5575a	—	5459a
		成熟度	1.81ab	1.82a	1.82a	—	1.77b
	美棉33B	长度(mm)	28.95a	29.40a	29.86a	—	29.55a
		比强度(cN·tex^{-1})	28.55c	29.77b	31.42a	—	30.10b
		细度(m·g^{-1})	5433b	5500ab	5548a	—	5473ab
		成熟度	1.77ab	1.78ab	1.80a	—	1.75b

注：同行中不同小写字母表示在0.05水平差异显著

四、施氮量对棉花不同果枝果节铃纤维品质的影响

施氮量对棉花第1果节铃纤维长度、整齐度、马克隆值影响较小，240kg N·hm^{-2}施氮量下纤维比强度显著增加；第3果节铃不同果枝部位纤维品质各指标均值在240kg N·hm^{-2}、480kg N·hm^{-2}施氮量下显著高于0kg N·hm^{-2}（表16-8）。分析第1、3果节间的差值看出，施氮量对第3果节铃纤维马克隆值的调控效应最大，其次为纤维比强度，对长度和整齐度的影响最小。0kg N·hm^{-2}、240kg N·hm^{-2}施氮量下，中部果枝纤维品质优于上部和下部果枝；480kg N·hm^{-2}施氮量下，上部果枝纤维品质与中部差异较小。

综上，结合前人对棉花不同果节差异的相关研究及本试验结果，在240kg N·hm^{-2}施氮量下（适宜施氮量），可将第1、2果节定义为强势铃，第3果节及以外果节定义为弱势铃，施氮量对弱势铃的产量和纤维品质调控作用显著。随施氮量增加，棉花强势铃的铃重、纤维长度、比强度先升高后降低，整齐度、马克隆值差异较小；弱势铃的纤维长度、整齐度、比强度依次递增，马克隆值降低。480kg N·hm^{-2}施氮量下棉花强、弱势铃的纤维长度、整齐度、比强度之间的差异较0kg N·hm^{-2}、240kg N·hm^{-2}施氮量显著缩小，马克隆值相反。

表16-8 施氮量对棉花不同果枝果节铃纤维品质差异特征的影响(2010年)

品种	施氮量	果节部位	纤维长度			纤维整齐度			马克隆值			纤维比强度		
			下部果枝	中部果枝	上部果枝	下部果枝	中部果枝	上部果枝	下部果枝	中部果枝	上部果枝	下部果枝	中部果枝	上部果枝
美棉33B	0	FP$_1$	29.5a	29.5a	31.0a	85.1a	85.0a	85.3a	4.7b	5.0a	5.1a	28.5a	30.8a	30.2a
		FP$_3$	29.2a	28.5b	30.2b	84.2b	83.8b	84.0b	5.0a	4.7b	5.0a	28.7a	29.4b	29.1b
	240	FP$_1$	29.5a	30.0a	30.7a	84.9a	85.5a	86.1a	4.6a	5.0a	5.0a	30.2a	31.8a	31.8a
		FP$_3$	28.9a	29.3b	29.7b	85.2a	84.0b	84.8b	4.7a	4.6b	4.8b	29.7b	30.1b	30.6b
	480	FP$_1$	29.3a	29.9a	30.2a	85.1a	85.7a	85.6a	4.6a	5.0a	4.9a	29.0a	30.9a	30.2a
		FP$_3$	27.6b	29.3a	29.4b	86.7a	84.4b	84.5b	4.4b	4.5b	4.8b	27.9b	29.9b	30.0b
科棉1号	0	FP$_1$	29.7a	29.6a	29.3a	85.5a	85.3a	85.1a	5.1a	5.0a	5.2a	30.6a	30.6a	30.3a

续表

品种	施氮量	果节部位	纤维长度			纤维整齐度			马克隆值			纤维比强度		
			下部果枝	中部果枝	上部果枝	下部果枝	中部果枝	上部果枝	下部果枝	中部果枝	上部果枝	下部果枝	中部果枝	上部果枝
科棉1号	0	FP$_3$	28.6a	28.7b	28.1b	83.1b	84.0b	84.5b	4.7b	4.6b	4.9a	29.2a	29.4b	29.5b
	240	FP$_1$	30.1a	30.2a	30.0a	84.9a	86.3a	86.0a	4.9a	5.0a	5.2a	31.2a	32.3a	31.1a
		FP$_3$	29.3a	29.5a	29.5a	84.4a	84.0a	84.8a	4.6b	4.4b	4.8b	29.9b	29.7b	30.2b
	480	FP$_1$	29.4a	29.9a	30.0a	84.6a	85.4a	85.4a	4.8a	4.9a	5.1a	30.8a	30.8a	30.8a
		FP$_3$	28.4b	29.2a	29.7a	85.3a	84.6a	85.2a	4.1b	4.2b	4.7b	29.2b	29.6b	30.1a

注：同行同施氮量下不同小写字母表示在 0.05 水平差异显著

五、棉花果枝部位与施氮量互作对棉铃品质的影响

植株生理年龄是指植株在其生命周期中所处的发展阶段，可用植株幼苗萌发后天数或已展开叶片数（叶龄）来衡量，生理年龄代表植株的代谢活力，与作物产量品质的形成能力密切相关。为探明棉株生理年龄对棉铃生物量的影响及其与棉铃品质的关系，选用高品质棉（'科棉 1 号'）和常规棉（'美棉 33B'）品种为材料，于 2005 年在江苏徐州（117°11′E，34°15′N）、2007 年在河南安阳（114°13′E，36°04′N）设置施氮量[低氮（0kg N·hm^{-2}），适氮（240kg N·hm^{-2}），高氮（480kg N·hm^{-2}）]试验，以不同播期同一天所开白花（棉株不同果枝部位棉铃发育处于相同的温度和不同的棉株生理年龄条件下）为研究对象，研究施氮量与棉株果枝部位（生理年龄）互作对棉铃（纤维、棉籽）品质的影响。

（一）施氮量对棉铃（纤维、棉籽）品质影响

施氮量显著影响棉花铃重、棉铃（纤维、棉籽）品质（表 16-9），施氮量 240kg N·hm^{-2} 时铃重最高、480kg N·hm^{-2} 次之、0kg N·hm^{-2} 最低；在纤维品质中，纤维长度、马克隆值在施氮量间差异较小，240kg N·hm^{-2} 施氮量下的纤维比强度显著高于 0kg N·hm^{-2}、480kg N·hm^{-2}（两者差异较小）；在棉籽品质中，蛋白质含量随施氮量增加而升高，油分含量在 240kg N·hm^{-2} 施氮量最高。

表 16-9　施氮量对棉花铃重、棉铃（纤维、棉籽）品质的影响（2005 年，徐州；2007 年，安阳）

地点年份	品种	施氮量（kg N·hm^{-2}）	铃重（g）	纤维品质			棉籽品质	
				长度（mm）	比强度（cN·tex^{-1}）	马克隆值	蛋白质含量（%）	油分含量（%）
徐州 2005	科棉 1 号	0	4.5c	30.6a	30.5b	4.5a	16.3c	12.7b
		240	5.2a	30.4a	32.6a	4.5a	21.6b	14.4a
		480	4.9b	30.6a	30.2b	4.4a	23.2a	12.2b
	美棉 33B	0	4.1c	30.0a	28.6b	4.5a	15.4c	13.5b
		240	4.8a	30.0a	30.5a	4.3a	17.8b	15.9a
		480	4.5b	30.7a	28.7b	4.4a	19.7a	14.4b

续表

地点年份	品种	施氮量(kg N·hm^{-2})	铃重(g)	纤维品质			棉籽品质	
				长度(mm)	比强度(cN·tex^{-1})	马克隆值	蛋白质含量(%)	油分含量(%)
安阳2007	科棉1号	0	4.2c	29.8a	29.8b	4.2a	18.5c	11.5b
		240	5.1a	30.2a	32.3a	4.3a	22.0b	13.9a
		480	4.8b	30.2a	29.6b	4.3a	23.9a	11.7b
	美棉33B	0	4.2c	29.5a	27.7b	4.3a	15.5c	12.8b
		240	4.8a	30.2a	30.2a	4.2a	17.7b	15.3a
		480	4.4b	30.0a	28.1b	4.4a	18.7b	12.6b

注：同列中不同小写字母表示在 0.05 水平差异显著

(二)棉花果枝部位对棉铃(纤维、棉籽)品质的影响

由表 16-10 看出，棉花果枝部位对成熟棉籽品质(蛋白质、脂肪)、纤维长度的影响较小，显著影响纤维比强度、马克隆值，中部果枝铃纤维比强度显著高于下部果枝铃。

表 16-10　棉花果枝部位对棉铃(纤维、棉籽)品质的影响(2005 年,徐州；2007 年,安阳)

品种	果枝部位	2005 年					2007 年				
		纤维品质			棉籽品质		纤维品质			棉籽品质	
		长度(mm)	比强度(cN·tex^{-1})	马克隆值	蛋白质含量(%)	油分含量(%)	长度(mm)	比强度(cN·tex^{-1})	马克隆值	蛋白质含量(%)	油分含量(%)
科棉1号	中部	31.8a	35.6a	5.0a	20.1a	14.4a	30.9a	33.5a	4.5a	20.7a	13.7a
	下部	30.3a	31.1b	4.0b	19.7a	12.0a	29.0a	28.2b	2.7b	18.5b	12.6a
美棉33B	中部	31.3a	33.2a	5.1a	17.8a	15.9a	30.3a	31.6a	4.6a	16.6a	14.3a
	下部	29.8a	28.7b	4.0b	16.0a	14.7a	28.8a	24.1b	2.3b	14a	12.9a

注：同列中不同小写字母表示在 0.05 水平差异显著

(三)棉花果枝部位与施氮量互作对棉铃(纤维、棉籽)品质影响

棉花果枝部位、施氮量均显著影响棉铃品质，果枝部位与施氮量存在互作效应(表 16-11)。棉籽油分含量随施氮量增加而增加，中部果枝铃增大幅度大于下部果枝铃；棉籽蛋白质含量随施氮量的变化在不同果枝部位变化不同，中部果枝铃随施氮量增加而增大，下部果枝铃在 240kg N·hm^{-2} 施氮量时最大，在 480kg N·hm^{-2} 时有所下降。棉花中、下部果枝铃纤维长度、比强度均在 240kg N·hm^{-2} 施氮量时最大，果枝部位与施氮量对纤维长度、马克隆值的互作效应不显著，对纤维比强度的互作效应显著。

表 16-11 棉花果枝部位与施氮量互作对棉铃(纤维、棉籽)品质影响(2005 年,徐州)

果枝部位	施氮量 (kg N·hm^{-2})	纤维品质			棉籽品质	
		长度(mm)	比强度(cN·tex^{-1})	马克隆值	油分含量(%)	蛋白质含量(%)
中部	0	30.9b	32.5c	5.1a	14.31c	12.92c
	240	31.8a	35.6a	5.0a	20.10b	14.40b
	480	31.3b	33.4b	5.0a	22.83a	14.75a
下部	0	29.3b	30.1b	4.0a	18.39c	11.65b
	240	30.3a	31.1a	3.9a	19.71b	12.00a
	480	29.5b	28.8c	3.9a	22.67a	11.80ab

注:同列中不同小写字母表示在 0.05 水平差异显著

第四节 施氮量影响棉纤维品质形成的生态基础

棉纤维品质受品种遗传特性、环境因素和栽培措施的共同影响,具有较强的地域性。基于 2005 年、2007 年、2009 年在长江流域下游棉区(南京)和黄河流域黄淮棉区(徐州,安阳)异地分期播种和施氮量试验,系统分析施氮量与棉纤维品质形成的定量关系,明确棉纤维品质主要性状形成的生态基础。

一、施氮量与纤维长度形成

(一)纤维长度形成

从表 16-12 看出,在相同开花期下,南京试点 9 月 10 日、徐州试点 8 月 25 日以前开花棉铃,240kg N·hm^{-2} 施氮量有利于纤维伸长,此时纤维长度理论最大值(Len_m)和纤维最大伸长速率(V_{max})较大,最终纤维长度(Len_{obs})显著高于 480kg N·hm^{-2} 施氮量;南京试点 9 月 10 日、徐州试点 8 月 25 日以后开花棉铃,480kg N·hm^{-2} 施氮量有利于纤维伸长;0kg N·hm^{-2} 不利于各个开花期棉铃纤维伸长,V_{max} 最小、纤维快速伸长持续期(T)最短,Len_m 和 Len_{obs} 也最低。

不同开花期棉铃,T 均随施氮量增加而延长,与 Len_{obs}、V_{max} 随施氮量的增加变化趋势不同,间接说明施氮量可通过影响 V_{max} 而影响最终长度;不同施氮量棉铃,纤维长度与累积辐热积(PTP)均呈二次曲线函数(图 16-5),'科棉 1 号'在 0kg N·hm^{-2}、240kg N·hm^{-2}、480kg N·hm^{-2} 施氮量下纤维长度达到最大值时所需要的 PTP 分别为 349.2MJ·m^{-2}、333.3MJ·m^{-2}、319.0MJ·m^{-2};'美棉 33B'则分别为 352.9MJ·m^{-2}、337.9MJ·m^{-2}、333.3MJ·m^{-2}。当 PTP 高于 237.6MJ·m^{-2}('科棉 1 号')、241.6MJ·m^{-2}('美棉 33B')时,240kg N·hm^{-2} 施氮量下纤维长度较长;PTP 低于此值时,480kg N·hm^{-2} 施氮量有利于纤维伸长。说明 480kg N·hm^{-2} 施氮量对温光条件具有一定的补偿作用。

表 16-12　施氮量对棉纤维伸长变化的影响(南京，徐州)

试点	开花期	施氮量 (kg N·hm^{-2})	棉铃对位叶叶氮浓度 (g·m^{-2})	R^2	纤维最大伸长速率 (mm·d^{-1})	纤维快速伸长持续期(d)	纤维长度理论最大值(mm)	最终纤维长度(mm)
南京	7月15日	0	1.40	0.925**	1.35	14	29.7	29.3b
		240	1.51	0.936**	1.37	15	30.6	30.4a
		480	1.61	0.934**	1.34	15	30.2	29.9ab
	8月10日	0	1.83	0.970**	1.25	16	31.3	30.8c
		240	1.99	0.973**	1.28	17	32.2	31.9a
		480	2.08	0.973**	1.23	17	31.7	31.4b
	8月25日	0	2.00	0.979**	1.18	17	30.3	29.9a
		240	2.24	0.979**	1.22	17	31.2	30.9a
		480	2.43	0.983**	1.20	17	31.0	30.6a
	9月10日	0	2.27	0.994**	1.12	17	28.6	28.4b
		240	2.59	0.994**	1.15	17	29.9	29.5a
		480	2.73	0.993**	1.16	17	30.0	29.9a
徐州	7月15日	0	1.21	0.913**	1.24	16	30.4	30.2b
		240	1.34	0.919**	1.26	16	31.0	30.8a
		480	1.41	0.915**	1.25	16	30.7	30.3b
	8月10日	0	1.62	0.973**	1.25	16	30.6	30.3b
		240	1.82	0.979**	1.28	16	31.4	31.1a
		480	1.92	0.975**	1.24	17	31.2	30.8a
	8月25日	0	1.92	0.993**	1.16	17	29.6	29.4b
		240	2.11	0.992**	1.19	17	30.3	30.1a
		480	2.20	0.990**	1.18	17	30.4	30.1a
	9月10日	0	2.06	0.995**	1.07	17	27.9	27.5c
		240	2.37	0.995**	1.08	18	28.8	28.5b
		480	2.51	0.995**	1.09	18	29.2	29.0a

注：同列中不同小写字母表示在 0.05 水平差异显著

**表示方程决定系数在 0.01 水平相关性显著($n=7, R^2_{0.01}=0.765$；$n=8, R^2_{0.01}=0.695$）

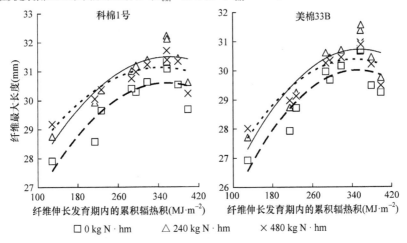

图 16-5　不同施氮量下棉纤维最大长度与累积辐热积的关系

(二)棉纤维长度形成适宜棉铃对位叶氮浓度的确定

不同开花期间施氮量对纤维伸长的影响主要由棉铃对位叶氮浓度(N_A)的差异造成。从表 16-13 看出,在不同开花期,N_A 均以 480kg N·hm^{-2} 施氮量时最大、240kg N·hm^{-2} 时次之、0kg N·hm^{-2} 时最小;在不同施氮量下,N_A 均随开花期推迟而增加。以 PTP 表示开花期对 N_A 进行分析,棉铃对位叶叶氮浓度 N_A 均与 PTP 呈线性负相关,拟合度达显著或极显著水平。

表 16-13　不同施氮量下棉铃对位叶叶氮浓度(N_A)与纤维伸长发育期累积辐热积(PTP)的关系

品种	施氮量(kg N·hm^{-2})	方程	R^2
科棉 1 号	0	$N_A = -0.0016\ \text{PTP} + 2.467$	0.384
	240	$N_A = -0.0022\ \text{PTP} + 2.854$	0.457*
	480	$N_A = -0.0022\ \text{PTP} + 2.956$	0.418*
美棉 33B	0	$N_A = -0.0020\ \text{PTP} + 2.355$	0.550*
	240	$N_A = -0.0026\ \text{PTP} + 2.708$	0.594**
	480	$N_A = -0.0026\ \text{PTP} + 2.804$	0.581*

*、**分别表示方程决定系数在 0.05、0.01 水平上相关性显著($n=10$, $R^2_{0.01}=0.585$, $R^2_{0.05}=0.399$)

当'科棉 1 号''美棉 33B'纤维伸长期内 PTP 分别高于 237.6MJ·m^{-2}、241.6MJ·m^{-2} 时,240kg N·hm^{-2} 施氮量下纤维长度最长;PTP 低于此值时,480kg N·hm^{-2} 施氮量利于纤维伸长。依据 N_A 与 PTP 的关系,当达到最大纤维长度时,'科棉 1 号''美棉 33B'纤维伸长发育期内最适宜的 N_A 随 PTP 变化的方程如下。

$$N_A = \begin{cases} -0.0022\text{PTP} + 2.854 & \text{PTP} > 237.6 \quad R^2 = 0.457^* \\ -0.0022\text{PTP} + 2.956 & \text{PTP} \leqslant 237.6 \quad R^2 = 0.418^* \end{cases} \quad \text{'科棉1号'}$$

$$N_A = \begin{cases} -0.0026\text{PTP} + 2.708 & \text{PTP} > 241.6 \quad R^2 = 0.594^{**} \\ -0.0026\text{PTP} + 2.804 & \text{PTP} \leqslant 241.6 \quad R^2 = 0.581^* \end{cases} \quad \text{'美棉 33B'}$$

方程中,'科棉 1 号''美棉 33B'纤维伸长发育期内 PTP 分别大于 237.6MJ·m^{-2}、241.6MJ·m^{-2} 时,适宜纤维长度形成的 N_A 方程对应于 240kg N·hm^{-2} 施氮量下的 N_A 方程,两品种表现一致。

二、施氮量与纤维比强度形成

(一)纤维比强度形成

从表 16-14 看出,在相同开花期下,8 月 25 日及以前开花棉铃,240kg N·hm^{-2} 施氮量下纤维比强度形成快速增加期日增速率(V_{RG})、稳定增加期日增速率(V_{SG})较大,快速增加期持续期(T_{RG})、稳定增加持续期(T_{SG})适中,最终纤维比强度(Str_{obs})最大;9 月 10 日开花棉铃,480kg N·hm^{-2} 施氮量下 V_{RG}、V_{SG} 较大、Str_{obs} 稍高于 240kg N·hm^{-2},均极显著高于 0kg N·hm^{-2}。

表 16-14 施氮量对棉纤维比强度形成的影响(南京，徐州)

试点	开花期	施氮量 (kg N·hm^{-2})	棉铃对位叶氮浓度 N_A(g·m^{-2})	R^2	快速增加期日增速率 V_{RG} (cN·tex^{-1}·d^{-1})	快速增加持续期 T_{RG}(d)	稳定增加期日增速率 V_{SG} (cN·tex^{-1}·d^{-1})	稳定增加持续期 T_{SG}(d)	最终比强度 Str$_{obs}$ (cN·tex^{-1})
南京	7月15日	0	1.27	0.925**	1.75	15	0.21	15	32.8a
		240	1.38	0.936**	1.80	14	0.23	17	33.2a
		480	1.47	0.934**	1.66	14	0.24	18	31.2b
	8月10日	0	1.73	0.970**	1.22	18	0.25	16	32.8c
		240	1.87	0.973**	1.45	18	0.33	19	35.5a
		480	1.97	0.973**	1.42	17	0.29	20	33.6b
	9月10日	0	2.16	0.994**	1.06	22	0.12	20	27.4c
		240	2.49	0.994**	1.16	21	0.16	21	29.8b
		480	2.64	0.993**	1.20	21	0.17	21	30.6a
徐州	7月15日	0	1.05	0.913**	1.63	15	0.25	15	30.8a
		240	1.15	0.919**	1.62	15	0.28	17	31.4a
		480	1.21	0.915**	1.61	14	0.25	18	29.6b
	8月10日	0	1.50	0.973**	1.43	16	0.24	22	31.9b
		240	1.69	0.979**	1.47	16	0.27	23	33.3a
		480	1.78	0.975**	1.37	16	0.25	24	31.6b
	9月10日▲	0	1.98	0.995**	0.99	19	0.11	15	22.7b
		240	2.30	0.995**	1.15	18	0.15	15	25.8a
		480	2.44	0.995**	1.16	18	0.16	15	26.2a

注：同列中不同小写字母表示在 0.05 水平差异显著

▲表示棉铃未正常吐絮，最后取样日期为11月5日；**表示方程决定系数在0.01水平相关性显著($n=7$，$R^2_{0.01}=0.765$；$n=8$，$R^2_{0.01}=0.695$）

在不同施氮量下，纤维比强度与 PTP 的关系均呈二次曲线函数(图 16-6)，'科棉 1 号'和'美棉 33B'在 0kg N·hm^{-2}、240kg N·hm^{-2}、480kg N·hm^{-2} 施氮量下纤维比强度达到最大时所需 PTP 分别为 315.0MJ·m^{-2}、290.8MJ·m^{-2}、271.0MJ·m^{-2} 和 311.0MJ·m^{-2}、291.6MJ·m^{-2}、285.0MJ·m^{-2}。当 PTP 高于 100.6MJ·m^{-2}（'科棉 1 号'）、108.3MJ·m^{-2}（'美棉 33B'）时，240kg N·hm^{-2} 时纤维比强度值较大；PTP 低于此值时，480kg N·hm^{-2} 施氮量更有利于纤维比强度形成。

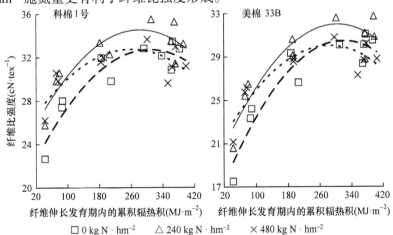

图 16-6 不同施氮量下棉纤维比强度与累积辐热积关系

(二)纤维比强度形成适宜棉铃对位叶氮浓度的确定

不同开花期间施氮量对纤维比强度形成的影响主要由棉铃对位叶氮浓度(N_A)的差异造成。采用幂函数方程拟合不同试点、不同开花期、不同施氮量下 N_A,并分别推算出纤维加厚发育期内 N_A 平均值。

对于不同开花期棉铃,N_A 均表现 480kg N·hm^{-2} 施氮量下最大、240kg N·hm^{-2} 次之、0kg N·hm^{-2} 最小;对于不同施氮量棉铃,N_A 均随开花期推迟而增加。以 PTP 表示开花期对 N_A 进行分析(表 16-15),棉铃对位叶氮浓度 N_A 均与 PTP 呈线性负相关,方程拟合度达极显著水平。当'科棉 1 号''美棉 33B'纤维加厚发育期内 PTP 分别高于 100.6MJ·m^{-2}、108.3MJ·m^{-2} 时 240kg N·hm^{-2} 施氮量下纤维比强度最大、PTP 低于此值时 480kg N·hm^{-2} 施氮量更有利于纤维比强度形成。基于 N_A 与 PTP 的关系,当达到最大纤维比强度时,'科棉 1 号''美棉 33B'纤维加厚发育期内最适宜的 N_A 随 PTP 变化方程为

$$N_A = \begin{cases} -0.0026\,PTP+2.447 & PTP>100.6 \quad R^2=0.704^{**} \\ -0.0028\,PTP+2.591 & PTP\leqslant 100.6 \quad R^2=0.682^{**} \end{cases} \quad \text{'科棉1号'}$$

$$N_A = \begin{cases} -0.0024\,PTP+2.390 & PTP>108.3 \quad R^2=0.675^{**} \\ -0.0025\,PTP+2.477 & PTP\leqslant 108.3 \quad R^2=0.661^{**} \end{cases} \quad \text{'美棉 33B'}$$

表 16-15　不同施氮量下棉铃对位叶氮浓度与累积辐热积的关系

品种	施氮量(kg N·hm^{-2})	方程	R^2
科棉 1 号	0	$N_A = -0.0022\,PTP+2.153$	0.660**
	240	$N_A = -0.0026\,PTP+2.447$	0.704**
	480	$N_A = -0.0028\,PTP+2.590$	0.682**
美棉 33B	0	$N_A = -0.0020\,PTP+2.105$	0.616**
	240	$N_A = -0.0024\,PTP+2.390$	0.675**
	480	$N_A = -0.0025\,PTP+2.477$	0.661**

注:N_A、PTP 分别表示棉铃对位叶氮浓度、纤维加厚发育期累积辐热积
**表示方程决定系数在 0.01 水平相关性显著($n=10$, $R_{0.01}^2=0.586$)

'科棉 1 号''美棉 33B'纤维加厚发育期内 PTP 分别大于 100.6MJ·m^{-2}、108.3MJ·m^{-2} 时,适宜纤维比强度形成的 N_A 方程对应于 240kg N·hm^{-2} 施氮量下 N_A 方程,两品种表现一致。

三、施氮量对纤维细度、成熟度和马克隆值形成的影响

(一)纤维细度

从表 16-16 看出,对于 8 月 10 日以前开花、相同开花期棉铃,480kg N·hm^{-2} 施氮量下纤维加厚发育期细度降低平均值(Fin$_{dec}$)降低最小,最终纤维细度(Fin$_{obs}$)最大;对于 8 月 10~25 日开花、相同开花期棉铃,240kg N·hm^{-2} 施氮量下 Fin$_{dec}$ 降低最大,Fin$_{obs}$

最小；对于9月10日开花、相同开花期棉铃，480kg N·hm^{-2} 施氮量下 Fin$_{dec}$ 降低最大，Fin$_{obs}$ 最小。

表 16-16 施氮量对棉纤维细度、成熟度和马克隆值形成的影响（2005年，南京，徐州）

地点	开花期	施氮量 (kg N·hm^{-2})	N_A (g·m^{-2}·d^{-1})	细度 Fin$_{OSWSP}$ (m·g^{-1})	细度 Fin$_{dec}$ (m·g^{-1}·d^{-1})	细度 Fin$_{obs}$ (m·g^{-1})	成熟度 $V(Mat)_{max}$	成熟度 $T(Mat)$ (d)	成熟度 Mat$_m$	成熟度 Mat$_{obs}$	马克隆值 $V(Mic)_{max}$	马克隆值 $T(Mic)$ (d)	马克隆值 Mic$_m$	马克隆值 Mic$_{obs}$
南京	7月15日	0	1.27	11 017	226.6	4 703bB	0.093	13	1.90	1.89a	0.266	12	4.70	4.68a
		240	1.38	10 985	220.7	4 767bB	0.094	14	1.94	1.93a	0.262	12	4.62	4.59a
		480	1.47	11 158	212.2	4 929aA	0.088	13	1.85	1.83a	0.241	12	4.46	4.43b
	8月10日	0	1.73	15 129	309.5	5 123aA	0.064	17	1.67	1.65c	0.202	15	4.60	4.58a
		240	1.87	15 528	314.6	4 660bB	0.066	18	1.78	1.76a	0.193	16	4.59	4.56a
		480	1.97	15 163	293.7	4 951aAB	0.063	18	1.73	1.70b	0.183	16	4.51	4.47a
	8月25日	0	1.90	17 437	308.6	6 091aA	0.054	18	1.47	1.45b	0.177	16	4.41	4.36b
		240	2.13	16 892	311.9	5 197bB	0.058	18	1.61	1.59a	0.182	17	4.58	4.54a
		480	2.35	16 470	294.4	5 449bAB	0.055	19	1.57	1.55a	0.177	17	4.47	4.42ab
	9月10日	0	2.16	18 546	261.4	8 502aA	0.043	18	1.20	1.18b	0.148	17	3.74	3.68b
		240	2.49	18 047	271.3	7 598bB	0.047	19	1.33	1.31a	0.153	17	3.96	3.90a
		480	2.64	18 001	277.4	7 345cB	0.047	19	1.36	1.34a	0.148	18	3.98	3.91a
徐州	7月15日	0	1.05	12 698	277.8	4 910cB	0.082	14	1.80	1.76ab	0.229	13	4.53	4.47a
		240	1.15	13 002	266.7	5 174bAB	0.080	15	1.82	1.79a	0.216	14	4.49	4.44a
		480	1.21	12 882	253.8	5 409aA	0.075	15	1.76	1.72b	0.211	14	4.33	4.26b
	8月10日	0	1.50	16 590	294.5	6 176aA	0.061	18	1.63	1.60c	0.170	18	4.58	4.50a
		240	1.69	16 565	304.5	5 604bB	0.064	18	1.73	1.69a	0.166	18	4.53	4.47a
		480	1.78	17 163	303.0	5 921abAB	0.061	18	1.68	1.64b	0.156	19	4.44	4.36a
	8月25日	0	1.84	18 259	262.3	8 133aA	0.049	18	1.36	1.33b	0.148	18	4.13	4.08b
		240	2.04	17 599	277.0	6 907bB	0.053	19	1.48	1.46a	0.150	19	4.38	4.30a
		480	2.14	17 909	277.0	7 258bB	0.052	19	1.47	1.45a	0.147	19	4.33	4.25ab
	9月10日	0	1.98	18 894	242.9	11 252aA	0.033	19	0.94	0.90b	0.119	19	3.52	3.29b
		240	2.30	18 445	269.2	9 935bB	0.039	20	1.15	1.09a	0.127	20	3.88	3.61a
		480	2.44	18 033	270.1	9 621bB	0.040	20	1.18	1.13a	0.127	20	3.91	3.68a

注：同列中不同大、小写字母分别表示在 0.01、0.05 水平差异显著

棉纤维细度与 PTP 的关系可用开口向上的抛物线描述(图 16-7),在 0kg N·hm^{-2}、240kg N·hm^{-2}、480kg N·hm^{-2} 施氮量下,'科棉 1 号'和'美棉 33B'纤维细度达到最小值时所需 PTP 分别为 322.1MJ·m^{-2}、310.0MJ·m^{-2}、304.3MJ·m^{-2} 和 350.7MJ·m^{-2}、318.1MJ·m^{-2}、306.4MJ·m^{-2}。当 PTP 高于 52.1MJ·m^{-2}('科棉 1 号')、74.0MJ·m^{-2}('美棉 33B')时,240kg N·hm^{-2} 下的纤维细度值较小;PTP 低于此值时,480 kg N·hm^{-2} 施氮量下细度值较小。

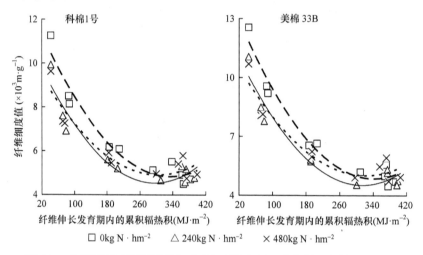

图 16-7 不同施氮量下棉纤维细度值与纤维加厚发育期累积辐热积的关系

(二)纤维成熟度

从表 16-16 看出,对于 8 月 25 日以前开花、相同开花期棉铃,240kg N·hm^{-2} 施氮量下纤维成熟度理论最大值(Mat$_m$)、纤维最大成熟速率[V(Mat)$_{max}$]和最终纤维成熟度(Mat$_{obs}$)最大;对于 8 月 25 日以后开花、相同开花期棉铃,480kg N·hm^{-2} 施氮量下 Mat$_m$、V(Mat)$_{max}$ 和 Mat$_{obs}$ 最大。在不同开花期,T 均随施氮量增加而延长,与 Mat$_{obs}$、V(Mat)$_{max}$ 随施氮量增加变化趋势不同,间接说明施氮量可通过影响 V(Mat)$_{max}$ 影响最终纤维成熟度。

纤维成熟度与 PTP 为线性关系(图 16-8),在 0kg N·hm^{-2}、240kg N·hm^{-2}、480kg N·hm^{-2} 施氮量下,当纤维成熟度达到 1.60～1.75 时,'科棉 1 号'和'美棉 33B'所需 PTP 分别为 249.3～314.5MJ·m^{-2}、211.5～299.7MJ·m^{-2}、228.3～335.4MJ·m^{-2} 和 267.0～320.6MJ·m^{-2}、233.2～301.4MJ·m^{-2}、256.1～339.4MJ·m^{-2}。在本试验温光条件下,当 PTP 高于 133.0MJ·m^{-2}('科棉 1 号')、155.5MJ·m^{-2}('美棉 33B')时,240kg N·hm^{-2} 施氮量下纤维成熟度最大;PTP 低于此值时,480kg N·hm^{-2} 施氮量下成熟度较大。说明增加施氮量对棉花生长后期温光条件有一定补偿作用。

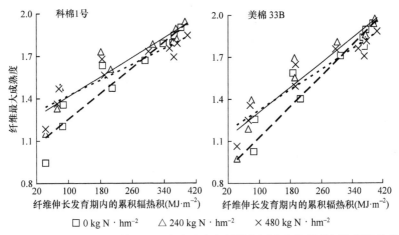

图 16-8 不同施氮量下棉纤维最大成熟度与纤维加厚发育期累积辐热积的关系

(三) 马克隆值

从表 16-16 看出，对于 8 月 10 日及以前开花、相同开花期棉铃，0kg N·hm^{-2} 施氮量马克隆值理论最大值(Mic$_m$)、马克隆值增加的最大速率[V(Mic)$_{max}$]和最终马克隆值(Mic$_{obs}$)最大；对于 8 月 25 日开花棉铃，240kg N·hm^{-2} 下的 Mic$_m$、V(Mic)$_{max}$ 和 Mic$_{obs}$ 最大；对于 8 月 25 日以后开花、相同开花期棉铃，480kg N·hm^{-2} 下的 Mic$_m$、V(Mic)$_{max}$ 和 Mic$_{obs}$ 最大。在不同开花期，T 均随施氮量增加而延长，与 Mic$_{obs}$、V(Mic)$_{max}$ 随施氮量增加变化趋势不同，同样说明施氮量可通过影响 V(Mic)$_{max}$ 而影响最终马克隆值。

纤维马克隆值与 PTP 呈二次曲线函数关系(图 16-9)，当马克隆值在 3.7~4.2 时，在 0kg N·hm^{-2}、240kg N·hm^{-2}、480kg N·hm^{-2} 施氮量下，'科棉 1 号'和'美棉 33B'所需 PTP 分别为 60.5~161.1MJ·m^{-2}、14.8~103.8MJ·m^{-2}、0~97.6MJ·m^{-2} 和 92.7~159.8MJ·m^{-2}、58.7~127.8MJ·m^{-2}、23.6~67.6MJ·m^{-2}。在本试验温光条件下，当 PTP 高于 61.6MJ·m^{-2}('科棉 1 号')、61.3MJ·m^{-2}('美棉 33B')时，240kg N·hm^{-2} 下纤维马克隆值最大；PTP 低于此值时，480kg N·hm^{-2} 施氮量下马克隆值较大。同样说明增加施氮量对棉花生长后期的温光条件有一定补偿作用。

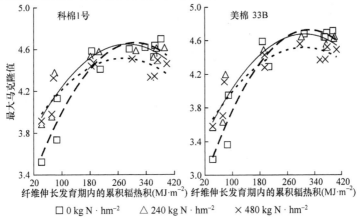

图 16-9 不同施氮量下棉纤维最大马克隆值与纤维加厚发育期累积辐热积的关系

第十七章　施钾量和施钾方式与棉花产量品质

钾素是棉花生长发育所需的三大元素之一,在调节细胞渗透势、维持细胞内正常代谢、调节物质运输分配等方面具有重要作用。我国钾肥资源短缺,对外依存度高达70%以上。与其他作物相比,棉花对钾的需求量大,而转基因抗虫棉对钾的需求量更大。近年来,随着转基因抗虫棉种植面积扩大及土壤含钾量持续下降,因缺钾造成的棉花抗性降低、产量下降、品质变劣等情况日益严重,已成为制约棉花高产优质的重要因素之一。因此,研究施钾量和施钾方式影响棉田土壤肥力变化规律、棉花钾素吸收利用特征对棉花产量品质的影响,对优化棉田钾素管理,提高钾肥利用效率,提高棉花产量品质具有重要意义。

第一节　施钾量和施钾方式与棉田土壤肥力

施钾量不同不仅影响棉田土壤钾水平,还影响土壤氮磷等养分循环,即施钾量显著影响土壤肥力变化。土壤肥力主要指标有土壤速效钾及缓效钾含量、铵态氮和硝态氮含量、速效磷含量等,土壤酶活性与土壤微生物生物量因参与土壤养分循环,也是反映土壤肥力的重要指标。

为此,2011~2012年选用抗虫杂交棉'泗杂3号',在江苏省大丰市(120°28′E, 33°12′N)大丰稻麦(棉)原种场(沙壤土,pH 8.5,有机质11.11g·kg^{-1},全氮0.80g·kg^{-1},全磷0.62g·kg^{-1},全钾10.12g·kg^{-1},速效氮46.42mg·kg^{-1},速效磷24.79mg·kg^{-1},速效钾237.13mg·kg^{-1},缓效钾1.14g·kg^{-1})、江苏省南京市(118°50′E, 32°02′N)南京农业大学牌楼试验站(黏土,pH 6.7,有机质10.89g·kg^{-1},全氮0.92g·kg^{-1},全磷0.53g·kg^{-1},全钾11.25g·kg^{-1},速效氮42.75mg·kg^{-1},速效磷23.56mg·kg^{-1},速效钾189.80mg·kg^{-1},缓效钾1.27g·kg^{-1})设置不同土壤类型的施钾量(0kg K$_2$O·hm^{-2}、150kg K$_2$O·hm^{-2}、300kg K$_2$O·hm^{-2})和施钾方式(100%基施、50%基施+50%初花期施用)试验。此外,各处理施用氮肥为240kg N·hm^{-2},氮肥运筹4∶6(基施∶初花肥);施磷量为120kg P$_2$O$_5$·hm^{-2}(基施),研究施钾量和施钾方式影响棉田土壤肥力变化规律、棉花钾素吸收利用特征对棉花产量品质的影响。

一、施钾量和施钾方式对棉田土壤养分影响

（一）土壤钾素状况

1. 土壤-棉花系统钾素平衡　从表17-1看出,大丰、南京两试点土壤钾素输出量

随施钾量增加而增加，钾素表观盈余量均为负值，表明在本试验中施钾量达 300kg $K_2O \cdot hm^{-2}$ 时棉田土壤钾素仍处于亏缺状态，棉花吸钾量高于施钾量。土壤钾素平衡系数随施钾量增加而增加，土壤钾素耗竭程度下降；施钾量相同时，钾肥分施时土壤钾素平衡系数略低于一次性施入。

表 17-1　施钾量和施钾方式对土壤-棉花系统钾素平衡影响（2011 年，大丰，南京）

施钾量和施钾方式	钾素输出量（kg $K_2O \cdot hm^{-2}$）	钾素表观盈余量（kg $K_2O \cdot hm^{-2}$）	钾素平衡系数
大丰			
K0	308	−308.4	0.00
K150	346	−195.8	0.43
K300	404	−103.6	0.74
K(75+75)	364	−213.9	0.41
K(150+150)	442	−142.2	0.68
南京			
K0	247	−247.0	0.00
K150	330	−180.1	0.45
K300	351	−50.6	0.86
K(75+75)	343	−193.4	0.44
K(150+150)	407	−107.2	0.74

注：K0、K150、K300 分别表示施钾量 0kg $K_2O \cdot hm^{-2}$、150kg $K_2O \cdot hm^{-2}$、300kg $K_2O \cdot hm^{-2}$，一次性基施；K(75+75)、K(150+150) 分别表示施钾量 150kg $K_2O \cdot hm^{-2}$、300kg $K_2O \cdot hm^{-2}$，50%基施+50%初花期追施，下表同

随着生育期的推进，土壤速效钾含量呈先增加后降低变化，最后在吐絮期有回升。大丰试点速效钾含量高于南京试点。随施钾量增加，土壤速效钾含量增加，一次性基施处理间相比，K150 与 K300 间差异不显著，但均显著高于 K0，表明一次性基施钾量过高土壤速效钾含量不再增加；分次施钾处理间相比，施钾量间差异显著；一次性基施钾与分期施钾相比，分期施钾处理各形态速效钾含量均显著高于一次基施处理。综合考虑施钾量和施钾方式，两试点土壤各形态钾含量均以 K(150+150) 最高。

2. 土壤不同形态速效钾含量　　与 K0 相比，施钾显著影响棉田土壤 3 种形态速效钾含量（表 17-2）。蕾期棉田土壤各形态速效钾含量均随基施钾量增加而增加，其中 K150 与 K(75+75) 因基施钾量相同而差异不显著。在吐絮期，一次性基施处理间相比，施钾量间差异显著，但基础土壤速效钾含量较高的大丰试点在 K150、K300 施钾量间差异较小，在南京试点差异显著；一次性基施钾与分期施钾相比，分期施钾 K(75+75) 各形态速效钾含量与一次基施 K150 差异较小，分期施钾 K(150+150) 各形态钾含量均显著高于一次基施 K300。综合考虑施钾量和施钾方式，两试点分期施钾 K(150+150) 土壤各形态速效钾含量最高。

表 17-2　施钾量和施钾方式对棉田土壤不同形态速效钾含量变化的影响(2011年)

施钾量和施钾方式	水溶性钾(mg·kg⁻¹)		非特殊吸附钾(mg·kg⁻¹)		特殊吸附钾(mg·kg⁻¹)	
	蕾期	吐絮期	蕾期	吐絮期	蕾期	吐絮期
大丰						
K0	25.03c	25.46c	124.86c	109.82c	79.00b	67.68c
K150	42.92b	31.01b	147.15b	144.69b	97.11a	87.62b
K300	57.93a	32.39b	172.33a	150.85b	100.32a	90.73b
K(75+75)	37.85c	31.62b	126.91c	146.59b	80.73b	88.74b
K(150+150)	41.35b	49.74a	147.63b	165.48a	98.28a	128.73a
南京						
K0	17.03d	16.08c	101.50c	63.33d	90.47c	71.88c
K150	30.84b	29.94b	121.31b	88.38c	100.52b	80.38c
K300	36.60a	38.71a	158.05a	102.65b	118.34a	122.83b
K(75+75)	25.86c	30.79b	109.63b	99.98b	94.03c	83.47c
K(150+150)	30.40b	40.20a	121.54b	124.52a	102.06b	134.34a

注：同列中不同小写字母表示在0.05水平差异显著

3. 土壤不同形态速效钾比例　与K0相比，施钾显著影响棉田土壤不同形态速效钾占总速效钾的比例(表17-3)。蕾期棉田土壤水溶性钾含量占总速效钾含量的比例随基施钾量增加而增加，非特殊吸附性钾和特殊吸附性钾含量占总速效钾含量的比例随基施钾量增加而降低，说明适宜施钾利于提高棉株易吸收态钾比例。在吐絮期，一次性基施钾处理间相比，水溶性钾含量占总速效钾含量的比例随施钾量增加而增加，非特殊吸附性钾和特殊吸附性钾含量占总速效钾含量的比例随施钾量增加而降低，施钾量间差异显著，但基础土壤速效钾含量较高的大丰试点各速效钾比例在施钾量K150与K300间差异较小。

表 17-3　施钾量和施钾方式对棉田土壤不同形态速效钾比例变化的影响(2011年)

施钾量和施钾方式	水溶性钾(%)		非特殊吸附(%)		特殊吸附(%)	
	蕾期	吐絮期	蕾期	吐絮期	蕾期	吐絮期
大丰						
K0	10.9c	11.5b	54.6a	54.1a	34.5a	33.3b
K150	14.9b	11.8b	54.2b	54.9a	33.8a	32.3b
K300	17.5a	11.8b	52.1b	52.1b	30.3b	31.1b
K(75+75)	14.4b	12.8b	51.7b	54.9a	32.9b	33.2b
K(150+150)	14.4b	14.5a	51.4b	48.1b	34.2a	37.4a

续表

施钾量和施钾方式	水溶性钾(%)		非特殊吸附钾(%)		特殊吸附钾(%)	
	蕾期	吐絮期	蕾期	吐絮期	蕾期	吐絮期
南京						
K0	8.1b	10.6b	48.6a	41.9b	43.3a	47.5a
K150	12.2a	15.1a	48.0a	44.5a	39.8b	40.5c
K300	11.7a	12.7a	47.5a	38.9c	37.8b	46.5a
K(75+75)	11.3a	14.4a	47.8a	46.7a	41.0b	39.0c
K(150+150)	12.0a	15.4a	47.9a	41.6b	40.2b	44.9b

注：同列中不同字母表示在 0.05 水平差异显著

4. 土壤缓效钾、矿物钾和全钾含量 棉田施钾后土壤缓效钾含量在蕾期均略高于不施钾，矿物钾和全钾含量在施钾处理间差异较小(表 17-4)。从蕾期到吐絮期，土壤缓效钾、矿物钾和全钾含量均呈不同程度的降低，矿物钾和全钾含量在施钾量间差异较小，缓效钾含量随施钾量增加而增加，施钾处理显著高于不施钾，但不同施钾量间差异较小。相同施钾量不同施钾方式间差异不显著。

表 17-4 施钾量和施钾方式对棉田土壤缓效钾、矿物钾和全钾含量变化的影响(2011 年)

施钾量和施钾方式	缓效钾(g·kg^{-1})		矿物钾(g·kg^{-1})		全钾(g·kg^{-1})	
	蕾期	吐絮期	蕾期	吐絮期	蕾期	吐絮期
大丰						
K0	1.13b	0.91b	8.73a	8.93a	9.96a	9.94a
K150	1.13b	1.00a	8.93a	9.38a	10.16a	10.48a
K300	1.18a	1.01a	9.04a	9.61a	10.22a	10.62a
K(75+75)	1.12b	1.00a	8.81a	9.60a	10.03a	10.70a
K(150+150)	1.15a	1.02a	9.02a	9.63a	10.17a	10.65a
南京						
K0	1.30a	1.18b	8.97a	9.73a	10.37a	11.01a
K150	1.30a	1.29a	9.49a	9.73a	10.89a	11.12a
K300	1.32a	1.32a	9.31a	9.81a	10.63a	11.13a
K(75+75)	1.27a	1.30a	9.16a	9.79a	10.53a	11.19a
K(150+150)	1.30a	1.32a	9.34a	9.82a	10.64a	11.14a

注：同列中不同小写字母表示在 0.05 水平差异显著

5. 土壤速效钾、非交换性钾与矿物钾比例 在棉花蕾期，土壤速效钾占全钾比例随基施钾量增加而增加(表 17-5),南京试点 K300 土壤速效钾比例显著高于其他处理,缓效钾占全钾比例随施钾量增加变化趋势不明显,矿物钾占全钾比例随基施钾量增加而降低,说明适量施钾促进了矿物钾向速效钾和缓效钾的转化,土壤钾素有效性提高。在吐絮期,随施钾量增加速效钾比例增加,缓效钾也呈增加变化,施钾处理显著高于不施钾,相同施钾量不同施钾方式下,处理间差异较小。

表 17-5 施钾量和施钾方式对棉田土壤不同形态钾占全钾含量比例变化的影响(2011 年)

施钾量和施钾方式	速效钾(%)		非交换性钾(%)		矿物钾(%)	
	蕾期	吐絮期	蕾期	吐絮期	蕾期	吐絮期
大丰						
K0	2.3c	2.0c	11.2a	9.0b	86.5a	88.9a
K150	2.8b	2.5b	10.9a	9.4a	86.3a	88.1a
K300	3.1a	2.5b	11.2a	9.3a	85.7a	88.2a
K(75+75)	2.4c	2.5b	11.2a	9.2a	86.6a	88.3a
K(150+150)	2.7b	3.1a	11.0a	9.3a	86.3a	87.6a
南京						
K0	2.0b	1.4c	12.4a	10.6b	85.6a	88.0a
K150	2.3b	1.8b	11.8a	11.5a	86.0a	86.7a
K300	2.9a	2.3a	12.6b	11.5a	85.1a	86.1a
K(75+75)	2.2b	1.9b	11.9b	11.5a	85.9a	86.6a
K(150+150)	2.3b	2.6a	12.9b	11.6a	85.7a	85.8a

注:同列中不同小写字母表示在 0.05 水平差异显著

6. 棉花吸钾量与土壤各形态钾含量之间相关性 棉株吸钾量与土壤速效钾含量呈极显著正相关,施钾后土壤速效钾含量增加,有利于棉株吸钾量的增加;棉株吸钾量与土壤缓效钾含量也呈显著正相关,与矿物钾含量相关性不显著;土壤速效钾含量与土壤缓效钾、矿物钾、全钾含量也呈显著正相关(表 17-6)。

表 17-6 棉株吸钾量和棉田土壤不同形态钾含量之间的相关性

	棉株吸钾量	土壤速效钾含量	土壤缓效钾含量	土壤矿物钾含量	土壤全钾含量
棉株吸钾量	1				
土壤速效钾含量	0.886**	1			
土壤缓效钾含量	0.625*	0.498*	1		
土壤矿物钾含量	0.531*	0.613**	0.556*	1	
土壤全钾含量	0.342	0.548*	0.355	0.227	1

*、**分别表示在 0.05、0.01 水平相关性显著($n=60$,$R_{0.05}^2 = 0.490$,$R_{0.01}^2 = 0.880$)

(二) 其他土壤养分含量

施钾量和施钾方式显著影响棉田土壤速效氮和速效磷含量。在蕾期，随基施钾量增加，土壤速效氮含量增加，大丰试点施钾土壤速效氮含量显著高于不施钾，南京试点则表现为 K150>K300>K0，说明施钾利于土壤氮素向作物易吸收的无机态转化，但施钾过量会抑制土壤氮素向无机态转化；土壤速效磷含量呈先增加后降低的变化，表现为 K150>K300>K0，两试点变化一致，说明施钾利于土壤磷向作物易吸收的无机态转化，但施钾过量会抑制土壤磷向无机态转化。在吐絮期和收获期，土壤速效氮和速效磷含量随基施钾量增加而降低，且施钾间差异显著，相同施钾量不同施钾方式比较，钾分施的土壤速效氮含量降低程度大于一次性钾基施。施钾和施钾方式对棉田土壤有机质、全氮、全磷含量和 pH 的影响较小。综上，土壤钾素根据其有效性分为速效钾 (水溶性钾+交换性钾)、缓效钾 (非交换性钾) 和相对无效钾 (矿物钾)，而当季土壤钾水平主要取决于土壤速效钾含量。施钾棉田土壤水溶性钾、非特殊吸附钾、特殊吸附钾、非交换性钾和全钾含量均不同程度地高于不施钾处理，施用钾肥有利于提高土壤速效态钾含量。

二、施钾量和施钾方式对土壤酶活性和微生物量的影响

(一) 土壤酶活性

施钾量和施钾方式显著影响棉田土壤脲酶和磷酸酶活性 (表 17-7)，与不施钾相比，蕾期土壤脲酶活性降低，基施钾肥显著提高了土壤磷酸酶活性，但施钾量达到 300kg $K_2O \cdot hm^{-2}$ 时，其活性趋于稳定。

表 17-7 施钾量和施钾方式对棉田土壤脲酶和磷酸酶活性变化的影响 (2011 年)

施钾量和施钾方式	脲酶(NH_3-N) (mg·$100g^{-1}$)			磷酸酶(Phenol) (mg·g^{-1})		
	蕾期	花铃期	吐絮期	蕾期	花铃期	吐絮期
大丰						
K0	48.06a	51.80d	36.80c	20.34b	29.52c	20.77c
K150	37.01b	63.91c	48.25b	28.27a	30.51c	26.76b
K300	38.60b	68.80b	46.80b	22.01b	30.75c	25.03a
K(75+75)	44.42a	65.84c	49.75b	21.22b	34.32b	27.74b
K(150+150)	37.50b	72.65a	60.73a	28.76a	39.34a	35.73b
南京						
K0	19.02a	52.84a	27.50c	12.48a	16.93c	3.56c
K150	15.25b	48.13b	31.73b	15.53b	19.79c	9.31a
K300	16.23b	48.01b	29.61b	13.77c	17.75b	8.81a
K(75+75)	15.49b	55.06a	36.40b	17.02b	23.90b	5.81c
K(150+150)	12.58c	48.62b	48.06a	19.46a	29.68a	9.50a

注：同列中不同小写字母表示在 0.05 水平差异显著

吐絮期土壤脲酶和磷酸酶随施钾量变化趋势与蕾期不同，一次性基施钾肥处理两试点均表现为K150>K300>K0。一次性基施与分期施用相比，当施钾量为150kg $K_2O \cdot hm^{-2}$ 时，K(75+75)两种酶活性与K150差异未达显著水平；当施钾量达到300kg $K_2O \cdot hm^{-2}$ 时，K(150+150)两种酶活性显著高于K300，分期施钾效应明显。吐絮期土壤脲酶和磷酸酶活性均以K(150+150)最高，两地点变化相同。两试点相比，大丰土壤脲酶和磷酸酶活性明显高于南京。

施钾量和施钾方式显著影响棉田土壤转化酶活性，对过氧化氢酶活性影响较小（表17-8）。与不施钾相比，基施钾肥后蕾期土壤转化酶活性显著提高，施钾量达到300kg $K_2O \cdot hm^{-2}$ 时酶活性趋于稳定，两试点变化一致；在吐絮期，一次性基施钾肥土壤转化酶活性在两试点均表现为K150>K300>K0。一次性基施与分期施用相比，分期施钾K(75+75)土壤转化酶活性与一次基施K150差异较小，分期施钾K(150+150)土壤转化酶活性显著高于一次基施K300。两试点相比，大丰土壤转化酶活性显著高于南京。

表17-8　施钾量和施钾方式对棉田土壤转化酶和过氧化氢酶变化的影响（2011年）

施钾量和施钾方式	转化酶（$ml \cdot g^{-1}$）			过氧化氢酶（$ml \cdot g^{-1}$）		
	蕾期	花铃期	吐絮期	蕾期	花铃期	吐絮期
大丰						
K0	6.24d	9.84d	7.24c	3.44a	4.07a	3.57a
K150	10.82a	16.53b	13.82a	4.25a	4.31a	3.89a
K300	10.44b	14.77c	9.74b	3.80a	4.12a	3.88a
K(75+75)	8.81c	17.84a	14.62a	4.02a	4.58a	4.25a
K(150+150)	10.81a	17.71a	15.75a	4.24a	4.75a	4.51a
南京						
K0	3.56c	10.01c	6.33c	3.86a	4.01a	3.38a
K150	9.31a	14.79b	10.38a	4.21a	4.28a	3.33a
K300	8.81a	12.82b	9.23b	4.11a	3.79a	3.23a
K(75+75)	5.81b	13.98b	13.02a	3.81a	4.48a	4.21a
K(150+150)	9.31a	18.34a	15.21a	4.38a	4.64a	4.22a

注：同列中不同小写字母表示在0.05水平差异显著

（二）土壤微生物量

施钾量和施钾方式显著影响两试点棉田土壤微生物量碳和微生物量氮（表17-9）。与不施钾相比，施钾棉田蕾期土壤微生物量碳和土壤微生物量氮提高，施钾量达到300kg $K_2O \cdot hm^{-2}$ 时趋于稳定，两试点变化一致。一次性基施钾肥棉田吐絮期土壤微生物量碳和微生物量氮在量试点均表现为K150>K300>K0；一次性基施与分期施用相比，分期施钾K(75+75)土壤微生物量碳和土壤微生物量氮均与一次性基施K150差异较小，分期施钾

K(150+150)显著高于一次基施 K300。吐絮期土壤微生物量碳和微生物量氮两试点均以 K(150+150)最高,大丰试点明显低于南京试点。

表 17-9 施钾量和施钾方式对棉田土壤微生物量碳和微生物量氮变化的影响(2011 年)

施钾量和施钾方式	微生物量碳(mg·kg^{-1})			微生物量氮(mg·kg^{-1})		
	蕾期	花铃期	吐絮期	蕾期	花铃期	吐絮期
大丰						
K0	162.7d	142.7d	270.7c	53.7b	63.7b	57.8b
K150	184.6b	304.6b	275.8b	59.7a	69.7a	68.3a
K300	180.8b	303.8b	274.7b	49.9c	59.9b	60.8b
K(75+75)	176.7c	296.7b	280.6b	54.0b	54.0c	68.7a
K(150+150)	185.7a	335.7a	288.1a	59.8a	72.8a	69.8a
南京						
K0	209.1c	329.1d	250.4c	72.8c	82.8d	73.7c
K150	242.7a	362.7b	288.9b	80.8a	90.8c	76.8c
K300	235.1b	375.2b	299.7b	78.9b	102.8b	99.1b
K(75+75)	234.1b	354.1c	289.5b	75.8c	72.8e	78.9c
K(150+150)	242.8a	377.8a	308.6a	80.7a	121.7a	110.8a

注: 同列中不同小写字母表示在 0.05 水平差异显著

施钾量和施钾方式显著影响土壤微生物量碳/有机碳、微生物量碳/微生物量氮值变化(表 17-10)。与不施钾相比,施钾棉田蕾期土壤微生物量碳/有机碳、微生物量碳/微生物量氮值升高,施钾量达到 300kg K$_2$O·hm^{-2} 时,其比值趋于稳定,两试点变化一致。吐絮期土壤微生物量碳/有机碳、微生物量碳/微生物量氮值,一次性基施棉田两试点均表现为 K150>K300>K0;一次性基施与分期施用相比,分期施钾 K(75+75)土壤微生物量碳/有机碳、微生物量碳/微生物量氮值与一次基施 K150 差异较小,两试点分期施钾 K(150+150)时显著高于一次基施 K300。

表 17-10 施钾量和施钾方式对棉田土壤微生物量碳/有机碳、微生物量碳/微生物量氮变化的影响(2011 年)

施钾量和施钾方式	微生物量碳/有机碳			微生物量碳/微生物量氮		
	蕾期	花铃期	吐絮期	蕾期	花铃期	吐絮期
大丰						
K0	2.46c	2.50b	2.66a	2.24c	3.53b	4.68a
K150	2.62c	2.76a	2.80a	5.50a	4.60a	4.70a
K300	2.84a	2.73a	2.68a	4.61b	3.56b	3.98a
K(75+75)	2.57c	2.63b	2.71a	4.37b	3.62b	4.01a
K(150+150)	2.77b	2.78a	2.67a	5.08a	3.04b	4.49a

续表

施钾量和施钾方式	微生物量碳/有机碳			微生物量碳/微生物量氮		
	蕾期	花铃期	吐絮期	蕾期	花铃期	吐絮期
南京						
K0	2.52b	2.56c	2.39b	3.98b	3.21b	3.40a
K150	2.61a	2.72a	2.76a	4.86a	4.56a	4.12a
K300	2.64a	2.68b	2.75a	3.10b	2.37c	2.78a
K(75+75)	2.70a	2.64b	2.48b	4.00b	4.21a	3.77a
K(150+150)	2.63a	2.74a	2.72a	3.65b	3.66b	3.00a

注：同列中不同小写字母表示在 0.05 水平差异显著

综上，施钾量和施钾方式显著影响棉田土壤脲酶、磷酸酶和转化酶活性，对过氧化氢酶活性影响较小，施钾显著提高了磷酸酶和转化酶活性，当施钾量达到 300kg $K_2O \cdot hm^{-2}$ 时两种酶活性趋于稳定。施钾量和施钾方式显著影响土壤养分变化，蕾期土壤速效钾、速效氮含量随基施钾量增加而增加，土壤速效磷含量呈先增加后降低的变化；对吐絮期土壤有机质、全氮、全磷含量和 pH 的影响较小，但土壤全钾、速效钾含量增加，速效氮和速效磷含量随基施钾量增加而降低，且分施处理土壤速效氮含量降低程度大于基施。

第二节 棉花钾营养与产量品质

近年来国内外针对不同基因型棉花钾敏感性差异的形成机理、耐低钾基因分离鉴定及棉花叶源能力形成对缺钾的反应等方面开展研究。然而，针对影响棉花产量品质形成过程的研究尚显不足，基于耐低钾棉花品种的施钾量和施钾方式试验，研究不同钾素敏感型品种产量形成特点，可为挖掘棉花耐低钾能力，制定钾高效栽培技术，合理利用钾肥提供理论依据。

一、基于产量品质的棉花耐低钾能力苗期筛选

(一) 棉花耐低钾能力苗期筛选

选择近年来长江流域棉区大面积推广的 12 个棉花主栽品种为研究材料(表 17-11)，以适宜钾浓度($2.5mmol \cdot L^{-1}$ KCl)为对照，在低钾浓度下($0.02mmol \cdot L^{-1}$ KCl)研究棉花生长发育与产量品质形成。

表 17-11　长江流域棉区主栽棉花品种

编号	品种	编号	品种	编号	品种
C1	创 091	C5	南农 6 号	C9	泗阳 329
C2	鄂杂棉 10 号	C6	宁杂棉 3 号	C10	泗杂 3 号
C3	鲁棉研 15 号	C7	泗抗 1 号	C11	湘杂棉 7 号
C4	美棉 33B	C8	泗棉 3 号	C12	亚华棉 10 号

1. 低钾对棉花苗期生长发育的影响　　与适宜钾浓度相比,低钾浓度下苗期棉花株高、根长、根系体积、叶面积、钾累积量、功能叶净光合速率(P_n)、叶绿素含量(SPAD 值)、单株及各器官生物量均显著降低,其中棉花钾累积量和茎生物量对低钾浓度响应最敏感,平均胁迫系数分别达到 93.0% 和 79.8%,棉花钾利用效率(体内单位重量钾所形成生物量)提高 5.5 倍,功能叶蔗糖合成酶(Sus)和磷酸蔗糖合成酶(SPS)活性显著增加(表17-12)。

钾浓度影响苗期棉花生长发育相关生理指标在品种间的变异,与适宜钾浓度相比,低钾浓度下棉花株高、根长、根系体积、功能叶叶绿素含量、单株及各器官生物量在品种间的变异幅度均显著降低,棉花叶面积、比叶重、钾累积量、钾利用效率、功能叶净光合速率、Sus 和 SPS 活性在品种间的变异幅度均显著上升,其中钾利用效率、P_n 在品种间变异幅度分别是适宜钾浓度的 3.4、5.5 倍(表 17-12)。

表 17-12　低钾浓度对苗期棉花生长发育相关生理指标的影响

生理指标	品种间平均			品种间变异(%)	
	适宜钾浓度	低钾浓度	胁迫系数(%)	适宜钾浓度	低钾浓度
株高(cm)	29.4a	17.2b	17.2	12.7	12.0
根长(cm)	36.9a	33.0b	10.3	9.5	8.3
单株根系体积(ml)	5.8a	3.5b	36.9	27.6	24.6
单株叶生物量(g)	0.8a	0.4b	51.5	27.2	22.5
单株茎生物量(g)	0.4a	0.1b	79.8	37.9	33.9
单株根生物量(g)	0.4a	0.1b	64.9	30.8	27.7
单株生物量(g)	1.6a	0.6b	62.6	29.7	24.6
单株叶面积(cm^2)	177.8a	93.2b	47.6	26.0	27.1
比叶重($g \cdot cm^{-2}$)	4.9a	4.3a	6.8	29.6	33.6
钾利用效率($mg \cdot g^{-1}$)	14.3b	78.8a	−457.0	5.1	17.2
钾累积量(mg)	109.6a	7.7b	93.0	27.7	31.3
净光合速率($\mu mol \cdot m^{-2} \cdot s^{-1}$)	20.8a	8.7b	58.3	10.0	55.0

续表

生理指标	品种间平均			品种间变异(%)	
	适宜钾浓度	低钾浓度	胁迫系数(%)	适宜钾浓度	低钾浓度
叶绿素含量(SPAD)	38.0a	30.6b	19.3	6.6	5.7
蔗糖合成酶活性 (mg Sus·g^{-1}FW·h^{-1})	2.9b	4.4a	−51.7	18.9	24.9
磷酸蔗糖合成酶活性 (mg Fru·g^{-1}FW·h^{-1})	2.4b	3.5a	−45.4	28.5	31.6

注：适宜钾浓度为 2.5mmol·L^{-1}KCl，低钾浓度为 0.02mmol·L^{-1}KCl；同一指标不同钾浓度间小写字母表示在 0.05 水平差异显著

2. 棉花苗期耐低钾能力筛选指标 通过比较低钾浓度下苗期棉花生长发育相关生理指标相对变化值(胁迫系数，CS)的品种间变异(CV of CS)，发现单株叶生物量、功能叶 Sus 活性和 SPAD 值的品种间变异较单株及地上部生物量的变异更大，三者均与单株及地上部生物量呈显著正相关(表 17-13)，说明这三项指标较单株及地上部生物量更能表征品种间的耐低钾能力差异，可作为苗期耐低钾能力的筛选指标。

表 17-13 棉花耐低钾能力苗期筛选理想筛选指标的确定

生理指标	胁迫系数品种间变异幅度(%)	相关性分析(R^2)				
		单株生物量	单铃纤维重	纤维长度	纤维比强度	马克隆值
比叶重	575.0	0.506	0.569	0.499	0.567	0.459
磷酸蔗糖合成酶活性	86.5	−0.059	−0.027	−0.134	−0.236	0.064
根长	71.7	0.127	0.309	0.177	0.102	0.439
单株根系体积	52.4	0.225	0.248	0.075	−0.134	−0.149
净光合速率	38.9	0.406	0.498	0.571	0.583*	0.689*
单株叶面积	36.4	0.221	−0.167	−0.012	−0.104	−0.357
蔗糖合成酶活性	35.3	0.763*	0.625*	0.735**	0.734**	0.648*
叶绿素含量	33.5	0.759**	0.339	0.409	0.905**	0.159
单株叶生物量	25.3	0.980**	0.490	0.737**	0.680*	0.321
钾利用效率	24.2	0.212	−0.306	−0.149	0.018	−0.350
单株生物量	19.9	—	0.502	0.740**	0.767**	0.382
株高	18.6	0.742**	0.360	0.484	0.638*	0.357
单株根生物量	17.7	0.937**	0.517	0.672*	0.790**	0.442
单株茎生物量	14.4	0.947**	0.439	0.680*	0.807**	0.349
钾累积量	3.0	0.822**	0.602*	0.766**	0.744**	0.521

*、**分别表示在 0.05、0.01 水平相关性显著

综合前人常用的筛选指标(地上部生物量、单株生物量、钾效率系数、钾利用效率、钾累积量、钾浓度、单株叶面积和 SPAD 值)以及本研究筛选出的 3 项指标(单株叶生物量、Sus 活性和 SPAD 值)建立指标池。首先利用隶属函数将各项指标的胁迫系数进行归一化处理以消除量纲差异(钾效率系数已是处理间的相对值,故无须求其胁迫系数直接进行归一化处理),然后采用 Ward 法的平方欧式距离度量标准以各指标的隶属函数值为变量对 12 个品种进行聚类分析(表 17-14)。Sus 主要起催化蔗糖代谢,释放能量和碳源,促进叶片生长的作用;SPAD 值能反映出叶绿素含量水平;叶生物量则是叶片形态建成最终体现。鉴于叶片是棉花苗期的生长中心(占总生物量 50%以上)并具有碳同化功能,且以上三项指标能够基本涵盖叶片的营养状况和碳代谢能力,故增加以棉花苗期功能叶 Sus 活性、SPAD 值和叶生物量为共同变量的聚类分析。从表 17-14 可以看出,在以不同生理指标作为评价标准时,其筛选结果存在差异。

表 17-14 苗期棉花耐低钾能力品种筛选聚类结果

筛选指标	Ⅰ 低钾敏感型	Ⅱ 低钾弱敏感型	Ⅲ 耐低钾型
地上部生物量	C4,C6,C9,C10	C1,C3,C5,C7,C11,C12	C2,C8
单株生物量	C4,C6,C10	C1,C3,C5,C7,C9,C11	C2,C8,C12
钾效率系数	C4,C6,C9,C10	C1,C3,C5,C7,C11	C2,C8,C12
钾利用效率	C5,C7,C12	C1,C2,C3,C4,C9,C10,C11	C6,C8
钾累积量	C4,C5,C6,C7,C9,C10	C1,C2,C3,C11,C12	C8
钾浓度	C3,C4,C5,C7,C9,C11,C12	C1,C2,C10	C6,C8
叶面积	C6	C1,C4,C8,C11,C12	C2,C3,C5,C7,C9,C10
蔗糖合成酶活性	C1,C4,C5,C6,C7,C9,C10,C12	C2,C3,C11	C8
功能叶叶绿素含量	C3,C4,C6,C10	C1,C2,C5,C7,C9,C11,C12	C8
单株叶生物量	C6	C1,C3,C4,C5,C7,C9,C10,C11	C2,C8,C12
蔗糖合成酶活性+叶绿素含量+单株叶生物量	C4,C6,C10	C1,C2,C3,C5,C7,C9,C11,C12	C8

(二)基于产量品质的棉花耐低钾能力田间筛选

1. 棉花产量与纤维品质对低钾的响应 低钾浓度下(基础土壤速效钾含量 86.3mg·kg^{-1})棉花产量与纤维品质均显著降低(对照田块施钾 150kg K$_2$O·km^{-2}),除单铃棉籽重和马克隆值外,其他指标的降低幅度均达到显著水平(表 17-15)。低钾对单铃纤维重的胁迫(10.1%)大于单铃棉籽重(2.9%),纤维较棉籽对低钾响应更敏感。在产量构成中,铃数的平均胁迫系数最高(16.1%)、铃重其次(5.6%)、衣分最低(4.9%);在主要纤维品质中,纤维长度平均胁迫系数最高(4.2%)、比强度其次(3.8%)、马克隆值最低(1.7%)。

表 17-15　低钾对棉花产量与纤维品质的影响

产量与品质指标	品种间平均值			品种间变异幅度(%)	
	适宜钾浓度	低钾浓度	胁迫系数(%)	适宜钾浓度	低钾浓度
皮棉产量(kg·hm^{-2})	1712.0a	1290.0b	24.6	20.5	21.8
棉籽产量(kg·hm^{-2})	2851.0a	2325.0b	18.4	18.0	17.8
铃数(万个·hm^{-2})	85.8a	72.0b	16.1	11.7	9.4
铃重(g)	5.3a	5.0b	5.6	11.0	11.7
衣分(%)	37.4a	35.6b	4.9	6.3	8.0
单铃纤维重(g)	2.0a	1.8b	10.1	14.6	16.7
单铃棉籽重(g)	3.3a	3.2a	2.9	10.1	10.4
纤维长度(mm)	30.8a	29.5b	4.2	4.2	4.2
纤维比强度(cN·tex^{-1})	30.5a	29.4b	3.8	13.9	14.2
马克隆值	4.1a	4.1a	1.7	3.7	2.9

注：适宜钾浓度为 2.5mmol·L^{-1}KCl，低钾浓度为 0.02mmol·L^{-1}KCl；同一指标不同钾浓度间小写字母表示在 0.05 水平差异显著

2. 基于产量品质的棉花耐低钾能力田间筛选　田间筛选分别以铃数、单铃纤维重、单铃棉籽重、纤维长度、纤维比强度和马克隆值的隶属函数值为变量进行聚类分析，综合产量与品质指标发现耐低钾能力较为稳定的 4 个棉花品种：低钾敏感型 C10（'泗杂 3 号'）、低钾弱敏感型 C1（'创 091'）和 C7（'泗抗 1 号'）、耐低钾型 C8（'泗棉 3 号'）（表 17-16），'泗杂 3 号'和'泗棉 3 号'可作为研究棉花品种耐低钾能力差异机理的理想材料。

表 17-16　基于产量品质的棉花耐低钾能力聚类结果

筛选指标	Ⅰ低钾敏感型	Ⅱ低钾弱敏感型	Ⅲ耐低钾型
铃数	C3,C4,C6,C10	C1,C2,C5,C7,C9,C11,C12	C8
单铃纤维重	C4,C5,C9,C10	C1,C2,C3,C6,C7	C8,C11,C12
单铃棉籽重	C4,C5,C10	C1,C3,C9	C2,C6,C7,C8,C11,C12
纤维长度	C5,C6,C9,C10	C1,C2,C3,C4,C7,C11,C12	C8
纤维比强度	C4,C6,C10	C1,C2,C3,C5,C7,C9,C12	C8,C11
马克隆值	C5,C10	C1,C7,C9	C2,C3,C4,C6,C8,C11,C12

(三) 棉花耐低钾苗期筛选与产量品质耐低钾能力的关系

将苗期筛选聚类结果与田间筛选聚类结果进行比较，划分一致的品种数量与总品种数量的比值作为评价其相似程度的评分指标。由表 17-17 可知，在基于不同筛选目的时存在不同的理想筛选指标（黑体标识）。如仅考虑产量与品质的综合耐低钾能力，则

"Sus+SPAD+叶生物量"是最理想的苗期筛选指标组合(0.68),其次是单株生物量(0.64)、SPAD值(0.64)、地上部生物量(0.63)和钾效率系数(0.63)。

表17-17 基于产量品质棉花耐低钾能力苗期筛选指标的确定

	铃数	单铃纤维重	单铃棉籽重	纤维长度	纤维比强度	马克隆值	平均
地上部生物量	0.75	0.58	0.50	0.75	0.75	0.42	0.63
单株生物量	0.75	0.58	0.67※	0.58	0.75	0.50※	0.64
钾效率系数	0.67	0.67※	0.58	0.67	0.67	0.50※	0.63
钾利用效率	0.42	0.42	0.50	0.58	0.42	0.42	0.46
钾累积量	0.67	0.67※	0.50	0.83※	0.67	0.33	0.61
钾浓度	0.50	0.50	0.42	0.42	0.33	0.33	0.42
单株叶面积	0.33	0.08	0.25	0.42	0.25	0.25	0.26
蔗糖合成酶活性	0.50	0.58	0.42	0.67	0.50	0.25	0.49
叶绿素含量	1.00※	0.50	0.42	0.67	0.83	0.42	0.64
单株叶生物量	0.58	0.42	0.50	0.58	0.58	0.50※	0.53
蔗糖合成酶活性+叶绿素含量+单株叶生物量	0.92	0.58	0.50	0.75	0.92※	0.42	0.68※

注:同一列内标※数字为组内(列)最高得分

二、施钾量和施钾方式对棉花产量与钾素利用的影响

(一)棉花产量与产量构成

由表17-18看出,在棉花产量构成中,随施钾量增加,铃数增加并在施钾量为300kg $K_2O \cdot hm^{-2}$ 时最高;铃重呈先增后减的变化,施钾量为150kg $K_2O \cdot hm^{-2}$ 时最大;衣分变化较小;皮棉产量呈递增变化,南京试点施钾量间差异显著,大丰试点K300与K150差异较小。相同施钾量下,分期施钾增产效果与施钾量有关,在150kg $K_2O \cdot hm^{-2}$ 施钾量下,分期施钾与一次基施产量差异较小;在300kg $K_2O \cdot hm^{-2}$ 施钾量下,分期施钾产量显著高于一次基施。大丰和南京试验点均以300kg $K_2O \cdot hm^{-2}$ 分期施钾K(150+150)皮棉产量最高。

表17-18 施钾量和施钾方式对棉花产量与产量构成因素的影响

施钾量和施钾方式	大丰				南京			
	铃数(×10^4 个·hm^{-2})	铃重(g)	衣分(%)	皮棉产量(kg·hm^{-2})	铃数(×10^4 个·hm^{-2})	铃重(g)	衣分(%)	皮棉产量(kg·hm^{-2})
K0	60.3c	5.4c	38.3b	1666.0c	37.1c	4.5c	38.9b	1017.0d
K150	63.9b	5.6a	39.4ab	1989.0b	38.4bc	4.9a	42.5a	1283.0c
K300	67.1a	5.5b	41.5a	2003.0b	42.2a	5.1a	43.1a	1423.0b

续表

施钾量和施钾方式	大丰				南京			
	铃数（×10⁴ 个·hm⁻²）	铃重(g)	衣分(%)	皮棉产量 (kg·hm⁻²)	铃数（×10⁴ 个·hm⁻²）	铃重(g)	衣分(%)	皮棉产量 (kg·hm⁻²)
K(75+75)	65.8ab	5.9a	39.5ab	2001.0b	40.9ab	5.0a	43.4a	1249.0c
K(150+150)	67.1a	5.5cd	41.4a	2245.0a	41.53a	5.1b	43.7a	1576.0a
EI$_{150}$	6.0	3.7	2.9	13.4	5.7	8.9	9.3	26.2
EI$_{300}$	11.3	1.8	8.1	22.2	13.8	13.3	10.8	43.9
EI$_{75+75}$	9.2	9.3	3.1	23.2	10.3	11.1	11.6	37.6
EI$_{150+150}$	11.3	1.9	8.4	23.7	12.1	13.3	12.3	45.1

注：同列中同一地点不同小写字母表示在 0.05 水平差异显著；效应因子 EI=(处理−CK)×100/CK，当 EI>0 时为负效应，当 EI<0 时为正效应，且 EI 绝对值越大，其影响程度越大

（二）棉花生物量累积分配

棉花营养器官、生殖器官生物量随基施钾量增加而增加（表 17-19），大丰试点 K300、K150 差异较小，南京试点施钾量间差异显著。棉花生殖器官、营养器官生物量随生育进程呈增加变化。相同施钾量下，150kg K$_2$O·hm⁻² 施钾量时分期施钾与一次基施的棉花生殖器官、营养器官生物量差异较小，300kg K$_2$O·hm⁻² 施钾量时分期施钾棉花生殖器官、营养器官生物量显著高于基施。由生物量分配率看出，在花期之前，生物量主要分配到营养器官，铃期后主要分配到生殖器官，说明施钾充足利于生殖器官生物量累积。

表 17-19 施钾量和施钾方式对棉花生物量累积分配的影响（大丰，南京）

施钾量和施钾方式		生物量（×10⁴ kg·hm⁻²）				生物量分配率(%)			
		蕾期	花铃期	吐絮期	收获期	蕾期	花铃期	吐絮期	收获期
					大丰				
营养器官	K0	0.117c	0.223c	0.224c	0.319a	93.3a	36.7b	19.7c	51.1a
	K150	0.133b	0.247b	0.247b	0.335b	91.0a	41.7a	24.6b	47.7b
	K300	0.149a	0.264b	0.285b	0.337b	88.7b	41.4a	34.0a	47.5b
	K(75+75)	0.121c	0.261b	0.261b	0.339b	92.0a	41.1a	28.5b	47.8b
	K(150+150)	0.132b	0.277a	0.314a	0.364a	90.9a	39.3a	36.7a	49.7a
生殖器官	K0	0.008c	0.113c	0.146c	0.305c	6.7b	63.3a	80.3a	48.9c
	K150	0.013b	0.105b	0.195b	0.367b	9.0b	58.3b	75.4b	52.3a
	K300	0.019a	0.132b	0.215b	0.373b	11.3b	58.6b	66.0b	52.5a
	K(75+75)	0.011c	0.130b	0.204b	0.370b	8.0b	58.9b	71.5b	52.2a
	K(150+150)	0.013b	0.142b	0.246a	0.399b	9.1b	60.7b	63.3c	50.3b

续表

施钾量和施钾方式		生物量($\times 10^4$ kg·hm^{-2})				生物量分配率(%)			
		蕾期	花铃期	吐絮期	收获期	蕾期	花铃期	吐絮期	收获期
					南京				
营养器官	K0	0.095c	0.201c	0.224c	0.297b	76.4a	66.4a	60.5a	54.1a
	K150	0.115b	0.218b	0.247b	0.317a	53.5c	61.6a	55.9b	52.4a
	K300	0.121a	0.247a	0.285b	0.309a	43.1c	56.6b	57.0b	47.7b
	K(75+75)	0.110c	0.256a	0.261b	0.329a	61.2b	59.1a	56.2b	54.6a
	K(150+150)	0.090c	0.254a	0.314a	0.321a	47.3c	49.8b	56.0b	42.8c
生殖器官	K0	0.015b	0.116d	0.146c	0.252c	23.6c	33.6c	39.5b	45.9c
	K150	0.100b	0.136c	0.195b	0.288b	46.5b	38.4b	44.1a	47.6c
	K300	0.160a	0.189b	0.215b	0.328b	56.9a	43.4a	43.0a	52.3b
	K(75+75)	0.070b	0.177b	0.204b	0.273b	38.8b	40.9b	43.8a	45.4c
	K(150+150)	0.100b	0.205a	0.246a	0.428a	52.7a	50.2a	44.0a	57.2a

注：同列中不同小写字母表示在 0.05 水平差异显著

(三)棉花钾累积分配与钾肥吸收利用

棉花营养器官、生殖器官钾累积量随基施钾量增加而增加(表 17-20)，大丰试点一次基施 K300 与 K150 差异较小，南京试点施钾量间差异显著。棉花生殖器官、营养器官钾累积随生育进程均呈先增加后降低的变化。在同一生育期内，施钾 150kg K$_2$O·hm^{-2} 时，分期施钾与一次基施生殖器官、营养器官的钾素累积量差异较小；施钾 300kg K$_2$O·hm^{-2} 时，分期施钾棉花生殖器官、营养器官的钾素累积显著高于一次基施，两试点表现一致。由钾素累积分配率看出，花期之前钾素主要分配到营养器官，铃期之后主要分配到生殖器官；随着施钾量增加，成熟期分配到营养器官的钾素减少，分配到生殖器官的钾素增加，说明施钾充足利于生殖器官钾素累积。

表 17-20 施钾量和施钾方式对棉花钾素累积分配的影响(大丰，南京)

施钾量和施钾方式		钾素累积量(kg·hm^{-2})				钾累积量分配率(%)			
		蕾期	花铃期	吐絮期	收获期	蕾期	花铃期	吐絮期	收获期
					大丰				
营养器官	K0	36.8b	123.5b	163.5c	153.7	94.5a	84.8a	65.2a	65.2a
	K150	38.3b	128.7a	174.1b	172.4b	91.1b	84.8a	62.6b	62.6b
	K300	45.2a	128.0a	190.5a	201.1b	91.0b	82.2b	58.8b	58.8b
	K(75+75)	37.1b	123.4b	190.7a	180.9b	93.6a	82.9b	60.7b	60.7b
	K(150+150)	38.4b	128.9a	196.7a	220.4a	91.1b	81.7b	57.0b	55.0c

续表

	施钾量和施钾方式	钾素累积量(kg·hm^{-2})				钾累积量分配率(%)			
		蕾期	花铃期	吐絮期	收获期	蕾期	花铃期	吐絮期	收获期
生殖器官	K0	2.2c	22.2b	87.2c	102.5c	5.6b	15.2b	34.8c	34.8c
	K150	3.8b	23.1b	104.0b	115.0b	8.9a	15.2b	37.4b	37.4b
	K300	4.5a	27.8a	133.5b	134.1b	9.1a	17.8a	41.2b	41.2b
	K(75+75)	2.6c	27.3a	123.6b	120.4b	6.4b	17.1a	39.3b	39.3b
	K(150+150)	3.8b	27.0a	148.5a	146.9a	8.9a	18.3a	43.0a	45.0a
				南京					
营养器官	K0	31.9b	107.0b	141.7c	122.3c	93.9a	83.5a	63.1a	59.6a
	K150	33.2b	111.5a	155.9b	151.3b	90.3b	83.6a	60.4b	55.2b
	K300	39.2a	110.9a	165.1b	154.4b	90.2b	80.8b	56.9c	54.3b
	K(75+75)	32.1b	108.0b	165.3b	149.9b	93.0a	80.5b	58.5b	54.6b
	K(150+150)	33.3b	111.7a	170.4a	172.8a	90.3b	81.3b	54.7c	51.2b
生殖器官	K0	2.1c	21.1b	82.8c	83.1c	6.1b	16.5b	36.9c	40.4c
	K150	3.6b	21.9b	98.8b	122.7b	9.7a	16.4b	39.6b	44.8b
	K300	4.3a	26.4a	120.8b	146.7b	9.8a	19.2a	43.4b	45.7b
	K(75+75)	2.4c	25.9a	117.4b	135.1b	7.0b	19.5a	41.5b	45.4b
	K(150+150)	3.6b	25.7a	141.1a	164.8a	9.7a	18.7a	45.3a	48.8a

注：同列中不同小写字母表示在0.05水平差异显著

从棉花钾素利用效率变化可知（表17-21），一次性基施钾肥K150的棉花钾肥生产效率、钾肥农学效率、钾素生物量生产效率、钾素吸收效率、钾素收获指数均高于K300，两试点变化一致，说明一次性施钾过多降低了当季土壤钾素利用效率；在相同的施钾量下，150kg K$_2$O·hm^{-2}分期施钾棉花钾肥吸收利用与一次基施差异较小，300kg K$_2$O·hm^{-2}分期施钾棉花相关钾肥利用效率显著高于一次基施，两试点变化一致，说明适宜的施钾量下钾肥分次施入利于提高钾肥吸收利用效率。

表17-21 施钾量和施钾方式对棉花钾肥利用效率的影响

施钾量和施钾方式	钾肥生产效率(kg·kg^{-1})	钾肥农学效率(kg·kg^{-1})	钾素生物量生产效率(kg·kg^{-1})	钾素吸收效率(kg·kg^{-1})	钾素收获指数(%)
			大丰		
K0	—		24.37a	—	0.05a
K150	13.38a	2.60a	24.41a	2.31a	0.06a
K300	7.99b	1.36c	21.19b	1.35b	0.05a
K(75+75)	13.21a	2.70a	23.50b	2.42a	0.05a
K(150+150)	8.04b	2.33b	22.77b	1.47b	0.06a

续表

施钾量和施钾方式	钾肥生产效率 (kg·kg^{-1})	钾肥农学效率 (kg·kg^{-1})	钾素生物量生产效率 (kg·kg^{-1})	钾素吸收效率 (kg·kg^{-1})	钾素收获指数 (%)
			南京		
K0	—	—	26.74a	—	0.05a
K150	8.89a	1.42b	22.11b	2.20a	0.06a
K300	5.15b	1.27c	22.48b	1.21b	0.05a
K(75+75)	8.52a	1.14c	21.10b	2.29a	0.05a
K(150+150)	5.02b	1.97a	22.19b	1.36b	0.06a

注：同列以不同小写字母表示在 0.05 水平差异显著

综上，施钾明显提高了棉花生物量、钾累积量、皮棉产量、生殖器官生物量分配率和钾累积分配率，且这些指标均随施钾量增加而增加。分期施钾效果与施钾量有关，在 150kg K$_2$O·hm^{-2} 施钾量下，分期施钾与一次基施产量差异较小；在 300kg K$_2$O·hm^{-2} 施钾量下，分期施钾显著优于一次基施。施钾量 150kg K$_2$O·hm^{-2} 时棉花钾素吸收利用效率优于施钾量 300kg K$_2$O·hm^{-2}。

第十八章 种植密度与棉花产量品质

种植密度是棉花生产的主要栽培措施之一,棉花产量构成因素间存在群体与个体矛盾,影响棉花生育期和产量品质形成。合理种植密度的确定,必须充分考虑当地气候、土壤肥力、品种特性及相应的栽培技术等,以充分利用当地生产条件和光、热资源,最大限度地发挥群体生产潜力,获得棉花高产优质。棉花栽培就是要通过调节棉花生长发育,建立合理动态群体结构,有较合适的光合面积、充足的光照强度,为经济产量形成提供物质基础。

第一节 种植密度与棉花产量

种植密度的不同,导致了棉花田间小气候的变化(光照、温度、湿度、风速、CO_2浓度等)。种植密度越小,棉花群体光强和冠层温度越高,相对湿度越低;相应的,棉花的相关生理指标和群体质量性状也会发生变化,最终影响棉花群体对资源的利用效率,尤其是对光能的利用。适宜的群体能充分利用光能和地力,使棉花个体和群体营养生长和生殖生长得到协调,最终具有较高的亩铃数、铃重和衣分,从而达到高产、优质。

棉花生物量是构成其经济产量的基础。生物量在各器官间的分配直接影响到棉株成铃、棉铃发育,进而影响到产量和品质。棉花要想达到高产优质,不仅要提高棉株的生物量累积,更要合理分配生物量。种植密度过小,棉花群体生物量累积少,不可能达到高产;种植密度过高,棉花群体冠层过分荫蔽导致铃期棉田株间光强弱,内部温湿度过高,环境恶化,光合能力降低,从而引起下部叶片、蕾、铃大量脱落;同时,叶面积指数过大会使生殖器官生物量累积与分配比例减少,同样限制棉花高产。唯有合理密植,在有较高的生物学产量(生物量累积)的基础上,再加上光合产物合理分配利用(生物量分配),棉花才能高产。

一、种植密度与棉花群体光能利用

棉花经济产量取决于光合面积、光合能力、光合时间、光合产物的消耗和光合产物的分配利用(即经济系数)5个方面,总称为光合性能。各种耕作制度和栽培措施促使棉花产量的提高,主要是通过改善光合性能而起作用的。

光合有效辐射(PAR)是到达地球表面的太阳辐射光谱中能被植物光合作用所利用的辐射,PAR占太阳总辐射的50%左右,是形成作物产量的基本能源,直接影响着作物生长发育、产量和品质。2009~2011年在江苏南京南京农业大学牌楼试验站以'科棉1号'(高强纤维品种)和'美棉33B'(中强纤维品种)为材料,设置棉花种植密度试验。研究表明(图 18-1),相同密度下,'美棉 33B'群体 PAR 显著高于'科棉 1 号';24 000 株·hm^{-2}、33 000 株·hm^{-2}、42 000 株·hm^{-2}、51 000 株·hm^{-2} 种植密度下,'科棉 1 号'群体 PAR 在下部果枝处较 15 000 株·hm^{-2} 分别下降 20.56%、39.83%、51.14%、61.26%,'美棉 33B'分别下降 56.41%、61.17%、69.79%、72.28%。随种植密度提高,'美棉 33B'群体 PAR 下降幅度更为显著。

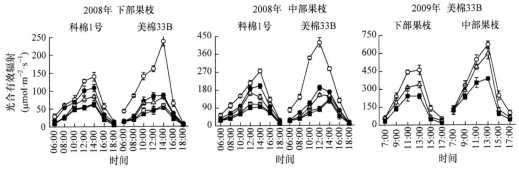

图 18-1 种植密度对棉株不同果枝部位群体光合有效辐射 PAR 日变化的影响(2008~2009 年,南京)

二、种植密度与棉花主要农艺性状

选择杂交棉'科棉 6 号''湘杂 8 号'为材料,于 2009 年在江苏省东台市五烈镇、2010 年在江苏省大丰市稻麦原种场设置棉花种植密度试验,研究种植密度对棉花农艺性状的影响。随种植密度增加,棉花果枝数、蕾铃数和果节数均显著下降,株高和脱落率显著增加,蕾铃数的变异系数最高、其次是果节数和脱落率、株高和果枝数的变异系数较低(表 18-1)。

表 18-1 种植密度对盛铃期棉花主要农艺性状的影响(2009~2010 年)

年份	种植密度(株·hm^{-2})	株高(cm)	果枝数(个·$株^{-1}$)	蕾铃数(个·$株^{-1}$)	果节数(个·$株^{-1}$)	脱落率(%)
2009 东台	12 000	124.6d	20.7a	63.5a	101.3a	37.7d
	21 000	127.5d	20.0a	47.9b	97.5b	41.8c
	30 000	131.4c	19.3a	32.4c	84.9c	42.6c
	39 000	135.3b	19.6a	32.1c	82.5c	51.1b
	48 000	140.6a	18.4a	28.9d	72.0d	50.1b
	57 000	141.9a	18.2a	22.1e	66.5e	56.8a
	CV(%)	5.2	4.9	40.1	16.3	15.3
2010 大丰	12 000	126.8d	18.3a	88.4a	118.4a	25.0d
	21 000	131.7c	18.0a	71.1b	101.6b	32.4c
	30 000	137.7b	17.2a	59.4c	89.4c	33.0c
	39 000	140.2a	17.0a	45.3d	79.6d	44.2ab
	48 000	140.0a	17.6a	41.7de	75.5e	41.1b
	57 000	140.2a	16.8a	38.4e	70.3f	45.9a
	CV(%)	4.1	3.4	34.0	20.3	22.0

注:同列中不同小写字母表示在 0.05 水平差异显著

叶面积指数(LAI)是衡量棉花群体结构是否合理的重要指标。棉花 LAI 随生育进程推进呈抛物线变化：出苗-现蕾期 LAI 增长较为缓慢，现蕾后 LAI 快速增长，盛铃期后 LAI 下降，LAI 随种植密度增加而增加。高产棉花叶面积指数高峰宜出现在花铃期，其值应为 3.5～4.0，以后保持在这个水平的时间越长，产量便越高。本试验中以 30 000～39 000 株·hm^{-2} 种植密度最为适宜（图 18-2）。

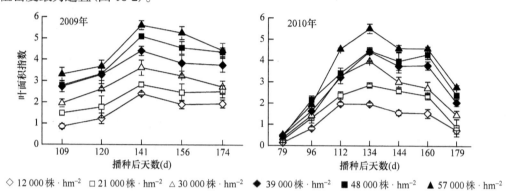

图 18-2　种植密度对棉花叶面积指数变化的影响（2009 年，东台；2010 年，大丰）

三、种植密度与棉花生物量累积分配

本试验以杂交棉'科棉 6 号''湘杂 8 号'为材料，于 2009 年在江苏省东台市五烈镇、2010 年在江苏省大丰市稻麦原种场研究了种植密度对棉花生物量累积分配的影响。棉花生物量累积可用 logistic 方程拟合（表 18-2），随种植密度增加，棉花生物量快速累积期起始日和终止日均逐渐提前，持续天数则逐渐缩短；种植密度显著影响生物量累积快速增长期内的最大累积速率，随密度增大显著提高。以日为时间步长的累积速率随生育进程推进呈单峰曲线变化（图 18-3），生物量累积速率在盛铃期达到最大值，增加种植密度可以提高生物量累积速率。

表 18-2　种植密度对棉花生物量累积的影响（2009 年，东台；2010 年，大丰）

年份	种植密度 (株·hm^{-2})	方程	R^2	快速累积 持续期(d)	最大累积速率 出现时间(d)	最大累积速率 (kg·hm^{-2}·d^{-1})
2009 东台	12 000	$y=7328.4/(1+5579.6e^{-0.063x})$	0.998**	116～156	137	116
	21 000	$y=9866.2/(1+7118.8e^{-0.066x})$	0.994**	115～155	135	163
	30 000	$y=11323.1/(1+5435.9e^{-0.064x})$	0.997**	113～154	133	182
	39 000	$y=12898.1/(1+3686.1e^{-0.062x})$	0.989**	111～153	132	200
	48 000	$y=14731.6/(1+2718.6e^{-0.060x})$	0.990**	109～153	131	222
	57 000	$y=15169.5/(1+3312.4e^{-0.062x})$	0.994**	110～152	131	235
2010 大丰	12 000	$y=8970.4/(1+7268.1e^{-0.068x})$	0.994**	111～149	130	154
	21 000	$y=11649.5/(1+3112.5e^{-0.062x})$	0.995**	108～151	130	181
	30 000	$y=12469.3/(1+2429.6e^{-0.061x})$	0.996**	106～149	127	191

续表

年份	种植密度(株·hm⁻²)	方程	R^2	快速累积持续期(d)	最大累积速率出现时间(d)	最大累积速率(kg·hm⁻²·d⁻¹)
2010 大丰	39 000	$y=14882.1/(1+2155.0e^{-0.061x})$	0.993**	105~148	127	226
	48 000	$y=16025.6/(1+2557.6e^{-0.062x})$	0.994**	105~147	126	252
	57 000	$y=16872.5/(1+3971.7e^{-0.067x})$	0.996**	104~144	124	282

注：y、x 分别表示生物量、播种后天数

** 表示方程决定系数在 0.01 水平相关性显著（2009 年：$n=5$, $R^2_{0.01}=0.919$；2010 年：$n=6$, $R^2_{0.01}=0.841$）

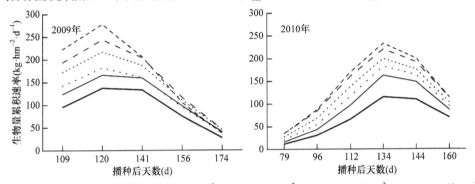

图 18-3　种植密度对棉花生物量累积速率变化的影响（2009 年，东台；2010 年，大丰）

（一）棉花生殖器官生物量累积

棉花生殖器官生物量累积可用 logistic 曲线拟合（表 18-3），随种植密度增加，生殖器官生物量快速累积期起始日和终止日逐渐提前，持续时间逐渐缩短；累积速率随生育进程呈单峰曲线变化，最大速率出现在播种后 136~144d（盛铃期），最大增长速率在种植密度 30 000 株·hm⁻² 时最大（图 18-4）。

表 18-3　种植密度对棉花生殖器官生物量累积的影响（2009 年，东台；2010 年，大丰）

年份	种植密度(株·hm⁻²)	方程	R^2	快速累积持续期(d)	最大累积速率出现时间(d)	最大累积速率(kg·hm⁻²·d⁻¹)
2009 东台	12 000	$y=3824.8/(1+2104144.3e^{-0.101x})$	0.998**	131~157	144	97
	21 000	$y=5140.8/(1+363802.8e^{-0.090x})$	0.997**	130~157	143	115
	30 000	$y=7523.6/(1+1331222.3e^{-0.098x})$	0.999**	130~157	144	184
	39 000	$y=6365.8/(1+852965.3e^{-0.095x})$	0.998**	130~156	144	151
	48 000	$y=5288.6/(1+2880279.9e^{-0.104x})$	0.991**	130~155	143	138
	57 000	$y=5108.2/(1+3475454.9e^{-0.108x})$	0.990**	128~152	140	138
2010 大丰	12 000	$y=5204.7/(1+2306844.7e^{-0.103x})$	0.861**	130~157	142	135
	21 000	$y=7565.1/(1+1032899.5e^{-0.097x})$	0.944**	130~157	144	183
	30 000	$y=9378.2/(1+2434745.8e^{-0.103x})$	0.920**	130~157	143	242

续表

年份	种植密度 (株·hm^{-2})	方程	R^2	快速累积持续期(d)	最大累积速率出现时间(d)	最大累积速率 (kg·hm^{-2}·d^{-1})
2010 大丰	39 000	$y=8996.3/(1+1079410.1e^{-0.097x})$	0.956**	130~157	143	218
	48 000	$y=7836.6/(1+479591.4e^{-0.092x})$	0.984**	128~155	143	180
	57 000	$y=6466.6/(1+2424426.6e^{-0.108x})$	0.999**	125~149	137	174

注：y、x 分别表示生物量、播种后天数

**表示方程决定系数在 0.01 水平相关性显著（2009 年：$n=5$，$R_{0.01}^2=0.919$；2010 年：$n=6$，$R_{0.01}^2=0.841$）

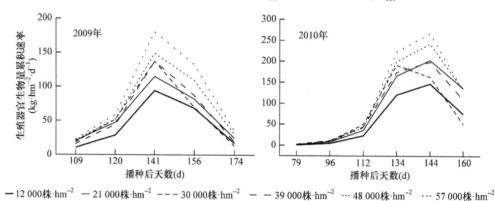

图 18-4　种植密度对棉花生殖器官生物量累积速率变化的影响（2009 年，东台；2010 年，大丰）

（二）棉花不同果枝部位生物量累积

棉花无限生长习性使其果枝生长对环境变化较为敏感，种植密度显著影响棉花不同果枝部位生物量累积。以低（12 000 株·hm^{-2}）、中（30 000 株·hm^{-2}）、高（57 000 株·hm^{-2}）3 个种植密度为代表，研究种植密度对棉花上、中、下部位果枝生物量累积的影响（图 18-5）。随生育进程推进，各果枝部位生物量累积逐渐增加；在同一密度下，下部果枝生物量累积在前期占主要部分，生育后期下部果枝因衰老较早，生物量累积开始下降，吐絮时已明显低于中、上部果枝；同一果枝部位，种植密度越大生物量累积越多，且密度越大，各果枝生物量累积开始下降或增长减缓的时期出现越早，即衰老加速。

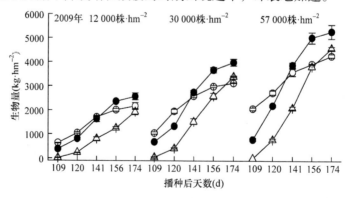

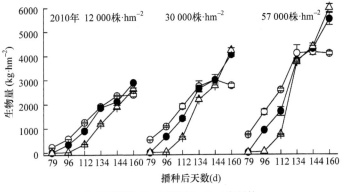

图 18-5 种植密度对棉花不同果枝部位生物量积累的影响(2009 年,东台;2010 年,大丰)

比较种植密度对盛絮期棉花上、中、下部果枝生殖器官生物量累积及其经济系数的影响(表 18-4),随着密度增加,各果枝部位生殖器官生物量累积逐渐减少;在同一密度下,下部果枝生殖器官生物量累积明显少于中、上部果枝;中部果枝生殖器官生物量累积 2009 年高于上部果枝,2010 年则相反,这可能与两年的气候条件、棉花品种不同有关。各果枝部位生殖器官生物量积累量的经济系数随密度增加呈先上升后下降的变化,在 30 000 株·hm^{-2} 达到最大值,这与最终产量结果一致。在同一密度下,下部果枝生殖器官生物量积累量的经济系数明显低于中、上部果枝;在密度小于 30 000 株·hm^{-2} 时,上部果枝生殖器官生物量积累量的经济系数高于中部果枝,而在密度大于 30 000 株·hm^{-2} 时趋势相反。

表 18-4 种植密度对棉花不同果枝部位生殖器官生物量累积的影响(2009 年,东台;2010 年,大丰)

年份	种植密度(株·hm^{-2})	下部果枝		中部果枝		上部果枝	
		生物量(g·株$^{-1}$)	经济系数	生物量(g·株$^{-1}$)	经济系数	生物量(g·株$^{-1}$)	经济系数
2009 东台	12 000	76.68a	0.42	121.27a	0.57	105.13a	0.65
	21 000	57.79b	0.39	99.93b	0.59	72.55c	0.62
	30 000	50.11c	0.47	103.10b	0.78	85.07b	0.77
	39 000	35.45d	0.37	76.47c	0.64	42.03d	0.47
	48 000	28.11e	0.31	46.29d	0.42	31.33e	0.37
	57 000	20.12e	0.26	39.13e	0.41	27.48f	0.37
2010 大丰	12 000	73.42a	0.37	117.49a	0.49	122.87a	0.56
	21 000	56.56b	0.45	100.62b	0.57	103.75b	0.59
	30 000	40.65c	0.44	91.34c	0.68	94.40c	0.67
	39 000	26.06d	0.31	68.88d	0.57	72.11d	0.52
	48 000	21.17e	0.28	51.62e	0.48	54.36e	0.46
	57 000	18.50e	0.26	40.49f	0.42	45.11f	0.43

注:同列中不同小写字母表示在 0.05 水平差异显著;经济系数=果枝生殖器官生物量/果枝总生物量

(三)种植密度与棉花生物量分配

棉花生长发育过程中,生物量分配中心不断发生转移,生物量在各器官的分配直接影响棉花产量品质形成。从表18-5看出,棉花营养器官的生物量分配系数随生育进程推进逐渐减小,而生殖器官生物量分配系数则逐渐升高,盛花之前分配系数变化幅度较小,之后生殖器官生物量分配系数大幅度增加,到盛絮期达到最大值(2009年为34.8%~67.9%,2010年为38.1%~61.5%)。

在同一生育时期,种植密度影响生殖器官生物量分配系数,中低种植密度(21 000~30 000株·hm^{-2})棉花生殖器官生物量分配系数高于低种植密度(12 000株·hm^{-2})和高种植密度(39 000~57 000株·hm^{-2}),如2009年30 000株·hm^{-2}棉花盛铃期生殖器官分配系数达45.8%,而57 000株·hm^{-2}生殖器官分配系数为26.6%。

表18-5 种植密度对棉花生物量分配系数的影响(2009年,东台;2010年,大丰)

年份	器官	种植密度(株·hm^{-2})	始花期(%)	盛花期(%)	盛铃期(%)	吐絮期(%)	盛絮期(%)
2009 东台	营养器官	12 000	90.4	85.4	60.0	50.5	45.6
		21 000	78.8	84.8	60.6	48.9	47.1
		30 000	83.2	86.5	54.2	36.5	32.1
		39 000	88.8	88.1	66.0	53.4	49.6
		48 000	92.8	93.7	76.3	63.1	62.7
		57 000	91.8	94.0	73.4	63.1	65.2
	生殖器官	12 000	9.6	14.6	40.0	49.5	54.4
		21 000	21.2	15.2	39.4	51.1	52.9
		30 000	16.8	13.5	45.8	63.5	67.9
		39 000	11.2	11.9	34.0	46.6	50.4
		48 000	7.2	6.3	23.7	36.9	37.3
		57 000	8.2	6.0	26.6	36.9	34.8
2010 大丰	营养器官	12 000	94.2	83.4	43.5	53.7	52.5
		21 000	93.9	83.1	51.7	52.9	45.4
		30 000	93.4	84.7	46.2	38.5	38.5
		39 000	91.6	88.7	62.7	51.5	51.3
		48 000	92.7	93.1	70.7	61.4	57.7
		57 000	95.3	91.1	75.9	66.2	61.9
	生殖器官	12 000	5.8	16.6	56.5	46.3	47.5
		21 000	6.1	16.9	48.3	47.1	54.6
		30 000	6.6	15.3	53.8	61.5	61.5
		39 000	8.4	11.3	37.3	48.5	48.7
		48 000	7.3	6.9	29.3	38.6	42.3
		57 000	4.7	8.9	24.1	33.8	38.1

综上,种植密度显著影响棉花群体和生殖器官生物量累积与分配,增加种植密度可使

棉花生物量快速累积起始日提早，生殖器官生物量快速累积速率在 30 000 株·hm^{-2} 时最高，与产量一致。种植密度对棉花不同果枝生物量累积分配也有一定影响，在同一密度下，下部果枝生物量积累量在前期占主要部分，生育后期下部果枝因衰老较早生物量积累量下降，吐絮时已明显低于中、上部果枝；同一果枝部位，种植密度越大，生物量积累量越低，各果枝生物量积累量开始下降或增长减缓的时期出现越早，即营养衰老加速。

四、种植密度与棉花产量形成

在棉花产量构成的 3 个要素中，衣分是由棉花的遗传特性决定的，结铃数和铃重虽也与品种本身的遗传特性有关，但受农艺措施和环境因素的影响较大，尤其是结铃性有较大的可塑性，而且在棉花生产中对产量贡献最大的也是铃数和铃重。因此，因地制宜地调整棉花种植密度，最大限度地利用当地的光热资源和地力，增加单位面积有效结铃数，是获得棉花高产的关键，也是探讨合理密植的核心。

（一）种植密度与棉花产量

种植密度与产量之间符合抛物线关系，以 30 000 株·hm^{-2} 密度下皮棉产量最高（1610.3kg·hm^{-2}），如在东台试验点，较 12 000 株·hm^{-2}、57 000 株·hm^{-2} 分别增产 13.6%、30.4%（表 18-6）；种植密度与铃数、铃重呈显著负相关（图 18-6）。单株铃数变异系数最高，铃重较低，衣分对密度变化最不敏感。

表 18-6　种植密度对棉花产量与产量构成的影响（2009 年，东台；2010 年，大丰）

年份	种植密度（株·hm^{-2}）	铃数（个·株$^{-1}$）	铃重（g）	衣分（%）	皮棉产量（kg·hm^{-2}）
2009 东台	12 000	50.6a	5.6a	39.1a	1322.2c
	21 000	31.6b	5.4b	38.7b	1397.1b
	30 000	24.4c	5.4b	38.6b	1529.6a
	39 000	18.2d	5.2c	38.6b	1419.6b
	48 000	13.6e	4.9d	38.4c	1235.0d
	57 000	10.2f	4.8d	38.5bc	1065.2e
	CV（%）	59.7	6.2	0.9	
2010 大丰	12 000	57.3a	5.3a	38.5a	1411.6c
	21 000	35.8b	5.2b	38.9a	1486.1b
	30 000	26.4c	5.2b	39.0ab	1610.3a
	39 000	19.9d	5.1c	38.5ab	1507.1b
	48 000	16.5d	4.8d	38.3ab	1375.4c
	57 000	11.9d	4.6e	37.3b	1246.5d
	CV（%）	59.7	5.4	1.6	

注：同列中不同小写字母表示在 0.05 水平差异显著

但是，铃数随种植密度增加而下降的趋势，并不按单位面积株数增加的比例下降，即总株数和每株铃数二者之间的关系并不是简单的直线关系，而是一种多项式曲线回归关系，这或许可以解释种植密度与产量之间的抛物线关系。只有当种植密度增加的效果大于单株铃数和铃重下降的损失时，才能使构成产量三因素间的矛盾协调统一，使它们的乘积达到最大值。此外，不能忽视产量构成中铃重这一重要因素。在合理的种植密度范围内，若管理不善，常使棉花迟发，铃重必然下降，单产也不会高。

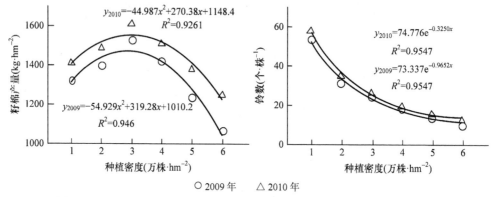

○ 2009年　△ 2010年

图 18-6　种植密度对皮棉产量和铃数的影响（2009 年，东台；2010 年，大丰）

(二) 种植密度与棉花不同果枝部位铃重和铃数

棉花具有无限开花结铃习性，不同果枝节位棉铃发育由于受到环境生态因素、植株生理年龄和栽培措施等因素的影响而存在差异。种植密度通过调节生物量在不同果枝节位的分配显著影响不同果枝节位铃的产量贡献率。从表 18-7 看出，棉花铃重随果枝部位呈不同变化，即上部果枝平均铃重大于下部果枝，中部果枝铃重又大于下部果枝，上部与中部果枝间铃重差异较小。随密度增大，上、中、下各果枝部位铃重均出现降低趋势，下部降低幅度最大，最高密度较最低密度铃重平均降低 18%。

表 18-7　种植密度对棉花不同果枝部位铃重、铃数及产量贡献率的影响（2009 年，东台；2010 年，大丰）

年份	种植密度(株·hm^{-2})	铃重(g)			铃数(个·株$^{-1}$)			产量贡献率(%)		
		下部果枝	中部果枝	上部果枝	下部果枝	中部果枝	上部果枝	下部果枝	中部果枝	上部果枝
2009 东台	12 000	5.3a	5.8a	5.6a	9.2a	21.3a	20.1a	16.3	41.4	37.7
	21 000	5.1ab	5.7a	5.5a	5.3b	14.2b	12.1b	15.7	47.1	38.7
	30 000	5.1ab	5.7a	5.4a	4.2c	11.1c	9.1c	16.2	47.9	37.2
	39 000	4.9b	5.5b	5.1b	4.1c	8.2d	5.9d	21.3	47.8	31.9
	48 000	4.7bc	5.2c	4.8b	3.6d	6.2e	3.8e	25.3	48.2	27.3
	57 000	4.5c	5.2c	4.6c	2.8e	4.5f	2.9f	26.0	48.2	27.5
2010 大丰	12 000	5.0a	5.3a	5.5a	12.3a	21.5a	23.8a	20.1	37.3	42.6
	21 000	4.7b	5.1b	5.4a	6.7b	13.3b	15.0b	17.7	37.4	44.9
	30 000	4.6bc	5.1b	5.5a	3.6c	10.7c	12.1c	12.1	39.4	48.5
	39 000	4.5c	5.1b	5.4a	2.4d	8.1d	9.2d	10.5	40.7	48.8
	48 000	4.1d	5.1b	4.9b	1.9de	6.6e	8.1e	9.5	41.2	49.3
	57 000	4.1d	4.9c	4.7c	1.2e	5.3f	6.3f	7.4	42.3	50.3

注：同列中不同小写字母表示在 0.05 水平差异显著；产量贡献率(%)=(不同果枝部位籽棉产量/总籽棉产量) × 100

种植密度影响不同果枝部位铃数及其对产量的贡献率(表 18-7),不同果枝部位铃数均随种植密度增加而下降,上、中、下果枝部位铃数最低密度较最高密度分别增加 90.2%、75.3% 、73.5%。同一密度下,上部果枝部位铃数较中部果枝多,下部果枝的铃数最少。同时,中上部果枝铃数对产量的贡献率明显高于下部果枝,原因可能是由于高密度群体叶面积过大,冠层通风透光差,特别是群体下部隐蔽,严重影响群体下部叶片的光合作用,使其下部棉铃有机养分供应不足。

综上,随种植密度增加,单株果枝数、蕾铃数和果节数均呈下降变化,株高和脱落率升高;棉花单株成铃数和铃重显著降低,产量呈先上升后下降的趋势,且在 30 000~39 000 株·hm^{-2} 时达到最大值;不同果枝部位铃重和铃数均下降,中上部果枝铃数、铃重和产量贡献率均优于下部果枝。

第二节　种植密度与棉花养分吸收利用

作物高产优质生产以较高的生物量为前提,而生物量累积则以养分吸收为基础。棉花生长发育不同阶段对养分需求不同,前期主要是促进营养生长,后期则对产量形成至关重要。选择'美棉 33B'于 2009~2010 年在南京农业大学牌楼试验站设置棉花种植密度试验,研究了种植密度对棉花养分吸收与利用的影响,为棉花合理密植、提高产量和改善品质提供依据。

一、种植密度与棉株氮浓度

(一)棉株氮浓度变化

棉株氮浓度随生育进程推进呈下降变化,同一生育时期棉株氮浓度随种植密度增加而下降,棉株氮浓度随时间的下降变化可用负指数函数($y = ae^{-bx}$)拟合(表 18-8),种植密度增加对方程参数 b 值(下降速率)影响较小,但均使参数 a 值(初始值)略有减小,即氮浓度降低。

表 18-8　种植密度(x)对棉株氮浓度(y)变化的影响(2009~2010 年)

种植密度(株·hm^{-2})	2009 年		2010 年	
	方程	R^2	方程	R^2
12 000	$y = 7.45e^{-0.007x}$	0.988**	$y = 6.35e^{-0.007x}$	0.985**
21 000	$y = 7.31e^{-0.007x}$	0.994**	$y = 6.22e^{-0.007x}$	0.983**
30 000	$y = 7.19e^{-0.007x}$	0.989**	$y = 6.20e^{-0.007x}$	0.987**
39 000	$y = 6.97e^{-0.007x}$	0.971**	$y = 6.14e^{-0.007x}$	0.987**
48 000	$y = 6.79e^{-0.007x}$	0.988**	$y = 6.04e^{-0.007x}$	0.983**
57 000	$y = 6.57e^{-0.007x}$	0.987**	$y = 5.88e^{-0.007x}$	0.987**

**表示方程决定系数在 0.01 水平相关性显著(2009 年:$n = 5$, $R^2_{0.01} = 0.919$;2010 年:$n = 6$, $R^2_{0.01} = 0.841$)

(二)棉株不同果枝部位氮浓度的差异

种植密度显著影响棉株上、中、下部果枝氮浓度,以低(12 000 株·hm^{-2})、中(30 000 株·hm^{-2})、高(57 000 株·hm^{-2})3 个种植密度为代表分析表明(图 18-7),不同部位果枝氮浓度随种植密度增加有所降低,随生育进程推进呈持续降低的变化,可用负指数函数方程($y = ae^{-bx}$)拟合,增加种植密度对方程参数 b 值(下降速率)影响较小,但使 a 值(初始值)减小,即氮浓度减小。在同一密度下,上部果枝的 a、b 值最高,中部果枝次之,下部果枝最低。

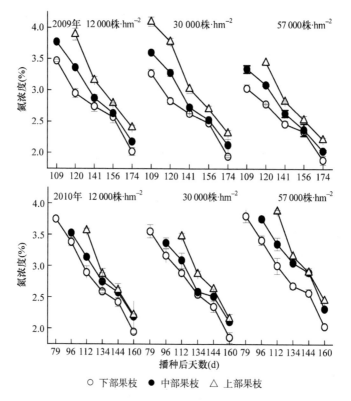

图 18-7 种植密度对棉花不同部位果枝氮浓度变化的影响(2009~2010 年)

二、种植密度与棉株磷浓度

(一)棉株磷浓度变化

棉株磷浓度随种植密度增加的变化与氮浓度变化基本一致,在同一生育时期,棉株磷浓度随种植密度增加而下降,可用负指数函数方程($y = ae^{-bx}$)拟合(表 18-9)。方程参数 b 值(下降速率)随种植密度的增加在 2009 年变化较小,2010 年 b 值显著下降,参数 a 值(初始值)略有减小,即磷浓度降低。

表 18-9 种植密度(x)对棉株磷浓度(y)变化的影响(2009~2010 年)

种植密度(株·hm^{-2})	2009 年		2010 年	
	方程	R^2	方程	R^2
12 000	$y = 3.321e^{-0.011x}$	0.986**	$y = 2.121e^{-0.008x}$	0.971**
21 000	$y = 3.184e^{-0.011x}$	0.996**	$y = 1.956e^{-0.007x}$	0.976**
30 000	$y = 3.095e^{-0.011x}$	0.996**	$y = 1.943e^{-0.007x}$	0.976**
39 000	$y = 2.909e^{-0.011x}$	0.992**	$y = 1.912e^{-0.007x}$	0.978**
48 000	$y = 2.833e^{-0.011x}$	0.992**	$y = 1.805e^{-0.007x}$	0.976**
57 000	$y = 2.695e^{-0.011x}$	0.995**	$y = 1.670e^{-0.006x}$	0.984**

**表示方程决定系数在 0.01 水平相关性显著(2009 年: $n=5$, $R^2_{0.01}=0.919$; 2010 年: $n=6$, $R^2_{0.01}=0.841$)

(二)棉株不同果枝部位磷浓度的差异

不同果枝部位棉株磷浓度变化趋势与氮相同(图 18-8),随生育进程推进呈负指数函数($y = ae^{-bx}$)降低,同一果枝部位磷浓度随种植密度增加而降低,增加种植密度降低磷浓度衰减方程参数 a、b 值。

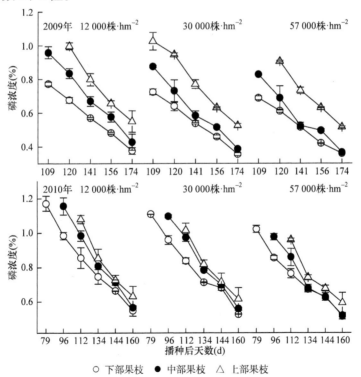

图 18-8 种植密度对棉花不同果枝部位磷浓度变化的影响(2009~2010 年)

三、种植密度与棉株钾浓度

(一)棉株钾浓度变化

棉株钾浓度随种植密度增加的变化与氮、磷一致,随生育进程推进而下降,同一生育时期棉株钾浓度随种植密度增加而下降,随时间的下降变化可用负指数函数($y = ae^{-bx}$)拟合(表 18-10)。增加种植密度对方程参数 b 值(下降速率)的影响在 2009 年较小,但在 2010 年 b 值有所下降;均使 a 值(初始值)减小,即钾浓度降低。

表 18-10 种植密度(x)对棉株钾浓度(y)变化的影响(2009~2010 年)

种植密度(株·hm^{-2})	2009 年		2010 年	
	方程	R^2	方程	R^2
12 000	$y = 14.238e^{-0.012x}$	0.985**	$y = 7.644e^{-0.009x}$	0.992**
21 000	$y = 13.629e^{-0.012x}$	0.978**	$y = 7.486e^{-0.009x}$	0.997**
30 000	$y = 13.010e^{-0.012x}$	0.981**	$y = 7.332e^{-0.009x}$	0.981**
39 000	$y = 12.566e^{-0.012x}$	0.975**	$y = 7.179e^{-0.009x}$	0.978**
48 000	$y = 12.240e^{-0.012x}$	0.960**	$y = 6.856e^{-0.008x}$	0.990**
57 000	$y = 11.778e^{-0.012x}$	0.974**	$y = 6.494e^{-0.008x}$	0.997**

**表示方程决定系数在 0.01 水平相关性显著(2009 年: $n=5$, $R^2_{0.01}=0.919$; 2010 年: $n=6$, $R^2_{0.01}=0.841$)

(二)棉株不同果枝部位钾浓度的差异

不同果枝部位钾浓度变化趋势与氮、磷一致,随生育进程推进呈负指数函数($y = ae^{-bx}$)降低(图 18-9),同一果枝部位,种植密度越大钾浓度越低。

四、种植密度与棉株养分分配及养分利用效率

(一)棉株养分分配变化

棉株养分吸收量随种植密度增加而增加,生殖器官养分吸收量、养分浓度和养分经济系数则随种植密度增加呈抛物线变化,在 30 000 株·hm^{-2} 密度下达最高,与皮棉产量

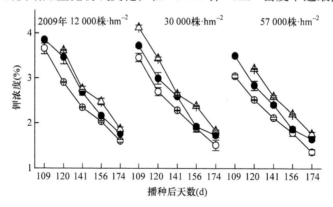

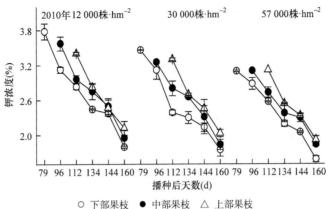

图 18-9 种植密度对棉花不同果枝部位钾浓度变化的影响（2009～2010年）

变化一致（表 18-11）；皮棉产量与棉株养分吸收量、生殖器官养分吸收量之间的相关系数均未达显著水平，而与养分经济系数间的相关系数均达到极显著水平，与生殖器官养分浓度之间的相关系数达到显著或极显著水平。说明适宜种植密度获得高产的原因与其植株养分向生殖器官的高分配率有关，而并非植株养分总吸收量越高越好。

表 18-11 种植密度对棉株氮、磷、钾养分吸收量和经济系数的影响（2010年）

种植密度 (株·hm^{-2})	皮棉产量 (kg·hm^{-2})	养分吸收量 (kg·hm^{-2})			生殖器官养分吸收量 (kg·hm^{-2})			生殖器官养分 浓度(%)			养分经济系数		
		氮	磷	钾	氮	磷	钾	氮	磷	钾	氮	磷	钾
12 000	1 411.6c	148.7e	43.1f	141.2e	86.5d	25.1e	81.4e	2.1a	0.6a	1.9a	0.58c	0.58c	0.58b
21 000	1 486.1b	203.6d	59.2e	191.6d	126.2c	37.3c	116.2d	2.1a	0.6a	1.9a	0.62b	0.63b	0.61b
30 000	1 610.3a	220.2c	64.6d	199.5d	173.7a	49.7a	160.7a	2.2a	0.6a	2.0a	0.79a	0.77a	0.81a
39 000	1 507.1b	260.3b	75.9c	232.7c	144.8b	43.8b	138.1b	2.0b	0.6a	1.9a	0.56c	0.58c	0.59b
48 000	1 375.4c	295.7a	87.4b	248.3b	131.3c	39.3c	123.7c	1.9b	0.6a	1.8b	0.44d	0.45d	0.48c
57 000	1 246.5d	297.8a	94.7a	272.4a	125.8c	35.8d	117.6d	1.9b	0.5a	1.8b	0.42d	0.38e	0.44d

注：同列中不同小写字母表示在 0.05 水平差异显著

（二）棉株养分利用效率变化

随种植密度增加，棉株每生产100kg皮棉所吸收的养分量显著提高（表 18-12），相应的养分利用效率随密度增大呈逐渐降低变化，如 2009 年最高密度（57 000 株·hm^{-2}）棉株氮、磷、钾养分利用效率较最低密度（12 000 株·hm^{-2}）分别降低64.1%、58.4%、61.4%。养分吸收比例也受到密度影响，增加种植密度棉株对钾的吸收比例明显减少，如 2010 年 57 000 株·hm^{-2} 密度下棉株对钾的吸收量较 12 000 株·hm^{-2} 密度减少约9.0%，棉株对氮和磷的吸收比例较稳定。

表 18-12　种植密度对棉株氮、磷、钾养分吸收比例与养分利用效率的影响(2009~2010年)

年份	种植密度(株·hm⁻²)	100kg 皮棉养分吸收量(kg)			养分吸收比例	养分利用效率(kg·kg⁻¹)		
		氮	磷	钾	氮：磷：钾	氮	磷	钾
2009	12 000	8.10e	1.99d	6.97e	1∶0.25∶0.86	12.35a	50.33a	14.35a
	21 000	10.11d	2.40c	8.56d	1∶0.24∶0.85	9.89b	41.75b	11.68b
	30 000	11.22d	2.53c	9.40d	1∶0.23∶0.84	8.92b	39.55b	10.63b
	39 000	14.32c	3.02b	11.74c	1∶0.21∶0.82	6.99c	33.10c	8.51c
	48 000	17.98b	3.84b	14.70b	1∶0.21∶0.82	5.56cd	26.01d	6.80d
	57 000	22.56a	4.77a	18.05a	1∶0.21∶0.80	4.43d	20.96e	5.54e
2010	12 000	10.53e	3.06e	10.00e	1∶0.29∶0.95	9.49a	32.72a	10.00a
	21 000	13.70d	3.99d	12.89d	1∶0.29∶0.90	7.30b	25.09b	7.76bc
	30 000	13.68d	4.01d	12.39d	1∶0.29∶0.91	7.31b	24.95b	8.07b
	39 000	17.27c	5.03c	15.44c	1∶0.29∶0.89	5.79c	19.86c	6.48c
	48 000	21.50b	6.35b	18.78b	1∶0.30∶0.87	4.65cd	15.74d	5.32d
	57 000	23.89a	7.60a	21.85a	1∶0.31∶0.86	4.19d	13.16e	4.58e

注：同列中不同小写字母表示在 0.05 水平差异显著

第三节　种植密度与棉纤维发育及纤维品质

棉纤维品质形成是品种遗传特性、环境生态因素和栽培措施共同作用的结果，种植密度是主要的栽培措施之一，对纤维品质影响的研究结论颇多，但并不一致。多数研究认为种植密度仅影响纤维马克隆值，随种植密度升高，短纤维比例和纤维比强度升高而纤维成熟度和细度降低，且纤维长度、细度和成熟度受种植密度和果枝部位互作的影响；也有研究认为种植密度对纤维长度、长度整齐度、伸长率和黄度的影响较小，但随种植密度升高，纤维马克隆值降低，反射率升高。因此，系统研究种植密度对纤维发育及纤维品质的影响，可为棉花优质生产提供依据。

一、种植密度与棉纤维发育相关物质含量

（一）蔗糖

棉纤维蔗糖含量在花后 10~31d 快速下降，之后相对稳定；随种植密度增加，蔗糖含量在花后 10~17d 显著降低，之后呈升高趋势，不同种植密度纤维蔗糖含量在花后 24d 后差异较小，不同品种间、果枝部位铃间变化趋势一致(图 18-10)。

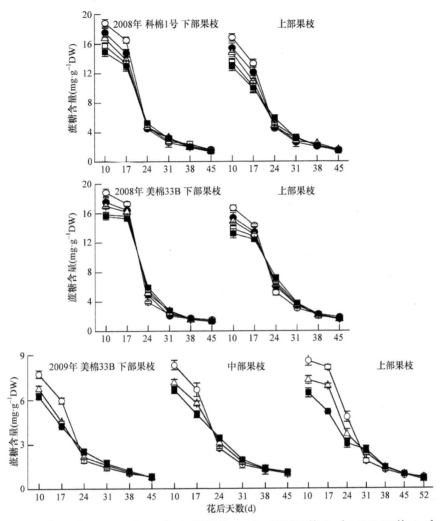

○ 15 000 株·hm⁻² ● 24 000 株·hm⁻² △ 33 000 株·hm⁻² □ 42 000 株·hm⁻² ■ 51 000 株·hm⁻²

图 18-10 种植密度对棉花不同果枝部位铃纤维蔗糖含量变化的影响（2008~2009 年）

纤维蔗糖含量在花后 31d 后保持相对稳定，因此分析花后 17~31d 蔗糖转化率发现（图 18-11），蔗糖转化率随种植密度增加而降低，蔗糖转化率的上升速率在花后 17~24d 随种植密度增加而降低，在花后 24~31d 则相反。

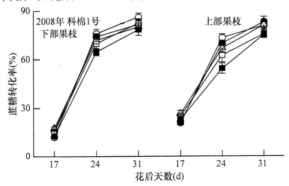

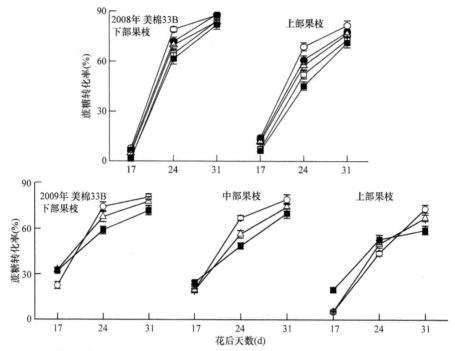

图 18-11　种植密度对棉花不同果枝部位铃纤维蔗糖转化率的影响（2008～2009 年）

（二）β-1,3-葡聚糖

棉纤维 β-1,3-葡聚糖含量随花后天数增加呈降低的变化，在花后 17～24d 快速下降；随种植密度增加，'科棉 1 号'纤维 β-1,3-葡聚糖含量呈先升高后降低的变化，在 33 000 株·hm^{-2}达到最大；'美棉 33B'则呈逐渐降低的变化（图 18-12）。

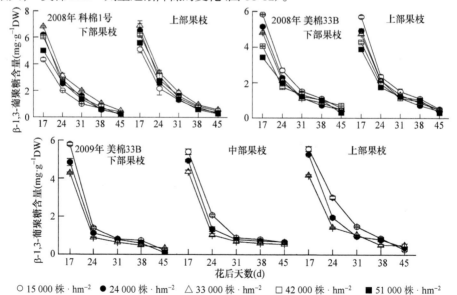

图 18-12　种植密度对棉花不同果枝部位铃纤维 β-1,3-葡聚糖含量变化的影响（2008～2009 年）

(三) 纤维素

棉纤维素累积可用 logistic 方程拟合，分析 2008 年试验纤维素累积特征值变化表明(表 18-13)，种植密度对纤维素快速累积持续期影响较小，纤维素最大累积速率和纤维素含量随种植密度增加而降低；随果枝部位升高，纤维素最大累积速率降低，纤维素快速累积持续期延长；'科棉 1 号'纤维素最大累积速率较'美棉 33B'稍高。

表 18-13　种植密度对棉花不同果枝部位铃纤维素累积的影响(2008 年)

品种	果枝部位	种植密度 (株·hm^{-2})	方程	R^2	n	纤维素快速累积持续期 T(d)	纤维素最大累积速率 V_{max}(%·d^{-1})
科棉 1 号	下部果枝	15 000	$y=89.01/(1+508.25e^{-0.24DPA})$	0.970**	6	11	5.34
		24 000	$y=86.85/(1+611.05e^{-0.24DPA})$	0.968**	6	11	5.21
		33 000	$y=85.33/(1+609.47e^{-0.24DPA})$	0.967**	6	11	5.12
		42 000	$y=83.99/(1+668.14e^{-0.24DPA})$	0.960**	6	11	5.03
		51 000	$y=82.09/(1+607.16e^{-0.24DPA})$	0.966**	6	11	4.93
	上部果枝	15 000	$y=95.48/(1+86.98e^{-0.14DPA})$	0.990**	7	18	3.46
		24 000	$y=91.87/(1+103.92e^{-0.15DPA})$	0.989**	7	18	3.31
		33 000	$y=90.12/(1+121.63e^{-0.15DPA})$	0.989**	7	18	3.22
		42 000	$y=89.21/(1+133.29e^{-0.15DPA})$	0.991**	7	18	3.17
		51 000	$y=89.47/(1+99.73e^{-0.14DPA})$	0.991**	7	19	3.15
美棉 33B	下部果枝	15 000	$y=88.30/(1+232.54e^{-0.22DPA})$	0.950**	6	12	4.94
		24 000	$y=85.31/(1+236.80e^{-0.22DPA})$	0.953**	6	12	4.78
		33 000	$y=84.48/(1+240.71e^{-0.22DPA})$	0.951**	6	12	4.71
		42 000	$y=82.34/(1+240.20e^{-0.22DPA})$	0.956**	6	12	4.57
		51 000	$y=80.48/(1+244.82e^{-0.22DPA})$	0.955**	6	12	4.45
	上部果枝	15 000	$y=85.00/(1+73.07e^{-0.16DPA})$	0.969**	7	16	3.46
		24 000	$y=83.62/(1+70.50e^{-0.16DPA})$	0.973**	7	16	3.43
		33 000	$y=82.69/(1+81.65e^{-0.16DPA})$	0.972**	7	16	3.35
		42 000	$y=82.30/(1+82.78e^{-0.16DPA})$	0.974**	7	16	3.31
		51 000	$y=78.88/(1+90.73e^{-0.16DPA})$	0.975**	7	16	3.16

注：y、DPA 分别表示纤维素含量、花后天数
**表示方程决定系数在 0.01 水平相关性显著($n=6$, $R^2_{0.01}=0.841$; $n=7$, $R^2_{0.01}=0.765$)

二、种植密度与纤维发育相关酶活性

(一) 蔗糖合成酶

纤维蔗糖合成酶(Sus)活性随花后天数增加呈单峰曲线变化，种植密度对 Sus 活性变

化的影响在年际间、品种间、果枝部位间表现均不相同(图 18-13)。平均花后 10~45d 的 Sus 活性发现,Sus 平均酶活性随种植密度增加呈降低变化,'科棉 1 号'与'美棉 33B'表现一致。

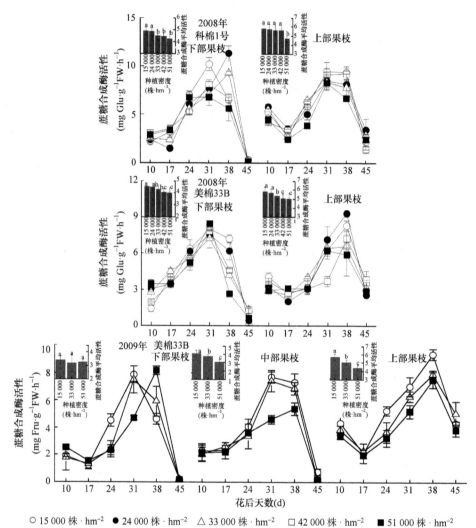

图 18-13　种植密度对棉花不同果枝部位铃纤维蔗糖合成酶活性变化的影响(2008~2009 年)

(二)磷酸蔗糖合成酶

纤维磷酸蔗糖合成酶(SPS)活性随花后天数变化与 Sus 相同,种植密度对 SPS 活性变化的影响在品种间、果枝部位间表现均不相同(图 18-14)。分析平均花后 10~45d 的 SPS 活性发现,SPS 平均酶活性随种植密度增加呈先升高后降低变化,均在 33 000 株·hm^{-2} 种植密度下达到最大,年际间、品种间、果枝部位间变化一致。

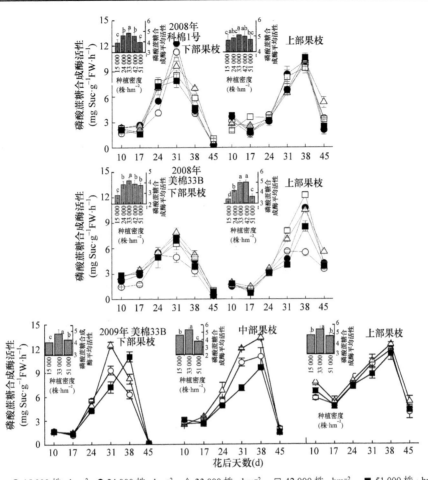

图18-14 种植密度对棉花不同果枝部位铃纤维磷酸蔗糖合成酶SPS活性变化的影响(2008~2009年)

(三) 转化酶

纤维转化酶(Inv)活性随花后天数增加而逐渐降低,随果枝部位升高略有增加;随种植密度增加,转化酶活性呈升高变化,种植密度间差异显著(图18-15)。

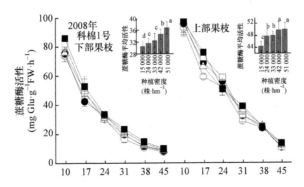

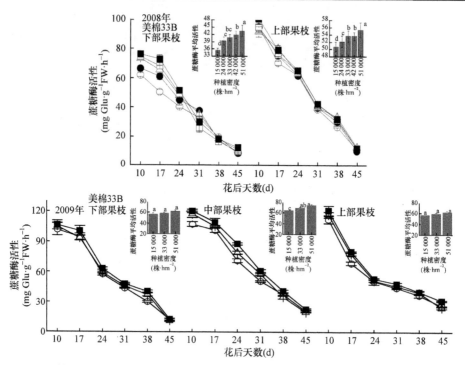

图 18-15 种植密度对棉花不同果枝部位铃纤维转化酶活性变化的影响（2008~2009 年）

三、种植密度与主要纤维品质性状

（一）纤维长度

种植密度对'科棉 1 号''美棉 33B'最终纤维长度的影响均较小（表 18-14）。

表 18-14 种植密度对棉纤维长度（mm）的影响（2008~2009 年）

年份	品种	种植密度（株·hm^{-2}）				
		15 000	24 000	33 000	42 000	51 000
2008	科棉 1 号	30.2a	30.2a	30.3a	30.4a	30.5a
	美棉 33B	29.2a	29.3a	29.4a	29.5a	29.5a
2009	美棉 33B	29.2a	—	29.4a	—	29.6a

注：同列中不同小写字母表示在 0.05 水平差异显著

（二）纤维比强度

纤维比强度在花后 24~31d（或 38d）快速增加，之后平稳增加，'科棉 1 号''美棉 33B'纤维比强度形成趋势一致（图 18-16）；随种植密度增加，'科棉 1 号'纤维比强度呈先升高后降低的变化，'美棉 33B'则呈持续上升的变化。种植密度与纤维比强度形成之间的关系，'科棉 1 号'可用抛物线方程拟合，棉花下部果枝铃纤维比强度在种植密度 33 024 株·hm^{-2}时最高，上部果枝铃在 38 914 株·hm^{-2}时最高；'美棉 33B'纤维比强度形成与种植密度呈直线关系：在一定密度范围内，种植密度每升高 10 000 株·hm^{-2}，'美棉 33B'棉株下部、上部果枝铃纤维比强度分别升高 0.55cN·tex^{-1}、0.20cN·tex^{-1}。

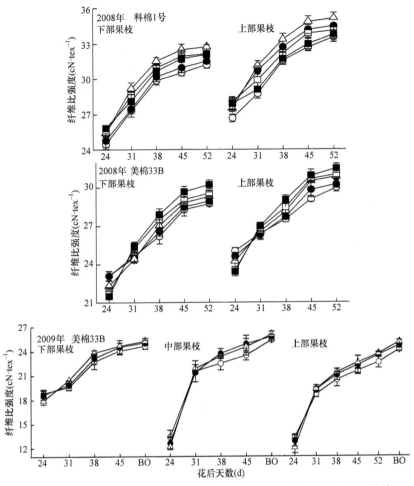

○ 15 000 株·hm⁻² ● 24 000 株·hm⁻² △ 33 000 株·hm⁻² □ 42 000 株·hm⁻² ■ 51 000 株·hm⁻²

图 18-16 种植密度对棉花不同果枝部位铃纤维比强度形成的影响（2008~2009 年）

综合分析不同种植密度间纤维比强度与纤维发育相关物质含量和相关酶活性的关系（表 18-15）发现，纤维比强度与纤维最大蔗糖含量、蔗糖转化率、纤维素最大累积速率均呈显著负相关，与纤维素快速累积持续期呈显著正相关，与纤维素含量和 β-1,3-葡聚糖含量相关性不显著。在纤维发育相关酶中，转化酶和蔗糖合成酶均与纤维比强度呈显著正相关；磷酸蔗糖合成酶与纤维比强度的关系因品种而异，'科棉 1 号'纤维磷酸蔗糖合成酶与纤维比强度呈显著正相关，而'美棉 33B'相关性不显著。

表 18-15 棉纤维比强度与纤维发育相关物质含量和相关酶活性的相关性（2008~2009 年）

年份	品种	最大蔗糖含量	蔗糖转化率	最大纤维素含量	纤维素快速累积持续期	纤维素最大累积速率	β-1,3-葡聚糖含量	转化酶活性	蔗糖合成酶活性	磷酸蔗糖合成酶活性
2008	科棉 1 号	-0.65*	-0.73*	0.55	0.89**	-0.91**	0.56	0.90**	0.83*	0.81*
	美棉 33B	-0.92**	-0.89**	0.59	0.86**	-0.90**	-0.40	0.92**	0.71*	0.55
2009	美棉 33B	-0.67**	-0.17	0.58	0.70*	-0.58	-0.22	0.70*	0.77*	-0.49

注：表中酶活性为花后 10~45d 的平均活性

*、**分别表示在 0.05、0.01 水平相关性显著（2008 年：$n=10$, $R^2_{0.05}=0.632$, $R^2_{0.01}=0.765$；2009 年：$n=9$, $R^2_{0.05}=0.666$, $R^2_{0.01}=0.797$）

(三)纤维细度、成熟度、马克隆值

1. 纤维细度 纤维细度随花后天数增加而降低,可用幂函数模拟,分析纤维细度形成特征值发现(表18-16),随种植密度增加,纤维加厚发育起始期的细度升高,加厚发育期纤维细度平均降低速率下降,最终纤维细度升高,'科棉1号'和'美棉33B'表现一致;棉花上部果枝铃纤维细度较下部果枝铃低,纤维变粗。

表 18-16 种植密度对棉花不同果枝部位铃纤维细度形成的影响(2008 年)

品种	果枝部位	种植密度 (株·hm^{-2})	R^2	加厚起始时纤维细度(m·g^{-1})	加厚发育期纤维细度降低平均值(m·g^{-1}·d^{-1})	实测最终纤维细度(m·g^{-1})
科棉1号	下部果枝	15 000	0.975**	13 048	244	4958c
		24 000	0.968**	13 079	244	5135bc
		33 000	0.970**	13 171	239	5260b
		42 000	0.977**	13 190	228	5589a
		51 000	0.973**	13 201	223	5756a
	上部果枝	15 000	0.938**	13 866	250	4093d
		24 000	0.937**	13 888	233	4429c
		33 000	0.952**	13 843	225	4537bc
		42 000	0.940**	14 004	224	4697b
		51 000	0.946**	14 159	222	4981a
美棉33B	下部果枝	15 000	0.967**	12 183	230	5100b
		24 000	0.976**	12 203	225	5184b
		33 000	0.951**	12 555	229	5487a
		42 000	0.967**	12 795	228	5529a
		51 000	0.978**	12 991	226	5545a
	上部果枝	15 000	0.957**	14 162	242	4729c
		24 000	0.956**	14 217	242	4922b
		33 000	0.954**	14 290	241	5067b
		42 000	0.964**	14 392	238	5097b
		51 000	0.959**	15 225	232	5317a

注:同列中不同小写字母表示在 0.05 水平差异显著
**表示在 0.01 水平相关性显著($n=5$, $R^2_{0.01}=0.919$;$n=6$, $R^2_{0.01}=0.841$)

分析纤维细度与纤维发育相关物质含量和相关酶活性的关系发现(表 18-17),纤维细度与纤维素最大累积速率呈显著正相关,与纤维素快速累积持续期和蔗糖合成酶活性呈显著负相关,与蔗糖含量、蔗糖转化率、纤维素含量、纤维转化酶和磷酸蔗糖合成酶活性相关性均不显著,两品种表现一致;'美棉33B'纤维细度与纤维 β-1,3-葡聚糖含量呈显著负相关。

表 18-17 棉纤维细度与纤维发育相关物质含量和相关酶活性的相关性(2008~2009 年)

年份	品种	最大蔗糖含量	蔗糖转化率	最大纤维素含量	纤维素快速累积持续期	纤维最大累积速率	β-1,3-葡聚糖含量	转化酶活性	蔗糖合成酶活性	磷酸蔗糖合成酶活性
2008	科棉1号	0.02	0.29	−0.98**	−0.77**	0.72*	−0.12	−0.62	−0.95**	−0.56
	美棉33B	−0.09	0.39	−0.42	−0.64*	0.70*	−0.71*	−0.41	−0.89**	−0.01
2009	美棉33B	−0.90**	−0.60	−0.42	−0.19	0.68*	−0.75*	0.54	−0.75*	−0.28

注:表中酶活性为花后 10~45d 的平均活性
*、**分别表示在 0.05、0.01 水平相关性显著(2008 年:$n=10$, $R^2_{0.05}=0.632$, $R^2_{0.01}=0.765$;2009 年:$n=9$, $R^2_{0.05}=0.666$, $R^2_{0.01}=0.797$)

2. 纤维成熟度 纤维成熟度随花后天数增加的变化可用 logistic 方程拟合（表 18-18），随种植密度增加，纤维最大成熟速率降低，纤维成熟度快速增加持续期延长，最终纤维成熟度降低。随棉花果枝部位升高，纤维成熟度差异较小，但纤维最大成熟速率降低，纤维成熟度快速增加持续期延长，年际间、品种间表现一致。

表 18-18 种植密度对棉花不同果枝部位铃纤维成熟度形成的影响（2008 年）

品种	果枝部位	种植密度（株·hm^{-2}）	R^2	纤维最大成熟速率（d^{-1}）	纤维成熟度快速增加持续期（d）	纤维成熟度理论最大值	实测最终纤维成熟度
科棉 1 号	下部果枝	15 000	0.945**	0.076	16	1.87	1.83a
		24 000	0.944**	0.073	17	1.86	1.83a
		33 000	0.956**	0.073	17	1.84	1.81ab
		42 000	0.942**	0.070	17	1.83	1.80ab
		51 000	0.959**	0.067	17	1.80	1.77b
	上部果枝	15 000	0.917*	0.081	16	1.93	1.85a
		24 000	0.915*	0.080	16	1.93	1.83a
		33 000	0.920**	0.078	16	1.92	1.82ab
		42 000	0.922**	0.076	16	1.89	1.81ab
		51 000	0.932**	0.073	17	1.88	1.79b
美棉 33B	下部果枝	15 000	0.920**	0.095	13	1.82	1.80a
		24 000	0.936**	0.094	13	1.80	1.78ab
		33 000	0.929**	0.093	13	1.78	1.77ab
		42 000	0.920**	0.092	13	1.76	1.74b
		51 000	0.943**	0.090	13	1.75	1.74b
	上部果枝	15 000	0.893*	0.082	15	1.87	1.80a
		24 000	0.926**	0.081	15	1.86	1.79a
		33 000	0.903*	0.081	15	1.85	1.79a
		42 000	0.921**	0.080	15	1.83	1.78ab
		51 000	0.907*	0.077	16	1.82	1.74b

注：同列中不同小写字母表示在 0.05 水平差异显著

** 表示在 0.01 水平相关性显著（$n=5$, $R^2_{0.01}=0.919$; $n=6$, $R^2_{0.01}=0.841$）

分析纤维细度与纤维发育相关物质含量和相关酶活性的关系发现（表 18-19），纤维成熟度与纤维最大蔗糖含量、成熟纤维纤维素含量及纤维素快速累积持续期呈显著正相关，与纤维素最大累积速率呈显著负相关，表明平缓的纤维素累积有利于纤维成熟度形成；纤维成熟度与 β-1,3-葡聚糖含量相关性不显著。纤维成熟度与纤维蔗糖合成酶活性呈显著正相关，与转化酶和磷酸蔗糖合成酶活性相关不显著；'科棉 1 号'和'美棉 33B'表现一致。

表 18-19 棉纤维成熟度与纤维发育相关物质含量和相关酶活性的相关性（2008～2009 年）

年份	品种	最大蔗糖含量	蔗糖转化率	最大纤维素含量	纤维素快速累积持续期	纤维素最大累积速率	β-1,3-葡聚糖含量	转化酶活性	蔗糖合成酶活性	磷酸蔗糖合成酶活性
2008	科棉 1 号	0.67*	−0.40	0.95**	0.81**	−0.76*	0.13	0.57	0.70*	0.61
	美棉 33B	0.65*	−0.59	0.77**	0.79**	−0.69**	0.05	0.60	0.97**	0.15
2009	美棉 33B	0.71*	0.29	0.67*	0.79*	−0.71*	0.85*	0.18	0.75*	−0.12

注：表中酶活性为花后 10～45d 的平均活性

*、** 分别表示在 0.05、0.01 水平相关性显著（2008 年：$n=10$, $R^2_{0.05}=0.632$, $R^2_{0.01}=0.765$; 2009 年：$n=9$, $R^2_{0.05}=0.666$, $R^2_{0.01}=0.797$）

3. 纤维马克隆值 纤维马克隆值形成与纤维成熟度一致,用 logistic 方程拟合及马克隆值形成特征值对种植密度的响应规律也与纤维成熟度一致(表 18-20)。

表 18-20 种植密度对棉花不同果枝部位铃纤维马克隆值形成的影响(2008 年)

品种	果枝部位	种植密度(株·hm^{-2})	R^2	马克隆值增加最大速率(d^{-1})	马克隆值快速增加持续期(d)	马克隆值理论最大值	实测最终马克隆值
科棉 1 号	下部果枝	15 000	0.943**	0.26	14	4.8	4.8a
		24 000	0.955**	0.22	14	4.7	4.7ab
		33 000	0.974**	0.20	14	4.6	4.6b
		42 000	0.929**	0.19	15	4.4	4.4c
		51 000	0.953**	0.18	15	4.3	4.3c
	上部果枝	15 000	0.981**	0.29	12	5.1	5.2a
		24 000	0.923**	0.24	15	5.1	5.1ab
		33 000	0.995**	0.23	15	5.0	5.0b
		42 000	0.946**	0.22	15	4.9	4.9c
		51 000	0.992**	0.21	15	4.7	4.7d
美棉 33B	下部果枝	15 000	0.967**	0.27	13	4.9	4.9a
		24 000	0.982**	0.26	13	4.9	4.9a
		33 000	0.960**	0.26	13	4.9	4.8b
		42 000	0.966**	0.25	13	4.8	4.6c
		51 000	0.961**	0.23	14	4.6	4.5c
	上部果枝	15 000	0.966**	0.30	12	5.3	5.3a
		24 000	0.973**	0.29	12	5.2	5.1ab
		33 000	0.968**	0.29	12	5.1	5.0b
		42 000	0.976**	0.27	12	4.8	4.9c
		51 000	0.972**	0.26	12	4.8	4.8c

注:同列中不同小写字母表示在 0.05 水平差异显著

**表示在 0.01 水平相关性显著($n=5$, $R^2_{0.01}=0.919$;$n=6$, $R^2_{0.01}=0.841$)

分析纤维马克隆值与纤维发育相关物质含量和相关酶活性的关系发现(表 18-21),马克隆值与成熟纤维纤维素含量呈显著正相关,与纤维最大蔗糖含量、蔗糖转化率和 β-1,3-葡聚糖含量相关性不显著。'科棉 1 号'马克隆值与纤维素快速累积持续期呈显著正相关,与纤维素最大累积速率呈显著负相关;'美棉 33B'马克隆值与纤维素累积特征值相关不显著。马克隆值与纤维发育相关酶活性的关系同纤维成熟度表现一致。

表 18-21 棉纤维马克隆值与纤维发育相关物质含量和相关酶活性的相关性(2008~2009 年)

年份	品种	最大蔗糖含量	蔗糖转化率	最大纤维素含量	纤维素快速累积持续期	纤维素最大累积速率	β-1,3-葡聚糖含量	转化酶活性	蔗糖合成酶活性	磷酸蔗糖合成酶活性
2008	科棉 1 号	0.05	−0.24	0.95**	0.72*	−0.67*	0.22	0.56	0.68*	0.57
	美棉 33B	0.24	−0.22	0.72*	0.49	−0.38	0.59	0.28	0.84**	−0.02
2009	美棉 33B	0.90**	0.57	0.70*	0.57	−0.59	0.65	−0.16	0.68*	0.08

注:表中酶活性为花后 10~45d 的平均活性

*、**分别表示在 0.05、0.01 水平相关性显著(2008 年:$n=10$, $R^2_{0.05}=0.632$, $R^2_{0.01}=0.765$;2009 年:$n=9$, $R^2_{0.05}=0.666$, $R^2_{0.01}=0.797$)

第四节 种植密度与棉籽发育及棉籽品质

棉籽作为棉花生产的主要副产品,既是棉花生产的基础,也是世界第二大蛋白质和第五大植物油来源,国内外对棉籽发育及棉籽品质的研究一直较为缺乏。棉籽品质指标主要包括籽指、脂肪含量及蛋白质含量等,虽主要受到品种遗传基因控制,但生态环境因素和栽培措施的影响也不容忽视。2008 年在江苏南京江苏省农科院(118°50′E,32°02′N,长江流域下游棉区)和河南安阳中国农科院棉花所(114°13′E,36°04′N,黄河流域黄淮棉区)同时设置棉花种植密度试验(南京:15 000 株·hm^{-2}、24 000 株·hm^{-2}、33 000 株·hm^{-2}、42 000 株·hm^{-2}、51 000 株·hm^{-2};安阳:15 000 株·hm^{-2}、33 000 株·hm^{-2}、51 000 株·hm^{-2}、69 000 株·hm^{-2}、87 000 株·hm^{-2}),研究种植密度对棉花生物量积累及棉籽脂肪与蛋白质累积的影响。

一、种植密度与棉籽生物量、籽指

(一)单铃棉籽生物量

单铃棉籽生物量随花后天数增加的变化可用 logistic 方程拟合(表 18-22),增加种植密度,棉籽生物量快速累积起、止期均提前,快速累积持续期缩短,累积速率下降,棉籽生物量理论最大值与最终值降低。例如,以南京试点 7 月 20 日开花期为例,'科棉 1 号' 24 000 株·hm^{-2}、33 000 株·hm^{-2}、42 000 株·hm^{-2}、51 000 株·hm^{-2} 密度下单铃棉籽生物量最大值较 15 000 株·hm^{-2} 分别降低 2.29%、3.59%、9.8%、14.05%。

与'美棉 33B'相比,'科棉 1 号'单铃棉籽生物量积累起始期、终止期(t_1、t_2)出现较晚,T 值、V_T 值较大,W_m 值较高。开花期之间比较,南京试点 8 月 10 日开花期较 7 月 20 日更有利于棉籽生物量累积,其 T 值较长,V_T 值较大,W_m 值较高。安阳试点两个开花期间单铃棉籽最终生物量差异较大,7 月 26 日开花期棉籽生物量累积各项特征值都显著高于 8 月 26 日。

表 18-22 种植密度对单铃棉籽生物量积累的影响(南京,安阳)

试点	品种	开花期	种植密度 (株·hm^{-2})	R^2	快速累积 持续期(d)	快速累积期平均 累积速率(g·d^{-1})	理论最大值 (g)
南京	科棉1号	7月20日	15 000	0.859**	19.48	0.11	3.70
			24 000	0.912**	19.19	0.10	3.49
			33 000	0.896**	18.25	0.11	3.39
			42 000	0.907**	17.93	0.10	3.17
			51 000	0.914**	17.88	0.10	3.05
		8月10日	15 000	0.922**	20.96	0.14	5.06
			24 000	0.930**	20.66	0.14	4.89
			33 000	0.930**	19.58	0.14	4.73
			42 000	0.982**	18.17	0.13	4.11
			51 000	0.977**	17.67	0.13	3.96

续表

试点	品种	开花期	种植密度(株·hm^{-2})	R^2	快速累积持续期(d)	快速累积期平均累积速率(g·d^{-1})	理论最大值(g)
南京	美棉33B	7月20日	15 000	0.867**	20.15	0.10	3.39
			24 000	0.910**	19.75	0.09	3.07
			33 000	0.900**	18.37	0.09	2.89
			42 000	0.903**	17.73	0.09	2.66
			51 000	0.909**	17.48	0.09	2.60
		8月10日	15 000	0.930**	20.28	0.11	3.70
			24 000	0.930**	18.62	0.11	3.57
			33 000	0.943**	18.08	0.11	3.47
			42 000	0.950**	17.48	0.11	3.30
			51 000	0.950**	17.04	0.11	3.11
安阳	美棉33B	7月26日	15 000	0.922**	26.13	0.09	3.85
			33 000	0.936**	25.40	0.08	3.64
			51 000	0.935**	23.13	0.09	3.44
			69 000	0.937**	22.99	0.08	3.22
			87 000	0.933**	23.73	0.08	3.15
		8月26日	15 000	0.925**	20.79	0.06	2.09
			33 000	0.939**	19.37	0.06	2.05
			51 000	0.937**	19.54	0.06	1.96
			69 000	0.932**	20.45	0.05	1.83
			87 000	0.939**	18.22	0.05	1.71

**表示在0.01水平相关性显著（$n=8$，$R^2_{0.01}=0.695$）

（二）籽指

籽指随花后天数增加的变化可用logistic方程拟合（表18-23），随种植密度增加，籽指快速累积起、止期均提前，快速累积持续期缩短，累积速率下降，籽指理论最大值降低。籽指与种植密度极显著负相关，如南京7月20日开花期棉花在种植密度24 000株·hm^{-2}、33 000株·hm^{-2}、42 000株·hm^{-2}、51 000株·hm^{-2}下，吐絮期籽指较15 000株·hm^{-2}分别下降7.21%、10.37%、12.50%、18.01%。

表18-23 种植密度对棉花籽指变化的影响（南京，安阳）

试点	品种	开花期	种植密度(株·hm^{-2})	R^2	快速累积持续期(d)	快速累积期平均累积速率(g·d^{-1})	理论最大值(g)
南京	科棉1号	7月20日	15 000	0.973**	15.99	0.56	15.51
			24 000	0.977**	15.28	0.50	13.31
			33 000	0.971**	15.00	0.49	12.69
			42 000	0.979**	14.87	0.48	12.42

续表

试点	品种	开花期	种植密度 (株·hm^{-2})	R^2	快速累积持续期(d)	快速累积期平均累积速率(g·d^{-1})	理论最大值 (g)
南京	科棉1号	7月20日	51 000	0.983**	14.39	0.46	11.44
		8月10日	15 000	0.934**	20.48	0.38	13.97
			24 000	0.940**	19.19	0.40	12.97
			33 000	0.912**	20.87	0.37	13.49
			42 000	0.936**	19.40	0.38	12.25
			51 000	0.938**	20.28	0.34	12.16
	美棉33B	7月20日	15 000	0.982**	15.72	0.46	12.50
			24 000	0.972**	14.72	0.47	11.89
			33 000	0.981**	14.24	0.47	11.57
			42 000	0.973**	14.35	0.44	11.01
			51 000	0.990**	14.64	0.43	10.90
		8月10日	15 000	0.890**	21.06	0.34	12.22
			24 000	0.906**	23.03	0.30	11.99
			33 000	0.892**	20.99	0.30	10.95
			42 000	0.906**	17.46	0.30	8.97
			51 000	0.898**	19.64	0.27	9.30
安阳	美棉33B	7月26日	15 000	0.971**	18.73	0.33	10.68
			33 000	0.945**	19.93	0.31	10.68
			51 000	0.952**	18.13	0.33	10.32
			69 000	0.976**	17.17	0.32	9.54
			87 000	0.962**	18.55	0.29	9.44
		8月26日	15 000	0.971**	15.23	0.26	6.75
			33 000	0.967**	15.71	0.24	6.57
			51 000	0.937**	16.57	0.22	6.31
			69 000	0.976**	13.62	0.24	5.78
			87 000	0.976**	14.48	0.23	5.74

**表示在0.01水平相关性显著($n=8$, $R^2_{0.01}=0.695$)

二、种植密度与棉籽脂肪、蛋白质含量

(一)脂肪含量

棉籽脂肪含量随花后天数增加的变化可用 logistic 方程拟合(表 18-24),随种植密度增加,棉籽脂肪含量快速累积起、止期提前,累积持续期缩短,累积速率下降,脂肪含量降低;两个品种、两个试点及两个开花期变化趋势一致,增加种植密度将抑制棉籽脂肪累积,棉籽脂肪含量与种植密度呈极显著负相关。例如,以南京 7 月 20 日开花期棉花为例,在种植密度 24 000 株·hm^{-2}、33 000 株·hm^{-2}、42 000 株·hm^{-2}、51 000 株·hm^{-2}下,'科棉1号'最终棉籽脂肪含量较 15 000 株·hm^{-2}分别下降 7.81%、16.03%、21.93%、21.05%,降幅明显大于籽指。

表 18-24 种植密度对棉籽脂肪积累的影响(南京,安阳)

试点	品种	开花期	种植密度(株·hm^{-2})	R^2	快速累积持续期(d)	快速累积期平均累积速率(%·d^{-1})	理论最大值(%)
南京	科棉1号	7月20日	15 000	0.930**	22.46	0.42	16.14
			24 000	0.930**	22.83	0.36	14.34
			33 000	0.945**	21.14	0.37	13.61
			42 000	0.932**	21.47	0.33	12.36
			51 000	0.932**	19.93	0.34	11.82
		8月10日	15 000	0.955**	19.37	0.57	19.06
			24 000	0.979**	17.96	0.54	16.92
			33 000	0.976**	18.29	0.52	16.55
			42 000	0.976**	18.20	0.46	14.53
			51 000	0.980**	18.32	0.42	13.48
	美棉33B	7月20日	15 000	0.958**	19.66	0.66	22.50
			24 000	0.953**	18.15	0.62	19.61
			33 000	0.966**	17.89	0.60	18.71
			42 000	0.971**	17.83	0.53	16.39
			51 000	0.971**	17.96	0.52	16.15
		8月10日	15 000	0.977**	19.41	0.60	20.27
			24 000	0.976**	18.50	0.60	19.10
			33 000	0.983**	18.71	0.53	17.18
			42 000	0.981**	17.99	0.47	14.65
			51 000	0.986**	17.98	0.44	13.75
安阳	美棉33B	7月26日	15 000	0.962**	21.52	0.77	28.68
			33 000	0.964**	21.09	0.75	27.53
			51 000	0.967**	20.79	0.73	26.33
			69 000	0.971**	20.82	0.68	24.68
			87 000	0.973**	19.93	0.66	22.90
		8月26日	15 000	0.976**	31.25	0.29	15.52
			33 000	0.982**	31.47	0.27	14.78
			51 000	0.984**	32.12	0.27	13.91
			69 000	0.985**	31.85	0.22	11.94
			87 000	0.981**	27.70	0.23	10.83

**表示在0.01水平相关性显著($n=8$,$R^2_{0.01}=0.695$)

(二)蛋白质含量

棉籽发育初期蛋白质含量较高,之后逐渐降低,在花后25d左右降到最低值后再迅速升高,其变化近似V形。随种植密度增加,棉籽蛋白质含量先上升后略有下降,呈开口向下的抛物线变化趋势,过低和过高密度均不利于其累积,低密度下尤其不利。南京、安阳分别在33 000株·hm^{-2}、51 000株·hm^{-2}种植密度下棉籽蛋白质含量最高,如南京7月20日开花期'科棉1号'在24 000株·hm^{-2}、33 000株·hm^{-2}、42 000株·hm^{-2}、51 000株·hm^{-2}密度下棉籽蛋白质含量较15 000株·hm^{-2}分别下降11.23%、8.83%、3.94%、6.18%,降幅小于油分含量。

第十九章　植物生长调节剂与棉花产量品质

使用植物生长调节剂作为棉花生产的重要技术措施,在促进棉花根系发育和增强根系活力、调节棉花生理功能、延缓衰老、塑造理想株型、调控内源激素平衡、协调营养生长与生殖生长、促进棉铃发育和成熟等方面具有显著作用,影响棉花产量品质的形成。

本章通过选择'科棉1号'和'美棉33B'于2006～2007年在江苏省农科院(江苏南京,118°50′E,32°02′N,长江流域棉区)和2006年在中国农业科学院棉花研究所(河南安阳,114°13′E,36°04′N,黄河流域黄棉区)进行播种期(4月25日为适宜播种期,5月25日为晚播)和植物生长调节剂(6-BA、ABA:浓度分别为600L·hm^{-2}、20mg·L^{-1})试验,以明确植物生长调节剂对不同播种期棉花产量和品质形成的影响。

第一节　植物生长调节剂(6-BA和ABA)与棉花产量和棉铃品质

一、外源6-BA和ABA对棉铃对位叶蔗糖和淀粉含量的影响

(一)蔗糖和淀粉含量

棉铃对位叶蔗糖含量在开花初期较高,说明此时有充足的蔗糖供应棉铃,随花后天数增加蔗糖含量持续降低(图19-1)。与适宜播种期相比,晚播(5月25日,南京、安阳试点棉铃发育期的铃期日均最低温分别为20.9℃、16.5℃)时棉铃对位叶蔗糖含量有增加趋势,安阳试点棉铃对位叶蔗糖含量由下降趋势变为单峰变化。外源6-BA显著影响棉铃对位叶蔗糖含量变化,且随棉铃发育进程作用逐渐减弱,至花后33d时外源6-BA处理与对照差异不显著。外源ABA对南京试点棉铃对位叶蔗糖含量变化影响较小,明显增加安阳试点棉铃对位叶蔗糖含量,但在棉铃发育后期作用不明显。安阳试点棉铃对位叶蔗糖含量显著高于南京,究其原因是安阳试点棉花铃期温度偏低,影响蔗糖转运所致。

另外,外源6-BA和ABA提高了不同播种期棉铃对位叶蔗糖转化率(表19-1),说明在本试验处理浓度范围内,外源生长调节剂有利于促进棉铃对位叶中蔗糖向库端的输送。

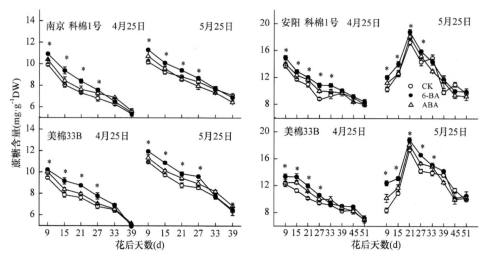

图 19-1 外源 6-BA 和 ABA 对不同播种期棉花棉铃对位叶蔗糖含量的影响（2006 年，南京，安阳）
CK. 对照，下图同；*表示在 0.05 水平相关性显著

表 19-1 外源 6-BA 和 ABA 对不同播种期棉花棉铃对位叶蔗糖转化率（%）的影响（2006 年）

播种期	生长调节剂	南京		安阳	
		科棉 1 号	美棉 33B	科棉 1 号	美棉 33B
适宜播种期 （4 月 25 日）	CK	46.17ab	46.70b	40.66a	43.52a
	6-BA	49.87a	52.05a	43.74a	46.09a
	ABA	45.85b	48.32b	42.89a	44.99a
晚播 （5 月 25 日）	CK	30.33b	41.97a	37.72a	42.49a
	6-BA	39.23a	45.75a	41.57a	43.98a
	ABA	39.74a	39.75a	43.40a	43.36a

注：CK 为对照，下表同；同列中不同小写字母表示在 0.05 水平差异显著

进一步分析表 19-1 可知，两试点棉铃对位叶蔗糖转化率在品种间和生长调节剂间差异均达显著或极显著水平，仅南京试点蔗糖转化率在播种期间达到显著水平。外源 6-BA 和 ABA 提高了不同播种期棉铃对位叶蔗糖转化率，说明在本试验处理的浓度范围内，外施生长调节剂有利于促进棉铃对位叶中蔗糖向库端的输送。

棉铃对位叶淀粉含量随花后天数增加呈单峰曲线变化，峰值出现在花后 27～33d（图 19-2）。晚播（5 月 25 日，南京、安阳试点棉铃发育期的铃期日均最低温分别为 20.9℃、16.5℃）时棉铃对位叶淀粉含量略有增加，峰值出现时间推迟。外源 6-BA 对两个播种期棉铃对位叶花后 9d、15d、21d 和 27d 淀粉含量影响均达显著水平，适宜播种期（4 月 25 日，南京、安阳试点棉铃发育期的铃期日均最低温分别为 24.7℃、21.1℃）下，外源 ABA 对棉铃对位叶淀粉含量影响较小；晚播时淀粉含量提高，且对棉铃发育前期（花后 9～27d）影响较大，其作用随花后天数增加逐渐减小。两试点两个播种期下结果均显示外源 6-BA 对棉铃对位叶淀粉含量变化作用较为显著，而 ABA 对其影响较小。

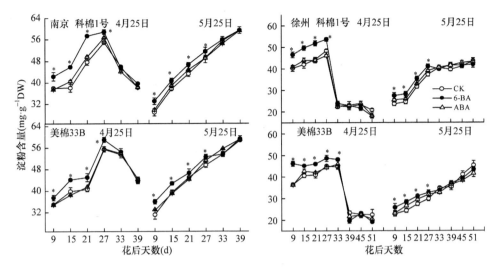

图 19-2 外源 6-BA 和 ABA 对不同播种期棉花棉铃对位叶中淀粉含量的影响（2006 年，南京，徐州）
*表示在 0.05 水平相关性显著

（二）内源激素含量

鉴于外源 6-BA 和 ABA 显著影响花后 9d、15d、21d 和 27d 棉铃对位叶蔗糖和淀粉含量，故仅以南京试点为例分析该时期棉铃对位叶内源激素含量的变化（表 19-2），适宜播种期（4 月 25 日）下，外源 6-BA 降低了棉铃对位叶内源 ABA 含量，增加了内源 GA_3、ZR 和 IAA 含量；而外源 ABA 作用与 6-BA 相反，降低了棉铃对位叶内源 GA_3 含量，显著增加了内源 ABA 和 IAA 含量。播种期推迟（5 月 25 日，南京试点棉铃发育期的铃期日均最低温 20.9℃），外源 ABA 减小了棉铃对位叶内源 ABA 含量的增加幅度，外源 6-BA 和 ABA 对'科棉 1 号'棉铃对位叶 IAA 增加幅度和 ABA 含量降低幅度的影响更大，且在晚播时作用更显著。

表 19-2 外源 6-BA 和 ABA 对不同播种期棉花棉铃对位叶内源激素含量的影响（花后 9～27d 均值比较，2016 年，南京）

生长调节剂	科棉 1 号								美棉 33B							
	ABA	Δ	GA_3	Δ	ZR	Δ	IAA	Δ	ABA	Δ	GA_3	Δ	ZR	Δ	IAA	Δ
适宜播种期（4 月 25 日）																
CK	49.7b	—	5.2ab	—	1.0b	—	13.4c	—	51.0b	—	6.9a	—	1.4b	—	13.5b	—
6-BA	46.5b	−6.4	6.0a	15.4	2.2a	120.0	33.6a	150.7	47.3b	−7.2	7.4a	7.1	1.8a	28.9	23.4a	73.4
ABA	63.8a	28.3	4.9b	−5.8	1.4b	41.6	20.9b	55.7	65.1a	27.8	5.9b	−14.9	1.4b	0.6	18.5ab	37.5
晚播（5 月 25 日）																
CK	53.7a	—	5.0b	—	0.8b	—	8.6c	—	40.3a	—	6.5a	—	1.3b	—	18.0b	—
6-BA	44.2b	−17.7	7.2a	44.9	1.5a	73.5	49.1a	472.6	37.0a	−8.2	6.6a	0.3	1.8a	43.7	26.0a	44.7
ABA	56.7a	5.5	2.8c	−43.2	1.3a	57.3	14.0b	63.0	45.5a	12.8	6.1a	−6.9	1.7ab	31.8	18.9b	5.4

注：同列中不同小写字母表示在 0.05 水平差异显著；Δ(%)=(6-BA 或 ABA−CK)×100/CK

(三) 棉铃对位叶蔗糖、淀粉含量与内源激素含量的相关性

由表 19-3 可知，棉铃对位叶蔗糖含量与内源 ABA 含量呈显著负相关，与内源 GA_3 含量、GA_3/ABA、(GA_3+ZR)/ABA 和 IAA/ABA 呈显著正相关；淀粉含量与内源 ABA 含量、ZR 含量和 ZR/ABA 呈显著正相关，与内源 GA_3 含量、GA_3/ABA 和 (GA_3+ZR)/ABA 呈显著负相关。

表 19-3　棉铃对位叶内源激素含量与蔗糖、淀粉含量的相关性

	ABA	GA_3	ZR	IAA	GA_3/ABA	ZR/ABA	(GA_3+ZR)/ABA	IAA/ABA
蔗糖	−0.567**	0.390**	−0.040	0.226	0.589**	−0.280	0.588**	0.421**
淀粉	0.634**	−0.324*	0.380**	0.049	−0.578**	0.460**	−0.531**	−0.200

*、**分别表示在 0.05、0.01 水平相关性显著

二、外源 6-BA 和 ABA 对棉花产量品质的影响

(一) 棉花产量与产量构成

表 19-4 中棉花产量与产量构成数据表明，晚播(5 月 25 日)时棉花产量显著降低，外源 6-BA、ABA 对棉花产量与产量构成的影响主要表现在铃重和衣分上，影响效应因播种期而异。适宜播种期棉花外施 6-BA、ABA 后铃重增加、衣分降低；晚播棉花外施 6-BA 后铃重增加、衣分降低，但未达到显著水平；外源 ABA 对晚播棉花铃重和衣分的影响较小。与'美棉 33B'相比，'科棉 1 号'铃重在 6-BA 和 ABA 处理间变化幅度较大，衣分变化幅度较小。

(二) 棉花不同果枝部位铃重变化

表 19-5 中棉花不同果枝部位铃重和衣分数据表明，铃期日均最低温随播种期推迟而降低，显著影响铃重形成，影响效应因果枝部位而异，下部果枝铃重略有增加，中、上部果枝铃重显著降低。外源 6-BA、ABA 对上部果枝铃重影响较小，对下、中部铃重影响较大。不同种类生长调节剂在棉株不同果枝部位的作用效应不同，外源 6-BA 可提高下部果枝棉铃铃重，不同铃期日均最低温间差异较小，但外源 ABA 对下部果枝棉铃铃重影响较小；外源 6-BA 可提高中部果枝铃重，且其升高幅度随铃期日均最低温的降低而变大，外源 ABA 可提高适宜播种期铃重(铃期日均最低温为 24.7℃、23.3℃)、降低晚播铃重(铃期日均最低温为 20.9℃、19.7℃)。

表 19-4　外源 6-BA 和 ABA 对不同播种期棉花产量与产量构成的影响(2006～2007 年)

年份	播种期	处理	科棉 1 号				美棉 33B			
			单株铃数	铃重 (g)	衣分 (%)	皮棉产量 $(kg \cdot hm^{-2})$	单株铃数	铃重 (g)	衣分 (%)	皮棉产量 $(kg \cdot hm^{-2})$
2006	适宜播种期 (4 月 25 日)	CK	21.3a	5.4b	41.3a	1968.09a	19.7a	4.8b	38.3a	1511.01a
		6-BA	20.9a	5.8a	41.0a	2075.73a	19.4a	5.2a	36.9b	1538.19a
		ABA	20.8a	5.5ab	40.8a	1963.82a	19.2a	5.0a	37.9ab	1521.27a

续表

年份	播种期	处理	科棉1号				美棉33B			
			单株铃数	铃重(g)	衣分(%)	皮棉产量(kg·hm⁻²)	单株铃数	铃重(g)	衣分(%)	皮棉产量(kg·hm⁻²)
2006	晚播(5月25日)	CK	16.5a	5.2b	43.2a	1531.05a	15.9a	4.5b	39.6a	1170.91a
		6-BA	16.1a	5.3a	42.3a	1505.35a	15.7a	4.6a	38.9a	1180.97a
		ABA	16.4a	5.1b	42.0a	1494.13a	15.6a	4.5ab	40.1a	1195.70a
2007	适宜播种期(4月25日)	CK	20.6a	5.4b	41.4a	1900.77a	19.0a	4.7	38.3a	1435.66a
		6-BA	20.2a	5.7a	40.7a	1941.30a	18.7a	4.9a	37.2b	1448.83a
		ABA	20.4a	5.5ab	40.4a	1886.89a	18.5a	4.8a	38.0a	1423.73a
	晚播(5月25日)	CK	16.1a	5.2a	41.6a	1444.53a	15.2a	4.4a	37.4a	1044.97a
		6-BA	15.9a	5.3a	40.9a	1440.79a	15.0a	4.5a	36.5a	1031.15a
		ABA	15.6a	5.2b	41.5a	1408.94a	14.8a	4.5a	37.3a	1039.79a

注：同列中不同小写字母表示在0.05水平差异显著

表 19-5 外源 6-BA 和 ABA 对不同播种期棉花不同果枝部位铃重的影响（2006～2007 年）

年份	果枝部位	铃期日均最低温(℃)	科棉1号			美棉33B		
			CK	6-BA	ABA	CK	6-BA	ABA
2006	下部	26.0	5.31b	5.42a	5.37ab	4.62b	4.68a	4.65ab
		23.5	5.51b	5.64a	5.50b	4.69a	4.70a	4.67a
	中部	24.7	5.46b	5.80a	5.66ab	5.04b	5.12b	5.20a
		20.9	5.14b	5.47a	5.08c	4.77ab	4.94a	4.70b
	上部	22.5	5.38a	5.45a	5.47a	4.73a	4.83a	4.76a
		19.9	4.84a	4.70a	4.90a	4.14a	4.12a	4.16a
2007	下部	26.1	5.41b	5.60a	5.50ab	4.48ab	4.66a	4.52ab
		22.6	5.49b	5.57a	5.52ab	4.49a	4.39a	4.52a
	中部	23.3	5.51c	5.70a	5.61b	4.61b	4.71a	4.65ab
		19.7	4.93b	5.28a	4.89b	4.55a	4.67a	4.66a
	上部	22.4	5.29a	5.33a	5.41a	4.73a	4.58a	4.83a

注：同行中不同小写字母表示在0.05水平差异显著

（三）纤维主要品质性状

分析棉株3个果枝部位纤维主要品质性状变化可知（表19-6），铃期日均最低温对纤维主要品质性状的影响均达极显著水平，外源生长调节剂对纤维品质性状的影响不同，对纤维长度、比强度和马克隆值的影响达显著或极显著水平，对整齐度的影响较小。生长调节剂与铃期日均最低温存在互作效应，在棉株3个果枝部位间，以中部果枝棉铃纤维长度、比强度和马克隆值受生长调节剂及生长调节剂与铃期日均最低温之间互作效应的影响最大。

表 19-6 棉纤维主要品质性状变化的统计分析(2006～2007 年)

变异来源	自由度	下部果枝铃				中部果枝铃				上部果枝铃			
		长度	比强度	马克隆值	整齐度	长度	比强度	马克隆值	整齐度	长度	比强度	马克隆值	整齐度
生长调节剂	2	0.09	0.32	0.11	0.64*	7.15**	6.69**	0.43**	0.55	0.74	4.02**	0.29**	0.63
品种	1	8.31**	65.10**	0.02	0.01	11.86**	63.02**	0.34**	1.30	6.42**	32.49**	0.52**	0.06
铃期日均最低温	3	3.28**	42.54**	0.67**	1.59**	7.46**	66.10**	1.21**	1.56	1.08	34.03**	0.42**	1.35*
生长调节剂×品种	2	0.94	0.44	0.17*	0.72*	0.04	0.38	0.03	0.15	0.13	0.06	0.15**	2.65**
生长调节剂×铃期日均最低温	6	0.54	0.72	0.04	0.20	0.05	2.22	0.12**	2.77**	0.17	0.87	0.20**	0.45
品种×铃期日均最低温	3	0.30	3.05**	0.79**	2.03**	0.32	1.61*	0.12**	0.08	1.82	21.94**	1.35**	1.28
生长调节剂×品种×铃期日均最低温	6	0.33	1.22	0.11*	1.64**	0.02	0.19	0.01	0.87	0.90	1.91	0.08	0.17
误差	23	0.35	0.27	0.03	0.18	0.09	0.36	0.02	0.61	0.62	0.65	0.03	0.36

*、**分别表示在 0.05、0.01 水平相关性显著

以棉株中部果枝铃为例分析纤维长度、比强度和马克隆值的变化发现(表 19-7),随铃期日均最低温降低,纤维长度和比强度降低,马克隆值升高(超出了 B 级纤维 4.3～4.9 的范围)。在适宜播种期(铃期日均最低温为 24.7℃、23.3℃),外源 6-BA、ABA 对纤维比强度和马克隆值的影响较小,但外源 6-BA 可增加纤维长度,外源 ABA 作用则相反。与适宜播种期(2006 年、2007 年铃期日均最低温分别为 24.7℃、23.3℃)比较,随铃期日均最低温降低,对照、6-BA、ABA 处理纤维比强度 2006 年(铃期日均最低温由 24.7℃降为 20.9℃)分别下降 10.98%、12.25%、5.63%,2007 年(铃期日均最低温由 23.3℃降为 19.7℃)分别下降 8.25%、9.91%、11.96%;纤维长度 2006 年分别下降 1.76%、2.37%、0.72%,2007 年分别下降 4.09%、0.06%、4.83%。另外,外源 6-BA、ABA 可降低纤维马克隆值,使其接近 4.3～4.9。可见,晚播低温下外源 6-BA、ABA 可优化纤维马克隆值,显著减小纤维比强度的降低幅度,外源 6-BA 还可减小纤维长度的降低幅度。

表 19-7 外源 6-BA 和 ABA 对不同播种期棉花中部果枝纤维品质的影响(2006～2007 年)

年份	铃期日均最低温(℃)	生长调节剂	科棉 1 号			美棉 33B		
			长度(mm)	比强度(cN·tex^{-1})	马克隆值	长度(mm)	比强度(cN·tex^{-1})	马克隆值
2006	24.7	CK	28.4b	35.5a	4.3a	27.6ab	32.7a	3.9a
		6-BA	29.5a	35.1a	4.6a	28.0a	32.9a	4.1a
		ABA	27.8b	35.5a	4.2a	26.9b	32.5a	3.8a
	20.9	CK	27.9ab	31.6ab	4.8a	26.6b	28.9ab	4.6a
		6-BA	28.8a	30.8b	4.4b	27.4a	28.2b	4.1b
		ABA	27.6b	33.5a	4.3b	26.2c	30.4a	4.2a

续表

年份	铃期日均最低温(℃)	生长调节剂	科棉1号			美棉33B		
			长度(mm)	比强度(cN·tex^{-1})	马克隆值	长度(mm)	比强度(cN·tex^{-1})	马克隆值
2007	23.3	CK	28.3b	32.7a	4.3a	27.8ab	30.4a	4.3a
		6-BA	29.2a	33.3a	4.4a	28.8a	30.2a	4.5a
		ABA	28.0b	32.6a	4.4a	27.2b	30.1a	4.6a
	19.7	CK	27.4b	27.9b	5.3a	26.5b	26.0c	5.2a
		6-BA	28.6a	30.0a	4.7b	27.6a	29.0a	4.8b
		ABA	27.1b	28.7b	4.8b	26.3b	27.9b	4.5c

注：同列中不同小写字母表示在0.05水平差异显著

(四) 棉籽主要品质性状

播种期对棉籽主要品质性状的影响均达显著或极显著水平(表19-8)。籽指受品种与播种期互作效应影响较大，棉籽蛋白质含量和脂肪含量受品种与生长调节剂及品种、播种期与生长调节剂三因素互作效应的影响最大。进一步分析棉籽籽指、蛋白质含量和脂肪含量发现，随播种期推迟，南京试点外源6-BA和ABA对两品种棉籽各品质性状的影响不显著。

表19-8 外源6-BA和ABA对不同播种期棉花棉籽品质的影响(2016年，南京，安阳)

生长调节剂	南京						安阳					
	籽指(g)		脂肪含量(%)		蛋白质含量(%)		籽指(g)		脂肪含量(%)		蛋白质含量(%)	
	科棉1号	美棉33B	科棉1号	美棉33B	科棉1号	美棉33B	科棉1号	美棉33B	科棉1号	美棉33B	科棉1号	美棉33B
播种期4月25日												
CK	11.67a	11.91b	20.08a	18.62b	27.46a	23.27b	11.84a	11.27a	15.22ab	14.08b	23.89a	20.03b
6-BA	11.61a	11.82b	18.20b	20.12a	23.69b	26.35a	11.52a	10.66a	14.21b	16.12a	22.15ab	23.58a
ABA	11.12b	12.77a	18.42b	21.52a	23.29b	26.92a	11.49a	11.33a	15.63a	14.31ab	21.09b	18.39b
播种期5月25日												
CK	9.77a	8.92b	19.22a	18.45a	23.84a	24.63a	9.79a	10.01a	11.14b	11.74b	12.16b	14.98ab
6-BA	9.66a	9.27a	19.06a	17.18a	24.01a	24.13a	9.69a	10.19a	10.47b	9.88b	11.65b	16.60a
ABA	9.82a	9.20ab	18.71a	17.58a	24.16a	23.96a	10.05a	10.16a	12.41a	10.54b	18.68a	14.44b

注：同列中不同小写字母表示在0.05水平差异显著

第二节 植物生长调节剂(6-BA和ABA)与棉花纤维发育

一、外源6-BA和ABA对纤维比强度形成的影响

晚播棉花铃期日均最低温降低，显著影响纤维比强度形成，外源6-BA、ABA对纤维比强度的影响因铃期日均最低温而异(图19-3)。在适宜播种期下(铃期日均最低温为24.7℃和23.3℃)，外源6-BA、ABA对纤维比强度的影响较小；在晚播低温下(铃期日均

最低温为 20.9℃和 19.7℃），外施 6-BA、ABA 后纤维比强度显著增加，且以外源 6-BA 的增加幅度最大。品种间比较看出，外源 6-BA 对高强纤维品种'科棉 1 号'纤维比强度变化的影响大于中强纤维品种'美棉 33B'。

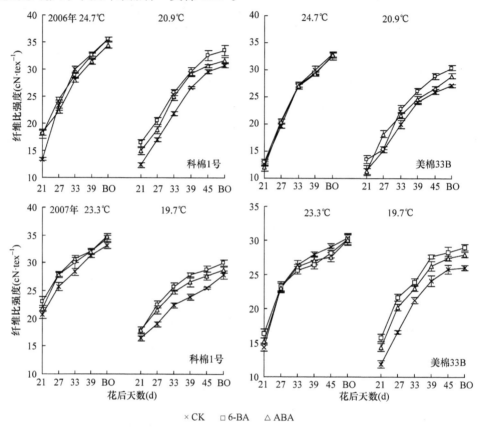

图 19-3　外源 6-BA 和 ABA 对不同播种期棉花纤维比强度形成的影响（2006～2007 年，南京）

二、外源 6-BA 和 ABA 对纤维发育相关物质变化的影响

（一）纤维素

棉纤维素含量呈 S 形曲线变化，用 logistic 模型对纤维素累积拟合的结果表明（表 19-9），当纤维素含量达到 80%以上时，纤维比强度形成的差异主要由纤维素最大累积速率（V_{max}）和快速累积持续期（T）决定，V_{max} 小、T 长则有利于高强纤维形成。晚播低温（铃期日均最低温为 20.9℃和 19.7℃）显著降低纤维素含量、延长 T。适宜播种期下（铃期日均最低温为 24.7℃和 23.3℃），外施 6-BA、ABA 后纤维素含量升高，外施 6-BA 后 T 延长、V_{max} 减小，对中强纤维品种'美棉 33B'影响较大。晚播低温下（铃期日均最低温为 20.9℃和 19.7℃），外施 ABA 可延长 T，降低 V_{max}，提高纤维素含量，对高强纤维品种'科棉 1 号'的影响较

大，外源 6-BA 的作用效应低于 ABA。

表 19-9 外源 6-BA 和 ABA 对不同播种期棉花纤维素累积的影响（2006～2007 年）

年份	品种	铃期日均最低温（℃）	生长调节剂	方程	n	R^2	快速累积持续期(d)	最大累积速率($\% \cdot d^{-1}$)
2006	科棉 1 号	24.7	CK	$y=86.34/(1+31.89e^{-0.17t})$	7	0.983**	15.64	3.63
			6-BA	$y=88.18/(1+46.74e^{-0.20t})$	7	0.985**	13.06	4.45
			ABA	$y=89.72/(1+26.74e^{-0.14t})$	7	0.995**	18.29	3.23
		20.9	CK	$y=79.61/(1+122.85e^{-0.19t})$	7	0.971**	14.03	3.74
			6-BA	$y=82.44/(1+140.22e^{-0.21t})$	7	0.980**	12.59	4.31
			ABA	$y=84.61/(1+83.34e^{-0.18t})$	7	0.981**	14.50	3.84
	美棉 33B	24.7	CK	$y=83.19/(1+36.65e^{-0.20t})$	7	0.962**	13.04	4.20
			6-BA	$y=82.56/(1+42.11e^{-0.19t})$	7	0.981**	14.04	3.87
			ABA	$y=83.11/(1+59.25e^{-0.20t})$	7	0.978**	13.12	4.17
		20.9	CK	$y=73.84/(1+86.23e^{-0.19t})$	7	0.960**	14.02	3.47
			6-BA	$y=74.19/(1+55.14e^{-0.17t})$	7	0.980**	14.16	3.45
			ABA	$y=76.44/(1+93.74e^{-0.19t})$	7	0.988**	13.43	3.75
2007	科棉 1 号	23.3	CK	$y=90.37/(1+69.25e^{-0.21t})$	7	0.991**	12.72	4.68
			6-BA	$y=93.25/(1+59.03e^{-0.19t})$	7	0.985**	14.17	4.33
			ABA	$y=91.69/(1+45.79e^{-0.19t})$	7	0.981**	13.85	4.36
		19.7	CK	$y=74.65/(1+38.53e^{-0.13t})$	8	0.985**	19.97	2.46
			6-BA	$y=75.41/(1+38.31e^{-0.15t})$	8	0.990**	17.45	2.84
			ABA	$y=80.75/(1+20.06e^{-0.12t})$	8	0.985**	22.80	2.33
	美棉 33B	23.3	CK	$y=86.66/(1+32.12e^{-0.16t})$	8	0.971**	16.01	3.56
			6-BA	$y=85.87/(1+27.55e^{-0.16t})$	8	0.982**	16.87	3.35
			ABA	$y=89.29/(1+77.73e^{-0.18t})$	8	0.971**	14.51	4.05
		19.7	CK	$y=64.17/(1+117.50e^{-0.18t})$	8	0.990**	14.53	2.91
			6-BA	$y=66.27/(1+76.27e^{-0.17t})$	8	0.965**	15.69	2.78
			ABA	$y=64.69/(1+54.55e^{-0.16t})$	8	0.986**	16.68	2.55

注：y、t 分别表示纤维素含量、花后天数

**表示在 0.01 水平相关性显著（$n=7$, $R^2_{0.01}=0.765$；$n=8$, $R^2_{0.01}=0.695$）

(二) 蔗糖

棉纤维蔗糖含量随花后天数呈持续下降的变化，随铃期日均最低温降低而升高（图 19-4）。外施 6-BA、ABA 后纤维蔗糖含量变化的差异主要表现在花后 9d 时蔗糖含量（C_s）、吐絮前蔗糖含量（C_e）、花后 9d 至吐絮期间蔗糖含量减少量（C_d）和花后 9d 至吐絮

蔗糖的转化率(T_r)上(表19-10),外源6-BA、ABA显著提高花后9d时的纤维蔗糖含量、花后9d至吐絮期间蔗糖含量减少量和蔗糖转化率,降低吐絮时蔗糖含量,以适宜播种期下(铃期日均最低温为24.7℃和23.3℃)外源6-BA、晚播低温下(铃期日均最低温为20.9℃和19.7℃)外源ABA的变化幅度最大。外源ABA对高强纤维品种'科棉1号'纤维蔗糖含量的影响较大,对中强纤维品种'美棉33B'蔗糖转化率影响较大。

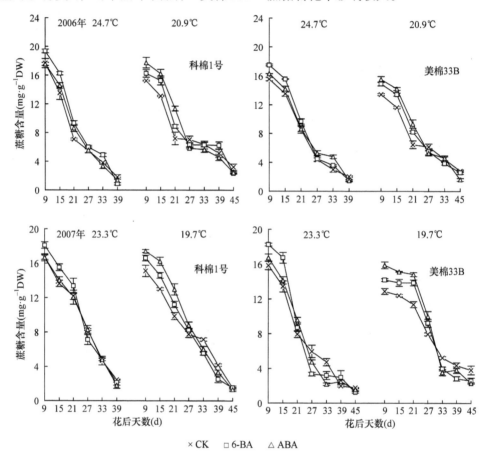

图19-4 外源6-BA和ABA对不同播种期棉花纤维蔗糖含量变化的影响(2006~2007年,南京)

表19-10 外源6-BA和ABA对不同播种期棉花纤维蔗糖含量变化的影响(2006~2007年)

年份	铃期日均最低温 (℃)	生长调节剂	科棉1号				美棉33B			
			C_s	C_e	C_d	T_r	C_s	C_e	C_d	T_r
2006	24.7	CK	17.67b	1.84a	15.83b	89.58b	15.54c	2.07a	13.47c	86.66b
		6-BA	19.34a	0.89b	18.45a	95.39a	17.34a	1.55b	15.80a	91.09a
		ABA	17.55b	1.44ab	16.11b	91.83a	16.30b	1.52b	14.78b	90.66a
	20.9	CK	19.25c	4.24a	15.01c	77.99b	17.69c	3.84a	13.85c	78.28c
		6-BA	20.51b	3.37b	17.14b	83.54b	18.90b	3.62a	15.28b	80.85b
		ABA	22.00a	3.45b	18.55a	84.31a	19.52a	2.64b	16.88a	86.47a

续表

年份	铃期日均最低温 (℃)	生长调节剂	科棉1号				美棉33B			
			C_s	C_e	C_d	T_r	C_s	C_e	C_d	T_r
2007	23.3	CK	16.71b	2.48a	14.23b	85.17b	15.85c	1.81a	14.04c	88.60c
		6-BA	18.12a	2.15ab	15.97a	88.12a	18.27a	1.27c	17.00a	93.05a
		ABA	16.68b	1.83b	14.85b	89.02a	16.74b	1.59b	15.15b	90.53b
	19.7	CK	19.12c	4.55a	14.57c	76.19c	16.89b	4.84a	12.05c	71.36b
		6-BA	20.62b	4.05b	16.57b	80.36b	17.45b	3.62b	13.83b	79.24a
		ABA	21.44a	3.84b	17.61a	82.10a	18.38a	3.34b	15.03b	81.81a

注：C_s、C_e分别表示花后9d、吐絮时纤维蔗糖含量，C_d、T_r分别表示花后9d至吐絮纤维蔗糖含量减小量、蔗糖转化率；同列中不同小写字母表示在0.05水平差异显著

(三) β-1,3-葡聚糖

纤维 β-1,3-葡聚糖含量在纤维加厚发育前较低，之后迅速升高至高峰后又迅速下降（图19-5）；随铃期日均最低温降低而降低，峰值出现时间延后。外源6-BA、ABA主要影响β-1,3-葡聚糖含量及其峰值出现的时间，在不同铃期日均最低温间存在差异。在适宜播种期下（铃期日均最低温为24.7℃和23.3℃），外施6-BA、ABA后纤维β-1,3-葡聚糖含量峰值均显著降低，分别以6-BA、ABA处理在24.7℃、23.3℃时的降低幅度最大。晚播低温（铃期日均最低温为20.9℃和19.7℃）降低β-1,3-葡聚糖含量峰值、推迟峰值出现时间，外源6-BA使β-1,3-葡聚糖含量峰值出现时间提前，外源ABA提高β-1,3-葡聚糖含量峰值，且当铃期日均最低温为20.9℃时，β-1,3-葡聚糖含量峰值出现时间提前。外源6-BA、ABA对中强纤维品种'美棉33B'β-1,3-葡聚糖含量峰值出现时间、峰值含量的影响较高强纤维品种'科棉1号'大。

(四) 外源6-BA和ABA对晚播棉花纤维发育相关物质变化及纤维比强度形成影响的效应分析

棉花开花后15d左右是纤维伸长、加厚发育重叠时期，此时纤维发育相关物质的变化对纤维发育及纤维比强度形成至关重要。为深入分析不同铃期日均最低温下外源6-BA、ABA对纤维素含量、蔗糖含量及蔗糖转化率、β-1,3-葡聚糖含量及纤维比强度的影响，与CK相比，计算外源6-BA、ABA的效应值EI=(CK−ABA或6-BA)×100/CK（CK、6-BA、ABA分别表示相同铃期日均最低温下的各指标值，表19-11），当EI>0时为负效应，当EI<0时为正效应，且EI绝对值越大，其影响程度越大。

在适宜播种期（铃期日均最低温为24.7℃和23.3℃）和晚播低温（铃期日均最低温为20.9℃和19.7℃）下，外施6-BA和ABA对花后15d时纤维蔗糖含量（S_{15}）、花后9d至吐絮期间纤维蔗糖转化率（T_r）、成熟纤维素含量（Cel）、花后21d时纤维比强度（Str_{21}）和成熟纤维比强度（Str_{BO}）的影响均为正效应，对花后21d至吐絮纤维比强度增加量（Str_{in}）的影响为负效应，且在晚播低温下对β-1,3-葡聚糖含量峰值（$β_{peak}$）的影响为正效应。

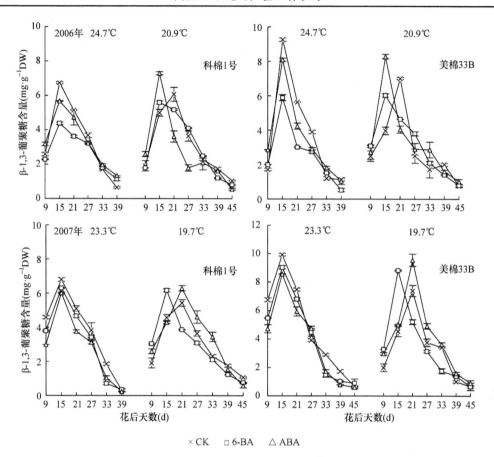

图 19-5 外源 6-BA 和 ABA 对不同播种期棉花纤维 β-1,3-葡聚糖含量变化的影响（2006～2007 年，南京）

表 19-11 外源 6-BA 和 ABA 对不同播种期棉花纤维蔗糖含量及其转化率、β-1,3-葡聚糖含量、纤维素含量及纤维比强度影响的效应值（2006～2007 年）

年份	处理	铃期日均最低温（℃）	花后15 d蔗糖含量		β-1,3-葡聚糖峰值含量		花后9 d至吐絮纤维蔗糖转化率		成熟纤维素含量		花后21 d纤维比强度		花后21 d至吐絮纤维比强度增加量		成熟纤维比强度	
			科棉1号	美棉33B	科棉1号	美棉33B	科棉1号	美棉33B	科棉1号	美棉33B	科棉1号	美棉33B	科棉1号	美棉33B	科棉1号	美棉33B
2006	6-BA	24.7	−19.9	−7.6	35.0	36.4	−6.5	−5.1	−1.9	−0.4	−34.1	−2.1	20.7	3.1	0.1	1.1
		20.9	−12.6	−11.6	7.8	14.0	−7.1	−3.3	−5.9	−2.9	−11.2	−14.0	13.9	13.8	−8.8	−8.3
	ABA	24.7	−7.5	−4.8	15.7	12.5	−2.5	−4.6	−0.2	0.1	−33.4	−16.6	7.7	−8.5	3.1	0.6
		20.9	−19.7	−16.6	−20.1	−18.2	−8.1	−10.5	−7.3	−4.9	−8.4	−32.4	−6.5	6.2	−4.2	−4.2
2007	6-BA	23.3	−13.8	−24.6	7.3	9.0	−3.5	−5.0	−0.7	−1.7	−36.9	5.3	27.2	−2.3	−3.4	0.6
		19.7	−13.7	−4.3	−13.4	−19.3	−5.5	−11.0	−12.8	−3.4	−5.8	−6.0	10.4	7.2	−10.2	−9.5
	ABA	23.3	−2.9	−5.2	11.4	13.6	−4.5	−2.2	−1.7	−1.9	−21.2	3.1	9.8	−13.9	−4.8	1.0
		19.7	−20.4	−10.5	−15.6	−29.1	−7.8	−13.6	−14.4	−7.1	−9.2	−20.6	5.7	3.8	−5.6	−6.7

分析效应值的绝对值可知，晚播低温下外源 6-BA、ABA 对成熟纤维素含量和纤维

比强度、花后 15d 纤维蔗糖含量、花后 9d 至吐絮纤维蔗糖转化率和 β-1,3-葡聚糖含量峰值影响程度较适宜播种期大，外源 6-BA 对高强纤维品种'科棉 1 号'在花后 21d 至吐絮纤维比强度增加量和成熟纤维比强度影响较大，外源 ABA 对高强纤维品种'科棉 1 号'花后 15d 纤维蔗糖含量和成熟纤维素含量、中强纤维品种'美棉 33B'的 β-1,3-葡聚糖含量峰值、花后 9d 至吐絮纤维蔗糖转化率和花后 21d 纤维比强度影响较大。

三、外源 6-BA 和 ABA 对纤维发育相关酶变化的影响

（一）蔗糖合成酶和蔗糖磷酸合成酶

棉纤维蔗糖合成酶（Sus）、磷酸蔗糖合成酶（SPS）活性呈单峰曲线变化，峰值出现在花后 27～33d，随铃期日均最低温降低，Sus、SPS 活性降低，酶活性峰值推迟（图 19-6，图 19-7）。外源 6-BA、ABA 主要影响花后 9～21d 纤维 Sus、SPS 活性，晚播低温（铃期日均最低温为 20.9℃和 19.7℃）纤维 Sus、SPS 活性增加幅度大于适宜播种期（铃期日均最低温为 24.7℃和 23.3℃），以外源 6-BA 增加幅度最大。外源 6-BA 对高强纤维品种'科棉 1 号'Sus、SPS 活性的影响较中强纤维品种'美棉 33B'大，而外源 ABA 则相反。

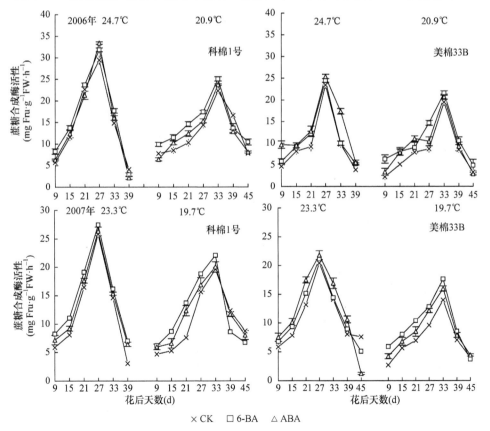

图 19-6 外源 6-BA 和 ABA 对不同播种期棉花纤维蔗糖合成酶活性变化的影响（2006～2007 年，南京）

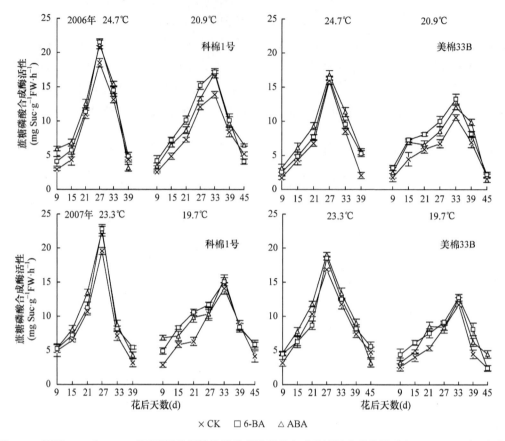

图 19-7 外源 6-BA 和 ABA 对不同播种期棉花纤维蔗糖磷酸合成酶活性变化的影响(2006～2007年,南京)

(二) 蔗糖酶

棉纤维蔗糖酶活性随花后天数增加而下降,随铃期日均最低温降低而升高(图 19-8)。外源 6-BA 可提高适宜播种期和晚播棉花纤维蔗糖酶活性,外源 ABA 提高了适宜播种期(铃期日均最低温为 24.7℃和 23.3℃)棉花纤维蔗糖酶活性,降低晚播(铃期日均最低温为 20.9℃和

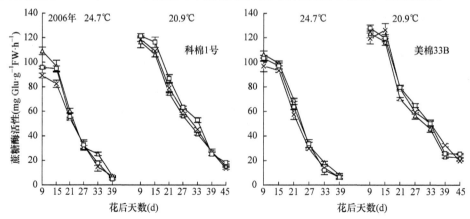

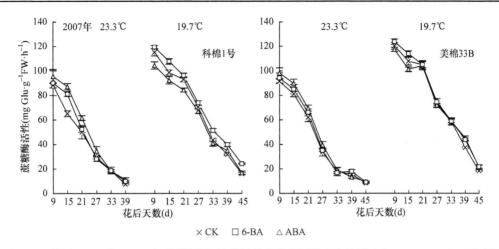

图 19-8　外源 6-BA 和 ABA 对不同播种期棉花纤维蔗糖酶活性变化的影响（2006~2007 年，南京）

19.7℃）棉花纤维蔗糖酶活性。外源 6-BA 对高强纤维品种'科棉 1 号'蔗糖酶的影响较中强纤维品种'美棉 33B'大，外源 ABA 对纤维蔗糖酶活性的作用效应在两个品种间差异较小。

（三）β-1,3-葡聚糖酶

棉纤维 β-1,3-葡聚糖酶活性从花后 9d 开始持续下降，与适宜播种期（铃期日均最低温为 24.7℃和 23.3℃）相比，晚播棉花（铃期日均最低温为 20.9℃和 19.7℃）酶活性升高（图 19-9）。外源 6-BA、ABA 显著影响花后 9~21d β-1,3-葡聚糖酶活性，适宜播种期棉花 β-1,3-葡聚糖酶活性降低，晚播时 β-1,3-葡聚糖酶活性升高。外源 6-BA、ABA 对高强纤维品种'科棉 1 号'β-1,3-葡聚糖酶活性的影响大于中强纤维品种'美棉 33B'。

四、外源 6-BA 和 ABA 对纤维发育相关酶基因表达的影响

铃期日均最低温影响花后 7~24d 纤维 expansin、Sus、β-1,4-葡聚糖酶的基因的表达（图 19-10），外施 6-BA、ABA 后纤维发育相关酶基因的 mRNA 相对丰度变化差异明显（图 19-11）。

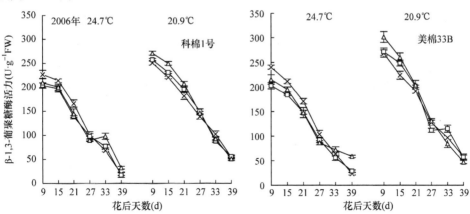

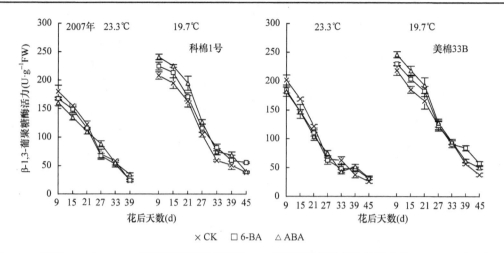

图 19-9　外源 6-BA 和 ABA 对不同播种期棉花纤维 β-1,3-葡聚糖酶活性变化的影响(2006～2007 年,南京)

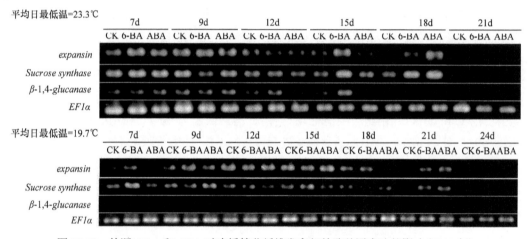

图 19-10　外源 6-BA 和 ABA 对晚播棉花纤维发育相关酶基因表达的影响(2007 年)

EF1α 为真核生物组成性表达基因,作为本实验的内对照

(一) expansin

expansin 基因表达随花后时间增加而下降,适宜播种期(铃期日均最低温 23.3℃)纤维 *expansin* 表达量在花后 18d 时显著下降,晚播时(铃期日均最低温 19.7℃)*expansin* 高表达持续期延长,花后 21d 时表达量显著下降,这与低温下纤维发育期延长、纤维加厚发育推迟相吻合。外源 6-BA、ABA 可显著提高适宜播种期花后 18d 和晚播花后 21d 纤维 *expansin* 表达量,以晚播低温下外源 ABA 作用最为明显。

(二) Sus

Sus 基因表达量在纤维发育中较为稳定,适宜播种期花后 21d 时表达量有所下降,维持高表达时间随温度降低而延长。外源 6-BA、ABA 可显著提高适宜播种期(铃期日均最低温 23.3℃)花后 18d 和晚播棉花(铃期日均最低温 19.7℃)花后 21d 的表达量。结合 Sus 活性变化可以看出,低温下外施 6-BA 后纤维 Sus 活性增加与其基因表达量增加相符。

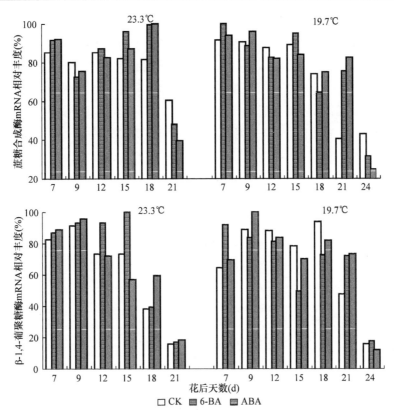

图 19-11 外源 6-BA 和 ABA 对不同播种期棉花纤维 Sus(上)和 β-1,4-葡聚糖酶基因(下)mRNA 相对丰度的影响(2007 年)

(三) β-1,4-葡聚糖酶基因

纤维 β-1,4-葡聚糖酶基因表达动态与 expansin 基本一致，适宜播种期(铃期日均最低温 23.3℃)表达量在花后 15d 已呈下降变化，外源 6-BA 可增加其表达量，在花后 15d 增加幅度最大；外源 ABA 对 β-1,4-葡聚糖酶基因表达影响较小。晚播低温下(铃期日均最低温 19.7℃)，外源 6-BA、ABA 均可提高花后 21d 表达量。与外施 6-BA、ABA 后棉纤维素含量升高的结论相符。

综上，外源 6-BA 显著提高棉铃对位叶蔗糖含量、蔗糖转化率和淀粉含量，外源 ABA 主要调节棉铃对位叶内源激素平衡。外源 6-BA 可增加棉花铃重、提高纤维品质，晚播低温下外源 ABA 可降低棉花产量和纤维品质的下降幅度；外源 6-BA 和 ABA 对棉籽主要品质性状的作用均不显著。晚播低温下外源 6-BA 和 ABA 提高棉花主要品质指标的作用机制不同，外源 6-BA 主要是提高棉铃对位叶光合产物含量和蔗糖转化率，而 ABA 则主要是诱导棉株抗逆性。

外源 6-BA、ABA 显著影响纤维加厚发育起始期(花后 15d)蔗糖和 β-1,3-葡聚糖含量、全铃期蔗糖转化率以及最终纤维素含量和纤维比强度。晚播低温外源 6-BA 可使 β-1,3-葡聚糖含量峰值时间提前，提高花后 15d 纤维蔗糖含量和花后 21d 至吐絮期间纤维比强度的增加量；外源 ABA 可提高纤维 β-1,3-葡聚糖含量峰值和花后 9d 至吐絮期间蔗糖的转化率，前移并延长纤维素快速累积持续期、降低纤维素快速累积速率。

晚播低温下外源 6-BA、ABA 在生化水平和基因表达水平上均显著影响纤维发育相关酶的活性变化特征。晚播低温下外源 6-BA 可提高花后 9~21d 的蔗糖合成酶、蔗糖磷酸合成酶和蔗糖酶活性，增加花后 21d 蔗糖合成酶和 β-1,4-葡聚糖酶的基因表达量；外源 ABA 可提高花后 9~21d β-1,3-葡聚糖酶活性，降低蔗糖酶活性，增加花后 21d *expansin* 的基因表达量。

因此，在晚播低温下，生产上可通过外源生长调节剂（6-BA、ABA）来调控棉铃发育，进而起到增加棉花产量、改善纤维品质的作用。

第二十章 棉花产量与品质协同提高栽培管理技术

在2009～2016年国家棉花产业技术体系棉花超高产(千斤棉)创建中,江苏省兴化市(里下河棉区)6hm² '亚华棉10号'超高产田块连续6年籽棉产量稳定在6600～7920kg·hm⁻²,大丰市稻麦原种场(滨海盐碱地)12hm² '泗杂3号'超高产田块连续8年籽棉产量稳定在6000～7350kg·hm⁻²,超江苏省平均单产60%～120%。因此,通过棉花超高产(6000kg·hm⁻²以上)栽培管理技术的集成与应用,可在稳定棉花品质的基础上快速提高产量,实现增产增效。

第一节 棉花超高产栽培管理技术

滨海盐碱砂土棉田6000kg·hm⁻²籽棉和长江下游黏土棉田7500kg·hm⁻²籽棉超高产栽培管理技术是以超高产棉花品种为基础,针对长江中下游超高产棉田关键技术需求,通过研究超高产棉花品种筛选、关键栽培技术并集成等提出。

一、优良品种

良种是棉花高产优质的先决条件。长江中下游棉区棉花超高产栽培应当选择夏收作物的早熟茬口,才能实现早栽早发的目的。一般选择麦棉套栽(5月10日左右)或大麦(油菜)后移栽,小麦茬口一般不宜作为棉花超高产的栽培茬口类型,适宜的棉花品种为转基因抗虫棉杂交种。本棉区棉花超高产栽培主栽品种具有以下特性。

(一)前期发苗快,中期生长稳健,后期不早衰

超高产品种种子发芽势好,出苗整齐健壮,幼苗期抗逆性强,对苗病和低温寒害都有较强的抗性,苗期生长快。棉花移栽后,缓苗期较短,棉苗早发性好,中期生长稳健,在施肥总量较大的超高产地块不容易出现疯长。生育进程与季节同步性高。据兴化2009年超高产田间农事记载表明,4月2日播种,5月25日移栽,6月5日现蕾,7月2日开花,7月16日进入盛花期,8月20日吐絮,生育期133d。

此外,超高产棉花后期不早衰。棉花生产早衰的原因除了肥水等栽培因素外,与品种特性也有一定关系。超高产品种属于成桃相对较分散的早发中早熟品种,能充分利用早秋的最佳结铃时期,多结伏桃、猛结早秋桃。由于施肥水平高、氮磷钾配比和施肥时期合理,棉花根系发育好,后期不容易发生早衰。因此,超高产品种具有早发、早熟而不早衰的特征。

(二)结铃性强,棉铃分布合理,铃重高

总铃数是棉花产量的主要决定因子之一,最大限度地延长有效开花结铃期和提高结铃强度从而增加总铃数是实现超高产的根本途径,因此超高产品种均具有结铃性强的特征。超高产栽培棉花单株结铃数在 47 个以上,总铃数达 127.5 万个·hm^{-2} 以上。

棉花结铃时间分布与总铃数关系密切。生产上只有三桃齐结,结构合理,才能高产。适当多产伏前桃,有利于棉株稳长;伏桃是棉花产量的主体,多结伏桃是高产栽培的关键;秋桃是争取高产再高产的因素。2009~2016 年超高产栽培实践证明,超高产品种伏桃最高比例为 48.4%,而秋桃的比例最低为 47.9%,最高则达到 89.6%。这是由于超高产栽培施肥水平高、氮磷钾充足,棉花根系发育好,后期不容易发生早衰。长江下游棉区秋桃形成期高温富照,气温下降慢,最终秋桃盖顶,且铃重高,品质也佳。因此,在伏秋高温期间结铃强的品种更适合于作为超高产栽培的主推品种。

另外,高铃重是实现棉花超高产的重要基础。超高产实践证明,高产品种往往表现为结铃性强,上铃快且铃重高,尤其表现为秋桃多且铃重高。兴化超高产田棉花单株秋桃 21.2 个,占总铃数的 45.8%。单株平均铃重达 7.2g,10 月 15 日、10 月 28 日、11 月 15 日取样实测铃重分别达到 8.2g、8.5g、7.3g,类似'亚华棉 10 号''科棉 6 号'等优良品种平均铃重均在 6g 以上,具有千斤籽棉的高产潜力。然而目前生产上推广应用的绝大多数棉花品种高产潜力较小。

(三)抗性强

抗虫杂交棉植株生长稳健,松紧适中。一般株高 110~150cm,叶片中等大小,果枝层次清晰,通风透光性强。单株果枝 20~23 台,果节 120 个以上,果枝节间均匀,茎秆粗壮抗倒伏,为高产奠定了营养基础。长江下游棉区棉花生育期从 3 月底 4 月初播种开始,持续到 11 月中下旬收花结束,大约经历 8 个月,期间病虫害发生频繁。超高产品种一般抗枯萎病、耐黄萎病,对棉铃虫、红铃虫有较好的抗性。此外,长江下游棉区常年棉花现蕾期正值梅雨季节,花铃期干旱和涝渍时有发生;结铃吐絮期也多受台风、暴雨侵袭,影响开花结铃和吐絮。超高产品种一般根系发达、主茎粗壮坚硬、植株稳健、抗倒伏能力强,且灾害后均表现出较强的自我调节及补偿能力,产量损失少,减产幅度小。因此,超高产棉花具有较强的抗病性、抗虫性和抗逆性,容易实现棉花高产稳产。

(四)纤维品质优良

棉纤维品质与效益关系密切,协同提高纤维品质也是棉花超高产栽培的重要内容。超高产品种棉铃以伏桃和秋桃为主,长江下游棉区开花结铃期雨热同步,气候条件有利于棉铃发育。尤其是秋后日照充裕,气候温暖,霜冻来得迟,有效开花结铃期长。这些优越的自然条件,是棉花高产优质的前提和保证。超高产棉花纤维 2.5%跨长达 30mm 以上,马克隆值在 3.5~4.9,比强度在 30cN·tex^{-1}(HVICC 标准)以上。

二、适期播种，培育壮苗技术

滨海盐碱沙土 6000kg·hm^{-2} 籽棉和长江下游黏土 7500kg·hm^{-2} 籽棉超高产栽培必须采用营养钵育苗，有机肥与无机肥结合施用。育苗阶段的主攻目标：培育早、大、壮苗，成苗率达 80% 以上。

(一) 适期早播

要实现滨海盐碱砂土 6000kg·hm^{-2} 籽棉和长江下游黏土 7500kg·hm^{-2} 籽棉的超高产目标，必须延长棉花有效开花结铃期，实现早发、早熟、不早衰，适时播种是根本措施。棉花种子正常发芽出苗所需要的温度约为 16℃，长江下游棉区常年稳定通过 12℃ 的时间在 4 月 1~10 日，4 月上旬通过小弓棚塑料薄膜育苗，晴、多云天气苗床增温效果可提高 5~8℃。

棉花播种期受前茬收获期的影响。一般情况下棉苗移栽时的适宜苗龄以 30~40d 比较适宜，5 月中下旬移栽或 5 月底大麦收后移栽棉田，以 4 月上旬抢晴播种比较适宜。

(二) 培育壮苗技术

1. 苗床准备与制钵

(1) 苗床准备　　选择地势高、排水通畅、土壤熟化肥沃、土质疏松、无枯黄萎病菌、排水管理方便、便于就近移栽的地段，移栽 0.067hm^2 大田的苗床床面净宽 1.2m、长 15m。冬季清理苗床用地，耕翻晒冻，初春上肥，每床施腐熟饼肥 4~5kg、苗床专用肥 (8-8-9) 3kg、硼砂和硫酸锌各 0.25kg，肥料与土壤充分拌匀。

(2) 制钵　　用直径 6cm 左右的制钵器制钵，制钵数比大田实际移栽密度增加 30% 以上。钵土于制钵前一天浇足水，湿度为最大持水量的 80% 左右。制钵前苗床床底铲平铺实，并撒上草木灰及防治地下害虫的有效农药，边制钵边排钵，排钵平整紧密，苗床四周用土培好。然后平铺薄膜，保墒待播，同时备足盖子土。

2. 适时播种

(1) 种子准备　　选用经种衣剂包衣的转基因杂交抗虫棉品种，种子纯度不低于 95%，净度不低于 99%，发芽率 85% 以上，水分不高于 12.0%。

(2) 棉花播种　　5 月中下旬移栽或 5 月底大麦收获后移栽田块，在 4 月上旬抢晴播种，一播全苗。播前苗床浇足水，每钵播种 1 或 2 粒，播后盖土 1.5~2.0cm。

(3) 苗床化除　　苗床播种盖土后，用乙草胺 45~60ml 兑水 112.5kg 均匀喷雾，一遍即可，不宜多喷、重喷，以免产生药害。喷除草剂时，盖子土不宜太湿，防止除草剂药液下渗接触棉花种子而影响发芽。

(4) 搭棚盖膜　　苗床化除后先用地膜覆盖床面（不需要压实），每隔 80cm 左右插一竹弓作棚架，棚架中间高度离床面 50~55cm，在竹弓上覆膜，盖膜要绷紧，四周用土压实，棚膜用绳固定，以防大风掀膜，最后清理四周排水沟。

3. 苗床管理

(1) 保温出苗　　播种覆膜后，做到保温保湿催出苗。一般当出苗率达 80% 时抽去床内地膜(遇高温晴好天气可于见苗后抽膜),继续盖棚膜增温促全苗、齐苗。

(2)控温降湿　齐苗后,先于苗床两头揭膜通风,并抢晴暖天气于上午9:00至下午4:00揭膜晒床1~2d,降低苗床湿度。1叶1心时定苗。

随苗床气温升高和苗龄增大,采用通风不揭膜方法,逐步加大苗床两侧的通风口,保持棚内温度25~30℃,最高不超过35℃。当床内温度超过40℃时,要加大通风口或揭半膜然后揭全膜,防止高温烧苗。

(3)搬钵蹲苗　由于5月底移栽棉苗床期较长,应于移栽前10~15d搬动苗体,拉断主根,再将苗钵排成苗床,增施水肥,使之恢复生长。搬钵蹲苗既限制了棉苗主根的深扎,又促进了侧根的生长发育,缩短了移栽后的缓苗期,提高移栽成活率。

(4)化控促壮　棉苗子叶展平后和2叶1心期用缩节胺喷洒棉苗,控高壮苗。

(5)防病治虫　齐苗后揭膜晒床时,用25%多菌灵400倍液防治苗病。苗床中期和移栽前4~5d,用吡虫啉等防治棉盲蝽、蓟马、蚜虫等。

(6)栽前炼苗　移栽前一周,日夜揭膜炼苗,但薄膜仍需保留在苗床边,做到苗不栽完,膜不离床。

三、杂交棉增密技术

(一)合理密植

合理密植、提高群体铃数和铃重是棉花增产的关键,6000kg·hm^{-2}籽棉超高产栽培要综合考虑品种特性、气候条件、土壤类型、施肥水平等来确定种植密度。滨海盐碱砂土6000kg·hm^{-2}籽棉超高产棉田适宜密度为2.70~3.30万株·hm^{-2},长江下游棉区黏土7500kg·hm^{-2}籽棉超高产棉田适宜密度为2.40~3.00万株·hm^{-2},均较大面积生产增加6000~9000株·hm^{-2}。

(二)合理密植的配套技术

1. 适当缩小行距,配置好行株距　长江流域降水量大,雨日多,杂交棉最小株距不宜小于25cm,要求等行距配置。收获密度3.00万株·hm^{-2}时,行距最大不宜超过1.3m,以1.1m为佳,配置株距30cm;收获密度2.55万株·hm^{-2}时,行距选择1.1m,配置株距35cm。

2. 系统化调,构建合理群体结构　高密度种植的关键性技术是对棉花株型以及群体结构进行有效控制,这是棉花高产优质的核心要素。棉花株高越高,群体也就会越大,棉田果枝相互遮阴严重,单株成铃也就越少,空果枝的可能性就会增加,同时也会延迟棉花成铃以及吐絮的时间,这在很大程度上影响了棉花的品质和产量的提升。因此,整合株高和密度之间的配比关系才是保证棉花高产优质的关键。实践证明,超高产棉花株高应控制在110~130cm,密度2.55万株·hm^{-2}时株高控制在130cm左右,密度3.00万株·hm^{-2}时株高控制在110cm左右。

3. 及时整枝　高密度栽培很容易因棉田群体过高影响透光性,造成棉田严重荫蔽,在超高产棉田,应全部去除棉株基部营养枝,根据密度高低及最迟打顶时间,棉花单株保留21~23台果枝,确保足够的果节量。打顶应注意"枝到不等时,时到不等枝,高矮一齐打,顶尖带出田外"的原则。

四、超高产棉田肥料运筹技术

长江下游棉区超高产棉花栽培肥料运筹应遵循三结合原则,即基肥(主要成分为菜籽饼、棉饼,辅以优质 N、P、K 复混肥配合而成)与追肥相结合、有机肥与无机肥相结合、根际施肥与根外追施相结合。棉花生育中后期,根系活力减弱,此时又正值开花结铃需要大量养分的关键时期,除重施花铃肥外,每次喷洒农药时均可在农药中加入尿素、磷酸二氢钾等叶面肥,以弥补根系吸收不足的缺陷,防止棉花早衰。

(一)棉花超高产栽培对土壤和肥料的要求

1. 土壤要求 滨海盐碱砂土 $6000kg \cdot hm^{-2}$ 籽棉和长江下游黏土 $7500kg \cdot hm^{-2}$ 籽棉超高产栽培要求土壤肥力中上等,土壤有机质含量 $16g \cdot kg^{-1}$ 以上,碱解氮 $120mg \cdot kg^{-1}$ 以上,速效磷 $10mg \cdot kg^{-1}$ 以上,速效钾 $100mg \cdot kg^{-1}$ 以上。

2. 施肥总量要求 土壤肥力中等水平下,根据土壤测试结果及经验系数计算法,超高产栽培的合理施肥量约为 $480.0kg\ N \cdot hm^{-2}$、$140.3kg\ P_2O_5 \cdot hm^{-2}$、$273.0kg\ K_2O \cdot hm^{-2}$。若土壤肥力较高,可按中等土壤肥力水平下施肥量的 90%折算施用;若土壤肥力较低,可按中等土壤肥力水平下施肥量的 110%~120%折算施用。

(二)超高产棉花肥料运筹

棉花各生育阶段肥料的合理运筹是棉花肥料运筹的基本要素。

1. 施肥次数与施肥时间 棉花全生育期施肥次数,因各地生态条件、施肥习惯和生产水平等而异。砂质土壤保肥能力差,施肥次数应比壤土和黏土多。生产水平高的棉区,棉花有效结铃期和结铃高峰期相对较长,通常施肥次数比生产水平低的棉区要多。

正常情况下,长江下游棉区,棉花一生中大田施肥次数一般为 5~6 次,少则 4~5 次。

第 1 次:移栽肥(安家肥)。于 5 月中、下旬棉花移栽时施用,穴施或开沟条施于棉根 10cm 处,以 45%三元复混肥为主。

第 2 次:蕾肥(当家肥)。于 6 月中旬盛蕾期开沟深施,以有机肥和磷钾肥为主。可根据棉花长势少施或不施。

第 3 次:初花肥(促花肥)。于 6 月底至 7 月上旬开沟深施,以尿素和钾肥为主,可辅助部分有机肥。

第 4 次:盛花肥(保铃肥)。于 7 月下旬待棉株基部果枝结 3~5 个大桃时开沟深施,以尿素为主。

第 5 次:盖顶肥(长桃肥)。一般于 8 月中下旬开沟埋施,以尿素为主。

第 6 次:壮桃肥。看棉花长势,一般于 9 月上中旬喷施,最迟不宜超过 9 月底,叶面喷施,以尿素和磷酸二氢钾为主。

2. 肥料运筹 棉花超高产栽培肥料运筹见表 20-1。

表 20-1　棉花超高产栽培肥料运筹

次数	名称	饼肥 (kg·hm^{-2})	尿素 (kg·hm^{-2})	复合肥 (kg·hm^{-2})	钾肥 (kg·hm^{-2})	微肥 (kg·hm^{-2})	施用方法
1	苗床肥			15.0~22.5			培肥床土
2	移栽肥			75.0~97.5			穴施
3	促花肥	750.0	75.0	375.0	225.0	15.0	混合穴施
4	保铃肥	375.0	225.0	675.0			混合穴施
5	长桃肥		300.0				穴施或叶面喷施
6	壮桃肥		150.0				叶面喷施

3. 增施生物有机肥、钾肥和前氮后移技术　针对杂交棉生产上有机肥施用过少、前期施氮过重、钾肥和微肥偏少等问题，超高产棉花栽培要求在移栽时或移栽前皆增施生物有机肥 4500~6000kg·hm^{-2}（N+P+K≥5%，有机质≥30%），硼砂 15kg·hm^{-2}，并保证有机肥氮不少于施氮总量的 20%，以确保棉花苗蕾期稳长。

在减少苗期用肥的基础上，适当推迟初花肥施用时间，并适量增钾，自棉花见絮即开始喷施三元叶面肥（1%尿素+0.2%磷酸二氢钾溶液），促进棉花上部果枝拉长和减少蕾铃脱落，确保棉花后期不早衰。

五、全程化调技术

应用缩节胺进行"一浸（浸种）三喷（蕾期、初花期和打顶后）"，贪青晚熟时辅以乙烯利催熟。

（一）播种前浸种

播种前一天，将晒选好的棉种放入含有缩节胺有效成分为 100~200mg·kg^{-1} 的浸种液内，常温浸泡 8~12h，然后捞出稍晾即可播种。

（二）苗蕾期化调

棉花从出苗到 2~4 片真叶出现，一是易发生根腐病，整地过湿，或遇到下雨，棉苗易死亡；二是在高温下易形成高脚苗。为了增强棉苗对不利条件的抵抗力和防止高脚苗出现，在棉苗出齐后要喷施缩节胺 50~100mg·kg^{-1}。

棉苗 8~10 片真叶期是壮苗的关键时期，既要保证根系发达，茎秆粗壮，又要保证出叶速度快，用缩节胺 7.5g·hm^{-2}，加水 215~325kg，配成 30~40mg·kg^{-1} 溶液，喷顶部，以促进壮苗，控制蕾期旺长。

（三）花铃期化调

在初花期 16~18 叶期，用缩节胺 22.5~37.5g·hm^{-2} 防旺长促转化，配合施用促花肥；在 7 月下旬，用缩节胺 37.5~45g·hm^{-2} 防止上部节间过长，增加中下部光照，减少蕾铃脱落，促棉花向高产株型发展，棉株不徒长，中下部稳坐桃。

在打顶后 7～10d，用缩节胺 45～60g·hm^{-2} 封顶，棉株从上到下都要着药，防止后期徒长，控制赘芽突发，防止顶部果枝太长，改善通风透光条件，促进光合产物向生殖器官输送。

（四）乙烯利催熟

乙烯利催熟浓度为 500～1000mg·kg^{-1}，用量 40%乙烯利 2.25～3kg·hm^{-2}，兑水 900kg。棉叶和棉铃吸收乙烯利后，有利于促进棉铃成熟和提前开裂，缩短铃期，集中吐絮，增加铃重，提高霜前花比例，提高棉花品质。

乙烯利催熟后，铃重会略有下降。在超高产栽培中，正常年份不提倡使用，贪青棉田可用乙烯利催熟，时间掌握在 10 月 15～20 日喷施。

六、病虫害及综合防治技术

由于棉花种植制度改变和抗虫棉的应用推广，棉花病虫害呈现一些新特点，特别是棉盲蝽、烟粉虱、斜纹夜蛾和枯黄萎病等病虫害呈上升趋势。因此，棉田生态环境的改变，对过去已形成的综合防治体系和结构产生了冲击。

（一）棉花主要病害

1. 枯萎病 枯萎病是棉花的主要病害之一，棉花苗期受枯萎病为害，大量死苗，中期与后期叶片及蕾铃大量脱落，甚至枯死。一般减产 30%～50%，重者 70%～80%，甚至绝产死苗严重，造成的危害损失较大。

棉花枯萎病幼苗至成株均可发病，苗期至现蕾期为发病高峰期。棉花枯萎病的发病与温湿度关系密切，一般土温在 20℃左右开始发病，土温上升到 25～28℃时形成发病高峰。棉花现蕾前后为发病高峰期；夏季暴雨或多雨年份，发病严重；地势低洼、土质黏重、偏碱、排水不良、偏施氮肥、耕作粗放的棉田发病严重。

2. 黄萎病 黄萎病是我国棉花为害最重的病害之一，常与枯萎病混合发生，为害也较相似，统称黄、枯萎病。目前，对抗虫棉最大的威胁是黄萎病，且近年来黄萎病有猖獗之势，该病虽不像枯萎病那样导致成片枯死，但可引起叶片、蕾铃大量脱落，减产可达 10%～50%，纤维品质明显下降。

黄萎病发病高峰在 8 月下旬的花铃期。夏季久旱后暴雨，或大水漫灌之后，造成叶片突然萎蔫，似开水烫伤状态，然后叶片脱落，为急性萎蔫型。

（二）棉花主要虫害

1. 棉铃虫 棉铃虫是棉花蕾铃期的主要害虫，以幼虫为害棉花嫩尖、花蕾、花和青铃，可咬断嫩茎顶端，形成无头棉。幼蕾被害后，苞叶变黄张开，2~3d 后脱落。幼虫喜食花粉和柱头，青铃被害后，可形成烂铃或僵瓣，严重影响棉花产量品质。

棉铃虫属喜温喜湿性害虫，卵散产在寄主嫩叶、果柄等处。成虫产卵适温在 23℃以上，20℃以下很少产卵；幼虫发育以 25～28℃和相对湿度 75%～90%最为适宜。

2. 烟粉虱 卵多产在植株中部嫩叶上。成虫喜欢无风温暖天气，有趋黄性，气温低于 12℃时停止发育，14.5℃开始产卵，气温 21～33℃，随气温升高，产卵量增加，高于 40℃成虫死亡。相对湿度低于 60%成虫停止产卵或死去。暴风雨能抑制其暴发，非灌溉区或浇水次数少的作物受害重。

3. 棉盲蝽 近年来，随着抗虫棉的广泛种植和用药的减少，棉田害虫种群结构发生了相应变化，棉花盲蝽上升为主要害虫，发生为害程度逐年加重。

以成虫、若虫刺吸棉株汁液为害，造成蕾铃大量脱落、破头叶和枝叶丛生。子叶期被害，表现为枯顶；真叶期顶芽被刺伤则出现破头疯；幼叶被害则形成破叶疯；幼蕾被害则由黄变黑，2～3d 后脱落；顶心或旁心受害，形成扫帚棉。

棉盲蝽对棉花的危害时间很长，从幼苗一直到吐絮期。成虫产卵部位一般为棉花叶柄、嫩组织，甚至嫩茎秆上。喜欢温暖潮湿，温度在 25～30℃，相对湿度在 80%左右，最适宜繁殖。6～8 月降雨偏多的年份，有利于棉盲蝽的发生为害；棉花生长茂盛，蕾花较多的棉田，发生较重。

4. 斜纹夜蛾 斜纹夜蛾是一种食性很杂的暴发性害虫，以幼虫取食寄主植物的叶、花及果实。初孵幼虫群集一起，取食叶肉，残留上表皮或叶脉，出现筛网状花叶，后分散为害，取食叶片和蕾铃，严重的把叶片吃光，食害蕾铃，造成烂铃或脱落。为害棉铃时，在铃的基部有 1～3 个蛀孔，孔径不规则，较大，孔外堆有大虫粪。

该虫耐高温不耐低温，2、3、4 代幼虫分别发生在 6～8 月下旬，但以 7～10 月为害最严重。4 龄后食量猛增进入暴食期，各虫态适温 28～30℃，气温 35～40℃也能正常生长发育。幼虫畏光，晴天躲在阴暗处或土缝里，傍晚出来取食，至黎明又躲起来。成虫趋光性强，产卵成块状，老熟幼虫入土化蛹。

(三) 棉花不同生育期病虫害防治

1. 播种期 合理轮作套作，清洁田园，种植诱集作物；药剂处理种子；适时播种，提高播种质量，当土壤 5cm 地温稳定在 14℃时适宜播种。

2. 苗期 防治的重点是苗蚜、苗病和地老虎等。苗期中耕松土，破坏土壤板结层，不但可以提高地温，减轻苗病，还可以清除杂草，消灭地老虎的卵和初孵幼虫。棉花出苗后如遇低温多雨，应提早喷药保护，防治苗病流行。

3. 花铃期 此时期的防治重点是棉铃虫、棉盲蝽、棉叶螨、伏蚜、斜纹夜蛾、枯萎病、黄萎病和铃病等。

农业措施有加强水肥管理，控制植株群体结构；物理诱杀主要是灯光诱杀；还有生物防治；而化学防治时因花铃期是多种害虫交替重叠发生阶段，应根据田间主要害虫发生程度，抓住有利时机，统筹兼顾，尽可能混合用药，避免重复施药，充分发挥兼治作用。

(四)棉花病虫害综合防治措施

1. 棉田轮作,控制病虫 能与棉花轮作的作物有水稻、玉米、小麦等禾本科作物,轮作年限不少于 3 年,其中以稻棉轮作效果最好。实践证明,稻棉轮作,对棉花枯黄萎病及其他病害、虫害、杂草有很好的控制效果。

2. 种植优质、双抗品种 选择纤维长度 30mm 以上,比强度 $30CN \cdot tex^{-1}$,抗虫和抗枯耐黄的杂交棉品种,长江下游以株型紧凑、结铃性强的大铃品种为主。

3. 平衡施肥,扩行降密,灌溉配套 平衡施肥、扩行降密及灌溉配套是确保棉花稳长、提高抗逆能力、生长补偿能力和丰收的基础和保障。红叶茎枯病在全国棉区均有发生,而平衡施肥对棉花红叶茎枯病有很好的控制作用。7~8 月若高温干旱,应及时灌溉,防止棉叶螨暴发成灾。

4. 科学整枝 减少害虫落卵量,改善棉田通风透光条件减轻病虫害发生。蕾期去叶枝;花铃期化控、打顶、控晚蕾、打边心;吐絮期打老叶、去空枝、推株并垄、摘除烂桃、病铃;并结合农事操作,人工除卵、捉虫。

5. 放宽害虫防治指标 推行动态防治,走出治虫不见虫的误区,保护棉田生态环境,减少农药污染,发挥天敌的控害作用。害虫动态防治参考指标如下:棉铃虫 2、3、4 代百株卵粒数-幼虫头数分别为:100(粒)-10(头)、45(粒)-5(头)、100(粒)-10(头);棉叶螨挑治指标为有螨株率 3%~5%,普治指标为有螨株率 15%;棉蚜苗期百株蚜量 2500~3000 头,卷叶株率 30%以上,铃期伏蚜百株 3 叶蚜量为 1500~2000 头。

6. 合理施药时间及方法 防治棉铃虫、斜纹夜蛾、甜菜夜蛾时,上午 10:00 以前、下午 4:00 以后用药为宜,喷雾时注意"两斜一盖"(即棉花左侧、顶部、右侧,喷雾均匀),确保药效。

七、抗灾应变技术

(一)灾害针对性应变技术

1. 高温 长江中下游棉区棉花播种育苗期、花铃期常遭遇高温危害。除因高温造成的一系列损伤外,还会引起干旱的发生,因蒸腾作用加剧,植物水分供需失调,叶片出现萎蔫,植株生长发育受阻,蕾铃脱落加剧等现象,影响棉花产量品质。因此高温天气下,不但要及时降温,还要及时抗旱。

(1)培育高素质棉苗 出苗前,以保温保湿为主要措施,严密盖膜,此时遇晴热高温,应及时防止高温烧苗,最好的方法是在膜面遮盖一层稻草等遮阴物,防止膜内温度过高。齐苗至真叶期,以降湿防病为主要措施,齐苗后及时通风,趁晴好天气适度晒床,做到早揭晚盖。随着温度升高,逐步加大通风口。子叶分心后,及时化控防高脚苗,晴好天气四周通风,阴雨寒潮仍需覆膜保湿,2 片真叶后应揭膜炼苗。

(2)提高棉株自身抗性 前期深中耕、勤中耕,促进根系发达。深施基肥,棉苗移栽前或移栽后 7d 内,用全生育期施肥量的 20%配方肥料作基肥深施,以诱导棉苗深扎根,同时增施菜籽饼、农家肥等有机肥料,以提高棉株抗高温干旱的能力。

(3) 棉花行间秸秆覆盖　　花铃期炎热高温时，可在棉花行间覆盖秸秆，以减少土壤水分蒸发。

2. 台风　　长江中下游棉区，7月中旬至8月底常遭遇台风袭击，台风发生后，应采取以下紧急应对措施。

(1) 迅速排除田间积水　　台风常伴有暴雨，灾后迅速排除田间积水，可使棉株尽快恢复生机，减少蕾铃脱落和产量损失。

(2) 突击扶理棉株　　棉花倒伏后要及时扶理，以改变田间小气候，改善通风透光条件，减少蕾铃脱落，减轻倒伏损失。

(3) 及时补施肥料　　遭受台风吹刮后，棉株损伤严重，生理机能下降，加之棉田经暴雨冲刷，肥料流失多。因此及时补施恢复肥对确保棉花恢复生长的营养需要、延长叶片功能十分重要。补肥以叶面喷施为主，叶面喷肥可用2%的尿素溶液和0.2%的磷酸二氢钾或营养型生长调节剂，喷施2～3次，可有效地提高棉株的生理活性和光合能力，减少蕾铃脱落，增加铃重。

(4) 加强棉花后期管理　　及时整枝打老叶、抹赘芽，改善田间小气候，防治病虫害。

3. 冰雹　　长江中下游棉区，棉花苗床期或移栽后恢复生长初期，时有雹灾发生，雹灾发生后可采取以下对策。

(1) 科学补种改种　　对受灾较早较严重田块，及时移苗补缺或重新补种早熟棉花；受灾较晚较重田块，改种或播种其他作物；受灾较轻田块，及时加强肥水管理，促进棉花恢复生长。

(2) 及时扶苗、清沟理墒　　冰雹发生时常伴有狂风暴雨，常发生倒伏和棉田积水现象。因此，要及时扶理棉苗，疏通田间沟系，排水降渍，协调田间水、气、热状况，改善棉田生态环境。

(3) 追肥促长　　灾后棉株能否及时恢复生长的关键是及时追肥，促进恢复生长。同时，由于棉株受灾后生理代谢被打乱，生理活性下降，还需及时叶面喷施肥料和生化制剂，以提高其生理活性。

(4) 科学整枝　　棉株受雹灾后，许多生长点被打断，在恢复生长时会长出许多腋芽，因此科学整枝对受雹灾棉田显得特别重要。

(5) 调整施肥策略　　棉株受灾后，生理活性降低，吸水吸肥能力下降，因此应调整施肥策略。既要多次少施，还应适当推迟花铃肥施用时间，一般在7月中旬左右追施第1次花铃肥，每公顷用尿素150kg左右；在7月底8月初追施第2次花铃肥，每公顷用尿素225kg左右；8月中旬还要视苗情追施75～150kg的长桃肥。

(6) 合理化控　　雹灾后棉花生长较慢、长势较弱，因此棉花化控技术上，蕾期、初花期应尽量少控或不控，盛花期可视棉苗长势适当轻控，以减少无效花蕾，防止棉株疯长，提高秋桃成铃率。另外，由于灾后棉株结铃高峰后移，后期棉铃多，晚秋桃比例高，又因施肥时间推迟，施肥总量增加，常会出现贪青迟熟现象，必须进行化学催熟。

4. 涝渍害　　在台风和冰雹发生时常伴有狂风暴雨，棉田易形成涝渍，涝灾后及时主动地采取应变补救措施，可以有效地缓和灾情，促进苗情转化，减轻灾害损失。

(1) 因田制宜，搞好灾后棉田补种改种　　涝灾后，棉株死亡和严重缺株的棉田，可及时补种早熟棉品种或改种其他秋熟作物。

(2) 排水和扶理棉花　　及时抢排棉田积水，突击扶理棉株，促进棉花恢复生长。

(3) 科学追施恢复肥，满足棉花灾后生长需要　　棉田淹水受涝后，土壤养分流失多，棉株根系受伤，吸水吸肥能力差，处于"饥饿"状态，急需采取"水伤肥补"措施。涝灾后可采用叶面喷施和根部追施相结合的补肥方法，叶面喷肥可用2%尿素、0.2%~0.5%磷酸二氢钾、多元微肥、促根剂、缩节胺等混合喷施，3~5d喷施1次，连续喷施3~4次，以提高棉株生理活性，促进恢复生长。

(4) 及时松土壅根，为灾后棉花恢复根系活力创造良好条件　　棉田淹水后，土壤板结，土层通透性差。因此在排水后1周左右，要及时松土壅根，加速土壤中水分散失，增加土壤通透性，改善土壤理化性质，以提高根系生理活性，促进根系恢复生长。

(5) 适当推迟打顶时间，促进增枝增节增桃　　受淹棉株花蕾脱落严重，生长高峰相对推迟。为增加棉花顶部果节量，提高秋桃成铃率，打顶时间可比常年推迟4~6d。

5. 旱害　　合理棉田灌溉是防御干旱最为主动的措施。长江流域棉区一般地下水位较高，常年降雨1000mm左右，基本可满足棉花生长需要，但在7~8月，常出现不同程度的伏旱，应根据旱情变化灌溉1~2次。

(二) 棉花抗逆综合技术

棉花超高产栽培过程中已经形成一系列有利于棉花高产、优质、抗逆的栽培技术。

1. 选择抗逆性强、产量品质稳定的棉花品种　　选用根系发达、主茎粗壮、果枝柔软、小叶大桃品种，有利于增加抗逆能力和提高产量品质。

2. 系统集成棉花抗逆栽培技术　　棉花生长中后期台风、雨涝、伏旱等自然灾害频发期，应采取各项抗灾应变措施防灾。突击搞好棉田沟系的整修和疏通，做到"三沟"配套，确保雨止田干，天晴后抓紧中耕松土。大伏天如有旱象露头，在傍晚浇水或沟灌润水。台风过后及早扶理倒伏植株，并喷施叶面肥。

第二节　长江中下游小(大)麦后移栽棉超高产(7500kg·hm^{-2}籽棉)栽培技术

随着棉花生产布局的调整，棉花生产逐渐向生态条件适宜、比较效益高、生产潜力大、竞争优势强的优势区域转移。2009~2016年，国家棉花产业技术体系棉花超高产创建中涌现出了一批籽棉7500kg·hm^{-2}以上的超高产田块，本章对此成果进行总结，为棉花单产再上新水平提供技术支撑。

一、范围

规定了长江下游棉区小(大)麦后移栽棉7500kg·hm^{-2}以上籽棉栽培技术规程的适用品种、产量结构、土壤肥力、生育进程、生育指标、农艺指标和栽培技术。

二、适用品种

需经省级以上（含省级）农作物品种审定委员会审定通过的，适合当地条件的抗病性强、中后期结铃性强、铃重高、品质好的中（或中早）熟陆地抗虫杂交棉。

三、产量结构

密度 2.75 万～3.30 万株·hm^{-2}，单株成铃 45 个以上，总铃 135 万个·hm^{-2} 以上，铃重 6.0g 以上，单株果枝 20～22 台，单株果节 125 个以上，成铃率 40% 以上。

四、土壤肥力

土壤肥力中上等，土壤有机质含量 16g·kg^{-1} 以上，碱解氮 120mg·kg^{-1} 以上，速效磷 10mg·kg^{-1} 以上，速效钾 100mg·kg^{-1} 以上。

五、种植密度和生育进程

长江下游棉区小（大）麦后 7500kg·hm^{-2} 籽棉超高产棉田适宜密度为 2.75 万～3.30 万株·hm^{-2}，较大面积生产增加 6000～9000 株·hm^{-2}。合理生育进程 4 月 5～10 日播种育苗，6 月上旬现蕾，7 月上旬开花，8 月下旬吐絮。

六、生育指标

（一）苗期

移栽时棉苗真叶 4～5 叶，苗高 12～15cm，子叶完好，叶色深绿，矮壮敦实，白根盘钵，主茎红绿各半。

（二）蕾期

6 月上旬现蕾，7 月上旬进入初花期，开花时棉花株高达最终株高的 1/2 左右，开花时每株果枝 10～11 台，果节 22 个左右，主茎日增量 2～2.5cm。

（三）花铃期

(1) 初花至盛花期（7 月初至 7 月下旬）　7 月底棉花株高达最终株高的 90% 左右，果枝 19～20 台·$株^{-1}$，果节数 80～90 个·$株^{-1}$，单株日开花 1.0～1.5 个，株高最大日增量 2.5cm 左右，单株大铃 5～8 个。

(2) 盛花至吐絮期（7 月底至 8 月底）　打顶后株高 120～130cm，果枝 20～22 台·$株^{-1}$，果节 125 个·$株^{-1}$ 以上，大铃 35～40 个·$株^{-1}$。

（四）吐絮期

8 月下旬进入吐絮期，大铃 45～55 个·$株^{-1}$，不早衰，不贪青迟熟，烂铃少，吐絮畅。

七、栽培管理技术

(一)播种育苗阶段

同第一节。

(二)适时移栽

目标:缓苗期短,棉苗早发、早现蕾。

1. 大田准备　　小(大)麦机收后,及时移除田间秸秆。株行距配置要根据密度要求,一般行距 1~1.2m,株距以密度而定,定距打洞,洞深略超过钵体高度。

移栽时安家肥施用生物有机肥 4500kg·hm^{-2}(南京农业大学研制,N+P+K≥5%,有机质≥30%)或土杂肥 15 000kg·hm^{-2},三元复合肥(15-15-15)150kg·hm^{-2},硼砂 15kg·hm^{-2},肥料施于钵塘内。尽量控制化肥的用量,以防发生肥害伤根。

2. 移栽方法　　苗床起苗时保证苗钵完好,选用健壮苗,剔除病、弱、小苗。移栽时不栽露肩苗,覆土时先覆 2/3 土,浇活棵水然后再覆满土,移栽宜在晴好天气进行。栽后要及时灭茬,防治地老虎;及时清沟理墒,防止苗期下雨受渍。

3. 蕾期管理　　蕾期管理目标是促棉花早发稳长,壮株增蕾。主要措施如下。

(1)化学调控　　根据天气、土壤、苗情及时进行化学调控,以防营养生长过旺,减少脱落。蕾期(6月中旬前后)对有旺长趋势棉田,每公顷用 25%助壮素 60~90ml 兑水 450kg 均匀喷洒,控制棉苗旺长。

(2)整枝　　6月中下旬,待叶枝清晰可辨时,及时去除叶枝,以改善棉株生长环境。

(3)清沟理墒　　蕾期正值梅雨季节,在棉田沟系配套的基础上进一步清沟理墒,及时排除田间积水,减轻田间渍害,以利于根系生长。

(4)防治虫害　　蕾期主要害虫有二代棉铃虫、棉盲蝽、蚜虫、玉米螟等,根据虫情及防治标准及时用药防治,一般可用有机磷、氨基甲酸酯类以及特异性昆虫生长调节剂进行防治。

(5)喷施硼肥　　缺硼棉田在蕾期每公顷用 750g 左右高效速溶硼肥兑水 375~450kg 叶面喷施。

4. 花铃期管理

(1)初花期—盛花期　　该时期棉田管理目标是促快速成铃,结铃率高,优质铃多。主要措施如下。

1)施促花肥。一般于 7 月初开塘深施三元复合肥(15-15-15)450kg·hm^{-2},尿素 75kg·hm^{-2},氯化钾 225kg·hm^{-2}。缺硼棉田于开花期每公顷用 1500g 高效速溶硼肥兑水 750kg 叶面喷施。

2)化学调控。开花前后对生长偏旺、叶片偏大、主茎生长过快、土壤肥力较好的棉田,每公顷喷施 25%助壮素 150~180ml,兑水 600~750kg,均匀喷洒。

3)施保铃肥。于 7 月下旬穴施或沟施尿素 300kg·hm^{-2}。缺硼棉田于 7 月下旬每公顷用 1500g 高效速溶硼肥兑水 750kg 叶面喷施。

4)防治病虫害。重点防治三代棉铃虫、红铃虫、棉盲蝽、棉叶螨、玉米螟、金刚钻、伏蚜等。棉铃虫要在产卵高峰用药,发现棉叶螨危害立即采取封闭式防治方法,用杀螨剂将其消灭在点片发生阶段,避免扩大危害。农药品种选用菊酯类、有机磷类等,做到一药兼治,交替使用,以延缓或减轻害虫的抗药性,提高药效和保护天敌。对发生枯、黄萎病和红叶茎枯病的棉田,在改善生长条件、增加肥料用量增强后劲的同时,搞好叶面喷药喷钾,减轻危害。

5)抗灾防涝(旱)。及时清沟理墒,如遇台风暴雨袭击应及时排水降渍、扶理棉花,补施肥料或根外追肥,促进恢复生长。严重干旱时及时灌水抗旱。

(2)盛花期—吐絮期　　该时期棉田管理目标是提高结铃率、增加铃重。主要措施如下。

1)适时推迟打顶。根据棉株长势长相及单株果枝数要求,如未达果枝数要求可适当推迟,最后不超过8月15日期间打顶(较大面积生产推迟7~10d),打顶以1叶1心为宜。

2)施用长桃肥。一般在8月20日前施尿素 $105\sim150kg\cdot hm^{-2}$。

3)根外追肥。期间若遇台风暴雨,灾后应及时喷施2%尿素(生长偏旺的棉田加0.2%~0.5%磷酸二氢钾),间隔7~10d喷一次,连续2~3次。

4)化学封顶。棉花打顶后1周,根据棉花长势每公顷用25%助壮素225~300ml兑水600~750kg均匀喷洒。

5)防治病虫。8月虫害发生种类仍较多,特别是棉铃虫4代和5代重叠发生,做好以防治棉铃虫为主,兼治烟粉虱、斜纹夜蛾、棉叶螨等其他害虫的防治工作,提高防效。

5. 吐絮期管理　　吐絮期棉田管理目标是促棉花增铃(晚秋桃)、增重、增品级,保高产,控"三丝"。主要措施如下。

(1)根外追肥　　进入9月上中旬后,视棉花长势,用2%尿素、0.2%的磷酸二氢钾溶液喷雾2~3次。争结晚秋桃,增加铃重。

(2)适时摘花　　吐絮后5~7d或大部分棉株有1~2个棉铃吐絮为最佳采摘时期,要及时收花。收花时禁止使用化纤编织袋等非棉布口袋,禁止使用有色线、绳扎口,以防止"三丝"混入。

第三节　棉花轻简化栽培技术

棉花轻简化生产是指在棉花生产全过程采用轻便简化、节本省工、高产高效技术和物化产品、装备,从而简化和合并作业工序,减少生产环节,节省劳动力,提高棉花生产效率。不同技术水平和不同生产条件下的轻简化栽培内涵和程度不同,现阶段长江流域棉区轻简化栽培技术主要包括:通过选用抗虫棉品种、机械直播或轻简化育苗、施用棉花专用配方缓控释肥、机械化田间管理、全程生长化学调控和化学除草、简化病虫害防控等技术措施。

一、棉花轻简化育苗移栽技术

近年来,我国棉花轻简化育苗移栽技术已获得较大突破,主要有基质育苗和水浮育苗,这些技术具有省工、省种、劳动强度低、便于工厂化集中育苗等优点。

(一)棉花基质穴盘育苗移栽

1. 育苗设施 可选用小拱棚、大棚和日光温室,设施内温度能控制在 20~35℃。应建在背风向阳、排水取水方便、交通便利的地方,应防止家畜家禽破坏。单个小拱棚以长 10m、床面宽 1.2m、高 0.45~0.50m 为宜;大棚以宽 6.0m、顶高 2.0~2.5m、侧高 1.0~1.2m 为宜。

2. 物资准备

(1)棉种 根据种植密度确定棉种数量,如育苗 1500 株,需准备棉种 300g。

(2)育苗基质 选用合格的棉花穴盘育苗专用基质,每育 1500 株棉苗,需育苗基质 $0.05m^3$。

(3)育苗穴盘 选用 100 孔育苗穴盘,每穴容积不小于 30ml。每育 1500 株棉苗,需育苗穴盘 16~18 个。

(4)保叶剂、促根剂 保叶剂、促根剂用量根据育苗数量,按产品说明书推荐的用量计算。

3. 苗床建设

(1)床址选择 苗床建在育苗设施内,小拱棚育苗可先建苗床,播种后再建小拱棚。利用大棚和日光温室育苗应在建床前清理棚内杂物、灭除杂草及前茬等,再用杀菌剂喷雾灭菌。

(2)苗床规格 单个苗床以宽 1.20m、深 0.20m、长不超过 10m、四周走道宽 0.40~0.50m 为宜。利用大棚和日光温室进行多层育苗时,需育苗架和育苗盘,层数不宜超过 3 层,层高以第 1 层(自地面算起)0.90m、第 2 层 0.80m、第 3 层 0.70m 为宜。

(3)苗床制作 单层苗床可四周用土、砖块或木板围成,清除床底石块、植物根茎等尖锐硬物,铲平夯实。床底需平整,底部和床四周铺垫薄膜,薄膜厚度以 0.06~0.10 mm 为宜。铺膜前在床底撒施少量杀虫剂,防止地下害虫破坏地膜。

(4)基质装盘 将基质装满穴盘并刮平,使各穴基质松紧一致,播种前浇足水,以基质湿透、穴盘底部渗水为宜。也可先将基质加水拌匀再装盘,基质含水均匀,含水量达到 60%,以手握成团、指间见水不滴水为宜。

4. 播种

(1)播种时间和播种方法 按育苗期 20~30d、移栽适宜苗龄 2~3 片真叶计算,以移栽日期倒推播种时间。播种时每穴播 1 粒棉种,种子尖头朝下或横放,用手指轻压,播种深度 1.5~2.0cm 为宜。播后覆盖 1.5~2.0cm 基质,然后抹平床面并轻压。播种结束后,可喷杀菌剂防病害。

(2)穴盘摆放 播好种的穴盘可采用以下方法之一摆放:①叠放。每垛叠放 16~18 个穴盘,用农膜包裹保温,膜内温度控制在 20~30℃。待 50%~60%种子拱土出芽时,将穴盘移入苗床；用小拱棚育苗时，摆好育苗盘后应立即架小拱棚并盖膜。②平放。穴盘直接平放在苗床上，并平铺一层地膜；用小拱棚育苗时，摆好育苗盘后应立即架小拱棚并盖膜；待50%种子拱土出芽时，除去平铺的地膜。

5. 苗床管理

(1) 温度和水分控制　　棉苗从出苗到子叶平展，棚内温度保持在25~35℃，出真叶后保持在20~30℃。可用通风、加压微喷水及加盖遮阳网等方法来降温，用保温帘、地热线等方法来增温。

苗床管理以控水为主，以移栽时红茎比50%左右为宜，根据基质墒情补水1~3次，第1次补水可与浇灌促根剂同时进行。

(2) 浇灌促根剂　　棉苗子叶平展到1叶1心期间，用促根剂灌根1次，在棉苗行间均匀浇灌到根部，不要喷到叶面上。

(3) 控制大苗、栽前炼苗　　若不能按时移栽，苗龄超过3片真叶时应控制棉苗生长，一是控制苗床水分，不浇水；二是微量化调，根据棉苗长势酌情喷施缩节胺(1g 98%缩节胺兑水100kg)，喷湿叶面即可。

移栽起苗前7~10d苗床不再浇水，移栽前5~7d日夜通风炼苗，如遇雨或天气寒冷仍需覆盖；大棚和日光温室应逐步打开天窗，促进炼苗。

(4) 浇足"送苗水"、喷保叶剂　　移栽前3~5d可喷适量"送苗水"，保持基质含水量适宜，方便起苗。移栽当天或前1天可喷保叶剂。保叶剂浓度和用量参照产品使用说明书。

(5) 虫害防治　　以防治棉蚜、棉叶螨、棉蓟马、棉盲蝽等害虫为主。

6. 栽前准备
若墒情不足，可灌底墒水。免耕移栽前应先灭茬、喷除草剂，后打洞或开沟移栽。基肥应施在离移栽穴20~30cm处。机械移栽时应精细整地，应做到地面平整、土壤松爽、无残茬。

7. 起苗和运输
起苗方法有两种：①湿起苗。起苗前1天灌足水或促根剂，起苗时轻挤穴盘底部并轻提棉苗，起好后将棉苗扎成捆。②干起苗。起苗前灌促根剂，再控水2~3d，起苗时将育苗盘提起，轻轻抖落基质，将棉苗扎成捆。装苗器具应透气，底部加1cm深的水，以保持根系湿润，可对棉苗喷保叶剂。苗床距大田较近时，可直接将穴盘运到田间，边起苗边移栽。棉苗起苗后应在12h内栽完，不能及时移栽时，应存放在阴凉处，并保湿透气。运输时将装苗器具平放在运输工具上，有支架时可分层码放，棉苗不应被挤压、被阳光直射。运输时应保持运输工具平稳行走。

8. 移栽

(1) 基本原则　　操作过程中应避免棉苗根系和叶片受损；在棉苗充足的情况下，优先选择健壮的棉苗移栽；选择在温度较高时移栽棉苗；提倡地膜覆盖移栽。

(2) 移栽条件和移栽方法　　日平均气温稳定达到19℃以上；苗龄30d左右，叶龄2~3片真叶；叶片无病斑，叶色深绿，子叶完整；苗高15~20cm，红茎比50%左右，根系多且粗壮。

移栽方法有两种：①人工移栽。先用机具开沟或打穴，深10~20cm，再将棉苗放入移栽穴中并覆土轻压，然后浇水。②机械移栽。选择合适的棉苗移栽机，调整好移栽行株距、开沟深度、浇水量和覆土量等参数，开机调节移栽机行走和放苗的速度，然后开始移栽。

(3)移栽质量和栽后管理　　移栽后，棉苗直立且根系入土深度不小于7cm，每株棉苗浇水不少于250ml。移栽后及时检查，扶正倒伏或被压的棉苗。发现漏浇水、漏栽时，应及时补浇、补栽。栽后如遇干旱，应及时补浇水1～2次。

(二)棉花水浮育苗移栽

1. 育苗设施　　可选用小拱棚、大棚和日光温室，设施内温度能控制在20～35℃。应建在背风向阳、排水取水方便、交通便利的地方，应防止家畜家禽破坏。

单个小拱棚以长10m、床面宽1.2m、高0.45～0.50m为宜；大棚以宽6.0m、顶高2.0～2.5m、侧高1.0～1.2m为宜。

2. 物资准备

(1)棉种　　根据种植密度确定棉种数量，如育苗1500株，需准备棉种300g。

(2)育苗基质　　选用市场销售的合格的棉花水浮苗用专育基质。每育1500株棉苗，需育苗基质0.04m³。

(3)育苗穴盘　　选用200孔聚乙烯高密度硬质泡沫塑料育苗穴盘，每穴容积不小于25ml。每育1500株棉苗，需育苗穴盘8～9个。

(4)专用育苗肥　　每育1500株棉苗，需棉花水浮育苗专用肥400g。

3. 苗床建设

(1)床址选择　　苗床建在育苗设施内，小拱棚育苗可先建苗床，播种后再建小拱棚。利用大棚和日光温室育苗应在建床前清理棚内杂物、灭除杂草及前茬等，再用杀菌剂喷雾灭菌。

(2)苗床规格和苗床制作　　单个苗床以宽1.20m、深0.20m、长不超过10m、四周走道宽0.40～0.50m为宜。单层苗床可四周用土、砖块或木板围成，清除床底石块、植物根茎等尖锐硬物，铲平夯实。床底需平整，底部和床四周铺垫薄膜，薄膜厚度以0.06～0.10mm为宜。铺膜前在床底撒施少量杀虫剂，防止地下害虫破坏地膜。铺膜后应进行检查，如发现漏水应及时换膜，如有气泡应重铺。

(3)基质装盘　　用清洁的水将基质均匀湿润，使基质含水量达到其自身重量的1.5～2.0倍(即手捏成团，指缝间不滴水，自高1m左右处落地即散)；将配好的基质装入育苗盘，轻轻抖动育苗盘或将育苗盘置于30cm高处自由落下，使基质上下紧实度一致。装好后基质应略低于盘面，以便播种后覆盖。

(4)配制营养液　　每育1500株棉苗，用400g专用育苗肥兑水5kg配成母液倒入育苗池内，再加清洁的水150～300kg，搅拌均匀，即配成了营养液。

4. 播种

(1)播种时间和播种方法　　苗床水温稳定通过16℃时可开始播种，播种时间可比营养钵育苗时间推后5～7d。播种时每穴播1粒棉种，种子尖头朝下或横放，用手指轻压，播种深度1.5～2.0cm为宜。播后用基质覆盖，覆盖厚度为1.5～2.0cm，然后抹平床面并轻压。播种结束后，可喷杀菌剂防病害。

(2)穴盘摆放　　每垛叠放 16～18 个穴盘，用农膜包裹保温，膜内温度控制在 20～30℃。待 50%～60%种子拱土出芽时，将穴盘移入苗床；摆盘时交替排列，竖排放 2 个、横排放 1 个，盘间留空隙。用小拱棚育苗时，摆好育苗盘后应立即架小拱棚并盖膜。

5. 苗床管理

(1)温度和水分控制　　棉苗从出苗到子叶平展，膜棚内温度应保持在 25～35℃，出真叶后温度应保持在 20～30℃。可用通风、加压微喷水及加盖遮阳网等方法来降温，用保温帘、地热线等方法来增温。

苗床管理应以控水为主，以移栽时红茎比 50%左右为宜。子叶平展 3～4d 后即可将育苗盘离开营养液炼苗，炼苗时间逐步延长，以棉苗不萎蔫为宜。

(2)化学控制　　根据棉苗长势酌情喷施缩节胺(1g 98%缩节胺兑水 100kg)，喷湿叶面即可。

(3)栽前炼苗　　日平均气温高于 20℃时可将膜全部揭开炼苗。棉苗 2 片真叶后，可在晴天将育苗盘架高使根系离开营养液，进行 1～2h 的间断性炼苗。移栽前 5～7d 日夜通风炼苗，如遇雨或天气寒冷仍需覆盖。大棚和日光温室应逐步打开天窗，促进炼苗。

(4)虫害防治　　以防治棉蚜、棉叶螨、棉蓟马、棉盲蝽等害虫为主。

6. 栽前准备　　若墒情不足，可灌底墒水。免耕移栽前应先灭茬、喷除草剂，后打洞或开沟移栽。基肥应施在离移栽穴 20～30cm 处。机械移栽时应精细整地，应做到地面平整、土壤松爽、无残茬。

7. 起苗和运输　　移栽前需炼苗 24h 以上，使水生根收缩便于起苗。起苗时用手握住棉苗茎基部，轻轻向上将棉苗连基质一起拔出。若因棉苗过小或炼苗不够造成根系不能与基质一同起出时，应推迟起苗。

装苗器具应透气，底部加 1cm 深的水，以保持根系湿润，可对棉苗喷保叶剂。苗床距大田较近时，可直接将穴盘运到田间，边起苗边移栽。棉苗起苗后应在 12h 内栽完，不能及时移栽时，应存放在阴凉处，并保湿透气。装苗的器具应平放在运输工具上，有支架时可分层码放，棉苗不应被挤压、被阳光直射。运输时应保持运输工具平稳行走。

8. 移栽

(1)基本原则　　操作过程中应避免棉苗根系和叶片受损；在棉苗充足的情况下，优先选择健壮的棉苗移栽；选择在温度较高时移栽棉苗；提倡地膜覆盖移栽。

(2)移栽条件和移栽方法　　日平均气温稳定达到 19℃以上；苗龄 30d 左右，叶龄 2～3 片真叶；叶片无病斑，叶色深绿，子叶完整；苗高 15～20cm，红茎比 50%左右，根系多且粗壮。

移栽方法有两种：①人工移栽。先用机具开沟或打穴，深 10～20cm，再将棉苗放入移栽穴中并覆土轻压，然后浇水。②机械移栽。选择合适的棉苗移栽机，调整好移栽行株距、开沟深度、浇水量和覆土量等参数，开机调节移栽机行走和放苗的速度，然后开始移栽。

(3)移栽质量和栽后管理　　移栽后，棉苗直立且根系入土深度不小于 7cm，每株棉苗浇水不少于 250ml。移栽后应及时检查,扶正倒伏或被压的棉苗。发现漏浇水、漏栽时,应及时补浇、补栽。栽后如遇干旱,应及时补浇水 1~2 次。

二、长江流域杂交棉育苗移栽轻简化栽培技术

利用产量潜力高的杂交棉品种育苗移栽,可缓解棉花与前作或间套作物两熟矛盾,实现棉花提早播种,有利于棉花早发早熟,延长有效开花结铃期,充分发挥杂交棉的个体优势,从而实现两熟高产高效。

(一) 目标

6000kg·hm^{-2} 籽棉以上,与常规栽培相比每公顷节省用工 75~150 个。

(二) 种植模式和种植密度

油棉连作:油菜选用抗倒伏中熟偏早品种,9 月上旬育苗,10 月中下旬在棉行套栽,也可直播;棉花于翌年 4 月中下旬育苗,5 月中下旬油菜收获后移栽。麦棉连作:小(大)麦选用抗倒伏中熟偏早品种,11 月上旬播种;棉花于翌年 4 月下旬育苗,5 月底至 6 月上旬小(大)麦收获后移栽。选用高产、优质、抗病的中熟抗虫杂交棉品种,油棉、麦棉连作时棉花移栽密度分别为 22 500~27 000 株·hm^{-2}、27 000~30 000 株·hm^{-2}。

(三) 简化育苗移栽

油棉或麦棉连作棉花可用轻简化育苗移栽技术(参见本章第一节),也可采用传统营养钵育苗移栽。

(四) 简化施肥

1. 肥料类型和肥料配方 施用棉花专用配方缓释肥,质量应符合 GB/T 23348—2009 的规定。也可参考如下配方:每 100kg 棉花专用配方缓释肥含 18~30kg N、3~10kg P$_2$O$_5$、18~30kg K$_2$O、0.05~0.15kg B、0.25~0.40kg Zn。

2. 施肥原则和施肥方法 棉花专用配方缓释肥不宜撒施、穴施,宜开沟埋施,沟深 15~20cm,距棉株或种子 20~25cm;每公顷用棉花专用配方缓释肥 1200~1500kg 作基肥或移栽肥一次性开沟埋施,露地移栽棉在移栽后 10d 内施用,不宜在中后期施用;盛花期(7 月底至 8 月初)视苗情每公顷追施纯氮 75kg 左右。低洼、渍涝和排水不畅的棉田不宜一次性大量施用棉花专用配方缓释肥。

(五) 整枝和打顶

移栽棉现蕾后,应尽早整枝,密度偏低棉田或缺株时,可保留 1~2 台叶枝。当移栽棉单株果枝数达 20~22 台或时间到 8 月上旬时打顶。

(六) 全程化学调控

根据苗情和天气状况进行化学调控，推荐用量和方法如表 20-2，根据苗情和天气状况，可适当调整喷施化学调节剂的次数和用量。

表 20-2 移栽棉化学调节剂推荐用量和方法

时期	98%缩节胺($g \cdot hm^{-2}$)	使用方法
初花期	15.0～30.0	全株喷雾
盛花期	30.0～45.0	全株喷雾
打顶后 5～7d	45.0～60.0	全株喷雾

(七) 全程化学除草

前茬作物收获后，板茬免耕移栽或翻耕前，可用草甘膦+乙草胺或精异丙甲草胺等对杂草茎叶和土壤喷雾。在棉花移栽后现蕾前，以禾本科杂草为主时，可用草甘膦+乙草胺或精异丙甲草胺等对杂草茎叶和土壤定向喷雾；在禾本科、阔叶和莎草科杂草混生时，可用乙氧氟草醚等杀草谱较广的除草剂，还可选择两种或多种除草剂进行混配使用，或用氧氟乙草胺等混剂。棉花现蕾后、株高 30cm 以上且棉株下部茎秆转红变硬后，用草甘膦等对杂草茎叶定向喷雾。

(八) 收获和棉花秸秆机械粉碎还田

当大部分棉株有 1～2 个棉铃吐絮时，可开始采摘，以后每 7～8d 采摘一次，收花应选晴天露水干后进行，雨前应及时抢摘。正常吐絮的棉花可用手持式或背负式采棉器具采摘，僵瓣棉可用手工采摘。晚熟棉花可喷催熟剂催熟。

当收获期棉花农艺性状符合要求且吐絮率大于 90%、行距和田块等条件适合采棉机作业要求时也可机采。机械采收前 20d 左右应喷脱叶催熟剂使棉叶脱落，脱叶率应大于 90%。

棉花采收结束后，在不影响接茬作物的情况下，棉花秸秆可机械粉碎还田。

三、长江流域直播棉轻简化栽培技术

油(麦)后棉机械化直播方式，通过增加棉花种植密度，充分发挥棉花的群体优势，以空间换取时间，可免除育苗移栽环节，减少用工，降低劳动强度，提高棉花生产效益。在条件成熟时还可实行机械化采收，实现棉花生产全程机械化。

(一) 目标

$6000kg \cdot hm^{-2}$ 籽棉以上，与常规栽培相比每公顷节省用工 150 个以上。

(二) 种植模式

油棉连作时，油菜选用抗倒伏早中熟品种，9月上旬育苗，10月中下旬 6～7 片叶时在棉行套栽，也可直播油菜；棉花于翌年 5 月底油菜收获后直播。麦棉连作时，小(大)

麦选用抗倒伏早中熟品种，11月上旬播种，翌年5月下旬至6月上旬收获；棉花于翌年6月上旬小(大)麦收获后直播。

(三)品种和种植密度

选用株型紧凑、含絮松紧适中、吐絮通畅的早熟品种，种植密度为82 500～10 500株·hm^{-2}；机械收获时，采用76cm或81cm等行距种植。

(四)简化施肥

利用土壤养分测定和田间肥料试验结果得出配方和用量，也可参考如下配方：每100kg棉花专用配方缓释肥含18～30kg N、3～10kg P_2O_5、18～30kg K_2O、0.05～0.15kg B、0.25～0.40kg Zn。

每公顷用棉花专用配方缓释肥1000～1200kg，在棉花机械直播时同时施下("种肥同播")，不宜撒施、穴施，宜开沟埋施，沟深15～20cm，距棉株或种子20～25cm；棉花专用配方缓释肥宜作基肥足量早施，不宜在中后期施用；盛花期(7月底至8月初)视苗情每公顷追施纯氮45kg左右。低洼、渍涝和排水不畅的棉田不宜一次性大量施用棉花专用配方缓释肥。

(五)全程化学调控

根据苗情和天气状况进行化学调控，推荐用量和方法如表20-3所示，可根据苗情和天气状况，适当调整喷施化学调节剂的次数和用量。早熟棉花品种或密度较小时，按推荐用量的下限；中早熟棉花品种或密度较大时，按推荐用量的上限。

表20-3 直播棉化学调节剂推荐用量和方法

时期	98%缩节胺(g·hm^{-2})	使用方法
4～5叶期	7.5	对顶端喷雾
蕾期	7.5～15.0	全株喷雾
初花期	15.0～30.0	全株喷雾
盛花期	30.0～45.0	全株喷雾
打顶后5～7d	45.0～60.0	全株喷雾

(六)整枝与打顶

早熟品种直播时可不整枝，当直播棉单株果枝数达10～12台或时间到8月上旬时打顶。

(七)全程化学除草

播种后出苗前棉田以禾本科杂草为主时,可用乙草胺、精异丙甲草胺等对土壤喷雾;以禾本科杂草和阔叶杂草混生的棉田,可用乙氧氟草醚等喷雾。出苗后现蕾前以禾本科杂草为主时,可用草甘膦+乙草胺或精异丙甲草胺等对杂草茎叶和土壤定向喷雾;在禾本科、阔叶和莎草科杂草混生时,可用乙氧氟草醚等杀草谱较广的除草剂,还可选择两种或多种除草剂进行混配使用,或用氧氟·乙草胺等混剂。棉花现蕾后、株高30cm以上且棉株下部茎秆转红变硬后,用草甘膦等对杂草茎叶定向喷雾。

(八)收获和棉花秸秆机械粉碎还田

当大部分棉株有1~2个棉铃吐絮时,可开始采摘,以后每7~8d采摘一次,收花应选晴天露水干后进行,雨前应及时抢摘。正常吐絮的棉花可用手持式或背负式采棉器具采摘,僵瓣棉可用手工采摘。晚熟棉花可喷催熟剂催熟。

当收获期棉花农艺性状符合要求且吐絮率大于90%、行距和田块等条件适合采棉机作业要求,可以机采。机械采收前应喷脱叶催熟剂使棉叶脱落,脱叶率应大于90%。

棉花采收结束后,在不影响接茬作物的情况下,棉花秸秆可机械粉碎还田。

第四节 滨海盐碱地(含盐量4‰~6‰)4500kg·hm^{-2}以上籽棉栽培技术

随着工业化、城市化进程的加速,耕地面积逐渐减少,盐碱地成为植棉面积增加的主要来源。滨海中度以上盐碱地(含盐量4‰~6‰)植棉困难的主要原因一是出苗立苗难,二是棉花生长发育慢。为解决上述问题,进行盐碱地抗盐保苗剂筛选和种植方式试验,为创新盐碱地植棉技术提供依据。

一、抗盐保苗剂和种植方式对盐碱地棉花生长和产量的影响

(一)抗盐保苗剂对棉苗生长的影响

棉花抗盐保苗剂试验在光照培养箱和大田进行,供试品种为耐盐品种'中棉所79'。光照培养室试验种子经9% H_2O_2 消毒30min,清水冲洗数遍,播种于洗净的沙床上,于培养室内催芽4d,将幼苗分别移入含0mmol·L^{-1}、150mmol·L^{-1} NaCl 的1/2 Hoagland营养液中,24h泵入空气,每4d更换一次营养液。于培养后4d、14d用抗盐保苗剂进行两次处理,以等量清水为对照,药液量均为5ml·株$^{-1}$,每处理重复10株。大田试验在大丰稻麦原种场进行,用抗盐保苗剂处理,以等量清水为对照,药液量均为225L·hm^{-2},于子叶展平后和展平后15d各喷施一次。

光照培养箱试验表明(表20-4),与清水即对照(CK)相比,150mmol·L^{-1} NaCl胁迫下,抗盐保苗剂1、2处理棉苗培养24d后平均株高分别增高2.3cm·株$^{-1}$、2.9cm·株$^{-1}$,叶片数均增加1片·株$^{-1}$,叶面积增加55.9%、73.3%;抗盐保苗剂1处理根、茎、叶和

单株生物量分别增加 55.6%、50.0%、57.7%和 55.8%,抗盐保苗剂 2 分别增加 66.7%、58.3%、67.6%和 65.4%。进一步分析盐害指数发现(表 20-5),与 CK 相比,抗盐保苗剂 1 处理棉苗平均株高、叶片数、叶面积和根、茎、叶、单株生物量受盐胁迫程度分别降低 23.7%、25.0%、25.8%和 20.0%、24.5%、29.1%和 27.0%;抗盐保苗剂 2 处理分别降低 29.9%、25.0%、33.8%和 24.0%、28.6%、34.0%和 31.6%。

表 20-4 抗盐保苗剂对盐胁迫下棉花幼苗生长的影响(光照培养箱)

NaCl 浓度 (mmol·L^{-1})	处理	株高 (cm)	叶片数 (个·株$^{-1}$)	叶面积 (cm^2·株$^{-1}$)	根生物量 (g·株$^{-1}$)	茎生物量 (g·株$^{-1}$)	叶生物量 (g·株$^{-1}$)	总生物量 (g·株$^{-1}$)
0		9.7a	4a	252.4a	0.25a	0.49a	1.41a	2.15a
150	清水	5.3d	3b	116.4d	0.09c	0.24c	0.71d	1.04c
150	抗盐保苗剂 1	7.6c	4a	181.5c	0.14b	0.36b	1.12c	1.62b
150	抗盐保苗剂 2	8.2b	4a	201.7b	0.15b	0.38b	1.19b	1.72b

表 20-5 抗盐保苗剂对盐胁迫下棉花苗期盐害指数(%)的影响(光照培养箱)

处理	株高	叶片数	叶面积	根生物量	茎生物量	叶生物量	总生物量
清水	45.4	25.0	53.9	64.0	51.0	49.6	51.6
抗盐保苗剂 1	21.6	0.0	28.1	44.0	26.5	20.6	24.7
抗盐保苗剂 2	15.5	0.0	20.1	40.0	22.4	15.6	20.0

注:盐害指数=[(无盐胁迫对照值−盐胁迫处理值)/无盐胁迫对照值]×100%

5 号试验结果表明(表 20-6),与清水(CK)相比,抗盐保苗剂 1、2 处理的幼苗棉苗平均株高分别增高 6cm·株$^{-1}$、7.2cm·株$^{-1}$,主茎叶片数均增加 0.7 片·株$^{-1}$,果枝数增加 1.2 台·株$^{-1}$、1.4 台·株$^{-1}$,蕾数增加 26.0%、42.3%,叶面积增加 48.2%、63.4%,成苗率较对照提高 21.2%、24.5%。抗盐保苗剂 1 处理棉苗根、茎、叶、蕾和单株生物量分别平均增加 50.7%、32.3%、13.3%、20.6%和 25.0%,抗盐保苗剂 2 处理棉苗分别增加 56.5%、30.1%、24.4%、8.5%和 28.3%。进一步分析盐害指数发现,与 CK 相比,抗盐保苗剂 1 处理棉苗平均株高、叶片数、叶面积和根、茎、叶、单株生物量受盐胁迫程度分别降低 23.7%、25.0%、25.8%和 20.0%、24.5%、29.1%、27.0%,抗盐保苗剂 2 处理分别降低 29.9%、25.0%、33.8%和 24.0%、28.6%、34.0%、31.6%。

表 20-6 抗盐保苗剂对盐碱地棉花苗蕾期农艺性状和生物量的影响(大田)

处理	株高(cm)	生物量(个·株$^{-1}$)			叶面积 (cm^2·株$^{-1}$)	成苗率 (%)	生物量(g·株$^{-1}$)				
		真叶	果枝	蕾			根	茎	叶	蕾	单株
清水	40.2b	12.5b	7.3b	12.3c	1186.5c	75.5b	0.69b	6.51b	7.21b	1.41c	15.62b
抗盐保苗剂 1	46.2a	13.2a	8.5a	15.5b	1758.5b	91.5a	1.04a	8.61a	8.17a	1.70a	19.52a
抗盐保苗剂 2	47.4a	13.2a	8.7a	17.5a	1938.5a	94.0a	1.08a	8.47a	8.97a	1.53b	20.04a

(二)种植方式对盐碱地棉花生长和产量的影响

为改进盐碱地种植技术以解决棉苗出苗保苗难、前期生长缓慢和后期易贪青迟熟的问题,在滨海盐碱地进行不同种植方式试验。试验设 6 个处理,分别为高垄覆膜(S1),高垄长 6m、宽 20cm、高 20cm,垄间距 80cm,在两高垄中间开播种沟,播种后覆土 2~2.5cm,覆土后播种面与高垄上部有 20cm 空间,再用宽 1.2m 地膜覆盖于相邻两高垄上使地膜与播种面形成宽 80cm、高 20cm 的膜下温室。高垄不覆膜(S2),不铺地膜,其他同 S1。喷洒土壤改良剂(以下简称"改良剂",S3),先喷洒改良剂,再按常规直播后覆盖地膜。喷洒改良剂+高垄覆膜(S4),喷洒改良剂后,再按高垄覆膜处理方法进行播种。喷洒改良剂+高垄不覆膜(S5),喷洒改良剂后,再按高垄不覆膜方法播种。对照(CK),按常规直播技术,覆盖地膜。本试验中土壤改良剂为康地宝,由北京康地宝生物技术有限公司提供,每公顷用量为 15kg,于播种前随水灌入。

1. 棉花农艺性状 盐碱地起高垄与覆膜栽培有利于棉苗生长,不同种植方式棉花株高均高于对照;果枝始节种植方式间差异显著,且均显著低于对照,以 S3(土壤改良剂)、S4(改良剂+高垄覆膜)最低,分别为 5.6 节、5.8 节,比对照低 0.8 节、0.6 节,说明施改良剂和覆膜有利于盐碱地棉花营养生长向生殖生长转化。

棉花现蕾数和现蕾强度、成铃数和成铃强度在种植方式间差异显著,6 月 28 日现蕾数和 8 月 18 日成铃数均以 S1(高垄覆膜)、S3(土壤改良剂)、S4(改良剂+高垄覆膜)较高,至 9 月 26 日时成铃数 S1、S3、S4 仍均高于对照,其中 S3、S4 分别为 13.8 个·株$^{-1}$、13.6 个·株$^{-1}$(对照 9.6 个·株$^{-1}$),其优质桃所占比例和优质桃形成期成铃强度也均显著高于对照。

2. 棉花生物量累积与分配 S3(土壤改良剂)、S4(改良剂+高垄覆膜)棉花生物量较高(表 20-7),如吐絮期营养器官、生殖器官、总生物量分别较对照提高 11.0%、58.5%、26.6% 和 12.3%、49.6%、24.5%。相关分析表明,花铃期营养器官生物量、生殖器官生物量、生殖器官生物量占总生物量比例、总生物量与籽棉产量呈显著正相关;吐絮期,生殖器官生物量、生殖器官生物量占总生物量比例、总生物量与籽棉产量呈显著正相关。

表 20-7 盐碱地种植方式对棉花生物量累积与分配的影响

生育期	种植方式	总生物量	营养器官		生殖器官	
			生物量(g·株$^{-1}$)	分配率(%)	生物量(g·株$^{-1}$)	分配率(%)
花铃期	S1	94.89bc	76.83ab	82.86	16.26b	17.14
	S2	97.13bc	81.06ab	83.46	16.06b	16.53
	S3	126.55a	93.72a	74.06	32.83a	25.94
	S4	117.45ab	84.71ab	72.12	32.76a	27.89
	S5	82.91c	67.71b	81.67	15.2b	18.33
	CK	86.31c	72.45b	83.94	13.86b	16.06
吐絮期	S1	146.46b	96.44b	65.84	50.02b	34.15
	S2	172.55a	106.15a	61.52	63.26ab	36.66

续表

生育期	种植方式	总生物量	营养器官		生殖器官	
			生物量(g·株⁻¹)	分配率(%)	生物量(g·株⁻¹)	分配率(%)
吐絮期	S3	187.33a	110.28a	58.87	77.05a	41.13
	S4	184.23a	111.51a	60.53	72.72a	39.47
	S5	174.42a	107.08a	61.39	67.34ab	38.61
	CK	147.93b	99.32b	67.14	48.61b	32.86

注：同列中不同小写字母表示在 0.05 水平差异显著

3. 棉花矿质元素吸收与分配 表 20-8 表明，花铃期和吐絮期 S3、S4 棉株氮积累量较高，且显著高于 CK；花铃期棉株营养器官、生殖器官和整株氮积累量与籽棉产量呈极显著正相关，吐絮期棉花营养器官、总氮积累量与籽棉产量呈显著正相关。花铃期 S3、S4 棉花磷积累量显著高于其他处理，且棉株营养器官、生殖器官和整株磷积累量与籽棉产量呈极显著正相关。棉花钾积累规律与磷一致，S1、S2、S3、S4、S5 棉花钾积累量均高于 CK，其中花铃期和吐絮期 S3、S4 棉花钾积累量最高；花铃期棉花营养器官、生殖器官和整株钾积累量与籽棉产量呈极显著正相关。

表 20-9 表明，棉花磷、钾吸收比例随生育进程不断增加，S1、S2、S3、S4 棉株吸收比例高于 CK；花铃期以 S3、S4 棉株磷、钾吸收比例最高；吐絮期各种植方式间差异变小。提高棉株磷、钾吸收比例，尤其是花铃期的吸收比例更利于盐碱地棉花获得高产。

表 20-8 盐碱地种植方式对棉花养分累积的影响

生育时期	种植方式	氮			磷			钾		
		营养器官	生殖器官	总量	营养器官	生殖器官	总量	营养器官	生殖器官	总量
花铃期	S1	1002.1bc	260.9bc	1262.9bc	167.4bc	54.8bc	222.2b	2023.1bc	405.0b	2428.1b
	S2	1043.7abc	260.5bc	1304.3bc	171.9b	49.2c	221.0b	2112.0bc	397.3b	2491.3b
	S3	1305.7a	477.8a	1793.5a	227.1a	91.4ab	318.5a	2676.7a	878.8a	3555.5a
	S4	1211.9ab	368.8ab	1580.7ab	217.7a	102.2a	319.9a	2416.4ab	863.6a	3280.0a
	S5	998.0bc	242.3bc	1240.2bc	148.3bc	46.4c	194.7b	1738.8c	373.4b	2112.2b
	CK	897.8c	199.1c	1096.9c	135.4c	42.0c	177.3b	1728.5c	306.5b	2035.0b
吐絮期	S1	825.1d	687.1bc	1512.2c	188.2c	164.1bc	352.2cd	2335.7bc	1171.6ab	3507.3bc
	S2	1133.3b	676.4bc	1809.8b	224.5bc	188.1abc	412.6bc	2625.7ab	1454.5ab	4080.2ab
	S3	1232.3a	707.0bc	1939.3ab	256.7ab	188.5abc	445.1ab	2628.7ab	1539.2a	4167.9ab
	S4	1194.3ab	925.0a	2119.3a	279.8a	240.3a	520.1a	2891.3a	1597.0a	4488.3a
	S5	952.4c	816.3ab	1768.7b	227.1bc	222.0ab	449.1ab	2486.3bc	1520.8a	4007.1ab
	CK	893.1d	639.8c	1532.9c	178.7c	147.5c	326.2d	2486.3bc	923.1b	3125.8c

注：同列中不同小写字母表示在 0.05 水平差异显著

表20-9 盐碱地种植方式对棉花氮磷钾吸收的影响

种植方式	氮：磷：钾	
	花铃期	吐絮期
S1(高垄覆膜)	1：0.18：1.92	1：0.23：2.32
S2(高垄不覆膜)	1：0.17：1.92	1：0.23：2.26
S3(土壤改良剂)	1：0.18：1.99	1：0.23：2.15
S4(改良剂+高垄覆膜)	1：0.20：2.08	1：0.25：2.12
S5(改良剂+高垄不覆膜)	1：0.16：1.70	1：0.25：2.27
CK(常规直播)	1：0.16：1.86	1：0.21：2.04

4. 棉花产量 表20-10可见，S3棉花产量最高、铃数最多，其次为S4，均显著高于CK，种植方式间铃重差异较小。

表20-10 盐碱地种植方式对棉花产量与产量构成的影响

种植方式	铃数(个·株$^{-1}$)	铃重(g)	衣分(%)	籽棉产量(kg·hm^{-2})
S1(高垄覆膜)	10.2bc	5.55a	37.81b	2715.2b
S2(高垄不覆膜)	10.6bc	5.56a	37.03bc	2793.5b
S3(土壤改良剂)	13.8a	5.64a	38.34ab	3735.9a
S4(改良剂+高垄覆膜)	13.6a	5.58a	38.57ab	3642.6a
S5(改良剂+高垄不覆膜)	10.8bc	5.33a	39.46a	2763.0b
CK(常规直播)	9.6c	5.70a	36.56c	2560.9b

注：同列中不同小写字母表示在0.05水平差异显著

综上，高垄、覆膜、喷洒盐碱地土壤改良剂3项栽培措施有利于棉花营养生长，促进生长转化，提高后期现蕾和成铃强度。与平作覆膜种植方式相比，喷洒土壤改良剂、喷洒土壤改良剂+高垄覆膜两种种植方式棉花产量显著提高（增幅分别达45.88%、42.24%），最有利于提高棉花生物量和氮、磷、钾积累量。

二、盐碱地棉花栽培技术与应用

盐碱地土壤盐分对作物根系具有反渗毒害作用，致使棉花前期出苗难，生长缓慢；中期因雨水较多，土壤盐分经冲洗淋溶下渗后棉花易旺长，蕾铃脱落；后期易贪青迟熟。针对盐碱地棉花生育特点，运用高垄覆膜、喷洒土壤降盐剂，合理密植和化学调控等配套栽培技术，可以保全苗、促早发、夺取高产。

（一）盐碱地棉花栽培技术

1. 完善农田水系，加速土壤脱盐 根据当地常年夏季雨量充沛的气候特点，利用雨水冲洗淋溶作用，降低棉花根际土壤盐分含量。为此，要深挖田边排水沟，深度达到

2.5m 以上。高标准挖好田间横沟、竖沟和田头沟，田头沟深度达到 0.4m 以上，确保达到雨止田干无积水，以加速土壤盐分的排出。

2. 增施有机肥，合理运筹肥料 盐碱地有机质含量普遍较低，增施有机肥(用腐熟有机肥 30t·hm^{-2} 作基肥)可以提高盐碱地土壤肥力，促进棉花生长发育。增施有机肥还可以改善土壤结构，增加土壤通透性，增强土壤保水保肥能力，减少土壤水分蒸发，抑制返盐，促进排盐。盐碱地不仅有机质含量低，而且缺氮少磷，因此施肥时要做到增施氮肥，配施磷钾肥以及锌、硼等微肥。一般施尿素 375～450kg·hm^{-2}，过磷酸钙 750～1050kg·hm^{-2}，硫酸钾 225～300kg·hm^{-2}，硫酸锌 15～20kg·hm^{-2}，硼砂 5～6kg·hm^{-2}。

3. 选用抗盐品种，播前种子处理 选用高产、优质、生长势强、较耐盐碱的棉花品种，以有效减轻盐分对棉花的毒害作用。播前用 0.5% NaCl 溶液浸泡棉种 12h，可进一步提高棉花的耐盐碱能力。

4. 利用高垄覆膜种植方式，苗期喷施抗盐保苗剂 利用盐碱地高垄覆膜种植方式形成膜下低盐带，辅以喷洒土壤改良剂，促进苗期出苗，解决盐碱地出苗、立苗难等问题。出苗后喷洒抗盐保苗剂，促进苗期生长和生物量累积。

5. 合理密植，扩群体补个体 盐碱地植棉由于盐分对棉花的毒害作用，棉花生长慢、发棵迟、架子小、单株结铃数较少。因此，盐碱地棉花要获得高产，必须适当扩大群体，发挥群体的增产作用，以弥补个体弱小的不足。一般盐碱地棉花种植密度增加到 60 000 株·hm^{-2} 以上。合理密植还可以遮挡阳光对地面的照射，减少土壤水分的蒸发，起到减缓土壤返盐的作用。

6. 科学化调，前期促、中后期控 针对盐碱地棉花生育特点，前期化调应以促为主，中后期化调应以控为主。苗期温度低、盐分重，生长迟缓，可喷施抗盐保苗剂、赤霉素(40～50mg·kg^{-1})等促进棉花生长。棉花中后期雨水较多，根际土壤盐分含量大大降低，加之此时棉花耐盐能力较强，极易旺长而造成群体过大，因此应喷施缩节胺进行化控。

7. 加强田间管理，抑制返盐，减少烂铃 棉田行间未覆盖地膜的裸露部分由于没有地膜遮挡，土壤水分容易蒸发，特别是长时间不下雨时极易返盐。因此，棉花行间应勤中耕，深度在 10cm 左右，以切断土壤表层毛细管，抑制返盐。也可在行间铺上作物秸秆，对减少水分蒸发、抑制返盐也有很好的效果。要适时打顶，摘边心去空枝等，增加棉花下部的通风透光，降低田间湿度，减少烂铃发生。

8. 适时化学催熟，提高产量与品质 盐碱地棉花后期易贪青迟熟，加上气温下降，常有一些棉铃不能正常成熟吐絮，影响棉花的产量和品质。用乙烯利催熟可加快棉铃发育，促使棉铃提早吐絮，增加霜前花产量，提高纤维品质。

(二)盐碱地棉花栽培技术的应用

在江苏省大丰市稻麦原种场盐碱地综合示范了适宜江苏滨海中度盐碱地条件下棉花种植技术，主要技术要点有喷洒降盐剂、高垄覆膜种植方式和合理氮肥运筹等技术。

1. 实施情况 示范江苏滨海中度盐碱地棉花种植综合技术(简称高垄覆膜技术),示范面积 1.33hm², 另设常规种植覆膜直播和裸地直播作为对照。品种选用'中棉所 79', 种植密度 67 500 株·hm⁻², 施用高质量有机肥 4500kg·hm⁻²。于 4 月底 5 月初使用机械起数条与田块等长、高 25cm、下部宽度为 50cm 的拱形高垄。相邻两条高垄下部间距为 110cm。并同时将垄间地面整平, 喷洒降盐剂并再灌水使降盐剂随水下降到土壤中。然后在两行高垄间开播种沟两行, 两行间距按预定株距播种, 每穴播 3~4 粒, 覆土 1~2cm。地膜直接覆盖在播种行上。棉花全生育期施纯氮 172.5kg·hm⁻², 分别在盛蕾期、开花期、盛花期(分别占总用量 20%、60%、20%)施用。2~3 叶期进行定苗, 8 月 5 日打顶, 根据田间苗情适当化控。

2. 示范效果

(1) 产量与产量构成　　盐碱地高垄覆膜植棉技术大面积示范应用时, 收获密度 65 100 株·hm⁻², 显著高于对照; 单株铃数和群体铃数也显著高于对照; 理论籽棉产量达 4500.0kg·hm⁻², 较常规覆膜直播、裸地直播分别提高 70.8%、323.7%(表 20-11)。

表 20-11　棉花产量与产量构成

种植方式	面积(hm²)	收获密度(株·hm⁻²)	单株铃数(个)	铃数(万个·hm⁻²)	铃重(g)	理论籽棉产量(kg·hm⁻²)
高垄覆膜	1.33	65 100a	12.3a	80.1a	5.7a	4 500.0a
覆膜直播	0.33	57 000b	10.0a	57.0b	5.0ab	2 634.0b
裸地直播	0.33	54 750c	4.5b	24.6c	4.2b	1 062.2c

注: 同列中不同小写字母表示在 0.05 水平差异显著

(2) 棉田土壤盐分　　高垄覆膜示范区棉田缺穴率仅 5.4%, 显著低于覆膜直播和裸地直播。采用高垄覆膜技术, 棉苗根系生长区域(垄下, 0~5cm 土层)盐分含量仅 2.20‰, 显著低于覆膜直播(6.70‰)和裸地直播(10.81‰), 有利于盐碱地棉花出苗和生长。表 20-12 和图 20-1 显示, 与覆膜直播和裸地直播相比, 高垄覆膜技术主要是通过将土壤中盐分依靠水分蒸发富集到高垄上, 从而降低了垄下土层盐分含量。

表 20-12　棉田不同土层土壤盐分含量

种植方式	位置	盐分含量(‰)	
		0~5cm 土层	5~20cm 土层
高垄覆膜	垄上	6.13b	2.99a
	垄下	2.20a	1.91a
覆膜直播	地膜内	6.70b	5.76b
	地膜外	10.67c	7.50bc
裸地直播		10.81c	8.50c

图 20-1 高垄覆膜技术棉田垄上盐分富集效果(垄上白色物质为盐斑)

(3)棉花营养生长 盐碱地高垄覆膜棉花株高与株高日增量均高于覆膜直播和裸地直播且最终株高最高(表 20-13),达 97.5cm·株$^{-1}$,其次为覆膜直播,裸地直播最低。高垄覆膜棉花主茎真叶数高于覆膜直播和裸地直播,最高达 22.2 张·株$^{-1}$,其次为覆膜直播,裸地直播最低;不同种植方式出叶速度表现为先增加后下降的变化,在 6 月 26 日～7 月 18 日主茎出叶最快,且高垄覆膜棉花出叶速度在 6 月 26 日～7 月 18 日显著高于覆膜直播和裸地直播。

表 20-13 棉花株高与株高日增量

种植方式	株高(cm)				株高日增量(cm·d^{-1})		
	6月9日	6月26日	7月18日	8月19日	6月9～26日	6月26日～7月18日	7月18日～8月19日
高垄覆膜	10.2a	26.6a	66.8a	97.5a	0.908	1.830	0.959
覆膜直播	4.4b	10.7b	33.2b	60.9b	0.347	1.025	0.866
裸地直播	—	5.5c	16.2c	44.3b	0.303	0.489	0.878
种植方式	主茎叶片数(张)				主茎出叶速度(张·d^{-1})		
	6月9日	6月26日	7月18日	8月19日	6月9～26日	6月26日～7月18日	7月18日～8月19日
高垄覆膜	4.0a	9.1a	17.2a	22.2a	0.283	0.368	0.156
覆膜直播	2.7b	6.7b	12.8b	16.8b	0.222	0.277	0.125
裸地直播	—	3.2c	8.3b	15.3b	0.178	0.232	0.219

棉花 LAI 呈先增加后下降的变化,不同时期 LAI 均以高垄覆膜最高,在 8 月 19 日其 LAI 达 4.1,显著高于覆膜直播(2.6)和裸地直播(1.4)。棉花营养器官生物量以高垄覆膜最高,在 9 月 11 日达 95.79g·株$^{-1}$,显著高于覆膜直播(63.44g·株$^{-1}$)和裸地直播(30.85g·株$^{-1}$)。

(4)棉花生殖生长 盐碱地高垄覆膜棉花果枝始节位最低(6 台),低于覆膜直播(6.2 台)和裸地直播(6.8 台)。表 20-14 可见,单株成铃数高于覆膜直播和裸地直播,最终单株成铃数最多,其次为覆膜直播,裸地直播最低;7 月 18 日～8 月 19 日成铃速率最快,8 月 19 日～9 月 11 日成铃速率下降,整个生育期均以高垄覆膜棉花最高。

表 20-14　棉花单株成铃数与成铃强度

种植方式	单株成铃数(个·株⁻¹)			成铃强度(个·株⁻¹·d⁻¹)	
	7月18日	8月19日	9月11日	7月18日~8月19日	8月19日~9月11日
高垄覆膜	0.1a	11.2a	15.6a	0.347	0.191
覆膜直播	0a	8.3b	12.3b	0.259	0.174
裸地直播	0a	4.4c	7.0b	0.138	0.113

棉花生殖器官生物量均呈逐渐增加变化(表 20-15),以高垄覆膜棉花生殖器官生物量最高,其中在 9 月 11 日达 66.53g·株⁻¹,显著高于覆膜直播和裸地直播。

表 20-15　棉花生殖器官生物量

种植方式	生殖器官积累量(g·株⁻¹)			
	6月26日	7月18日	8月19日	9月11日
高垄覆膜	0.02	1.55a	26.70a	66.53a
覆膜直播	0	0.67b	17.28b	49.35ab
裸地直播	0	0c	5.75c	23.53b

综上,在滨海中度以上(4‰~6‰)盐碱条件下,采用喷洒降盐剂高垄覆膜种植方式并每公顷施用纯氮 172.5kg 的综合种植技术,'中棉所 79'大面积理论籽棉产量最高达 4500kg·hm⁻²,显著高于其他常规种植;其产量构成因素中成铃数、群体成铃数均较高。

第五节　滨海盐碱地(含盐量 2‰~4‰)超高产(6000kg·hm⁻² 籽棉)栽培技术

一、范围

本技术规定了长江下游棉区滨海盐碱地(含盐量 2‰~4‰)一熟移栽棉籽棉产量 6000kg·hm⁻² 栽培技术规程的适用品种、产量结构、土壤肥力、生育进程、生育指标、农艺指标和栽培技术。

二、适用品种

需经省级以上(含省级)农作物品种审定委员会审定通过的,适合当地条件的高产、优质、抗病虫性强、中(或中早)熟陆地转基因抗虫杂交棉。

三、产量结构

密度为 2.7 万~3.0 万株·hm⁻²,单株成铃 40~45 个,总铃 114.0 万~120.0 万个·hm⁻²,铃重 6.0g 以上,衣分 39%以上。

四、土壤肥力

土壤肥力中上等,土壤有机质含量 12g·kg^{-1} 以上,碱解氮 80mg·kg^{-1} 以上,速效磷 7mg·kg^{-1} 以上,速效钾 100mg·kg^{-1} 以上,土壤含盐量 2‰~4‰。

五、生育进程

4月8~10日左右播种育苗;5月10~15日左右移栽,6月上旬现蕾,7月上旬开花,8月下旬至9月初吐絮。

六、生育指标

1. 苗期 移栽时3~4叶,苗高 10~12cm;子叶完好,叶色深绿,矮壮敦实,主茎红绿各半,白根盘钵,无病虫害。

2. 蕾期

1)时间:6月中旬至7月上旬。

2)生长指标:7月上中旬开花,开花时棉花株高达最终株高的1/2左右,开花时果枝 10~11 台·株$^{-1}$,单株果节 25 个左右,主茎日增量 2cm 左右。

3. 花铃期

(1)初花至盛花期

1)时间:7月上旬至7月底。

2)棉株生长指标:7月底棉花株高达最终株高的90%左右,果枝 19~20 台·株$^{-1}$,果节数 80~90 个·株$^{-1}$,单株日开花 1.0~1.5 个,株高最大日增量 2.0~2.5cm,单株大铃 8~10 个。

(2)盛花至吐絮期

1)时间:7月底至8月底9月初。

2)棉花生长指标:8月底株高 120~130cm 左右,单株果枝 19~20 台,果节 100~120 个,大铃 32~36 个以上。

(3)吐絮期

1)时间:8月底9月初至棉花收花结束。

2)棉株生长指标:单株大铃 35~45 个,不早衰,不贪青迟熟,烂铃少,吐絮畅。

七、农艺指标

1. 密度及单株主要性状指标 密度 2.7 万~3.0 万株·hm^{-2},单株果枝 19~20 台,果节数 100~120 个,最终株高 120~130cm。

2. 施肥、化控总量及运筹

(1)施肥及运筹 施肥总量:每公顷氮肥(纯 N)450~525kg,磷肥(P_2O_5)150~180kg,钾肥(K_2O)300~450kg。其中有机肥氮量不少于总施氮的20%。

肥料运筹如下。

1)基肥：N 27%左右，P_2O_5 50%左右，K_2O 50%左右。

2)第1次花铃肥：N 30%左右，P_2O_5 50%左右，K_2O 50%左右。

3)第2次花铃肥：N 30%左右。

4)盖顶肥：N 10%左右。

5)叶面肥：N 3%左右。

(2)化控用量与运筹　　总用量：缩节胺 112.5～127.5g·hm^{-2}（或 25%助壮素 450～525ml·hm^{-2}）。

化控运筹如下。

1)苗期：缩节胺 7.5g（或 25%助壮素 30ml），防高脚苗。轻控或不控，视长势而定。

2)盛蕾期(6月20日)：缩节胺 22.5g（或 25%助壮素 90ml），宜轻控。

3)盛花期(7月20日)：缩节胺 37.5g（或 25%助壮素 150ml）普控。

4)打顶后1周(8月15～20日)：缩节胺 45～60g（或 25%助壮素 180～225ml）重控。

其他视当年雨水情况，如雨水较多，可适当增加喷施次数及缩节胺用量。

八、栽培技术

1. 播种育苗阶段　　目标：培育早、大、壮苗，成苗率达 80%以上。

(1)选床址与备钵土

1)选床址：选择地势高、排水通畅、土壤熟化肥沃、土质疏松、管理方便、无枯萎病或黄萎病，便于就近移栽的地段，移栽 0.067hm^2 大田的苗床床面净宽 1.2m，净长 15m。

2)备钵土：冬季清理苗床用地，耕翻晒冻，初春上肥，每床(标准苗床：长 10～12m、宽 1.2m，四周留走道及排水沟)施腐熟菜籽饼肥 2～3kg、人畜粪 150kg、棉花苗床专用肥(8-8-9) 2～3kg、硼和锌肥各 0.25kg，肥料与土壤充分拌匀。床址四周开挖排水沟。

3)制钵：用直径 6.0～7.0cm 制钵器制钵，制钵数比大田实栽密度增加 50%以上。钵土于制钵前一天窨足水，湿度为最大持水量的 80%左右（即手握成团，齐胸落地即散）。制钵前苗床床底铲平扑实，并撒上草木灰及防治地下害虫的有效农药，边制钵边排钵，排钵平整紧密，苗床四周用土培好，然后平铺薄膜，保墒待播，同时备足盖籽土。

(2)适时播种

1)种子准备：选用经种衣剂包衣的小包装良种，种子纯度不低于 95%，净度不低于 99%，发芽率 72%以上，水分不高于 12.0%。

2)适时播种：当日平均气温稳定通过 12℃以上即为安全播种期。一般于4月8日左右播种。播前苗床浇足水，每钵播种 2 粒，播后盖土，盖土厚 1.5cm 左右（沙土地区 2.0cm 左右），盖土要厚薄一致，并填满钵间空隙。

3)苗床化除：苗床播种盖土后，用棉花除草、壮苗专用药剂如床草净喷于床面，防除苗床杂草和控制棉苗旺长。

4)搭棚盖膜：苗床化除后先用地膜覆盖床面（无须压实），每隔 80cm 左右插一竹弓作棚架，棚架中间高度离床面 50～55cm，在竹弓上覆膜、盖膜要绷紧，四周用土压实，棚膜用绳固定，以防大风掀膜，最后清理四周排水沟。

(3)苗床管理

1)保温出苗:播种覆膜后,做到保温保湿催出苗。一般当出苗率达 80%时抽去床内地膜(遇高温晴好天气可于见苗后抽膜),继续盖棚膜增温促全苗、齐苗。

2)控温降湿:齐苗后,先于苗床两头揭膜通风,并抢晴暖天气于 9:00～16:00 揭膜晒床 1～2d,降低苗床湿度。1 叶 1 心时及时间苗、定苗。

随着苗床气温升高和苗龄增大,采用通风不揭膜方法,逐步加大苗床两侧的通风口,保持棚内温度为 25～30℃,最高不超过 35℃。当床内温度超过 40℃时,要加大通风口或揭半膜然后揭全膜,防止高温烧苗。遇灾害性天气应随时盖膜。

3)化控促壮:未用床草净的苗床,棉苗子叶展平时用壮苗素喷洒棉苗,可达到控高壮苗的目的。

4)防病治虫:齐苗后揭膜晒床时,用 25%多菌灵 400 倍液防治棉苗炭疽病、叶斑病、褐斑病等。苗床中期和移栽前 4～5d,用锐劲特、吡虫啉等防治棉蓟马、蚜虫等。

5)栽前炼苗:棉苗移栽前一周,日夜揭膜炼苗,但薄膜仍需保留在苗床边,做到苗不栽完,膜不离床。

2. 适时移栽 目标:缓苗期短,棉苗早发、早现蕾。

(1)大田准备

1)栽前准备:移栽前用乙草胺防除棉田杂草。

2)株行距配置:棉花行距 1.1m,株距 30～33cm。

3)栽前铺好地膜:移栽前先于移栽行铺好 50cm 宽地膜,两边用土压实。

4)定距打洞:根据棉花株行距配置要求,定距打洞,洞深略超过钵体高度。

5)施足安家肥:每公顷施生物有机肥 5250kg(南京农业大学研制,含 N+P+K≥5%,有机质≥30%),硫酸钾型三元复合肥(15-15-15)450kg,硼肥 15kg。上述肥料全部施于钵塘内或在整地时作为基肥施用。

(2)移栽方法

1)苗床起苗:苗床起苗时保证苗钵完好,选用均匀一致的健壮苗移栽,剔除病、弱、小苗。

2)移栽及盖土:棉苗移栽时不栽露肩苗,覆土时先覆 2/3 土,浇活棵水后再覆满土。移栽宜在晴好天气进行,切忌雨天或雨后带烂移栽。

(3)栽后管理 及时灭茬,中耕培土,清沟理墒。用敌百虫毒饵防治地老虎等地下害虫。

3. 蕾期管理 目标:早发稳长,壮株增蕾。

1)施肥:棉苗长势不足的棉田酌情施用速效氮肥促进发棵。缺硼棉田喷施速效硼肥。

2)化学调控:棉株 3～5 台果枝时因苗适量化控,以防营养生长过旺,减少脱落。6 月中下旬对有旺长趋势的棉田,每公顷用缩节胺 22.5g 或 25%助壮素 60～90ml 兑水 450kg 均匀喷洒,控制棉苗旺长。

3)整枝:6 月中下旬,待叶枝清晰可辨时,及时去除叶枝,以改善棉株生长环境。

4)清沟理墒:棉花蕾期阶段正值梅雨季节,在棉田沟系配套的基础上进一步清沟理墒，达到降盐、降渍，以利于根系生长。

5) 防治病虫害：棉花蕾期的主要害虫有二代棉铃虫、棉盲蝽、蚜虫、玉米螟等，根据虫情及防治标准及时用药防治，一般可用有机磷、氨基甲酸酯类以及特异性昆虫生长调节剂进行防治。枯黄萎病发生的田块可通过施肥、降盐、降渍、用药等措施减轻发病程度。

6) 喷施硼肥：缺硼棉田，蕾期每公顷用 750g 左右高效速溶硼肥兑水 375~450kg 叶面喷施。

4. 花铃期管理

(1) 初花期—盛花期　　目标：成铃速度快，结铃率高，优质铃多。

1) 第 1 次花铃肥：第 1 次花铃肥以有机肥与无机肥相结合，氮肥与钾肥相结合，其用量根据用肥总量及运筹确定。一般于 7 月初，开塘深施硫酸钾型三元复合肥 (15-15-15) 450kg，尿素 225kg，硫酸钾 550kg，饼肥 450~600kg。施第 1 次花铃肥时，清除地膜，起垄壅根。缺硼棉田于开花期每公顷用 1500g 高效速溶硼肥兑水 750kg 叶面喷施。

2) 化学调控：开花前后对生长偏旺、叶片偏大、主茎生长过快、土壤肥力较好的棉田，每公顷喷施缩节胺 37.5g 左右或 25%助壮素 150~180ml 兑水 750~900kg 均匀喷洒。

3) 第 2 次花铃肥：于 7 月底 8 月初穴施或沟施尿素 300kg 左右。缺硼棉田于 7 月下旬用 1500g 高效速溶硼肥兑水 750kg 叶面喷施。

4) 防治病虫：重点防治三代棉铃虫、红铃虫、棉盲蝽、棉叶螨、玉米螟、金刚钻、伏蚜等。棉铃虫要在产卵高峰用药，发现棉叶螨危害立即采取封闭式防治方法，用杀螨剂将其消灭在点片发生阶段，避免扩大危害。农药品种选用菊酯类、有机磷类等，做到一药兼治，交替使用，以降低害虫的抗药性，提高药效和保护天敌。对发生枯、黄萎病和红叶茎枯病的棉田，在改善生长条件、增加肥料用量增强后劲的同时，搞好叶面喷药喷钾，减轻危害。

5) 抗灾防涝(旱)：及时清沟理墒，如遇台风暴雨袭击应及时排水降渍、扶理棉花，补施肥料或根外追肥，促进恢复生长。严重干旱时及时窨水抗旱。

(2) 盛花期—吐絮期　　目标：提高结铃率、增加铃重。

1) 适时打顶：据棉花长势长相及高产棉田对果枝数的要求，宜在立秋至 8 月 15 日左右打顶，打顶以 1 叶 1 心为宜。

2) 施用盖顶肥：施用时间不宜过迟，一般在 8 月 20 日左右施用结束，施尿素 105kg·hm^{-2} 左右。

3) 根外追肥：期间若遇台风暴雨，灾后应及时喷施 2%尿素(生长偏旺的棉田加 0.2%~0.5%磷酸二氢钾)，间隔 7~10d 喷 1 次，连续 2~3 次。

4) 化学封顶：棉花打顶后 1 周，根据棉花长势每公顷用缩节胺 52.5~60g，或 25%助壮素 210~240ml 兑水 750~900kg 均匀喷洒。

5) 防治病虫：8 月份棉虫发生种类仍较多，特别是棉铃虫四代和五代重叠发生，应加强预测预报，做好以防治棉铃虫为主，兼治烟粉虱、斜纹夜蛾、棉叶螨等其他害虫的防治工作，提高防效。

6）抗灾防涝（旱）：结铃盛期灾害性天气时有发生，如遇台风、强降雨袭击应及时排水降渍扶理棉花，补施肥料或根外追肥，促进恢复生长。

5. 吐絮期管理　　目标：增铃（晚秋桃）、增重、增品级，保高产，控三丝。

1）根外追肥：9月上中旬，视棉花长势，用1%的尿素、0.2%的磷酸二氢钾溶液喷雾2~3次。增结晚秋桃，增加铃重。

2）防治虫害：9月上、中旬继续做好烟粉虱、斜纹夜蛾、棉叶螨的防治工作。

3）化学催熟：对成熟偏迟的棉田，用乙烯利催熟。使用乙烯利催熟剂必须在铃龄达40d以上，使用时气温不低于20℃时为宜。每公顷用40%乙烯利水剂2250~3000ml兑水600kg喷雾催熟。一般在10月20日左右进行。

4）适时摘花：棉花吐絮后5~7d或大部分棉株有1~2个棉铃吐絮时为最佳采摘时期，每隔7~10d左右收1次。田间湿度大时，及时采摘中下部黄铃。提倡不摘"笑口桃"，不捡露水花，不带壳收花，不夹杂碎叶，切实做到分收、分晒、分藏、分售。

采摘、交售棉花禁止使用化纤编织袋等非棉布口袋，禁止使用有色线、绳扎口，以防"三丝"混入。

主要参考文献

卞海云, 王友华, 陈兵林, 等. 2008. 低温条件下相关关键酶活性对棉纤维比强度形成的影响. 中国农业科学, 41(4): 1235-1241.

冯营, 赵新华, 王友华, 等. 2009. 棉纤维发育过程中糖代谢生理特征对氮素的响应及其与纤维比强度形成的关系. 中国农业科学, 42(1): 93-102.

高相彬, 王友华, 陈兵林, 等. 2011. 棉纤维发育相关酶和纤维比强度对棉铃对位叶氮浓度变化的响应研究. 植物营养与肥料学报, 17(5): 1227-1236.

高相彬, 王友华, 陈兵林, 等. 2012. 棉铃发育期棉花源库强度对棉铃对位叶氮浓度的响应研究. 生态学报, 32(1): 0238-0246.

郭文琦, 陈兵林, 刘瑞显, 等. 2010. 施氮量对花铃期短期渍水棉花叶片抗氧化酶活性和内源激素含量的影响. 应用生态学报, 21(1): 53-60.

郭文琦, 刘瑞显, 周治国, 等. 2010. 施氮量对花铃期短期渍水棉花叶片气体交换参数和叶绿素荧光参数的影响. 植物营养与肥料学报, 16(2): 362-369.

郭文琦, 张思平, 陈兵林, 等. 2008. 水氮运筹对棉花花后生物量和氮素利用率的影响. 西北植物学报, 28(11): 2270-2277.

郭文琦, 赵新华, 陈兵林, 等. 2009. 氮素对花铃期短期渍水棉花根系生长的影响. 作物学报, 35(6): 1078-1085.

胡宏标, 张文静, 陈兵林, 等. 2008. 棉铃对位叶 C/N 的变化及其与棉铃干物质积累和分配的关系. 作物学报, 34(2): 254-260.

胡江龙, 郭林涛, 王友华, 等. 2013. 棉花渍害恢复的生理指示指标探讨. 中国农业科学, 46(21): 4446-4453.

李磊, 蒯婕, 刘昭伟, 等. 2013. 花铃期短期土壤渍水对土壤肥力和棉花生长的影响. 水土保持学报, 27(6): 162-166.

李文峰, 孟亚利, 陈兵林, 等. 2009a. 气象因子对棉籽脂肪和蛋白质含量的影响. 生态学报, 29(4): 1832-1839.

李文峰, 孟亚利, 赵新华, 等. 2009b. 棉花铃期与棉籽干物质积累模拟模型. 应用生态学报, 20(4): 879-886.

李文峰, 周治国, 许乃银, 等. 2009. 棉籽蛋白质和油分形成的模拟模型. 作物学报, 35(7): 1290-1298.

刘敬然, 刘佳杰, 孟亚利, 等. 2013. 外源 6-BA 和 ABA 对不同播种期棉花产量和品质及其棉铃对位叶光合产物的影响. 作物学报, 39(6): 1078-1088.

刘敬然, 赵文青, 周治国, 等. 2015. 施氮量与播种期对棉花产量和品质及棉铃对位叶光合产物的影响. 植物营养与肥料学报, 21(4): 951-961.

刘丽平, 孟亚利, 杨佳萌, 等. 2014. 不同施钾处理对棉田土壤钾形态与土壤肥力的影响. 水土保持学报, 28(2): 138-142.

刘瑞显, 陈兵林, 王友华, 等. 2009. 氮素对花铃期干旱再复水后棉花根系生长的影响. 植物生态学报, 33(2): 405-413.

刘瑞显, 郭文琦, 陈兵林, 等. 2008a. 氮素对花铃期干旱及复水后棉花叶片保护酶活性和内源激素含量的影响. 作物学报, 34(9): 1598-1607.

刘瑞显, 郭文琦, 陈兵林, 等. 2008b. 干旱条件下花铃期棉花对氮素的生理响应. 应用生态学报, 19(7): 1475-1482.

刘瑞显, 郭文琦, 陈兵林, 等. 2009b. 氮素对花铃期干旱再复水后棉花纤维比强度形成的影响. 植物营养与肥料学报, 15(3): 662-669.

刘瑞显, 王友华, 陈兵林, 等. 2008c. 花铃期干旱胁迫下氮素水平对棉花光合作用与叶绿素荧光特性的影响. 作物学报, 34(4): 675-683.

刘昭伟, 张盼, 王瑞, 等. 2014. 花铃期土壤持续干旱对棉铃对位叶气体交换参数和叶绿素荧光特性的影响. 应用生态学报, 25(12): 3533-3539.

路海玲, 孟亚利, 王友华, 等. 2011. 盐胁迫对棉田土壤微生物量和土壤养分的影响. 水土保持学报, 25(1): 197-201.

马溶慧, 许乃银, 张传喜, 等. 2008a. 氮素调控棉花纤维蔗糖代谢及纤维比强度的生理机制. 作物学报, 34(12): 2134-2135.

马溶慧, 许乃银, 张传喜, 等. 2008b. 氮素对不同开花期棉铃纤维比强度形成的生理基础的影响. 应用生态学报, 19(12): 2618-2626.

马溶慧, 周治国, 王友华, 等. 2009. 棉铃对位叶氮浓度与纤维品质指标的关系. 中国农业科学, 42(3): 833-884.

孟亚利, 王立国, 周治国, 等. 2005. 麦棉两熟复合根系群体对棉花根际非根际土壤酶活性和土壤养分的影响. 中国农业科学, 38(5): 904-910.

束红梅, 王友华, 张文静, 等. 2008. 两个棉花品种纤维发育关键酶活性变化特征及其与纤维比强度的关系. 作物学报, 34(3): 437-446.

束红梅, 赵新华, 周治国, 等. 2009a. 不同棉花品种纤维比强度形成的温度敏感性差异机理研究. 中国农业科学, 42(7): 2332-2341.

束红梅, 周治国, 郑密, 等. 2009b. 不同温度敏感性棉花纤维发育相关酶活性变化特征对低温的响应差异. 应用生态学报, 20(9): 2157-2165.

宋为超, 刘春雨, 徐娇, 等. 2013. 初花后碱解氮浓度对棉花生物量和氮素累积特征的影响. 作物学报, 39(7): 1257-1265.

孙啸震, 张黎妮, 戴艳娇, 等. 2012. 花铃期增温对棉花干物重累积的影响及其生理机制. 作物学报, 38(4): 683-690.

王友华, 刘佳杰, 陈兵林, 等. 2011. 6-BA 和 ABA 缓解棉纤维发育低温胁迫的生理机制. 应用生态学报, 22(5): 1233-1239.

王友华, 束红梅, 陈兵林, 等. 2008. 不同棉花品种纤维比强度形成的时空差异及其与温度的关系. 中国农业科学, 41(11): 3865-3871.

王友华, 赵新华, 冯营, 等. 2009. 棉花纤维发育关键酶对氮的响应及其与纤维比强度形成的关系. 中国科学 C 辑:生命科学, 39(10): 954-962.

王子胜, 金路路, 赵文青, 等. 2012. 东北特早熟棉区不同群体棉花氮临界浓度稀释模型的建立初探. 棉花学报, 24(5): 427-434.

王子胜, 吴晓东, 高相彬, 等. 2011. 施氮量和种植密度对东北特早熟棉区棉铃生物量和氮素累积的影响. 应用生态学报, 23(2): 403-410.

王子胜, 吴晓东, 高相彬, 等. 2012. 施氮量和种植密度对东北特早熟棉区棉铃生物量和氮素累积的影响. 应用生态学报, 23(2): 403-410.

王子胜, 徐敏, 张国伟, 等. 2011. 施氮量和种植密度对东北特早熟棉区棉花生物量和氮素累积的影响. 应用生态学报, 22(12):3243-3251.

熊宗伟, 顾生浩, 毛丽丽, 等. 2012. 中国棉花纤维品质和气候因子的空间分布特征. 应用生态学报,

23(12): 3385-3392.

熊宗伟, 王雪姣, 顾生浩, 等. 2012. 中国棉花纤维品质检验和评价的研究进展. 棉花学报, 24(5): 451-460.

徐娇, 孟亚利, 睢宁, 等. 2013. 种植密度对转基因棉氮、磷、钾吸收和利用的影响. 植物营养与肥料学报, 19(1): 174-181.

薛占奎, 王友华, 陈兵林, 等. 2010. 棉铃对位叶氮浓度对纤维糖类物质和纤维比强度的影响. 中国农业科学, 43(17): 3520-3528.

杨佳蒴, 赵文青, 胡伟, 等. 2014. 棉花苗期耐低钾能力筛选指标研究及其与产量、品质的关系. 棉花学报, 26(4): 301-309.

杨长琴, 刘敬然, 张国伟, 等. 2014a. 花铃期干旱和渍水对棉铃碳水化合物含量的影响及其与棉铃生物量累积的关系. 应用生态学报, 25(8): 2251-2258.

杨长琴, 刘瑞显, 张国伟, 等. 2014b. 花铃期渍水对棉铃对位叶蔗糖代谢及铃重的影响. 作物学报, 40(5): 883-889.

杨长琴, 刘瑞显, 张国伟, 等. 2014c. 花铃期渍水对棉纤维糖代谢的影响及其与纤维比强度的关系. 作物学报, 40(9): 1612-1618.

杨志彬, 陈兵林, 周治国. 2008a. 花铃期棉田速效养分时空变异特征及对棉花产量品质的影响. 作物学报, 34(8): 1393-1402.

杨志彬, 陈兵林, 周治国. 2008b. 施氮量对花铃期棉花果枝生物量累积时空变异特征的影响. 应用生态学报, 19(10): 2215-2220.

于莎, 王友华, 周治国, 等. 2011. 花铃期遮荫对棉花氮素代谢的影响及其机制. 作物学报, 37(10): 1879-1887.

张常赫, 戴艳娇, 杨洪坤, 等. 2015. 不同栽培方式对长江下游棉田资源利用效率的影响. 作物学报, 41(7): 1086-1092.

张凡, 睢宁, 余超然, 等. 2014. 小麦秸秆还田和施钾对棉花产量与养分吸收的效应. 作物学报, 40(12): 2169-2175.

张国伟, 路海玲, 张雷, 等. 2011a. 棉花萌发期和苗期耐盐性评价及耐盐指标筛选. 应用生态学报, 22(8): 2045-2053.

张国伟, 张雷, 唐明星, 等. 2011b. 土壤盐分对棉花功能叶气体交换参数和叶绿素荧光参数日变化的影响. 应用生态学报, 22(7): 1771-1781.

张雷, 唐明星, 张国伟, 等. 2012. 基于棉花功能叶高光谱参数的土壤电导率监测模拟. 应用生态学报, 23(3): 710-716.

张雷, 张国伟, 孟亚利, 等. 2013. 盐分条件下棉花相关生理特性的变化及水分胁迫指数模型的构建. 中国农业科学, 46(18): 3768-3775.

张文静, 胡宏标, 陈兵林, 等. 2008. 棉花季节桃加厚发育生理特性的差异及与纤维比强度的关系. 作物学报, 34(5): 859-869.

张义静, 周治国, 胡宏标, 等. 2008. 棉花季节桃纤维发育相关酶活性变化与纤维比强度形成的关系. 棉花学报, 20(5): 342-347.

赵文青, 孟亚利, 陈兵林, 等. 2011a. 施氮量对不同开花期棉铃纤维细度和成熟度形成的影响. 植物营养与肥料学报, 17(5): 1212-1219.

赵文青, 孟亚利, 陈兵林, 等. 2011b. 棉株果枝部位、温光复合因子及施氮量对纤维比强度形成的影响. 中国农业科学, 44(18): 3721-3732.

赵文青, 孟亚利, 陈美丽, 等. 2011. 棉株果枝部位、温光复合因子及施氮量对纤维伸长的影响. 作物学报, 37(6): 1077-1086.

赵文青, 任小明, 张丽娟, 等. 2008. 棉纤维主要品质形状的气象生态模型研究. 棉花学报, (2): 116-122.

赵新华, 屈磊, 陈兵林, 等. 2010. 陆地棉棉铃对位叶碳氮变化特征与其生物量关系的研究. 棉花学报, 22(3): 209-216.

赵新华, 束红梅, 王友华, 等. 2010. 播期对棉铃生物量和氮累积与分配的影响及其与棉铃品质的关系. 作物学报, 36(10): 1707-1714.

赵新华, 王友华, 周治国. 2010. 棉株生理年龄对棉铃生物量和氮素累积的影响. 中国农业科学, 43(22): 4605-4613.

周娟, 周治国, 陈兵林, 等. 2009. 基于形态模型的棉花(*Gossypium hirsutum* L.)虚拟生长系统研究. 中国农业科学, 42(11): 3843-3851.

周玲玲, 孟亚利, 王友华, 等. 2010. 盐胁迫对棉田土壤微生物数量与酶活性的影响. 水土保持学报, 24(2): 241-246.

周青, 王友华, 许乃银, 等. 2009. 温度对棉纤维糖代谢相关酶活性的影响. 应用生态学报, 20(1): 149-156.

周治国, 孟亚利, 陈兵林, 等. 2004. 麦棉两熟共生期对棉苗叶片光合性能的影响. 中国农业科学, 37(6): 825-831.

周治国, 孟亚利, 施培, 等. 1999. 日照时数时间分布对麦套棉铃主要品质性状的影响. 中国农业科学, 32(1): 40-45.

周治国, 孟亚利, 施培, 等. 2000. 种植方式对麦(夏)棉两熟棉铃发育的影响. 作物学报, 26(4): 467-472.

周治国, 孟亚利, 施培. 2001. 苗期遮荫对棉苗茎叶结构及功能叶光合性能的影响. 中国农业科学, 34(5): 465-468.

周治国, 孟亚利, 施培. 2002. 苗期遮荫对棉花产量品质影响的初步研究. 应用生态学报, 13(8): 997-1000.

周治国. 2001. 苗期遮荫对棉花功能叶光合特性和光合产物代谢的影响. 作物学报, 27(6): 967-973.

朱丽丽, 周治国, 赵文青, 等. 2010. 种植密度对棉籽生物量和脂肪与蛋白质含量的影响. 作物学报, 36(12): 2162-2169.

邹芳刚, 郭文琦, 王友华, 等. 2015. 施氮量对滨海盐土棉花氮素吸收利用的影响. 植物营养与肥料学报, 21(5): 1150-1159.

邹芳刚, 张国伟, 王友华, 等. 2015. 施氮量对滨海改良盐土棉花钾累积利用的影响. 作物学报, 41(1): 82-90.

Chen BL, Ma YN, Yang HK, et al. 2017. Effect of shading on yield, fiber quality and physiological characteristics of cotton subtending leaves on different fruiting positions. Photosynthetica, 55 (2): 240-250.

Chen BL, Yang HK, Song WC, et al. 2016. Effect of N fertilization rate on soil alkali-hydrolyzable N, subtending leaf N concentration, fiber yield, and quality of cotton. The Crop Journal, 4(4): 323-330.

Chen J, Lv FJ, Liu JR, et al. 2014. Effect of late planting dates and shading on cellulose synthesis during cotton fiber secondary wall development. Plos One, 9(8): e105088.

Chen J, Lv FJ, Liu JR, et al. 2014. Effects of different planting dates and low light on cotton fibre length formation. Acta Physiologiae Plantarum, 36: 2581-2595.

Chen ML, Zhao WQ, Meng YL, et al. 2015. A model for simulating the cotton (*Gossypium hirsutum* L.) embryo oil and protein accumulation under varying environmental conditions. Field Crops Research, 183: 79-91.

Chen YL, Wang HM, Hu W, et al. 2017a. Co-occurring elevated temperature and waterlogging stresses disrupt cellulose synthesis by altering the expression and activity of carbohydrate balance-associated enzymes during fiber development in cotton. Environmental and Experimental Botany, 135: 106-117.

Chen YL, Wang HM, Hu W, et al. 2017b. Combined elevated temperature and soil waterlogging stresses inhibit cell elongation by altering osmolyte composition of the developing cotton (*Gossypium hirsutum* L.) fiber. Plant Science, 256: 196-207.

Dai YJ, Chen BL, Meng YL, et al. 2015. Effects of elevated temperature on sucrose metabolism and cellulose synthesis in cotton fiber during secondary wall development. Functional Plant Biology, 42(9): 909-919.

Dai YJ, Yang JS, Hu W, et al. 2017. Simulative global warming negatively affects cotton fiber length through shortening fiber rapid elongation duration. Scientific Reports, 7: 9264.

Du XB, Chen BL, Meng YL, et al. 2016. Effect of cropping system on cotton biomass accumulation and yield formation in double-cropped wheat-cotton. International Journal of Plant Production, 10(1): 29-44.

Du XB, Chen BL, Shen TY, et al. 2015. Effect of cropping system on radiation use efficiency in double-cropped wheat-cotton. Field Crops Research, 170: 21-31.

Du XB, Chen BL, Zhang YX, et al. 2016. Nitrogen use efficiency of cotton (*Gossypium hirsutum* L.) as influenced by wheat-cotton cropping systems. European Journal of Agronomy, 75: 72-79.

Gao XB, Wang YH, Zhou ZG, et al. 2012. Oosterhuis. Response of cotton-fiber quality to the carbohydrates in the leaf subtending the cotton boll. Journal of Plant Nutrition and Soil Science, 175: 152-160.

Guo WQ, Liu RX, Zhou ZG, et al. 2010. Waterlogging of cotton calls for caution with N fertilization. Acta Agriculturae Scandinavica Section B-Soil and Plant Science, 60(5): 450-459.

Hu W, Chen ML, Zhao WQ, et al. 2017. The effects of sowing date on cottonseed properties at different fruiting-branch positions. Journal of Integrative Agriculture, 16(6): 1322-1330.

Hu W, Coomer TD, Loka DA, et al. 2017. Potassium deficiency affects the carbon-nitrogen balance in cotton leaves. Plant Physiology and Biochemistry, 115: 408-417.

Hu W, Dai YJ, Zhao WQ, et al. 2017. Effects of long-term elevation of air temperature on sucrose metabolism in cotton leaves at different positions. Journal of Agronomy and Crop Science, 203(6): 539-552.

Hu W, Dai Z, Yang JS, et al. 2017. Cultivar sensitivity of cotton seed yield to potassium availability is associated with differences in carbohydrate metabolism in the developing embryo. Field Crops Research, 214: 301-309.

Hu W, Loka DA, Fitzsimons TR. 2018. Potassium deficiency limits reproductive success by altering carbohydrate and protein balances in cotton (*Gossypium hirsutum* L.). Environmental and Experimental Botany, 145: 87-94.

Hu W, Jiang N, Yang JS, et al. 2016. Potassium (K) supply affects K accumulation and photosynthetic physiology in two cotton (*Gossypium hirsutum* L.) cultivars with different K sensitivities. Field Crops Research, 196: 51-63.

Hu W, Lv XB, Yang JS, et al. 2016. Effects of potassium deficiency on the senescence and antioxidant mechanism in cotton. Field Crops Research, 191: 139-149.

Hu W, Ma YN, Lv FJ, et al. 2016. Effects of late planting and shading on sucrose metabolism in cotton fiber. Environmental and Experimental Botany, 131: 164-172.

Hu W, Yang JS, Meng YL, et al. 2015. Potassium application affects carbohydrate metabolism in the leaf subtending the cotton (*Gossypium hirsutum* L.) boll and its relationship with boll biomass. Field Crops Research, 170: 120-131.

Hu W, Zhao WQ, Yang JS, et al. 2016. Relation between potassium fertilization and nitrogen metabolism in the leaf subtending the cotton (*Gossypium hirsutum* L.)boll during the boll development stage. Plant Physiology and Biochemistry, 101:113-123.

Hu W, Zheng M, Wang SS, et al. 2017. Proteomic changes in response to low light stress during cotton fiber elongation. Acta Physiologiae Plantarum, 39: 200.

Kuai J, Chen YL, Wang YH, et al. 2016. Effect of waterlogging on carbohydrate metabolism and the quality of fiber in cotton (*Gossypium hirsutum* L.). Frontiers in Plant Science, 7: 877.

Kuai J, Liu ZW, Wang YH, et al. 2014. Waterlogging during flowering and boll forming stages affects sucrose metabolism in the leaves subtending the cotton boll and its relationship with boll weight. Plant Science, 223: 79-98.

Kuai J, Zhou ZG, Wang YH, et al. 2015. The effects of short-term waterlogging on the lint yield and yield components of cotton with respect to boll position. European Journal of Agronomy, 67: 61-74.

Li WF, Zhou ZG, Meng YL, et al. 2009. Modeling boll maturation period, seed growth, protein, and oil content of cotton in China. Field Crops Research, 112(2-3): 131-140.

Liu JR, Ma YN, Lv FJ, et al. 2013. Changes of sucrose metabolism in leaf subtending to cotton boll under cool temperature due to late planting. Field Crops Research, 144: 200-211.

Liu JR, Meng YL, Chen BL, et al. 2015. Photosynthetic characteristics of the subtending leaf and the relationships with lint yield and fiber quality in the late-planted cotton. Acta Physiologiae Plantarum, 37(4): 79.

Liu JR, Meng YL, Chen J, et al. 2015. Effect of late planting and shading on cotton yield and fiber quality formation. Field Crops Research, 183: 1-13.

Liu JR, Meng YL, Lv FJ, et al. 2015. Photosynthetic characteristics of the subtending leaf of cotton boll at different fruiting branch nodes and their relationships with lint yield and fiber quality. Frontiers in Plant Science, 6: 747.

Liu JR, Wang YH, Chen J, et al. 2014. Sucrose metabolism in the subtending leaf to cotton boll at different fruiting branch nodes and the relationship to boll weight. The Journal of Agricultural Science, 152: 709-804.

Liu RX, Zhou ZG, Guo WQ, et al. 2009. Oosterhuis. Effects of N fertilization on root development and activity of water-stressed cotton plants. Agricultural water management, 95(11): 1261-1270.

Luo JY, Zhang S, Peng J, et al. 2017. Soil salinity decreases the expression of Bt protein toxin (*Cry1Ac*) in field grown transgenic Bt cotton and reduces the effective control of the cotton bollworm, *Helicoverpa armigera*. Plos One, 12(1): e0170379.

Luo JY, Zhang S, Wang L, et al. 2016. The distribution and host shifts of cotton-melon aphids in northern China. Plos One, 11(3): e0152103.

Luo JY, Zhang S, Zhu XZ, et al. 2017. Effects of soil salinity on rhizosphere soil microbes in transgenic *Bt* cotton fields. Journal of Integrative Agriculture, 16(7): 1624-1633.

Lv FJ, Liu JR, Ma YN, et al. 2013. Effect of shading on cotton yield and quality on different fruiting branches. Crop Science, 53: 2670-2678.

Ma YN, Wang YH, Liu JR, et al. 2014. The effects of fruiting positions on cellulose synthesis and sucrose metabolism during cotton (*Gossypium hirsutum* L.) fiber development. Plos One, 9(2): e89476.

Meng YL, Lv FJ, Zhao WQ, et al. 2016. Plant density influences fiber sucrose metabolism in relation to cotton fiber quality. Acta Physiologiae Plantarum, 38: 112.

Peng J, Liu JR, Zhang L, et al. 2016. Effects of soil salinity on sucrose metabolism in cotton leaves. Plos One, 11(5): e0156241.

Peng J, Zhang L, Liu JR, et al. 2016. Effects of soil salinity on sucrose metabolism in cotton fiber. Plos One, 11(5): e0156398.

Shu HM, Zhou ZG, Xu NY, et al. 2009. Sucrose metabolism in cotton fibre under low temperature during fibre development. European Journal of Agronomy, 31(2): 61-68.

Sui N, Yu CR, Song GL, et al. 2017. Comparative effects of crop residue incorporation and inorganic potassium fertilisation on apparent potassium balance and soil potassium pools under a wheat-cotton system. Soil Research, 55(8): 723-734.

Sui N, Zhou ZG, Yu CR, et al. 2015. Yield and potassium use efficiency of cotton with wheat straw incorporation and potassium fertilization on soils with various conditions in the wheat-cotton rotation system. Field Crops Research, 172: 132-144.

Wang HM, Chen YL, Hu W, et al. 2017. Carbohydrate metabolism in the subtending leaf cross-acclimates to waterlogging and elevated temperature stress and influences boll biomass in cotton (*Gossypium hirsutum* L.). Physiologia Plantarum, 161(3): 339-354.

Wang HW, Chen YL, Xu BJ, et al. 2018. Long-term exposure to slightly elevated air temperature alleviates the negative impacts of short term waterlogging stress by altering nitrogen metabolism in cotton leaves. Plant Physiology and Biochemistry, 123: 242-251.

Wang R, Gao M, Ji S, et al. 2016. Carbon allocation, osmotic adjustment, antioxidant capacity and growth in cotton under long-term soil drought during flowering and boll-forming period. Plant Physiology and Biochemistry, 107: 137-146.

Wang R, Ji S, Zhang P, et al. 2016. Drought effects on cotton yield and fiber quality on different fruiting branches. Crop Science, 56(3): 1265-1276.

Wang YH, Feng Y, Xu NY, et al. 2009. Response of the key enzymes to nitrogen applications in cotton fiber and their relationships with fiber strength. Science in China Series C: Life Sciences, 52(11): 1065-1072.

Wang YH, Shu HW, Chen BL, et al. 2009. The rate of cellulose increase is highly related to cotton fibre strength and is significantly determined by its genetic background and boll period temperature. Plant Growth Regulation, 57(3): 203-209.

Wang YH, Zhao XH, Chen BL, et al. 2012. Relationship between the N concentration of the leaf subtending boll and the cotton fiber quality. Journal of Integrative Agriculture, 11(12): 101-108.

Wang YH, Zheng M, Gao XB, et al. 2012. Protein differential expression in the elongating cotton (*Gossypium hirsutum* L.) fiber under nitrogen stress. Science China Life Sciences, 55(11): 984-992.

Xu B, Zhou ZG, Guo LT, et al. 2017. Susceptible time window and endurable duration of cotton fiber development to high temperature stress. Journal of Integrative Agriculture, 16(9): 1936-1945.

Xu NY, Fok M, Bai LX, et al. 2008. Effectiveness and chemical pest control of Bt-cotton in the Yangtze River Valley, China. Crop Protection, 27(9): 1269-1276.

Xu NY, Fok M, Zhang GW, et al. 2014. The application of GGE biplot analysis for evaluating test locations and mega-environment investigation of cotton regional trials. Journal of Integrative Agriculture, 13(9): 1921-1933.

Yang HK, Meng YL, Chen BL, et al. 2016. How integrated management strategies promote protein quality of cotton embryos-high levels of soil available N, N assimilation and protein accumulation rate. Frontiers in Plant Science, 7: 1118.

Yang HK, Zhang XY, Chen BL, et al. 2017. Integrated management strategies increase cotton seed, oil and protein production: the key role of carbohydrate metabolism. Frontiers in Plant Science, 8: 48.

Yang JS, Hu W, Zhao WQ, et al. 2016. Soil potassium deficiency reduces cotton fiber strength by accelerating and shortening fiber development. Scientific Reports, 6: 28856.

Yang JS, Hu W, Zhao WQ, et al. 2016. Fruiting branch K^+ level affects cotton fiber elongation through osmoregulation. Frontiers in Plant Science, 7: 13.

Yu CR, Wang XJ, Hu B, et al. 2016. Effects of wheat straw incorporation in cotton-wheat double croppingsystem on nutrient status and growth in cotton. Field Crops Research, 197: 39-51.

Zahoor R, Dong HR, Abid MH, et al. 2017. Potassium fertilizer improves drought stress alleviation potential in cotton by enhancing photosynthesis and carbohydrate metabolism. Environmental and Experimental Botany, 137: 73-83.

Zahoor R, Zhao WQ, Abid MH, et al. 2017. Potassium application regulates nitrogen metabolism and osmotic adjustment in cotton (*Gossypium hirsutum* L.) functional leaf under drought stress. Journal of Plant Physiology, 215: 30-38.

Zahoor R, Zhao WQ, Dong HR, et al. 2017. Potassium improves photosynthetic tolerance to and recovery from episodic drought stress in functional leaves of cotton (*Gossypium hirsutum* L.). Plant Physiology and Biochemistry, 119: 21-32.

Zhang H, Li DS, Zhou ZG, et al. 2017. Soil water and salt affect cotton (*Gossypium hirsutum* L.) photosynthesis, yield and fiber quality in coastal saline soil. Agricultural Water Management, 187: 112-121.

Zhang L, Chen BL, Zhang GW, et al. 2013. Effect of soil salinity, soil drought, and their combined action on the biochemical characteristics of cotton roots. Acta Physiologiae Plantarum, 35(11): 3167-3179.

Zhang L, Zhang GW, Wang YH, et al. 2013. Effect of soil salinity on physiological characteristics of functional leaves of cotton plants. Journal of Plant Research, 126(2): 293-304.

Zhang L, Zhou ZG, Zhang GW, et al. 2012. Monitoring the leaf water content and specific leaf weight of cotton (*Gossypium hirsutum* L.) in saline soil using leaf spectral reflectance. European Journal of Agronomy, 41: 103-117.

Zhang L, Zhou ZG, Zhang GW, et al. 2014. Monitoring cotton (*Gossypium hirsutum* L.) leaf ion content and leaf water content in saline soil with hyperspectral reflectance. European Journal of Remote Sensing, 47: 593-610.

Zhang WJ, Shu HW, Hu HB, et al. 2009. Genotypic differences in some physiological characteristics during cotton fiber thickening and its influence on fiber strength. Acta Physiologiae Plantarum, 31(5): 927-935.

Zhao WQ Wang YH, Zhou ZG, et al. 2012. Oosterhuis. Effect of nitrogen rates and flowering dates on fiber quality of cotton (*Gossypium hirsutum* L.). American Journal of Experimental Agriculture, 2(2): 133-159.

Zhao WQ, Li J, Gao XB, et al. 2013. Nitrogen concentration in subtending cotton leaves in relation to fiber strength in different fruiting branches. Journal of Integrative Agriculture, 12(10): 1757-1770.

Zhao WQ, Meng YL, Li WF, et al. 2012. Oosterhuis. A model for cotton (*Gossypium hirsutum* L.) fiber length and strength formation considering temperature-radiation and N nutrient effects. Ecological Modelling, 243: 112-122.

Zhao WQ, Wang YH, Shu HM, et al. 2012. Sowing date and boll position affected boll weight, fiber quality and fiber physiological parameters in two cotton (*Gossypium hirsutum* L.) cultivars. African Journal of Agricultural Research, 7(45): 6073-6081.

Zhao WQ, Zhou ZG, Meng YL, et al. 2013. Modeling fiber fineness, maturity, and micronaire in cotton (*Gossypium hirsutum* L.). Journal of Integrative Agriculture, 12(1): 101-108.

Zheng M, Meng YL, Yang CQ, et al. 2014. Protein expression changes during cotton fiber elongation in response to drought stress and recovery. Proteomics, 14(15): 1776-1795.

Zheng M, Wang YH, Liu K, et al. 2012. Protein expression changes during cotton fiber elongation in response to low temperature stress. Journal of Plant Physiology, 169: 399-409.